原子量表

原子番号	元素名	元素記号	原子量	備考
1	水素	H	1.00794(7)	†1, 2, 3, 4
2	ヘリウム	He	4.002602(2)	†1, 2
3	リチウム	Li	6.941(2)	†1, 2, 3, 4
4	ベリリウム	Be	9.012182(3)	
5	ホウ素	B	10.811(7)	†1, 2, 3, 4
6	炭素	C	12.0107(8)	†1, 2, 4
7	窒素	N	14.0067(2)	†1, 2, 4
8	酸素	O	15.9994(3)	†1, 2, 4
9	フッ素	F	18.9984032(5)	
10	ネオン	Ne	20.1797(6)	†1, 3
11	ナトリウム	Na	22.98976928(2)	
12	マグネシウム	Mg	24.3050(6)	†4
13	アルミニウム	Al	26.9815386(8)	
14	ケイ素	Si	28.0855(3)	†2, 4
15	リン	P	30.973762(2)	
16	硫黄	S	32.065(5)	†1, 2, 4
17	塩素	Cl	35.453(2)	†3, 4
18	アルゴン	Ar	39.948(1)	†1, 2
19	カリウム	K	39.0983(1)	†1
20	カルシウム	Ca	40.078(4)	†1
21	スカンジウム	Sc	44.955912(6)	
22	チタン	Ti	47.867(1)	
23	バナジウム	V	50.9415(1)	
24	クロム	Cr	51.9961(6)	
25	マンガン	Mn	54.938045(5)	
26	鉄	Fe	55.845(2)	
27	コバルト	Co	58.933195(5)	
28	ニッケル	Ni	58.6934(4)	
29	銅	Cu	63.546(3)	†2
30	亜鉛	Zn	65.38(2)	
31	ガリウム	Ga	69.723(1)	
32	ゲルマニウム	Ge	72.64(1)	
33	ヒ素	As	74.92160(2)	
34	セレン	Se	78.96(3)	
35	臭素	Br	79.904(1)	†4
36	クリプトン	Kr	83.798(2)	†1, 3
37	ルビジウム	Rb	85.4678(3)	†1
38	ストロンチウム	Sr	87.62(1)	†1, 2
39	イットリウム	Y	88.90585(2)	
40	ジルコニウム	Zr	91.224(2)	†1
41	ニオブ	Nb	92.90638(2)	
42	モリブデン	Mo	95.96(2)	†1
43	テクネチウム	Tc	[98]	†5
44	ルテニウム	Ru	101.07(2)	†1
45	ロジウム	Rh	102.90550(2)	
46	パラジウム	Pd	106.42(1)	†1
47	銀	Ag	107.8682(2)	†1
48	カドミウム	Cd	112.411(8)	†1
49	インジウム	In	114.818(3)	
50	スズ	Sn	118.710(7)	†1
51	アンチモン	Sb	121.760(1)	†1
52	テルル	Te	127.60(3)	†1
53	ヨウ素	I	126.90447(3)	
54	キセノン	Xe	131.293(6)	†1, 3
55	セシウム	Cs	132.9054519(2)	
56	バリウム	Ba	137.327(7)	
57	ランタン	La	138.90547(7)	†1
58	セリウム	Ce	140.116(1)	†1
59	プラセオジム	Pr	140.90765(2)	
60	ネオジム	Nd	144.242(3)	†1
61	プロメチウム	Pm	[145]	†5
62	サマリウム	Sm	150.36(2)	†1
63	ユウロピウム	Eu	151.964(1)	†1
64	ガドリニウム	Gd	157.25(3)	†1
65	テルビウム	Tb	158.92535(2)	
66	ジスプロシウム	Dy	162.500(1)	†1
67	ホルミウム	Ho	164.93032(2)	
68	エルビウム	Er	167.259(3)	†1
69	ツリウム	Tm	168.93421(2)	
70	イッテルビウム	Yb	173.054(5)	†1
71	ルテチウム	Lu	174.9668(1)	†1
72	ハフニウム	Hf	178.49(2)	
73	タンタル	Ta	180.94788(2)	
74	タングステン	W	183.84(1)	
75	レニウム	Re	186.207(1)	
76	オスミウム	Os	190.23(3)	†1
77	イリジウム	Ir	192.217(3)	
78	白金	Pt	195.084(9)	
79	金	Au	196.966569(4)	
80	水銀	Hg	200.59(2)	
81	タリウム	Tl	204.3833(2)	†4
82	鉛	Pb	207.2(1)	†1, 2
83	ビスマス	Bi	208.98040(1)	
84	ポロニウム	Po	[209]	†5
85	アスタチン	At	[210]	†5
86	ラドン	Rn	[222]	†5
87	フランシウム	Fr	[223]	†5
88	ラジウム	Ra	[226]	†5
89	アクチニウム	Ac	[227]	†5
90	トリウム	Th	232.03806(2)	†1, 5
91	プロトアクチニウム	Pa	231.03588(2)	†5
92	ウラン	U	238.02891(3)	†1, 3, 5
93	ネプツニウム	Np	[237]	†5
94	プルトニウム	Pu	[244]	†5
95	アメリシウム	Am	[243]	†5
96	キュリウム	Cm	[247]	†5
97	バークリウム	Bk	[247]	†5
98	カリホルニウム	Cf	[251]	†5
99	アインスタイニウム	Es	[252]	†5
100	フェルミウム	Fm	[257]	†5
101	メンデレビウム	Md	[258]	†5
102	ノーベリウム	No	[259]	†5
103	ローレンシウム	Lr	[262]	†5
104	ラザホージウム	Rf	[265]	†5
105	ドブニウム	Db	[268]	†5
106	シーボーギウム	Sg	[271]	†5
107	ボーリウム	Bh	[272]	†5
108	ハッシウム	Hs	[270]	†5
109	マイトネリウム	Mt	[276]	†5
110	ダームスタチウム	Ds	[281]	†5
111	レントゲニウム	Rg	[280]	†5
112	コペルニシウム	Cn	[285]	†5
113	ニホニウム	Nh	[284]	†5
114	フレロビウム	Fl	[289]	†5
115	モスコピウム	Mc	[288]	†5
116	リバモリウム	Lv	[293]	†5
117	テネシン	Ts	[294]	†5
118	オガネソン	Og	[294]	†5

本表は，*Pure Appl. Chem.*, *81*, 2131(2009)の2007年の表に基づいている．2005年の表のルテチウム，モリブデン，ニッケル，イッテルビウム，亜鉛の値に変更を加え，2011年のIUPACの周期表に基づきフレロビウムとリバモリウムを加えている．ハッシウムの寿命が最も長い同位体の質量数は *Phys. Rev. Lett.*, *97* 242501(2006)に基づく．( )内の数値は，最終桁の不確かさを示している．

†1　地質標本は通常の物質と異なる同位体組成となっていることが知られている．したがって，地質標本からの試料は，本表に示す不確かさを超えている．

†2　地上の物質の同位体組成の範囲は，より正確な値を決定できない．表中の値は通常の物質に適用可能である．

†3　市販の物質では，精製手法の企業秘密や操作上の不注意などにより同位体組成が異なるものがある．そのため，本表に与えられた原子量と異なる場合がある．

†4　IUPACはH, Li, B, C, N, O, Mg, Si, S, Cl, Br, Tlの原子量を変動範囲で示している．簡単のため，本表では一つの値だけを採用している．これらの質量とその範囲はコラム0・3で詳しく示している．

†5　この元素は安定核種をもたない．[209]のように値が[ ]で囲まれている場合，最も寿命が長い核種の質量数を示している．しかし，Th, Pa, Uの三つは，地上での特徴的な同位体組成があるため，原子量を示してある．

ブラディ
ジェスパーセン 一般化学（上）

N. D. Jespersen・A. Hyslop・J. E. Brady 著

小島憲道 監訳

小川桂一郎・錦織紳一・村田 滋 訳

東京化学同人

CHEMISTRY: The Molecular Nature of Matter
Seventh Edition

Neil D. Jespersen
St. John's University, New York

Alison Hyslop
St. John's University, New York

with significant contributions by
James E. Brady
St. John's University, New York

ま え が き

第７版である本書“ブラディ・ジェスパーセン一般化学（原題 Chemistry : The Molecular Nature of Matter)”は，第６版の基盤となった“物質における分子の性質”，“問題を解く力”および“記述の明快さ”に重点をおくことを継承している．本書ではこの基本的な方針を強め，また広げるため，分子の微視的世界と観測できる物質の巨視的性質の関係についてより詳しく述べている．

最初に第７版の執筆者を紹介する．Neil Jespersen は本書がエレクトロニクスの進歩とともに改良・充実されていくなか，執筆者の中心的役割を担ってきた．彼は分析化学者でかつ著名な教育者であり，また身のまわりで私たちが経験する物質の巨視的な性質と微視的な視野を結びつけることを啓蒙してきた功績で表彰されている．Alison Hyslop は旧版においても，執筆に協力してくれており，今後の改訂版でも著者の役割を担うことになる．彼女は一般化学のみならず学部および大学院の無機化学に対して幅広い教育経験がある．彼女は現在，所属する化学専攻の運営責任者であり，化学の教育課程を充実させるために活躍している．James Brady は第７版では顧問として助言者の役割を担っている．彼の構想と助言によって，本書の理念と組立てができ上がった．また，例題を解くさいには，解法の手順に従って解答を作成する前に，例題にある話題を紹介することにより，本書が化学を学ぶ学生にとって身近なものとなっている．これは彼の指導によるものである．

第７版の方針は，第一に基本的事実と理論モデルに立脚した化学の概念の基礎を提供することである．そして，学生に対して社会や日常生活における化学の重要性のみならず自然科学のなかで化学が果たす中心的な役割を認識させることである．加えて本書は，学生の分析的思考力や問題を解く技量を育てることを目標としている．また，化学を担当する教師が最大限自由に活用できるよう，多くの話題を提供している．

分子論の視点に立って化学を教えることの価値はよく理解されているが，これは長年にわたって化学教育を行ってきた Brady とその共著者によって取入れられたこの方法の基礎であった．分子や結晶構造をコンピューターグラフィックスにより斬新な三次元画像として書いた Brady による初版から，第６版まで一貫してきた“物質における原子・分子論的視野”は，第７版でも継承している．この方法論を通して学生は物質の性質に対して十分な価値を認識し，どのようなしくみで構造がその物質の性質を決めているかを学ぶことになる．この方針を推進するために導入したことがらを以下に紹介する．

0 章：化学史概説　第７版は，まず宇宙のはじまりとそれに続く元素の形成過程から始めている．どのようにして元素が最初に誕生し，それがさまざまな元素の生成に進んでいったのか，元素を構成する粒子（陽子，中性子，電子）の発見をとおして説明することにより，物質の原子および分子論的視野に対する基盤を整え，これらの概念が本書をとおしてどのように使われるか概説する．また，地球全体における元素の分布を概説し，分子や化学反応を記述する方法を述べる．

マクロとミクロを結びつける図　私たちが日常目にしている巨視的な世界と分子レベルで起こる微視的現象を結びつけるため，巨視的および微視的視野を融合した多くの写真や図を用意している．たとえば，４章に出てくる次ページの写真は，原子，分子あるいはイオン間で起こっている化学反応などの現象を芸術家の作品のように表している．その目標は，どのような自然界のモデルを通して化学者に観察結果をよりよく理解させ，また学生に分子レベルで起こる現象を視覚化させ，記述させることができるかを示すことにある．

学習目標　各章の学習目標は章頭に明示している．これらの学習目標は，学生が各節の内容を習得した後，次に何を学習するか導いてくれる．

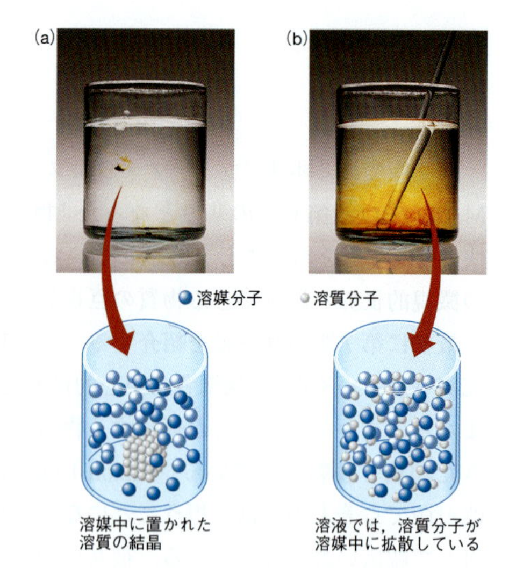

問題を解く能力の習熟

問題を解くことはものごとの概念を把握し，この分野における理解力を高めることを補強することであり，このことは化学教育の重要な側面の一つである．これはまた，一般化学を学ぶ学生に対して広範囲にわたって問題を解く能力をもって適応させることを可能にし，化学の専門課程で成功させる能力を身につけて一般化学を修了することを確かなものにしている．

本書でも問題を解くさい，種々の化学の手法を用いることを旧版から継続している．この手法は，たとえば質量から物質量への変換や複雑な応用問題を解くためにさまざまな手法を組合わせた技法など，基礎的な技能を考える手助けとなる．学生や教師は旧版において，この概念に積極的に対応してきており，第 7 版でもこの手法を問題の解法に採用している．

本書の優れた特色は，例題を解くために**指針**，**解法**，**解答**，**確認**という 4 段階の手順を用いたところにある．この手法はすべての設問に適応できるものである．最初に，その問題を理解し，どのようにして解くのか計画するために**指針**を設定している．次に**解法**を設定し，問題を解く手順を示している．この手法は，複雑な問題を解く場合，さまざまな方法を組合わせて解答に至ることを導いている．このようにして，論理的につながったすべての段階を示した完全な**解答**を記述することができる．最後に，答えは妥当かの**確認**は，自らの答えをどのようにして正しいと判断するのか，その確認作業を指し示している．

例題で用いた原理を応用するために，例題に関連した練習問題を用意している．これらの練習問題は例題を総括したものであり，ある場合には発展的な問題になっている．練習問題のすべての答えは，巻末の解答にある．多くの問題は，それまでの章で学んだ知識を利用することを学生に求めている．たとえば，4 章やそれ以降の章の多くの問題では，問の化合物が化学式ではなく化合物名で与えられている．したがって，学生は 2 章で学んだ化合物の命名法の規則を利用することになる．

例題 4・1　イオン化合物の解離の化学反応式を書く

硫酸アンモニウムは農作物に窒素を供給する肥料として使われる．この化合物を水に溶かしたときの解離の化学反応式を書け．

指針　これは二つの部分よりなる問題である．第一に，硫酸アンモニウムの正しい化学式を書く．次に，解離の化学反応式を書かなければならない．

解法　硫酸アンモニウムの化学式が必要である．これには，この塩をつくっているイオンの電荷と化学式を知る必要がある．表 2・4 の多原子イオンの表を利用する．化学反応式を書くのは，これまでに示してきた方法に従えばよい．

解法　硫酸アンモニウムにおいて，陽イオンは NH_4^+，陰イオンは SO_4^{2-} である．電荷を考えると，この化合物の化学式

学反応式の右辺に書き，
溶液中にあることを示す

$(NH_4)_2SO_4(s)$ —

下付添字の 2

確認　このような化学反
つある．第一は，電荷を
第二は，化合物が解離し
正負のイオンの数が正し
認できれば，正しく問題

練習問題 4・1　次の固

化学教育の目標の一つは，典型的な練習問題よりもっと思考力を要する発展的な問題を解く能力をもつように学生を育てることにある．それは，複数の異なる手法を必要とする問題を解くことで，複数の概念を含む問題に対して**指針**と**解法**の使用を継続させることにある．これらの応用問題は典型的な練習問題より難易度が高く，複数の章で述べられた概念の使用を求めている．学生は答えに到達する前に二つ以上の概念を結びつけ，複雑な問題を単純な部分の足し合わせたものにしなければならない．この応用問題は学生が基礎的な問題を解く機会をもち，またすでに学んだ章で問題を解くのに十

分な概念が紹介されたあと，4 章ではじめて出題される．応用問題は，どのようにしてこれらの問題を分解し，答えに達する思考力を強めるかの機会を学生に提供する．

第 7 版の改訂の特徴

すでに述べたように，第 7 版の特筆すべき特色は，物質の分子レベルでのふるまいと巨視的レベルで観測される物質の性質を関連づけることができるよう，焦点を絞っていることである．

各章は，教師が学生の特別な要望に合わせて章立ての変更ができるよう，教育上の独立した単元として書かれている．たとえば最初の段階で気体の性質を解説している章（10 章）を取上げようと思えば，それが可能である．また，気体の性質を取扱っている 10 章は，物質の他の状態を取扱うその後の章と調和しているが，同時に，別の章立ての構成も有効であり，本書はそれを可能にしている．いくつかの構成上の特筆すべき変更点は以下のとおりである．

- 化学の話題を関連する説明のある場所でコラムとして取上げている．化学の工業への応用，医学，環境など現実の世界の出来事や興味深い最先端の研究や将来実用化される可能性をもった化学の現象を紹介している．コラムのなかには，IUPAC（国際純正・応用化学連合）が推奨しているいくつかの元素の原子量の範囲や同位体比率の地域依存性を活用した法科学に関する話題もある．
- 0 章は旧版にはない新しい章であり，あとに続く章の方向性を決めるものである．本章は，本書で述べる重要な事項，すなわち原子説，微視的性質に由来する物質の巨視的性質，エネルギー変換，分子の幾何学的形状の紹介を行っている．原子説については，恒星や超新星で誕生した元素の起源を説明したあとに学ぶ．また，巨視的レベルでの観測と分子レベルの視点に立った巨視的現象の解釈が明快に関連づけられることになる．
- 1 章では計測とその単位系を説明するが，第 7 版では，最初に化学的方法と物質の分類から説明を始め，そのあと科学的計測の説明に進む．物理的特性に関する定量的測定の重要性については，示量性と示強性の概念に沿って紹介し，また測定の不確かさについて述べる．次に，測定値を評価する論理的方法として，有効数字の概念とその具体例を学び，最後に次元解析について学ぶ．次元解析については，初期の段階で習熟するために，なじみのある計算に適用する．
- 2 章では，原子の構造について 0 章で行った説明の続きを行い，分子，化学式，化学反応，および周期表の紹介を行う．次に，化学反応および化学反応式の概念を学び，元素記号で分子を表すことにより，化学反応式を記述する．
- 3 章では，物質量の概念と化学量論について学ぶ．これらの概念の重要性を強調するため，物質量とアボガドロ定数を切離して説明する．
- 5 章では，酸化還元反応を扱うが，4 章で紹介する実験手順と関連させるため，酸化還元滴定に関する節をもうけている．
- 7 章は，原子に関して 0 章で説明してきた概要を詳しく説明している．原子に関する量子力学の基礎は，7 章以降の内容に関連する範囲で紹介する．なお，電子の軌道に関しては f 軌道まで拡張して学ぶ．
- 8 章は，化学結合を取扱う最初の章である．本章では，よく知られている有機化合物を最後の節で扱う．この節では，主として化学を 1 学期だけ履修する学生に対して有機化学の概略を紹介している．なお，有機化学の詳細に関しては，22 章で学ぶ．
- 12 章では，溶液の物理的性質について学ぶ．溶液の濃度単位に関しては，温度に依存する濃度単位と温度に依存しない濃度単位をまとめて説明することになる．

- 13 章は，化学反応動力学についてその反応機構を含めて網羅している．また，本書では，積分形反応速度式の節に加えて触媒反応の内容が拡張されている．
- 20 章は，原子核反応とその応用について説明する．本章では，NIST（米国国立標準技術研究所）で決定された素粒子の質量を用いている．
- 22 章は，有機物の構造と官能基に重点を置き，有機化学について発展的な学習を行う．本章では，有機化学を学ぶなかで習熟度を高めるために練習問題を旧版に比べて増やしている．

教材および学習の資料について

本書の学習に合わせて，学生と教師のために以下のような教材および教師用の資料がある．

学　生　用

・Study Guide by N. Jespersen（ISBN: 978-1-118-70508-7）

・Student Solutions Manual by A. Hyslop（ISBN: 978-1-118-70494-3）

・Laboratory Manual for Principles of General Chemistry, 10th Edition, by J. Beran（ISBN: 978-1-118-62151-6）

教　師　用

テストバンクや講義用のスライドなど，種々の教材や講義支援資料を Wiley 社のウェブサイトよりダウンロードできる．

謝　　辞

第 7 版を出版するにあたり，まず共著者である Alison Hyslop 氏に感謝申し上げる．彼女は第 6 版でも共著者として重要な貢献を果たしてきた．彼女は本書に絶えず磨きをかけるのに重要な洞察力をもち合わせており，今後もよき共著者であることを望んでいる．また，長年にわたって Jim Brady 氏によって示されてきた化学の明快な記述と授業の優れた伝統を称賛したい．顧問である Jim Brady 氏には，第 7 版を出版するにさいし，支援と励ましをもって偉大な役割を果たしていただいた．

私たちはまた，伴侶である June Brady，Marilyn Jespersen，Peter de Rege と子供たちである Mark Brady，Karen Brady，Lisa Fico，Kristen Pierce，Nora Alexander，Joseph de Rege の応援と理解，そして忍耐に対して心からの感謝を表したい．彼らは私たちにとって持続する想像力の源泉であった．

また，第 7 版の資料・題材の準備を支援して下さった方々に深く感謝の意を表したい．特に East Stroudsburg University の Conrad Bergo 氏には練習問題の解答とその精度について査読していただいた．また有益な議論をしていただいた St. John's University の以下の同僚に感謝申し上げる．Gina Florio 氏，Steven Graham 氏，Renu Jain 氏，Elise Megehee 氏，Jack Preses 氏，Richard Rosso 氏，Joseph Serafin 氏，Enju Wang 氏．

Wiley 社のスタッフには，注意深い編集作業とユーモアのある暖かい励ましをいただいた．特に第 7 版の実質的な編集作業を担った Nicholas Ferrari 氏と Jennifer Yee 氏，販売部長の Kristine Ruff 氏，商品デザイン部長の Geraldine Osnato 氏，メディア担当の Daniela DiMaggio 氏，写真編集担当の Mary Ann Price 氏，デザイン担当の Thomas Nery 氏に感謝申し上げる．また，第 7 版全体の出版担当者，特にたゆまない注意と正確さをもって本書出版に導いた Elizabeth Swain 氏および原稿から本書への組版にさいし根気のいる作業を行った Rebecca Dunn 氏に感謝申し上げる．

また，私たちの同僚による注意深い査読と有益な助言，および思慮深い批判は本書の発展にとって非常に重要であった．改めて感謝の意を表する．そして，旧版を査読していただいた方々に感謝申し上げる．査読による意見は長年にわたって非常に貴重なものとなった．最後に本書の査読者，本書の補助となるメディア教材の著者と査読者に感謝の意を表する．

Ahmed Ahmed, *Cornell University*
Georgia Arbuckle-Keil, *Rutgers University*
Pamela Auburn, *Lonestar College*
Stewart Bachan, *Hunter College, CUNY*
Suzanne Bart, *Purdue University*
Susan Bates, *Ohio Northern University*
Peter Bastos, *Hunter College, CUNY*
Shay Bean, *Chattanooga State Community College*
Tom Berke, *Brookdale Community College*
Thomas Bertolini, *University of Southern California*
Chris Bowers, *Ohio Northern University*
William Boyke, *Brookdale Community College*
Rebecca Broyer, *University of Southern California*
Robert Carr, *Francis Marion University*
Mary Carroll, *Union College*
Jennifer Cecile, *Appalachian State University*
Nathan Crawford, *Northeast Mississippi Community College*
Patrick Crawford, *Augustana College*
Mapi Cuevas, *Santa Fe College*
Ashley Curtis, *Auburn University*
Mark Cybulski, *Miami University, Ohio*
Michael Danahy, *Bowdoin College*
Scott Davis, *Mansfield University*
Donovan Dixon, *University of Central Florida*
Doris Espiritu, *City Colleges of Chicago-Wright College*
Theodore Fickel, *Los Angeles Valley College*
Andrew Frazer, *University of Central Florida*
Eric Goll, *Brookdale Community College*
Eric J. Hawrelak, *Bloomsburg University of Pennsylvania*
Paul Horton, *Indian River State College*
Christine *Hrycyna, Purdue University*
Dell Jensen, *Augustana College*
Nicholas Kingsley, *University of Michigan-Flint*
Jesudoss Kingston, *Iowa State University*
Gerald Korenowski, *Rensselaer Polytechnic Institute*
William Lavell, *Camden County College*
Chuck Leland, *Black Hawk College*
Lauren Levine, *Kutztown University*
Harpreet Malhotra, *Florida State College at Jacksonville*
Ruhullah Massoudi, *South Carolina State University*
Scott McIndoe, *University of Victoria*
Justin Meyer, *South Dakota School of Mines and Technology*
John Milligan, *Los Angeles Valley College*
Troy Milliken, *Jackson State University*
Alexander Nazarenko, *SUNY College at Buffalo*
Anne-Marie Nickel, *Milwaukee School of Engineering*
Fotis Nifiatis, *SUNY-Plattsburgh*
Mya Norman, *University of Arkansas*
Jodi O'Donnell, *Siena College*
Ngozi Onyia, *Rockland Community College*
Ethel Owus, *Santa Fe College*
Maria Pacheco, *Buffalo State College*
Manoj Patil, *Western Iowa Tech Community College*
Cynthia Peck, *Delta College*
John Pollard, *University of Arizona*
Rodney Powell, *Central Carolina Community College*
Daniel Rabinovich, *University of North Carolina- Charlotte*
Lydia Martinez Rivera, *University of Texas at San Antonio*
Brandy Russell, *Gustavus Adolphus College*
Aislinn Sirk, *University of Victoria*
Christine Snyder, *Ocean County College*
Bryan Spiegelberg, *Rider University*
John Stankus, *University of the Incarnate Word*
John Stubbs, *The University of New England*
Luyi Sun, *Texas State University-San Marcos*
Mark Tapsak, *Bloomsburg University of Pennsylvania*
Loretta Vogel, *Ocean County College*
Daniel Wacks, *University of Redlands*
Crystal Yau, *Community College of Baltimore County*
Curtis Zaleski, *Shippensburg University*
Mu Zheng, *Tennessee State University*
Greg Zimmerman, *Bloomsburg University*

著者代表　Neil D. Jespersen

著 者 紹 介

Neil D. Jespersen は現在米国ニューヨークの St. John's University の化学の教授であり，Washington and Lee University において化学を専門として学士号を取得し，Pennsylvania State University において Joseph Jordan 教授のもとで分析化学を研究し，博士号を取得している．彼は St. John's University から化学における優れた研究・教育の功績に対して贈られる賞を受賞している．また，優れた学部教育に対して米国化学会・中部大西洋地域から E. Emmit Reid 賞が贈られている．彼は一般化学のみならず定量分析および機器分析の授業を行う傍ら，St. John's University の化学科の学科長を 6 年にわたって務め，また米国化学会に所属する学生クラブの指導を 30 年以上行ってきた．彼はまた，1991 年に組織委員長を務めるなど，米国東部地区分析化学会に貢献してきた．また教養課程化学（Barrons AP Chemistry Study）においては，実験分析化学および機器分析に関する 2 冊の本を執筆し，また専門書で 4 章分の執筆，50 編の査読付論文の執筆，150 件の学会講演を行ってきた．米国化学会においては，地区や地域のみならず米国全体で活躍し，米国化学会の役員を務めてきており，2013 年に米国化学会においてフェローの称号を与えられている．余暇には家族とともに，テニス，野球およびサッカーを行い，また旅行を楽しんでいる．

Alison Hyslop は 1986 年に米国 Macalester College で学士号を取得，1998年にUniversity of Pennsylvania において Michael J. Therien の指導の下で博士号を取得している．彼女は現在，ニューヨークにある St. John's University の准教授として化学専攻の専攻長を務めており，学部学生および大学院学生の教育を2000 年から行っている．彼女は，1998～1999年に Trinity College の客員准教授，2005 年および 2007 年に Columbia University の客員研究員を務めた．また，2009 年には Brooklyn College の Brian Gibney 教授の研究室で客員研究員としてプロジェクト研究に参画した．彼女は現在，ポルフィリンを基盤とした光合成物質の合成と機能性に焦点を当てた研究を行っている．余暇には，ハイキングやテコンドーを楽しんでいる．

James E. Brady は 1959 年米国 Hofstra College で学士号を取得し，1963 年に Pennsylvania State University において C. David Schmulbach 教授の指導のもとで博士号を取得している．彼はニューヨークにある St. John's University の名誉教授であり，同大学で 35 年にわたって学部学生および大学院学生に対して講義を行ってきた．彼の最初の教科書は，Gerard Humistonと一緒に1975年に出版した"General Chemistry : Principles and Structure"である．1975年に出版された初版の斬新な特徴は，分子や結晶の三次元構造を眺めるための立体メガネの採用であった．彼の 35 年にわたる化学教材の発展に対する貢献は高く評価されている．彼は，本書のこれまでの改訂版において，John Holum, Joel Russell, Fred Senese, Neil Jespersen, Alison Hyslop を共著者に加え，その中心的役割を果たしてきた．1999 年，彼は教科書の執筆に時間を割くために St. John's University を退職し，その後，4 度にわたる改訂版の共著者としてかかわってきた．余暇には，写真撮影を楽しんでいる．

訳者まえがき

本書は，米国の大学教養課程における現代化学の名著である“Chemistry : The Molecular Nature of Matter”, by N. D. Jespersen, A. Hyslop, J. E. Brady, Wiley（2015）の日本語版である．本書はJ. E. Brady, G. E. Humistonによって執筆された“General Chemistry : Principles and Structure”, Wiley（1975）の第7版に相当するが，この間，現代化学の目覚ましい発展と社会の関心を積極的に取入れて改訂を重ねてきた．日本語版としては1986年刊行の原書第4版の翻訳が，東京化学同人から『ブラディ一般化学』として1991年に出版されているが，化学の最近の進歩を取入れた第7版の日本語版を出版することは，時代の要請に適ったものである．本書は，旧版の“物質における分子の性質”,“問題を解く力”および“記述の明快さ”を継承しつつ，物理化学の視座に立って“分子の微視的世界”と“物質の巨視的世界”の関係を明らかにすることに重点をおいている．このため，本書では化学結合論，物理化学および熱力学の論理と手法について多くの章をもうけている．これに加えて本書の優れた特色は次のとおりである．

1. 本書では0章をもうけている．この章はあとに続く章の方向性を決めるものであり，宇宙のはじまりとそれに続く恒星の形成，恒星の中で起こる核融合と鉄元素までの誕生，超新星爆発による鉄より重い元素の形成過程から始めている．そして元素を構成する粒子（陽子，中性子，電子）発見の歴史をとおして原子説を解説することにより，物質の原子および分子論的視野に対する基盤を整え，巨視的レベルでの観測と分子レベルの視点に立った巨視的現象の解釈が明快に関連づけられている．
2. 一般化学の教科書でありながら，各章ごとにさまざまな重要な話題を取上げ，知的好奇心と化学の啓蒙に創意工夫がなされている．また先端科学に関するコラムでは，最近の興味ある研究や将来実用化される可能性をもった化学の現象に関する話題を紹介している．
3. 再生可能エネルギーの利用には高性能の二次電池が必要であるが，社会の要請に応える形で電気化学の章をもうけ，電池の歴史から最前線まで説明しているのも本書の特色である．

本書は23章で構成されており，その範囲は物理化学，無機化学，核化学，有機化学，生化学など化学全体を網羅しているが，物理化学的な理論体系のもとで統一的に構成されており，論理的に理解できるよう，創意工夫がなされている．

化学の現象は，物質のさまざまな変化のなかで，エネルギーの移動を伴いながら物質を構成する原子の組替えや結合形態の変化によって現れる物質の質的変化の現象である．このような現象を対象とした現代の化学は，自然科学の一つの体系として統一的な理論体系をなしている学問であり，物理学や医学・生命科学をはじめ，おおよそ物質にかかわりをもつ自然科学の他の分野と密接に関係のある重要かつ魅力ある学問である．しかし，日本において中学・高校で学んできた化学は個別的な知識の羅列で暗記科目であるという見方が根強くあり，このことが化学の魅力をそぎ，化学の分野を目指すことの妨げになっている．

本書は自然界で起こるさまざまな現象や最先端の話題を豊富に取上げているが，これらの現象を化学の理論と手法で見事に解明できることに多くの学生たちは驚嘆するであろう．ここに本書の最大の特色がある．分子の微視的世界と物質の巨視的世界の関係について現代化学の理論と手法で解き明かしている本書が日本の若い学生の知的好奇心を刺激し，化学の分野に進むきっかけになれば，訳者にとってこれ以上の幸いはない．

本書は，東京大学教養学部で前期課程教育に長年携わってきた以下の4名で分担して訳出した．また，本書全体をとおして訳調や用語を統一するため，小島が監訳を行った．

小川 桂一郎	0〜2章
小島 憲道	3, 7〜11章
錦織 紳一	4〜6章，16〜21章
村田 滋	12〜15章，22章

なお，翻訳にさいしては，原書をできるだけ忠実に訳出することに心がけたが，日本ではなじみのない米国での話題などは取捨選択し，また最新情報に基づいて加筆・修正したことをお断りしておく．

最後に本書の出版にあたり，日本語訳に関してWiley社との交渉，校正，装丁にわたってご尽力下さった編集部の橋本純子氏，篠田薫氏をはじめとする東京化学同人の方々に心より御礼申し上げる．

2017年2月

訳 者 一 同

要 約 目 次

目　　次

0 化学史概説

本書の導入の章である0章では，以下の大きな疑問について考えることから始めていく．“私たちをとりまく自然界はどこからきたのか”，そして“私たちをとりまく自然界はどのようなしくみで成り立っており，どのように変化していくのか”．前者の問に対しては，本章で宇宙の誕生とそれに続く元素の合成に関する最新の天文学の理論をとおして学び，後者の問に対しては，次章以降で化学の分野で用いられる重要な考え方をとおして学んでいく．

これらの目標はまた，科学者がどのようなテーマに取組むかともつながる．本書に記されている情報は，すべて科学者が発した問と，それに対する科学的な観測と研究をとおして得られた答えである．問を発した人間が答えを見つけられるとは限らないし，問が発せられてから答えが見つかるまでの時間は，数分のことも数百年のこともある．いずれにせよ，化学者が私たちのまわりの物理的な世界をどのように記述するかを説明しよう．

現代の化学，物理，および数学の進歩のおかげで，私たちをとりまく化学的な環境は，かつてなくよくわかるようになってきた．将来，化学関連の仕事につきたいのであれば，もっと詳しく学ばなければならないことがたくさんある．しかし，より大切なことは，常に大きな全体像をつかみ，新しい考え方を身につけることである．それができれば，化学の学習はさらに有意義なものとなろう．

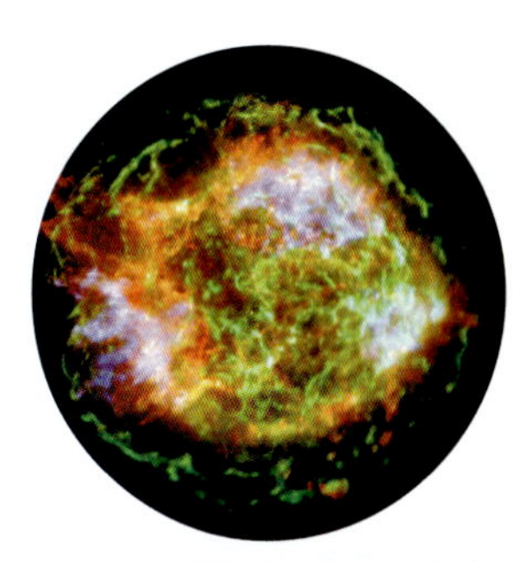
カシオペア座Aにみられる超新星爆発の残骸．米国宇宙航空局のX線観測衛星チャンドラによって2004年に撮影された画像．NASA/CXC/GSFC/U. Hwang et al.

学習目標

- 化学の範囲とその目的の理解
- 元素誕生のしくみの理解
- 地球上の物質の分布に関する理解
- 原子説の有効性に関する理解
- 原子構造の解明の歴史的解釈

0・1 化学の重要な概念

本節の目標は，化学の主要な概念の全体像を把握することである．その重要な概念の第一は，ドルトンが1813年に提唱した**原子説**である．この理論は，原子を私たちの世界の基本的な構成要素として記述するものである．ドルトンは，最も基本的な方法に基づいて，原子の性質を記述し，それらが互いにどのように相互作用をするのかを記述した．それ以来，化学者と物理学者は原子の構造と化学的な相互作用の詳細を明らかにしてきた．その詳細はあとの章で述べる．

原子説 atomic theory

第二の重要な概念は，実験室という巨視的な尺度で注意深い観測を行えば原子的な尺度で何が起こっているかがかなりの程度でわかるということである．個々の原子や分子を見ることができる装置が開発されたのはごく最近であり，それまでは何が起こっているかはこの巨視的な観測によるしかなかった．

第三の概念は，エネルギー変化に関する知識と原子が異なる配列をとる確率から，

運動エネルギー kinetic energy

ポテンシャルエネルギー potential energy，位置エネルギーともいう．

原子がどのように相互作用するかを予言できるようになっていることである．原子のエネルギーは，**運動エネルギー**か**ポテンシャルエネルギー**のいずれかに分類され，両者は互いに交換しうる．そして，原子と分子は，確率的に最も高い配列をとろうとする．一般に，化学反応は原子のエネルギー，つまりポテンシャルエネルギーと運動エネルギーの和が減少し，原子が確率的に最も高い配置をとれるときに進行する．

第四の重要な概念は分子の幾何学的形状である．DNA，RNA，酵素，抗体などの巨大分子の三次元構造は，それらの機能にとって重要である．はるかに小さい分子の三次元的な形状も，その性質や反応性に影響する．実は，これらの小分子の三次元的な形状が，より大きい分子の形状を規定している．本書は，三次元的形状を理解し，さらに，構造，性質，反応性の間の関係を理解することを目指している．

これら四つの概念は，本書の全体を通して学習することになるが，このあとの各章で，順を追って詳しく解説する．

0・2 超新星と元素

宇宙のはじまり

ビッグバン理論 big-bang theory

本節ではまず，最も重要な概念の一つである**ビッグバン理論**に関する物理学および天文学を概観してから，元素誕生の物語を始めよう．ビッグバン理論は以下のことを仮定している．すなわち，宇宙は約 138 億年前に爆発によって，膨大なエネルギーと原子よりも小さい粒子（素粒子）を放出し，それ以来膨張を続けている．

ハッブル Edwin Hubble

赤方偏移 red shift

宇宙が膨張していることを示唆する最初の実験的データは，ハッブルらによる観測結果である．それは，大部分の星と銀河の放つ光の波長は，可視スペクトルの赤色側（長波長側）にシフト，すわなち**赤方偏移**しているというものである．この赤方偏移は，ドップラー効果によって説明される．ドップラー効果とは，近づいてくる列車からの汽笛は高く聞こえ，遠ざかっていく列車からの汽笛は低く聞こえる現象である．“ハッブルの法則”は，赤方偏移の程度が，地球から遠ざかる星の距離と速度に比例すると考えれば理解できる．天文学者は，この観測結果から，宇宙は全方向に膨張していると考えざるをえないと結論した．

ペンジアス Arno Allan Penzias

ウィルソン Robert Woodrow Wilson

時間を過去に戻して考えると，宇宙全体は物理学者が特異点とよぶ一点から始まったと想像できる．やがて，天文学者による観測結果は，すべてこのビッグバン理論によって説明されるようになった．興味深いことに，この理論を支持する実験の一つは，二人の天文学者ペンジアスとウィルソンによる偶然の発見であった（1964 年）．彼らは電波望遠鏡を用いて非常に精確な電波の測定を行おうとしていた．そのなかで，望遠鏡をどこに向けても全く変動のないマイクロ波の発振源の存在に気がついた．彼らは，その発振源を取除くために，望遠鏡を徹底的に掃除した．“白色誘電性物質”と彼らがよんだハトのフンをそぎ落とすことまで行った．しかし，それも無駄であった．ついに彼らは，その発振源は単なるランダムな雑音ではなく，意味のあるものではないかとの疑問を抱くに至った．その後，注意深い計算を行うことによって，その発振源がある温度におけるマイクロ波放射の特徴と一致すること，そして，その温度とは，約 138 億年の間に冷却された宇宙の温度として予言された温度であると結論した．今日，これがビッグバン理論を強力に支持する証拠として認められている．なお，ペンジアスとウィルソンは，この発見により，1978 年にノーベル物理学賞を受賞している．

最初の元素

ビッグバン理論，量子力学および高度な数学を用いることによって，物理学者と天文学者は，宇宙がどのようにして生成したかを示すことができる．宇宙のはじまりという特異点においては，温度，密度，および圧力が極限的になっており，その状態ではクォークのような最も基本的な素粒子だけが存在できる．ビッグバンから1秒以内に，宇宙は膨張し，約100億度まで冷却されて，物質の基本的構成単位であるクォーク（三つのグループに分かれている）から，陽子と中性子が生成する．3分以内に温度は10億度まで下がり，**核合成**すなわち原子核の生成が起こる．核合成においては，陽子と中性子との衝突によって，重水素，ヘリウム，およびリチウムの原子核が生成する．

宇宙が十分に冷えて核合成が起こらなくなると，全原子の91％が水素原子，8％がヘリウム原子となり，残りは，表0・1に示したように，1％未満の原子だけとなる．宇宙がさらに冷えると，電子がこれらの原子核と結合して中性の原子が生成される．

もし，宇宙の最初の膨張によって，原子の分布が均一になっていたとしたら，宇宙は暗黒で均一な原子の海となっていたであろう．しかし，実際には，物質の分散の仕方には小さな乱れがあり，それが時間とともに成長していった．やがて，物質が融合して，最初の一群の星が誕生した．

表0・1　太陽系において最も豊富に存在している同位体

同位体	太陽系における同位体の存在比
水素-1	90.886
ヘリウム-4	8.029
酸素-16	0.457
炭素-12	0.316
窒素-14	0.102
ネオン-20	0.100

核合成 nucleosynthesis

練習問題 0・1　ビッグバンの間に軽い元素だけが生成したのはなぜか．

星の中で生成した元素

星が成長して大きくなると，各星の内部では温度と圧力が増大して，水素原子核が融合してヘリウム原子核に変化する核融合の条件まで到達し，星が輝き始める．水素原子核が融合してヘリウム原子核に変化する際に放出される熱によって，その星の内部の体積と圧力は何百万年間も保たれる．その間に，ヘリウムは水素よりも重いので，星の内核に集まる．内核ではヘリウム核は水素原子核どうしの衝突を妨害するので，水素の核反応速度が低下する．そのため星が冷えて，重力のもとで収縮する．星が小さくなると中心部の温度と圧力が再び増大し，1億度になるとヘリウム核が融合して炭素核が生成する反応が始まる．やがて，炭素は星の中心部に集まり，中心部のヘリウムは炭素による内核を覆う層となる．水素の大部分は依然として星の外側の層に存在する．

つづいて，炭素原子核の核反応が進行してネオンが生成する．ネオンが増加すると，内側に移動して核となり，それが炭素の豊富な層に囲まれる．その層はさらにヘリウムの層に囲まれ，それは最外層である水素の層に囲まれる．

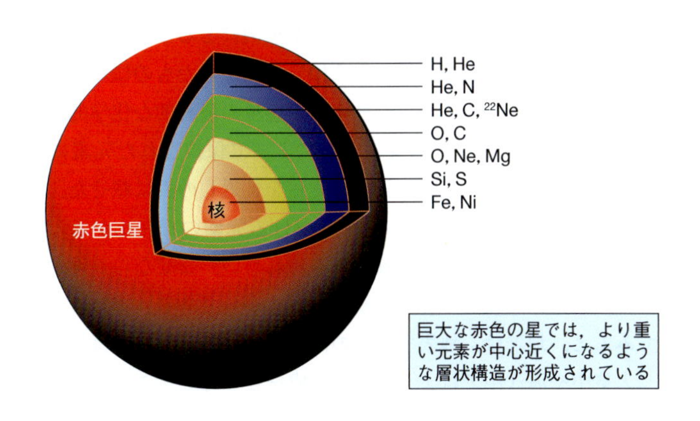

図0・1　赤色巨星の層状構造の模式図． 層の重なりによって，特定の原子核の密度が増大する．それが核融合反応を起こすことによって，より大きい元素に融合し，新たな層を形成する．

赤色巨星 red giant

> **練習問題 0・2**　宇宙が誕生してから約 138 億年経過した現在でも，宇宙の中で依然として水素が圧倒的に多く存在するのはなぜか．

これから，ある繰返しのパターンのあることがわかる．つまり，元素が重い順に星の中心部に濃縮され，十分な原子核がたまると，核融合反応が起こってさらに重い原子核の生成が起こる．それが中心部で濃縮され，同様の過程が繰返される．このようにして，酸素とケイ素の核が形成され，それがより重い元素によって層として押出される．これらの層とその内部での核反応によって大量の熱が発生し，そのために星が膨張する．急速に膨張する星は，表面温度が低くなり赤色になる．このような星は，**赤色巨星**とよばれる．図 0・1 に，赤色巨星の層状構造を示す．

超新星の中で生成した元素

超新星 supernova

ケイ素がヘリウムの原子核を捕獲することにより，連鎖的に重い元素の生成が起こり，鉄元素に到達し，核融合反応が終わる．やがて，中心部の冷却が始まり，この冷却によって，星の劇的な崩壊が起こる．多数の原子核が星の中心部に流れ込むと，圧力と密度が増加して，次の二つの現象がひき起こされる．第一に，高速で移動する原子核が多数の鉄の原子核を破壊し，ヘリウム原子核や中性子などのより小さい粒子が多数含まれた混合物を生成する．第二に，崩壊する星の温度は，最も質量の大きい星でさえも核融合反応では到達不可能な高温にまで上がる．最高点に達すると，崩壊した星はばらばらになって，すべての物質を星間空間にまき散らす．これが**超新星**とよばれる現象である．超新星においては，非常に高いエネルギーと密度をもった原子核および中性子の混合物が存在し，原子核と中性子の間できわめて多数の衝突が起こり，ウランのような重い元素すら生成する．鉄元素より重い元素生成のためのこれらの条件は，きわめて短時間しか続かず，すぐに膨張と冷却が起こって，これらの反応は不可能になる．

> **練習問題 0・3**　星の中では，鉄よりも重い元素が形成されないのはなぜか．

超新星のわずかな残りは，やがて集まって，新しい星をつくる．ある場合には，新しい星が生まれたときに，そのまわりにもとの星の残骸を環として残すこともある．この残骸はやがて集合して，惑星や小惑星を形成する．

0・3　元素と地球

星が形成されると，星を取囲んでいる残骸から惑星が形成される．惑星の生成と惑星の構成成分は，そのときに利用可能な物質に依存する．

惑星の形成

星雲 nebula

ここでの**星雲**とは，星の生成のあとに残された残骸が雲のように広がり，惑星や小惑星を形成する環を意味する言葉である．太陽系を例にとると，超新星の残骸に依存して，惑星は地球，火星，および金星のように岩石でできたものになったり，木星や土星のように気体でできたものになったりする．惑星の最終的な化学的構成は，最初の時点で結合し合った物質と惑星自身の重力によって保持された元素によって決まる．これまでに知られているすべての元素の一覧を見返しの表に載せた．

表 0・2 には地球全体，地殻，海，大気中における元素の存在比が示してある．地球上の元素の分布は一様であると思われるかもしれない．なぜなら，地球の凝縮もとである星雲では，元素は比較的一様に分布しているからである．実際に私たちのまわりを見回してみると，地球は，地表でもその内部でも元素は一様には分布していないのに対して，大気中や海洋中ではより一様な組成をとっていることがわかる．

表 0・2 地球全体，地殻，大気，海洋中†の元素の存在比(%)

元素	地球	地殻	大気	海洋
酸 素	48.2	59.0	20.9	33.02
鉄	14.8	2.1		
ケイ素	15.0	20.4		
マグネシウム	16.4	2.0		0.03
水 素	0.67	2.9		66.06
塩 素				0.34
ナトリウム	0.20	2.1		0.17
硫 黄	0.52			0.02
カルシウム	1.1	2.2		0.006
カリウム	0.01	1.1		0.006
アルミニウム	1.5	0.57		
臭 素				0.0067
炭 素	0.16			0.0028
窒 素			78.1	
アルゴン			0.96	

† 空欄はその原子の存在比が無視できるほど小さいことを意味する．

元素の分布

元素の不均一な分布は，融点，密度，溶解度といった各元素の性質から，ある程度理解できる．地球が約 45 億年前に生成したときに，星雲中の固体の塵と気体の粒子が重力と静電気力によってゆっくりと引き合った．地球は，できあがると放射性元素が安定な同位体に崩壊するさいに放出される熱によって熱くなり始めた．さらに，隕石の衝突によって地表が熱せられ，また，絶えず重力によって収縮することによる発熱も加わった．

最終的には，地球の大部分は融解し，鉄とニッケルは地球の内核に移動した．地震波の測定から，地球の内核は固体の鉄とニッケルからなり，それが液体の鉄とニッケルでできた外核によって囲まれていることがわかった．核をとりまいているのが，過熱された岩石のマントルで，それが地球の質量の約 85% を占めている．外層（地殻）はより軽い固体の岩石と土からなり，その層の厚さは海底で 5〜10 km，大陸で 30〜50 km である．図 0・2 に地球の内部を切取った模式図を示す．

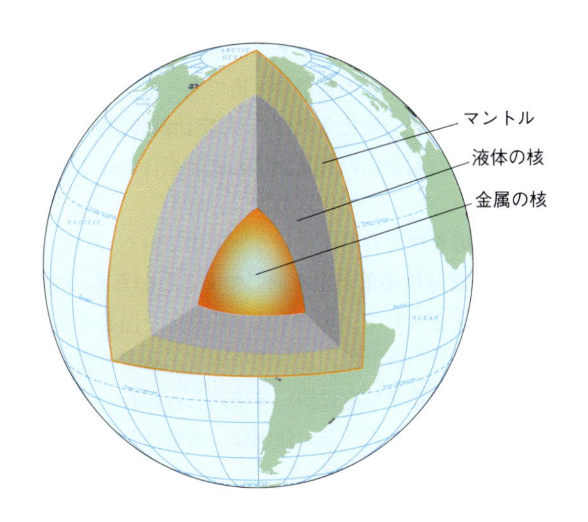

図 0・2 地球の内部を切取ったモデル． 地球の中心から外側に向かって，鉄とニッケルでできた固体(内核)と液体(外核)，マントル，および地殻とよばれる薄い層で構成されている．

外核，マントル，および地殻は流動性が小さく，異なる物質が大量に分離することはない．しかし，読者は御影石の調理台に結晶のエキゾチックなパターンを見たことがあるだろう．実際は，鉱物の分離は起こっているが，それはごく狭い領域に限られている．これも，地表が一様でないことの理由である．地殻中の鉱物や元素は，組成，構造，および融点の類似性によって，ある程度分離する．たとえば，金原子は他の金原子と集合化しやすいのに対して，ケイ酸塩の鉱物（ケイ素系岩石）では，結晶構造，密度，融点の違いが大きいので集合化しにくい．地殻が冷えると，固化しているケイ酸塩の岩石から金が分離する．この過程は微分晶析とよばれる．地球の中心部分には非常に大量の熱がたまっているので，この過程はいまも続いており，地震や火山の爆発の形で目にすることができる．

0・4 ドルトンの原子説

現在では，原子は元素の性質を維持できる物質の最小単位と定義され，化合物は，二つ以上の元素が一定の質量比をとる物質として定義されている．もともとは，元素の概念は約 2500 年前に，ギリシャの哲学者デモクリトスが，物質は究極的に目に見えない小さい粒子から構成されているとの考えを発表したことに始まる．ギリシャ語で“切れない”を意味する“atomos”が，現代の“原子(atom)”という用語の源である．デモクリトスは原子の概念を支持する実験的な証拠はもっていなかったので，多くの反論があった．原子の存在を科学的にはじめて支持したのは，定比例の法則と質量保存の法則の発見であった．化合物と化学反応の性質に関する重要で一般的なこの二つの法則の発見は，質量と体積の測定しかできなかった時代の多くの化学者（ないし錬金術師）による結果から理解できるものであった．

デモクリトス Democritus

化合物形成の法則

19 世紀以前は，科学の進歩は遅かった．なぜなら，精確な測定の必要性がほとんど理解されていなかったからである．1 章で学ぶように，精確かつ精密で再現性のある測定はすべての科学において必要である．初期の科学的研究では確度と精度が不足していたが，時間の経過とともに，すべての化合物と化学反応に適用可能ないくつかの原理を示すデータが蓄積していった．

第一の原理は，ある化合物が生成するときには，元素間の質量比は元素の組合わせごとに同一であるというものである．たとえば，水素と酸素とが結合して水を生成するときには，酸素の質量は常に水素の質量の 8 倍であって，それ以上でもそれ以下でもない．このような観測結果が一般化されたのが，**定比例の法則**である．この法則は，いかなる化合物においても，元素間の質量比は元素の組合わせごとに同一であるというものである．

定比例の法則 law of definite proportion, 組成一定の法則ともいう．

第二の観測結果は，反応を密閉容器中で行うと，出ていくものも入ってくるものもないので，反応後の全質量は反応前と全く同じであるというものである．たとえば，もし密閉容器に水素と酸素を入れて，水が生成する反応を開始させると，水の質量と残りの水素ないし酸素の質量の合計は，反応前の水素と酸素の質量の和に等しい．このような観測が非常に多くの化学反応について繰返し行われた結果，**質量保存の法則**として知られる一般則が確立された．この法則は，質量は化学反応の間に失われることも増えることもないというものである．

質量保存の法則 law of conservation of mass

・**定比例の法則**
一つの化合物において，成分元素の質量比は常に一定である．
・**質量保存の法則**
化学反応においては，質量は増えることも減ることもない．質量は保存される．

3章において，これらの法則が化学組成を計算するさいにどのように使われるかを学ぶ．

原　子　説

定比例の法則と質量保存の法則は，原子説の実験的基礎をなすものである．これらの法則から，次の疑問が生じる．“これらの法則が正しいとすると，物質の性質については何がわかるのだろうか”．

19世紀初頭に，英国の科学者ドルトンは，ギリシャの原子についての概念を用いて，定比例の法則と質量保存の法則の意味を明らかにした．ドルトンは，もし原子が実在するのであれば，原子はこれらの法則を説明できる性質をもっているはずであると考えた．彼は，満たすべき性質を仮定した．その仮定が今日**ドルトンの原子説**とよばれているものである．

ドルトン John Dalton, 1766〜1844

ドルトンの原子説 Dalton's atomic theory

ドルトンの原子説
1. 物質は原子とよばれる微小な粒子からなる．
2. 純粋な元素では，その原子はすべて同一の質量と性質をもつ．
3. 異なる元素の原子は，質量もその他の性質も異なる．
4. 異なる元素の原子が結合して化合物をつくると，新たなより複雑な粒子（化合物）が形成される．しかし，ある一つの化合物においては，その成分原子間の比は，常に同一である．
5. 原子は破壊できない．化学反応においては，原子の組合わせは変わるが，原子そのものが壊れることはない．

図 0・3　走査型トンネル顕微鏡を用いると，個々の原子が見られる． この走査型トンネル顕微鏡から，グラファイトの表面に堆積した個々のパラジウム原子のパターンが見える．パラジウムは銀白色の金属で，ホワイトゴールドや歯冠などの合金に使われている．

原子についての現代の実験的証拠

19世紀初頭においては，化学者も錬金術師も，ごく単純な秤とメスシリンダーしかもっていなかった．現代の化学機器を使うと，原子が実在することを示す証拠が得られる．原子と大部分の分子は驚くほど小さくて，どんな高分解能の光学顕微鏡を用いても見ることはできないが，原子が実在することを示すきわめて説得力のある証拠が実験によって得られている．

科学者たちは，固体の表面をきわめて高い分解能で精査する装置を開発した．そのような装置の一つは，**走査型トンネル顕微鏡**とよばれる．この装置は，1980年代のはじめにビンニッヒとローラーが発明したもので，彼らはその貢績により1986年にノーベル物理学賞を受賞した．この装置では，尖った金属プローブの先端を電気伝導性のある表面のごく近傍に近づけると，プローブと表面との隙間をまたいで電流が流れ始める．その電流の流れ方はプローブ先端と試料間の距離にきわめて敏感である．先端が表面を横切っていくときには，先端の高さは電流が常に一定になるように調節される．先端の高さの変動を正確に記録すると，表面の凹凸を示す地図が得られる．そのデータをコンピューターで処理すると，表面上の原子の姿が図0・3のように見えてくる．より高度な装置を用いると，個々の原子や分子までも“見る”ことができる．それによって，原子が実在すること，そして原子説が正しいことが，確認できる．**原**

走査型トンネル顕微鏡 scanning tunneling microscope, 略称 STM

ビンニッヒ Gerd Binnig

ローラー Heinrich Rohrer

原子間力顕微鏡 atomic force microscope, 略称 AFM

コラム 0・1　原子と分子を見ながら操作する

原子と小分子は驚くほど小さい．実験から，その直径は 10^{-9} cm 程度であることがわかっている．たとえば，炭素原子の直径は 15×10^{-9} cm である．1章で学ぶように，接頭語のナノは 10^{-9} を意味するので，ナノスケールのレベルで物質を調べる場合には，非常に小さい構造をみていることになる．その大きさは10～100原子程度である．ナノテクノロジーは，このように小さいスケールの物体とその特別の性質を対象とし，その性質の利用を開拓していこうというものである．ナノテクノロジー（分子ナノテクノロジーということもある）の究極の目的は，原子から物質を組上げるということである．そのようなテクノロジーは，まだ実現しているとはいえないが，科学者は挑戦している．

ナノテクノロジーに高い関心が集まるのは，いくつかの理由がある．まず第一に，材料の性質はその構造と関係しているからである．原子ないし分子レベルで構造を制御できれば，原理的には人間が意図した性質をもつ材料をつくることができる．この領域の研究を駆り立てているのは，これまでにない小さい回路をつくり出そうとしているコンピューターとエレクトロニクスの設計者である．従来の方法でサイズを小さくすることはほぼ限界に到達しているので，より小さい回路とより小さい電子デバイスをつくるための新しい方法が探索されている．

分子の自己集合化　現在，非常に興味がもたれている研究分野の一つが，分子の自己集合化に関するものである．ある種の分子は，集まると，自発的に都合のよい構造を形成する．生体系は，この自己集合化を細胞膜などの構造形成に用いている．科学者は，特定の配列に自己集合化する分子を設計することによって，生物のシステムを模倣することを目指している．

極小の構造を視覚化し操作する　科学者がナノ世界を探索することを可能としたのは，原子や分子を見て，ときにはそれらを操作できるような装置が開発されたことである．その装置の一つが走査型トンネル顕微鏡（STM）である．これは，原子が実在することの実験的証拠を論じたさいに紹介した（§0・4参照）．この装置は，電気伝導性の試料にしか使えないが，原子の一つひとつの像をみせてくれる．原子を並べて電子を円陣状に集めた例もある（図1）．この実験は，実用的に役立つものではないが，現代の科学が物質を分子レベルで操作できる段階にまで到達していることを示している．

電気伝導性のない試料の研究には，原子間力顕微鏡（AFM）とよばれる装置を用いることができる．図2には，その基本的な原理が示してある．鋭く尖ったレコードプレーヤーの針のような探針を，試料の表面に沿って移動させる．原子や分子による表面の凹凸に沿って探針を動かすと，プローブの先端と表面分子との間の力によってプローブがたわむ．プローブの裏側に取りつけた鏡が，レーザー光を反射するので，プローブがたわむと反射光の角度が変化する．その変位を光検知器が捕らえ，そのデータをコンピューターで解析することによって，試料表面の三次元画像が得られる．AFMによって得られた典型的な画像を図3に示す．

図1　科学者は，原子の並び方だけでなく，電子の並び方も制御できる．科学者は，48個の鉄原子を円状に並べることによって，表面の電子を円陣状に並ばせ，円状の構造をつくり出している．原子の円に小さい波ができることは，量子力学から予言できる．量子力学については7章で学ぶ．

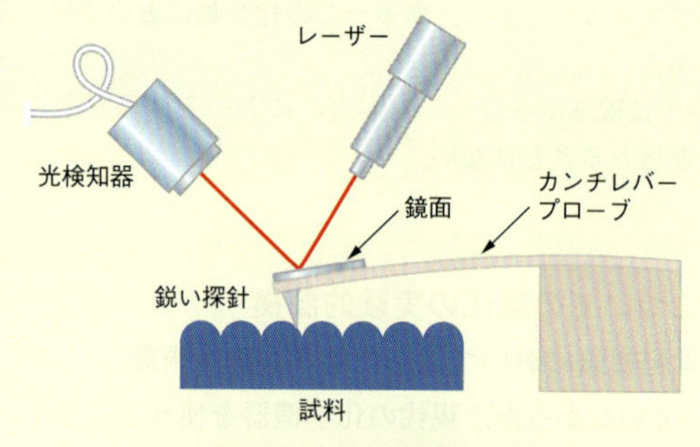

図2　原子間力顕微鏡

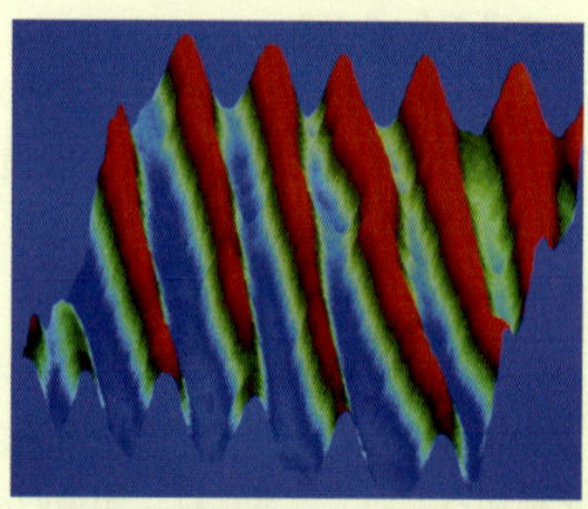

図3　銀ナノワイヤーのAFM像．この顕微鏡写真は，銀のナノワイヤーがフッ化カルシウムの結晶表面上で約100万分の2 cm間隔で並んでいることを示している．このようなワイヤーは，微細エレクトロニクスに利用できるかもしれない．

子間力顕微鏡とよばれる新しい装置については，コラム 0・1 で紹介する．

0・5 原子の内部構造

原子についての最も初期のモデルでは，原子は壊すことができず，それ以上小さい部分に分割することは全く不可能であるとされていた．しかし，原子は，ドルトンや初期の哲学者たちが考えていたような壊すことができないものではなかった．1800年代から1900年代の初頭にかけて，原子がより小さい粒子から構成されていることを示す実験が行われた．その実験結果から，原子の構造に関する現代の理論モデルが導き出された．原子の電子構造に関するより詳細な説明は7章で示す．

ファラデー Michael Faraday, 1791～1867

電子，陽子，中性子の発見

原子構造についての現代の知識は，19世紀に始まった科学者たちの実験から得られた事実をまとめたものである．1834年にファラデーは，水溶液中における電流が化学変化をひき起こせることを発見した．これは，物質には電気的な性質があることをはじめて示すものであった．その後，科学者たちは気体放電管を用いた実験を始めた．気体放電管は，低圧の気体が封入されたガラス管で，その中を高電圧で加速された電流が流れる（図 0・4）．ガラス管の両端には金属の**電極**がはめ込まれていて，電極の間に電流が流れ始めると，ガラス管内部の気体が発光する．この電気の流れは**放電**とよばれ，それが放電管という名前の由来となっている．

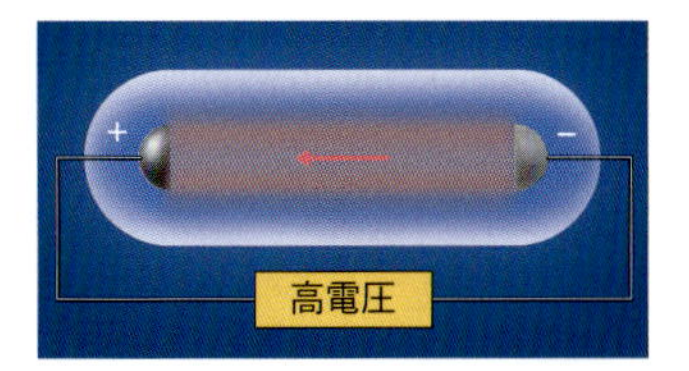

図 0・4 **気体放電管**．陰極線は負に荷電したカソードから正に荷電した陽極に流れる．

電極 electrode

放電 electric discharge

この現象が何によってひき起こされているかは，当初はわからなかったが，やがて，それが**カソード**（**陰極**）から**アノード**（**陽極**）に向かって動く負に荷電した粒子であることがわかった．物理学者はこの放電を，それがカソードから現れることから，**陰極線**とよんだ．

カソード cathode

アノード anode

陰極線 cathode ray

電子の電荷-質量比の測定　1897年に英国の物理学者トムソンは，陰極線管という特別な気体放電管を改良して，陰極線の性質を定量的に測定できるようにした（図 0・5）．トムソンの陰極線管では，陰極線が当たると発光する蛍光剤がガラス表面に塗ってあり，そこに陰極線が集光されるようになっている（点 1）．陰極線は磁石の両極の間と電荷をもった金属電極の間を通過する．磁場は陰極線をある方向に曲げるのに対して（点 2），電場はその陰極線を反対方向に曲げる（点 3）．電極上の電荷を調節

トムソン J. J. Thomson, 1856～1940

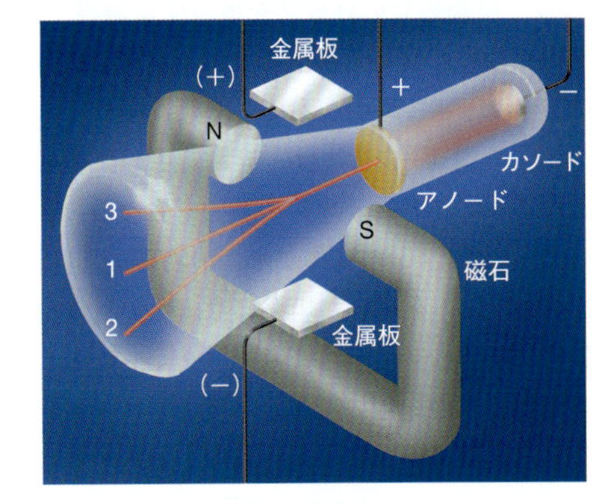

図 0・5 **トムソンの陰極線管**．電子の電荷-質量比を測定するのに使われた．

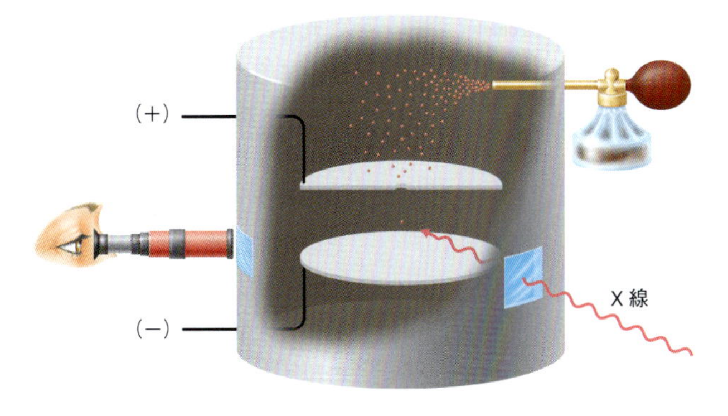

図 0・6 **ミリカンの油滴実験**．X 線照射によって電子の付着した油滴が，電場の中で落下する速度を測定することによって，電子の電荷を決定する．

すると，相反する二つの効果が打消し合う．磁場の効果と釣合うのに必要な電荷の量から，トムソンは陰極線粒子についてはじめて定量的な情報，すなわち電荷と質量の比（しばしば e/m と表される．ここで，e は電荷，m は質量を表す）を測定した．電荷–質量比の値は -1.76×10^8 C g^{-1} である．ここでC（クーロン）は電荷の標準単位で，マイナスの記号はその粒子が負の電荷を帯びていることを反映している．

陰極線管内の気体の種類にかかわらず，陰極線は常に同一の電荷–質量比の値をもち，その他の点でも気体の種類にかかわらず同じように振舞った．このことは，陰極線粒子はあらゆる物質の基本的な構成要素であることを示している．陰極線粒子とは，実は**電子**なのである．

電子 electron

電子の電荷と質量の測定　1909年にミリカンは，シカゴ大学において，電子の電荷が測定できる装置を考案した（図0・6）．その装置には，2枚の金属板が平行に置かれ，上の金属板には小さな穴があいている．ミリカンはその上のほうで，油滴を噴霧した．油滴の飛散が収まっていくと，油滴の一部はその小さな穴を通って2枚の金属板の間に入り込む．彼は，その金属板の間にある油滴にX線を照射した．X線は分子から電子を空気中に叩き出し，その電子は油滴に付着する．その結果，油滴は荷電する．彼は，荷電した油滴が落下する速度を，金属板間に電圧をかけた場合とそうでない場合の両方について測定した．それより，各油滴に荷電している荷電量を計算することができた．その結果の検討から，観測されたどの荷電量も，-1.60×10^{-19} C の整数倍であることを見いだした．この結果から，ミリカンは，各油滴の電荷は電子数の整数倍にしかなれないので，-1.60×10^{-19} C は各電子1個分の電荷に等しいに違いないと考えた．

ミリカン Robert Andrews Millikan, 1868～1953

ミリカンによって電子の電荷が決定されたので，電子の質量はトムソンが決定した電子の電荷–質量比から計算できる．その質量は 9.09×10^{-28} g と算出された．その後，より精密な測定が行われて，現在では，電子の質量は $9.10938291 \times 10^{-28}$ g と報告されている．トムソンによる初期の測定は，現代のより精密な測定の結果とよく一致している．

陽子の発見　原子から電子を取去ると，正に帯電した粒子，**イオン**が生成する．この粒子について調べるために，カソードに穴（canal）をあけてみると，陰極線とは逆の方向に進むビームが観測された．それは**カナル線**とよばれ，その挙動はガラス管に封入された気体の種類に依存した．その後，陰極線管の作製法を改良する過程で，これらの新しい放射線をより詳しく測定するために，**質量分析計**とよばれる新しい装置が考案された．その装置については，コラム0・2に説明がある．それは陽イオンの電荷–質量比の測定に用いられる．陽イオンの電荷–質量比は，放電管中の気体の化学的性質に依存することがわかり，それによって，各陽イオンの質量が異なることが示された．最も軽い正電荷を帯びた粒子は，放電管中の気体が水素の場合であり，その質量は電子よりも約1800倍重かった．他の気体を用いた場合には，その質量は水素イオンについて観測された質量の整数倍に必ずなっているようにみえた．このことは，水素原子から生成した正電荷の粒子の集まりが，他の気体から生成した正電荷の粒子となっている可能性を示唆している．水素原子から電子を1個取去ってできる粒子は，すべての物質における基本的な粒子の一つにみえるので，**陽子**と命名された．その名前はギリシャ語で“最初”を意味する“protos”に由来している．

イオン ion

カナル線 canal ray

質量分析計 mass spectrometer

陽子 proton

コラム 0・2 質量分析計と原子量の実験的決定

気体に放電すると，気体分子から電子が叩き出される．電子は負に荷電しているので，電子が叩き出されたあとの粒子は正電荷を帯びる．正電荷を帯びた粒子は，陽イオンとよばれる．これらの陽イオンの質量は，イオンのもととなる分子の質量によって異なる．たとえば，大きな質量をもっている分子からは重いイオンが生じ，小さい質量の分子からは軽いイオンが生じる．

気体分子から生ずる陽イオンを調べるための装置は，質量分析計とよばれる（図参照）．質量分析計では，陽イオンは特定の気体試料に放電することによって生成する．陽イオンが生ずると，それらは負に荷電した金属板に引きつけられる．その金属板の中心には，穴があいている．陽イオンのいくつかは，この穴を通り抜けて，管の中を飛行する．その管は，図に示したように強力な磁石の磁極の間に置かれている．

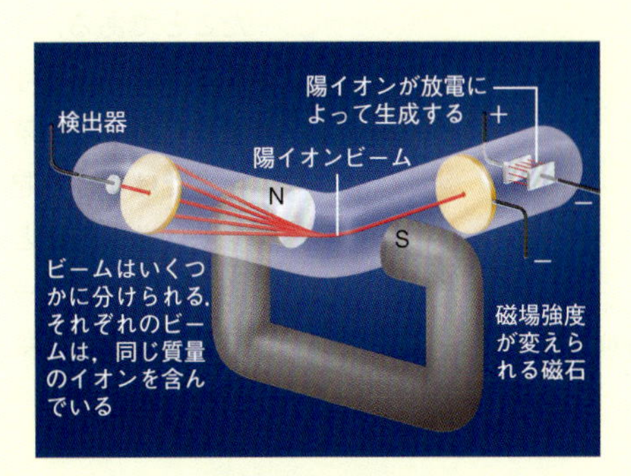

質量分析計の模式図

荷電粒子の特徴は，それが正負のいずれであっても，磁場を通過すると，その行路が曲がることである．そのことが，陽イオンが質量分析計の中で磁極の間を通過するときに起こっている．しかし，その行路がどの程度曲げられるかは，イオンの質量と速度に依存する．その理由は，重いイオンは，セメントを積んだ高速のトラックと同様に，その行路を変えるのがむずかしいのに対して，軽いイオンは自転車のようにその行路が容易に影響を受けるのと同じである．その結果，磁極の間から出てくるイオンの行路は，重いイオンと軽いイオンとで異なる．実際，異なる質量のイオンを含む入射ビームは，同一質量をもつイオンのビームに分別される．そのイオンビームの広がりが，異なるビームの並びをつくる．これを**質量スペクトル**（mass spectrum）とよぶ．

質量分析計には多くの種類がある．一つは，ここに示したものであって，磁場を徐々に変化させることによって，イオンビームを管の末端に置かれた検出器に対して掃引する．あるイオンビームが当たると，その強度が測定され，そのビーム中の粒子の質量が，磁場の強さ，粒子の速度，および装置の幾何学形状に基づいて算出される．

質量分析計を用いた測定から得られる量の一つは，非常に精確な同位体質量とその存在比である．これらは，非常に精確な原子量の基礎をなすものである．その値は，見返しの表に載っている（同位体については §0・5 参照）．

原子核の発見　20 世紀初頭，英国マンチェスター大学でラザフォードの指導を受けていたガイガーとマズデンは，金箔に α 線を照射すると何が起こるかを調べていた．α 線は陽子の 4 倍の質量と 2 倍の正電荷をもつ粒子の流れである．その粒子は，ある不安定な原子が**放射壊変**とよばれる現象を起こすことによって放出される．大部分の α 粒子は，金箔の中があたかも空洞であるかのように，金箔をまっすぐ通り抜けてりん光性のスクリーンに到達した（図 0・7）．しかし，一部の α 粒子は非常に大きな角度で向きが変えられた．そのなかには，金箔が石の壁であるかのように，逆向きに跳ね返されたものもあった．この実験の卓越した点の一つは，りん光性のスクリーンが

ラザフォード Ernest Rutherford, 1871～1937

ガイガー Hans Geiger

マズデン Ernest Marsden

放射壊変 radioactive decay

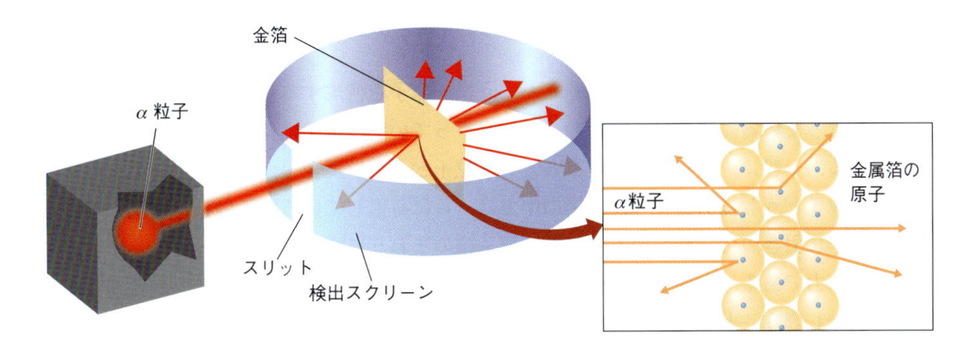

図 0・7 ラザフォードが原子核の存在を発見したときの実験装置． α 粒子のいくつかは非常に重い核（原子核）に衝突して，うしろ向きに跳ね返されるが，大部分は難なく通り抜ける．いくつかは，核に接近して，進路が少し変えられる．なぜならば，α 粒子はこれらの核と同じ正の電荷をもっているからである．

金箔のまわりを完全に囲んでいたので，大きな角度で曲げられたα粒子も観測できたことである．ラザフォードは，この結果を，15インチ砲で薄紙を撃ったら，砲丸が跳ね返って砲手が撃たれるという結果になぞらえて，驚愕した．ラザフォードは，粒子の散乱角の解析から，そのような現象は途方もなく大きい質量の正電荷をもった粒子だけがひき起こせるものであるとの考えに至った．そして，大部分のα粒子はまっすぐに進んだことから，金箔中の金原子はそのほとんどが空いていると考えた．最終的に，ラザフォードは，1個の原子のほとんどの質量は，原子の中心にあるごく小さい体積の粒子に集中しているとの結論に達した．彼は，その大きな質量の粒子を**原子核**と命名した．

原子核 atomic nucleus

中性子の発見　金属箔から散乱されたα粒子の道筋から，ラザフォードと彼の弟子たちは，その金属原子の原子核にある正電荷の数を推定することができた．それは，原子核中の陽子の個数と一致するものであった．しかし，陽子の個数から原子核の質量を計算すると，その値は常に実際の原子核の質量よりも小さかった．ラザフォードは，多くの原子では，陽子の個数から計算される原子核の質量は，実際の原子核の質量の半分にしかならないことを見つけた．これより，ラザフォードは，原子核の中には，陽子の他に粒子が存在すること，そして，その質量は陽子とほぼ等しいが，電荷をもたないことを予言した．その予言によって，未知の粒子探しが始まり，ついに1932年に英国の物理学者チャドウィックによって**中性子**が発見された．チャドウィックはその発見により1935年にノーベル物理学賞を受賞した．

チャドウィック James Chadwick, 1891～1974

中性子 neutron

原子を構成する粒子

これまでに述べてきた実験から，原子はより小さい3種類の粒子，陽子，中性子，および電子から構成されていることが示された．また，これらの実験から，原子の中心である原子核は，非常に小さく，きわめて高密度の芯になっていて，その中に陽子と中性子があることもわかった．それらは原子核の中にあるので，しばしば**核子**とよばれる．原子の中で電子は原子核を取囲んでいて，原子の残りの体積を埋めている．（電子が原子核のまわりでどのように分布しているかは7章の主題である．）原子より小さい粒子の性質は，表0・3にまとめてある．また，原子の一般的な構造を図0・8に示した．

■ 物理学者は原子を構成する多くの粒子を発見した．そのなかで化学者にとって最も重要なのは，陽子，中性子，電子である．

核子 nucleon

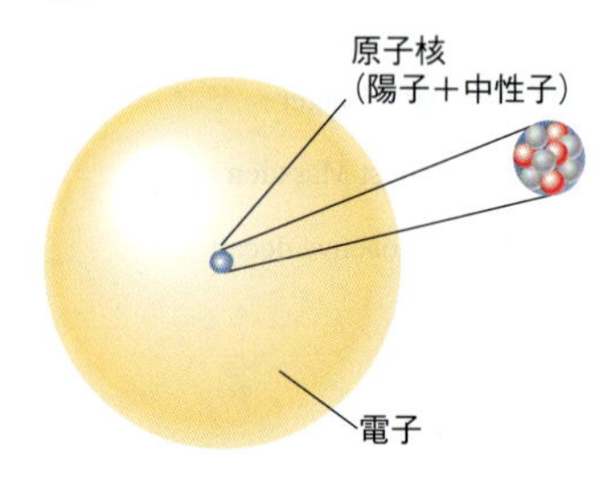

図 0・8　原子の内部構造． 原子の中には小さな原子核がある．原子核は，すべての陽子（赤色）と中性子（灰色）で構成されている．電子は原子核の外にある．

表 0・3　原子を構成する粒子の特性

粒子	質量（g）	電荷	記号
電子	$9.10938291 \times 10^{-28}$	1−	${}^{0}_{-1}e$
陽子	$1.672621777 \times 10^{-24}$	1+	${}^{1}_{1}H^{+}$, ${}^{1}_{1}p$
中性子	$1.674927351 \times 10^{-24}$	0	${}^{1}_{0}n$

原子中の3種類の粒子　上述したように，原子を構成する粒子のうちの2種は電荷をもっている．陽子は正電荷の1単位をもっていて，電子は負電荷の1単位をもっている．一般に，同種の電荷をもっている粒子どうしは反発し，反対の電荷をもっている粒子どうしは引き合う．原子の中では，負に荷電している電子は正に荷電している陽子に引きつけられている．実際，原子核のまわりに電子を引きつけているのは，この引力である．中性子は電荷をもっていないので，陽子ないし電子と引き合うことも反発し合うこともない．

電子は，その負電荷のために，互いに反発し合う．電子間の反発によって，電子は原子の体積全体に広がる．そして，電子と原子核の間の引力と電子どうしの斥力のバランスによって，原子の大きさが決まる．陽子どうしもまた反発し合うが，原子核の小さい体積のなかに互いにとどまることができる．なぜなら，その反発は，強力な核力と相殺されるからである．核力とは，他の素粒子にも関係した力で，素粒子物理学によって詳しく研究されている．

私たちが自然界で出会う物質は，一般に電気的に中性である．このことは，物質にはそれぞれ正と負の電荷をもつ粒子が同数存在することを意味する．したがって，中性原子では，電子と陽子の個数は等しくなければならない．

陽子と中性子は電子よりもはるかに重く，約 1800 倍重いので，どの原子においても，原子量はほとんどが原子核中の陽子と中性子の個数によって決まる．ところが，興味深いことに，原子の直径は，原子核の直径の約 10,000 倍なので，原子のほぼ全体積が電子によって占められ，それによって原子核のまわりの空間が満たされている．このことをよりわかりやすいスケールにして考えてみよう．もし原子核の直径がこの文末のピリオドの程度であるとすると，原子の直径は約 3 m となる．

原子番号と質量数

ある**元素**と他の元素とを区別しているものは，原子核中の陽子の個数である．これより，元素についてのドルトンの定義は以下のように修正されることになる．すなわち元素とは，同一の個数の陽子を含む原子だけからなる物質である．よって，各元素には，**原子番号**とよばれる固有の番号を割り当てることができる．これは原子核中の陽子の個数に等しい．ある原子の原子核の中の陽子と中性子の個数の和は，**質量数**とよばれる．

元素 element

原子番号 atomic number, Z

質量数 mass number, A

$$\text{原子番号}(Z) = \text{陽子の個数}$$
$$\text{質量数}(A) = \text{陽子の個数} + \text{中性子の個数}$$

現在までに発見ないし合成されている元素は 118 種あり，その名称と記号が本書の見返しに掲載してある．各元素には，固有の**元素記号**が割り当てられ，それらは元素名の略称として使われる．

元素記号 chemical symbol

多くの元素は，自然界では，同位体とよばれる原子の混合物として存在する．**同位体**は，原子としては異なるが，その化学的性質と物理的性質はほぼ同一である．ある元素の同位体は，陽子の個数は互いに同じであるが，質量数が異なる．つまり，各同位体は，原子番号と質量数という二つの数によって完全に定義される．これらの数は，元素記号の左側に，それぞれ下付および上付文字として記されることが多い．いま，ある元素の元素記号を X と表すとすると，X の同位体は，

同位体 isotope

■元素記号は，英語，ギリシャ語，ラテン語などの元素名の最初の 1 ないし 2 文字をとったものである．

$${}^{A}_{Z}\mathrm{X}$$

と表される．原子炉で用いられるウランの同位体であるウラン–235 は，質量数 235 なので，次のように記される．

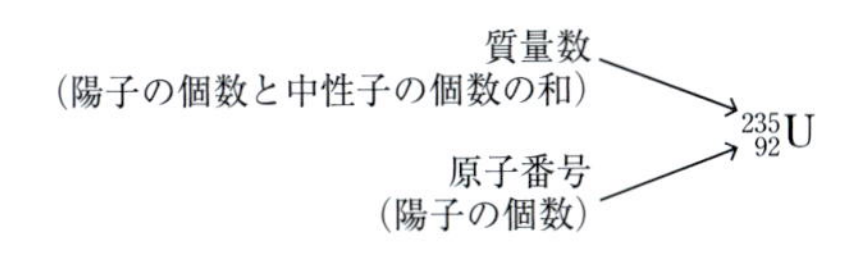

ここに示したように，この同位体の名称はウラン–235（U–235）であり，この原子は，

■中性原子では陽子の個数(Z)は電子の個数に等しい．

92 個の陽子と（235 − 92）= 143 個の中性子をもつ．ウランの中性原子であれば，92 個の電子をもつ．同位体の記号を記すときには，原子番号は省略されることがある．なぜなら，情報が重複するからである．どのウラン原子も 92 個の陽子をもっており，92 個の陽子をもつ原子がウランである．そのため，ウランの同位体は単に ^{235}U と書いてもよい．

天然に存在するウランでは，より存在比が大きいのは ^{238}U である．この同位体も 92 個の陽子をもっているが，中性子は 146 個である．つまり，^{235}U と ^{238}U の原子では，陽子の個数は等しいが，中性子の個数が異なる．

問題解法に関する重要な方針

化学の学習は，事実や式を覚えることではない．学習がうまくいくかどうかは，ほとんどが問題を解けるかどうかにかかっている．問題は，数値的なものもあるし，そうでないものもある．練習問題は重要なので，この教科書の一つの目標は，読者の問題を解く力を高めることにある．この目標に向けて，この教科書全体を通して，詳細な解答付きの例題を多数用意した．これをよく勉強してから，その後の練習問題を解いてほしい．すべての練習問題の解答は，巻末に収めてあるので，適宜参照してほしい．

どの例題も，4 段階からなっていて，優れた解答者の思考過程を追えるようになっている．自分で問題を解くときには，その手法に従うことを勧める．経験を積んでくると，これらの段階が問題を解くためのつなぎ目のない有効な方法になってくる．それは化学だけでなく，他の科目についてもいえる．

指針　これまでに行ったことのない場所にドライブするときには，いきなり車に乗り込んで運転を始めることはないだろう．まず，行く場所がどこにあるのか，そして，どのようなルートで行くかを考える．化学の問題を解くときも同様である．“指針”では，何が問われているかを正確に理解し，そのうえで，答えに到達するためには何を行わなければならないかを考える．この“指針”は，比較的簡単な場合もあるが，もっと複雑な問題の場合には，どのようにして問題を解くかを考えるのに時間がかかることもある．自分の解き方が正しいかどうかを再検討する必要が生じるかもしれない．

解法　どのように進めるかを決めると，次は現在の特定の問題に対して適用するさまざまな化学的解法を集めることである．これらはすでに本文中で説明しているものである．

解答　“指針”で詳しく解説した各段階に対して，適切な解法を適用することによって，答えに到達することができる．

確認　前の段階で答えが得られたが，それは正しい答えだろうか．その答えは意味をなしているだろうか．答えが得られたら，答えを点検する手法を身につけることが必要である．

例題 0・1　陽子，中性子，電子の個数を数える

Cr-52 の中性原子（同位体）には，電子，陽子，中性子は，それぞれ何個含まれるか．

指針　質量数 52 をもつ Cr-52 原子を構成する 3 種類の粒子の数が問われている．まず Cr の原子番号を知る必要がある．

解法　解法の第一歩は，原子番号(Z)の定義，および中性子と陽子の個数による質量数(A)の定義である．この解法は，中性の元素では陽子の個数と電子の個数が等しいことを示している．

解答　見返しの表から，Cr はクロムの元素記号であることがわかるので，$Z = 24$，$A = 52$ である．したがって，陽子 = 24，電子 = 24，中性子 = 52 − 24 = 28 となる．

確認　第一に確認すべきことは，陽子と中性の個数の和が，同位体の質量数になっているかである．第二は，どの粒子の個数であっても，それは質量数より大きくなることはない(この問題のなかで最大の数)．また，多くの場合，電子，陽子，ないし中性子の個数は，通常は，質量数の半分に近い．最後の確認は，中性原子であるから，陽子の個数は電子の個数に等しい．答えはこれらの条件を満たしている．

練習問題 0・4　プルトニウムの同位体のうち，中性子を 146 個もつものを記号で記せ．電子はいくつあるか．

元素の相対質量

原子より小さい粒子が発見される以前から，元素ごとに質量が異なることを示す多くの証拠が集まっていた．実際，ドルトンの原子説に由来する最も有用な概念は，あ

る元素の原子は，一定かつ固有の**原子量**（**原子質量**）をもつというものであった．この概念が，化学式決定への扉を開き，それは最終的に，化学者が化学的情報を組織化するうえで最も有用な元素の**周期表**への扉を開くものであった．しかし，原子の質量が，原子構造の知識なしに，どのようにして測定できるのであろうか．

原子量 atomic weight

原子質量 atomic mass

周期表 periodic table

個々の原子は，伝統的な方法で秤量するにはあまりに軽い．しかし，元素の原子の相対質量は，ある化合物中に存在する原子の割合がわかれば決定できる．それがどのようにできるのかについて，例をみてみよう．

初期の化学者たち，たとえばゲイ=リュサックは，気体が反応するさいには，その体積は常に簡単な整数比をなすことに気がついていた．アボガドロは，一定条件のもとでは，ある一定体積の気体には常に同数の分子が含まれることを提案した．多くの化学者は，ドルトンも含めて，アボガドロの仮説を受入れようとしなかったが，やがてこの仮説は，多くの化合物における構成原子の比が決定されることの答えになった．たとえば，水素 1 L がフッ素 1 L と反応してフッ化水素 2 L が生成したとすると，それに対する最も単純な説明は，水素とフッ素はいずれも二原子分子（H_2, F_2）であり，フッ化水素 HF は，水素とフッ素 1 原子ずつからつくられた分子であるとするものである．

ゲイ=リュサック Joseph Louis Gay-Lussac

フッ化水素における水素原子とフッ素原子の比がいったん決められれば，それはフッ化水素のどの試料をとっても，フッ素と水素原子の比は常に 1：1 であることを意味する．また，フッ化水素を分解すると，得られるフッ素の質量は水素の常に 19 倍であることから，フッ素と水素の質量比は必ず 19.0：1.0 であることがわかった．

- F と H との原子比は 1：1
- F と H との質量比は 19.0：1.00

原子比が 1：1 で，質量比が 19.0：1.00 であることを説明できる唯一の方法は，フッ素原子が水素原子よりも 19.0 倍重いとすることである．

たとえ F と H 原子の実際の質量が不明であったとしても，それらが比べられることはわかる（つまり相対質量はわかる）．同様の手順を，他の化合物の他の元素に用いれば，他の元素についても相対質量を決定することができる．次に必要なのは，これらすべての質量を同一の質量尺度に載せる方法である．

炭素-12：原子質量尺度の標準

統一的な原子質量尺度を確立するためには，相対質量を比較するさいの標準を選ぶ必要がある．現在は，炭素-12 を基準とすることが承認されている．炭素-12 は，炭素の最も豊富な同位体である．これを基準にすると，この同位体の 1 原子の質量は，正確に 12 質量単位である．この質量単位を**原子質量単位**という．この原子質量単位に **amu** という記号が用いられることもあるが，国際的に受入れられている記号は **u** なので，本書では一貫してこの記号を用いる．12 u を ^{12}C の 1 原子の質量と定めることによって，原子質量単位は炭素-12 原子 1 個の質量の 1/12 と定まる．

原子質量単位 atomic mass unit, 単位記号 u

- ^{12}C の 1 原子の質量は 12 u（定義）
- 1 u は ^{12}C の 1/12 原子の質量に等しい（定義）

現在の用語でいえば，ある元素の原子量は，炭素-12 の 1 原子（12 質量単位）を基準とした相対質量である．多くの元素は，天然では同位体の混合物として存在するので，原子量はその存在比による平均値となる．したがって，もし，ある元素の平均原子の質量が ^{12}C の質量の 2 倍であれば，その原子量は 24 u となる．

一般に，ある同位体の質量数は，その同位体の原子量とはわずかに異なる．たとえば，同位体 ^{35}Cl の質量は，34.968852 u である．実際，原子量が質量数に等しい同位体は ^{12}C だけである．なぜなら，この原子の質量は，正確に 12 u であることが定義によって定められているからである．

練習問題 0・5　アルミニウム原子は ^{12}C の 1 原子の質量の 2.24845 倍の質量をもっている．アルミニウムの原子量を求めよ．

練習問題 0・6　原子質量単位の尺度には任意性があった．他の原子を選び，その原子の質量の一部を原子質量単位にすることはできたか．あれば具体例を示せ．科学者が原子質量単位の定義として ^{12}C 原子の質量の 1/12 を選んだ理由を答えよ．

■水素には，中性子を 2 個もつトリチウムとよばれる 3 番目の同位体がある．水素の試料のなかでトリチウムの割合は無視できるほど少ない．

表 0・4　水素同位体の存在比

水素同位体	質量	存在比(%)
^{1}H	1.007825 u	99.985
^{2}H	2.0140 u	0.015
^{3}H	3.01605 u	痕跡量

化学者は一般に，天然に存在する同位体の混合物を扱う．同位体の混合物の組成は，その元素の由来にかかわらずほとんど一定なので，ある元素の原子の平均質量，つまり質量の平均といういい方ができる．たとえば，天然に存在する水素は，ほぼ 2 種類の同位体の混合物に，ごくわずかな第三の同位体が混じり，その割合は表 0・4 に示したとおりである．元素としての水素は天然に存在するので，その“平均原子量”は，C-12 原子の 0.083992 倍である．$0.083992 \times 12.000\ \mathrm{u} = 1.0079\ \mathrm{u}$ なので，水素の平均原子量は 1.0079 u である．この平均値は ^{1}H の原子量よりもごくわずかに大きい．その理由は天然に存在する水素は，表 0・4 に示したとおり，大部分が ^{1}H で，^{2}H がごく少量，そして ^{3}H が痕跡量だからである．

コラム 0・3　原子量は変化している

私たちは科学には，光速や原子質量単位のような確固とした不変の定数が存在すると思っている．しかし，本章でみてきたように，電子の e/m ないし質量といった量の最初の測定値はあまり精確ではなかった．その後，繰返し行われた測定と装置の改良によって，これらの値は改善されていった．国際純正・応用化学連合（IUPAC）と米国国立標準技術研究所（National Institute of Standards and Technology, NIST）は，新しいデータの評価を行い，変更の必要があれば，科学者の団体や学会に対してそれを報告している．また IUPAC は，定期的に原子量の最新の研究による値を報告しており，日本では，日本化学会が毎年，学会誌“化学と工業”の 4 月号に最新のデータを報告している．

表 1　IUPAC が報告している原子量

元素名	慣用値	標準値
水素	1.008	[1.00784～1.00811]
リチウム	6.94	[6.938～6.997]
ホウ素	10.81	[10.806～10.821]
炭素	12.011	[12.0096～12.0116]
窒素	14.007	[14.00643～14.00728]
酸素	15.999	[15.99903～15.99977]
ケイ素	28.085	[28.084～28.086]
硫黄	32.06	[32.059～32.076]
塩素	35.45	[35.446～35.457]
タリウム	204.38	[204.382～204.385]

最近 IUPAC は，原子量の変更に関する報告を出した．それによると，表 1 に示した 10 種類の元素については，原子量がそれぞれ一つの値としては決定できない．これらの元素の同位体は，地球上の場所によって存在比が異なるからである．たとえば，水素の原子量は，1.00784 から 1.00811 までの値をとり，もし，その試料が試薬由来であれば，自動車の排気ガス由来よりも大きい値をとるであろう．これと同様に二つの値をとる状況は，他の元素にもみられる．本章のあとのほうで述べるが，この情報は，犯罪事件の捜査にすでに利用されている．

結局，IUPAC はいくつかの元素は原子量に関して単一の値ではなく，ある範囲の値を使うことを推奨している．次章で学ぶように，実験的な測定は必ず不確定性が伴うものであり，IUPAC の報告はこの点を強く印象づけている．リチウム以外の元素については，表の中の値の範囲は，1％の 1/10 以下である．本書における計算は，IUPAC が公表している不確実性の影響を受けないであろう．リチウムに関しては，核融合炉の原料である ^{6}Li が抽出された後のリチウムが試薬として市販されている．このためリチウム試薬の中の ^{6}Li の存在比は 2.007～7.672 と大きく変動しており，注意が必要である．

科学者はいまもなお精度向上のために，同位体の質量を測定し，平均原子量の計算を行っている．化学におけるさまざまな標準値や規格は，**国際純正・応用化学連合(IUPAC)**とよばれる国際的な科学者の組織で定められており，平均原子量の改訂も必要に応じて行われている．コラム0・3で紹介するように，IUPACが最近明らかにしたところでは，いくつかの元素では平均原子量が単一の値には決まらない．

国際純正・応用化学連合 The International Union of Pure and Applied Chemistry, 略称 IUPAC

平均原子量：同位体存在比からの計算

もともと，元素の相対原子量は，水素とフッ素についてすでに述べた方法で決定されていた．ある化合物の試料について，成分元素の質量を求め，元素の比から原子の相対質量を算出した．それらの相対質量を，必要に応じて ^{12}C と関係づけた．今日ではコラム0・2で紹介した高分解能質量分析法のような方法を用いて，元素の同位体存在比と原子量がともに精確に決定されている．ある同位体の**存在比**は，ある元素について，全同位体の全原子数に対して，ある同位体の原子数が占める割合として定義される．

存在比 relative abundance

ある同位体の存在比 ＝ ある同位体の原子数/全同位体の全原子数

この種の情報から，平均原子量のより精確な値を算出できる．どの元素についても，平均原子量は，各同位体についての存在比と同位体の原子量の積を足し合わせることによって求められる．この計算の方法を例題0・2に示した．

例題 0・2 同位体の存在比から平均原子量を算出する

天然に存在する塩素は，2種類の同位体の混合物である．この元素のどの試料でも，75.77％の原子は ^{35}Cl であり，24.23％は ^{37}Cl である．精確に測定された ^{35}Cl の原子量は 34.9689 u，^{37}Cl の原子量は 36.9659 u である．これらのデータから，塩素の平均原子量を算出せよ．

指針 各同位体の存在比を調べる．次に，各同位体ごとに原子量に存在比を掛けて，加え合わせると，平均原子量が得られる．

解法 ある試料が2種類以上の同位体からなっている場合には，一つの同位体Xの原子量への寄与は，次の式を用いて算出できる．

Xの原子量への寄与 ＝(Xの原子量)×(Xの存在比)

解答 2種類の同位体からの原子量の寄与は，以下のように算出される．

$$^{35}\text{Cl の原子量への寄与} = 34.9689\ \text{u} \times \frac{75.77\%\ ^{35}\text{Cl}}{100\%} = 26.496\ \text{u}$$

$$^{37}\text{Cl の原子量への寄与} = 36.9659\ \text{u} \times \frac{24.23\%\ ^{37}\text{Cl}}{100\%} = 8.957\ \text{u}$$

これらの寄与から平均原子量が決まる．

$$26.496\ \text{u} + 8.957\ \text{u} = 35.453\ \text{u} \quad \text{丸めて} \quad 35.45\ \text{u}$$

この2段階の問題において，最後に有効数字4桁に丸めるまで，もう1桁余計にとっていたことに注意しよう．

確認 答えは，当然のことながら，最大の原子量と最小の原子量の中間の値になるはずである．この分析をさらに進めると，答えは ^{35}Cl の原子量に近いはずである．なぜなら，^{35}Cl は ^{37}Cl よりも存在比が大きいからである．ここで得た結果は，37よりも35に近い．したがって，答えは妥当と考えられる．

練習問題 0・7 天然に存在するホウ素は，^{10}B 原子が19.9％，^{11}B 原子が80.1％の混合物として存在する．^{10}B 原子の原子量は10.0129 u，^{11}B 原子の原子量は11.0093 u である．ホウ素の平均原子量を求めよ．

練習問題 0・8 ネオンは，ネオンランプの中の気体として使われているが，これは ^{20}Ne 原子が90.483％，^{21}Ne 原子が0.271％，^{22}Ne 原子が9.253％の混合物である．^{20}Ne の原子量は19.992 u，^{21}Ne は20.994 u，^{22}Ne は21.991 u である．ネオンの平均原子量を求めよ．

最近の研究から，同位体の存在比の測定は，犯罪事件の解決に役立つ場合のあることがわかった．同位体存在比が場所によってわずかに異なることが，ある殺人事件において重要な情報となったのである．詳細はコラム0・4を参照せよ．

コラム 0・4　同位体比が犯罪の解明に役立つ

地球上の同位体分布の違いが科学捜査に役立った．1971年2月に，女性の死体が，米国フロリダ州中央パナソフル湖最南端にある高速道路の高架下で見つかった．彼女は殺害されていた．担当の刑事は，彼女が誰であるか，そして犯人が誰であるかもわからず，ジェイン・ドという人物として埋葬された．

1987年に，さらに捜査をするためにその死体が墓から掘り出された．しかし，当時の科学捜査からは何も結論は得られなかった．ところが，2012年に骨と皮になった死体が南フロリダ大学にあるタンパ湾未解決殺人事件プロジェクトに送られ，歯のエナメル質，骨，および毛髪が採取された．この試料について，鉛，炭素，酸素の同位体が分析されたが，これらの元素が彼女の来歴を解く鍵となった．

岩石と土壌における異なる元素の同位体比は，その地理的な場所によって異なる．質量分析計（コラム 0・2）を使うと，これらの同位体比を決めることができ，それが世界中のどの場所によるものかを対応づけることができる．

彼女がどこから来たかを示す第一の元素は鉛であった．テトラエチル鉛は，1970年代までアンチノック剤としてガソリンに添加されており，この鉛が，空気，土壌，食物，そして成長期の子どもの身体を汚染していた．ヨーロッパで使われていた鉛はオーストラリアからきたものであり，その同位体組成は米国で使われていた鉛のものとは異なる．これから，この女性はヨーロッパ出身であることがわかった．

第二の元素である酸素の同位体は，南ヨーロッパに注意を向けさせた．海から水が蒸発すると，酸素のより重い同位体である ^{18}O と ^{17}O は，海岸のより近くに堆積する．彼女の骨の中の酸素は，よい重い同位体の濃度が高かった．鉛と酸素の同位体のパターーンの組合わせから，彼女の出身地はギリシャであることが60～70%の確率で推定された．

分析された最後の同位体は炭素であった．彼女の毛髪を使って，その長さに対する炭素の同位体比を調べたところ，彼女が米国に来たのは最近であると結論することができた．米国ではトウモロコシ由来の食物を常食とするのに対して，ヨーロッパでは小麦由来の食物を常食とするが，米国のトウモロコシは，炭素の重い同位体の濃度が高いからである．

1 科学的測定

前章で化学は原子と分子の科学であることを学んだ．原子と分子の性質が微視的に理解できれば，化学物質の性質が巨視的に理解できることになる．その理解は精密で定量的な測定に基づく．たとえば，月と地球の間の距離をレーザー計測技術で測定する実験において，レーザー光を月に向けて発射し，そのレーザー光が地球に戻るまでの時間を計測することによって，距離が正確に決定できる（欄外の図参照）．化学の研究を行うために，科学者は系統的な測定を行いその結果を報告する．それによって微視的な世界が説明できるようになる．

月と地球の間の距離をレーザーで計測する

学 習 目 標

- 科学的方法論の理解
- 物質の分類
- 物質の物理的および化学的性質の計測とその解釈
- 計測の理解と SI 単位の使用
- 測定誤差の原因と有効数字の理解
- 次元解析の理解と活用
- 物質の密度の決定および換算係数の理解

1・1　法則と理論：科学的方法

自然現象を解明するために科学者のとる手法は，一般に**科学的方法**として知られている．これは基本的には情報を収集し，その情報を説明することの繰返しである（図1・1）．

科学的方法 scientific method

科学においては，再現性のある条件のもとで実験を行って情報を取得する．このため，**観測**結果には**再現性**がある．つまり，繰返しが可能で，しかも同一の結果が得られる．実験から得られた観測結果は**データ**とよばれる．観測結果が有効であると判断されるためには，それに再現性がなければならない．

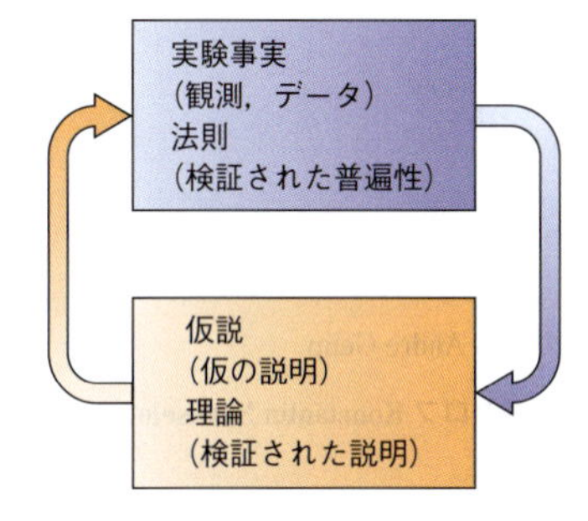

図 1・1　科学的方法では観測と説明を繰返す． 観測結果が説明を生み，その説明から新しい実験が提案され，その実験から新たな説明が生まれる．

観測 observation

再現性 reproducible

データ data

結論 conclusion

実験によって得られたデータから，しばしば**結論**が導かれる．結論とは，一連の観測結果の考察に基づく主張である．たとえば，ブドウ果汁を発酵させてワインをつくることに関する以下の主張について考えてみよう．

1. 発酵の前は，ブドウ果汁は非常に甘く，アルコールを含んでいない．
2. 発酵の後は，ブドウ果汁はもはや甘くなく，多量のアルコールを含んでいる．
3. 発酵においては，砂糖がアルコールに変換される．

主張 1，2 は観測結果である．なぜなら，これらはブドウ果汁の性質についての主張であり，それは味をみて，においを嗅げば確かめられるからである．主張 3 は結論である．なぜなら観測結果の解釈だからである．

観測結果と科学法則

科学の一つの目的は，データ間の関係を確立し一般化できるように事実を組織化することにある．たとえば，空気のような気体のふるまいを研究すると，気体の体積は，気体の量，温度，圧力をはじめとする多くの物理的性質に依存することがわかる．これらの物理的性質に関する観測結果がデータである．

法則 law

多くの異なる温度と圧力での実験から得られたデータをよく調べることによって，気体の温度を一定に保ったときには，気体の体積を半分に圧縮すると気体の圧力は2倍になることがわかる．多くの実験に基づいたこのような広い一般化は，**法則**とよばれ，しばしば数式として表現される．たとえば，気体の圧力を P，体積を V と表すと，気体の圧力と体積が互いに反比例の関係にあることは，

■ 気体の圧力はその体積に反比例する．したがって，体積が減少すれば圧力は増大する．

$$P = \frac{C}{V}$$

と書ける．ここで，C は比例定数である（気体とその法則については10章で詳しく述べる）．

仮説と理論：理論モデル

法則はどれだけ有用であっても，単に何が起こるかを述べるだけである．たとえば，気体はなぜそれほど簡単に圧縮されて小さい体積になるのか．あるいは気体がそのように振舞うための最も基本的な要件は何か．このような問に答えることは，それがはじめて発せられるものである場合には，簡単なことではなく，多くの推測が必要となる．しかし，時間をかけて科学者は観測された法則が説明できる**理論モデル**を築きあげてきた．

理論モデル theoretical model

仮説 hypothesis

理論モデルをつくり出すためには，科学者はまず**仮説**とよばれる仮の説明をつくる．そして，そのモデルから導かれる予測を確かめるための実験を行う．その結果，モデルがまちがっていることが示されることもある．そうなると，そのモデルは捨てられるか，あるいは新しいデータを説明できるようにモデルを変更する．最終的に，繰返し行われる試験に耐えられれば，そのモデルは理論としての地位を獲得する．**理論**とは，自然のふるまいについて十分に検証されたモデルである．しかし，ある理論がまちがいである可能性を示す実験をすべて行うことは不可能なので，ある理論が絶対的に正しいということはできない．

理論 theory

ガイム Andre Geim

ノボセロフ Konstantin Novoselov

科学のなかで運と工夫が重要な役割を果たすことがある．たとえば，2004年にガイムとノボセロフ（2人はグラフェンに関する研究で2010年にノーベル物理学賞を受賞した）は，スコッチテープとグラファイト（炭素の同素体の一つ）を使って，グラファイトから炭素原子の単原子層，すなわちグラフェンを抽出した（図1・2）．この新しい抽出の手法によって，他の研究者たちがグラフェンの性質を明らかにすることができた．たとえば，わずか1原子の厚みしかないのに信じられないほど頑丈であり，また，これまでに知られている最高の伝導体の一つであることが明らかになった．しかし，ガイムとノボセロフに創造性がなければ，このような発見はなかったであろう．

図 1・2　グラフェン．炭素原子の単原子層が，信じられないほど頑丈で柔軟な物質を形成している．

科学における最も劇的な変化は，主流となっている理論がまちがいであることが証明されたときに起こる．このようなことは滅多に起こらないが，そのようなことが起これば，科学者たちは新しい理論を探索しなければならない．

理論モデルとしての原子説

自然についてこれまでに定式化された最も重要な理論モデルが原子説であることは，科学者のほぼ誰もが同意するであろう．原子説については，すでに§0・4で少し学んでいる．この理論によれば，すべての化学物質は**原子**とよばれる極微小の粒子からなり，原子はさまざまなしくみで結合して，私たちを取囲んでいる**巨視的**な世界にみられるあらゆる複雑な物質を形成する．この理論は，科学者が自然について考える方法の基礎となっている．また，原子説によってさまざまな化学的現象を説明できることが，本書の中心的なテーマでもある．

原子 atom

巨視的 macroscopic

■巨視的とは，肉眼で観測できる物体のことをいう．

1・2 物質とその分類

上で述べたように，化学の目標の一つは，私たちが身のまわりや実験室で観察している事柄を，個々の原子とその結びつきが超微視的なレベルで振舞う仕方と，結びつけることである．その説明を始めるためには，まず，化学が巨視的な世界をどのようにみているのかを知る必要がある．

物質の定義

化学は物質の性質と変換にかかわるものである．**物質**とは空間を占有するとともに質量をもつすべてのものである．それは，私たちの宇宙をつくっているものにほかならない．私たちの身のまわりの物体はすべて物質である．

物質 matter

物質についての定義では，重量ではなく質量を用いていることに注意しよう．質量と重量という言葉は，それらが異なるものを意味している場合でさえ，区別されずに使われることがある．**質量***はどれだけの量の物質があるかを意味するのに対して，**重量**はあるものが重力によって引きつけられる力の程度を意味する．たとえば，ゴルフボールはある量の物質を含んでいて，ある質量をもっている．その質量はゴルフボールがどこにあるかに関係なく一定である．しかし，ゴルフボールの地球上での重量は月の上の約6倍である．なぜなら，地球の重力は月の6倍だからである．質量は場所によらないので，物体中の物質の量を特定するときには，重量よりも質量を用いる．質量は，秤(はかり)とよばれる道具によって測定される．秤については§1・4で述べる．

質量 mass

* 質量は，物体の運動量や運動の変化に対する抵抗の尺度である．質量の大きいものは，たとえばトラックは，多くの物質をもっていて，その動きをすぐに止めることは困難である．一方，質量の小さいもの，たとえば野球ボールはその動きを簡単に止められる．

重量 weight

元　素

化学はとりわけ**化学反応**に関係する．化学反応とは，物質の化学的組成を変える変換である．化学反応の一つの重要なタイプは，**分解**である．分解とは，ある物質が2種類ないしそれ以上の物質に変化することである．たとえば，融解させた塩化ナトリウム（塩）に電流を通すと，銀色の金属ナトリウムと淡緑色の塩素が生ずる．この変化は，塩化ナトリウムがより単純な二つの物質に分解したことである．しかし，ナトリウムも塩素も，決して化学反応によってより単純な物質に変換したり，それを貯蔵したり調べたりすることはできない．

化学反応 chemical reaction

分解 decomposition

化学では，化学反応ではそれ以上簡単な物質に分解することができない物質を**元素**という．ナトリウムと塩素は元素の二つの例である．他に，鉄，アルミニウム，硫黄，炭素（グラファイト，ダイヤモンド，グラフェンなどとして存在）もなじみのある元素である．元素によっては室温で気体のものもある．たとえば，酸素，窒素，水素，塩素，およびヘリウムである．元素は，化学者が直接操作できる最も単純な物質の形

元素 element

図 1・3　天然に存在するいくつかの元素. 硫黄(a), 金(b), ダイヤモンド(c)としての炭素(石炭も大部分は炭素からなる).

態である. より複雑な物質は, 元素のさまざまな組合わせによってできている. 図1・3には, 自然界において他の元素と結合していない元素をいくつか示してある.

元素記号

元素記号 chemical symbol

これまでに科学者は天然に存在する90種類の元素を発見し, さらに28種類の元素をつくり出し, 元素の種類は合計118種に及ぶ. 各元素には独自の**元素記号**が割り当てられ, 元素名の略称として用いられている. 元素の名称と元素記号は, 本書の見返しに示してある. 多くの場合, 元素記号は英語名の1ないし2文字からなっている. たとえば, 炭素 (carbon) はC, 臭素 (bromine) はBr, ケイ素 (silicon) はSiと表される. 元素によっては非英語名に由来する場合もある. ラテン語に由来する元素記号を表1・1に示す. タングステン (tungsten) はWと表されるが, これはタングステンのドイツ語名であるWolframに由来する. 記号が何に由来するかにかかわりなく, 記号の先頭は大文字であり, 2文字からなる場合, 2番目は必ず小文字である.

元素記号は, 化学式にも使われる. たとえば, 水 H_2O, 二酸化炭素 CO_2 である. 化学式については, このあとさらに多くのことを学ぶ.

表 1・1　ラテン語名に由来する元素記号をもつ元素

元素	元素記号	ラテン語名
ナトリウム	Na	Natrium
カリウム	K	Kalium
鉄	Fe	Ferrum
銅	Cu	Cuprum
銀	Ag	Argentum
金	Au	Aurum
水銀	Hg	Hydrargyrum
アンチモン	Sb	Stibium
スズ	Sn	Stannum
鉛	Pb	Plumbum

化合物

化学反応によって, 元素はさまざまな比率で結合して, 自然界に存在するすべてのより複雑な物質をつくり出している. たとえば, 水素と酸素が結合して水 H_2O に, ナトリウムと塩素が結合して塩化ナトリウム NaCl (食塩) になる. 水と塩化ナトリウムは, 化合物の例である. **化合物**とは, 2種類以上の元素が, 常に同一かつ一定の質量比で結合することによってつくられた物質である. たとえば, 純粋な水を分解す

化合物 compound

れば，酸素の質量は水素の質量の８倍となる．

混 合 物

元素と化合物は，**純物質***の例である．純物質の**組成**はその物質の由来にかかわらず，常に一定である．通常私たちが出会うのは，化合物ないし元素の混合物である．元素や化合物とは異なり，**混合物**の組成は一定ではない．

純物質 pure substance

* これまで物質という用語を比較的ゆるく用いてきた．厳密にいえば，物質とは純物質を意味している．元素も化合物も純物質である．混合物は２種類以上の物質からなる．

組成 composition

混合物 mixture

混合物には均一，不均一のどちらもある．**均一混合物**は，その試料のどこをとっても同じ性質を示す．その一例はよく撹拌された砂糖水である．このような均一な混合物は**溶液**とよばれる．溶液は液体とは限らず，均一でさえあればよい．たとえば，米国の 5, 10, 25 および 50 セント硬貨で使われている合金は，銅とニッケルの固溶体であり，きれいな空気は酸素と窒素および多くの他の気体からなる混合気体である．

均一混合物 homogeneous mixture

溶液 solution

不均一混合物は性質の異なる二つ以上の領域からなる．その領域は**相**とよばれる．たとえば，サラダドレッシングのオリーブ油と酢との混合物は，油が酢の上に分離した層として浮いている２相の混合物である．しかし，混合物における複数の相は，油と酢のように化学的に異なる物質である必要はない．氷と液体の水との混合物は，２相の不均一混合物である．その２相は化学組成は同一であるが，密度など物理的な状態は異なる．

不均一混合物 heterogeneous mixture

相 phase

物理変化と化学変化

混合物をつくる過程には，**物理変化**がかかわる．なぜなら，新しい化学物質は形成されないからである．図１・４に，鉄粉と硫黄の粉末を皿に盛って，混ぜ合わせた写真を示した．混合物はできるが，両元素のもともとの性質は保たれたままである．その混合物を分離するために，物理変化を利用してみよう．たとえば，鉄はその混合物を磁石でかき混ぜるという物理的操作を行うと，分離できる．鉄粉は磁石を引っ張り上げれば，それにくっついてくるので，硫黄は残る（図１・５）．また，その混合物は，二硫化炭素とよばれる液体に入れても分離できる．二硫化炭素には，硫黄は溶けるが，鉄は溶けないからである．その硫黄の溶液を沪過して，固体の鉄を沪別し，沪液から二硫化炭素を留去すれば，もとの成分である鉄と硫黄を互いに分離することができる．

物理変化 physical change

化合物の形成は必ず**化学変化**を伴う．なぜなら，物質の化学的構成が変化するからである．たとえば，鉄と硫黄は化合して“愚者の金”（黄鉄鉱）とよばれる化合物を形成する．そのようによばれる理由は，これが本物の金のように輝くからである（図１・

化学変化 chemical change

図 1・4 鉄と硫黄の混合物． (a) 硫黄および鉄の粉末試料．(b) 硫黄と鉄の粉末試料を撹拌してできた混合物．

図 1・5 混合物ができても，化学的な組成は変わらない． 鉄と硫黄の混合物ができても，これらの元素からなる化合物は生成しない．この混合物は，鉄を磁石で吸いあげることによって分離できる．混合物の生成は，物理変化を伴う．

図 1・6 "愚者の金". 黄金色の黄鉄鉱は，鉄と硫黄からなる化合物である．この化合物では，鉄と硫黄の性質は失われている．

練習問題 1・1　次の物質を元素，化合物，均一混合物，不均一混合物のいずれかに分類せよ．
(a) 鉛　(b) コーヒー　(c) 砂糖　(d) 花崗岩　(e) リン

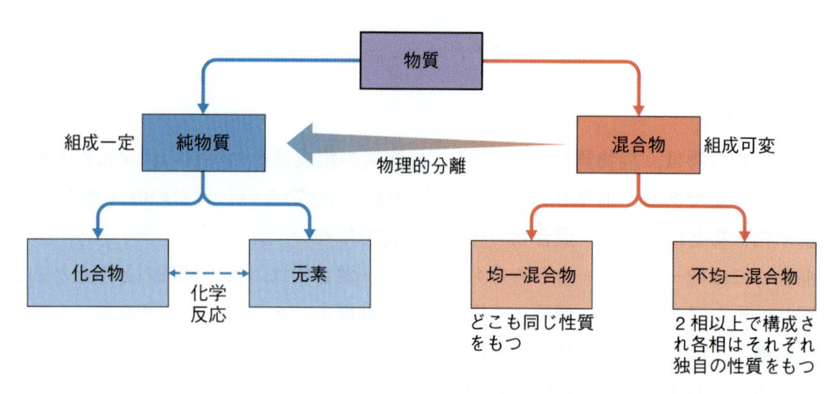

図 1・7　物質の分類

6)．この化合物においては，いずれの元素も，もはや化合する前の性質を保っておらず，物理的な方法で分離することはできない．黄鉄鉱を鉄と硫黄に分解するのも化学反応である．元素，化合物および混合物の関係を図 1・7 に示す．

1・3　物理的および化学的性質

性質 property

化学では物質を同定し，区別するのに，**性質**を利用する．系統立った考え方をするために，性質を二つのタイプに分ける．一つは，物理的か化学的か，つまり性質を調べることによってその物質が変化するか否かである．もう一つは，示強的か示量的かである．つまり，物質の性質がその物質の量に依存するか否かである．

物理的性質

物理的性質 physical property

性質を分類する第一の方法は，性質を調べるさいに物質の化学的な組成が変化するか否かである．**物理的性質**とは，その物質の化学的組成を変化させずに調べられる性質である．たとえば，金の物理的性質の一つは，金が黄金色を呈することである．その性質（色）を調べる行為は，金の化学的組成を変化させることはない．金が電気を通すことを調べても，金の化学的組成は変化しない．したがって，色も電気伝導性も物理的性質である．

物理的性質を調べるさい，物理変化が起こる場合がある．たとえば，氷の融点を測定するためには，固体である氷が融解し始める温度を観測する（図 1・8）．これは物

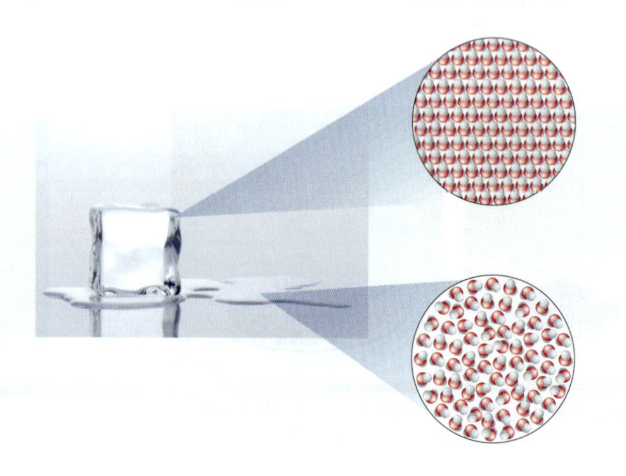

図 1・8　液体である水も固体である氷も，ともに水分子からなる． 氷の塊を融かしても，その分子の化学的組成は変化しない．

理変化である．なぜなら，この変化は化学的組成の変化をもたらさないからである．氷も液体の水も，水分子からできている．

物質の状態

氷の融解を観察すると，液体と固体という物質の二つの状態をみることになる．水はまた気体としても存在できる．水の気体は，水蒸気とよばれているものである．氷，液体の水，および水蒸気は，その外見も物理的性質も非常に異なるが，水の異なる形態にすぎない．**固体**，**液体**，および**気体**は，物質の最もありふれた状態である．水と同様に，大部分の物質はこの三つの状態のいずれとしても存在できる．そして，観測される状態は，一般に温度に依存する．固体，液体，および気体の性質は，原子スケールでは粒子の組織化のしくみの違いに関係しており（図1・9），ある状態から他の状態への変化は物理変化である．

固体 solid
液体 liquid
気体 gas

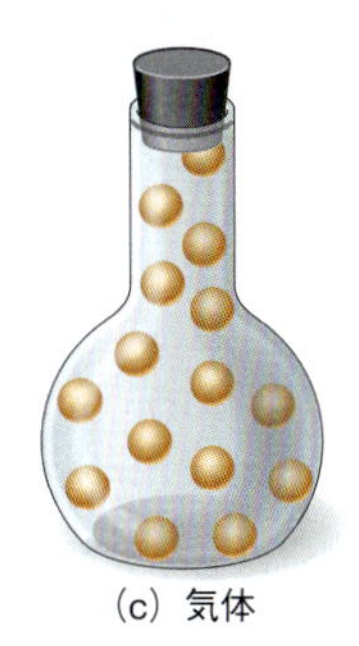

図1・9　物質を原子模型でながめた場合の固体，液体および気体の状態． (a) 固体では，粒子は密に詰まっており，容易に移動することはできない．(b) 液体では，粒子は互いに近接しているが，互いの粒子は容易に通りこすことができる．(c) 気体では，互いの粒子は十分離れている．

化学的性質

化学的性質は，ある物質がどのような化学的変化（化学反応）をするかを示している．化学反応が起こると，物質どうしが相互作用して，異なる化学的および物理的性質をもつ全く別の物質を生成する．すでに述べたように，黄鉄鉱は硫黄と鉄との反応によって生成し，それは硫黄，鉄のいずれとも異なる．その金色の固体は，磁石には吸いつかない．

化学的性質 chemical property

鉄が硫黄と反応して黄鉄鉱を生成する能力は，鉄の化学的性質である．黄鉄鉱の生成反応のあとには，もとの物質（鉄および硫黄）がなくなっていることを確認することができる．化学的性質を記述するとき，私たちは通常，化学反応について述べている．

示強性と示量性

性質を分類するもう一つの方法は，その性質が試料の量に依存するか否かである．たとえば，金の二つの塊は，異なる体積をとれるが，いずれも特徴的な光沢のある黄色を示し，ともに同一の温度で融解し始める．色や融点，沸点は**示強的性質**で，試料の大きさに依存しない性質である．一方，体積は**示量的性質**で，試料の大きさに依存する性質である．質量も示量的性質である．

示強的性質 intensive property
示量的性質 extensive property

化学者が行う仕事の一つは化学分析である．“この試料は何から構成されているか”という問に対して，化学者は，その試料である化学物質の性質を分析する．同定の目的には，示強的な性質が示量的な性質よりも有用である．なぜなら，ある物質のどの試料も同一の示強的性質を示すからである．

練習問題 1・2　次の各変化を物理変化と化学変化のいずれかに分類し，その理由を説明せよ．(a) 砂糖がキャラメル化する．(b) 鉄のワイヤーが電流を通すと赤く輝く．(c) 液体窒素は −196 °C で沸騰する．

色，凝固点，および沸点は，物質を同定するのに役立つ示強性の物理量の例である．化学的性質も示強性であり，同定に役立つ．たとえば，金鉱夫は本物の金と“愚者の金”，すなわち黄鉄鉱（図 1・6）を，炎で加熱させることによって区別することができる．金には何も起こらないが，黄鉄鉱はぱちぱちと音を立て発煙し，そして悪臭を放つ．なぜなら，黄鉄鉱は加熱すると，空気中の酸素と化学的に反応するからである．

1・4　物理的および化学的性質の測定

定性的および定量的観測

定性的観測 qualitative observation

定量的観測 quantitative observation

測定 measurement

これまで，科学的方法における重要な過程は観測であることを学んだ．一般に，観測は二つの範疇に分けられる．定性的と定量的である．**定性的観測**とは，化学物質の色や，化学反応を起こすと混合物が熱くなるような事象の観測であり，数値的な情報にかかわらない．**定量的観測**とは，数値データを取得する**測定**である．そのような測定とは，日常生活でも行われている．たとえば，時計を見たり，体重計にのったりすることである．化学ではさまざまな測定を行い，それにもとづいて化学的および物理的性質を記述する．

測定は単位を伴う

測定単位 unit of measurement

測定は数を伴うが，その数は数学で使われる数とは二つの点で決定的に異なる．

第一に，測定は必ず比較を伴う．ある人の身長が 1.8 m であるという場合，実際には，その人の身長は，長さ 1 m の参照物体に比べて 1.8 倍であるということになる．ここで，1 m は**測定単位**の一例である．数と単位の両方が測定の本質的部分である．なぜなら，単位が大きさの意味を与えるからである．たとえば，2 点間の距離が 25 であるといわれたとすると，その距離は 25 ミリ，25 センチ，25 メートル，あるいは距離を表す何か他の単位かもしれない．単位を伴わない数は無意味なのである．

第二の重要な違いは，測定には必ず不確定性が伴うことである．測定は常に正確であるとはいえない．測定という行為には，必ず何らかの推定が伴う．そして，測定者と測定装置の両方に固有の物理的限界がある．その結果，測定には必ず不確定性が伴い，それを最小化することはできるが，完全に取除くことはできない．この話題については，§1・5 で取上げる．

国際単位系（SI 単位）

表 1・2　SI 基本単位

測量	単位	単位記号
長さ	メートル	m
質量	キログラム	kg
時間	秒	s
電流	アンペア	A
温度	ケルビン	K
物質量	モル	mol
光度	カンデラ	cd

国際単位系 International Systems of Units

基本単位 base unit

標準単位系は，測定を整合的に行うためには必要不可欠である．科学においては，メートル法に基づく単位が使われる．メートル法を用いる利点は，大きい数値または小さい数値への変換が，小数点の移動だけで可能な点にある．それができるのは，メートル法の単位は互いに 10 の倍数で関係づけられているからである．

現在の標準単位系はメートル法を基盤とした**国際単位系**である．SI の略称は，フランス語の名称 Le Système International d'Unités に由来する．この SI 単位は，科学や工学では広く使われているが，もっと古いメートル法単位を使っているところも残っている．

SI 単位は，その基礎として 7 種類の観測量に対して**基本単位**をもつ（表 1・2）．ここでは基本単位として，長さ，質量，および温度に着目する．物質の量の単位であるモルについては，3 章で詳しく述べる．電流の単位であるアンペアについては，19 章で電気化学を学ぶときに述べる．光の強度の単位であるカンデラについては，本書では扱わない．

SI 単位は 2019 年に七つの物理定数を確定値として定め，それらをもとに定義すると変更された．たとえば，メートルは，光の速度 c（299 792 458 m s^{-1}）によって定義される．1 m は光が 1/299 792 458 秒の間に進む距離である〔1 m = c ×（1/299 792 458) s〕．また質量は人工物であるキログラム原器（図 1・10）によって定義されてきたが，経年の重量変化などが懸念されてきたため，今回，プランク定数 h（6.626 070 15×10^{-34} J s．J = kg m^2 s^{-2}）によって質量の単位が定義された〔1 kg = h × (1/6.626 070 15×10^{-34}) m^{-2} s〕．

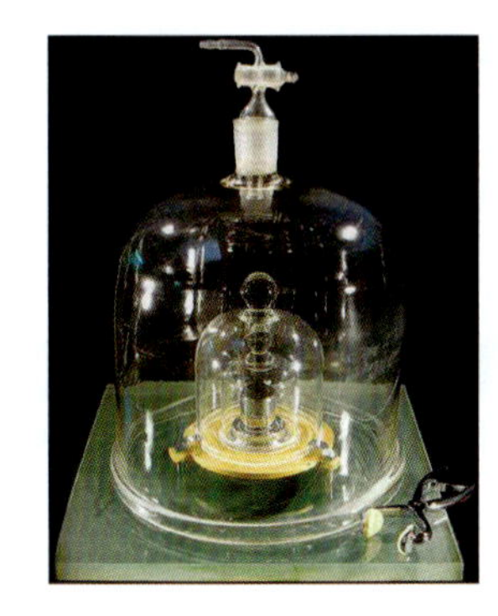

図 1・10 近年まで質量の単位の定義に使われていたキログラム原器．

科学的な測定においては，すべての物理量は単位をもち，その単位は 7 種類の基本 SI 単位の組合わせとなる．たとえば，面積の SI 基本単位は存在しないが，面積を計算するためには，長さに幅を掛ける．長さと幅は，いずれも SI 基本単位である**メートル**をもつ測定値である．

$$長さ \times 幅 = 面積$$

$$\mathrm{m} \times \mathrm{m} = \mathrm{m}^2$$

したがって，面積についての **SI 誘導単位**は m^2（平方メートル）である．

メートル meter, 単位記号 m

SI 誘導単位 SI derived unit

SI 単位の誘導においては，今後本書において，計算のさいに繰返し使う非常に重要な概念がある．それは，単位も数値と同じ数学的操作を受けるということである．この事実が，ある単位を他の単位に変換するさいにどのように使われているかを§1・6でみてみる．

例題 1・1 SI 誘導単位

運動量は，動いている物体の状態を表す尺度であって，物体の質量に速度を掛けたものに等しい．運動量の SI 誘導単位は何か．

指針 ある量の単位を導出するためには，まず，その量をより単純な量によって表す．私たちは，運動量が質量×速度であることを知っている．したがって，運動量の SI 単位は，質量の SI 単位×速度の SI 単位である．速度は SI 基本単位にはないので，速度の SI 単位を求める必要がある．

解法 解答に必要な手法は，表 1・2 に示されている SI 基本単位の一覧である．また，速度は単位時間当たりに進んだ距離（長さ）であることも思い出さなければならない．

解答 まず，与えられた情報を方程式として表すことから始める．

$$質量 \times 速度 = 運動量$$

次に，同じ方程式を単位で書き表す．質量は kg で，速度は m s^{-1} である．これは単位も数と同じ数学的操作を受けるからである．したがって，運動量の単位は次式のとおりである．

$$\mathrm{kg} \times \mathrm{m\,s^{-1}} = \mathrm{kg\,m\,s^{-1}}$$

確認 運動量についての誘導単位は，質量と速度の積になっていなければならない．明らかにそうなっている．

練習問題 1・3 自動車を運転中にアクセルペダルを強く踏み込むと，運転席の背中に自分の身体が押しつけられるような見えない力を感じる．この力 F は，運転者の質量 m と自動車の加速度 a の積に等しい．式で表せば $F = ma$ となる．加速度は時間 t の間における速度 v の変化である．

$$a = v の変化量/t の変化量$$

したがって，加速度の単位は，速度の単位を時間の単位で割ったものとなる．力についての SI 誘導単位を記せ．

他の単位系

SI 単位系ではない古いメートル法単位のいくつかが，研究室や科学の文献で依然として使われている．そのような単位の例が表 1・3 に示してある．その他の単位は，今後必要に応じて紹介する．

英国単位系 English system

また，いくつかの国（米国など）では，国は依然として**英国単位系**を使用している．英国単位系とは，距離の単位としてインチ，フィート，マイル，体積の単位としてオンス，クォート，ガロン，質量としてオンスとポンドを用いる単位系である．英国単位系とSI単位系の間の変換のうち，よく行われるものを表1・4に示す．

表 1・3　化学でよく使われる非SIメートル法単位

測量	単位	単位記号	SI単位に換算した値
長さ	オングストローム	Å	1 Å = 0.1 nm = 10^{-10} m
質量	原子質量単位	u(amu)	1 u = 1.66054 × 10^{-27} kg（有効数字6桁に丸めている）
	トン	t	1 t = 10^3 kg
時間	分	min	1 min = 60 s
	時間	h	1 h = 60 min = 3600 s
温度	摂氏	°C	$T_K = t_C + 273.15$
体積	リットル	L	1 L = 1000 cm^3

表 1・4　英語圏でよく使われる単位と換算

測量	単位	単位記号と換算
長さ	インチ	1 in. = 2.54 cm
	ヤード	1 yd = 0.9144 m
	マイル	1 mi = 1.609 km
質量	ポンド	1 lb = 453.6 g
	オンス(重量)	1 oz = 28.35 g
体積	ガロン	1 gal = 3.785 L
	クォート	1 qt = 946.4 mL
	オンス(体積)	1 oz = 29.6 mL

10の整数乗と接頭語

10の整数乗 decimal multipliers

基本単位を用いると数値が大きくなりすぎたり小さくなりすぎたりして不便なことがしばしばある．たとえば，細菌のようなとても小さなものの大きさを表すときにメートルを使うのは不便である．SI単位系ではこのような問題を基本単位に**10の整数乗**を掛けて修飾することで解決している．表1・5に通常よく用いられる10の整数乗とそれを表す接頭語をまとめた．

■ある修正された基本単位は，接頭語を取除き×10^xを挿入することにより，容易に基本単位に変換することができる．次にその例を示す．

$$25.2 \text{ pm} = 25.2 \times 10^{-12} \text{ m}$$

単位の接頭語に関しては，その接頭語に合わせるように指数部の数字を調整することにより接頭語を挿入することができる．次にその例を示す．

$$2.34 \times 10^{10} \text{ g} = 23.4 \times 10^9 \text{ g} = 23.4 \text{ Gg}$$

単位の前にこれらの接頭語がついている場合，その接頭語に対応する10の整数乗が単位に掛けられ，単位の大きさが修飾される．たとえば，キロ（kilo）という接頭語は10の3乗，すなわち1000倍を意味するので，1キロメートル（kilometer）は1000メートルと等しい長さの単位ということになる．キロメートルを表す記号は，メートルを表す記号mの前にキロを表す接頭語kをつけてkmのように表す．したがって，1 km = 1000 m（1 km = 10^3 m）である．同様に，1デシメートル（dm）は1メートルの10分の1であり，1 dm = 0.1 m（1 dm = 10^{-1} m）となる．

実験室における測定

実験室においては長さ，体積，質量，そして温度の測定を頻繁に行う．

■オングストロームÅという伝統的な非SI単位がしばしば原子や分子レベルの粒子の大きさを表すのに用いられる．

$$1 \text{ Å} = 0.1 \text{ nm} = 10^{-10} \text{ m}$$

センチメートル centimeter，単位記号 cm

ミリメートル millimeter，単位記号 mm

長さ　SI単位系の長さの基本単位であるメートルは実験室における測定では大きすぎることが多い．そのため**センチメートル**や**ミリメートル**がよく用いられる．表1・5を用いれば，メートルとこれらの単位との関係は次のようになることがわかる．

$$1 \text{ cm} = 10^{-2} \text{ m} = 0.01 \text{ m} \qquad 1 \text{ mm} = 10^{-3} \text{ m} = 0.001 \text{ m}$$

また，次の関係を知っておくと便利である．

$$1 \text{ m} = 100 \text{ cm} = 1000 \text{ mm} \qquad 1 \text{ cm} = 10 \text{ mm}$$

立方メートル cubic meter，単位記号 m^3

体積　体積は長さの3乗の次元をもつ誘導単位である．体積のSI誘導単位はメートルで表す場合には**立方メートル**である．

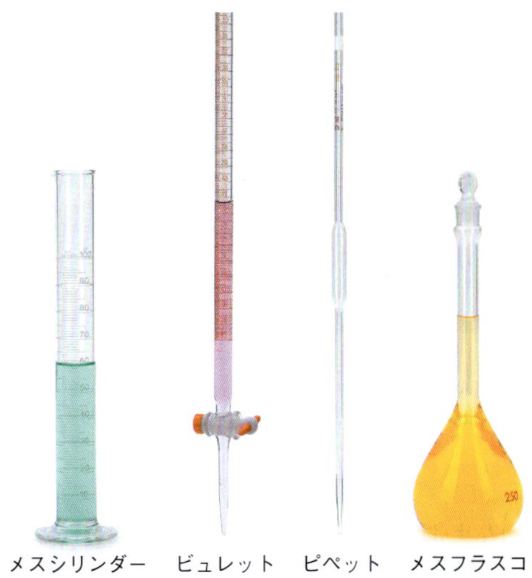

図 1・11 実験室での体積の測定によく用いられるガラス器具. メスシリンダーは 1 mL 単位での体積の測定に用いる．より正確な体積を計量するためにはビュレット，ピペット，メスフラスコを用いる．

表 1・5 SI 単位の接頭語

接頭語	記号	換算
エクサ	E	10^{18}
ペタ	P	10^{15}
テラ	T	10^{12}
ギガ	G	10^{9}
メガ	M	10^{6}
キロ	k	10^{3}
ヘクト	h	10^{2}
デカ	da	10^{1}
デシ	d	10^{-1}
センチ	c	10^{-2}
ミリ	m	10^{-3}
マイクロ	μ	10^{-6}
ナノ	n	10^{-9}
ピコ	p	10^{-12}
フェムト	f	10^{-15}
アト	a	10^{-18}

化学においては，体積の測定を行うのは液体の量を測ることが多い．このような場合，伝統的には計量単位として**リットル**が用いられる．SI 単位系ではリットルは厳密に次のように定義される．

リットル liter, 単位記号 L

$$1\,\mathrm{L} = 1\,\mathrm{dm}^3 \text{（定義）} \qquad (1 \cdot 1)$$

しかし，実験室においてはリットルでもまだ単位として大きすぎて不便である．図 1・11 に示すような通常用いるガラス器具には**ミリリットル**の目盛が刻んである*.

ミリリットル milliliter, 単位記号 mL

＊ リットルの記号として L，ミリリットルの記号として mL を用いるようになったのは比較的最近のことである．印字された小文字の l と数字の 1 が見分けにくいことから L や mL のように大文字の L を使うことが推奨されるようになった．他の成書や古いガラス器具に ml と記されているのを目にすることもまだあるかもしれない．

$$1\,\mathrm{L} = 1000\,\mathrm{mL}$$

$1\,\mathrm{dm} = 10\,\mathrm{cm}$ であるから，$1\,\mathrm{dm}^3 = 1000\,\mathrm{cm}^3$ である．したがって，1 mL は厳密に 1 cm^3 と等しい．

$$1\,\mathrm{cm}^3 = 1\,\mathrm{mL} \qquad 1\,\mathrm{L} = 1000\,\mathrm{cm}^3 = 1000\,\mathrm{mL}$$

ときどき cm^3 が，cc と表されていることを目にすることもあるだろう．cc は SI 単位系では使用することが推奨されていないことに注意すべきである．

質　量　SI 単位系では，質量の基本単位は**キログラム**である．ただし，実験室における測定においては**グラム**のほうがより都合のよい単位として用いられている．1 g はもちろん，1 kg の 1/1000 である．

キログラム kilogram, 単位記号 kg

グラム gram, 単位記号 g

質量を測るには，測定対象の物質の重さと質量が既知の標準物質との重さを比較する（質量と重さは同じではないことを思い出そう）．質量を測る装置のことを秤という（図 1・12）．図 1・12(a) の秤を使うときには，測定対象の物質を左の皿に置き，右の皿に標準物質（分銅）を置く．測定対象の物質の重さと分銅の重さの合計が一致して釣合うとき，質量が等しいということになる．

温　度　温度は通常は温度計で測定する．温度計には次の 2 通りの単位のいずれかで 1 度刻みの目盛がついている．**摂氏温度目盛**では水は 0 °C で凍結し，100 °C で沸騰する．一方，**華氏温度目盛**では水は 32 °F で凍結し，212 °F で沸騰する（図 1・13）．水の氷点と沸点の間には摂氏温度目盛では 100 度の差があり，華氏温度目盛で

摂氏温度目盛 Celsius temperature scale

華氏温度目盛 Fahrenheit temperature scale

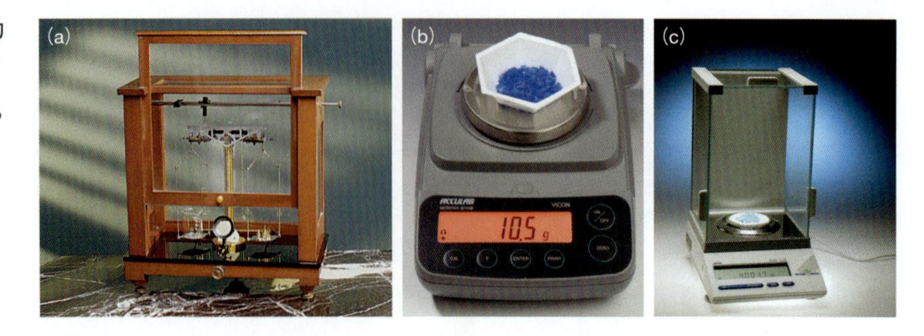

図 1・12　実験室における典型的な天秤. (a) 伝統的な化学天秤. 0.0001 g まで測ることができる. (b) 汎用電子天秤. 0.1 g まで測ることができる. (c) 精密電子天秤. 0.0001 g まで測ることができる.

■摂氏の名前はセルシウス(A. Celsius, 1701〜1744)の中国語音訳"摂爾修斯"の"摂"と人名を表す"氏"に由来している. 一方, 華氏の名前はファーレンハイト(D. G. Fahrenheit, 1686〜1736)の中国語音訳"華倫海"の"華"と"氏"に由来している.

は 180 度の差がある. したがって, 摂氏温度目盛の 5 度は華氏温度目盛の 9 度に相当する. 両者の換算は次の式に従う.

$$t_F = \left(\frac{9\,°F}{5\,°C}\right) t_C + 32\,°F \qquad (1 \cdot 2)$$

この式において, t_F は華氏温度で t_C は摂氏温度である. すでに学んだように, 単位は数のように計算することができるので, (1・2) 式において℃は分母と分子で打消し合い, °F だけが残る. 華氏温度では氷点が 32 °F なので右辺の第二項で 32 °F を加えている. (1・2) 式を変形すると温度の単位を華氏温度から摂氏温度へ変換する式を容易に導くことができる.

$$(t_F - 32\,°F)\left(\frac{5\,°C}{9\,°F}\right) = t_C$$

ケルビン温度目盛 Kelvin temperature scale, 絶対温度目盛ともいう.

SI 単位系における温度の基本単位は**ケルビン温度目盛** (絶対温度目盛) である. 単位の表記は K であり, °K ではないことに注意せよ (すなわち, 度を示す° がついていない).

図 1・13 に絶対温度, 摂氏温度, 華氏温度がそれぞれどのように関係しているかを示した. 絶対温度と摂氏温度の 1 度当たりの間隔が同じであることに注意せよ. この

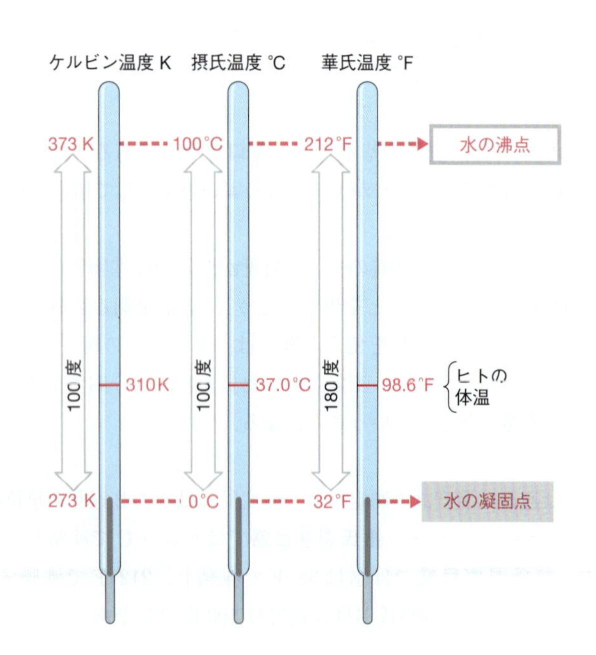

図 1・13　ケルビン温度, 摂氏温度, 華氏温度の比較

二つの温度目盛の唯一の違いはどこが零度であるかということだけである．絶対温度における零度は**絶対零度**とよばれ，自然界で最も低い温度であり，摂氏温度における零度よりも273.15度低い．このことから，0 °Cは273.15 Kと等しく，0 Kは−273.15 °Cに等しいことがわかる．摂氏温度から絶対温度への換算は次の式に従う．

絶対零度 absolute zero

$$T_{\mathrm{K}} = (t_{\mathrm{C}} + 273.15\,°\mathrm{C})\frac{1\,\mathrm{K}}{1\,°\mathrm{C}} \qquad (1 \cdot 3)$$

■絶対温度を表すさいには大文字の T を用い，摂氏温度を表す場合には t_{C} のように小文字の t を用いる．この表記法はフランスの国際度量衡局および米国の国立標準技術研究所の表記法に準じている．

つまり，摂氏温度に単純に273.15を加えると絶対温度が得られる．摂氏温度を整数に四捨五入して表記することがよくあるが，そのような場合には，273.15を丸めて273として用いる．この場合には，25 °Cは(25 + 273) K，つまり298 Kとなる．

数学的な計算について

本書ではさまざまな問題について数学的な計算を使って説明をしていく．これらの計算は大きく分けて二つの種類に分けられる．例題1・2では一つの変数を除いてほかはすべて実際の数値を取扱っている．具体的な値がわかっている変数に値を代入し，値が未知の変数が一つになるようにして数式を解いていく．§1・6で詳しく扱う2番目の種類の計算では，次元解析という手法を用いて，ある単位から別の単位への単位の変換を行う．

例題で示す**指針**と**解法**に従って問題を解いていくと，これらの計算の種類がどのようなものかすぐに理解できるであろう．またこれらの二つの種類が混ざり合った計算も今後出てくることになる．

例題 1・2 異なる単位への温度の換算

熱公害または熱汚染とは，発電所などの近辺で深刻な問題となっている現象で，多量の熱が川や貯水などに放出されることをいう．この放熱のためにある種の魚は生存が脅かされている．たとえば，マスは水温が約25 °Cを超えると死滅してしまう．(a) この温度は華氏温度では何度か．(b) この温度は絶対温度では何度か．四捨五入して整数として表せ．

指針 二つの問題のどちらも温度の換算である．したがって，答えを導くには"温度の換算を行うにはどのような手法があるか"を考えなければならない．

解法 まず第一の手法である(1・2)式は華氏温度と摂氏温度の関係を表すもので(a)を解くために必要となる．(b)を解くためには(1・3)式を使い，摂氏温度から絶対温度を計算する．

解答 (a) 摂氏温度25 °Cを t_{C} に代入し，t_{F} を求める．

$$t_{\mathrm{F}} = \left(\frac{9\,°\mathrm{F}}{5\,°\mathrm{C}}\right)(25\,°\mathrm{C}) + 32\,°\mathrm{F} = 77\,°\mathrm{F}$$

したがって，25 °C = 77 °Fである(上の式で°Cが打消し合っていることに注意せよ)．

(b) この問題でも数値を代入すればよい．$t_{\mathrm{C}} = 25\,°\mathrm{C}$ だから，絶対温度は次のように計算できる．

$$T_{\mathrm{K}} = (25\,°\mathrm{C} + 273.15\,°\mathrm{C})\frac{1\,\mathrm{K}}{1\,°\mathrm{C}} = 298.15\,°\mathrm{C}\frac{1\,\mathrm{K}}{1\,°\mathrm{C}} \approx 298\,\mathrm{K}$$

したがって，答えは298 Kである．

確認 (a)では華氏の1度は摂氏の1度に比べておよそその大きさが半分であることを知っているので，摂氏の25度は華氏ではおおよそ50度になると判断できる．この値にさらに氷点の違いによる32 °Fを加えれば答えはおおよそ32 °F + 50 °F = 82 °Fとなる．実際の答えは77 °Fであり，妥当と考えられる．

(b)については，0 °C = 273 Kであることを思い出そう．0 °Cよりも高い温度は273 Kよりも高い温度となるはずである．したがって，計算の結果は妥当と考えられる．

練習問題 1・4 55 °Fを摂氏温度に換算せよ．また，68 °Fに相当する絶対温度は何Kか．最も近い整数値で答えよ．

1・5 測定の不確かさ

測定には必ず**不確かさ**あるいは**誤差**が伴う．誤差が生じる原因としては，較正されていない測定器を用いたり，実験技術が未熟だったり，測定方法そのものが不適切で

不確かさ uncertainty

誤差 error

あったりということがあげられる．このような誤差の場合，測定を何度も繰返しても誤差が打消し合って真の値に近づくということがなく，測定値には真の値より大きかったり小さかったりするといった偏りが残ることになる．

偶然誤差はまた別の不確かさの原因となる．このような誤差は測定器具の目盛を読取るさいに限界があることから生じたり，電気回路のノイズが原因であったりする．統計学的には偶然誤差だけしかない場合にはある中央値のまわりに数値が点在し，その中央値は真の値に近いものと推定することができる．この中央値は測定値の**平均**をとることで容易に決定することができる．

平均 mean, average

測定における不確かさ

測定のさいに決して除けない誤差の一つとして，機器の目盛を読むさいの誤差がある．図1・14に示す2本の温度計で同じものの温度を測る場合を考えてみよう．

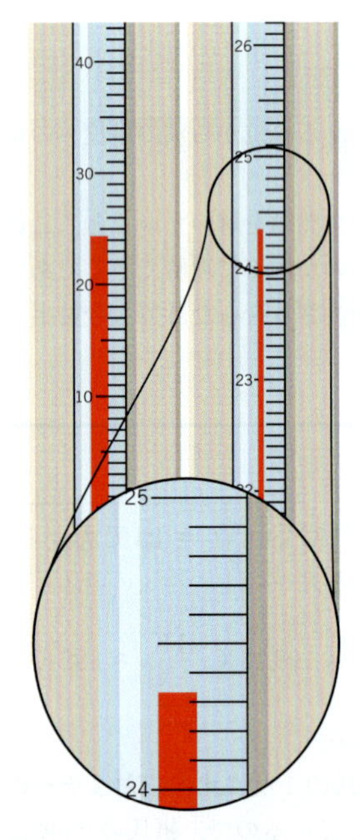

図 1・14　異なる目盛刻みの温度計では温度の正確さが異なる． 左側の温度計には1 °C刻みの目盛があり，温度を1/10 °Cまで測ることができる．一方，右側の温度計には0.1 °C刻みの目盛があり，温度を1/100 °Cまで測ることができる．

左側の温度計の目盛は1度刻みであり，測定値が24 °Cから25 °Cの間にあるようにみえる．測定のさいには目盛間隔の1/10まで測るのが慣例である．この温度計の目盛をよく見てみると，24 °Cと25 °Cの目盛の間のおよそ3/10のところにまで赤い液が達していることがわかるので，温度は24.3 °Cと読むことができる．しかし，温度が"正確に"24.3 °Cであるというわけではない．最後の桁の数値はあくまでも目分量による推測値であり，この場合の測定値には±0.1 °Cの不確かさがあるといえる．そこで，この測定値は24.3±0.1 °Cと書くことができる．

一方で，右側の温度計には0.1 °C刻みの目盛があり，図から24.32 °Cと読むことができる．この場合，百分の一の位の値を目分量で読むことになるため，誤差は±0.01 °Cとなる．したがって，報告すべき温度は24.32±0.01 °Cとなる．右側の温度計に左側よりもより細かな目盛が刻まれていたことによって，より不確かさの少ない値を読むことができたことに注目しよう．図1・14の右側の温度計には細かな目盛があり，その結果として不確かさがより少なく，測定値がより正確だと自信をもつことができよう．測定値の信頼性は数値の桁数によって表される．

科学における習慣として，測定されたすべての桁の数値と推定値の最初の1桁を記録する決まりがある．もしも右側の温度計の読みが24 °Cぴったりに見えたとしたら，測定値としては24 °Cではなく，24.00 °Cと記さなければならない．これによってこの温度計では1/100 °Cまで測定が可能だということが示される．

天秤や計量器など実験室にある現代的な測定機器にはデジタル表示のものがよくある．デジタル表示の天秤でビーカーの重さが65.23 gだと表示されたとしたら，誰が測ったとしても同じビーカーであれば全く同じ数値が得られる．この場合，数値自体には不確かさは全くなさそうにみえるが，科学の分野においては正確に読取ることのできる数値の最後の桁の数値の±1/2を不確かさとして表すという一般的な合意がある．この定義に従えば，この測定での数値は65.230±0.005 gと書くべきである*．

* 機器の表示がアナログであれデジタルであれ，読取ることのできる数値の最終桁に±1の誤差があると統一的に考える人もいる．

有効数字

上述の概念はとても重要なものであり，このため測定値にまつわる数値に関しては特別の用語を用いることにしている．

測定の結果得られた数値において最も右側の桁（最小桁）の数値のみが不確かさを含む場合，この数値のことを**有効数字**とよぶ．

有効数字 significant figure, significant digit

測定における有効数字の桁数とは測定値のうちで正確に決めることができる数値の

数に1（不確かさを含む最小桁の数）を加えた値である．次の二つの温度の測定結果を見てみよう．

最初の例は 24.3 °C で有効数字は 3 桁である．2 番目の例では 24.32 °C で有効数字は 4 桁である．

どのような場合にゼロが意味をもつのか　測定値の有効数字の桁数を決めるのは通常は簡単で，単に数値の桁数を数えればよい．したがって，3.25 という数値は有効数字が 3 桁であり，56.215 という数値の場合，有効数字は 5 桁である．ところが，ゼロが関与する場合には議論が複雑になることがある．

ゼロが入った数値の場合は，次の規則を使う．

規則 1：ゼロでない数字の左側にあるゼロ（複数でもよい）は，位取りのゼロとよび，有効数字の桁数には算入しない．たとえば，2.3 mm という長さは 0.0023 m とも書ける．この両者は同じ測定値なので，単位は違えども有効数字の桁数が変わることはありえない．つまり，どちらも有効数字は 2 桁である．

規則 2：ゼロでない数字に挟まれたゼロは，常に有効数字の計算に組入れる．したがって，2047 m と 3.096 g はどちらもゼロがゼロでない数字に挟まれているので，有効数字は 4 桁である．

規則 3：ゼロでない数字の右側にある連続したゼロは，i）数値が小数点を伴うときは常に有効数字の桁数の計算に含め，ii）小数点がない場合は有効数字の桁数の計算に含めない．したがって，4.500 m と 630.0 g は有効数値が 4 桁である．なぜならゼロであるとわかっていなければ，これらの 0 を書くことはできないはずだからである．また，3200 と 20 は有効数字が 2 桁と 1 桁ということになる．

ゼロでない数字の右側に続く連続したゼロが測定や計算で意味をもつ場合がある．このようなときの最もよい対処法は数値を**科学的表記法**で表すことである．たとえば，アメリカンフットボールの試合に 45,000 人の観客が入ったと聞いたとする．この数を 45,000±1,000 人と考えたとしたら，約 4.5×10^4 人と書くことができる．4.5 が有効数字の部分を表し，10^4 が小数点の位置を示すことになる．一方で，航空写真によって観客の数を丁寧に数えた結果，観客数が 45,000±100 人ということになったとする．この場合は，有効数字は 3 桁ということになり，不確かさが現れるのは 3 桁目，つまり百の位の 0 である．これを科学的表記法で表せば，4.50×10^4 となろう．4.50 が 3 桁の有効数字の部分を表し，不確かさは $\pm 0.01 \times 10^4$，つまり ±100 人ということである．したがって，“その試合を 45,000 人が観戦した” という表現は曖昧で，このいい方からは有効数字が何桁あるのかがわからない．最も適切ないい方は “45,000 人であり，有効数字は 2 桁” となろう．

科学的表記法 scientific notation

確度と精度

測定に関連してしばしば用いられる用語に確度と精度がある．**確度**とは測定値がど

確度 accuracy，正確さともいう．

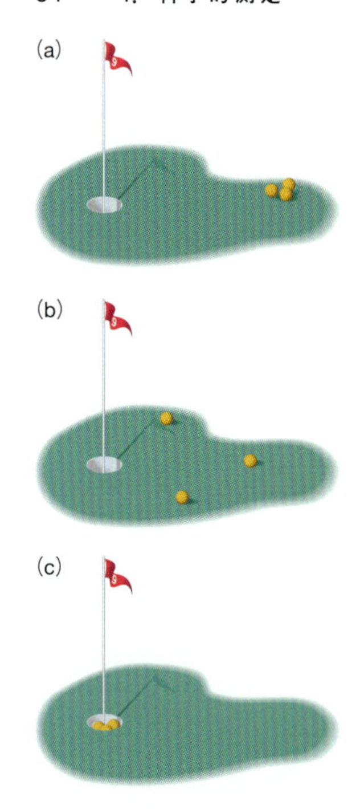

図 1・15　ゴルフを例にした精度と確度の違い． (a)では，ボールが1箇所に集まっており，精度は高いが，目標とするホール("確かな値")からは遠く離れており確度は低い．(b)では，精度も確度も低い．(c)では，ボールが1箇所に集まっており，精度は高く，全てホールに入っているので確度も高いといえる．

精度 precision, 精密さともいう．

図 1・16　目盛がまちがった定規． この目盛のまちがっている定規を使うと測定値はすべて1 cm大きな値になってしまう．精度は高い測定ができるかもしれないが，確度はとても低い．

れくらい真の値，あるいは真の値と推定される値に近いかを示す尺度である．一方，**精度**とは繰返し行った測定の結果がどの程度平均値に近いかを示す尺度である．この二つの用語は同義語ではないことに留意が必要である．なぜなら，確度は測定の誤差の大きさに関するものであり，他方で精度は誤差の値のばらつき方を示すものであるからである．確度と精度との相違を示す好例を図1・15に示す．正確な測定を行うためには，基準となる器具（標準器）を用いて測定器具を注意深く較正（調整）し，正しい読取りができるようにしなければならない．たとえば，電子天秤を較正する場合には，正確な重さがわかっている質量基準器（分銅など）を秤に載せて調整を行う．較正が完了すれば，この天秤による測定値は正確なものであることが期待され，その正確さの度合は用いた質量基準器の質量がどれくらい正確なものであったかに依存することとなる．パリの国際度量衡局にある国際キログラム原器（図1・10）を基準として作製された質量基準器は理化学機器の販売業者から購入することができる．

精度は同じ量を繰返し測定した場合にどの程度近い値が得られるかを示す．一般的には，不確かさ（すなわち，測定値のうしろにつける±の部分の大きさ）が小さければ小さいほど，測定はより精度が高いといえる．このことは，測定値の有効数字の桁数が多ければ多いほど，測定はより精度が高いといい換えることができる．

通常は，精度の高い測定は確度も高いと考えることが多い．しかし，測定機器の較正が正しく行われていない場合には，このことは正しいとはいえない．たとえば，図1・16に示す目盛が正しくない定規の場合，測定を±0.01 cmの精度で行うことができるかもしれないが，すべての測定値は正しい値よりも1 cm大きな値となってしまう．この場合，精度は高くとも確度は低いということになる．

有効数字の計算

実験で複数の測定値が得られた場合に，通常は求めたい値を計算するために何らかの方法でこれらの数値を組合わせて用いる．たとえば，長方形のカーペットの面積が知りたい場合には，縦と横の長さを測り，その両者を掛け合わせることで求めたい答えを得る．この面積の値がどれくらい正確なものなのかを知るためには，計算に用いた値の正確さを考慮に入れて評価する方法を知る必要がある．正しく評価をするためには，計算の種類よってそれに合った方法で評価を行わなければならない．

掛け算と割り算　掛け算と割り算においては，計算結果の有効数字の桁数は，計算に用いた数値のなかの最も有効数字の少ない数値の有効数字の桁数と等しい．測定値を用いた次の典型的な例をみてみよう．

有効数字3桁　　有効数字4桁

$$\frac{3.14 \times 2.751}{0.64} = 13$$

有効数字2桁

この計算結果は13.49709375である．しかし，分母の0.64は有効数字の桁が2桁しかなく，このための有効数字の桁数も2桁でなければならない．したがって，得られた数値を丸めて13という答えが得られる*．掛け算や割り算を行うときには，数値の単位についても数値と同じように掛け合わせたり割ったりすることができる．

* 数値を丸めるさいには，最小桁になるべき桁の次の桁の数字が5未満であれば単純にその数字を切り捨てればよい．したがって，8.1634は小数点以下2桁で丸めるとすると8.16となる．これに対して次の桁の数字が5よりも大きいとき，または，5であるが5の次の桁にゼロでない数字が続く場合には，最小桁になるべき桁の数値に1を加える．したがって，8.167と8.1653はともに丸めると8.17になる．

足し算と引き算　足し算と引き算の場合には，答えの数値の小数点以下の桁数は，計算に用いる数値のなかで最も小数点以下の桁数が少ないものの桁数と同じになる．たとえば，次のような測定値の足し算を考えてみよう．

$$\begin{array}{r} 3.247 \\ 41.36 \\ +\ 125.2 \\ \hline 169.8 \end{array}$$

125.2 ⟵ この数値の小数点以下の桁数はわずか 1 である
169.8 ⟵ 丸めた答えは小数点以下が 1 桁の数値になる

この計算において，1 段目の 7 と 2 段目の 6 の真下の位置に数値が書かれていない．これらの位置の数値は必ずしもゼロではない．もしもゼロだとあらかじめわかっているのであれば，ゼロと明記されているはずだからである．したがって，これらの位置の数値は不明ということになる．6 と 7 に不明な数を足し合わせた結果も不明な数となるので，この足し算の計算においては小数点以下の 2 桁目と 3 桁目に数値を書き入れることはできない．したがって，答えの数値は小数点以下 1 桁までしか表すことができないこととなる．また，足し算と引き算においては数値の単位が等しい必要があり，得られる答えもまた同じ単位となることを覚えておく必要がある．計算のなかに足し算（引き算）と掛け算（割り算）の双方を含む場合には，まず掛け算あるいは割り算を行って正しい桁数の数値を得たあとに，足し算または引き算を行って，最終的な数値の値を正しい桁数で得る必要がある．

練習問題 1・5　測定値についての次の計算を行い，正しい有効数字の桁数に数値を丸め，単位をつけよ．

(a) 21.0233 g ＋ 21.0 g

(b) 10.0324 g ÷ 11.7 mL

(c) $\dfrac{(14.25\ \mathrm{cm} \times 12.334\ \mathrm{cm})}{(2.223\ \mathrm{cm} - 1.04\ \mathrm{cm})}$

誤差のない数値　たとえば 12 in. ＝ 1 ft のような定義による数や，小さな部屋の中に何人の人がいるかのような直接数えた数の場合には不確かさが存在しない．このような場合にはこれらの数値の有効数字は無限桁であると考えることができる．したがって，掛け算や割り算においてはこれらの誤差のない数値は答えの有効数字の桁数に影響を与えない．

1・6 次元解析

前述したように，数値計算のさいにその計算を行うための特定の数式が存在しない場合がある．その場合に必要なことは，ある単位から別の単位への単位の変換である．科学者は，その問題を解くのに必要な情報が何かを答えを得るためにはどのような情報が必要であるかを調べたあとに，**次元解析**とよばれる方法を用いる．それは計算が正しく行ううえで有用である．これから説明するように，次元解析は問題を分析するのにも役立つし，答えを得るための手法を選択することにも役に立つ．

次元解析 dimensional analysis

換算係数

次元解析においては，数値計算をある単位（次元）から別の単位（次元）への変換として扱う．この場合，ある単位から求めたい単位への変換に際して一つまたは複数の換算係数を用いる．

■有効な換算係数をつくるためには単位間の関係が正しいものでなければならない．すなわち，正しい答えを得るには単位間の正しい関係が必要である．

（既知の量）×（換算係数）＝（求めたい量）

換算係数は異なる単位間の等量関係あるいは等価な関係を比の形で表現したもので，ある単位から別の単位へと単位を変換するさいに用いられるものである．例として，ある人の身長 72.0 in. を cm で表す場合を考えてみよう．この単位の変換を行う

換算係数 conversion factor

■インチとセンチメートルの関係は厳密に定義されたもので 1 in. = 2.54 cm である.

ためには，in. と cm の関係を知る必要がある．表 1・4 から，

$$2.54\ \mathrm{cm} = 1\ \mathrm{in.}\ (\text{定義}) \qquad (1\cdot4)$$

である．この式の両辺を 1 in. で割ると，換算係数が得られる．

$$\frac{2.54\ \mathrm{cm}}{1\ \mathrm{in.}} = \frac{1\ \mathrm{in.}}{1\ \mathrm{in.}} = 1$$

中央の分数の分子と分母の単位が打消し合い，結果として 1 という数値が得られることに注目してほしい．前述のように，単位は数とまったく同じように計算することができる．このことは次元解析において鍵となる重要事項である．72.0 in. という身長の値にこの換算係数を掛けるとどうなるかをみてみよう．

$$72.0\ \mathrm{in.} \times \frac{2.54\ \mathrm{cm}}{1\ \mathrm{in.}} = 183\ \mathrm{cm}$$

(既知の量)×(換算係数)＝(求めたい量)

72.0 in. に 1 に等しい量を掛けているので，身長そのものは変化をしていない．変化しているのは単位である．単位のインチが打消し合っていることに着目しよう．このように打消し合うことで，最後に残るのは求めたい単位である cm となっている．したがって，この答えは身長を cm で表したものになっている．

次元解析の利点の一つは，誤った計算に気づくことができるということである．(1・4) 式から，次の 2 通りの換算係数をつくることができる．

$$\frac{2.54\ \mathrm{cm}}{1\ \mathrm{in.}} \quad \text{と} \quad \frac{1\ \mathrm{in.}}{2.54\ \mathrm{cm}}$$

先の変換ではこの二つのうちの正しい方（1 番目）を用いたが，もしもまちがって 2 番目の換算係数を使ってしまったとしたら，どうなっていたであろうか．

$$72.0\ \mathrm{in.} \times \frac{1\ \mathrm{in.}}{2.54\ \mathrm{cm}} = 28.3\ \mathrm{in.}^2\ \mathrm{cm}^{-1}$$

この場合どの単位も打消し合うことがない．そのため答えの単位が $\mathrm{in.}^2\ \mathrm{cm}^{-1}$ となってしまう．ここで $\mathrm{in.}^2$ としたのはインチ 2 乗だからである．次元解析を行うと，単位がまちがっていることで計算結果がまちがっていることを知ることができるのである．

1・7 密度と比重

物質の性質に関する §1・3 で，示強的性質が物質の同定に役立つことがあることを説明した．示量的性質の興味深い性質の一つに，示量的性質どうしの比をとると，一般に物質の量に依存しない量が計算できることがあげられる．つまり，物質の量が分母・分子で打消し合うことで，示強的性質が計算されるということである．このようにして得られる性質のなかで役に立つものが**密度**である．密度は物質の質量と体積の比で表すことができる．密度を d，質量を m，体積を V とすると，密度は次式で表すことができる．

密度 density

$$d = \frac{m}{V} \qquad (1\cdot5)$$

密度を知るためには質量と体積を測ればよいということを理解しよう．

例題 1・3 密度の計算

血液のサンプルが 8.20 cm^3 の蓋つきの小瓶（バイアル）に空間を空けずに入っているとする．中身が空のバイアルの質量は 10.30 g で，血液で満たされたバイアルの質量は 18.91 g であるとする．血液の密度を g cm^{-3} で表せ．

指針 この問題では血液の質量と体積を密度と関連づけることが求められている．体積は与えられており，質量は計算で求めることができる．質量と体積がわかれば，密度の定義を使って，問題を解くことができる．

解法 まず質量保存の法則を問題を解く手法として用いる．質量保存の法則は次のように書ける．

$$\text{バイアルの全質量} = \text{空のバイアルの質量} + \text{血液の質量}$$

さらに，密度の定義式〔(1・5) 式〕が必要である．

解答 血液の質量は中身の詰まったバイアルと空のバイアルの質量の差から求められる．

$$\text{血液の質量} = 18.91\ \text{g} - 10.30\ \text{g} = 8.61\ \text{g}$$

密度を求めるには質量と体積の比を計算すればよい．

$$\text{血液の密度} = \frac{m}{V} = \frac{8.61\ \text{g}}{8.20\ \text{cm}^3} = 1.05\ \text{g cm}^{-3}$$

1 cm^3 = 1 mL なので，1.05 g mL^{-1} とも書くことができる．

確認 まず，計算値の単位が正しいことを確認する．計算のなかで，血液の質量 8.61 をそれよりも若干小さなバイアルの容積の値 8.20 で割っている．そのため答えは 1 よりも少し大きい値になるはずで，実際にそうなっていることから，計算された密度の値 1.05 g cm^{-3} は妥当と考えられる．

練習問題 1・6 質量が 0.547 g の食塩の結晶を作製した．この結晶を 5.70 mL の油が入ったメスシリンダーに入れたところ，目盛が 5.95 mL に増加した．食塩の密度を求めよ．固体の密度は g cm^{-3} で表す習慣があるので，答えは g cm^{-3} で表せ．

純物質にはそれぞれ固有の密度がある（表 1・6）．たとえば，金は鉄よりも密度が大きい．1 cm^3 の金の質量は 19.3 g である．このことから金の密度は 19.3 g cm^{-3} であることがわかる．一方で，鉄の密度は 7.86 g cm^{-3} である．さらに，水の密度は 1.00 g cm^{-3} であり，室温の空気の密度は 0.0012 g cm^{-3} である．

温度計の球の中に入っている液体のように，大抵の物質は熱せられるとわずかに膨張する．このとき 1 cm^3 の中に入っている物質の量は減少することになる．したがって，密度は通常は温度を上げるとわずかに減少する*1．表 1・7 の水のデータでわかるように，固体や液体ではその変化の大きさは小さい．有効数字が 2 あるいは 3 桁くらいしか必要がない場合には，わずかな温度の変化に対応する密度の変化は無視することが多い．

■化学では，標準データは室温に近い 25 ℃ を基準として測定されることが多い．一方，生物学では，ヒトの体温に近い 37 ℃ で実験を行うことが多い．

■水の密度は温度によってわずかに変化するが，室温（25 ℃）近辺では 1.00 g cm^{-3} に近づく．

*1 液体の水は奇妙な挙動を示す．密度が最大になるのは 4 ℃ のときである．したがって，0 ℃ の水を熱すると，4 ℃ までは密度が増加するが，さらに熱していくと，密度は徐々に減少する．

表 1・6 身近な物質の室温での密度*2

物質	密度（g cm^{-3}）
水	1.00
アルミニウム	2.70
鉄	7.87
銀	10.5
金	19.3
ガラス	2.2
空気	0.0012

表 1・7 水の密度の温度変化*2

温度（℃）	密度（g cm^{-3}）
10	0.999702
15	0.999103
20	0.998207
25	0.997048
30	0.995649
50	0.988035
100	0.958367

*2 出典：P. J. Linstrom and W. G. Mallard, Eds., *NIST Chemistry WebBook, NIST Standard Reference Database Number 69*, National Institute of Standards and Technology, Gaithersburg MD, 20899, http://webbook.nist.gov

等価な関係と換算係数としての密度

ここまでは換算係数を単位間の等量関係からつくってきた．換算係数は，ある量がどのようにすると別の量と等しくなるかということを表す等価な関係を表す式からもつくることができる．

ここでは金を例にとり，換算係数としての密度を考えてみよう．密度には物質の質量と体積を変換する手段となるという有用な性質がある．密度は物質の質量と体積の関係（別のいい方をすると質量と体積の等価性）を定めているからである．たとえば，金の密度（19.3 g cm^{-3}）から，19.3 g の金が 1.00 cm^3 の体積の金と等価であるということがわかる．

$$19.3\ \text{g 金} \Leftrightarrow 1.00\ \text{cm}^3\ \text{金}$$

ここで ⇔ の記号は“等価である”ということを意味し，数学的にはこの等価を意味する記号は等号と同じである．

次元解析を行うさいには，次の２通りの換算係数を用いることができる．

$$\frac{19.3\ \text{g 金}}{1.00\ \text{cm}^3\ \text{金}} \quad \text{と} \quad \frac{1.00\ \text{cm}^3\ \text{金}}{19.3\ \text{g 金}}$$

次の例題でどのように密度を計算のなかで使うかをみてみよう．

例題 1・4　密度を使った計算

海水の密度は約 1.03 g mL^{-1} である．(a) 225 mL の容器を満たす海水の質量を求めよ．(b) 45.0 g の海水の体積を mL で表せ．

指針　いずれも質量と体積の関係が問われている．密度は質量と体積に直接関係しているので，変換は１段階で行うことができる．

解法　質量と体積の計算には（1・5）式の密度の定義式のみが必要となる．この問題で等価な関係にある量を次のように書くことができる．

$$1.03\ \text{g の海水} \Leftrightarrow 1.00\ \text{mL の海水}$$

この関係から次の２通りの換算係数を書くことができる．これらを用いて問題を解いていく．

$$\frac{1.03\ \text{g 海水}}{1.00\ \text{mL 海水}} \quad \text{と} \quad \frac{1.00\ \text{mL 海水}}{1.03\ \text{g 海水}}$$

解答　(a) この問題では次の関係を使う．

$$225\ \text{mL の海水} \Leftrightarrow ?\ \text{g の海水}$$

この計算をするためには mL を消去する必要がある．したがって，換算係数としては１番目のものを用い，次式によって答えを求める．

$$225\ \text{mL 海水} \times \frac{1.03\ \text{g 海水}}{1.00\ \text{mL 海水}} = 232\ \text{g 海水}$$

したがって，225 mL の海水の質量は 232 g となる．

(b) この問題では，

$$45.0\ \text{g の海水} \Leftrightarrow ?\ \text{mL の海水}$$

という関係を取扱う．この場合には g を消去する必要があるので，２番目の換算係数を用いる．

$$45.0\ \text{g 海水} \times \frac{1.00\ \text{mL 海水}}{1.03\ \text{g 海水}} = 43.7\ \text{mL 海水}$$

したがって，45.0 g の海水の体積は 43.7 mL である．

確認　密度の値から 1 mL の海水の質量はわずかに 1 g よりも大きいことがわかる．したがって，(a)では 225 mL の海水の質量はわずかに 225 g よりも大きいと予想できる．よって，答えの 232 g は妥当と考えられる．(b)では 45 g の海水の体積は 45 mL とそれほどちがわないと予測できる．よって，答えの 43.7 mL は妥当と考えられる．

練習問題 1・7　金色をした金属の質量が 365 g であり，その体積が 22.12 cm^3 であるとする．この物質は純金であるかどうかを答えよ．

比　重

密度は物質の質量と体積の比である．これまでの例では質量に g，体積に cm^3 を用いてきた．ほとんどの液体と固体の密度は 0.5〜20 g cm^{-3} の範囲に収まるので，これらの単位を用いることは妥当である．しかし，質量には kg, g, μg, lb, oz などのさまざまな単位があり，体積にも cm^3, L, oz, gal などの単位が存在する．これらを組合わせると密度を 20 通りの異なる単位で書くことが可能になる．もしも一つの単位につい

コラム 1・1 密度とワイン

密度や比重はワイン製造過程における基本的な測定量である．ワインづくりで鍵となる化学反応は酵母にブドウ果汁の糖分を与えるときに起こるもので，このときにエタノール（エチルアルコール）が生成するとともに二酸化炭素が発生する．この過程が発酵過程である．ブドウに含まれる糖分として代表的なものはグルコース（ブドウ糖）とフルクトース（果糖）の二つで，これらの糖の発酵過程は次の反応式で表すことができる．

$$C_6H_{12}O_6(aq) \longrightarrow 2CH_3CH_2OH(aq) + 2CO_2(g)$$

もしも糖の量が少なすぎると，ワインに含まれるアルコールの量が少なくなる．逆に糖が多すぎるとアルコールの量は最大値（約 13%）にまで増えるが，消費されなかった糖がワインの中に残ってしまう．このような糖が残った甘いワインやアルコール分が少ないワインは一般的にはよいワインとはみなされない．

品質のよいワインをつくるためには栽培中のブドウに含まれる糖分の量を常に注意深く測定し，最適な糖分量になったところで収穫して発酵過程を開始する．

ブドウに含まれる糖分の量を知る簡便な方法は果汁の密度を測ることである．密度が大きいほど，糖分の量が多い．ワイン醸造業者は比重計（図参照）を用いて糖分量を測っている．比重計は重さのわかっているガラス球に目盛つきのガラス管がついたもので，メスシリンダーに入れた液体の中に入れて少し回転させると，液体の密度に対応する目盛のところまで沈む．この比重計の目盛から密度を計算し，密度と糖分の検量線から糖分の量を決定する．発酵過程が終わると再び密度を測ることでアルコール度数の測定がなされる．ワインを沸騰させて蒸留すると，エタノールと水が蒸気になる．これらを冷却して受器に集め，その密度を別の比重計で測定し，検量線からアルコール度数を決定する．

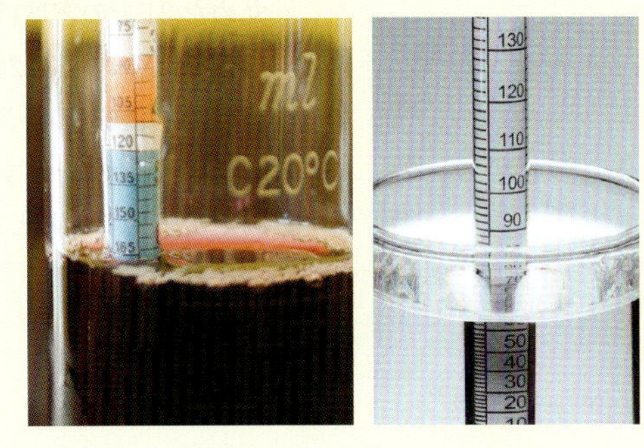

発酵前のブドウ果汁に含まれる糖分を測るための比重計（左）と発酵後に蒸留したワイン中のアルコール度数を測るための比重計（右）．

て一つの表をつくらないといけないということになると，それぞれの物質について20 通りの密度の表を用意しなければならないということになってしまう．

この問題を解決するのが**比重**という概念である．比重とはある物質の密度と水の密度の比である．両者の単位は同じでなければならないから，比重は次元のない数値である．また，ある物質と水の密度を測定するさいの温度などの条件もすべて同じでなければならない．

比重 specific gravity

$$比重 = \frac{ある物質の密度}{水の密度} \qquad (1 \cdot 6)$$

比重を用いて物質の密度を計算するには，単に物質の比重を調べて，求めたい単位で表した水の密度を掛けるだけでよい．このようにして，それぞれの物質の比重を並べた表と前述の 20 通りの単位による水の密度の表を用意すれば，物質の密度を簡単に計算することができる．

信頼できる測定の重要性

物質はその性質で同定できることをすでに学んだ．同定のためにたとえば密度を用いる場合，その密度の測定は十分に信頼できるものである必要がある．そこで，測定の正確さと精度とは何かを理解しておく必要がある．

正確さが重要であることはいうまでもない．もしも測定結果が真の値に近いと自信をもっていえないとしたら，測定したデータに基づくいかなる結論も信頼に値しないものとなってしまう．

■金の純度は純金が 24，純度が 50% のものが 12 という数値で表される．24 よりも小さな数値の金は銀や銅など価格の安い金属との合金である．

測定の精度も同程度に重要である．たとえば，金の指輪があり，その純度を知りたいとする．つまり，24 金か，22 金か，18 金かを決めたいとする．その場合，その指輪の質量を測定し，次に体積を測定し，その結果から密度を計算し，その値を 24 金（19.3 g mL^{-1}），22 金（17.7 g mL^{-1}），18 金（17 g mL^{-1}）の密度を比較するだろう．計量カップと料理用の秤を用いて体積と質量を測定し，指輪の体積は 1.0 mL で，質量は 18 g だとわかったとすると，密度は 18 g mL^{-1} ということになる．一方で，±0.001 g の精度で測ることのできる実験用の天秤を用いて質量を測り，実験用測容器具で体積を測定したところ，質量が 18.153 g で体積が 1.03 mL であったとすると，密度は有効数字を考慮して 17.6 g mL^{-1} と決定できる．

台所用品で測定した密度の値を 2 桁目で丸めた金の密度と比較してみる．2 桁目で丸めた 24 金の密度は 19 g mL^{-1} であり，18 金のそれは 17 g mL^{-1} である．したがって，指輪の金の純度は 24 金から 18 金のいずれでもありうるということになってしまう．一方で，実験室の器具で測定した密度の値（17.6 g mL^{-1}）の場合には，22 金の密度（17.7 mL^{-1}）とほぼ一致することから 22 金であると結論できる．以上は精度のよい正確な測定が必要であるという一例である．

2 元素，化合物，および周期表

本章ではすべての科学のなかで最もよく知られている元素の周期表を取上げる．それは元素の相対質量と反応という二つの単純な観測結果を使って，各元素について知られている多くのデータをもとに，元素を行と列に組上げたものである．周期表は化学者にとって情報を整理するための有用な手段の一つである．これから元素をさまざまな方法で分類することによって，一群の元素のタイプを学ぶ．その後，化学式を用いて化学物質が互いにどのように反応するか学び，さらに単純な化合物の系統的命名法を学ぶ．

ダイヤモンドは炭素の一つの存在形態である

学習目標

- 周期表にある情報とそのしくみの理解
- 周期表における金属，非金属および半金属の位置の理解
- 化学式に含まれている内容の理解
- 化学反応式における物質の釣合の原子説的理解
- 周期表とイオンの電荷を活用したイオン化合物の化学式の記述
- イオン化合物の命名と化学式の記述
- イオン化合物と分子化合物の相違の理解
- 分子化合物の名称の記述

2・1 周　期　表

さまざまな種類の物質について調べると，あるものは元素であり，そうでないものは化合物であることがわかる．化合物には，明確に区別された分子からなるものと，電荷をもった複数の原子からなるイオン化合物とがある．鉄やクロムのような元素は，金属としての性質をもっているのに対して，炭素や硫黄などの元素は金属としての性質をもたず，非金属といわれる．もし，このようなやり方で物質の情報を組織化しなければ，互いに無関係な情報の山に埋もれてしまうであろう．化学者は，元素の情報を体系化して周期表にまとめ上げてきた．

メンデレーエフの周期表

元素の体系化が必要なことは，初期のころから多くの化学者が認識しており，これまでに元素の化学的および物理的性質の関係を見いだそうとする多くの試みがなされてきた．現在使われている**周期表**は，おもにロシアの化学者であるメンデレーエフとドイツの物理学者マイヤーによってつくられた．彼らは，1869 年のわずか数ヶ月の違いのなかで，類似した周期表を独立につくり上げた．しかし，メンデレーエフの周期表が最初に発表されたため，通常は周期表の発見はメンデレーエフのものとされる．

周期表 periodic table

メンデレーエフ Dmitri Ivanovich Mendeleev, 1834～1907

マイヤー Julius Lothar Meyer, 1830～1895

メンデレーエフは化学の教科書をサンクトペテルブルク大学の学生のために書い

た．彼は，異なる元素の性質の間には何らかの規則的な関係があると考えて探索したところ，元素を原子の質量が増加する順に並べると，似かよった化学的性質が規則的な間隔で繰返し出現することを見いだした．たとえば，リチウム（Li），ナトリウム（Na），カリウム（K），ルビジウム（Rb），およびセシウム（Cs）元素は，いずれも柔らかい金属であって，水に対して非常に反応しやすい．各元素はいずれも塩素と1：1の比で化合物をつくる．同様に，これらの次の元素も類似した化学的性質を示す．たとえば，ベリリウム（Be）はリチウムの次に，マグネシウム（Mg）はナトリウムの次に，カルシウム（Ca）はカリウムの次に，ストロンチウム（Sr）はルビジウムの次に，バリウム（Ba）はセシウムの次に位置する．これらの元素（X）はいずれも，塩素原子とX：Cl＝2：1の比で水溶性の化合物をつくる．メンデレーエフは，このような観察に基づいて周期表を組立てた．

■周期表の周期とは性質（property）の繰返し，この場合は化学的性質を意味する．

メンデレーエフの周期表では，元素は原子の質量が増大する順に並んでいる．その並びをちょうどよい場所で折返していくと，元素は，自然に縦の列に振り分けられ，各列には類似した化学的性質をもつ一群の元素が入る．メンデレーエフの天才的な点は，類似の化学的性質をもつ元素を同一の列に入れるために，報告されていた既知の元素の質量をまちがっているとみなしたり，表にたまたま空白ができたとしてもかまわないとしたところにある．メンデレーエフは，空白ができた理由を，そこに入るべき元素がまだ見つかっていないだけであるとの正しい判断を下している．実際，これらの空白の位置から，メンデレーエフは，その時点ではまだ見つかっていなかった元素の性質を正確に予言した．彼の予言は，これらの未知の元素を探索する指針としても役に立った．

現在の周期表の配列

原子番号の概念が広まると，メンデレーエフの周期表において元素は厳密に原子番

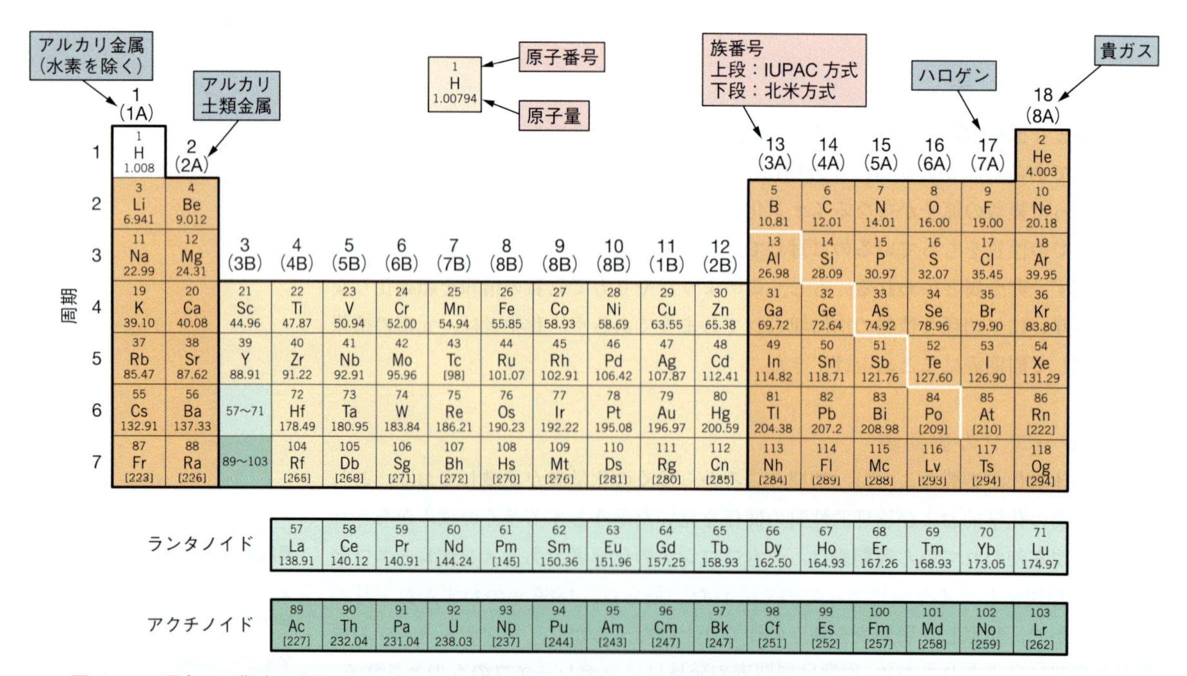

図 2・1　現在の周期表． 室温では，水銀と臭素は液体．11種類の元素は気体であり，そのなかには貴ガスと二原子分子の気体である水素，酸素，窒素，フッ素，および塩素も含まれる．残りの元素は固体である．

1 H																															2 He
3 Li	4 Be																									5 B	6 C	7 N	8 O	9 F	10 Ne
11 Na	12 Mg																									13 Al	14 Si	15 P	16 S	17 Cl	18 Ar
19 K	20 Ca	21 Sc															22 Ti	23 V	24 Cr	25 Mn	26 Fe	27 Co	28 Ni	29 Cu	30 Zn	31 Ga	32 Ge	33 As	34 Se	35 Br	36 Kr
37 Rb	38 Sr	39 Y															40 Zr	41 Nb	42 Mo	43 Tc	44 Ru	45 Rh	46 Pd	47 Ag	48 Cd	49 In	50 Sn	51 Sb	52 Te	53 I	54 Xe
55 Cs	56 Ba	57 La	58 Ce	59 Pr	60 Nd	61 Pm	62 Sm	63 Eu	64 Gd	65 Tb	66 Dy	67 Ho	68 Er	69 Tm	70 Yb	71 Lu	72 Hf	73 Ta	74 W	75 Re	76 Os	77 Ir	78 Pt	79 Au	80 Hg	81 Tl	82 Pb	83 Bi	84 Po	85 At	86 Rn
87 Fr	88 Ra	89 Ac	90 Th	91 Pa	92 U	93 Np	94 Pu	95 Am	96 Cm	97 Bk	98 Cf	99 Es	100 Fm	101 Md	102 No	103 Lr	104 Rf	105 Db	106 Sg	107 Bh	108 Hs	109 Mt	110 Ds	111 Rg	112 Cn	113 Nh	114 Fl	115 Mc	116 Lv	117 Ts	118 Og

図 2・2　周期表の展開型． 図 2・1 に示した周期表本体の下に二つの長い行が組込まれている．

号の増大する順に配列されるようになった．周期表において元素の順序を決めているのは原子番号，すなわちある原子の原子核中の陽子の個数であるということは，非常に重要である．このことはあとで学ぶように，ある原子の中の電子の個数とその原子の化学的性質の関係に重要な意味を含んでいる．

現在の周期表は，図 2・1 に示してあるとともに，本書の見返しにも掲載してある．本書では，この周期表を頻繁に参照するので，周期表に慣れ親しんでおくとともに，周期表で使われている用語も理解しておくことが大切である．

周期表の特別な用語

現在の周期表では，元素は原子番号が増加する順に並んでいる．横方向の行は**周期**といい，識別用に各周期には番号がつけられている．周期表本体の下部には，二つの長い行があって，いずれも 15 個の元素が入っている．これら二つの行は，実は周期表の本体に含まれていて，図 2・2 に示したように，それぞれ周期表のランタン（La, $Z = 57$）およびアクチニウム（Ac, $Z = 89$）のあとに続いている．これらはスペースの節約のために，周期表の下部に置かれることが多い．詳細な原子説に求められるのは，類似した性質が反復されることだけでなく，周期表に広い空白が生ずる理由も説明することである．これについては 7 章で述べる．

周期 period

■ Z の記号は原子番号を意味することを思い出そう．

周期表の縦方向の列は**族**とよばれ，これにも番号がついている．しかし，番号のつけ方については，化学者の間で完全な統一はとれていない．周期表の統一規格として，国際純正・応用化学連合（IUPAC）は，族は単純に 1 から 18 までの数を左から右にアラビア数字で表記する形式を採用している．しかし，北米では図 2・1 に併記したように，長い族を 1A から 8A，短い族を 1B から 8B と表記する形式が使われることが多い．（教科書によっては，族をローマ数字で表記しているものもある．たとえば，3A 族は IIIA 族と表記する．）8B 族は三つの短い列に広がっていることに注意しよう．B 族元素の順序は独特であるが，その意味は 7 章で原子の構造を学ぶと理解できる．さらに，ヨーロッパでも AB 族が使われるが，その方式は北米とは異なる．

族 group

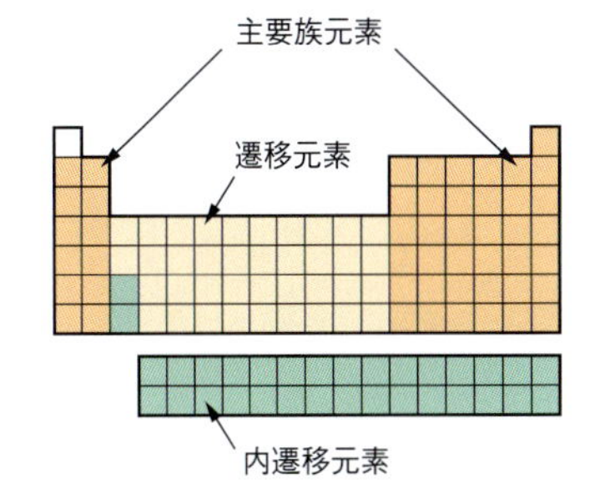

図 2・1 と見返しでは，IUPAC 方式と北米方式の両方の表記を載せている．今後はある特定の族を指定するときには，IUPAC 方式を使用することにする．

すでに述べたように，ある族の元素は類似している．その類似性のために，族はしばしば**元素の族**であるといわれる．水素を除く他の長い族の元素（北米方式の A 族）は**主要族元素**として知られる．周期表の中央部にある北米方式の B 族に属する元素は**遷移元素**とよばれる．周期表本体の下にある二つの長い行は，**内遷移元素**で，周期表本体に収まるときの先頭となる元素に由来する名前がついている．すなわち，元素 57〜71 は**ランタノイド**とよばれるが，それはランタン（La）が先頭だからである．

元素の族 families of element

主要族元素 main group element

遷移元素 transition element

内遷移元素 inner transition element

ランタノイド lanthanoid

アクチノイド actinoid

同様に，元素 89〜103 は**アクチノイド**とよばれるが，それはアクチニウム（Ac）が先頭だからである．

アルカリ金属 alkali metal

アルカリ土類元素 alkaline earth metal

いくつかの族には，通俗名がついている．たとえば，水素を除くと 1 族元素は金属である．それらはいずれも酸素と結合した化合物をつくり，いずれも水に溶解して強アルカリ性，すなわち強塩基性を呈する．そのため，これらの元素は**アルカリ金属**とよばれる．2 族元素もまた金属である．それらの酸素との化合物もアルカリであるが，2 族元素からなる多くの化合物は水に不溶で，地中に堆積している．その性質と自然界での存在場所から，2 族元素は**アルカリ土類元素**として知られるようになった．

貴ガス noble gas

周期表の右端の 18 族には**貴ガス**が位置する．貴ガスは，希ガス（rare gas）ともよばれているが，この名称はかつて 18 族のガスを抽出するのが困難だったことに由来している．英語では，IUPAC の 2005 年勧告を受けて noble gas の名称に統一されている．これを受けて日本化学会は 2015 年，18 族元素の和名として貴ガスの名称を勧告している．貴（noble）という用語は，化学反応性の程度がごくわずかであることを表現する場合に用いる．たとえば，金はよく貴金属とよばれるが，それは金と反応できる化学物質がほとんどないからである．

ハロゲン halogen

■ 16 族元素はカルコゲン（chalcogen）ともよばれ，15 族元素はプニクトゲン（pnictogen）とよばれることもある．

窒素族 nitrogen family

最後に，17 族元素は**ハロゲン**とよばれる．ハロゲンは，ギリシャ語の“海”ないし“塩”を意味する語に由来する．たとえば，塩素 Cl は食塩に含まれるもので，海水の塩辛さのおよその目安を与えている．主要族元素の他の族は，名称でよばれることは少なく，今後はその族の先頭の元素の名称を使うことにする．たとえば，15 族は**窒素族**という．

2・2　金属，非金属，および半金属

周期表は元素とその化合物に関するあらゆる種類の情報をまとめたものである．これを使うことによって，周期表のなかでの位置によって元素の性質がどのように変化するかを系統的に学ぶことができる．また，元素間の類似点と相違点とを容易に理解することができる．

金属 metal

周期表は概観するだけでも，いくつかの元素はなじみのある金属であるのに対して，同様に他のいくつかの元素は金属ではないことがわかる．鉛，鉄，金などが**金属**で，

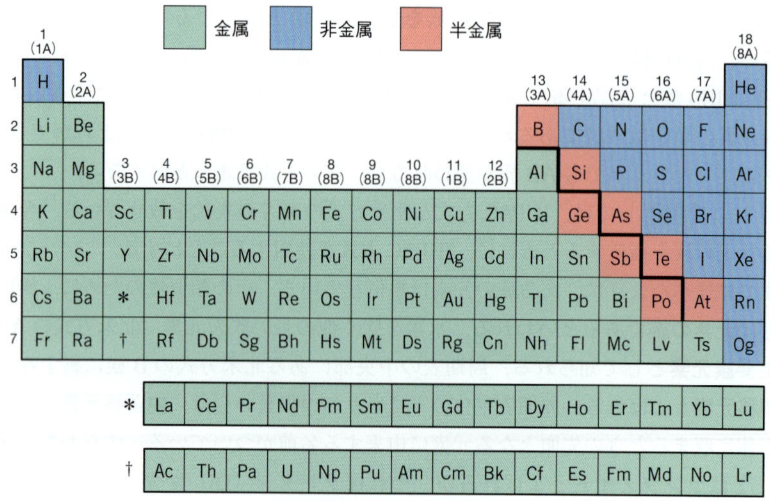

金属　非金属　半金属

	1 (1A)	2 (2A)	3 (3B)	4 (4B)	5 (5B)	6 (6B)	7 (7B)	8 (8B)	9 (8B)	10 (8B)	11 (1B)	12 (2B)	13 (3A)	14 (4A)	15 (5A)	16 (6A)	17 (7A)	18 (8A)
1	H																	He
2	Li	Be											B	C	N	O	F	Ne
3	Na	Mg											Al	Si	P	S	Cl	Ar
4	K	Ca	Sc	Ti	V	Cr	Mn	Fe	Co	Ni	Cu	Zn	Ga	Ge	As	Se	Br	Kr
5	Rb	Sr	Y	Zr	Nb	Mo	Tc	Ru	Rh	Pd	Ag	Cd	In	Sn	Sb	Te	I	Xe
6	Cs	Ba	*	Hf	Ta	W	Re	Os	Ir	Pt	Au	Hg	Tl	Pb	Bi	Po	At	Rn
7	Fr	Ra	†	Rf	Db	Sg	Bh	Hs	Mt	Ds	Rg	Cn	Nh	Fl	Mc	Lv	Ts	Og

*	La	Ce	Pr	Nd	Pm	Sm	Eu	Gd	Tb	Dy	Ho	Er	Tm	Yb	Lu
†	Ac	Th	Pa	U	Np	Pu	Am	Cm	Bk	Cf	Es	Fm	Md	No	Lr

図 2・3　周期表における金属，非金属，半金属元素の分布

酸素や窒素が**非金属**であることはすぐにわかる．しかし，非金属元素をもう少しよくみてみると，いくつかの元素，たとえば，ケイ素とヒ素は，真性の金属と真性の非金属の中間の性質を示す．これらの元素は**半金属**とよばれる．元素は金属，非金属，半金属の範疇に均等に分かれてはいない（図2・3）．元素の約75％は金属，約20％は非金属で，半金属はごくわずかにすぎない．

非金属 nonmetal

半金属 metalloid，メタロイドともいう．

金　属

金属は実物をみれば容易に金属であるとわかり，その物理的性質はよく理解されている．金属は特有の輝きを示す傾向があり，それは金属光沢とよばれる．たとえばカリウムは，その表面が銀色の光沢を示すので，はじめて見たとしても，それが金属であることはすぐにわかるであろう．また，金属は電気を通すこともよく知られている．さらに，金属は熱を非常によく伝える．寒い日には，金属はその近くにある非金属の物体に比べるとより冷たく感じられる．なぜなら，金属は手から非常に速く熱を奪うからである．非金属が金属ほど冷たく感じられないのは，熱が金属ほど速く逃げず，表面がより速く暖まるからである．

金属のもつ他の性質としては，その程度はさまざまであるが，**展性**と**延性**がある．展性とは，ハンマーで叩いたりローラーで延ばしたりすると薄いシート状になる性質をいい，延性とは，引っ張るとワイヤーになる性質である．金はハンマーで叩くと数原子の厚みの金箔にできるが，それは金に展性があるためである．また，電線の製造は銅の延性を利用している．

展性 malleability

延性 ductility

硬さは金属を記述するのに使われるもう一つの物理的性質である．クロムや鉄などいくつかの金属は非常に硬い．しかし，銅や鉛などはそれほどは硬くない．カリウムのようなアルカリ金属は，非常に柔らかいので，ナイフで切ることができる．しかし，化学反応性がきわめて高いので，アルカリ金属が元素そのもの（遊離した元素）としてみられることはまれである．

金属元素は，水銀以外はすべて室温で固体である．水銀は融点が低く，沸点が非常に高いことから，温度計の液体として使われている．大部分の他の金属はずっと高い融点を示す．たとえば，タングステンは金属のなかでは最高の融点を示す．そのため，電球の内部で白熱するフィラメントとして用いられる*．

*　水銀とタングステンの融点はそれぞれ −38.89 ℃と3410 ℃．

金属の化学的性質は金属間で著しく異なる．たとえば，金やプラチナなど，いくつかの金属は，ほぼあらゆる種類の試薬に対して不活性である．この性質とそれら自身の美しさと希少性のために，宝石として重用されている．しかし，他の金属は反応性に富んでいるので，一般に，その金属の“遊離した”状態はほとんど目にすることがないであろう．たとえば，ナトリウム金属は空気中の酸素や湿気とただちに反応して，その明るい金属光沢は瞬時にして失われてしまう．

非 金 属

プラスチック，木材，ガラスのような物質は金属の性質がないので非金属的であるとよばれ，非金属的な性質をもつ元素は非金属とよばれる．非金属は，化合物ないし化合物の混合物として存在することが多い．しかし，元素として存在するものもあり，そのなかには，私たちにとって非常に重要なものがある．たとえば，私たちが呼吸している空気は，そのほとんどが窒素と酸素からなる．いずれも無色，無臭の気体である．しかし，それらは見ることも，味をみることも，臭いを嗅ぐこともできないので，

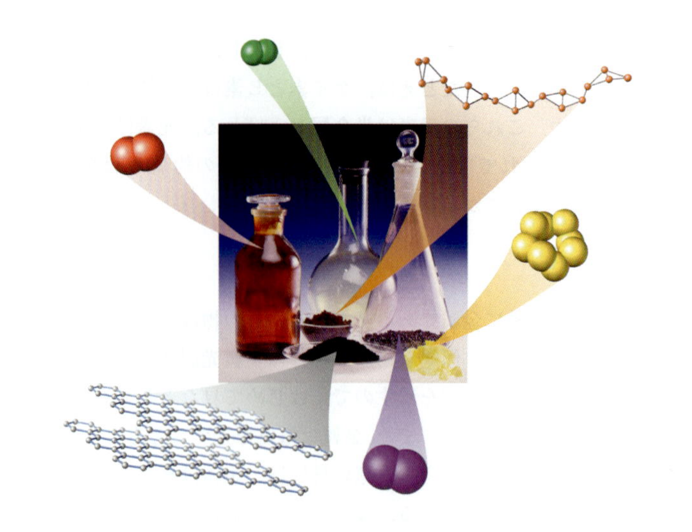

図 2・4　非金属元素の例. 左側のビンの中には，暗黒色の液体である臭素が入っている．臭素は，容易に気化して，濃い橙色の蒸気となる．中央にある丸底フラスコには，薄い緑色をした塩素ガスが入っている．右側のフラスコの底には，固体のヨウ素が置かれていて，紫色の蒸気を出している．塩素の入ったフラスコの前には，赤リンの粉が載った皿が置かれている．そして，時計皿にはグラファイトの黒色粉末が置かれている．また，黄色の硫黄の塊も写っている．

その存在を感じとるのはむずかしい．おそらく，非金属元素のなかで最もよく目にするのは炭素であろう．たとえば，鉛筆のグラファイト，石炭，バーベキューに使う木炭は，いずれも炭素である．炭素はより価値の高い形態であるダイヤモンドとしても産出する．ダイヤモンドとグラファイトは見た目は異なるが，いずれも炭素元素そのものである．

非金属は，室温，大気圧下において，半分弱が固体で，半分強が気体である．いくつかの非金属元素の写真が図 2・4 に示してある．非金属元素の性質は，金属元素とほぼ正反対である．非金属には，金属特有の外見的特徴がない．固体はくすんでいて光沢もない．熱伝導性も非常に小さく，また，グラファイトを除くと，電気伝導性も小さい．

非金属元素には，金属のもつ展性と延性がない．硫黄の塊は，ハンマーで叩くとぼろぼろに崩れ，引き延ばそうとすると割れる．ダイヤモンドカッターの鋭利な歯を使って，宝石を切ることができるのは，炭素の硬いが展性と延性のない性質のおかげである．

非金属の化学反応性も，金属と同様に多様である．たとえば，フッ素は非常に反応性が高く，他のほぼあらゆる元素と容易に反応する．対極にあるのがヘリウムである．ヘリウムの気体は，子ども用の風船を膨らませたり，大きなスポーツイベントでみられる飛行船に使われる．ヘリウムは，他のものと全く反応しない．反応しないもう一つの元素はアルゴンである．実験装置や反応容器は，この不活性な気体で毛布のようにくるむと，酸素，二酸化炭素，水などの大気中の気体から保護することができる．

半　金　属

半金属の性質は，金属と非金属との中間である．これは驚くには当たらない．なぜなら，周期表において，半金属は金属と非金属の間に位置しているからである．多くの点で，半金属は化学的にも物理的にも，非金属のように振舞う．しかし，最も重要な物理的性質である電気伝導性は，金属と似ている．半金属は**半導体**になりやすい．つまり，電気を通すが金属ほどよくは通さない．この半導体としての性質は，特にケイ素とゲルマニウムに顕著にみられ，そのおかげで過去 60 年間に，固体エレクトロニクスの分野は著しい発展をなしとげた．多くの精密機器や家電製品が動作できるの

半導体 semiconductor

は，半導体からできているトランジスターと集積回路のおかげである．そのすばらしい進歩により，電子部品が驚くほど小型化した．そのおかげで，携帯電話，カメラ，およびコンピューターが，小型で便利になった．これらの装置の心臓部は集積回路である．それは，超高純度のケイ素（またはゲルマニウム）のウェーハをエッチングし，化学的に数千個のトランジスターの配列に加工することによって得られたものである．

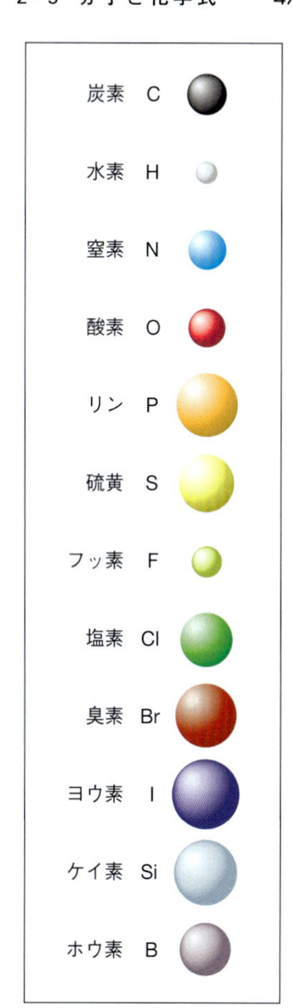

図 2・5 異なる元素の原子を表すのに用いられる色． 球の大きさは，異なる原子の相対的な大きさを反映している．元素名の右に元素記号を示す．

金属的および非金属的性質

周期表中の位置によって元素の性質が変化していく例として，まず半金属を取上げよう．半金属は周期表中で金属と非金属の間に位置している．周期表中の元素の位置は，ある周期ないし族のなかで変わると，化学的および物理的性質が徐々に変化していく．そのような例はこれから頻繁に出てくる．同一周期，ないし同一族のなかで位置が変わっても，元素の特徴が急激に変わることはほとんどない．半金属の位置は，性質が金属から非金属的に徐々に変化する一つの例とみることができる．第 3 周期のなかでアルミニウムを起点に左から右に移動してみよう．アルミニウムは見た目から金属であることが明らかである．隣りはケイ素で半導体である．その隣りはリンで明らかに非金属の性質を示す．性質がしだいに変化していく例は，14 族を下がっていくときにもみられる．炭素は非金属，ケイ素とゲルマニウムは半金属，スズと鉛は金属である．このような傾向を知っていると元素の性質が理解しやすい．

2・3 分子と化学式

本節では，まず，原子がどのように結合して化合物になるかを説明しよう．それらの物質を原子レベルで記述するときには，個々の原子が結合する様式を頭の中で思い浮かべられるとよい．私たちは三次元の世界にいるので，原子は球（もし手で書く場合には円）で表すことが多い．ある元素の原子と他の元素の原子とを区別するために，異なる色が用いられる．本書の大部分の図では，見返しも含めて，図 2・5 に示した標準的な色分類を用いる．化学者はこの色分類に縛られてはいないが，ある物質について特定の観点を強調するときには色が使われる．そのような場合には，図の説明にどの色がどの元素に対応するかを示すことになる．

元素が異なれば原子の大きさも異なり，大きな原子は大きな球で，小さな原子は小さな球で書かれる．これは特に原子の大きさの違いを強調したいときに行われる．図 2・5 に書かれている異なる球の大きさは，原子の相対的な大きさを示している．欄外に示すように，塩素原子は酸素原子よりも大きい．

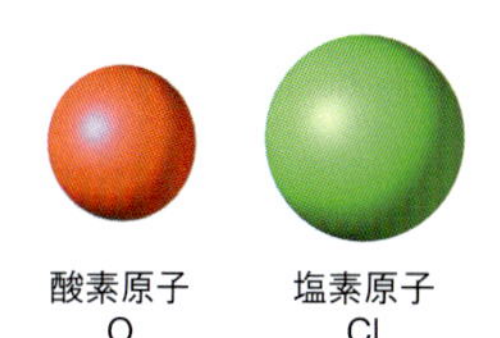

分　子

原子はさまざまな様式で結合すると，自然界に存在したり実験室で合成される非常に複雑な物質を形成する．物質の一つの型は，**分子**とよばれる個々の粒子からなっているもので，分子は 2 個以上の原子によって構成されている．莫大な数の異なる化合物が，多数の元素と同様に，自然界に分子として存在する．もう一つの型の化合物（イオン化合物という）は，荷電した原子からなるもので，§2・5 で取扱う．

分子 molecule

化 学 式

化学物質，すなわち元素と化合物を記述するために，通常は**化学式**を用いる．化学

化学式 chemical formula

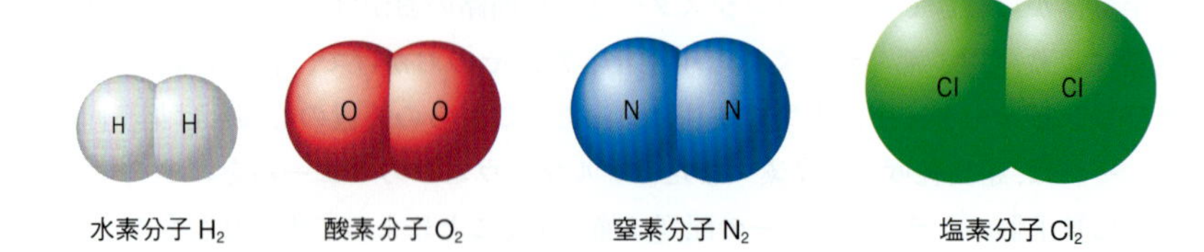

図 2・6　水素，酸素，窒素，および塩素の二原子分子の模型． いずれも1分子当たり2個の原子を含む．模型の大きさは，実際の原子の大きさを反映している．

遊離の元素 free element

式では，元素の原子を表すために元素記号が用いられる．**遊離の元素**（化合物のなかで他の元素と結合していない元素）については，単にその元素記号を用いることが多い．たとえば，元素のナトリウムは，その元素記号 Na で表す．それはナトリウム原子1個を意味する．Na という表記を単にナトリウムという言葉の代わりに使うこともある．

二原子分子 diatomic molecule

よく出会う多くの元素は，自然界では**二原子分子**（2個の原子からなる分子）として存在することが多い．たとえば，水素，酸素，窒素，塩素の気体は，いずれも二原子分子である．元素記号に続く添字は，一つの分子中のその元素の原子数を表す．たとえば，水素分子の化学式は H_2，酸素，窒素，塩素分子はそれぞれ O_2, N_2, Cl_2 である．これらの分子を図 2・6 に示す．そのような元素のより完全な一覧を表 2・1 に示す．

表 2・1　二原子分子として自然界に存在する元素

水素	H_2	塩素	Cl_2
窒素	N_2	臭素	Br_2
酸素	O_2	ヨウ素	I_2
フッ素	F_2		

ちょうど元素記号が元素名の簡略表記として使えるのと同じように，元素記号，添字，および括弧を含む化学式は，ある化合物の名前を記すための簡略表記として使える．しかし，化学式の最も重要な特質は，その物質にどの元素がいくつ含まれているかを示す点にある．

天然ガス natural gas

化学式においては，各元素は元素記号によって示される．水 H_2O は，水素原子2個と酸素原子1個からなる．元素記号 O のあとに添字がないのは，酸素原子が1個だけであることを示している．もう一つの例は，メタン CH_4 である．メタンは，**天然ガス**中に含まれる可燃性化合物の一つで，台所での料理や実験室でのブンゼンバーナーに使われる．その化学式から，メタン分子は炭素原子1個と添字が示すように4個の水素原子とからなる．

構造式 structural formula

十分な情報があれば，ある分子の中で原子が互いにどのようにつながっているか，さらに分子の三次元的な形さえも示すことができる．原子がどのようにつながっているかを示すために，元素記号を用いて原子を表し，線を用いて原子どうしを結ぶ化学結合を表す．そのような図は**構造式**とよばれることが多い．

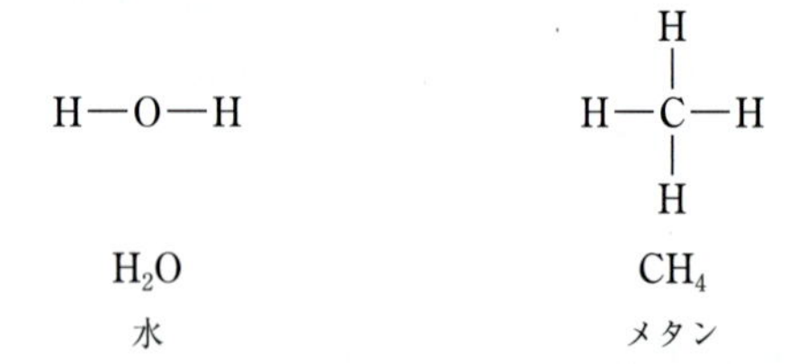

球棒模型 ball-and-stick model

空間充塡模型 space-filling model

■ 分子模型キットを買えば，自分で分子模型が組立てられる．分子模型キットでは，着色された球に結合がうまくはまるように孔が開けてある．これを使うと，分子模型を正しい幾何学的構造でつくれる．

分子の三次元的構造を理解するためには，**球棒模型**を組立てるとよい．球棒模型では，原子を球で，原子どうしを結ぶ結合を棒によって表している．**空間充塡模型**は，原子の相対的な大きさと，各球が分子の中でどの程度の空間を占めるのかを知るのに役に立つ．図 2・7 にはメタンとクロロホルムの球棒模型を，図 2・8 には水，メタン，およびクロロホルムの空間充塡模型を示す．

もっと複雑な化合物では化学式に括弧が含まれていることがある．たとえば，尿素の化学式は $CO(NH_2)_2$ であるが，これから，括弧のなかの原子団 NH_2 が2個存在す

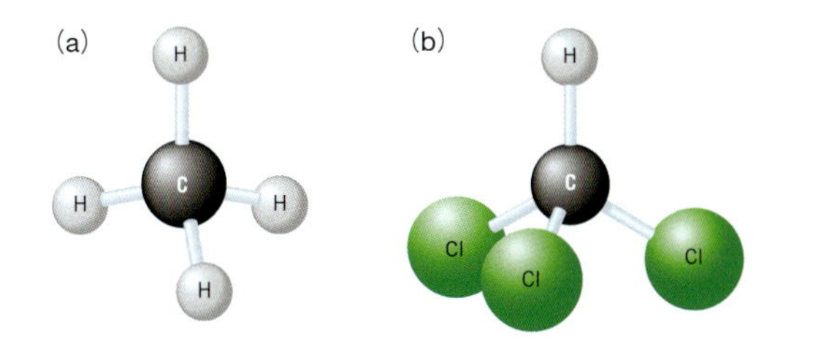

図 2・7 **球棒模型**. メタン(a), クロロホルム(b).

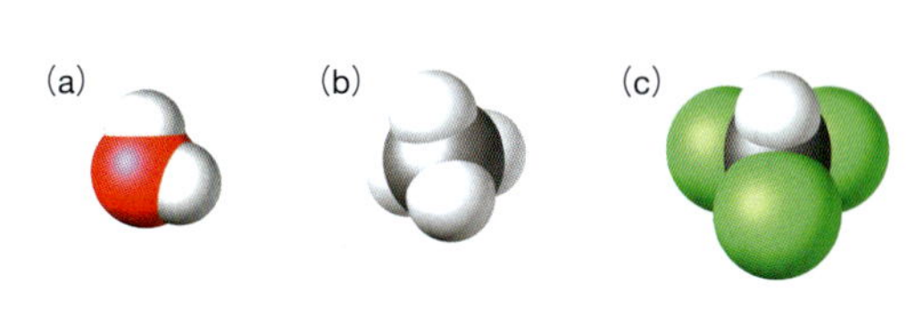

図 2・8 **空間充塡模型**. 水 H_2O(a), メタン CH_4(b), クロロホルム $CHCl_3$(c).

ることがわかる. 尿素の化学式は CON_2H_4 とも書けるが, 括弧つきのほうがよい. その理由はあとでわかる. 球棒模型と空間充塡模型を図 2・9 に示す.

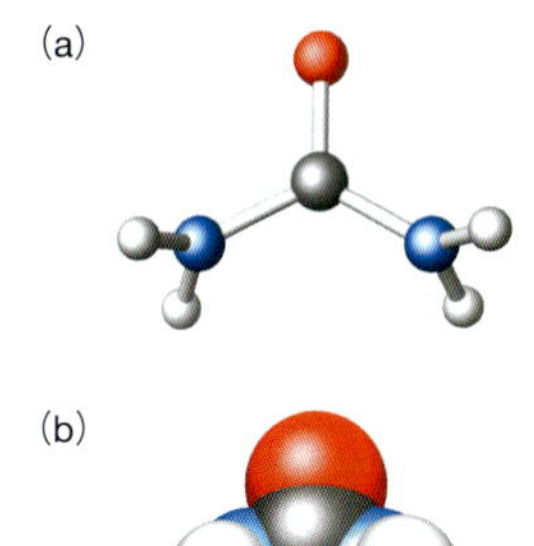

図 2・9 **尿素分子 $CO(NH_2)_2$**. 球棒模型(a), 空間充塡模型(b).

水和物: 一定の割合で水を含む結晶 ある種の化合物の結晶には水分子が含まれる. その一例が, 建物の内壁によく使われている石膏である. 石膏は硫酸カルシウム $CaSO_4$ とよばれる化合物の結晶で, $CaSO_4$ 1 分子当たり 2 個の水分子を含んでいる. この水分子は結晶にしっかりと保持されているのではなく, 結晶を加熱すると除去される. 乾燥した結晶は湿気に曝(さら)されると再び水を吸収する. 吸収される水の量は, H_2O と $CaSO_4$ の比が必ず 2 : 1 となる. 結晶中に水が一定の割合で含まれる化合物を**水和物**といい, さまざまな化合物でみられる. この硫酸カルシウム二水和物の化学式は $CaSO_4 \cdot 2H_2O$ と書かれ, それによって $CaSO_4$ 1 分子に対して水が 2 分子であることが示される. 中黒の点・は, 水分子が結晶中でしっかりと保持されているのではなく, 除去できることを示している.

水和物 hydrate

水和物結晶を脱水（水の除去）すると色が変わることがある. たとえば, 硫酸銅の五水和物結晶 $CuSO_4 \cdot 5H_2O$ は明るい青色をしているが, 加熱すると大部分の水が除去されて $CuSO_4$ となり, ほぼ無色になる（図 2・10）. これを空気中に放置すると, その $CuSO_4$ は湿気を吸収して再び青色の $CuSO_4 \cdot 5H_2O$ に戻る.

■水和物からすべての水が除去されると“無水”になったといわれる.

化学式中で原子の個数を数える: 必要な技術 化学式における各元素の原子の個数を数えことはとても大切な技術の一つで, まちがいなくできなければならない. 原子の個数を数えるためには, 添字と括弧, そして, 水和物の場合には係数も含めて, それらの意味を理解する必要がある. これから具体的な例題を解きながら, 数え方の原

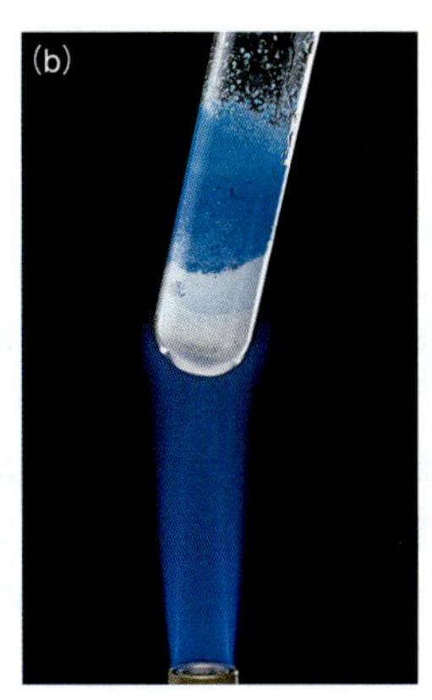

図 2・10 **水和物の水は加熱すると除去できる**. (a) 加熱前の硫酸銅五水和物 $CuSO_4 \cdot 5H_2O$ の青色結晶. (b) 水和物は加熱すると容易に水を失う. 試験管内下半分の白くなっている部分が純粋な $CuSO_4$ である.

則を学ぼう．

例題 2・1　化学式中の原子の個数を数える

次の化学式 $(CH_3)_3COH$ および $CoCl_2 \cdot 6H_2O$ では，それぞれ各元素の原子は何個あるか．

指針　むずかしい問題ではないと思うが，練習のために順を追って説明しよう．この両方の問題に答えるためには，化学式中の添字と括弧の意味を理解している必要がある．また，元素記号と元素名との対応をわかっている必要がある．

解法　三つの手法を使う．1) 元素記号のあとの添字は，その元素の何個が化学式中にあるかを示す．2) 括弧のなかの原子団は，括弧のあとの添字の回数だけ繰返される．3) 化学式中の·は，その物質が水和物であることを示し，H_2O の前の数字が，含まれている H_2O の個数を表している．

解答　$(CH_3)_3COH$ については，括弧のなかのすべての原子が三つあることを理解しておく必要がある．

添字の 3 は CH_3 が三つあることを示している
↓
$(CH_3)_3COH$

各 CH_3 は 1 個の C 原子と 3 個の H 原子からなり，それが三つあるので，C 原子が 3 個と H 原子が 9 個ある．COH には，C と H が 1 個ずつあるので，合計で C 原子が 4 個，H 原子が 10 個あることになる．また O 原子が 1 個ある．したがって，$(CH_3)_3COH$ という化学式は，

4C　10H　1O

であることを示している．化合物中の元素は，炭素 C，水素 H，および酸素 O である．

$CoCl_2 \cdot 6H_2O$ は，·があることからわかるように，水和物の化学式である．$CoCl_2$ 1 分子当たり水 6 分子が含まれている．

6 は H_2O が 6 分子あることを示す
$CoCl_2 \cdot 6H_2O$
· はこの化合物が水和物であることを示す

したがって，$CoCl_2 \cdot 6H_2O$ は，

1Co　2Cl　12H　6O

であることを表す．見返しの表から，それぞれコバルト Co，塩素 Cl，水素 H，酸素 O であることがわかる．

確認　ここで答えが正しいかどうかを確認する唯一の方法は，数え直すことである．

練習問題 2・1　次の化学式から，各分子について，元素ごとの原子の個数を求めよ．(a) SF_6　(b) $(C_2H_5)_2N_2H_2$　(c) $Ca_3(PO_4)_2$　(d) $Co(NO_3)_2 \cdot 6H_2O$

原子，分子，および定比例の法則

定比例の法則 law of definite proportion

これまでに学んだ原子・分子の表記方法を使って，ドルトンの原子説が**定比例の法則**をどのように説明できるかをみてみよう．原子説によると，ある化合物の分子はすべて同一であって，成分元素の原子数の比は同一である．たとえば，水の分子はいずれも化学式 H_2O で表され，2 個の水素原子と 1 個の酸素原子からなる．

現在では，酸素原子は水素原子よりもはるかに重いことが知られている．実際，酸素原子 1 個は，水素原子 1 個より 16 倍重い．ここでは，その重さがどれだけかということは気にせずに，水素原子 1 個の質量は 1 単位であるということにする．この尺度に基づくと，酸素原子の重さは水素原子の 16 倍，すなわち 16 質量単位である．

H 原子 1 個　　1 質量単位
O 原子 1 個　　16 質量単位

図 2・11(a)には，水分子が 1 個，つまり水素原子 2 個と酸素原子 1 個が書いてある．この分子中の酸素の質量（16 質量単位）は，水素の全質量（2 質量単位）の 8 倍である．図 2・11(b)には水分子 5 個，すなわち水素原子 10 個と酸素原子 5 個が書いてある．5 分子を合わせても，酸素の全質量は水素の全質量の 8 倍である．つまり，試料中の水分子の個数にかかわらず，酸素の全質量は水素の全質量の 8 倍である．

純粋な水に含まれる酸素の質量は，水の量に無関係に水素の 8 倍である．これは定比例の法則が水で成立している例で，§0・4 で述べたように実験的に確かめられて

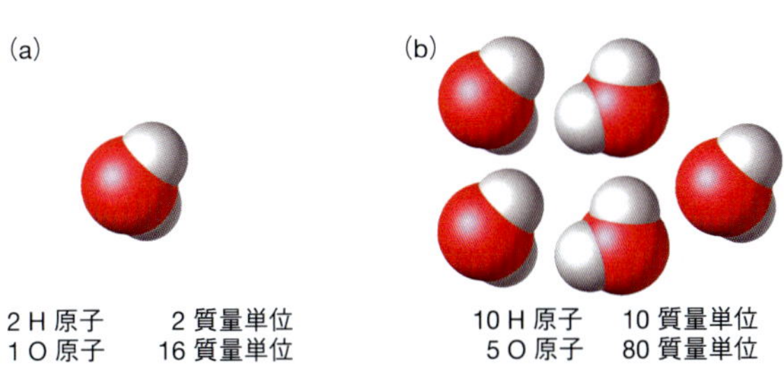

図 2・11　定比例の法則. 水分子の個数にかかわらず，酸素の質量は必ず水素の質量の 8 倍である.

いる. 図 2・11 では，定比例の法則が成り立つ理由を原子説に基づいて説明している.

倍数比例の法則

ドルトンの原子説の成功例は，もう一つの化学法則（当時はまだ発見されていなかった）を予言したことである. その法則は**倍数比例の法則**とよばれ，原子どうしが互いに結合して二つ以上の異なる化合物を形成する場合に適用できる.

倍数比例の法則 law of multiple proportion

倍数比例の法則
2 種類の元素が結合して 2 種類以上の化合物を形成するときには，一方の元素の一定質量と結合する他方の元素の質量は，必ず簡単な整数比をなす.

これが何を意味するかを理解するため，二酸化硫黄 SO_2 と三酸化硫黄 SO_3 について考えてみよう（図 2・12）. いずれの分子にも硫黄原子が 1 個あるので，両方の分子には同一質量の硫黄が含まれる. 次に酸素に注目する. SO_2 分子には O 原子が 2 個あり，SO_3 分子には O 原子は 3 個ある. このことは，この二つの化合物間で酸素原子の質量の比が，2 : 3 であることを意味している.

$$\frac{SO_2 \text{中の O 原子の質量}}{SO_3 \text{中の O 原子の質量}} = \frac{2\text{個の O 原子}}{3\text{個の O 原子}} = \frac{2}{3}$$

どの酸素原子も質量は等しいので，二つの分子間で O 原子の質量比は原子数の比に等しい. したがって，その比 2 : 3 は小さな整数の比となる.

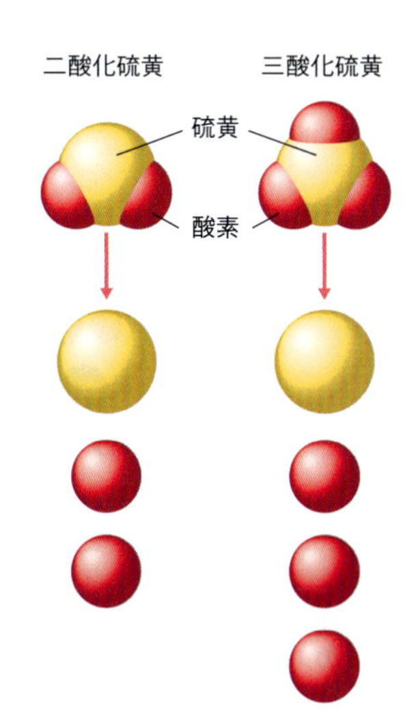

図 2・12　硫黄の酸素化合物から，倍数比例の法則が理解できる. 三酸化硫黄と二酸化硫黄のいずれも硫黄原子 1 個を含むので，それぞれの分子に含まれる硫黄の質量は等しい. 酸素の比は，原子数，質量ともに 2 : 3 である.

分子の大小

これまでみてきた分子は，原子数が数個程度の小さいものばかりであった. 本書で取扱うのは小さい分子が多いが，自然界とりわけ生体中には巨大な分子が存在する. たとえば，DNA は遺伝コードを含む分子で，遺伝コードによって一つの生命体と他の生命体とが区別される. それを行うために DNA 分子は，数百万個の原子が織込ま

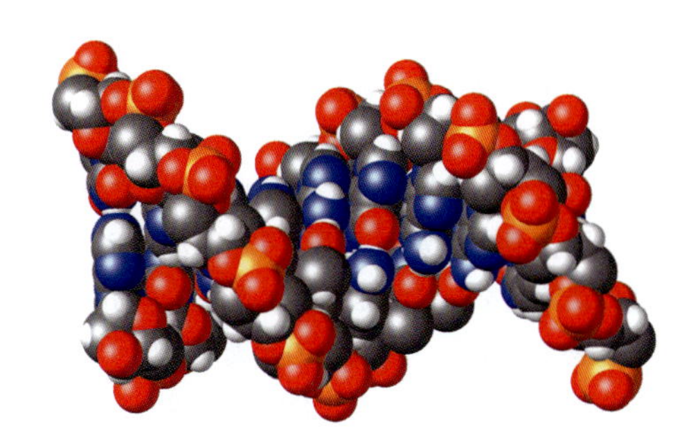

図 2・13　分子には極端に大きいものがある. ある DNA 分子の短い断片を示した. DNA 分子の構造が地球上のさまざまな生命体を区別することを担っている. 1 個の DNA 分子全体には数百万個の原子が含まれている.

れた非常に複雑な構造をとっている．DNA分子の短い断片を図2・13に示す．DNAについては22章で学ぶ．

原子，分子，および私たちが見る世界との関係

ある化学物質が合成されたり，天然物から単離されたときには，その化学式を決めなければならない．その化合物は，無色の粉末として実験によって得られるかもしれない．しかし，その物質の外見からは，化学式や粉末中の原子の配列については何もわからない．それを理解するために化学者は実験を行う．その例はあとで紹介するする．実験から化学式が算出できる．化学式がわかるとその分子の構造が推測できるかもしれない．しかし，それが本当に確実であるとするには，非常に多くの作業と高価な実験装置が必要となる．

原子・分子レベルでの混合物　1章で述べたように，混合物はその組成が一定ではないという点で，元素および化合物とは異なる．図2・14はこのことを原子・分子レベルで説明したもので，均一混合物（それを溶液という）中の2種類の物質を，異なる色の球で示している．2種類の物質が一様に混ざっていることに注意せよ．分子レベルでの均一と不均一の違いは，図2・14と図2・15を比較するとわかる．

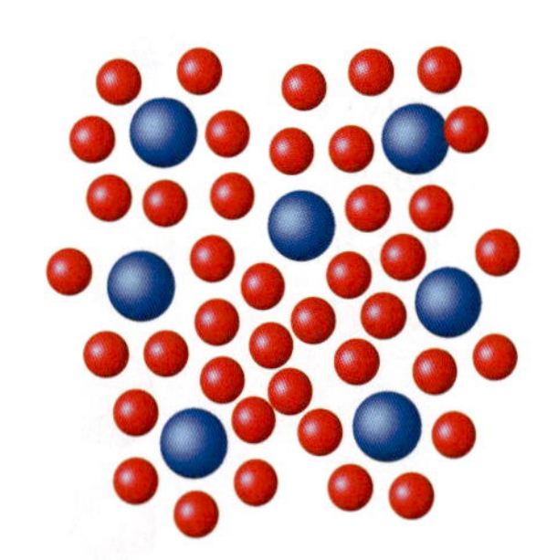

図 2・14　均一混合物の一部を原子・分子レベルで示したもの． 赤と青の球は，二つの異なる物質(元素ではない)を表している．一方の物質が他方の物質の中に均一に分布している．

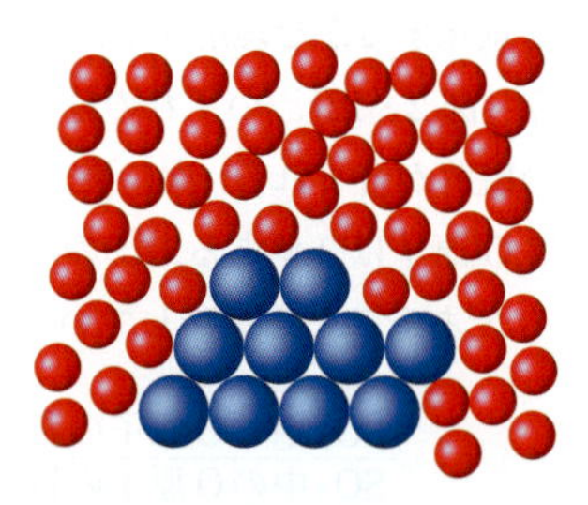

図 2・15　不均一混合物の一部を原子・分子レベルで示したもの． 2種類の物質は，不均一混合物の中では，別べつの相の中に存在している．

2・4　化学反応と化学式

化学反応は化学の中心である．反応が起こると，反応する物質の間で劇的な変化が生ずることがよくある．化学反応は実験室でみるだけでも興味深いものだが，おびただしい数の反応が産業や日常生活でも使われている．反応のなかには，急速かつ激しく進むものがある．たとえば，大きな建物を取り壊すために使う爆発である．それほど激しくない反応もある．たとえば，漂白剤の利用である．漂白剤中の有効成分が衣類の汚れと反応したり，細菌を殺したりする．ここでは2例だけ示したが，これから多数の例がでてくる．

化学反応を理解するためには，それが化学物質の性質をどのように変化させるかをみる必要がある．たとえば，鉄と硫黄の元素どうしの混合物（図1・5参照）について考えてみよう．硫黄は淡黄色をしていて，鉄はその混合物中では，磁石に吸いつく性質をもった黒色粉末である．もし，これらの元素が反応すると，硫化鉄（“愚者の黄金”として知られる黄鉄鉱）とよばれる化合物を形成し，それは図1・6に示した

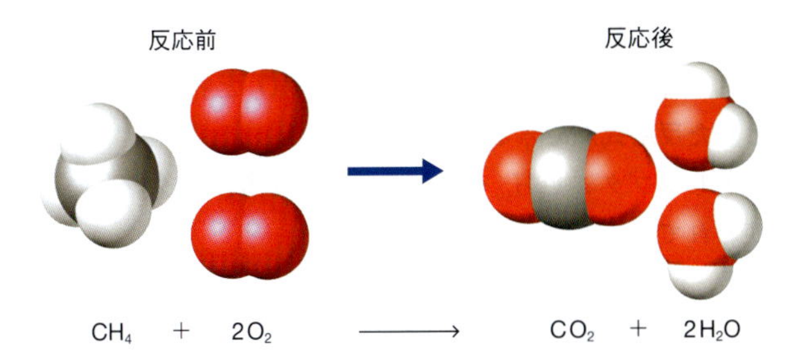

図 2・16 メタン CH_4 と酸素 O_2 との反応を原子・分子レベルでみた図. その反応によって，二酸化炭素 CO_2 と水が生成する．図の下に化学反応式を示す．

ように硫黄とも鉄とも似ていない．また，磁石に吸いつく性質もない．鉄と硫黄が化学的に結合すると，それらの元素の性質は失われて，あらたに生成した化合物の性質が現れる．

化学変化が原子レベルでどのように起こるのかをみるために，メタン CH_4 の燃焼を調べてみよう．この反応は，CH_4 と酸素（O_2，酸素は自然界ではこのような形で存在する）を消費して，二酸化炭素 CO_2 と水 H_2O とを生成する．図 2・16 でこの反応を原子・分子レベルで表した．この反応では CH_4 と O_2 は反応物である．**反応物**とは反応が始まる前に存在する物質であって，図 2・16 では左側に示してある．一方，右側には反応の生成物が示してある．**生成物**とは反応が起こったあとに存在する物質である．矢印は反応物が変化して生成物を形成することを示している．

反応物 reactant

生成物 product

化学者は化学変化を表す図を書く代わりに，元素記号を用いた**化学反応式**を書く．化学反応式は，化学反応が起こると何が起こるのかを記述するために化学式を用いる．図 2・16 に示したように，化学反応式は反応前と反応後の化学物質の姿を記述する．

化学反応式 chemical equation

$$CH_4 + 2O_2 \longrightarrow CO_2 + 2H_2O \qquad (2\cdot1)$$

この反応に関与する元素の原子が記号で表されている．O_2 と H_2O の前の数字は**係数**という．この式では係数から CH_4 と O_2 はそれぞれ何分子反応し，CO_2 と H_2O が何分子生成したかがわかる．反応式で係数が書かれていない場合には，係数は 1 とみなす．化学反応式における矢印は，“反応して生成すること”を意味する．したがって，この化学反応式は，メタンと酸素が反応して二酸化炭素と水が生成することを示す．

係数 coefficient

化学反応と質量の保存

質量保存の法則によれば，化学反応の前後で質量は増えることも減ることもない．図 2・16 では，反応前には，水素原子が 4 個，酸素原子が 4 個と炭素原子 1 個が存在する．それらは，CH_4 1 分子と O_2 2 分子として存在している．反応後にも，それぞれ同数の原子が存在するが，CO_2 1 分子と H_2O 2 分子に変化している．反応の間に原子が失われたり，あらたに生じたりすることはないので，質量の合計は変わらない．これより，原子の概念と化学反応では原子は単に組変わるだけであるとするドルトンの原子説から，質量保存の法則が説明できたことになる．

反応式における係数と質量保存の法則　すべての化学反応は質量保存の法則に従う．それによると，いかなる反応においても，原子の総数は反応の前後で同一である．化学反応式を書くときには，この法則に従うように，矢印の両側の分子の数を調整する．その操作を反応式の釣合をとるといい，それは反応物と生成物の各係数を調整することである．メタンの燃焼の反応式では，左辺の O_2 と右辺の H_2O の係数を調整すると，**釣合のとれた反応式**ができる．

釣合のとれた反応式 balanced equation

もう一つの例としてブタン C_4H_{10} の燃焼をみてみよう．ブタンは使い捨てライターの燃料として使われている．

C_4H_{10} 2 分子　O_2 13 分子　CO_2 8 分子　H_2O 10 分子

$$2C_4H_{10} + 13O_2 \longrightarrow 8CO_2 + 10H_2O$$

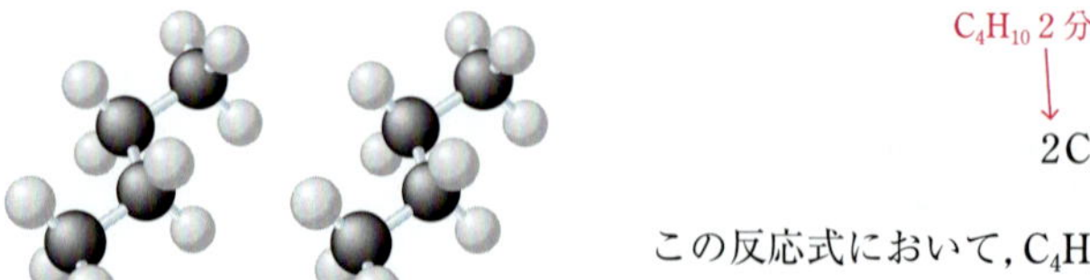

図 2・17　化学反応式中の係数を理解する． $2C_4H_{10}$ と書くことによって，ブタン 2 分子を表す．ブタン 1 分子には，C 原子が 4 個，H 原子が 10 個含まれているので，$2C_4H_{10}$ は，合計で炭素原子 8 個と水素原子 20 個あることを示す．

この反応式において，C_4H_{10} の前の 2 はブタン 2 分子が反応することを示す．つまり，合計で炭素原子 8 個，水素原子 20 個がかかわっている（図 2・17）．C_4H_{10} の 1 分子中の C および H 原子の個数を，係数 2 だけ乗じていることに注意しよう．右辺には CO_2 8 分子があるので，合計で炭素原子が 8 個あることになる．同様に，水分子 10 個には水素原子 20 個が含まれている．そして，酸素原子 26 個が両辺にある．このような釣合のとれた反応式を 3 章で学ぶことになる．いまのところは，ある反応式が釣合っているのか，釣合っていないのかの区別がつけばよい．

例題 2・2　化学反応式が釣合っているかどうかを区別する

以下の化学反応式が釣合っているかどうかを区別せよ．その根拠として，両辺のそれぞれに各元素の原子が何個あるかを示せ．

(a) $Fe(OH)_3 + 2HNO_3 \longrightarrow Fe(NO_3)_3 + 2H_2O$

(b) $BaCl_2 + H_2SO_4 \longrightarrow BaSO_4 + 2HCl$

(c) $C_6H_{12}O_6 + 6O_2 \longrightarrow 6CO_2 + 6H_2O$

指針　この問題は，各反応式が釣合っているかどうかを問うものである．反応式が釣合っているかどうかは，各元素の原子が両辺で等しいかどうかをみればわかる．

解法　化学式中の添字と括弧，および化学式の前の係数の意味を理解することが，原子の個数を数えるための手法である．二つの反応式では，すべての反応物と生成物に酸素原子が含まれている．すべての原子の個数をまちがいなく数える必要がある．

解答　(a) 反応物 1Fe, 9O, 5H, 2N で，生成物 1Fe, 11O, 4H, 3N である．両辺で個数が等しいのは Fe だけであるから，この式は釣合っていない．(b) 反応物 1Ba, 2Cl, 2H, 1S, 4O で，生成物 1Ba, 2Cl, 2H, 1S, 4O である．この式は釣合っている．(c) 反応物 6C, 12H, 18O で，生成物 6C, 12H, 18O である．釣合っている．

確認　正しいかどうかを調べる方法は，原子の個数を数え直すことである．逆向きから原子を数えてみよ．

練習問題 2・2　次の反応式の各辺には，それぞれ各元素ごとにいくつの原子が存在するか．この反応式は釣合っているか．

$$4NH_3 + 3O_2 \longrightarrow 2N_2 + 6H_2O$$

2・5　イオン化合物

日常生活で出会う大部分の物質は，遊離した元素，つまり結合をつくっていない元素ではなく，元素が互いに結合した化合物である．これから二つの種類の化合物について述べる．イオン化合物と分子化合物である．

金属と非金属との反応

イオン ion

適切な条件のもとでは，原子どうしの間で電子の移動が可能となり，**イオン**とよばれる電荷を帯びた粒子が生成される．その一例が，金属ナトリウムが非金属の塩素と結合する場合である．図 2・18 に示したように，ナトリウムは典型的な金属光沢のある金属で，塩素は淡緑色の気体である．この二つを混ぜ合わせると，激しい反応が起

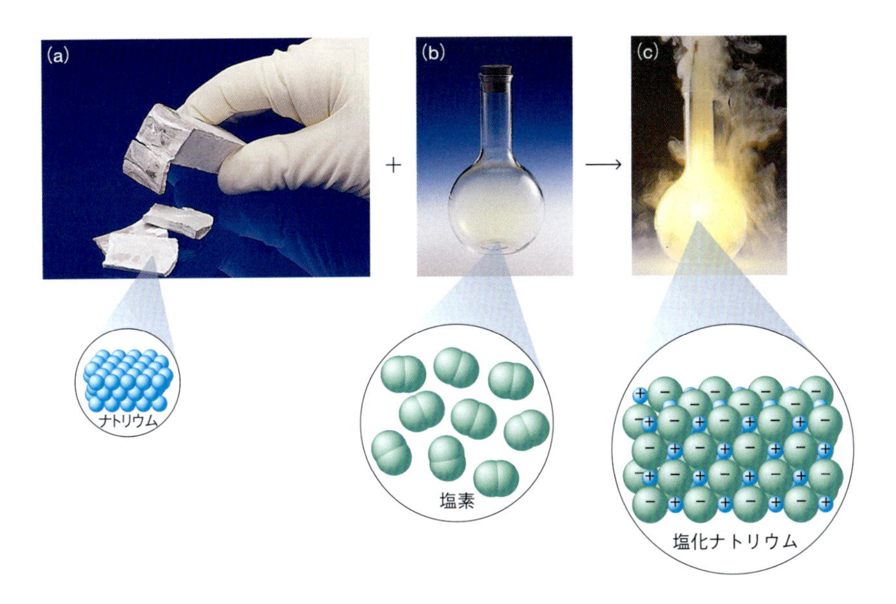

図 2・18 ナトリウムは塩素と反応してイオン化合物である塩化ナトリウムを生成する. 反応を原子レベルでみた図も示してある. (a) 切り出したばかりのナトリウムの表面は, 銀白色の金属光沢をもつ. そのナトリウム金属は, 酸素および湿気と反応するため, 素手で触ってはいけない. (b) 塩素は淡緑色の気体である. (c) ナトリウムの小片を金属製スプーンの上で溶かし, 塩素の入っているフラスコの中に入れると, 明るく燃え上がる. これは, 二つの元素が反応して塩化ナトリウムを生成するためである. フラスコから出てくる煙は塩化ナトリウムの微結晶である. 電気的に中性な原子・分子が反応して, 陽および陰イオンを生成する. これらは, 電気的な引力(反対の電荷は互いに引き合う)によって互いに縛られている.

こって, 塩化ナトリウムが無色の粉末として生成する. この反応の反応式は,

$$2Na(s) + Cl_2(g) \longrightarrow 2NaCl(s)$$

と表される. 原子レベルで起こっている変化を図 2・18 に示した.

塩化ナトリウムにおけるイオンの生成は, 反応する原子間で電子の移動が起こることに起因する. 各ナトリウム原子は電子 1 個を塩素原子に与える. この変化は化学反応式中で, 電子を表す記号 e^- を用いて書き表すことができる.

$$Na + Cl \xrightarrow{} Na^+ + Cl^- \quad (e^- : Na \to Cl)$$

■ここではそれぞれの原子に何が起こったかに注目するために, 塩素が二原子分子 Cl_2 であることは示していない.

この反応で生成した荷電粒子はナトリウムイオン Na^+ と塩化物イオン Cl^- である. ナトリウムイオンは正の1価の電荷をもつ. このことは上付文字の + で示されている. 同様に, 塩素原子は電子を 1 個獲得することによって負電荷が 1 個増える. つまり, −1 価に荷電した塩化物イオンが生成する. 固体の塩化ナトリウムは, ナトリウムイオンと塩化物イオンからなり, **イオン化合物**とよばれる.

イオン化合物 ionic compound

イオン化合物は一般に金属元素が非金属元素と反応すると生成する. しかし, 電子移動では, 原子が受取ったり失ったりする電子は 1 個とは限らず, それ以上の場合もある. たとえば, カルシウム原子が反応するときには, 2 個の電子を失って Ca^{2+} を生成し, 酸素原子がイオンになる場合には 2 個の電子を受取って O^{2-} になる. イオンの化学式を書く場合には, 正ないし負の電荷数は, 上付文字で + または − の記号の前に書く. (授受できる電子の個数が, 原子によって, 1 個であったり, 2 個以上である理由はあとで学ぶ.)

図 2・18 に示した塩化ナトリウムの構造をみると, ある特定の Na^+ が特定の Cl^- と対をなしているいうことはできない. NaCl 結晶中のイオンは, できるだけ効率よく詰まることによって, 陽イオンと陰イオンができるだけ接近できるようにしている. それによって, 逆荷電のイオン間の引力は, 化合物を保つ力として最大化されている.

イオン化合物には, 明確に区別される構造単位が存在しないので, その化学式の添字には最も小さい整数の比が使われる. このため塩化ナトリウムの化学式は NaCl で

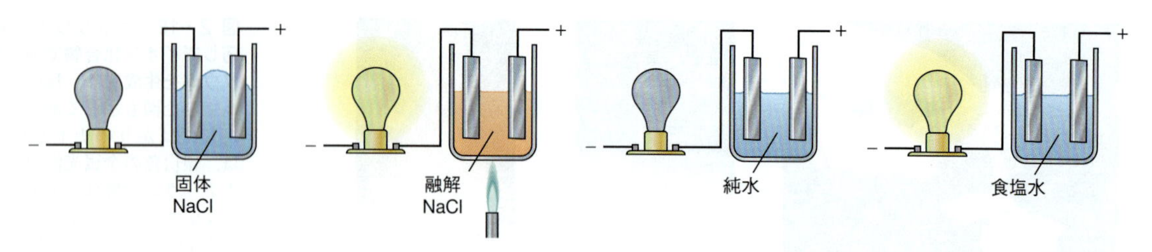

図 2・19　電気伝導性を調べる装置． 電極が試料に浸してある．電源を入れたときに電球が点灯すれば，その試料は電気伝導体である．固体の塩化ナトリウムは電気伝導体ではないが，その固体を融解すると電気が流れる．分子化合物の一つである水は，液体では電気伝導体ではない．それは荷電した粒子を含んでいないからである．しかし，塩化ナトリウムを水に溶解させると(食塩水)，その溶液は電気伝導体となる．

化学式単位 formula unit

> **練習問題 2・3**　次の原子ないしイオンについて，粒子1個当たりの陽子数および電子数を記せ．(a) Fe 原子　(b) Fe^{3+}　(c) N^{3-}　(d) N 原子

あって，Na_2Cl_2 や Na_3Cl_3 とはならない．したがって，イオン化合物の“最小構造単位”という考え方は有用である．そこでイオン化合物の最小構造単位を考え，それを**化学式単位**とよぶことにする．たとえば，NaCl の一つの化学式単位は，1個の Na^+ と1個の Cl^- からなる．一方，イオン化合物 $CaCl_2$ の化学式単位は，1個の Ca^{2+} と2個の Cl^- からなる．より広い意味では化学式単位という用語は，化学式で表されたものなら何でもよい．化学式は NaCl のようなイオンの組を表したり，O_2 とか H_2O のように分子であったり，Cl^- あるいは Ca^{2+} のように単なるイオンであったり，あるいはあるときはただの原子 Na のような場合もある．

化合物中にもイオンが存在する実験的証拠　よく知られているように，金属が電気を通すのは，電線を電池につなげたときに電子が原子から隣りの原子に移動するからである．イオン化合物は，水と同様に電気を通さない．しかし，水に溶解したり，高温で融解すると，生じた液体は電気をよく通す．これらの事実は，イオン化合物を構成しているのは，荷電したイオンであって中性分子ではないことを示している．また，これらのイオンは，溶解ないし融解されて動きやすくなると，電気を容易に通せることも示している．図 2・19 には電気伝導性の調べ方が示してある．

イオン化合物の化学式

金属は非金属と結合して，イオン化合物を形成する．そのような反応では，金属原子は1個ないしそれ以上の電子を失って正に荷電したイオンとなり，非金属原子は1個ないしそれ以上の電子を受取って負に荷電したイオンとなる．正に荷電したイオンは**陽イオン**とよばれ，負に荷電したイオンは**陰イオン**とよばれる．つまり，固体の NaCl は，ナトリウム陽イオンと塩化物陰イオンから構成されている．

陽イオン cation
陰イオン anion

主要族元素の金属と非金属のイオン　周期表は，多くの主要族元素から形成される

表 2・2　主要族元素から生成するイオン

1族	2族	13族	14族	15族	16族	17族
Li^+	Be^{2+}		C^{4-}	N^{3-}	O^{2-}	F^-
Na^+	Mg^{2+}	Al^{3+}	Si^{4-}	P^{3-}	S^{2-}	Cl^-
K^+	Ca^{2+}				Se^{2-}	Br^-
Rb^+	Sr^{2+}				Te^{2-}	I^-
Cs^+	Ba^{2+}					

イオンの種類を覚えるのに役に立つ．たとえば，水素を除いて，1 族元素の各中性原子は，反応するさいに常に電子を 1 個失う．したがって，そのイオンは電荷が 1+ となる．同様に，2 族元素は反応するさいには必ず電子を 2 個失って，2+ のイオンを生成する．13 族の重要な陽イオンは，アルミニウムのイオン Al^{3+} である．アルミニウム原子は，反応するさいには 3 個の電子を失って Al^{3+} を生成する．

これらのすべてのイオンが表 2・2 に示してある．各陽イオンの正電荷の価数は族番号と一致している．ただし，これは周期表の族番号を北米式にした場合である．たとえば，1 族のナトリウムは +1 価のイオンを，2 族のバリウムは +2 価のイオンを，13 族(3A 族)のアルミニウムは +3 価のイオンを生成する．この一般則は他の金属元素（たとえば遷移元素）にはあてはまらないことがあるが，それでも 1 族と 2 族の金属元素およびアルミニウムが反応するとき，何が起こるかを覚えておくのに役に立つ．

周期表の右側に位置する非金属元素についても，有用な一般則がある．たとえば，金属との反応では，ハロゲン（17 族）は −1 価（1− と書く）のイオンを生成し，16 族の非金属は −2 価（2− と書く）のイオンを生成する．陰イオンの負電荷の価数は，周期表のなかで当該元素から右に向かって貴ガスにまで何段階移動しなければならないかに等しい．

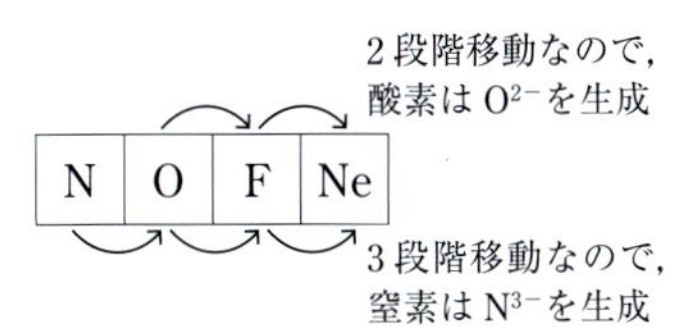

イオン化合物の化学式を書く　すべての化合物は電気的に中性なので，イオン化合物のなかでは，陽イオンと陰イオンは，正電荷の和と負電荷の和が等しくなるような比で存在する．これが，塩化ナトリウムの化学式が NaCl と書かれる理由である．つまり，Na^+ と Cl^- とが 1 : 1 の比で存在するので電気的に中性になっている．さらに，すでに述べたことであるが，イオン化合物には明確に区別された分子は存在しないので，イオンの組成を表す添字は常に最小の整数の組とする．したがって，イオン化合物の化学式を書くための規則は以下のようになる．

■電気的中性とは電荷の総和がゼロであることを意味する．正電荷の総和が負電荷の総和と等しければ，その化合物は中性である．

イオン化合物の化学式を書くための規則

1. 陽イオンを先に書く（慣習である）．
2. 添字は，化学式が電気的に中性となるように決める（電気的中性の要請）．
3. 添字は最小の整数の組とする．たとえば，もしすべての添字が偶数であれば，すべて 2 で割る（この単純化の過程を何回か行う必要があるかもしれない）．
4. イオンの電荷は，その物質の最終的な化学式には含まれない．
5. 添字は 1 ならば省略する．添字に 1 を用いることはない．

例題 2・3　イオン化合物の化学式を書く

次の元素の組合わせからできるイオン化合物の化学式を書け．(a) Ba と S　(b) Al と Cl　(c) Al と O

指針　まず，陽イオンと陰イオンの電荷を決定し，次に，各イオンを何個ずつにすると電荷の総和がゼロになるかを決める．化学式を書くときには，常に陽イオンから書く．

解法　まず，周期表からイオンの電荷を算出するための手法が必要である．次に，イオン化合物の化学式を書くための規則を使う．

解答　(a) Ba は 2 族にあるのでそのイオンの価数は 2+，硫黄は 16 族にあるのでそのイオンの価数は 2− である．したがって，イオンはBa^{2+}とS^{2-}となる．両者の電荷は等しくて符号が反対なので，1：1で化学式は中性になる．したがって，最初にBaを書くので，化学式はBaSとなる．最終的な化学式にはイオンの電荷を含めないことに注意せよ．

(b) 周期表を使うと，これらの元素のイオンはAl^{3+}とCl^-であることがわかる．Al^{3+} 1個とCl^- 3個を組合わせることによって，中性の化学式が得られる（Clの電荷は1−）．

$$1(3+) + 3(1-) = 0$$

陽イオンを最初に書くので，化学式は$AlCl_3$となる．

(c) イオンはAl^{3+}とO^{2-}である．化学式中で正電荷の個数が負電荷の個数と等しくなるような数を見つけだす必要がある．その数は，3と2の積の整数倍である．その条件を満たす最小の数は6なので，化学式にはAl^{3+}が2個，O^{2-}が3個である必要がある．

$$2Al^{3+} \quad 2(3+) = 6+$$
$$3O^{2-} \quad 3(2-) = 6-$$
$$合計 = 0$$

化学式はAl_2O_3である．

確認　正電荷の数を陰イオンの添字として，また，負電荷の数を陽イオンの添字として用いるという方法を使ったことがあるかもしれない．結局，添字がより小さい数にならないかを確認しておく必要がある．

$$Al^{③+} \quad O^{②-}$$

練習問題 2・4　次の元素の組合わせからできるイオン化合物の化学式を書け．(a) NaとF　(b) NaとO　(c) MgとF　(d) AlとC

私たちのまわりにある最も重要な化合物の多くはイオン性である．すでに述べたように，NaClは食卓塩であり，$CaCl_2$は冬の歩道に凍結した氷を融かすのに使われている．さらに例をあげるなら，フッ化ナトリウムNaFは歯にフッ素加工をするときに，また，酸化カルシウムCaOはセメントの重要な成分の一つである．

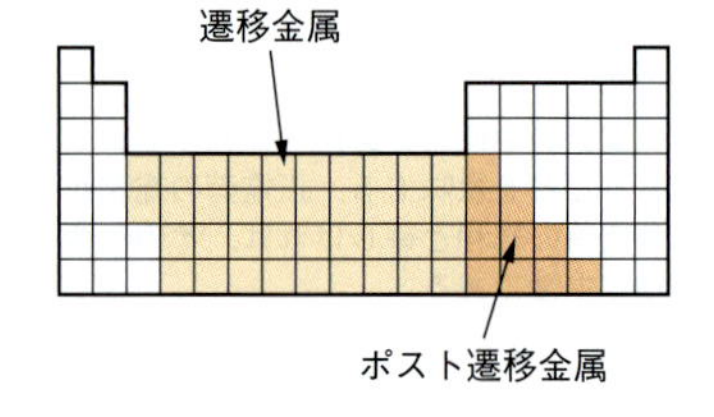

遷移金属およびポスト遷移金属　遷移元素は周期表の中央部，3族から12族までに位置している．遷移元素は半金属の左端まで広がっていてすべて金属である．そのなかには，最もよく知られた金属である鉄，クロム，銅，銀，および金がある．

大部分の遷移金属は，1族および2族の金属に比べて反応性ははるかに低いが，反応する場合には，非金属原子に電子を渡してイオン化合物を生成する．しかし，遷移金属イオンの電荷のとり方は，アルカリ金属やアルカリ土類金属とは異なり単純ではない．遷移金属の特徴の一つは，その多くが2種類以上の陽イオンになれることである．たとえば，鉄はFe^{2+}とFe^{3+}という2種類の陽イオンになれる．このことは，鉄はある非金属と2種類以上の化合物を形成できることを意味している．たとえば，実際に鉄は$FeCl_2$と$FeCl_3$という2種類の塩化物を形成できる．酸素とはFeOとFe_2O_3を形成する．当然であるが，鉄イオンを含む化学式でも電気的中性は保たれている．よく知られた遷移金属イオンを表2・3に示してある．水銀イオンの一つは$Hg_2{}^{2+}$という二原子イオンになっている．このイオンでは，二つの水銀原子が分子性の物質と同様の結合を形成している．単純なHg^+は存在しない．

ポスト遷移金属は，周期表において遷移金属の直後に位置する金属である．そのなかで最も代表的かつ重要なのはスズSnと鉛Pbである．ポスト遷移金属は2種類のイオンを生成できるので，一つの非金属に対して2種類の化合物を形成できる．たと

ポスト遷移金属 post-transition metal

練習問題 2・5　次の遷移金属について，塩化物と酸化物の化学式をすべて書き出せ．(a) クロム　(b) 銅

表 2・3　遷移金属やポスト遷移金属のイオンの例

遷移金属	遷移金属	遷移金属	遷移金属	ポスト遷移金属
チタン　$Ti^{2+}, Ti^{3+}, Ti^{4+}$	鉄　Fe^{2+}, Fe^{3+}	銅　Cu^+, Cu^{2+}	カドミウム　Cd^{2+}	スズ　Sn^{2+}, Sn^{4+}
クロム　Cr^{2+}, Cr^{3+}	コバルト　Co^{2+}, Co^{3+}	亜鉛　Zn^{2+}	金　Au^+, Au^{3+}	鉛　Pb^{2+}, Pb^{4+}
マンガン　Mn^{2+}, Mn^{3+}	ニッケル　Ni^{2+}	銀　Ag^+	水銀　$Hg_2{}^{2+}, Hg^{2+}$	ビスマス　Bi^{3+}, Bi^{5+}

表 2・4 多原子イオンの化学式と名称

イオン	名称	イオン	名称	イオン	名称
NH_4^+	アンモニウムイオン	ClO_4^-	過塩素酸イオン	SO_4^{2-}	硫酸イオン
Hg_2^{2+}	水銀(I)イオン	MnO_4^-	過マンガン酸イオン	HSO_4^-	硫酸水素イオン
H_3O^+	オキソニウムイオン†1	$C_2H_3O_2^-$	酢酸イオン	SCN^-	チオシアン酸イオン
OH^-	水酸化物イオン	$C_2O_4^{2-}$	シュウ酸イオン	$S_2O_3^{2-}$	チオ硫酸イオン
CN^-	シアン化物イオン	CO_3^{2-}	炭酸イオン	CrO_4^{2-}	クロム酸イオン
NO_2^-	亜硝酸イオン	HCO_3^-	炭酸水素イオン (重炭酸イオン)†2	$Cr_2O_7^{2-}$	二クロム酸イオン
NO_3^-	硝酸イオン	SO_3^{2-}	亜硫酸イオン	PO_4^{3-}	リン酸イオン
ClO^- (OCl^-)	次亜塩素酸イオン	HSO_3^-	亜硫酸水素イオン (重亜硫酸イオン)†2	HPO_4^{2-}	リン酸水素イオン
ClO_2^-	亜塩素酸イオン			$H_2PO_4^-$	リン酸二水素イオン
ClO_3^-	塩素酸イオン				

†1 水溶液中でのみ存在する.
†2 ( ) 内の名称も使われることがある.

えば，スズは2種類の酸化物 SnO と SnO_2 を形成する．鉛も同様に2種類の酸化物 PbO と PbO_2 を形成する．これらの金属が生成するイオンも表2・3に含めてある．

多原子イオンを含む化合物　これまでみてきたイオン化合物はすべて**二元化合物**，すなわち2種類の元素だけからなる化合物であった．イオン化合物のなかには，3種類以上の元素を含むものも多数存在する．これらの物質は，**多原子イオン**を含んでいる．これは2個以上の原子が，分子を保つのと同じ種類の結合によってつながっているイオンである．しかし，多原子イオンは，含まれている電子の数が電気的中性を保つには多すぎるか少なすぎる点で分子と異なる．表2・4に重要な多原子イオンを示す．これらのイオンはあとの章でよく出てくるので，その化学式，電荷および名称を学んでおくことは大切である．

二元化合物 binary compound

多原子イオン polyatomic ion

多原子イオンによってできている化合物の化学式は，二元イオン化合物と同様にして決定される．すなわち，イオンの個数の比は化学式の電気的中性を保つものでなければならず，添字は最小の整数の組が使われる．多原子イオンの化学式が二元化合物と異なるのは，添字をつける場合には多原子イオンを括弧でくくらなければならない点である．

例題 2・4 多原子イオンを含む化学式

骨の強さに関係する無機物の一つがイオン化合物のリン酸カルシウムである．これは Ca^{2+} と PO_4^{3-} とからなる．この化合物の化学式を書け．

指針　陽イオンと陰イオンがその電荷も含めて示されている．化学式は電気的に中性でなければならない．多原子イオンが2個以上必要な場合には，括弧を使う必要がある．

解法　この問題を解くための必要な手法は，化学式における添字の決め方の規則である．

解答　電気的中性を達成するためには，カルシウムイオン3個とリン酸イオン2個が必要なのは明らかであろう．もし，これが理解できなければ，例題2・3の最後にある添字を決めるための方法を使えばよい．

リン酸イオンは2種類の元素を含むので，そのイオン全体を含めるためには括弧が必要であり，化学式中で PO_4^{3-} が2個存在することを示す必要がある．

$$Ca_3(PO_4)_2$$

確認　この化合物について電気的中性が達成されているか二重に確認する．Ca^{2+} が3個あるので正電荷は6+で，PO_4^{3-} が2個あるので負電荷は6−，合計はゼロである．したがって，この化合物では電気的中性は達成されている．

練習問題 2・6　次の組合わせによってできるイオン化合物の式を書け．(a) カリウムと酢酸イオン　(b) ストロンチウムと硝酸イオン　(c) Fe^{3+}と酢酸イオン

多原子イオンは，多くの非常に重要な化合物にみられる．たとえば，$CaSO_4$（硫酸カルシウム，石膏（こう）ボード中に含まれる），$NaHCO_3$（炭酸水素ナトリウム，重曹），NaOCl（次亜塩素酸ナトリウム，洗濯用液体漂白剤），$NaNO_2$（亜硝酸ナトリウム，肉の保存料），$MgSO_4$（硫酸マグネシウム，入浴剤），および$NH_4H_2PO_4$（無水リン酸アンモニウム，肥料）などである．

2・6　イオン化合物の命名法

会話では化合物を示すのに化学式を使うことはほとんどなく，その代わり，化合物の名前を使う．たとえば，H_2Oの代わりに水，NaClの代わりに塩化ナトリウムという．

かつては，化合物に名前をつける統一的な方法がなかったので，化合物を発見した人が勝手なやり方で名前をつけていた．今日では，5000万種以上の化合物が知られているので*，統一的な命名法が必要であることは明らかであり，世界中の化学者の集まりであるIUPACは統一的な命名法を定めている．その基本的な方法を使うと，これから出会うであろう多くの化合物について，その名前から正しい化学式を書くことができる．これまでは慣用的に使われている名前を用いてきたが，これからは化学式から正しい名前をつけられるようになる．

＊　最も網羅的で，信頼性が高く，しかも公開されている化合物辞書であるCAS(Chemical Abstracts Service)登録番号には，現在，7000万種類以上の化合物が登録されている．

主要族元素からなるイオン化合物の命名法

命名法 nomenclature

無機化合物 inorganic compound

本節では単純な無機イオン化合物の**命名法**について説明する．一般に**無機化合物**とは炭化水素，たとえばメタンCH_4，エタンC_2H_6などに由来しない物質である．ここでのイオン化合物命名の目標は，誰でも化学式を書けるような名前をつけられるようになることである．

イオン化合物については，日本語名ではまず陰イオンの名前を記し，次に陽イオンの名前を書く．これは，化学式中でイオンが現れる順序と逆である．陰イオンは語尾を“化”とする．また，陰イオンの名前は，元素名の語尾を“化物イオン”とする．もし，化合物中の金属が陽イオンを1個だけ生成する場合，たとえばNa^+, Ca^{2+}の場合には，陽イオンの名前はその金属の名前を使う．英語名では，化学式中でイオンが現れる順序と同じであり，まず陽イオンの名前を記し，次に陰イオンの名前を書く．二元化合物における陰イオンは，非金属から生成し，その名前は非金属の名前の語幹に接尾語-ideを加えたものになる．たとえばKBrの名前は臭化カリウム（potassium bromide）である．表2・5には，よく出てくる**単原子**陰イオンとその名前を示す．接尾語“化物イオン(-ide)”はふつう単原子イオンにのみ使われるが，重要な例外が

単原子 monatomic

表 2・5　単原子陰イオン

H^-	水素化物イオン	C^{4-}	炭化物イオン	N^{3-}	窒化物イオン	O^{2-}	酸化物イオン	F^-	フッ化物イオン
		Si^{4-}	ケイ化物イオン	P^{3-}	リン化物イオン	S^{2-}	硫化物イオン	Cl^-	塩化物イオン
				As^{3-}	ヒ化物イオン	Se^{2-}	セレン化物イオン	Br^-	臭化物イオン
						Te^{2-}	テルル化物イオン	I^-	ヨウ化物イオン

二つある．**水酸化物イオン** OH^- と**シアン化物イオン** CN^- である．

水酸化物イオン hydroxide ion

シアン化物イオン cyanide ion

イオン化合物の命名は，単に陽イオンと陰イオンの名前を特定するだけでよい．陽イオンあるいは陰イオンが何個あるかを述べる必要はない．なぜなら，そのイオンが何であるかがわかれば，その正しい化学式を前節で行ったのと同じようにして決めることができるからである．

例題 2・5 化合物の命名と化学式の書き出し

(a) $SrBr_2$ の名前を記せ．(b) セレン化アルミニウムの化学式を記せ．

指針 いずれの化合物もイオン性である．日本語名では，最初に陰イオンの名前を書き，適切な語尾をつける．その次に陽イオンの名前を書く．英語名では，最初に陽イオンの名前を書き，次に陰イオンの名前を書く．

解法 イオン化合物命名のための手法とイオン化合物は電気的に中性でなければならないという概念を用いる．

解答 (a) 化合物 $SrBr_2$ は，元素 Sr と Br からなる．Sr は 2 族の金属で，Br は 17 族の非金属である．金属と非金属の化合物はイオン性なので，イオン化合物命名の規則を使う．陰イオンの名前は臭化(bromide)に置き換えればよい．陽イオンの名前は金属の名前とすればよい．したがって化合物の名前は，臭化ストロンチウム(strontium bromide)である．

(b) アルミニウムは 13 族の金属で，陽イオン Al^{3+} を生成する．セレン化という名前は，セレンの陰イオンが非金属の単原子でできていることを示しており，セレン（16 族）から生成する陰イオンは Se^{2-} である．正しい化学式は式全体として電気的に中性になっていなければならないので，一方のイオンの電荷の価数を，他方のイオンの添字に用いる．したがって，化学式は Al_2Se_3 である．

確認 最も簡単に調べる方法は，答えに至る過程を逆にたどることである．それは思いついた名前から化学式を書けるか，あるいはその逆も同様である．これまでに述べてきた規則を臭化ストロンチウムに当てはめると，$SrBr_2$ が得られる．同様に，Al_2Se_3 という答えに命名の規則を当てはめると，セレン化アルミニウムという名前が得られる．

練習問題 2・7 次の化合物について，正しい化学式を書け．(a) 硫化カリウム (b) 臭化バリウム (c) シアン化ナトリウム (d) 水酸化アルミニウム (e) リン化カルシウム

練習問題 2・8 次の化学式で表される化合物について，正しい名前を記せ．(a) $AlCl_3$ (b) $Ba(OH)_2$ (c) NaBr (d) CaF_2 (e) K_3P

遷移金属陽イオンの命名法

以前に学んだように，遷移金属およびポスト遷移金属の多くは，2 種類以上の陽イオンを生成する．命名法としては，可能な陽イオンのどれが化合物中にあるかを明確に示さなければならない．

2 種類以上の電荷をとりうる金属イオンの命名法としてよく用いられているのが，**ストック方式**である．その方式では，元素名のあとに電荷の数値をローマ数字で括弧に入れて示す*1．化合物については金属元素名の前に陰イオンの名前を置く．ストック方式の例を以下に示す．

ストック方式 Stock system

Fe^{2+}	鉄(II)	$FeCl_2$	塩化鉄(II)
Fe^{3+}	鉄(III)	$FeCl_3$	塩化鉄(III)
Cr^{2+}	クロム(II)	CrS	硫化クロム(II)
Cr^{3+}	クロム(III)	Cr_2S_3	硫化クロム(III)

ローマ数字は金属イオンの正電荷の価数に等しいことを覚えておこう．たとえば，銅は 2 種類の酸化物を形成する．それらは，Cu^+ を含むものと，Cu^{2+} を含むものである．その化学式は Cu_2O と CuO で，それらの名前は以下のとおりである*2．

Cu^+	銅(I)	Cu_2O	酸化銅(I)
Cu^{2+}	銅(II)	CuO	酸化銅(II)

＊1 銀とニッケルは，化合物中ではほとんどの場合，Ag^+ および Ni^{2+} として存在している．このため AgCl と $NiCl_2$ は単に塩化銀(silver chloride)および塩化ニッケル(nickel chloride)とよばれる．

＊2 銅や鉛など金属によっては，生成できるいくつかのイオンのうち一つだけが他のものに比べて，化合物中で圧倒的によく出会うことがある．たとえば，最もよくある銅化合物は Cu^{2+} を含んでおり，最もよくある鉛化合物は Pb^{2+} を含んでいる．これらの金属化合物については，電荷がローマ数字によって示されていなくても，イオンは +2 価であるとみなすのがふつうである．たとえば，$PbCl_2$ を単に鉛の塩化物とよび，$CuCl_2$ を銅の塩化物とよぶことはよくある．

これらの銅化合物は，その名前から化学式を導く場合，イオンの電荷から化学式を書き出さなければならない．このことは本章の前のほうで説明し，例題2・7でも示してある．

例題 2・6　化合物の命名と化学式の書き出し

$MnCl_2$ は商業的な利用が多い化合物で，電池，殺菌剤，天然ガスの浄化剤の生産に使われている．$MnCl_2$ の名前を記せ．

指針　この化合物は，金属と非金属から構成されているので，イオン化合物である．したがって，イオン化合物の命名法に従う．

マンガン Mn は遷移元素の一つで，遷移元素は2種類以上の陽イオンを形成することがよくあるので，ストック方式を用いる．また，マンガン陽イオンの電荷を決める必要がある．そのためには，マンガンイオンと塩化物イオンの電荷の和がゼロであって，塩素の唯一の単原子イオンが Cl^- であることを考えればよい．

解法　金属イオンの電荷を求めるための手法は，その化合物が電気的に中性であるという要請である．また，陽イオンは2種類以上の電荷をとりうる遷移金属のものであることから，陽イオンの電荷を特定するためにストック方式を使う必要がある．

解答　塩素の陰イオンは塩化物イオン Cl^- なので，合計で2価の負電荷は2個の塩化物イオンが与える．したがって，$MnCl_2$ が電気的に中性になるためには，マンガンイオンは2+，すなわち2価の正電荷をもたなければならない．その陽イオンの名前はマンガン(II)〔manganese(II)〕で，化合物の名前は塩化マンガン(II)〔manganese(II) chloride〕である．

確認　計算を確認すれば，イオンの正しい電荷をすぐに得ることができる．

例題 2・7　化合物の命名と化学式の書き出し

フッ化コバルト(III) の化学式を書け．

指針　この問題に答えるためには，まず，二つのイオンの電荷を決定する必要がある．次に，そのイオンを，化学式の電気的中性が満たされるように，化学式に組込む．

解法　例題2・6と同じ手法を用いる．

解答　コバルト(III) は Co^{3+} に対応し，フッ化物イオンは F^- に対応する．電気的に中性な物質を得るためには，Co^{3+} 1個に対して F^- 3個が必要である．したがって，化学式は CoF_3 である．

確認　イオンの化学式がいずれも正しく，それらを電気的中性となるように組合わせられることを確認する．

練習問題 2・9　次の化合物の名前を書け．必要に応じてストック方式を用いよ．(a) Li_2S　(b) Mg_3P_2　(c) $NiCl_2$　(d) $TiCl_2$　(e) Fe_2O_3

練習問題 2・10　次の化合物の化学式を書け．(a) 硫化アルミニウム　(b) フッ化ストロンチウム　(c) 酸化チタン(IV)　(d) 酸化コバルト(II)　(e) 酸化金(III)

多原子イオンを含むイオン化合物の命名法

多原子イオンを含むイオン化合物に命名法を拡張することは簡単である．表2・4に示した多原子イオンの大部分は陰イオンなので，化合物名のなかでそのまま変更なしで使える．たとえば，Na_2SO_4 は硫酸イオン（sulfate ion）SO_4^{2-} を含んでいるので，硫酸ナトリウム（sodium sulfate）とよぶ．同様に，$Cr(NO_3)_3$ は硝酸イオン（nitrate ion）NO_3^- を含んでいる．クロムは遷移元素で，この化合物中では +3 価をとっている．それによって，3個の NO_3^- の負電荷と釣合う．したがって，$Cr(NO_3)_3$ は硝酸クロム(III)〔chromium(III) nitrate〕とよぶ．

表2・4のイオンのなかで，単離可能な化合物を形成する陽イオンは，アンモニウムイオン（ammonium ion）NH_4^+ と水銀(I)イオン〔mercury(I) ion〕Hg_2^{2+} だけである．これらは，NH_4Cl（塩化アンモニウム ammonium chloride）および Hg_2Cl_2〔塩化水銀(I) mercury(I) chloride〕のようなイオン化合物を形成する．$(NH_4)_2SO_4$（硫酸アンモニウム ammonium sulfate）は二つの多原子イオンからなっていることに注意しよう．

例題 2・8 化合物の命名と化学式の書き出し

$Mg(ClO_4)_2$ は，気体中の湿気の除去用として商業的に使われている化合物である．この化合物の名前を書け．

指針 このイオン化合物には多原子イオンが含まれている．これは ClO_4 が括弧に入っていることからわかる．もし，表2・4の内容を学んでいれば，"ClO_4" が過塩素酸イオンの化学式（ただし電荷のない形）であることも知っているであろう．電荷も書くと，このイオン式は ClO_4^- となる．命名のためにストック方式を使う必要があるかを決めなければならない．

解法 表2・4に載っている多原子イオンの名前とストック方式を使うか否かを決める手法を使う．

解答 マグネシウムは2族であり，唯一のイオンは Mg^{2+} である．したがって，ストック方式は使う必要がなく，単純にマグネシウム（magnesium）と命名すればよい．陰イオンは過塩素酸（perchlorate）イオンなので，$Mg(ClO_4)_2$ の名前は過塩素酸マグネシウム（magnesium perchlorate）である．

確認 陰イオンの名前を正しく記述したことを確認する．金属はマグネシウムである．それは Mg^{2+} だけを生成する．したがって，答えは妥当と考えられる．

練習問題 2・11 次の化合物の名前を書け．(a) Li_2CO_3 (b) $KMnO_4$ (c) $Fe(OH)_3$

練習問題 2・12 次の化合物の化学式を書け．(a) 塩素酸カリウム (b) 次亜塩素酸ナトリウム (c) リン酸ニッケル(II)

水和物の命名 §2・3において，$CuSO_4 \cdot 5H_2O$ のような水和物について考えた．通常は，水和物はイオン化合物で，その結晶は水をイオン性物質に対して一定の比率で含んでいる．その命名にあたっては2種類の情報が必要である．一つはイオン化合物の名前で，もう一つは化学式における水分子の個数である．日本語名ではイオン化合物の名前のあとに，水分子の個数，"水和物" と記す．英語名では，水分子の個数は，次に示すギリシャ語の接頭語で示す．

mono = 1	penta = 5	octa = 8
di = 2	hexa = 6	nona = 9
tri = 3	hepta = 7	deca = 10
tetra = 4		

これらの接頭語は水和物(hydrate)という用語の前に置かれる．たとえば，$CuSO_4 \cdot 5H_2O$ は，硫酸銅五水和物（copper sulfate pentahydrate）と命名する．同様に，$CaSO_4 \cdot 2H_2O$ は，硫酸カルシウム二水和物（calcium sulfate dihydrate），$FeCl_3 \cdot 6H_2O$ は塩化鉄(III)六水和物〔iron(III) chloride hexahydrate〕と命名する．

2・7 分子化合物

分子の概念はドルトンの原子説の時代にまでさかのぼる．それによれば，2種以上の元素の原子どうしがある一定の比で結合すると，化合物の "分子" が生成する．現在の定義によれば，分子は2個ないしそれ以上の原子からなる電気的に中性の粒子である．したがって，分子という用語は H_2 や O_2 のような多くの元素だけでなく，化合物にもあてはまる．

分子の存在の実験的証拠

分子の実在を示す現象の一つは**ブラウン運動**である．これは，この現象をはじめて観測したスコットランドの植物学者ブラウンにちなむ．非常に小さい花粉のような微粒子を液体中に懸濁させ顕微鏡で観察すると，微粒子が絶えず飛び跳ね揺れ動くのが見える．それらは何かに衝突して絶えず行ったり来たりしているように見える．一つ

ブラウン運動 Brownian motion

ブラウン Robert Brown, 1773～1858

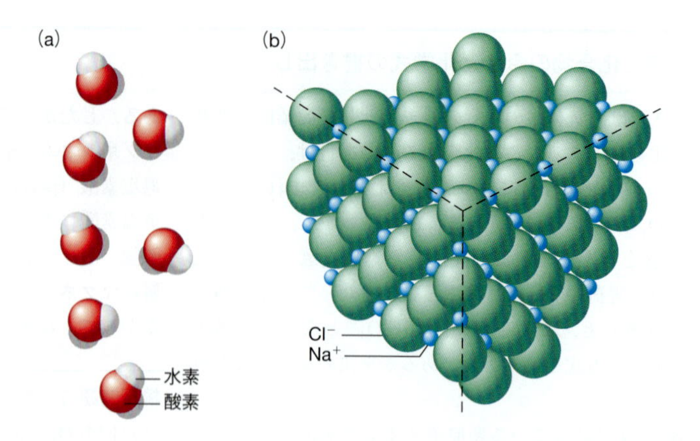

図 2・20　分子化合物とイオン化合物. (a) 水では，酸素原子 1 個と水素原子 2 個からなる個々の分子が存在する．各粒子は化学式 H_2O で表される．(b) 塩化ナトリウムでは，イオンは最も効率よく詰まっている．各 Na^+ は 6 個の Cl^- に取囲まれ，各 Cl^- は 6 個の Na^+ に取囲まれている．個々の分子が存在しないので，単にイオンの比を NaCl と表している．

の説明は，この“何か”が液体の分子であるとするものである．液体の分子は絶えず微粒子を攻撃するが，浮かんでいる微粒子は非常に小さいので，すべての側から同じようには衝突できない．その一様でない回数の衝突のために，軽い微粒子はぴくぴくと断続的に動きまわる．これ以外にも分子の存在を示す証拠はあり，今日では科学者は分子の存在を事実として受入れている．

化学結合 chemical bond

分子化合物 molecular compound

もっと細かくみてみると，分子の中で原子は互いに**化学結合**とよばれる引力によって結ばれている．その引力は本質的には電気的なものである．**分子化合物**においては，化学結合は，ある原子と他の原子の間で電子を共有し合うことによって生ずる．このような結合については，8 章と 9 章で詳しく学ぶ．いまの段階で分子について知っておくべきことは，一つの分子を形成している一群の原子はまとまって動き，1 個の粒子として振舞うということである．それは，1 台の自動車を構成しているさまざまな部品が一つの単位として動くのと似ている．分子の組成を記述するための化学式は分子式とよばれ，それが 1 個の分子を構成している各元素の原子数を示す．

図 2・20 に示した水と塩化ナトリウムの構造を比較してみよう．水分子は 2 個の水素原子が 1 個の酸素原子に結合したもので，明確に区別された独立の単位になっている．これに対して，塩化ナトリウムでは，イオンどうしができるだけ近くなるように詰まっている．各陽イオンは 6 個の陰イオンと隣接し，各陰イオンは 6 個の陽イオンと隣接している．この場合には，ある 1 個のナトリウムイオンが，1 個の塩化物イオンに“結合している”とはいえない．その代わり，各イオンと最近接の逆電荷をもったイオンとの間で引き合っている．

非金属からなる分子化合物

一般則として，分子化合物は非金属元素どうしが結合すると生成する．たとえば，H_2 と O_2 が結びつくと水分子が生成する．同様に，炭素と酸素が結びつくと，一酸化炭素 CO か，二酸化炭素 CO_2 が生成する．いずれも，木，ガソリン，炭など燃料を燃やすとさまざまな比で生成する気体である．分子化合物は元素どうしが直接結びつくと生成するが，化合物どうしが反応しても生成することがある．そのような反応は，これから学んでいくと多数出会うことになるであろう．

非金属元素の種類は少ないが，それから形成される分子化合物の種類は膨大である．これは，非金属元素が結合をつくるのに多様な方法があることに加えて，それらの分子の複雑さの度合が多様であるからである．最も多様で複雑なのは，炭素が水素，酸素，窒素などごくわずかな種類の他の元素と結合した化合物である．その種類は非常に多いので，それについては化学の最大の分野である**有機化学**および**生化学**で研究されている．

有機化学 organic chemistry

生化学 biochemistry

分子は小さいものから大きいものまでさまざまである．あるものは2個の原子だけでできている．水分子 H_2O は3個の原子からなり，食卓で使われるふつうの砂糖 $C_{12}H_{22}O_{11}$ は45個の原子からなる．それよりもはるかに大きい分子もある．たとえば，プラスチックや生体中には，数百万個の原子からなるものもある．

入門段階では，非常に多数の非金属-非金属化合物のなかに，秩序のきざしを見つけられればよいとしよう．その感覚を得るために，非金属が水素と結合してできる単純な化合物および炭素の単純な化合物について，少しだけみてみることにする．

水素を含む化合物　水素は他の元素とさまざまな化合物を形成する．非金属との単純な水素化合物（**非金属水素化物**）の化学式を表2・6に示す*．非水素原子と結合する水素原子の個数は，周期表において，貴ガスに到達するまでに右方向に何段階動かなければならないかに等しい．（その理由は8章で学ぶが，当面は，周期表は以下に図式化したように，化学式を思い出すために使えればよい．）

非金属水素化物 nonmetal hydride

＊ 表2・6は，これらの化学式が通常どのように書かれるかを示している．化学式中で水素が現れる順序は，いまの段階では問題としない．その代わり，非金属に結合する水素の個数に注目する．

■ 非金属の多くは水素とより複雑な化合物を形成するが，ここではそれらについては考えない．

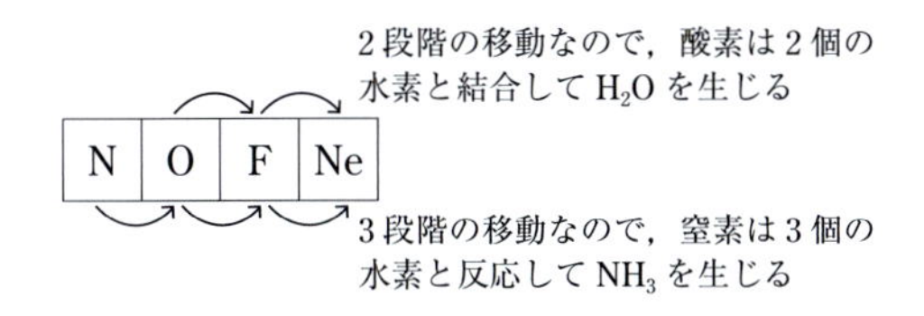

また，表2・6から，周期表のある族のなかでは，水素化物の化学式は非金属については似ていることがわかる．ある族の一番上の元素について水素化物の化学式がわかれば，その族の他の元素についても化学式がわかる．

表 2・6　非金属元素の単純な水素化物

周期	族			
	14	15	16	17
2	CH_4	NH_3	H_2O	HF
3	SiH_4	PH_3	H_2S	HCl
4	GeH_4	AsH_3	H_2Se	HBr
5		SbH_3	H_2Te	HI

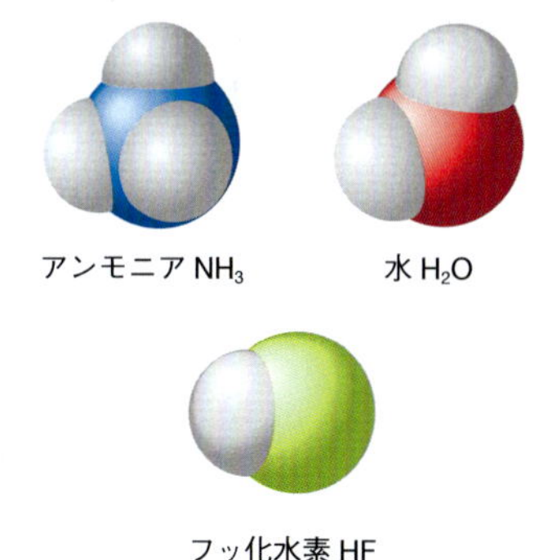

図 2・21　窒素，酸素およびフッ素の非金属水素化物

私たちは三次元の世界に住んでおり，このことは分子の三次元的な形にも反映されている．窒素，酸素，およびフッ素の水素化物の形を，空間充填模型として図2・21に示した．分子の幾何学的形状については9章で学ぶ．

炭素化合物：有機化学の基礎　すべての元素のなかで，炭素は水素，酸素，窒素などの元素とさまざまな化合物を形成する点で格別であり，それを研究する大きな専門分野が有機化学である．“有機(organic)”という用語は，これらの化合物は生命体からのみつくることができると初期のころに信じられていたことに由来する．現在では，これが正しくないことはよく知られているが，それでも有機化学という名前は変わっていない．

有機化合物はいたるところにあり，今後，そのような化合物を頻繁に例として用い

炭化水素 hydrocarbon

アルカン alkane

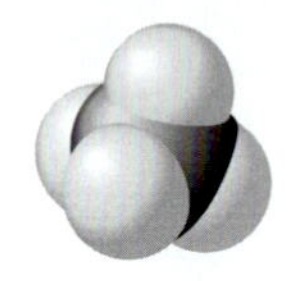
メタン CH_4

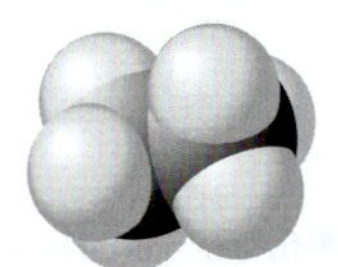
エタン C_2H_6

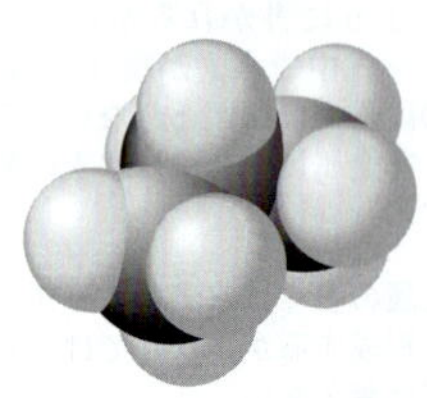
プロパン C_3H_8

図 2・22　アルカン系列の最初の三つの化合物

＊　プロパンとブタンは大気圧では気体であるが，圧縮すると液体になる．これらの物質を購入するときには，それらは圧縮されて液体となっている．その気体は，容器の弁を開けば取出して使うことができる．

る．したがって，いまの段階でそれらについて少しでも学べれば役に立つであろう．

有機化学の学習は，**炭化水素**（水素と酸素からなる化合物）から始まる．最も単純な炭化水素はメタン CH_4 で，一般式 C_nH_{2n+2}（ただし n は整数）で表される一連の炭化水素の一つである．この一連の化合物は**アルカン**とよばれるが，その最初の 6 種類を沸点とともに表 2・7 に示した．分子が大きくなると，沸点が上昇していくことに注目してほしい．メタン，エタン，およびプロパン分子を，空間充塡模型として図 2・22 に示した．

表 2・7　アルカンに属する炭化水素

化合物	名称	沸点	構造式
CH_4	メタン†	−161.5	CH_4
C_2H_6	エタン†	−88.6	CH_3CH_3
C_3H_8	プロパン†	−42.1	$CH_3CH_2CH_3$
C_4H_{10}	ブタン†	−0.5	$CH_3CH_2CH_2CH_3$
C_5H_{12}	ペンタン	36.1	$CH_3CH_2CH_2CH_2CH_3$
C_6H_{14}	ヘキサン	68.7	$CH_3CH_2CH_2CH_2CH_2CH_3$

†　室温（25 ℃）大気圧下で気体．

アルカンはありふれた物質である．それは石油の主成分で，私たちが使用する燃料の大部分は石油から産出される．メタンは，すでに述べたように，暖房や料理によく使われる．ガスの火を使うバーベキューや家によってはプロパンを燃料に使っているところもある．そして，ブタンはライターの燃料に使われている＊．高沸点の炭化水素は，ガソリン，灯油，塗料のシンナー，ディーゼル燃料，そしてロウソクのロウに含まれている．

アルカンだけが炭化水素ではない．たとえば，炭素原子 2 個からなる炭化水素には 3 種類ある．それらは，エタン C_2H_6，エテン（エチレン）C_2H_4，およびエチン（アセチレン）C_2H_2 である．エチレンはプラスチック製造によく使われる原料で，アセチレンは溶接トーチの燃料としてよく知られている．

アルコール alcohol

炭化水素は有機化学の土台をなしている．他のさまざまな種類の化合物は，いずれも炭化水素から誘導されたものとみることができる．一例をあげるなら，**アルコール**とよばれる一群の化合物は，炭化水素の水素原子の 1 個を OH に置き換えたものである．たとえば，メタノール（メチルアルコールともよばれる）CH_3OH は，メタンの水素原子の 1 個を OH に置き換えたものである（図 2・23）．メタノールは，燃料としてだけでなく，より複雑な有機化合物をつくるための原料としても使われている．もう一つのよく知られたアルコールはエタノール（エチルアルコールともよばれる）C_2H_5OH である．エタノールは，穀物の発酵によってつくられることがよくあるので，穀物アルコールとして知られ，アルコール飲料に含まれている．また，石油の消費を抑えるためにガソリンに混ぜることもある．エタノール 10%，ガソリン 90% の混合物はガソホールとして知られ，エタノールを 85% 含むガソリンは E85 とよばれる．

アルコールは炭化水素から誘導される一つの化合物群にすぎない．他の化合物群については，原子の結合の仕方と分子構造について学んだあとで，取上げることにする．

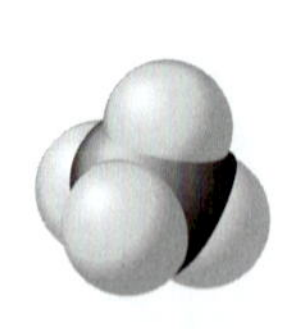
メタン

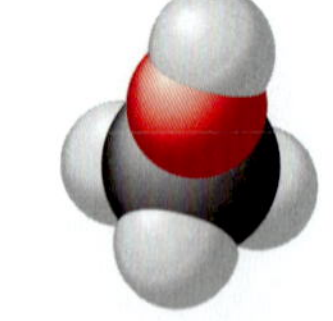
メタノール

図 2・23　アルカンとアルコールとの関係． アルコールであるメタノールは，メタンの水素原子の 1 個を OH で置き換える．

有機化合物の化学式を書く　　有機化合物の化学式は，何の情報が必要かによって，書き方が異なる．エタンを C_2H_6，プロパンを C_3H_8 と書き表す分子式は，分子中の原子の元素ごとの数を示している．その分子式中での元素の順序は炭素が最初である．その理由は，炭素が有機化合物の土台になっているからである．炭素の次は水素で，その他の元素はアルファベット順に書かれる．たとえば，ショ糖（スクロース）は $C_{12}H_{22}O_{11}$ である．しかし，例外もある．たとえば，アルコールであることを強調したい場合には，エタノールを C_2H_5OH と書くように OH を分けて最後に置く．ちょうど，簡約化された構造式は，炭素原子がどのように結合しているかを示している．その構造式では，エタンは CH_3CH_3，プロパンは $CH_3CH_2CH_3$ となる．

練習問題 2・13 本節での説明に基づくと，プロパノール(a)とブタノール(b)の化学式はどうなるか．分子式と簡約化された構造式を書け．

2・8 分子化合物の命名法

二元分子化合物

二元分子化合物については，その物質の分子中に，どの二つの元素が存在し，それぞれの原子がいくつあるかを示さなければならない．

日本語名では，化学式におけるあとの元素名の語幹に“化”をつけ，次に最初の元素の名前を書く．たとえば，HCl の化合物名は“塩化水素”であり，PCl_5 の化合物名は“五塩化リン”である．英語名の場合はその逆である．化学式中の最初の元素は，その英語名を書けばよい．たとえば，HCl の化合物名における最初の語は“hydrogen”であり，PCl_5 は“phosphorus”である．2 番目の元素は，その元素の英語名の語幹に接尾語“-ide”をつけ加えて示す．イオン化合物の単原子陰イオンの場合と同様である．化合物としての名前は，この二つの部分を順番に置けばよい．したがって，HCl の名前は hydrogen chloride となる．しかし，PCl_5 ではリンに結合している塩素原子の数を示す必要がある．これにはギリシャ語の接頭語を用いる．§2・6 の水和物の項で示したのと同様である．ただし水和物と異なり，接頭語“mono-”は省略されることがよくある．したがって，PCl_5 の命名は接頭語“penta-”を“chloride”につけるので，phosphorus pentachloride となる．この化合物名から化学式に戻るのは簡単である．

数を表す接頭語は，分子中に含まれるある特定の元素の原子数を強調したい場合に使われる．たとえば，炭素は酸素と 2 種類の化合物 CO と CO_2 を形成する．この二つを明確に区別するために，CO は一酸化炭素（carbon monoxide），CO_2 は二酸化炭素（carbon dioxide）という．

一般には，元素名の前に接頭語がなければ，その分子中の元素は 1 個の原子のみであると理解する．これに対する例外は，非金属と水素との二元化合物にみられる．その一例が硫化水素（hydrogen sulfide）である．この名前から，この化合物には水素と硫黄の二つの元素が含まれていることがわかる．その分子中に水素が何原子含まれているかは明示されていなくてもよい．なぜなら，すでに学んだように，水素を含む単純な非金属化合物中の水素原子の数は，周期表を使えばわかるからである．硫黄は 16 族なので，貴ガスの列（18 族）まで移動するのに，右方向に 2 段階進まなければならない．つまり，硫黄原子と結合する水素は 2 個である．したがって，硫化水素（hydrogen sulfide）の化学式は H_2S である．

例題 2・9 化合物の命名と化学式の書き出し

(a) $AsCl_3$ の名前を記せ．(b) 四酸化二窒素の化学式を書け．

指針 (a) 化合物の命名にさいして，第一の段階は，問題とする化合物の種類を特定することである．周期表をみると，$AsCl_3$ は 2 種類の非金属から構成されていることがわかるので，これは分子化合物であると結論できる．(b) 名前から化学式を書くために，接頭語を数に変換する．

解法　(a) 分子式から分子化合物を命名する手法を使う．(b) 英語名ではギリシャ語の接頭語を数字に変換し，化学式中の元素記号の添字として用いる．

解答　(a) $AsCl_3$ において，As はヒ素の元素記号，Cl は塩素の元素記号である．化合物名における最初の語は“塩化”であり，次にヒ素をつける．この分子には塩素原子が 3 個あるので，接頭語は 3 となる．したがって，$AsCl_3$ の名前は，三塩化ヒ素である．英語では名前の順が逆になり，chloride の前にギリシャ語の接頭語 tri- をつけるので arsenic trichloride となる．

(b) 先に四塩化リンについて行ったように，接頭語を数に変換し，それを添字とすればよい．答えは N_2O_4 となる．

確認　答えを使って，逆の過程をたどってみよう．三塩化ヒ素から化学式 $AsCl_3$ に到達できるか．N_2O_4 の名前は四酸化二窒素（dinitrogen tetraoxide）でよいか．

練習問題 2・14　次の化合物を命名せよ．
(a) PCl_3　(b) SO_2　(c) Cl_2O_7　(d) H_2S

練習問題 2・15　次の化合物の化学式を書け．(a) 五塩化ヒ素　(b) 六塩化硫黄　(c) 二塩化二硫黄　(d) テルル化水素

分子化合物の慣用名

すべての化合物がこれまで学んできた系統的な方法によって命名されているわけではない．多くのよく知られた物質は系統的な命名法が整備されるよりもはるか前に見いだされ，その慣用名がよく知られているため，その名前をつけ直すことは行われていない．たとえば，これまでに学んだやり方に従えば，水は酸化水素（hydrogen oxide）あるいは一酸化二水素（dihydrogen monoxide）となる．もちろん，この名前はまちがってはいないが，慣用名である水があまりによく知られているので，もっぱら

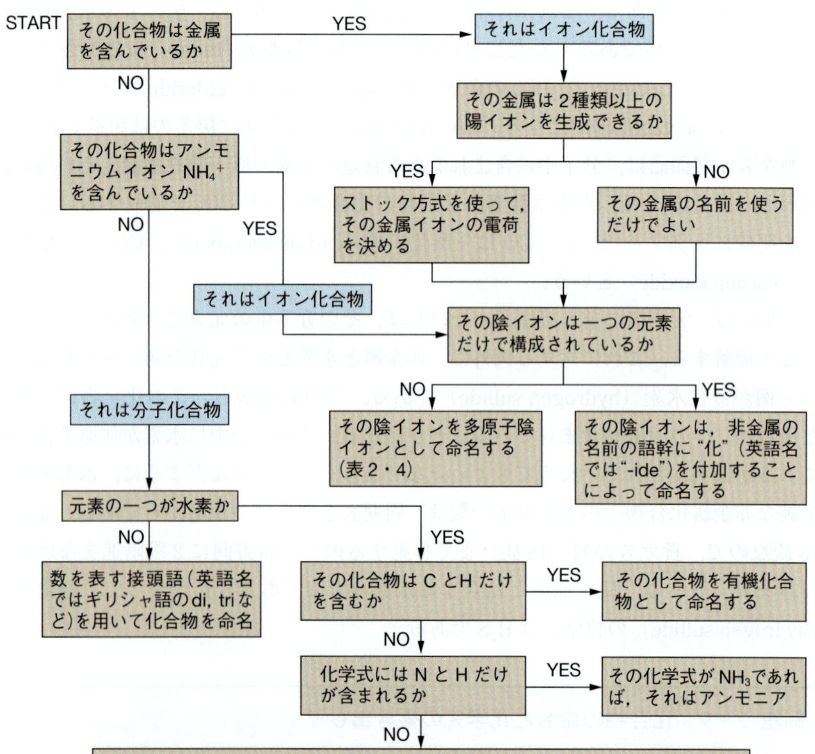

図 2・24　分子化合物およびイオン化合物の命名のためのフローチャート

それが使われる．もう一つの例はアンモニア NH_3 で，そのにおいは家庭用のアンモニア水溶液などで嗅いだことがあるであろう．慣用名は他の 15 族の水素化物でも使われている．PH_3 という化合物はホスフィン(phosphine)，AsH_3 はアルシン(arsine)とよばれる．いずれも猛毒である．

慣用名は非常に複雑な物質にも使われている．その例の一つがショ糖 $C_{12}H_{22}O_{11}$ である．この化合物の構造は複雑で，命名法に基づく化合物名も同様に複雑である．このよく知られた化合物については，単純な名前であるショ糖（スクロース）のほうが，面倒な組織名で苦労するよりも，はるかに使いやすく，理解もしやすい．

分子化合物およびイオン化合物の命名

本章では，分子化合物およびイオン化合物という，2 種類の化合物の命名法を学んだ．それぞれに適用する規則はわずかに異なることも理解できたであろう．化合物を正しく命名するためには，これまでみてきた規則に基づいて一連の判断をしなければならない．この判断の過程はフローチャートにまとめることができる．その一つが図 2・24 である．次の例題で，このフローチャートをどのように使うかを説明する．このフローチャートを使って問題を解いていくと，やがてこれがなくても命名ができるようになるだろう．

例題 2・10 化合物命名のための規則を適用する

次の化合物の名前は何か．(a) $CrCl_3$ (b) P_4S_3 (c) NH_4NO_3

指針 はじめに，その化合物がイオン性か分子性かを決定する．その後，化合物の種類ごとの規則に従う．

解法 各化合物ごとに，図 2・24 にまとめた手法を使い，決定の過程を進むと，化合物の名前に到達する．

解答 (a) 図 2・24 の上から始める．まず，その化合物が金属(Cr) を含んでいることから，それがイオン化合物であることが決まる．次に，その金属は遷移元素であって，クロムは 2 種類以上の陽イオンを生成することから，ストック方式を適用することが決まる．そのためには，金属イオンの電荷を知る必要がある．これは陰イオンの電荷を使うとともに，その化合物は電気的に中性でなければならないという事実から求めることができる．陰イオンは塩素からできているので，その電荷は 1−（その陰イオンは Cl^-）である．3 個の塩化物イオンがあるので，その金属イオンは Cr^{3+} であり，名前はクロム(Ⅲ)である．したがって，$CrCl_3$ の名前は塩化クロム(Ⅲ)〔chromium(Ⅲ) chloride〕である．(b) 再び図 2・24 の上から始める．まず，その化合物は金属も NH_4^+ も含まないので，分子性であると決まる．水素原子を含まないので，ギリシャ語の接頭語を用いて各元素の数を示さなければならない．§2・8 の最初に学んだ手続きに従うと，P_4S_3 の名前は三硫化四リン(tetraphosphorus trisulfide)となる．(c) 図 2・24 の上から始める．化学式から，金属元素が含まれていないことがわかるので図の左側を進む．化学式には NH_4^+ が含まれているので，この化合物にはアンモニウムイオン NH_4^+ が含まれていることがわかる（これはイオン化合物である）．化学式の残りである NO_3^- は，二つ以上の原子からなることから，多原子イオンの硝酸イオン NO_3^- であることがわかる．したがって，NH_4NO_3 の名前は硝酸アンモニウム (ammonium nitrate) である．

確認 この種の問題の答えが正しいかを確認するためには，名前に到達するまでの過程を見直せばよい．(a)では，クロムイオンの電荷の計算が正しいことを確認する．また，多原子イオンの名前が正しいかどうかを確認する．これらのことを行えば正しい命名ができたことがわかる．

練習問題 2・16 化合物 I_2O_5 はガスマスクに使われ，そのなかで毒性の高い一酸化炭素と反応して，はるかに毒性の低い二酸化炭素に変えている．I_2O_5 の名前は何か．

練習問題 2・17 化合物 $Cr(C_2H_3O_2)_3$ は皮革のなめしに使われている．この化合物の名前は何か．

3 モルと化学量論

化合物の物質量．1 mol の 4 種類の化合物（左上から右回りに）硫酸銅五水和物，水，クロム酸ナトリウム，塩化ナトリウム．各試料は同数の化学式単位または分子を含む．

本章では，化学計算の基礎となる**化学量論**（stoichiometry）を学ぶ．化学量論とは簡単にいえば元素の量的関係のことである．これらの計算は化学実験室における成功の鍵である．また，本章はこれから学ぶ有機化学や生化学の分野，また自然科学における他のほとんどすべての専門的な分野にとって重要であることがわかるであろう．

化学量論は，個々の原子，分子や組成単位を表す化学式および反応式をこれらの物質の mg，g，あるいは kg を使用する実験室規模に換算するさいにもかかわってくる．この換算のために，**物質量**（amount of substance）の概念を導入する．ファーストフードレストランで，図 3・1 のように材料の量を 1 個のハンバーガーから大量生産の規模まで増やすのを計画できるのと同様に，物質量は，化学者が原子・分子レベルから実験室規模に拡張することを可能にする．化学量論計算は通常，ある一組の単位からもう一組の単位への次元解析を用いた換算である．次元解析の計算を用いるには，二つのこと（換算式に関する知識とはじめの単位から要求される単位に換算する論理的手順）が必要である．本章の例題にある図は，換算の手順と化学量論計算に使用する換算係数を整理するフローチャートである．あとの章において，新しい概念を学ぶときには，多くの化学的思考を相互にどう関係づけられるかを説明するために，このようなフローチャートに随時追加する．

学 習 目 標

- 物質量とアボガドロ定数に関する分子レベルと実験室規模換算
- 物質量の計算
- 化合物の組成百分率の計算
- 化合物の実験式と分子式を決定するしくみの説明
- 化学反応における反応物と生成物の物質量を含む計算
- 化学反応における限定反応物と未反応物の量の計算
- 化学反応の百分率収量の計算

3・1　物質量とアボガドロ定数

0 章の陽子，中性子，および電子の質量の基礎測定から，最も大きな原子でさえきわめて小さな質量をもち，それに対応して小さなサイズをもつといえる．したがって，肉眼で観察できる物質のどんな試料も，きわめて多数の原子または分子をもっているはずである．物質量の概念とともに 1 章で説明した方法により，計量計算を行うと，その情報を用いて非常に興味深い問題を解くことが可能になる．

計量計算は，気づいてなくても，すべての人がよく知っていることである．たとえば，10 円硬貨の重さが 4.5 g であることを知ったうえで 1 袋の 10 円硬貨を計量すれば，硬貨の数を計算することが可能である．同様に，化学物質の質量を用いて，物質中の原子または分子の数を決定することができる．この最後の換算は物質量の概念により

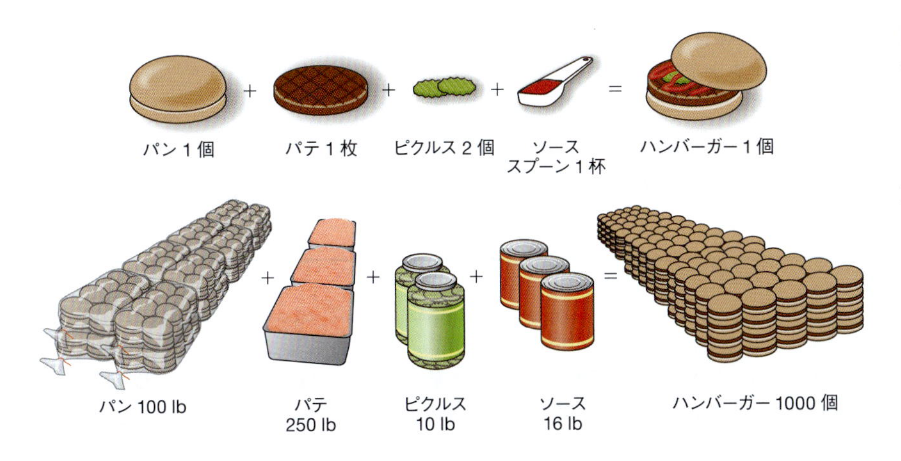

図 3・1　小規模と大規模のハンバーガー．1 個のハンバーガーをつくるのにパン 1 個，パテ 1 枚，ピクルス 2 個，ソースがスプーン 1 杯必要である．1000 個のハンバーガーをつくるには，パン 100 lb，パテ 250 lb，ピクルス 10 lb，ソース 16 lb が必要である．lb は単位ポンドの記号．

可能となる．

物質量の定義

1 章で，物質量の SI 単位は**モル**（mol）であることを述べた．物質量は物質の質量や体積ではなく，物質中の原子，分子などの単位粒子の数で規定された物質の量である．1 mol は，$6.022\ 140\ 76 \times 10^{23}$ 個の単位粒子（原子，分子，イオン）を含む物質量と定義される．

モル mole, 単位記号 mol

また各元素 1 mol の質量は，原子量に g をつけた値（**グラム原子**とよばれる）におおむね等しい*.

グラム原子 gram atomic mass

＊　訳注：物質量は，1971 年に国際単位系（SI 単位系）の 7 番目の基本量に定められた物質の量を表す物理量であり，その値は，物質を構成する要素粒子の個数をアボガドロ定数で割ったものに等しい．物質量の SI 単位は mol である．要素粒子は，ふつうは分子をつくる物質の場合は分子であり，イオン結晶では組成式で書かれるものであり，金属では原子である．なお，IUPAC では，物理量としての基本量である物質量の代わりに“モル数”とよばないよう勧告している．これは，質量のことを“グラム数”とよばないことと同じ理由である．

元素 X 1 molの質量 ＝ X のグラム原子

たとえば，原子量が 32.06 u の硫黄は，1 mol が 32.06 g であり，原子量が 12 u の炭素 12 は，1 mol が 12.00 g である．

化合物に適用する物質量の概念

2 章で説明した分子とイオン化合物は明確な化学式をもつ．分子化合物と元素については，化学式中の全原子の原子量を合計すると，**分子量**（**分子質量**ともいう）が得られる．分子性物質のグラム分子（分子量に等しい g 単位の質量）もまたそれらの分子の 1 mol に等しい．

分子量 molecular weight

分子質量 molecular mass

分子 X 1 molの質量 ＝ X のグラム分子

たとえば，水の分子量は 18.02 u で，2 個の H 原子と 1 個の O 原子の原子量の合計である．同様に，イオン化合物のグラム式量は g 単位で表したイオン化合物の化学式中の全原子の原子量の合計である．

イオン化合物 X 1 molの質量 ＝ X のグラム式量

イオン化合物である Al_2O_3 は，原子量 26.98 u のアルミニウム原子 2 個と 16.00 u の酸素原子 3 個をもつ．これは合計で 101.96 u になり，1 mol の Al_2O_3 は 101.96 g のグラム式量をもつ．

上記の三つの方程式すべての間には明確な類似点がある．説明を簡単にするために，物質量と質量の間に次の関係を用いる．

物質 X 1 molの質量 ≡ 物質 X のモル質量

モル質量 molar mass

モル質量は，物質が原子，分子，またはイオン化合物にかかわらず，物質 1 mol の質量（g）のことである．

質量と物質量の間の換算

ここでは，質量と物質量の間の換算について，例題を解くことによって学んでいく．

例題 3・1　g から mol への換算

酸化チタン(Ⅳ)は，紫外線が皮膚に達するのを完全に防止することから最良の日焼け止め剤の一つである．TiO_2 を合成するために，23.5 g のチタン試料から始める．これは何 mol の Ti か．

指針　問題は一定量のチタンを mol に換算するよう求めている．

解法　物質 X の 1 mol は X のグラム原子に等しいが，これは質量を物質量に換算する手法として使える．いま，それをチタンについて具体化するために，X をチタンの記号で置き換え，Ti の原子量を用いて次式を得る．

$$1\ \mathrm{mol\ Ti} = 47.867\ \mathrm{g\ Ti}$$

Ti の原子量など一覧表のデータを含む問題を扱うときは，可能なら，与えられた情報より少なくとも 1 桁多い有効数字を用いる．

解答　問題を解き始めるときの数値とその単位，および解答を終えるときに求められる単位を示す式を求めることから始めよう．

$$23.5\ \mathrm{g\ Ti} = ?\ \mathrm{mol\ Ti}$$

いま，質量と物質量の間の等式を用いてチタンの g を相殺する比を求める．

$$23.5\ \cancel{\mathrm{g\ Ti}} \times \frac{1\ \mathrm{mol\ Ti}}{47.867\ \cancel{\mathrm{g\ Ti}}} = 0.491\ \mathrm{mol\ Ti}$$

確認　最初に，単位が適切に相殺することを確認する．次に，すべての数値を 1 桁または 2 桁の有効数字にし，答えを概算する．概算は 25/50 である．すなわち 1/2 に十分近いので，答えは妥当と考えられる．

例題 3・2　mol から g への換算

ある実験で 0.254 mol の $FeCl_3$ が必要である．何 g 計量する必要があるか．

指針　前の例題において，換算は元素の物質量と質量の間であった．ここでは，物質量と質量の間で換算を行うが，扱うのが化合物であるので，$FeCl_3$ のモル質量を計算するための追加手順が必要である．

解法　$FeCl_3$ のモル質量を計算するための手法が必要である．それは 1 mol の鉄原子と 3 mol の塩素原子の質量の合計である．

$$\begin{aligned} FeCl_3\ \text{のモル質量} &= 55.845\ \mathrm{g\ mol^{-1}} + (3 \times 35.453\ \mathrm{g\ mol^{-1}}) \\ &= 162.204\ \mathrm{g\ mol^{-1}} \end{aligned}$$

いま質量と物質量の間の等式を次のように書くことができる．

$$1\ \mathrm{mol\ FeCl_3} = 162.204\ \mathrm{g\ FeCl_3}$$

解答　問題を方程式として立てる．

$$0.254\ \mathrm{mol\ FeCl_3} = ?\ \mathrm{g\ FeCl_3}$$

次に，質量と物質量の間の等式から換算係数を求め，換算を行う．

$$0.254\ \cancel{\mathrm{mol\ FeCl_3}} \times \frac{162.204\ \mathrm{g\ FeCl_3}}{1\ \cancel{\mathrm{mol\ FeCl_3}}} = 41.2\ \mathrm{g\ FeCl_3}$$

確認　最初に，単位が適切に相殺されることを確認する．次に，0.254 を 0.25 に，そして 162.204 を 160 と概算する．計算は 0.25 × 160 = 40 になり，計算値に非常に近い結果を与えることから，答えは妥当と考えられる．

練習問題 3・1　3.47 g のアルミホイル中に，何 mol のアルミニウム原子が含まれるか．

練習問題 3・2　三ヨウ化窒素を合成する反応に，0.023 mol の I_2 が必要である．0.023 mol の I_2 を測るには何 g 秤量する必要があるか．

アボガドロ定数

アボガドロ定数 Avogadro constant

■ アボガドロ定数は化学量論の開拓者の一人であるイタリアの化学者アボガドロ（Amedeo Avogadro, 1776〜1856）にちなんで名づけられた．

SI により**アボガドロ定数**は，$6.022\,140\,76 \times 10^{23}\ \mathrm{mol^{-1}}$ と定義されている．本書では，簡単のためその値を 4 桁の概数，6.022×10^{23} と表す．これにより，重要な次の関係式を書くことができる．

$$1\ \mathrm{mol\ の\ X} = 6.022 \times 10^{23}\ \text{個の X}$$

私たちのまわりの化学物質の単位は原子，分子，組成単位などである．これは1 molのキセノン原子は6.022×10^{23}個のキセノン原子と同じことを意味する．同様に6.022×10^{23}個の二酸化窒素分子は1 molの二酸化窒素分子を表す．

アボガドロ定数の使用

上記の関係から，次の二つの例題に示すように標準的な次元の計算を用いて実験室規模と原子スケールとを結びつけることが可能になる．

■ アボガドロ定数は物質のmol単位の物質量と物質の基本組成をもつ粒子数との間を結びつけるものである．問題が実験室規模でのみ語られるなら，アボガドロ定数は計算に不要である．

例題 3・3 実験室規模から原子スケールへの換算

タングステン（W）線は白熱電球中のフィラメントに使われている．代表的な電球では，タングステンフィラメントの重さは0.635 gである．そのような電球のフィラメント中に何個のタングステン原子があるか．

指針 最初に問題を方程式として立てる．

$$0.635\ \mathrm{g\ W} = ?\ \text{個の W 原子}$$

ここで，タングステンの質量をタングステンの原子数に直接関係づける方法はないが，タングステンの質量から始めて，以下の手順で換算を行うことができる．

解法 最初に必要とする手法は，タングステンの質量（g）とタングステンの物質量（mol）の間で換算係数を求めるための関係式である．

$$183.84\ \mathrm{g\ W} = 1\ \mathrm{mol\ W}$$

次に，タングステンの物質量とタングステンの原子数の間の換算を可能にするアボガドロ定数が必要である．

$$1\ \mathrm{mol\ W} = 6.022 \times 10^{23}\ \text{個の W 原子}$$

解答 この問題を方程式で表し，二つの換算係数を求めるための手法と連動させる．第一の換算係数は，

$$\frac{1\ \mathrm{mol\ W}}{183.84\ \mathrm{g\ W}}$$

である．第二の換算係数は，

$$\frac{6.022 \times 10^{23}\ \text{個の W 原子}}{1\ \mathrm{mol\ W}}$$

である．換算係数をタングステンの0.635 gに掛けて次式を得る．

$$0.635\ \mathrm{g\ W} \times \frac{1\ \mathrm{mol\ W}}{183.84\ \mathrm{g\ W}} \times \frac{6.022 \times 10^{23}\ \text{個の W 原子}}{1\ \mathrm{mol\ W}}$$
$$= 2.08 \times 10^{21}\ \text{個の W 原子}$$

確認 この種の問題で最も重要な確認は数値の大きさである．化学物質の最小測定可能な試料さえ，きわめて多数の原子を含んでいることを知っている．答えが非常に大きな数であり，したがって，答えは妥当と考えられる．

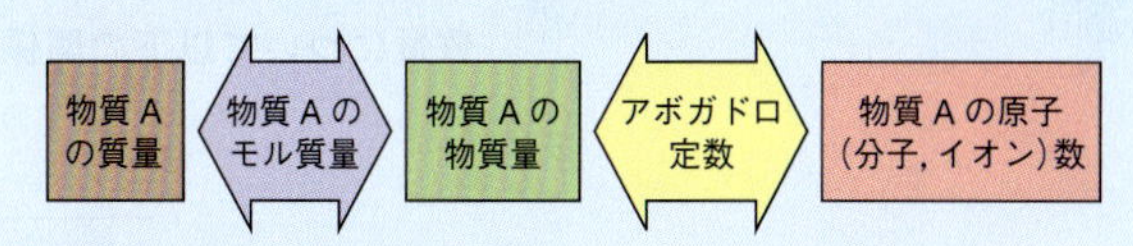

物質の質量と基本単位間で換算する計算の一般的順序．矢印はどの手法を各換算に適用するかを示している．

例題 3・4 分子の質量を計算する

四塩化炭素は，発がん性であることが発見されるまで，ドライクリーニング液として使用されていた．1分子の四塩化炭素の平均質量はいくらか*．

指針 最初に問題を方程式として立てる．

$$1\ \text{mol の四塩化炭素} = ?\ \text{g の四塩化炭素}$$

この問題は，連携させる必要のある多数の段階を含んでいる．最初に，物質名から化学式を特定する必要があり，それを用いて化合物のモル質量を計算する．最後に，1分子を物質量に換算したあと，その物質量を四塩化炭素分子の質量に換算するための適切な換算係数を組立てる必要がある．

解法 最初に2章の命名法を用いて四塩化炭素の式を決定する．次にアボガドロ定数を用いる．

$$6.022 \times 10^{23}\ \text{分子の四塩化炭素} = 1\ \text{mol の四塩化炭素}$$

その後，四塩化炭素のモル質量を計算し，それを用いて四塩化炭素1分子の質量を計算する．

解答 命名法を用いて，四塩化炭素の化学式がCCl_4であると決定する．次に，解法の手順に従って，計算を2段階で行う．最初にアボガドロ定数を用いて換算係数を求め，それを用いてCCl_4の物質量を計算する．

$$1\ \text{分子の}\ \mathrm{CCl_4} \times \frac{1\ \mathrm{mol\ CCl_4}}{6.022 \times 10^{23}\ \text{分子の}\ \mathrm{CCl_4}}$$
$$= 1.661 \times 10^{-24}\ \mathrm{mol\ CCl_4}$$

CCl_4 のモル質量については，1 mol の炭素原子と 4 mol の塩素原子の質量を加えて，153.823 g mol^{-1} を得る．その後，このモル質量を用いて CCl_4 を mol から g に換算する 2 番目の換算係数を求める．

$$1.661 \times 10^{-24}\ \text{mol CCl}_4 \times \frac{153.823\ \text{g CCl}_4}{1\ \text{mol CCl}_4}$$
$$= 2.555 \times 10^{-22}\ \text{g CCl}_4$$

したがって，答えの有効数字の桁数は一覧表データから引用した有効数字の桁数に依存する．4 桁の有効数字をアボガドロ定数に用い，4 桁の有効数字を答えとして保持した．

確認　非常に大きな分子でも，単一分子の質量は非常に小さいと予想される．答えは非常に小さい値であり，妥当と考えられる．

＊　周期表に記されている原子量は自然同位体の加重平均であるので，各原子の同位体に関する情報がない限り，分子の正確な質量を決定することはできない．しかし，この問題で要求されるような平均質量は計算することができる．

練習問題 3・3　ほとんどの化学実験室には，1 mg まで秤量できる天秤がある．そのような天秤で 5.64×10^{18} 個のオクタデカン $C_{18}H_{38}$ 分子を秤量することは可能か．

3・2　物質量，式量，および化学量論

ここで展開する物質量の比の概念は非常に重要な化学的手法である．この手法により，化学者は一つの物質量の解析から始めて，その後，実際に実験しないで，もう一方の物質の物質量を求めることができる．

物質量の間の換算係数

化学式は式中の元素の比率を与え，これらの比率を用いて，式中の他の元素の量を決定することができる．

水 H_2O の化学式を考えてみよう．

- 1 個の水分子は 2 個の H 原子と 1 個の O 原子を含む．
- 1 mol の水分子は 2 mol の H 原子と 1 mol の O 原子を含む．

原子数，または原子の物質量を扱うかどうかにかかわらず，化学式は O 原子に対する H 原子の比率が常に 1：2 であることを示している．さらに，水分子と水分子の物質量について以下の関係を書くことができる．

1 個の水分子	1 mol の水分子
1 個の H_2O 分子 ⇔ 2 個の H 原子	1 mol H_2O ⇔ 2 mol H
1 個の H_2O 分子 ⇔ 1 個の O 原子	1 mol H_2O ⇔ 1 mol O
1 個の O 原子 ⇔ 2 個の H 原子	1 mol O ⇔ 2 mol H

記号 ⇔ は“化学的に等価な関係である”ことを意味し，等号として数学的に処理されることを思い出そう（§1・7 参照）．

化合物中では，原子の物質量は常に個々の原子自体と同じ比率で組合わされる．

この手法により，化学式における原子の比を用いて実験室規模の計算のための物質量の比の換算係数を容易に求めることが可能になる．たとえば，化学式 P_4O_{10} において，添字は，分子中の 10 個の O 原子ごとに 4 個の P 原子があることを意味する．実験室規模では，この化合物 1 mol のなかに 10 mol の O と 4 mol の P があることを意味する．以下の換算係数を用いて化合物中の P と O を関係づけることができる．

$$4\ \text{mol P} \Leftrightarrow 10\ \text{mol O}$$

化学式 P_4O_{10} はまた，二つの関連した換算係数によって，他の元素の物質量も示している．

$$1\ \text{mol}\ P_4O_{10} \Leftrightarrow 4\ \text{mol P}$$
$$1\ \text{mol}\ P_4O_{10} \Leftrightarrow 10\ \text{mol O}$$

例題 3・5 1元素の解析による化合物量の計算

リン酸カルシウムは天然鉱物の形で自然に広くみられる．また，骨と一部の腎臓結石中にもみられる．ある試料が 0.864 mol のリンを含んでいることがわかった．その試料中に何 mol の $Ca_3(PO_4)_2$ があるか．

指針 最初に問題を方程式として立てる．

$$0.864\ \text{mol P} = ?\ \text{mol}\ Ca_3(PO_4)_2$$

一つの物質の物質量から始めて，2番目の物質の物質量で終わるので，この問題は，物質量の比の換算係数を用いるのに適している．

解法 必要なのは，P を化学式 $Ca_3(PO_4)_2$ と関係づける物質量の比を求める手法である．これを次のように表す．

$$2\ \text{mol P} \Leftrightarrow 1\ \text{mol}\ Ca_3(PO_4)_2$$

解答 上で表した等式からはじめ，P の物質量が相殺され，$Ca_3(PO_4)_2$ の物質量が残るような換算係数に手法を組替える．その物質量の比を適用して次式を得る．

$$0.864\ \text{mol P} \times \frac{1\ \text{mol}\ Ca_3(PO_4)_2}{2\ \text{mol P}} = 0.432\ \text{mol}\ Ca_3(PO_4)_2$$

確認 0.864 を 1 に概算し，2 で割って 0.5 を得る．概算値 0.5 は答えの 0.432 に近いので，答えは妥当と考えられる．

練習問題 3・4 硫酸アルミニウムを分析した結果，その試料は硫酸イオンを 0.0774 mol 含んでいることがわかった．試料中にアルミニウムは何 mol あるか．

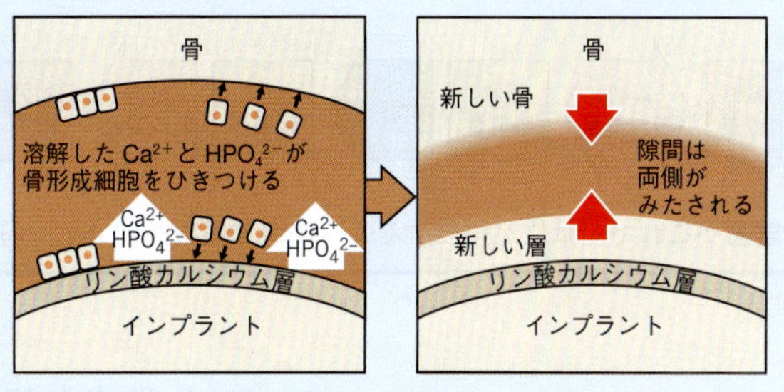

骨インプラント表面の一部は，骨がその表面に結合できるようにリン酸カルシウムで覆われている．

質量–質量の比の計算

実験室における化学量論の一般的使用の一つは，ある化合物を合成するために既定量の第二反応物 A と結合させるのに必要な反応物 B の質量を決定するときに生じる．これらの計算を，化合物 A の既定された質量を化合物 B の質量に換算する手順の形でまとめる．

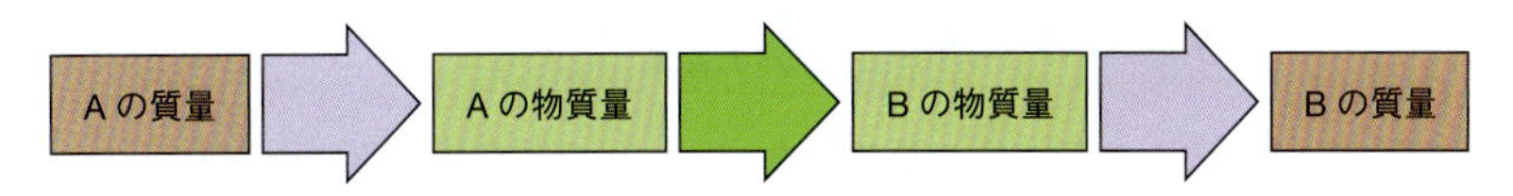

次の例題で，これがどう適用されるかみてみよう．

例題 3・6 化合物中の一つの元素の量を他の元素の量から計算する

クロロフィル（葉の緑色色素）は組成式 $C_{55}H_{72}MgN_4O_5$ である．0.0011 g のマグネシウムがクロロフィルの合成のためにいま利用可能だとしたら，このマグネシウムを合成で完全に使い尽くすには何 g の炭素が必要か．

指針 これまでのように，問題を方程式として立てる．

$$0.0011\ \text{g Mg} \Leftrightarrow ?\ \text{g C}$$

一つの物質の質量をもう一方の物質の質量と関係づけた前の例題の手順を用いる．最初の段階は，Mg の質量から Mg の物質量への換算である．Mg の物質量がわかれば，化合物の組成式を用いてそれを C の物質量に換算することができる．最後に，そのモル質量を用いて物質量から C の質量を計算することができる．

解法　最初の段階では，Mg の質量を Mg の物質量に換算するために質量から物質量への変換が必要である．

$$24.3050\ \text{g Mg} = 1\ \text{mol Mg}$$

次に，Mg の物質量を C の物質量に換算するために，物質量の比が必要である．

$$1\ \text{mol Mg} \Leftrightarrow 55\ \text{mol C}$$

最後に，炭素の物質量から質量への変換を行う．

$$1\ \text{mol C} = 12.011\ \text{g C}$$

解答の手順は，数値を 3 桁の有効数字に丸める．

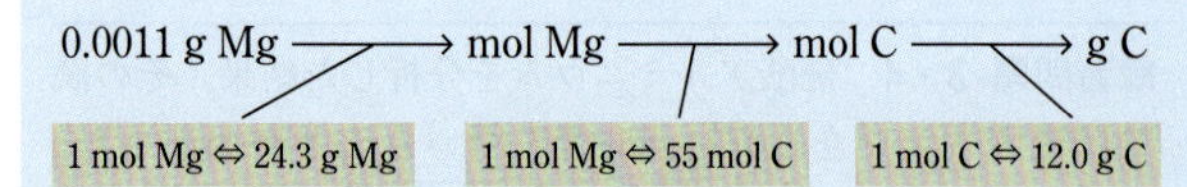

このような問題を扱うための一般的手順を次に示す．矢印は，どの手法を各換算に使用するかを示している．

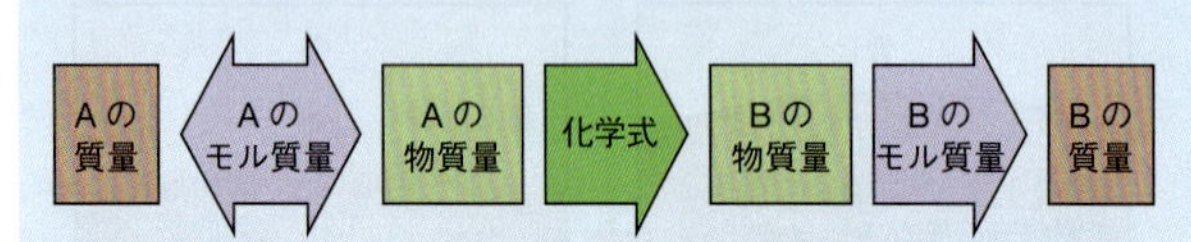

解答　これで，単位が相殺するように換算係数を組立て，答えを求める．

$$0.0011\ \text{g Mg} \times \frac{1\ \text{mol Mg}}{24.3\ \text{g Mg}} \times \frac{55\ \text{mol C}}{1\ \text{mol Mg}} \times \frac{12.0\ \text{g C}}{1\ \text{mol C}}$$
$$= 0.030\ \text{g C}$$

クロロフィルの合成でマグネシウムを完全に使い尽くすために 0.0011 g の Mg に対して 0.030 g の C を供給しなければならない．

確認　単位が正しく相殺することを確認したあと，すべての数値を 1 桁の有効数字で概算し，単位のない次の式を与えることができる．

$$0.001\left(\frac{1 \times 50 \times 10}{20 \times 1 \times 1}\right) = \left(\frac{0.5}{20}\right) = \frac{0.05}{2} = 0.025$$

この値は答えに近く，答えは妥当と考えられる．

練習問題 3・5　Fe_2O_3 を合成するために 25.6 g の O と結合する Fe は何 g 必要か．

練習問題 3・6　三フッ化臭素は水と接触して爆発する．三フッ化臭素の試料中に 0.163 g の臭素が含まれているとき，何 g のフッ素が試料中にあるか．

3・3　化学式と組成百分率

組成百分率 percentage composition

化合物の式は化合物中の元素の物質量の比を与える．化合物の構成を記述する別の方法は，化合物の**組成百分率**とよばれる．これは，化合物中の元素の相対的質量として質量百分率を用いている．

組 成 百 分 率

質量百分率 percentage by mass

試料中の元素の**質量百分率**は 100 g の試料中にある元素の質量 (g) である．一般に，質量百分率は，以下の式を用いて求める．

$$\text{元素の質量百分率} = \frac{\text{元素の質量}}{\text{全試料の質量}} \times 100\% \qquad (3 \cdot 1)$$

次の例題に示すように物質の化学分析に基づいて組成百分率を決定できる．

例題 3・7　化学分析から組成百分率を計算する

質量 8.657 g の液体試料を元素に分解して，5.217 g の炭素，0.9620 g の水素，2.478 g の酸素を得た．この化合物の組成百分率を求めよ．

指針　問題を解くには，組成百分率の意味を理解している必要がある．

解法　必要な手法は質量百分率の式〔(3・1)式〕である．試料中の各元素の質量と元素の質量の合計である総質量を得る．

解答　各元素に (3・1) 式を用いて，必要な百分率を計算するために用いる三つの方程式を立てる．

$$\text{C}:\ \frac{5.217\ \text{g}}{8.657\ \text{g}} \times 100\% = 60.26\%$$

$$\text{H}:\ \frac{0.9620\ \text{g}}{8.657\ \text{g}} \times 100\% = 11.11\%$$

$$\text{O}:\ \frac{2.478\ \text{g}}{8.657\ \text{g}} \times 100\% = 28.62\%$$

よって，百分率の和は 99.99% となる．

確認 有効数字の桁を下げることによって生じる小さな差を考慮に入れて，百分率を合計で 100% にすることで答えを確認できる．

練習問題 3・7 質量 0.6672 g の有機化合物を分解して，0.3481 g の炭素と 0.0870 g の水素を得た．この化合物の組成百分率を求めよ．別の元素を含むことはありうるか．

化合物の化学式からその組成百分率を決定することもできる．1 mol の物質を考える場合，そのモル質量は (3・1) 式における試料全体の質量になる．(3・1) 式の分子は化学式中の一つの元素と関連した質量である．次項に示すように，この百分率が物質の識別にどのように役立つかがわかる．

組成百分率と化学的同一性

(3・1) 式を用いて，その式から化合物の組成百分率を決定することができる．たとえば，窒素と酸素は次の化合物 N_2O, NO, NO_2, N_2O_3, N_2O_4, N_2O_5 のすべてを形成する．未知の窒素と酸素の化合物試料を識別するために，実験で判明した組成百分率を既知の窒素酸化物の理論百分率と比較する．式を質量百分率と一致させるための手法を次の例題において概説する．

例題 3・8 組成百分率に基づく化合物の識別

25.94% の N と 74.06% の O の質量百分率は化学式 N_2O_5 と一致するか．

指針 質量百分率を計算するためには，(3・1) 式を用いる必要がある．式をみると，化合物試料中の N, O, および N_2O_5 の質量が必要である．1 mol の既定化合物をこの試料に選べば，1 mol の N_2O_5 を形成する酸素，窒素，および五酸化二窒素の質量を決定することは容易である．

解法 用いるべき手法は化合物中の元素の質量百分率を計算する (3・1) 式である．N_2O_5 のモル質量とその式から得ることができる物質量の比を計算する手法も必要である．窒素と酸素原子の質量から物質量への換算を行う必要がある．

必要な関係は次のとおりである．

$$2\ \text{mol N 原子} \Leftrightarrow 1\ \text{mol}\ N_2O_5$$
$$5\ \text{mol O 原子} \Leftrightarrow 1\ \text{mol}\ N_2O_5$$
$$1\ \text{mol N 原子} \Leftrightarrow 14.01\ \text{g N 原子}$$
$$1\ \text{mol O 原子} \Leftrightarrow 16.00\ \text{g O 原子}$$

解答 物質量の比の関係から 1 mol の N_2O_5 が 2 mol の N と 5 mol の O を含まなければならないことがわかる．N と O の対応する質量は次のとおりである．

$$1\ \text{mol}\ N_2O_5 \times \frac{2\ \text{mol N}}{1\ \text{mol}\ N_2O_5} \times \frac{14.01\ \text{g N}}{1\ \text{mol N}} = 28.02\ \text{g N}$$

$$1\ \text{mol}\ N_2O_5 \times \frac{5\ \text{mol O}}{1\ \text{mol}\ N_2O_5} \times \frac{16.00\ \text{g O}}{1\ \text{mol O}} = 80.00\ \text{g O}$$

$$1\ \text{mol}\ N_2O_5 = 108.02\ \text{g}\ N_2O_5$$

これで N_2O_5 中の N と O の百分率を計算することができる．

$$\text{N}: \frac{28.02\ \text{g}}{108.02\ \text{g}} \times 100\% = 25.94\%$$

$$\text{O}: \frac{80.00\ \text{g}}{108.02\ \text{g}} \times 100\% = 74.06\%$$

これらの実験値は式 N_2O_5 の理論百分率と一致している．

確認 この問題の最も容易な確認は，すべての百分率が合計 100% になることを確認することである．答えは合計 100% になるので，計算結果は妥当と考えられる．

練習問題 3・8 NO, NO_2, N_2O_3, および N_2O_4 の組成百分率を求めよ．

練習問題 3・8 の取組みで，NO_2 の組成百分率が N_2O_4 のそれと同じであることに気づいたかもしれない．その理由は，両化合物が同じ物質量の比をもつからである．同じ物質量の比をもつすべての化合物は同じ組成百分率をもつ．

3・4 実験式と分子式の決定

化学者の主要活動の一つは，以前には存在したことがない化合物の合成である．薬学研究において，化学者はしばしば新しい化合物を合成するか，または植物と動物の組織から新しい化合物を分離する．その後，彼らはその新化合物の化学式と構造を決定しなければならない．現代の化学者は構造解析に質量分析と他の最新機器を使用する．しかし，彼らはまだ実験式を決定するために，化合物を化学的に分解して既定量の化合物中の元素の質量を見いだす元素分析にも依存している．これらのさまざまな実験的質量測定を用いて化学式をどのように決定できるかみてみよう．

“白リン”として知られているリンの形態は自然発火性である．すなわち，空気にさらすと自発的に燃焼する．白リンが酸素中で燃えるときに生成する化合物は P_4O_{10} の化学式をもつ．この化学式が1分子の組成を与えるとき，それは**分子式**とよばれる．しかし，添字4と10の両方が2で割り切れるので，PとOの比を示す最小値が2と5となることに注意しよう．この比を表すより単純な式を P_2O_5 と書くことができる．これは，化合物の分析実験から得ることもできるので，**実験式**とよばれている．

分子式 molecular formula

実験式 empirical formula

実験式は化合物中の各元素の最も単純な原子比を表す．化合物中の原子の比は，化合物中のそれらの原子の物質量の比と同じである．実験データから最も単純な物質量の比を決定する．実験式を決定するために使用できるデータは，間接分析としても知られている元素の質量(a)，組成百分率(b)，燃焼データ(c)の三つである．この三つのデータの目的は，実験式中の各元素の最も単純な物質量の比を得ることである．

質量データによる実験式

化合物中の各元素の質量を決定する場合，各元素の物質量を計算し，最も単純な物質量の比を見つけることができる．これが実験式である．多くの場合，一つだけ除いて試料中の全部の元素を分析し，その後，次の例題に示すように，質量保存の法則を用いて欠損している質量を計算することができる．

例題 3・9 質量データから実験式を計算する

スズと塩素のみで構成されている化合物 2.57 g が，1.17 g のスズを含むことがわかった．化合物の実験式を求めよ．

指針 実験式中の添字は化合物中の元素の物質量の比と解釈できる．Sn 対 Cl の物質量の比がわかれば，その実験式を得られる．したがって最初の段階は，Sn と Cl の質量を Sn と Cl の物質量の比に変換することである．その後，これらの数値を最も単純な正の整数，または整数の比に変換する．

問題は 2.57 g の試料中の塩素の質量を与えていないが，質量保存の法則の手法を用いてこれを計算することができる．

解法 最初の手法は0章で述べた質量保存の法則である．モル質量は，元素の物質量を計算可能にする手法である．

$$118.7\ \mathrm{g\ Sn} = 1\ \mathrm{mol\ Sn}$$
$$35.45\ \mathrm{g\ Cl} = 1\ \mathrm{mol\ Cl}$$

解答 最初に，2.57 g の化合物中の Cl の質量を求める．

$$\text{Cl の質量} = 2.57\ \text{g 化合物} - 1.17\ \mathrm{g\ Sn} = 1.40\ \mathrm{g\ Cl}$$

いま，モル質量の等式を用いてスズと塩素の質量データを物質量に変換する比を求める．

$$1.17\ \mathrm{g\ Sn} \times \frac{1\ \mathrm{mol\ Sn}}{118.7\ \mathrm{g\ Sn}} = 0.00986\ \mathrm{mol\ Sn}$$
$$1.40\ \mathrm{g\ Cl} \times \frac{1\ \mathrm{mol\ Cl}}{35.45\ \mathrm{g\ Cl}} = 0.0395\ \mathrm{mol\ Cl}$$

これにより，$Sn_{0.00986}Cl_{0.0395}$ を書くことができた．これは物質量の比を表すが，添字は原子数の比も表し，整数である必要がある．小数の添字を整数に変換するために，それぞれをその組の最小数によって割ることから始める．これは常に，添字を整数にする方法であり，除数としてその組の最小数を選ぶ．これにより，少なくとも一つの添字を整数（すなわち 1）にすることが保証される．ここで，両方の数を 0.00986 で割る．

$$Sn_{\frac{0.00986}{0.00986}}Cl_{\frac{0.0395}{0.00986}} = Sn_{1.00}Cl_{4.01}$$

ほとんどの場合，この段階で計算した添字が整数と 0.1 未満だけ異なるなら，最も近い整数に丸めることができる．4.01 は 4 に丸められるので，実験式は $SnCl_4$ である．

確認 整数添字が容易に求められたことに加えて，スズが Sn^{2+} または Sn^{4+} を形成し，塩素が Cl^- のみ形成することを 2 章で学んだ．したがって，$SnCl_2$ または $SnCl_4$ のどちらかが妥当な化合物であり，$SnCl_4$ は妥当である．

練習問題 3・9 硫黄は酸素と 2 種類の化合物（SO_2 と SO_3）を形成する．0.7625 g の硫黄を空気中で燃焼し，硫黄と酸素間の化合物 1.525 g を得た．生成した化合物の実験式を求めよ．

実験式を求めるさい，最小公倍数を用いる方法は整数を与えない．有理分数に対応する小数値が生じるなら，有理分数の分母を掛け算することによって，整数を得ることができる．

鉱物の磁鉄鉱中にみられ，磁性インクに用いられる黒色酸化鉄とよばれる鉄と酸素の化合物の分析に実験式を適用してみよう．2.448 g の試料を分析すると，1.771 g の Fe と 0.677 g の O をもつことがわかる．鉄と酸素の物質量は次のように決定することができる．

$$1.771\ \cancel{\text{g Fe}} \times \frac{1\ \text{mol Fe}}{55.845\ \cancel{\text{g Fe}}} = 0.03171\ \text{mol Fe}$$

$$0.677\ \cancel{\text{g O}} \times \frac{1\ \text{mol O}}{16.00\ \cancel{\text{g O}}} = 0.0423\ \text{mol O}$$

これらの結果から式を $Fe_{0.03171}O_{0.0423}$ と書く．式は物質量の比と同様に原子数の比を表すことから添字に整数が必要であり，小さい添字（0.03171）で割る．

$$Fe_{\frac{0.03171}{0.03171}}O_{\frac{0.0423}{0.03171}} = Fe_{1.000}O_{1.33}$$

今回，四捨五入したい小数 0.33 が 0.1 の基準より大きいので，1.33 を 1.0 に四捨五入することはできない．物質量においては，1 : 1.33 の比は正しく，この比を整数に直す方法が必要である．ここで 0.33 に 3 を掛ければ 1 という整数になることを見抜く必要がある．両方の添字に 3 を掛ければ，

$$Fe_{(1.000\times3)}O_{(1.33\times3)} = Fe_{3.000}O_{3.99}$$

となり，Fe_3O_4 の式を得る．

練習問題 3・10 窒素とヨウ素の化合物はきわめて敏感な接触性爆発物で，小さな結晶に軽く触れるとパチンと鳴って，紫色のガスが発生する．この化合物の試料を分析して 0.259 g の窒素と 7.04 g のヨウ素を得た．この化合物の実験式を求めよ．

実験質量百分率からの実験式

一つの試料から化合物中のすべての元素の質量を得ることは必ずしも可能ではない．しばしば異なる試料について二つ以上の分析を行う必要がある．たとえば，分析する化合物がカルシウム，塩素，酸素で構成されていることがわかっていると仮定する．一つの試料中のカルシウムの質量と別の試料中の塩素の質量は別べつの実験において決定される．そして，カルシウムと塩素の質量データを，異なる試料からのデータが同じ試料の量と関連するように質量百分率に変換する．酸素の百分率は，%(Ca) + %(Cl) + %(O) = 100% から差によって計算する．試料の量を 100 g にすれば，元素の各質量百分率は試料中のその元素の質量を表す．次に，質量を各元素の物質量に変換する．最後に，組成百分率を整数に変換し，実験式の添字にする．この手順を具

■ 試料が 100 g あると仮定することによって，すべての構成元素の百分率を容易に g 単位に変換できる．

体例によってみてみよう．

例題 3・10 組成百分率から実験式を計算する

塗料，エナメル，セラミックに使用する白い粉末は以下の組成百分率をもっている．69.6% Ba，6.09% C，24.3% O．この実験式を求めよ．この化合物の名前は何か．

指針 この化合物 100 g から計算を行う場合，問題に与えられた元素の百分率は 100 g の試料中のこれらの元素の質量と数値的に同じである．

したがって，前の例題で行ったように各元素の質量を物質量に変換し，実験式の添字の整数値を計算することができる．

解法 各元素の物質量を決定するための手法としてモル質量が必要である．また整数の添字を求める手順が必要である．

解答 100 g の試料を仮定して，69.6% Ba を 69.6 g Ba に，6.09% C を 6.09 g C に，そして 24.3% O を 24.3 g O に変換し，その後物質量に変換する．

$$\text{Ba:}\quad 69.6\ \text{g Ba} \times \frac{1\ \text{mol Ba}}{137.3\ \text{g Ba}} = 0.507\ \text{mol}$$

$$\text{C:}\quad 6.09\ \text{g C} \times \frac{1\ \text{mol C}}{12.01\ \text{g C}} = 0.507\ \text{mol}$$

$$\text{O:}\quad 24.3\ \text{g O} \times \frac{1\ \text{mol O}}{16.00\ \text{g O}} = 1.52\ \text{mol}$$

暫定的な実験式は次のとおりである．

$$Ba_{0.507}C_{0.507}O_{1.52}$$

次に最小値の 0.507 で各添字を割る．

$$Ba_{\frac{0.507}{0.507}}C_{\frac{0.507}{0.507}}O_{\frac{1.52}{0.507}} = Ba_{1.00}C_{1.00}O_{3.00}$$

添字は整数であるので，実験式は炭酸バリウムを表す $BaCO_3$ である．

確認 最初に，単純な整数の添字を求めることができた．これは，答えが正しいことを示唆している．さらに，2 章で学んだイオン化合物と多原子イオンの知識は，バリウムイオン Ba^{2+} と炭酸塩イオン CO_3^{2-} の組合わせが同じ式 $BaCO_3$ をもたらす．したがって答えは妥当と考えられる．

練習問題 3・11 紙を白くするために用いる白い固体は次の組成百分率 32.4% Na，22.6% S をもっている．未分析の元素は酸素である．化合物の実験式を求めよ．

間接分析からの実験式

実際は，定量分析において，化合物がその構成元素に完全に分解されることはほとんどない．その代わり，化合物は他の化合物に変えられる．その反応は，化学式がわかっている別べつの化合物のなかに各構成元素を完全に定量的に捕らえることによって元素を分離することができる．

燃焼反応 combustion reaction
燃焼分析 combustion analysis

例題 3・11 において，炭素，水素，酸素でできた化合物の間接分析を例示する．そのような化合物は純粋酸素中で完全に燃焼（**燃焼反応**とよばれる）し，生成物は二酸化炭素と水だけである．この特殊な間接分析は**燃焼分析**とよばれる．たとえば，メタノール CH_3OH の完全燃焼は次式に従って起こる．

$$2CH_3OH + 3O_2 \longrightarrow 2CO_2 + 4H_2O$$

二酸化炭素と水を分離して，個々に計量することができる．もとの化合物中のすべての炭素原子は CO_2 分子になり，すべての水素原子は H_2O 分子になる．このように，少なくとも二つのもとの元素 C と H は定量的に測定される．

収集した CO_2 中の炭素の質量を計算する．これはもとの試料中の炭素の質量に等しい．同様に，収集した H_2O 中の水素の質量を計算する．これはもとの試料中の水素の質量に等しい．合計すると，試料は酸素も含んでいるので，C の質量と H の質量は試料の総質量より少ない．質量保存の法則は，化合物試料中の酸素の質量を得るために，もとの試料の質量から C と H の質量の合計を差し引くことを可能にする．

コラム 3・1 燃焼分析

化合物中の炭素と水素の質量決定は，反応を加速して炭素を CO_2 に，水素を H_2O に確実に完全変換する触媒とよばれる物質の存在下において，化合物を純酸素中で燃焼することによって行うことができる．ガスの流れは，前もって計量した無水硫酸カルシウムを含む管を通過した後，前もって計量した水酸化ナトリウムを含む2番目の管を通過する．図1で示したように，最初の管は水を吸収し，2番目の管は二酸化炭素を吸収する．

これらの管の質量増加が CO_2 と H_2O の質量を表し，これから炭素と水素の質量を計算できる．化合物が酸素を含んでいる場合，水素と炭素の質量を燃焼した総重量から差し引くことによって決定する．窒素，硫黄，またはハロゲンを含む化合物は分析がより困難で，しばしば時間のかかる追加の実験を必要とする．

最新機器は，ガスクロマトグラフィーとよばれる技術を用いて燃焼生成物を分析するプロセスを自動化している．秤量した試料は燃焼後，触媒によって，すべての炭素，窒素，硫黄原子は CO_2, N_2, SO_2 に確実に変換される．一つの機器が自動的に混合成分ガスの少量を取込み，それをガスクロマトグラフに注入する．機器内部では，各成分のガスは吸収剤を詰めた管状カラムを異なる速度で移動する．カラムの端では，ガスの熱放散能力を測定する熱伝導率検出器が各成分ガスを検出する．結果は，図2に示すように，各物質ごとにピークを示すクロマトグラムとして表される．各ピークの面積は各ガスの量に比例し，内部のコンピュータが組成百分率を計算する．

すべての機器には，読取値を較正するために高純度で既知組成の標準試料が必要である．この場合，各元素の百分率が既知の標準とよばれるきわめて高純度の化合物を燃焼・分析して各物質の量とピーク面積を関係づける換算係数を決定する．通常，古典的方法は試料当たり約30分の測定時間を必要とするが，一度較正した機器では試料当たり2〜5分である．

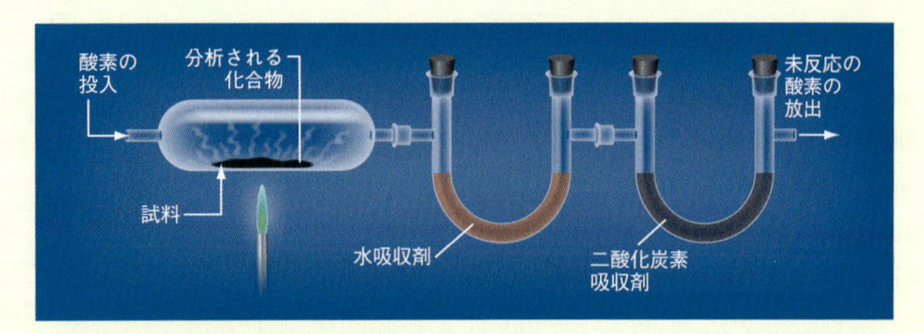

図1 古典的CH分析． 純粋な酸素で試料を燃焼させる実験装置を示す．燃焼生成物はU管中の薬品との反応により吸収される．硫酸カルシウムが水を吸収し，水酸化ナトリウムが二酸化炭素を吸収する．

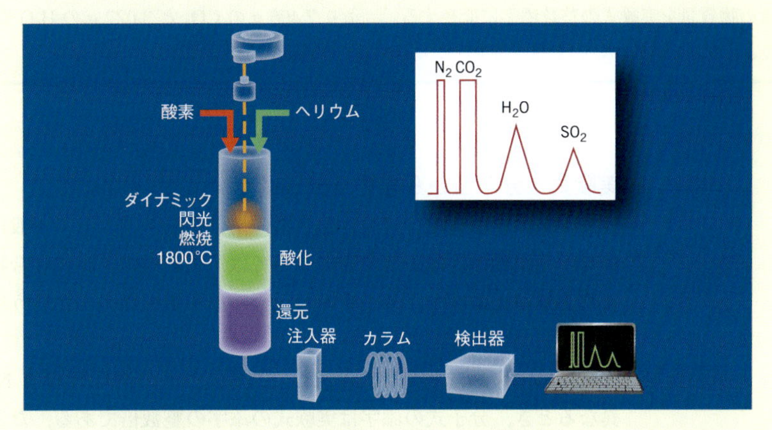

図2 自動化されたCHNSの元素分析システム． 図は燃焼室，クロマトグラフィーカラム，熱伝導率検出器，および N_2, CO_2, H_2O, SO_2 のピークを示すクロマトグラムの例である．

例題 3・11　間接分析から実験式を計算する

C, H, O のみからなる 0.5438 g の液体試料を 100% の酸素中で燃焼して，1.039 g の CO_2 と 0.6369 g の H_2O を得た．化合物の実験式を求めよ．

指針　この問題にはいくつかの段階がある．最初に，CO_2 中の C の質量と H_2O 中の H の質量を決定することによって元素（C と H）の質量を計算する．その後，酸素の質量を差によって決定する．次に，C, H, O の質量を用いてそれぞれの物質量を計算する．最後に，各元素の物質量を実験式中の整数添字に変換する．

解法　CO_2 と H_2O の質量を C と H の質量に変換するために，質量から物質量に変換する手法が必要である．この問題では，次の等式から始める．

$$1\ \text{mol C 原子} = 12.011\ \text{g C 原子}$$
$$1\ \text{mol}\ CO_2 = 44.010\ \text{g}\ CO_2$$
$$1\ \text{mol O 原子} = 15.999\ \text{g O 原子}$$
$$1\ \text{mol}\ H_2O = 18.015\ \text{g}\ H_2O$$

次に，式から導かれる物質量の比の等価な関係が必要である．

$$1\ \text{mol C 原子} \Leftrightarrow 1\ \text{mol}\ CO_2$$
$$2\ \text{mol H 原子} \Leftrightarrow 1\ \text{mol}\ H_2O$$

これは例題 3・6 の計算に似ている．ここで，化合物の質量から化合物中の元素の質量への変換の手順を行う．

その後，酸素含有量を決定するために次の質量保存の法則が必要である．

$$\text{化合物の質量} = \text{C の質量} + \text{H の質量} + \text{O の質量}$$

各元素の質量を得たあと，すべての質量を物質量に変換する．最終段階では，各元素の物質量を実験式の整数添字に変換する．

解答　最初に，次のように CO_2 中の C の質量を求める．

$$1.039\ \text{g}\ CO_2 \times \frac{1\ \text{mol}\ CO_2}{44.009\ \text{g}\ CO_2} \times \frac{1\ \text{mol C}}{1\ \text{mol}\ CO_2} \times \frac{12.011\ \text{g C}}{1\ \text{mol C}}$$
$$= 0.2836\ \text{g C}$$

0.6369 g の H_2O 中の H の質量について次の計算を行う．

$$0.6369\ \text{g}\ H_2O \times \frac{1\ \text{mol}\ H_2O}{18.015\ \text{g}\ H_2O} \times \frac{2\ \text{mol H}}{1\ \text{mol}\ H_2O} \times \frac{1.0079\ \text{g H}}{1\ \text{mol H}}$$
$$= 0.07127\ \text{g H}$$

したがって，もとの試料 0.5438 g から C と H の質量を引いた差が酸素の質量である．

$$\text{O の質量} = 0.5438\ \text{g} - (0.2836 + 0.07127)\ \text{g}$$
$$= 0.1889\ \text{g O}$$

これで，元素の質量を実験式に変換することができる．

$$\text{C :}\quad 0.2836\ \text{g C} \times \frac{1\ \text{mol C}}{12.011\ \text{g C}} = 0.02361\ \text{mol}$$
$$\text{H :}\quad 0.07127\ \text{g H} \times \frac{1\ \text{mol H}}{1.0079\ \text{g H}} = 0.07071\ \text{mol}$$
$$\text{O :}\quad 0.1889\ \text{g O} \times \frac{1\ \text{mol O}}{15.999\ \text{g O}} = 0.01181\ \text{mol}$$

暫定的な実験式は $C_{0.02361}H_{0.070701}O_{0.01181}$ である．最も小さい数 0.01181 によってこれらの添字すべてを割る．

$$C_{\frac{0.02361}{0.01181}}H_{\frac{0.07071}{0.01181}}O_{\frac{0.01181}{0.01181}} = C_{1.999}H_{5.987}O_1$$

結果は整数に近く，実験式が C_2H_6O であると判断できる．

確認　答えの確認は迅速で効率的であることが必要である．整数添字が容易に求められたことは，答えは妥当と考えられる．

練習問題 3・12　C, H, O の化合物の試料 5.048 g の燃焼により 7.406 g の CO_2 と 3.027 g の H_2O が得られた．この化合物の実験式を求めよ．

実験式と分子量から求める分子式

実験式はイオン化合物では化合物の単位を表す式として一般に認められている．しかし，化学者は，分子化合物については，実験式のように化合物中の元素の最も単純な物質量の比よりも，分子中の各元素の原子数を与えるという理由で，分子式のほうを選ぶ．

時には，実験式と分子式は同じである．二つの例は H_2O と NH_3 である．これらが異なるとき，分子式の添字は実験式の添字の整数倍である．たとえば，以前みたように，分子式 P_4O_{10} の添字はそれぞれ実験式 P_2O_5 の 2 倍である．同様に P_4O_{10} の分子量は P_2O_5 の実験式量の 2 倍である．この観測は，化合物の分子量を実験的に決定する方法があれば，化合物の分子式を見つけ出す方法を提供することになる．実験による分子量が計算による実験式量に等しいなら，実験式は分子式と同じである．そうでなければ，分子量は実験式の式量の整数倍になる．

例題 3・12 実験式と分子量による分子式の決定

発泡スチロールの原料であるスチレンの実験式はCHであり，その分子量は104である．スチレンの分子式は何か．

指針 スチレンの実験式とモル質量はわかっているので，いくつの実験式単位が1分子を構成しているか見いだす必要がある．その結果，分子式は，実験式添字の整数倍の添字をもつであろう．

解法 実験式と分子式の関係は，スチレンの分子量を実験式の式量で割った値が，分子を構成している実験式単位の整数を与えることを示している．

$$\frac{\text{スチレンの分子量}}{\text{CHの実験式}}$$

分子式を得るために，実験式のすべての添字にその整数を掛ける．

解答 実験式CHについて，その式量は12.01 + 1.008 = 13.02で，104の質量に質量13.02のCH単位がいくつあるかを見いだすために，割り算をする．

$$\frac{104}{13.02} = 7.99$$

これを四捨五入すると，8個のCH単位がスチレンの分子式を構成し，スチレンがCHの8倍の添字をもつことがわかる．したがって，スチレンはC_8H_8である．

確認 C_8H_8の分子量は約$(8 \times 12) + (8 \times 1) = 104$であり，これは問題にある分子量と一致している．

練習問題 3・13 2種類の化合物の実験式がCH_2Clと$CHCl$であると決定したあと，分子量のデータを混同してしまった．しかし，一方の化合物が100の分子量をもち，もう一方が289の分子量をもつことがわかっている．二つの化合物の考えられる分子式を求めよ．

3・5 化学量論と化学反応式

化学反応式の釣合と表記

ここでは，釣合のとれた化学反応式が問題を解くための非常に有用な手法であることをみてみよう．化学反応式が化学反応の簡明で定量的な記述であることを2章で学んだ．反応物（矢印の左）にある原子がすべて生成物（矢印の右）中にもあるとき，反応式は釣合がとれている．化学式の前に置かれている係数は各化学式の乗数であり，反応式を釣合わせるために用いる．常に反応式の釣合は，2段階の過程として取扱う．

段階1 反応式を書く（この段階では反応式は釣合っていない）．プラス符号と矢印をもつ反応式の形に仕上げる（両側の各原子が同数で終わる必要があるので矢印を等号とみなす）．反応式を書く場合，2章で学んだ手順に従って正確な化学式を書く．

段階2 係数を調整して矢印の両側で同数の各種原子を得る．段階2を行うとき，化学式や添字などを変えない．変えると，反応式は意図するものとは異なる物質を含むことになる．取扱いを最も複雑な化学式から始め，元素と単純化合物を最後まで残しておくことは，しばしば役に立つ．

点検で容易に釣合をとることができる簡単な反応式から始めてみよう．一例は，塩酸と亜鉛金属の反応である．正しい反応式が必要ではあるが，現時点では明瞭でない点もあり，物理的な状態も含めておく．反応物は亜鉛Zn(s)と塩酸HCl(aq，塩化水素ガスの水溶液）である．また，生成物の化学式も必要である．Znは水溶性化合物の塩化亜鉛$ZnCl_2(aq)$に変化し，水素ガス$H_2(g)$がもう一つの生成物となる．（水素は原子としてではなく二原子分子として現れる元素の一つであることを思い出そう．）

段階1 まず釣合を考慮しないで反応式を書いてみる．

$$Zn(s) + HCl(aq) \longrightarrow ZnCl_2(aq) + H_2(g) \qquad \text{（釣合っていない）}$$

段階2　係数を調整して矢印の両側で同数の各種原子を得る.

係数を調整するための簡単な規則はなく，経験則が最も役に立つ．次の指針を順次適用すれば，答えを直接的に得ることができる.

反応式の釣合をとるための指針

1. 最初に最も複雑な化学式から釣合をとる．H_2 と O_2 の釣合は最後まで残しておく.
2. 二つの化学式（一つは反応物でもう一つは生成物）にだけに現れる原子の釣合をとる．三つ以上の化学式に現れる元素は最後まで残しておく.
3. 矢印の両側で変化しないようにみえる多原子イオンを一つのまとまりとして釣合をとる.

この指針を用いて，Zn(s) と H_2(g) をあとまで残しておく．残りの二つの化学式は共通して塩素をもっている．矢印の右側には2個の Cl があるが，左側には1個だけなので，左側の HCl に係数2をおく．これは $ZnCl_2$ の係数を1にすることを示している（係数1は慣習により書かない）．結果は次のとおりである.

$$\mathrm{Zn(s) + 2HCl(aq) \longrightarrow ZnCl_2(aq) + H_2(g)}$$

その後，水素と亜鉛を釣合わせ，係数の追加変更は必要ないことがわかる．これですべて釣合がとれている．両側に1個の Zn，2個の H，2個の Cl がある．複雑な点は，どの反応でも無限の釣合のとれた反応式を書くことができることである．たとえば，反応式は次に表すように係数を調整したかもしれない.

$$\mathrm{2Zn(s) + 4HCl(aq) \longrightarrow 2ZnCl_2(aq) + 2H_2(g)}$$

この反応式も釣合がとれている．簡単にするため，釣合のとれた反応式を書くときに最も小さな整数の係数を選ぶ.

■最小の整数の係数が好ましいが，反応式が釣合っている限り，化学量論計算に使用することができる.

■化学反応が水溶液中で起こるとき，水は純水ではないので，H_2O (l) の (l) は適切ではない．また，H_2O (aq) は，“水の水溶液”と表記しているので意味がない．したがって，溶液化学においては，水の状態は指定しないで H_2O とする.

例題 3・13　釣合のとれた反応式を書く

水酸化ナトリウムとリン酸 H_3PO_4 は水溶液として反応して，リン酸ナトリウムと水を与える．リン酸ナトリウムは溶液中に残る．釣合のとれた反応式を書け.

指針　最初に，左側の反応物と右側の生成物を含む反応式を書く必要がある．その後，上記の手順を用いて反応式の釣合をとる必要がある.

解法　最初に，反応物と生成物の化学式が必要である．リン酸の化学式は与えられており，2章で述べた化合物の命名法から，水酸化ナトリウムの化学式は NaOH，リン酸ナトリウムは Na_3PO_4 である．水は H_2O である．最後に，化学反応式の釣合をとるための指針を用いる.

解答　矢印の左に反応物を書き，右にすべての生成物を書いて，反応式を書く（この時点では，反応式は左右で釣合がとれていない）．水に溶解したすべての物質に記号 (aq) を追加する．H_2O 自体は (aq) をつけない．H_2O が液体状態にあるときにはそれに記号はつけない.

$$\mathrm{NaOH(aq) + H_3PO_4(aq) \longrightarrow Na_3PO_4(aq) + H_2O}\quad \text{(釣合っていない)}$$

H 原子と O 原子が二つ以上の化学式に現れるので，最初に Na 原子と P 原子の釣合を考える．最初に Na について，右側に三つの Na があるので，試しに左側に係数3を NaOH の前におく．この段階はまた，Na_3PO_4 の前に，書かれていないが係数1をおいていることも注意する.

$$\mathrm{3NaOH(aq) + H_3PO_4(aq) \longrightarrow Na_3PO_4(aq) + H_2O}\quad \text{(釣合っていない)}$$

これで Na 原子が左右で釣合ったので，次は P 原子を考える．リン原子はすべて PO_4 単位として存在しているので，一つの原子群としてリン酸塩単位で釣合をとる．すでに PO_4 単位で釣合がとれており，H_3PO_4 が1の係数をもつことを意味することがわかる．水の係数だけが割り当てられていない．反応物側に6個の H と3個の O 原子があり（PO_4 単位中の酸素原子は左右で釣合がとれているので数えない点に注意しよう），3個の H_2O 分子を生じることがわかる．したがって，水の係数は3である.

$$\mathrm{3NaOH(aq) + H_3PO_4(aq) \longrightarrow Na_3PO_4(aq) + 3H_2O}\quad \text{(釣合っている)}$$

これで，釣合のとれた反応式を得ることができた．

確認 釣合のとれた化学反応式を得たかどうか調べるためには，矢印の両側の原子を数える必要がある．両側に，3 個の Na，1 個の PO_4，6 個の H，PO_4 中の O のほかに 3 個の O があり，$H_3PO_4(aq)$ と $Na_3PO_4(aq)$ の係数は 1 であるので，さらに小さな整数に減らすことはできない．

練習問題 3・14 硝酸バリウム $Ba(NO_3)_2$ とリン酸アンモニウム $(NH_4)_3PO_4$ の水溶液を混合すると，反応が起こって，固体のリン酸バリウム $Ba_3(PO_4)_2$ が溶液から分離する．他の生成物は $NH_4NO_3(aq)$ である．釣合のとれた化学反応式を書け．

PO_4^{3-} のような多原子イオンを単位全体としてひとまとめにして釣合をとる方法はきわめて役に立つ．この方法を用いると，数えるべき原子は少なく，反応式を釣合わせることが容易になる．

釣合のとれた化学反応式を用いる計算

これまでは，単一化合物中の元素間の物質量の比に集中してきた．化合物中の要素間の最も重要な換算係数が化合物の化学式から得られた物質量の比であることがわかった．この物質量の比の概念を拡張して化学反応に関与する物質間に関係づけてみよう．

物質量間の比の確立 化学反応式を用いて物質量間の比がどのように得られるかをみるために，二酸化炭素と水蒸気を生成するオクタン C_8H_{18} の酸素中での燃焼を表す反応式を考える．

$$2C_8H_{18}(l) + 25O_2(g) \longrightarrow 16CO_2(g) + 18H_2O(g)$$

■化学反応式は，反応に関与する分子の相対量を与える．これは，2 個のオクタン分子が 25 個の O_2 分子と衝突するということを意味するわけではない．実際の反応は，化学反応式が示さない多くの段階を経て起こる．

この表記はただちに，化学量論問題の換算係数を組立てるために使用できる多くの等価関係を示唆している．

$$\begin{aligned}
2\text{ 分子の } C_8H_{18} &\Leftrightarrow 25\text{ 分子の } O_2 \\
2\text{ 分子の } C_8H_{18} &\Leftrightarrow 16\text{ 分子の } CO_2 \\
2\text{ 分子の } C_8H_{18} &\Leftrightarrow 18\text{ 分子の } H_2O \\
25\text{ 分子の } O_2 &\Leftrightarrow 16\text{ 分子の } CO_2 \\
25\text{ 分子の } O_2 &\Leftrightarrow 18\text{ 分子の } H_2O \\
16\text{ 分子の } CO_2 &\Leftrightarrow 18\text{ 分子の } H_2O
\end{aligned}$$

これらの微視的関係はどれも，両側にアボガドロ定数を掛けることによって巨視的実験室規模に拡大することができ，“分子数” を “物質量” に置き換えることを可能にする．

$$\begin{aligned}
2\text{ mol } C_8H_{18} &\Leftrightarrow 25\text{ mol } O_2 \\
2\text{ mol } C_8H_{18} &\Leftrightarrow 16\text{ mol } CO_2 \\
2\text{ mol } C_8H_{18} &\Leftrightarrow 18\text{ mol } H_2O \\
25\text{ mol } O_2 &\Leftrightarrow 16\text{ mol } CO_2 \\
25\text{ mol } O_2 &\Leftrightarrow 18\text{ mol } H_2O \\
16\text{ mol } CO_2 &\Leftrightarrow 18\text{ mol } H_2O
\end{aligned}$$

次のように巨視的（mol）スケールで反応式を解釈することができる．すなわち，2 mol の液体オクタンは 25 mol の酸素ガスと反応して 16 mol の二酸化炭素ガスと 18 mol の水蒸気を生成する．

この表記を一般化して，釣合のとれた化学反応の係数は，等価性と換算係数のなかで用いられる物質量の比の関係を与えることを示している．化学量論問題にこれらの等価性を用いるためには，反応式は釣合のとれた式でなければならない．これは，反応物中にあるすべての原子が生成物中になければならないことを意味している．等価性と換算因子を組立てるための係数を用いる前に，与えられた方程式に対して釣合がとれているかどうか常に確かめなければならない．

ある二つの物質が化学反応に含まれているとき，化学反応式から得られた物質量間の比の関係が，一つの物質の物質量からもう一つの物質の物質量への変換にどのように用いられるかみてみよう．

例題 3・14　化学反応の化学量論

釣合のとれていない次の反応式において，0.240 mol の水酸化ナトリウムから何 mol のリン酸ナトリウムを生成することができるか．

$$NaOH(aq) + H_3PO_4(aq) \longrightarrow Na_3PO_4(aq) + H_2O$$

指針　釣合のとれていない反応式が与えられている．まず，適切な物質量の比を見いだす前に，反応式を釣合わせる必要がある．問題は，物質量の比が必要な二つの異なる物質量を関連づけることを求めている．

解法　使用する最初の手法は化学反応式を釣合をとるための指針で，2 番目の手法は，釣合のとれた化学反応式の係数から導いた等価性を使用可能にする手法である．

解答　例題 3・13 において行ったように反応式を釣合わせることから始める．

$$3NaOH(aq) + H_3PO_4(aq) \longrightarrow Na_3PO_4(aq) + 3H_2O$$

次に，問題から何が同等であるかを確かめる．

$$0.240\ \text{mol NaOH} \Leftrightarrow ?\ \text{mol}\ Na_3PO_4$$

釣合のとれた化学反応式の係数から，NaOH と Na_3PO_4 の間の等価性を次のように書くことができる．

$$3\ \text{mol NaOH} \Leftrightarrow 1\ \text{mol}\ Na_3PO_4$$

これにより，必要な物質量の比の換算係数を求めることが可能になる．

$$\frac{1\ \text{mol}\ Na_3PO_4}{3\ \text{mol NaOH}}$$

これで，0.240 mol の NaOH を Na_3PO_4 の物質量に換算することができる．

$$0.240\ \text{mol NaOH} \times \frac{1\ \text{mol}\ Na_3PO_4}{3\ \text{mol NaOH}} = 0.0800\ \text{mol}\ Na_3PO_4$$

結果は，0.240 mol の NaOH から 0.0800 mol の Na_3PO_4 を生成することを示している．換算係数（1：3）が正確な数であり，したがって，答えは 3 桁の有効数字をもっている．

確認　釣合のとれた反応式は，3mol NaOH ⇔ 1mol Na_3PO_4 であるので，Na_3PO_4 の 0.0800 mol が NaOH の物質量 0.240 mol の 3 分の 1 に対応し，答えは妥当である．また，単位が正しく相殺することを確認することができる．

練習問題 3・15　反応式 $2SO_2(g) + O_2(g) \rightarrow 2SO_3(g)$ において，6.76 mol の SO_3 を生成するには何 mol の O_2 が必要か．

構成要素間の質量の計算　化学者が行う最も一般的な化学量論計算は，化学反応において，ある物質の質量を別の物質の質量と関係づけることである．たとえば，人体の主要エネルギー源の一つであるブドウ糖 $C_6H_{12}O_6$ を考える．代謝とよばれる過程において，ブドウ糖と酸素は反応し二酸化炭素と水になる．全体の釣合のとれた反応式は次のとおりである．

$$C_6H_{12}O_6(aq) + 6O_2(aq) \longrightarrow 6CO_2(aq) + 6H_2O$$

1.00 g のブドウ糖を完全に処理するために，体は何 g の酸素を取込まなければならないか．問題は次のように表すことができる．

$$1.00\ \text{g}\ C_6H_{12}O_6 \Leftrightarrow ?\ \text{g}\ O_2$$

この問題について最初に気づくべき点は，反応において二つの異なる物質を関係づけていることである．物質を関係づける等式は化学反応式によって与えられるブドウ糖

と O_2 間の物質量の比の関係である．この場合，反応式は 1 mol $C_6H_{12}O_6$ ⇔ 6 mol O_2 であることを示している．$C_6H_{12}O_6$ の質量と O_2 の質量の間に直接換算がないことに気がつくことは重要である．ブドウ糖の質量を物質量に換算する必要があり，その後，物質量の比を用いてブドウ糖の物質量を酸素の物質量に換算し，最後に，酸素の物質量を酸素の質量に換算する．この手順において，どこで物質量の間の等価性を用いるかを次に示す．

$$1\ \text{mol}\ C_6H_{12}O_6 \Leftrightarrow 6\ \text{mol}\ O_2$$

$$1.00\ \text{g}\ C_6H_{12}O_6 \longrightarrow \text{mol}\ C_6H_{12}O_6 \longrightarrow \text{mol}\ O_2 \longrightarrow \text{g}\ O_2$$

1.00 g のブドウ糖を物質量に換算し，O_2 の物質量を O_2 の質量に換算するために，二つのモル質量を用いる．

図 3・2 は，反応物または生成物の質量を関連づける化学量論問題において，手順の流れを概説している．釣合のとれた反応式と反応物または生成物の質量がわかれば，反応式中の他の物質の質量も計算することができる．例題 3・15 は，この手順に従って解答できるかを示している．

図 3・2　化学量論問題を解くための計算順序． この順序は，ある物質 A の質量から始めて，第二の物質 B の質量を答えとして要求するすべての計算にあてはまる．各ボックスは測定または計算された量を表している．各矢印は手法の一つを表している．

例題 3・15　化学量論的質量計算

ポルトランドセメントはカルシウム，アルミニウム，ケイ素の酸化物の混合物である．酸化カルシウムの原料は炭酸カルシウムであり，石灰石の主成分として存在する．炭酸カルシウムを強く加熱すると分解する．一つの生成物（二酸化炭素）が追い出されて，必要な酸化カルシウムが唯一の他の生成物として残る．

実験では，ポルトランドセメントの特定の作製法を試験するために 1.50×10^2 g の酸化カルシウムを準備する必要がある．生成物への 100% 変換を仮定して，何 g の炭酸カルシウムを使用するべきか．

指針　これは複数の手法を使う問題である．最初に，化合物の化学式を決定し，その後，釣合のとれた反応式を書く必要がある．次に，酸化カルシウムの与えられた 1.50×10^2 g を酸化カルシウムの物質量に変換し，炭酸カルシウムの物質量を求め，それから炭酸カルシウムの質量への換算を行う．

解法　2 章の命名法を用いて，化合物の化学式を得る．次に釣合のとれた化学反応式を書く．

$$CaCO_3(s) \xrightarrow{\text{熱}} CaO(s) + CO_2(g)$$

■特別な反応条件はしばしば矢印の上の単語または記号によって示される．この反応では，2000 ℃ 以上の温度が必要で，これを矢印の上に熱と示している．

これで，化学式を用いて換算順序を書くことができる．

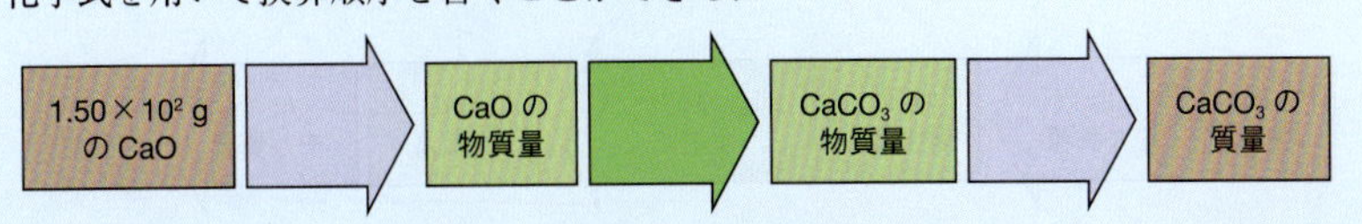

最初の段階での CaO の質量から物質量への換算，最後の段階における $CaCO_3$ の物質量から質量への換算のための手法が必要である．それらを次に示す．

$$56.08\ \text{g CaO} = 1\ \text{mol CaO},\quad 1\ \text{mol}\ CaCO_3 = 100.09\ \text{g}\ CaCO_3$$

最後に，釣合のとれた化学反応式における物質量の間の換算のための手法が必要で，それは等価性を与える．

$$1\ \mathrm{mol\ CaO} \Leftrightarrow 1\ \mathrm{mol\ CaCO_3}$$

解答　問題を反応式で書くことから始める．

$$1.50\times10^2\ \mathrm{g\ CaO} \Leftrightarrow ?\ \mathrm{g\ CaCO_3}$$

計算順序を検討し，各手法をどこで用いるかを示す手順を書く．

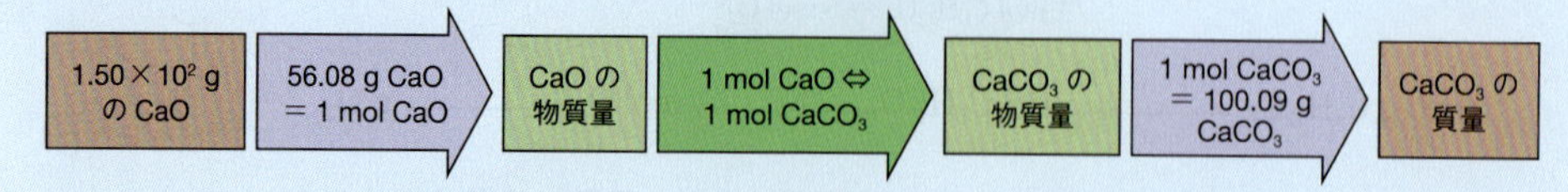

左から始めて，単位が正しく相殺するように換算係数を組立てる．

$$1.50\times10^2\ \mathrm{g\ CaO}\times\frac{1\ \mathrm{mol\ CaO}}{56.08\ \mathrm{g\ CaO}}\times\frac{1\ \mathrm{mol\ CaCO_3}}{1\ \mathrm{mol\ CaO}}\times\frac{100.09\ \mathrm{g\ CaCO_3}}{1\ \mathrm{mol\ CaCO_3}}=268\ \mathrm{g\ CaCO_3}$$

計算が，CaO の質量から CaO の物質量に，$CaCO_3$ の物質量に（釣合のとれた反応式を用いる），最後に $CaCO_3$ の質量にどのように移行していくか注意する．反応の化学量論計算における重要な手順が釣合のとれた反応式の使用であることを強調してもしすぎることはない．

確認　1 桁または 2 桁の有効数字にして答えを確認することができる．$(150\times100)/50=300$ と概算し，この値が 268 の答えに近く，答えは妥当と考えられる．

例題 3・16　化学量論的質量計算

テルミット反応は火炎，スパーク，および白熱した溶鉄を伴った最も鮮烈な反応の一つである．ここで，アルミニウムは酸化鉄(Ⅲ)と反応して酸化アルミニウムと金属鉄を生成する．非常に高い熱が発生するので，鉄は液体状態を形成する（図 3・3）．

ある溶接作業では，溶接を行うたびに少なくとも 86.0 g の鉄を必要とする．各溶接に使用しなければならない酸化鉄(Ⅲ)とアルミニウムの最小質量は何 g か．

図 3・3　テルミット反応． この写真は酸化鉄とアルミニウムの反応によって白熱した鉄をつくり，溶鉄を 2 本の鋼鉄製鉄道レールの両端の間にある鋳型に流し込んで，レールを溶接する装置である．

指針　最初に，釣合のとれた反応式を書くことができるように化合物の化学式を決定する必要がある．次に，86.0 g の Fe を必要な酸化鉄(Ⅲ)の質量に換算する必要がある．反応式の係数が質量比ではなく物質量の比であることから，反応における化学量論のすべての問題を物質量で解かなければならない．使用する換算順序は次のとおりである．

2 番目の計算では，必要な Al の質量を計算するが，最初に必要とする Al の物質量を求めなければならない．この 2 番目の計算の手順は次のとおりである．

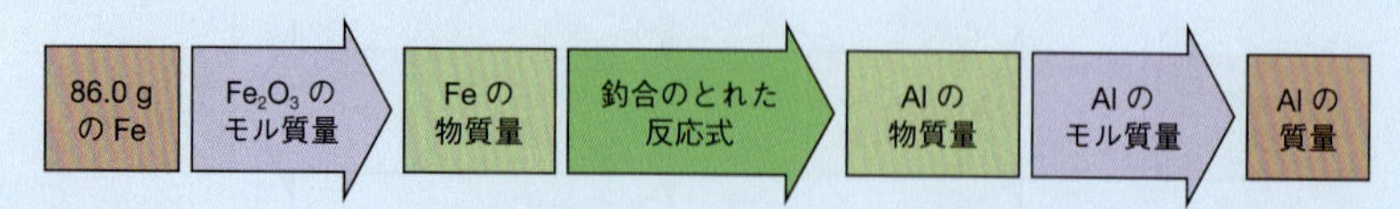

解法　命名法を用いて Al と Fe_2O_3 が反応物で，Fe と Al_2O_3 が生成物であることを決定する．釣合のとれた反応式は次のとおりである．

$$2\mathrm{Al(s)}+\mathrm{Fe_2O_3(s)}\longrightarrow\mathrm{Al_2O_3(s)}+2\mathrm{Fe(l)}$$

Fe_2O_3 の質量を計算するために次に示す換算の等式が必要である．

$$55.85\ \mathrm{g\ Fe} = 1\ \mathrm{mol\ Fe}$$
$$1\ \mathrm{mol\ Fe_2O_3} \Leftrightarrow 2\ \mathrm{mol\ Fe}$$
$$159.70\ \mathrm{g\ Fe_2O_3} = 1\ \mathrm{mol\ Fe_2O_3}$$

次に，アルミニウムの質量を計算するために，以下に示す換算の等式が必要である．

$$55.85\ \mathrm{g\ Fe} = 1\ \mathrm{mol\ Fe}$$
$$2\ \mathrm{mol\ Al} \Leftrightarrow 2\ \mathrm{mol\ Fe}$$
$$26.98\ \mathrm{g\ Al} = 1\ \mathrm{mol\ Al}$$

解答 問題の最初の部分を次のような形で示す．

$$86.0\ \mathrm{g\ Fe} \Leftrightarrow ?\ \mathrm{g\ Fe_2O_3}$$

最初の計算を連鎖して示す．各換算係数の次に各段階の要約を示す．

$$\underset{\text{Fe 質量}}{86.0\ \mathrm{g\ Fe}} \times \underset{\text{Fe 物質量}}{\frac{1\ \mathrm{mol\ Fe}}{55.85\ \mathrm{g\ Fe}}} \times \underset{\mathrm{Fe_2O_3}\text{ 物質量}}{\frac{1\ \mathrm{mol\ Fe_2O_3}}{2\ \mathrm{mol\ Fe}}} \times \underset{\mathrm{Fe_2O_3}\text{ 質量}}{\frac{159.7\ \mathrm{g\ Fe_2O_3}}{1\ \mathrm{mol\ Fe_2O_3}}} = 123\ \mathrm{g\ Fe_2O_3}$$

86.0 g の Fe をつくるには最少限 123 g の Fe_2O_3 が必要である．

アルミニウムの質量を計算するために，これまでの手順に従って，単位を相殺するように換算係数を順序よく用いる．別の連鎖計算を使用して 86.0 g の Fe をつくるために必要な Al の質量を見いだす．

$$\underset{\text{Fe 質量}}{86.0\ \mathrm{g\ Fe}} \times \underset{\text{Fe 物質量}}{\frac{1\ \mathrm{mol\ Fe}}{55.85\ \mathrm{g\ Fe}}} \times \underset{\text{Al 物質量}}{\frac{2\ \mathrm{mol\ Al}}{2\ \mathrm{mol\ Fe}}} \times \underset{\text{Al 質量}}{\frac{26.98\ \mathrm{g\ Al}}{1\ \mathrm{mol\ Al}}} = 41.5\ \mathrm{g\ Al}$$

■物質量の比を 1 mol Al ⇔ 1 mol Fe として単純化することができた．2：2 の物質量の比を残して，釣合のとれた反応式の係数との関係を維持しておく．

確認 数値を 1 桁の有効数字に丸め，単位が適切に相殺することを再確認したあと，答えを概算すると次の値となる．

$$\frac{90 \times 200}{60 \times 2} = 150\ \mathrm{g\ Fe_2O_3} \qquad \frac{90 \times 30}{60} = 45\ \mathrm{g\ Al}$$

概算値は答えの計算値に近く，答えは妥当と考えられる．

練習問題 3・16 例題 3・16 の情報を用いて，指定条件下で生成した Al_2O_3 の質量を計算せよ．

3・6 限定反応物

分子レベルでみた限定反応物

ある量の生成物を得るためにどのように反応物を適切な割合で一緒に混合するかを，釣合のとれた反応式が示していることがわかった．たとえば，エタノール C_2H_5OH は次のように工業的に生成される．

$$\underset{\text{エチレン}}{C_2H_4} + H_2O \longrightarrow \underset{\text{エタノール}}{C_2H_5OH}$$

物質量を用いて実験室規模で反応式を解釈することができる．反応するエチレン 1 mol は，1 mol のエタノールを生産するために 1 mol の水を必要とする．分子レベルでこの反応をみてみよう．反応式は，1 分子のエチレンが 1 分子の水と反応して 1 分子のエタノールを生じることを示している．

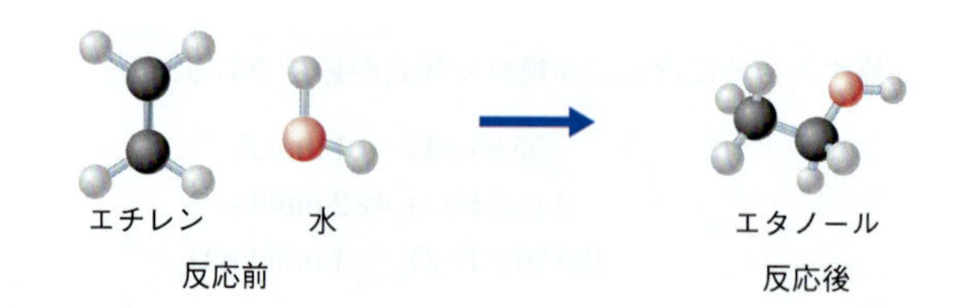

3 分子のエチレンが 3 分子の水と反応すると，3 分子のエタノールが生成する．

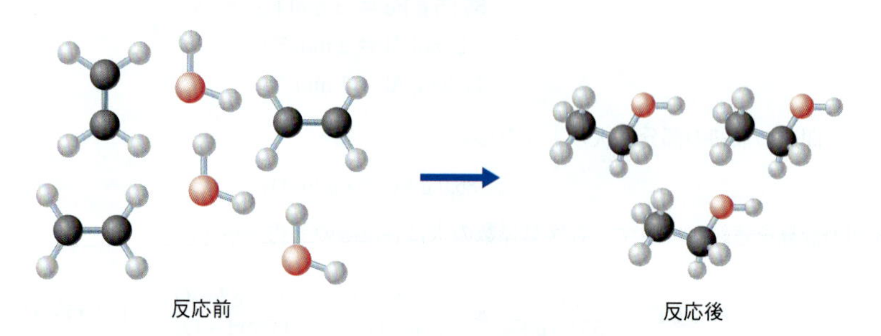

■反応の前後で，炭素，水素，酸素の原子数が同じであることに注意する．

3 分子のエチレンを 5 分子の水と混合すると何が起こるか．水がすべて使い尽くされる前にエチレンが完全に使い尽くされ，生成物は未反応の 2 分子の水を含む．

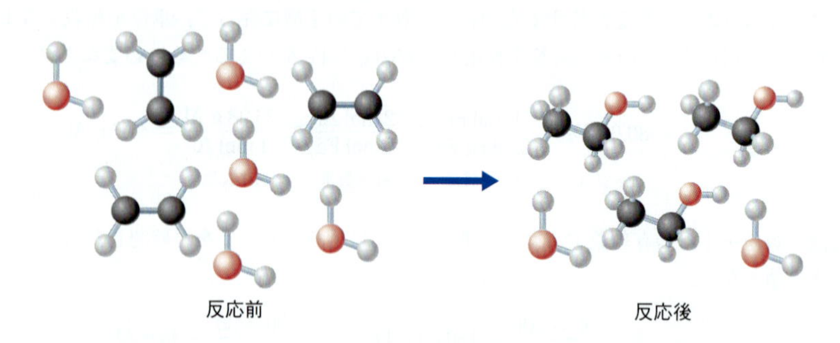

したがって，水をすべて使い尽くすのに十分なエチレンがない．反応が停止したあとに過剰の水が残る．この状況は，反応物の一つ（この場合は水）が無駄になるだけでなく，未使用の反応物により汚染された生成物を得ることになることから化学薬品の製造において問題である．

限定反応物 limiting reactant

過剰反応物 excess reactant

この反応混合物において，エチレンは，生成物（エタノール）の量を制限することから**限定反応物**とよばれる．水は，すべてのエチレンを完全に消費するのに必要な量以上にあるので，**過剰反応物**とよばれる．

反応で実際に得る生成物の量を予測するために，反応物のどれが限定反応物であるかを知る必要がある．この例においては，3 分子の C_2H_4 と反応するために必要な H_2O 分子は 3 分子だけだが，H_2O は 5 分子あるので，H_2O が過剰に存在し，C_2H_4 が限定反応物であることがわかる．いいかえれば，5 分子の H_2O は 5 分子の C_2H_4 を要求するが，C_2H_4 は 3 分子だけなので，それが限定反応物と推論することができる．

限定反応物の問題を解く方法

多数の原子と分子を反映するために毎年生産される数十億個のハンバーガー用のパンを例に考えてみよう．ハンバーガーの製造もまた限定反応物の問題である．たとえば，1 箱 8 個のハンバーガー用ロールパン，1 lb のハンバーガー肉，1 瓶のケチャップ，1 瓶のピクルスから 1/4 lb のハンバーガーを何個つくることができるか．1 lb のハンバーガー肉が1/4 lbのハンバーガーを4個つくることはすぐにわかる．明らかにロールパン，ケチャップ，ピクルスが過剰である．ハンバーガー肉が限定反応物であり，つくることのできる限界は4個のハンバーガーである．

上記で述べたように，限定反応物の問題を解くにはいくつかの段階が含まれる．最初に，二つ以上の反応物の量が与えられていることから，限定反応物の問題を確認する．次に，どの反応物が限定反応物かを識別する必要があり，最後に，限定反応物の量に基づいて問題を解く．次に，限定反応物を見つけるときに，反応物の一つを任意に選んで2番目の反応物がいくら必要かを計算する．2番目の反応物について計算量が与えられた量より少ないなら，2番目の反応物が過剰であり，最初の反応物が限定反応物である．2番目の反応物の計算量が，与えられた量より多いなら，それは完全に消費され，2番目の反応物が限定反応物である．

限定反応物を識別することができれば，実際に生成される生成物の量および反応の停止後に残る過剰反応物の量を計算することが可能となる．最後の計算では，問題で与えられた限定反応物の量を用いなければならない．

例題3・17は，反応物の量が質量単位で与えられるときに，代表的な限定反応物の問題を解く方法を示している．

例題 3・17 限定反応物の計算

水酸化金(Ⅲ)は，金を他の金属上に電気めっきするために用いられるが，次の反応によって生成することができる．

$$2KAuCl_4(aq) + 3Na_2CO_3(aq) + 3H_2O \longrightarrow 2Au(OH)_3(aq) + 6NaCl(aq) + 2KCl(aq) + 3CO_2(g)$$

$Au(OH)_3$の供給を準備するために，電気めっき工場の化学者は，20.00 gの$KAuC1_4$と25.00 gのNa_2CO_3を混合する（ともに大過剰の水に溶解）．生成する$Au(OH)_3$の質量は最大でいくらか．

指針 これが限定反応物の問題である手がかりは，二つの反応物の量が与えられていることである．そこで，この問題を二つの段階に分割して限定反応物を識別し，生成する$Au(OH)_3$の質量を計算する．

段階1 限定反応物を識別するために，反応物である$KAuCl_4$とNa_2CO_3（水は過剰にあり限定反応物ではない）の一つを任意に選び，2番目の反応物がいくら必要かを計算する．結果に基づいて，どの反応物が限定反応物か決めることができる．次の手順を用いて問題を解くため，化学量論の手法の組合わせを用いる必要がある．

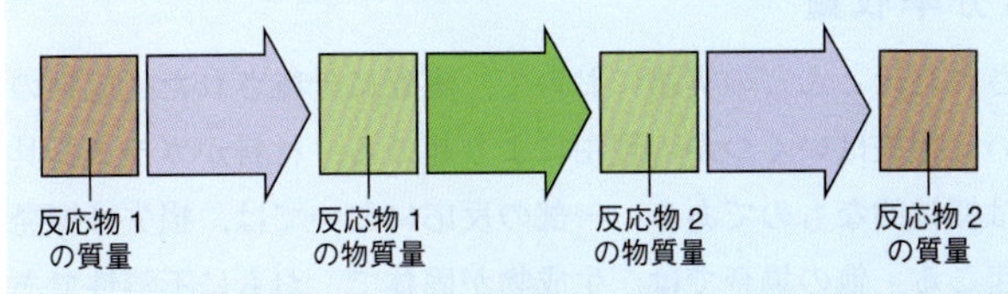

段階2 いったん限定反応物を識別したら，それを用い，以下の換算手順を用いて生成された$Au(OH)_3$の量を計算することができる．この手順は基本的に図3・2で用いたものと同じであることに注意する．

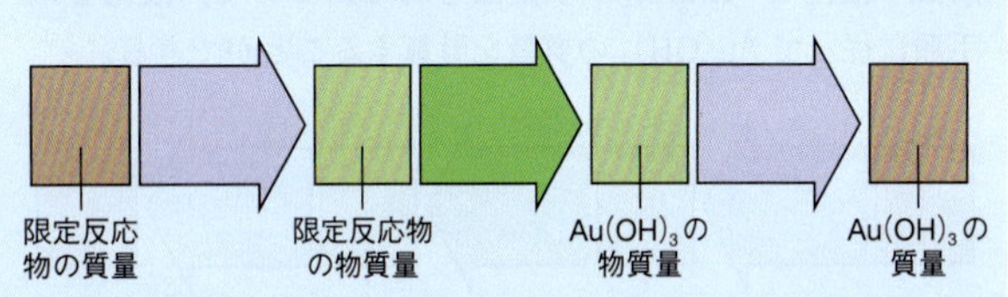

解法 段階1 限定反応物の計算の手法は，限定反応物を識別する過程の要点をまとめている．最初に，反応物2と反応する反応物1の量を計算する．

これは，次の関係を必要とする代表的な質量–質量計算である．

$$1\ \mathrm{mol\ KAuCl_4} = 377.88\ \mathrm{g\ KAuCl_4}$$
$$2\ \mathrm{mol\ KAuCl_4} \Leftrightarrow 3\ \mathrm{mol\ Na_2CO_3}$$
$$1\ \mathrm{mol\ Na_2CO_3} = 105.99\ \mathrm{g\ Na_2CO_3}$$

解答 段階1 以下の二つの計算において，限定反応物を識別するために用いる過程を示す．限定反応物の問題を解くには，これらの計算を一つだけ行う必要がある．

関連する反応物として$KAuCl_4$から始める．20.00 gの$KAuCl_4$と反応するために何gのNa_2CO_3が必要か計算する．次のように連鎖計算を設定する．

$$\underset{KAuCl_4\text{の質量}}{20.00\ \mathrm{g\ KAuCl_4}} \times \underset{KAuCl_4\text{の物質量}}{\frac{1\ \mathrm{mol\ KAuCl_4}}{377.88\ \mathrm{g\ KAuCl_4}}} \times \underset{Na_2CO_3\text{の物質量}}{\frac{3\ \mathrm{mol\ Na_2CO_3}}{2\ \mathrm{mol\ KAuCl_4}}}$$

$$\times \underset{Na_2CO_3\text{の質量}}{\frac{105.99\ \mathrm{g\ Na_2CO_3}}{1\ \mathrm{mol\ Na_2CO_3}}} = 8.415\ \mathrm{g\ Na_2CO_3}$$

20.00 g の $KAuCl_4$ に 8.415 g の Na_2CO_3 が必要であることがわかった．与えられた 25.00 g の Na_2CO_3 は，$KAuCl_4$ を完全に反応させるのに十分な量である．$KAuCl_4$ が限定反応物であり，Na_2CO_3 が過剰に存在するという結論に達する．

すでに限定反応物をわかったが，Na_2CO_3 を $KAuCl_4$ の代わりに選ぶと何が起こるか実証してみよう．今回，反応物として Na_2CO_3 から始めて，25.00 g の Na_2CO_3 と反応するために何 g の $KAuCl_4$ が必要か計算する．再び，適切な換算係数を用いて連鎖計算を行う．

$$\underset{Na_2CO_3\text{の質量}}{25.00\ \mathrm{g\ Na_2CO_3}} \times \underset{Na_2CO_3\text{の物質量}}{\frac{1\ \mathrm{mol\ Na_2CO_3}}{105.99\ \mathrm{g\ Na_2CO_3}}} \times \underset{KAuCl_4\text{の物質量}}{\frac{2\ \mathrm{mol\ KAuCl_4}}{3\ \mathrm{mol\ Na_2CO_3}}}$$

$$\times \underset{KAuCl_4\text{の質量}}{\frac{377.88\ \mathrm{g\ KAuCl_4}}{1\ \mathrm{mol\ KAuCl_4}}} = 59.42\ \mathrm{g\ KAuCl_4}$$

25.00 g の Na_2CO_3 は与えられた $KAuCl_4$ の質量の約 3 倍の量を反応に必要とすることわかったので，$KAuCl_4$ が限定反応物であるという結論に達する．

上記のどちらの計算からも，$KAuCl_4$ を限定反応物と決定するのに十分である．そこで，段階 2 に進む．

解法　段階 2　$KAuCl_4$ が限定反応物であるので，段階 2 の手順に従って $Au(OH)_3$ の質量を計算することができる．

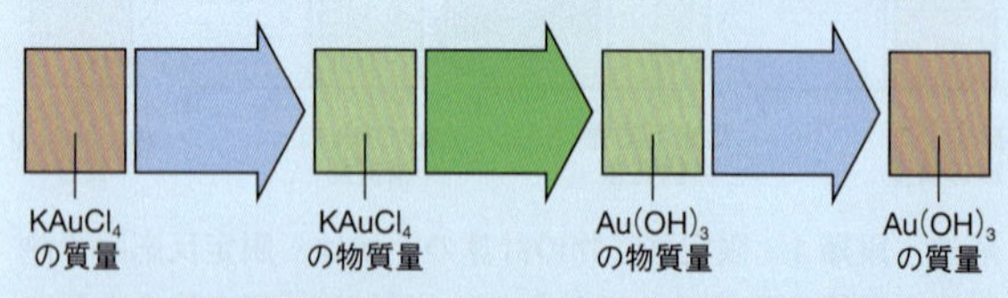

■ 限定反応物を確認した後，さらに計算を実行するために問題で与えられた限定反応物の量を用いる．

答えを得るために必要な等式を書く．

$$1\ \mathrm{mol\ KAuCl_4} = 377.88\ \mathrm{g\ KAuCl_4}$$
$$2\ \mathrm{mol\ KAuCl_4} \Leftrightarrow 2\ \mathrm{mol\ Au(OH)_3}$$
$$1\ \mathrm{mol\ Au(OH)_3} = 247.99\ \mathrm{g\ Au(OH)_3}$$

解答　段階 2　ここから，限定反応物 $KAuCl_4$ の質量を生成物 $Au(OH)_3$ の質量に換算する通常の計算を行う．以下の連鎖計算を設定する．

$$\underset{KAuCl_4\text{の質量}}{20.00\ \mathrm{g\ KAuCl_4}} \times \underset{KAuCl_4\text{の物質量}}{\frac{1\ \mathrm{mol\ KAuCl_4}}{377.88\ \mathrm{g\ KAuCl_4}}} \times \underset{Au(OH)_3\text{の物質量}}{\frac{2\ \mathrm{mol\ Au(OH)_3}}{2\ \mathrm{mol\ KAuCl_4}}}$$

$$\times \underset{Au(OH)_3\text{の質量}}{\frac{247.99\ \mathrm{g\ Au(OH)_3}}{1\ \mathrm{mol\ Au(OH)_3}}} = 13.13\ \mathrm{g\ Au(OH)_3}$$

したがって，20.00 g の $KAuCl_4$ から，最大で 13.13 g の $Au(OH)_3$ を生成することができる．

この合成では，最初に用意した 25.00 g の Na_2CO_3 の一部が残る．計算では，20.00 g の $KAuCl_4$ は 25.00 g の Na_2CO_3 のうち 8.415 g の Na_2CO_3 のみを必要とすることを示したので，その差（25.00 g − 8.415 g）= 16.58 g の Na_2CO_3 が未反応のまま残る．非常に高価な $KAuCl_4$ をすべて $Au(OH)_3$ に変えることを保証するために，Na_2CO_3 を過剰に使用した可能性がある．

確認　単位が適切に相殺することを確認し，答えを次のように評価する．

$$\frac{20 \times 200}{400} = 10\ \mathrm{g\ Au(OH)_3}$$

この概算は答えに十分に近く，計算は正しく行われたと考えられる．

練習問題 3・17　石灰石と塩酸の反応は，次の反応式に示すように二酸化炭素を生成する．

$$CaCO_3(s) + 2HCl(aq) \longrightarrow CO_2(g) + CaCl_2(aq) + H_2O$$

125 g の HCl と 125 g の $CaCO_3$ が反応すると何 g の CO_2 ができるか．どの物質が何 g 残るか．

練習問題 3・18　硝酸をつくる工業プロセスにおいて，最初の段階は白金存在下，高温での酸素とアンモニアの反応である．一酸化窒素が次の反応式に従って生成する．

$$4NH_3 + 5O_2 \longrightarrow 4NO + 6H_2O$$

30.00 g の NH_3 と 40.00 g の O_2 から，何 g の一酸化窒素が生成できるか．

3・7　理論収量と百分率収量

化学合成のために設計されたほとんどの実験において，実際に分離された生成物の量は最大計算量に達しない．損失はいくつかの理由により起こる．材料がガラス器具類に固着するなど，一部は機械的なものである．一部の反応においては，損失は揮発性生成物の蒸発によって起こる．他の場合では，生成物が固体で，おもに不溶性であることから，生成するときに溶液から分離する．固体は沪過によって取除かれる．溶液中に残るものは比較的少ないが，生成物の一部の損失の原因になる．

競争反応 competing reaction

生成物の量が化学量論的な量に比べて少ないことの一般的な原因の一つは**競争反応**

の存在である．この反応は，**副生成物**（**主反応**と競合する反応によって生成する物質）を生成する．たとえば，三塩化リンの合成では，PCl_3 がさらに Cl_2 と反応することから，五塩化リンもいくらか生成する．

副生成物 by-product

主反応 main reaction

主反応：　$2P(s) + 3Cl_2(g) \longrightarrow 2PCl_3(l)$

競争反応：　$PCl_3(l) + Cl_2(g) \longrightarrow PCl_5(s)$

この競争は，新たに生成された PCl_3 と未反応塩素に対してまだ反応していないリンとの間で起こる．

実際の収量 actual yield

理論収量 theoretical yield

百分率収量 percentage yield

■百分率収量を決定するとき，実際の収量が与えられていなければならない．なぜなら，実験上の収量は計算できないからである．

求める生成物の**実際の収量**は単に，質量単位または物質量のどちらかで表して，いくら分離されるかである．生成物の**理論収量**は，損失が起こらなければ必ず得られる量である．生成物の理論収量より得られる量が少ないとき，化学者は一般に，合成がいかにうまくいったかを表す生成物の百分率収量を計算する．**百分率収量**は理論収量の百分率として計算する実際の収量である．

$$\text{百分率収量} = \frac{\text{実験の収量}}{\text{理論収量}} \times 100\% \qquad (3\cdot2)$$

実際の収量と理論収量の両方は同じ単位でなければならない．

実際の収量は，実験的に決定された量であることに気がつくことは重要である．その量を計算することはできない．理論上の収量は常に化学反応式と反応物質の量に基づいた計算量である．

ここで，限定反応物の決定を百分率収量の計算と結びつけている例題を取上げる．

例題 3・18　百分率収量の計算

化学者が，35.0 g の塩素ガスと 12.0 g のリンの混合による三塩化リンの合成を行い，41.7 g の固体三塩化リンを得た．この化合物の百分率収量を計算せよ．

指針　反応物と生成物の化学式を決定することから始め，次に化学反応式の釣合をとる．リンは P(s) で，塩素は二原子気体の $Cl_2(g)$ であり，生成物は $PCl_3(s)$ である．釣合のとれた反応式は以下のとおりである．

$$2P(s) + 3Cl_3(g) \longrightarrow 2PCl(s)$$

両方の反応物の質量が与えられているので，この問題は限定反応物の問題であることに気がつく．限定反応物がすべての計算の基礎におかれているので，最初の段階は，どの反応物（P または Cl_2）が限定反応物であるかを見いだすことである．次に，生成物 $PCl_3(s)$ の理論収量を計算し，最後に百分率収量を計算する．この主要な 3 段階を以下に要約する．

限定反応物の決定 ⟶ 理論収量の決定 ⟶ 百分率収量の計算

解法　最初の 2 段階を解くための基本的な手法は次の関係である．

$$1\ \text{mol P} = 30.97\ \text{g P}$$
$$1\ \text{mol } Cl_2 = 70.90\ \text{g } Cl_2$$
$$3\ \text{mol } Cl_2 \Leftrightarrow 2\ \text{mol P}$$

百分率収量の計算に関しては（3・2）式を用いる．

解答　どの限定反応物の問題でも，一つの反応物を任意に選び，それが完全に使い尽くされるかどうかを確かめるための計算を行う．ここではリンを選び，35.0 g の塩素と反応するのに十分かどうかを確かめる．以下の計算が答えを与える．

$$12.0\ \text{g P} \times \frac{1\ \text{mol P}}{30.97\ \text{g P}} \times \frac{3\ \text{mol } Cl_2}{2\ \text{mol P}} \times \frac{70.90\ \text{g } Cl_2}{1\ \text{mol } Cl_2} = 41.2\ \text{g } Cl_2$$

したがって，41.2 g の Cl_2 が必要だが，35.0 g の Cl_2 しか提供されていないので，12.0 g の P と反応するのに十分な Cl_2 はない．P が使い尽くされる前に Cl_2 がすべて使い尽くされるので，Cl_2 が限定反応物である．したがって，Cl_2 を PCl_3 の理論収量の計算の基礎にする．限定反応物を決定する間は，計算された 41.2 g ではなく問題に与えられた 35.0 g の Cl_2 を用いることに注意しなければならない．

与えられた反応式に従ってすべての反応が完全に進行したとして，PCl_3 の理論収量を得るために，35.0 g の Cl_2 から何 g の PCl_3 が生成されるか計算する．

$$\underset{Cl_2\text{の質量}}{35.0\ \text{g } Cl_2} \times \underset{Cl_2\text{の物質量}}{\frac{1\ \text{mol } Cl_2}{70.90\ \text{g } Cl_2}} \times \underset{PCl_3\text{の物質量}}{\frac{2\ \text{mol } PCl_3}{3\ \text{mol } Cl_2}} \times \underset{PCl_3\text{の質量}}{\frac{137.32\ \text{g } PCl_3}{1\ \text{mol } PCl_3}}$$

$$= 45.2\ \text{g } PCl_3$$

実際の収量は 45.2 g ではなく 41.7 g の PCl_3 であったので，百分率収量は次のように計算される．

$$\text{百分率収量} = \frac{41.7\ \text{g PCl}_3}{45.2\ \text{g PCl}_3} \times 100\% = 92.3\%$$

したがって，PCl_3 の理論収量の 92.3% が得られた．

確認　確認することは，計算または理論収量が実際の収量より少ないことは決してないことである．最後に，すべての単位が適切に相殺することを確認した後，理論収量を評価する一つの方法を次に示す．

$$\frac{40 \times 2 \times 140}{70 \times 3} = \frac{80 \times 140}{210} \approx \frac{110}{2} \approx 50$$

これは計算した 45.2 g の PCl_3 に近く，答えは妥当と考えられる．

練習問題 3・19　アスピリン（アセチルサリチル酸）の合成では，サリチル酸と無水酢酸を反応させる．釣合のとれた化学反応式は以下のとおりである．

$$\underset{\text{サリチル酸}}{2HOOCC_6H_4OH} + \underset{\text{無水酢酸}}{C_4H_6O_3} \longrightarrow \underset{\text{アセチルサリチル酸}}{2HOOCC_6H_4O_2C_2H_3} + \underset{\text{水}}{H_2O}$$

この反応において，28.2 g のサリチル酸を 15.6 g の無水酢酸と一緒に混合すると，30.7 g のアスピリンを得た．この実験における理論収量と百分率収量はいくらか．

練習問題 3・20　エタノール C_2H_5OH は，以下の反応式により，硫酸水溶液中の重クロム酸ナトリウムの作用によって酢酸 $HC_2H_3O_2$ に変化する．

$$3C_2H_5OH(aq) + 2Na_2Cr_2O_7(aq) + 8H_2SO_4(aq) \longrightarrow$$
$$3HC_2H_3O_2(aq) + 2Cr_2(SO_4)_3(aq) + 2Na_2SO_4(aq) + 11H_2O$$

化学実験において，24.0 g の C_2H_5OH，90.0 g の $Na_2Cr_2O_7$，過剰の硫酸を混合し，26.6 g の酢酸 $HC_2H_3O_2$ を分離した．$HC_2H_3O_2$ の理論収量と百分率収量を計算せよ．

練習問題 3・21　ある薬の生産の一つの合成経路は，百分率収量が 87.2 %，91.1 %，86.3 % の 3 段階の過程を伴う．代替の合成は百分率収量が 85.5 % と 84.3% の 2 段階の過程を用いる．全体の百分率収量に基づいて，好ましい合成はどちらか．

多段階反応

多くの化学合成反応では，生成物を生成する過程で二つ以上の段階を含んでいる．ときには，最初の反応物質から最終生成物まで 10 以上の別べつの反応がある．そのような反応において，一つの反応の生成物は，次の反応のための反応物である．その結果，全体の百分率収量は途中の全段階の百分率収量の積になる．以下の反応式は，多段階合成における百分率収量を計算するために用いられる．

$$\text{全体の収率\%} = \left(\frac{\text{収率}_1\%}{100} \times \frac{\text{収率}_2\%}{100} \times \cdots\right) \times 100\%$$

4 水溶液における反応

水は驚くべき物質である．たった3個の原子から成り立っていて，地球上で最もありふれた化合物でありながら，魚などの生息を可能にする酸素を溶かし，また海水として生命を支え，その進化を促すことを可能にした塩類など多くの異なる物質を溶かすことができる．

他の液体と異なる水の特性の一つは，多くのイオン性の化合物を溶かし，それらが容易に反応できるよう分子レベルでの混合を可能にする点である．

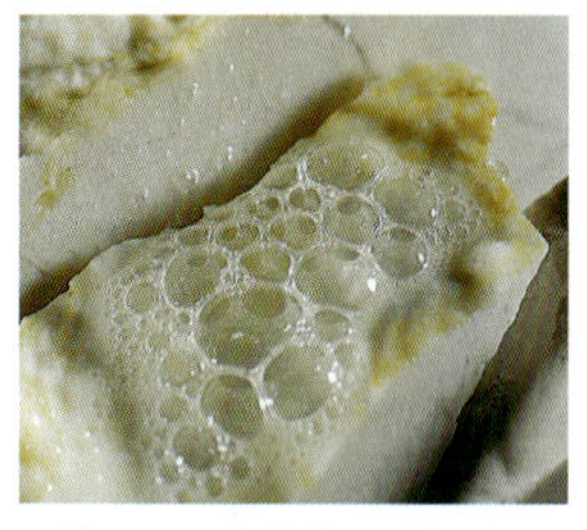
石灰岩 $CaCO_3$ と塩酸が反応して CO_2 の泡が生じる

学習目標

- 溶液の定性的および定量的な記述
- 電解質は可溶なイオン化合物であること，非電解質は水中でイオンを生じないことの理解
- 釣合のとれた分子反応式，イオン反応式および正味のイオン反応式の記述
- 化合物名と化学式からの酸・塩基の識別と，オキソニウムイオンと水酸化物イオンを含む釣合のとれた化学反応式の記述
- 一般的な酸と塩基の化学式と化合物名の間での相互変換
- メタセシス反応の原理による反応生成物の予測と化学合成の設計
- モル濃度の計算と換算係数としての利用
- 化学量論計算におけるモル濃度の利用
- 滴定と化学分析の方法と計算方法の理解

4・1 溶　液

本節を始めるにあたり，いくつかの用語を定義しておく必要がある．**溶液**とは，その内部において分子やイオンが自由に動くことができる均質の混合物である（図4・1）．溶液には少なくとも二つの物質が必要である．一つは**溶媒**であり，他は**溶質**である．溶質は溶媒と混合，あるいは溶媒に溶解している．本章では，水溶液のみを扱うので，溶媒は液体の水である．溶質は溶媒に溶けるものなら何でもよい．それは，魚などの生息を可能にする水に溶ける酸素のような気体，あるいは冬期に自動車のラジエーターを守る不凍液として使われるエチレングリコールのような液体でもよい．もちろん，レモネードに溶ける砂糖や海水に溶ける塩類のような固体でもよい．溶液を記述する一つの方法は，溶媒と溶質を特定することである．

溶液 solution

溶媒 solvent

溶質 solute

■水が溶液の成分の一つであるとき，たとえ水の量が少なくても水を溶媒と考えることが多い．

溶液を記述するもう一つの方法は，溶質の**濃度**を明示することである．濃度は常に溶媒の量（あるいは溶液の量）に対する溶質の量の割合として表される．たとえば**百分率濃度**は，溶液1g当たりの溶質の重量に100%をかけて計算されるが，それは溶液に対する溶質の比である．海水中の塩化ナトリウムの濃度は3%であるが，それは NaCl 0.03 g/海水 1 g を意味している．

濃度 concentration

百分率濃度 percentage concentration

図 4・1 アルコール中におけるヨウ素分子の溶液化. (a) ビーカーの底にあるヨウ素 I_2 の結晶はすでに溶け始めている．紫色のヨウ素結晶が赤茶色の溶液になりつつある．写真の下にある拡大図は，ヨウ素分子がまだ結晶の状態を示している．簡単のため，溶質と溶媒の分子は球で表してある．(b) 混合物を撹拌すると，写真の下にある図に示すように，ヨウ素分子が溶液中に拡散していく．

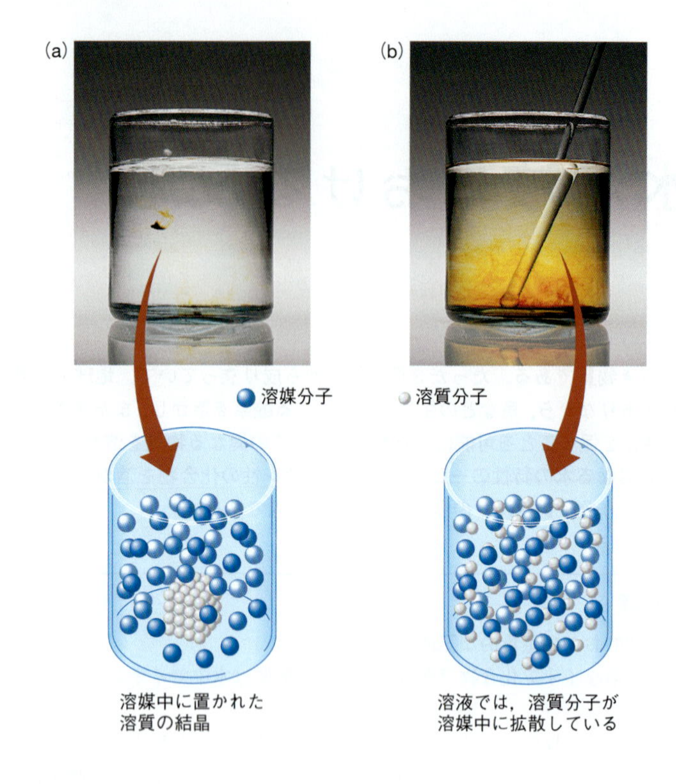

希薄溶液 dilute solution

濃厚溶液 concentrated solution

溶媒に対する溶質の相対的な比は，しばしば数値を伴わない定性的ないい方で表されることがある．**希薄溶液**では溶媒に対する溶質の比は小さい．コップ 1 杯の水に砂糖の結晶数粒を溶かした場合がその例である．**濃厚溶液**では溶媒に対する溶質の比は大きい（図 4・2）．たとえば，パンケーキシロップは砂糖の濃厚水溶液である．濃厚や希薄という用語は相対的なものである．たとえば，100 mL の水に 100 g の砂糖を溶かした溶液は，100 mL の水に 10 g の砂糖を溶かした溶液と比べたときには濃厚といえる．しかし，後者の溶液も 100 mL の水に 1 g の砂糖を溶かした溶液と比べたときには濃厚である．

飽和溶液 saturated solution

沈殿 precipitate

溶解度 solubility

多くの場合，与えられた量の溶液にどれだけの量の溶質が溶けるかには限度がある．ある与えられた温度において，溶液が溶けることのできる上限量の溶質を含んでいるとき，その溶液を**飽和溶液**という．もし，それ以上の溶質を加えても，溶質は溶けない．溶けない固体は**沈殿**とよばれ，沈殿を生じる化学反応は沈殿反応とよばれる．溶質の**溶解度**は飽和溶液をつくるのに必要な溶質の量であり，それは多くの場合，与えられた温度において 100 g の溶媒に溶ける質量で表される．溶解度は温度により変わ

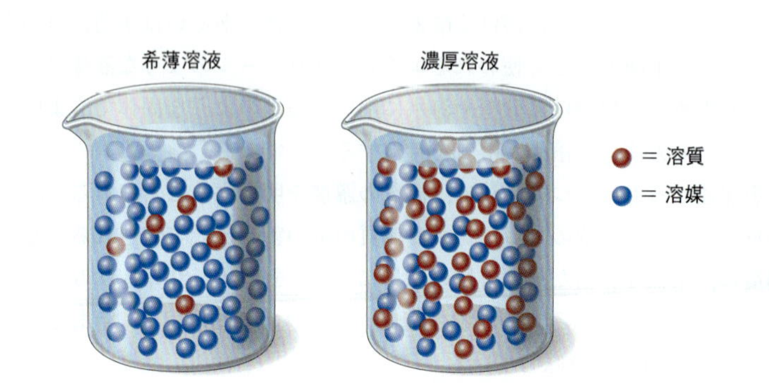

図 4・2 希薄溶液と濃厚溶液. 左の希薄溶液は，右の濃厚溶液よりも，単位体積当たりの溶質分子が少ない．

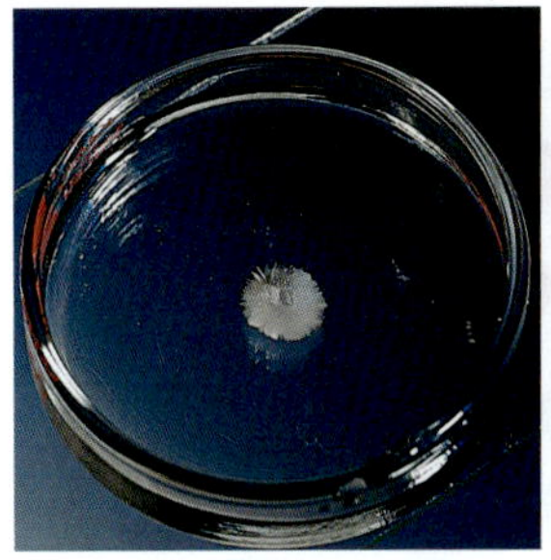

図 4・3 結晶化. 酢酸ナトリウムの過飽和溶液に，小さな酢酸ナトリウムの種結晶を入れると，溶液が飽和の状態になるまで急速に過剰に溶けていた溶質の結晶化が起こる．ここに示す一連の変化は 10 秒以内に起こったものである．

るので，温度を指定する必要がある．**不飽和溶液**は飽和に満たない量の溶質を含んでおり，溶質をさらに溶かし込むことができる．

不飽和溶液 unsaturated solution

通常，温度が上昇すると溶質の溶解度は増加する．これは，飽和溶液を加熱することで，より多くの溶質を溶かすことができることを意味する．もし，この熱い飽和溶液を冷却すると，あとから加えた溶質は沈殿するだろう．実際，このようなことはよく起こる．しかし，ときには溶質が沈殿しないで，飽和溶液に必要とされる以上の溶質が溶けた**過飽和溶液**の状態でいることがある．過飽和溶液は不安定で，固体が存在しないときのみに可能である．もし，結晶片やほこりの粒子などが存在したり，加えられたりすると過剰の溶質が沈殿する（図 4・3）．

過飽和溶液 supersaturated solution

4・2 電解質と非電解質

水分子は電荷を運ぶことができない電気的に中性な分子なので，水自体はほとんど電気を通さない．しかし，2 章で述べ，また図 4・4 の硫酸銅 $CuSO_4$ の溶液で示すように，水にイオン性の化合物を溶かすと，その溶液はよく電気を通すようになる．

水溶液を伝導性にする $CuSO_4$ のような溶質は**電解質**とよばれる．それらが電気を通すということは，溶液内に自由に動く電荷をもった粒子が存在することを示す．イオン化合物が水に溶けるとイオンは分散して，溶媒分子に取囲まれた独立した粒子として溶液内に存在すると考えられている．この変化はイオン化合物の**解離**とよばれ，図 4・5 はそのことを説明している．一般に，水中ではどんな**塩**（イオン化合物に適用される用語）でも溶解した分の解離は完全であり，塩の化学式で示される解離していない状態の成分は水中には含まれていないと仮定される．したがって $CuSO_4$ 水溶

電解質 electrolyte

解離 dissociation

塩 salt

図 4・4 溶液の電気伝導性. (a) 硫酸銅溶液は電気を通すので，$CuSO_4$ は強電解質に分類される．(b) 砂糖も水も電解質ではないので，砂糖の溶液は伝導体ではない．

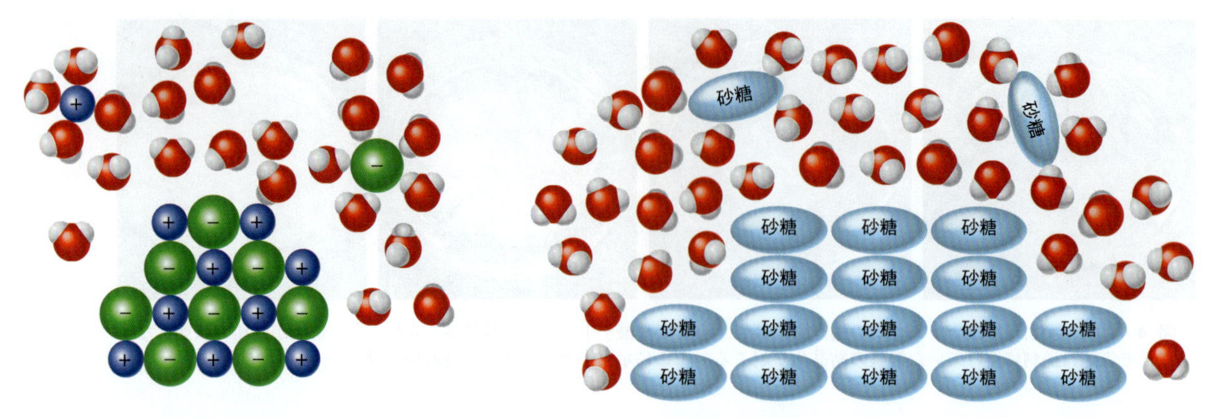

図 4・5　イオン化合物が水に溶けたときの解離． イオンは固体から離れ水分子に取囲まれる（水和される）．溶液中で水和されたイオンは自由に動くことができ，その溶液は電気伝導体となる．

図 4・6　非電解質の水溶液． 非電解質が水に溶けると，溶質分子はそれ以上小さな粒子に解離することなく分子そのままの形で互いに分離して，水分子集団の中に混ざる．図では，砂糖分子を楕円で簡略化して示している．

液は，実際には解離した Cu^{2+} と SO_4^{2-} の溶液である．イオン化合物の溶液は多くの自由に動けるイオンを含むので，電気伝導体である．それゆえ，塩は**強電解質**といわれる．

強電解質 strong electrolyte

しかし，溶解度の低いイオン化合物は少なくない．たとえば，AgBr はほんの少ししか水に溶けないが，その少量の溶解物は完全に解離する．AgBr 水溶液中のイオンの数は非常に少なく，電気伝導性はよくないが，完全にイオンに解離するので AgBr は強電解質と考えてよい．

ほとんどの共有結合でできた分子の水溶液は電気を伝えない．そのような溶質は**非電解質**とよばれる．砂糖（図 4・4b），エチレングリコール（不凍液の溶質）やアルコールはそのような例である．これらが水に溶けたとき（図 4・6），これらの分子は分子そのままの形で単に水と混合するだけである．

非電解質 nonelectrolyte

解離反応

イオン化合物の解離は化学反応式で表すことができる．塩化カルシウムの水中での解離は次のように表される．

$$CaCl_2(s) \longrightarrow Ca^{2+}(aq) + 2Cl^-(aq)$$

イオンのあとにある (aq) の記号は，**水和**している（溶液中で水分子に囲まれている）ことを意味している．イオンを分離して書くことにより，それらのイオンが溶液中で互いに独立して存在していることを表している．それぞれの $CaCl_2(s)$ から三つのイオン，$Ca^{2+}(aq)$ と二つの $Cl^-(aq)$ が生じることに注意せよ．

水和 hydration

しばしば，前後の関係から水溶液であることが明らかなときは，(s) と (aq) の記号が省略されることがある．その場合，次のような反応式となる．

$$CaCl_2 \longrightarrow Ca^{2+} + 2Cl^-$$

多原子よりなるイオンは化合物の解離が起こっても一般には分解しない．たとえば，硫酸銅を溶かしたとき，Cu^{2+} と SO_4^{2-} が生じる．

$$CuSO_4(s) \longrightarrow Cu^{2+}(aq) + SO_4^{2-}(aq)$$

例題 4・1 イオン化合物の解離の化学反応式を書く

硫酸アンモニウムは農作物に窒素を供給する肥料として使われる．この化合物を水に溶かしたときの解離の化学反応式を書け．

指針 これは二つの部分よりなる問題である．第一に，硫酸アンモニウムの正しい化学式を書く．次に，解離の化学反応式を書かなければならない．

解法 硫酸アンモニウムの化学式が必要である．これには，この塩をつくっているイオンの電荷と化学式を知る必要がある．表2・4の多原子イオンの表を利用する．化学反応式を書くのは，これまでに示してきた方法に従えばよい．

解法 硫酸アンモニウムにおいて，陽イオンは NH_4^+，陰イオンは SO_4^{2-} である．電荷を考えると，この化合物の化学式は $(NH_4)_2SO_4$ となる．化学反応式の左辺に固体の化学式を書き，(s) をつけて固体状態であることを示す．イオンは化学反応式の右辺に書き，それらの化学式に (aq) をつけて水溶液中にあることを示す．

$$(NH_4)_2SO_4(s) \longrightarrow 2NH_4^+(aq) + SO_4^{2-}(aq)$$

下付添字の 2 は NH_4^+ の量論係数となる

確認 このような化学反応式を書くときに確認すべき点が二つある．第一は，電荷を含め正しいイオンの化学式かどうか．第二は，化合物が解離したとき，一つの化学式から生まれる正負のイオンの数が正しいかどうかである．これらの点を確認できれば，正しく問題を解いたことがわかる．

練習問題 4・1 次の固体のイオン化合物を水に溶かしたときに起こることを表す化学反応式を書け．(a) $Al(NO_3)_3$ (b) 炭酸ナトリウム

4・3 イオン反応の化学反応式

水溶液中で起こりうるさまざまな反応をみていく前に，化学反応式について考えておく必要がある．多くの場合，イオン性の化合物の水溶液が混合されると，それらは反応を起こす．たとえば，硝酸鉛(II) $Pb(NO_3)_2$ の溶液とヨウ化カリウム KI の溶液が混合されると，ヨウ化鉛(II) PbI_2 のあざやかな黄色の沈殿が生じる（図4・7）．この反応の化学反応式は，

$$Pb(NO_3)_2(aq) + 2KI(aq) \longrightarrow PbI_2(s) + 2KNO_3(aq)$$

であり，PbI_2 のあとに (s) をつけてこれが沈殿物であることを示している．すべての

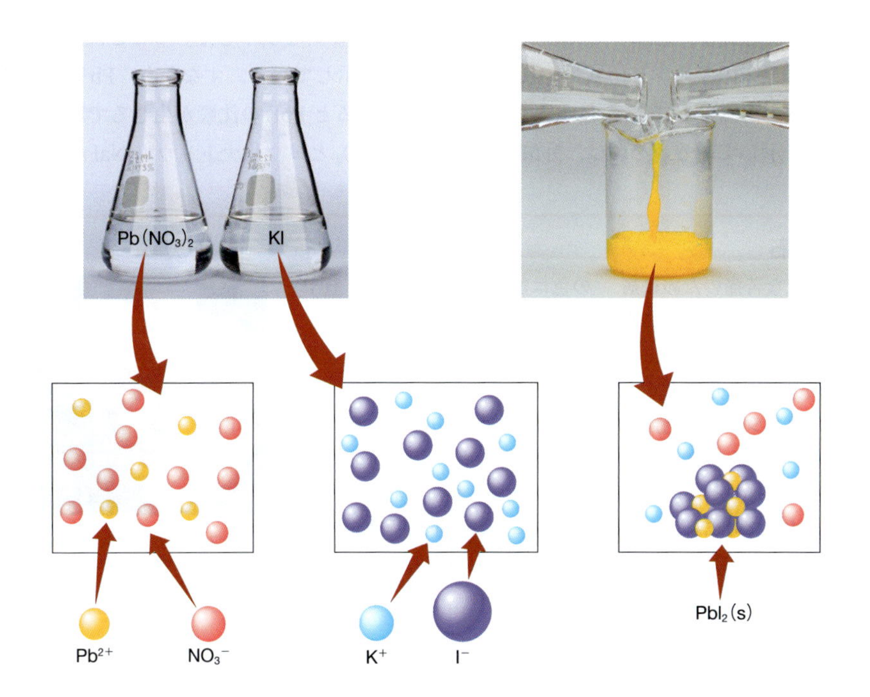

図 4・7 $Pb(NO_3)_2$ と KI の反応． 左はそれぞれ硝酸鉛溶液とヨウ化カリウム溶液を含むフラスコである．これらの溶質は，それぞれの溶液中で，分離したイオン（簡単のため球で示す）として存在する．右はこれらのイオンの溶液を混ぜたときに起こる反応，すなわち，ただちに Pb^{2+} が I^- と反応し PbI_2 の黄色の沈殿を生じる様子である．もし，$Pb(NO_3)_2$ と KI がモル比 1：2 で反応すると，沈殿をとりまく溶液には K^+ と NO_3^-（KNO_3 のイオン）しか含まれていない．

化学式が，あたかも中性の“分子”のようにイオンどうしを一緒にくっつけて書いているので，これは**分子反応式**とよばれる．他の化学反応式の書き方をみていこう．

分子反応式 molecular equation

可溶なイオン化合物は溶液中で完全に解離するので，$Pb(NO_3)_2$, KI, KNO_3 は，“分子”そのままの状態で溶液中に存在するのではない．このことを示すには，すべての可溶な強電解質の化学式を，解離した形で表す**イオン反応式**を書くことである．

イオン反応式 ionic equation

$$Pb(NO_3)_2(aq) + 2KI(aq) \longrightarrow PbI_2(s) + 2KNO_3(aq)$$

$$Pb^{2+}(aq) + 2NO_3^-(aq) + 2K^+(aq) + 2I^-(aq) \longrightarrow PbI_2(s) + 2K^+(aq) + 2NO_3^-(aq)$$

この反応式中で PbI_2 をイオンに分けていないことに注意せよ．これは PbI_2 の水に対する溶解度がきわめて低く，事実上，不溶であることによる．溶液中で Pb^{2+} と I^- のイオンどうしが出会うと，不溶な PbI_2 が生じ沈殿として分離する．それゆえ，反応が終わると，Pb^{2+} と I^- はもはや独立には動くことができず，それらは不溶な生成物に閉じ込められる．

イオン反応式は，反応過程において溶液中で分子レベルで実際に何が起こっているかについてのより明確な描像を与えてくれる．Pb^{2+} と I^- は一緒になり生成物をつくる．他のイオン K^+ と NO_3^- は反応によって変化しない．それらはあたかも脇で反応を眺めているだけのようである．このような反応に関与しないイオンは**傍観イオン**とよばれる．実際に起こった反応を明確にするために，イオン反応式から傍観イオンを消去して**正味のイオン反応式**を書くことができる．

傍観イオン spectator ion

正味のイオン反応式 net ionic equation

$$Pb^{2+}(aq) + \cancel{2NO_3^-(aq)} + \cancel{2K^+(aq)} + 2I^-(aq) \longrightarrow PbI_2(s) + \cancel{2K^+(aq)} + \cancel{2NO_3^-(aq)}$$

残った正味のイオン反応式は，

$$Pb^{2+}(aq) + 2I^-(aq) \longrightarrow PbI_2(s)$$

である．

この反応式は，起こった反応とそれに関与したイオンを明示していることに注意しよう．正味のイオン反応式は，反応を一般化して示している．すなわち，Pb^{2+} を含む任意の溶液と I^- を含む任意の溶液とを一緒にすると PbI_2 の沈殿が生じるであろうことを示している．それは，酢酸鉛(II) $Pb(C_2H_3O_2)_2$ とヨウ化ナトリウム NaI の水溶

コラム 4・1　苦痛の析出物：腎臓結石

毎年，多くの人が，腎臓結石による大変な苦痛のために病院で治療を受ける．腎臓結石は尿から生じ腎臓の内表面に成長した析出物である．腎臓結石の生成は，おもに尿中の Ca^{2+}, $C_2O_4^{2-}$, PO_4^{3-} による．これらのイオン濃度が十分に高くなると，尿はシュウ酸カルシウムやリン酸カルシウムの過飽和状態になり，それらの析出が始まる（腎臓結石の 70～80% はカルシウムのシュウ酸塩とリン酸塩である）．その結晶が十分小さければ，尿とともに尿路を通り抜け体外に排出される．しかし，ときには，それらが通り抜けずに成長し，尿路内に堆積して強い痛みをひき起こす．

腎臓結石はすべて同じようなものというわけではない．その色は無機成分にタンパク質や血液などが混入しているかによる．多くは写真にあるような黄色や茶色であるが，黄褐色，金色，黒色にもなりうる．形は丸かったり，ギザギザしていたり，枝分かれしたものもある．大きさも単に小粒の小石程度からゴルフボール大のものまでさまざまである．

シュウ酸カルシウムを主成分とする腎臓結石．腎臓結石は大変な苦痛を与える．

液を混ぜたときに同様に起こること，すなわち PbI_2 の黄色の沈殿がただちに生じることである（図4・8）.

図 4・8 ヨウ化鉛が生成する別の反応. 正味のイオン反応式は，任意の可溶な鉛化合物は任意の可溶なヨウ化物と反応してヨウ化鉛が生じることを示す．その予測は，ここに示すヨウ化ナトリウムの溶液を酢酸鉛の溶液に加えて生じたヨウ化鉛の沈殿で実証される.

釣合のとれたイオン反応式および正味のイオン反応式の基準

イオン反応式および正味のイオン反応式においては，原子だけではなく電荷も，両辺で釣合っていなければならない．すなわち，硝酸鉛(II)とヨウ化カリウムの反応のイオン反応式では，左辺のイオン（$Pb^{2+}, 2NO_3^-, 2K^+, 2I^-$）の電荷の和はゼロであり，これはすべての生成物（$PbI_2, 2K^+, 2NO_3^-$）の化学式の電荷の和と一致している*．正味のイオン反応式においても，両辺の電荷は同じである．左辺の Pb^{2+} と $2I^-$ の正味の電荷はゼロである．そして，右辺の PbI_2 の電荷もゼロである．よって，イオン反応式および正味のイオン反応式に，反応式の両辺において正味の電荷は等しくなければならないという条件が加わる.

* PbI_2 のような化合物の化学式には電荷は書かない．電荷を数えあげるさいには，PbI_2 の電荷はゼロとする.

釣合のとれたイオン反応式および正味のイオン反応式の基準

1. 物質の釣合：両辺において，それぞれの種類の原子の数は同じでなければならない.
2. 電荷の釣合：両辺において，電荷が同じでなければならない.（その電荷がゼロである必要はない.）

次の例題で，これらの基準を使って分子，イオン，正味のイオン反応式をつくってみよう.

例題 4・2 分子，イオン，正味のイオン反応式を書く

塩素酸鉛(II)の水溶液とヨウ化ナトリウムの水溶液とを反応させると，ヨウ化鉛(II)の沈殿が生じ塩素酸ナトリウムは溶液中に残る．この分子反応式，イオン反応式，正味のイオン反応式を書け.

指針 これはいくつかの部分より構成される問題である．これらの化学反応式を書くには，反応物と生成物の化学式を知る必要がある．その次に，三つの化学反応式を組立てる.

解法 はじめに2章で学んだ命名法を用いる．正しい反応物と生成物の化学式を得るのに必要なのは電気的中性の規則である．こうして，釣合をとって三つの化学反応式を書くことができる.

解答 2章の命名法に従うと，ここに関与するイオンは Pb^{2+}, ClO_3^-, Na^+, I^- である．それらの化学式は，以下のとおりである.

反応物		生成物	
塩素酸鉛(II)	$Pb(ClO_3)_2$	ヨウ化鉛(II)	PbI_2
ヨウ化ナトリウム	NaI	塩素酸ナトリウム	$NaClO_3$

分子反応式： これらの化学式を分子反応式に組入れて釣合をとる.

$$Pb(ClO_3)_2(aq) + 2NaI(aq) \longrightarrow PbI_2(s) + 2NaClO_3(aq)$$

溶液に溶けている物質，沈殿した物質が明示されていることに注意せよ．これが釣合のとれた分子反応式である.

イオン反応式： イオン反応式を書くために，可溶な塩を解離した形で，沈殿するものを"分子"の化学式で書く．イオン反応式中のイオンの係数を書くために，分子反応式中の係数と添字に注意する必要がある.

$$Pb(ClO_3)_2(aq) \quad 2NaI(aq)$$

$$Pb^{2+}(aq) + 2ClO_3^-(aq) + 2Na^+(aq) + 2I^-(aq) \longrightarrow PbI_2(s) + 2Na^+(aq) + 2ClO_3^-(aq)$$

$$2NaClO_3(aq)$$

これが釣合のとれたイオン反応式である．イオン反応式を書くには，イオンの化学式とその電荷を知る必要があることに注意せよ.

正味のイオン反応式： 傍観イオンの Na^+ と ClO_3^-（これらは両辺に同じ数だけ存在する）を消去して正味のイオン反応式を得る.

$$Pb^{2+}(aq) + \cancel{2ClO_3^-(aq)} + \cancel{2Na^+(aq)} + 2I^-(aq) \longrightarrow PbI_2(s) + \cancel{2Na^+(aq)} + \cancel{2ClO_3^-(aq)}$$

残ったのが正味のイオン反応式である.

$$Pb^{2+}(aq) + 2I^-(aq) \longrightarrow PbI_2(s)$$

この反応式は，硝酸鉛(II)とヨウ化カリウムの反応の正味のイオン反応式と同じであることに注意しよう.

確認 以下のことを確認せよ．反応物と生成物の正しい化学式を書いたか．分子反応式は正しく釣合がとれているか．分子反応中のイオンの添字と係数を正しく扱って，可溶なイオン化合物を正しくイオンに分割したか．正味のイオン反応式を得るために，イオン反応式から正しく傍観イオンを見きわめて消去したか．

練習問題 4・2 $(NH_4)_2SO_4$ と $Ba(NO_3)_2$ の溶液を混合すると，$BaSO_4$ が沈殿し，NH_4NO_3 は溶液中に残る．この反応の分子反応式，イオン反応式，正味のイオン反応式を書け．

4・4 酸と塩基

酸 acid

塩基 base

酸と**塩基**は，なじみのある化学薬品や実験室にある試薬のいくつかを含むある種の化合物群を形成している．酢や柑橘（かんきつ）類の絞り汁による酸のため豊かな風味をもつ食品は多い．コーラなどの飲料は酸を含み，それは独特の味わいの源となっている．もっと強力な酸は，自動車のバッテリーや，金属から錆や他の汚れを洗い流すのに使われる．他方，塩基は排水管のアルカリ性洗浄剤の白色結晶や，緩下剤として用いられるマグネシアミルク〔$Mg(OH)_2$ の懸濁液〕の白色物質や，家庭用アンモニアなどにみることができる．

酸と塩基の水溶液にはそれぞれ共通する特徴がある．上で述べたように，一般に酸を含む食品はいわゆる酸味をもつ．一方，塩基はいくらか苦い味がし，ぬるぬるした感じがする*．

* 味覚や触感によるテストを実験室の酸や塩基に対して行ってはならない．あるものは生体組織に破壊的な作用を及ぼし，あるものは毒性が非常に高いからである．決して，実験室の試薬の味見をしたり，臭いをかいだり，素手で触れたりしてはならない．

酸や塩基の水溶液を扱うさいには，スウェーデンの化学者アレニウスの定義を改良したものが，いろいろな局面で役に立つ．

アレニウス Svante August Arrhenius, 1859～1927．1884 年，彼は博士論文中で酸と塩基に関する理論を提示した．1903 年にノーベル化学賞を受賞している．

■ アレニウスの酸・塩基の定義はいくつかある定義の一つにすぎない．他の定義については 16 章で学ぶ．

> アレニウスの酸・塩基の定義
> - 酸は，水と反応してオキソニウムイオン H_3O^+ を生じるものである．
> - 塩基は，水中で水酸化物イオン OH^- を生じるものである．

当初のアレニウスの定義では，酸は水素イオン H^+ を生じるものであった．今日，水溶液中において，H^+ は水分子と結合して**オキソニウムイオン** H_3O^+ をつくることがわかっている．H_3O^+ は反応において，H^+ を与えるので，H_3O^+ の活性の主体は H^+ であると考えることができる．したがって，しばしば水素イオンという用語をオキソニウムイオンの代わりに用い，化学反応式中で $H_3O^+(aq)$ の代わりに $H^+(aq)$ を使うことがある．$H^+(aq)$ と記述しているときには，実際には $H_3O^+(aq)$ を考えている．

オキソニウムイオン oxonium ion，ヒドロニウムイオンともいう．

■ H_3O^+ は単純化された化学式である．水中で H^+ は一つ以上の水分子と会合しているが，それに対して単純化された表現の H_3O^+ が使われる．

酸による H_3O^+ の生成と塩基による OH^- の生成

ほとんどすべての酸は，水と反応して H_3O^+ をはじめとするイオンを生成する分子性物質である．たとえば，気体状分子 HCl が水に溶けると，HCl 分子から水素イオン H^+ が水分子に移動する．この反応の分子レベルの空間充塡模型による描像を図 4・9 に示す*．化学反応式は次のとおりである．

* H^+ の移動を強調するため，H_3O^+ の 1 個の H に正電荷があるように示した．実際には，3 個の H に電荷は分散しており，H_3O 全体で一つの正電荷を運んでいる．

$$HCl(g) + H_2O(l) \longrightarrow H_3O^+(aq) + Cl^-(aq)$$

反応前には存在しなかったイオンが生じるので，これは**イオン化反応**である．その溶液はイオンを含むので電気を通す．よって，酸は電解質に分類される．重要な点は，水素イオンの水分子への移動が，水溶液中のすべてのアレニウスの酸を特徴づけるものであることである．

イオン化反応 ionization reaction

図 4・9 水中での HCl のイオン化. HCl と H_2O の衝突により，H^+ が HCl から H_2O へ移動する．その結果，Cl^- と H_3O^+ が生成物として生じる．

塩基は二つに分類できる．一つは OH^- あるいは O^{2-} を含むイオン化合物，他は水と反応して水酸化物イオンを生じるものである．塩基の溶液も電気を通すので，塩基は電気伝導体であり電解質である．

イオン性の塩基は，NaOH や $Ca(OH)_2$ のような金属水酸化物を含む．これらが水に溶けると，他のイオン化合物と同様に解離する．

$$NaOH(s) \longrightarrow Na^+(aq) + OH^-(aq)$$
$$Ca(OH)_2(s) \longrightarrow Ca^{2+}(aq) + 2OH^-(aq)$$

強酸と強塩基

NaCl や $CaCl_2$ といったイオン化合物は水に100%溶け解離する．その水溶液中に“分子”や NaCl あるいは $CaCl_2$ といった化学式で表すことのできるものは検出できない．これらの溶液はとても多くのイオンを含んでいるので，電気をよく伝える．イオン化合物は強電解質であるといわれる．

塩酸も強電解質である．水中で完全にイオン化する．その溶液は強い酸性で，**強酸**といわれる．一般に，強電解質は強酸とよばれる．強酸は比較的少なく，最も一般的なものを欄外に示す．

化学式	名称
$HClO_4(aq)$	過塩素酸
$HClO_3(aq)$	塩素酸
$HCl(aq)$	塩酸
$HBr(aq)$	臭化水素酸
$HI(aq)$	ヨウ化水素酸
$HNO_3(aq)$	硝酸
$H_2SO_4(aq)$	硫酸

強酸 strong acid

強塩基 strong base

金属水酸化物はイオン性の化合物であるので，それらも強電解質である．可溶なものは1族の水酸化物と2族のカルシウム，ストロンチウム，バリウムの水酸化物である．これらの化合物の溶液は強塩基性であるので，これらは**強塩基**と考えられる．他の金属の水酸化物は水に対し非常に溶解度が低く，溶ける分量は少ないが，完全に解離するという意味で強電解質である．しかし，溶解度が低いため，それらの溶液の水酸化物イオンの濃度は高くはない．

弱酸と弱塩基

多くの酸は水中で完全にはイオン化しない．たとえば，エタン酸（一般には酢酸とよばれ，酢に酸味を与えている酸である）$HC_2H_3O_2$（CH_3COOH とも表記される）は，同濃度の HCl の溶液と比べて，比較的低い電気伝導性を示す（図4・10）．酢酸のような酸は水中で完全にはイオン化せず，**弱電解質**に分類され**弱酸**である．

弱電解質 weak electrolyte

弱酸 weak acid

酢酸は，溶けたうちのわずかな部分しか H_3O^+ と $C_2H_3O_2^-$ として存在しないので，電気伝導性は高くない．残りは $HC_2H_3O_2$ 分子として存在する．それは，溶液中で $C_2H_3O_2^-$ は H_3O^+ と結合する傾向が強いからである．その結果，二つの相対する反応が同時に同じ速度で起こる．これは**化学平衡**とよばれている（図4・11）．一方の反応はイオンを生成する．

化学平衡 chemical equilibrium

■化学反応式中の水に対し，それが純粋な水のときには $H_2O(l)$ が使われる．しかし，多くの場合は純粋な水ではないが，そのような水に対し $H_2O(aq)$ を使うのも冗長であるので特に表記はしない．

$$HC_2H_3O_2(aq) + H_2O \longrightarrow H_3O^+(aq) + C_2H_3O_2^-(aq)$$

他方の反応ではイオンが消滅する．

$$H_3O^+(aq) + C_2H_3O_2^-(aq) \longrightarrow HC_2H_3O_2(aq) + H_2O$$

図 4・10　同濃度の強酸, 弱酸, 塩基の溶液が示す電気伝導性. (a) HCl は, 100%イオン化する. 非常に高い電気伝導性を示し, ランプは明るく輝く. (b) $HC_2H_3O_2$ は, HCl ほどイオン化せず電気伝導性も HCl より劣る. ランプもあまり輝かない. (c) NH_3 も, イオン化の程度が低いので電気伝導性は HCl より劣る. ランプの輝きもあまりない.

すべての HCl が溶液中でイオン化するので多くのイオンが存在する.

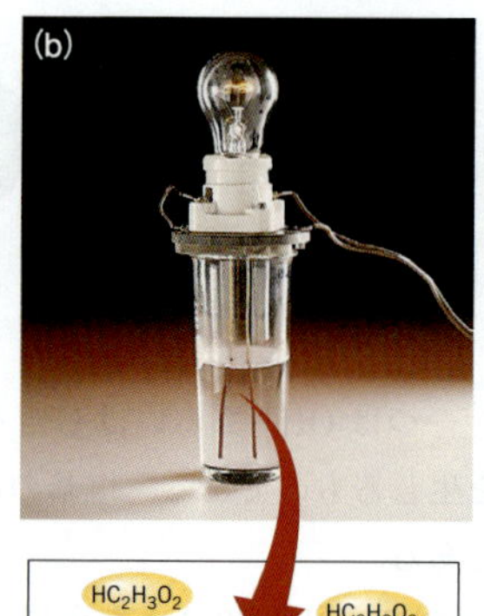

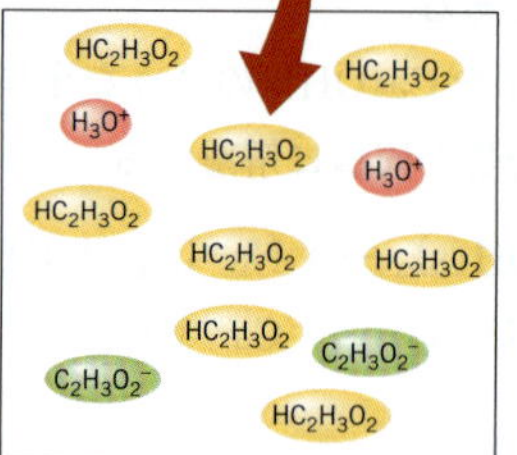

$HC_2H_3O_2$ のうちの少ししかイオン化しないので, 電気伝導を担うイオンは少ない. ほとんどの $HC_2H_3O_2$ は中性分子の形で存在する.

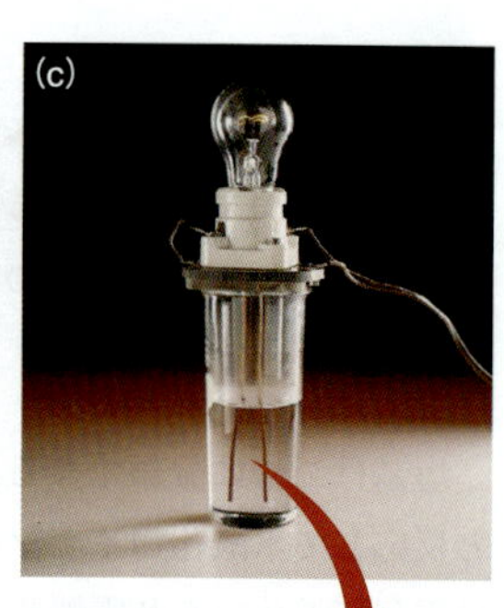

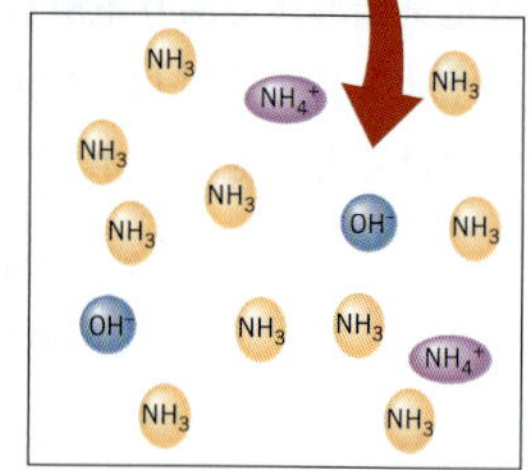

NH_3 のうちの少ししかイオン化しないので, 電気伝導を担うイオンは少ない. ほとんどの NH_3 は中性分子の形で存在する.

正反応 forward reaction, 左から右への反応

逆反応 reverse reaction, 右から左への反応

これら二つの反応が同時に起こることを示すために, 両方向の矢印が使われる.

$$HC_2H_3O_2(aq) + H_2O \rightleftharpoons H_3O^+(aq) + C_2H_3O_2^-(aq)$$

正反応はイオンを生じ, **逆反応**は溶液からイオンを取除くことになる.

分子性の塩基　最もよく知られている単純な分子性の塩基はアンモニアガス NH_3 である. それは水に溶け, 次のイオン化反応により塩基性の溶液をつくる.

$$NH_3(aq) + H_2O \rightleftharpoons NH_4^+(aq) + OH^-(aq)$$

アンモニアの水素原子が炭化水素に置き換わったアミンとよばれる有機化合物は, 水に対する挙動がアンモニアとよく似ている. 一例が, アンモニアの 1 個の水素原子が

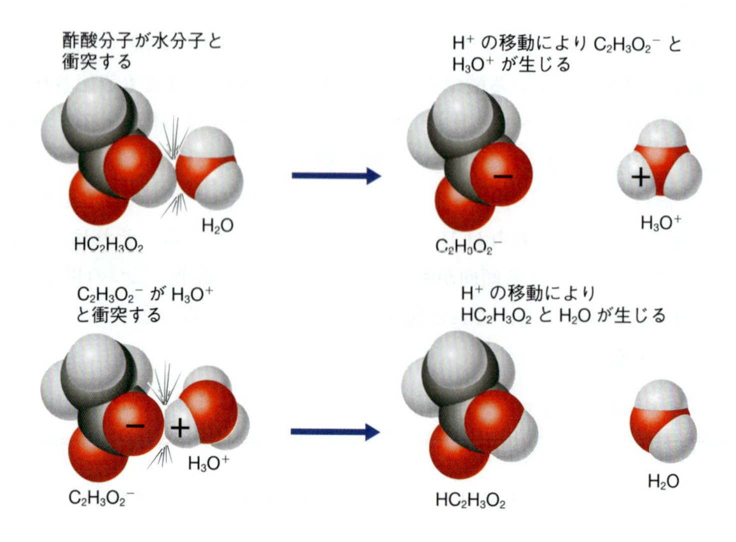

図 4・11　酢酸溶液における平衡. 同時に二つの相反する反応が起こる. $HC_2H_3O_2$ は H_2O と衝突して, $C_2H_3O_2^-$ と H_3O^+ を生じる. 一方, $C_2H_3O_2^-$ は H_3O^+ と衝突して, $HC_2H_3O_2$ と H_2O を生じる.

メチル基 $-CH_3$ と置き換わったメチルアミン CH_3NH_2 である．メチルアミンあるいは可溶性のアミンは，水に溶けて次の反応を起こす．

$$CH_3NH_2(aq) + H_2O \rightleftharpoons CH_3NH_3^+(aq) + OH^-(aq)$$

分子性の塩基が水と反応すると，H^+ が水分子より失われ塩基に移る（図 4・12）．一つの生成物は H を 1 個余分にもち，反応物の塩基よりもより大きな正電荷をもつ陽イオンである．水から H^+ が失われることで，もう一つの生成物 OH^- が生じるため，溶液は塩基性になる．

練習問題 4・3　火薬をつくるのに使われる硝酸 HNO_3 は強酸である．ある種の腸のがんの原因となると考えられている亜硝酸 HNO_2 は弱酸である．これら二つの酸の水中でのイオン化の化学反応式を書け．

図 4・12　水中での NH_3 のイオン化． NH_3 と H_2O の衝突で H^+ が H_2O から NH_3 に移動して NH_4^+ と OH^- が生じる．

アンモニアやメチルアミンのような分子性の塩基は，弱電解質でもあり，イオン化する割合は小さい．これらは**弱塩基**に分類される．アンモニアの溶液中では，ほんの少しの溶質しかイオン化せず，少しの NH_4^+ と OH^- しか生じない（図 4・10c）．なぜなら，これらのイオンは互いに強く結合するからである．これにより，化学平衡の別のいい方である**動的平衡**の状態となる（図 4・13）．

弱塩基 weak base

動的平衡 dynamic equilibrium

$$NH_3(aq) + H_2O \rightleftharpoons NH_4^+(aq) + OH^-(aq)$$

この反応において，ほとんどの塩基は NH_3 分子として存在する．弱塩基のイオン化反応を記述するのは，しばしば弱酸のイオン化反応を書くのよりもむずかしいことがある．その例を次に述べる．

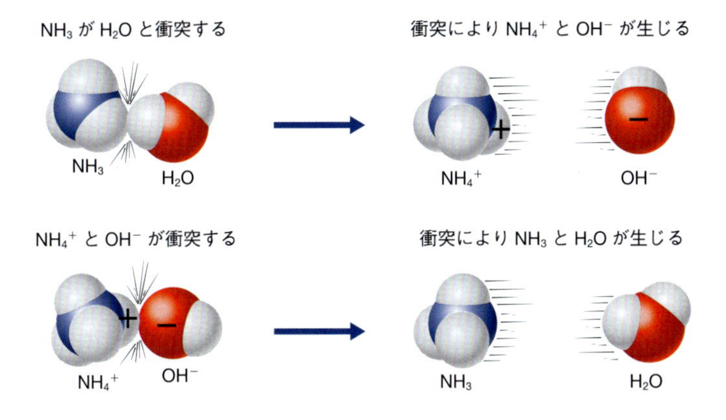

図 4・13　弱塩基 NH_3 の溶液中での平衡． H_2O と NH_3 の衝突により NH_4^+ と OH^- が生じる．NH_4^+ と OH^- との衝突による逆過程により，溶液からイオンはなくなり NH_3 と H_2O が生じる．

一般化されたイオン化反応式

任意の酸や塩基の水中での反応を表すには，一般化された反応式を用いる．水に溶けた強酸の場合は次のとおりである．

$$HX(aq) + H_2O \longrightarrow H_3O^+(aq) + X^-(aq) \qquad (4・1)$$

$X^-(aq)$ は強酸の陰イオンを表す．任意の強塩基 $M(OH)_n$ の場合は次のとおりである．

$$M(OH)_n \longrightarrow M^{n+}(aq) + nOH^-(aq) \qquad (4・2)$$

ここで M^{n+} は強塩基の陽イオンを表す．

任意の弱酸 HA（A^- は弱酸の陰イオンを表す）と弱塩基 B の場合の一般化された反応式は以下である.

$$HA(aq) + H_2O \rightleftharpoons H_3O^+(aq) + A^-(aq) \quad (4\cdot3)$$

$$B(aq) + H_2O \rightleftharpoons HB^+(aq) + OH^-(aq) \quad (4\cdot4)$$

例題 4・3　分子性の塩基のイオン化反応式を書く

ジメチルアミン $(CH_3)_2NH$ は水に溶ける塩基である. これは, ワタに多大な損害を与えるワタミゾウムシ（農業病害虫のひとつ）をひき寄せるので, その害虫を退治するのに利用される. 水中での $(CH_3)_2NH$ のイオン化反応式を書け.

指針　$(CH_3)_2NH$ は塩基であるので, 水と反応して水酸化物イオンを与える. これより二つの反応物と一つの生成物がわかる. 反応式を書いて, その釣合をとるために, もう一つの生成物の化学式を知る必要がある.

解法　解法は弱塩基と水とのイオン化の一般反応式〔(4・4)式〕の利用である. それは反応物と生成物の化学式を書くさいの参考になる.

解答　反応式中の反応物は $(CH_3)_2NH$ と H_2O である. (4・4)式によれば, 塩基は, 水と反応して H_2O から H^+ を受取り $(CH_3)_2NH_2^+$ となり, あとに OH^- が残る. 反応式は,

$$(CH_3)_2NH(aq) + H_2O \rightleftharpoons (CH_3)_2NH_2^+(aq) + OH^-(aq)$$

となる.

確認　ここで書いた式と, 塩基と水との反応の一般式とを比べてみよ. 生成物の化学式は H を一つ余分にもち, 正電荷も一つもっている. また, H^+ は窒素に付加されたことに注意せよ. さらに, 水は H^+ を失い OH^- になった. それゆえ反応式は正しい.

練習問題 4・4　水中で塩基であるエチルアミンは次の構造をもつ.

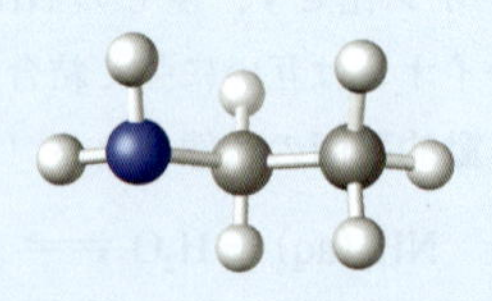

これは多くの除草剤の製造に使われる. この窒素を含む化合物が水と反応したあとの構造を描け. また, 水中でのエチルアミンのイオン化の反応式を書け.

ここで, これまでの説明を簡単にまとめよう.

- 強酸と強塩基は強電解質である.
- 弱酸と弱塩基は弱電解質である.

前に説明したような動的平衡の記述において, 平衡の位置, すなわち反応が完了する方向にどこまで進むかについて述べてきた. 平衡において生成物が少ししかなければ, 反応はあまり進まない, すなわち, “平衡位置は矢印の左側にある” という. 反対に, 平衡において生成物が多量にあるとき, “平衡位置は矢印の右側にある” という.

任意の弱電解質において, 平衡に達したとき, 溶質はわずかしかイオン化していない. よって, 平衡位置は左側にある. たとえば, 弱酸である酢酸では, 平衡にある状態は反応完了の状態とはかなりかけ離れている. 酢酸が弱酸であるというとき, $HC_2H_3O_2$ の濃度が低いわけではない. 溶質のわずかな部分しかイオン化しないので H_3O^+ の濃度が低いのである. 高濃度の $HC_2H_3O_2$ でさえ弱酸性である.

HCl のような強電解質は, イオン化反応の進行度がきわめて大きい. そして, 逆方向への反応の傾向はきわめて低い. その結果, すべての HCl 分子は水中で H_3O^+ と Cl^- とに変わり 100% イオン化する. このため HCl(g) をはじめ, 他の任意の強電解質がイオン化あるいは解離するとき, それらの反応式において両方向の矢印を使わない.

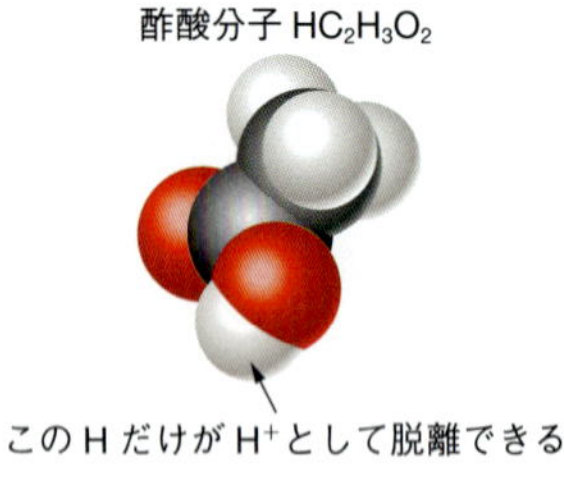

図 4・14　酢酸分子と酢酸イオン. 酢酸分子と酢酸イオンの構造を示す. 酢酸分子では, 酸素に結合している H だけが H^+ として脱離できる.

多塩基酸

酢酸 $HC_2H_3O_2$ には 4 個の水素原子があるが, なぜそのうち 1 個しかイオン化しな

いのであろうか.

$$HC_2H_3O_2(aq) + H_2O \rightleftharpoons H_3O^+(aq) + C_2H_3O_2^-(aq)$$

酢酸分子と酢酸イオンの構造を図4・14に示す. 図には動くことのできる水素原子を明示している. イオン化する水素は, 他の3個の水素とは異なった仕方で酢酸に結合している. (このことは16章で詳しく説明する.) このことが容易にわかるように, すべての酸の化学式を, 解離する水素から始まるように書くことにする. このはじめの水素のみがイオン化し, 他の水素はイオン化しない水素である.

いままで, 分子一つにつき一つだけ H^+ が生じる酸について述べてきた. このような酸を**一塩基酸**という. **多塩基酸**は, 一つの分子から二つ以上の H^+ を出すことができる. それらは HCl や $HC_2H_3O_2$ の反応と同じように反応するが, H^+ の喪失は二つ以上の段階を経て起こる. **二塩基酸**である硫酸のイオン化は連続した二つの段階を経る.

一塩基酸 monoprotic acid

多塩基酸 polyprotic acid

二塩基酸 diprotic acid

$$H_2SO_4(aq) + H_2O \longrightarrow H_3O^+(aq) + HSO_4^-(aq)$$
$$HSO_4^-(aq) + H_2O \rightleftharpoons H_3O^+(aq) + SO_4^{2-}(aq)$$

硫酸の第一段階のイオン化での一方向の矢印は強酸の反応であることを示す. 一方, 第二のイオン化は弱酸としてのイオン化であることを示す.

例題 4・4 多塩基酸のイオン化反応の化学式を書く

リン酸 H_3PO_4 は弱い三塩基酸であり, コカコーラなどのソフトドリンクに酸味をつけるのに使われている. リン酸の水中での逐次的なイオン化の反応式を書け.

指針 H_3PO_4 は三塩基酸である. それは, 化学式のはじめが3個の水素で始まっていることでも示されている. 3個の水素がとれるのでイオン化は3段階で, 各段階で1個ずつ H^+ が外れる.

$$H_3PO_4 \xrightarrow{-H^+} H_2PO_4^- \xrightarrow{-H^+} HPO_4^{2-} \xrightarrow{-H^+} PO_4^{3-}$$

H^+ が外れると水素の数が1個減り, 負電荷が一つ増加することに注意せよ. そして, ある段階の生成物が, 次の段階の反応物になる.

解法 各段階の反応式の記述には, 弱酸のイオン化の式〔(4・3) 式〕を使う.

解答 最初の段階は H_3PO_4 と水との反応であり, H_3O^+ と $H_2PO_4^-$ が生じる.

$$H_3PO_4(aq) + H_2O \rightleftharpoons H_3O^+(aq) + H_2PO_4^-(aq)$$

第二, 第三の段階も第一段階と同様である.

$$H_2PO_4^-(aq) + H_2O \rightleftharpoons H_3O^+(aq) + HPO_4^{2-}(aq)$$
$$HPO_4^{2-}(aq) + H_2O \rightleftharpoons H_3O^+(aq) + PO_4^{3-}(aq)$$

確認 原子と電荷の釣合がとれているか確認せよ. まちがいがあれば, 釣合がとれていないところがあるので, すぐにわかるであろう. いまの場合, すべての反応式で釣合がとれており, 答えは妥当と考えられる.

練習問題 4・5 クエン酸はレモン, ライムやオレンジなどに含まれている酸である. 水中でのクエン酸 $H_3C_6H_5O_7$ の逐次的イオン化の反応式を書け.

酸性酸化物と塩基性酸化物

いままで説明してきた単純な酸と塩基に加え, 水に溶かすと酸 (あるいは塩基) になる化合物がある. 多くの場合, 可溶性の非金属酸化物は水と反応し酸を生じ, 金属酸化物は塩基を生じる.

非金属酸化物の酸性 いままでみてきた酸は水分子に移ることのできる水素原子をもった分子であった. 非金属酸化物は, 水中で酸性溶液となる他の種類の化合物群を形成する. 例として SO_3, CO_2, N_2O_5 がある. これらの水溶液は H_3O^+ を含む. これら

酸無水物 acid anhydride

の酸化物は**酸無水物**とよばれる．これらは，水と反応して H_3O^+ をつくることのできる水素をもつ分子性の酸となる．

$$SO_3(g) + H_2O \longrightarrow H_2SO_4(aq) \quad \text{硫酸}$$
$$N_2O_5(g) + H_2O \longrightarrow 2HNO_3(aq) \quad \text{硝酸}$$
$$CO_2(g) + H_2O \longrightarrow H_2CO_3(aq) \quad \text{炭酸}$$

炭酸はとても不安定で，純粋な化合物として単離することができないが，その水溶液はありふれたものである．大気中の二酸化炭素は雨水，湖水，河川の水に溶け，その一部は炭酸とそのイオン（$H_3O^+, HCO_3^-, CO_3^{2-}$）として存在する．このため，これらの水は自然な状態ではわずかに酸性である．炭酸は，炭酸飲料中にも存在する．

すべての非金属酸化物が酸無水物というわけではない．酸無水物であるのは水と反応できるものだけである．たとえば，一酸化炭素は水と反応しないので，その水溶液は酸性ではない．したがって，一酸化炭素は酸無水物ではない．

塩基無水物 base anhydride

金属酸化物の塩基性　可溶な金属酸化物は，水と反応して生成物の一つとして水酸化物イオンを生成するので，**塩基無水物**である．酸化カルシウムは典型例である．

$$CaO(s) + H_2O \longrightarrow Ca(OH)_2(aq)$$

この反応は，乾いたセメントあるいはコンクリートに水が加えられたときに起こる．酸化カルシウムあるいは“消石灰”は，これらの含有物である．この場合，実際に OH^- を生じるのは酸化物イオン O^{2-} である（図 4・15）．

$$O^{2-} + H_2O \longrightarrow 2OH^-$$

不溶の金属水酸化物と金属酸化物も，酸と反応できるので塩基である．それらの反応は §4・6 で説明する．

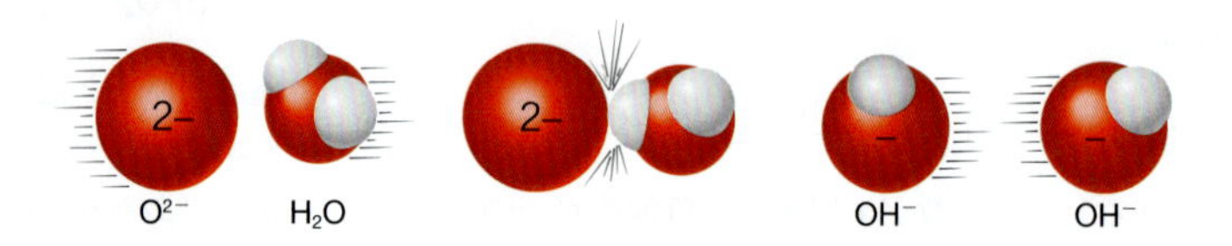

図 4・15　酸化物イオンと水分子との反応． 可溶な金属酸化物が水に溶けたとき，O^{2-} は H^+ を H_2O から受取り，結果として二つの OH^- が生じる．

4・5　酸・塩基の命名法

酸の名前とそれが塩基と反応したときに生じる陰イオンの名前との間には関係があり，それは酸の名前の理解に有用である．しばしば，化学式と並んで酸や塩基の名前が出てくるので，それらがどのように命名されるか知って理解しておく必要がある．

非金属の水素化物

二元酸 binary acid

多くの非金属の二成分水素化物は酸性である．そして，水溶液中において，それらは**二元酸**とよばれる．HCl, HBr, H_2S はその例である．これらの酸の名前は，非金属元素の接頭語に“化”をつけ，その次に“水素”をつける．水中での二元酸の名前には接尾語として“酸”をつける．ただし，HCl(aq) は塩酸と記す．英語名の場合には，非金属の語幹に接頭語 hydro- と接尾語 -ic をつけ，その後に acid をつける．たとえば，塩化水素と硫化水素の水溶液は次のように命名される．

気体分子の名前は通常の二成分化合物の命名に従っていることに注意せよ．酸として

分子化合物の名前		水中での二元酸の名前	
$HCl(g)$	塩化水素(hydrogen chloride)	$HCl(aq)$	塩酸(hydrochloric acid)
$H_2S(g)$	硫化水素(hydrogen sulfide)	$H_2S(aq)$	硫化水素酸(hydrosulfuric acid)

命名されているのは，それらの水溶液である．

酸が塩基と反応するとき，§4・6で説明するが，酸の陰イオンと塩基の陽イオンを含んだ塩が生じる．つまり，HBr は臭化物イオン Br^- を含む塩を，NaOH はナトリウムイオン Na^+ を含む塩を与える．よって，生じる塩は臭化ナトリウム NaBr である．

オキソ酸の命名法

水素と酸素とその他の元素を含む酸は**オキソ酸**とよばれる．H_2SO_4, HNO_3 はその例である．これらの酸の名前は，§2・5で学んだ多原子イオンより導かれる．

オキソ酸 oxoacid

二元酸と同様に，オキソ酸は塩基と反応して，酸の多原子陰イオンと塩基の陽イオンを含む塩を生じる．オキソ酸の名前は多原子陰イオンの名前と関連する．オキソ酸の日本語名は多原子陰イオンの名前からイオンを取除いたものとなる．英語名では次に示すように，多原子陰イオンとオキソ酸の名前の接尾語が変化する．

多原子陰イオンの名前との関連	例
日本語名	
陰イオンの名前からイオンを取除く	硝酸イオン ⟶ 硝酸
	亜硝酸イオン ⟶ 亜硝酸
英語名	
(1) -ate で終わる陰イオンは -ic acid とする	NO_3^-(nitrate ion) ⟶ HNO_3(nitric acid)
(2) -ite で終わる陰イオンは -ous acid とする	NO_2^-(nitrite ion) ⟶ HNO_2(nitrous acid)

陰イオンの接尾語と酸の接尾語の関係は，他の陰イオンにも適用される．例として，チオシアンイオン（thiocyanate ion）SCN^- の酸はチオシアン酸（thiocyanic acid）HSCN, 酢酸イオン（acetate anion）の酸は酢酸（acetic acid），クエン酸イオン（citrate anion）の酸はクエン酸（citric acid）となる．表2・4の多原子イオンの名前と化学式を知っておくことは酸の命名に役立つ．

ハロゲンはいくつかの異なる多原子イオンとオキソ酸をつくることができる．たとえば塩素の場合，これらのオキソ酸の名前は次のとおりである．過塩素酸イオン（perchlorate ion）ClO_4^- の酸は過塩素酸（perchloric acid）$HClO_4$，次亜塩素酸イオン（hypochlorite ion）ClO^- の酸は次亜塩素酸（hypochlorous acid）HClO となる．

HClO	次亜塩素酸（hypochlorous acid）	$HClO_3$	塩素酸（chloric acid）
$HClO_2$	亜塩素酸（chlorous acid）	$HClO_4$	過塩素酸（perchloric acid）

例題 4・5 酸の命名

臭素は塩素と同様に4種のオキソ酸をつくる．$HBrO_2$ の名前は何か．

指針 この問題は，ハロゲンのオキソ酸の名前を参考にして，それと同様に扱えばよい．

解法 多原子イオンの名前と，それがどのように酸と関係しているか先に説明したことを用いる．

解答 塩素のオキソ酸の名前は先に述べたとおりである．$HBrO_2$ の化学式は亜塩素酸（chlorous acid）の化学式に似ているので，塩素を臭素（brom-）に置き換えて元素名の語幹として使う．よって，$HBrO_2$ の名前は亜臭素酸（bromous acid）である．

確認　$HClO_2$ が亜塩素酸ならば，$HBrO_2$ が亜臭素酸であることは妥当と考えられる．

練習問題 4・6　酸 HF および HI の水溶液を命名せよ．

練習問題 4・7　次の分子の図中の各色の原子の原子種を決め，その酸の名前を書け．

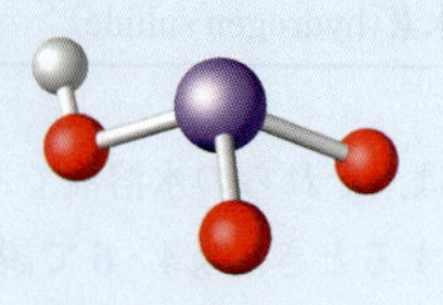

塩基の命名

NaOH や Na_2O のような OH^- や O^{2-} を含む金属化合物はイオン性であり，その名前は他のイオン化合物と同じようにつけられる．つまり，NaOH は水酸化ナトリウムであり，Na_2O は酸化ナトリウムである．

NH_3 や CH_3NH_2 のような分子性の塩基は，単に分子の名前でよばれる．分子性の塩基の名前は複雑であるが，しばしば“アミン”という語があることで判断できることがある．

4・6　メタセシス反応（二重置換反応）

KI と $Pb(NO_3)_2$ の反応の説明において，正味のイオン反応式によって，反応における溶液中のイオンの数の変化が明らかとなった．一般に，そのような変化がイオン反応を特徴づけている．本節では，正味のイオン反応が存在するかしないかということが，溶質が混合された溶液中でイオン反応が起こるか起こらないかの判断に，どのように利用できるかについて学ぶ．

次に示すことのうち一つが起これば，正味のイオン反応が存在し，反応が起こる．

可溶性の反応物の混合物から沈殿が生じる．
酸と塩基が反応して塩と水が生じる．
強電解質の混合物から弱電解質が生じる．
反応物の混合物より気体が生じる．

もし正味のイオン反応式が記述できない場合，それは正味の反応が生じないことを覚えておこう．さらに，以上の基準に合った正味のイオン反応は，一般に完全に進行し，その反応式では一方向の矢印が使われる．

沈殿反応の予測

硝酸鉛(II)とヨウ化カリウム間の反応は，次の反応式で表される．

$$Pb(NO_3)_2(aq) + 2KI(aq) \longrightarrow PbI_2(s) + 2KNO_3(aq)$$

メタセシス反応 metathesis reaction

二重置換反応 double replacement reaction

沈殿反応 precipitation reaction

陽イオンと陰イオンが相手を交換するこのような反応は**メタセシス反応**とよばれ，イオン反応の大きなカテゴリーのうちのひとつに属する．しばしば，メタセシス反応は**二重置換反応**ともいわれる．また，たとえば PbI_2 と KNO_3 の生成において，I^- は鉛化合物中の NO_3^- を，NO_3^- はカリウム化合物中の I^- を置き換えるような反応で，沈殿を生じるメタセシス反応は**沈殿反応**ともよばれる．

硝酸鉛(II)とヨウ化カリウムは，生成物の一つが不溶性なので反応する．このような反応は，どの物質が可溶性でどの物質が不溶性であるかがわかれば予測することが

表 4・1 イオン化合物の水に対する溶解性の規則

可溶な化合物

1. アルカリ金属（1族）の化合物はすべて溶ける.
2. NH_4^+, NO_3^-, ClO_4^-, ClO_3^-, $C_2H_3O_2^-$ を含むすべての塩は溶ける.
3. Cl^-, Br^-, I^- を含むすべての塩は溶ける. ただし Ag^+, Pb^{2+}, Hg_2^{2+} の塩を除く.
4. SO_4^{2-} を含むすべての塩は溶ける. ただし Pb^{2+}, Ca^{2+}, Sr^{2+}, Hg_2^{2+}, Ba^{2+} の塩を除く.

不溶な化合物

5. OH^- を含むすべてのイオン化合物と O^{2-} を含むすべてのイオン化合物（すべての金属酸化物）は不溶である. ただし1族と Ca^{2+}, Sr^{2+}, Ba^{2+} を除く. 水と反応して水酸化物イオンを生じるとき, 金属酸化物は溶ける. 酸化物イオン O^{2-} は水中には存在しない. たとえば,
$$Na_2O(s) + H_2O \longrightarrow 2NaOH(aq)$$
6. PO_4^{3-}, CO_3^{2-}, SO_3^{2-}, S^{2-} を含むすべての塩は不溶である. ただし1族と NH_4^+ との塩を除く.

できる. その助けとして, 表4・1に示した, イオン化合物が溶けるか溶けないかを示す**溶解性の規則**を使うことができる. なぜ溶けるかは12章で考察する. この規則を覚えやすくするには, 多少の例外はあるが, 規則を二つのカテゴリーに分ける. はじめのカテゴリーには, 規則1〜4は可溶性の化合物が関係する. 規則5,6は不溶性の化合物が関係する. いくつかの例で, その使い方がはっきりするだろう.

溶解性の規則 solubility rule

規則1は, すべてのアルカリ金属の化合物は水に可溶であることである. これは, Na^+, K^+ や他の1族の金属イオンなら, どんな陰イオンにもかかわらず, 化合物が水に溶けることを意味する. メタセシス反応の反応物の一つが Na_3PO_4 であるならば, 規則1よりそれが可溶性であることがわかる. それゆえ, イオン反応式において, 解離した化学式 $3Na^+(aq) + PO_4^{3-}(aq)$ を書くことができる. 同様に, 規則6は炭酸塩は, アルカリ金属とアンモニウムの塩を除き不溶であることを示している. もし, メタセシス反応において生成物の一つが $CaCO_3$ ならば, その陽イオンはアルカリ金属イオンでも NH_4^+ でもないので, 不溶であると予測できる. したがって, イオン反応式において $CaCO_3(s)$ を解離していない形の化学式で書くことになる. 例題4・6は, 反応の予測にこれらの規則がどのように利用できるかを説明している.

例題 4・6 沈殿反応を予測し, その反応式を書く

$Pb(NO_3)_2$ と $Fe_2(SO_4)_3$ の水溶液が混合されたときに反応が起こるかどうか予測せよ. 分子反応式, イオン反応式, 正味のイオン反応式を書け.

指針 分子反応式では, 左辺に反応物を書くことから始める.
$$Pb(NO_3)_2 + Fe_2(SO_4)_3 \longrightarrow$$
反応を完了させるには, 生成物を決める必要がある. 次に, 可溶な強電解質をイオンの形で書いてイオン反応式を書く. 最後に, 傍観イオンを消去して正味のイオン反応式を残す. この段階で正味のイオン反応式が残っていれば, それは反応が起こることを示していることになる.

解法 ここで用いる手法は, 1) イオンの化学式から塩の化学式を書く規則, 2) イオン反応式と正味のイオン反応式を書く規則, 3) 溶解性の規則である.

解答 反応物 $Pb(NO_3)_2$ と $Fe_2(SO_4)_3$ はそれぞれ, Pb^{2+} と NO_3^-, Fe^{3+} と SO_4^{2-} を含む. 生成物の化学式を書くには, 生成物の化学式の電気的中性に気をつけて, 陰イオンを交換する. これより, 生成物として $PbSO_4$ と $Fe(NO_3)_3$ が考えうる. この時点で, まだ釣合のとれていない化学反応式は, 次式で表される.
$$Pb(NO_3)_2 + Fe_2(SO_4)_3 \longrightarrow PbSO_4 + Fe(NO_3)_3$$
次に, 溶解性を検討する. 反応物はイオン化合物であり, それらは可溶性である. 溶解性の規則2,4から確認できる. 生成物については, 規則2よりすべての硝酸塩は可溶であることから, $Fe(NO_3)_3$ は可溶である. また, 規則4より Pb^{2+} の硫酸塩は不溶である. これは $PbSO_4$ の沈殿が生じることを意味している. (aq) と (s) を適切に書き加えると, 釣合のと

れていない分子反応式は，次式で表される．

$$Fe_2(SO_4)_3(aq) + Pb(NO_3)_2(aq) \longrightarrow Fe(NO_3)_3(aq) + PbSO_4(s)$$

釣合をとって，次の分子反応式が得られる．

$$Fe_2(SO_4)_3(aq) + 3Pb(NO_3)_2(aq) \longrightarrow 2Fe(NO_3)_3(aq) + 3PbSO_4(s)$$

次に，これをイオン反応式に拡張する．イオン反応式では，可溶な化合物は解離したイオンの形で，不溶の化合物は“分子”の形で書かれる．イオンの添字と係数に注意せよ．

$$2Fe_2{}^{3+}(aq) + 3SO_4{}^{2-}(aq) + 3Pb^{2+}(aq) + 6NO_3{}^-(aq) \longrightarrow 2Fe^{3+}(aq) + 6NO_3{}^-(aq) + 3PbSO_4(s)$$

これより傍観イオン（Fe^{3+}と$NO_3{}^-$）を除くと，

$$3Pb^{2+}(aq) + 3SO_4{}^{2-}(aq) \longrightarrow 3PbSO_4(s)$$

最後に，係数を簡約して正味のイオン反応式を得る．

$$Pb^{2+}(aq) + SO_4{}^{2-}(aq) \longrightarrow PbSO_4(s)$$

正味のイオン反応式の存在は，硝酸鉛(Ⅱ)と硫酸鉄(Ⅲ)の間で反応が起こることを確認していることになる．

確認　このような問題で確認しなければならないことのひとつは，生成物の化学式が正しく書けているかどうかである．イオンのすべての電荷と化学式中の添字が中性の化学式を書くのに適合しているかを確認せよ．生成物の化学式が正しいことが確かめられたら，溶解性の規則が正しく適用されたか確認する．

練習問題 4・8　$Zn(NO_3)_2$と$Ca(OH)_2$の水中における反応の正味のイオン反応式を書け．

練習問題 4・9　分子，イオン，正味のイオン反応式を書いて，次の溶質を混ぜたときに起こる反応を予測せよ．
(a) $AgNO_3$とNH_4Cl　(b) 硫化ナトリウムと酢酸鉛(Ⅱ)

酸塩基反応の予測

中和反応 neutralization reaction

酸と塩基の最も重要な性質の一つが，酸塩基の**中和反応**である．たとえば，臭素酸HBr(aq)と塩基である水酸化カリウムKOH(aq)を混ぜると次のように反応する．

$$HBr(aq) + KOH(aq) \longrightarrow KBr(aq) + H_2O$$

反応物がモル比で1：1で反応すると，酸性および塩基性の性質は消え，反応後の溶液は酸性でも塩基性でもなくなる．これを酸と塩基は中和した，また別のいい方では，酸塩基中和反応が起こったという．酸塩基中和反応は単に水素イオンと水酸化物イオンが反応して水分子ができ，それによりH^+とOH^-がなくなることであると最初に指摘したのはアレニウスである．

酸と塩基の反応はイオン化合物，すなわち塩をもう一つの生成物としてつくる．HBr(aq)とKOH(aq)の反応では臭化カリウムが生じる．ほとんどの塩は適切な酸と塩基との反応からつくることができる．

一般に，中和反応はメタセシス反応としてみることができる．先の反応は，

$$HBr(aq) + KOH(aq) \longrightarrow KBr(aq) + H_2O$$

と書ける．これをイオン反応式で書くと，次式が得られる．

$$H^+(aq) + Br^-(aq) + K^+(aq) + OH^-(aq) \longrightarrow K^+(aq) + Br^-(aq) + H_2O$$

ここでは，H_3O^+をH^+と簡略化した．正味のイオン反応式は傍観イオンを消去して，

$$H^+(aq) + OH^-(aq) \longrightarrow H_2O$$

と書ける．この場合は，沈殿の代わりに大変弱い電解質H_2Oができるので，正味のイオン反応式が存在する．実際，強酸と溶解性のOH^-をもつ強塩基とのどんな反応においても，これと同じ正味のイオン反応式を見いだすことができる．

中和反応における水の生成は，弱い酸あるいは不溶な塩基，またその両方の場合の反応においても強い反応駆動力となる．いくつかの例を示そう．

弱酸と強塩基の反応

分子反応式: $HC_2H_3O_2(aq) + NaOH(aq) \longrightarrow NaC_2H_3O_2(aq) + H_2O$
弱酸

正味のイオン反応式: $HC_2H_3O_2(aq) + OH^-(aq) \longrightarrow C_2H_3O_2^-(aq) + H_2O$

この反応は図4・16に説明されている.

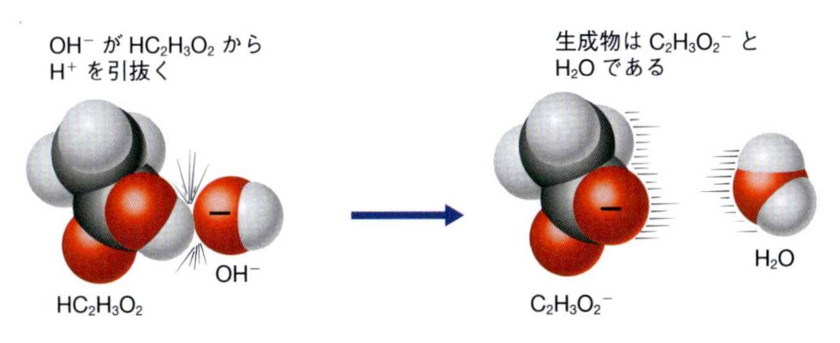

図 4・16 酢酸と強塩基の正味の反応. OH^- による $HC_2H_3O_2$ の中和は, おもに OH^- による $HC_2H_3O_2$ からの H^+ の引抜きにより起こる.

強酸と不溶性塩基の反応

分子反応式: $2HCl(aq) + Mg(OH)_2(s) \longrightarrow MgCl_2(aq) + 2H_2O$
強酸

正味のイオン反応式: $2H^+(aq) + Mg(OH)_2(s) \longrightarrow Mg^{2+}(aq) + 2H_2O$

図4・17は塩酸と $Mg(OH)_2$ が含まれているマグネシアミルクとの反応を示す.

図 4・17 マグネシアミルクによる塩酸の中和. マグネシアミルクの入ったビーカーに塩酸溶液を加える. マグネシアミルク中の固体は水酸化マグネシウム $Mg(OH)_2$ であり, これは酸を中和することができる. 固体の $Mg(OH)_2$ が反応して溶けると混合液は透明になる.

弱酸と不溶性塩基の反応

分子反応式: $2HC_2H_3O_2(aq) + Mg(OH)_2(s) \longrightarrow Mg(C_2H_3O_2)_2(aq) + 2H_2O$
弱酸

正味のイオン反応式:

$$2HC_2H_3O_2(aq) + Mg(OH)_2(s) \longrightarrow Mg^{2+}(aq) + 2C_2H_3O_2^-(aq) + 2H_2O$$

直前の二つの例では, 反応物の片方が不溶でも, 水の生成が反応を駆動している. イオン反応式, 正味のイオン反応式を書くには, 溶解性の規則と, どの酸が強くて弱いかの両方がわかっていることが重要である. 強酸の一覧表を知っていれば, そこに載っていない酸は弱酸だとわかる.

酸と弱塩基の反応 酸塩基中和は常に水の生成を伴うわけではない. このことは図4・18に示すように, NH_3 のような弱塩基と酸の反応においてみることができる. HClのような強酸では, 次のようになる.

分子反応式: $HCl(aq) + NH_3(aq) \longrightarrow NH_4Cl(aq)$

正味のイオン反応式 (H_3O^+ を H^+ と簡略化している):

$$H^+(aq) + NH_3(aq) \longrightarrow NH_4^+(aq)$$

$HC_2H_3O_2$ のような弱酸では, 次のようになる.

分子反応式: $HC_2H_3O_2(aq) + NH_3(aq) \longrightarrow NH_4C_2H_3O_2(aq)$

正味のイオン反応式: $HC_2H_3O_2(aq) + NH_3(aq) \longrightarrow NH_4^+(aq) + C_2H_3O_2^-(aq)$

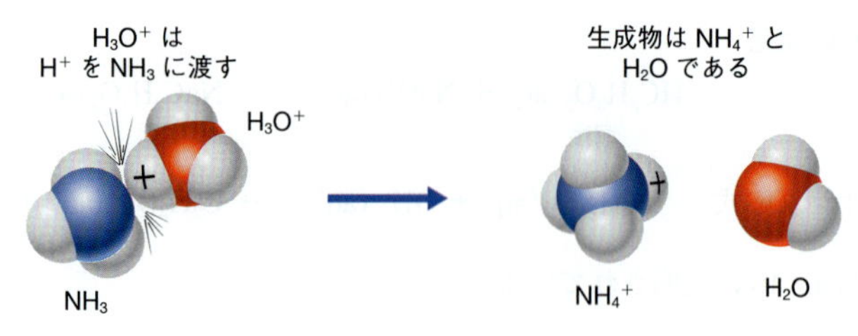

図 4・18 アンモニアと強酸の反応. 反応はおもに H_3O^+ から NH_3 に H^+ が移動することで起こる. 生成物は NH_4^+ と H_2O である.

$HC_2H_3O_2$ の水溶液は H^+ を, NH_3 の水溶液は OH^- を含んでいるが, それらの溶液が混合されると, 主反応は酸と塩基の分子間の反応となる (図 4・19).

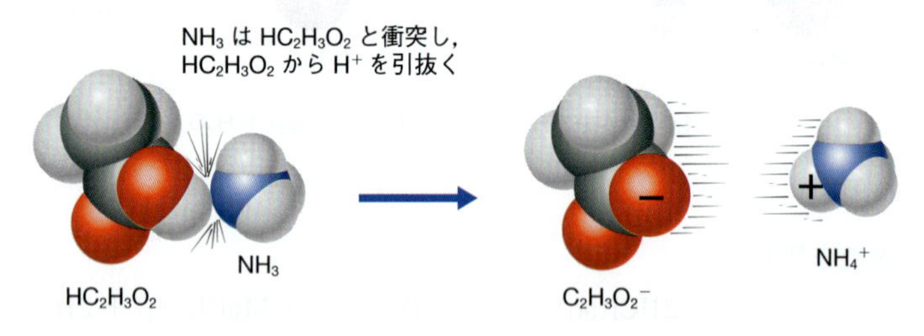

図 4・19 酢酸とアンモニアの反応. NH_3 と $HC_2H_3O_2$ の衝突は, $HC_2H_3O_2$ から NH_3 へ H^+ を移動させ, $C_2H_3O_2^-$ と NH_4^+ を生じる.

酸性塩 acid salt

酸 性 塩　多塩基酸を塩基により逐次的に中和していくさい, H^+ が除かれるたびに中和を止めることができる. たとえば, 1.0 mol の H_2SO_4 と 1.0 mol の NaOH の反応は HSO_4^- を与える. もし, この溶液を蒸発させると, 塩 $NaHSO_4$ が得られる. この化合物は, その陰イオン HSO_4^- がまだ H^+ をもっているので, **酸性塩**とよばれる. 多塩基酸の完全な中和とは, イオン化可能なすべての水素が塩基と反応することである.

2 章の多原子陰イオンの表 2・4 で, すでに酸性塩の陰イオンの名前をみてきた. しかし, HSO_4^- のようなイオンでは, 名称として塩基と反応しうる水素の数を明記する必要がある. つまり, HSO_4^- は硫酸水素イオン, $H_2PO_4^-$ はリン酸二水素イオンとよばれる. これらのイオンは Na^+ と次のような塩をつくる.

$NaHSO_4$　硫酸水素ナトリウム　　　NaH_2PO_4　リン酸二水素ナトリウム

練習問題 4・10　$Ca(OH)_2(aq)$ による $HNO_3(aq)$ の中和において, 分子反応式, イオン反応式, 正味のイオン反応式を書け.

練習問題 4・11　弱塩基であるメチルアミン CH_3NH_2 と弱酸であるギ酸 $HCHO_2$ の反応の分子反応式, イオン反応式, 正味のイオン反応式を書け.

練習問題 4・12　1 mol の NaOH と 1 mol の亜硫酸との反応の生成物の化学式を書け. その化合物の名前は何か.

練習問題 4・13　ヒ酸を水酸化ナトリウムで逐次的に中和するときの分子反応式を書け. 生成する塩の名前は何か. 酸が完全に中和される段階を特定せよ.

気体が発生する反応の予測

メタセシス反応の生成物が室温で気体であり, 水にあまり溶けないことがある. 最もありふれた例は, 二酸化炭素である. これは酸が炭酸塩あるいは炭酸水素塩 (重炭酸塩) と反応したときに生じる. たとえば, 炭酸水素ナトリウムの溶液が塩酸に加えられると，二酸化炭素の泡が発生する．これは胃が不調なときに炭酸水素ナトリウムを飲んださいに起こる反応と同じである．胃液の酸は HCl であり，$NaHCO_3$ との反応は，中和とともに気体の CO_2 を発生させる．このメタセシス反応の分子反応式は次式で表される．

$$HCl(aq) + NaHCO_3(aq) \longrightarrow NaCl(aq) + H_2CO_3(aq)$$

炭酸 H_2CO_3 は，純粋物として単離するには不安定である．炭酸がメタセシス反応で相応の量の生成物として生成するとき，炭酸は CO_2 と水とに分解する．二酸化炭素は水にわずかしか溶けないので．ほとんどの CO_2 が水溶液から泡だって出ていく．その分解反応は，次のとおりである．

$$H_2CO_3(aq) \rightleftharpoons H_2O + CO_2(g)$$

よって，全体の分子反応式は，

$$HCl(aq) + NaHCO_3(aq) \longrightarrow NaCl(aq) + H_2O + CO_2(g)$$

となり，イオン反応式は，

$$H^+(aq) + Cl^-(aq) + Na^+(aq) + HCO_3^-(aq) \longrightarrow Na^+(aq) + Cl^-(aq) + H_2O + CO_2(g)$$

コラム 4・2　硬水とそれがひき起こす問題

沈殿反応は私たちの身のまわりで常に起こっているが，それが何か問題をひき起こすまでは，なかなか気がつかない．よくある問題の一つは**硬水**（hard water）が原因で起こる．地下水は，通常の石けんにより沈殿するのに十分なだけの濃度の“硬いイオン”すなわち Ca^{2+}, Mg^{2+}, Fe^{2+}, Fe^{3+} を含んでいる．ふつう，石けんは，動物の脂肪あるいは油（いわゆる脂肪酸）からつくられる有機酸のナトリウム塩を含んでいる．一例は，ステアリン酸ナトリウム $NaC_{18}H_{35}O_2$ である．石けんの陰イオンは，硬い金属イオンと一緒になり不溶の“浮かす”をつくり，それは石けんの汚れや脂分に対する洗浄力を低下させる．

硬いイオンはいくつかの方法により水から除去できる．一つの方法は，しばしば洗濯ソーダとよばれる炭酸ナトリウム $Na_2CO_3 \cdot 10H_2O$ を水に加えることである．炭酸イオンは硬いイオンと不溶の沈殿物をつくる．一例が炭酸カルシウム $CaCO_3(s)$ である．

$$Ca^{2+}(aq) + CO_3^{2-}(aq) \longrightarrow CaCO_3(s)$$

いったん硬いイオンが沈殿となれば石けんの洗浄力を妨害することはない．

大地が石灰岩（おもに $CaCO_3$ でできている）を含む地域では，硬水による問題がしばしば生じる．雨水や自然水には大気中の CO_2 が溶けて入っている．二酸化炭素は，弱い二塩基酸である炭酸 H_2CO_3 の無水物である．これは水をわずかに酸性にする．

$$CO_2(g) + H_2O \rightleftharpoons H_2CO_3(aq)$$
$$H_2CO_3(aq) + H_2O \rightleftharpoons H_3O^+(aq) + HCO_3^-(aq)$$

このわずかに酸性の水が石灰岩に染みこむと，不溶の $CaCO_3$ のいくらかは反応して可溶の炭酸水素カルシウムになる．

$$CaCO_3(s) + H_2CO_3(aq) \longrightarrow Ca^{2+}(aq) + 2HCO_3^-(aq)$$

この地下水がくみ上げられ生活水として供給されると，Ca^{2+} の存在が先に述べたような問題をひき起こす．

この硬水が加熱器の中で加熱されたり，ガラス器やシャワー室の壁に跳ねかかったり飛び散ったりすると，もっと深刻な問題を起こす．Ca^{2+} と HCO_3^- を含む溶液が加熱されると水が蒸発し，先ほどの逆反応が起こり，不溶の $CaCO_3$ が析出する．

$$Ca^{2+}(aq) + 2HCO_3^-(aq) \longrightarrow H_2O + CO_2(g) + CaCO_3(s)$$

硬水が蒸発したあとには，ガラス器や壁の表面には，取除きにくい $CaCO_3$ による汚れが残る．加熱器の内部では問題はもっと厄介である．$CaCO_3$ の沈殿はパイプやボイラーの内壁にこびりつき，それはボイラースケール（湯垢）とよばれる．水中の Ca^{2+} と HCO_3^- の濃度が高い地方では，写真に示すようにボイラースケールは深刻な問題となる．

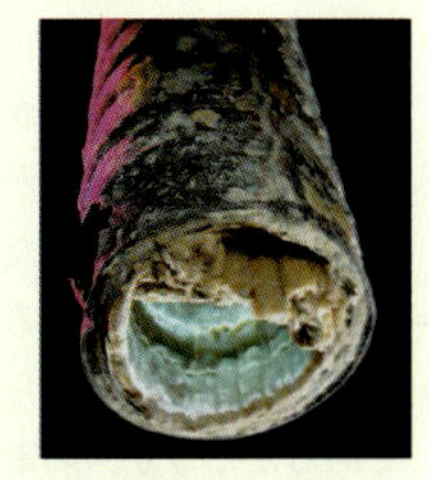

配水管の内部の湯垢

となる．そして，正味のイオン半反応式は，次のようになる．

$$H^+(aq) + HCO_3^-(aq) \longrightarrow H_2O + CO_2(g)$$

似たような結果が炭酸水素塩の代わりに炭酸塩を使っても得られる．その場合は，二つの水素イオンが炭酸塩と結びつき H_2CO_3 を与え，それが水と CO_2 に分解する．

$$2H^+(aq) + CO_3^{2-}(aq) \longrightarrow H_2CO_3(aq) \longrightarrow H_2O + CO_2(g)$$

正味の反応は，次のようになる．

$$2H^+(aq) + CO_3^{2-}(aq) \longrightarrow H_2O + CO_2(g)$$

炭酸塩と酸との反応による CO_2 の発生は，不溶な炭酸塩を酸に溶かす反応を強力に進行させる．次に石灰岩 $CaCO_3$ と塩酸の反応を示す．この反応の分子反応式と正味のイオン反応式は以下のとおりである．

$$CaCO_3(s) + 2HCl(aq) \longrightarrow CaCl_2(aq) + CO_2(g) + H_2O$$
$$CaCO_3(s) + 2H^+(aq) \longrightarrow Ca^{2+}(aq) + CO_2(g) + H_2O$$

メタセシス反応において生成する気体は二酸化炭素だけではない．表4・2に他の気体とその発生反応の例を示す．

表 4・2　メタセシス反応で生じる気体

気体	反応物	反応
酸との反応で生じる気体†1		
H_2S	硫化物	$2H^+ + S^{2-} \longrightarrow H_2S$
HCN	シアン化物	$H^+ + CN^- \longrightarrow HCN$
CO_2	炭酸塩	$2H^+ + CO_3^{2-} \longrightarrow (H_2CO_3) \longrightarrow H_2O + CO_2$
	炭酸水素塩	$H^+ + HCO_3^- \longrightarrow (H_2CO_3) \longrightarrow H_2O + CO_2$
SO_2	亜硫酸塩	$2H^+ + SO_3^{2-} \longrightarrow (H_2SO_3) \longrightarrow H_2O + SO_2$
	亜硫酸水素塩	$H^+ + HSO_3^- \longrightarrow (H_2SO_3) \longrightarrow H_2O + SO_2$
塩基との反応で生じる気体		
NH_3	アンモニウム塩†2	$NH_4^+ + OH^- \longrightarrow NH_3 + H_2O$

†1　括弧内の化学式は反応過程で分解してしまう不安定な化合物の化学式である．
†2　メタセシス反応を書くさいに，水酸化アンモニウム NH_4OH を書きたくなるかもしれないが，NH_4OH は存在しない．

例題 4・7　気体が発生する反応の予測とその反応式

炭酸アンモニウム $(NH_4)_2CO_3$ の溶液とプロパン酸（プロピオン酸ともよばれる）$HC_3H_5O_2$ との溶液を混ぜたとき，どんな反応が起きるか．

指針　反応が起こるかどうか知るために，イオン反応式から傍観イオンを消去したあとに正味のイオン反応式が残るかどうかを知る必要がある．可能性のあるメタセシス反応の分子反応式を書くことから始める．次に，反応物と生成物が固体であるかどうか，弱電解質か，気体であるかを検討する．次に，イオン反応式を組立て，正味のイオン反応式を得るために消去すべき傍観イオンを探す．

解法　必要な手法は強酸の一覧表，溶解性の規則の表4・1とメタセシス反応で生じる気体の表4・2である．

解答　はじめに，反応をメタセシス反応として分子反応式を組立てる．プロパン酸においては H^+ を陽イオン，$C_3H_5O_2^-$ を陰イオンと考える．それゆえ，二つの陰イオン間で陽イオンを交換したあとに，釣合のとれた次の分子反応式を得ることができる．

$$(NH_4)_2CO_3 + 2HC_3H_5O_2 \longrightarrow 2NH_4C_3H_5O_2 + H_2CO_3$$

問題に，$HC_3H_5O_2$ は溶液とあるので，$HC_3H_5O_2$ は可溶であることがわかる．また，$HC_3H_5O_2$ は強酸の一覧表には載っていないので，弱酸と推測できる．そこで，イオン反応式ではそれを分子の形で書くこととする．

次に，H_2CO_3 は $CO_2(g)$ と H_2O に分解することがわかっている(表4・2)．これらを取入れて分子反応式を書き換える．

$$(NH_4)_2CO_3 + 2HC_3H_5O_2 \longrightarrow 2NH_4C_3H_5O_2 + CO_2(g) + H_2O$$

ここで，どのイオン性物質が可溶であるかを決めなければならない．溶解性の規則によれば，すべてのアンモニウム塩は可溶である．そして，すべての塩が強電解質であることがわかっている．それゆえ，$(NH_4)_2CO_3$ と $NH_4C_3H_5O_2$ を解離した形で書く．

$$2NH_4^+(aq) + CO_3^{2-}(aq) + 2HC_3H_5O_2(aq) \longrightarrow 2NH_4^+(aq) + 2C_3H_5O_2^-(aq) + CO_2(g) + H_2O$$

唯一の傍観イオンは NH_4^+ である．$2NH_4^+$ を両辺から消去して，以下の式を得る．

$$CO_3^{2-}(aq) + 2HC_3H_5O_2(aq) \longrightarrow 2C_3H_5O_2^-(aq) + CO_2(g) + H_2O$$

これで，正味のイオン反応式の存在により，正味の反応が起こることが示された．

確認 この種の問題では起こりやすいまちがいがいくつかあるので，二重に確認することが肝要である．生成物の化学式を正しく書いているか確認する(例題4・6参照)．次に，弱酸を探す(強酸の一覧表が必要である．もしそこに載っていなかったら，それは弱酸である)．気体，あるいは分解して気体となる物質を探す(表4・2参照)．不溶な化合物を確認する(表4・1の溶解性の規則が必要である)．これらの点が確認できれば，答えは妥当と考えられる．

例題 4・8 メタセシス反応を推測しその化学反応式を書く

水中で硝酸カリウムと塩化アンモニウムは，どのような反応を起こすか．

指針 正味のイオン反応式が存在するかどうかを知る必要がある．例題4・7と同じ道をたどるが，はじめに化合物名を化学式に変換しなければならない．

解法 必要な手法は2章の命名法，溶解性の規則(表4・1)，メタセシス反応で生じる気体の表4・2である．

解答 最初に，命名法を使う．硝酸カリウム中のイオンは K^+ と NO_3^- であるので，この塩の化学式は KNO_3 である．塩化アンモニウム中のイオンは NH_4^+ と Cl^- であるので，NH_4Cl となる．

次に，生成物の化学式が正しくなるよう気をつけて分子反応式を書く．

$$KNO_3 + NH_4Cl \longrightarrow KCl + NH_4NO_3$$

この反応式をみて，弱酸や分解して気体を生じるものは見あたらない．次に，溶解性を調べる．溶解性の規則2によれば，KNO_3 も NH_4Cl も可溶性である．溶解性の規則1と2により，二つの生成物も溶解性である．それゆえ，予想される分子反応式は，

$$KNO_3(aq) + NH_4Cl(aq) \longrightarrow KCl(aq) + NH_4NO_3(aq)$$

イオン反応式は，

$$K^+(aq) + NO_3^-(aq) + NH_4^+(aq) + Cl^-(aq) \longrightarrow K^+(aq) + Cl^-(aq) + NH_4^+(aq) + NO_3^-(aq)$$

である．反応式の右辺は，イオンの順が異なるだけで左辺と同じであることに注意せよ．傍観イオンを消去すると，何も残らない．正味の反応式はなく，反応は起こらない．

確認 例題4・7と同じ確認をすることで，答えは正しいことがわかる．

練習問題 4・14 ギ酸イオン CHO_2^- の塩は可溶である．$Co(OH)_2$ とギ酸 $HCHO_2$ との反応を予測せよ．分子反応式，イオン反応式，正味のイオン反応式を書け．

練習問題 4・15 水溶液中で $MgCl_2$ と $(NH_4)_2SO_4$ の正味の反応がないことを示せ．

メタセシス反応により塩を生成する

化学者はしばしば自ら試薬を合成する必要がある．化学物質の合成はメタセシス反応の実用的な利用の一つである．たとえば，歯科医や医師が使うX線写真のフィルムの作製では，X線に敏感な成分は，硝酸銀と臭化カリウムとヨウ化カリウムとの反応でつくられる臭化銀とヨウ化銀の混合物である．両方の反応物は水に可溶であるが，臭化銀とヨウ化銀は不溶である．

合成を計画するうえで最も重要な点は，目的とする純粋な化合物が反応混合物から容易に分離できることである．これには三つの原理的なアプローチがある．

1. もし目的物が水に不溶ならば，二つの可溶な反応物から始めることができる．反応後に，目的物は混合体から沪別して分離できる．
2. もし目的物が水に可溶ならば，量論的に釣合った量の酸と塩基による中和反応により純粋な目的物の溶液をつくることができる．
3. 可溶な物質をつくる他の方法は，陽イオンを供給する過剰の金属炭酸塩，硫化物や亜硫酸塩に，陰イオンを供給する酸を加えることである．(金属硫化物や亜硫酸塩は機能するが，H_2S と SO_2 は両方とも有毒なので，通常は使われない．)

2と3の場合は，純粋な固体として回収するために，溶液を蒸発させる．

例題 4・9　メタセシス反応による化合物合成

硫酸ニッケル $NiSO_4$ を合成するにはどのような反応を行えばよいか．

指針　この種の問題では，同じ化合物をつくるのに二つ以上の反応があることがある．はじめに，$NiSO_4$ が可溶かどうか知る必要がある．次に反応物を選択する．

解法　必ず必要になるのは溶解性の規則である．これに精通することで，答えるのが容易になるだろう．次に，合成経路を定めるために，メタセシス反応で化合物を合成するさいの経路を決める手法を使う．酸塩基中和反応あるいは酸と炭酸塩の反応の反応式をどのように書くかについても知る必要がある．

解法　$NiSO_4$ は水に可溶であるので，最もよい経路は，酸と炭酸塩か水酸化物との反応である．酸は陰イオンを供給するので，H_2SO_4 を使うことになる．塩基は $Ni(OH)_2$ である．もし，炭酸塩を使うならば $NiCO_3$ である．溶解性の規則は，これら両方とも不溶であると示している．これらの二つの可能な反応を分子反応式で書くと以下のようになる．

$$H_2SO_4(aq) + Ni(OH)_2(s) \longrightarrow NiSO_4(aq) + 2H_2O$$
$$H_2SO_4(aq) + NiCO_3(s) \longrightarrow NiSO_4(aq) + CO_2(g) + H_2O$$

確認　ここでは，反応の筋道を確認することである．二つの反応式は目的物を与えている．もし，過剰の不溶な反応物で反応が行われたなら，沪別により $NiSO_4$ のみを含む溶液が得られるだろう．

練習問題 4・16　酸塩基中和反応を使って硝酸銅(II)をつくる反応式を書け．

練習問題 4・17　メタセシス反応で硫化コバルト(II)をつくることを想定せよ．この場合，反応物はどのようなものでなければならないか．また，その反応の反応式を書け．

4・7　モル濃度

多くの反応を行うにあたって溶液は大変便利である．溶液の化学量論を扱うにあたって，たとえば濃度を表す方法など定量的な手法が必要である．これまで百分率濃度（溶液 1 g 当たりの溶質の g 数を 100 倍したもの）を，濃度の単位として用いたが，ここでは溶液中の反応の量論を扱うのに，質量ではなく物質量を使うことにする．そこで，溶質の量を物質量で，溶液の量をリットル（L）で表すことにする．

モル濃度 molar concentration, molarity, *M*

溶液の**モル濃度**は，溶液 1 L 当たりの溶質の物質量で定義される．

$$\text{モル濃度} = \text{溶質の物質量}/\text{溶液の体積 (L)} \qquad (4・5)$$

1.00 L 中に 0.100 mol の NaCl を含む溶液は 0.100 mol L^{-1} のモル濃度をもつ．これはモル濃度 0.100 の NaCl，あるいは 0.100 mol L^{-1} の NaCl と表現される．もし，0.100 L（100 mL）の溶液中に 0.0100 mol の NaCl を溶かせば，溶液の体積に対する溶質の物質量の比は同じなので，同じ濃度となる．

$$\frac{0.100\ \text{mol NaCl}}{1.00\ \text{L NaCl 溶液}} = \frac{0.0100\ \text{mol NaCl}}{0.100\ \text{L NaCl 溶液}} = 0.100\ \text{mol L}^{-1}\ \text{NaCl}$$

モル濃度を換算係数として使う

化合物の量とその溶液の体積が関係する量論問題を扱うときには，問題の解決にモル濃度が関与すると思ってよい．

モル濃度は，物質量と体積の間で変換を行うのに必要な換算係数となる．たとえば，0.100 mol L^{-1} NaCl とラベルされた溶液を考えると，

$$0.100\ \mathrm{mol\ L^{-1}\ NaCl} = \frac{0.100\ \mathrm{mol\ NaCl}}{1.00\ \mathrm{L\ NaCl\ 溶液}}$$

と書くことができる．これは“NaCl の物質量”と“溶液の体積 (L)”の間の等価関係を示している．

$$0.100\ \mathrm{mol\ NaCl} \Leftrightarrow 1.00\ \mathrm{L\ 溶液}$$

$$\swarrow \qquad \searrow$$

$$\frac{0.100\ \mathrm{mol\ NaCl}}{1.00\ \mathrm{L\ NaCl\ 溶液}} \quad と \quad \frac{1.00\ \mathrm{L\ NaCl\ 溶液}}{0.100\ \mathrm{mol\ NaCl}}$$

例題 4・10　溶液のモル濃度の計算

溶解した塩の鉄試料に対する腐食の効果を調べるために，1.461 g の NaCl を水に溶かし，全量で 250.0 mL の溶液とした．この溶液のモル濃度を求めよ．

指針　溶質の量と溶液の体積が与えられた場合には，モル濃度の定義に立ち返り，濃度を計算する．

解法　この問題を解くには，溶液の体積(L)に対する溶質の物質量の比であるモル濃度を定義する式〔(4・5) 式〕を用いる．すなわち，1.461 g の NaCl を，モル質量を使って物質量に変換しなければならない．また，250.0 mL を L に変換する．

解答　NaCl の物質量は NaCl のモル質量 58.443 g mol^{-1} を使って求められる．

$$1.461\ \mathrm{g\ NaCl} \times \frac{1\ \mathrm{mol\ NaCl}}{58.443\ \mathrm{g\ NaCl}} = 0.024999\ \mathrm{mol\ NaCl}$$

溶液の体積を L にすると，次の値を得る．

$$250.0\ \mathrm{mL} \times \frac{1\ \mathrm{L}}{1000\ \mathrm{mL}} = 0.2500\ \mathrm{L}$$

それゆえ，リットルに対する物質量の比は次のとおりである．

$$\frac{0.024999\ \mathrm{mol\ NaCl}}{0.2500\ \mathrm{L}} = 0.1000\ \mathrm{mol\ L^{-1}\ NaCl}$$

確認　溶液中の NaCl 量のおおざっぱな見積もりを行う．もし計算が正しければ，その見積もりは，問題にある量（1.461 g）とそう違わないはずである．NaCl の分子量を 60，濃度を 0.1 mol L^{-1} ととる．すると 1 L の溶液は 0.1 mol の NaCl すなわち約 6 g の NaCl を含む．250 mL は 1 L の 1/4 であるので，NaCl の質量は 6 g の 1/4 の約 1.5 g である．この値は，問題で与えられた量にかなり近い．したがって答えは妥当と考えられる．

練習問題 4・18　2.75 g の KI を水に溶かし 125 mL の溶液とした．この溶液のモル濃度を求めよ．

例題 4・11　モル濃度の利用

0.100 mol の NaCl を得るために 0.250 mol L^{-1} の NaCl 溶液は何 mL 必要か．

指針　この問題は次のように考え始めることができる．

$$0.100\ \mathrm{mol\ NaCl} \Leftrightarrow ?\ \mathrm{mL\ 溶液}$$

答えを得るために，物質量から体積へ，そしてモル濃度への換算係数が必要である．

解法　手法はモル濃度，すなわち，

$$0.250\ \mathrm{mol\ L^{-1}\ NaCl} = \frac{0.250\ \mathrm{mol\ NaCl}}{1\ \mathrm{L\ NaCl\ 溶液}}$$

右辺は溶液 1 L に対する NaCl の物質量を表す．これより二

つの換算係数を得る．

$$\frac{0.250\ \text{mol NaCl}}{1\ \text{L NaCl 溶液}} \quad と \quad \frac{1\ \text{L NaCl 溶液}}{0.250\ \text{mol NaCl}}$$

答えを得るために，"mol NaCl" を相殺する右の換算係数を選ぶ．

解答　NaCl 0.100 mol を使って，

$$0.100\ \text{mol NaCl} \times \frac{1.00\ \text{L NaCl}}{0.250\ \text{mol NaCl}}$$
$$= 0.400\ \text{L}\ 0.250\ \text{mol L}^{-1}\ \text{NaCl}$$

0.400 L は 400 mL に対応するので，答えは，0.100 mol の NaCl を得るに必要なのは 0.250 mol L^{-1} の NaCl 溶液 400 mL（有効数字を明示するために 4.00×10^2 mL と書いたほうがよい）となる．

確認　モル濃度の定義から，1 L には 0.250 mol の NaCl が含まれるので，0.100 mol を得るには，1 L の半分より少し少ない量が必要である．したがって答えの 400 mL は妥当と考えられる．

練習問題 4・19　0.142 mol の $NaNO_3$ が必要とされるとき，0.500 mol L^{-1} の $NaNO_3$ 溶液は何 mL 必要か．

モル濃度と体積より溶質の物質量を得る

目的とする物質量を含む溶液の体積（たとえば，250.0 mL の 0.0800 mol L^{-1} Na_2CrO_4 溶液）が必要なとき，適切な溶質の量を計算しなければならない．そのためには，(4・5) 式を変形して物質量について解くことになる．すなわち，0.0800 mol L^{-1} Na_2CrO_4 溶液 250.0 mL が必要とされる場合，次のようになる．

$$0.2500\ \text{L 溶液} \times \frac{0.0800\ \text{mol Na}_2\text{CrO}_4}{1\ \text{L 溶液}} = 0.0200\ \text{mol Na}_2\text{CrO}_4$$

図 4・20 は，溶液をつくるのに 250 mL のメスフラスコをどのように扱うかを説明している．(**メスフラスコ**は首の細いフラスコで，首の部分に印がつけられている．その印まで液を満たすと，液はフラスコに記された体積に正確に一致する.）

以上から，モル濃度と溶液の体積がわかれば，いつでも必要な溶質の物質量を容易に計算できる．

メスフラスコ volumetric flask

＊　図 4・20 の溶液を調製するにあたり，単に溶質に 250 mL の水を加えたりしない．もしそうしたなら，その体積は 250 mL をわずかに上回るだろう．そして，モル濃度は目標の濃度をわずかに下回る．正確なモル濃度に調製するには，全体での体積が 250 mL になるように水を加える．実際に加える水の体積は重要ではない．全体での体積が最終的に 250 mL となることが重要である．

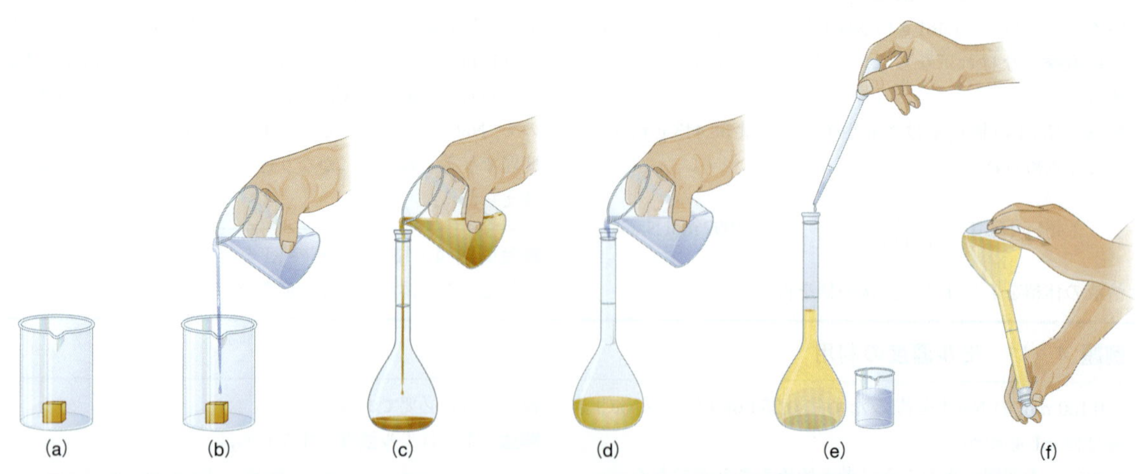

図 4・20　特定のモル濃度の溶液のつくり方*．(a) 250 mL のビーカーに重さを測った溶質を入れる．(b) 蒸留水に溶質を完全に溶かす．(c) 溶液を 250 mL のメスフラスコに移す．蒸留水でビーカーをゆすぎ，その液もメスフラスコに入れる．これを数回繰返す．(d) 蒸留水をつぎたす．(e) さらに蒸留水を標線まで加える．標線はメスフラスコの細い首部分にすり加工でつけられた線である．標線まで蒸留水が入れられたとき，正確に 250 mL の溶液がメスフラスコに入っている．(f) メスフラスコに栓をして，逆さまにして溶液をよく混合する．これを数回繰返す．

例題 4・12　決められたモル濃度の溶液をつくる

硝酸ストロンチウム $Sr(NO_3)_2$ は皮膚の炎症を緩和するのに役立つ．0.100 mol L^{-1} $Sr(NO_3)_2$ 溶液 250.0 mL をつくりたい．何 g の硝酸ストロンチウムが必要か．

指針　この問題の重要な部分は，体積と最終的な溶液のモル濃度がわかっており，それらから $Sr(NO_3)_2$ の物質量が計算できることである．$Sr(NO_3)_2$ の物質量がわかれば，その質量はモル質量から計算できる．

解法　はじめに使う手法は $Sr(NO_3)_2$ の物質量がわかるように書き換えられた（4・5）式である．次に，$Sr(NO_3)_2$ のモル質量を使う．

$$1\ \text{mol}\ Sr(NO_3)_2 = 211.64\ \text{g}\ Sr(NO_3)_2$$

これより，必要な換算係数をつくる．

解答　はじめに体積 250.0 mL を 0.2500 L と変換してから（4・5）式を適用する．モル濃度に L 単位での体積をかける．

$$\underset{\text{モル濃度}}{\frac{0.100\ \text{mol}\ Sr(NO_3)_2}{1.00\ \text{L}\ Sr(NO_3)_2}} \times \underset{\text{体積}}{0.2500\ \text{L}\ Sr(NO_3)_2}$$

$$= \underset{\text{溶質の物質量}}{0.02500\ \text{mol}\ Sr(NO_3)_2}$$

最後に，$Sr(NO_3)_2$ のモル質量を使って，物質量から質量に変換する．

$$0.02500\ \text{mol}\ Sr(NO_3)_2 \times \frac{211.64\ \text{g}\ Sr(NO_3)_2}{1\ \text{mol}\ Sr(NO_3)_2}$$

$$= 5.29\ \text{g}\ Sr(NO_3)_2$$

つまり，溶液をつくるには，5.29 g の $Sr(NO_3)_2$ に水を加え全体積を 250.0 mL にすればよい．

確認　見積もりによって答えを確認できる．もし，この溶液を 1 L 必要とするなら，そこには 0.1 mol の $Sr(NO_3)_2$ が含まれている．この塩のモル質量は 211.64 g mol^{-1} なので 0.1 mol は 20 g よりわずかに重い量になる．しかし，実際には 1 L の 1/4 だけが必要なので，実際に必要な $Sr(NO_3)_2$ の量は 20 g の 1/4 の 5 g よりも少し多い量である．答えの 5.29 g はこれに近い．よって答えは妥当と考えられる．

練習問題 4・20　0.0150 mol L^{-1} の硫酸ナトリウム溶液 500.0 mL をつくるには，硫酸ナトリウムは何 g 必要か．

溶液の希釈

実験室の化学薬品の多くは高濃度のものが購入されており，使う前に希釈しなければならない．これは溶媒を溶液に加えることにより行われる．これにより，溶質が大きな体積中に拡散し，溶質濃度（単位体積中の溶質量）が低下する．

希釈においては，溶質の物質量は一定に保たれる．これは，モル濃度と体積の積（溶質の物質量に等しい）が高濃度の場合と希釈された場合で等しいことを意味する．このことを（4・6）式で表す．

希釈 dilution

$$V_{dil} \times M_{dil} = V_{conc} \times M_{conc} \qquad (4 \cdot 6)$$

ここで V_{dil} と M_{dil} は希薄溶液の体積とモル濃度，V_{conc} と M_{conc} は濃厚溶液の体積とモル濃度である．（4・6）式において，体積にどのような単位を使っても，方程式の両辺は同じになる．

例題 4・13　希釈により目的のモル濃度の溶液をつくる

0.200 mol L^{-1} の $K_2Cr_2O_7$ 溶液から 0.0400 mol L^{-1} の $K_2Cr_2O_7$ 溶液 100.0 mL をつくるにはどうしたらよいか．

指針　これは，何 mL の 0.200 mol L^{-1} $K_2Cr_2O_7$ 溶液を希釈して，最終的にモル濃度 0.0400 mol L^{-1} の溶液 100.0 mL にするのかを問われている．

解法　これは希釈の問題であるので，必要な手法は（4・6）式である．

解答　はじめにデータを整理し，何が不足しているかをみきわめる．

$$V_{dil} = 100.0\ \text{mL} \qquad M_{dil} = 0.0400\ \text{mol L}^{-1}$$
$$V_{conc} = ? \qquad M_{conc} = 0.200\ \text{mol L}^{-1}$$

次に，（4・6）式に代入する．

$$100.0\ \text{mL} \times 0.0400\ \text{mol L}^{-1} = V_{conc} \times 0.200\ \text{mol L}^{-1}$$

$V_{\rm conc}$ について解くと，

$$V_{\rm conc} = \frac{100.0\ {\rm mL} \times 0.0400\ {\rm mol\ L^{-1}}}{0.200\ {\rm mol\ L^{-1}}} = 20.0\ {\rm mL}$$

となる．それゆえ，答えは 0.200 mol L^{-1} $K_2Cr_2O_7$ 溶液を 20.0 mL 分取し，100 mL のメスフラスコに入れ，正確に 100 mL になるまで水を加えることになる（図 4・21）．

確認　濃厚溶液は，希薄溶液の 5 倍濃い（$5 \times 0.04 = 0.2$）．濃度を 5 倍薄めるには，体積を 5 倍すればよい．そして，100 mL は 20 mL の 5 倍である．答えは正しい．

練習問題 4・21　0.125 mol L^{-1} H_2SO_4 溶液 100.0 mL を薄めて 0.0500 mol L^{-1} H_2SO_4 溶液にした．そのときの最終的な体積を求めよ．

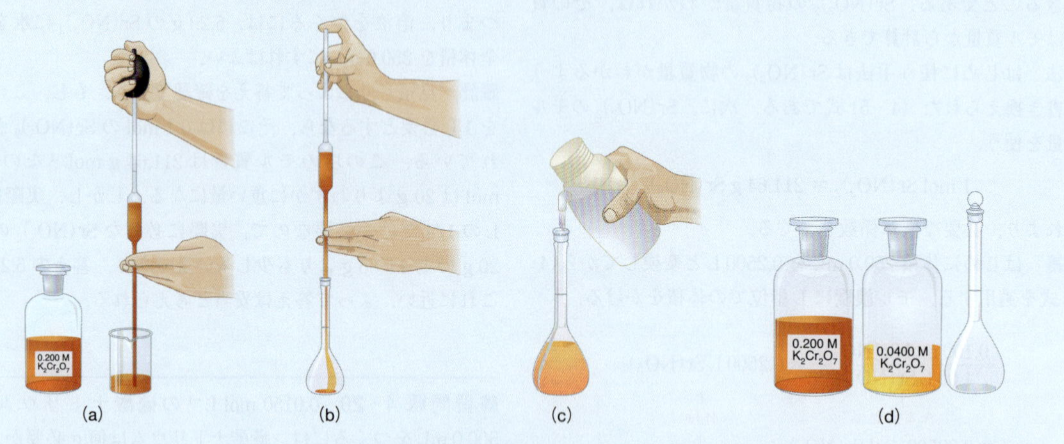

図 4・21　溶液の希釈． (a) ピペットを使い濃厚溶液を指定の容積だけ取出す．(b) 溶液をピペットからメスフラスコに移す．(c) 水をメスフラスコに加え，内容物を混合する．最終的に，水をメスフラスコの首に印された標線まで入れる．(d) こうしてできた新しい溶液をラベルのついたビンに保存する．

4・8　溶液の化学量論

3 章でみたように，化学量論計算は，一組の化学的単位の別の単位への単なる変換である．このような計算をうまく行うには，単位間の変換手続きと，必要な換算係数がどこにあるかを理解することが重要である．すべての化学量論計算では，最終の答えに至る過程で，出発単位が物質量に変換されるということである．溶液の化学量論計算では，3 章で述べたフローチャートに L 単位の体積という出発点が加わる．改良

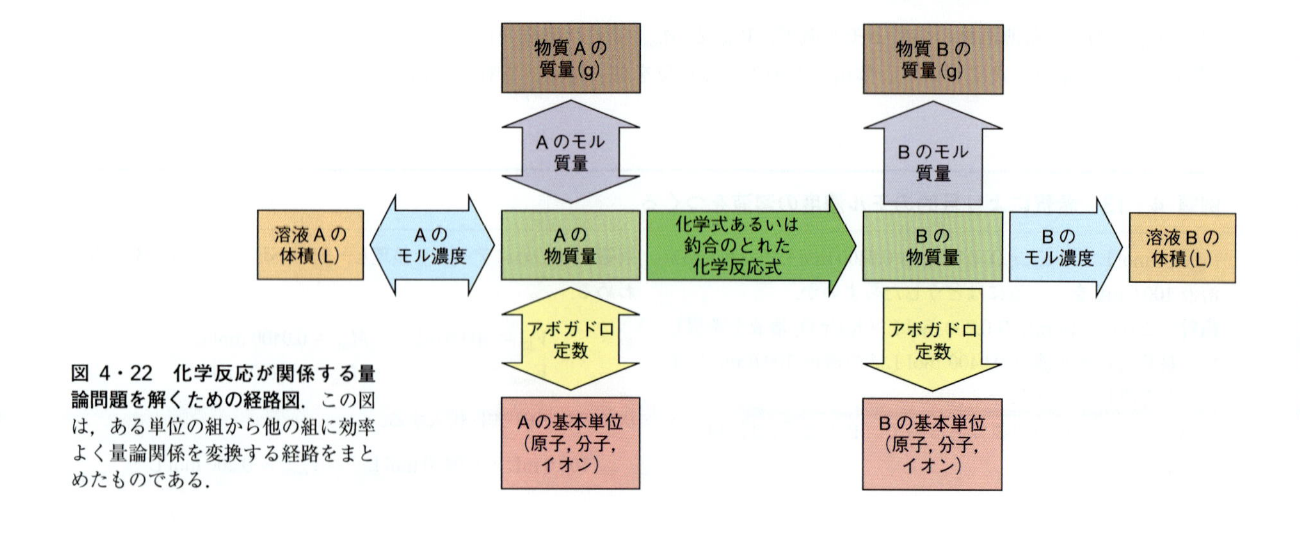

図 4・22　化学反応が関係する量論問題を解くための経路図． この図は，ある単位の組から他の組に効率よく量論関係を変換する経路をまとめたものである．

されたフローチャートを図4・22に示す．最後に，他の換算係数とは異なり，モル濃度はどの表でも調べられないことに注意しよう．溶液の化学量論計算に慣れる一番の方法は，一般的な問題をある程度の数こなすことである．

例題 4・14　溶液反応式の化学量論

炭酸ストロンチウムは花火に赤色を出すのに使われる．ストロンチウムは天然では，硫酸ストロンチウムの形でよく産出される．0.115 mol L^{-1} の $SrSO_4$ 溶液 50.0 mL と 0.125 mol L^{-1} Na_2CO_3 溶液を反応させるとき，何 mL の Na_2CO_3 溶液が必要となるか．

$$Na_2CO_3(aq) + SrSO_4(aq) \longrightarrow SrCO_3(s) + Na_2SO_4(aq)$$

指針　必要な変換経路を次に示す．

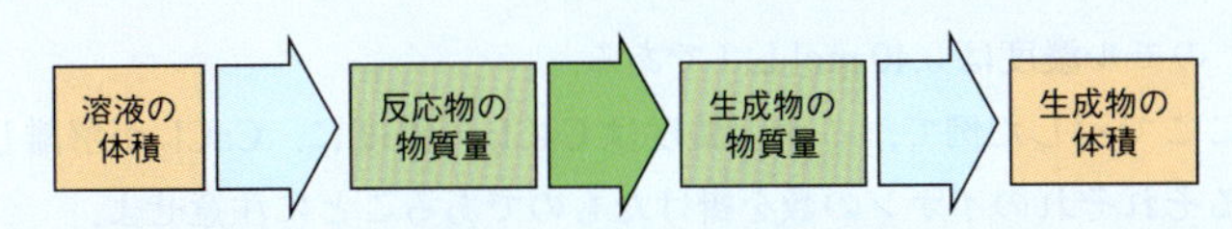

それぞれの矢印は変換をするのに必要な換算係数を表すが，それらを具体的に示すと以下のようになる．

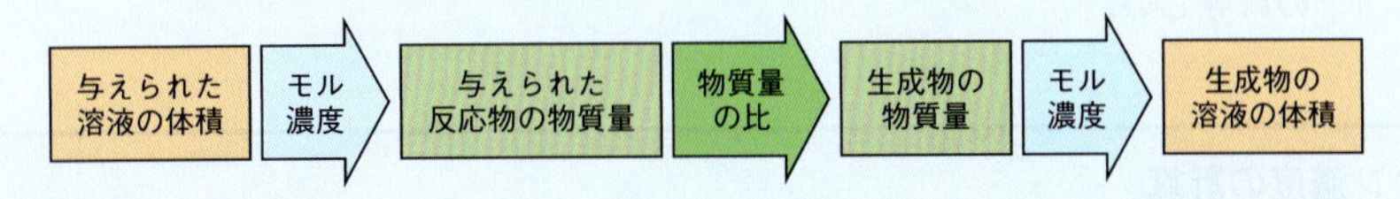

解答に必要なのは $SrSO_4$ 溶液の体積，モル濃度，物質量の比を決めるための釣合のとれた反応式と Na_2CO_3 溶液のモル濃度である．

解法　必要な手法は指針に記した変換経路と溶液のモル濃度に関連した換算係数，釣合のとれた反応式から得られる物質量の比である．

解答　$SrSO_4$ 溶液 50 mL と等価な Na_2CO_3 の mL での体積を計算すると，

$$50.0\ \text{mL}\ SrSO_4\ 溶液 \times \underbrace{\frac{0.115\ \text{mol}\ SrSO_4}{1000\ \text{mL}\ SrSO_4\ 溶液}}_{SrSO_4\ モル濃度} \times \underbrace{\frac{1\ \text{mol}\ Na_2CO_3}{1\ \text{mol}\ SrSO_4}}_{物質量の比} \times \underbrace{\frac{1\ \text{L}\ Na_2CO_3}{0.125\ \text{mol}\ Na_2CO_3}}_{Na_2CO_3\ モル濃度} \times \underbrace{\frac{1000\ \text{mL}\ Na_2CO_3}{1\ \text{L}\ Na_2CO_3}}_{換算係数}$$

$$= 46.0\ \text{mL}\ Na_2CO_3$$

確認　二つの溶液のモル濃度はほぼ同じである．そして Na_2CO_3 1 mol に対して 1 mol の $SrSO_4$ が必要とされる．それゆえ，必要な Na_2CO_3 溶液の体積（46.0 mL）は $SrSO_4$ 溶液の体積（50.0 mL）と同程度であるべきであり，実際そのようになっている．

練習問題 4・22　0.100 mol L^{-1} の KOH 溶液 45.0 mL によって何 mL の 0.0475 mol L^{-1} H_3PO_4 溶液が完全に中和されるか．釣合のとれた反応式は以下である．

$$H_3PO_4(aq) + 3KOH(aq) \longrightarrow K_3PO_4(aq) + 3H_2O$$

正味のイオン反応式を使っての計算

前の例題では，量論問題を解くのに分子反応式を用いた．イオン反応式および正味のイオン反応式も使うことができる．しかし，それには溶液中のイオンの濃度を用いることが要求される．

電解質溶液中のイオン濃度の計算　強電解質溶液中のイオンの濃度は，化学式と溶質のモル濃度から得られる．たとえば，0.20 mol L^{-1} $CaCl_2$ と書かれた溶液を考える．この溶液 1 L 中に 0.20 mol の $CaCl_2$ があり，それは完全に Ca^{2+} と Cl^- に解離している．

$$CaCl_2 \longrightarrow Ca^{2+} + 2Cl^-$$

この解離の量論関係に基づき，1 mol の $CaCl_2$ から 1 mol の Ca^{2+} と 2 mol の Cl^- が生じる．そこで，単位の次元解析を使って溶液中のイオン濃度を知ることができる．

たとえば，Ca^{2+} と Cl^- の濃度を次のようにして知ることができる．

$$\frac{0.20\ \text{mol}\ CaCl_2}{1\ \text{L 溶液}}\left(\frac{1\ \text{mol}\ Ca^{2+}}{1\ \text{mol}\ CaCl_2}\right) = 0.20\ \text{mol}\ L^{-1}\ Ca^{2+}$$

結果は Ca^{2+} のモル濃度は 0.20 mol L^{-1} である．Cl^- も同様にして，

$$\frac{0.20\ \text{mol}\ CaCl_2}{1\ \text{L 溶液}}\left(\frac{2\ \text{mol}\ Cl^-}{1\ \text{mol}\ CaCl_2}\right) = 0.40\ \text{mol}\ L^{-1}\ Cl^-$$

Cl^- のモル濃度は 0.40 mol L^{-1} である．

ここで示した例で，イオン濃度は $CaCl_2$ の濃度に，$CaCl_2$ が解離したときに解放されるそれぞれのイオンの数を掛けたものであることに注意せよ．

あるイオンの濃度は，その塩の濃度に，その塩の化学式中のイオンの数を掛けたものに等しい．

例題 4・15　溶液中のイオン濃度の計算

0.20 mol L^{-1} 硫酸アルミニウム溶液中のイオンのモル濃度を求めよ．

指針　塩のモル濃度に，その塩の化学式中のイオンの数を掛けたものが，そのイオンの濃度である．単位の次元解析は常に有効であるので，それで答えを確認をするとよい．

解法　いくつかの手法が必要である．イオンの化学式と化学式の書き方の規則（2 章），水中での塩の解離の反応式，解離の式の係数を使ってのイオン濃度の求め方を利用する．

解答　イオンは Al^{3+} と $SO_4{}^{2-}$ で，塩は $Al_2(SO_4)_3$ である．$Al_2(SO_4)_3$ が溶けると次のように解離する．

$$Al_2(SO_4)_3(s) \longrightarrow 2Al^{3+}(aq) + 3SO_4{}^{2-}(aq)$$

最初に，0.20 mol L^{-1} $Al_2(SO_4)_3$ を次のように書き直す．

$$\frac{0.20\ \text{mol}\ Al_2(SO_4)_3}{1\ \text{L 溶液}}$$

これが計算の出発点である．単位の次元解析の式は次のようになる．

$$\frac{0.20\ \text{mol}\ Al_2(SO_4)_3}{1\ \text{L 溶液}} \times \frac{2\ \text{mol}\ Al^{3+}}{1\ \text{mol}\ Al_2(SO_4)_3} = \frac{0.40\ \text{mol}\ Al^{3+}}{1\ \text{L 溶液}} = 0.40\ \text{mol}\ L^{-1}\ Al^{3+}$$

$$\frac{0.20\ \text{mol}\ Al_2(SO_4)_3}{1\ \text{L 溶液}} \times \frac{3\ \text{mol}\ SO_4{}^{2-}}{1\ \text{mol}\ Al_2(SO_4)_3} = \frac{0.60\ \text{mol}\ SO_4{}^{2-}}{1\ \text{L 溶液}} = 0.60\ \text{mol}\ L^{-1}\ SO_4{}^{2-}$$

溶液は，0.40 mol L^{-1} の Al^{3+} であり，0.60 mol L^{-1} の $SO_4{}^{2-}$ である．

確認　一つの $Al_2(SO_4)_3$ ごとに，二つの Al^{3+} と三つの $SO_4{}^{2-}$ が生じる．それゆえ，0.20 mol の $Al_2(SO_4)_3$ は 0.40 mol の Al^{3+} と 0.60 mol の $SO_4{}^{2-}$ を生じる．したがって，答えは正しい．

例題 4・16　塩の一つのイオン濃度から塩の濃度を計算する

$Al_2(SO_4)_3$ 溶液中の硫酸イオン濃度が 0.90 mol L^{-1} であるとわかった．その溶液の $Al_2(SO_4)_3$ の濃度を求めよ．

指針　塩が溶けたときに解離するイオンの数を求めるために塩の化学式を使う．今回は，その情報を塩濃度を求めるために使う．

解法　手法は例題 4・15 のものと同じである．

解答　単位の次元解析を使って問題を組立ててみる．

$$\frac{0.90\ \text{mol}\ SO_4{}^{2-}}{1\ \text{L 溶液}} \times \frac{1\ \text{mol}\ Al_2(SO_4)_3}{3\ \text{mol}\ SO_4{}^{2-}} = \frac{0.30\ \text{mol}\ Al_2(SO_4)_3}{1\ \text{L 溶液}} = 0.30\ \text{mol}\ L^{-1}\ Al_2(SO_4)_3$$

結果は，$Al_2(SO_4)_3$ の濃度は 0.30 mol L^{-1} である．

確認　1 mol の $Al_2(SO_4)_3$ から 3 mol の $SO_4{}^{2-}$ を生じることがわかっている．それゆえ，$Al_2(SO_4)_3$ の物質量は $SO_4{}^{2-}$ の物質量の 1/3 である．よって，$Al_2(SO_4)_3$ 濃度は 0.90 mol L^{-1} の 1/3 の 0.30 mol L^{-1} でなくてはならない．

量論計算 正味のイオン反応式がイオン反応式における正味の化学変化を記述するのに便利であることをみてきた．例題4・17は，正味のイオン反応式が量論計算でどのように使われるかを説明している．

例題 4・17 正味のイオン反応式を使った量論計算

0.400 mol L^{-1} の $CaBr_2$ 溶液 25.0 mL と完全に反応するのに必要な 0.100 mol L^{-1} Ag^+ 溶液は何 mL か．この反応の正味のイオン反応式は以下のとおりである．

$$Ag^+(aq) + Br^-(aq) \longrightarrow AgBr(s)$$

指針 いろいろな意味で，この問題は例題4・14と似ている．しかし，正味のイオン反応式を使うため，イオン濃度で考えなければならない．それゆえ，図4・22から抜き出した以下の手順が用いられる．

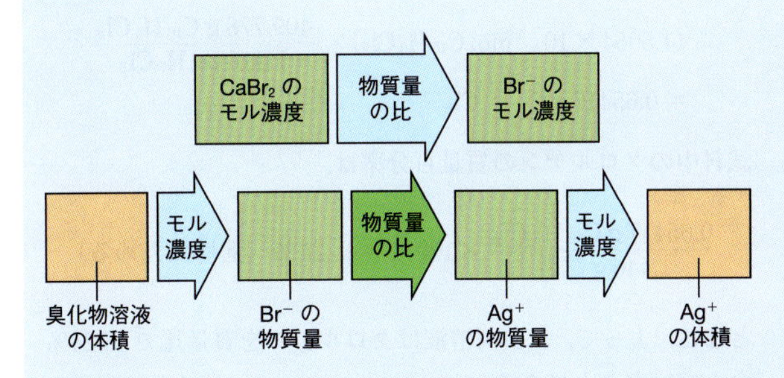

はじめの手順は $CaBr_2$ のモル濃度を Br^- のモル濃度に変換する．次の手順では Ag^+ 溶液の体積を計算する．

解法 図4・22の情報に加え，上の矢印内に示された換算係数が必要である．モル濃度は問題文から拾い出す．物質量の比は化学式あるいは釣合のとれた反応式から知ることができる．

解答 $CaBr_2$ のモル濃度は次の比として書くことができる．

$$\frac{0.400\ \text{mol CaBr}_2}{1\ \text{L 溶液}}$$

そして，Br^- のモル濃度は次のように計算できる．

$$\frac{0.400\ \text{mol CaBr}_2}{1\ \text{L 溶液}} \times \frac{2\ \text{mol Br}^-}{1\ \text{mol CaBr}_2} = 0.800\ \text{mol L}^{-1}\ \text{Br}^-$$

Ag^+ 溶液の体積は，フローチャートの三つのステップを使い計算できる．

$$25.0\ \text{mL Br}^- \times \frac{0.800\ \text{mol Br}^-}{1000\ \text{mL Br}^-} \times \frac{1\ \text{mol Ag}^+}{1\ \text{mol Br}^-} \times \frac{1000\ \text{mL Ag}^+}{0.100\ \text{mol Ag}^+} = 2.00 \times 10^2\ \text{mL Ag}^+$$

確認 Ag^+ 濃度は Br^- 濃度の1/8である．イオンは1：1で反応するので，Ag^+ 溶液は $CaBr_2$ 溶液の8倍必要となる．$CaBr_2$ 溶液の量，25 mLの8倍は200 mLである．それが得られた答えである．それゆえ答えは妥当と考えられる．

練習問題 4・23 0.100 mol L^{-1} の $AgNO_3$ 溶液 18.4 mL は $CaCl_2$ 溶液 20.5 mL と完全に反応するのにちょうど必要な量である．$CaCl_2$ 溶液のモル濃度を求めよ．

$AgNO_3$ 溶液を $CaBr_2$ 溶液に加えると AgBr の沈殿が生じる．

4・9 滴定と化学分析

化学分析は二つに分類できる．**定性分析**では，単に試料中にどんな物質が含まれているか，その量を測ることなく決定する．**定量分析**では，試料中のいろいろな物質の量をそれぞれ決定する．

定性分析 qualitative analysis
定量分析 quantitative analysis

定量分析において化学反応を用いるときの有効な手法は，既知の化学式をもつ化合物のなかに目的とする化学種のすべてを取込ませることである．そうすることで，得られた化合物の量から，もとの試料中に目的とする化学種がどれだけ存在していたか決定できる．そのような分析のひとつ，炭素，水素，酸素からなる化合物の燃焼分析を例題3・11で述べた．

例題 4・18　定性分析に関係する計算

ある倉庫の取壊しで見つかったクロルデン（有機塩素系殺虫剤）$C_{10}H_6Cl_8$ の分析を依頼された．この物質は発がん性の疑いがあるため，日本では1986年にすべての用途での製造・販売・使用が禁止された．1.446 g の試料を反応させ，すべての塩素を塩化物イオンに変換した．その水溶液のすべての塩化物イオンを AgCl として沈殿させるのに 0.1400 mol L^{-1} の $AgNO_3$ 溶液 91.22 mL を要した．もとの溶液中にクロルデンは何パーセント含まれていたか．沈殿反応は以下のとおりである．

$$Ag^+(aq) + Cl^-(aq) \longrightarrow AgCl(s)$$

指針　クロルデンの試料中の百分率(%)は以下で計算される．

$$\frac{\text{試料中の } C_{10}H_6Cl_8 \text{ の質量}}{\text{試料の質量}} \times 100\%$$

試料の質量はすでにわかっているので，$C_{10}H_6Cl_8$ の質量を計算するためのデータが必要である．

$AgNO_3$ 溶液の体積とモル濃度から，Cl^- と反応した Ag^+ の物質量が計算できる．それはクロルデン試料中の Cl の物質量に等しい．Cl の物質量は $C_{10}H_6Cl_8$ の物質量とその質量の計算に使用できる．$C_{10}H_6Cl_8$ の質量がわかれば，その百分率も計算できる．

解法　変形された（4・5）式が，反応した Ag^+ の物質量を計算する手法となる．正味のイオン反応式は Ag^+ の物質量が Cl^- の物質量と等しいことを示している．したがって Ag の物質量は Cl の物質量に等しい．

クロルデンの化学式は，Cl の物質量に対する $C_{10}H_6Cl_8$ の物質量の比を与える．

$$1 \text{ mol } C_{10}H_6Cl_8 \Leftrightarrow 8 \text{ mol Cl}$$

$C_{10}H_6Cl_8$ の質量を知るために，$C_{10}H_6Cl_8$ のモル質量 409.778 g mol^{-1} を使う．

$$1 \text{ mol } C_{10}H_6Cl_8 \Leftrightarrow 409.778 \text{ g}$$

解答　段階を踏んで解いていく．0.1400 mol L^{-1} の $AgNO_3$ 溶液において，Ag^+ の濃度は 0.1400 mol L^{-1} である．（4・5）式を用いて，

$$0.09122 \text{ L } \cancel{Ag^+ \text{溶液}} \times \frac{0.1400 \text{ mol } Ag^+}{1.000 \text{ L } \cancel{Ag^+ \text{溶液}}} = 0.012771 \text{ mol } Ag^+$$

反応式の量論関係から，1 mol の Ag^+ は 1 mol の Cl^- に対応する．

$$0.012771 \text{ } \cancel{\text{mol } Ag^+} \times \frac{1 \text{ mol } Cl^-}{1 \text{ } \cancel{\text{mol } Ag^+}} = 0.012771 \text{ mol } Cl^-$$

これは試料由来の Cl^- の量であるので，試料中のクロルデンは Cl にして 0.012771 mol を含んでいたはずである．次に，試料中のクロルデンの物質量を計算するためにクロルデンの化学式を使う．

$$0.012771 \text{ } \cancel{\text{mol } Cl^-} \times \frac{1 \text{ mol } C_{10}H_6Cl_8}{8 \text{ } \cancel{\text{mol } Cl^-}} = 1.5964 \times 10^{-3} \text{ mol } C_{10}H_6Cl_8$$

クロルデンの式量を使って試料中の殺虫剤の質量を計算する．

$$(1.5964 \times 10^{-3} \text{ } \cancel{\text{mol } C_{10}H_6Cl_8}) \times \frac{409.778 \text{ g } C_{10}H_6Cl_8}{1 \text{ } \cancel{\text{mol } C_{10}H_6Cl_8}} = 0.65417 \text{ g } C_{10}H_6Cl_8$$

試料中のクロルデンの質量百分率は，

$$\frac{0.65417 \text{ g } C_{10}H_6Cl_8}{1.446 \text{ g 試料}} \times 100\% = 45.24\% \text{（適切に丸める）}$$

となる．よって，殺虫剤溶液はクロルデンを質量比で 45.24% 含んでいたことになる．

確認　およそ 0.14 mol L^{-1} の Ag^+ 溶液が 0.1 L 使われた．それは 0.014 mol の Ag^+ を含み，0.014 mol の Cl^- と反応した．それは，クロルデン中の Cl の量でもある．クロルデンの物質量は 0.014 mol の 1/8 である．簡単のため，1/10 と考えよう．クロルデンの物質量は 0.0014 mol となる．約 400 g mol^{-1} のモル質量を考え合わせると，0.001 mol の $C_{10}H_6Cl_8$ は重さで 0.4 g，0.0014 mol ではおよそ 0.6 g である．答えの 0.654 g は，これと近い値であり，答えは妥当と考えられる．

練習問題 4・24　Na_2SO_4 を含む溶液に，すべての硫酸イオンが反応して $BaSO_4$ となるまで，0.150 mol L^{-1} $BaCl_2$ 溶液が加えられた．その量は 28.40 mL であった．正味の反応は以下のとおりである．何 g の Na_2SO_4 が溶液に含まれていたか．

$$Ba^{2+}(aq) + SO_4^{2-}(aq) \longrightarrow BaSO_4(s)$$

酸塩基滴定

滴定 titration
ビュレット buret
活栓 stopcock
滴下剤 titrant

滴定は化学分析を行うにあったって重要な操作の一つである．使用する器具は図4・23 に示されている．長い管は**ビュレット**とよばれ，多くの場合 0.10 mL ごとに体積を測るための印がつけられている．ビュレットの下部にあるバルブは**活栓**とよばれ，これにより**滴下剤**（ビュレット内の溶液）を受け容器（図中のビーカー）に制御して

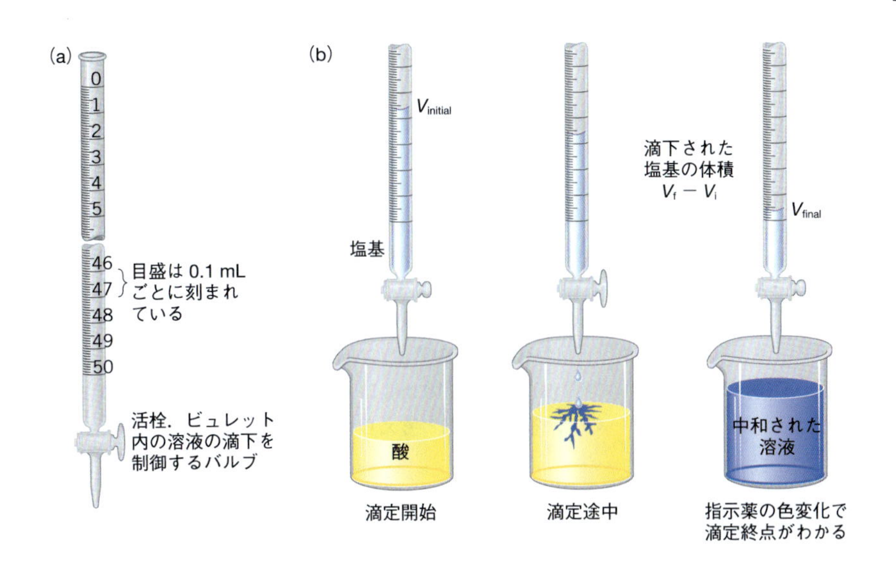

図 4・23　滴定．(a) ビュレット．(b) 酸塩基指示薬としてブロモチモールブルーを用いた塩基による酸の滴定．ブロモチモールブルーは滴定の終点を知るのに使われる．終点で酸の中和は完了し，塩基の滴下はその時点で終わる．

加えることができる．

典型的な滴定では，反応物が入った溶液が受け容器に置かれる．もう一方の反応物の溶液がビュレットから滴下して徐々に加えられる．(これら二つの溶液のうち一つの濃度は正確にわかっており，その溶液は**標準液**とよばれる．) この滴下は，二つの反応物が適正な割合で結びついて反応がちょうど完了したことを示すシグナル，色の変化などたいがいは目に見える効果が現れるまで続けられる．

標準液 standard solution

酸塩基滴定では，色の変化で反応の完了を知らせる**酸塩基指示薬**が使われる．指示薬は酸性溶液中ではある色を，塩基性溶液中では他の色を呈する色素である．リトマスは酸性のときは赤色，塩基性のときは青色を示す指示薬である．フェノールフタレインは滴定でよく使われる指示薬である．それは溶液が酸性から塩基性に変わると無色から赤色に変化する．この色変化はとても急峻で，反応終点の最後の 1 滴が加えられると起こる．色変化が観測された時点で，**終点**に到達し，滴定は終了する．そして，受け容器に加えられた滴下剤の体積が記録される．

酸塩基指示薬 acid–base indicator

終点 end point

例題 4・19　酸塩基滴定に関する計算

約 0.1 mol L^{-1} の塩酸溶液をつくったが，その正確な濃度を知りたい．その HCl 溶液 25.00 mL をフラスコに移し，数滴の指示薬を加えた．そして 0.0775 mol L^{-1} の NaOH 標準液で滴定した．滴定には 37.46 mL の NaOH を要した．HCl 溶液のモル濃度を求めよ．

指針　はじめに釣合のとれた反応式を書く．それは HCl と NaOH 間のモル比を教えてくれる．反応式は，酸塩基の中和であるので，生成物は塩と水である．これまでの手順に従って，反応式は次式で表される，

$$HCl(aq) + NaOH(aq) \longrightarrow NaCl(aq) + H_2O$$

NaOH 溶液のモル濃度と体積から HCl 溶液のモル濃度に変換しなければならない．解法の過程は，例題 4・14 の解法と本質的に同じである．

酸塩基指示薬にフェノールフタレインを用いた NaOH 溶液による HCl 溶液の滴定．フェノールフタレインが数滴加えられた HCl 溶液に，NaOH 溶液が滴下されると，落ちたところにフェノールフタレインが塩基性で示すピンク色を見ることができる．

解法　手法は，反応した NaOH の物質量を計算するための

NaOH 溶液のモル濃度と体積間の関係，HCl の物質量を求めるための釣合のとれた反応式の量論関係と（HCl の物質量と使われた HCl 試料の体積から HCl 溶液のモル濃度を計算するための）モル濃度の定義である．

解答　NaOH 溶液のモル濃度と体積から，滴定で消費した NaOH の物質量を計算する．

$$0.03746\ \text{L NaOH 溶液} \times \frac{0.0775\ \text{mol NaOH}}{1.000\ \text{L NaOH 溶液}}$$
$$= 2.903 \times 10^{-3}\ \text{mol HCl}$$

反応式の係数は NaOH と HCl が 1：1 で反応することを示している．

$$2.903 \times 10^{-3}\ \text{mol NaOH} \times \frac{1\ \text{mol HCl}}{1\ \text{mol NaOH}}$$
$$= 2.903 \times 10^{-3}\ \text{mol HCl}$$

この滴定で，フラスコ内には 2.903×10^{-3} mol の HCl があった．HCl のモル濃度を計算するには，使われた HCl 溶液の L 単位での体積に対する反応した HCl の物質量の比をモル濃度の定義にあてはめればよい．

$$\text{HCl 溶液のモル濃度} = \frac{2.903 \times 10^{-3}\ \text{mol HCl}}{0.02500\ \text{L HCl 溶液}}$$
$$= 0.116\ \text{mol L}^{-1}\ \text{HCl（適切に丸める）}$$

塩酸の濃度は 0.116 mol L^{-1} である．（有効数字が問題で与えられた数値に合うようにとられていることに注意しよう．）

確認　もし，NaOH と HCl の濃度が同じならば，体積も等しくなる．しかし，NaOH の体積は HCl の体積よりも大きい．これは，HCl 溶液の濃度が NaOH 溶液よりも高いことを示す．得られた答え 0.116 mol L^{-1} は 0.0775 mol L^{-1} よりも大きいので，答えは妥当と考えられる．

練習問題 4・25　胃酸は塩酸溶液である．5.00 mL の胃酸試料に対する中和滴定には，0.0100 mol L^{-1} KOH 溶液 11.00 mL を要した．この液体中の HCl のモル濃度を求めよ．液体の密度を 1.00 g mL^{-1} として，HCl の質量百分率を求めよ．

これまでの例題は，一つの事項や概念に焦点を当てた比較的単純なものであった．しかし，生活や化学における問題は常に単純なものとは限らない．それらは，しばしば，ただちには明確でない多くのことがらを含み，一見どのように扱ったらいいか見通すことがむずかしいことがある．たとえおのおのの問題が新奇なものであっても，それらに適用できる一般的な戦略はある．その鍵は，複雑な問題をすでに解き方のわかっている単純な部分に分解することである．そのような分析を現実の問題に対して行うことにより，どのように進めたらよいか不明な点がわかり，新しい考え方や方法を学ぶ道筋が示されることになる．

本章と次章の“応用問題”では，はじめに全体を概観し，次に細かい部分を扱うという方法をとることにより，問題を取扱い可能な部分に分解する．また，複雑な問題においては，答えにたどりつくのにいくつかの道があることも心得ておくべきである．ここで取上げる応用問題は，これまで説明してこなかった概念を含んでいることがあることに注意しよう．

応 用 問 題

水に懸濁した水酸化マグネシウム $Mg(OH)_2(s)$ は，薬局で調製される胃酸過多の緩和剤として使われている．それは，Mg^{2+} を含む溶液に塩基を加えてつくられる．0.300 mol L^{-1} の $MgCl_2$ 溶液 25.0 mL に 0.200 mol L^{-1} NaOH 溶液 40.0 mL を加えると，生じる $Mg(OH)_2$ の質量はどれほどになるか．また，溶液中に残る Na^+ と Mg^{2+} の濃度はどれほどになるか．

指針　全体として，これは複雑な化学量論問題としてみることができる．すべての量論問題では，釣合のとれた反応式（あるいは化学式）を書くことが必要である．次に，四つのイオン Na^+, OH^-, Mg^{2+}, Cl^- の初期濃度を決める．そのため，イオン反応式と正味のイオン反応式を書いて，それぞれの溶質の解離を考える．

このイオン反応では四つのイオンのうち二つが反応する．一つは使われるが，他方は残される，そしてどれだけの量なのかを計算する必要がある．他の二つのイオンは，傍観イオンでそれらの物質量は変化しないが，溶液が混合されるとそれらの濃度は変化する．

どのように四つの単純な部分に分解したか，まとめてみよう．

第一段階　どのイオンが反応するか，釣合のとれた分子反応式，イオン反応式，正味のイオン反応式を書く．
第二段階　反応前の各イオンの物質量を計算する．
第三段階　生成物の量を決め，溶液中に残る過剰な反応物の量を決めるために，限定反応物の計算を行う．
第四段階　全体積を使って反応後の溶液中のすべてのイオンのモル濃度を求める．

第一段階

解法　メタセシスおよびイオン反応式が必要である．溶解度の規則と化学式と解離する化合物を記述する方法を使って，それらの釣合をとる．

解答　釣合のとれた分子反応式は次式で表される．

$$MgCl_2(aq) + 2NaOH(aq) \longrightarrow Mg(OH)_2(s) + 2NaCl(aq)$$

これをもとにイオン反応式と正味のイオン反応式を組立てる．

$$Mg^{2+}(aq) + 2Cl^-(aq) + 2Na^+(aq) + 2OH^-(aq) \longrightarrow Mg(OH)_2(s) + 2Cl^-(aq) + 2Na^+(aq)$$

$$Mg^{2+}(aq) + 2OH^-(aq) \longrightarrow Mg(OH)_2(s)$$

第二段階

解法　溶液中の各イオンの物質量を決めるために，モル濃度，体積，物質量の間の関係〔(4・5) 式〕を使う．

解答　水酸化ナトリウムと塩化マグネシウムの物質量を決めることから始めよう．

$$0.0400\ \text{L NaOH 溶液} \times \frac{0.200\ \text{mol NaOH}}{1.00\ \text{L NaOH 溶液}} = 8.00 \times 10^{-3}\ \text{mol NaOH}$$

$$0.0250\ \text{L}\ MgCl_2\ \text{溶液} \times \frac{0.300\ \text{mol}\ MgCl_2}{1.00\ \text{L}\ MgCl_2\ \text{溶液}} = 7.50 \times 10^{-3}\ \text{mol}\ MgCl_2$$

1 mol の $MgCl_2$ が 2 mol の Cl^- を与えることを念頭に，それぞれの化合物の物質量を使って，それぞれのイオンの物質量を計算する．

反応前の各イオンの物質量

Mg^{2+}	7.50×10^{-3} mol	Cl^-	15.0×10^{-3} mol
Na^+	8.00×10^{-3} mol	OH^-	8.00×10^{-3} mol

第三段階

解法　生成物 $Mg(OH)_2$ の質量と余った反応物の物質量を決めるために，3 章からの手法を用いて限定反応物の問題を解く．

解答　反応式の係数から Mg^{2+} 1 mol ⇔ OH^- 2 mol．これは 7.50×10^{-3} mol の Mg^{2+} は 15.0×10^{-3} mol の OH^- を必要とすることを意味する．しかし，OH^- は 8.00×10^{-3} mol しかない．それゆえ，OH^- は限定反応物である．反応して $Mg(OH)_2$ となる Mg^{2+} の量は次のように求められる．

$$8.00 \times 10^{-3}\ \text{mol}\ OH^- \times \frac{1\ \text{mol}\ Mg^{2+}}{2\ \text{mol}\ OH^-} = 4.00 \times 10^{-3}\ \text{mol}\ Mg^{2+}$$

7.50×10^{-3} mol の Mg^{2+} から出発したので，3.50×10^{-3} mol の Mg^{2+} が溶液中に残ると求められる．生成する $Mg(OH)_2$ の質量は，次のようになる．

$$4.00 \times 10^{-3}\ \text{mol}\ Mg^{2+} \times \frac{1\ \text{mol}\ Mg(OH)_2}{1\ \text{mol}\ Mg^{2+}} \times \frac{58.32\ \text{g}\ Mg(OH)_2}{1\ \text{mol}\ Mg(OH)_2} = 0.233\ \text{g}\ Mg(OH)_2$$

第四段階

解法　第二段階および第三段階の結果とモル濃度の定義 (4・5) 式を使って，Na^+ と Mg^{2+} の濃度を計算することができる．

解答　反応式が完了したあとの溶液に残された各イオンの物質量をまとめると，次のとおりである．

イオン	反応前の物質量	反応した物質量	反応後の物質量
Mg^{2+}	7.50×10^{-3} mol	4.00×10^{-3} mol	3.50×10^{-3} mol
Na^+	8.00×10^{-3} mol	0 mol	8.00×10^{-3} mol

問われているのは最後の溶液中のイオンの濃度であるので，表の最後の列の値を，最後の溶液の体積（40.0 mL＋25.0 mL＝65.0 mL あるいは 0.0650 L）で割る必要がある．たとえば，Mg^{2+} については，その濃度は，次式で得られる．

$$\frac{3.50 \times 10^{-3}\ \text{mol}\ Mg^{2+}}{0.0650\ \text{L 溶液}} = 0.0538\ \text{mol L}^{-1}\ Mg^{2+}$$

他のイオンについても同様にして，計算する．

反応後のイオンの濃度

Mg^{2+}	0.0538 mol L^{-1}	Na^+	0.123 mol L^{-1}

確認　生成した $Mg(OH)_2$ の量は，0.001 mol で約 0.06 g であるので，0.004 mol は 0.24 g である．答えの 0.233 g は妥当な値である．傍観イオンの最後の濃度は初期濃度よりも低い．希釈しているので，これも妥当である．

練習問題 4・26　$CaCl_2$ と $MgCl_2$ を含む混合物試料の重さは 2.000 g である．その試料を水に溶かし，$CaSO_4$ の沈殿がちょうど完了するまで H_2SO_4 を加えた．

$$CaCl_2(aq) + H_2SO_4(aq) \longrightarrow CaSO_4(s) + 2HCl(aq)$$

その $CaSO_4$ を沪別し，完全に乾燥させてから重さを測ったところ，0.736 g であった．もとの試料中の $CaCl_2$ と $MgCl_2$ の各々の質量百分率を求めよ．

5 酸化還元反応

夜空を彩る美しい花火も酸化還元反応の一つである

4章では，水溶液中で起こるいくつかの重要な反応について学んだ．本章では，1個以上の電子が反応物から他の物質に移動する反応（酸化還元反応）を説明する．代表的な例として，犯罪捜査の現場で血液の痕跡を検出するのに利用されるルミノール反応がある．これは，ルミノール（5-アミノ-2,3-ジヒドロ-1,4-フタラジンジオン）溶液と血液痕との反応により青色の強い発光現象を示す反応である．ルミノール反応は，酸素とルミノールの酸化還元反応であるが，ヘモグロビン中の鉄イオンの触媒作用により強力な酸化還元反応が起こり光を生み出す（化学発光）．生体では，酸化還元反応と生命維持に必要な他の多くの反応が食物の代謝に関与している．このような生化学的な反応に加え，日常生活のなかにも多くの酸化還元反応がある．そのなかには，調理や芝刈り機を動かすための燃料の燃焼からスペースシャトルの打上げといったものもある．酸化還元反応はバッテリー，太陽電池，消毒剤，洗剤や水の浄化といったところにも見いだすことができる．それらのいくつかは本章で紹介するが，その他のものについては19章で詳しく述べる．

学習目標

- 酸化，還元，酸化剤，還元剤，酸化数の理解
- 酸性あるいは塩基性溶液における釣合のとれた酸化還元反応の記述
- 金属と酸の反応の分子レベルでの説明
- 金属の活性系列の理解と金属を含む酸化還元反応の生成物の予測
- 酸素を含む有機化合物，金属および非金属の反応の説明
- 化学量論を含む酸化還元反応の計算

5・1 酸化還元反応

昔の科学者が研究した反応のなかに酸素が関与するものがあり，燃料の燃焼や金属と酸素から金属酸化物ができる反応は，酸化という用語で表現され，逆に，金属酸化物から酸素を取除き金属元素の状態にすることは還元と表現された．

1789年フランスの化学者ラボアジェは，木材や石炭のようなさまざまな燃料における化学反応は空気とではなく，空気中の酸素との反応であることを発見した．時が経ち，そのような反応は電子があるものから他のものへ移るという，より一般的な現象の特別な場合であると認識されるようになった．電子の移動反応は**酸化還元反応**とよばれる．**酸化**という用語は電子を失うことを意味し，**還元**という用語は電子を得ることを意味する．たとえば，ナトリウムと塩素の反応では，ナトリウムは電子を失い（ナトリウムの酸化），塩素は電子を得て（塩素の還元）で塩化ナトリウムができる．このような変化は電子に e^- の記号を使って，電子を含む反応式で書くことができる．

$$Na \longrightarrow Na^+ + e^- \quad (\text{酸化}) \qquad Cl_2 + 2e^- \longrightarrow 2Cl^- \quad (\text{還元})$$

ラボアジェ Antoine Laurent Lavoisier, 1743～1794

■酸素は1774年にプリーストリ（Joseph Priestley, 1733～1804）により発見された．

■酸化還元（redox）という用語は，化学反応では還元（reduction）と酸化（oxdation）が常に一緒に起こることを強調してつくられた．

酸化還元反応 oxidation–reduction reaction, redox reaction

酸化 oxidation

還元 reduction

■この種の反応式を書くとき，酸化なら電子は生成物，還元なら反応物として現れることに注意せよ．

これをナトリウム Na は酸化され，塩素 Cl_2 は還元されたと表現する．

酸化と還元は常に一緒に起こる．何かが還元されない限り何も酸化されない．そして，一方が失った電子の総数は，他方が得た電子の総数と同じである．もし，そうでないとしたら，電子が反応全体での生成物か反応物となるが，そういうことは決して観測されない．たとえば，ナトリウムと塩素の反応の全体反応は以下のようになる．

$$2Na + Cl_2 \longrightarrow 2NaCl$$

2 個のナトリウム原子が酸化され，2 個の電子が失われると，それは一つの Cl_2 分子が還元されるときに塩素が得る電子数と厳密に等しい．

■電子の喪失数は獲得数に等しい．さもないと質量保存の法則に抵触する．

酸化還元反応が起こるには，一方が他方より電子を受取らねばならない．電子を受取る物質は**酸化剤**とよばれ，他方から電子を奪い，それを酸化させる．同様に，電子を与える物質を，他方が還元されるのを助けるので**還元剤**という．先の例では，ナトリウムは塩素に電子を供給し，還元剤としてはたらく．その過程でナトリウムは酸化される．塩素はナトリウムから電子を受取るとき，酸化剤である．塩素が酸化剤としてはたらくと，塩素は塩化物イオンに還元される．これらをまとめると次のようになる．

酸化剤 oxidizing agent

還元剤 reducing agent

- 還元剤は相手を還元し，自らが酸化される物質である．
- 酸化剤は相手を酸化し，自らが還元される物質である．

本章の冒頭で述べたように酸化還元反応は非常にありふれたものである．それらはバッテリーで起こり，移動された電子は外部回路を通り，たとえば，LED を点灯させたり iPod® を動作させたりできる．私たちの身体にエネルギーを供給する代謝も一連の酸化還元反応より成り立っている．自然界や人為的に起こる大気汚染もしばしば酸化還元反応の産物である．一般的な家庭用漂白剤は，布の汚れを酸化して，無色にしたり，落としやすくするはたらきがある．

例題 5・1　酸化と還元の区別

花火の輝く光は，多くの場合，マグネシウムと酸素の反応の産物である．その反応の生成物はイオン化合物の酸化マグネシウムである．どの元素が酸化され，どの元素が還元されたか．酸化剤，還元剤はそれぞれ何か．

指針　先で述べた定義を適用すればよい．それには，どのイオンが関与しているか，酸化還元反応で電子がどのように移動するかを知る必要がある．

解法　酸化マグネシウムがイオン化合物であることから始める．2 章で学んだ手法を使い周期表における元素の位置より，どのイオンが関与しているか，反応生成物の化学式がどういうものかわかる．

解答　周期表より，2 族に属するマグネシウムは 2 個の電子を失い Mg^{2+} となる．

$$Mg \longrightarrow Mg^{2+} + 2e^-$$

同時に，16 族の酸素は，2 個の電子を受取り O^{2-} が生成する．反応物は酸素分子であるので，酸化物イオンが生成する反応式は次式で表される．

$$O_2 + 4e^- \longrightarrow 2O^{2-}$$

答えを得るために，酸化剤，還元剤の定義を使う．

電子を失うことでマグネシウムは酸化されるので，マグネシウムは還元剤，電子を得ることで O_2 は還元されるので，O_2 は酸化剤である．

確認　はじめに，イオン反応式においては，それぞれの種類の原子数と正味の電荷が両辺で同じでなければならない．両方の式でそれらが成立していることがわかる．また，一方が電子を得，他方が失わなければならないが，答えはそのようになっている．

練習問題 5・1　ナトリウムが酸素分子と反応するとき，生成物は，過酸化物イオン O_2^{2-} を含む過酸化ナトリウム Na_2O_2 である．この反応で O_2 は酸化されるか，還元されるか．

酸化数を使って酸化還元反応を追跡する

マグネシウムと酸素の反応とは異なり，酸素との反応すべてがイオン性の生成物を与えるわけではない．たとえば，硫黄と酸素の反応は二酸化硫黄 SO_2 を与え，それは分子性の化合物である．それでも，この反応を酸化還元反応としてみることは有効である．しかし，酸化と還元の定義の仕方を変える必要がある．そのために化学者は**酸化数**とよばれるものを使う．これは電子の移動を追跡するのに役に立つ．

酸化数 oxidation number

ある化合物中の原子の酸化数は，以下に述べる一連の規則に従って割り当てられる．NaCl のような化合物中の単純な単原子イオンでは，酸化数はイオンの電荷と同じである．NaCl では Na^+ の酸化数は +1，Cl^- の酸化数は −1 である．ここで使用した酸化数の値は，分子化合物中の原子にも割り当てることができる．しかし，そのような場合，酸化数はその原子の電荷と実際には等しくないことを心得ておくことは重要である．実際の電荷と酸化数が異なっていることをはっきりさせるために，酸化数を書くときは，数字の前に符号を書く．そして，電荷を書くときは，数字のあとに符号を書く．つまり，ナトリウムイオンは 1+ の電荷をもち，+1 の酸化数をもつ．

酸化数に代わってよく使われる用語に**酸化状態**がある．NaCl では，ナトリウムは +1 の酸化数をもつ，そして，+1 の酸化状態にあるという．同様に，NaCl 中の塩素は −1 の酸化状態にあるという．元素にいくつかの酸化状態が可能なとき，その酸化状態は，元素名のあとに括弧に入れたローマ数字で表される．たとえば，鉄(Ⅲ)は+3 の酸化状態にある鉄を意味する．酸化反応と還元反応で使われる用語のまとめを表 5・1 に示す．

酸化状態 oxidation state

表 5・1　$2Na + Cl_2 \rightarrow 2NaCl$ における酸化と還元のまとめ

ナトリウム	塩素
酸化される	還元される
還元剤	酸化剤
酸化数が増加	酸化数が減少
電子を失う	電子を得る

こうして，これらの新しい用語を酸化還元反応の説明に使うことができる．

酸化還元反応は酸化数の変わる化学反応である．

酸化数の変化を追うことで酸化還元反応を追うことができる．そのために，すばやくかつ容易に原子に酸化数を割り当てることができなければならない．

酸化数を割り当てるための規則　これまでに学んだ知識と以下に示す一連の規則から，ほとんどの化合物中の原子の酸化数を決めることができる．

■規則 2 は，O_2 中の O，P_4 中の P，S_8 中の S はすべてゼロの酸化数をとることを意味している．

酸化数を割り当てるための規則

これらの規則のうちの二つが対立したとき，あるいは酸化数の割り当てにあいまいさがあるときは，上位にある規則を適用し，下位の規則は無視する．

1. 酸化数を足し合わせたものは，分子，化学式，イオンの電荷とならねばならない．
2. 単体のすべての原子はゼロの酸化数をもつ．
3. 1 族，2 族の金属と 13 族の Al は，それぞれ +1, +2, +3 の酸化数をもつ．
4. 化合物中の H と F は，それぞれ +1 と −1 の酸化数をもつ．
5. 酸素は −2 の酸化数をもつ．
6. 17 族元素は −1 の酸化数をもつ．
7. 16 族元素は −2 の酸化数をもつ．
8. 15 族元素は −3 の酸化数をもつ．

これらの規則は元素やイオンと同様に分子性，イオン性の化合物に適用できる．たとえば，酸素 O_2 は単体で O_2 中のそれぞれの O 原子の酸化数は，規則 2 に従いゼロである．単純なイオン化合物 NaCl では，ナトリウムは 1 族で，規則 3 より +1 の酸化数をもつ．塩素は規則 6 より −1 の酸化数をもつ．これらを足し合わせるとゼロとなる．これは化学式の全電荷であり，規則 1 に従っている．

これらの規則の序列は，元素が一つ以上の酸化状態をとることができるとき役に立つ．たとえば，遷移金属は 2 種類以上のイオンになることができることを学んだ．たとえば，鉄は Fe^{2+} と Fe^{3+} になるので，鉄の化合物では鉄イオンがどちらの形でいるのか知るにはこの規則を使う必要がある．同様に，非金属が化合物や単原子イオン中で水素と酸素と結合しているとき，それらの酸化数は変わりうるので，この規則を使って計算しなければならない．たとえば，生物学的試料の防腐剤であるホルムアルデヒド CH_2O において，炭素原子の酸化数はこの規則から計算できる．2 個の水素より $2\times(+1)$，そして酸素は -2 の酸化数をとる．分子は中性なので，規則 1 より，これらを足し合わせるとゼロになるので，炭素はゼロの酸化数をもたねばならない．

これを背景として，どのように規則を使うか示したいくつかの例題をみていこう．

例題 5・2　酸化数の決定

酸化チタン TiO_2 はペンキに使われる白色顔料のひとつである．いまではすたれたが，Ti の鉱石から TiO_2 をつくる過程の一つの段階に $Ti(SO_4)_2$ がかかわっている．$Ti(SO_4)_2$ におけるチタンの酸化数はいくつか．

指針　ここでの鍵は，SO_4 が硫酸イオン SO_4^{2-} であるということを認識することである．私たちはチタンの酸化数にのみ興味があるので，SO_4^{2-} の電荷を多原子イオンの正味の酸化数に等しいとして使う．

解法　酸化数の合計は化学式の全電荷に等しいという最も重要な規則 1 を使う．多原子イオンの電荷を，そのイオンの酸化数として使う．

解答　硫酸イオンは $2-$ の電荷をもち，それを硫酸イオンの酸化数として使うことができる．次に，規則 1 でチタンの酸化数を決める．チタンの酸化数を x とする．

$$(\text{Ti 原子 1 個の電荷}) + (SO_4^{2-}\ \text{2 個の電荷}) = 0\ (\text{規則 1})$$
$$x + 2x(-2) = 0$$

これを解いて $x = +4$．よってチタンの酸化数は $+4$ である．

確認　酸化数を合計すると $Ti(SO_4)_2$ は電荷はゼロとなる．よって，答えは妥当と考えられる．

すでに説明したように，遷移金属は二つ以上の酸化状態をとることができる．加えて，非金属の酸化状態は，それらを含む化合物に依存して変わりうる．たとえば，硫黄は H_2S, S_8(単体硫黄), SO_2, SO_3, H_2SO_4 中に存在し，酸化数はそれぞれ $-2, 0, +4, +6$ と $+6$ である．

水素化物 hydride

通常，水素と酸素は，それぞれ $+1$ と -2 の酸化数をとる．しかし，**水素化物**とよばれる化合物中では，水素は -1 の酸化状態をとる．その一例は水素化カルシウム CaH_2 で，Ca は $+2$ の酸化数をとるので 2 個の水素原子はそれぞれ -1 の酸化数である．酸化数 -1 の酸素をもつ化合物は**過酸化物**とよばれる．過酸化ナトリウムは Na_2O_2 の化学式をもち，ナトリウムは常に $+1$ の酸化数をとるので酸素原子の酸化数は，それぞれ -1 である．加えて，化学式から過酸化ナトリウムは分子でありイオン性の化合物ではないということがわかる．たとえ化合物が過酸化物でも水素化物でも，この規則を使って酸化数を決めることができる．

過酸化物 peroxide

例題 5・3　酸化数の決定

現在，自動車の安全装置として使われているエアバッグは，イオン化合物であるアジ化ナトリウム NaN_3 の爆発的な分解で膨張する．この反応でナトリウムと窒素ガスが生成する．アジ化ナトリウム中の窒素原子の平均酸化数を求めよ．

指針　問題に NaN_3 はイオン化合物とあるので，NaN_3 には陽イオンと陰イオンが含まれる．陽イオンはナトリウムイオン Na^+ である．あとは，N の酸化数を計算するのに規則 1 を適用できる．

解法　例題5・2と同じ手法を使う．すなわち規則1と3により酸化数を決定する．

解答　酸化数を決める規則を使って問題に取組む．ナトリウムはNa^+で存在し，化合物は中性であることがわかっている．それゆえ，次の式が得られる．

Na　(1原子)×(+1) = +1　(規則3)
N　　(3原子)×(x) = $3x$
合計 = 0　(規則1)

ここで述べたことを式で書くと次のようになる．

$$(1原子)\times(+1)+(3原子)\times(x)=0$$

これを解いて$x=-1/3$．よってそれぞれの窒素は$-1/3$の酸化数をもたねばならない．

確認　計算は規則に従って正しく行われており，酸化数の合計はゼロである．

練習問題 5・2　以下の化合物における，それぞれの原子の酸化数を求めよ．(a) $NiCl_2$　(b) Mg_2TiO_4　(c) $K_2Cr_2O_7$　(d) H_3PO_4　(e) $V(C_2H_3O_2)_3$　(f) NH_4^+

例題5・3の答えは正しいが，現実的な理解が必要であろう．それぞれの窒素原子が1/3の電子をもつことはないので，(1/3)− の電荷をもった窒素が3個別べつに存在しているわけではない．それら全体での電子数が移動した電子の数である．一番よい説明は，陰イオンは負の電荷を一つもったアジ化物イオンN_3^-とよばれる単一の化学種であると理解することである．

酸化・還元過程を特定する　　酸化数はさまざまな使い方ができる．ひとつは次に示すように，酸化と還元を定義することである．

> 酸化では酸化数が増加する．
> 還元では酸化数が減少する．

これらの定義が，塩素と水素の反応において，どのように適用できるかみていこう．酸化数と実際の電荷を混同することのないように，酸化数を元素記号のすぐ上に書くことにする．

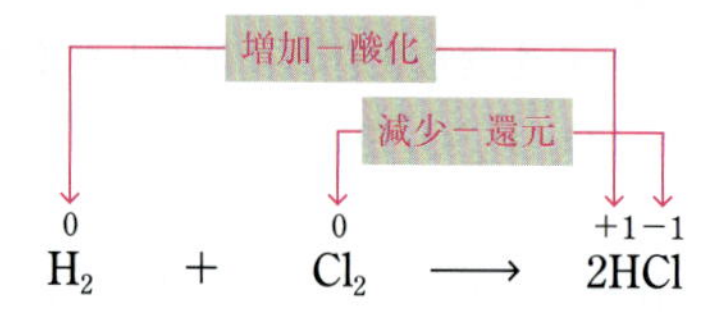

H_2とCl_2の原子の酸化数をゼロとしたことに注意せよ．酸化数の変化より，水素は酸化され，塩素は還元されたことがわかる．

例題 5・4　酸化数を使って酸化還元反応を追跡する

次の反応は酸化還元反応か．

$$2KCl + MnO_2 + 2H_2SO_4 \longrightarrow K_2SO_4 + MnSO_4 + Cl_2 + 2H_2O$$

もしそうなら，酸化された物質，還元された物質，酸化剤，還元剤を示せ．

指針　反応が酸化還元反応かどうか，および物質の特定に答えるために，酸化数を決め，その酸化数が変化するかどうか，またどう変化するかを調べる必要がある．

解法　必要な手法は酸化数決定の規則と拡張された酸化，還元の定義である．最後に，酸化剤，還元剤の定義を使う．

解答　酸化還元反応が起こっているかどうか判断するために，はじめに反応式の両辺のそれぞれの原子の酸化数を求める．規則に従うと以下のようになる．

$$\overset{+1\,-1}{2KCl} + \overset{+4\,-2}{MnO_2} + \overset{+1\,+6\,-2}{H_2SO_4} \longrightarrow \overset{+1\,+6\,-2}{K_2SO_4} + \overset{+2\,+6\,-2}{MnSO_4} + \overset{0}{Cl_2} + \overset{+1\,-2}{2H_2O}$$

次に，酸化数の増加は酸化，減少は還元であることを念頭に変化を調べる．

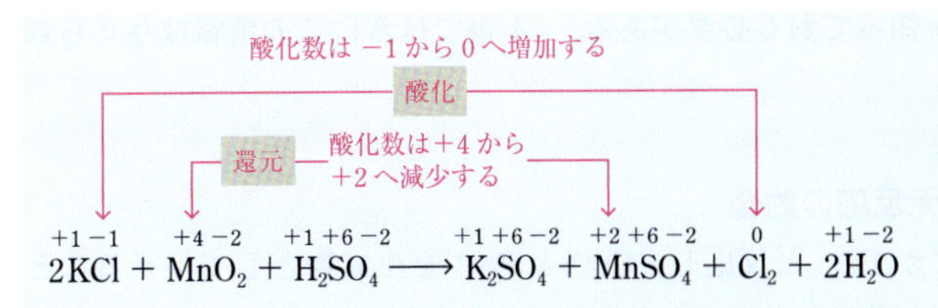

$$\overset{+1\,-1}{2KCl} + \overset{+4\,-2}{MnO_2} + \overset{+1\,+6\,-2}{H_2SO_4} \longrightarrow \overset{+1\,+6\,-2}{K_2SO_4} + \overset{+2\,+6\,-2}{MnSO_4} + \overset{0}{Cl_2} + \overset{+1\,-2}{2H_2O}$$

KCl の Cl は Cl_2 に酸化され，MnO_2 の Mn は $MnSO_4$ の Mn^{2+} に還元される．還元剤は KCl で酸化剤は MnO_2 である．（酸化剤，還元剤を示したとき，変化する酸化数をもつ原子を含んだ化学式全体で示したことに注意する．）

確認　ここでは酸化還元反応が起こっていること，また，酸化と還元の変化を確認できれば，他の部分についても正しく処置できている．

練習問題 5・3　次の反応はどちらが酸化還元反応か．また，酸化還元反応において，どの化合物が酸化され還元されるか．

$$N_2O_5 + 2NaHCO_3 \longrightarrow 2NaNO_3 + 2CO_2 + H_2O$$
$$KClO_3 + 3HNO_2 \longrightarrow KCl + 3HNO_3$$

5・2　酸化還元反応の釣合

多くの酸化還元反応が水溶液中で起こる．そして，そこには多くのイオンがかかわっている．一つの例が，洗浄液中での漂白剤と物質の反応である．漂白剤の活性成分は次亜塩素酸イオン ClO^- であり，酸化剤である．酸化還元反応を検討するのに，4 章で学んだイオン反応式を利用することは多くの場合有効である．そして，酸化還元反応を釣合わせる一番容易な方法の一つは，**半反応**を用いる手法である．

半反応 half-reaction

半反応とイオン反応式

半反応を用いる手法においては，酸化と還元の過程を，別個に釣合った半反応とよばれる独立した反応に分ける．それから，釣合のとれた半反応を組合わせて完全なイオン反応式とする．

半反応の釣合においては，水分子もそうであるが H^+ や OH^- が重要な役割をもつ水溶液中の多くの酸化還元反応を考える必要がある．たとえば，$K_2Cr_2O_7$ の溶液と $FeSO_4$ の溶液を混合したとき，混合物の酸性度は二クロム酸イオン $Cr_2O_7^{2-}$ が Fe を酸化するにつれて低下する（図 5・1）．これは反応が H^+ を反応物として使い，生成物として H_2O をつくるからである．他の反応では OH^- が消費され，H_2O が反応物である．他の事実として，しばしば，酸化還元反応の生成物（あるいは反応物さえも）が溶液の酸性度に応じて変わることがある．たとえば，酸性溶液では，MnO_4^- は Mn^{2+} に還元されるが，中性あるいはわずかに塩基性溶液では，還元生成物は不溶の MnO_2 である．

■簡単のため，本章の説明では H_3O^+ を表すのに H^+ を使う．

このようなことから，一般に酸化還元反応は過剰の酸あるいは塩基を含んだ溶液中で行われる．それゆえ，半反応を用いる手法を適用する前に，反応が酸性あるいは塩

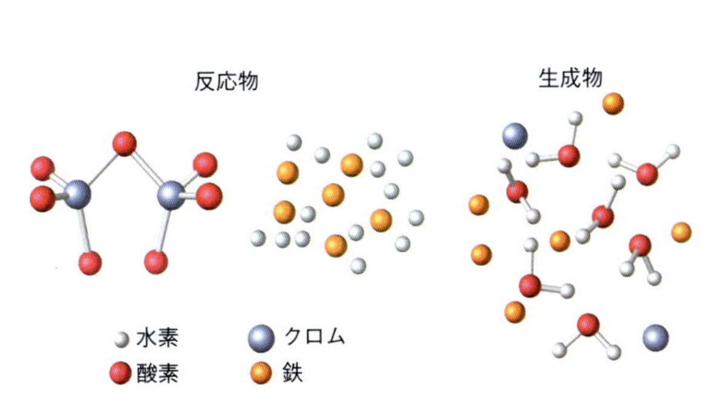

図 5・1　酸性溶液中で起こる酸化還元反応． $K_2Cr_2O_7$ の溶液は酸性条件下で Fe^{2+} を Fe^{3+} に酸化する．このとき橙色の二クロム酸イオンは Cr^{3+} に還元される．

基性溶液中で行われたか知っておく必要がある．（本書では常にこの情報は与えられている．）

酸性溶液中での酸化還元反応の釣合

酸性溶液中で $Cr_2O_7^{2-}$ が Fe^{2+} と反応し，Cr^{3+} と Fe^{3+} を生成物として与えることを学んだ．この情報により骨格となる反応を書くことができる．そこには酸化還元反応に関与するイオン（あるいは分子）だけが書かれている．K^+ と SO_4^{2-} はこの酸化還元反応では反応しないので，傍観イオンとして式から外す．

$$Cr_2O_7^{2-} + Fe^{2+} \longrightarrow Cr^{3+} + Fe^{3+}$$

次に，以下に示す手順で反応式の釣合をとる．これからわかるように，半反応を用いる手法が，H^+ と H_2O がこの反応にどうかかわるかを教えてくれるので，それらについては前もって知る必要はない．

段階 1　骨格となる反応を半反応に分ける．反応物のひとつ $Cr_2O_7^{2-}$ を選ぶ．そして，それを矢印の左に書く．右側には，$Cr_2O_7^{2-}$ が変化した結果のもの，すなわち Cr^{3+} を書く．これが 1 番目の半反応のはじまりである．2 番目の半反応は，他の反応物 Fe^{2+} を左側に書き，生成物 Fe^{3+} を右側に書く．骨格となる反応式に現れたイオンの完全な式を使うことに注意せよ．水素と酸素以外は，同じ元素が半反応式の両側になければならない．

$$Cr_2O_7^{2-} \longrightarrow Cr^{3+}$$
$$Fe^{2+} \longrightarrow Fe^{3+}$$

段階 2　H と O 以外の原子の釣合をとる．Cr は左側に 2 個ある，そして右側には 1 個しかないので，Cr^{3+} の前に係数 2 をおく．2 番目の半反応はすでに釣合がとれているので，そのままにしておく．

$$Cr_2O_7^{2-} \longrightarrow 2Cr^{3+}$$
$$Fe^{2+} \longrightarrow Fe^{3+}$$

■酸素原子の釣合をとるために O や O_2 ではなく H_2O を使う．それは，溶液中で実際に反応したり生成したりするのは H_2O だからである．

段階 3　O が必要なところに H_2O を加えて酸素の釣合をとる．最初の半反応の左側には 7 個の酸素原子がある．そして右側にはない．それゆえ，$7H_2O$ を右側に加え，酸素の釣合をとる．2 番目の半反応には酸素が現れないので何もしない．

$$Cr_2O_7^{2-} \longrightarrow 2Cr^{3+} + 7H_2O$$
$$Fe^{2+} \longrightarrow Fe^{3+}$$

酸素については釣合がとれたが，水素に関してはまだである．これが次の課題である．

段階 4　H が必要なところに H^+ を加え水素の釣合をとる．はじめの半反応に水を加えたあと，右側には 14 個の水素原子があり左側にはない．水素原子の釣合をとるために半反応の左側に $14H^+$ を加える．この段階（他の段階も）を行うときには，イオンの電荷に注意すること．もし怠ると，最後に釣合のとれた反応式を得られないだろう．

$$14H^+ + Cr_2O_7^{2-} \longrightarrow 2Cr^{3+} + 7H_2O$$
$$Fe^{2+} \longrightarrow Fe^{3+}$$

これで，それぞれの半反応式は原子について釣合がとれた．次に，電荷を釣合わせる．

段階 5　電子を加えて電荷の釣合をとる．はじめに，それぞれの側の電荷を計算する．

はじめの半反応では，次のとおりである．

$$14H^+ + Cr_2O_7^{2-} \longrightarrow 2Cr^{3+} + 7H_2O$$

正味の電荷　(14+) + (2−) = 12+　　2(3+) + 0 = 6+

両側の電荷の違いは，より陽性の側に加えねばならない電子の数に等しい．この例では，$6e^-$ を半反応の左側に加えねばならない．

$$6e^- + 14H^+ + Cr_2O_7^{2-} \longrightarrow 2Cr^{3+} + 7H_2O$$

これでこの半反応式は，原子においても電荷においても釣合がとれて，完成したものとなった．(両側の電荷を再計算して確かめることができる．)

他の半反応を釣合わせるには，1電子を右側に加える．

$$Fe^{2+} \longrightarrow Fe^{3+} + e^-$$

これで，この半反応も原子と電荷の釣合がとれた．

段階 6　得られた電子数と失われた電子数を等しくし，二つの半反応式を足し合わせる．この時点では，二つの釣合った半反応を得ている．

$$6e^- + 14H^+ + Cr_2O_7^{2-} \longrightarrow 2Cr^{3+} + 7H_2O$$
$$Fe^{2+} \longrightarrow Fe^{3+} + e^-$$

6電子がはじめの半反応で得られたが，2番目では1個しか失われていない．それゆえ，二つの半反応式を組合わせる前に，2番目の半反応式のすべての係数に6を掛ける．

$$6e^- + 14H^+ + Cr_2O_7^{2-} \longrightarrow 2Cr^{3+} + 7H_2O$$
$$6(Fe^{2+} \longrightarrow Fe^{3+} + e^-)$$

合計　$6e^- + 14H^+ + Cr_2O_7^{2-} + 6Fe^{2+} \longrightarrow 2Cr^{3+} + 7H_2O + 6Fe^{3+} + 6e^-$

段階 7　両側で同じものは削除する．これは最後の段階である．6電子を両側から消去し，最終の釣合のとれた反応式を得る．

$$14H^+ + Cr_2O_7^{2-} + 6Fe^{2+} \longrightarrow 2Cr^{3+} + 7H_2O + 6Fe^{3+}$$

電荷と原子が釣合っていることに注意せよ．

ある反応では，二つの半反応を足し合わせたあとに H_2O あるいは H^+ が両側に残ることがある．たとえば，左側に $6H_2O$，右側に $2H_2O$．このような場合できるだけ両側で同じものは消去する．すなわち，

$$\cdots + 6H_2O \cdots \longrightarrow \cdots + 2H_2O \cdots$$

は次のようにできる．

$$\cdots + 4H_2O \cdots \longrightarrow \cdots$$

以下は，酸性溶液中での酸化還元反応における反応式の釣合をとる方法のまとめである．どの段階も省くことなく，順次進めていけば，常に適切な反応式を得ることができる．

酸性溶液の半反応

段階 1　反応式を二つの半反応に分ける．
段階 2　H と O 以外の釣合をとる．
段階 3　H_2O を加え O の釣合をとる．
段階 4　H^+ を加え H の釣合をとる．
段階 5　e^- を加え，電荷の釣合をとる．
段階 6　獲得した電子数と失った電子数を等しくしてから半反応式を足し合わせる．
段階 7　両側で同じものを消去する．

例題 5・5　半反応を用いてイオン反応式を求める手法

次の反応の釣合をとれ．反応は酸性溶液中で起こるものとする．

$$MnO_4^- + H_2SO_3 \longrightarrow SO_4^{2-} + Mn^{2+}$$

指針　半反応を用いる手法では，考えるべき点は多くはない．各段階を順に行うだけである．

解法　反応を釣合わせるために酸性溶液での七つの段階を順に行う．

解答　先に述べた段階を行う．

段階 1　骨格となる反応を二つの半反応に分ける．

$$MnO_4^- \longrightarrow Mn^{2+}$$
$$H_2SO_3 \longrightarrow SO_4^{2-}$$

段階 2　H と O 以外の原子の釣合をとる．H と O 以外の原子はすでに釣合っているので，この段階で行うことはない．

段階 3　酸素を釣合わせるために H_2O を加える．

$$MnO_4^- \longrightarrow Mn^{2+} + 4H_2O$$
$$H_2O + H_2SO_3 \longrightarrow SO_4^{2-}$$

段階 4　H を釣合わせるために H^+を加える．

$$8H^+ + MnO_4^- \longrightarrow Mn^{2+} + 4H_2O$$
$$H_2O + H_2SO_3 \longrightarrow SO_4^{2-} + 4H^+$$

段階 5　より電荷が陽性の側に電子を加え電荷を釣合わせる．

$$5e^- + 8H^+ + MnO_4^- \longrightarrow Mn^{2+} + 4H_2O$$
$$H_2O + H_2SO_3 \longrightarrow SO_4^{2-} + 4H^+ + 2e^-$$

段階 6　失われた電子と得られた電子数を等しく調整し，半反応式を足し合わせる．

$$2\times(5e^- + 8H^+ + MnO_4^- \longrightarrow Mn^{2+} + 4H_2O)$$
$$5\times(H_2O + H_2SO_3 \longrightarrow SO_4^{2-} + 4H^+ + 2e^-)$$

$$10e^- + 16H^+ + 2MnO_4^- + 5H_2O + 5H_2SO_3 \longrightarrow 2Mn^{2+} + 8H_2O + 5SO_4^{2-} + 20H^+ + 10e^-$$

段階 7　$10e^-$, $16H^+$, $5H_2O$ を両辺より削除する．最終の反応式は次のとおりである．

$$2MnO_4^- + 5H_2SO_3 \longrightarrow 2Mn^{2+} + 3H_2O + 5SO_4^{2-} + 4H^+$$

確認　確認は二つの段階で行う．最初に反応の両辺で，それぞれの原子数が同じか．次に両辺で電荷は同じか確かめる．左辺では $2MnO_4^-$より正味の電荷は 2− である．右辺では，$2Mn^{2+}$ と $4H^+$ で計 8+ と $5SO_4^{2-}$ より 10−，よって正味の電荷は 2− である．原子も電荷も釣合っているので，この問題を正しく解いたことが確認できる．

練習問題 5・4　次の反応式は釣合がとれていない．半反応を用いる手法で釣合をとれ．

$$Al + Cu^{2+} \longrightarrow Al^{3+} + Cu$$

練習問題 5・5　テクネチウム（原子番号 43）は放射性で，その同位体の一つ ^{99}Tc は医療で画像診断に使われる．その同位体は過テクネチウム酸 TcO_4^- の形で得られる．しかし，その利用においてはしばしば低酸化状態のテクネチウムが使われる．還元は Sn^{2+} を使って酸性溶液中で行われる．骨格となる反応式は次のとおりである．半反応を用いる手法でこの反応式の釣合をとれ．

$$TcO_4^- + Sn^{2+} \longrightarrow Tc^{4+} + Sn^{4+}\ （酸性溶液）$$

塩基溶液中で酸化還元反応の釣合をとる

塩基性溶液において H^+ の濃度は非常に低い．おもな化学種は H_2O と OH^- である．厳密にいえば，これらは半反応式を釣合わせるのに使われるべきである．しかし，塩基性溶液での反応の釣合をとる一番簡単な方法は，はじめは溶液が酸性であるとしてしまうことである．先に示した七つの段階で反応式の釣合いをとり，それから次に示す簡単な三つの段階により，塩基性溶液での正しい形に反応式を変換する．この変換では，H^+と OH^- が 1 : 1 で反応して H_2O となることを利用する．

塩基性溶液の半反応において追加される段階

段階 8　H^+ と同じ数の OH^- を反応式の両辺に加える．

段階 9　各辺において H^+ と OH^- を組合わせ H_2O とする．

段階 10　消去できる H_2O を消去する．

一例として，次の反応式を塩基性溶液で釣合をとる．

$$SO_3^{2-} + MnO_4^- \longrightarrow SO_4^{2-} + MnO_2$$

酸性溶液のための段階 1 から 7 で次を得る．

$$2H^+ + 3SO_3^{2-} + 2MnO_4^- \longrightarrow 3SO_4^{2-} + 2MnO_2 + H_2O$$

以下の手順で，この式を塩基性溶液で適切なものに変換する．

段階 8　H^+ と同数の OH^- を両辺に加える． 酸性溶液の反応式の左辺は $2H^+$ をもつので，$2OH^-$ を両辺に加える．

$$2OH^- + 2H^+ + 3SO_3^{2-} + 2MnO_4^- \longrightarrow 3SO_4^{2-} + 2MnO_2 + H_2O + 2OH^-$$

段階 9　H^+ と OH^- を組合わせて H_2O をつくる． 左辺は $2OH^-$ と $2H^+$ をもつので $2H_2O$ とする．すなわち，$2OH^- + 2H^+$ のところを $2H_2O$ と書く．

$$2H_2O + 3SO_3^{2-} + 2MnO_4^- \longrightarrow 3SO_4^{2-} + 2MnO_2 + H_2O + 2OH^-$$

段階 10　消去できる H_2O を削除する． この式では，両辺より一つの H_2O を消去できる．塩基性溶液中で釣合のとれた反応式は，次のとおりである．

$$H_2O + 3SO_3^{2-} + 2MnO_4^- \longrightarrow 3SO_4^{2-} + 2MnO_2 + 2OH^-$$

練習問題 5・6　次の半反応を酸性溶液で釣合のとれた式にせよ．さらに塩基性溶液で釣合のとれた半反応式を示せ．

$$2H_2O + SO_2 \longrightarrow SO_4^{2-} + 4H^+ + 2e^-$$

練習問題 5・7　次の反応を塩基性溶液で釣合のとれた式にせよ．

$$MnO_4^- + C_2O_4^{2-} \longrightarrow MnO_2 + CO_3^{2-}$$

5・3　酸化剤としての酸

これまで酸の性質のひとつは，酸が塩基と反応することであると学んだ．他の重要な性質は，酸がある金属と反応することができることである．これは金属が酸化され，酸が還元される酸化還元反応である．しかし，その反応において還元される酸は，金属の種類に依存するのと同時に酸自身の成分にも依存する．

亜鉛の一片を塩酸溶液に入れると，泡立ちが起こり，亜鉛は徐々に溶ける(図5・2)．その反応は，

$$Zn(s) + 2HCl(aq) \longrightarrow ZnCl_2(aq) + H_2(g)$$

となり，正味のイオン反応式は，

$$Zn(s) + 2H^+(aq) \longrightarrow Zn^{2+}(aq) + H_2(g)$$

となる．この反応では亜鉛は酸化され，水素イオンは還元される．他のいい方をすれば，酸の H^+ は酸化剤である．

多くの金属が亜鉛のように酸と反応し水素イオンにより酸化される．この反応により金属塩と気体水素が生成物としてできる．

HCl や H_2SO_4 のような酸と反応し水素ガスを生じる金属は水素 H_2 よりも活性である．しかし，他の金属に対しては，水素イオンは酸化を起こすまでの能力がない．た

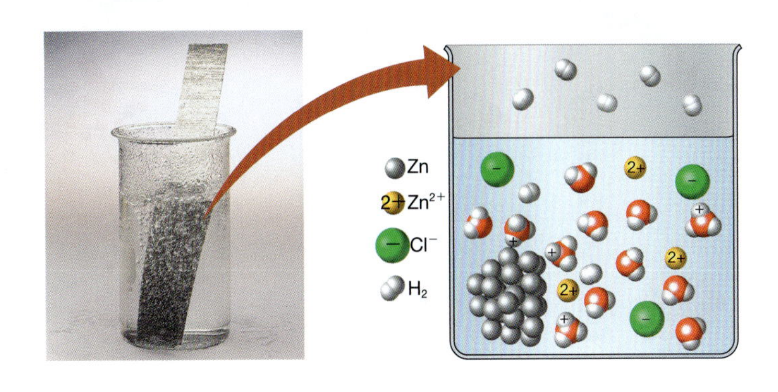

図 5・2　亜鉛と塩酸の反応． 金属亜鉛を塩酸の溶液に入れると水素の泡が発生する．分子レベルの図(釣合はとれていない)は，オキソニウムイオンが金属亜鉛(灰色の球)と反応する様子を示している．二つのオキソニウムイオンが金属亜鉛から二つの電子を得て水素原子を生じる．そして，亜鉛は2+ の電荷をもつ陽イオンとなる．

表 5・2　非酸化性酸と酸化性酸

非酸化性酸		
$HCl(g)$　$H_2SO_4(aq)$†	$H_3PO_4(aq)$	ほとんどの有機酸（例，$HC_2H_3O_2$）
酸化性酸	**条件**	**還元反応**
HNO_3	高濃度	$NO_3^- + 2H^+ + e^- \longrightarrow NO_2(g) + H_2O$
	低濃度	$NO_3^- + 4H^+ + 3e^- \longrightarrow NO(g) + 2H_2O$
	非常に低濃度で，強い還元剤との共存下	$NO_3^- + 10H^+ + 8e^- \longrightarrow NH_4^+(aq) + 3H_2O$
H_2SO_4	高温，高濃度で，強い還元剤との共存下	$SO_4^{2-} + 10H^+ + 8e^- \longrightarrow H_2S(g) + 4H_2O$
	高温，高濃度	$SO_4^{2-} + 4H^+ + 2e^- \longrightarrow SO_2(g) + 2H_2O$

†　H_2SO_4 は低温，低濃度のときは非酸化性酸

とえば，銅は亜鉛や鉄よりも著しく不活性であり，H^+ はそれらを酸化できない．銅は H_2 よりも不活性な金属の一例である．

陰イオンが酸の酸化力を決める

塩酸は H^+（H_3O^+ を H^+ と略す）と Cl^- を含む．塩酸中の H^+ は H_2 に還元されうるので酸化剤である．しかし，溶液中の Cl^- は酸化剤としてはたらく傾向はない．HCl 溶液で唯一の酸化剤は H^+ である．同じことが希硫酸 H_2SO_4 でもいえる．

水中の水素イオンは，実際はかなり弱い酸化剤であるので，塩酸と硫酸はかなり弱い酸化力しかもたない．水素イオンはある種の金属を酸化できるが，それはしばしば**非酸化性酸**とよばれる．それゆえ非酸化性酸では，酸の陰イオンは，水素イオンよりもより弱い酸化剤で水素イオンよりも還元するのはむずかしい．水素イオンよりも強い酸化剤である陰イオンを含む酸は**酸化性酸**とよばれる（表 5・2）．

非酸化性酸 nonoxidizing acid

酸化性酸 oxidizing acid

酸化剤としての硝酸イオン　硝酸 HNO_3 はイオン化して H^+ と NO_3^- を生じる．この溶液では，硝酸イオンは，水素イオンよりもかなり強力な酸化剤である．これは H^+

図 5・3　濃硝酸と銅の反応． これら一連の写真が示すように，銅コインは濃硝酸と激しく反応する．茶褐色の蒸気は二酸化窒素である．この二酸化窒素がスモッグの独特な色の原因になっている．一連の原子レベルでの図は，固体の銅，硝酸の添加，最後に硝酸銅，二酸化窒素ガスと水の生成を表している．

が酸化できない銅や銀などの金属を酸化できる．たとえば，図5・3に示す銅と濃硝酸 HNO_3 との反応式は次のとおりである．

$$Cu(s) + 4HNO_3(aq) \longrightarrow Cu(NO_3)_2(aq) + 2NO_2(g) + 2H_2O$$

もし，これを正味のイオン反応式にして酸化数をつけると，NO_3^- が酸化剤で Cu が還元剤であることがわかる．

酸化　還元

$$\overset{0}{Cu}(s) + 2\overset{+5}{N}O_3^-(aq) + 4H^+(aq) \longrightarrow \overset{+2}{Cu}{}^{2+}(aq) + 2\overset{+4}{N}O_2(g) + 2H_2O$$

還元剤　酸化剤

この反応では，水素ガスが生じないことに注意せよ．HNO_3 の H^+ は反応の重要な部分を担うが，酸化数を変えることなく水分子の一部となるだけである．

硝酸の還元でできる窒素含有生成物は酸の濃度と金属の還元力に依存する．濃硝酸では多くの場合，二酸化窒素 NO_2 が還元生成物となる．希硝酸では多くの場合，生成物は一酸化窒素（酸化窒素ともよばれる）NO である．たとえば，銅は以下のように反応する．

濃硝酸

$$Cu(s) + 4H^+(aq) + 2NO_3(aq) \longrightarrow Cu(aq) + 2NO_2(g) + 2H_2O$$

希硝酸

$$3Cu(s) + 8H^+(aq) + 2NO_3(aq) \longrightarrow 3Cu^{2+}(aq) + 2NO(g) + 4H_2O$$

硝酸は強力な酸化剤である．最も反応性の乏しい白金や金を除いたすべての金属が硝酸で酸化される．また硝酸は有機物に対しても優れた酸化剤であり，実験室で硝酸を扱うときには特に注意を払う必要がある．経験のない人が有機物の周囲で濃硝酸を扱うと深刻な事故が起こることがある．

熱濃硫酸：もう一つの酸化剤　希薄溶液中では，硫酸の硫酸イオンはほとんど酸化剤としてはたらかない．しかし，熱く濃い硫酸は強い酸化剤である．たとえば，銅は冷たい希硫酸中では反応しないが，熱濃硫酸とは次の反応を起こす．

$$Cu + 2H_2SO_4(\text{高温, 高濃度}) \longrightarrow CuSO_4 + SO_2 + 2H_2O$$

この酸化力のため，熱濃硫酸は非常に危険なものとなる．それは粘性があり皮膚に付着しやすく，深刻な火傷をひき起こす．

練習問題 5・8　次の物質と塩酸との釣合のとれた分子反応式，イオン反応式，そして正味のイオン反応式を書け．(a) マグネシウム　(b) アルミニウム（両方とも水素イオンで酸化される）

5・4 金属の酸化還元反応

金属と酸との反応で水素ガスができるのは，酸化還元反応によりある元素が他の元素に置換する現象のなかの特別な場合である．金属–酸反応では，水素を酸から押出すのは金属であり，その結果 $2H^+$ は H_2 になる．

同様の一般的現象の他の反応は，図5・4に示す実験のようなある金属が他の金属にとって代わるものである．そこでは研磨された金属亜鉛が硫酸銅の溶液に浸されている．しばらく亜鉛を溶液につけておくと，亜鉛の表面に赤銅色の金属銅が析出する．

図 5・4 亜鉛と銅イオンの反応. (左) 光沢のある亜鉛と硫酸銅溶液の入ったビーカー. (中央) 亜鉛を溶液に浸すと, 亜鉛が溶けるあいだ銅イオンは金属銅に還元される. (右) しばらくすると, 亜鉛は銅の赤銅色に被覆される. 溶液の青色が少し薄くなったことに注意せよ. これは銅イオンの一部が溶液から消失したことを示している.

この溶液を分析すると,未反応の銅イオンとともに亜鉛イオンが検出されるであろう.

この実験の結果は次の正味のイオン反応式で表すことができる.

$$Zn(s) + Cu^{2+}(aq) \longrightarrow Cu(s) + Zn^{2+}(aq)$$

ここでは, 金属亜鉛は酸化され, 銅は還元されている. この過程で Zn^{2+} は Cu^{2+} と置き換わって, 硫酸銅溶液は硫酸亜鉛溶液に変化した. この反応の最中に亜鉛表面で起こっていることを原子レベルで表したのが図 5・5 である. このような, 一つの元素が化合物中の他の元素と置き換わる反応はしばしば**単置換反応**とよばれる.

単置換反応 single replacement reaction

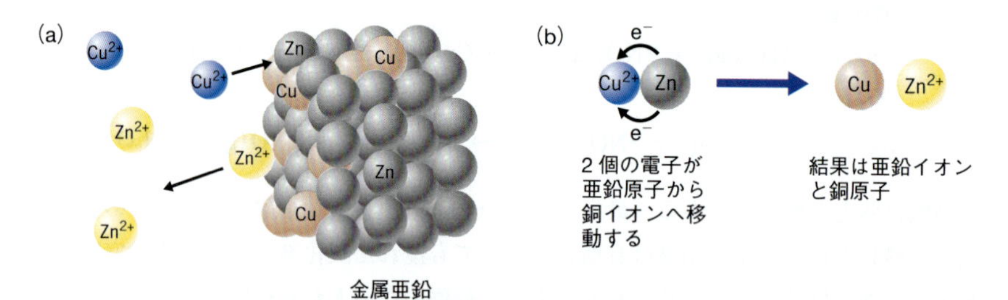

図 5・5 銅イオンと亜鉛の反応の原子レベルでの図. (a) 銅イオン(青色)が亜鉛表面に衝突し, 銅イオンは亜鉛原子(灰色)から電子を奪う. 亜鉛原子は亜鉛イオン(黄色)になり溶液中に溶け出す. 銅イオンは銅原子(赤茶色)になり亜鉛表面に付着する. (図を明瞭なものにするため, 溶液中の水分子と硫酸イオンは示していない.) (b) 反応を進行させる電子の交換を近接して示した図.

金属の活性系列

銅イオンと亜鉛の反応では, より活性な亜鉛が化合物中のより不活性な銅と置き換わった. ここで活性という用語は, より容易に酸化されるという意味で使っている. これは実際のところ, より酸化されやすい元素がより酸化されにくい元素と置き換わるという一般的な現象である. 図 5・5 に示した実験をいろいろな金属で行い, 相対的に酸化されやすさを比較することで, 金属を酸化されやすさの順に並べることができる. これが表 5・3 に示す**活性系列**である. この表では下位にある金属は, 上位にある金属よりもより酸化されやすい (より活性) である. これは, あるイオンはその化合物から, 表中のより下位にあるイオンにより置き換えられることを意味する.

活性系列 activity series

■ 非酸化性酸の溶液において一番強い酸化剤は H^+ である.

水素がこの活性系列に入っていることに注意せよ. 水素よりも下にある金属は, H^+ を含む溶液から水素を追い出す. それらは非酸化性酸と反応できる金属である. 一方, 水素よりも上位の金属は, 一番強い酸化剤として H^+ をもつ酸とは反応しない.

表 5・3 おもな金属と水素の活性系列

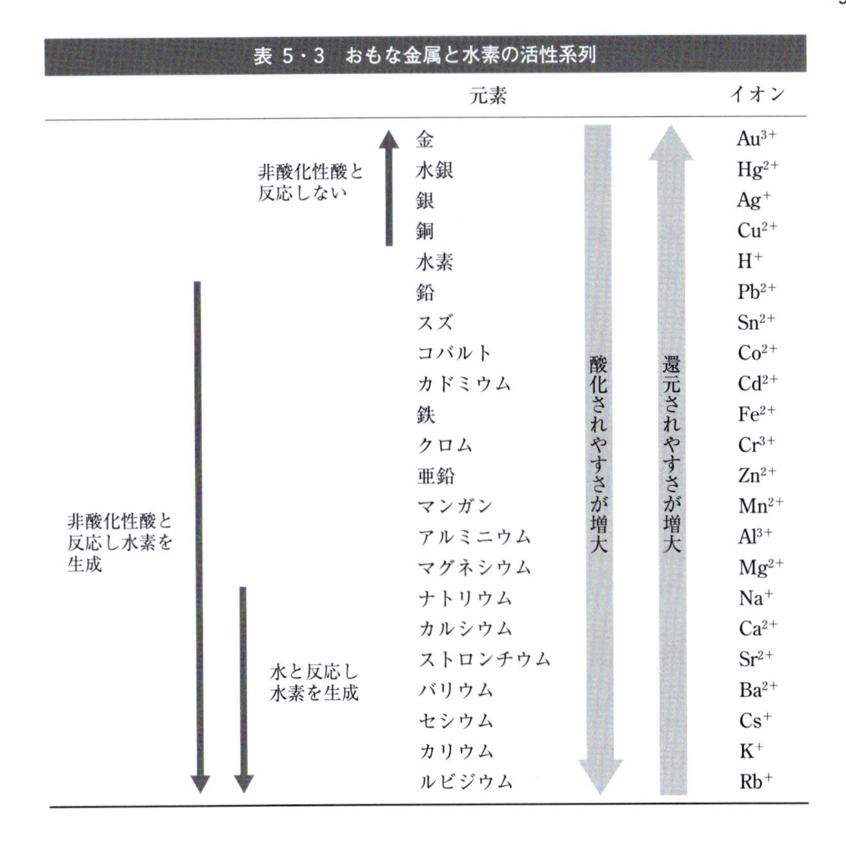

	元素	イオン
非酸化性酸と反応しない	金	Au^{3+}
	水銀	Hg^{2+}
	銀	Ag^{+}
	銅	Cu^{2+}
	水素	H^{+}
非酸化性酸と反応し水素を生成	鉛	Pb^{2+}
	スズ	Sn^{2+}
	コバルト	Co^{2+}
	カドミウム	Cd^{2+}
	鉄	Fe^{2+}
	クロム	Cr^{3+}
	亜鉛	Zn^{2+}
	マンガン	Mn^{2+}
	アルミニウム	Al^{3+}
	マグネシウム	Mg^{2+}
水と反応し水素を生成	ナトリウム	Na^{+}
	カルシウム	Ca^{2+}
	ストロンチウム	Sr^{2+}
	バリウム	Ba^{2+}
	セシウム	Cs^{+}
	カリウム	K^{+}
	ルビジウム	Rb^{+}

表の下位に位置する金属イオンはとても酸化されやすく，非常に強い還元剤である．事実，それらは活性が非常に高いので，水分子中の水素を還元できる．たとえば，ナトリウムは水と激しく反応する（図 5・6）．

$$2Na(s) + 2H_2O \longrightarrow H_2(g) + 2NaOH(aq)$$

水素よりの下位の金属では，金属の酸化しやすさと H^+ との反応の速さが比例している．たとえば，図 5・7 は塩酸と反応する鉄，亜鉛，マグネシウムを示している．

図 5・6 金属ナトリウムは水と激しく反応する． この反応で，ナトリウムは酸化され Na^+ となり，水は還元され水素ガスと水酸化物イオンになる．この反応の熱で水素に火がつく．その熱はナトリウムを溶かし，ナトリウムは水面から炎を放ち，光って見える．反応が終わったあとの溶液は水酸化ナトリウムを含んでいる．

$2HCl(aq) + Fe(s) \rightarrow FeCl_2(aq) + H_2(g)$

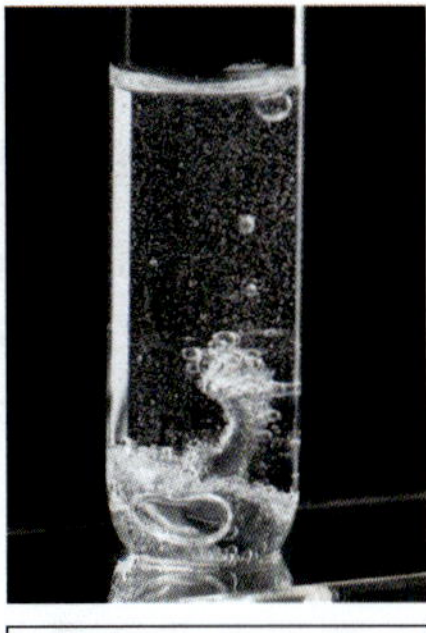

$2HCl(aq) + Zn(s) \rightarrow ZnCl_2(aq) + H_2(g)$

$2HCl(aq) + Mg(s) \rightarrow MgCl_2(aq) + H_2(g)$

図 5・7 酸中の水素イオンとの反応による金属の酸化されやすさの比較． 生成物は水素ガスと溶液中の金属イオンである．三つのすべての試験管には同じ濃度の HCl(aq) が入っている．左の試験管には鉄，真ん中には亜鉛，右にはマグネシウムが入っている．この 3 種類のなかで，より水素の泡立ちの激しいものが酸化されやすいものと考えられる．

それぞれの試験管中の塩酸の初期濃度は同じである．しかし，マグネシウムは亜鉛よりも速く，そして亜鉛は鉄よりも速く反応している．これは，表5・3の反応性の順と一致していることがわかる．すなわち，マグネシウムは亜鉛よりも容易に酸化され，亜鉛は鉄よりも容易に酸化される．

反応の予測に活性系列を使う

表5・3の活性系列から，例題5・6で説明するように，単置換酸化還元反応の結果を予測することができる．

例題 5・6　活性系列の利用

鉄釘を，硫酸銅を含む溶液に浸したら何が起こるか．もし反応が起こるなら，その分子反応式を書け．

指針　何が起こるか決める前に，起こりうることを考える必要がある．化学反応が起こるならば，鉄は硫酸銅と反応しなければならない．鉄は他の金属の塩と反応することが可能だろうか．

手法　このような反応の予測に使う手法は表5・3の金属の活性系列である．また，イオン化合物の命名法も必要になる．

解答　表5・3を検討すると，鉄は銅の下位に位置する．これは，鉄は銅よりも酸化されやすく，よって，金属鉄は溶液から銅イオンを追い出すと予測され，反応は起こるであろう．硫酸銅(II)の化学式は $CuSO_4$ である．反応式を書くには，鉄の最終的な酸化状態を知る必要がある．表では，これは +2 と示されているので Fe 原子は Fe^{2+} に変わる．溶液中の塩の化学式を書くには，Fe^{2+} と SO_4^{2-} を組合わせて $FeSO_4$ とする．銅(II)イオンは還元されて銅原子となる．

検討の結果，反応が起こり生成物が生じる．その反応式は，次のとおりである．

$$Fe(s) + CuSO_4(aq) \longrightarrow Cu(s) + FeSO_4(aq)$$

確認　正しく解答したか確かめるために活性系列を確認する．また，書いた化学反応式が正しく，また釣合のとれたものか確認する．これらにより答えが正しいことが確認できる．

練習問題 5・9　金属アルミニウムを塩化銅(II)の溶液に加えたとき(a)と硫酸マグネシウムの溶液に金属銀を加えたとき(b)とで，もし反応が起こるとすればその反応式を書け．反応が起こらない場合は，生成物を書くべき場所に“反応しない”と書け．

ここで，鉄釘を硫酸アルミニウムの溶液に浸したとき，何が起こるか考えてみよう．例題5・6と同様に，鉄元素と Al^{3+} の活性系列中での位置を比較する．Al^{3+} は鉄よりも下位にあるので，アルミニウム元素は鉄よりも活性である．鉄元素は Al^{3+} を還元できず反応は起こらないと結論できる．

5・5　酸化剤としての酸素分子

燃焼 combustion

酸素は豊富に存在する化学物質である．大気中にあり，化学者に限らず誰でも使うことができる．さらに，O_2 は活性な酸化剤なので，その反応は詳しく研究されてきた．その反応は光と熱の発生を伴い速い．これを**燃焼**とよぶ．一般に，酸素の反応生成物は非金属との反応では分子性の酸化物，金属との反応ではイオン性の酸化物である．

酸素と非金属との反応

ほとんどの非金属は，金属と同様に，酸素と容易に結びつき，その反応はしばしば燃焼といってよいほどに速い．ほとんどの人にとって，最も重要な非金属の燃焼反応は炭素との反応である．それはその反応が熱源となるからである．たとえば，石炭や木炭は一般的な炭素燃料である．石炭は広く世界的に発電に使われている．もし十分な酸素が供給されれば炭素の燃焼により CO_2 が生じる．しかし，O_2 の供給量が限ら

コラム 5・1 銀を磨く簡単な方法

銀製品を磨くのは面倒で，しばしば不満足な結果に終わる．本章で学んだ活性な金属がより不活性な金属の化合物を還元することを実際問題の解決に使うことができる．

一般に，銀は空気中の痕跡量の硫化水素とのゆっくりとした反応で光沢を失う．その反応の生成物は硫化銀 Ag_2S である．それは輝いている金属表面に光沢のない黒い被膜をつくる．穏やかな研磨クリームを使って銀製品を磨くと輝きを取戻すことはできるが，銀製品から硫化銀として銀を徐々にはぎとっていることになる．この有害な銀の変色部分は下水に洗い流され，水を汚染することにもなる．

これに代わる方法は，器の底にアルミホイルを敷き，温かい水と洗剤（電解質としてはたらく）を加える．そして変色した銀製品をこの洗剤-水混合物に浸し，アルミホイルに触れさせておく．すると図に示すように，短時間で硫化銀は還元され，輝きは取戻され，製品の上に金属銀が沈着する．このとき，少量のアルミホイルが酸化され溶ける．このテクニックは労力がいらないと同時に銀をはぎ取らない．また，重金属である銀が水に溶け出すことなく，手を汚す心配もない．

アルミニウムを使って銀の変色をとる．(a) 変色した銀の花瓶と，その横は水に洗剤を溶かしたものを入れた容器．容器の底にはアルミホイルが敷いてある．(b) 花瓶をアルミホイルの上に置く．花瓶の一部が洗剤に浸っている．(c) しばらくしてから花瓶を取出し，水で洗い，軟らかい布で拭く．花瓶の液体に浸っていた部分では，変色した部分が金属銀に還元されている．

れていれば，CO も同時に生じる．それゆえ，練炭のパッケージには，一酸化炭素の毒性の危険のため室内で料理や暖房に使うべきでないと書かれている．

硫黄は酸素中で容易に燃え，二酸化硫黄を生じる非金属元素である．この反応の重要な利用の一つは硫酸の製造である．製造過程のはじめでは，硫黄の燃焼で二酸化硫黄をつくる．なお，硫黄化合物が燃えても二酸化硫黄が生じることから，石炭や石油中に存在する硫黄や硫黄化合物は空気汚染の主要な原因の一つとなる．石炭を燃やす発電所は，排気中の SO_2 を取除くために進歩を重ねてきた．

窒素も酸素と反応し NO, NO_2, N_2O, N_2O_3, N_2O_4, N_2O_5 などの窒素酸化物をつくる．酸化窒素と二酸化窒素は，自動車のエンジンのような高い温度と圧力下で，窒素と酸素から生じる．一酸化二窒素は亜酸化窒素あるいは笑気ガスとして知られ，歯科医により麻酔薬として使われる．

有機物の酸化

経験上，ある種のものが燃えるということはよく知られている．たとえば，暖をとるために火を起こすとき，小枝，丸太，木片が燃料となることに何の疑いももつことはないだろう．自動車の動力は，少なくとも一部は，ガソリンの燃焼により与えられている．木材やガソリンは，その構造がおもに炭素原子の連結でできている化合物で，化学者が有機化合物とよんでいる物質，あるいはその混合物の一例である．有機化合物が燃えるとき，多くの場合，その反応生成物は容易に予測できる．

燃料としての炭化水素

天然ガス，ガソリン，ケロシン，灯油，ディーゼル燃料のような燃料は炭化水素の

■炭化水素と酸素のすべての反応はCO_2とCOとCを異なる比で生成する．しかし，十分酸素が供給されたときには二酸化炭素のみ，供給が制限されたときは一酸化炭素，供給がきわめて制限されたときには炭素のみの，ただ一つの生成物ができると仮定する．

例である．炭化水素は，炭素と水素しか含んでいない化合物である．天然ガスは，おもにメタンCH_4である．ガソリンは炭化水素の混合物であるが，その主成分はもっとなじみのある名前でいえばオクタンC_8H_{18}である．ケロシン，灯油とディーゼル燃料は，もっと多くの炭素と水素を含む炭化水素の混合物である．炭化水素が空気中で燃えると，水のほかに，二酸化炭素，一酸化炭素，煤(すす)など，炭素を含有した生成物が生じる．条件を注意深く調整すれば，生成物を制御することができる．

十分な酸素供給下で炭化水素を燃焼させると，燃焼生成物はおもに二酸化炭素と水である．よって，メタン，オクタンと酸素の反応式は，次のようになる．

$$CH_4 + 2O_2 \longrightarrow CO_2 + 2H_2O$$
$$2C_8H_{18} + 25O_2 \longrightarrow 16CO_2 + 18H_2O$$

■煙突から煤煙が上がっているのか，水蒸気が上がっているのか言い当てることができる．もし水蒸気ならば，煙突のすぐ上の部分に透明の部分がある．もし煤煙ならば，そのような部分はない．

多くの人は，水が炭化水素の燃焼生成物の一つであることを意識しない．おそらく，冬の寒い日，自動車の排気口から水蒸気が上がっているのを見たことがあるだろう．あるいは，自動車を発進させた直後，排気口から水滴が落ちているのに気がついたことがあるかもしれない．これはガソリンの燃焼で生じた水である．同様に，発電所の煙突からは濃い水蒸気の雲が排出されている．現在多くの発電所では，石炭の代わりに天然ガスを燃やすので少ししか煙を出さない．

炭化水素の燃焼中，酸素の供給が制限されると，炭素のうちのいくらかが一酸化炭素となる．COの生成はガソリンエンジンの使用に伴なう汚染問題の一つである．

$$2CH_4 + 3O_2 \longrightarrow 2CO + 4H_2O$$

酸素の供給が極端に制限されると，炭化水素混合物中の水素だけが酸化物（水）に変換され，炭素は炭素原子として残る．たとえば，ロウソクが燃えるとき，燃料は分子量の大きな炭化水素（$C_{20}H_{42}$など）で，不完全燃焼により，ロウソクの炎の中に明るく輝く炭素の小さな粒子ができる．冷たい物体を炎の中にいれると，燃えなかった炭素が表面に黒く付着する．

商業的に重要な反応の一つは，酸素供給がきわめて限られたなかでのメタンの不完全燃焼で，次の反応式で表される．

$$CH_4 + O_2 \longrightarrow C + 2H_2O$$

■この細かい炭素粒子はカーボンブラックともよばれる．

生じる炭素はとても細かく，煤とよばれるものになる．煤としての炭素は工業的なインクのほか，結合剤や充填剤としてゴムタイヤの生産のために大量に使われる．不完全燃焼からの煤が大気中に解放されると，その小さな粒子はスモッグの原因となる粉塵(ふんじん)とよばれる大気汚染成分の一つとなる．

酸素を含む有機化合物の燃焼

■セルロースの化学式は$(C_6H_{10}O_5)_n$と表現できる．これは$C_6H_{10}O_5$を単位として，この単位が，ある大きな数n個連結することで成り立っていることを示している．

先に火を起こすのに木材が使われると説明した．木材のなかの燃焼成分はセルロースである．それは，植物の構造を強化している繊維状の物質である．セルロースは，炭素，水素，酸素よりできている．それぞれのセルロース分子は，原子が集ってできた小さな単位がたくさん連結した長い分子であるが，それらセルロース分子の長さはまちまちである．そのため，セルロースの分子式を特定することはできない．代わりに，経験的な化学式$C_6H_{10}O_5$を使う．これは，大きなセルロース分子を構成するため繰返し現れる構造の単位を表している．セルロースが燃えると，生成物はおもに二酸化炭素と水である．セルロースと炭化水素の酸素に対する反応の違いは，生成物中の酸素がセルロースにも由来する点だけである．

$$C_6H_{10}O_5 + 6O_2 \longrightarrow 6CO_2 + 5H_2O$$

炭素，水素，酸素のみを含むすべての有機化合物の完全燃焼は，同じ生成物 CO_2 と H_2O を与え，反応式も類似したものである．

硫黄を含んだ有機化合物の燃焼

おもな汚染問題の一つは，硫黄あるいは硫黄化合物を含む燃料の燃焼により生じる二酸化硫黄が大気へ放出されることによる．硫黄を含む有機化合物の燃焼生成物は，二酸化炭素，水，二酸化硫黄である．典型的な反応は，

$$2C_2H_5SH + 9O_2 \longrightarrow 4CO_2 + 6H_2O + 2SO_2$$

である．二酸化硫黄の水溶液は酸性である．汚染された大気を通って落ちる雨は SO_2 を吸収し“酸性雨”となる．SO_2 のいくらかは酸化され SO_3 となる．それは湿気と反応し H_2SO_4 となり，酸性雨の酸性をより強める．

酸素との反応は常に燃焼というわけではない

本章の冒頭で述べたルミノール反応は，燃焼でない酸素分子の反応の一例である．この反応の始まりは，過酸化水素の分解で，それはヘモグロビン中の鉄イオンにより増強される．

$$2H_2O_2 \longrightarrow 2H_2O + O_2$$

この反応で酸素の半分が還元され，半分が酸化される．次に，酸素が塩基性溶液中では陰イオンとなっているルミノールと反応する．

$$C_8H_5N_3O_2^{2-} + O_2 \longrightarrow C_8H_5NO_4^{2-} + N_2$$

この過程で，反応のエネルギーの一部が青色光に変換される．この発光現象は，化学発光の一例である．

練習問題 5・10 ある農薬合成の前駆体であるチオフェン C_4H_4S の燃焼について，釣合のとれた反応式を書け．

金属と酸素との反応

私たちは通常金属の燃焼について考えることはないが，実は日常でよく経験している．たとえば，花火の光の源はマグネシウムと酸素の反応である．この反応の反応式は，次のとおりである．

$$2Mg + O_2 \longrightarrow 2MgO$$

ほとんどの金属が酸素と直接反応する．それはそう激しいものではなく，酸化の結果，光沢のある金属表面をくすんだものにするため，腐食あるいは変色とよばれる．たとえば，鉄は，特に湿気のある状態で，かなり容易に酸化される．よく知られているように，そのような条件下では，鉄は腐食して錆(さ)びる．錆(さび)は鉄の酸化物 Fe_2O_3 の一形態であり，それはかなりの量の水も含んでいる．錆の化学式は，組成にあいまいさがあることを示す化学式 $Fe_2O_3 \cdot xH_2O$ で通常与えられる．鉄が錆びる反応はゆっくりした反応であるが，鉄が酸素気流中で高温度に熱せられると，反応を速めることができる（図5・8）．

図 5・8 酸素中で燃える熱したスチールウール． 熱いスチール綿と酸素との反応は酸化を速め，火花や炎を生じる．

鉄と異なりアルミニウムの表面は酸素の反応により目立ったほど鈍くはならない．アルミニウムはアルミホイルから窓枠まで家のいたるところで目にするが，それらは光沢がある．しかし，アルミニウムは，表5・3の活性系列中の位置からわかるように，

かなり酸化されやすい金属である．アルミニウムの新しい表面は酸素と非常に速く反応し，酸化アルミニウム Al_2O_3 の薄い膜で覆われる．この酸化物皮膜は強固に金属表面に付着し，さらなる酸素との結合を困難なものにしている．それゆえ，それ以上の酸化は非常に遅い．一方，アルミニウムを粉末化すると，大きな表面積をもつため，その粉末に点火すると激しく反応する．それはスペースシャトルのブースターロケットの推進剤の一部として使われている．

練習問題 5・11　酸素分子と金属ストロンチウムからその酸化物をつくる反応について，釣合のとれた反応式を書け．

5・6　酸化還元反応の化学量論

一般に，酸化還元反応を含む化学量論の扱いは，すでに扱ってきた他の反応と同じ原理に従う．違いは，化学反応式がもっと複雑であることである．しかし，一度釣合のとれた化学反応式を得れば，反応にかかわる物質の物質量は，釣合のとれた反応式中の係数で関係づけられる．

あまりに多くの反応が酸化還元を含むので，実験室でそれらが有用であることは驚くにあたらない．ある酸化還元反応は化学分析，特に滴定で有用である．酸塩基滴定では，反応の終点を示す指示薬が必要になる．しかし，酸化還元反応において便利な指示薬は多くない．実際に，強い色をもち，指示薬として振舞うことのできる酸化剤は少ない．そこで，反応物自体の色の変化を頼りとする．

図 5・9　Fe^{2+} による MnO_4^- の還元． $KMnO_4$ の溶液を Fe^{2+} を含む溶液に撹拌しながら加える．反応により薄青緑色の Fe^{2+} が Fe^{3+} に酸化され，MnO_4^- はほとんど無色の Mn^{2+} に還元される．Fe^{2+} が反応しつくすまで，過マンガン酸イオンの紫色は消え続ける．その後，溶液はピンク色か紫色になる．ここでは，MnO_4^- はそれ自身が指示薬として振舞っている．この反応の完了が認知できる点が，MnO_4^- を酸化還元滴定において特に有用なものとしている．

■ MnO_4^- の高濃度の溶液は紫色に見えるが，薄いとピンク色に見える．

最も有用な酸化還元滴定の反応物の一つは，過マンガン酸カリウム $KMnO_4$ である．特に，反応が酸性溶液中で行われるときは，過マンガン酸イオンは強力な酸化剤であるので，酸化しうるたいていのものを酸化できる．これが酸化剤として使われるひとつの理由である．特に重要なのは，過マンガン酸イオンは強い紫色をもつが，その還元されたものは酸性溶液中でほとんど無色の Mn^{2+} であることである．それゆえ，$KMnO_4$ 溶液がビュレットから還元剤の溶液に加えられると，反応が起こり，ほとんど無色の生成物が生じる．図 5・9 に，$KMnO_4$ 溶液を Fe^{2+} を含む酸性溶液に注いでいる様子が示す．$KMnO_4$ 溶液が加えられると，還元剤が残るうちは紫色が消え続ける．滴定では，還元剤の最後の痕跡量が消費されたあとは，滴下液中の MnO_4^- は反応するものがないので，MnO_4^- が溶液をピンク色に染める．これが滴定の終点である．この方法では，過マンガン酸イオンは酸化還元滴定における指示薬の役割もしている．次の応用問題は $KMnO_4$ を使った酸化還元滴定について説明している．

応用問題

2.00 g の鉄鉱石中のすべての鉄が酸性溶液に溶かし出され，Fe^{2+} になっている．これを 0.100 M $KMnO_4$ 溶液で滴定する．この滴定で，鉄は Fe^{3+} に酸化された．滴定では，終点までに 27.45 mL の $KMnO_4$ 溶液を必要とした．(a) 試料中に何 g の鉄があったか．(b) 試料中の鉄の質量百分率を求めよ．(c) もし鉄が Fe_2O_3 として存在したときの，試料中の Fe_2O_3 の質量百分率を求めよ．

指針　問題を解くために三つの部分に分けることにする．第一に，正しい化学量論を得るために釣合のとれた反応式を組立てる．第二に，試料中の鉄の質量百分率を求める．第三に，Fe_2O_3 の質量百分率を求める．あとの二つの部分は，本章と3章，4章で学んだ手法を用いる．

第一段階

解法　まず，酸性溶液中の酸化還元反応の釣合をとる方法を手法として使う．

解答　$KMnO_4$ は MnO_4^- を供給する．K^+ は傍観イオンであるため，反応式の釣合をとるのには含めない．骨格となる反応は次式で表される．

$$Fe^{2+} + MnO_4^- \longrightarrow Fe^{3+} + Mn^{2+}$$

酸性溶液における半反応を用いる手法で釣合をとると，次のとおりになる.

$$5Fe^{2+} + MnO_4^- + 8H^+ \longrightarrow 5Fe^{3+} + Mn^{2+} + 4H_2O$$

第二段階

解法 はじめの二つの問題に答えるために使う手法に目をとおしておこう. Fe_2O_3 の質量百分率についてはあとで扱う.

はじめの手法は $KMnO_4$ のモル濃度と体積に関するものである. これは滴定における $KMnO_4$ の物質量を教えてくれる. この部分では, 化学反応式の係数, モル質量, 鉄の質量百分率を計算するための方程式を手法として使う.

解答 反応で消費された MnO_4^- の物質量は, 滴定で使われた溶液の体積とその濃度から計算される.

$$0.02745\ \mathrm{L\ MnO_4^-\ 溶液} \left(\frac{0.100\ \mathrm{mol\ MnO_4^-}}{1\ \mathrm{L\ MnO_4^-\ 溶液}}\right)$$
$$= 0.002745\ \mathrm{mol\ MnO_4^-}$$

次に, 反応した Fe^{2+} の物質量を計算するために反応式の係数を使う. 釣合のとれた反応式は MnO_4^- 1mol の消費当たり 5 mol の Fe^{2+} が反応することを示している.

$$0.002745\ \mathrm{mol\ MnO_4^-} \left(\frac{5\ \mathrm{mol\ Fe^{2+}}}{1\ \mathrm{mol\ MnO_4^-}}\right) = 0.01372\ \mathrm{mol\ Fe^{2+}}$$

これが鉄鉱石中の鉄の物質量であるので, 試料中の鉄の質量は,

$$0.01372\ \mathrm{mol\ Fe} \left(\frac{55.845\ \mathrm{g\ Fe}}{1\ \mathrm{mol\ Fe}}\right) = 0.766\ \mathrm{g\ Fe}$$

となる. これが(a)の答えである. 次に, 試料中の鉄の質量百分率を計算する. それは, 鉄の質量を試料の質量で割り, 100%をかけたものである.

$$\%\mathrm{Fe} = \frac{\mathrm{g\ Fe}}{\mathrm{g\ 試料}} \times 100\%$$
$$\%\mathrm{Fe} = \frac{0.766\ \mathrm{g\ Fe}}{2.00\ \mathrm{g\ 試料}} \times 100\% = 38.3\%$$

したがって試料中の鉄の質量百分率は 38.3% であり, これが(b)の答えである.

第三段階

解法 第二段階で 0.0137 mol の Fe が反応したと決定した. これを Fe_2O_3 の物質量と質量に換算する必要がある. 化学式 Fe_2O_3 と, Fe_2O_3 の質量を計算するために Fe_2O_3 のモル質量を, そして第二段階のような成分の質量百分率計算を行う方程式を使う.

解答 鉄酸化物の化学式より, 次の等価な関係を得る.

$$1\ \mathrm{mol\ Fe_2O_3} \Leftrightarrow 2\ \mathrm{mol\ Fe}$$

これは試料中に何 mol の Fe_2O_3 が存在するかを決めるための変換係数を与えてくれる. Fe の物質量を使って,

$$0.0137\ \mathrm{mol\ Fe} \left(\frac{1\ \mathrm{mol\ Fe_2O_3}}{2\ \mathrm{mol\ Fe}}\right) = 0.00685\ \mathrm{mol\ Fe_2O_3}$$

と試料中の Fe_2O_3 の物質量を求める. Fe_2O_3 の式量は 159.69 g mol^{-1} であるので, 試料中の Fe_2O_3 の質量は,

$$0.00685\ \mathrm{mol\ Fe_2O_3} \left(\frac{159.69\ \mathrm{g\ Fe_2O_3}}{1\ \mathrm{mol\ Fe_2O_3}}\right) = 1.094\ \mathrm{g\ Fe_2O_3}$$

となる. 最後に, 試料中の Fe_2O_3 の質量百分率は,

$$\%\mathrm{Fe_2O_3} = \frac{1.094\ \mathrm{g\ Fe_2O_3}}{2.00\ \mathrm{g\ 試料}} \times 100\% = 54.7\%\ \mathrm{Fe_2O_3}$$

となる. よって, 鉄鉱石は 54.8% の Fe_2O_3 を含んでいる. これが(c)の答えである.

確認 第一段階では, 反応式の両辺でそれぞれの原子が同数であるか確かめねばならない. そして, 電荷についても, 両辺で同じになっているか確かめる必要がある.

第二段階では, 答えを見積もるために, いくつかの近似を使うことができる. 滴定において, 0.100 mol L^{-1} $KMnO_4$ 溶液を約 30 mL(0.030 L) とする. これらの積は約 0.003 mol の $KMnO_4$ が使われたことを示している. 反応式の係数から 5 倍の Fe^{2+} が反応したことがわかるので, 試料中の Fe の物質量は約 $5 \times 0.003 = 0.015$ mol である. Fe の原子量は約 55 g mol^{-1} であるので試料中の Fe の質量は約 $0.015 \times 55 = 0.8$ g である. したがって答えの 0.766 g は妥当である.

第三段階では, 試料中の Fe は約 0.015 mol とした. この Fe に対応する Fe_2O_3 の物質量は 0.0075 mol である. Fe_2O_3 の式量は約 160 g mol^{-1} であるので, 試料中の Fe_2O_3 の質量は約 $0.0075 \times 160 = 1.2$ g である. これは 1.095 g に近い値であり, 答えは妥当と考えられる. また, 1.09 g は試料の質量の約半分であるので, 試料は約 50% の Fe_2O_3 であり, 求めた答えに対応する.

6

エネルギーと化学変化

光合成は，吸熱反応をとおして，葉緑素が捕らえた光エネルギーを化学エネルギーが豊富な化合物へと変換する

エネルギーという言葉がニュースなどにしばしば出てくる．“エネルギー消費”や世界の“エネルギー供給”といった報道が多いので，エネルギーは手に取ったり瓶に詰めたりできるものと思うかもしれない．しかし，エネルギーは物質のようなものではなく，物質がもつことができる“何か”であり，それはものが動けるようにしたり，他のものを動かしたりする“何か”である．

ほとんどすべての化学的，物理的変化はエネルギーの変化を伴っている．水の蒸発や凝縮に伴うエネルギーの変化は，地球規模の天候を支配している．私たちは，燃料の燃焼に伴うエネルギー変化を，自動車を動かしたり電気を生み出すのに使っている．また，私たちの身体は，クッキーや1杯のミルクといった食物の代謝により解放されたエネルギーを，生化学的過程の駆動に使っている．本章では**熱化学**（thermochemistry）を紹介する．熱化学は化学の一分野であり，特に化学反応によるエネルギーの吸収と放出を取扱う．熱化学は実用的な側面を多くもつと同時に，理論的にも大変重要である．なぜなら，実験室での温度変化などの測定と，分子が形成したり分解したりするときに分子レベルで起こることとのあいだを橋渡しするからである．

大学の実験課目で熱化学の実験を行う場合，温度計とフォームラバーのような断熱性のカップを測定に使う．研究現場で使う機器は，より洗練された温度測定と制御システムが組合わされており，もっと精巧で高額なものだろう．しかし，基本的な測定，すなわち化学あるいは物理変化に伴う温度変化を測定する点で，どれも同じである．

熱化学は，エネルギーの伝達と変化を扱う**熱力学**（thermodynamics）という学問の一部である．科学者は，熱力学を使って，与えられた条件下で物理あるいは化学変化が起こるかどうか予測することができる．熱力学は化学，そして自然科学全体において非常に重要な部分を構成している．熱力学については18章で述べる．

学 習 目 標

- ポテンシャルエネルギーと運動エネルギーの違い，およびエネルギー保存則
- 温度とエネルギーの関係，状態関数の概念
- 物体の温度変化を利用した移動した熱の計算
- 発熱および吸熱反応におけるエネルギー変化
- 熱力学第一法則の内容とそれが化学にいかに利用されているかの説明
- 一定圧力下および一定体積下での反応熱の違い
- 熱化学方程式の取扱い
- ヘスの法則を使った標準反応エンタルピーの計算
- 標準生成エンタルピーを使った計算

■仕事は物体を動かす力がなす結果である．動いている自動車は，衝突により他の自動車を動かすことができるのでエネルギーをもっている．

6・1　エネルギー：仕事をする能力

本章の冒頭で述べたように，エネルギーは無形のものである．それは手に取ること

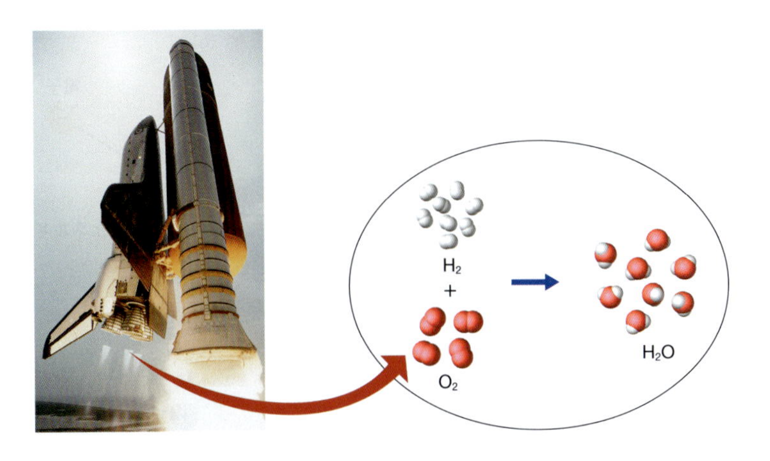

図 6・1 スペースシャトルの燃料には液体水素と酸素が使われている． 写真の左側のほとんど目に見えない炎は，スペースシャトルのメインエンジンからのもので，そこでは水素と酸素から水が生成している．

も瓶に詰めることもできない．**エネルギー**は，物体が仕事をすることが可能なとき，その物体がもっている“何か”である．物体はエネルギーを，運動エネルギーとポテンシャルエネルギーの２通りの形でもつことができる．

エネルギー energy

運動エネルギーは，動いている物体がもつエネルギーである．それは次の式により，その物体の質量と速さに関係づけられる．式中の m は質量，v は速さであり，物体の質量が大きいほど，速さが速いほど，運動エネルギーは大きい．

運動エネルギー kinetic energy, E_k

$$E_k = \frac{1}{2}mv^2 \qquad (6・1)$$

ポテンシャルエネルギーは，物体がもつ，運動エネルギーに変わることのできるエネルギーである．それは，貯蔵されたエネルギーと考えることができる．たとえば，古い型の目覚まし時計のぜんまいを巻くと，エネルギーはぜんまいに移される．ぜんまいはこの貯蔵されたエネルギー（ポテンシャルエネルギー）をもち，徐々にそれを運動エネルギーの形で解放して時計を動かす．

ポテンシャルエネルギー potential energy, E_p．位置エネルギーともいう．

化学物質もポテンシャルエネルギーをもつ．それはしばしば**化学エネルギー**とよばれる．化学反応が起こると，化学物質がもつ化学エネルギーは変化し，熱や光などの形でエネルギーの吸収や放出が生じる．たとえば，図6・1のスペースシャトルのメインエンジンにおける水素と酸素の爆発的反応は，光，熱，そして機体を推進させる膨張する気体を生み出す．

化学エネルギー chemical energy

ポテンシャルエネルギー

ポテンシャルエネルギーのひとつの重要な側面は，それが互いに引き合ったり反発したりする物体の位置に依存することである．たとえば，この本は地球に引きつけられているのでポテンシャルエネルギーをもっている．本を手で持ち上げて位置を変えると，ポテンシャルエネルギーは増加する．その増加したエネルギーは本を持ち上げた人によってもたらされたものである．本を落とすとポテンシャルエネルギーは減少する．その失われたポテンシャルエネルギーは，本が落下する間に速度を得て運動エネルギーに変化する．

図6・2に示す互いに引きつけ合ったり反発したりする磁石の場合，磁石の位置に応じてポテンシャルエネルギーはどのように変化するだろうか．片方の磁石の端と他方の磁石の端とが反発するように置かれているとき，すなわち，片方のＮ極がもう片方のＮ極と反発し合っているとき，その反発は二つの磁石を引き離そうとするの

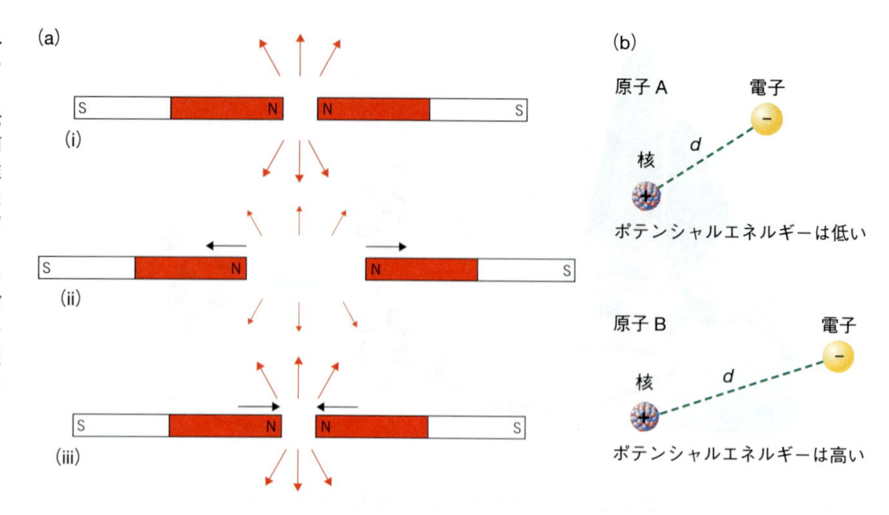

図 6・2　同じ極が向かい合った二つの磁石のポテンシャルエネルギーは，二つの磁石の距離に依存する． (a) 赤い矢印は二つの磁石間の反発を表す．(i) 二つの磁石が近いとN極どうしが反発する．(ii) 磁石が離れると，ポテンシャルエネルギーは減少する．(iii) 磁石が近づくと，ポテンシャルエネルギーは増加する．(b) 正電荷をもつ核は負電荷をもつ電子を引きつける．電子が核に近づくほど，電子のポテンシャルエネルギーは減少する．電子と核を引き離すには仕事が必要なので，原子Bの電子は原子Aの電子よりも高いポテンシャルエネルギーをもつ．

で，それらを近づけるには仕事が必要となる．そして，近づける操作はそれらのポテンシャルエネルギーを高め，その操作で費やしたエネルギーは磁石にたくわえられる．もし，それを解放したら，磁石を互いに押して引き離し，仕事をする．同様に，一つの磁石を反転し，二つの端が引き合うようにする．すなわち，片方の磁石のS極が他方のN極を引きつけるようにする．その状態では磁石を引き離すのに仕事が必要で，その引き離す操作は磁石のポテンシャルエネルギーを高めることになる．

■運動エネルギーと異なり，物体のポテンシャルエネルギーを表す単独の簡単な方程式はない．

ポテンシャルエネルギーに影響する要因

- 互いに引き合う物体どうしを引き離すときポテンシャルエネルギーは増加し，近づけるとき減少する．
- 互いに反発する物体どうしを近づけるときポテンシャルエネルギーは増加し，引き離すとき減少する．

このことが理解しにくいなら，磁石の例に戻り，いかに両極が引きつけ合ったり反発し合ったりするか考えてみるとよい．

化学的な系では，化学エネルギーは原子の種類や組合わせで決まる．そこにはN極やS極はない．しかし，電荷間の引力や斥力がある．互いに異なる電荷間の引力は，磁石の互いに異なる極間の引力と似ている．電子と陽子は，互いに異なる電荷をもつため互いに引き合う．電子間および陽子間には，互いに同種の電荷をもつため，斥力がはたらく．原子が結合し分子を形成するとき，あるいは分子が分解して原子に解離するとき，これらの粒子の相対的な位置の変化はポテンシャルエネルギーを変化させる．このようなポテンシャルエネルギーの変化は，化学反応においてエネルギーの放出や吸収を起こす．

エネルギー保存の法則

エネルギーをつくり出したりなくすことはできない．エネルギーはある形から他の形へ変わるだけである．これはエネルギーに関する最も重要な事実の一つである．この事実は多くの実験や観察により確立され，今日，**エネルギー保存の法則**として知られている（科学者が“保存 conservation”といったとき，変化しない，あるいは一定に保たれるという意味で使われることに注意しよう）．この法則は，たとえばボールを空中に放り投げてみると実感できるだろう．ボールが上昇するに従い，ボールのポテン

エネルギー保存の法則 law of conservation of energy

シャルエネルギーは増加する．エネルギーはどこからも与えられていないので，ポテンシャルエネルギーの増加はボールの運動エネルギーの消費によるものである．それゆえ，ボールの $1/2\,mv^2$ は徐々に減少する．ボールの質量は変わらないので，速さ v は徐々に減少し，ボールは遅くなる．すべての運動エネルギーがポテンシャルエネルギーに変わったとき，ボールは停止し，そのポテンシャルエネルギーは最大となる．それから，ボールは落下し始め，ポテンシャルエネルギーは運動エネルギーに変化する．

ジュール

エネルギーのSI単位は，**ジュール**とよばれる単位である．それは，1秒間に1 mの速さで動いている質量2 kgの物体がもつ運動エネルギーに相当する．運動エネルギーの式 $E_k = 1/2\,mv^2$ を使うと，関係を次のように表せる．

ジュール joule, 単位記号 J

$$1\,\mathrm{J} = \frac{1}{2}(2\,\mathrm{kg})\left(\frac{1\,\mathrm{m}}{1\,\mathrm{s}}\right)^2 = 1\,\mathrm{kg\,m^2\,s^{-2}}$$

実際上，ジュールは小さなエネルギー量である．多くの場合，より大きな単位のキロジュール（kJ，$1\,\mathrm{kJ} = 10^3\,\mathrm{J}$）を使うことが多い．

おそらく，より身近なエネルギーの単位は**カロリー**であり，もとは，1 gの水の温度を1 ℃上げるのに必要なエネルギーとして定義された．SI単位との関連は次のように定義される．

カロリー calorie, 単位記号 cal

$$1\,\mathrm{cal} = 4.184\,\mathrm{J}\ （定義） \qquad (6・2)$$

栄養学などで使われるカロリー Cal（大文字のCであることに注意）は1 kcalであり，同様にキロジュールと次のように関連づけられる．

$$1\,\mathrm{Cal} = 1\,\mathrm{kcal} = 4.184\,\mathrm{kJ}$$

ジュールやキロジュールはエネルギーの標準的な単位であるが，カロリーやキロカロリーもいまでも一般に使われているので，ジュールとカロリー間の換算が必要になることがある．

練習問題 6・1 あるチョコレートプディングは140 Calある．これは何Jか．10の冪乗による表現を使わずに，適切な接頭語を使い答えよ．

6・2 熱，温度，内部エネルギー

物体がどれだけエネルギーをもっているか，またそのエネルギーをどのように測定するかについて考えてみよう．そのエネルギーについて説明する前に，熱と温度について理解する必要がある．それは，エネルギーをどのように測定するかという問題において重要となる．

熱と温度

これまで“温度”という言葉を何度も使ってきた．ここではまず，温度を定義しておく必要がある．もし分子レベルで考えるならば，原子，分子，イオンを私たちは見ることはできないが，それらは常に動き回り，互いにぶつかり合っている．それは，どんなものも，ある運動エネルギーをもっているということである．すべての粒子が厳密に同じ運動エネルギーをもつことはありえそうもないので，そこにはすぐあとで説明するエネルギーの分布があるはずである．そして，その分布には運動エネルギーの平均が伴うはずである．このことより，ある物体の**温度**を，その粒子群の**平均運動**

温度 temperature

平均運動エネルギー average kinetic energy

熱 heat

熱エネルギー thermal energy

熱平衡 thermal equilibrium

内部エネルギー internal energy, U

(a)

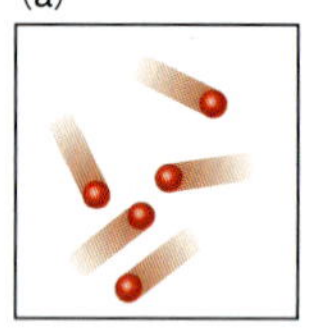

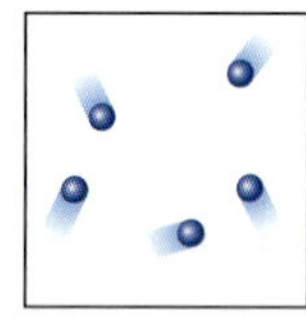

(b)

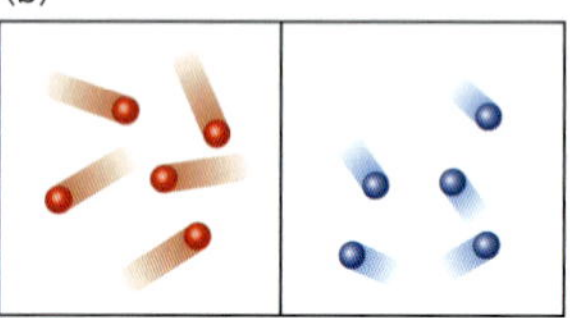

(c)

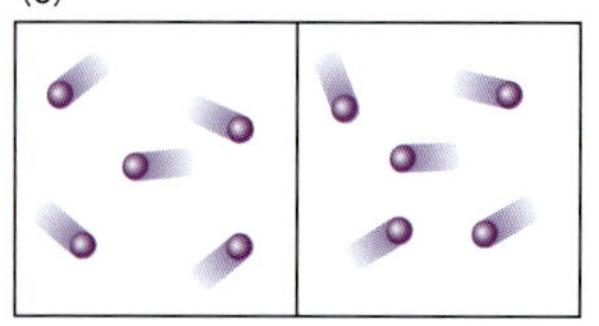

図 6・3　熱いものから冷たいものへのエネルギーの移動. (a) 左の図の長い尾は，コーヒーカップに注ぐ直前の熱湯のような熱い分子の高い運動エネルギーを表す．右の図は冷たいコーヒーカップの分子で，その尾は短い．(b) 熱湯の分子と冷たいカップの分子の衝突は，熱湯の分子の運動を遅く，カップの分子を速くして，熱湯からカップへと運動エネルギーが移動する．(c) 熱平衡に到達すると，水とカップの温度は等しくなる．

■ 記号 Δ は，はじめの状態と終わりの状態との間の変化を表す．

エネルギーに比例するものとみなすことができる．平均運動エネルギーが高いほど温度は高い．$E_k = 1/2\ mv^2$ を思い出すと，運動エネルギーが増大しても質量は変化しないので，速さが増加することになる．その結果，温度計に衝突する粒子のエネルギーと頻度は増大する．同様に，温度が下がるとき，粒子の動きは遅くなり分子の平均運動エネルギーは低下し，粒子の衝突数と衝突力は減少する．

熱は，温度差によって物体間で移動する運動エネルギー（**熱エネルギー**ともよばれる）である．分子レベルでは，熱い物体が冷たい物体と接触したとき，熱い物体の速く運動している原子が冷たい物体の遅く運動している原子とぶつかり，運動エネルギーの一部を失う（図 6・3）．これにより熱い物体の粒子の平均運動エネルギーは下がり，その温度は下がる．同時に，冷たい物体の粒子の平均運動エネルギーは上がり，その温度は上がる．ついには，両方の物体の原子の平均運動エネルギーは同じとなり，両方の物体の温度は同じになり，つまり**熱平衡**に達する．すなわち，熱の移動は二つの物体間の運動エネルギーの移動と解釈できる．たとえば，熱はコーヒーの熱いカップからより冷たい周囲に流れ，ついにはコーヒーと周囲は熱平衡になる（このとき，コーヒーは冷めたとされる）．全体としてはコーヒーの温度は下がり，周囲の温度は少しだけ上がる．

熱として移動するエネルギーは物体のもつ内部エネルギーに由来する．**内部エネルギー**は，物体中のすべての粒子のエネルギーの総和である．これを式で表すと以下のようになる．

$$U = E_p + E_k$$

ここで，E_p は物体中の粒子にはたらく宇宙からのすべての力（万有引力など）に由来するポテンシャルエネルギーを，E_k はそれらの粒子のすべての運動に由来する運動エネルギーを表す．物体にはたらくすべての引力や斥力を定量化するのは不可能なので，物体の全 E_p を決めることはできない．同様に，私たちは宇宙の中で動いており，物体中の粒子の全運動を定量化できないので，物体の全 E_k も決めることはできない．しかし，U の値を決めることはできないが，U の変化は求めることができる．

化学および物理変化の研究においてが興味があるのは，その過程における内部エネルギーの変化である．その変化は ΔU と定義される．ここで Δ(ギリシャ文字のデルタ) は変化を表す．

$$\Delta U = U_{終状態} - U_{始状態}$$

化学変化において，$U_{終状態}$ は生成物の内部エネルギーに対応するので，これを $U_{生成物}$ と書こう．同様に $U_{始状態}$ に対して $U_{反応物}$ を用いることにする．よって，化学反応における内部エネルギーの変化は，次のように表すことができる．

$$\Delta U = U_{生成物} - U_{反応物} \qquad (6 \cdot 3)$$

この方程式で表される重要な約束事に注意しよう．温度や内部エネルギーなどの変化といったときは常に，“終状態から始状態を差し引く” あるいは “生成物から反応物を差し引く”．これは，もし系が変化において周囲からエネルギーを吸収したら，終状態のエネルギーは始状態よりも高く，ΔU は正の値である．このようなことは，たとえば，光合成やバッテリーの充電のときに起こる．バッテリーなどの系がエネルギーを吸収すると，その内部エネルギーは増加し，あとでそれを別のところで使うことができる．

温度と分子の平均運動エネルギー

どんな物体においてもすべての粒子は絶え間なく運動している．たとえば，室温の空気の試料において，酸素と窒素の分子はライフル銃の弾丸よりも速く運動し，絶え間なく互いに，そして試料容器の壁に衝突している．その分子は移動と同時に回転もし，分子内の原子は振動し，原子周囲の電子も運動している．このような，分子内部の運動も分子の運動エネルギーに，そして試料の内部エネルギーに寄与している．このような運動のエネルギーに対し**分子運動エネルギー**という用語を用いることにする．それぞれの分子は，ある瞬間においてある値の分子運動エネルギーをもつ．分子は，衝突をとおし互いのエネルギーを絶え間なく交換しているが，試料が孤立していると，分子群の全体の運動エネルギーは一定の値となる．

分子運動エネルギー molecular kinetic energy

■運動エネルギーは動いているものがもつエネルギーで，$E_k = 1/2mv^2$ で表される．式中の m は質量，v は速さである．

原子や分子が常時乱雑な運動をしているという考えが**分子運動論**の基礎となっている．この理論によれば，温度は物体中の原子や分子の平均運動エネルギーに比例する．

分子運動論 kinetic molecular theory

■温度は分子運動エネルギーの平均に関係し，内部エネルギーはすべての分子運動エネルギーの総和である．

物体中の分子群に運動エネルギーの分布が存在するというのが平均運動エネルギーの概念である．これをさらにみてみよう．ある瞬間に，物体中の個々の粒子はそれぞれ異なる速さで動いている．その速さは広い幅にわたって分布している．ごく少数の粒子は止まったまま，すなわちそれらの運動エネルギーはゼロであろう．また，ごく少数の粒子は非常に速く動く，すなわちそれらの運動エネルギーはとても高い．これら両極の間に中間的な運動エネルギーをもつ多くの分子が存在する．

図6・4のグラフは，二つの温度におけるある試料の分子運動エネルギーの分布である．縦軸はある運動エネルギーをもつ分子の割合を示す（ある運動エネルギーをもつ分子の数を全分子数で割ったもの）．図6・4のそれぞれの曲線は，運動エネルギーが与えられた分子群において，分子の割合がその与えられた運動エネルギーによってどう変わるかを示している．

図6・4の曲線において，運動エネルギーがゼロのとき，粒子の分布はゼロである．これは運動エネルギーがゼロの分子（動いていない分子）の割合は，温度にかかわらず，本質的にゼロであるからである．運動エネルギーの軸に沿っていくと，分子の割合は増加し，最大点に達し，再びゼロ方向に向かう．非常に速い分子は少数なので，非常に高い運動エネルギーで，割合は再びゼロになる．

図6・4のそれぞれの曲線は，分子運動エネルギーを最もよく代表する値に対応する最大点をもつ．曲線は非対称形で，分子運動エネルギーの平均値は最大点の少し右側に位置する．温度を上げると（曲線1から曲線2に移動すると），曲線は平坦化し，分子運動エネルギーが増大するにつれて，最大点はより右側に移動する．実際に，絶対温度を2倍にすると，分子運動エネルギーの平均値も2倍となる．すなわち，絶対温度はじかに分子運動エネルギーの平均値と比例関係にある．曲線が平坦化するのは，

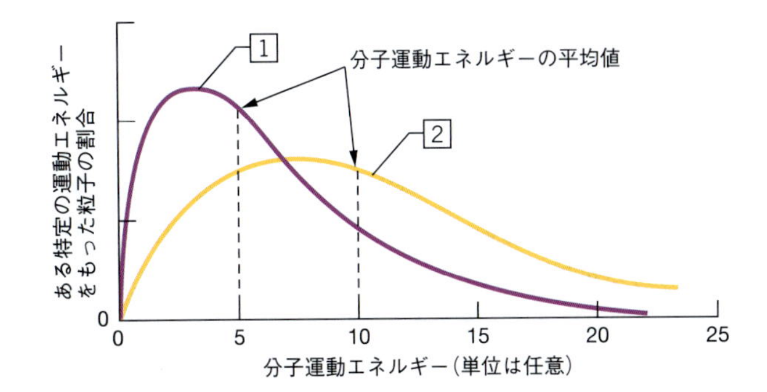

図 6・4　気体分子集団での分子運動エネルギーの分布． 分子運動エネルギーの分布は温度により変化する．曲線1は低温，曲線2は高温での分布である．それぞれの曲線の最大点に対応する横軸の値は，その温度で，もし分子の運動エネルギーを測定したなら，最も高い頻度で現れる運動エネルギーの値である．低い温度では，その運動エネルギーは低い．より高い温度では，より多くの分子が速く動き，遅く動く分子は少なくなるので，最大点は右に移動し，曲線全体が平たくなる．

曲線の下の面積が割合の総和となっており，それは常に1だからである．

あとで液体の蒸発速度や化学反応の速度に対する温度の効果を説明するとき，図6・4が役に立つ．

状態関数

(6・3) 式は，化学反応における化学系の内部エネルギーの変化を定義している．このエネルギー変化は熱として表すことができ，このあとすぐに学ぶが熱は測定することができる．しかし，$U_{生成物}$ や $U_{反応物}$ については，分子運動，引力，斥力のすべてを知る必要があるので，これらを実際に測定する方法はない．幸いなことに，興味があるのは，反応物や生成物のもつエネルギーの絶対値ではなく ΔU である．

たとえ内部エネルギーを測定できなくても，それについての理解は重要である．ある物体の内部エネルギーはその物体の現在の状態のみに依存する．その物体がどのようにエネルギーを得たかとか失ったかには無関係である．このことより，私たちはエネルギー変化 ΔU のみを問題にすればよい．

状態 state

■熱化学で使われる“状態(state)”は，“固体状態”あるいは“液体状態”などの用語で使われるときと同じ意味ではない．

状態関数 state function

ある物体のその時点での特性をすべて一揃い集めたものは物体の**状態**とよばれる．多くの場合，化学では物体の状態を定めるのに，特性として，圧力，温度，体積と化学組成（その時点で存在するすべての成分の物質量）を特定すれば十分である．

エネルギーのような，その時点での物体の状態のみに依存する特性は，**状態関数**とよばれる．圧力，温度，体積は状態関数である．ある系の，その時点での温度，圧力は過去のそれらには依存しない．また，系がどのようにそれらを得たか，すなわち，それらが現在の値となった経路に依存しない．いま，25 ℃としよう，私たちが知ることのできるすべては，その温度だけである．また，温度が35 ℃に上がったとすると，温度変化 Δt_C は単にはじめの温度と終わりの温度との差である*．

*　本書では，セルシウス単位の温度に t_C を，ケルビン単位の温度に T_K あるいは T を用いる．

$$\Delta t = (t_C)_{終状態} - (t_C)_{始状態} \qquad (6 \cdot 4)$$

Δt を計算するには，何が温度を変化させたかについて知る必要はない．必要なのははじめと終わりの値だけである．この変化をひき起こす方法やメカニズムと無関係であることは，すべての状態関数の重要な特徴である．このことは，状態関数間の差は，ある状態をある状態へ移す方法に無関係でなければならないことを意味する．あとでみるように，ある特性が状態関数であることを認識することの利点は，多くの計算が容易になることである．

6・3　熱 の 測 定

物体により吸収や放出された熱の測定により，どんな種類のエネルギーの移動をも定量的に研究できる．もし，電流によるエネルギー移動を測定したければ，トースターの中にある橙色に光る電気抵抗の高い物質に電流を流して，電流によるエネルギーを熱にすることができる．

境界 boundary

系 system

周囲 surrounding, 外界ともいう．

宇宙 universe

エネルギー移動の研究では，熱が通過する**境界**を特定することは大変重要である．境界はビーカーの壁面のように目に見えるものであったり，天気図の前線に沿った，冷たい空気から暖かい空気を分ける境界のように目に見えないものであったりする．境界は，私たちが興味をもって研究対象とする**系**をとりまいている．系の外側は**周囲**とよばれる．系と周囲で**宇宙**をなしている．

図6・5に示すように，物質やエネルギー境界を横切るかどうかで，三つのタイプの系がある．

- **開いた系**は，境界を通って物質とエネルギーを得たり失ったりできる．ヒトの体は開いた系の一例である．
- **閉じた系**は，境界を通ってエネルギーを得たり失ったりできるが，物質を得たり失ったりすることはできない．閉じた系の物質は，系内部で何が起ころうと一定である．電球は閉じた系の一例である．
- **孤立系**は，物質もエネルギーも周囲と行き来できない．エネルギーは創造も消滅もできないので，孤立系のエネルギーは，内部で何が起ころうと一定である．孤立系内で起こる過程は**断熱過程**とよばれる（通行できないという意味）．魔法瓶は孤立系のよい例である．

開いた系 open system

閉じた系 closed system

孤立系 isolated system

断熱過程 adiabatic process

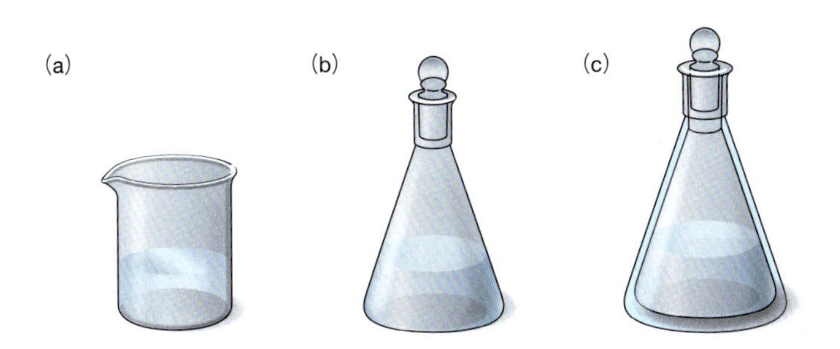

図 6・5 開いた系，閉じた系および孤立系． 開いた系(a)はエネルギーと物質の両方が周囲と交換できる．閉じた系(b)はエネルギーのみ周囲と交換できる．外側のフラスコの中に密閉され絶縁された内側のフラスコのような孤立系(c)は，熱も物質も周囲と交換できない．

熱と温度変化

二つの物体間を移動するエネルギーが熱エネルギーとすると，エネルギー保存の法則のために，片方の物体で失われた熱のすべてが他の物体に吸収されねばならない．不幸にも，直接熱を測定できる装置はない．代わりに私たちは温度変化を測り，それを熱エネルギーに換算する．私たちは経験的に，より多くの熱を物体に与えると，その温度はより高く上がることを知っている．事実，温度変化 Δt は吸収された熱に直接比例する．吸収された熱を q で表すと，その関係は以下のようになる．

$$q = C\Delta t \qquad (6・5)$$

ここで C は比例定数で，その物体の**熱容量**とよばれる．熱容量の単位は常に J ℃$^{-1}$ であり，その物体の温度を 1℃ 上げるのに必要なエネルギーを表す．

熱容量 heat capacity

熱容量は二つの要因に依存する．ひとつは試料の大きさである．試料が2倍の大きさになれば，同じだけ温度を上げるのに2倍の熱が必要である．また，熱容量は試料の組成にも依存する．たとえば，1 g の鉄の温度を 1℃ 上げるよりも，水 1 g の温度を 1℃ 上げるほうがより多くの熱を必要とする．

比　熱　ここでの説明から，物質は同じでも試料の量が異なれば異なる熱容量をもつことがわかる．たとえば 10.0 g の水は，温度を 1.00℃ 上げるのに 41.8 J の熱エネルギーを吸収しなければならない．その試料の熱容量は (6・5) 式を C について解いて，

$$C = \frac{q}{\Delta t} = \frac{41.8\ \text{J}}{1.00\ ^\circ\text{C}} = 41.8\ \text{J}\ ^\circ\text{C}^{-1}$$

となる．また 100 g の水は 1.00℃ 温度を上げるのに 418 J の熱を吸収しなければなら

ない．この試料の熱容量は，次のとおりである．

$$C = \frac{q}{\Delta t} = \frac{418\,\mathrm{J}}{1.00\,^\circ\mathrm{C}} = 418\,\mathrm{J}\,^\circ\mathrm{C}^{-1}$$

よって，試料の量が 10 倍になると熱容量も 10 倍になる．これは熱容量が試料の質量に直接比例していることを示している．

$$C = m \times s \qquad (6\cdot6)$$

比熱容量 specific heat capacity, あるいは単に**比熱** specific heat ともいう．

ここで m は質量，s は**比熱容量**とよばれる定数の記号である．熱容量の単位を $\mathrm{J}\,^\circ\mathrm{C}^{-1}$，$m$ を g とすると，比熱容量の単位は $\mathrm{J\,g^{-1}\,^\circ C^{-1}}$ である．この単位は，比熱容量は 1 g の物質の温度を 1 ℃ 上げるのに必要な熱であることを示している．

C は試料の量に依存するので，熱容量は示量性である．§1・7 で密度について説明したとき，二つの示量性の変数の比は，示強性の量，すなわち試料の大きさに依存しない量となることを学んだ．熱容量と質量は試料の量に依存するので，(6・6) 式を s について解いて得られるその比は，特定の物質では常に同じ示強性の量となる．

表 6・1 比熱

物質	比熱†
炭素(グラファイト)	0.711
銅	0.387
エチルアルコール	2.45
金	0.129
花崗岩	0.803
鉄	0.4498
鉛	0.128
オリーブオイル	2.0
銀	0.235
水(液体)	4.184

† $\mathrm{J\,g^{-1}\,^\circ C^{-1}}$

(6・6) 式を (6・5) 式に代入すると，q について比熱の関係する式が得られる．

$$q = ms\Delta t \qquad (6\cdot7)$$

(6・7) 式と，先に与えられた 10.0 g の水は 1.00 ℃ 温度を上げるのに 41.8 J 必要であるという情報から，水の比熱を計算できる．s について解き，数値を入れると，

$$s = \frac{q}{m\Delta t} = \frac{41.8\,\mathrm{J}}{10.0\,\mathrm{g} \times 1.00\,^\circ\mathrm{C}} = 4.18\,\mathrm{J\,g^{-1}\,^\circ C^{-1}}$$

が得られる．すべての物質が独自の比熱をもっている．それらのいくつかを表 6・1 に示した．

モル熱容量 molar heat capacity

物質を mol 単位で扱うとき，**モル熱容量**を使うこともできる．それは 1 mol の物質の温度を 1 ℃ 上げるのに必要な熱である．モル熱容量は比熱にモル質量を掛けたものに等しく，その単位は $\mathrm{J\,mol^{-1}\,^\circ C^{-1}}$ である．

熱の流れの方向　熱はある物体から他の物体に移動するエネルギーである．このことは，ある物体から失われた熱は，他の物体が得た熱と等しいことを意味する．熱の流れの方向を示すために，熱を得るときには q に正の符号を，熱を失うときには負の

コラム 6・1　水，気候，身体の“熱のクッション”

ほとんどの物質と比べ，水は大変大きな比熱をもっている．そのため，大洋には気候を穏やかにするという大変重要な効果がある．このことは特に，海の近くと海や五大湖のような大きな湖から離れた内陸の最高最低気温を比較すると明らかである．大洋は“熱のクッション”としてはたらき，夏には熱を吸収し，冬にはそのいくらかを放出するので，海の近くは内陸よりも，夏は涼しく冬は温暖であることが多い．

また，寒流と暖流は気候に地球規模で影響を与えている．たとえば，大西洋を横切るメキシコ湾流が，メキシコ湾の温かい海水を運ぶことでアイルランド，イングランド，スコットランドの冬を比較的温暖なものにしている．一方，カナダの北東部はイギリス諸島と同緯度にあるが，かなり寒い．

水は人間の身体でも“熱のクッション”としてはたらいている．成人の身体は，質量にして約 60% が水であり，その熱容量は大きい．いいかえると，身体は，周囲とのかなり大きなエネルギー交換を，小さな温度変化ですますことができる．このことが，身体を生命維持に必要な 37 ℃ に比較的容易に安定に保っている．この“熱のクッション”により，身体は，内部温度の変動を小さく抑えながら，外部温度の突然の大きな変化に順応することができる．

符号をつける．たとえば，温かい一片の鉄を冷たい水の入ったビーカーに入れると，鉄は 10.0 J の熱を失い，水は 10.0 J の熱を得る．このとき，鉄では $q = -10.0$ J，水では $q = +10.0$ J となる．移動する熱 q の符号の関係は次式で表される．ここで 1 と 2 は，その間を熱が移動する物体それぞれを表している．

$$q_1 = -q_2 \qquad (6 \cdot 8)$$

例題 6・1　熱容量の計算

85.40 ℃ に熱したイヤリングを，25.00 ℃ の 25.0 g の水の入ったカップに入れたとする．このとき，水の温度が 25.67 ℃ に上がった．イヤリングの熱容量を J ℃$^{-1}$ の単位で求めよ．

指針　この問題では，熱が温かいイヤリングから冷たい水に移動する．その温かいイヤリングの熱容量 C が問われている．水が得た熱を計算することができるが，それはイヤリングが失った熱に等しい．この熱を使ってイヤリングの熱容量を計算することができる．

解法　はじめに，水が得た熱 $q_{\mathrm{H_2O}}$ を求めるために (6・7) 式を使う．水の比熱 4.184 J g^{-1} ℃$^{-1}$，水の質量，変化した温度を代入する．

次にイヤリングから水に移動した熱を計算する (6・8) 式を使う．正負の符号に注意を払う必要がある．水は熱を得たので $q_{\mathrm{H_2O}}$ は正である．イヤリングは熱を失ったので $q_{イヤリング}$ は負である．(6・8) 式にあてはめると右辺に負の符号があるため，$q_{\mathrm{H_2O}}$ に正の値を入れると $q_{イヤリング}$ が負になる．

$q_{イヤリング}$ を得たなら，熱容量と温度変化を関係づける (6・5) 式を使い，C を求めるために，両辺を温度変化 Δt で割ればよい．

$$C = q/\Delta t$$

解答　水の温度は 25.00 ℃ から 25.67 ℃ に上がったので，水の温度変化は，

$$\Delta t_{\mathrm{H_2O}} = 25.67\ ℃ - 25.00\ ℃ = +0.67\ ℃$$

となる．水の比熱は 4.184 J g^{-1} ℃$^{-1}$，質量は 25.0 g なので，水が吸収した熱は，

$$q_{\mathrm{H_2O}} = ms\Delta t = 25.0\ \mathrm{g} \times 4.184\ \mathrm{J\ g^{-1}}\ ℃^{-1} \times 0.67\ ℃$$
$$= +7.0 \times 10^1\ \mathrm{J}$$

となり，$q_{イヤリング} = -7.0 \times 10^1$ J である．

イヤリングの温度は 85.40 ℃ から 25.67 ℃ に下がったので，

$$\Delta t_{イヤリング} = 25.67\ ℃ - 85.40\ ℃ = -59.73\ ℃$$

イヤリングの熱容量は以下のようになる．

$$C = \frac{q_{イヤリング}}{\Delta t_{イヤリング}} = \frac{-7.0 \times 10^1\ \mathrm{J}}{-59.73\ ℃} = 1.2\ \mathrm{J}\ ℃^{-1}$$

確認　エネルギーの移動を含む問題では，はじめにすべての量の正負の符号が正しいか確認する．熱容量は通常の物質では正であるので，正の C を得たことは，符号は正しく扱われたことを示している．

一定量の熱が移動する場合，熱容量がより大きくなると，温度変化はより小さくなる．水の熱容量は，$C = ms = 25.0$ g × 4.18 J g^{-1} ℃$^{-1}$ = 105 J ℃$^{-1}$，そして水の温度変化は 0.67 ℃ である．イヤリングの温度変化は 59.73 ℃ で，水の温度変化の約 100 倍である．それゆえ，熱容量は水の約 1/100 であるべきである．105 J ℃$^{-1}$ を 100 で割ると 1.05 J ℃$^{-1}$ となり，答えとそう違わない．よって，計算は妥当と考えられる．

例題 6・2　温度変化，質量，比熱による熱の計算

質量 20.9 g の銅でできた針金の温度が 25.00 ℃ から 28.00 ℃ に変化した．この針金が吸収した熱を求めよ．

指針　針金が吸収した熱とその温度変化 Δt の関係が問われている．針金の熱容量，あるいは銅の比熱と針金の質量を知る必要がある．いま，針金の熱容量はわからないが，針金の質量と針金が銅でできていることはわかっているので，比熱を調べて吸収された熱を計算することができる．

解法　(6・7) 式より始める．また表 6・1 に銅の比熱は 0.387 J g^{-1} ℃$^{-1}$ とある．

解答　針金の質量 m は 20.9 g，比熱 s は 0.387 J g^{-1} ℃$^{-1}$，そして温度は 25.00 ℃ から 28.00 ℃ に上昇したので，Δt は 3.00 ℃ である．これらの値を (6・7) 式に入れると，

$$q = ms\Delta t = 20.9\ \mathrm{g} \times 0.387\ \mathrm{J^{-1}}\ ℃^{-1} \times 3.00\ ℃ = 24.3\ \mathrm{J}$$

となる．たった 24.3 J が 20.9 g の銅の温度を 3.00 ℃ 上げる．Δt は正なので q は 24.3 J である．エネルギー変化の符号は針金が熱を吸収したことと整合している．

確認　もし針金の質量がたった 1 g で温度が 1 ℃ 上昇したとすると，銅の比熱（0.39 J g^{-1} ℃$^{-1}$ と丸めて考える）より針金は 0.39 J を吸収することがわかる．3 ℃ の上昇では，3 倍の 1.2 J である．銅の針金は 20 g より多少重いので，吸収された熱は 20 倍の約 24 J となり，答えは妥当と考えられる．

例題 6・3 比熱，熱，質量による最終温度の計算

25.2 g の銀片が 365 J の熱を吸収した．はじめの温度を 22.2 °C とすると，最終の温度は何 °C か．銀の比熱を 0.235 J g^{-1} °C^{-1} とする．

指針 365 J の熱を吸収した銀の最終温度が問われている．この問題は 2 段階で解くとよい．はじめに，(6・7) 式を，温度変化を表す式に変形する．次に，初期温度と温度変化を適用し最終温度を求める．

解法 例題 6・2 と同様に (6・7) 式を使う．次に (6・4) 式を変形し，最終温度を計算する．

解答 最終温度を求めるので，(6・7) 式の両辺を m と s で割って変形し，

$$\frac{q}{ms} = \Delta t$$

とする．得た熱は 365 J，銀の質量は 25.2 g，銀の比熱は 0.235 J g^{-1} °C^{-1} である．これらの値を代入する．

$$\frac{365\ \text{J}}{25.2\ \text{g} \times 0.235\ \text{J g}^{-1}\ ^\circ\text{C}^{-1}} = \Delta t \qquad \Delta t = 61.6\ ^\circ\text{C}$$

これで温度変化が求まる．問われているのは最終温度なので，温度変化と初期温度を $\Delta t = t_{終状態} - t_{始状態}$ に代入する．

$$61.6\ ^\circ\text{C} = t_{終状態} - 22.2\ ^\circ\text{C}$$

$$t_{終状態} = 61.6\ ^\circ\text{C} + 22.2\ ^\circ\text{C} = 83.8\ ^\circ\text{C}$$

確認 簡単な確認として，系に熱が加えられたので，銀の温度は上がると予想され，そうなっている．より詳しい確認として，温度上昇が銀の量と比熱に依存するので，どれだけ温度上昇があるかを見積もることができる．数値を丸めると，計算の手順が正しかったか確認することができる．熱は約 350 J，質量は約 25 g，比熱は約 0.2 J g^{-1}°C^{-1} である．

$$\frac{350\ \text{J}}{25\text{g} \times 0.2\ \text{J g}^{-1}\ ^\circ\text{C}^{-1}} = 70\ ^\circ\text{C}$$

70 °C の温度変化は 61.6 °C の温度変化に近い．よって，答えは妥当と考えられる．

練習問題 6・2 220.0 °C のボールベアリングを 20.0 °C の水 250.0 g 中に落とした．水とボールベアリングは 30.0 °C となった．ボールベアリングの熱容量を J °C^{-1} 単位で求めよ．

練習問題 6・3 コンピューターのチップに使われるケイ素の比熱容量は 0.705 J g^{-1} °C^{-1} である．7.54 g のケイ素が 549 J の熱を吸収したとき，はじめの温度が 25.0 °C とすると，最後の温度は何 °C か．

6・4 化学反応のエネルギー

ほとんどの化学反応がエネルギーの吸収や放出を伴う．反応が起こるとき，ポテンシャルエネルギー（化学エネルギーともよばれる）が変化する．このエネルギー変化の起源を理解するため，化学系におけるポテンシャルエネルギーの起源について考える必要がある．

2 章において化学結合の概念を導入した．それは分子内で原子どうしを，あるいはイオン化合物内でイオンどうしを結びつけているものである．本章では，粒子は引力や斥力を受けているので，粒子が集積したり離散したりするときにポテンシャルエネルギーが変化するという考えを提示する．これらの概念を導入することで化学変化におけるエネルギー変化について理解することができる．

発熱反応と吸熱反応

化学反応は一般に化学結合の切断と形成の両方を含む．ほとんどの反応において，結合ができるときには，ものが互いに引き合いより近くに移動し，反応系のポテンシャルエネルギーは低下する．反対に結合が壊れるときは，通常は互いに引き合っているものが分離し，反応系のポテンシャルエネルギーは上昇する．それゆえ，反応では，全体をとおして結合切断による“損失”と結合形成による“利得”の差に相当するポテンシャルエネルギーの変化が生じる．

多くの反応では，生成物は反応物より小さなポテンシャルエネルギー（化学エネルギー）をもつ．たとえば，メタンガスをブンゼンバーナーで燃やすとき，大きな化学

エネルギーをもつが比較的小さな運動エネルギーをもつ CH_4 分子と O_2 分子が，小さなポテンシャルエネルギーと大きな運動エネルギーをもつ生成物 CO_2 と H_2O に変わる．すなわち，化学エネルギーの一部が分子の運動エネルギーに変わり，反応混合物の温度を上昇させる．もし，この反応を何も遮蔽(へい)されていない場で行うならば，このエネルギーは熱として周囲に移動することができる．そのときの正味の化学エネルギーの低下は，周囲に移動した熱として現れる．それゆえ化学反応式において，熱を生成物の一つとして書くことができる．

$$CH_4(g) + 2O_2(g) \longrightarrow CO_2(g) + 2H_2O(g) + 熱$$

したがって，エネルギーが放出される反応は**発熱的**であるという．

発熱的 exothermic

■ exo は“外”，endo は“内”，therm は“熱”を意味する．

ある反応では，反応物よりも生成物がより多くの化学エネルギーをもつことがある．たとえば，植物は CO_2 と H_2O から光合成とよばれる多段階の過程により，エネルギーをより多くもつグルコース $C_6H_{12}O_6$ と O_2 をつくる．それには太陽からの連続的なエネルギーの供給が必要である．植物の緑色の色素クロロフィルは光合成のための光エネルギーの吸収体である．

$$6CO_2 + 6H_2O + 光エネルギー \xrightarrow[多段階]{クロロフィル} C_6H_{12}O_6 + 6O_2$$

エネルギーを吸収する，あるいはエネルギーを反応物とみなせることのできる反応は**吸熱的**であるといわれる．通常，そのような反応は運動エネルギーをポテンシャルエネルギー（化学エネルギー）に変える．それゆえ，系の温度は反応が進むに従い低下する．このような反応を遮蔽されていない容器内で行えば，系内に熱が流れ込むので周囲の温度は低下するだろう．

吸熱的 endothermic

結合切断，結合形成のエネルギー

化学結合の強さは，その結合を切断するのに必要なエネルギー，あるいは結合を形成するさいにどれだけのエネルギーが放出されるかで測られる．結合が形成するときに放出されるエネルギーが大きいほど結合は強い．

弱い結合を壊すのには，強い結合をつくるときに放出されるエネルギーに比べて比較的小さなエネルギーですむ．これが，なぜ CH_4 のような燃料の燃焼が熱をつくるのかを理解する鍵となる．図6・6に示すように，燃料における炭素と水素間の弱い結合が壊れ，水と二酸化炭素の分子内の強い結合が形成される．炭化水素燃料は1個の炭素につき一つの二酸化炭素分子を，2個の水素原子につき一つの水分子をつくる．一般に，燃料分子は多くの炭素と水素分子を含むので，それが燃えた場合，より多くの強い結合が形成される．したがって，一つの燃料分子から多くの熱が発生する．

化学結合とその強さについては8章と9章でさらに学ぶことにする．

練習問題 6・4　水素と酸素から水を生成する爆発的な反応は，発熱的か吸熱的か．

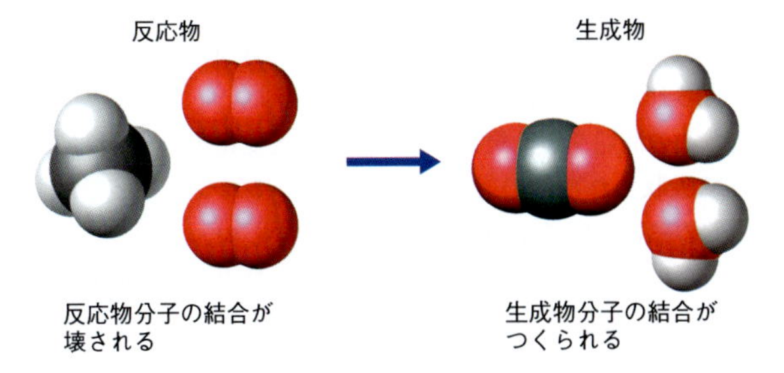

図 6・6　エネルギー変化は化学結合の切断と形成に関係する． メタンの燃焼において，CH_4 分子内の C−H 結合と O_2 分子内の O−O 結合は切断され，CO_2 分子の C−O 結合と H_2O 分子の O−H 結合がつくられる．結合の切断にはエネルギーが要求されるが，結合の形成ではエネルギーが放出される．結合の切断よりも形成でのエネルギー放出が多いので，この反応は発熱的である．別のいい方をすれば，これは化学エネルギーを熱エネルギーに変換する反応である．

6・5　熱，仕事，熱力学第一法則

■エネルギーを直接測定する装置はない．熱量計も直接測定しているわけではない．温度計は装置の一部で温度変化という生のデータを提供するにすぎない．その温度変化を使ってエネルギー変化を計算する．

反応熱 heat of reaction

熱量計 calorimeter

熱量測定 calorimetry

化学反応において吸収あるいは放出される熱は**反応熱**といわれる．反応熱は，**熱量計**とよばれる装置を使って，反応が周囲に及ぼす温度変化を測定することで求められる．多くの場合，熱量計は熱容量が既知の反応容器である．熱量計の中で起こる反応がひき起こす温度変化を測定することで反応熱を計算することができる．熱量計を使って行われる反応熱の測定は**熱量測定**とよばれる．

熱量計の設計は，反応の種類や要求される精度に応じて変わるが，一般に，一定の体積下あるいは一定の圧力下で反応熱を測定するよう設計されている．もし反応が密閉された強固な容器内で行われれば，一定体積下の条件である．反応が開放された容器内で行われれば，それは一定圧力下の条件である．

すぐあとで述べるが，圧力は熱量測定において重要な変数である．もし，風船を膨らましたり，自動車や自転車のタイヤを膨らましたりしたことがあるなら，圧力について何かしらの経験があるはずである．高い圧力に保たれているタイヤの側面を押すには，"何か"が押返してくるので力が必要である．その何かがタイヤ内の空気の圧力である．

圧力 pressure

力 force

圧力は単位面積当たりにはたらく**力**である．それは面積に対する力の比である．

$$\text{圧力} = \frac{\text{力}}{\text{面積}}$$

＊　訳注：米国・英国でいまなお使われている単位として，1平方インチ当たり1ポンドの力がかかる圧力がある（$\text{lb in.}^{-2} = \text{psi}$）．

タイヤを押したり，空気をさらに入れたりしてタイヤの圧力を上げることができる．その圧力ははじめの圧力，すなわち大気圧を超えて加えられた圧力である．タイヤ内の空気は圧縮されているといわれるが，それは空気の圧力が大気圧よりも高いという意味である．

大気圧 atmospheric pressure

標準大気圧 standard atmosphere, 単位記号 atm

パスカル pascal, 単位記号 Pa

大気圧は大気中の気体混合物のなす圧力である＊．これは温度や天気によって少し変動し，高度によってかなり変わる．**標準大気圧** 1 atm は海面上で 101325 Pa とされる．**パスカル**は圧力の国際単位（SI 単位）であり，$1\ \text{Pa} = 1\ \text{N m}^{-2}$ で定義される．これは他の圧力の単位，気圧（atm），バール（bar）とは $1\ \text{atm} = 101325\ \text{Pa}$，$1\ \text{bar} = 10^5\ \text{Pa}$ の関係がある．したがって，標準大気圧はおよそ 1 bar である．

■英国単位では，1 atm は $14.7\ \text{lb in.}^{-2}$ である．lb は libra の略号，in. は inch の略号である．Libra はローマ時代に用いられた重さの単位（libra pondus）に由来するものであり，pound（ポンド）は libra（リブラ）の別名である．

これまで熱に対し記号 q を使ってきたが，一定圧力下での熱に対して q_P を，一定体積下での熱には q_V を使うこととする．q_P と q_V の区別ははっきりつけねばならない．気体の消費や発生を伴うような大きな体積変化を伴う反応では，q_P と q_V の差が顕著になる．

例題 6・4　熱量測定による q_V と q_P の計算

図6・7に示すような装置内で気相反応が起こるものとする．反応容器は上蓋がピストンとなった筒である．そのピストンはピンで固定することができる．この筒は，正確に重量が測られた水を満たし熱絶縁された容器に浸されている．別の実験で，この熱量計（ピストン，筒，水を満たした容器，容器内の水を含む）の熱容量が $8.101\ \text{kJ}\ {}^\circ\text{C}^{-1}$ であるとわかっている．同じ量の反応物を使って反応が2回行われ，表のデータが得られた．この反応の q_V と q_P を求めよ．

測定	ピンの位置	はじめの温度（°C）	終わりの温度（°C）
1	(a)（ピストンは固定）	24.00	28.91
2	(b)（ピストンは可動）	27.32	31.54

指針　この問題を解く鍵は，熱容量と温度変化が，熱量計によって吸収された熱の計算に使えることに気づくことである．その熱は反応によって失われた熱に等しい．

解法　この問題を解くには，熱量計が得た熱の計算を可能にする（6・5）式と反応によって失われた熱と熱量計が得た熱

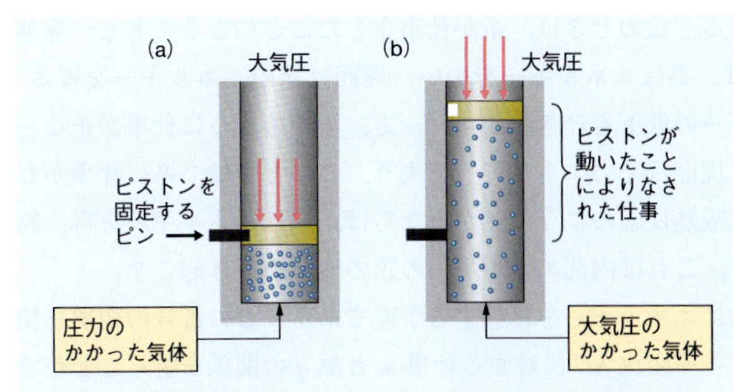

図 6・7 気体の膨張. (a) ピストンが組合わされた筒に気体が閉じ込められている．そのピストンはピンで動かないように止められている．(b) ピンが外されると，筒内部の気体が膨張して，大気圧に抗してピストンを上へ押し上げる．このとき，気体は周囲へ仕事をする．

を関係づける (6・8) 式を使う．測定1では，ピストンは固定され動けないので，一定体積下での熱 q_V を与える．測定2では，ピストンは固定されておらず大気圧下で動くので，一定圧力下での熱 q_P を与える．

解答 測定1では，熱量計により吸収された熱は (6・5) 式より，

$$q = C\Delta t = (8.101\ \text{kJ}\ \cancel{°\text{C}^{-1}}) \times (28.91\ \cancel{°\text{C}} - 24.00\ \cancel{°\text{C}}) = 39.8\ \text{kJ}$$

となる．熱量計は熱を得たので，この量の熱が反応で放出された．すなわち，反応の q_V は負でなければならない．それゆえ，$q_V = -39.8$ kJ となる．

一定圧力下で行われた測定2では，

$$q = C\Delta t = (8.101\ \text{kJ}\ \cancel{°\text{C}^{-1}}) \times (31.54\ \cancel{°\text{C}} - 27.32\ \cancel{°\text{C}}) = 34.2\ \text{kJ}$$

となる．それゆえ，$q_P = -34.2$ kJ である．

確認 計算は単純であるが，熱を含む計算では，常に熱の符号を確認せよ．熱量計は熱を吸収するので，その熱は正である．その熱は反応で放出されたので，反応の熱は負でなくてはならない．

練習問題 6・5 一定圧力下での膨張を伴う発熱反応と，一定体積下での発熱反応とで，温度がより上昇するのはどちらか．

なぜ q_V と q_P とで違うか考えよう．この場合の系は反応混合物である．もし，系が大気圧に逆らって膨張するなら，仕事をしたことになる．熱となるべきだったエネルギーの一部が大気圧を押返すときに使われたことになる．例題6・4において大気圧に逆らって系を押広げるために使われた仕事は，定圧下で“失われた”熱に等しい．

$$\text{仕事} = (-39.8\ \text{kJ}) - (-34.2\ \text{kJ}) = -5.6\ \text{kJ}$$

負の符号はエネルギーが系から失われたことを示す．これは**膨張の仕事**（あるいは**圧力-体積仕事**）とよばれる．自動車のエンジンのピストンが動くときに，シリンダー内の膨張するガスによってなされる仕事は，圧力-体積仕事の一例である．膨張の仕事 w は大気圧と系の体積変化から計算できる*.

$$w = -P\Delta V \qquad (6・9)$$

P はピストンの動きに抗する圧力，ΔV は膨張の間の系の体積変化，すなわち $\Delta V = V_{\text{終状態}} - V_{\text{始状態}}$ である．$V_{\text{終状態}}$ は $V_{\text{始状態}}$ よりも大きいので，ΔV は正である．これにより膨張の仕事は負となる．

膨張の仕事 expansion work

圧力-体積仕事 pressure-volume work

* $P\Delta V$ は仕事とみなされ，エネルギーの単位をもつ．仕事は，抵抗する力 F に逆らって物体を距離 L だけ移動したとき，力 F に距離 L を掛け合わせたものと定義される（仕事 $= F \times L$）．圧力は単位面積当たりの力 F で，面積は単に長さの2乗 L^2 であるので，圧力は次のように書ける．

$$P = F/L^2$$

体積（あるいは変化した体積）は長さの3乗 L^3 であるので，圧力に体積変化を掛け合わせたものは，

$$P\Delta V = \frac{F}{L^2} \times L^3 = F \times L$$

となる．ここで，前に述べたとおり $F \times L$ は仕事である．

■ w の符号をみると，系が大気圧を押返し仕事をしてエネルギーを失うことが確かめられる．

熱力学第一法則

熱力学第一法則の本質は，エネルギーは創造も消滅もできないというエネルギー保存の法則と同じである．エネルギーはある形から別の形へいろいろと変換することができる．例として，ダムに水をためることで運動エネルギーはポテンシャルエネルギーに変換できる．また，電池でおもちゃの自動車を走らせればポテンシャルエネルギーを運動エネルギーに変えることができる．熱と仕事の議論で，この原理がどのように適用されるのか検討しよう．

熱力学第一法則 first law of thermodynamics

化学では，負のエネルギー移動は常に系がエネルギーを失うことを意味している．仕事がなされたとき，あるいは図6・7(b) に示した系に熱が流れ込んできたときに何が起こるか考えよう．もし，膨張のように仕事が負ならば，系はエネルギーを失い，

周囲はそのエネルギーを得る．このときは，系が仕事をしたことになる．もし，発熱反応のように熱が負ならば，系はエネルギーを失い，周囲はそのエネルギーを得る．また，これは内部エネルギーの低下もひき起こす．一方，圧縮のように仕事が正ならば，系はエネルギーを得，周囲はそのエネルギーを失う．このときは，系に仕事がなされたことになる．もし，吸熱反応のように熱が正ならば，系はエネルギーを得，周囲はそのエネルギーを失う．これは内部エネルギーの正の変化をひき起こす．

仕事と熱は単に代替え的にエネルギーを移動する手段である．この符号の変換を使うと，系が行う内部エネルギー変化 ΔU に対する仕事 w と熱 q の関係を書くことができる．

$$\Delta U = q + w \tag{6・10}$$

§6・2において，内部エネルギーは系のそのときの状態のみに依存すると述べた．すなわち，内部エネルギー U は状態関数である．これが，内部エネルギー変化を定義づける (6・10) 式と合わせて，熱力学第一法則の中身である．

ΔU はどのように変化が起こったかには依存しない．ΔU ははじめの状態と終わりの状態にのみに依存する．しかし，q と w ははじめの状態と終わりの状態の間に起こったことに依存する．したがって，q も w も状態関数ではない．それらの値は変化の経路に依存する．たとえば，自動車のバッテリーを図6・8のような二つの仕方で放電する場合を考えよう．両方の経路は，完全に充電された状態と完全に放電された同じ二つの状態間を結ぶ．U は状態関数であり，二つの経路の始状態と終状態は同じであるので，ΔU は両方の過程で同じでなくてはならない．しかし，q と w についてよくみてみよう．

経路1では，バッテリーの両極間に重いレンチを置いて，バッテリーを短絡させる．火花が飛び，レンチは熱くなりバッテリーは瞬時に放電する．熱は出るが，系は仕事をしない ($w = 0$)．ΔU のすべては熱である．

経路2では，バッテリーにモーター接続して放電させる．この過程では，ΔU で表

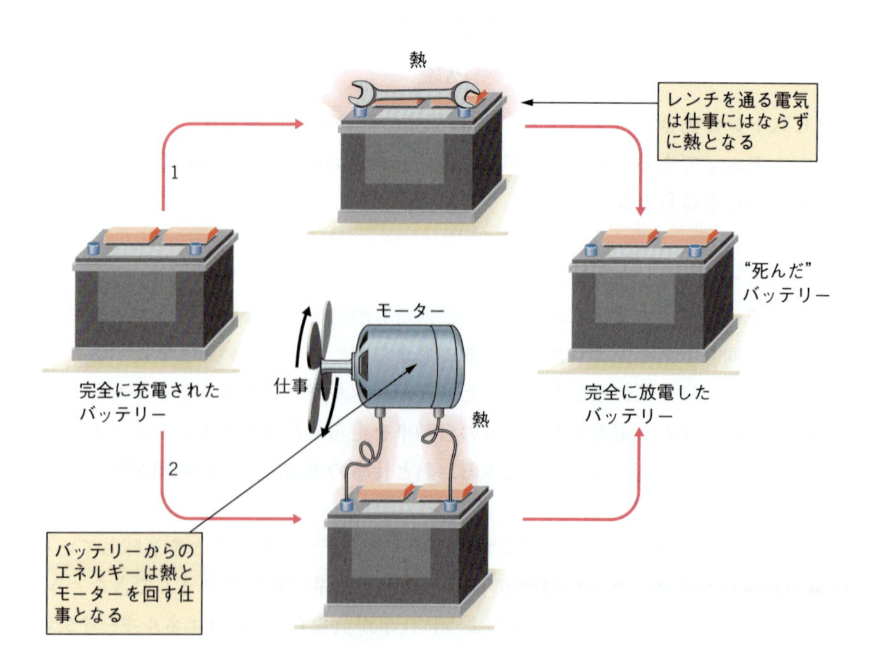

図 6・8　エネルギー，熱，仕事． 異なった経路によるバッテリーの完全放電の ΔU はどの経路でも同じである．しかし経路1に示すように，単に重いレンチで短絡させた場合，そのエネルギーは全部熱となる．経路2では，全エネルギーの一部は熱となるが，多くはモーターにより仕事となる．

されるエネルギーのいくらかはモーターがなす仕事として，残りのエネルギーはモーター内の摩擦熱やワイヤーの電気抵抗などの熱となる．

ここには二つの重要なことが示されている．第一に q も w も状態関数ではない．それらは完全に始状態と終状態を結ぶ経路に依存する．第二には，q と w の和，すなわち ΔU は，どんな経路であろうとも，始状態と終状態が同じであれば同じである．

6・6 反 応 熱

§6・5で示したように，系のエネルギー変化は，系が交換した熱と仕事を測定することで決めることができる．系が行う，あるいは系に行われる仕事は，圧力と体積の両方に依存するので，反応熱は一定体積下あるいは一定圧力下で測定される．

ΔU，一定体積下での熱量測定

特別な反応の熱にはしばしば名前がつけられている．たとえば，燃焼反応によって生じる熱は**燃焼熱**とよばれる．燃焼には酸素が必要で，気体生成物が生じるので，密閉された容器を用いて燃焼熱を測定する必要がある．図6・9は燃焼熱を求めるのによく使われる装置を示す．この装置は，反応を行わせる容器が小さなボンベに似ているので**ボンベ熱量計**とよばれる．"ボンベ"は強固な隔壁をもつので，反応が起こっても体積の変化 ΔV はない．もちろん $P\Delta V$ もゼロであり，膨張の仕事は行われないので（6・10）式の w はゼロである．したがって，ボンベ熱量計で測定された反応熱は一定体積下の反応熱 q_V であり，それは ΔU に等しい．

燃焼熱 heat of combustion

ボンベ熱量計 bomb calorimeter

$$\Delta U = q_V$$

食品科学者は食物やその成分をボンベ熱量計内で燃やしカロリーを求める．体内での食物の分解反応は複雑である．しかし，その始状態と終状態は食物の燃焼反応のそれらと同じである．

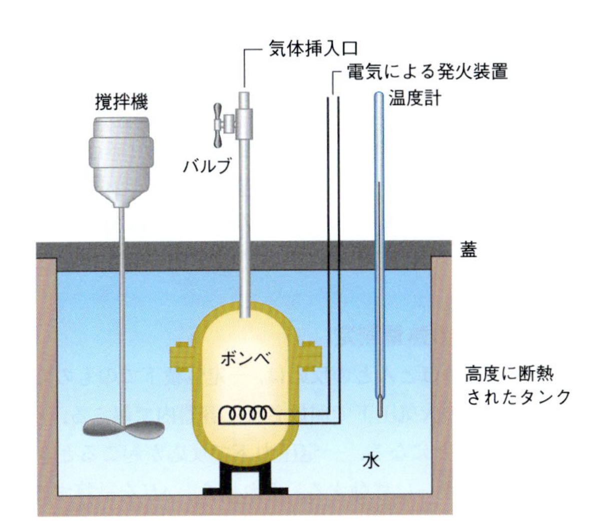

図 6・9 ボンベ熱量計． 通常，水浴には水に熱を加えたり取去ったりする装置がつけられている．それにより，ボンベ内で反応が起こる瞬間まで温度が一定に保たれる．反応容器の体積は固定されているので，この装置での反応の $P\Delta V$ はゼロである．

例題 6・5　ボンベ熱量計

1.000 g のオリーブオイルを，図 6・9 に示すようなボンベ熱量計で純粋な酸素中で燃やしたとき，水浴の温度は 22.000 °C から 26.049 °C に上がった．(a) オリーブオイル 1 g 当たりの栄養学でのカロリー Cal を求めよ．熱量計の熱容量は 9.032 kJ °C^{-1} である．(b) オリーブオイルはほとんど純粋なグリセリルトリオレート $C_{57}H_{104}O_6$ である．その燃焼の化学反応式は，次のとおりである．

$$C_{57}H_{104}O_6(l) + 80O_2(g) \longrightarrow 57CO_2(g) + 52H_2O(l)$$

(a)で燃やしたオリーブオイルを純粋なグリセリルトリオレートとすると，1 mol のグリセリルトリオレートの燃焼における内部エネルギー変化 ΔU を kJ 単位で求めよ．

指針　ボンベ燃焼計は q_V を測る．それは内部エネルギー変化に等しい．(a)では，オリーブオイルの燃焼反応で放出される熱を Cal 単位で問われている．熱量計に吸収された熱を計算することで，反応で放出された熱を知ることができる．また，1 g のオリーブオイルが燃やされたので，1 g 当たりのオリーブオイルの反応熱を計算する．

(b)では，1 mol のグリセリルトリオレートが燃やされたときに放出される熱が問われている．(a)で得た 1 g 当たりの情報とグリセリルトリオレートのモル質量を使って，1 mol 当たりの ΔU を計算できる．

解法　(a)では (6・5) 式を使って，熱量計が吸収した熱を計算する．それから $q_{熱量計} = -q_{反応}$ を使い燃焼反応で放出された熱を得る．

与えられた熱容量は kJ °C^{-1} であるので，$q_{反応}$ は kJ の単位をもつ．kJ を Cal に次式で変換する必要がある．

$$1\ \text{Cal} = 4.184\ \text{kJ}$$

(b)では 1 mol 当たりの内部エネルギー変化 ΔU が問われている．(a)で計算した熱はグリセリルトリオレート 1.000 g の燃焼に対する ΔU である．グリセリルトリオレートのモル質量が，1 g 当たりの ΔU を 1 mol 当たりの ΔU に変換するのに必要である．

解答　はじめに，1.000 g のオリーブオイルが燃やされたとき，熱量計に吸収される熱を，(6・5) 式を使って計算する．

$$q_{熱量計} = C\Delta t = (9.032\ \text{kJ}\ \cancel{°\text{C}^{-1}}) \times (26.049\ \cancel{°\text{C}} - 22.000\ \cancel{°\text{C}}) = 36.57\ \text{kJ}$$

符号を反転することで燃焼熱とすることができる．使われたオリーブオイル 1.000 g で割って $q_V = -36.57\ \text{kJ g}^{-1}$ を得る．(a)は Cal を求めている．Cal は kcal と等価である．

$$\frac{-36.57\ \cancel{\text{kJ}}}{1.000\ \text{g}} \times \frac{1\ \text{Cal}}{4.184\ \cancel{\text{kJ}}} = -8.740\ \text{Cal g}^{-1}$$

よって，1 g のオリーブオイルが燃やされると 8.740 Cal が放出されるということができる．(b)では，$C_{57}H_{104}O_6$ のモル質量 885.4 g mol^{-1} を使い，1 g 当たり生成する熱を 1 mol 当たり生成する熱に変換する．

$$\frac{-36.57\ \text{kJ}}{1.000\ \cancel{\text{g}}} \times \frac{885.4\ \cancel{\text{g}}}{1\ \text{mol}} = -3.238 \times 10^4\ \text{kJ mol}^{-1}$$

この熱は一定体積下での熱なので，$C_{57}H_{104}O_6$ 1 mol の燃焼の内部エネルギー変化は $\Delta U = q_V = -3.238 \times 10^4$ kJ となる．

確認　符号は熱の流れを表すので，熱量計の計算では常に計算された熱の符号を確認せよ．もし熱が失われれば q は負である．そして，燃焼反応では熱が放出されるので q は負でなければならない．市販のオリーブオイルの瓶のラベルにはスプーン 1 杯 (15 mL) で約 100 Cal と書かれている．オリーブオイルは水よりも重いが，15 mL は約 15 g としてよいだろう．それゆえ，1 g のオリーブオイルは約 120 Cal/15 g で 8 Cal g^{-1} となる．それゆえ，1 g のオリーブオイルは約 8 Cal をもつという結果は妥当である．

練習問題 6・6　安息香酸は高純度のものが得られるので，ボンベ熱量計の熱容量を決めるのに使われる古典的な物質の一つである．安息香酸の燃焼熱は −3227 kJ mol^{-1} である．2.85 g の安息香酸 $HC_7H_5O_2$ (モル質量 122.12 g mol^{-1}) を燃やしたとき，熱量計の温度は 24.05 °C から 29.19 °C に上昇した．この熱量計の熱容量を kJ °C^{-1} の単位で求めよ．

ΔH，一定圧力下での熱量測定

■生化学的な反応も一定圧力下で起こる．

私たちが興味をもつほとんどの反応は，一定体積下でのものではなく，試験管，ビーカー，フラスコなどの大気圧下で開放された容器内で起こる．そこで，一定圧力下での反応熱 q_P を測ることになる．一定圧力下で反応が起こるとき，熱 q_P および膨張の仕事 w としてエネルギーは移動する．それゆえ，ΔU を計算するのに (6・11) 式が必要となる．

$$\Delta U = q_P + w \qquad (6・11)$$

しかし，これでは不便である．もし，この反応での内部エネルギー変化を計算したい

なら，体積の変化を測定し，それから (6・9) 式を使わねばならない．この問題を避けるため，**エンタルピー**とよばれる“修正された”内部エネルギーが定義されている．エンタルピーは次式で定義される．

エンタルピー enthalpy, H

■ ギリシャ語の en ＋ thalpei は熱する，あるいは温めるという意味である．

$$H = U + PV$$

一定圧力下では，

$$\Delta H = \Delta U + P\Delta V = (q_P + w) + P\Delta V$$

となり，(6・9) 式より $P\Delta V = -w$，よって次のとおりになる．

$$\Delta H = \Delta U + P\Delta V = (q_P + w) + (-w) = q_P \qquad (6 \cdot 12)$$

U と同じく H も状態関数である．

内部エネルギーのように，エンタルピー変化 ΔH は次式で定義される．

$$\Delta H = H_{終状態} - H_{始状態}$$

これは，化学反応においては以下のように書くことができる．

$$\Delta H = H_{生成物} - H_{反応物} \qquad (6 \cdot 13)$$

ΔH の正負の解釈は ΔU の正負と同じである．

ΔH の符号
- 吸熱反応では ΔH は正である．
- 発熱反応では ΔH は負である．

一定圧力下の反応における ΔH と ΔU の差は $P\Delta V$ に等しい．この差は，気体を生成あるいは消費する反応においては，大きな体積変化を伴うので，大きなものとなりうる．固体あるいは液体のみが関与する反応では，ΔV はとても小さいので，ΔU と ΔH はほぼ同じである．

別名コーヒーカップ熱量計といわれる，大変簡単な定圧熱量計の本体は，良好な断熱材であるポリスチレン製の二重になった蓋つきのカップである（図 6・10）．そのような熱量計中の水溶液間で起こる速い反応においては，周囲とほんのわずかな熱交換しか起こらない．温度変化は速く，そしてそれは容易に観測できる．熱量計とその中身の熱容量を決めておけば，反応熱を知るために，$q = C\Delta t$〔(6・5) 式〕を使うことができる．コーヒーカップと温度計はほんのわずかな熱しか吸収しないので，多くの場合その分は計算上無視することができる．そして，反応で生じた熱はすべて反応混合物に移ったと仮定できる．

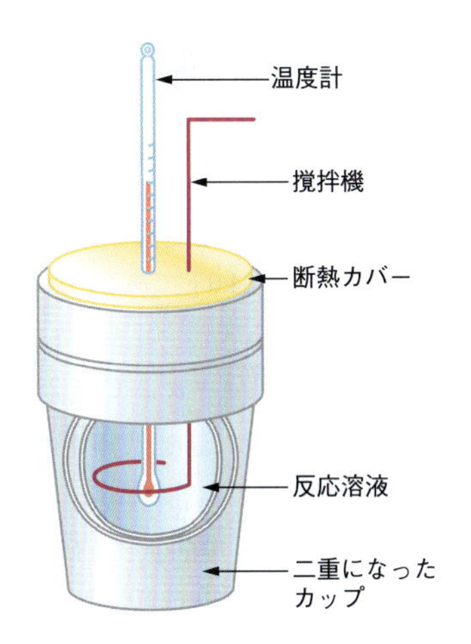

図 6・10 一定圧力下で反応熱を測るコーヒーカップ熱量計． 前もって温度が測られた反応物の水溶液どうしを熱量計内で混合し，反応が完了するまで温度変化を記録する．温度変化と反応物溶液の熱容量から反応熱を計算する．

応 用 問 題

塩酸と水酸化ナトリウムの反応は大変速く，発熱的であり，次の反応式に従う．

$$HCl(aq) + NaOH(aq) \longrightarrow NaCl(aq) + H_2O$$

ある実験において 25.5 ℃, 50.0 mL の 1.00 mol L^{-1} HCl をコーヒーカップ熱量計に入れ，これに 25.5 ℃，50.0 mL の 1.50 mol L^{-1} NaOH を加えた（1.00 mol L^{-1} HCl の密度は 1.02 g mL^{-1}，1.50 mol L^{-1} NaOH の密度は 1.06 g mL^{-1}）．混合物が撹拌され，温度は 32.2 ℃ に急激に上昇した．ΔH を kJ mol^{-1} 単位で求めよ．この実験において何が実際に反応したのか．この熱化学的結果はどのような反応の結果なのか．

指針 複雑な問題は最終結果から検討するとよいことが多い．この場合，反応のエンタルピー変化を知る必要がある．それには，熱容量，温度変化，$q = ms\Delta t$〔(6・7) 式〕が必要である．溶液の体積が与えられているので，密度を使って体積を質量に変換する必要があるだろう．エンタルピーを

J mol^{-1} 単位で得たいなら，反応する物質の物質量を決める必要がある．NaOH と HCl のモル濃度と体積が与えられているので，これは例題 3・17 で解いたのと似た問題である．最後の問題は，この過程の化学を理解するには，この反応をより深く考察する必要があることを示唆している．

戦略　戦略として以下のことを考える必要がある．1) 熱化学データから生じた熱 $q_{反応}$ を求める．そこでは体積から質量への変換を含む．2) 3 章で行ったように，反応物の物質量を計算する．3) $q_{反応}$ を反応物の物質量で割り，反応物 1 mol 当たりの ΔH を得る．4) 正味のイオン反応を考察して，実のところ何を測定したのかという最後の問題に答える．

第一段階

解法　方程式 $q = ms\Delta t$ を解く必要がある．溶液は比較的薄いので，溶液の比熱 s は水の比熱 4.184 J g^{-1}°C^{-1} に非常に近いと仮定できる．例題 1・4 で行ったように，密度を変換因子として使い，体積を質量に変換する必要がある．最後に $\Delta t = t_{終状態} - t_{始状態}$〔(6・4) 式〕を必要とする．

解答　1.00 mol L^{-1} HCl の密度は 1.02 g mL^{-1}，1.50 mol L^{-1} NaOH の密度は 1.06 g mL^{-1} である．HCl 溶液の質量は，

$$50.0\ \text{mL} \times \frac{1.02\ \text{g}}{1.00\ \text{mL}} = 51.0\ \text{g}$$

となり，NaOH 溶液の質量は，

$$50.0\ \text{mL} \times \frac{1.06\ \text{g}}{1.00\ \text{mL}} = 53.0\ \text{g}$$

となり，これらを足し合わせた溶液の全質量は $m = 51.0\ \text{g} + 53.0\ \text{g} = 104.0\ \text{g}$ である．反応で系の温度は $t_{終状態} - t_{始状態}$ だけ変化した．

$$\Delta t = 32.2\ °\text{C} - 25.5\ °\text{C} = +6.7\ °\text{C}$$

コーヒーカップ，温度計，周囲への熱の損失は無視する．よって，この反応で生じた熱は，以下のとおりである．

$$q = 104.0\ \text{g} \times 4.184\ \text{J g}^{-1}\ °\text{C}^{-1} \times 6.7\ °\text{C} = 2.9 \times 10^3\ \text{J} = 2.9\ \text{kJ}$$

エネルギーの移動の式 $q_{熱量計} = -q_{反応}$ に基づき，反応熱は−2.9 kJ である．

第二段階

解法　上で計算した熱を与えた物質の物質量を求めるため，限定反応物の問題（§3・6 参照）を解く方法を使う必要がある．

解答　50.0 mL の HCl と反応するのに必要な NaOH は何 mL だろうか．二つのモル濃度（1000 mL 当たりの物質量）を，変換因子として使うことができる．

$$50.0\ \text{mL HCl} \times \frac{1.00\ \text{mol HCl}}{1000\ \text{mL HCl}} \times \frac{1\ \text{mol NaOH}}{1\ \text{mol HCl}} \times \frac{1000\ \text{mL NaOH}}{1.5\ \text{mol NaOH}} = 33.3\ \text{mL NaOH}$$

50.0 mL の NaOH を使っているので，HCl はすべてが使われ，それが限定反応物である．この HCl の物質量は，その体積 50.0 mL を使って計算する．

$$50.0\ \text{mL HCl} \times \frac{1.00\ \text{mol HCl}}{1000\ \text{mL HCl}} = 5.00 \times 10^{-2}\ \text{mol HCl}$$

第三段階

解法　ここで用いるのは反応熱の定義である．それは $q_{反応}$ を限定反応物の物質量で割ったものである．

解答　最後に，反応の ΔH を計算する．

$$\Delta H = \frac{-2.9\ \text{kJ}}{5.00 \times 10^{-2}\ \text{mol}} = -58\ \text{kJ mol}^{-1}$$

第四段階

解法　§4・6 で発展させた中和反応の正味のイオン反応式を使う．

解答　この反応のイオン反応式は，

$$Na^+(aq) + OH^-(aq) + H^+(aq) + Cl^-(aq) \longrightarrow H_2O + Na^+(aq) + Cl^-(aq)$$

となり，正味のイオン反応式は，

$$OH^-(aq) + H^+(aq) \longrightarrow H_2O$$

となる．これより，Na^+ と Cl^- はこの反応の熱化学に寄与していないと結論できる．そして，すべての強酸-強塩基反応の ΔH は同じであると考えられる．

確認　反応熱の計算において，熱の流れをきちんと追った．すなわち，熱量計の温度は上昇し，$q_{熱量計}$ を正とした．それゆえ，$q_{反応}$ は負でなくてはならない．それは ΔH が負であることを示す．計算と単位の確認より答えは妥当と考えられる．熱化学的結果にある正味のイオン反応式も実際に反応するのは H^+（あるいは H_3O^+）と OH^- であるということから妥当である．

練習問題 6・7　この応用問題と全く同じ実験が行われた．ただし中和された酸は 1.00 mol L^{-1} の酢酸 $HC_2H_3O_2$ でその密度を 1.00 g mL^{-1} とする．そして，温度変化は +6.6 °C であったとする．この実験での正味のイオン反応は何か．そして ΔH を求めよ．

6・7 熱化学方程式

いままでみてきたように，反応が放出したり吸収したりする熱は反応物の物質量に依存する．2 mol の炭素を燃やすときは，1 mol の炭素を燃やしたときの 2 倍となる．反応熱を有意義なデータとするために，系を完全に記述する必要があるが，その記述には反応物および生成物の濃度，温度，圧力が含まれていなければならない．なぜなら，それらは反応熱に影響を与えうるからである．

■特別に断らない限り ΔH は系の ΔH であり，周囲の ΔH ではない．

化学者は，反応熱を報告したり比較したりするのに便利なように**標準状態**というものを定めた．ほとんどの熱化学データが，1 bar の圧力のもと，水溶液中の物質に対しては 1 mol L^{-1} の濃度で報告されている．温度は，熱化学の標準状態の定義では定められていないが，多くの場合 25 °C（298 K）とされる．

標準状態 standard state

■IUPAC は標準状態に，atm の代わりに bar を使うことを推奨している．

標準反応エンタルピー $\Delta_r H^\circ$

標準反応エンタルピー $\Delta_r H^\circ$ の値は，標準状態のもと，化学反応式で表される反応の反応前と反応完了後のエンタルピー変化の値である．その記号は，反応(reaction)のエンタルピー変化であることを表すために r を，標準状態下であることを示すために記号 ° をつけて $\Delta_r H^\circ$ とする．$\Delta_r H^\circ$ の単位は J mol^{-1}，多くの場合 kJ mol^{-1} である．

標準反応エンタルピー standard enthalpy of reaction, $\Delta_r H^\circ$

$\Delta_r H^\circ$ が意味することをはっきりさせるために，気体窒素と水素からアンモニアが生じる反応を使って説明しよう．

$$N_2(g) + 3H_2(g) \longrightarrow 2NH_3(g)$$

この反応式は，一つの N_2 分子と三つの H_2 分子から二つの NH_3 分子が生じる反応を表している．この反応にかかわる化合物を mol 単位で考えると，1 mol の N_2 分子と 3 mol の H_2 分子から 2 mol の NH_3 分子が生じる反応となり，25 °C，1 bar のもとではこの反応は 92.38 kJ の熱を放出する．すなわち，1 mol の $N_2(g)$ + 3 mol の $H_2(g)$ → 2 mol の $NH_3(g)$ で，この反応の $\Delta H^\circ = -92.38$ kJ である．逆に，このスケールの反応の反応式と ΔH° を 1 mol で割ったものが，以下の式である．

$$N_2(g) + 3H_2(g) \longrightarrow 2NH_3(g) \qquad \Delta_r H^\circ = -92.38\ \mathrm{kJ\ mol^{-1}}$$

標準反応エンタルピー $\Delta_r H^\circ$ の値を伴った化学反応式は**熱化学方程式**とよばれる．そこでは，反応物と生成物は示された物理的状態にあり，その $\Delta_r H^\circ$ の値は，反応物と生成物の量論係数に依存する．たとえば，2 mol の N_2 と 6 mol の H_2 から 4 mol の NH_3 が生成する場合，2 倍の反応熱 184.8 kJ が放出されるが，これに対応する熱化学方程式は，

熱化学方程式 thermochemical equation

$$2N_2(g) + 6H_2(g) \longrightarrow 4NH_3(g) \qquad \Delta_r H^\circ = -184.8\ \mathrm{kJ\ mol^{-1}}$$

となる．また，0.5 mol の N_2 と 1.5 mol の H_2 が反応し，1 mol の NH_3 が生成するときは，半分の 46.19 kJ が放出される．この場合の熱化学方程式は，

$$1/2N_2(g) + 3/2H_2(g) \longrightarrow NH_3(g) \qquad \Delta_r H^\circ = -46.19\ \mathrm{kJ\ mol^{-1}}$$

となる．この場合，反応式中の反応物の量論係数が分数となっているが，これは，もとは 0.5 mol の N_2 と 1.5 mol の H_2 の反応を 1 mol で割った結果である．このように，熱化学方程式においては量論係数が分数となる場合がある．すなわち，これらの熱化学方程式は，考える反応のスケールに応じて係数や $\Delta_r H^\circ$ の値が変わるが，本質的には等価なものである．しかし，$\Delta_r H^\circ$ の値は化学反応式中の係数に対応した値である

ので，熱化学方程式においては化学反応式と $\Delta_r H^\circ$ の値を一組のものとして扱わなければならない．

熱化学方程式中のすべての反応物と生成物の物理的状態を明記するのは重要である．たとえば，メタンの燃焼は，水が液体として生成するか気体として生成するかで，$\Delta_r H^\circ$ の値が異なる．

$$CH_4(g) + 2O_2(g) \longrightarrow CO_2(g) + 2H_2O(l) \qquad \Delta_r H^\circ = -890.5\ \mathrm{kJ\ mol^{-1}}$$
$$CH_4(g) + 2O_2(g) \longrightarrow CO_2(g) + 2H_2O(g) \qquad \Delta_r H^\circ = -802.3\ \mathrm{kJ\ mol^{-1}}$$

これらの二つの反応の $\Delta_r H^\circ$ の違いは 25 ℃の 2 mol の水蒸気が 25 ℃の 2 mol の液体の水に変わるさいに放出されるエネルギーに相当する．

例題 6・6　熱化学方程式の記述

次の熱化学方程式は水を生成する水素と酸素の発熱反応に対するものである．

$$2H_2(g) + O_2(g) \longrightarrow 2H_2O(l) \quad \Delta_r H^\circ = -571.8\ \mathrm{kJ\ mol^{-1}}$$

H_2O が一つ生じる反応に対応する熱化学方程式を書け．

指針　与えられた情報は H_2O 分子 2 個が生成する反応式に対応するものである．水分子の係数に対して行われる変更は，$\Delta_r H^\circ$ を含むすべての係数に同じく施されなければならない．

解法　熱化学方程式の定義，係数と $\Delta_r H^\circ$ の関係などを使って求める．

解答　水分子の個数を半分にするので，他の係数と $\Delta_r H^\circ$ も半分にしなければならない．

$$H_2(g) + 1/2O_2(g) \longrightarrow H_2O(l) \quad \Delta_r H^\circ = -258.9\ \mathrm{kJ\ mol^{-1}}$$

確認　係数と $\Delta_r H^\circ$ が半分になっていることを確かめる．

練習問題 6・8　メタンの燃焼は次の化学方程式で表される．

$$CH_4(g) + 2O_2(g) \longrightarrow CO_2(g) + 2H_2O(l)$$
$$\Delta_r H^\circ = -890.5\ \mathrm{kJ\ mol^{-1}}$$

$CO_2(g)$ が三つ生じる反応に対応する熱化学方程式を書け．

6・8　ヘスの法則

§6・6 でエンタルピーは状態関数であることを述べた．この重要な事実により，実験室で実際には行うことのできない反応の反応熱が計算できる．それを行うには，既知の熱化学方程式を組合わせて，ある方法で操作する．それを以下で説明していく．

熱化学方程式の扱い　前節で，熱化学方程式の係数にある数を掛けたり割ったりして反応のスケールを変えるさいに，$\Delta_r H^\circ$ の値にも同じ数を掛けたり割ったりすることをみてきた．熱化学方程式の別の取扱いは，反応の方向を変えることである．たとえば，酸素中での炭素が燃焼して二酸化炭素になる反応の熱化学方程式は，

$$C(s) + O_2(g) \longrightarrow CO_2(g) \qquad \Delta_r H^\circ = -393.5\ \mathrm{kJ\ mol^{-1}}$$

となる．この逆反応を行うのはきわめて困難であるが，二酸化炭素の炭素と酸素への分解である．それには，エネルギー保存の法則より $+393.5\ \mathrm{kJ\ mol^{-1}}$ の $\Delta_r H^\circ$ が必要である．

$$CO_2(g) \longrightarrow C(s) + O_2(g) \qquad \Delta_r H^\circ = +393.5\ \mathrm{kJ\ mol^{-1}}$$

$\Delta_r H^\circ$ の負の符号が示すように，炭素の燃焼は発熱反応，逆反応は吸熱反応であることを示している．両反応には同じ量のエネルギーがかかわっている．ただエネルギーの流れる方向が異なる．ここで重要なことは，$\Delta_r H^\circ$ の正負の符号を反転させて熱化学方程式を逆転することができるということである．

複数の反応のエンタルピー

ここで述べるのは，他の反応の未知の $\Delta_r H^\circ$ の計算を行うために，既知の熱化学方程式を組合わせる方法である．その方法がどのようなものであるか，炭素の燃焼を振り返ってみていこう．炭素と酸素から二酸化炭素をつくるには二つの経路が考えられる．

1 段階での経路　C と O_2 が直接反応し CO_2 を生じる経路．

$$C(s) + O_2(g) \longrightarrow CO_2(g) \qquad \Delta_r H^\circ = -393.5\ \mathrm{kJ\ mol^{-1}}$$

2 段階での経路　C と O_2 が反応し CO を与え，それから CO がさらに O_2 と反応し CO_2 を生じる経路．

$$\text{第一段階}\quad C(s) + 1/2O_2(g) \longrightarrow CO(g) \qquad \Delta_r H^\circ = -110.5\ \mathrm{kJ\ mol^{-1}}$$
$$\text{第二段階}\quad CO(g) + 1/2O_2(g) \longrightarrow CO_2(g) \qquad \Delta_r H^\circ = -283.0\ \mathrm{kJ\ mol^{-1}}$$

この 2 段階による経路は，1 段階による経路と同じく，全体として C と O_2 から CO_2 を生じる．二つの経路の始状態と終状態は同一である．

エンタルピー変化は始状態と終状態にのみ依存し，経路には依存しないので，二つの経路の $\Delta_r H^\circ$ は同一である．このことは，2 段階による経路の二つの熱化学方程式を足し合わせ，1 段階による経路の結果と比べてみれば簡単にわかる．

$$\text{第一段階}\quad C(s) + 1/2O_2(g) \longrightarrow CO(g) \qquad \Delta_r H^\circ = -110.5\ \mathrm{kJ\ mol^{-1}}$$
$$\text{第二段階}\quad CO(g) + 1/2O_2(g) \longrightarrow CO_2(g) \qquad \Delta_r H^\circ = -283.0\ \mathrm{kJ\ mol^{-1}}$$
$$\overline{CO(g) + C(s) + O_2(g) \longrightarrow CO_2(g) + CO(g) \qquad \Delta_r H^\circ = -393.5\ \mathrm{kJ\ mol^{-1}}}$$

第一段階と第二段階を足し合わせた結果の方程式の両辺に CO(g) が現れる．それらを消去して，正味の方程式を得ることができる．このような消去は，両辺で化学式とその物理的状態が同じときのみ許される．それゆえ，第二段階による経路の正味の熱化学方程式は，

$$C(s) + O_2(g) \longrightarrow CO_2(g) \qquad \Delta_r H^\circ = -393.5\ \mathrm{kJ\ mol^{-1}}$$

となる．二つの経路の結果は，化学的にも熱化学的にも等しい．

エンタルピーダイヤグラム

全体をとおすと同じ反応であるが異なる経路をとる反応のいろいろな段階のエネルギーの関係は，**エンタルピーダイヤグラム**とよばれる図で表すことができる．図 6・11 は C と O_2 から CO_2 を形成する反応のエンタルピーダイヤグラムである．縦軸はエンタルピーのエネルギー尺度である．それぞれの準位（図 6・11 の横線）は，線上に物理状態とともに記された物質のエンタルピーの総量に対応する．このエンタルピーの絶対量は実際には測定できない．しかし，エンタルピーの変化は測定できる．それがダイヤグラムに記されている．縦軸の尺度でより高位置にある準位はより高いエンタルピーを意味する．よって，低位置にある準位から高位置に移ることはエンタルピーの増加に対応し，$\Delta_r H^\circ$ は正（吸熱的な変化）である．$\Delta_r H^\circ$ の大きさは，二つの位置の高さの差で表される．同様に，高位置にある準位から低位置に移ることはエンタルピーの減少を表し，$\Delta_r H^\circ$ は負（発熱的な変化）である．

エンタルピーダイヤグラム enthalpy diagram

図 6・11 において，C(s) と O_2(g) のエンタルピーの和を表す準位が，最終生成物 CO_2 の準位より上に位置することに注意せよ．図 6・11 の左側に，反応物 C(s) + O_2(g) のエンタルピー準位と最終生成物 CO_2 のエンタルピー準位を結びつける下向き

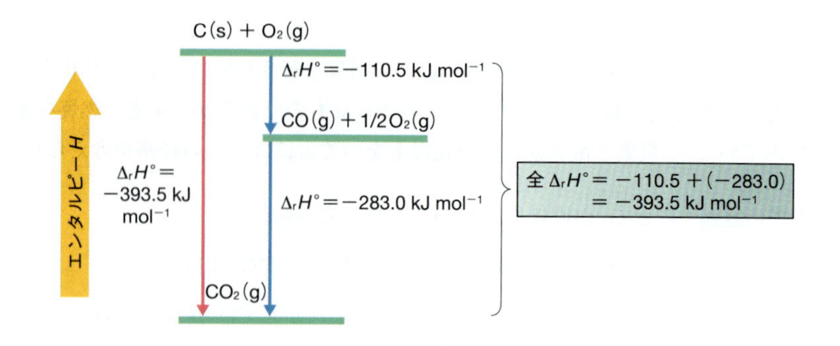

図 6・11　元素から CO_2(g) を生成する二つの異なる経路のエンタルピーダイヤグラム． 左の経路1では C(s), O_2(g) を直接 CO_2(g) に変換する．右の経路2は二つの短い下向きの矢印で示されている．経路2の第一段階では元素が CO(g) に，第二段階で CO(g) が CO_2(g) になる．エンタルピーは状態関数なので，全体のエンタルピー変化は両経路で同じである．

の長い矢印がある．これは1段階の経路（直接経路）を表す．

右側には，2段階の経路が示されている．第一段階は，中間の生成物 CO(g) + 1/2O_2(g) に対応する中間のエンタルピー準位へと進む．ここには，第一段階でできた CO(g) と未反応の O_2 が含まれる．それから，第二段階が起こり最終生成物を生じる．エンタルピーの全減少量は，経路によらず同じであることをエンタルピーダイヤグラムは示している．

例題 6・7　エンタルピーダイヤグラムの作成

過酸化水素 H_2O_2 は次の反応により水と酸素に分解する．

$$H_2O_2(l) \longrightarrow H_2O(l) + 1/2O_2(g)$$

次の水素と酸素の二つの反応のエンタルピーダイヤグラムをつくり，そのダイヤグラムを使って過酸化水素の分解反応の $\Delta_r H^\circ$ を求めよ．

$$H_2(g) + O_2(g) \longrightarrow H_2O_2(l) \qquad \Delta_r H^\circ = -188\ \mathrm{kJ\ mol^{-1}}$$
$$H_2(g) + 1/2O_2(g) \longrightarrow H_2O(l) \qquad \Delta_r H^\circ = -286\ \mathrm{kJ\ mol^{-1}}$$

指針　エンタルピーダイヤグラムでは，生成物を生成するために反応物が得たり失ったりする熱を示すように反応が書かれる．この問題では，ある1段階反応のエンタルピーを求めるためにダイヤグラムを使う．

解法　この問題を解くには次の三つが必要である．第一に，エンタルピーダイヤグラムのエネルギー尺度のうえに反応物と生成物を適切に配置すること，第二に $\Delta_r H^\circ$ の符号を適切に扱うこと，これは矢印の向きを示すことになる．上向きならば吸熱反応，下向きならば発熱反応である．最後に，H_2O_2(l) の分解のエンタルピーを計算するために，与えられた熱化学方程式とエンタルピーが状態関数であることを使うことである．

解答　二つの与えられた反応は発熱反応であるので，$\Delta_r H^\circ$ の値は下向きの矢印と関連づけられる．それゆえ，一番上に位置するエンタルピー準位は H_2(g) と O_2(g) の元素そのものである．1番目の反応は O_2 の全物質量を必要とする．一方，2番目の反応は 1/2 mol の O_2 しか必要としない．一番上の準位では，1番目の反応で H_2O_2 をつくるのに十分な O_2 を含んでいる．最低位の準位は，一番大きな負の $\Delta_r H^\circ$ を伴う反応の生成物，すなわち2番目の反応でできる水に対応していなければならない．2番目の反応は 1/2 mol の O_2 しか必要としないことに注意せよ．これにより，最低位の準位で示したように，H_2O(l) ができたとき 1/2O_2(g) が残る．それほど大きくない負の $\Delta_r H^\circ$ の反応でできる H_2O_2 のエンタルピー準位は中間になければならない．

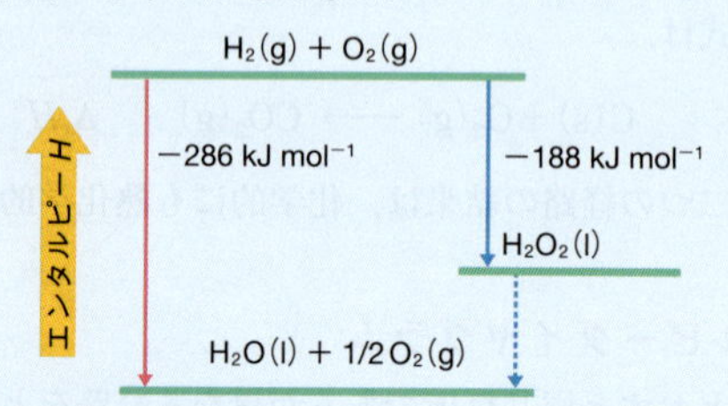

右側の破線の矢印で示したギャップが $H_2O_2(l) \rightarrow H_2O(l) + 1/2O_2(g)$ に対応することに注意せよ．その反応の $\Delta_r H^\circ$ を求める．この差は $-286\ \mathrm{kJ\ mol^{-1}}$ と $-188\ \mathrm{kJ\ mol^{-1}}$ の差に対応する．よって H_2O_2(l) の $H_2O(l) + 1/2O_2(g)$ への分解は，

$$\Delta_r H^\circ = (-286\ \mathrm{kJ\ mol^{-1}}) - (-188\ \mathrm{kJ\ mol^{-1}}) = -98\ \mathrm{kJ\ mol^{-1}}$$

完全なエンタルピーダイヤグラムは，H_2O_2(l) の分解の $\Delta_r H^\circ$ である $-98\ \mathrm{kJ\ mol^{-1}}$ を入れた次の図である．

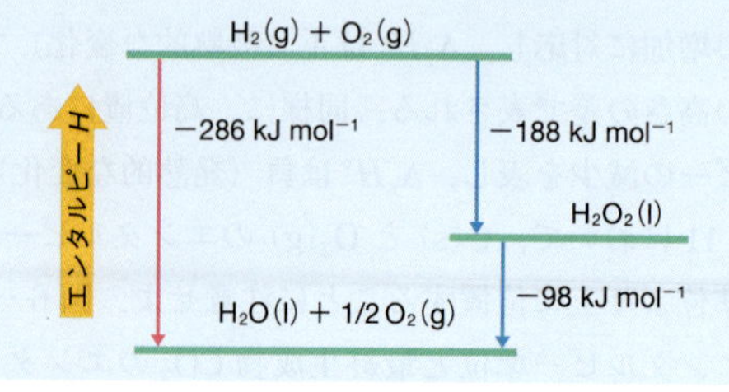

確認 はじめに各化学反応式が適切にダイヤグラムに配置されているか確認せよ．下向きの矢印は負の $\Delta_r H^\circ$ を示すべきである．矢印が，与えられた熱化学方程式と整合しているか(いいかえると，反応物から生成物への方向が正しいか)．最後に，二つの経路のエネルギーの全量を確かめよ．すなわち，$(-188\ \mathrm{kJ\ mol^{-1}}) + (-98\ \mathrm{kJ\ mol^{-1}}) = -286\ \mathrm{kJ\ mol^{-1}}$，これが1段階経路でのエネルギーである．

練習問題 6・9

$1/2N_2(g) + 1/2O_2(g) \longrightarrow NO(g) \quad \Delta_r H^\circ = +90.4\ \mathrm{kJ\ mol^{-1}}$

$NO(g) + 1/2O_2(g) \longrightarrow NO_2(g) \quad \Delta_r H^\circ = -56.6\ \mathrm{kJ\ mol^{-1}}$

これらのデータより，次の反応の $\Delta_r H^\circ$ を求めるのに使うことのできるエンタルピーダイヤグラムをつくれ．$1/2N_2(g) + O_2(g) \rightarrow NO_2(g)$．この反応は吸熱的か発熱的か．

ヘスの法則から反応熱を計算する

エンタルピーダイヤグラムは視覚的にわかりやすいが，既知の熱化学方程式からある反応の $\Delta_r H^\circ$ を計算するのに必要ではない．方程式を適切に扱うことで，単に代数的な積算で $\Delta_r H^\circ$ を計算することができる．ロシアの化学者ヘスがはじめてこの手法を実用化したので，この手法は**ヘスの法則**とよばれる．

ヘスの法則 Hess's law

ヘス Germain Henri Hess, 1802〜1850. 彼は，自身にちなみ名づけられた法則のなかでエネルギー保存の法則を先取りした．

ヘスの法則
複数の段階よりなる反応の $\Delta_r H^\circ$ の値は，各段階の反応の $\Delta_r H^\circ$ の積算に等しい．

たとえば，練習問題 6・9において，二つの熱化学方程式を足し合わせ，両辺に共通しているものを消去した．この場合は NO(g) を消去した．

$$
\begin{array}{r}
1/2N_2(g) + 1/2O_2(g) \longrightarrow NO(g) \\
NO(g) + 1/2O_2(g) \longrightarrow NO_2(g) \\
\hline
1/2N_2(g) + \cancel{NO(g)} + \underbrace{1/2O_2(g) + 1/2O_2(g)}_{O_2(g)} \longrightarrow \cancel{NO(g)} + NO_2(g)
\end{array}
$$

ここで二つの $1/2O_2(g)$ を合わせて $O_2(g)$ としたことに注意せよ．方程式を書き直すと

$$1/2N_2(g) + O_2(g) \longrightarrow NO_2(g) \qquad \Delta_r H^\circ = ?\ \mathrm{kJ\ mol^{-1}}$$

となる．これが問われている $\Delta_r H^\circ$ の熱化学方程式である．ヘスの法則によれば，単にそれぞれの段階の方程式の $\Delta_r H^\circ$ を足し合わせれば，この方程式の $\Delta_r H^\circ$ を求めることができる．

$$\Delta_r H^\circ = (+90.4\ \mathrm{kJ\ mol^{-1}}) + (-56.6\ \mathrm{kJ\ mol^{-1}}) = +33.8\ \mathrm{kJ\ mol^{-1}}$$

これは練習問題 6・9の答えであった．すなわち，与えられた二つの方程式を足し合わせて目的とする方程式を得た．そして，それらの $\Delta_r H^\circ$ を足し合わせて，目的とする $\Delta_r H^\circ$ を得た．

ヘスの法則のおもな利用は，実験的に決定できなかったり得られなかったりする反応のエンタルピー変化を計算することである．これには熱化学方程式の操作を要求される．そのような操作の規則を要約しておこう．

熱化学方程式を扱うさいの規則

1. 方程式を逆転させるとき（逆方向に書くとき）$\Delta_r H^\circ$ の正負の符号を逆転しなければならない．
2. 方程式の両辺から消去する化学式は，同じ物理状態にある物質のものでなければならない．
3. 方程式のすべての係数にある数を掛けたり割ったりするときは，$\Delta_r H^\circ$ の値も同じ数で掛けたり割ったりしなければならない．

例題 6・8　ヘスの法則

精錬において，一酸化炭素は金属酸化物から酸素を取除き純金属にするのによく使われる．鉄(Ⅲ)酸化物 Fe_2O_3 と CO との反応の熱化学方程式は次のとおりである．

$$Fe_2O_3(s) + 3CO(g) \longrightarrow 2Fe(s) + 3CO_2(g) \quad \Delta_r H^\circ = -26.7\ kJ\ mol^{-1}$$

また CO の燃焼の熱化学方程式は次のとおりである．

$$CO(g) + 1/2O_2(g) \longrightarrow CO_2(g) \quad \Delta_r H^\circ = -283.0\ kJ\ mol^{-1}$$

以上の二つの式から，以下の反応の $\Delta_r H^\circ$ を求めよ．

$$2Fe(s) + 3/2O_2(g) \longrightarrow Fe_2O_3(s)$$

指針　二つの熱化学方程式が与えられ，3 番目の方程式の $\Delta_r H^\circ$ が問われている．はじめの二つの方程式を操作して 3 番目の方程式をつくる必要がある．

解法　ヘスの法則と熱化学方程式を扱うさいの規則を用いる．

解答　この問題では，単に二つの方程式を足し合わすことはできない．なぜなら，そうしても，目的とする方程式とはならないからである．目的の方程式を得るには，はじめに二つの方程式を操作し調整する必要がある．そのために，目的とする方程式をよく吟味しなければならない．その調整がすめば，調整された $\Delta_r H^\circ$ を足し合わせて，目的とする $\Delta_r H^\circ$ を得ることができる．与えられた二つの方程式の調整は以下のようにする．

第一段階　鉄原子を右辺より移項する．目的とする方程式では 2Fe が左辺になければならない．しかし，第一の方程式では 2Fe は矢印の右側に位置する．左辺に移動するには，方程式全体を反転する．$\Delta_r H^\circ$ の符号も反転することを忘れないようにする．これにより Fe_2O_3 も右辺に移動する．結果として，次の方程式を得る．

$$2Fe(s) + 3CO_2(g) \longrightarrow Fe_2O_3(s) + 3CO(g) \quad \Delta_r H^\circ = +26.7\ kJ\ mol^{-1}$$

第二段階　$3/2O_2$ が左辺になければならない．そして，方程式を足したとき，三つの CO と三つの CO_2 が消去できなければならない．もし，2 番目の方程式を 3 倍したなら $\Delta_r H^\circ$ の 3 倍も行う．これで必要な係数をもった式が得られる．そうした結果が，次式である．

$$3CO(g) + 3/2O_2(g) \longrightarrow 3CO_2(g) \quad \Delta_r H^\circ = -849.0\ kJ\ mol^{-1}$$

これら二つの方程式を足し合わせ答えを得る．

$$2Fe(s) + 3CO_2(g) \longrightarrow Fe_2O_3(s) + 3CO(g) \quad \Delta_r H^\circ = +26.7\ kJ\ mol^{-1}$$
$$3CO(g) + 3/2O_2(g) \longrightarrow 3CO_2(g) \quad \Delta_r H^\circ = -849.0\ kJ\ mol^{-1}$$
$$\overline{2Fe(s) + 3/2O_2(g) \longrightarrow Fe_2O_3(s) \quad \Delta_r H^\circ = -822.3\ kJ\ mol^{-1}}$$

こうして $2Fe(s) + 3/2O_2(g) \rightarrow Fe_2O_3(s)$ の $\Delta_r H^\circ$ は-822.3 kJ mol^{-1} となる．これは大変発熱的である．

確認　簡単に確認する方法はないが，各段階で，熱化学方程式の扱いには注意を払ってきた．よくあるまちがいは，$\Delta_r H^\circ$ に熱化学方程式と同じ数学的操作を行うことを忘れることである．同時に，$\Delta_r H^\circ$ を足し合わせるときにその符号にも注意しなければならない．

練習問題 6・10　エタノール C_2H_5OH は，工業的には水とエチレン C_2H_4 の反応でつくられる．次の反応の $\Delta_r H^\circ$ を計算せよ．

$$C_2H_4(g) + H_2O(l) \longrightarrow C_2H_5OH(l)$$

次の熱化学方程式が与えられている．

$$C_2H_4(g) + 3O_2(g) \longrightarrow 2CO_2(g) + 2H_2O(l) \quad \Delta_r H^\circ = -1411.1\ kJ\ mol^{-1}$$
$$C_2H_5OH(l) + 3O_2(g) \longrightarrow 2CO_2(g) + 3H_2O(l) \quad \Delta_r H^\circ = -1367.1\ kJ\ mol^{-1}$$

6・9　標準生成エンタルピー

ヘスの法則を使って，ほとんどどのような反応の反応熱でも計算できるように，膨大な熱化学方程式のデータベースがつくられてきた．最もよくまとめられているのが燃焼反応，相変化，生成反応である．相変化に伴うエンタルピー変化は 11 章で扱うことにする．

標準燃焼熱 standard heat of combustion, $\Delta_C H^\circ$

物質の**標準燃焼熱 $\Delta_C H^\circ$** は，1 mol の物質が純粋な気体酸素中で完全に燃焼するときに放出される熱である．そのとき，すべての反応物および生成物は 25 °C，1 bar の条件下のものである．燃料中のすべての炭素は二酸化炭素の気体に，水素は液体の水となる．燃焼反応は常に発熱的であるので，$\Delta_C H^\circ$ の値は常に負である．

例題 6・9 標準燃焼熱を用いた CO_2 の生成量の見積り

ガス火力発電所で 1.00 MJ のエネルギーがつくられるたびに何 mol の二酸化炭素が生じるか．発電所ではメタン $CH_4(g)$ が燃やされ，その $\Delta_C H°$ は $-890\ kJ\ mol^{-1}$ である．

指針 問題を等価な関係で表し直すと以下のようになる．

$$CO_2(g)\ ?\ mol \Leftrightarrow 1.00\ MJ$$

二酸化炭素の物質量と MJ の熱を結びつけることが求められている．

解法 まず釣合のとれた熱化学方程式を書く．はじめに，炭化水素が燃えたときの生成物は CO_2 と H_2O であることを思い出して，CH_4 と O_2 の反応の釣合のとれた化学反応式を書く．$\Delta_C H°$ は 1 mol の CH_4 についての標準燃焼熱であるので，CH_4 の係数は 1 でなくてはならない．方程式において CH_4, O_2, CO_2 は気体，H_2O は液体である（H_2O の 25 °C の標準状態は液体である）．

熱化学方程式が得られたなら，係数が CO_2 の物質量と放出される kJ の熱の関係を教えてくれる．kJ と MJ を関係づけるのは，SI の接頭語キロとメガである．

$$1\ MJ = 10^6\ J,\quad 1\ kJ = 10^3\ J$$

解答 はじめに釣合のとれた熱化学方程式を書く．

$$CH_4(g) + 2O_2(g) \longrightarrow CO_2(g) + 2H_2O(l)$$
$$\Delta_C H° = -890\ kJ\ mol^{-1}$$

すなわち，890 kJ の熱が放出されるたびに 1 mol の CO_2 が生じる．1.00 MJ の熱が放出されるときの CO_2 の物質量は，以下のとおりである．

$$1.00\ MJ \times \frac{10^6\ J}{1\ MJ} \times \frac{1\ kJ}{10^3\ J} \times \frac{1\ mol}{890\ kJ} = 1.12\ mol$$

確認 1 mol の CH_4 が燃えるとき，890 kJ の熱が放出される．これは 1000 kJ（1 MJ）よりも少し小さい．よって 1 MJ を放出するのに必要な CH_4 の量は 1 mol よりも少し多くなるべきである．よって答えの 1.12 mol は妥当と考えられる．

練習問題 6・11 アセトン C_3H_6O の標準燃焼熱 $\Delta_C H°$ は $1790.4\ kJ\ mol^{-1}$ である．12.5 g のアセトンの燃焼で何 kJ の熱が出るか．

標準生成エンタルピーとヘスの法則

標準生成エンタルピー $\Delta_f H°$ は**標準生成熱**ともよばれる．物質の標準生成エンタルピーは 1 mol の物質が 25 °C，1 bar で，標準状態にある元素から生成するときに吸収したり発生したりする熱である．**標準状態**にある元素とは，元素にとって最も安定な物理的状態（固体，液体，気体）で 25 °C，1 bar にあるときの元素をいう．たとえば，標準状態の酸素とは，25 °C，1 bar にある気体状の O 原子や O_3（オゾン）などではなく，O_2 分子である．標準状態の炭素はダイヤモンドではなくグラファイトでなくてはならない．なぜなら，標準状態で最も安定な炭素はグラファイトであるからである．

標準生成エンタルピー standard enthalpy of form ation, $\Delta_f H°$

標準生成熱 standard heat of formation

標準状態 standard state

■古い熱化学のデータは，1 bar においてのものではなく 1 atm においてのものである．1 atm = 1.01325 bar なので，1 atm での反応熱のデータと 1 bar でのものとでは少しの差しかない．

多くの物質の標準生成エンタルピーが表 6・2 に与えられている．さらに詳しい表が付録の表 2 にある．標準状態の元素の $\Delta_f H°$ がゼロになっていることに注意しよう（元素がそれ自身の元素から生成する反応にエンタルピー変化はない）．この理由により，多くの表には元素の $\Delta_f H°$ は記載されていない．

$\Delta_f H°$ の記号の添字 f の意味を覚えておくことは重要である．1 mol の物質が元素から標準状態で生成するときのみの $\Delta H°$ の値であることを示している．たとえば，次の四つの熱化学方程式とそれらの $\Delta H°$ を考えてみよ．

$$H_2(g) + 1/2O_2(g) \longrightarrow H_2O(l) \quad \Delta_f H° = -285.9\ kJ\ mol^{-1}$$
$$2H_2(g) + O_2(g) \longrightarrow 2H_2O(l) \quad \Delta_r H° = -571.8\ kJ\ mol^{-1}$$
$$CO(g) + 1/2O_2(g) \longrightarrow CO_2(g) \quad \Delta_r H° = -283.0\ kJ\ mol^{-1}$$
$$2H(g) + O(g) \longrightarrow H_2O(l) \quad \Delta_r H° = -971.1\ kJ\ mol^{-1}$$

一番はじめの熱化学方程式の $\Delta H°$ にのみ f の添字がついている．この反応のみが，前述した標準生成エンタルピーの条件をみたす反応である．2 番目の方程式は 1 分子ではなく 2 分子の水分子の生成に関する熱化学方程式である．これはただちに 2 mol

表 6・2　典型的な物質の標準生成エンタルピー（kJ mol⁻¹）

物質	$\Delta_f H°$	物質	$\Delta_f H°$	物質	$\Delta_f H°$	物質	$\Delta_f H°$
Ag(s)	0	C_2H_5OH(l)	−277.63	HBr(g)	−36	N_2O(g)	81.57
AgBr(s)	−100.4	Ca(s)	0	HCl(g)	−92.30	N_2O_4(g)	9.67
AgCl(s)	−127.0	$CaBr_2$(s)	−682.8	HI(g)	26.6	N_2O_5(g)	11
Al(s)	0	$CaCO_3$(s)	−1207	HNO_3(l)	−173.2	Na(s)	0
Al_2O_3(s)	−1669.8	$CaCl_2$(s)	−795.0	H_2SO_4(l)	−811.32	$NaHCO_3$(s)	−947.7
C(s)（グラファイト）	0	CaO(s)	−635.5	$HC_2H_3O_2$(l)	−487.0	Na_2CO_3(s)	−1131
CO(g)	−110.5	$Ca(OH)_2$(s)	−986.59	Hg(l)	0	NaCl(s)	−411.0
CO_2(g)	−393.5	$CaSO_4$(s)	−1432.7	Hg(g)	60.84	NaOH(s)	−426.8
CH_4(g)	−74.848	$CaSO_4 \cdot \frac{1}{2}H_2O$(s)	−1575.2	I_2(s)	0	Na_2SO_4(s)	−1384.5
CH_3Cl(g)	−82.0	$CaSO_4 \cdot 2H_2O$(s)	−2021.1	K(s)	0	O_2(g)	0
CH_3I(g)	14.2	Cl_2(g)	0	KCl(s)	−435.89	Pb(s)	0
CH_3OH(l)	−238.6	Fe(s)	0	K_2SO_4(s)	−1433.7	PbO(s)	−219.2
$CO(NH_2)_2$(s)（尿素）	−333.19	Fe_2O_3(s)	−822.2	N_2(g)	0	S(s)	0
$CO(NH_2)_2$(aq)	−391.2	H_2(g)	0	NH_3(g)	−46.19	SO_2(g)	−296.9
C_2H_2(g)	226.75	H_2O(g)	−241.8	NH_4Cl(s)	−315.4	SO_3(g)	−395.2
C_2H_4(g)	52.284	H_2O(l)	−285.9	NO(g)	90.37		
C_2H_6(g)	−84.667	H_2O_2(l)	−187.6	NO_2(g)	33.8		

の水の生成反応に読み替えることができる．3 番目は反応物が元素ではない．4 番目は原子を含む．原子は元素の標準状態ではない．$\Delta_f H°$ は元素から 1 mol の化合物が生成するさいの値であるので，その単位は 1 mol 当たりの kJ であることにも注意しよう．2 mol の水を生成するさいのエンタルピー変化は単に 1 mol 当たりの値である $\Delta_f H°$ を 2 倍するだけで得ることができる．

$$\frac{-285.9\ \mathrm{kJ}}{1\ \mathrm{mol\ H_2O(l)}} \times 2\ \mathrm{mol\ H_2O(l)} = -571.8\ \mathrm{kJ}$$

例題 6・10　熱化学方程式における標準生成エンタルピーの計算

硝酸 HNO_3(l) の $\Delta_f H°$ を求めよ．

指針　この問題に答えるには，熱化学方程式の反応物が元素で，生成物が 1 mol であるという $\Delta_f H°$ の定義を知らなくてはならない．また，25 °C，1 bar のもとで，関係する物質の物理的状態にも注意を払う必要がある．

解法　はじめに化合物の標準生成エンタルピーのための熱化学方程式を書く．そのさい表 6・2 にある HNO_3(l) の $\Delta_f H°$ の値 −173.2 kJ mol⁻¹ を用いる．

解答　三つの元素 H, N, O はすべて気体状態では二原子分子であるので，以下に示す係数に設定すると係数 1 の HNO_3 を生成する反応式となる．

$$1/2\mathrm{H_2(g)} + 1/2\mathrm{N_2(g)} + 3/2\mathrm{O_2(g)} \longrightarrow \mathrm{HNO_3(l)}$$
$$\Delta_f H° = -173.2\ \mathrm{kJ\ mol^{-1}}$$

確認　単に，正しく成立しているか確認すればよい．

練習問題 6・12　炭酸水素ナトリウム $NaHCO_3$(s) の標準生成エンタルピーを伴う熱化学方程式を書け．

標準生成エンタルピーは，熱化学方程式を操作することなく，ヘスの法則のみを使った簡便な方法を提供するので以下に示すように便利である．どのように活用するのかみるために，もう一度 H_2O_2 の分解の $\Delta_f H°$ を計算した例題 6・7 を振り返ってみる．

$$\mathrm{H_2O_2(l)} \longrightarrow \mathrm{H_2O(l)} + 1/2\mathrm{O_2(g)}$$

使われた二つの方程式は次式である．

(1) $\mathrm{H_2(g)} + \mathrm{O_2(g)} \longrightarrow \mathrm{H_2O_2(l)}$　　$\Delta_f H° = -188\ \mathrm{kJ\ mol^{-1}}$

(2) $\mathrm{H_2(g)} + 1/2\mathrm{O_2(g)} \longrightarrow \mathrm{H_2O(l)}$　　$\Delta_f H° = -286\ \mathrm{kJ\ mol^{-1}}$

H_2O_2 の分解の $\Delta_r H°$ を得るためにこれらの方程式を組合わせる．(1) の方程式を逆転させる．これは $\Delta_f H°$ の符号も逆転させることを意味する．

(逆転した 1)	$H_2O_2(l) \longrightarrow H_2(g) + O_2(g)$	$-\Delta_f H° = 188\ kJ\ mol^{-1}$
(2)	$H_2(g) + 1/2O_2(g) \longrightarrow H_2O(l)$	$\Delta_f H° = -286\ kJ\ mol^{-1}$
	$H_2O_2(l) \longrightarrow H_2O(l) + 1/2O_2(g)$	$\Delta_r H° = -98\ kJ\ mol^{-1}$

こうして目的の $\Delta_r H°$ が，生成物 H_2O の $\Delta_f H°$ から反応物 H_2O_2 の $\Delta_f H°$ を引くことで得られる．実際，これはすべての反応物と生成物の生成エンタルピーが既知の場合のどのような反応でも成立する．よって，生成エンタルピーを使うとき，ヘスの法則は以下のようにいいかえることができる．正味の $\Delta_r H°$ は，生成物の生成エンタルピーの合計から反応物の生成エンタルピーの合計を差し引いたものに等しい．ここで，それぞれの $\Delta_f H°$ は適切な係数が掛けられたものである．ヘスの法則は次の方程式の形で表すことができる．

■燃焼熱もヘスの法則で使うことができる．元素の燃焼熱はゼロではなく，CO_2 や H_2O といった簡単な化合物は C や H_2 といった元素の燃焼から得られる．

$\Delta_r H°$ = (すべての生成物の $\Delta_f H°$ の合計) − (すべての反応物の $\Delta_f H°$ の合計)　(6・14)*

* 訳注：(すべての生成物の $\Delta_f H°$ の合計) と (すべての反応物の $\Delta_f H°$ の合計) は，各物質の $\Delta_f H°$ に化学量論係数 (無単位) を掛けて，それを足し合わせて算出する．$\Delta_f H°$ の単位が kJ mol^{-1} であるので，$\Delta_r H°$ の単位も kJ mol^{-1} となる．

標準生成エンタルピーの表と (6・14) 式を使う限り，一連の熱化学方程式の操作は必要ない．次の例題でみるように，反応の $\Delta_r H°$ を得る作業は簡単な代数に置き換えることができる．

例題 6・11 ヘスの法則と標準生成エンタルピーの利用

レストランのシェフは，手早く炎を抑えるために，ふくらし粉 $NaHCO_3$ を利用する．それを火にくべると，火を抑えることができる．そして，熱で分解して CO_2 が生じ，それがさらに火を抑える．$NaHCO_3$ の分解の反応式は，次のとおりである．

$$2NaHCO_3(s) \longrightarrow Na_2CO_3(s) + H_2O(l) + CO_2(g)$$

標準生成エンタルピーを使い，この反応の $\Delta_r H°$ を kJ mol^{-1} 単位で求めよ．

指針 反応の $\Delta_r H°$ を計算することが求められている．操作すべき一連の反応は与えられておらず，反応物と生成物の $\Delta_f H°$ を使うことが求められている．それゆえ，反応の $\Delta_r H°$ を計算するのにヘスの法則を使う．

解法 $\Delta_r H°$ を計算するためにヘスの法則〔(6・14) 式〕を用いる．生成物の $\Delta_f H°$ の合計から反応物の $\Delta_f H°$ の合計を差し引いて反応の $\Delta_r H°$ を計算する．反応物，生成物の $\Delta_f H°$ の合計は，それらの $\Delta_f H°$ (表 6・2 参照) に，化学反応式で決まる適切な化学量論係数を掛けて得る．

解答 はじめに次の記号を使って計算式をたてる．

$$\Delta_r H° = [\Delta_f H°_{Na_2CO_3(s)} + \Delta_f H°_{H_2O(l)} + \Delta_f H°_{CO_2(g)}] - [2\Delta_f H°_{NaHCO_3(s)}]$$

次に表 6・2 より，標準状態にある上記の物質の $\Delta_f H°$ を集める．

$$\begin{aligned}\Delta_r H° &= [(-1131\ kJ\ mol^{-1}) + (-285.9\ kJ\ mol^{-1}) \\ &\quad + (-393.5\ kJ\ mol^{-1})] - [2\times(-947.7\ kJ\ mol^{-1})] \\ &= (-1810\ kJ\ mol^{-1}) - (-1895\ kJ\ mol^{-1}) \\ &= +85\ kJ\ mol^{-1}\end{aligned}$$

よって，標準状態では，この反応は 85 kJ mol^{-1} だけ吸熱的である．(化学反応式を全く操作していないことに注意せよ．)

確認 反応式の係数が $\Delta_f H°$ に正しく掛けられているか確認せよ．$\Delta_f H°$ の符号が正しく使われているかに注意せよ．符号の正しい取扱いは特に注意が必要である．これが，このような計算で最もまちがいの多い箇所である．また (6・14) 式中での順序，すなわち生成物の $\Delta_f H°$ から反応物の $\Delta_f H°$ を差し引く引き算の順序にも注意せよ．

練習問題 6・13 $SO_3(g)$ と $SO_2(g)$ の $\Delta_f H°$ を伴う熱化学方程式を書け．次の反応の $\Delta_r H°$ を計算するには，$SO_3(g)$ と $SO_2(g)$ をどう扱えばよいか．

$$SO_3(g) \longrightarrow SO_2(g) + 1/2O_2(g) \qquad \Delta_r H° = ?$$

(6・14) 式と $SO_3(g)$ と $SO_2(g)$ の $\Delta_f H°$ を使いこの反応の $\Delta_r H°$ を求めよ．

練習問題 6・14 次の反応の $\Delta_r H°$ を求めよ．

(a) $2NO(g) + O_2(g) \longrightarrow 2NO_2(g)$

(b) $NaOH(s) + HCl(g) \longrightarrow NaCl(s) + H_2O(l)$

コラム 6・2　暴走反応：熱力学の重要性

1998年，米国のニュージャージー州パターソンのモートン・インターナショナル・プラントにおいて色素を製造中の反応容器で暴走反応が起きた．過熱し，反応容器内の圧力が上がり，内容物が容器から吹出し，その蒸気に引火し爆発を起こし，9人の従業員が負傷して，施設を破壊した．

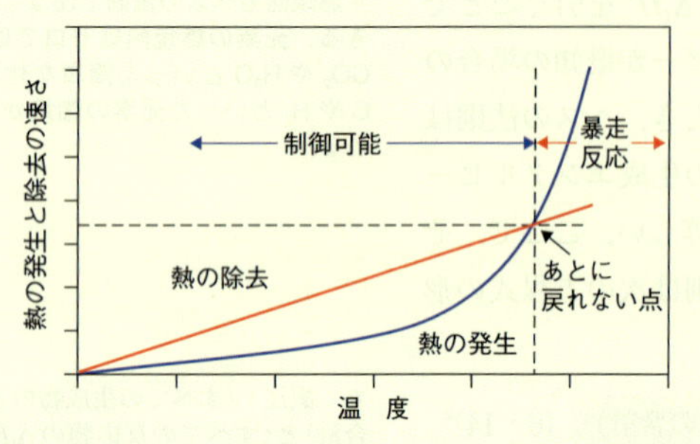

図　熱の発生と熱の除去　反応温度が後戻りできない限界点を超えると，熱の発生が周囲の熱を除去する能力を上回わり，反応は暴走する．

一般に，反応の多くは発熱反応である．反応で生じた熱は，取除かれなければ，反応混合物の温度を上げる．通常，熱は反応容器の外をとりまく冷媒や他の周到に計画された冷却方法により，周囲へと逃がされる．熱を取除く速さよりも生じる速さが勝ると，もはやあとに戻れない点に至り（図），反応混合物は制御可能領域の外にまで過熱される．温度が上がるに従い，反応速度は指数関数的に増大する．それは，熱の放出速度を速め，温度をより速く上昇させる．温度が上昇するにつれ，溶媒や他の揮発性成分は気体となり，それは容器内部の圧力を上げる．適切に設計された反応容器では安全弁がはたらき圧力を逃がす．しかし，その排気口が十分大きくないと，圧力は反応容器を破裂させ蒸気と液体の混合物を放出する．その蒸気が引火性で何か火元があれば，爆発炎上が起こりうる．

工場と同じく，実験室でも暴走反応は起こりうる．暴走反応とその潜在的な悲惨な結果を避けるには，反応でどれだけの熱が出るか，どれだけの速さで熱が出るか，そして反応装置からどれだけ速く熱を逃がせるかを知っておくことが重要である．危険は，可能性のある断熱的温度上昇，圧力増加，生成する気体の体積を計算することで予測することができる．

モートン・インターナショナルでの事故では，オルトニトロクロロベンゼン（*o*-NCB）と2-エチルヘキシルアミン（2-EHA）から有機色素のオートメートイエロー96を生産していた．

反応熱は熱量計の実験から知られていたが，事故報告には記載されていない．しかし，反応熱は，反応式に関与する化合物あるいは同じ種類の結合の切断と形成をするより単純な化合物の標準生成エンタルピーより見積もることができる．この反応のモデル化合物としてクロロベンゼンとメチルアミンを使うと，*o*-NCB 1 mol 当たりの反応熱として −176 kJ が見積もられる．オートメートイエロー96は195 °C で発熱的に分解を始め，気体状の副生成物を生じる．

o-NCB は毒性があるので，数回にわたる *o*-NCB の取扱いを避けるために，その全量が一度に投入されていた．そして混合物は何段階かでゆっくり加熱された．低温では反応は遅く，熱も反応容器外側を通る冷水で逃がすことができた．反応が進むにつれ，冷却は遅くなり反応容器は熱くなった．この過程は150 °C で反応が完了するまで続けられた．この段階的加熱の過程には危険性が伴う．もし，加熱があまりにも速いと，制御不能になるからである．

この過程を行う反応容器が1000ガロンの球形反応器から2000ガロンの球形反応器へと変更されていた．この大型容器への変更で，冷却に使える表面積は直径の2乗に比例して増えたが，体積，すなわち反応物の質量と発生する熱は直径の3乗で増えた．すなわち，反応容器の体積を倍にしたが，冷却面積は約1.6倍にしかなっていなかった．この大きな反応容器を使っての反応では，バッチ処理の50%で小規模の暴走反応を起こしていた．以前の小さな反応容器で行っていたときは20%であった．

事故の当日，操作員は反応容器を90 °C に加熱した．低温では熱が安全に除去されていたが，その低温では反応が少ししか進まなかったので，彼らは反応容器を急速に加熱した．そうしたところ，未反応のまま残っていた反応物が急激に反応した．温度はあと戻りできない点を超え，冷却装置があるにもかかわらず上がり続けた．温度は150 °C の最高運転温度を超えた．約185 °C で圧力は排気弁が開くまでに高まった．温度は上昇を続け30秒で190 °C から260 °C へと上がった．生成物の気体状物質への分解が始まると，もはや排気は過剰の気体と圧力を逃がすには全く不十分となり，ついに反応容器は破裂した．

［Gary Buske 提供．U.S. Chemical Safety and Hazard Investigation Board. Office of External Relations 2175 K Street, N.W., Suite 400 Washington, DC 20037, National Technical Information Service Report Number : PB2000-107721. www.cbs.gov/（completed investigations August 16, 2000）］

7

量子力学における原子

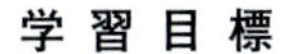

なぜナトリウムイオンは陽イオンであり，塩化物イオンは陰イオンであるのか．金属元素で形成される分子は非常にまれであるのに対し，なぜ，非金属元素は結合して分子を形成するのであろうか．なぜ貴ガスはほとんどの場合不活性であるのか．なぜ周期表には規則性があるのか．これらの疑問に関しては，あとに述べるように，量子力学の成立に伴って答えることが可能となった．

最初，1800 年代後半の古典物理学では，原子はどうしても存在することが困難であると思われていた．それは原子核のまわりを回る電子はすぐにエネルギーを失い，原子核に取込まれ，原子が崩壊してしまうと予想されるからである．これは“崩壊する原子のパラドックス”とよばれた．また古典物理学では，物体が温められ温度が上昇すればするほど，より高いエネルギーの光を放射することが期待されるが，紫外領域の放射は非常に弱く，これを物理学者は紫外破綻とよんだ．最終的には非常に小さな領域を通過する電子のような粒子が波として振舞う事実は，物質は粒子と波の二面性があるという概念をもつことで説明されるに至った．物質の基本的な性質を記述するこれらの諸問題は，全く新しい理論的概念が必要であることを浮かび上がらせた．これらの概念は量子力学（波動力学ともよばれる）のなかで具現化され，いまでは現代化学の基礎になっている．

本章では，量子力学を学び，電子が原子の中でどのように振舞い，このことが元素の諸性質にどのような影響を与えるか考えていく．

池の水面の波の回折．波が交差するとき，波が同位相のところでは振幅が増大し，逆位相のところでは相殺する

■実験と理論が一致しないとき，その理論は修正されるか破棄されなければならない．古典物理学は“崩壊する原子のパラドックス”を解き明かすことができなかった．古典物理学はまた，高温に熱せられた試料から放出される光の特性を予想することができなかった．

学 習 目 標

- 粒子および波としての光の解釈，およびそれを記述する式の使用
- 水素原子の輝線スペクトルの波長と電子のエネルギー準位との関連づけ
- 水素原子に対するボーア模型の適用と輝線スペクトルの説明
- 原子の量子力学モデルの概要の説明
- 原子における主要な量子数の解釈と使用
- 電子スピンの記述とパウリの排他原理に伴う常磁性や反磁性の説明
- 原子の基底状態における電子配置の記述
- 周期表と原子の電子配置との相関関係の説明
- 原子の s 軌道，p 軌道および d 軌道の形状と方向の図解
- 元素の電子配置や周期表に基づいた元素の物理的・化学的性質の予測

7･1　電 磁 波 の 放 出

光 の 性 質

物体は運動エネルギーと位置エネルギーという二つの形でエネルギーをもつことができること，またエネルギーは物体間で移動できることをすでに学んできた．また6章では，学習の目的が熱の移動であった．エネルギーはまた，光あるいは電磁波の形で移動することができる．これから本章で学ぶように，光によって私たちは原子や

■電気と磁気は互いに密接な関係がある．動く電荷は電流を発生させ，これがまわりに磁場を発生させる．これは電動モーターの背景にある原理になっている．これに対して，動く磁場は電場や電流を発生させる．これは発電機やタービンの背景にある原理になっている．

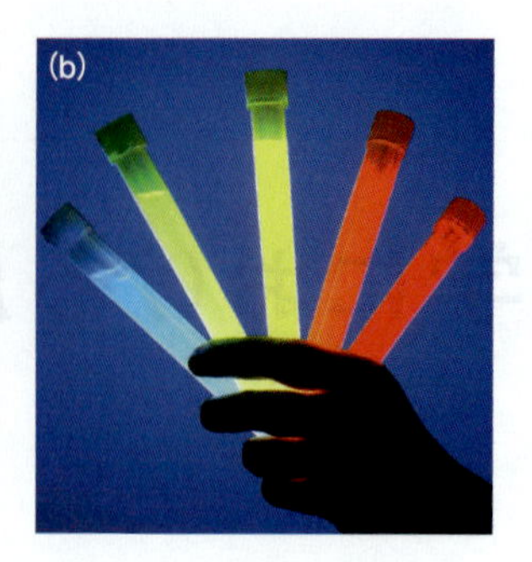

図 7・1　光はさまざまな化学反応に伴い放出される． 燃焼(a)，ライトスティック(b)，ホタル(c)．

分子の構造を調べ，また場合によってはそれらの反応を調べることができるため，化学では光は非常に重要なエネルギーの形である．たとえば，化学発光とよばれる過程（図 7・1b, c）では，可視光が放出される．

これまでの多くの実験から，放射（輻射）は空間の中で，波動という形を通してエネルギーを運ぶことが示されてきた．波動とは，ある攪乱から外に向かって移動する振動である．ちょうど池に落とした小石から外に向かって広がるさざ波を考えてみればよい．**電磁波**の場合は，この攪乱は振動電場を発生させる脈動または振動する電荷である．**振動電場**は**振動磁場**を発生させ，この二つの合わさったものが電磁波である．

電磁波 electromagnetic wave
振動電場 oscillating electric field
振動磁場 oscillating magnetic field

波長と振動数

電磁波は，しばしば振幅，波長および振動数をもつ正弦波として表される．ここでは，簡単のため波の磁場成分は表していない．図 7・2 は，空間を伝播する波として，その**振幅**（強度）が時間および距離とともにどのように変化するか示したものである．波の振幅は，放射強度（明るさ）と関係している．図 7・2(a) では，1 秒間に二つの完全な振動が起こっているのがわかる．1 秒間に起こる振動の回数を電磁放射の振動数とよび，その記号はギリシャ文字の ν（ニュー）で表される．SI 単位では，時間の単位は秒 (s) なので，周波数の単位は s^{-1} である．また，この単位は別名の**ヘルツ** (Hz) で表される．

■水面の波や音波は伝播するのに媒体が必要であるが，電磁波は伝播するのにそのような媒体を必要としない．放射がどのように発生しても，真空中の電磁波の速度は同じであり，その値は約 $3.00 \times 10^8\ m\ s^{-1}$ である．

振幅 amplitude
ヘルツ hertz, 単位記号 Hz

電磁波はその光源から遠ざかり，その振幅の極大と極小（山と谷）の位置は規則正しい間隔になっている．極大と極大の間隔は**波長**とよばれ，その記号はギリシャ文字の λ（ラムダ）で表される（図 7・2b）．波長は距離であるから，長さの単位をもっている（たとえば，メートル）．

波長 wavelength

もし波の波長と振動数を掛けると，その結果は波の速度になる．

$$\mathrm{m} \times \frac{1}{\mathrm{s}} = \frac{\mathrm{m}}{\mathrm{s}} = \mathrm{m\ s^{-1}}$$

真空中における電磁波の速度は一定であり，光の速度とよばれ，記号 c で表される．光の速度は有効数字 3 桁では $3.00 \times 10^8\ m\ s^{-1}$ である．

■光の速度は最も注意深く測定された定数の一つであり，メートルの定義に用いられている．真空中における光の速度の精密な値は $2.99792458 \times 10^8\ m\ s^{-1}$ であり，1 メートルは真空中で 1 秒の 299,792,458 分の 1 の時間に光が進む距離と正確に定義されている．

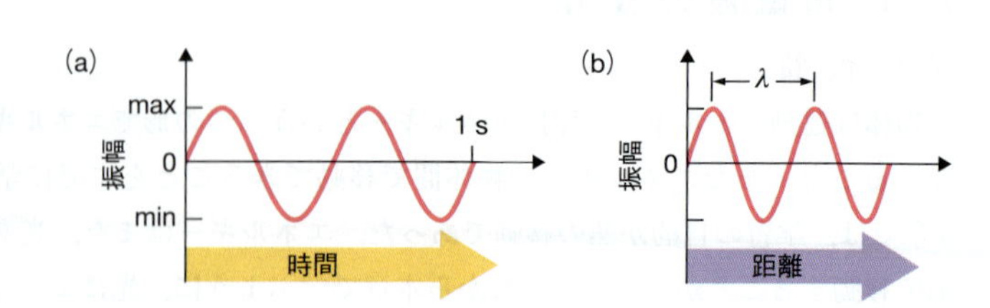

図 7・2　電磁波の二つの側面． (a) 光の波の振動数 ν は 1 秒間当たりの振動の数である．ここでは，1 秒間当たり二つの周期の振動なので，周波数は $2\ s^{-1}$ (2 Hz) である．(b) 時間を固定したときの電磁波．この曲線は，電磁波の進行方向に沿って振幅がどのように変化するかを示している．二つの山の距離は，電磁波の波長 λ である．

$$c = 3.00 \times 10^8\ \mathrm{m\ s^{-1}}$$

先ほどの説明から次の重要な関係式を導くことができる．

$$\lambda \times \nu = c = 3.00 \times 10^8\ \mathrm{m\ s^{-1}} \qquad (7 \cdot 1)$$

例題 7・1 波長から振動数を計算する

結核をひき起こす微生物である結核菌は，254 nm の波長の紫外線で完全に死滅させることができる．この光の振動数の値を求めよ．

指針 この問題は，波長と振動数の関係式を必要とする．

解法 解答するためには，光に関する波長と振動数の関係(7・1) 式が必要になる．ここでは (7・1) 式を変形した関係式 $\nu = c/\lambda$ を用いるが，単位について注意しなければならない．1 章に示した SI 単位の表が必要である．

解答 関係式 $\nu = c/\lambda$ において，$c = 3.00 \times 10^8\ \mathrm{m\ s^{-1}}$，波長 $\lambda = 254$ nm を代入する．ここで，単位を正しく相殺するためには，波長の単位を nm から m に変換しなければならない．すなわち，1 nm = 10^{-9} m である．

$$\nu = \frac{3.00 \times 10^8\ \mathrm{m\ s^{-1}}}{254\ \mathrm{nm}} \times \frac{1\ \mathrm{nm}}{1 \times 10^{-9}\ \mathrm{m}} = 1.18 \times 10^{15}\ \mathrm{s^{-1}} = 1.18 \times 10^{15}\ \mathrm{Hz}$$

確認 答えが正しいかどうかを確認する一つの方法は，与えられた光の波長と計算した振動数を掛けた値が光の速度になることである．有効数字 1，2 桁で概算してみよう．254 nm の波長を 250×10^{-9} m，得られた振動数を $1 \times 10^{15}\ \mathrm{s^{-1}}$ とすると次の概算値を得る．

$$(250 \times 10^{-9}\ \mathrm{m}) \times (1 \times 10^{15}\ \mathrm{s^{-1}}) = 2.5 \times 10^8\ \mathrm{m\ s^{-1}}$$

この値は，有効数字 1 桁の範囲で光速度に近い値であり，答えは妥当と考えられる．

例題 7・2 波長から振動数を計算する

あるラジオ放送局の放送電波の周波数は 1260 kHz である．その波長は何 m であるか．

指針 例題 7・1 と同じ指針で問題を解く．

解法 例題 7・1 と同じ式 $\lambda = c/\nu$ を用いるが，波長の単位をメートルで解答する．

解答 波長に対して (7・1) 式を解くさい，最初に単位を考慮しなければならない．kHz で表される周波数は秒で表すと kHz = $10^3\ \mathrm{s^{-1}}$ である．これらを代入して次式を得ることができる．

$$\lambda = \frac{c}{\nu} = \frac{3.00 \times 10^8\ \mathrm{m\ s^{-1}}}{1260 \times 10^3\ \mathrm{s^{-1}}} = 238\ \mathrm{m}$$

単位を相殺して計算すると，波長は 238 m となる．

確認 もし波長が正しければ，例題 7・1 と同様に波長に周波数を掛けた値が光の速度になる．別の確認方法は，光の速度をラジオの波長で割ることにより，周波数を求める方法である．光の速度およびラジオの波長を有効数字 1 桁にして計算すると次式を得る．

$$\frac{3 \times 10^8\ \mathrm{m\ s^{-1}}}{2 \times 10^3\ \mathrm{m}} = 1.5 \times 10^6\ \mathrm{Hz} = 1500\ \mathrm{kHz}$$

この値は，ラジオの波長である 1260 kHz に近い値であり，答えは妥当と考えられる．

練習問題 7・1 ヘリウムという名前は太陽のギリシャ語名ヘリオスに由来している．ヘリウムは 1868 年，分光学者が太陽光のスペクトルの中から波長 588 nm の輝線スペクトルを観測することにより発見された．この輝線スペクトルの振動数を求めよ．

電磁スペクトル

電磁波は図 7・3 に示すように，**電磁スペクトル**とよばれる広帯域の周波数のなかに入る．このスペクトルのいくつかの部分は，よく知られている名称でよばれている．たとえば，ラジオ波は非常に低い周波数（すなわち，非常に長い波長）の電磁波であり，また，低い周波数をもつマイクロ波は，警察官が車の速度をモニターする計測器のようなレーダー装置から発振される．電子レンジでは，同様の電磁波が食物の中の水を加熱することにより，短時間で食物を調理している．赤外線は熱い物体から放射されるが，その周波数は，ほとんどの物質の内部で分子を振動させる周波数領域である．赤外線を見ることはできないが，手を熱源に近づけることにより，手が温められることで，体が赤外線を吸収していることを感じることができる．γ 線は電磁スペク

電磁スペクトル electromagnetic spectrum

■ 波の波長と振動数は互いに逆数の関係にある．振動数が低くなれば波長は長くなる．

■ レーダーはラジオ波とその発信源を検知する．

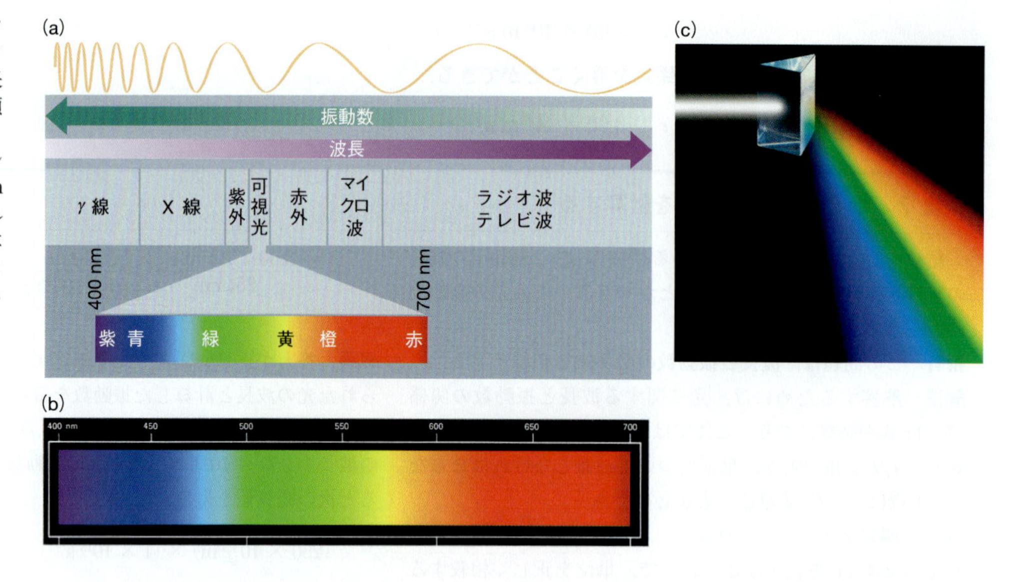

図 7・3　電磁スペクトル. (a) 電磁スペクトルは，電磁波の波長に従っていくつかの領域に分けられる. (b) 可視スペクトルは 400 nm から 700 nm の波長の光で構成されている. (c) この図は白色光を分光することによって現れた可視スペクトルである.

■電磁波の速度は計算で，約 3×10^8 m s^{-1} と求められる. 光の速度が電磁波と同じであることが実験的に決定されたことは，光が電磁波の一つの形態であるという仮説を支持することになった.

可視スペクトル visible spectrum

トルの高周波数領域の端に位置し，放射性同位体から放出される. X 線は γ 線によく似ているが，それは通常，特別な装置によって得られる. X 線も γ 線も容易に生物を貫通する.

私たちはほとんどの時間，図 7・3(a) に示した電磁スペクトルのすべての領域からの電磁波に曝(さら)されている. たとえば，ラジオやテレビの電磁波は体を通過し，暖房機器の暖気を感じるときは赤外線を感じ，X 線や γ 線は宇宙から人体に降り注ぎ，照明からの可視光により本を読むことができる. これらのさまざまな電磁波のなかで，私たちの眼は図 7・3(b) に示した約 400 nm から 700 nm というきわめて狭い波長領域の電磁波だけを認識できるのである. この波長領域は**可視スペクトル**とよばれ，私たちが見ることのできる赤色から橙色，黄色，緑色，青色，紫色にわたるすべての色の光を含んでいる. 白色光はこれらすべての色の光で構成されており，さまざまな波

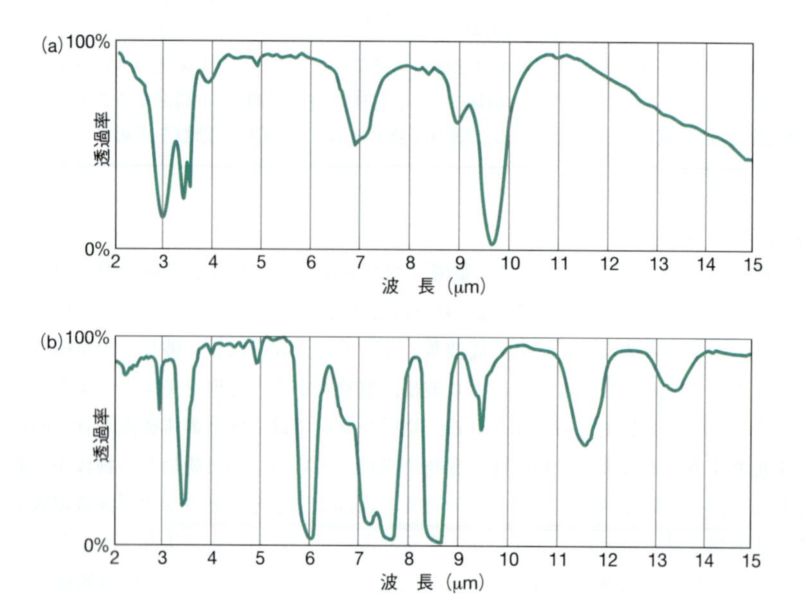

図 7・4　有機化合物による赤外線の吸収. (a) メタノールの赤外吸収スペクトル. 赤外吸収スペクトルでは，通常，グラフの上から下に向かって光の吸収強度が増大するように示される. たとえば，約 3 μm の波長領域に吸収のピークがある. (Sadtler Research Laboratories, Inc., Philadelphia, USA 提供.) (b) アセトンの赤外吸収スペクトル. アセトンは水，香料，色素，ラノリンのような保水クリームが混ざったマニキュア除光液中に見いだすことができる.

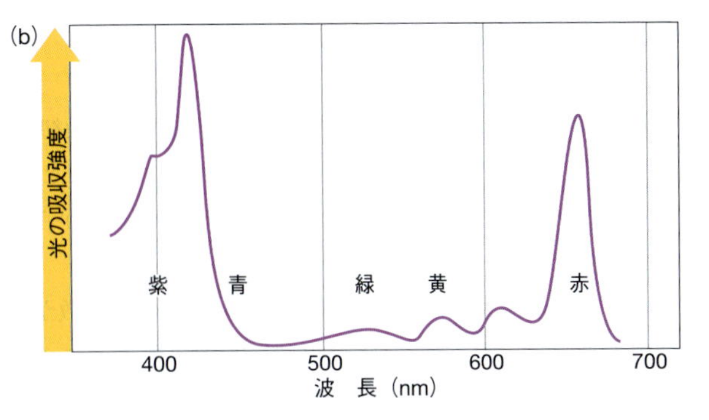

図 7・5 クロロフィルによる光の吸収. (a) クロロフィルは光合成のために太陽光のエネルギーを取入れる色素である. (b) クロロフィルには, 約 420 nm と 660 nm の波長領域に吸収ピークがある. 私たちが見ている緑色はクロロフィルに吸収されない光であり, 反射された光ではない.

長の光に分光するプリズムを通過して集光させることにより，白色光を構成要素の色の光に分けることができる．可視スペクトルを図 7・3(b) に示す．また，可視スペクトルを生成する様子を図 7・3(c) に示す．

物質が電磁波を吸収するしくみは，しばしば物質を分析する手助けとなる．たとえば，それぞれの物質は，物質固有の異なった赤外振動数の領域をもつ．波長に対する吸収強度のプロットは赤外吸収スペクトルとよばれ，それぞれの赤外スペクトルは指紋の組のように固有であることから，化合物の同定に用いることができる．図 7・4 に赤外スペクトルの例を示す．また多くの物質はそれぞれ固有のしくみで可視領域から紫外領域の電磁波を吸収し，それぞれ特有の可視・紫外吸収スペクトルをもっている（図 7・5）．

光子（フォトン）の流れとしての光

電磁波がある物質を通過するとき，港にあるブイが波と影響し合うように，電磁波の振動電場と振動磁場は物質に対して相互作用する．電磁波の中に置かれた小さな荷電粒子は，変化する電場と磁場によって前後に引っ張られるであろう．たとえば，ラジオ波がアンテナにぶつかったとき，アンテナの中の電子は振動し，これが信号の検出や復元になる交流電流を生み出す．電磁波はアンテナ中の電子に力を与えて移動させるので，仕事が行われる．このようにして，電磁波の発信源（ラジオ送信機）からエネルギーが失われ，アンテナ中の電子がエネルギーを得ることになる．

■ 7 章のはじめに述べたように，古典物理学では物体の温度上昇とともにより高いエネルギーの光を放射するはずであるが，実際には紫外領域の放射は非常に弱くなり，この矛盾（紫外破綻）を説明できなかった．プランクは放射の振動数 ν に比例定数 h を掛けた $h\nu$ をエネルギー量子として黒体放射の理論式を導き、紫外破綻の矛盾を解決したのである．

光子のエネルギー　革新的な一連の実験により，古典物理学は電磁波によるエネルギーの伝播を正しく記述することができないことが示されていた．1900 年，ドイツの物理学者プランクは電磁波がエネルギーの小さな束または**量子**（のちに**光子**とよばれるようになった）の流れとみなすことを提案した．この光子は光速度で伝播する．プランクが提案し，アインシュタインが確かめたことは，電磁波の光子のエネルギーは放射の振動数に比例するのであり，それまで信じられてきたように電磁波の強度や明るさに比例するものではないということである．

■ 1 個の光子のエネルギーは，エネルギーの 1 個の量子とよばれる．

プランク Max Planck, 1858～1947

量子 quantum

光子 photon

アインシュタイン Albert Einstein, 1879～1955

$$\text{光子のエネルギー} \quad E = h\nu \tag{7・2}$$

ここで h は**プランク定数**とよばれる比例定数である．(7・2) 式は電磁波に対して二つの表現を関連づけている．すなわち，左辺は電磁波を粒子の特性（光子当たりのエネルギー）として扱い，右辺は波の特性（振動数）として扱っている．量子力学はこの二つの表現を結びつけており，私たちは実験結果を記述するさい，いずれか都合

プランク定数 Planck's constant, 値は $6.626\,070\,15 \times 10^{-34}$ J s であり，その単位はエネルギー(J)に時間(s)を掛けたものである．

のよいほうの電磁波の表現を用いることができる.

光電効果 photoelectric effect

光電効果 光の波長とエネルギーを関係づける最初の糸口の一つが**光電効果**の発見であった. 19 世紀の後半には, 光が金属にあたると金属が正の電荷をもつようになることがわかった. このことは, 光が金属の表面から電子を放出させる能力があることを意味している.

この現象が研究されていく過程で, 入射光の振動数がある閾値以上の値を超えると金属の表面から電子が出ていくことが発見された. この振動数の閾値は金属によって異なるが, それは金属原子が電子を放出する容易さに依存している. また, 閾値以上の振動数では, 入射光の振動数が高くなればなるほど放出された電子の運動エネルギーが増大する. 実際, 入射光の振動数が閾値以下ならば, 入射光の強度がどんなに強くても, 放出される電子は全く観測されない. このことは当時の物理学者を困惑させた. なぜなら, 当時, 光のエネルギーは光の明るさに関係していると信じられていたからである. この現象はアインシュタインによって次の簡単な式で説明された.

■ より明るい光は, より多くの光子を生み出し, より高い振動数の光は, より高いエネルギーの光子を生み出す.

$$E_{\mathrm{k}} = h\nu - E_{\mathrm{b}}$$

ここで, E_{k} は金属から放出された電子の運動エネルギー, $h\nu$ は金属の表面に照射された光のエネルギー, E_{b} は金属の表面から電子が脱出するときに必要な最低エネルギー（結合エネルギー*と考えることができる）である. 別のいい方をすれば, 光のエネルギーの一部は金属の表面から電子を離すのに使われ, 残りのエネルギー ($h\nu - E_{\mathrm{b}}$) は離脱した電子の運動エネルギーになる.

* 訳注：結合エネルギー binding energy には記号 E_{b} を用いる.

応 用 問 題

電子レンジを使ってコップのお茶を温めるにはどの程度の光子が必要か. 温める前のコップのお茶が温度 25.0 ℃, 容量 237 mL とし, 飲むときの温度を 85.5 ℃とする. ほとんどの電子レンジでは, マイクロ波源はクライストロンであり, 放出される波長 12.24 cm のマイクロ波は水に吸収される.

指針 この問題では, まずコップのお茶を温めるのに必要なエネルギーの値を計算することが要求されるが, 6 章で述べた手法を使って必要な全エネルギーを計算することができる. まずはじめに, コップのお茶を温めるのに必要な全体のエネルギーを知り, 本節で述べた手法を用いて光子の数を決定する. 次に, 3 章で述べた情報を使うことにより, 光子のモル数を計算する.

解法 この計算を行うため, 次のように三つの部分に分けて概要を書いてみる. 1) 必要な全エネルギーの計算, 2) 必要な光子の数の計算, 3) 光子の数から光子の mol 単位の光子数への変換である.

第一段階

解法 コップの水を温めるのに必要なエネルギーを決定するために, §6・3 で述べた比熱の式〔(6・7) 式〕を必要とする.

$$\text{熱エネルギー} = \text{質量} \times \text{比熱} \times \text{温度変化} = ms\Delta T$$

解答 水の比熱は 4.184 J g^{-1} ℃$^{-1}$ であり, 水の密度 1.00 g mL^{-1} を用いて水 237 mL を水 237 g に変換する. また, 温度変化は 85.5 ℃ − 25.0 ℃ = 60.5 ℃ である. これらを用いて次式を得ることができる.

$$\begin{aligned}\text{熱エネルギー} &= (237\ \mathrm{g})(4.184\ \mathrm{J\ g^{-1}\ ℃^{-1}})(60.5\ ℃)\\ &= 5.999 \times 10^{4}\ \mathrm{J}\end{aligned}$$

なお, 最終結果を計算するまでは, 有効数字を 1 桁余分に加えておく.

第二段階

解法 1 光子のエネルギーは (7・1) 式と (7・2) 式を組合わせて次式を得ることができる.

$$E = \frac{hc}{\lambda}$$

光子の数を決めるため, 第一段階で計算した全体のエネルギーをこの式で割る.

解答 1 光子のエネルギーは次式のとおりである.

$$\begin{aligned}E &= \frac{(6.626 \times 10^{-34}\ \mathrm{J\ s})(2.998 \times 10^{8}\ \mathrm{m\ s^{-1}})}{(12.24 \times 10^{-2}\ \mathrm{m})}\\ &= 1.623 \times 10^{-24}\ \mathrm{J\ 光子^{-1}}\end{aligned}$$

したがって，光子の数は次のように求めることができる．

$$\text{光子の数} = \frac{5.999 \times 10^4\,\text{J}}{1.623 \times 10^{-24}\,\text{J 光子}^{-1}} = 3.696 \times 10^{28}\,\text{光子}$$

第三段階

解法 粒子数を mol 単位で表すため，アボガドロ定数としてよく知られている次式を使う．

$$1\,\text{mol 光子} = 6.022 \times 10^{23}\,\text{光子}$$

解答 アボガドロ定数を用いて光子の数を mol 単位で求める．

$$3.696 \times 10^{28}\,\text{光子}\left(\frac{1\,\text{mol 光子}}{6.022 \times 10^{23}\,\text{光子}}\right) = 6.138 \times 10^4\,\text{mol 光子}$$

このようにして，コップのお茶を温めるのに必要な光子の数が 6.14×10^4 mol であることを求めることができた．

確認 解答に関しては，まず単位の相殺，次に値の評価を行うことにより，答えが妥当な値であるかどうかを確認する．第一段階の答えを概算すると $250 \times 4 \times 60 = 1000 \times 60 = 60{,}000$ となるが，この値は第一段階で求めた 5.999×10^4 にきわめて近い値である．第二段階の答えを概算すると，仮数部の値は $(6 \times 3)/12 = 3/2$，指数部は $-34 + 8 - (-2) = -24$ となり，1 光子のエネルギーの概算は 1.5×10^{-24} となり，答えと近い値である．同様にして，第三段階の計算も概算し，計算が正しく行われたことを確認できる．

電磁波が光子の流れまたは波動として表現できることは量子力学の礎石である．物理学者は古典物理学では簡単に説明できない多くの実験結果を理解するのに，この考えを使うことができた．量子力学の電磁波の記述に対する成功は，電子が電磁波と同じように波動および粒子として表現できるという 2 番目の驚くべき事実への発見の道を開いた．ここで，原子の構造に対する現代の量子力学モデルに導いた最初の実験的証拠，すなわち原子スペクトルにおける輝線の存在に焦点を当ててみる．

7・2 輝線スペクトルとリュードベリの式

図 7・3 で示したスペクトルは，すべての色が分布した途切れのないスペクトルであるため**連続スペクトル**とよばれる．この連続スペクトルは，非常に高い温度に熱せられた物体（たとえば白熱電球のフィラメント）から光が放出されるときに現れるが，この光はプリズムによって分光され，スクリーンに投影される．夏の夕立のあとの虹はほとんどの人が見ているように連続スペクトルとして現れる．この場合，大気中の小さな水滴が太陽光に含まれているさまざまな色を分散させている．

連続スペクトル continuous spectrum

放電やスパーク（火花）が水素のような気体を通過するときに発生する光を調べると，少し異なったスペクトルが観測される．放電は気体原子の電子を励起させたり電子にエネルギーを与えたりする電気の流れである．このことが起こったとき，電子が**励起状態**にあるという．励起された電子が低いエネルギー状態に戻るとき，原子は吸収したエネルギーを光の形で放出する．図 7・6 に示したように，原子から放出された細い光線がプリズムを通過すると，連続したスペクトルではなく，いくつかの色が

■原子は，ブンゼンバーナーの炎の中に入れることにより，熱によって励起することができる．

励起状態 excited state

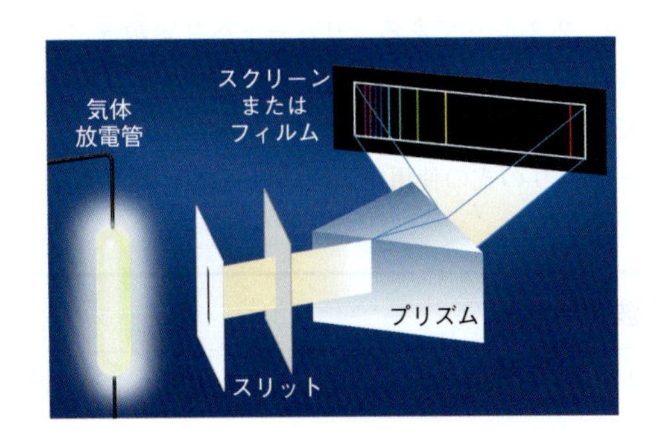

図 7・6 原子スペクトルの生成と観測． 励起された原子によって放出された光は，スリットを通して細い光線になる．その光線はプリズムを通ることにより，発光した元素特有の振動数をもった細い光線に分けられる． これらの光線がスクリーンに投影されると，一連の輝線が観測されるが，これが線状スペクトルとよばれる理由である．

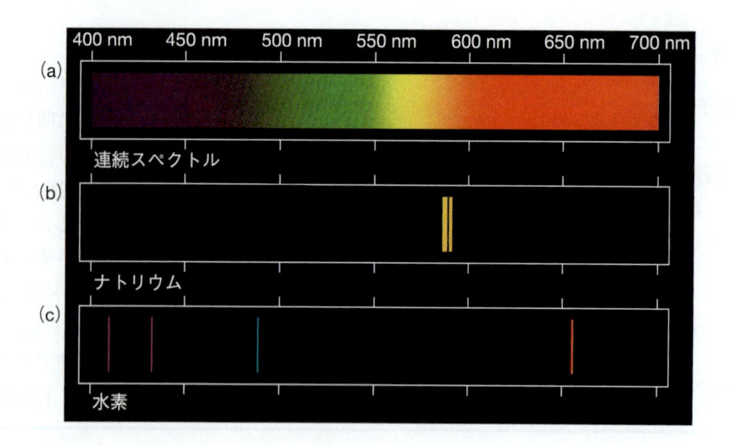

図 7・7　連続スペクトルと原子発光スペクトル. (a) 太陽あるいは白熱電球による連続的な可視光スペクトル. (b) ナトリウムによる原子発光スペクトル. ナトリウムの発光スペクトルは, 実際には可視領域に90以上の輝線を含んでいる. 図には最も強い2本の輝線が示されている. その他の輝線の強度は2本の輝線に比べて1%以下である. (c) 水素による原子スペクトル. 可視領域には4本の輝線のみ存在する. それぞれの強度は5倍以内に入っているため, すべて示される.

原子スペクトル atomic spectrum
発光スペクトル emission spectrum

観測され, それぞれの輝線の組として現れる. 輝線の組は元素の**原子スペクトル**あるいは**発光スペクトル**とよばれている. 図7・7で, ナトリウムと水素の可視領域における原子スペクトルを示し, 連続スペクトルとどう異なるか比較する. これらの元素のスペクトルは全く異なっており, 各元素は指紋として特徴づけられる固有の原子スペクトルをもっている.

水素のスペクトル

定量的に原子スペクトルを説明する最初の成功は水素の原子スペクトルの研究によってもたらされた. 水素原子はたった1個の電子をもつ最も単純な元素であり, 数個の輝線からなる単純なスペクトルを示す.

バルマー J. J. Balmer
リュードベリの式 Rydberg equation

リュードベリの式　水素の原子スペクトルは輝線のいくつかの組で構成されている. その一つの組が電磁波の可視領域にあり, それを図7・7に示す. 2番目の組は紫外領域にあり, 他の組は赤外領域にある. 1885年, バルマーは, 可視領域にある輝線スペクトルの波長を与えることのできる式を見いだした. この式はのちに, 水素のすべての輝線スペクトルの波長の計算に用いることのできる一般的な式, **リュードベリの式**に拡張された.

$$\frac{1}{\lambda} = R_{\mathrm{H}}\left(\frac{1}{n_1^2} - \frac{1}{n_2^2}\right)$$

λ は輝線の波長, R_{H} は定数 (109,678 cm^{-1}), n_1 および n_2 は正の整数をもつ変数である. 唯一の束縛条件は n_2 が n_1 より大きくなければならないことである. この条件は計算した光の波長が正の値をもつことを保証している. こうして, $n_1 = 1$ ならば許容可能な n_2 の値は, 2, 3, 4 … である. リュードベリ定数 R_{H} は実験的に決まった値である. すなわち, 実験的に測定された輝線スペクトルの波長と一致する波長をリュードベリの式が与えるように R_{H} が決められたことを意味している. 原子スペクトルの波長に対するリュードベリの式の使用を, 次の例題に示す.

例題 7・3　水素原子スペクトルにおける輝線の波長の計算

水素の原子スペクトルで可視領域にある輝線の系列は, バルマー系列とよばれており, リュードベリの式において $n_1 = 2$

に対応している．バルマー系列において $n_2 = 4$ に対応するスペクトル線の波長を有効数字4桁，nm の単位で計算せよ．

指針 問題は，計算にリュードベリの式を用いることを述べている．

解法 リュードベリの式を用いる．n_1 および n_2 の値は与えられており，波長が未知である．単位は1章で述べたSI単位が必要である．

解答 この問題を解くために，リュードベリの式に数値を代入することにより $1/\lambda$ を得る．$n_1 = 2$，$n_2 = 4$ をリュードベリの式に代入すると次式を得る．

$$\frac{1}{\lambda} = 109{,}678\ \mathrm{cm^{-1}}\left(\frac{1}{2^2} - \frac{1}{4^2}\right)$$
$$= 109{,}678\ \mathrm{cm^{-1}}\,(0.25000 - 0.06250)$$
$$= 2.05646 \times 10^4\ \mathrm{cm^{-1}}$$

いま $1/\lambda$ を逆数にし，波長を cm の単位で得る．

$$\lambda = \frac{1}{2.05646 \times 10^4\ \mathrm{cm^{-1}}} = 4.86272 \times 10^{-5}\ \mathrm{cm}$$

最後に，cm を nm に変換する．

$$\lambda = 4.86272 \times 10^{-5}\ \mathrm{cm} \times \frac{10^{-2}\ \mathrm{m}}{1\ \mathrm{cm}} \times \frac{1\ \mathrm{nm}}{10^{-9}\ \mathrm{m}}$$
$$= 486.272\ \mathrm{nm}$$

答えを有効数字4桁に丸めて，$\lambda = 486.3$ nm を得る．リュードベリの式において，n は正確な値なので，原子スペクトルの波長はすべて6桁の有効数字を保持することができることに注意する．

確認 計算の再確認のほかに，輝線の波長が 400 nm から 700 nm の可視領域に入ることに注意する．また図7・7の水素の原子スペクトルに対する答えを確認することができる．この輝線の波長は，水素のスペクトルの青色の輝線に対応している．

練習問題 7・2 $n_1 = 4$，$n_2 = 6$ のとき，輝線の波長を μm で計算し，有効数字3桁で答えよ．この光は電磁スペクトル中で，どこに現れるか．

リュードベリの式の発見は科学者たちに興奮と難問を与えた．水素の原子スペクトルの中のどんな輝線の波長も一つの定数と二つの整数の2乗の逆数を含む簡単な式で計算することができるという事実は目を見張るものであった．物理学者は，この単純な式を説明することのできる原子中の電子のふるまいについて研究しなければならなかった．

7・3 ボーアの理論

原子における量子化されたエネルギーの電子

先に光の振動数とエネルギーの間には，$E = h\nu$ という簡単な関係があることを説明した．励起された原子はある決まった振動数の光を放出することから，特別な値をもつエネルギーの変化が原子の中で起こっていることは明確である．たとえば，水素原子のスペクトルの中で，図7・7に示すように 656.4 nm の赤い輝線があるが，その周波数は 4.567×10^{14} Hz である．水素原子が赤い光を放つとき，その周波数は必ず 4.567×10^{14} Hz であり，水素原子のエネルギーは 3.026×10^{-19} J だけ減少し，その減少はそれ以上でもそれ以下でもない．それゆえ，原子スペクトルは次のことを教えてくれる．励起された原子がエネルギーを失うとき，任意の値のエネルギーを失うことはできない．原子がエネルギーを得る場合も同様である．

(a) どのような位置エネルギーも許され，その値は連続的である

(b) 位置エネルギーは束縛されており，その値は離散的である

図 7・8 量子化された状態との類似． (a) 斜面上のウサギは，自由に動くことができ，そのポテンシャルエネルギー(位置エネルギー)は最大値と最小値の間のどのような値でもとることができる．同様に，自由電子のエネルギーはどのような値でもとることができる．(b) 階段の上のウサギは，最も低い段，中間の段，最上段という三つの高さのいずれかに見いだされる．同様に，原子に閉じ込められた電子のエネルギーは，原子のさまざまな電子準位に束縛されている．

原子におけるエネルギーの吸収および放出に関して最も成功をおさめた解釈は，原子の中の電子はある決まったエネルギーの値しかもちえないということである(図7・8)．すなわち，原子の中の電子は，ある決まった**エネルギー準位**に束縛されており，その束縛されたエネルギーを**量子化**されているという．

エネルギー準位 energy level

量子化 quantization

ある原子の中の電子のエネルギーは，図7・8(b) に示すウサギのエネルギーと比較することができるであろう．階段のウサギはその段の上では安定であり，いくつかの段のエネルギーで決められたポテンシャルエネルギー(位置エネルギー)を段はもっている．もしウサギが高い段に飛び上ればウサギの位置エネルギーは増大し，低い段に飛び降りればその位置エネルギーは減少する．もしウサギが段と段の間の高さのところに飛び移ろうとしても，ウサギは低い段に落ちてしまう．したがって，ウサギのもっているエネルギーは,段の位置エネルギーの間のエネルギー差に束縛されている．

■ ある意味で階段の上にいるウサギの位置エネルギーは量子化されていると考えることができる．

同様にして，電子がもちうるエネルギーは，原子の中の電子のエネルギー準位の組に対応している．たとえば放電により原子がエネルギーの供給を受けた場合，原子の中の電子がエネルギーの低い準位から高い準位に上げられる．高いエネルギー準位に上げられた電子がもとに戻るときには，二つの準位間のエネルギー差に等しいエネルギーを光として放出する．こうしてある決まったエネルギーの飛び移りが起こるため，決まった周波数の光のみがスペクトルに現れるのである．

原子スペクトルによって示された原子の特別なエネルギー準位の存在は，原子における電子構造に関するすべての理論のもとになる．電子の位置および運動を記述するどんなモデルでも原子スペクトルを説明できなければならない．

水素原子のボーア理論

リュードベリの式をうまく説明できる水素原子の理論は，1913年にデンマークの物理学者であるボーアによってはじめて提案された．この理論では，ボーアは原子核のまわりを動く電子を太陽のまわりを回る惑星になぞらえ，電子は原子核のまわりを決められた軌道に沿って動いていると提案した．この理論は，軌道の大きさおよび与えられた軌道の中で電子がとりうるエネルギーに制限を加えることで物理学の古典的法則を破ることになったが，このことは，やがて原子に束縛された電子のエネルギーを記述する関係式を導くことになった．その関係式は，電子の質量，電荷，プランク定数などいくつかの物理定数を含んでおり，またボーアが**量子数**とよんだ整数 n を含んでいる．それぞれの軌道は量子数 n の値によって識別される．すべての定数をまとめるとボーアの式は (7・3) 式で書き表される．

ボーア Niels Bohr, 1885～1962. 彼は水素原子におけるボーア理論により1922年にノーベル物理学賞を受賞した．

■ ニュートンによって発見された古典力学のような古典物理学の法則は，軌道の半径やエネルギーに対して制限を加えることはしない．

量子数 quantum number

$$E = \frac{-b}{n^2} \qquad (7 \cdot 3)$$

■ エネルギーに対するボーアの式は次式で表される．

$$E = \frac{2\pi^2 me^4}{n^2 h^2}$$

ここで m は電子の質量，e は電子の電荷，n は主量子数，h はプランク定数である．したがって，(7・3) 式の b は次式で求められる．

$$b = \frac{2\pi^2 me^4}{h^C} = 2.18 \times 10^{-18}\ \mathrm{J}$$

ここで E は電子のエネルギー，b は電子の質量，電荷，プランク定数などいくつかの物理定数をまとめた定数であり，その値は 2.18×10^{-18} J である．量子数 n は1から∞のすべての整数が許される．この式からどんな特別な軌道であっても，その電子のエネルギーを計算することができる．

(7・3) 式は負の符号なので，$n = 1$ のとき，最もエネルギーの低い値をとり，これが第一ボーア軌道に対応している．原子の最もエネルギーの低い状態は最も安定な状態であり，これを**基底状態**とよんでいる．水素原子の場合，その電子が $n = 1$ の状態をとるとき，基底状態となる．ボーア理論によると，$n = 1$ の軌道は電子を原子

基底状態 ground state

核に最も接近させることになる．逆に $n=\infty$ の電子は，原子核から脱出した束縛されない電子に対応している．ボーア理論では，$n=\infty$ の電子のエネルギーはゼロである．(7・3) 式の符号が負であることから，n が有限の値をもつどんな電子でも，そのエネルギーは束縛されていない電子のエネルギーより低いことが明らかである．したがって，自由な電子が陽子に束縛されて水素原子を形成するとき，エネルギーが放出される．

放電エネルギーを水素原子が吸収すると，水素原子の電子は $n=1$ の軌道から，$n=2$ や $n=3$ あるいはもっと高位の軌道へと上がる．この状態を励起状態という．これらの高い軌道は低い軌道に比べ不安定で電子はただちに低い軌道へ落ちる．このとき，エネルギーは光の形で放出される（図7・9）．軌道にいる電子のエネルギーは決まっているので，ある軌道から他の軌道，たとえば $n=2$ から $n=1$ へ電子が落ちるとき，常に同じエネルギーが放出され，その放出される光の振動数は常に正確に同じである．

ボーア理論の成功は，リュードベリの式を説明できるかにかかっていた．いま，原子から光子が放出されると，電子は最初の高いエネルギー状態 E_{high} からエネルギーの低い状態 E_{low} に落ちる．もし電子の始状態の量子数が n_{high} で終状態の量子数が n_{low} であるなら，そのエネルギー変化は正の量として次のように計算される．

$$\Delta E = E_{\mathrm{high}} - E_{\mathrm{low}} = \left(\frac{-b}{n_{\mathrm{high}}^2}\right) - \left(\frac{-b}{n_{\mathrm{low}}^2}\right)$$

この式は次のように変形できる．

$$\Delta E = b\left(\frac{1}{n_{\mathrm{low}}^2} - \frac{1}{n_{\mathrm{high}}^2}\right) \qquad \text{ただし } n_{\mathrm{high}} > n_{\mathrm{low}}$$

(7・1) 式と (7・2) 式を組合わせると，光子のエネルギー ΔE とその波長 λ との関係式が得られる．

$$\Delta E = \frac{hc}{\lambda} = hc\left(\frac{1}{\lambda}\right)$$

式を置換し，$1/\lambda$ について解くと次式が得られる．

$$\frac{1}{\lambda} = \frac{b}{hc}\left(\frac{1}{n_{\mathrm{low}}^2} - \frac{1}{n_{\mathrm{high}}^2}\right) \qquad \text{ただし } n_{\mathrm{high}} > n_{\mathrm{low}}$$

原子の太陽系モデルは，ボーア理論が世に出るきっかけとなった．今日，太陽を周回する惑星のように核を周回する電子を伴った原子の概念は，量子力学に置き換わった．

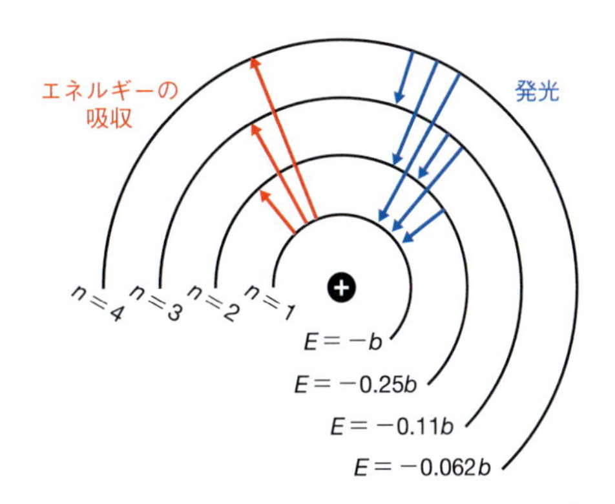

図7・9 水素原子による光エネルギーの吸収と発光． 原子がエネルギーを吸収すると，電子は高いエネルギー準位に上げられる．電子が低いエネルギー準位に落ちると，ある特定のエネルギーと振動数の光を放出する．

ボーア半径 Bohr radius

練習問題 7・3　水素原子の電子が主量子数 $n = 4$ の軌道から別の軌道に移るときに放出されるエネルギーが 2.04×10^{-18} J ならば，移る先の軌道はどんなエネルギー準位か．

ボーア理論で導かれたこの式は，水素原子の原子スペクトルの測定から単独で得られたリュードベリの式ときわめて類似していることに注目すべきである．同様に，まとめた定数 b/hc の値は 109,730 cm^{-1} であるが，この値はリュードベリの式で実験から導かれた定数 R_H の値と 0.05%の違いしかない．

ボーアは，電子を原子核を回る軌道上にあり，量子化されたエネルギー変化は，軌道が固定化または量子化されたものであることを意味していると考えた．角運動量は古典物理学における物理量であるが，ボーアは角運動量が量子数 n の積で表される式を導いた．ボーアはこれらの式を用いて，彼の原子模型における電子軌道の半径を計算することができた．最小の半径は 53 pm（ピコメートル）であった．この距離は現在，**ボーア半径**として知られている．

ボーア理論の破綻

原子のボーア理論には成功と破綻があった．エネルギー準位間で起こるエネルギー変化を計算することにより，ボーアはリュードベリの式を説明し，水素の原子スペクトルを説明することができた．しかし，ボーア理論は多電子系の原子のスペクトルを定量的に説明することができなかった．そして，破綻した理論の修正に努力が注がれた．その結果，ボーアの原子モデルには欠陥があり，別の理論を見いださなければならないことが明らかになった．それにもかかわらず，量子数と固定化されたエネルギー準位の概念は，それ以降も重要であった．

7・4　量子力学モデル

■水素の原子スペクトルに関するボーア理論が現れるまでは，科学者によって研究された物体は電子に比べて大きく重いものばかりであり，誰も古典物理学の限界を見いだすことができなかった．

ボーアの時代，物理学の古典法則は電子のような小さな物体に対して簡単には適用できないことがわかっていた．ボーアの取組んだことは，当時不可能だと思われていた電子構造の理論を開拓することであった．原子レベルの物質は私たちの物理的感覚で認識できる限界以下であるため，古典物理学は原子のような粒子に対して役に立たない．物理学者が光子（粒子）と電磁波の波は同一のものであると考えるようになったとき，電子のような粒子が波として振舞うだろうということが明らかになってきた．このアイデアは，1924 年，若いフランスの学生のド・ブロイによって提案された．

ド・ブロイ Louis de Broqlie, 彼は 1929 年にノーベル物理学賞を受賞した．

§7・1では，光の波はその波長と振動数で特徴づけられることを説明したが，同じことが物質の波にも当てはまる．ド・ブロイは物質波の波長 λ が次式で与えられることを提案した．

■ド・ブロイは独自に $mv^2 = hc/\lambda$ の関係式を提案したが，この式は（7・4）式になる．

$$\lambda = \frac{h}{mv} \qquad (7 \cdot 4)$$

ここで，h はプランク定数，m は物質の質量，v は物質波の速度の絶対値である．この式は，粒子の特性である質量と波の特性である波長を結びつけるものであり，電子を一方では粒子として，他方では波として記述することを示している．

このことに最初にふれるとき，物質の粒子が固体の物体としてだけでなく，波としても振舞うという考えを理解するのはむずかしい．それは質量がド・ブロイの式〔(7・4) 式〕の分母にあることによる．このことは，重い物体は極端に短い波長をもつことを意味している．物質の波のピークは互いにきわめて近接しているため，波の特性を認識できず，また計測もできない．しかし，非常に小さな質量の微粒子は，より長い波長をもち，その波の特性は全体のふるまいのなかで重要な部分になっている．

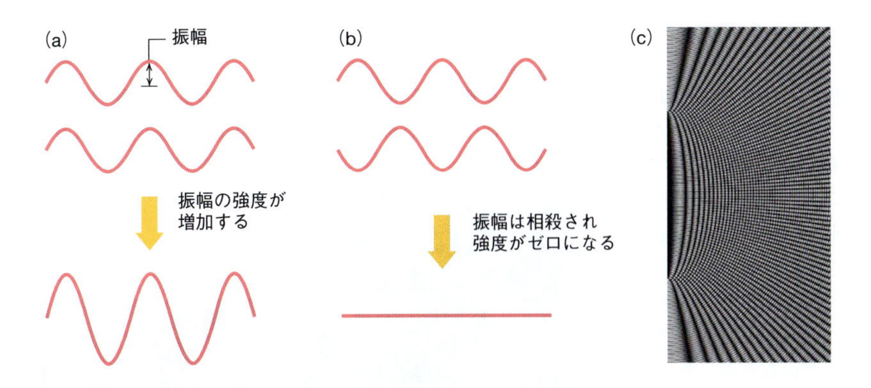

図 7・10　強め合う干渉と弱め合う干渉． (a) 同位相の波は強め合う干渉を起こして，振幅の強度を増加させる．(b) 逆位相の波は弱め合う干渉を起こし，結果として振幅の強度の相殺が起こる．(c) 二つのピンホールを通る波は扇形に広がり，互いに干渉して，波特有の干渉縞を生じる．

電子回折と電子の波動特性

物質が波動特性をもつことを証明する方法があるのかどうか疑問をもつかもしれないが，これらの特性は，私たちが経験する現象によって実証することができる．雨滴が静かな池に落ちるとき，雨滴が水面を打つところから波紋が広がる．2 組の波紋が交差するときに，波が同位相である場所がある（一方の波の山がもう一方の波の山と一致することを意味する）．これらの点では，波の振幅は加わり，水の高さは二つの交差する波の高さの合計に等しい．別の場所では，交差する波は逆位相にある（一方の波の山がもう一方の波の谷で起こることを意味する）．これらの場所では，波の振幅は相殺する．強め合う干渉と弱めあう干渉とみなされるこの波の振幅の増大と相殺が，**回折**とよばれる現象である．このことを図 7・10 でさらに詳しく調べてみよう．波が隣接するピンホールを通るか，密集した溝から反射するとき，回折がどのように特徴的な**干渉縞**をひき起こすか注目してみよう．これまでに DVD の表面が虹色に輝くことに気づいたことがあるなら，すでに干渉縞を見ていることになる．すべての可視波長を含む白色光はディスク上の密集した“段差”から反射するとき，多数の波長の異なる光線に分けられる．入射光と反射光間のある特定角度における光の波は，増幅される一つの波長を除いて，すべての波長（色）について互いに干渉を受ける．私たちは強まった光の波長を見ており，角度が変わると強まる波長が変わる．その結果が DVD から反射された色の虹である．

回折 diffraction

干渉縞 interference fringe

回折は，波の特性として説明することができる現象であり，それが水の波と光の波でどのように実証できるか理解できた．そして，実験により，電子，陽子，中性子で，回折が起こることを示すことができる（図 7・11）．実際，電子顕微鏡の原理は電子回折に基づいている（コラム 7・1）．

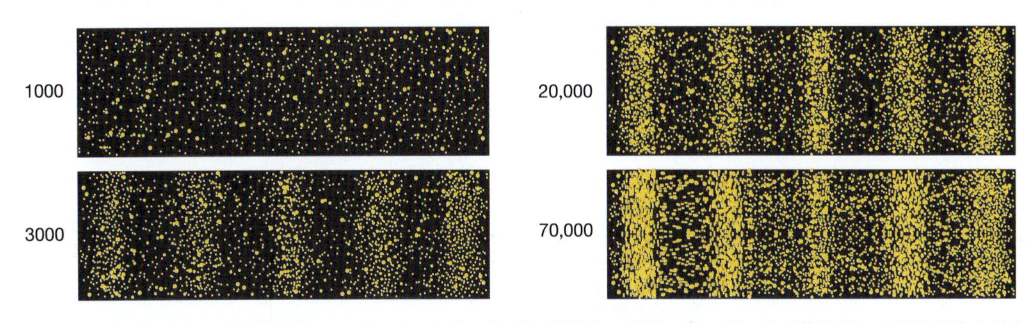

図 7・11　電子の波動の実験的証拠． 二重スリットを 1 個ずつ通過する電子．各スポットは検出器への電子衝突を示す．より多くの電子がスリットを通過すると，干渉縞が観察される．

コラム 7・1　電子顕微鏡

光学顕微鏡では倍率を増して分解能を上げることは可能であるが，その分解能は光学的な限界の範囲内に制限される．その限界は，使用する光の波長に依存する．直径が光の波長未満の試料は詳細に見ることができない．可視光の最小波長は約 400 nm であるので，これより小さい試料は，可視光を使用する顕微鏡ではっきりと見ることができない．

電子顕微鏡は，非常に小さな試料を観察するために電子波を使用している．ド・ブロイの式（$\lambda = h/mv$）は電子，陽子，または中性子が非常に速い速度をもっているなら，その波長はきわめて小さくなることを示唆している．電子顕微鏡の中では，高電圧の電極が電子を加速している．これは 2 pm から 12 pm の波長の典型的な電子波を形成する．試料に当たった電子波は，その後，“磁気レンズ”を用いて蛍光板上に集束され，蛍光板上で可視像を形成する．技術的な問題から，機器の実際の分解能は電子波の波長の分解能よりかなり小さい（一般に約 1～6 nm）．しかし，一部の高分解能電子顕微鏡は，非常に薄い試験片中の個々の原子の像を明らかにすることができる．

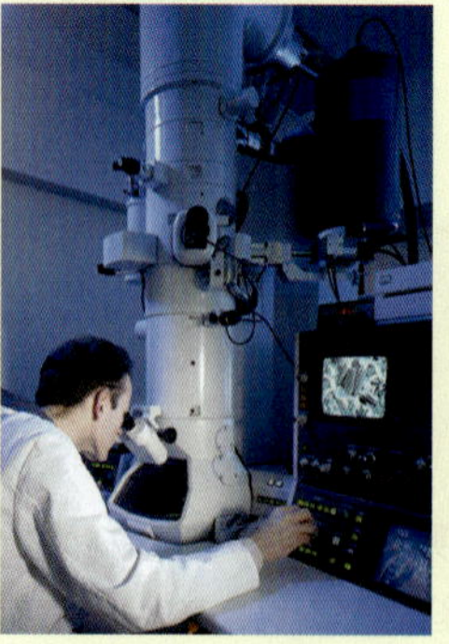

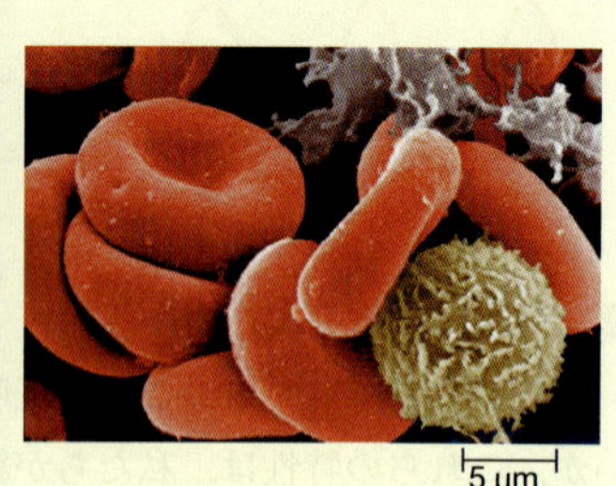

熟練技術者が操作する最新型電子顕微鏡(左)は赤血球と白血球の像のような電子顕微鏡写真(右)を得るために使用される

束縛電子の量子化されたエネルギー

定在波と量子数　原子中での電子波のふるまいを考える前に，もう少し一般の波を知る必要がある．基本的に 2 種類の波（進行波と定在波）がある．湖や海上では，風が，山と谷が水面を横切って移動する波をひき起こす．山と谷が風の方向に水平に進む間，水は上下に動く．これが**進行波**の例である．

進行波 traveling wave

定在波 standing wave

私たちにとって，より重要な種類の波が**定在波**である．一例はギターの振動弦である．弦をはじくと，その中心が上下に振動するが，端は固定されている．頂点，または波の最大振幅点は一箇所で起こる．弦の端には，**節**とよばれる振幅ゼロの点があり，それらの位置も固定されている．そして，定在波は頂点と節の位置が変わらない波である．定在波の興味深いことの一つは，それらが自然に“量子数”をもたらすことである．これがどのようにはたらくか，ギターを例に用いてみてみよう．

節 node

多くの音は，ギターの首に沿ったフレットの間に指を置いてその有効長を短くすることによってギターの弦で鳴らすことができる．しかし，弦を短くしなくても，さまざまな音を鳴らすことができる．たとえば，弦をはじくと同時に，その中間点を一瞬押さえれば，弦は図 7・12 に示すように振動し，1 オクターブ高い音を出す．この高い音を出す波は，弦を押さえないではじいたときに形成する波長の正確に半分の波長である．図 7・12 において，他の波長も可能で，それぞれが異なる音を出すことがわかる．

■ この波の波長は実際，弦の長さの 2 倍である．

■ この方法で鳴らす音はハーモニクスとよばれる．

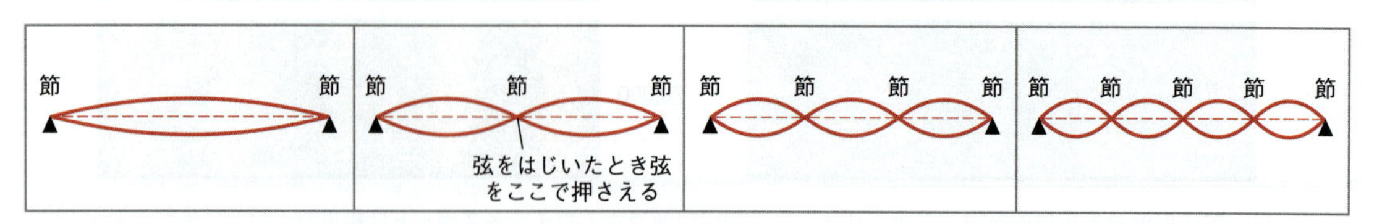

図 7・12　ギターの弦の定在波．各枠はそれぞれ 1, 2, 3, 4 半波を示す．節点の数は半波の数より 1 個多い．

図7・12を調べれば，存在できる波長にはいくらかの制限があることがわかるだろう．弦の片側の節はどちらも固定位置にあるので，どんな波長も可能というわけではない．発生できる波は，半波長を正確に整数回繰返した波長だけである．いいかえると，弦の長さは半波長の整数倍である．これを数式で次のように表すことができる．

$$L = n\left(\frac{\lambda}{2}\right) \tag{7・5}$$

ここで，Lは弦の長さ，λは波長（したがって，$\lambda/2$は波長の半分である），nは整数である．これを波長について解くため，次のように式を変形する．

$$\lambda = \frac{2L}{n}$$

このようにして，可能な波が（量子数に似た）1組の整数によって自然に決定されることがわかる．

いま，単純だが正確な束縛電子のモデルを築くために，量子力学が波と粒子の記述をどのように統合するかを実証することができる．長さLのワイヤーに捕獲された電子をみてみよう．はじめに，電子がワイヤーに沿って直線的にのみ動くことができるように，ワイヤーが限りなく細いと仮定する．ワイヤーはどちらの端も定位置に固定されており，その端は上下に動くことができない．

最初に，古典粒子モデル〔図7・13(a)に示した“ワイヤー上のビーズ”モデル〕を考えてみよう．ビーズは，そろばんの玉のように，ワイヤーに沿ってどちらの方向にも滑ることができる．ビーズの質量がm，速度の絶対値がvであるなら，その運動エネルギーは次式で与えられる．

$$E = \frac{1}{2}mv^2$$

ビーズはどんな速度（0でさえ）ももつことができるので，エネルギーEはどんな値（0でさえ）でももつことができる．ワイヤー上のどの位置も他より好ましいという位置はなく，ビーズはワイヤー上のどこででも等しく見つかりうる．ビーズの位置と

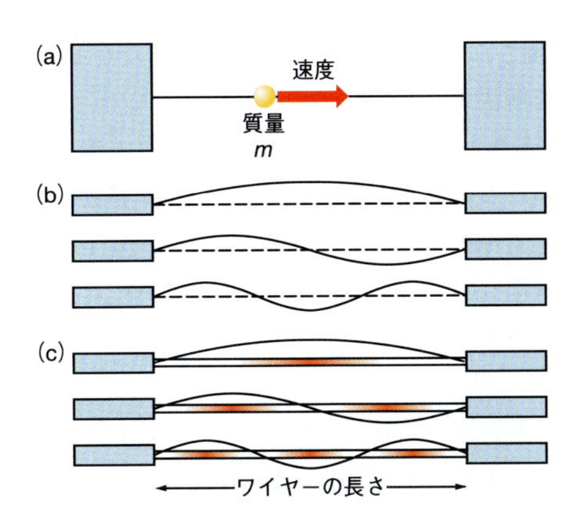

図7・13　長さLの限りなく細いワイヤー上の電子の三つのモデル． (a) 古典粒子モデルでは，ビーズは任意の速度または位置をもつことができる．(b) ギターの弦に似た古典的波．(c) 波の振幅がビーズの位置の確率に関係した量子力学モデル．

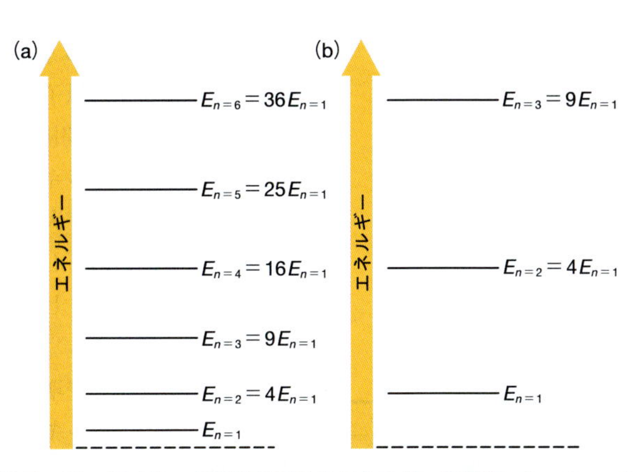

図7・14　ワイヤー上電子モデルのエネルギー準位図． $L = 2$ nmの長いワイヤー(a)と$L = 1$ nmの短いワイヤー(b)．各エネルギー準位でのnの値は波の山と谷の数を示す．電子が移動する空間がより広いとき，エネルギー準位がどう密集するか注意しよう．基底状態($E_{n=1}$)のエネルギーがゼロでないことにも注意しよう．

速度を同時に知ることができない理由はない．

次にワイヤーに沿った古典的波を考えてみよう（図 7・13b）．それは，図 7・12 でみたギターの弦に似ている．ワイヤーの端は所定の位置に固定されているので，ワイヤーに沿って整数の山と谷がなければならない．波長は（7・5）式によって計算した値に制限される．量子数 n はちょうど波に沿った山と谷の数であることがわかる．半分の山または半分の谷をもつことができないことから，整数値をもつ．

次に，ド・ブロイの式〔(7・4) 式〕を用いてこれらの二つの古典モデルを統合してみよう．目標は，ワイヤー（図 7・13c）に捕獲された電子のエネルギーの式を導くことである．ド・ブロイの式は粒子の速度を波長と関係づけている．(7・4) 式を変形して次式を得る．

$$v = \left(\frac{h}{m\lambda}\right)$$

次に，運動エネルギーの方程式中の速度をこの式で置換すると次式を得る．

$$E = \frac{1}{2}mv^2 = \frac{1}{2}m\left(\frac{h}{m\lambda}\right)^2 = \frac{h^2}{2m\lambda^2}$$

この方程式は，電子のエネルギーをその波長から与えられることを示している．ここで，λ（ワイヤー長 L と量子数 n で与えられる定在波の波長）を（7・5）式に示した L と n で置き換えることができ，次式が導かれる．

$$E = \left(\frac{h^2}{2m\left(\frac{2L}{n}\right)^2}\right) = \frac{n^2h^2}{8mL^2} \qquad (7\cdot6)$$

この方程式には多くの深い意味がある．電子のエネルギーが整数 n に依存するという事実は，特定のエネルギー状態のみ許容されることを意味している．許容状態は図 7・14 に示すエネルギー準位図にプロットされている．n の最小値は 1 であるので，最低エネルギー準位（基底状態）は $E = h^2/8mL^2$ である．これより低いエネルギーは許されないので，エネルギーはゼロにはなれない．これは，電子が常に残留運動エネルギーをもつことを示す．電子は決して静止していないのである．これはワイヤーに捕獲された電子のみならず，原子に捕獲された電子にも当てはまる．したがって，量子力学は崩壊する原子のパラドックスを解決する．

エネルギー準位の間隔が $1/L^2$ に比例することに注意しよう．これは，ワイヤーが長くなるほど，エネルギー準位が密集することを意味する．一般に，電子が移動しなければならない空間が大きいほど，そのエネルギー準位間の間隔は小さい．分子がそれらの電子を閉込めるしくみはそれぞれ異なっている．これは，分子はそれぞれ異なる波長の光を吸収し，したがって，物質がさまざまな色をもつことができることを意味している．

また，エネルギーが増加するにつれて，準位間の間隔がより密になる点にも注意しよう．十分高いエネルギーの領域では，エネルギー差は無視できるほどになり，電子は十分なエネルギーをもち，実際，このような電子は原子から離脱する．これは，電子が高いエネルギー状態から低いエネルギー状態に落ちるときに放出される光のエネルギーが限界（すなわち原子から電子を引き離すエネルギーの限界）に達するという点で，紫外破綻と関連している．

練習問題 7・4　長さ 1 nm の一次元ワイヤーに捕獲された最低エネルギー状態にある電子のエネルギーを計算せよ．次に，長さ 2 nm の場合について計算せよ．

波動関数 **波動関数** ψ(プサイ)は電子の量子力学的記述である．量子数に基づいたこの数学的構成は，電子の波の形状とそのエネルギーを記述するために用いることができる．波動関数は，ギターの波のようなワイヤーの振動ではなく，また電磁波でもない．ある点での波動の振幅は，そこで電子を見つける確率と関連づけることができる．図7・13(c)に示した電子の波動は，ワイヤー上ビーズモデルと違って，ワイヤー上のある位置で他の位置より電子を見つける可能性が高いことを示している．$n=1$の基底状態では，電子を見つける確率はワイヤーの中心で最も高い．$n=2$状態におけるワイヤーの端または中心のように振幅がゼロのところでは，電子を見つける確率はゼロである．電子の波動の振幅がゼロである点は節とよばれる．量子数nが大きいほど，電子の波動は多くの節をもち，(7・6)式により，電子はより高いエネルギーをもつ．一般に，電子の波動が多くの節をもつほど，その波動のエネルギーが高いというのは事実である．

波動関数 wave function, ψ

■ある特定の点で電子を見つける確率は電子波のその点での振幅の2乗に比例する．したがって，電子波の山と谷は，負電荷が最も蓄積する場所を示している．

原子モデルは，ギリシャ時代の分割できない粒子という概念から19世紀後半と20世紀前半に発展した原子核の構造に至るまで時間とともに変化してきた．現在の理論は，電子を粒子としてだけではなく波動としても記述するように修正されている．

原子モデル	提案された年代
分割できない粒子	紀元前400年ごろ
ビリヤード球形粒子	1803
ぶどうパンモデル	1897
核モデル	1910
太陽系モデル	1913
量子力学モデル	1926

7・5 原子中の電子の量子数

1926年に，オーストリアの物理学者シュレーディンガーは，物質の波動性の概念を電子構造の説明にうまく適用した最初の科学者である．彼の仕事とそれから発展した理論は高度に数学的である．本書では，電子構造を定性的に記述するが，数学を用いないでも理論の要点は理解することができる．

シュレーディンガー Erwin Schrödinger, 1887〜1961．彼は1933年にノーベル物理学賞を受賞した．彼が発展させた電子の波動関数とエネルギーを与える方程式は，**シュレーディンガー方程式**として知られている．

原子中の電子波は軌道とよばれる

シュレーディンガーは，原子の中に束縛された電子の波動関数とエネルギー準位を与える方程式を展開した．原子中の電子の波動関数は**軌道**とよばれる．波動のエネルギーはすべて異なるわけではないが，ほとんどはそうである．原子内の電子のエネルギー変化は，一つのエネルギーをもつ波動パターンから異なるエネルギーをもつ波動パターンに電子が変化する結果である．

二つの軌道特性（すなわち，それらのエネルギーと形状）には特に注目すべきである．原子がその最も安定した状態または基底状態にあるとき，原子の電子は最低エネルギーの波形をもつことから，それらのエネルギーは重要である．波動パターンの形状（すなわち，それらの振幅が大きいところと小さいところ）は，どの特定の場所の波の振幅もそこで電子を見つける可能性と関連していることから，重要である．これは，原子が互いに化学結合を形成するしくみとその理由を研究するときに重要になる．

■電子の波動は，原子のボーア模型の一部である軌道の概念と区別するために軌道(オービタル)という用語によって記述される．

■“最も安定な”という用語は，たいていの場合，“最低エネルギー”を意味する．

軌道 orbital, オービタルともいう．

表 7・1　量子数 n, ℓ, m_ℓ 間の関係の一覧表

n の値	ℓ の値	m_ℓ の値	副殻	軌道の番号
1	0	0	1s	1
2	0	0	2s	1
	1	−1, 0, 1	2p	3
3	0	0	3s	1
	1	−1, 0, 1	3p	3
	2	−2, −1, 0, 1, 2	3d	5
4	0	0	4s	1
	1	−1, 0, 1	4p	3
	2	−2, −1, 0, 1, 2	4d	5
	3	−3, −2, −1, 0, 1, 2, 3	4f	7

■これらの記号の起源は，分光学者が観測した輝線に対する彼らの記述に由来している．s は sharp, p は principal, d は diffuse の略．

一次元ギター弦の波の特性を単一整数に関連づけできるのと同じ方法で，三次元電子波（軌道）を一組の三つの整数量子数（n, ℓ, m_ℓ）で特徴づけられることを量子力学は教えている．軌道エネルギーの説明においては，通常，これらの量子数に従って軌道をグループに分類すると非常に便利である（表 7・1）．

主量子数 principal quantum number, n

殻 shell

■殻という用語は，電子がタマネギにみられるような層または殻に似たしくみで原子中に配置されるという初期の概念に由来している．

主量子数 n　量子数 n は**主量子数**とよばれ，同じ n の値をもつすべての軌道は同じ**殻**の中にある．n の値は $n=1$ から $n=\infty$ にまで及ぶ．$n=1$ の殻は第一殻とよばれ，$n=2$ の殻は第二殻などである．さまざまな殻は，第一殻（$n=1$）の K から始まって，アルファベット順に識別される．

主量子数は，電子波の大きさ（すなわち波が核からどこまで効果的に伸びているか）と関連している．n の値が大きいほど，核からの電子の平均距離は大きい．この量子数はまた軌道のエネルギーと関連している．n が増加すると，軌道のエネルギーも増加する．

ボーア理論は主量子数 n だけを考慮している．彼の理論は，同じ n 値をもつすべての軌道が同じエネルギーをもつ元素である水素について，みごとに機能した．しかし，原子が複数の電子をもつときは，同じ n 値をもつ軌道が異なるエネルギーをもつことから，ボーア理論は水素以外の原子では役に立たなかった．

方位量子数 azimuthal quantum number, ℓ. **軌道角運動量量子数**ともいう．

副殻 subshell

■ある与えられた殻中の副殻の数は，その殻の n の値に等しい．たとえば，$n=3$ の場合，3 個の副殻がある．

n と ℓ の関係

n の値	ℓ の値
1	0
2	0, 1
3	0, 1, 2
4	0, 1, 2, 3
5	0, 1, 2, 3, 4
n	0, 1, 2, ⋯($n-1$)

方位量子数 ℓ　第二の量子数である**方位量子数** ℓ は殻を**副殻**とよばれるより小さい軌道グループに分ける．n の値は，ℓ のどの値が許容されるかを決定する．特定の n について，ℓ は $\ell=0$ から $\ell=(n-1)$ に及ぶことができる．したがって，$n=1$ のとき，$(n-1)=0$ であるので，許容される ℓ の唯一の値は 0 である．これは，$n=1$ のとき，一つだけ副殻があることを意味する（殻と副殻は実際には同一である）．$n=2$ のときは，ℓ は 0 か 1 の値をもつことができる．すなわち，$n=2$ のとき，二つの副殻（$\ell=0,1$）がある．n と ℓ の許容値の間の関係を欄外の表にまとめる．

副殻は ℓ の数値によって識別できる．しかし，n の数値と ℓ の数値を混同しないように，通常，アルファベットを用いて ℓ の値を特定する．

ℓ の値	0	1	2	3	4	5	⋯
アルファベット	s	p	d	f	g	h	⋯

特定の副殻を指定するために，その主量子数の値に続いて副殻のアルファベットを

書く．たとえば，$n = 2$ と $\ell = 1$ の副殻は2p副殻であり，$n = 4$ と $\ell = 0$ の副殻は4s副殻である．n と ℓ の関係から，すべての殻がs副殻（1s, 2s, 3sなど）をもつことに注意しよう．1番目の殻を除いたすべての殻はp副殻（2p, 3p, 4pなど）をもつ．1番目と2番目の殻を除いたすべての殻はd副殻（3d, 4dなど）をもつ．

方位量子数は，軌道の形状を決定する．電子を1個だけもっている水素原子の特殊ケースを除いて，ℓ の値は殻内の軌道の相対エネルギーも示す．これは，電子を2個以上もつ原子においては，特定の殻内の副殻はエネルギーが少し異なり，副殻のエネルギーは ℓ が増加すると増加することを意味している．したがって，特定の殻内で，s副殻はエネルギーが最も低く，pが次に低く，そしてd，fなどに続く．次に例を示す．

$$\underset{\text{エネルギーの増加}}{\xrightarrow{4s < 4p < 4d < 4f}}$$

練習問題 7・5 次の副殻の n と ℓ の値はいくらか．(a) 4d (b) 5f (c) 7s

磁気量子数 m_ℓ 第三の量子数 m_ℓ は**磁気量子数**として知られている．磁気量子数は副殻を個々の軌道に分け，その値は，個々の軌道の実空間における方向性と関連している．ℓ と同様に，m_ℓ の可能な値に制限があり，$+\ell$ から $-\ell$ の値をもつ．$\ell = 0$ のとき，$+0$ と -0 が同じなので，m_ℓ は値0だけをもつことができる．したがって，s副殻は単一の軌道だけをもつ．$\ell = 1$ のときは，m_ℓ の可能な値は $+1, 0, -1$ である．したがって，p副殻は三つの軌道をもつ．一つは $\ell = 1$ と $m_\ell = 1$，もう一つは $\ell = 1$ と $m_\ell = 0$，三つ目は $\ell = 1$ と $m_\ell = -1$ をもつ．同様に，d副殻は五つの軌道をもち，f副殻は七つの軌道をもつことがわかる．副殻中の軌道数は，それらが単純等差数列に従うことから，覚えやすい．

磁気量子数 magnetic quantum number, m_ℓ

■分光学者は，原子が磁場中で光を放出するさい，本来の原子スペクトルに新たに加わった輝線を説明するのに量子数 m_ℓ を用いた．これが磁気量子数の名前の由来である．

s	p	d	f	…
1	3	5	7	…

軌道の全体像

3種類の量子数の関係を表7・1にまとめる．また，電子を2個以上含む副殻の相対的なエネルギーを図7・15に示す．ここで，重要な特徴についていくつか言及しなくてはならない．第一に，このエネルギー準位図の各軌道が別べつの円（s副殻につ

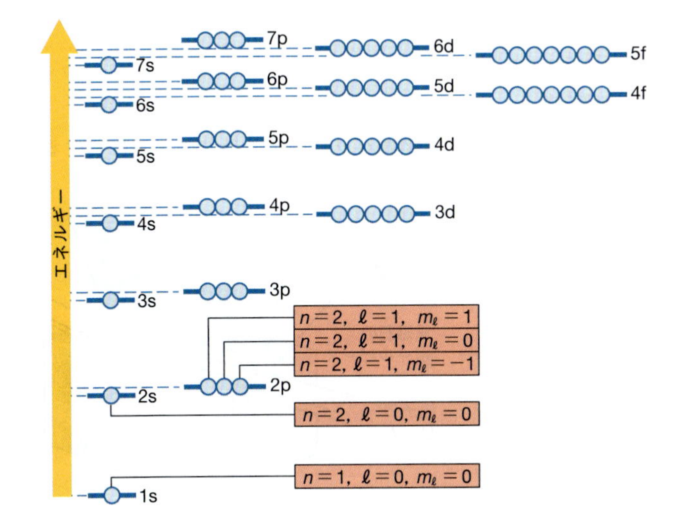

図 7・15 2個以上の電子をもつ原子のエネルギー準位図． 最初の二つの殻中の軌道と関連した量子数も示されている．

■原子の中で，電子はさまざまなエネルギーと波形をもつことができ，それぞれが軌道とよばれ，一組の n, ℓ, m_ℓ の値によって識別される．電子の波動が特定の n, ℓ, m_ℓ の組をもつとき，電子はその量子数の組の“軌道を占める”という．

いて一つ，p 副殻について三つなど）によって示されている．第二に，ある特定の副殻のすべての軌道が同じエネルギーをもつことに注意する．第三に，エネルギー軸（縦軸）の上方にいくにつれて，副殻の数の増加に伴って殻の間の間隔が減少することに注意する．これは異なる n の値をもつ殻の重なりをひき起こす．たとえば，4s 副殻は 3d 副殻よりエネルギーが低く，5s は 4d より低く，6s は 5d より低い．

図 7・15 が，原子の電子構造を予測するのに非常に役立つことはわかるであろう．しかし，このことを説明する前に，電子のもう一つの非常に重要な特性（スピンとよばれる特性）を学ばなければならない．電子スピンは第四の量子数を与える．

7・6　電子スピン

原子は，その電子が最低エネルギーをもつとき，最も安定した状態（基底状態）にあることを§7・3から思い出そう．これは，電子が空いている最低エネルギー軌道を“占有する”ときに起こる．しかし，電子がこれらの軌道をどのように“満たすか”を決定するのは何か．幸いある特定の軌道に収容される電子の最大数と，同じエネルギーをもつ軌道に電子が収容されるしくみの両方を支配する簡単な法則がいくつかある．ここで，電子の配置に影響する一つの重要因子が電子スピンである．

電子は外部磁場の存在中で二方向のどちらかに回転することができる． 磁場がない場合，通常，電子のスピンはランダムな方向に向いている．

スピン量子数

奇数個の電子をもつ原子のビームが一様でない磁場を通過するとき，ビームは図 7・16 に示すように二つに分かれる．分裂は，原子中の電子が二つの異なるしくみで磁場と相互作用することから起こる．電子は小さな磁石のように振舞い，それらの方向に依存して極のどちらか一方に引きつけられる．これは，電子がコマのようにその軸のまわりを回転することを想像することによって説明することができる．移動する電荷は移動する電場を生じ，磁場を生み出す．電子の回転する電荷はそれ自身の磁場を生み出す．この**電子スピン**は可能な二方向で起こり，2 本のビームを説明することができる．

電子スピン electron spin

電子スピンは**スピン量子数** m_s とよばれる電子の第四の量子数を与え，二つの可能な値（図 7・16 の 2 本のビームに対応して，$m_s = +1/2$ または $m_s = -1/2$）をとることができる．m_s の値が整数でない理由はここでは言及しないが，とりうる値が二つしかないという事実が非常に重要である．

スピン量子数 spin quantum number, m_s

■電子は実際には回転しないが，回転するとして電子を書くと便利である．

パウリの排他原理

パウリ Wolfgang Pauli, 1900～1958. 彼は，パウリの排他原理の発見により，1945年にノーベル物理学賞を受賞した．

1925 年に，オーストリアの物理学者パウリは電子構造の決定における電子スピン

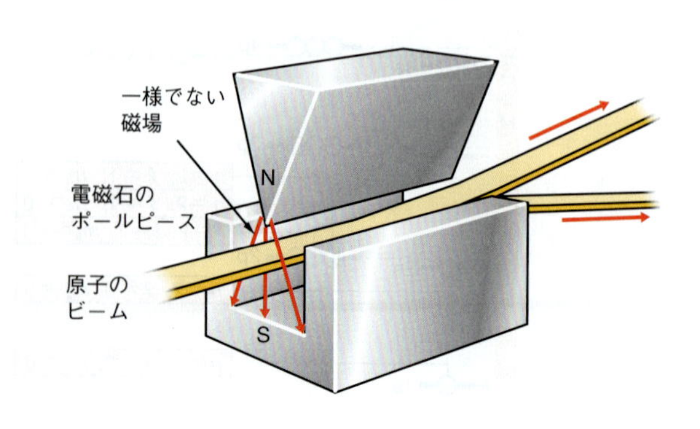

図 7・16　電子スピンの発見． シュテルン（Otto Stern）とゲルラッハ（Walther Gerlach）によるこの古典的実験では，奇数個の電子をもつ原子のビームが，形状の異なる磁極面によって生じる一様でない磁場を通過している．ビームは 2 本に分かれ，原子中の電子が（それらの方向に依存して極のどちらか一方に引きつけられる）小さな磁石として振舞うことを示している．電子スピンは，電子の磁場の二つの可能な方向を説明するために提案された．

の重要性について述べた．**パウリの排他原理**は，同じ原子中の2個の電子がそれらの四つの量子数すべてについて同一の値をもつことができないことを示している．2個の電子が原子の1s軌道を占めるとすると，各電子は $n = 1$, $\ell = 0$, $m_\ell = 0$ をもつだろう．これら三つの量子数は両方の電子について同じであるので，排他原理は，それらの第四の量子数（スピン量子数）が異なることを要求し，一方の電子が $m_s = 1/2$ を，もう一方の電子が $m_s = -1/2$ をもたなければならない．m_s の可能な値は二つだけなので，2個の電子しか同一原子の1s軌道を占めることができない．したがって，パウリの排他原理は，最大電子数（2個）が同じ軌道にあるとき，それらは互いに逆のスピンをもたなければならないことを示している．

パウリの排他原理 Pauli exclusion principle

1軌道当たり収容できる電子は2個という制限は，殻と副殻に収容できる最大の電子配置を制限することになる．副殻については次のとおりである．また，殻当たりの最大電子配置は $2n^2$ である．

■殻は同じ n の値をもつ一群の軌道であることを思い出そう．副殻は同じ n と ℓ の値をもつ一群の軌道である．

副殻	軌道の番号	電子の最大数
s	1	2
p	3	6
d	5	10
f	7	14

殻	副殻	殻の最大電子配置
1	1s	2
2	2s2p	8（2 + 6）
3	3s3p3d	18（2 + 6 + 10）
4	4s4p4d4f	32（2 + 6 + 10 + 14）

練習問題 7・6 $n = 5$ の殻中にある電子の最大数を決定せよ．

常磁性と反磁性

2個の電子が同じ軌道を占めるときに，それらが異なる m_s 値をもたなければならないことがわかった．これを電子のスピンが対になるという，または単に電子が対になるという．1個の電子の磁気モーメントのN極がもう1個の電子の磁気モーメントのS極の反対側にあるので，そのような対形成は電子の磁気モーメントを相殺させる．一方向に自転する電子がもう一つの方向に自転する電子より多い原子は，不対電子を含むという．これらの原子では，磁気モーメントは相殺せず，原子自体が磁石になって，外部磁場に引きつけられ，**常磁性**とよばれる．すべての電子が対になる物質は磁石に引きつけらず，実際には弱く反発し，**反磁性**とよばれる．

常磁性 paramagnetism

反磁性 diamagnetism

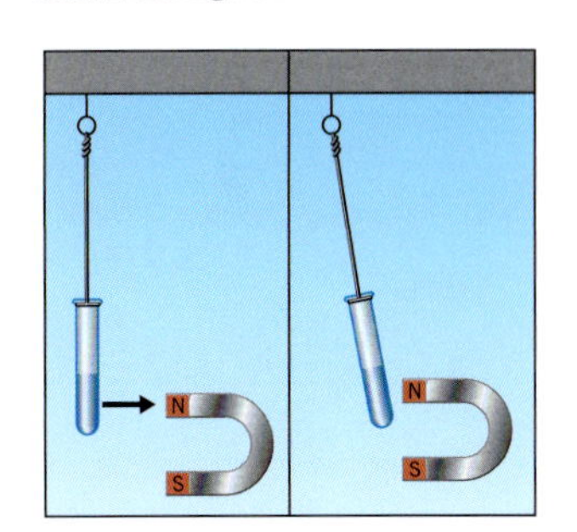

常磁性体は磁場に引きつけられる

常磁性と反磁性は，物質中の不対電子の有無の実験的検証を与える測定可能な特性である．磁場に対する常磁性体の引力の強さの定量的測定は，その原子，分子，またはイオン中の不対電子の数を計算可能にする．

7・7 エネルギー準位と基底状態の電子配置

原子の軌道における電子の配置は原子の**電子構造**または**電子配置**とよばれる．その電子配置によって決まる原子の外側部分の電子の配置が元素の化学的性質を支配することから，電子配置は元素について非常に役に立つ情報である．

電子構造 electronic structure

電子配置 electron configuration

元素の基底状態における電子配置は重要である．これは，原子の最低エネルギーをもたらす配置であり，多くの元素について図7・15のエネルギー準位図とパウリの排他原理を用いることによって予測することができる．ここでは，最も単純な原子である水素から始めよう．

水素の原子番号は $Z = 1$ なので，中性水素原子は1個の電子をもっている．その基底状態では，この電子は，最低エネルギーの軌道（1s軌道）を占めている．電子配置を表すために，電子が占有されている副殻を一覧表にし，上付数字によって占有されている電子の数を示す．したがって，水素の電子配置は次のように書かれる．

$$\mathrm{H} \quad 1\mathrm{s}^1$$

軌道準位図 orbital diagram

■時には円の代わりに，線を用いて軌道を表す．

H　$\underline{1}$
　　1s

また，電子配置を表す別の方法として**軌道準位図**がある．そのなかで，円は各軌道を表し，矢印を用いて個々の電子（一方向のスピンを上向きに，もう一方向のスピンを下向き）を示す．水素の軌道準位図は次のように表される．

H　①
　　1s

基底状態の電子配置

別の元素の原子の電子配置にいきつくために，水素原子から始めて，その後，対象原子の核を得るまで陽子を一つ加える（さらに中性子も必要である）ことを想像しよう．また，十分な電子を加えて元素の中性原子を与えるまで，電子を1個ずつ最低利用可能軌道に加える．原子の電子構造を得るこの過程は**構成原理**として知られている．

構成原理 aufbau principle

■単語の aufbau は，構成のドイツ語である．

s 軌道を満たす方法　次にヘリウム（$Z = 2$）について考えてみよう．この原子は2個の電子をもっており，その両方が1s軌道を占める．したがって，ヘリウムの電子配置は次のように書くことができる．

He　$1\mathrm{s}^2$　　または　　He　⑪
　　　　　　　　　　　　　　　1s

軌道準位図において，1s軌道の電子が対になっていることを示している点に注意する．

同様の方法で，周期表におけるほとんどの元素の電子配置を予測することができる．たとえば，周期表の次の二つの元素はリチウム〔Li（$Z = 3$）〕とベリリウム〔Be（$Z = 4$）〕であり，それぞれ3個と4個の電子をもっている．これらの元素について，最初の2個の電子は1s軌道に入り，電子スピンは対になる．パウリの排他原理は，1s副殻が2個の電子で満たされることを示しており，図7・15は，次の最低エネルギー軌道が2sで，最大2個まで電子を収容することができることを示している．したがって，リチウムの3番目の電子とベリリウムの3番目と4番目の電子は2sに入る．したがって，リチウムとベリリウムの電子構造は次のように表すことができる．

Li　$1\mathrm{s}^2\,2\mathrm{s}^1$　　または　　Li　⑪　①
　　　　　　　　　　　　　　　1s　2s

Be　$1\mathrm{s}^2\,2\mathrm{s}^2$　　または　　Be　⑪　⑪
　　　　　　　　　　　　　　　1s　2s

p 軌道と d 軌道の充填　ベリリウムの次はホウ素〔B（$Z = 5$）〕である．図7・15を参照すると，この原子の最初の4電子が1sと2sの副殻を充填することがわかるので，5番目の電子は2p副殻に置かなければならない．

$$\mathrm{B} \quad 1\mathrm{s}^2\,2\mathrm{s}^2\,2\mathrm{p}^1$$

ホウ素の軌道準位図において，5番目の電子は2pのいずれか一つの軌道に収容されるが，どの軌道に収容してもエネルギーが等しいので，どの2p軌道に収容されるかは重要でない．

B (↑↓) (↑↓) (↑)( )( )
1s 2s 2p

しかし，軌道準位図を表すときには，2p 軌道の二つが空軌道でも，2p 副殻のすべての軌道を示すことに注意しよう．

次に炭素原子を考える．炭素原子は 6 個の電子をもっている．最初の 4 個の電子は 1s と 2s の軌道を満たし，残りの 2 個の電子は 2p 副殻に入り，次の電子配置となる．

$$\mathrm{C} \quad 1s^2\,2s^2\,2p^2$$

この場合，2 個の p 電子をどの軌道に配置するか決めなくてはならない．これを決定するために，**フントの規則**（電子をエネルギーの等しい 1 組の軌道に置くとき，できるだけ対電子を少なくするためにできる限り空間的に広がる規則）を適用する．理論と実験はともに，フントの規則に従い，最低エネルギーの電子配置になっていることを示している．炭素では，2 個の p 電子が別べつの軌道にあり，それらのスピンが同じ方向にあることを示している*．

フントの規則 Hund's rule

C (↑↓) (↑↓) (↑)(↑)( )
1s 2s 2p

* フントの規則は，軌道に電子を配置するとき，最低エネルギー（基底状態）をもつ電子の配置を与えてくれる．しかし，次のような配置は不可能ではない．

C (↑↓) (↑↓) (↑)(↓)( )
C (↑↓) (↑↓) (↑↓)( )( )
1s 2s 2p

当然のことであるが，それらのどちらも炭素原子中の電子の最低エネルギーに対応する配置ではない．

パウリの排他原理とフントの規則を適用して，いま，第 2 周期の元素の残りの電子配置と軌道図を完成することができる．

		1s	2s	2p
N	$1s^2\,2s^2\,2p^3$	(↑↓)	(↑↓)	(↑)(↑)(↑)
O	$1s^2\,2s^2\,2p^4$	(↑↓)	(↑↓)	(↑↓)(↑)(↑)
F	$1s^2\,2s^2\,2p^5$	(↑↓)	(↑↓)	(↑↓)(↑↓)(↑)
Ne	$1s^2\,2s^2\,2p^6$	(↑↓)	(↑↓)	(↑↓)(↑↓)(↑↓)

占有される副殻とその順序を示す指針として図 7・15 を用いて，電子配置を予測することができる．図 7・15 は，たとえば，ネオンの 2p 副殻の充填を完了したあとに，次の 2 電子が 3s に入り，3p の充填に続くことが予測される．そして，4s が 3d よりエネルギーが低いので，最初にそれが満たされることがわかる．次に，3d の充填が完了したあとに 4p の充填に進む．

元素の基底状態電子配置を書く必要があるときはいつでも，図 7・15 を調べなければならないと思うかもしれないが，次節でみるように，この図に含まれるすべての情報は周期表にも含まれている．

練習問題 7・7 Na, S, Ar の軌道準位図を書け．
練習問題 7・8 偶数原子番号の元素は常磁性でありうるか．

7・8 周期表と基底状態の電子配置

2 章では，メンデレーエフが周期表を構築したとき，よく似た化学的性質をもつ元素が族とよばれる垂直な列に配置されることを学んだ．のちの研究により，今日用いられている拡張された周期表がもたらされた．この周期表の基本構造は量子力学に対する強力な経験的裏づけの一つとなった．

基底状態における電子配置の予測

たとえば，周期表の配置を考えてみよう（図 7・17）．左に，青色で示された 2 列

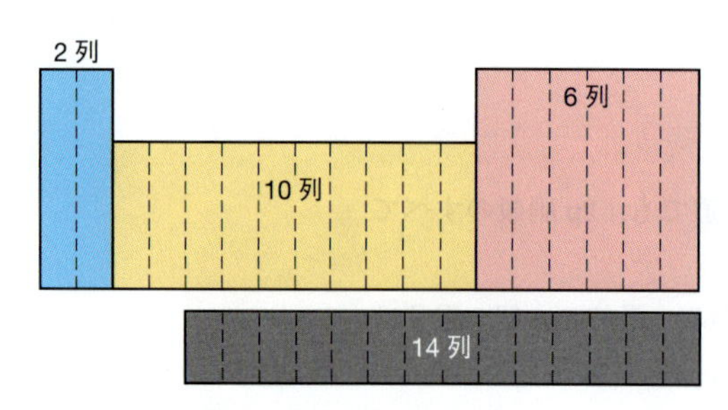

図 7・17　周期表における列の全体構造. 表は s, p, d, f 副殻を占めることができる電子数によって，2, 6, 10, 14 列の領域に分けられる.

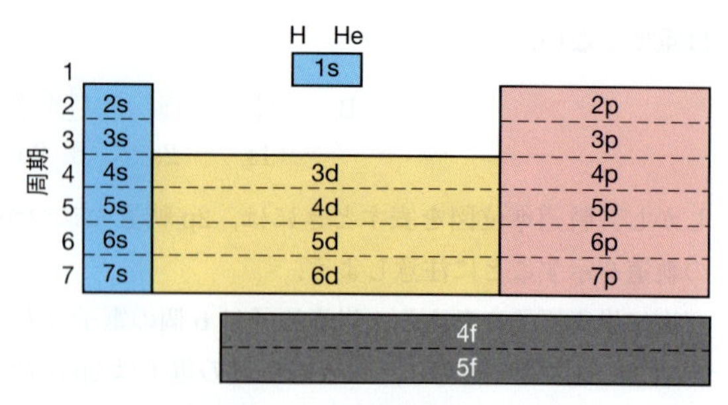

図 7・18　周期表における副殻の配列. この構成は副殻を満たす順序を示している.

のブロックがあり，右に，ピンク色で示された 6 列のブロックがある．中央には，黄色で示された 10 列のブロックがあり，周期表の下には，それぞれ灰色で示された 14 元素からなる 2 行がある*．これらの数（2, 6, 10, 14）は正確に電子の数に対応しており，量子力学では，これらのブロックに対して，それぞれ s, p, d, f 副殻を電子が占めることを表している．実際，元素の電子配置を書くとき，周期表の構造を用いて副殻の充塡順序を予測することができる．

＊ 訳注：図 7・17 および図 7・18 において，灰色で示された 14 元素からなる 2 行は，f 副殻の電子数が 1〜14 の元素であり，それぞれランタン(La)とアクチニウム(Ac)が除かれている．

周期表を用いて電子配置を予測するには，これまでと同様に構成原理に従う．水素元素から始め，対象の元素に到達するまで周期表の行（同一周期）を左から右に順次移動する．たとえば，Ca を考えてみよう．図 7・18 を用いて，次の電子配置を得る．電子配置を記述する過程で，周期表と図 7・18 を参照する．

$$\mathrm{Ca}\quad 1s^2\,2s^2\,2p^6\,3s^2\,3p^6\,4s^2$$

第 1 周期，第 2 周期，第 3 周期における電子の充塡　第 1 周期は H と He のみで，最初の副殻は 1s である．H と He の電子は 1s 軌道に置かれ，He では電子配置として $1s^2$ をもつ．次に，Li と Be が s ブロック中にある第 2 周期に移る．ここで追加された 2 個の電子が 2s 副殻に入り，$2s^2$ と書く．そして，6 列のブロック（p ブロック）に移動して，第 2 周期のこの領域を横切るときに，6 個の電子で 2p 副殻（$2p^6$ と書く）を満たす．これで，第 3 周期に進み，2 個の電子で 3s 副殻（$3s^2$）を満たし，それから 6 個の電子で 3p 副殻（$3p^6$）を満たす．

第 4 周期，第 5 周期における電子の充塡　次に，第 4 周期をながめてみよう．K から Ca までは 4s 副殻に電子を充塡していく．図 7・18 は Ca のあと 3d 副殻が満たされていくことを示している．すなわち，10 個の電子を遷移元素の第一行中にある 10 個の元素に加えていく．3d 副殻に充塡されたあと，6 個の電子で 4p 副殻を満たすことによって第 4 周期が完成する．第 5 周期では，それぞれ 2, 10, 6 個の電子で 5s 副殻，4d 副殻，5p 副殻を順に満たしていく．

第 6 周期，第 7 周期における電子の充塡　内遷移元素（f 副殻）は，第 6 周期と第 7 周期を満たしていく．第 6 周期は，2, 14, 10, 6 個の電子でそれぞれ 6s, 4f, 5d, 6p 副殻を順に満たしていく．この順序には多くの不規則性があり，正しい電子配置のためには付録 1 を参考にせよ．第 7 周期は，7s, 5f, 6d, 7p 副殻を順に満たしていく．第 6

周期と同じように，順序は副殻のエネルギーに基づいており，多くの不規則性があるため，正しい電子配置のためには付録の表を参考にせよ．

上記のパターンにおいて，s と p 副殻の番号は常に，それらに対応する周期と同じ数をもつことに注意しよう．d 副殻の番号は常に，それらに対応する周期より一つ少ない数をもつ．また f 副殻は常に，それらに対応する周期より二つ少ない．

例題 7・4 電子配置の予測

Mn(a) と Bi(b) の電子配置を書け．

指針 Mn(a) と Bi(b) において，すべての電子を収容するまで，各副殻中の上付文字で書かれた正しい電子数とともに副殻の順序を書く必要がある．

解法 どの副殻が満たされるかを考える手法として，周期表を用いる．図 7・15，図 7・17，または図 7・18 を参照しないで考えてみよう．

解答 (a) Mn に到達するために，周期表における Mn の位置を確認し，次のように周期表の上から下に進む．

第 1 周期　1s 副殻を 2 個の電子で充填する．
第 2 周期　2s 副殻と 2p 副殻に電子を充填する．
第 3 周期　3s 副殻と 3p 副殻に電子を充填する．
第 4 周期　4s 副殻に電子を充填したあと，3d 副殻に電子を 5 個充填し，Mn に到達する．

したがって，Mn の電子配置は次のとおりである．

$$\text{Mn}\quad 1s^2\,2s^2\,2p^6\,3s^2\,3p^6\,4s^2\,3d^5$$

この電子配置は正しいが，d 軌道と f 軌道に電子をもつ元素では，同じ殻のすべての副殻を一つのグループにまとめることもできる．したがって，Mn の電子配置を次のように書くこともできる．

$$\text{Mn}\quad 1s^2\,2s^2\,2p^6\,3s^2\,3p^6\,3d^5\,4s^2$$

電子配置を殻数の順に書くことが，イオンにおける基底状態の電子配置を決めるときに便利である．このことは，あとで理解できるであろう．

(b) Bi に到達するために，以下の副殻に電子を充填していく．

第 1 周期　1s 副殻に電子を充填する．
第 2 周期　2s 副殻と 2p 副殻に電子を充填する．
第 3 周期　3s 副殻と 3p 副殻に電子を充填する．
第 4 周期　4s, 3d, 4p に電子を充填する．
第 5 周期　5s, 4d, 5p に電子を充填する．
第 6 周期　6s, 4f, 5d 副殻に電子を充填したあと，3 個の電子を 6p 副殻に加える．

このようにしてビスマスの電子配置を次のように書ける．

$$\text{Bi}\quad 1s^2\,2s^2\,2p^6\,3s^2\,3p^6\,3d^{10}\,4s^2\,4p^6\,5s^2\,4d^{10}\,5p^6\,6s^2\,4f^{14}\,5d^{10}\,6p^3$$

同じ n の値の副殻をグループ分けすると次のように表される．

$$\text{Bi}\quad 1s^2\,2s^2\,2p^6\,3s^2\,3p^6\,3d^{10}\,4s^2\,4p^6\,4d^{10}\,4f^{14}\,5s^2\,5p^6\,5d^{10}\,6s^2\,6p^3$$

これらの電子配置はどちらも正しい．

確認 電子の数を数えると，Mn について 25，Bi について 83 あり，一つも除外されたり，追加されたりしないことを確認することができる．また付録を見て，配置を確認することができる．

練習問題 7・9 周期表を用いて O, S, Se(a) および P, N, Sb(b) の電子配置を予測せよ．(a)の全元素および(b)の全元素について何が同じであるか．

簡略化した電子配置

より大きな元素の電子配置は扱いにくく，取組みづらくなる．化学者はしばしば電子配置をより単純にするために，**簡略化した電子配置**で表記する．

簡略化した電子配置 abbreviated electron configuration，短縮形電子配置ともいう．

どの元素でも簡略化した電子配置を書くとき，たとえば次に示す Pb のように，電子配置は二つのグループに分けられる．最初のグループは周期表における Pb の直前の貴ガスの記号，すなわち[Xe]によって表される．2 番目のグループは残りの電子配置からなる．

$$\text{Pb}\quad 1s^2\,2s^2\,2p^6\,3s^2\,3p^6\,4s^2\,3d^{10}\,4p^6\,5s^2\,4d^{10}\,5p^6\,6s^2\,4f^{14}\,5d^{10}\,6p^2$$

$$\text{Pb}\quad [\text{Xe}]\quad 6s^2\,4f^{14}\,5d^{10}\,6p^2$$

簡略化した電子配置は，しばしば殻数の順に配列し直す．

$$\mathrm{Pb}\quad [\mathrm{Xe}]\,4f^{14}\,5d^{10}\,6s^2\,6p^2$$

簡略化した電子配置を主要族元素について書くことができる．ナトリウムとマグネシウムの完全な電子配置と簡略化した電子配置の例を次に示す．

$$\mathrm{Na}\quad 1s^2\,2s^2\,2p^6\,3s^1 \qquad \mathrm{Na}\quad [\mathrm{Ne}]\,3s^1$$
$$\mathrm{Mg}\quad 1s^2\,2s^2\,2p^6\,3s^2 \qquad \mathrm{Mg}\quad [\mathrm{Ne}]\,3s^2$$

例題7・4において扱ったMnとBiの簡略化した電子配置は次のとおりである．

$$\mathrm{Mn}\quad [\mathrm{Ar}]\,4s^2\,3d^5 \quad と \quad \mathrm{Bi}\quad [\mathrm{Xe}]\,6s^2\,4f^{14}\,5d^{10}\,6p^3$$

また，次のように，殻数（n）の順に電子配置を書くことができる．

$$\mathrm{Mn}\quad [\mathrm{Ar}]\,3d^5\,4s^2 \quad と \quad \mathrm{Bi}\quad [\mathrm{Xe}]\,4f^{14}\,5d^{10}\,6s^2\,6p^3$$

原子価殻電子配置

殻数順に並べた簡略化した電子配置は，化学的性質について最も興味深い電子を強調するのに役立つ．2個の原子が集まって新しい化学結合を形成するとき，それは核から最も遠い電子間の相互作用に起因するはずである．このことは，原子構造の内側にある電子は原子の化学的性質にそれほど寄与しないことを意味する．核から最も遠いこれらの電子は，私たちが最も関心をもつ電子である．

周期表における各族の元素は，族内で規則的に変わる類似の化学的性質と物理的性質をもっている．こうして，原子の電子構造に関してこれらの類似性を理解する準備が整った．

外殻 outer shell

外殻電子 outer shell electron

化学的性質と原子価殻配置　原子（特に主要族元素）の化学反応を考えるとき，通常，原子の**外殻**中の電子（主量子数nが最大である電子）の配置に注目する．これは，原子が反応するときに**外殻電子**が他の原子から最初に影響を受ける電子であるからである．（後述するように，d電子もまた遷移元素を含む反応において非常に重要であることがわかる．）したがって，特性の似た元素が同様の外殻電子配置をもつはずであるというのは妥当と考えられる．たとえば，1族のアルカリ金属をみてみよう．これまでの法則に基づいて考察すると，以下の簡略化した電子配置と完全な電子配置を得る．

Li	$[\mathrm{He}]\,2s^1$	または	$1s^2\,2s^1$
Na	$[\mathrm{Ne}]\,3s^1$	または	$1s^2\,2s^2\,2p^6\,3s^1$
K	$[\mathrm{Ar}]\,4s^1$	または	$1s^2\,2s^2\,2p^6\,3s^2\,3p^6\,4s^1$
Rb	$[\mathrm{Kr}]\,5s^1$	または	$1s^2\,2s^2\,2p^6\,3s^2\,3p^6\,3d^{10}\,4s^2\,4p^6\,5s^1$
Cs	$[\mathrm{Xe}]\,6s^1$	または	$1s^2\,2s^2\,2p^6\,3s^2\,3p^6\,3d^{10}\,4s^2\,4p^6\,4d^{10}\,5s^2\,5p^6\,6s^1$

簡略化した電子配置はこれらの元素中の最も外側の電子配置の類似点を明確に示している．これらの元素はそれぞれ，s副殻に外殻電子を1個だけもっている（ピンクで示す）．アルカリ金属は，それらが反応するとき，それぞれ電子を1個失って1+の電荷をもつイオンを形成することがわかっている．それぞれのアルカリ金属において，失う電子は外殻のs電子であり，形成されるイオンの電子配置はそれぞれ直前の貴ガ

スと同じである．

Li^+	$1s^2$	He	$1s^2$
Na^+	$1s^2 2s^2 2p^6$	Ne	$1s^2 2s^2 2p^6$
K^+	$1s^2 2s^2 2p^6 3s^2 3p^6$	Ar	$1s^2 2s^2 2p^6 3s^2 3p^6$

周期表のどの族の元素の簡略化した電子配置を書く場合も，外殻の電子配置のなかに同種の類似性をみることができる．違いはこれらの外殻電子の主量子数の値にある．

主要族元素の場合，通常，化学的性質の支配において重要な電子は外殻の電子だけである．この外殻は**原子価殻**として知られ，常に最大値の n をもつ電子が占有された殻である．原子価殻中の電子は**価電子**とよばれる．

原子価殻 valence shell

価電子 valence electron

主要族元素では，周期表を用いて原子価殻の電子配置を決定することは非常に容易である．この場合，原子価殻は常に，問題の元素を含む周期のなかで現れる s 副殻と p 副殻で構成されている．したがって，硫黄の原子価殻配置を決定するには，第 3 周期の硫黄に達するために，3s 副殻中に 2 個の電子と 3p 副殻中に 4 個の電子を配置する必要があることに注意しよう．硫黄の原子価殻電子配置は次のとおりである．

$$\mathrm{S} \quad 3s^2 3p^4$$

したがって，硫黄は 6 個の価電子をもっているということができる．

例題 7・5 原子価殻電子配置の記述

ヒ素（$Z = 33$）の原子価殻の電子配置を予測せよ．

指針 最大の殻における s 電子と p 電子の数を決定するために，副殻を各殻にグループ化した電子配置を書く．

解法 手法は周期表と原子価殻電子の定義の適用である．

解答 第 4 周期のヒ素に達するために 4s, 3d, 4p 副殻に電子を充填していく．しかし，3d は第四殻の一部でなく，原子価殻の一部ではないので，問題にする必要があるのはすべて 4s 副殻と 4p 副殻の電子である．これはヒ素の原子価殻の電子配置を与える．

$$\mathrm{As} \quad 4s^2 4p^3$$

確認 s 電子と p 電子のみ数えて，5 個の価電子があることを確認する．したがって，答えは妥当と考えられる．

練習問題 7・10 Se(a), Sn(b), I(c) の原子価殻電子配置を示せ．これらの元素はそれぞれ価電子をいくつもっているか．

一部の例外の電子配置

電子配置を予測するために学んだ法則はだいたいの場合成り立つが，いつもそうであるとは限らない．付録の表は，実験的に決定されたすべての元素の電子配置を示している．厳密に調べれば，法則にかなりの例外があることは明らかである．これらの例外の一部は，それらがなじみの元素で起こることから重要である．

二つの重要な例外はクロムと銅である．法則に従うと，クロムと銅の電子配置は以下であると予想される．

$$\mathrm{Cr} \quad [\mathrm{Ar}]\, 3d^4 4s^2$$
$$\mathrm{Cu} \quad [\mathrm{Ar}]\, 3d^9 4s^2$$

しかし，実験で決定された実際の電子配置は次のとおりである．

$$\mathrm{Cr} \quad [\mathrm{Ar}]\, 3d^5 4s^1$$
$$\mathrm{Cu} \quad [\mathrm{Ar}]\, 3d^{10} 4s^1$$

対応する軌道準位図は次のとおりである．

Cr　[Ar]　⑴⑴⑴⑴⑴　⑴
Cu　[Ar]　⑴⑴⑴⑴⑴　⑴
　　　　　3d　　　4s

クロムでは，半充塡の 3d 副殻を与えるために 4s 副殻から 3d 副殻に電子が 1 個移動する．銅では，4s 副殻から 1 個の電子を 3d 副殻に移し完全に充塡された 3d 副殻を与える．同様なことが銀と金でも起こり，それぞれ 4d 副殻と 5d 副殻が完全に充塡される．

$$\mathrm{Ag}\quad [\mathrm{Kr}]\,4d^{10}\,5s^{1}$$
$$\mathrm{Au}\quad [\mathrm{Xe}]\,4f^{14}\,5d^{10}\,6s^{1}$$

半充塡の d 副殻と完全に充塡された d 副殻（特に後者）は，エネルギー的に有利になる特別な安定性をもっている．この微妙で重要な現象は原子の基底状態の電子配置だけでなく，遷移元素におけるイオンの相対的安定性にも影響する．同様の不規則性はランタノイドとアクチノイドでも起こる．

7・9　原子軌道：形状と方向

電子が原子中でどのように振舞っているか想定するとき，ある実験では粒子のように振舞い，他方では波動のように振舞う粒子を想像することに直面する．日常の経験では，これと比較できるものはない．幸い，電子が特定位置で見いだされる統計的確率に関して記述することにより，電子を通常の感覚で粒子と考えることができる．したがって，量子力学を用いて電子の粒子性と波動性の表現を数学的に結びつけることができる．たとえ二つの方法で表すことができる粒子を想像するのが困難でも，数学はその挙動を非常に正確に記述する．

ハイゼンベルク Werner Heisenberg, 1901〜1976．彼は量子力学の創成により 1932 年にノーベル物理学賞を受賞した．

電子の位置を統計的確率で表すことは単純な利便性以上の深遠な原理に基づいている．ドイツの物理学者ハイゼンベルクは，粒子の速度と位置の両方を同じ瞬間に完全な精度で測定することが不可能であることを数学的に示した．電子の位置または速度を測定するには，光子などの別の粒子を跳ね返す必要がある．したがって，測定を行う行為が電子の位置と速度を変える．たとえどんなに巧妙な測定をしても，正確な位置と正確な速度の両方を同時に決定することはできない．これが**ハイゼンベルクの不確定性原理**であり，しばしば次のように数学的に表される．

ハイゼンベルクの不確定性原理
Heisenberg uncertainty principle

$$\Delta x = \frac{h}{4\pi m}\left(\frac{1}{\Delta v}\right)$$

ここで，Δx は粒子の位置の最小不確実性であり，h はプランク定数，m は粒子の質量，Δv は粒子の速度の最小不確実性である．

速度と位置の測定における理論限界は大きな物体では重要ではない．しかし，電子などの小さな粒子では，これらの限界が，電子が特定の瞬間に原子中のどこにあるかを予測することを妨げるため，確率で議論することになる．

■ハイゼンベルクの不確定性原理から，もし粒子がより重ければ粒子の位置をより精確に測定できることに注意しよう．また，速度の不確実性が大きいほど粒子位置の不確実性が小さいことにも注意しよう．

量子力学は空間中の特定点で電子を見つける確率を，その点での電子波の振幅の 2 乗に等しいとみなす．つまり，波動関数の 2 乗 ψ^2 によって与えられる．波が強いところでは，波の存在を強く感じることから，確率を振幅（強度）と関係づけることはきわめて妥当であると思われる．数学的には，振幅は正か負のどちらかでありうるが，

(a)

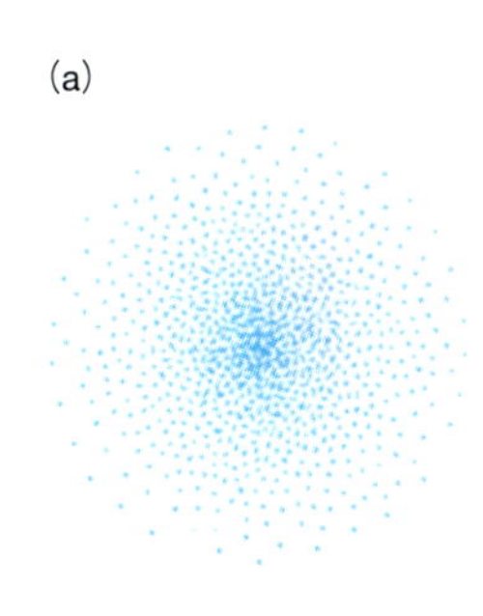

(b)

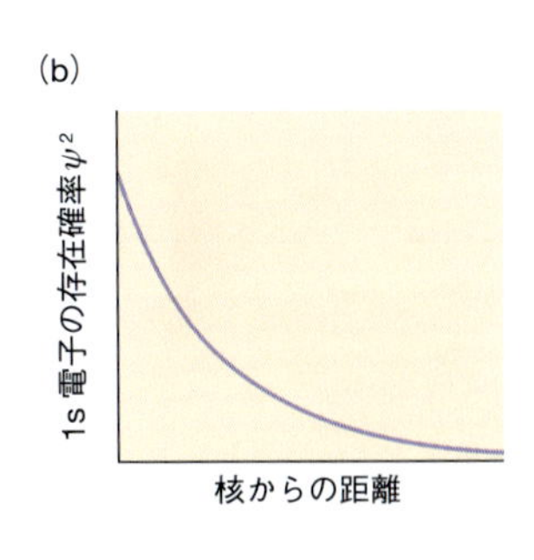

(c)

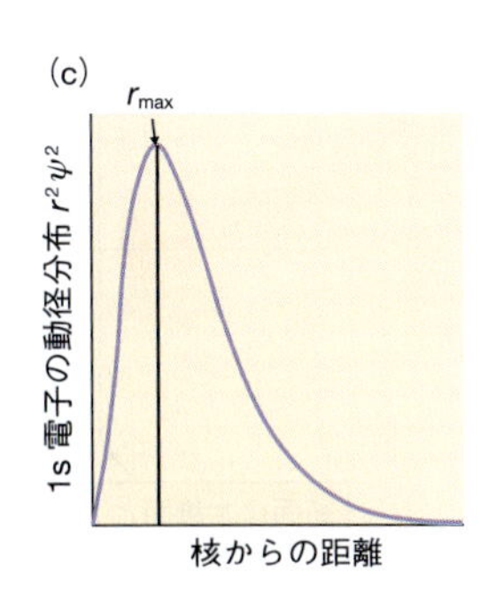

図 7・19　水素原子における 1s 軌道中の電子分布． (a) 1s 電子の存在確率分布を示す点密度図．(b) 1s 電子の存在確率 ψ^2 が，核からの距離が増すとどのように減少するかを示すグラフ．(c) 核から r と $r+x$ の間の体積中の 1s 電子の存在確率（動径分布）のグラフ．極大の位置はボーア半径と同じである．

確率は正である場合にのみ意味をなすので，振幅を 2 乗する．振幅を 2 乗することは，確率が正になることを保証している．

電子の存在確率の考えは三つの非常に重要な概念をもたらす．一つ目は，まるで電子が**電子雲**で核のまわりに広がるように振舞うことである．図 7・19(a) は，1s 軌道の中で電子を見いだす確率が実空間で変化する様子を表した点密度図である．点密度が大きいところ（すなわち，単位体積当たり多数の点があるところ）では，波の振幅は大きく，電子を見いだす確率も大きい．

■電子の波動の振幅は，波動関数 ψ によって記述される．特定位置で電子を見つける確率は ψ^2 によって与えられる．9 章で説明するように，波動関数の符号は，波動関数を結合するときに重要である．

電子雲 electron cloud

電子の存在確率 ψ^2 が場所によって変わるという考えから生じる二つ目の重要概念は**電子密度**であり，特定の空間領域に占有される電子の電荷の多さと関連している．高い確率の領域には，高濃度の電荷（と質量）があり，電子密度は大きい．低い確率の領域では，電子密度は小さい．図 7・19(b) は，核から離れるにつれて，1s 軌道における電子の存在確率 ψ^2 がどのように変わるかを示している．予想されるように，核の近くで電子を見いだす確率は大きく，核からの距離が増すと減少する．

電子密度 electron density

三つ目の概念は，“電子が，核から測った距離 r と $r+x$（x は非常に小さい）の間の薄い球殻を占める確率”の意味である．これらの球殻の確率をプロットすると，得られるグラフは図 7・19(c) のようになる．これは動径分布とよばれている．興味深いことに，水素原子の動径分布の極大の位置は 53 pm であり，ボーア半径に正確に一致する．

小さな空間に閉じ込められた電子はもはや粒子のようには振舞わないことを思い出そう．それはむしろ負電荷の雲に似ている．水蒸気でできた雲のように，雲の密度は場所によって変わる．ある場所では雲は濃く，他の場所ではより薄く，全くないかもしれない．これは，原子軌道の形状を想像するさい，役に立つ図である．

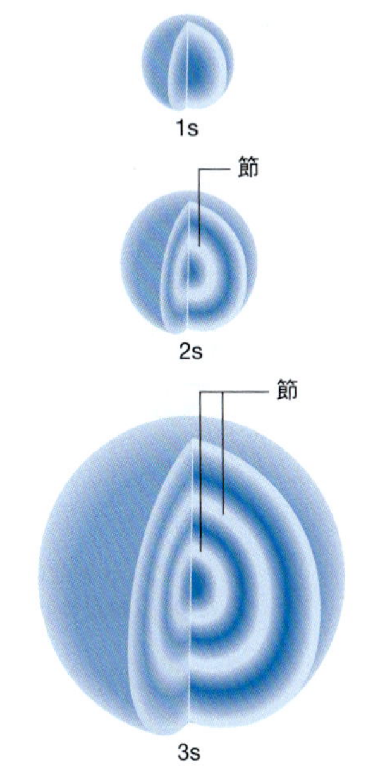

図 7・20　s 軌道の大きさの変化． s 軌道は，主量子数 n が大きくなるにつれて大きくなる．

s 軌道と p 軌道の形状と大きさ

原子軌道の中で電子密度分布をながめるさい，三つの点（軌道の形状，その大きさ，他の軌道に対する方向性）が重要である．

軌道中の電子密度はある特定の距離で突然ゼロになることはない．電子密度は距離とともに徐々に減衰する．したがって，軌道の大きさと形状を定義するには，その軌道の電子密度に関して，たとえば存在確率 90% を囲むある仮想の表面を書くと役に立つ．電子を見つける確率はその表面のどこでも同じである．図 7・19 の 1s 軌道では，どの方向でも核から特定距離離れると，電子を見つける確率は同じであることがわかる．これは，確率の等しい点がすべて球の表面にあるので，軌道の形状が球形であるということができることを意味している．事実，s 軌道はすべて球形である．s 軌道の大きさは n の増加によって増加する．これを図 7・20 に示す．2s 軌道以上では，

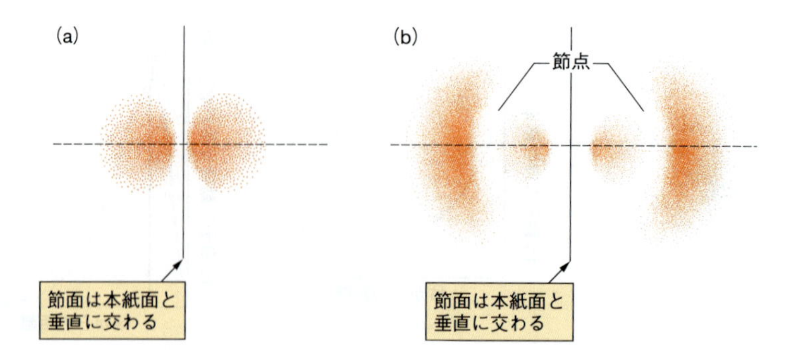

図 7・21　p 軌道における電子密度の分布. (a) 2p 軌道における確率分布の断面を点で表した図. 軌道の二つのローブの間に節面がある. (b) 3p 軌道の断面. 核を通る節面に加えて電子密度の節点があることに注意.

ローブ lobe

節面 nodal plane

電子密度がゼロになる場所があることに注意する. これは s 軌道の電子波の球形状節点である. 電子の波がギターの弦の波のような節点をもっていることは興味深い. しかし, s 軌道の波では節点は電子密度がゼロである仮想球面からなる.

p 軌道は図 7・21 に示すように s 軌道とは全く異なる. 電子密度が核の反対側の二つの領域に等しく分布することに注意する. 図 7・21(a) は一つの 2p 軌道における二つの**ローブ**を示している. ローブの間に**節面** (すべての点がゼロの電子密度をもつ仮想平面) がある. 図 7・21(b) で 3p 軌道の断面を示すように, p 軌道の大きさも n の増加によって増大する. 3p 軌道およびより高い p 軌道は, 核を通る節面のほかに, 追加の節点をもっている.

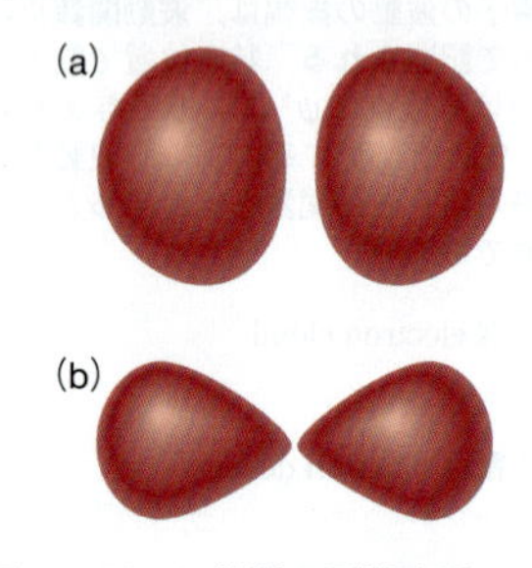

図 7・22　p 軌道の形状表現. (a) 2p 軌道の一定確率の表面形状. (b) 軌道の方向性を強調した p 軌道の単純化した表現.

図 7・22(a) は 2p 軌道の一定確率の表面形状を示している. 化学者は, しばしば, 図 7・22(b) に示すように核につながった二つの“気球”を書き, 逆方向に向けることによってこの形状を単純化している.

p 軌道の方向性　　すでに学んだように, p 副殻は等しいエネルギーをもつ三つの軌道からなっている. 量子力学は, p 軌道における最大電子密度をもつ線が, xyz 座標系の軸に対応して互いに 90° の角度に向いていることを示している. p 軌道の形と方向性を図 7・23 に示す. 個々の p 軌道は便宜上, それらの軌道が沿っている軸に従って名づけられている. たとえば, x 軸に沿って集中する p 軌道は p_x と名づけられている.

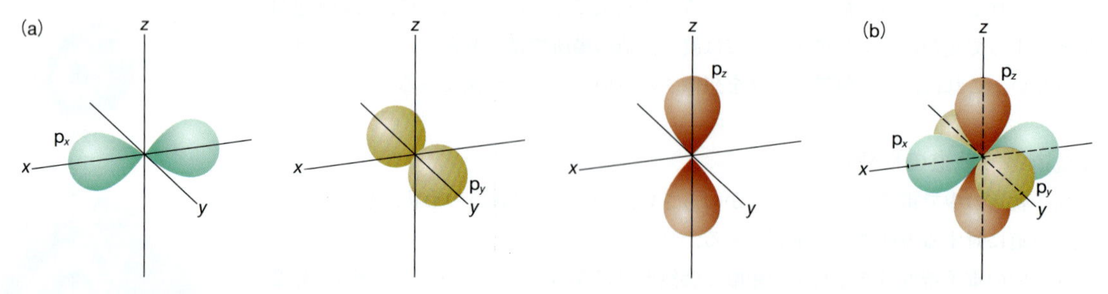

図 7・23　p 副殻における三つの p 軌道の方向. (a) 最大電子密度の方向は互いに直交した xyz 座標系の軸に沿っているため, p 軌道は p_x, p_y, p_z と名づけられている. (b) p 副殻の三つの軌道の形状と方向を別べつに示している.

d 副殻中の d 軌道の形状と方向

図 7・24 で示した d 軌道の形状は, p 軌道の形状よりもう少し複雑である. 五つの d 軌道のうちの四つは同じ形状をもち, 四つの電子密度のローブからなることに注意しよう. これらの四つの d 軌道はそれぞれ, 核で交差する二つの垂直な節面をもっ

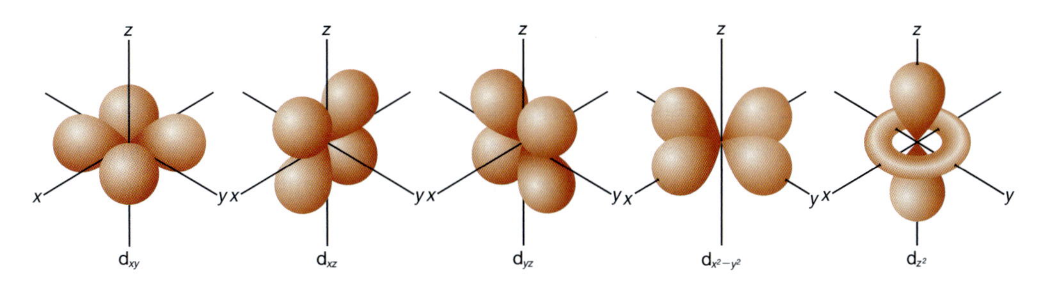

図 7・24 d 副殻の五つの軌道の形状と方向性

ている．これらの軌道は，核のまわりのそれらの方向だけが異なっている（それらの添字は量子力学の数学に由来している）．d_{z^2} と名づけられた 5 番目の d 軌道は，x–y 面にある中心まわりのドーナツ状の電子密度の輪に加えて z 軸に沿って逆方向を向いた二つのローブをもっている．d_{z^2} 軌道の二つの節点は，それらの頂点が核で交わる円錐面である．21 章で説明するように，d 軌道は特定分子の化学結合の形成において重要で，それらの形状と方向は遷移金属の特性を理解するうえで重要であることがわかるであろう．

七つの f 軌道の形状は d 軌道より複雑で，二つの f 軌道（f_{xyz} と f_{z^3}）について図 7・25 に示すように，より多くのローブ，節点，さまざまな形状をもっている．他の五つの f 軌道も同じである．結合への f 軌道の寄与は本書では説明しない．しかし，各 f 軌道が三つの節面をもつことに注意すべきである．

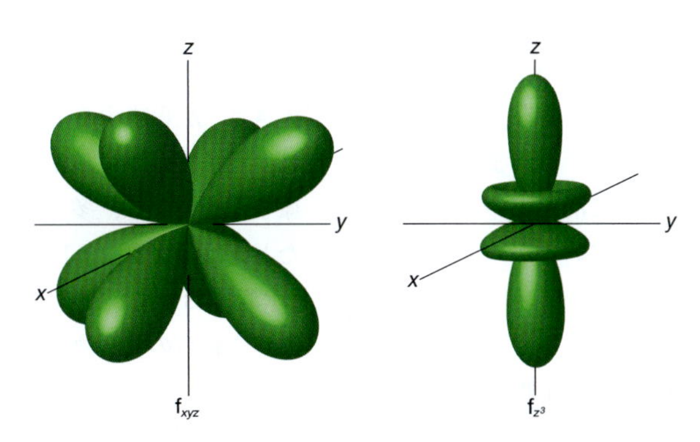

図 7・25 f_{xyz} と f_{z^3} 軌道の形状と方向性

7・10 周期表と元素の特性

周期表中の元素の位置に従って系統的に変化する多くの化学的性質と物理的性質がある．たとえば，2 章において，元素の金属特性が同族の上から下に増加し，同一周期では左から右に向って減少することがわかった．本節では，化学的性質に重要な影響を及ぼす元素の物理的性質について考察することにより，これらの物理的特性（原子半径，イオン化エネルギー，電子親和力）が原子の電子配置とどう相関するか学び，それらの周期変化も学ぶ．

有効核電荷

原子の特性の多くは原子の外殻電子が受ける正味の電荷によって決まる．水素を除

内殻電子 core electron

有効核電荷 effective nuclear charge

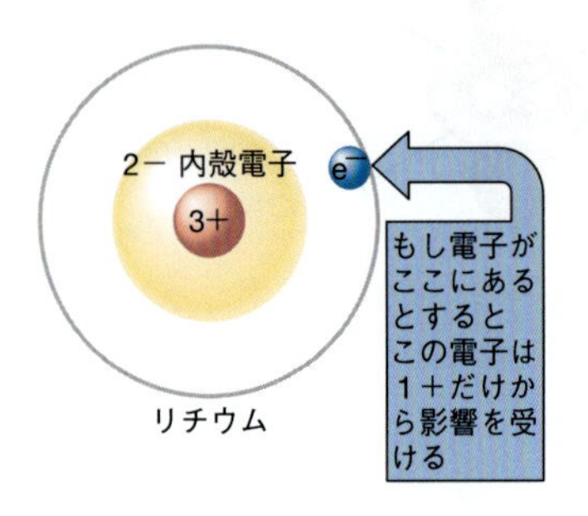

図 7・26　有効核電荷. もしリチウムの内殻電子 $1s^2$ の 2− 電荷が，核から 2s 電子を遮蔽するのに 100％有効であるなら，価電子は約 1+ だけ有効核電荷を受けるであろう.

■電子は，同じ殻内のもう一つの電子と核の間にごく短時間しか存在しないので，同じ殻内の電子におよぶ核電荷を十分に遮蔽することはない.

いて，この正電荷は，内殻の電子の負電荷が核の正電荷を部分的に相殺するか“中和する”ことから，完全な核電荷より小さい.

このことをよく理解するために，電子配置 $1s^2\,2s^1$ をもつリチウム元素を考えてみよう．原子価殻（$2s^1$）の内側にある**内殻電子**（$1s^2$）は核のまわりに堅く引きつけられており，大部分は核と外殻の電子の間にある．これらの内殻電子は外殻電子を核から部分的に遮蔽しているため，外殻電子は核電荷の一部分によって引きつけられている．この内殻は 2− の電荷をもち，3+ の電荷をもつ核を取囲んでいる．外殻の 2s 電子が原子の中心を“向いている”とき，間に入る内殻の 2− 電荷のため，核の 3+ 電荷はわずか約 1+ に減少することがわかる．いいかえれば，内殻電子の 2− 電荷は核の正電荷の 2+ を有効に中和するので，外殻電子が受ける正味電荷（**有効核電荷**とよぶ）は約 1+ だけである．これを図 7・26 に単純化して示す.

内殻の電子は外殻の電子を核電荷からきわめて有効に遮蔽するが，同じ殻の電子は互いの遮蔽にはそれほど有効ではない．たとえば，ベリリウム元素（$1s^2\,2s^2$）では，外側の 2s 軌道の電子はそれぞれ内側の $1s^2$ 殻によって核電荷から十分に遮蔽されるが，1 個の 2s 電子がもう 1 個の 2s 電子をよく遮蔽するということはない．これは，同じ殻中の電子が核からほぼ同じ平均距離にあるため，互いに離れていようとするさいに，一方がもう一方の下にいる（遮蔽を与えるために必要な）時間が非常に短いからである．同じ殻中の電子は核電荷から互いをほとんど遮蔽しないので，外殻電子が受ける有効核電荷はおもに核の電荷と内殻の電荷の差によって決まる．これを背景として，有効核電荷によって支配される特性をいくつか調べてみよう.

原子とイオンの大きさ

電子の波動性により，原子またはイオンの“大きさ”が意味することを正確に定義することはむずかしい．これまでみてきたように，電子雲は単に核からのある特定距離に止まらず，徐々に消えていく．それでも，原子とイオンは，多くの点でそれらが特定の大きさをもっているかのように振舞う．たとえば，メタン CH_4（天然ガス）からオクタン C_8H_{18}（ガソリン），また多くの炭化水素において，炭素と水素原子の核間距離は事実上同じである．これは，炭素と水素がこれらの化合物で相対的に同じ大きさをもっていることを示唆している.

■ほとんどの炭化水素の C−H 距離は約 110 pm である.

実験による計測は，原子の直径が約 1.4×10^{-10} から 5.7×10^{-10} m であることを明らかにした．通常，原子の大きさを表すのに原子半径が用いられるが，その半径は約 7.0×10^{-11} から 2.9×10^{-10} m である．したがって，1 本の線に並べて置いた百万個の炭素原子の長さは 0.2 mm 弱となる.

オングストローム angstrom，単位記号 Å

原子とイオンの大きさを記述する場合，メートルの代わりに，その値をより理解しやすい単位が使われる．科学者が伝統的に用いる単位は**オングストローム**とよばれ，次式で定義される.

$$1\,\text{Å} = 1 \times 10^{-10}\,\text{m}$$

しかし，オングストロームは SI 単位ではなく，現在では，原子の大きさをピコメートルか，ナノメートルで表される．本書では，通常，ピコメートルで原子の大きさを表すが，変換を覚えておくと役立つ.

■オングストローム Å は，スウェーデンの物理学者オングストローム（Anders Jonas Ångström, 1814〜1874）にちなんで名づけられた．彼は水素スペクトルの 4 本の最も目立つ輝線の波長を測定した最初の科学者である.

$$1\,\text{Å} = 100\,\text{pm}$$
$$1\,\text{Å} = 0.1\,\text{nm}$$

周期変化 周期表中の原子半径の変化を図7・27に示す．そこでは，原子は一般に族の上から下へ行くと大きくなり，周期を横切って左から右へ行くと小さくなることがわかる．これらの変化を理解するには，二つの要因（価電子の主量子数の値と価電子が受ける有効核電荷）を考察しなければならない．

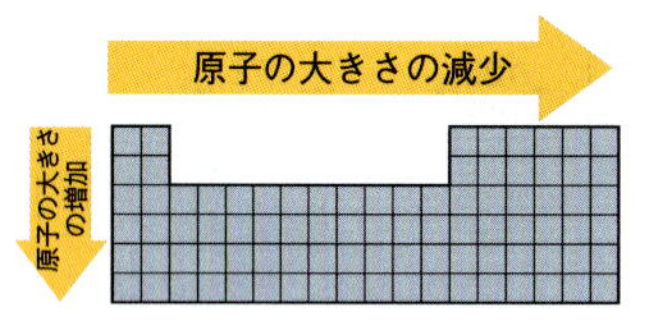

周期表における原子の大きさの一般的変化

族を上から下へ行くと，外殻電子が受ける有効核電荷はほぼ一定のままだが，原子価殻の主量子数は増える．たとえば，1族の元素を考える．原子価殻配置はリチウムでは $2s^1$，ナトリウムでは $3s^1$，カリウムでは $4s^1$ などである．これらの元素それぞれについて，内殻は核電荷より1だけ少ない負電荷をもっているので，それぞれの価電子は約1+ のほぼ一定の有効核電荷を受ける．しかし，その族を下がると，原子価殻の n 値は増加し，§7・5で学んだように，n の値が大きいほど軌道は大きくなる．したがって，族を下っていくと価電子の軌道がより大きくなることから，原子はより大きくなる．これと同じ説明は，原子価殻軌道がsかpにかかわらずあてはまる．

■大きな原子は周期表の左下にみられ，小さな原子は右上にみられる．

同じ周期のなかでは，左から右へ族番号が大きくなるに従って，電子は同じ殻に加えられていく．価電子を保有する軌道はすべて同じ n の値をもっている．この場合，価電子が受ける有効核電荷の変化を調べる必要がある．

同じ周期のなかで，左から右に族番号が大きくなるに従って，核電荷は増加し，原子の外殻はより多くの電子で占有されるが，内核は変わらず同じである．たとえば，リチウムからフッ素では，核電荷は3+ から9+ に増加する．しかし内核（$1s^2$）は同じである．結果として，外殻電子は正電荷（すなわち有効核電荷）の増加を受ける．この正電荷の増加が，外殻電子を内側に引きつけ，原子半径を減少させる．

■電子の付加は中性原子より大きいイオンを生み，電子の除去は中性原子より小さいイオンを生む．

同じ周期の遷移元素または内遷移元素では，左から右に族番号が大きくなるに従って起こる原子半径の変化は主要族元素ほど顕著ではない．これは，内殻が満たされていく一方で，外殻の電子配置が基本的に変わらず同じだからである．たとえば，原子番号21から30までの元素において，外殻電子が4s副殻を占める一方，内側にある3d副殻に電子が充填されていく．この3d軌道への電子の増加が及ぼす遮蔽量は，電

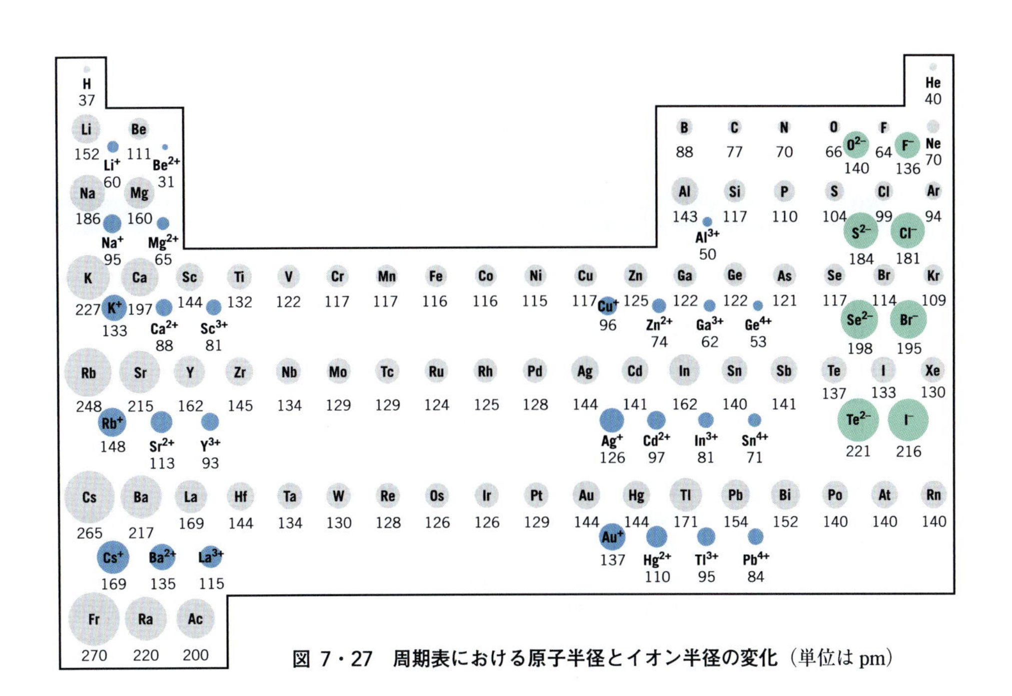

図7・27 周期表における原子半径とイオン半径の変化（単位は pm）

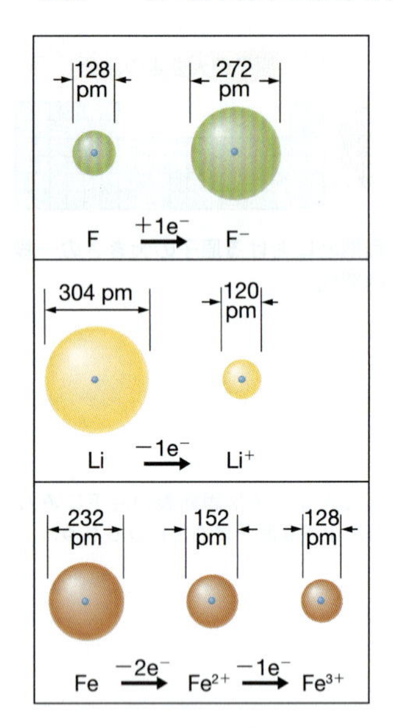

図 7・28　原子がイオンを形成するときの大きさの変化

練習問題 7・11　周期表を用いて各組で最小の原子またはイオンを選べ．(a) Si, Ge, As, P　(b) Fe^{2+}, Fe^{3+}, Fe　(c) Db, W, Tc, Fe　(d) Br^-, I^-, Cl^-

子が外殻に追加された場合に起こる遮蔽量より大きいので，外殻電子が受ける有効核電荷はよりゆるやかに増加する．結果として，原子番号の増加による原子半径の減少もゆるやかである．

原子の大きさと比べたイオンの大きさ　図 7・27 はまた，中性原子の大きさと比べたイオンの大きさを示している．図 7・27 からわかるように，原子が電子を得るか失ってイオンを形成するときに，かなり大きな大きさの変化が起こる．その理由は理解しやすく，覚えやすい．

電子を原子に加えると，電子間の斥力が増加する．この増加は電子を互いに離し，より大きな体積を占めることになる．したがって，陰イオンの半径は一般に，もとの原子より約 1.5～2 倍大きい（図 7・28）．

電子を原子から取除くと，電子−電子間斥力が減少し，残りの電子が核のまわりにより近く引きつけられることが可能になる．したがって，陽イオンは，それらが形成される原子より常に小さい．図 7・27 は，陽イオンがその原子の半径のわずか 1/2 から 2/3 であることを示している．これに関連してリチウム元素と鉄元素を図 7・28 に示す．リチウムの場合，外殻である 2s 電子の除去は原子価殻を完全に空にし，より小さい $1s^2$ 内殻をあらわにする．金属元素が二つ以上の陽イオンを形成できる場合，イオン半径はイオンの正電荷量が増加すると減少する．Fe^{2+} を形成するためには，鉄原子はその外殻の 4s 電子を失う．Fe^{3+} を形成するためには，4s の内側にある 3d 副殻から電子がさらに失われる．大きさを比較すると，鉄原子の半径が 116 pm であるのに対して，Fe^{2+} の半径は 76 pm であることがわかる．さらにもう一つ電子を除去して Fe^{3+} を形成すると，d 副殻の電子間斥力が減少し，Fe^{3+} の半径は 64 pm になる．

イオン化エネルギー

イオン化エネルギー ionization energy, IE

イオン化エネルギー（**IE**）は，その基底状態にある孤立した気体原子またはイオンから電子を引き離すために必要なエネルギーである．元素 X の原子において，そのエネルギーは次の変化に伴うポテンシャルエネルギーの増加である．

$$X(g) \longrightarrow X^+(g) + e^-$$

実際，イオン化エネルギーは，原子から電子を引き離すために必要な仕事量であり，

表 7・2　$kJ\ mol^{-1}$ で表した H から Mg までのイオン化エネルギー*

	第一	第二	第三	第四	第五	第六	第七	第八
H	1312							
He	2372	5250						
Li	520	7297	11,810					
Be	899	1757	14,845	21,000				
B	800	2426	3659	25,020	32,820			
C	1086	2352	4619	6221	37,820	47,260		
N	1402	2855	4576	7473	9442	53,250	64,340	
O	1314	3388	5296	7467	10,987	13,320	71,320	84,070
F	1680	3375	6045	8408	11,020	15,160	17,860	92,010
Ne	2080	3963	6130	9361	12,180	15,240	−	−
Na	495	4563	6913	9541	13,350	16,600	20,113	25,666
Mg	737	1450	7731	10,545	13,627	17,995	21,700	25,662

＊ 表中の"階段"を横切るときのイオン化エネルギーの急激な増加に注意する．これは最後の価電子が除去されることを示している．

電子が原子にどれほど強く結合しているかを反映している．通常，イオン化エネルギーは kJ mol^{-1} 単位で表されるので，1 mol の気体原子から 1 mol の電子を取除くために必要なエネルギーとみることもできる．

表 7・2 は最初の 12 元素のイオン化エネルギーを一覧表にしたものである．表からわかるように，2 個以上の電子をもつ原子は二つ以上のイオン化エネルギーをもつ．これらは順に，電子の段階的除去に対応している．たとえば，リチウムは 3 個の電子をもっているので三つのイオン化エネルギーをもつ．外殻の 2s 電子を 1 mol の孤立したリチウム原子から取除いて 1 mol の気体リチウムイオン Li^+ を得るには 520 kJ のエネルギーが必要であり，リチウムの**第一イオン化エネルギー**は 520 kJ mol^{-1} である．リチウムの第二イオン化エネルギーは 7297 kJ mol^{-1} であり，次の過程に対応している．

$$Li^+(g) \longrightarrow Li^{2+}(g) + e^-$$

この過程は露出したリチウムの 1s 内殻から 1 個の電子を引き離す過程であり，最初の電子を引き離すために必要なエネルギーの 13 倍以上を必要とする．3 番目（すなわち最後）の電子の除去は，第三イオン化エネルギー（11,810 kJ mol^{-1}）を必要とする．一般に，最初の電子の除去に続いて起こる電子の除去は，増加する正電荷のイオンから引き離されるため，続いて起こるイオン化エネルギーは常に増加し，それにはより多くの仕事が必要となる．

第一イオン化エネルギー first ionization energy

■ イオン化エネルギーは加算的である．例を次に示す．

$$Li(g) \longrightarrow Li^+(g) + e^- \quad IE_1 = 520\ kJ$$
$$Li^+(g) \longrightarrow Li^{2+}(g) + e^- \quad IE_2 = 7297\ kJ$$
$$Li(g) \longrightarrow Li^{2+}(g) + 2e^- \quad IE_{total} = IE_1 + IE_2 = 7817\ kJ$$

本章前半で，イオン化過程である光電効果のアインシュタインの説明が光子の概念をもたらしたことをみてきた．この現象は，コラム 7・2 で説明する光電子分光法とよばれる計測技術に用いられている．

イオン化エネルギーの周期的傾向　周期表のなかで，イオン化エネルギーの変化には周期的傾向がある．これを知っておくと役に立ち，あとの説明において参照することができる．この周期的傾向は，周期表のなかの第一イオン化エネルギーの変化をグラフに示した図 7・29 より理解することができる．最大のイオン化エネルギーをもつ元素は周期表の右上の非金属元素であり，最小のイオン化エネルギーをもつ元素は周

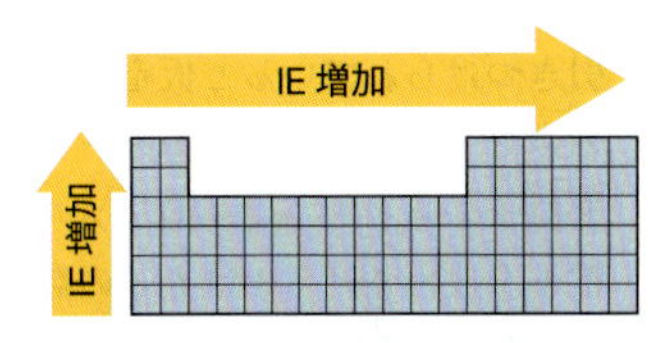

周期表におけるイオン化エネルギー（IE）の一般的変化

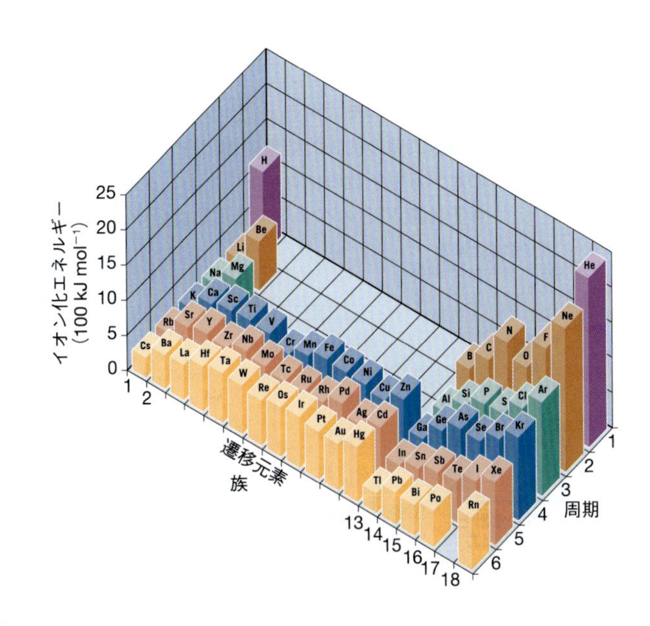

図 7・29　周期表における第一イオン化エネルギーの変化． 最大イオン化エネルギーをもつ元素は周期表の右上にあり，最小イオン化エネルギーをもつ元素は左下にある．

期表の左下の金属元素であることに注意する．

イオン化エネルギーと周期表
イオン化エネルギーは同族元素の下から上に増加し，同一周期内では左から右に増加する．全体的には，イオン化エネルギーは周期表の左下の端から右上の端に向かって増加する．これは通常，対角線の傾向とよばれている．

原子の大きさに影響する同じ因子がイオン化エネルギーにも影響を及ぼす．同族の元素では n の値が増加するにつれて，軌道はより大きくなり，外殻電子は核からより遠ざかる．核から遠い電子ほど弱く束縛されるので，イオン化エネルギーは上から下へ減少する．

■周期表におけるイオン化エネルギーの傾向が原子の大きさの傾向（原子が大きくなると，イオン化エネルギーは減少する）と逆であることを覚えておこう．

同一周期におけるイオン化エネルギーの変化は多少不規則だが，左から右に向かって全体的にゆるやかに増加する．この傾向の理由は，同一周期内で左から右に向かっ

コラム 7・2　光電子分光法

光ビームの照射によって物質の表面から電子が放出される光電効果については，この章のはじめに述べた．アインシュタインは，この現象の解明で1921年にノーベル物理学賞を受賞した．光電効果を説明するため，彼は電磁波をその周波数にプランク定数を掛けた値に等しいエネルギーの量子をもつ粒子（光子）とみなした．その後，アインシュタインは結合エネルギー（E_b）とよんだエネルギーによって電子が核に引きつけられていると仮定した．彼は，光子が電子の結合エネルギーより多いエネルギーをもっていれば，光子は，電子を原子から放出させることができるとした．簡単にいえば，電子を放出させるのは光子の数ではなく，光子のエネルギーであることをアインシュタインは示したのである．

光電効果の原子的視座に加え，光電効果の過程でエネルギーが保存されなければならない．系に入る全エネルギーは光子のエネルギー（$h\nu$）である．それは結合エネルギーを超えなければならず，過剰のエネルギーは放出された電子の運動エネルギー（E_k）として現れる．

$$h\nu = E_b + E_k$$

したがって，光の周波数から入射する光子のエネルギーを測定し，放出された電子の運動エネルギーを測定することにより放出された電子の結合エネルギーを決定することができる．

結合エネルギーはイオン化エネルギーと密接に関連している．実際には，光電子分光法（PES）は二つの方法に分けることができる．紫外光電子分光法（UPS）ではUV放射を用いて電子を試料から放出させ，X線光電子分光法（XPS）ではX線を使用する．1981年に，シーグバーン（Kai Siegbahn）は化学分析におけるXPSの適用に関してノーベル物理学賞を受賞した．PESを用いる現在の研究は，化学分析，表面とそれに結合する分子の研究，分子構造に関する詳細な研究などを含んでいる．原子の酸化状態は，適切な条件下で，計測した結合エネルギーに基づいて決定することができる．

PESに使用する機器はUV光またはX線の単色光（単一波長に近い）を放射しなければならない．放出された電子が別の分子と衝突する前に検出器に到達することを保証するために，試料室は超高真空でなければならない．放出された電子はその後，電子の数と運動エネルギーを計測する検出器に入る．この情報はコンピューターによって収集されて，コンピューターのモニター上にグラフとして表示される（図左）．

PES実験の代表的結果は放出された電子の運動エネルギーに対する電子数のプロットである．図右は化学分析に使用されるX線PESスペクトルを示している．

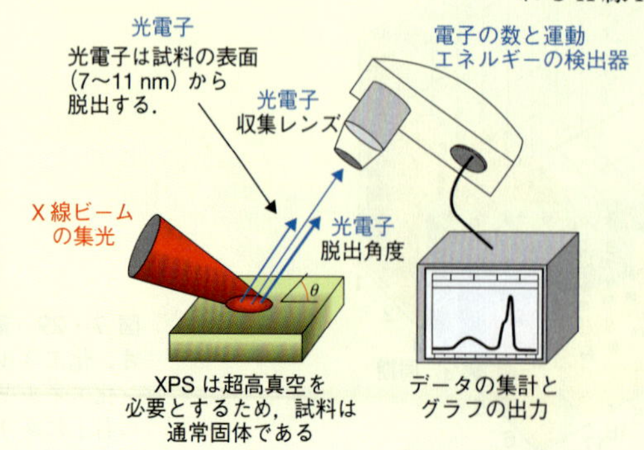

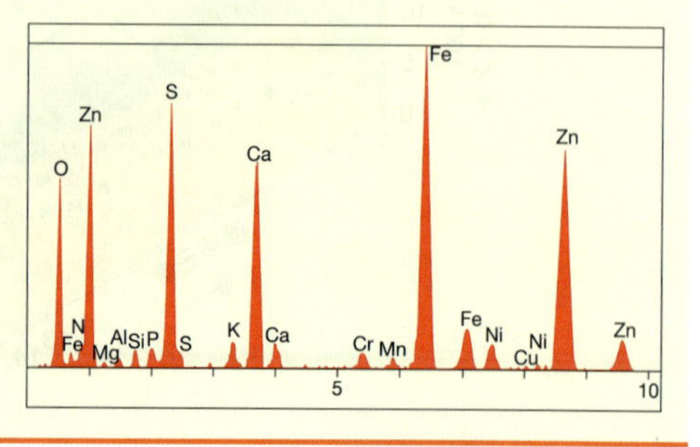

光電子分光法の概念図（左）とPES実験によって生成した光電子の運動エネルギーに対する強度のグラフ（右）．

て価電子が受ける有効核電荷が増加することにある．有効核電荷の増加は価電子をより強く引きつけるため，価電子を引き離すことをよりむずかしくする．

これらの傾向の結果，最大のイオン化エネルギーをもつ元素は周期表の右上に位置し，これらの原子から電子を引抜くことは非常に困難である．周期表の左下には，原子価電子が弱く結合した元素がある．2章で学んだように，これらの元素は比較的に容易に陽イオンを形成する．

貴ガス配置の安定性　表7・2は，主要族元素のイオン化エネルギーが，原子価殻が空になるまで徐々に増加することを示している．そして，内殻から電子が取除かれると，イオン化エネルギーの非常に大きな増加が起こる．このことを，リチウムからフッ素までの第2周期の元素について図7・30に図解した．リチウムでは，最初の電子（2s 電子）は容易に取除かれるが，内殻の 1s に由来する第二と第三の電子は，はるかに取出しにくいことがわかる．ベリリウムでは，2個の電子（2個の 2s 電子）が取除かれたあとに，イオン化エネルギーに急上昇が起こる．事実，これらの元素すべてにおいて，内殻から電子が取除かれると，イオン化エネルギーが大きく増加する．

図7・30に示したデータは，原子の原子価殻を空にすることは困難ではあるが，内殻電子の貴ガス配置から電子を取除くことはきわめてむずかしいことを示唆している．このことは，代表的な金属が形成するイオンの正電荷数に影響する要因の一つである．

練習問題 7・12　表7・2を用いて，以下の元素のどれが，最も正のイオン化エネルギーをもつと予想されるか決定せよ．
(a) Na^+, Mg^+, H, C^{2+}
(b) Ne, F, Mg^{2+}, Li^+

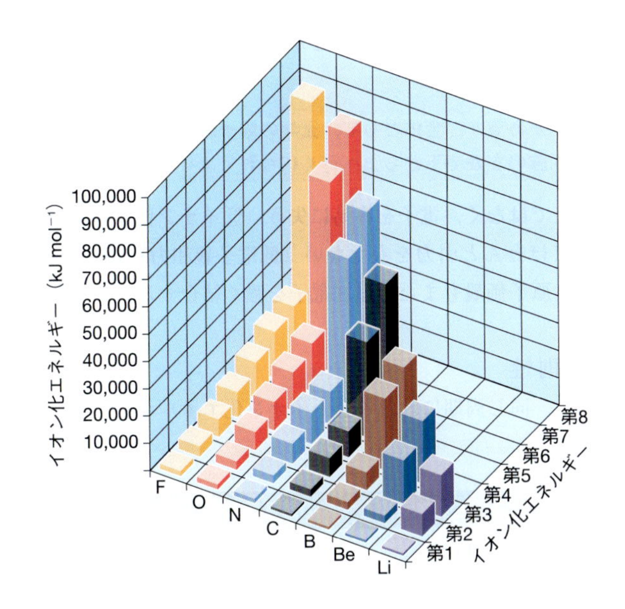

図7・30　リチウムからフッ素までの元素におけるイオン化エネルギーの変化

電子親和力

電子親和力（**EA**）はその基底状態にある気体原子またはイオンへの電子の付加に付随して起こるポテンシャルエネルギーの変化である．元素 X においては，その電子親和力は次の過程に伴うポテンシャルエネルギーの変化である．

電子親和力 electron affinity, EA

$$X(g) + e^- \longrightarrow X^-(g)$$

イオン化エネルギーと同様に，電子親和力は通常，kJ mol^{-1} の単位で表されるので，電子親和力を 1 mol の気体原子またはイオンへの 1 mol の電子の付加に伴うエネルギー変化とみることもできる．

電子の付加	電子親和力 (kJ mol^{-1})
$O(g) + e^- \longrightarrow O^-(g)$	+141
$O^-(g) + e^- \longrightarrow O^{2-}(g)$	−844
$O(g) + 2e^- \longrightarrow O^{2-}(g)$	−703 (合計)

ほぼすべての元素について，中性原子に1個の電子を加えることは発熱的で，電子親和力は正の値として与えられる．これは付加された電子が核による引力を受けるためで，電子が原子に近づくにつれてポテンシャルエネルギーを下げる．しかし，酸化物イオン O^{2-} の形成時のように，2番目の電子を加えなければならないとき，すでに陰イオンに電子を付加するために仕事をしなければならない．これはエネルギーを加えなければならない吸熱過程であり，電子親和力は負の値をもつ．

酸素原子に電子を加えることによって放出されるエネルギーより，O^- に電子を加えて吸収されるエネルギーのほうが多いことに注意しよう．全体としては，孤立した酸化物イオンの形成は，ポテンシャルエネルギーの純増加をもたらす（したがって，その形成は吸熱的であるという）．同じことが，1− より大きい電荷をもつどの陰イオンの形成にもあてはまる．

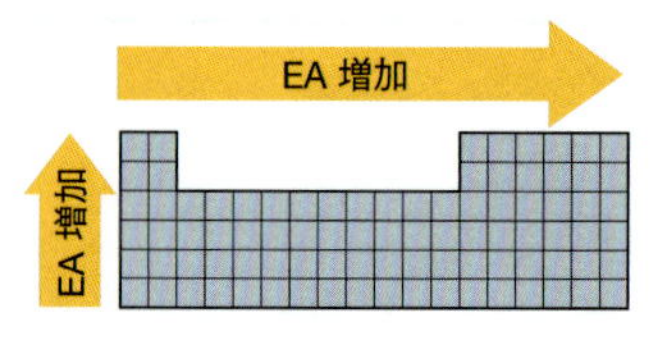

周期表における発熱量として電子親和力(EA)の一般的変化

周期変化　主要族元素の電子親和力を表7・3に示す．電子親和力の周期傾向がイオン化エネルギーの傾向にほぼ似ていることがわかる．

電子親和力と周期表
不規則な点がいくつかあるが，全体として，元素の電子親和力は，同一周期のなかで左から右へ，そして同族のなかで下から上へ行くにつれてより発熱的になる．

これは驚くべきことではなく，電子を容易に失う（低イオン化エネルギー）原子価殻は追加電子に対してほとんど引力をもたない（低電子親和力）からである．一方で，電子を強く保持する原子価殻もまた，追加電子を強く結合する傾向がある．

周期傾向の不規則性

先に述べたように，同じ周期における第一イオン化エネルギーの変化は滑らかでな

表 7・3　主要族元素と水素の電子親和力 (kJ mol^{-1})

1族	2族	13族	14族	15族	16族	17族
H +73						
Li +60	Be* 0	B +27	C +122	N* 0	O +141	F +328
Na +53	Mg* −	Al +44	Si +134	P +72	S +200	Cl +349
K +48	Ca +2.37	Ga +30	Ge +120	As +77	Se +195	Br +325
Rb +47	Sr +5	In +30	Sn +107	Sb +101	Te +190	I +295
Cs +45	Ba +14	Tl +30	Pb +35	Bi +110	Po +183	At +270

＊　訳注：Be, N に1電子を加える反応は吸熱的であり，短寿命(μs)で分離する．Mg では，1電子を加えた状態は確認されていない．

いことが，第２周期の元素に関する図７・31のグラフでわかる．最初の不規則性はベリリウムとホウ素の間で起こり，ここでイオン化エネルギーはリチウムからベリリウムまで増加するが，その後ベリリウムからホウ素では減少する．これは，電子が取除かれる副殻の性質に変化があることから起こる．リチウムとベリリウムについては，電子は2s副殻から取除かれるが，ホウ素では，最初の電子は，強く束縛されていないより高エネルギーの2p副殻に由来している．

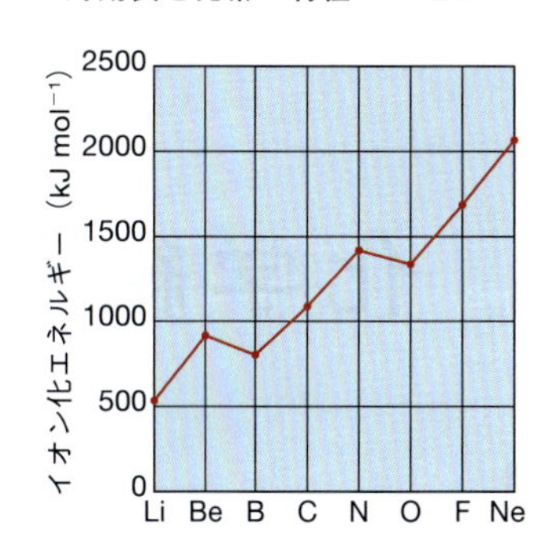

図７・31　LiからNeまでの第２周期元素におけるイオン化エネルギー変化の詳細

別の不規則性はＮとＯの間で起こる．窒素では，取除かれる電子は１個の電子が収容されている軌道に由来している．酸素では，取除かれる電子は，２個の電子が収容されている軌道から引抜かれる．これを次のように図示することができる．

	2s	2p		2s	2p	
N	(↑↓)	(↑)(↑)(↑)	⟶ N^+	(↑↓)	(↑)(↑)○	$+e^-$
O	(↑↓)	(↑↓)(↑)(↑)	⟶ O^+	(↑↓)	(↑)(↑)(↑)	$+e^-$

酸素では，電子を除去するｐ軌道に収容されている２電子間の斥力が，電子を除去するのを手助けしている．この“手助け”は，窒素のｐ軌道から電子を引抜く場合には存在しない．結果として，酸素原子から１個の電子を取除くことは，窒素原子から１個の電子を取除くほど困難ではない．

イオン化エネルギーと同様に，電子親和力の周期傾向にも不規則性がある．たとえば，２族元素は，外殻のｓ軌道が満たされているので，電子を獲得する傾向は小さい．収容される電子はより高エネルギーのｐ軌道に入らなければならない．また，15族元素の電子親和力は吸熱的かごくわずかに発熱的かのどちらかであることがわかる．これは，収容される電子は，すでに電子が占有されている軌道に入らなければならないためである．

最も興味深い不規則性の一つは非金属のうちの第２周期と第３周期の間で起こる．どの族でも，第２周期の元素はその下の元素より小さな発熱的電子親和力をもっている．その理由は，第２周期における非金属原子の小さなサイズにあると考えられる．これらの原子における小さなサイズの原子価殻の多電子間斥力が，追加される電子に対する小さな引力と，第３周期の元素より小さな発熱的電子親和力をもたらしている．

8

化学結合の基礎

ニューヨーク市ロックフェラーセンターのプロメテウスの彫像は，金の薄い層で覆われており，美しさと耐候性を備えている

2 章では，物質をイオン化合物と分子化合物という二つの広いカテゴリーに分類した．食卓塩などのイオン化合物は，静電引力により互いに結合する陰イオンと陽イオンからなる．また，水などの分子化合物では，原子が互いに電子を共有することにより分子が形成されることを述べた．すでに，原子の電子構造について学んだので，私たちは原子またはイオンの間の引力である**化学結合**（chemical bond）をより深く理解することができる．本章の目標は，原子のある組合わせが原子間の電子移動とイオン結合の形成をもたらす一方，他の組合わせが電子の共有によって共有結合をもたらす理由について考察することである．

ここでは，電子構造と同様に，化学結合のモデルを例示しながら，化学結合の比較的簡単な理論を導く．もっと複雑な理論はある（その一部は 9 章，21 章，および 22 章で述べる）が，本章で学ぶ基本的概念が現代の化学において広く応用できることを見いだすであろう．

学 習 目 標

- 安定化合物を生成する結合の必要条件の説明
- イオン結合と格子形成の原理の説明
- イオンにおける電子配置の記述
- 原子およびイオンにおけるルイス構造の記述
- 結合形成，オクテット則，および多重結合の説明
- 電気陰性度が共有結合の極性と元素の反応性に及ぼす影響の説明
- 共有結合分子におけるルイス構造の図解，および分子中の個々の原子の形式電荷の計算
- 共鳴構造の図解と説明
- 有機化合物の分類と官能基の識別

8・1　結合の形成におけるエネルギーの必要条件

原子から安定化合物が生成する反応は発熱的でなければならない．いいかえると，$\Delta_f H°$ は負でなければならない．そのような反応の二つの例は図 8・1 に示した O_2 と H_2 の反応による H_2O の生成と Cl_2 と Na の反応による NaCl の生成である．これらの反応は非常に安定した化合物を生成するときに，大量のエネルギーを放出する．一般に，正の生成エンタルピーをもつ化合物は不安定な傾向があり，ニトログリセリンなど強力な爆発物を激しく分解させることができる．

■ 吸熱過程はポテンシャルエネルギーを増加させ，発熱過程はポテンシャルエネルギーを減少させる．

反応が発熱的であるとき，系の物質のポテンシャルエネルギーは減少する．したがって私たちは，化学結合の形成が関連原子のポテンシャルエネルギーの低下をどのようにひき起こすかを理解する必要がある．次節以降で，イオン性物質と分子性物質の両方についてこのことを調べてみよう．

図 8・1 発熱反応の例. (a) 水素と酸素の反応. ブースターロケットが点火して発射台から上昇する前のスペースシャトルの三つのメインエンジンを示す. 水素と酸素の激しい反応が推進力を与える. (b) 塩素とナトリウムの反応. 溶融ナトリウムの小片は塩素ガスを含むフラスコ中に浸すとただちに発火して, 光を発し, 大量の熱を放出する. フラスコから出る煙は塩化ナトリウムの微結晶によるものである.

8・2 イオン結合

塩化ナトリウムがその元素から形成されるときに, 各ナトリウム原子は電子を1個失ってナトリウムイオン Na^+ を形成し, 各塩素原子は電子を1個得て塩化物イオン Cl^- になる.

$$Na \longrightarrow Na^+ + e^-$$
$$Cl + e^- \longrightarrow Cl^-$$

イオンがいったん形成されると, これらのイオンは, 互いに逆の電荷が引き合うことから, 図8・2に示すように, 密に充填される. イオン化合物中の正と負のイオン間のこの引力が**イオン結合**である.

図 8・2 NaCl 中のイオンの充塡. イオン間にはたらく静電気力は固体中の最も適した位置にイオンを保持し, イオン結合を形成している.

イオン結合 ionic bond

Na^+ と Cl^- 間の引力は容易に理解できるかもしれないが, なぜ電子はこれらの原子の間で移動するのか. なぜナトリウムは Na^- または Na^{2+} ではなく Na^+ を形成するのか. そして, なぜ塩素は Cl^+ または Cl^{2-} の代わりに Cl^- を形成するのか. このような疑問に答えるために, 反応物と生成物の系のポテンシャルエネルギーに関連する要因を考える必要がある. 元素からの化合物の生成において, 安定な化合物はもとの元素に比べてポテンシャルエネルギーは低いはずで, 反応は発熱的と考えられる.

格子エネルギーの重要性

NaCl などのイオン化合物の形成において, 安定な物質をもたらすのは電子の移動自体ではない. Na のイオン化エネルギー (IE) と Cl の電子親和力 (EA) を調べればこれがわかる. 1 mol の気体原子スケールで, 以下の関係を導くことができる. なお, 後述するボルン–ハーバーサイクルを考慮して, 便宜上, Cl の電子親和力の符号を負としている.

$$Na(g) \longrightarrow Na^+(g) + e^- \qquad +495\ \mathrm{kJ\ mol^{-1}}\ (\text{ナトリウムの IE})$$
$$Cl(g) + e^- \longrightarrow Cl^-(g) \qquad -349\ \mathrm{kJ\ mol^{-1}}\ (\text{塩素の EA})$$
$$\text{合計} \quad +146\ \mathrm{kJ\ mol^{-1}}$$

気体のナトリウム原子と塩素原子から気体のナトリウムイオンと塩化物イオンの形成が系のポテンシャルエネルギーを増加させることに注目しよう. これは, イオン化エネルギーと電子親和力が関連する唯一のエネルギー変化であったなら, 気体のナトリウムイオンと塩化物イオンはナトリウム原子と塩素原子からは生成されないことを意味している. それでは, 塩化ナトリウムの安定性はどこからくるのか.

上の計算において, 気体イオンの生成をみてきたが, 塩化ナトリウムは気体ではな

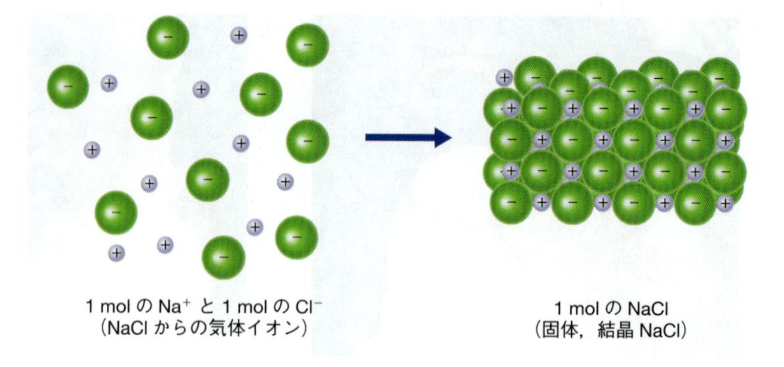

図 8・3　NaCl の格子エネルギー. 1 mol の気体 Na^+ と 1 mol の気体 Cl^- が凝縮して 1 mol の固体 NaCl を形成するときに放出されるエネルギーが格子エネルギーである．NaCl ではこれは −786 kJ mol^{-1} になる．

■格子は結晶中のイオンまたは原子の規則正しいパターンを記述するために用いられる．格子エネルギーは発熱的であり，負の符号が与えられる．

格子エネルギー lattice energy

＊　格子エネルギーは，1 mol の固体中のイオンを分離して気体イオンを与えるために必要なエネルギーと定義している成書もある．これは次の変化と一致するであろう．

$$NaCl(s) \longrightarrow Na^+(g) + Cl^-(g)$$

この場合，エネルギー変化の絶対値は本文中で述べた過程に関しては同じであるが，エネルギー変化の符号は負ではなく正である（発熱的ではなく吸熱的）．

く固体である．したがって，気体イオンが濃縮されて固体を与えるなら，エネルギーがどう変化するかを知る必要があり，このために格子エネルギーとよばれる量を調べなければならない．

格子エネルギーは，イオンが無限の距離に離された位置（すなわち気体イオンの雲）から凝集されて 1 mol の固体化合物を形成するときに放出されるエネルギーである*．塩化ナトリウムについて，格子エネルギーに関連する変化は図 8・3 に示し，次のように式の形で表すことができる．

$$Na^+(g) + Cl^-(g) \longrightarrow NaCl(s)$$

Na^+ と Cl^- は互いを引き合うことから，それらのポテンシャルエネルギーはそれらが一緒になるにつれて減少し，その過程はエネルギーを放出し，発熱的になる．実際，塩化ナトリウムの格子エネルギーは発熱的で，−786 kJ mol^{-1} に等しい．格子エネルギー，Na のイオン化エネルギーと Cl の電子親和力をともに合わせると，次のとおりになる．

$Na(g) \longrightarrow Na^+(g) + e^-$	+495 kJ mol^{-1}（ナトリウムの IE）
$Cl(g) + e^- \longrightarrow Cl^-(g)$	−349 kJ mol^{-1}（塩素の EA）
$Na^+(g) + Cl^-(g) \longrightarrow NaCl(s)$	−786 kJ mol^{-1}（格子エネルギー）
合計	−640 kJ mol^{-1}

したがって，格子エネルギーに等しいエネルギーの放出が，固体 NaCl が形成されるときのポテンシャルエネルギーの大幅な低下の主因となっている．したがって，NaCl の形成に必要な安定性を与えるのは，格子エネルギーであるということもできる．それがなければ，化合物は存在することができない．

格子エネルギーの決定

これらのエネルギー計算における出発点を，気体のナトリウム原子と塩素原子としていることに疑問をもつかもしれない．実際，標準状態においてナトリウムは固体金属であり，塩素は気体 Cl_2 分子でできている．そこで，6 章で説明したエンタルピーダイヤグラムを参考にして，エネルギー変化の完全な解析をみてみよう．この図はエンタルピーダイヤグラムを格子エネルギーの計算に用いた最初の科学者の名前にちなんで**ボルン–ハーバーサイクル**とよばれている．

ボルン–ハーバーサイクル Born–Haber cycle

6 章では，エンタルピー変化は，始状態から終状態までにたどる経路にかかわらず同じであることを学んだ．これを念頭に置いて，図 8・4 に示すように，単体としての固体ナトリウムと気体塩素分子から固体イオン化合物である塩化ナトリウムが生成

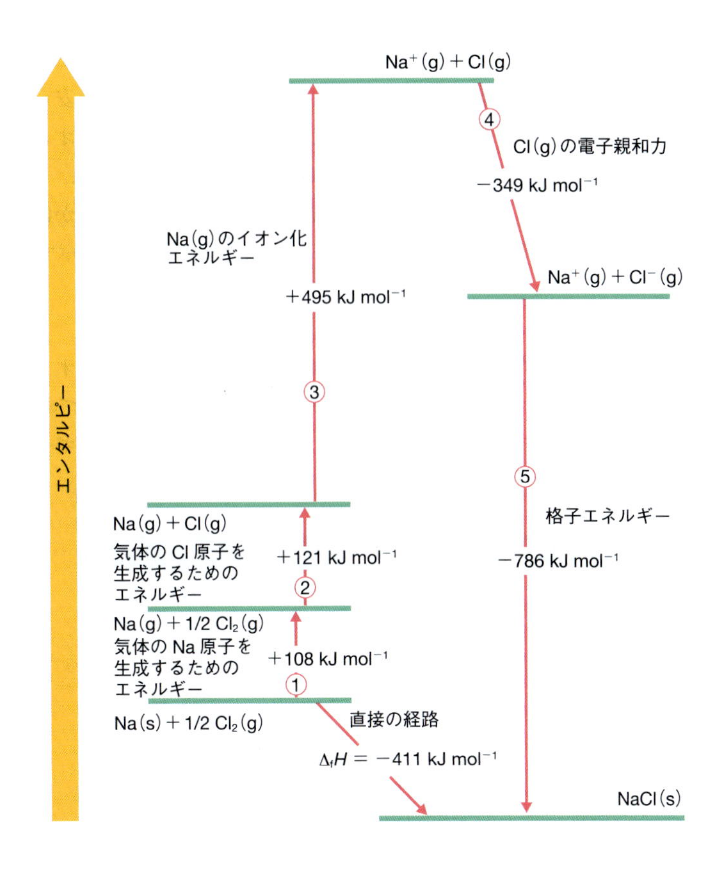

図 8・4 塩化ナトリウム形成のボルン–ハーバーサイクル. 一つの経路は Na(s) と Cl_2(g) から NaCl(s) に直接導く．上部のもう一つの経路は格子エネルギーを含む一連の過程を経て，同じ最終生成物に導く．

するまでの二つの異なる経路を構築してみよう．

両経路の出発点は同じ単体としての固体ナトリウムと気体塩素分子である．左下に示してある始状態から終状態への矢印は，生成物 NaCl(s) を直接生成する経路であり，そのエンタルピー変化は，NaCl の生成エンタルピー $\Delta_f H^\circ$ に等しい．

$$\mathrm{Na(s)} + 1/2\,\mathrm{Cl(g)} \longrightarrow \mathrm{NaCl(s)} \qquad \Delta_f H^\circ = -411\ \mathrm{kJ\ mol^{-1}}$$

直接経路に替わる経路は多くの段階に分けられる．最初の段階①および②におけるエンタルピー変化は実験的に測定できる ΔH° であり，両方とも吸熱的である．それらは Na(s) と Cl_2(g) を気体原子 Na(g) と Cl(g) に変える過程である．次の段階である③と④は，Na(g) を吸熱的であるイオン化エネルギー(IE) によりナトリウムイオン Na^+(g) にし，つづいて Cl(g) を発熱的である電子親和力(EA) により塩化物イオン Cl^-(g) に変える過程であり，この過程が気体のイオン化をもたらす．Na^+(g) + Cl^-(g) を図 8・4 の右に書く．この点で，すべてのエネルギー変化を追加すると，気体状態のイオンは反応物よりかなり高いエネルギーにあることに注意しよう．これら①～④の過程だけが NaCl の形成に関与するエネルギー項であるなら，生成熱は吸熱的で化合物は不安定であり，元素の直接結合によって NaCl が形成されることはできない．

図 8・4 における右下の最後の⑤は最終的に固体の NaCl をもたらし，そのエネルギーは格子エネルギーに相当する．正味のエネルギー変化を両経路に沿って同じにするために，イオンが凝縮して固体を形成するときに放出されるエネルギーは −786 kJ mol⁻¹ に等しくなければならない．したがって，計算で求められる NaCl の格子エネルギーは −786 kJ mol⁻¹ でなければならない．

この解析から，NaClがその元素から形成されることを可能にするのが格子エネルギーであることがわかる．実際，どのようなイオン化合物でも，おもな安定化要因は格子エネルギーであり，その発熱エネルギーは，単体から気体状態のイオンを形成するために必要な正のエネルギーをのりこえるのに十分な大きい値である．

格子エネルギーは，イオン化合物を形成する能力に影響することのほかに，水と他の溶媒中でのイオン化合物の溶解度を決定するのにも重要である．12章ではこの問題を考察する．

格子エネルギーに及ぼすイオンの大きさと電荷の効果　いくつかのイオン化合物の格子エネルギーを表8・1に示す．表からわかるように，それらはすべて非常に大きな発熱量である．イオンの電荷とそれらの大きさを含めて，格子エネルギーの大きさは多数の要因に依存する．

表 8・1　イオン化合物の格子エネルギー

化合物	イオン	格子エネルギー (kJ mol⁻¹)
LiCl	Li^+ と Cl^-	−853
NaCl	Na^+ と Cl^-	−786
KCl	K^+ と Cl^-	−715
LiF	Li^+ と F^-	−1036
$CaCl_2$	Ca^{2+} と Cl^-	−2258
$AlCl_3$	Al^{3+} と Cl^-	−5492
CaO	Ca^{2+} と O^{2-}	−3401
Al_2O_3	Al^{3+} と O^{2-}	−15,916

距離 r だけ隔てられた電荷 q_1 と q_2 をもつ二つのイオンにおいて，そのポテンシャルエネルギーは**クーロンの法則**から計算することができる．ここで k は比例定数である*．

クーロンの法則 Coulomb's law

＊　本章で用いた記号 q は，6章で用いた熱を表す記号ではなく，電荷を表すために用いている．アルファベットの文字数は限られているので，異なる量を表すために同じ文字を用いることは科学ではめずらしくない．これは通常，記号が用いられる文脈で定義される限り問題にならない．

$$E = k\frac{q_1 q_2}{r} \qquad (8 \cdot 1)$$

イオン固体では，q_1 と q_2 は逆符合をもっており，したがってポテンシャルエネルギー E は負の値である．これが，格子エネルギーが負の符号をもっている理由である．

イオンの電荷がより大きくなる（すなわち，q_1 と q_2 がより大きくなる）と，E はより大きな負の値になる．これは，ポテンシャルエネルギーがより低くなることを意味する．これは，Ca^{2+} の塩が Na^+ の同等塩より大きな格子エネルギーをもち，Al^{3+} を含む塩がさらに大きな格子エネルギーをもつ理由を説明している．

イオン間の距離 r は（8・1）式の分母に現れることから，E は r が小さくなるほど大きな負の値になる．結果として，小さなイオンから形成された化合物が大きなイオンから形成された化合物より大きな格子エネルギーをもつ．たとえば，Na^+ は K^+ より小さい．図8・5は，固体NaClで計測した陽イオン–陰イオン間距離はKClの値より小さく，NaClのほうがKClより大きな格子エネルギーをもっていることを示している．

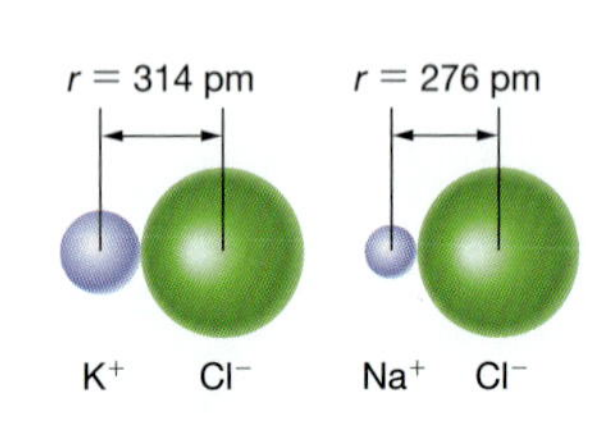

図 8・5　格子エネルギーに対するイオンの大きさの影響．Na^+ は K^+ より小さいので，イオン間の距離 r はKClよりNaClのほうが小さく，これがNaClの格子エネルギーをKClより大きくしている．

陽イオンと陰イオンの形成を決定する因子　形成するイオン化合物において，格子エネルギーの放出によって生じるエネルギー低下の値が，中性原子から気体状態の陽イオンと陰イオンが生成するときのエネルギーの上昇を超えなければならないことを学んだ．これは，陽イオンがイオン化エネルギーの比較的低い原子でできていることを必要としている．このような原子は金属元素にみられる．周期表右上の非金属元素は，大きなイオン化エネルギーをもち，一般に発熱的な電子親和力をもっている．非金属元素は電子を失う傾向が低く，非金属元素からの陰イオン形成は，系のエネルギーを下げるのに役立つ．結果として，これらが全体として系のエネルギーを最大限低下させることから，陽イオンは金属元素から形成され，陰イオンは非金属元素から形成される．実際，小さなイオン化エネルギーをもつ元素が大きな発熱的電子親和力をもつ元素と結合するときは常に，イオン結合が他の種類の結合よりエネルギー的に有利であるため，金属元素は非金属元素と結合してイオン化合物を形成する．

練習問題 8・1 7章のデータと以下を用いて LiF の生成エンタルピーを決定する図 8・4 に似たエネルギー図を書け．

$Li(s) \longrightarrow Li(g)$ $\quad \Delta_f H^\circ = 155\ \mathrm{kJ\ mol^{-1}}$

$1/2F_2(g) \longrightarrow F(g)$ $\quad \Delta_f H^\circ = 78.5\ \mathrm{kJ\ mol^{-1}}$

8・3 オクテット則とイオンの電子配置

前節では，なぜナトリウムは Na^+ を形成し，塩素は Cl^- を形成するのか，Na^{2+} または Cl^{2-} を形成しないのかについて疑問を提起した．この疑問に答えるためには，原子とイオンの電子配置を考える必要がある．

貴ガス配置の安定性

ナトリウム原子が 1 個の電子を失うとき，何が起こるかを調べることから始めよう．Na の電子配置は次のとおりである．

$$\mathrm{Na} \qquad 1s^2\,2s^2\,2p^6\,3s^1$$

失われる電子は原子核とごく弱く結合した最外殻にある 1 個の 3s 電子であり，Na^+ の電子構造は次のとおりである．

$$\mathrm{Na^+} \qquad 1s^2\,2s^2\,2p^6$$

これが貴ガスであるネオンの電子配置と全く同じであることに注意しよう．これを Na^+ が貴ガスの電子配置になったという．

Na から最初の電子を引抜くために必要なエネルギーは比較的小さく，そのエネルギーの損失は，Na^+ を含むイオン化合物が形成されるときの格子エネルギーの放出によって容易に補償できる．しかし，ナトリウム原子から 2 番目の電子を引抜くことは，L 殻（$2s^2\,2p^6$ 殻）から電子を引抜くことになり，非常に困難である．したがって，1 番目と 2 番目のイオン化エネルギーを加えることからわかるように，Na^{2+} の生成は著しく吸熱的である（表 7・2 参照）．

$Na(g) \longrightarrow Na^+(g) + e^-$	第一イオン化エネルギー ＝ 496 kJ mol^{-1}
$Na^+(g) \longrightarrow Na^{2+}(g) + e^-$	第二イオン化エネルギー ＝ 4363 kJ mol^{-1}
	合計　5059 kJ mol^{-1}

この大きな値は 2 番目の電子が貴ガスの電子殻から引抜かれるためである

Na^{2+} は $NaCl_2$ のような化合物に対して NaCl より大きな格子エネルギーを与えるが（たとえば，表 8・1 の $CaCl_2$ の格子エネルギーを見よ），化合物の生成を発熱的にするほどには大きくない．結果として，$NaCl_2$ は形成することができない．同じことがナトリウムの他の化合物にもあてはまり，したがってナトリウムが陽イオンを形成するときには，Na^+ がいったん形成され，貴ガスの電子配置に達すると電子の損失は止まる．

■カルシウムのイオン化エネルギー
第一イオン化エネルギー 590 kJ mol^{-1}
第二イオン化エネルギー 1145 kJ mol^{-1}
第三イオン化エネルギー 4912 kJ mol^{-1}

同様な状況が他の金属にもあてはまる．たとえば，カルシウム原子から引抜かれる最初の2個の電子は最外殻の4s軌道に由来する．

$$\mathrm{Ca}\qquad 1s^2\,2s^2\,2p^6\,3s^2\,3p^6\,4s^2$$
$$\mathrm{Ca}^{2+}\qquad 1s^2\,2s^2\,2p^6\,3s^2\,3p^6$$

これを達成するために必要なエネルギーは，Ca^{2+} を含む化合物が形成するときに，格子エネルギーの放出によってエネルギーの損失を補償することができる．しかし，貴ガスの電子殻から電子を引抜くためには膨大なエネルギーが必要なため，電子の損失はこの時点で止まる．結果として，カルシウム原子は反応するときにちょうど2個の電子を失うことになる．

1族と2族の他の金属元素や13族のアルミニウムと同様に，ナトリウムとカルシウムでは，それらの原子の最外殻電子の下にある貴ガス電子殻の大きなイオン化エネルギーが，引抜かれる電子の数を制限している．それゆえ，形成されるイオンは貴ガスの電子配置をもっている．

非金属元素もまた，陰イオンを形成するときに，貴ガス電子配置を達成する傾向がある．たとえば，塩素原子が反応するとき1個の電子を獲得する．

$$\mathrm{Cl}\qquad 1s^2\,2s^2\,2p^6\,3s^2\,3p^5$$
$$\mathrm{Cl}^-\qquad 1s^2\,2s^2\,2p^6\,3s^2\,3p^6$$

塩素原子が電子を獲得して Cl^- になった時点で，貴ガス（アルゴン）の電子配置をもつことになる．この時点で電子の獲得は止まる．なぜなら，別の電子が追加されると，次のより高い殻の軌道に入る必要があることから，エネルギー的に非常に不利である．同様の説明は他の非金属元素にもあてはまる．

オクテット則

先の説明において，エネルギー因子の釣合により，多くの原子から貴ガス電子配置をもったイオンが形成されることを学んだ．このことは，次のような一般的な形で表される．

原子がイオンを形成するとき，主要族元素のほとんどの原子は，それらの原子に最も近い貴ガスと同一の電子配置をとるまで，電子を得るか失う傾向がある．

オクテット則はこれらの金属のイオンでは有効である

オクテット則はこれらの金属のイオンでは有効でない

ヘリウムを除くすべての貴ガスは電子8個の外殻をもっていることから，この法則は**オクテット則**として知られ，次のように述べることができる．原子は最外殻の電子殻に8個の電子を得るまで電子を得るか失う傾向がある．

オクテット則 octet rule

オクテット則に従わない陽イオン

オクテット則はイオン化合物に適用する場合，実際には1族，2族の金属元素と13族のアルミニウムの陽イオン，非金属元素の陰イオンに対して有効にはたらき，遷移金属元素とポスト遷移金属（周期表において遷移金属元素の列のあとに続く金属元素）には有効にはたらかない．

これらの金属元素の陽イオンの正しい電子配置を得るためには，以下の法則を適用する．

陽イオンの電子配置

1. 原子またはイオンから失われる最初の電子は，主量子数 n の最大値をもつ殻からのものである（すなわち最外殻の s と p 電子）.
2. 電子がある特定の電子殻から引抜かれる場合，それらの電子は，低エネルギーの副殻から引抜かれる前に，占有されている最高エネルギーの副殻から最初に引抜かれる．これは p 電子が s 電子の前に引抜かれることを意味している．
3. d 軌道の電子は，それらが $n-1$ 殻にあることから，ns 電子のあとに引抜かれる．

■ これらの規則は 1 族および 2 族の金属に対し，正しい電子配置を与える．

二つの例をみてみよう．

スズ（ポスト遷移金属元素）は二つのイオン Sn^{2+} と Sn^{4+} を形成する．その電子配置は次のとおりである．

$$\begin{array}{ll} \mathrm{Sn} & [\mathrm{Kr}]4d^{10}\,5s^2\,5p^2 \\ \mathrm{Sn^{2+}} & [\mathrm{Kr}]4d^{10}\,5s^2 \\ \mathrm{Sn^{4+}} & [\mathrm{Kr}]4d^{10} \end{array}$$

Sn^{2+} がより高エネルギーの 5p 電子を失うことによって最初に形成されることに注意しよう．その後，さらに 2 個の 5s 電子の損失が Sn^{4+} を与える．しかし，これらのイオンのどちらも貴ガス配置をもたない．

遷移元素では，失われる最初の電子は外殻の s 電子である．その後，追加の電子が失われる場合，それらは内側の d 副殻から失われる．一例は鉄で，イオン Fe^{2+} と Fe^{3+} を形成する．鉄元素は次の電子配置をもつ．

$$\mathrm{Fe} \qquad [\mathrm{Ar}]3d^6\,4s^2$$

鉄は 4s 電子を容易に失って，次の電子配置をもつ Fe^{2+} を与える．

$$\mathrm{Fe^{2+}} \qquad [\mathrm{Ar}]3d^6$$

Fe^{3+} は，さらにもう 1 個の電子が 3d 副殻から引抜かれて生じる．

$$\mathrm{Fe^{3+}} \qquad [\mathrm{Ar}]3d^5$$

3d 副殻のエネルギーが 4s 副殻のエネルギーに近いことから，鉄は Fe^{3+} を形成することができるので，3 番目の電子を引抜くことはあまり困難ではない．引抜かれる最初の電子は，n の最大値の殻（4s 副殻）に由来していることにもう一度注意しよう．したがって，この殻が空になったあとに，次の電子が下の殻から引抜かれる．

非常に多くの遷移元素が鉄元素に似たしくみでイオンを形成することから，二つ以上の陽イオンを形成する能力は通常，遷移元素固有の性質の一つとしてあげられる．形成されたイオンの一つは 2+ の電荷をもっており，これは 2 個の 4s 電子の損失から生じる．d 電子が失われると，より大きな正電荷をもつイオンが生じる．残念ながら，特定の遷移金属について，どのようなイオンが形成できるかを正確に予測することは容易ではなく，酸化または還元されることに対してそれらの相対的安定性を予測することも簡単ではない．

例題 8・1 イオンの電子配置を求める

窒素原子が N^{3-} を形成するとき(a)，アンチモン原子が Sb^{3+} を形成するとき(b)，電子配置はどのように変わるか．

指針 非金属元素では，オクテット則がはたらくので，窒素のイオンは貴ガス配置をもつであろう．

アンチモンはポスト遷移元素であるので，その陽イオンがオクテット則に従うことは期待できない．この場合，中性原子の電子配置を調べて，どの電子が失われるかを決定する必要がある．

解法　オクテット則は，N^{3-} の電子配置を決定するための方法として役立つ．Sb^{3+} の電子配置を決定するための方法は，原子の簡略電子配置を書く手順および電子が原子から失われる順序を記述する法則である．

解答　(a) 簡略配置を書く方法に従うと，窒素の電子配置は，

$$\mathrm{N} \qquad [\mathrm{He}]2s^2\,2p^3$$

と書ける．N^{3-} を形成するために，3 個の電子が獲得される．これらの電子は入りうる最低エネルギー準位の 2p 副殻に入り，オクテットを完成するであろう．したがって N^{3-} の配置は次のとおりである．

$$\mathrm{N^{3-}} \qquad [\mathrm{He}]2s^2\,2p^6$$

(b) 本章で述べてきた法則は，陽イオンが形成される場合，電子は最初に原子の外殻（主量子数 n が最大の殻）から引抜かれることを教えている．特定の殻の中では，電子は最初にエネルギーが最も高い副殻から引抜かれる．ここでは，アンチモンの基底状態の電子配置を考えてみよう．

$$\mathrm{Sb} \qquad [\mathrm{Kr}]4d^{10}\,5s^2\,5p^3$$

Sb^{3+} を形成するには，3 個の電子を引抜かなければならない．これらは，$n = 5$ をもつ外殻から引抜かれる．この外殻のなかでは，副殻のエネルギーは s ＜ p ＜ d ＜ f の順に増加する．したがって，5p 副殻は 5s 副殻よりエネルギー的に高く，3 個の電子は 5p 副殻から引抜かれる．このことは，次の電子配置を与える．

$$\mathrm{Sb^{3+}} \qquad [\mathrm{Kr}]4d^{10}\,5s^2$$

確認　2 章で，周期表を用いて非金属の陰イオンの電荷を算出した．窒素については，右に 3 段階進んで，最も近い貴ガスであるネオンに達するであろう．N^{3-} の電子配置はネオンの配置になり，したがって答えは妥当と考えられる．

アンチモンについては，3 個の電子を引抜いて，5p 副殻を完全に空にする必要があった．イオンは s 副殻または p 副殻を部分的に満たす傾向がないことは（部分的に満たされた d 副殻は遷移金属ではめずらしくないが），イオンの電子配置を考えるうえで好都合である．もし，電子を他のどれかの副殻から引抜いていたら，Sb^{3+} は部分的に満たされた 5p 副殻をもっていたであろう．

例題 8・2　イオンの電子配置を書く

V^{3+} の電子配置を書け．また，V^{3+} の軌道準位図を求めよ．

指針　陽イオンの電子配置を得るために，中性原子の電子配置から始めよう．この場合，イオンの電子配置を得るために 3 個の電子を引抜く．

解法　前と同じように，解答には原子の電子配置を求める方法および電子が原子から失われる順序の法則である．また，電子が特定の副殻の軌道をどのように占めるかを示すフントの規則も用いる．

解答　一般的方法によると，バナジウムの電子配置は次のとおりである．

$$\mathrm{V} \qquad \underbrace{1s^2\,2s^2\,2p^6\,3s^2\,3p^6}_{\text{Ar の電子配置}}\,3d^3\,4s^2$$

または

$$[\mathrm{Ar}]3d^3\,4s^2$$

右端に外殻の 4s 電子を示す配置を書いたことに注意．V^{3+} を形成するには，3 個の電子を中性原子から引抜かなければならない．ここで，電子が最高の n をもつ占有殻から最初に失われることに留意する必要がある．したがって，最初の 2 個の電子は 4s 副殻から，3 番目の電子は 3d 副殻から引抜かれる．このことは，3s 副殻または 3p 副殻から電子を引抜く必要がないことを意味しており，アルゴンの電子殻はそのまま残る．

$$\mathrm{V^{3+}} \qquad [\mathrm{Ar}]3d^2$$

軌道準位図を求めるために，3d 副殻の五つの軌道をすべて示し，その後，2 個の電子のスピンを平行にして配置する（フントの規則）．このようにして軌道準位図は次のようになる．

V^{3+}　[Ar]　(↑)(↑)( )( )( )
3d

確認　最初に，バナジウムの電子配置を確認する．次に，原子から電子を取除いたイオンの電子配置を考える．最後に，3d 軌道のなかの二つの軌道のみが占有されるが，3d 副殻の五つの軌道をすべて示した．

練習問題 8・2　In^+ において，次の電子配置で何がまちがっているか．電子配置はどうであるべきか．

$$\mathrm{In^+} \qquad 1s^2\,2s^2\,2p^6\,3s^2\,3p^6\,3d^{10}\,4s^2\,4p^6\,4d^{10}\,5s^1\,5p^1$$

練習問題 8・3　クロム原子が次のイオンを形成するときに，電子配置はどのように変わるか．(a) Cr^{2+}　(b) Cr^{3+}　(c) Cr^{6+}

8・4　ルイス記号：価電子を追跡する

電子が移動してイオンを形成するときに，原子の原子価殻がどのように変化するか

をみてきた．本節では，原子価殻の電子が共有結合を形成するとき，原子がそれらの価電子を互いに共有するしくみを学ぶが，これは共有結合における価電子の経過をたどるのに役立つであろう．米国の化学者ルイスにちなんで名づけられたルイス記号とよばれる簡単な記号法を用いて，結合のしくみを表すことができる．

ここで，原子に対して**ルイス記号**を書くために，原子の価電子を表す点（または他の同様の印）によって囲まれた元素記号を書いてみる．たとえば，元素リチウムは次のルイス記号をもっている．

Li·

ここで，一つの点はリチウム原子における1個の価電子を表している．実際，1族中の各元素は，それぞれ価電子を1個だけもっていることから，似たルイス記号をもっている．1族の金属元素のルイス記号は次のとおりである．

Li·　　Na·　　K·　　Rb·　　Cs·

第2周期の元素のルイス記号は次のとおりである*．

族	1	2	13	14	15	16	17	18
ルイス記号	Li·	·Be·	·Ḃ·	·Ċ·	·Ṅ:	:Ȯ:	:F̈:	:N̈e:

各族中のより高周期の元素は，ルイス記号に関して，それぞれの族の元素と同じ電子構造をもっている．原子が4個以上の価電子をもっているときは，追加の電子が他と対になって示されることに注意しよう．

ルイス Gilbert Newton Lewis, 1875〜1946．彼は化学結合理論の発展に貢献し，1916年電子対の共有で原子が結合を形成することを提案した．

ルイス記号 Lewis symbol

＊　ベリリウム，ホウ素，炭素は共有結合を形成するとき，それぞれ2, 3, 4個の不対電子をもっているように振舞うことから，これらの元素のルイス記号は本文中に示したように書かれる．

例題 8・3　ルイス記号を書く

ヒ素のルイス記号は何か．

指針　族番号から得られる価電子数から始めよう．その後，電子を点で表し，元素記号のまわりに配置する．

解法　解答には，先に説明したルイス記号を構成するための方法を用いる．

解答　ヒ素の記号はAsであり15族に属する．したがって，ヒ素は5個の価電子をもっている．最初の4個は次のようにヒ素の記号のまわりに置かれる．

·Ȧs·

5番目の電子は最初の4個の1個と対になる．これは次のように表される．

·Ȧs:

5番目の電子の位置は実際には重要でなく，有効なルイス記号は次のように表される．

:Ȧs·　または　·Ȧs·　または　·Ȧs·

確認　ここで確認することは多くない．正しい元素記号を得たか．点の数は適切かを確認する．

練習問題 8・4　鉛とテルルのルイス記号を書け．

ルイス記号を用いてイオン化合物を表す

通常ルイス記号を用いて共有結合中の価電子のゆくえを追跡するが，それらはまた，イオン形成の間に何が起こるかを記述するためにも用いることができる．たとえば，ナトリウム原子が塩素原子と反応するとき，次に書くようにナトリウムは塩素に電子を与える．

$$\mathrm{Na}\cdot + \cdot\ddot{\underset{..}{\mathrm{Cl}}}: \longrightarrow \mathrm{Na}^{+} + \left[:\ddot{\underset{..}{\mathrm{Cl}}}:\right]^{-}$$

ナトリウム原子の原子価殻は空になり，したがって点は残っていない．7個の電子をもっていた塩素の外殻は，電子を1個得て合計8個になる．[ ] は，8個の電子がす

べて Cl^- に占有されていることを示すため，塩化物イオンのまわりに書かれている．

カルシウムと塩素原子の間も同様の反応を図示することができる．

$$:\ddot{\mathrm{Cl}}\cdot \curvearrowleft \circ \mathrm{Ca} \circ \curvearrowright \cdot\ddot{\mathrm{Cl}}: \longrightarrow \mathrm{Ca}^{2+} + 2\left[:\ddot{\mathrm{Cl}}:\right]^-$$

例題 8・4　ルイス記号の使用

ナトリウムと酸素の原子間で起こる Na^+ と O^{2-} の形成反応を図示するため，ルイス記号を用いる．

指針　電気的中性のために，式は Na_2O になるであろう．それゆえ，2 個のナトリウム原子と 1 個の酸素原子が使われる．各ナトリウム原子は電子を 1 個失って Na^+ になり，酸素は電子を 2 個獲得して O^{2-} になる．

解法　おもな手法は，元素とそのイオンのルイス記号を作成するための方法である．

解答　最初の作業はNaとOのルイス記号を書くことである．

$$\mathrm{Na}\cdot \quad \cdot\ddot{\mathrm{O}}\cdot$$

酸素のまわりでオクテットを完成するには 2 個の電子が必要であり，各 Na は 1 個の電子を供給する．

$$\mathrm{Na}\circ \curvearrowright \cdot\ddot{\mathrm{O}}\cdot \curvearrowleft \circ\mathrm{Na} \longrightarrow 2\mathrm{Na}^+ + \left[:\ddot{\mathrm{O}}:\right]^{2-}$$

[ ] を酸化物イオンのまわりに置いたことに注意．

確認　すべての価電子について数を数え，正味の電荷が矢印の両側で同じである（式は平衡がとれている）ことを確認する．また，オクテットが独占的に酸化物イオンに占有されていることを強調するために酸化物イオンのまわりに括弧を置いた．

練習問題 8・5　ルイス記号を用いて Ca 原子と I 原子から CaI_2 の形成を書け．

8・5　共 有 結 合

日々の生活において出会う物質のほとんどはイオンではなく，電気的中性の分子から構成されている．そのような分子中で原子を互いに結合させる化学結合は本質的に電気的であるが，電子移動ではなく電子の共有から生じる．

結合形成でのエネルギー変化

§8・2で，イオン結合が起こる場合，格子エネルギーによるエネルギー低下の効果が，気体原子の形成，イオン化エネルギー(IE)，および電子親和力(EA) の複合したエネルギーの上昇効果より大きくなければならないことを述べた．多くの場合，これは決して可能なことではない．たとえば，大きなイオン化エネルギーをもつ非金属はともに結合して分子を形成する．その場合，電子の共有によってエネルギーを下げている．

2 個の水素原子が結合して水素分子を形成するときに何が起こるかをみてみよう（図 8・6）．2 個の原子が互いに近づくにつれて，各原子の電子は両方の核の引力を受

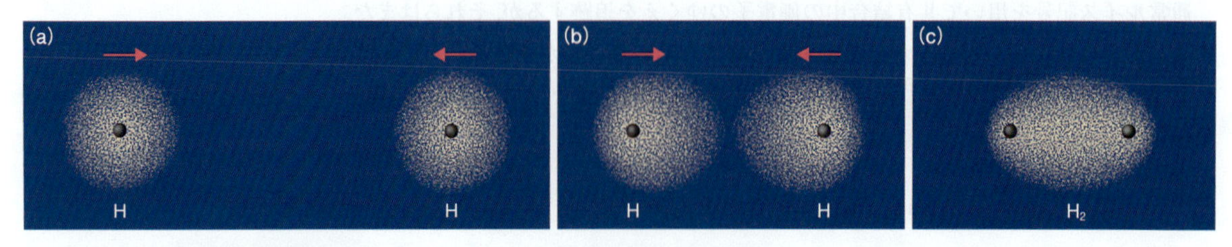

図 8・6　2 個の水素原子間の共有結合の形成． (a) 長い距離によって分離された 2 個の原子．(b) 水素原子が互いに近づくにつれて，それらの電子密度は二つの原子核間の領域に引込まれる．(c) H_2 分子では，電子密度は核の間に集中し，結合内の両電子は両方の核の間で共有される．

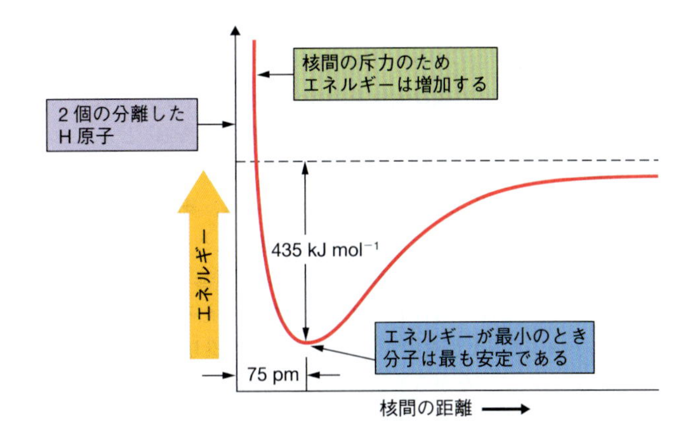

図 8・7　2個の水素原子が H_2 を形成するときのそれらの全ポテンシャルエネルギーの変化. 引力と斥力が釣合うときに，分子のエネルギーは最小になる.

け始める．この引力は各核のまわりの電子密度を 2 個の原子間の領域に移動させる．したがって，核間距離が減少するにつれて，それぞれの原子核の近くで電子を見いだす確率が増加する．実際，分子が形成されるとき，H_2 分子中のそれぞれの水素原子は 2 個の電子を共有する．

H_2 分子では，2 個の原子間の電子密度の増加が両方の原子核を引きつける一方で，二つの原子核は同じ電荷であるので互いに反発する．したがって，形成する分子中の原子は，これらのすべての引力と斥力が釣合う距離に保持され，全体として 2 個の原子は分離が避けられる．電子対を共有することによって生じる正味の引力が**共有結合**とよばれている．

共有結合 covalent bond

結合エネルギーと結合長　すべての共有結合は二つの物理量によって特徴づけられる．すなわち，結合によって凝集する核間の平均距離と，2 個の原子を分離して中性原子を生成するために必要なエネルギー量である．水素分子では，原子核は 75 pm の**結合長**（**結合距離**ともいう）にある．共有結合は原子を凝集することから，それらを分離するには仕事を行わなければならない（エネルギーを供給しなければならない）．結合を“切る”ために必要なエネルギー量（または，結合を形成するときに放出されたエネルギー）が**結合エネルギー**とよばれている．

結合長 bond length

結合距離 bond distance

結合エネルギー bond energy

図 8・7 は，2 個の水素原子が一緒になって H_2 を形成するときに，ポテンシャルエネルギーがどのように変化するかを示している．すなわち，最小ポテンシャルエネルギーが 75 pm の結合長で生じ，1 mol の水素分子は 2 mol の水素原子より 435 kJ だけ安定していることがわかる．ここで，H_2 の結合エネルギーは 435 kJ mol^{-1} である．

一般に，共有結合の形成はエネルギーの低下をひき起こし，共有結合の切断はエネルギーの増加をもたらす．6 章で述べたように，化学反応において観測される正味のエネルギー変化は結合の切断と形成に関連するエネルギーの結果である．

共有結合中の電子の対形成

H_2 を形成する前，個々の水素原子はそれぞれ 1s 軌道に 1 個の電子をもっている．これらの電子が共有されると，各原子の 1s 軌道は満たされる．電子はいま同じ空間を共有することから，それらはパウリの排他原理の要求に応じて対になる．すなわち m_s は 1 個の電子について +1/2 であり，もう一方の電子については −1/2 である．共有結合を生じるとき，含まれる電子はほとんどの場合対になることから，共有結合は**電子対結合**とよばれることがある．

■ 7 章で，2 個の電子が同じ軌道を占め，したがって同じ空間を共有するときに，それらのスピンは対にならなければならないことを学んだ．電子の対形成は共有結合形成の重要な部分である．

電子対結合 electron pair bond

コラム 8・1　太陽光と皮膚がん

化学反応にエネルギーを与える光の作用は，生命が地球上に存在することを可能にしている．緑色植物は太陽光を吸収し，葉緑素の助けによって，二酸化炭素と水を，食物連鎖の不可欠な構成成分である炭水化物（たとえば砂糖やセルロース）に変換する．しかし，太陽光のすべてが有益なわけではない．

周知のように，光は周波数に比例するエネルギーをもっており，物質に吸収される光子が十分なエネルギーをもっていれば，光は化学結合を切断して，化学反応を起こすことができる．これができる光は電磁スペクトルの紫外（UV）領域に周波数がある光であり，地球に降り注いでいる太陽光は相当な量の紫外線を含んでいる．幸い，成層圏（地上約 10～50 km）には，太陽光の紫外線のほとんどを吸収するオゾン O_3 層があり，地球上の生命を保護している．しかし，一部の紫外線は大気を通過するが，最も懸念されるスペクトル部分は波長 280 と 320 nm の間の "UV-B" とよばれている領域である．

UV-B を危険にしているのは，細胞中の DNA に影響を及ぼすからである．（DNA の構造とその複製は 22 章で説明する．）UV の吸収はピリミジン塩基とよばれる DNA の構成要素間の結合形成反応に影響を与える．これは，細胞分裂中に DNA が複製するときに転写の誤りをひき起こし，皮膚がんにつながる遺伝子の突然変異をひき起こす．これらの皮膚がんは，基底細胞がん，扁平上皮細胞がん，および黒色腫（最も危険な皮膚がん）の三つに分類される．毎年，100 万件以上の皮膚がんの診断事例があるが，皮膚がんの 90% 以上が UV-B の吸収によるものと推定されている．

ルイス記号は，共有結合の電子を追跡するためにしばしば用いられる．2 個の原子間で共有される電子は，結合原子の間に置かれた一対の点として表される．たとえば，水素原子から H_2 の形成は次のように書くことができる．

$$\mathrm{H\cdot + H\cdot \longrightarrow H{:}H}$$

電子が共有されることから，各 H 原子は 2 個の電子をもつと考えられる．

色のついた円は 2 個の電子が各 H 原子のものであることを強調している

共有結合の表記を簡単にするために，通常，共有結合の電子対は単一の線として書かれる．したがって，水素分子は次のように表される．

$$\mathrm{H—H}$$

ルイス構造 Lewis structure
構造式 structural formula

この方法で書かれた式は**ルイス構造**とよばれる．それはまたどの原子が分子に存在するか，それらの原子が互いにどう結合するかを示すことから**構造式**ともよばれる．

オクテット則と共有結合

非金属原子が陰イオンを形成するとき，その原子価殻の s 副殻と p 副殻が満たされるまで電子を受容することを述べた．通常 8 個の電子からなる原子価殻で終わる非金属原子の傾向は，原子が共有結合によって獲得する電子数に影響し，それは原子が形成する共有結合の数に影響する．

水素は，その 1s 軌道に 1 個だけ電子をもち，別の原子から電子を 1 個だけ得ることによってその原子価殻を完成させる．したがって，水素原子は共有結合を 1 個だけ形成する．一方の原子が水素原子であるとき，H_2 分子が形成される．

多くの原子は，それらの外殻に完全な s 副殻と p 副殻を与えるのに十分な数の電子を共有することによって共有結合を形成する．これは先に述べた貴ガス電子配置であり，§8・3 において述べたオクテット則の基礎である．共有結合に適用すると，オクテット則は次のように述べることができる.

> **原子が共有結合を形成するとき，それらは8個の電子をもつ外殻を実現するために必要な電子を共有する傾向がある.**

オクテット則は，しばしば，原子が形成する共有結合の数を説明するために用いることができる．この数は通常，原子がその外殻に合計8個（オクテット）の電子をもつために獲得しなければならない電子の数と等しい．たとえば，ハロゲン（17族）はすべて7個の価電子をもっている．この族の代表的元素である塩素原子のルイス記号は次のとおりである.

$$\cdot\ddot{\underset{\cdot\cdot}{\mathrm{Cl}}}:$$

この場合，オクテットを完成するには電子が1個だけ必要であることがわかる．実際，塩素は1個の電子を得て，塩化物イオンになることができる．これは，塩化ナトリウム NaCl などのイオン化合物を形成するときに起こることである．しかし，塩素が別の非金属と結合するときは，電子の完全な移動はエネルギー的に好ましくない．したがって，HCl または Cl_2 のような分子の形成においては，塩素原子は共有結合を形成することによってオクテットに必要な1個の電子を得ることになる.

$$\mathrm{H}\cdot + \cdot\ddot{\underset{\cdot\cdot}{\mathrm{Cl}}}: \longrightarrow \mathrm{H}:\ddot{\underset{\cdot\cdot}{\mathrm{Cl}}}: \quad \text{または} \quad \mathrm{H}-\ddot{\underset{\cdot\cdot}{\mathrm{Cl}}}:$$

$$:\ddot{\underset{\cdot\cdot}{\mathrm{Cl}}}\cdot + \cdot\ddot{\underset{\cdot\cdot}{\mathrm{Cl}}}: \longrightarrow :\ddot{\underset{\cdot\cdot}{\mathrm{Cl}}}:\ddot{\underset{\cdot\cdot}{\mathrm{Cl}}}: \quad \text{または} \quad :\ddot{\underset{\cdot\cdot}{\mathrm{Cl}}}-\ddot{\underset{\cdot\cdot}{\mathrm{Cl}}}:$$

複数の共有結合を形成する非金属は多くある．たとえば，生化学系で最も重要な三つの元素は炭素，窒素，および酸素である.

$$\cdot\dot{\underset{\cdot}{\mathrm{C}}}\cdot \qquad \cdot\ddot{\underset{\cdot}{\mathrm{N}}}\cdot \qquad \cdot\ddot{\underset{\cdot\cdot}{\mathrm{O}}}\cdot$$

すでにこれらの元素の最も簡単な水素化合物であるメタン CH_4，アンモニア NH_3，および水 H_2O について学んできた．それらのルイス構造は次のとおりである.

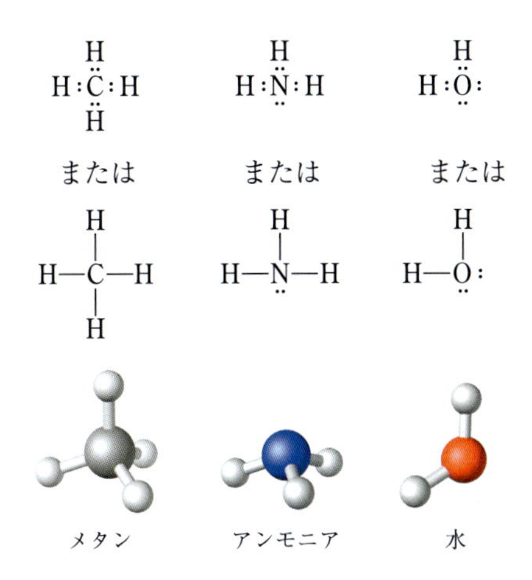

球棒模型で表される分子構造の図において，"棒"は原子間の共有結合を表している.

多重結合

2個の原子間の一対の電子の共有によって生成する結合は**単結合**とよばれるが，多くの分子では，複数の電子対が2個の原子間で共有される．たとえば，CO_2 の結合形成を次のように示すことができる.

単結合 single bond

■ここで矢印は，電子が結合して分子の電子対結合をどのように形成することができるかを示している．

:Ö·↔·Ċ·↔·Ö: ⟶ :Ö::C::Ö:

二重結合 double bond

炭素原子はその価電子のうち2個を一方の酸素原子と共有し，2個をもう一方の酸素原子と共有する．したがって，各酸素原子は2個の電子を相手の炭素原子と共有する．その結果，二つの**二重結合**が形成される．ルイス構造では，二対の共有電子対が二重結合によって結合する2個の原子間に置かれることに注意しよう．前述のように，各原子に属する原子価殻の電子を円で囲むと，それぞれが電子を8個もっていることがわかる．

:Ö::C::Ö:

8電子

CO_2 のルイス構造は，二重線を用いて次のように表される．

:Ö=C=Ö:

時には，三対の電子対が2個の原子間で共有される．大気中で最も豊富な気体である窒素分子は，二原子分子である N_2 という形で形成される．これまでみてきたように，窒素のルイス記号は次のとおりである．

·Ṅ:

窒素原子はオクテットを完成するために，3個の電子が必要である．N_2 分子が形成されるときに，各窒素原子は3個の電子を相手の原子と共有する．

:Ṅ·↔·Ṅ: ⟶ :N⋮⋮N:

三重結合 triple bond

この結果は**三重結合**とよばれる．この場合，2個の原子間の結合に三つの電子対をすべて置くことに注意しよう．これらの電子のすべてが，両方の原子に属しているかのように数える．したがって，各窒素原子は8電子をもっている．

8電子　8電子

:N⋮⋮N:

三重結合は三重線で表される．したがって，N_2 分子の結合は次のように示される．

:N≡N:

練習問題 8・6　次の分子で，8電子をもっていない各原子は，いくつの電子が必要か．あるいはいくつ失うべきか．

H_3C—C(F)(F)—C(=O)—Ö—H

8・6　結合の極性と電気陰性度

H_2 や Cl_2 のように，2個の同一原子が共有結合を形成するとき，各原子は結合の電子対を等しく共有している．この場合，電子が両方の核に等しく引きつけられるので，結合の両端の電子密度は同じである．しかし，HCl のように異なる種類の原子が結合するとき，通常は一方の核が共有結合電子を他方の核より強く引きつける．

極性結合と無極性結合

一方の原子核が共有結合電子を他より強く引きつける結果は，共有結合における電子密度の不均等な分布に反映される．たとえば，塩素原子は共有結合電子に対して，水素原子より強い引力をもっている．したがって，HCl 分子中で，電子雲は Cl により強く引っ張られることにより，塩素原子に負電荷をもたらす．また，塩素原子の方向に移動する電子密度は水素原子から取除かれて，水素原子に正電荷をもたらす．これらの電荷は 1+ 未満と 1− 未満であり，**部分電荷**とよばれている．これは通常，小文字のギリシャ文字 δ（デルタ）で表示される（図 8・8）．また，部分電荷はルイス構造に示すことができる．たとえば，次のとおりである．

$$\underset{\delta+}{\mathrm{H}}-\underset{\delta-}{\ddot{\underset{..}{\mathrm{Cl}}}}\!:$$

正と負の部分電荷を分子の両端にもたらす結合は**極性共有結合**，または単に**極性結合**とよばれる．極性という用語は等極という概念に付随しており，極性結合の両側の部分電荷は互いに逆電荷である．電荷の二つの極が存在することから，この結合は**電気双極子**であるとよばれる．

HCl の極性結合は分子全体として分子の両側に互いに逆電荷をもたせる．したがって，HCl 分子は全体として電気双極子であり，HCl は**極性分子**であるとよばれる．分子の極性の大きさはその**双極子モーメント** μ によって定量的に表される．これは，分子の片側の電荷量 q に電荷間の距離 r をかけたものに等しい．

$$\mu = q \times r \tag{8・2}$$

表 8・2 はいくつかの二原子分子の双極子モーメントと結合長を一覧表にしたものである．双極子モーメントの単位はデバイ 1 D = 3.34×10^{-30} C m で表される．

表 8・2 いくつかの二原子分子の双極子モーメントと結合長

化合物	双極子モーメント (D)	結合長 (pm)
HF	1.83	91.7
HCl	1.11	127
HBr	0.83	141
HI	0.45	161
CO	0.11	113
NO	0.16	115

出典：米国国立標準技術研究所．P. J. Linstrom，W. G. Mallard，Eds.，*NIST Chemistry WebBook*，NIST 標準参照データベース 69 号，米国国立標準技術研究所，Gaithersburg，MD 20899，http://webbook.nist.gov

別べつの実験によって，μ と r の両方を測定することは可能である．μ と r の値を知ることにより，双極子の両端の電荷量を計算することが可能となる．HCl について計算すると，q が電子の電荷単位の 0.17 に等しいことを示している．これは，水素原子が $+0.17\ e^-$ の電荷，塩素原子が $-0.17\ e^-$ の電荷をもたらすことを意味している．

分子が極性であるかどうか考えるおもな理由のひとつは，融点と沸点など多くの物理的性質がその極性に影響を受けるからである．すなわち，極性分子が無極性分子より互いに強く引きつけ合うためである．極性分子の端にある正電荷はもう一方の端にある負電荷を引きつける．引力の強さは分子の片側の電荷量と電荷間の距離の両方に依存する，すなわち，分子の双極子モーメントに依存する．

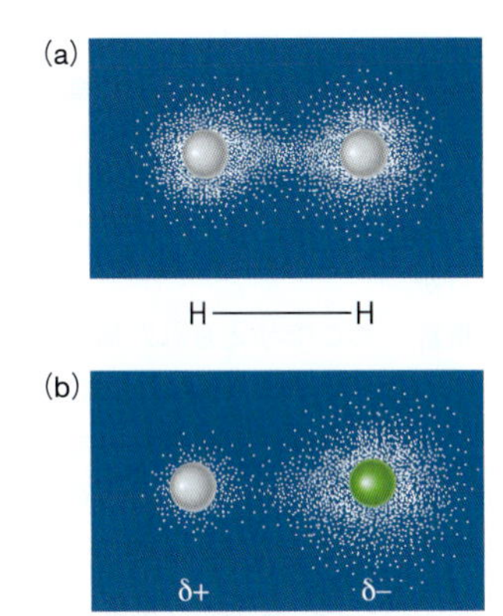

図 8・8 共有結合電子の均等な共有と不均等な共有． 図はそれぞれ結合中の共有電子対の電子密度分布を図示している．(a) H_2 では，共有結合の電子密度は両方の原子に等しく広がっている．(b) HCl では，共有結合の電子密度の半分以上が塩素のまわりに集中し，結合の反対側の端に部分電荷をもたらす．

部分電荷 partial charge

極性共有結合 polar covalent bond

極性結合 polar bond

電気双極子 electric dipole

極性分子 polar molecule

双極子モーメント dipole moment, μ

デバイ debye, 単位記号 D

例題 8・5　極性分子の端の電荷を計算する

HF 分子は 1.83 D の双極子モーメントと 91.7 pm の結合長をもっている．結合の片側の電荷量は電子の電荷単位でいくらか．

指針　ここで与えられた値を（8・2）式に代入することから始める．デバイ（D）の単位で表される双極子モーメントはクーロン単位の電荷をもっているが，答えは電子の電荷単位であるので，特に単位に注意する必要がある．

解法　解答のためのおもな手法は（8・2）式である．また，クーロン(C) と電子の電荷単位の間で単位を変換する必要があるが，本書の見返しには電子の電荷単位は 1.602×10^{-19} C とある．電子の電荷単位は 1.602×10^{-19} C とある．

$$1\,\mathrm{e}^- \Leftrightarrow 1.602 \times 10^{-19}\,\mathrm{C}$$

解答　電荷 q を（8・2）式より求める．

$$q = \frac{\mu}{r}$$

デバイ単位は $\mathrm{D} = 3.34 \times 10^{-30}$ C m である．したがって HF の双極子モーメントは次のとおりである．

$$\mu = (1.83\,\mathrm{D})(3.34 \times 10^{-30}\,\mathrm{C\,m\,D^{-1}}) = 6.11 \times 10^{-30}\,\mathrm{C\,m}$$

結合長の単位 pm の p（ピコ）は 10^{-12} を意味する．したがって，結合長は $r = 91.7 \times 10^{-12}$ m である．これを上式に代入すると次式が得られる．

$$q = \frac{6.11 \times 10^{-30}\,\mathrm{C\,m}}{91.7 \times 10^{-12}\,\mathrm{m}} = 6.66 \times 10^{-20}\,\mathrm{C}$$

したがって，電子の電荷単位における q の値は次のとおりである．

$$q = 6.66 \times 10^{-20}\,\mathrm{C} \times \left(\frac{1\,\mathrm{e}^-}{1.602 \times 10^{-19}\,\mathrm{C}}\right) = 0.416\,\mathrm{e}^-$$

HCl と同様にして，HF の水素原子には正電荷がもたらされる．したがって，HF 分子における水素端の電荷は $+0.416\,\mathrm{e}^-$ であり，フッ素端の電荷は $-0.416\,\mathrm{e}^-$ である．

確認　単位からそれらが正しく相殺されており，計算が正しく行われていることがわかる．電荷 q の答えが 0 と 1 の電荷単位の間にあり，部分電荷であることから答えは妥当と考えられる．

練習問題 8・7　孤立した Na^+ と Cl^- は不安定であるが，これらのイオンはイオン対として気体状態で存在することができる．イオン対は，結合長が 236 pm の NaCl 単位からなる．イオン対の双極子モーメントは 9.00 D である．この NaCl 対中のナトリウム原子と塩素原子の実際の電荷量はいくらか．これらの電荷は 1+ と 1− の電荷に対して何パーセントか．(これは NaCl 対における百分率で表したイオン性の値である．)

電気陰性度

共有結合における極性の度合は，電子を引きつける原子の能力差に依存する．この差が大きいほど，結合はより極性であり，電子をより引きつける原子のほうに電子密度は移動する．

電気陰性度 electronegativity

結合している電子に対して原子がもつ引力を記述する用語は**電気陰性度**とよばれる．たとえば，HCl において，塩素は水素より電気陰性が高い．このことは，共有結合の電子対は電気陰性の高い原子のまわりに，より長い時間滞在することを意味している．これが結合における Cl 原子の端が部分的に負電荷を得る理由となっている．

電気陰性度の数値を提唱した最初の科学者はポーリングである．彼は，結合の両端が電気的に中性である場合に比べ，極性のある結合はより大きな結合エネルギーをもっていることを見いだした．ポーリングは，この余剰の結合エネルギーが結合の両端の部分電荷間の引力によって生じると考えたのである．余剰の結合エネルギーを推定することによって，元素の電気陰性度を表すことができた．また，他の科学者はさまざまな手法を用いて電気陰性度を測定し，同様の結果を得ている．

ポーリング Linus Pauling，1901～1994．彼は化学結合の理解に対して大きな貢献をした．1954 年にノーベル化学賞，1962 年にノーベル平和賞を受賞した．

元素の電気陰性度の数値を図 8・9 に示す．電気陰性度の差が結合における極性の度合を推定できることから，電気陰性度のデータは有用である．たとえば，このデータは，フッ素原子が塩素原子より電気的に陰性であることを示していることから，HF が HCl より極性であると予想される．(これは HF 分子が HCl 分子より大きな双

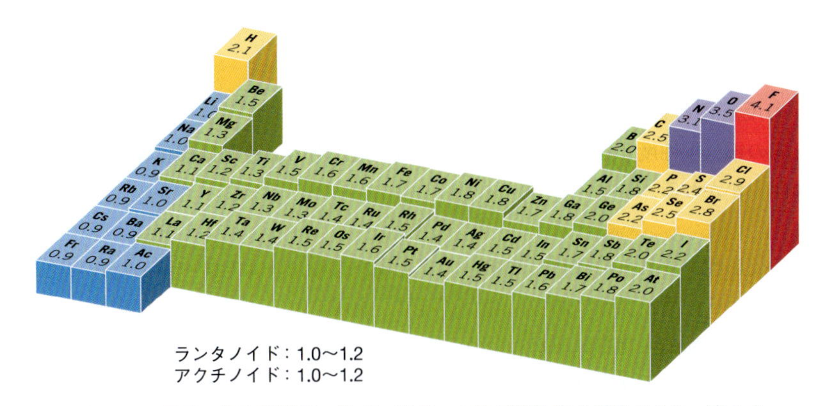

図 8・9　元素の電気陰性度. 貴ガスはゼロの電気陰性度を割当てられ，表から省略している.

極子モーメントをもっていることから確認できる.）さらに，電気陰性度の相対的な大きさは，結合のどちらの端が正または負の部分電荷をもっているかを示している．したがって，水素原子はフッ素原子や塩素原子に比べて電気的に陰性ではなく，水素原子は正の部分電荷をもっている.

$$\underset{\delta+}{\mathrm{H}}—\underset{\delta-}{\ddot{\mathrm{F}}}: \qquad \underset{\delta+}{\mathrm{H}}—\underset{\delta-}{\ddot{\mathrm{Cl}}}:$$

電気陰性度の値とそれらの差を調べることで，イオン結合と共有結合の間には，明確な境界線がないことがわかる．イオン結合と無極性共有結合は単に両極端を表している．2 個の原子の電気陰性度の差が非常に大きい場合，結合はたいていイオン結合で，電気陰性度のより高い原子は結合電子対をすべて獲得し支配している．**無極性共有結合**では電気陰性度に差がなく，したがって結合電子対は等しく共有される.

$$\mathrm{Cs^+}\left[:\ddot{\mathrm{F}}:\right]^- \qquad :\ddot{\mathrm{F}}:\ddot{\mathrm{F}}:$$

フッ素原子によって独占的に保有された結合電子対　　フッ素原子に等しく共有された結合電子対

結合における極性の程度は，結合における**イオン性**の程度と考えてよいが，これは電気陰性度の差の変化によって連続的に変化する（図 8・10）．電気陰性度の差が約 1.7 を超えると，結合は 50% 以上イオン性になる.

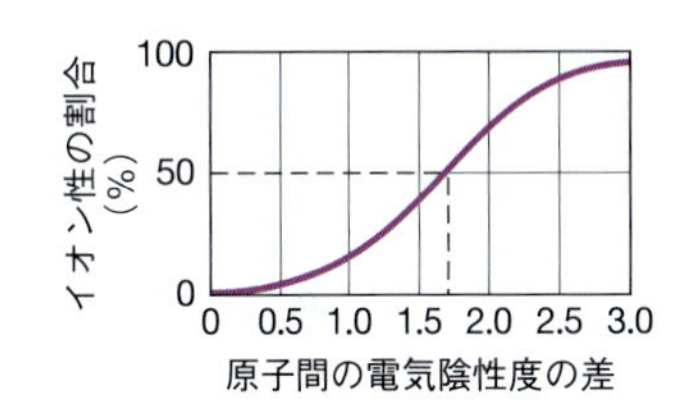

図 8・10　電気陰性度に差がある結合におけるイオン性の割合. 差が 1.7 に等しいとき，結合は約 50% イオン性になる．これは結合している原子が約 ±0.5 e^- の部分電荷をもつことを意味している.

無極性共有結合 nonpolar covalent bond

イオン性 ionic character

> **練習問題 8・8**　次の結合について，負の部分電荷をもつ原子を選べ．また，結合における極性の増大順にそれらを並べよ.
> (a) P−Br　(b) Si−Cl
> (c) S−Cl

電気陰性度における周期的傾向

図 8・9 は，周期表のなかで，電気陰性度が族の下から上へ，周期の左から右へ増加することを明らかにしている．これらの傾向はイオン化エネルギー（IE）の周期的傾向に従っている．ちょうど電気陰性度の高い原子が電気陰性度の低い原子より容易に電子対を引きつけるように，大きなイオン化エネルギーをもつ原子は小さなイオン化エネルギーをもつ原子より容易に電子を獲得する.

表の同じ領域にある元素（たとえば非金属）はよく似た電気陰性度をもっている．これは，それらが互いに結合を形成すると，電気陰性度の差は小さく，結合がイオン性より共有結合性であることを意味している．一方，周期表で互いに大きく離れた領域の元素が結合すると，大きな電気陰性度の差が起こり，結合はおもにイオン性になるであろう．たとえば，1 族または 2 族の元素が周期表の右上角の非金属元素と反応するときに起こることである.

元素の反応性と電気陰性度

反応性 reactivity

元素の電気陰性度とその**反応性**の間には類似点がある. それは酸化還元反応を起こす傾向にかかわる.

■一般に, 反応性は物質が何かと反応する傾向をいう. 金属の反応性は, 特に酸化される傾向をいう.

金属の反応性とそれらの酸化しやすさ　金属を含むほとんどすべての化合物において, 金属は正の酸化状態にある. したがって, 金属においては, その反応性は, 金属がどれほど容易に酸化されるかということと関連している. たとえば, 容易に酸化されるナトリウムは, 反応性が非常に高いといえるのに対して, 非常に酸化されにくい白金は不活性であるといえる.

金属の酸化されやすさを比較する方法はいくつかある. たとえば, 表5・3の活性系列を用いることにより, 金属が化合物から他の金属に置き換える能力を比較することにより, 金属元素の酸化しやすさの相対的な順を確立することができる.

図8・11は, 金属の酸化されやすさ（反応性）が周期表でどう変わるかを図示している. 一般に, これらの傾向はほぼ電気陰性度の変化に従っており, 金属はその電気陰性度が増加するにつれてそれほど容易には酸化されなくなる. 電気陰性度はある元素の原子が異なる元素の原子と結合するときに, どれほど強く電子を引きつけるかの基準であることから, この傾向を予想することはある程度可能である. しかし, 他にも多くの要因が化合物の安定性に影響することから, 金属元素の反応性と電気陰性度の相関関係は近似にすぎない.

1族と2族の元素　図8・11において, 最も容易に酸化する金属が周期表の左端にみられることがわかる. これらは非常に低い電気陰性度をもつ元素である. たとえば, 1族の金属はとても酸化されやすく, それらすべてが水と反応して水素を遊離する. 水と酸素に対する反応性のため, 大気に曝される雰囲気での有用な用途はなく, 遊離金属としてそれらに出会うことはめったにない. 同じことは2族の重元素（カルシウムからバリウムまで）にもあてはまる. これらの元素も水と反応して水素を遊離させる. 図8・9において, 電気陰性度は族の下にいくほど減少することがわかる. これはなぜ2族の重い元素ほど同族の上の元素より反応性が高いかを説明している.

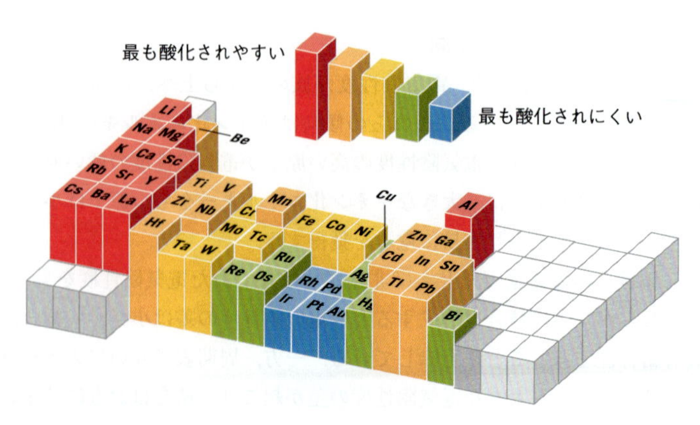

図 8・11　金属の酸化のしやすさの変化

貴金属　図8・11において，最も酸化しにくい金属を見いだすこともできる．それらは大部分，周期表の中心より重い遷移元素の間で起こる．この領域には，きわめて低い反応性からしばしば**貴金属**とよばれる白金と金の元素がある．これらの元素は，明るい光沢と空気や水中で腐食する傾向がないことが組合わさることで宝石類として用いられ，魅力的なものにしている．反応性の欠如は，工業的用途にも寄与している．たとえば，金はマイクロコンピューターにみられる低電圧回路の電気接点を被覆するために使用される．それは，わずかな腐食でも電気の流れを妨げて素子を信頼できなくするからである．

貴金属 noble metal

非金属の酸化力　非金属の反応性は，その還元の容易さと酸化剤としての能力によって決まる．この能力はまた，元素の電気陰性度に従って変化する．電気陰性度の高い非金属は電子を獲得する傾向が強く，それゆえ強い酸化剤である．周期表中の電気陰性度の変化に関連して，非金属の酸化能力は周期表の左から右に沿って増加し，また族の下から上に沿って増加する．したがって，最も強力な酸化剤はフッ素で，酸素が続き，その両方は周期表の右上の角に現れる．

単置換反応は，5章で学んだ金属と同様に非金属間でも起こる．たとえば，酸素中で金属硫化物を加熱すると硫黄は酸素によって置き換えられる．置換された硫黄はその後追加の酸素と結合して二酸化硫黄を生成する．代表的な反応は次のとおりである．

$$CuS(s) + 3/2\,O_2(g) \longrightarrow CuO(s) + SO_2(g)$$

置換反応は特にハロゲンの間で明らかである．ここで，欄外に示すように，単体のハロゲンにおいて，あるハロゲンは17族のその下のどのハロゲンの陰イオンも酸化するであろう．したがって，F_2 は Cl^-, Br^-, および I^- を酸化し，Cl_2 は Br^- と I^- を酸化するが，F^- を酸化しない．また，Br_2 は I^- を酸化するが，F^- や Cl^- を酸化しない．

■ フッ素：
$F_2 + 2Cl^- \longrightarrow 2F^- + Cl_2$
$F_2 + 2Br^- \longrightarrow 2F^- + Br_2$
$F_2 + 2I^- \longrightarrow 2F^- + I_2$
塩素：
$Cl_2 + 2Br^- \longrightarrow 2Cl^- + Br_2$
$Cl_2 + 2I^- \longrightarrow 2Cl^- + I_2$
臭素：
$Br_2 + 2I^- \longrightarrow 2Br^- + I_2$

8・7 ルイス構造

§8・5でルイス構造を紹介し，それらを用いてさまざまな分子を記述した．例には，さまざまな有機化合物 CO_2, Cl_2, N_2 を含めた．

ルイス構造は，分子の構造を記述する比較的簡単な方法なので，非常に役立つ．結果として，多くの化学的推論はルイス構造に基づいている．実際9章では，ルイス構造を用いて，分子の形状についてかなり正確な予測をする方法を学ぶ．本節では，分子と多原子イオン（これらは共有結合によって互いに結合する）のルイス構造を書くための簡単な方法を紹介する．

オクテット則は共有結合において重要であるが，必ずしもすべての分子が従うわけではない．たとえば，1個以上の原子が原子価殻に8電子（オクテット）以上の電子をもつ分子がある．たとえば PCl_5 と SF_6 で，それらのルイス構造は次のように表される．

(PCl₅ と SF₆ のルイス構造: P に Cl が5個，S に F が6個結合)

これらの分子において，中心原子に対する四つ以上の結合の形成には，中心原子が8個以上の電子を共有することが必要である．

中心原子があたかもオクテットを満たさないかのように振舞う分子も，多くはないが存在する．最も一般的な例はベリリウムとホウ素の化合物である．

$$\cdot\mathrm{Be}\cdot + 2\cdot\ddot{\underset{\cdot\cdot}{\mathrm{Cl}}}: \longrightarrow :\ddot{\underset{\cdot\cdot}{\mathrm{Cl}}}\!-\!\mathrm{Be}\!-\!\ddot{\underset{\cdot\cdot}{\mathrm{Cl}}}:$$

Be は電子を 4 個もつ

$$\cdot\dot{\mathrm{B}}\cdot + 3\cdot\ddot{\underset{\cdot\cdot}{\mathrm{Cl}}}: \longrightarrow :\ddot{\underset{\cdot\cdot}{\mathrm{Cl}}}\!-\!\underset{|}{\overset{|}{\mathrm{B}}}\!-\!\ddot{\underset{\cdot\cdot}{\mathrm{Cl}}}: \quad (\text{B の上に } :\ddot{\underset{\cdot\cdot}{\mathrm{Cl}}}:)$$

B は電子を 6 個もつ

Be と B はときどきオクテットを満たさないが，第 2 周期の元素は決してオクテットを超えることはない．その理由は，それらの原子価殻は $n = 2$ であり，最大で 8 個の電子を保有するためである．このことは，なぜオクテット則が炭素，窒素，および酸素原子の化学結合について，これほどうまく説明できるかを意味している．しかし，リンや硫黄などのように第 2 周期より下の周期の元素は，それらの原子価殻が 8 個以上の電子を保有できることから，しばしばオクテットを超えることになる．たとえば，第 3 周期の元素の原子価殻は $n = 3$ であり，最大 18 個の電子を保有することができ，s, p, d, f 副殻をもつ第 4 周期の元素の原子価殻は理論上 32 個の電子を保有することができる．

ルイス構造を書く手順

骨格構造 skeletal structure

図 8・12 はルイス構造を書くための系統的方法を与える一連の段階を概説している．最初の段階は，どの原子が互いに結合するかを決める．これは必ずしも簡単な問題ではない．構造式は，通常，最も電気陰性度の低い原子である中心原子を最初に書くことで，原子を配置する方法を示唆することができる．たとえば，CO_2 と ClO_4^- は次の**骨格構造**（すなわち原子の配置）をもっている．

二つ以上の元素が存在する場合，骨格構造を得ることはそれほど簡単ではないが，ある程度の一般化は可能である．たとえば，硝酸 HNO_3 の骨格構造は次の左のものが正しく，右の二つのものは誤りである．

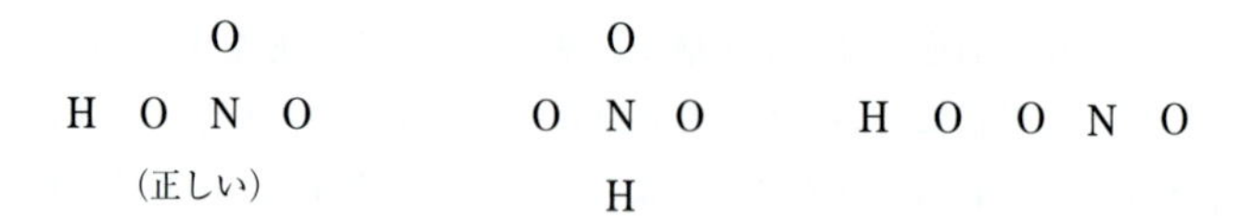

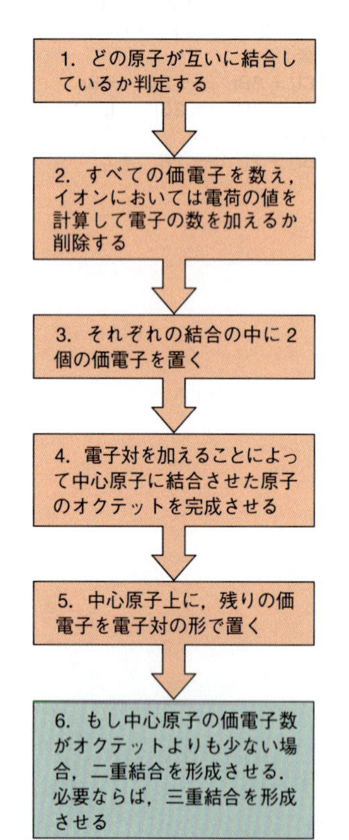

図 8・12　ルイス構造を書く段階のまとめ． これらの段階に従えば，最大原子数がオクテット則に従うルイス構造を得る．

硝酸はオキソ酸であり（§4・5），オキソ酸の分子から解離できる水素原子は，常に酸素原子と結合し，酸素原子は 3 番目の非金属原子と結合する．したがって，HNO_3 をオキソ酸の構造式とすると，3 個の酸素原子が窒素と結合し，水素は酸素の一つと結合すると予測することが可能になる．また，水素原子が結合を一つだけ形成し，したがってそれを中心原子に選ぶべきでないことを覚えておくと役に立つ．

特定の骨格構造を選ぶための妥当な指針が見つからない場合がある．もし推測しなければならないなら，原子の最も対称的な配置を選ぶとよい．

骨格構造の決定の次の段階は，すべての価電子を数えて最終式に現れるべき点の数を見いだすことである．周期表を用い，各原子が与える価電子数を決定するために，構造式中の元素の族を帰属する．書きたい構造がイオンであるなら，各負電荷に対して1個の価電子を追加し，各正電荷に対して価電子を1個取除く．次に例を示す．

H_2SO_4	S（16族）は価電子を6個もつ	$1 \times 6 = 6e^-$
	O（16族）はそれぞれ価電子を6個もつ	$4 \times 6 = 24e^-$
	H（1族）は価電子を1個もつ	$2 \times 1 = 2e^-$
		合計 $= 32e^-$
ClO_4^-	Cl（17族）は価電子を7個もつ	$1 \times 7 = 7e^-$
	O（16族）はそれぞれ価電子を6個もつ	$4 \times 6 = 24e^-$
	1− の電荷があるので1電子加える	$= +1e^-$
		合計 $= 32e^-$
NH_4^+	N（15族）は価電子を5個もつ	$1 \times 5 = 5e^-$
	H（1族）はそれぞれ価電子を1個もつ	$4 \times 1 = 4e^-$
	1+ の電荷があるので1電子除く	$= -1e^-$
		合計 $= 8e^-$

価電子数を決定したあと，図8・12に概説した段階に従って骨格構造に価電子を2個一組で置く．

最初の例としてH_2SO_4を取上げる．H_2SO_4のルイス構造を書くための次の段階では，どの原子が骨格構造中で互いに結合するかを決める必要がある．H_2SO_4がオキソ酸であることから，水素原子は2個の酸素原子と結合し，酸素原子は次に硫黄と結合する．他の酸素も硫黄と結合する．

```
      O
H  O  S  O  H
      O
```

すでにH_2SO_4が32個の価電子をもっていることを決定したので，次に結合を形成するために原子間に2個の電子を置くことにより価電子を分配する．

```
     O
     ..
H:O:S:O:H
     ..
     O
```

ここでは，12個の価電子を使用し，20個の価電子を残している．これで，硫黄原子を取囲む原子のオクテットを完成する．水素原子の原子価殻を満たすには2個の電子で十分なので，水素原子はそれ以上の電子を必要としない．酸素原子の原子価殻を完成させるには，残りの20個の価電子を用いる．

```
      ..
     :O:
  ..  ..  ..
H:O:S:O:H
  ..  ..  ..
     :O:
      ..
```

また，結合の電子対の代わりに線を用いてH_2SO_4の構造を書くことができる．

```
        ..
       :O:
        |
H—Ö—S—Ö—H
   ..   ..
        |
       :O:
        ..
```

硫黄原子と3個の酸素原子はオクテットをもっており，水素の原子価殻は$2e^-$で完成しているので，これで完了である．

二重結合をもつルイス構造と中心原子に非結合電子対をもつ構造を書く方法を実証

するために次の二つの例題を検討してみよう．

例題 8・6　分子のルイス構造を書く

SO_3 分子のルイス構造を書け．

指針　SO_3 の骨格構造を決定し，次に価電子の総数を決定し，最後にこれらの価電子を分子に分配する必要がある．

解法　図 8・12 の手順に従う．

解答　硫黄原子は酸素原子より電気的に陰性でないので，最初に硫黄原子を構造式に書く．したがって，3 個の O 原子に囲まれた中心原子として硫黄原子を置く．

O
O　S　O

構造式中の価電子の総数は 24（硫黄から $6e^-$，さらに各酸素から $6e^-$）である．各結合に一対の価電子を置くことによって電子の分配を行う．これは次の図を与える．

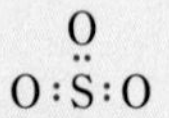

O
‥
O:S:O

これにより $6e^-$ の価電子を用いた．したがって $18e^-$ が残っている．次に酸素原子のまわりのオクテットを完成させる．これに残りの電子を用いる．

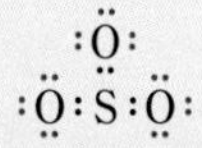

:Ö:
‥
:Ö:S:Ö:

この時点で電子はすべて構造中に置かれているが，硫黄原子のまわりには電子が 6 個だけあることがわかる．合計は 24 でなければならないので，単純にそれ以上の電子を追加することができない．したがって，図 8・12 の手順の最後の段階に従って，多重結合を生成しなければならない．これを行うために，酸素原子に置いた一対の電子を硫黄－酸素結合に動かして，酸素原子と硫黄原子の両方に属するとして数えられるようにする．すなわち，硫黄原子と酸素原子の一つの間に二重結合を置く．このためにどの酸素を選ぶかは重要ではない．

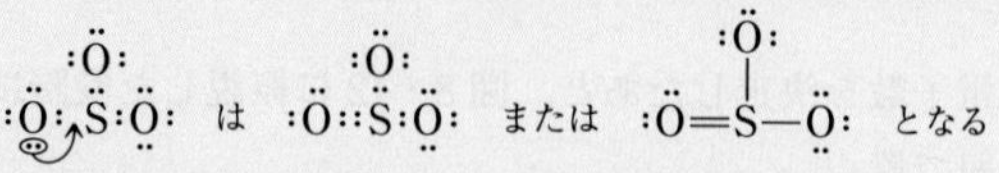

:Ö:　　　　　:Ö:　　　　　　:Ö:
‥　　　　　　‥　　　　　　　|
:Ö:S:Ö:　は　:Ö::S:Ö:　または　:Ö═S—Ö:　となる

各原子がオクテットをもっていることに注意しよう．

確認　ルイス構造を完成させる重要な段階は，硫黄原子のまわりにオクテットを得るために何をしなければならないかを認識することである．硫黄原子の原子価殻により多くの電子を追加する必要があるが，必要とする電子は酸素原子から取除くのではなく，二重結合を形成することによって，硫黄原子のまわりのオクテットを達成させている．また，ルイス構造のなかに，正しい数の価電子を正確に置いたことも確認した．

例題 8・7　イオンのルイス構造を書く

IF_4^- のルイス構造はどのような構造か．

指針　例題 8・6 と同様である．

解法　先のとおり図 8・12 の手順に従う．まず価電子を数えることから始め，負電荷の原因となる余分の電子を追加する．そして電子を対で分配する．

解答　ヨウ素原子はフッ素原子より電気的に陰性ではない．したがって，ヨウ素原子がイオン構造の中心原子になると予測され，その骨格構造は次のとおりである．

F
F　I　F
F

ヨウ素原子とフッ素原子は 17 族であり，それぞれ 7 個の価電子をもち，合計 $35e^-$ の価電子を与える．負電荷として 1 個の追加電子が必要であり，合計 $36e^-$ の価電子を与える．

最初に，$2e^-$ をそれぞれの結合に置き，その後，フッ素原子のオクテットを完成させる．これには 32 個の電子を用いる．

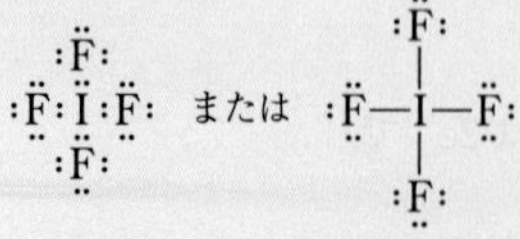

:F̈:　　　　　　:F̈:
:F̈:I:F̈:　または　:F̈—I—F̈:
:F̈:　　　　　　:F̈:

4 個の価電子が残っており，図 8・12 の段階 5 に従って，それらを電子対として中心原子に置く．これは次の構造を与える．

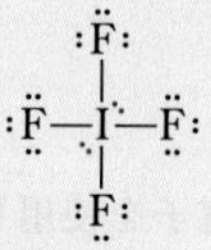

:F̈:
|
:F̈—Ï—F̈:
|
:F̈:

最後の段階は，式のまわりに括弧を追加して，上付文字として外に電荷を書く．

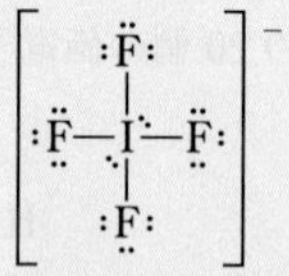

$$\left[\begin{array}{c} :\ddot{F}: \\ | \\ :\ddot{F}-\ddot{\underset{..}{I}}-\ddot{F}: \\ | \\ :\ddot{F}: \end{array}\right]^-$$

確認　価電子を数える．価電子数は適切であり，正しくルイス構造が書けていることが確認できる．各フッ素原子はオクテットをもっていて適切である．中心原子上に残りの電子を置いたことに注意しよう．これはオクテット以上の電子をヨウ素原子に与えるが，ヨウ素原子は第 2 周期の元素ではないので問題ない．

練習問題 8・9　OF_2, NH_4^+, SO_2, NO_3^-, ClF_3 および $HClO_4$ のルイス構造を書け．

練習問題 8・10　前問で書いた構造の結合の極性を示せ．

形式電荷とルイス構造

ルイス構造は，原子が化学結合中で電子をどのように共有するかを記述するように意図されている．そのような記述は理論的説明または予測であり，分子と多原子イオンを一つに結合させる引力と関連している．しかし，§1・1で学んだように，理論はそれに基づく観測で評価され，したがって化学結合についての理論を信頼するには，それを調べる方法をもつ必要がある．結合の記述に関連する実験的観測が必要である．

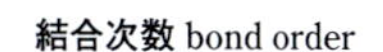

結合次数 bond order

結合次数に依存する結合特性　同じ二つの元素間の結合を比較するために，**結合次数**とよばれる量を定義すると便利である．これは2個の原子間で共有される電子対の数である．したがって，単結合は結合次数が1，二重結合は結合次数が2，三重結合は結合次数が3である．

結合次数に関連する二つの特性は結合長と結合エネルギー（結合した原子を分離して中性原子にするために必要なエネルギー）である．たとえば，H_2 分子が 75 pm の結合長と 435 kJ mol^{-1} の結合エネルギーをもっていることを §8・5で述べた．これは 1 mol の H_2 分子の結合を切って 2 mol の水素原子を与えるために 435 kJ を必要とすることを意味している．

結合次数は結合における電子密度の指標であり，電子密度が高いほど核は堅く保持され，それらはともに密に引きつけられる．このことは，炭素原子間の一重，二重，三重結合の代表的結合長と結合エネルギーを示した表8・3のデータによって例示される．要約すると次のとおりである．

同じ原子間の結合を比較するなら，結合次数が増加すると結合長は減少し，結合エネルギーは増加する．

表 8・3　炭素－炭素結合について測定した平均結合長と結合エネルギー

結合の種類	結合長(pm)	結合エネルギー(kJ mol^{-1})
C−C	154	348
C=C	134	615
C≡C	120	812

これを背景に以前書いた硫酸のルイス構造を調べてみよう．

```
          :Ö:
           |
   H—Ö—S—Ö—H
     ··  |  ··
          :Ö:
           ··
```
構造 I

このルイス構造はオクテット則に従っており，他の構造を書いてみる必要があるとは思えない．しかし，予測した結合長を実験で観測した結合長と比較した場合，問題が生じる．ルイス構造において，四つすべての硫黄－酸素結合は単結合として示される．これは，それらがほぼ同じ結合長をもつべきであることを意味している．しかし，図8・13に示したように，結合は等しい長さをもっていないことが実験的にわかっている．S−O 結合は S−OH 結合より短く，これは，S−O 結合がより大きな結合次数をもたなければならないことを意味している．このことを実験事実に一致させるには，ルイス構造を修正する必要がある．

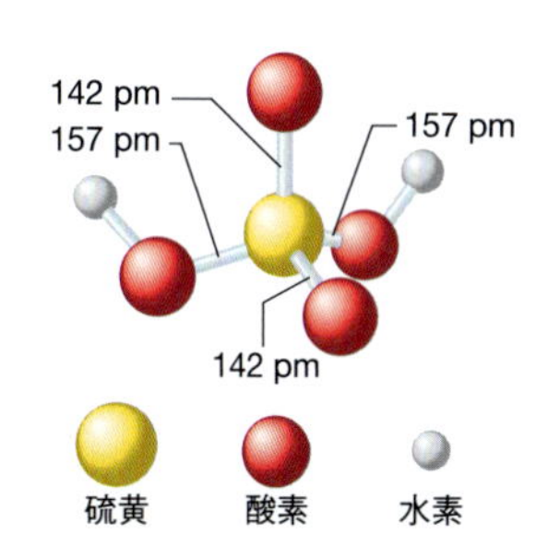

図 8・13　気相状態の硫酸の構造． 硫黄－酸素結合長の差に注意しよう．

硫黄原子は第3周期にあるので，その原子価殻は3s, 3p, 3d副殻をもっており，8個以上の電子を収容することができる．したがって，硫黄原子は四つ以上の結合を形成することができるので，次のように電子対を移動して硫黄－酸素二重結合を生成することにより，S－O結合の結合次数を増加することができる．

:Ö:⊖
H—Ö—S—Ö—H　　は　　H—Ö—S(=O)(=O)—Ö—H となる
:Ö:⊖
構造 II

このルイス構造は，硫黄－酸素二重結合が硫黄－酸素単結合より短いことから，実験観測によりよく合うルイス構造である．したがって，この2番目のルイス構造は実際の分子の構造によく一致することから，オクテット則には違反するが，好ましいルイス構造である．

原子への形式電荷の割り当て　　たとえオクテット則に不必要に違反するようにみえても，H_2SO_4 の2番目のルイス構造が単結合のみのものよりよいと予測する何らかの基準があるだろうか．この疑問に答えるために，いま書いた二つのルイス構造をよく見てみよう．

構造Iには，硫黄－酸素原子間に単結合のみがある．結合中の電子がSとOによって等しく共有されていれば，各原子は電子対の半分または1個の電子を“所有している”．いいかえれば，四つの単結合は4個の電子に相当するものを硫黄原子の原子価殻に置いている．しかし，硫黄の中性原子は6個の価電子をもっており，したがって構造Iにおいて硫黄は，中性原子より2個少ない電子をもつようにみえる．このように，少なくとも表記の意味で，硫黄が H_2SO_4 においてオクテット則に従うなら，それは2+ の電荷をもつと思われる．硫黄原子のこのみかけの電荷はその**形式電荷**とよばれている．

形式電荷 formal charge

■ 分子中の原子の実電荷は原子の相対的電気陰性度によって決まる．

形式電荷の定義において，“みかけ”という言葉を強調したことに注意しよう．形式電荷は私たちが行った表記から生じるのであって，実際に原子がもつ電荷と混同してはならない．その状況は，5章において使うことを学んだ法則に従って割り当てられる形式電荷である酸化数に多少似ている．形式電荷をどう割り当てるかを次に示す．

ルイス構造中の原子の形式電荷を計算

1. 各原子について，中性原子中の価電子数を求める．
2. ルイス構造を用いて，分子またはイオン中の原子に“属している”価電子を加算し，その後この合計を段階1の値から引き算する．その結果が原子上の形式電荷である．
3. 構造中の形式電荷の合計は粒子上の電荷に等しくなければならない．

段階2の計算を実行するさい，結合中の電子は2個の原子間で等しく分けられるが，非共有電子はそれらが属する原子に独占的に割り当てられる．たとえば，先の構造Iでは次のとおりである．

結合中の電子は2個の原子に等分される

非共有電子は独占的に1個の原子に帰属する

:Ö:
H—Ö—S—Ö—H
:Ö:

したがって，形式電荷の計算は次の式に要約される．

$$\text{形式電荷} = (\text{中性原子の原子価殻中の電子数}) - \overbrace{(\text{原子のまわりの結合数} + \text{非共有電子数})}^{\text{ルイス構造における原子の原子価殻中の電子数}} \qquad (8 \cdot 3)$$

たとえば，構造Ⅰの硫黄原子については次のとおりである．

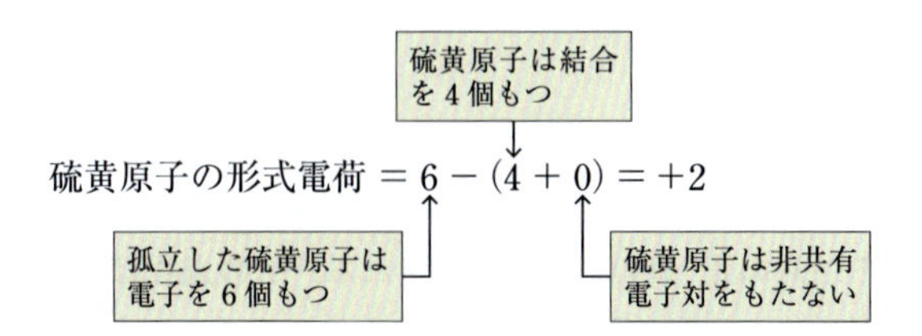

次に，構造Ⅰの水素原子と酸素原子の形式電荷を計算してみよう．水素の中性原子は1個の電子をもっている．構造Ⅰで各水素原子は一つの結合をもっていて，非共有電子はもっていない．したがって，

$$\text{H の形式電荷} = 1 - (1 + 0) = 0$$

となる．構造Ⅰでは，考察すべき2種類の酸素原子があることもわかる．酸素の中性原子は6個の価電子をもっているので，水素原子とも結合している酸素原子については，

$$\text{形式電荷} = 6 - (2 + 4) = 0$$

となる．また，水素原子と結合していない酸素原子については次のとおりである．

$$\text{形式電荷} = 6 - (1 + 6) = -1$$

H—Ö—S—Ö—H　構造Ⅰ

6 − (2 + 4) = 0　　6 − (1 + 6) = −1

ゼロでない形式電荷は，次のように原子の近傍の円内にその電荷を置くことによってルイス構造に表される．

H—Ö—S(2+)—Ö—H（上下の O にそれぞれ ⊖）

分子の形式電荷の和が合計ゼロになっていることに注意しよう．形式電荷を割り当てたあとは，ルイス構造における形式電荷の和が合計で粒子の電荷になることを常に確認することが重要である．

次に構造Ⅱの形式電荷をみてみよう．硫黄原子については次のとおりである．

$$\text{S の形式電荷} = 6 - (6 + 0) = 0$$

したがって，硫黄原子は形式電荷をもっていない．水素原子とも結合する酸素原子は構造Ⅰと同様に形式電荷をもっていない．水素原子と結合しない酸素原子の形式電荷は次のとおりである．

$$\text{形式電荷} = 6 - (2 + 4) = 0$$

したがって，これらの酸素原子もまた形式電荷をもっていない．

次に二つの構造を左右に並べて比較してみよう．

```
        :Ö:                        :Ö:⊖
         ‖                          |
  H—Ö—S—Ö—H                 H—Ö—S(2+)—Ö—H
         ‖                          |
        :Ö:                        :Ö:⊖
```

二重結合をもつ構造（どの原子にも形式電荷がない構造）を単結合のみをもつ構造（負電荷2と正電荷2をもつ構造）に変換することを想像してみよう．その場合，電気的に中性なものから二対の正–負の電荷が生成される．その過程は正電荷と負電荷の分離を含むので，ポテンシャルエネルギーの増加を生じるであろう．したがって，右の単結合構造が二重結合をもつ構造より高いポテンシャルエネルギーをもつことになる．一般に，分子はそのポテンシャルエネルギーが低いほど安定である．すなわち，原理的に二重結合をもつ構造が低エネルギーであるほど安定した構造であり，単結合のみの構造よりも望ましい．

このことは，分子またはイオンにおける最適のルイス構造の選択に使用できる次の法則を示している．

いくつかのルイス構造が可能な場合，形式電荷がゼロに最も近い構造が最も安定であり望ましい．

考慮する必要がある点がほかに二つある．多原子イオンのルイス構造を書くときに，すべての原子にゼロの形式電荷をもつことはできない．それは，イオンの電荷がすべての原子の形式電荷の合計であるためである．さらに，最も電気的に陰性の元素は負の形式電荷をもつはずであり，最も電気的に陽性の元素は正の形式電荷をもつはずである．

例題 8・8　形式電荷に基づくルイス構造の選択

硝酸分子について次の三つのルイス構造を書いた．どれが望ましいか．

```
構造Ⅰ          構造Ⅱ          構造Ⅲ
       :Ö:            Ö:             Ö:
       /              ‖              ‖
H—Ö═N         H—Ö—N          H—Ö—N
       \              \              ‖
       :Ö:            :Ö:            Ö:
```

指針　いくつかのルイス構造のなかから選んで最良のものを見つける必要がある場合，最初に形式電荷を原子のそれぞれに割り当てる必要がある．通常，ゼロに最も近い形式電荷をもつ構造が最良の構造であるだろう．しかし，1個の原子に，その原子価殻が実際もつことができる電子数より多くの電子を割り当てる構造を選ばないように注意する必要がある．

解法　形式電荷を割当てるために，用いる手法は（8・3）式である．

解答　水素原子を除いて，分子中の原子はすべて第2周期の元素であり，したがって，それらの原子価殻には最大8個の電子をもつことができる．第2周期の元素は，それらの原子価殻がs副殻とp副殻だけをもち，最大8個の電子を入れることができるので，オクテットを超えることはない．構造を詳しく調べると，構造Ⅰと構造Ⅱは窒素原子および酸素原子両方のまわりにオクテットをもつことがわかる．一方，構造Ⅲの窒素原子は五つの結合をもち，10個の電子を必要とする．したがって，この構造は除外することができ，答えは構造Ⅰか構造Ⅱである．それらの構造において，原子の形式電荷を計算してみよう．

構造Ⅰ：

```
        6−(1+6) = −1 → :Ö:
                        /
            H—Ö═N ← 5−(4+0) = +1
              ↑   \
              |   :Ö: ← 6−(1+6) = 21
        6−(3+2) = +1
```

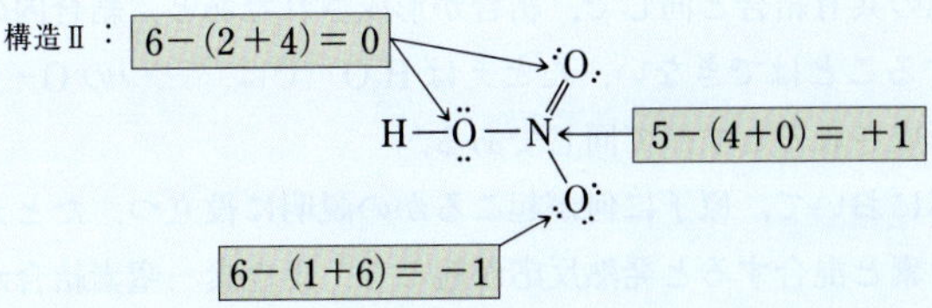

構造II：6−(2+4)＝0　5−(4+0)＝＋1　6−(1+6)＝−1

次に，形式電荷を構造中の原子に置く．

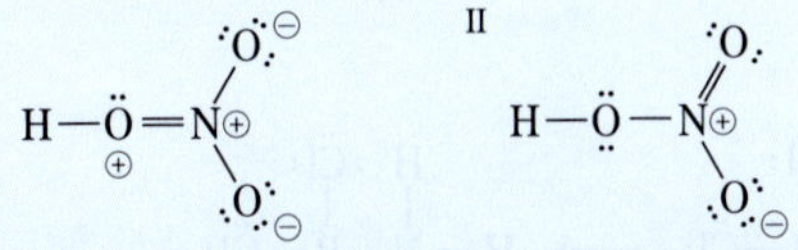

構造IIが構造Iより少ない形式電荷をもっていることから，構造IIが HNO_3 の低エネルギーで望ましいルイス構造である．

■構造IIIにおいて，それぞれの原子の形式電荷はゼロであるが，窒素原子がその原子価殻にあまりにも多くの電子をもっていることから，"望ましい構造"ではありえない．

確認　簡単な確認のひとつは，各構造中の形式電荷の合計である．合計は粒子上の正味の電荷に等しくなければならず，HNO_3 ではゼロである．形式電荷の加算は各構造にゼロを与え，したがって，それらを正しく割り当てたと確認でき，答えは妥当と考えられる．

例題 8・9　形式電荷に基づくルイス構造の選択

以下の BCl_3 について二つの構造を書くことができる．なぜ，オクテット則に違反するものが望ましいのか．

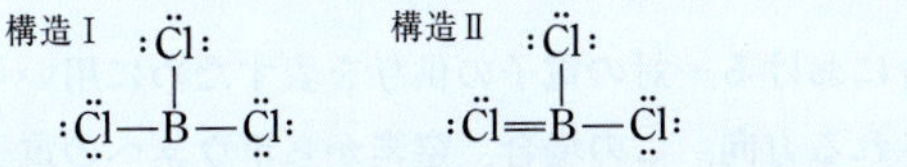

構造I　構造II

指針　この問題では二つのルイス構造の間で選択することを求められている．これは形式電荷を考慮する必要があることを示している．

解法　形式電荷を割り当てるために，(8・3)式を用いる．

解答　形式電荷の割り当ては次のとおりである．

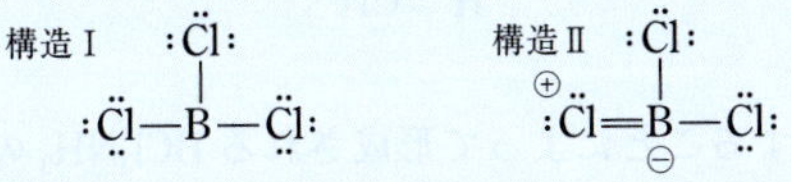

構造I　構造II

構造Iではすべての形式電荷はゼロである．構造IIでは2個の原子が形式電荷をもっていることから，構造Iが望ましい構造であると考えられる．一方，別の説明もある．構造IIの形式電荷は正電荷を電気的に陰性の大きい塩素原子に置き，負電荷を電気的に陰性の低いホウ素原子に置いている．電荷がこの分子中で形成できていると仮定した場合，このような電荷分布は考えられない．以上の二つの要因により，二重結合をもつ構造IIは望ましくなく，構造Iに示すような BCl_3 のルイス構造を書くことになる．

確認　形式電荷を正しく割り当てており，答えは妥当と考えられる．

練習問題 8・11　亜硫酸イオン SO_3^{2-} について次のルイス構造を書いた．この構造は亜硫酸イオンの最適のルイス構造か．

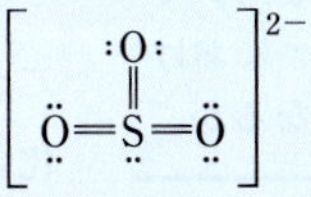

練習問題 8・12　(a) SO_2　(b) $HClO_3$　(c) H_3PO_4 の望ましいルイス構造を書け．

配位結合

化学反応の経過をたどるために，よくルイス構造を用いる．たとえば，どのように水素イオンが水分子と結合してオキソニウムイオンを形成するか（酸の水溶液中で起こる過程），ルイス構造を用いて示すことができる．

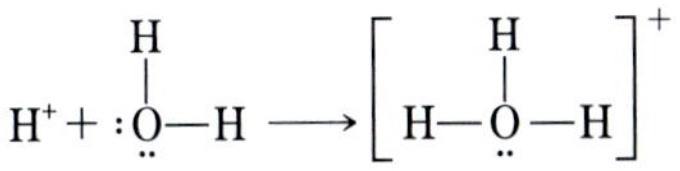

$$H^+ + H_2O \longrightarrow [H_3O]^+$$

H^+ と H_2O 間の結合形成は，§8・5に説明した共有結合とは異なる経路をたどる．たとえば，2個のH原子が結合して H_2 を形成するとき，各原子は結合に1個の電子を供給する．

$$H\cdot + \cdot H \longrightarrow H{-}H$$

しかし，H_3O^+ の形成において，H^+ とOの間で共有される2個の電子は水分子の酸素原子に由来する．この結合は，共有電子対の2電子が2個の原子のうちの一方から供与されるため，**配位結合**とよばれている．

配位結合 coordinate bond

結合で共有される電子の起源については区別することができるが，いったん結合が形成されると，配位結合は他の共有結合と同じで，結合が形成されたあと，結合内の電子がどこからきたか識別することはできない．たとえば H_3O^+ では，三つの O−H 結合は，いったんそれらが形成されるとすべて同じである．

■すべての電子は同等ではあるが，それらにさまざまな色を用いることにより，結合中の電子がどこからきたかわかるようにすることができる．

配位結合の概念は化学反応において，原子に何が起こるかの説明に役立つ．たとえば，アンモニアを三塩化ホウ素と混合すると発熱反応が起こり，ホウ素−窒素結合が存在する化合物 NH_3BCl_3 が形成される．ルイス構造を用いてこの反応を示すことができる．

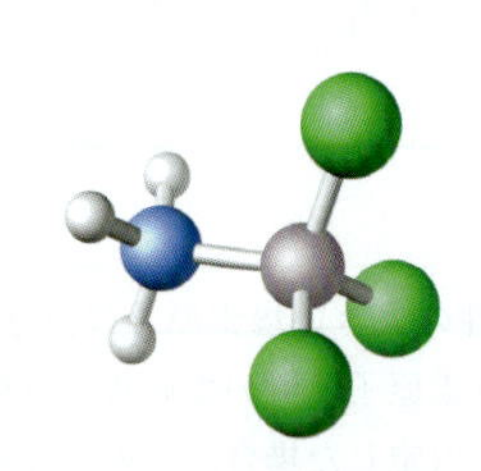

アンモニアと三塩化ホウ素より生成する付加化合物

$$H_3N{:} + BCl_3 \longrightarrow H_3N{:}BCl_3$$

この反応において，ホウ素はアンモニア分子の窒素と配位結合を形成するといってもよい．

曲線の矢印は，配位結合における一対の電子の供与を表すために用いられる．矢印の方向は，電子対が供与される方向，この場合，窒素からホウ素への電子対の供与を示す．

$$H_3N{:} \curvearrowright BCl_3 \longrightarrow H_3N{-}BCl_3$$

付加化合物 addition compound

> **練習問題 8・13**　NH_3 と H^+ が結合して NH_4^+ が生成するとき，どのようにして配位結合が形成されるか，ルイス構造を用いて示せ．この結合は NH_4^+ における他の N−H 結合と異なるか．

二つのより小さな分子が簡単に結合することによって形成される BCl_3NH_3 のような化合物は，**付加化合物**とよばれている．

8・8　共鳴構造

原子間の結合長および結合エネルギーの実測値が一致するルイス構造を書くことができない分子とイオンが存在する．一つの例は，ギ酸 $HCHO_2$ を中和することによって生成されるギ酸イオン CHO_2^- である．通常の段階に従って，次に示すように，ギ酸イオンのルイス構造を書く．この構造は CHO_2^- 中で，一つの炭素−酸素結合がほかより長いことを示唆しているが，実験では C−O 結合長が同じであり，単結合と二重結合の期待値のほぼ中間の長さであることを示している．ルイス構造は実験的証拠と一致せず，一致する構造を書く方法はない．それには，対のすべての電子を示すと同時に，各炭素−酸素結合で 1.5 対の電子を示す必要があるだろう．

$$\mathrm{H{-}C({=}O){-}O{-}H} \qquad \left[\mathrm{H{-}C({=}O){-}O}\right]^-$$

ギ酸　　ギ酸イオン

共鳴 resonance

このような問題を避ける方法は**共鳴**とよばれる概念を用いることである．私たちが書くことができる多数のルイス構造の混成または平均としての構造をみてみよう．たとえば，ギ酸イオンについて書くと次のようになる．

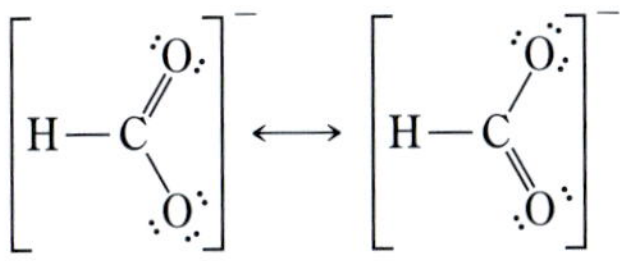

この図では，一方の構造から他方の構造に移るさい，電子対を移し替えている．すなわち，炭素と特定の酸素の結合についてみると，一方の構造では単結合として書かれ，他方の構造では二重結合として書かれている．これらの平均は 1.5 結合（単結合と二重結合の中間）であり，実験による結合長と一致している．これら二つのルイス構造は**共鳴構造**とよばれ，書くことができない実際の構造は，これら二つの共鳴構造の**共鳴混成体**とよばれている．両端が同じ形の矢印は，共鳴構造であることを示すために用いられ，真の混成構造が二つの共鳴構造の合成物であることを表している．

共鳴構造 resonance structure

共鳴混成体 resonance hybrid

ここで“共鳴”という用語に関して多少誤解を招く可能性がある．“共鳴”という文字どおりの意味は，実際の構造が二つの構造の間で頻繁に変換することを示唆しているが，これは事実と異なっている．私たちは書くことができない実際の構造を記述するために，書くことができる構造を単に用いているのである．それは，シマウマとロバの写真を見ることによってゾンキー（シマウマとロバの交雑種）が何にみえるかを想像しようとすることに多少似ている．ゾンキーは両親双方の特徴をもつかもしれないが，ゾンキーはゾンキーである．それは 1 分間の間にシマウマの姿とロバの姿に入れ替わるわけではない．同様に，共鳴混成体もまたその共鳴構造の特徴をもっているが，それは共鳴構造の間で互いに変換することではない．

共鳴構造を書くとき

共鳴をいつの時点でルイス構造に適用すべきかを決定する簡単な方法がある．以前説明した手順に従いながら，一つ以上の二重結合を生成するために電子を動かさなければならないことに気づけば，共鳴構造の数は，中心原子と二つ以上の化学的に等価な原子の間の二重結合の位置についての等価選択の数と等しいことがわかる．たとえば，NO_3^- のルイス構造を書くときがそれにあたる．

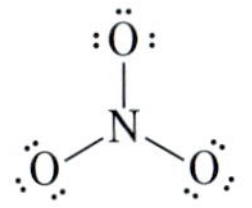

二重結合は，窒素原子にオクテットを与えるために形成されなければならない．それは三つの位置のうちのどれか一つの位置に置くことから，このイオンには三つの共鳴構造があることがわかる．

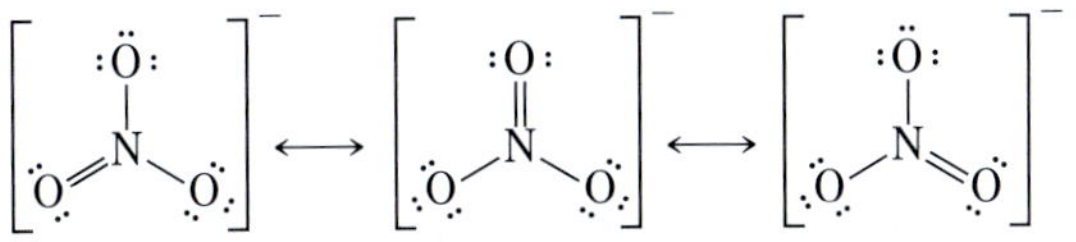

ここで，各構造は二重結合の位置を除いて同じであることに注意しよう．

硝酸イオンでは，一つの構造から他方の構造に“動き回る”ようにみえる特別な結合は，実際には三つの全結合位置の間で均等に分配されている．したがって，N−O 結合の**平均結合次数**は，1 1/3 であると予想される．一般に結合の総数を合計し，等価位置の数で割ることによって結合次数を計算することができる．NO_3^- では，三つの等価位置に分配された合計四つの結合（二つの単結合と二重結合）をもっており，

平均結合次数 average bond order

それゆえ結合次数は 4/3 = 1 1/3 である．

例題 8・10　共鳴構造を書く

亜硫酸イオン SO_3^{2-} の望ましいルイス構造に対して共鳴が適用されることを示すために，形式電荷を用いてみよう．ここではその共鳴構造を書き，S–O 結合における平均結合次数を決定する．

指針　通常の手順に従って次のルイス構造を得る．

```
        ..
       :O:       ]2-
        |
   :Ö — S — Ö:
    ..   ..   ..
```

価電子のすべてがその構造中に置かれ，すべての原子のまわりにオクテットが形成されている．したがって，ここでは，共鳴の概念が必要であるとは思われない．しかし，より優先されるルイス構造があるかどうか検討の余地はある．したがって，形式電荷を割り当て，優先的なルイス構造について検討する必要がある．その結果から，共鳴の概念が当てはまるかどうかを決めることができる．

解法　形式電荷を割り当てるための手法は (8・3) 式である．二重結合が優先されるルイス構造に存在する場合，その等価位置の数は共鳴構造の数と等しい．ここでは，平均結合次数は三つの等価結合位置に分配された結合の数から計算される．

解答　形式電荷を割り当てると次のルイス構造を得る．

```
        ⊖ ..
         :O:        ]2-
          |
   ⊖:Ö — S — Ö:⊖
     ..   ..   ..
          ⊕
```

形式電荷の数を減らすことができれば，より適したルイス構造を得ることができる．これはS–O 結合の酸素原子の一つから非共有電子対を動かし，その結果，二重結合を形成することによって達成することができる．左側の酸素原子を用いてこれを行ってみよう．

```
  [  ⊖:Ö:              ]2-   電子対供与    [  ⊖:Ö:             ]2-
  [     |              ]   ----------->   [     |             ]
  [  :Ö — S — Ö:⊖      ]                  [  Ö = S — Ö:⊖      ]
```

ここでは，三つのS–O 結合のどれでも二重結合を形成することができるので，二重結合の位置には三つの等価な選択がある．したがって，三つの共鳴構造がある．

```
[    :Ö:     ]2-      [    :O:     ]2-      [    :Ö:     ]2-
[     |      ]   <->  [     ||     ]   <->  [     |      ]
[ Ö = S — Ö: ]        [ :Ö — S — Ö: ]       [ :Ö — S = Ö ]
```

硝酸イオンと同様に，S–O 結合 1 1/3 の平均結合次数であることが予想できる．

確認　価電子を正しく数えたか．骨格構造中に適切に電子を置いたか．計算した形式電荷は合計で SO_3^{2-} の電荷になっているか．二重結合の等価位置の数を正しく決定したか．平均結合次数を正しく計算したか．これらが確認できれば，答えは妥当と考えられる．

練習問題 8・14　リン酸イオンは次のルイス構造をもっている．ここでは形式電荷を用いて優先的ルイス構造を得た．このイオンに共鳴構造はいくつあるか．

```
[      :O:       ]3-
[      ||        ]
[ :Ö — P — Ö:    ]
[      |         ]
[     :O:        ]
```

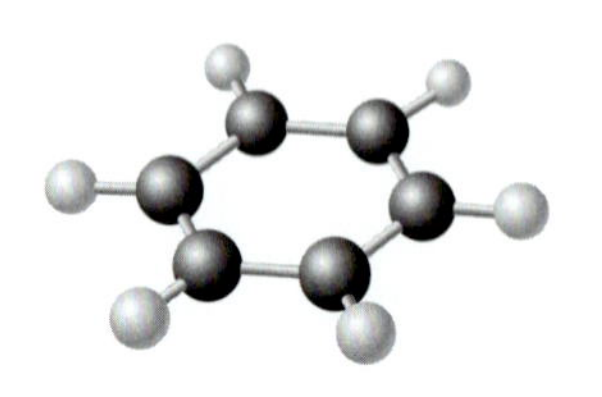

図 8・14　ベンゼン．分子は平面六角形構造をもっている．

共鳴構造をもつ分子の安定性

分子またはイオンが，共鳴混成体として存在することから得られる利点のひとつは，その全エネルギーがそのもとになる分子構造のエネルギーより低いことである．このことは，特に重要な例として，ベンゼン C_6H_6 で生じている．ベンゼンは，プラスチックからアミノ酸に及ぶ，多くの重要な有機分子に現れる平面六角形環状分子である (図 8・14)．

通常，ベンゼンについて二つの共鳴構造が書ける．

```
        H                      H
        |                      |
  H     C     H          H     C     H
    \ //  \  /             \ /  \\  /
     C      C               C      C
     |      ||     <->      ||     |
     C      C               C      C
    /  \   //\             /  \\  / \
  H     C     H          H     C     H
        |                      |
        H                      H
```

これらは一般に二重結合の位置を示す二重線によって六角形として表される．六角形の各頂点には，隣接する炭素原子と結合するのはもちろん示されていない水素原子とも結合する炭素原子があることを仮定している．

通常，ベンゼンの実際の構造（共鳴混成体の構造）は中心に円のある六角形として表される．これは，三つの特別な結合の電子密度が環のまわりに均等に分配されることを示すことを意図している．

ベンゼンの構造は通常このように表現される

ベンゼンの個々の共鳴構造は二重結合を示すが，分子は真の炭素－炭素二重結合をもつ他の有機分子のようには反応しない．その理由は共鳴混成体が共鳴構造よりかなり安定していることに起因している．実際，ベンゼン分子の実際の構造が共鳴構造より約 146 kJ mol^{-1} 安定していることが計算されている．共鳴をとおして達成されたこの特別な安定性は**共鳴エネルギー**とよばれている．

共鳴エネルギー resonance energy

8・9　炭素の共有結合化合物

共有結合は，日々出会う物質の多くにみられる．それらのほとんどは，炭素原子が他の炭素原子と，そしてさまざまな他の非金属と共有結合する**有機化合物**として分類される．それらは，私たちが食べる食物，身につけている布地，治療に用いる医薬品，車両を動かす燃料，そして登山者を支えるロープの繊維に含まれている．このような有機化合物は本書のこのあとの説明における例として頻繁に用いられるであろう．

■有機化合物のより包括的な説明は22章で行う．本節では，私たちが出会う重要な有機化合物において，炭素原子が他の原子と結合するいくつかの例をみる．

有機化合物 organic compound

有機化合物は，炭素と結合する元素に従って，そしてそれらの元素の原子が分子中でどう配置されるかに従って異なる種類に分かれる．本節で取上げる種類の化合物は，炭素が水素，酸素，および窒素と結合する化合物を含む．§2・7で学んだように，そのような物質は炭化水素，すなわち基本分子の“骨格”が互いに鎖状に結びついた炭素原子から構成されている炭素と水素の化合物から得られると考えることができる．

有機化合物のおもな特徴のひとつは，四つの共有結合を形成することによってそのオクテットを完成する炭素の傾向である．たとえば，アルカン系炭化水素において，すべての結合は単結合である．最初の三つのアルカン（メタン，エタン，およびプロパン）の構造は次のとおりである．

```
   H          H  H          H  H  H
   |          |  |          |  |  |
H—C—H     H—C—C—H     H—C—C—C—H
   |          |  |          |  |  |
   H          H  H          H  H  H
 メタン       エタン        プロパン
```

■これら構造は次の簡略化した形で書くことができる．
CH_4
CH_3CH_3
$CH_3CH_2CH_3$

これらの分子の形状は図2・22における空間充塡模型として示した．

四つ以上の炭素原子が存在するときは，原子を配置する方法が複数あるので，問題はより複雑になる．たとえば，ブタンの分子式は C_4H_{10} であるが，炭素原子を配置する方法は二つある．これら二つの配置は一般的にブタンとイソブタンとよばれる化合物に相当する．

■簡略化した形では，それらの構造を次のように書くことができる．

$CH_3CH_2CH_2CH_3$

CH_3
|
CH_3CHCH_3

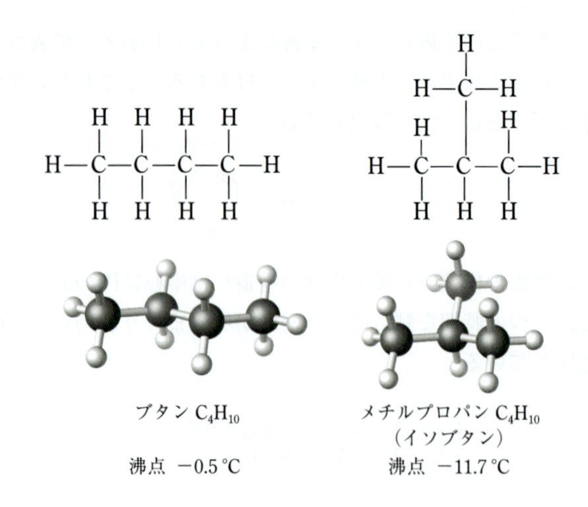

ブタン C_4H_{10}　沸点 −0.5 °C

メチルプロパン C_4H_{10}（イソブタン）　沸点 −11.7 °C

異性 isomerism

異性体 isomer

これらは同じ分子式をもっているが，それらの構造の下に記載した沸点からみてわかるように，これらは異なった特性をもつ異なる化合物である．複数のしくみで原子の配列を組換えることにより，同じ分子式でありながら異なる化合物になる現象は**異性**とよばれ，21 章と 22 章でより詳細に説明する．**異性体**の存在は，多くの有機化合物が存在する原因のひとつである．たとえば，分子式 $C_{20}H_{42}$ の化合物には 366,319 個の異なる化合物または異性体があり，それらは炭素原子が互いに結合する仕方だけが異なっている．

炭素はまた，二重または三重結合を形成することによってそのオクテットを完成することができる．エテン C_2H_4 とエチン C_2H_2（それぞれ一般にエチレンとアセチレンとよばれている）のルイス構造は次のとおりである．

$$\mathrm{H{-}\underset{}{\overset{H}{\overset{|}{C}}}{=}\overset{H}{\overset{|}{C}}{-}H} \qquad \mathrm{H{-}C{\equiv}C{-}H}$$

エテン（エチレン）　　エチン（アセチレン）

酸素と窒素を含む化合物

ほとんどの有機化合物は炭素と水素に加えて複数の元素を含んでいる．§2・7で説明したように，そのような化合物は，一つ以上の水素を他の族の原子で置き換えることによって炭化水素から得られると考えれば便利である．そのような化合物は，母体である炭化水素の一部分に結合した**官能基**とよばれる基の性質に従ってさまざまな群に分けることができる．これらの群のいくつかを表8・4にまとめる．ここで，官能基が結合した炭化水素の部分は **R** の記号で表される．

官能基 functional group

アルコール alcohol

アルコール　2章において，**アルコール**は炭化水素のなかの水素原子の一つが OH によって置き換えられた有機化合物であることを説明した．代表的な例は，以下の構造をもつメタノール（メチルアルコール）とエタノール（エチルアルコール）である．

$$\mathrm{H{-}\underset{H}{\underset{|}{\overset{H}{\overset{|}{C}}}}{-}\ddot{\underset{..}{O}}{-}H} \qquad \mathrm{H{-}\underset{H}{\underset{|}{\overset{H}{\overset{|}{C}}}}{-}\underset{H}{\underset{|}{\overset{H}{\overset{|}{C}}}}{-}\ddot{\underset{..}{O}}{-}H}$$

メタノール（メチルアルコール）　　エタノール（エチルアルコール）

表 8・4　酸素と窒素含有有機化合物のいくつかの群†

種類名	一般式	例		種類名	一般式	例	
アルコール	$\mathrm{R-\ddot{O}-H}$	$\mathrm{CH_3-\ddot{O}-H}$	メタノール	アミン	$\mathrm{R-\ddot{N}H_2}$	$\mathrm{H_3C-\ddot{N}H_2}$	メチルアミン
アルデヒド	$\mathrm{R-C(=\ddot{O}\!:)-H}$	$\mathrm{CH_3-C(=\ddot{O}\!:)-H}$	エタナール（アセトアルデヒド）		$\mathrm{R-\ddot{N}H-R}$	$\mathrm{H_3C-\ddot{N}(H)-CH_3}$	ジメチルアミン
ケトン	$\mathrm{R-C(=\ddot{O}\!:)-R}$	$\mathrm{H_3C-C(=\ddot{O}\!:)-CH_3}$	プロパノン（アセトン）		$\mathrm{R-\ddot{N}(R)-R}$	$\mathrm{H_3C-\ddot{N}(CH_3)-CH_3}$	トリメチルアミン
有機酸	$\mathrm{R-C(=\ddot{O}\!:)-\ddot{O}-H}$	$\mathrm{H_3C-C(=\ddot{O}\!:)-\ddot{O}-H}$	エタン酸（酢酸）				

† R は $-CH_3$ や $-CH_3CH_2$ などの炭化水素を表す．

これらの**簡略式**は CH_3OH と CH_3CH_2OH または CH_3-OH と CH_3CH_2-OH である．メタノールは溶媒や燃料として使用される．エタノールはアルコール飲料中に含まれ，またガソリンと混合し，85%のエタノールを含む E85 とよばれる燃料として用いられている．

簡略式 condensed formula

ケトン　アルコールでは，水のように，酸素原子は二つの単結合を形成してそのオクテットを完成している．しかし，CO_2 でみたように，酸素原子は二重結合を形成することもできる．二重結合の酸素が一対の水素原子と置換した一つの化合物群が**ケトン**とよばれている．最も簡単な例はプロパノンである．この化合物はアセトンとしてよく知られており，しばしばマニキュア除光液に使用される溶媒である．

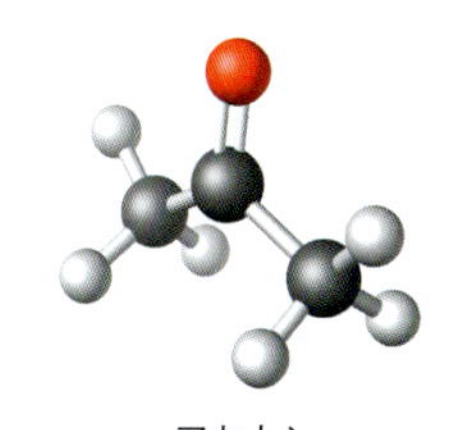

アセトン

ケトン ketone

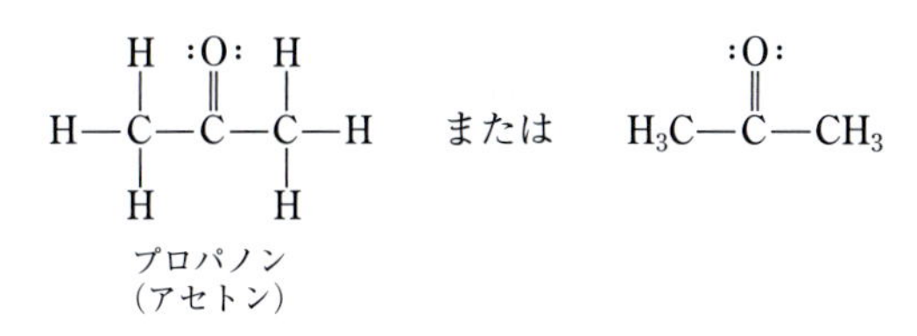

ケトンは，さまざまなプラスチック製品を溶かす多くの有用な溶媒にみられる．一例はブタノン（メチルエチルケトンともいう）である．

$$\mathrm{H_3C-C(=\ddot{O}\!:)-CH_2-CH_3}$$

ブタノン
（メチルエチルケトン）

アルデヒド　ケトンにおいては，酸素と結合した炭素原子が他の 2 個の炭素原子と結合することに注意しよう．C=O 基（**カルボニル基**）に結合した原子の少なくとも 1 個が水素原子である場合，**アルデヒド**とよばれる異なる化合物群が形成される．代表的な例は，ホルムアルデヒド（メタナールともよばれ，生体学的試料を防腐し保存するため，またプラスチックを合成するために用いられている）とアセトアルデヒド（エタナールともよばれ，香水，染料，プラスチック，および他の製品の製造に用いられている）である．

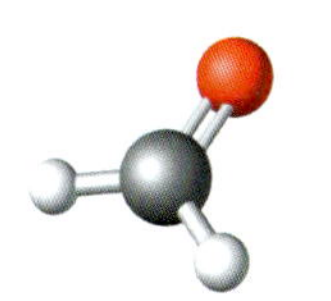

ホルムアルデヒド

カルボニル基 carbonyl group

アルデヒド aldehyde

$$\underset{\text{メタナール（ホルムアルデヒド）}}{\text{H—C(=O)—H}} \qquad \underset{\text{エタナール（アセトアルデヒド）}}{\text{H}_3\text{C—C(=O)—H}}$$

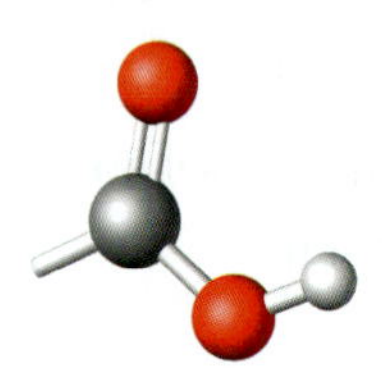
カルボキシ基

カルボン酸 carboxylic acid

有機酸 organic acid

酢酸 acetic acid

カルボキシ基 carboxy group

有 機 酸　**カルボン酸**ともよばれる**有機酸**は酸素含有有機化合物のなかで，非常に重要な群を構成している．一例は4章で述べた**酢酸**である．分子の形状を図4・11に示した．カルボン酸は，H_3O^+ を生成する水素原子を1個もっている．酢酸と酢酸イオンのルイス構造は次のとおりである．

$$\underset{\text{酢酸}}{\text{H—CH}_2\text{—C(=O)—OH}} \qquad \underset{\text{酢酸イオン}}{\text{H—CH}_2\text{—C(=O)—O}^-}$$

一般に，有機酸の構造は**カルボキシ基** $-CO_2H$ の存在を特徴とする．

$$\underset{\text{カルボキシ基}}{\text{—C(=O)—OH}}$$

有機酸は末端の炭素原子に結合した二重結合酸素とOH基の両方をもっていることに注意しよう．

メチルアミン

アミン amine

*　私たちの体の中でタンパク質の必須構成成分であるアミノ酸はアミノ基 $-NH_2$ とカルボキシ基 $-CO_2H$ の両方を含んでいる．これらのなかで最も単純なアミノ酸がグリシンである．

$$\underset{\text{グリシン}}{\text{:NH}_2\text{—CH}_2\text{—C(=O)—OH}}$$

ア ミ ン　窒素原子はオクテットを完成するために3個の不対電子を必要とし，ほとんどの窒素化合物では，窒素原子は結合を三つ形成する．共通の窒素含有有機化合物は，NH_3 の水素原子の1個以上を炭化水素基で置き換えることによってアンモニアから誘導できる．それらは**アミン**とよばれ，一例はメチルアミン CH_3NH_2 である．

$$\underset{\text{アンモニア}}{\text{H—NH—H}} \qquad \underset{\text{メチルアミン}}{\text{H—NH—CH}_3}$$

アミンはにおいの強い化合物であり，しばしば“魚のような”においがする．アンモニアと同じように，これらは弱塩基性である*．

$$CH_3NH_2(aq) + H_2O \rightleftharpoons CH_3NH_3^+(aq) + OH^-(aq)$$

4章で述べたように，アミンに付加される H^+ は窒素原子と結合する．

練習問題 8・15　以下の構造式を，それらが属する有機化合物群の正しい名前と一致させよ．

$$\underset{\text{アミン}}{\text{CH}_3\text{—CH}_2\text{—C(=O)—H}} \qquad \underset{\text{アルコール}}{\text{CH}_3\text{—NH—CH}_3} \qquad \underset{\text{ケトン}}{\text{H—C(=O)—OH}}$$

$$\underset{\text{アルデヒド}}{\text{CH}_3\text{—CH}_2\text{—C(=O)—CH}_2\text{—CH}_3} \qquad \underset{\text{有機酸}}{\text{CH}_3\text{—CH}_2\text{—CH}_2\text{—OH}}$$

応用問題

亜リン酸の化学式は H_3PO_3 である．重さ 0.3066 g のリン酸が 0.4196 g の KOH によって完全に中和されることがわかっている．これらのデータを用いて H_3PO_3 のルイス構造を求めよ．

指針　§8・7 で説明した指針に従って，オキソ酸のルイス構造を決め，水素原子を酸素原子につけて三塩基酸を書くことから始めてみよう．

```
        H
        O
  H  O  P  O  H
```

この原子配置が正しいかどうかを確認するために KOH による酸の中和について示した値を用い，1 mol の酸を中和するために必要な KOH の物質量を計算する．

これは酸の分子中の酸としてはたらく水素原子の数を教えてくれる．酸が実際に三塩基酸であるなら，3 mol の KOH が 1 mol の酸を中和するために必要であるはずである．

中和反応における化学量論からの情報を用いて，既定の骨格構造を用いるか，またはそれを改良してルイス構造を完成する方法を考え，その後ルイス構造を完成させる．

第一段階：データを用いて，酸を中和するために必要な KOH と H_3PO_3 の物質量の比を決定する．

第二段階：必要なら骨格構造を改良して，それを第一段階の計算結果に一致させる．

第三段階：ルイス構造を完成させ，その後，形式電荷を用いて優先的な構造を得る．

第一段階

解法　必要な値は H_3PO_3（$81.994\ \mathrm{g\ mol^{-1}}$）と KOH（$56.108\ \mathrm{g\ mol^{-1}}$）のモル質量である．この値を用いて次の等価式を立てる．

$$0.3066\ \mathrm{g\ H_3PO_3} \Leftrightarrow 0.4196\ \mathrm{g\ KOH}$$

解答　上記の部分は次のように表すことができる．

$$1\ \mathrm{mol\ H_3PO_3} \Leftrightarrow ?\ \mathrm{mol\ KOH}$$

単位の次元を解析し，次式が得られる．

$$1\ \mathrm{mol\ H_3PO_3} \times \frac{81.994\ \mathrm{g\ H_3PO_3}}{1\ \mathrm{mol\ H_3PO_3}} \times \frac{0.4196\ \mathrm{g\ KOH}}{0.3066\ \mathrm{g\ H_3PO_3}} \times \frac{1\ \mathrm{mol\ KOH}}{56.108\ \mathrm{g\ KOH}} = 2.00\ \mathrm{mol\ KOH}$$

1 mol のリン酸を中和するのに 2 mol の KOH が必要であるので，酸は二塩基酸である．これを反映するために骨格構造に変更を加える必要がある．

第二段階

解法　骨格構造を構築し，その構造を第一段階の結果に一致させるために修正した指針を用いる必要がある．

解答　オキソ酸では，水素原子は酸素原子と結合し，この酸素原子は中心原子と結合する．H_3PO_3 は二塩基酸であるので，酸素原子と結合する水素原子が 2 個存在し，3 番目の水素原子はリン原子と結合しなければならない．

```
        O
  H  O  P  O  H
        H
```

第三段階

解法　解答にはルイス構造を書くための手順を用いる．また，§8・7 で説明した形式電荷を用いてルイス構造を決定する．

解答　リン原子（15 族）は 5 個の価電子に寄与し，各酸素原子（16 族）は 6 個の価電子に寄与し，各水素原子は 1 個の価電子に寄与する．価電子は合計 $26e^-$ であり，これまでの手順に従って，ルイス構造を次のとおりに表す．

```
     :Ö:                  :Ö:
  H:Ö:P:Ö:H                |
     H              H—Ö—P—Ö—H
                           |
                           H
```

形式電荷を割り当てると次の構造を得る．

```
       ⊖:Ö:
          |
         ⊕
   H—Ö—P—Ö—H
          |
          H
```

非共有電子対を一番上の酸素からリン－酸素結合に動かし，二重結合を与えることによって形式電荷を減らすことができる．

```
          Ö:
          ‖
   H—Ö—P—Ö—H
          |
          H
```

この構造は形式電荷をもたず，リン酸分子の妥当なルイス構造である．

確認　化学量論計算が H_3PO_3 の物質量に対して整数倍の KOH の物質量を与えるという事実は，問題のこの部分が正しく解決されていることを示唆している．次元解析も正しい単位を与えているので，計算が正しいと判断できる．また，骨格構造は化学量論と一致することから，その構造は妥当である．また，価電子の数が正しく寄与していることから，最終的なリン酸のルイス構造は妥当と考えられる．

9

結合と構造の理論

グラフェンは炭素原子がハチの巣のように共有結合でつながった炭素の同素体の一種であり，その厚さは炭素原子１個の厚さである

分子は共有結合の相対的な配向によって決まる三次元形状をもち，この構造は物質が固体，液体，または気体にかかわらず維持される．前章では，これらの形状のいくつかをみてきた．イオン性物質は全く異なっており，NaCl のような固体イオン化合物の構造は，おもにイオンの大きさとそれらの電荷に支配される．イオン間の引力は優先的な方向性をもたず，したがってイオン化合物が融解すると，この構造は失われ，イオンの秩序配列は乱れた液体状態に崩壊する．

分子特性の多くはその原子の三次元配置に依存する．私たちの嗅覚系は“におい分子”と嗅覚受容体の間の精密な適合によってさまざまなにおいを検出する．さらに，酵素分子上の活性部位の形状は化学反応を促進する一方，病原菌に対する抗体結合部位の独特の形状は病気から保護している．同様に，プラスチック中の高分子の構造はそれらからつくられた材料の特性に強い影響を及ぼす．

本章では分子構造を説明する理論モデルを学び，例として小分子の形状を予測する．また，量子力学と原子の電子構造から共有結合がどのように形成するか，そして，なぜそれらが高い方向性をもつかを説明する理論を学ぶ．ここで得られた知識は，本書のあとの章で融点と沸点などの物理的性質の分子的基礎を調べるさいに役立つであろう．また，これらの知識と原理は有機化学や生化学のより大きな分子に適用できるであろう．

学 習 目 標

- 結合角を含めた五つの基本分子幾何構造の図解説明
- VSEPR モデルによる分子またはイオンの形状予測
- 分子の幾何構造が分子の極性に及ぼす影響の説明
- 原子価結合理論による結合形成の説明
- 軌道混成による原子価結合理論の精緻化の説明
- 軌道準位図および混成軌道を用いた多重結合の説明
- 分子軌道理論による二原子分子の結合の説明
- 非局在分子軌道に対する共鳴構造の比較
- バンド理論による固体の結合と物理的性質の説明
- 混成軌道と原子価結合理論による非金属元素の同素体の説明

9・1　五つの基本分子幾何構造

私たちは三次元の構造をもつ分子から構成される三次元の世界に住んでいるが，分子の結合を記述するために用いるルイス構造は形状に関する情報を伝えない．それらは平面で二次元的であり，単にどの原子が互いに結合するかを記述するだけである．本節では分子形状を予測し，量子力学の視点で共有結合の構造を説明する理論を学ぶ．ここでは，分子がもつ形状の種類をいくつか記述することから始めよう．

分子形状は，少なくとも３個の原子が存在する場合に問題となる．２個のみなら，それらがどう配置されるかについて疑問の余地はなく，一方が他の横にあるだけである．しかし，分子中に 3 個以上の原子がある場合も，その形状はしばしば五つの基本幾何構造のうちの一つだけで構成される．

直線形分子

直線形分子では，原子は直線上にある．したがって，共有結合で形成された直線形分子が 3 個の原子をもっている場合，次の図に示す分子の**結合角**は 180° に等しい．

直線形分子 linear molecule

結合角 bond angle

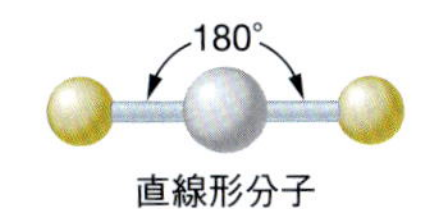

直線形分子

平面三角形分子

平面三角形分子は，3 個の原子が三角形の角にあり，三角形の中心にある 4 番目の原子と結合するものである．この分子では，4 個の原子はすべて同じ面にあり，結合角はすべて 120° に等しい．

平面三角形分子 planar triangular molecule

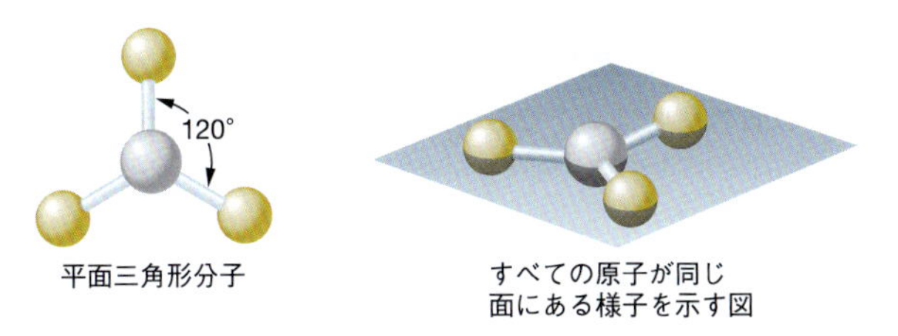

平面三角形分子

すべての原子が同じ面にある様子を示す図

正四面体分子

正四面体は三角形面をもつ角錐のような形状をした四面をもつ幾何学的図形である．**正四面体分子**は，四面体の頂点に置かれた 4 個の原子が構造中心の 5 番目の原子と結合するものである．正四面体分子中のすべての結合角は同じで 109.5° に等しい．

正四面体 tetrahedron

正四面体分子 tetrahedral molecule

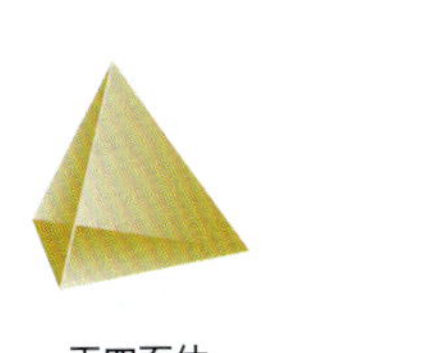
正四面体

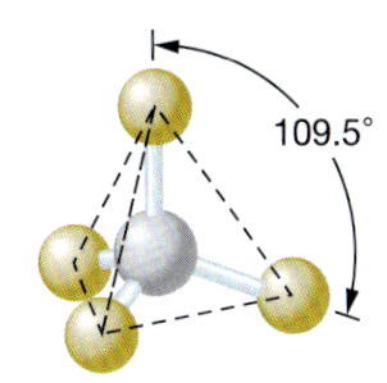

正四面体分子

三方両錐分子

三方両錐は共通の底面を共有する二つの三角錐（三角形面をもつ角錐）からなる．**三方両錐分子**では，中心原子は上下の三角錐によって共有される三角形面の中心に位置し，図の頂点にある 5 個の原子と結合する．

三方両錐 trigonal bipyramid

三方両錐分子 trigonal bipyramidal molecule

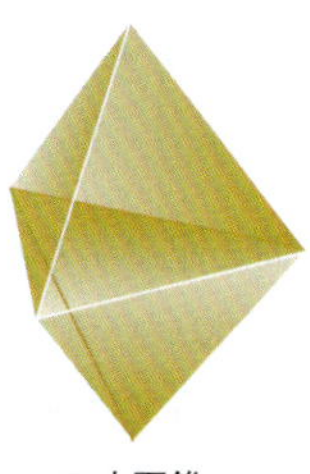
三方両錐

90°
120°
三方両錐分子

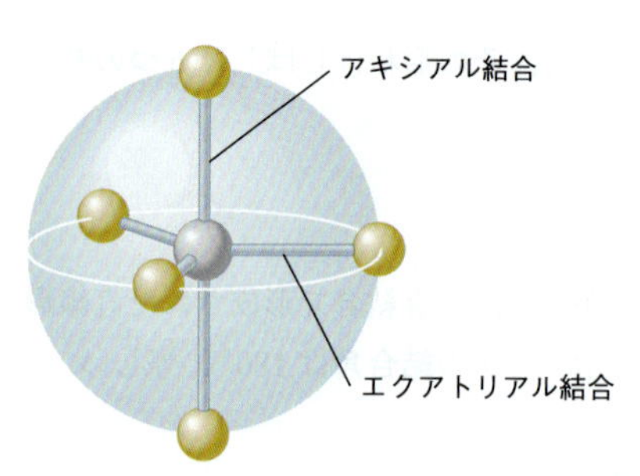

図 9・1　三方両錐分子のアキシアル結合とエクアトリアル結合

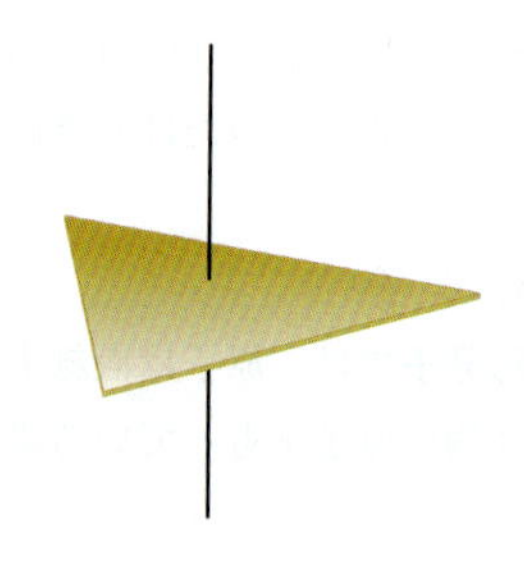

図 9・2　三方両錐を書く簡便な方法. 三方両錐分子を形成するには，原子を中心三角形の角と上下に垂直に伸びる結合の端に置く.

この分子では，すべての結合が等しいわけではない．図 9・1 に示すように，地球に似た球内部の中心にある三方両錐体を想像すると，三角形面の原子は赤道まわりに位置している．これらの原子間の結合は**エクアトリアル結合**とよばれている．二つのエクアトリアル結合間の角度はどれも 120° である．球の南北軸に沿った二つの垂直方向の結合は 180° 離れていて，**アキシアル結合**とよばれている．アキシアル結合とエクアトリアル結合の間の角度は 90° である．三方両錐の簡易表現を図 9・2 に示す.

エクアトリアル結合 equatorial bond

アキシアル結合 axial bond

正八面体分子

正八面体 octahedron

正八面体分子 octahedral molecule

正八面体は八面形であり，共通の正方形底面を共有する二つの四角錐（正方形底面と三角形側面の角錐）と考えてよい．正八面体は頂点を 6 個もち，**正八面体分子**では，正八面体中心の 1 個の原子が頂点のほかの 6 個の原子と結合しているのがわかる．正八面体分子中の結合はすべて等価で，隣接結合間の角度は 90° に等しい．正八面体の簡易表現を図 9・3 に示す.

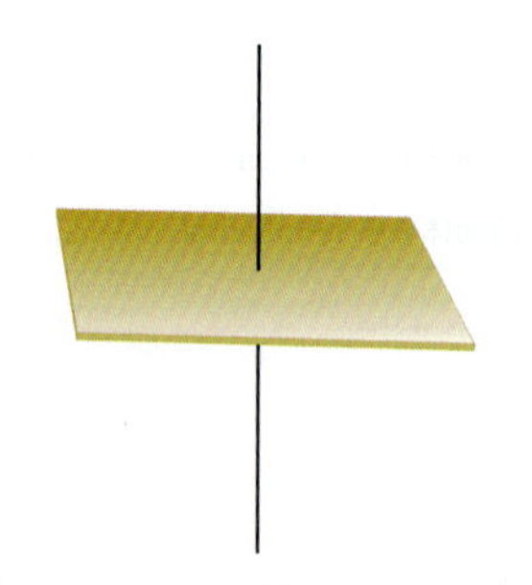

図 9・3　正八面体を書く簡便な方法. 正八面体分子を形成するには，原子を中心正方形の角と上下に垂直に伸びる結合の端に置く.

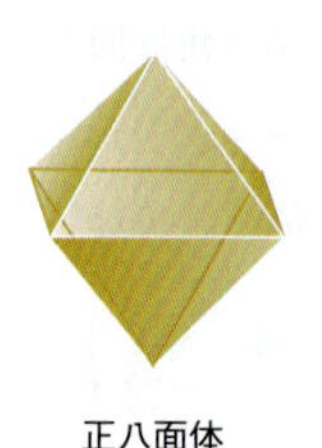

9・2　分子形状と VSEPR モデル

原子価殻電子対反発モデル valence shell electron pair repulsion model，略称 **VSEPR モデル**

一般に，有用な理論モデルは既知の事実を説明し，正確な予測が可能でなくてはならない．**原子価殻電子対反発モデル**（VSEPR モデルともいう）はその両方で著しく成功しており，概念的にも単純である．このモデルは以下の考えに基づいている.

> 原子の原子価殻中の電子対（または電子対群）は互いに反発し，できるだけ遠く離れて，斥力を最小化するように電子対が配置される.

電子ドメイン electron domain

原子の原子価殻中の一群の電子によって占められる空間を記述するために用いる用語が**電子ドメイン**であり，したがって，この説明は次のようにいい直すことができる．電子ドメインは，それら相互の斥力を最小化するようにできるだけ遠く離れている.

分子形状を表す場合，電子ドメインを結合電子対によるドメインと非共有電子対によるドメインの二つに分けると便利である．それらはそれぞれ結合ドメインと非結合ドメインとよばれている．

- **結合ドメイン**は，2個の原子間で共有される電子を含んでいる．したがって，与えられた単結合，二重結合，または三重結合中のすべての電子は同じ結合ドメインにあると考えられる．4個の電子を含む二重結合は2電子のみの単結合より広い空間を占めることができるが，原子間で共有されるすべての電子は同じ空間領域を占め，同じ結合ドメインに属している．
- **非結合ドメイン**は，単一の原子に付随している価電子を含む．非結合ドメインは，**非共有電子対**（**孤立電子対**ともいう），場合によっては**不対電子**（奇数の価電子をもつ分子にみられる）である．

結合ドメイン bonding domain

■電子ドメインは結合電子対，非共有電子対，または不対電子である．VSEPR モデル（VSEPR 理論）を電子ドメインモデルとよぶほうがよいこともある．

非結合ドメイン nonbonding domain

非共有電子対 unshared electron pair

孤立電子対 lone pair

不対電子 unpaired electron

図9・4は異なる数の電子ドメインを想定した配向を示しており，これが電子ドメインをできるだけ遠く離して斥力を最小化している．これらと同じ配向は，ドメインが結合か非結合かにかかわらず達成される．それらがみな結合ドメインであるなら，図9・4でも示したように，分子は前節で示した形をもつ．

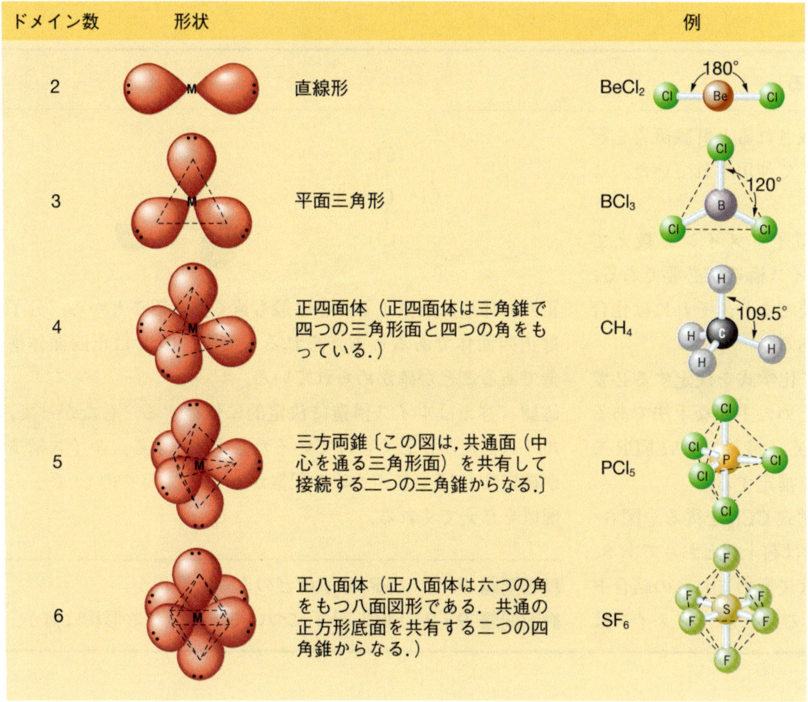

ドメイン数	形状	例
2	直線形	$BeCl_2$ (180°)
3	平面三角形	BCl_3 (120°)
4	正四面体（正四面体は三角錐で四つの三角形面と四つの角をもっている.）	CH_4 (109.5°)
5	三方両錐〔この図は，共通面（中心を通る三角形面）を共有して接続する二つの三角錐からなる.〕	PCl_5
6	正八面体（正八面体は六つの角をもつ八面図形である．共通の正方形底面を共有する二つの四角錐からなる.）	SF_6

図 9・4 中心原子 M のまわりの電子ドメイン数で予想される形状．各ローブが電子ドメインを表している．

ルイス構造と VSEPR モデル

VSEPR モデルを分子の形状予測に応用するには，中心原子の原子価殻中に電子ドメインがいくつあるかを知る必要がある．ここではルイス構造が特に役立つ．

たとえば $BeCl_2$ 分子を考えてみよう．8章の手順を用いて，そのルイス構造を次のように決定する．

$$:\ddot{\underset{..}{Cl}}-Be-\ddot{\underset{..}{Cl}}:$$

■ $BeCl_2$ 中の結合はイオン結合より共有結合である．

ちょうど3個の原子があるので，二つの形状のみ可能である．分子は直線形または非直線形でなければならない．すなわち，3個の原子のなす結合角は180°であるか，180°未満の角度である．

Cl—Be—Cl（180°）　または　Be（Cl，Cl）（<180°）

構造を予測するには，Be原子の原子価殻中の電子ドメイン数を数えることから始める．この分子中で，Be原子はCl原子と二つの単結合を形成する．したがって，Beはその原子価殻中に二つの結合ドメインをもっている．図9・4において，原子の原子価殻中に二つの電子ドメインがあるとき，それらが核の反対側にあって逆方向を向いているなら，斥力が最小になることがわかる．これを原子価殻電子対の電子雲の近似位置を示すように表すことができる．電子がBe−Cl結合中にあるためには，Cl原子は結合電子対が存在する場所に置かれなければならない．したがって，$BeCl_2$分子が直線形であると予測できる．

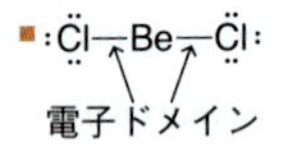

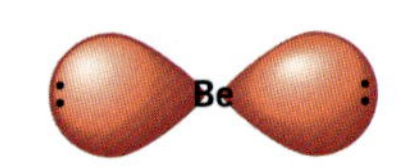

Cl—Be—Cl

実際，気相状態において$BeCl_2$の形状は直線形であることが実験的に証明されている．

例題 9・1　分子の形状を予測する

四塩化炭素は，かつて，人体に吸収されると肝臓障害を起こすことが発見されるまで洗浄液として使用されていた．この分子はどのような形状か．

指針　分子形状を見いだすには，電子ドメインを数えてVSEPRモデルを適用できるようなルイス構造が必要である．ルイス構造を書くには，化学式が必要であり，それには化合物の命名法の規則を適用する必要がある．

解法　最初に，2章の命名法を用いて化学式を決定する必要がある．次に，この種の問題を解くための主要な手法であるルイス構造を8章の手順に従って書く．最後に，VSEPRモデルを手法として用い，分子の構造を推定する．

解答　四塩化炭素という名前から化学式CCl_4を得る．図8・12の手順に従うと，CCl_4のルイス構造は右上のとおりである．四つの結合があり，それぞれの結合は炭素のまわりの結合ドメインに対応している．図9・4によると，結合ドメインは

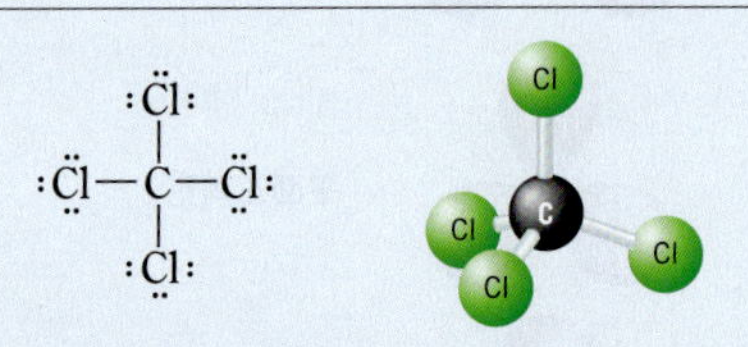

正四面体形に配置するときに最も遠く離れることから，分子は正四面体であると考えられる．実際，CCl_4は正四面体構造であることが確かめられている．

確認　答えはルイス構造に決定的に依存する．したがって，ルイス構造が正しく書けているか必ず確認する．ルイス構造が確定すれば，ドメインの配置がC原子まわりのCl原子の配置を与えてくれる．

練習問題 9・1　SeF_6分子はどのような形状か．

練習問題 9・2　$SbCl_5$分子について予想される形状は何か．

非結合ドメインと分子形状

分子のなかには一つ以上の非結合ドメインのある中心原子をもっているものがあるが，これらの非結合ドメインは非共有電子対（孤立電子対）または不対電子からなっている．これらの非結合ドメインは分子の幾何学的形状に影響する．

■$SnCl_2$は，スズ原子のまわりの価電子がオクテットに満たない分子の例である．スズと塩素の電気陰性度の差はわずか1.1であり，結合が共有結合の特徴をもっていることを意味している．

中心原子のまわりに三つの電子ドメインをもつ分子　分子の幾何学的形状に影響する非結合ドメインの例は$SnCl_2$である．

:C̈l—S̈n—C̈l:

スズ原子のまわりには，二つの結合ドメインに加えて一つの非結合ドメイン（非共有電子対）がある．図 9・4 によると，ドメインどうしは三角形の角にあるときに最も遠く離れている．ここではまず，塩素原子を無視して，電子ドメインがどう配置されるかということに注目してみよう．

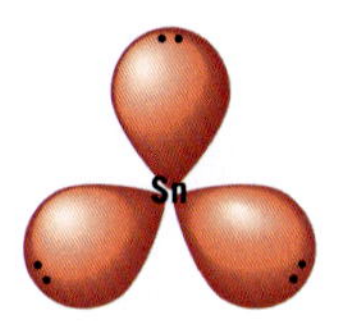

二つのドメインを共有する 2 個の Cl 原子を置くことによって分子の形状をみることができる（左下）．

ドメインがどのように配置されていても，この分子を三角形として表すことはできない．分子形状は電子ドメインの配置ではなく原子の配置を表している．したがって，形状を表すためには，右上に示すように，非共有電子対を無視して，$SnCl_2$ 分子を**非直線形**（**屈曲形**または **V 字形**ともいう）の構造で表す．

非直線形 nonlinear

屈曲形 bent

V 字形 V-shaped

中心原子のまわりに三つのドメインがあるときは，二つの分子形状が可能であることに注意しよう．三つすべてが結合ドメインであるなら，図 9・4 の BCl_3 に示すような平面三角形の分子が形成される．一方，$SnCl_2$ のようにドメインの一つが非結合ドメインなら，分子中の原子配置は非直線形であると考えられる．ただし，予測した両形状は，最初に中心原子まわりのドメインの三角形配置に着目し，その後，必要な原子数を追加することによって得られるのである．この方法を用いてすべての分子形状を決定する．

中心原子のまわりに四つの電子ドメインをもつ分子　　中心原子の原子価殻中に四つの電子対（オクテット）をもつ多くの分子がある．メタン CH_4 のように，これらの電子対を用いて四つの単結合を形成するとき，分子の形状は四面体である（図 9・4）．しかし，非結合ドメインも存在するような例が多数ある．たとえば，アンモニアと水である．

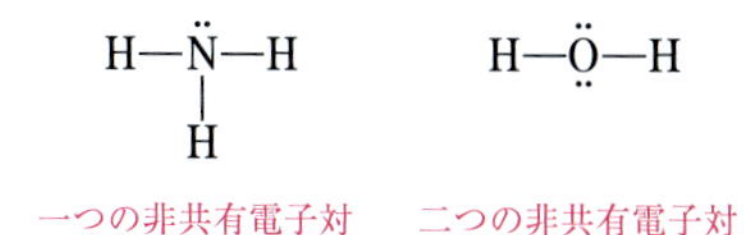

図 9・5 は非結合ドメインがこの種の分子形状にどのように影響するかを示している．

一つの非結合ドメインをもつ場合，NH_3 のように中心原子は三角形底面の角に 3 個の原子をもつ角錐の上部にある．その分子形状は**三角錐**とよばれている．H_2O のように，四面体に二つの非結合ドメインがあるときは，分子の 3 個の原子（中心原子に加えてそれと結合する 2 個の原子）は直線上にないので，構造は非直線形で表される．

三角錐 triangular pyramid

■原子の配置は電子ドメインを表しているのではなく，分子形状を表しているのである．

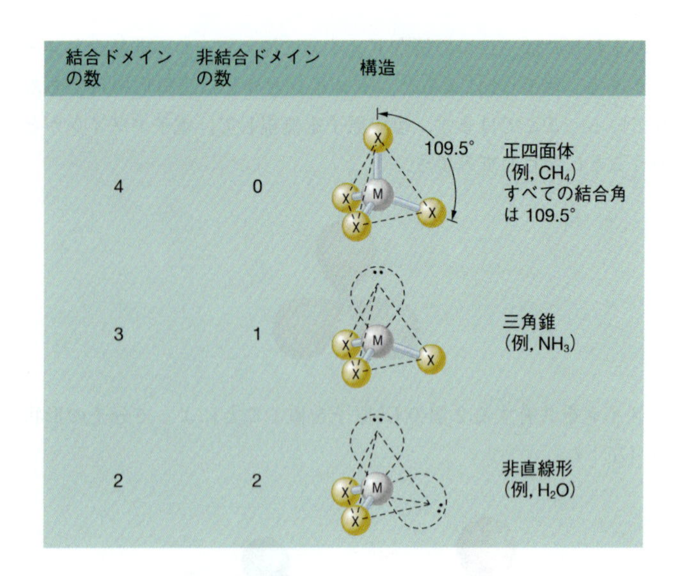

図 9・5　中心原子のまわりに四つの電子ドメインがある分子形状. ここに示した分子 MX_4, MX_3, および MX_2 はすべて中心原子 M のまわりに正四面体配置された四つのドメインをもっている.

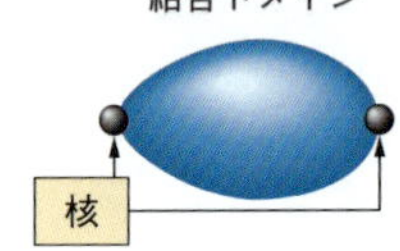

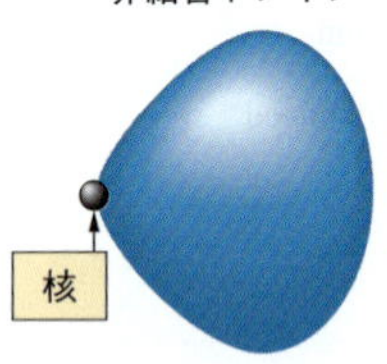

図 9・6　結合ドメインと非結合ドメインの相対的大きさ

中心原子のまわりに五つの電子ドメインをもつ分子　五つのドメインが中心原子のまわりにあるとき，それらは三方両錐の頂点を向いている．PCl_5 などの分子は図 9・4 に示すようにこの幾何構造をもっており，三方両錐をもつと考えられる．

三方両錐では，非結合ドメインは常にエクアトリアル位（分子の中心を通る三角形面）の位置を占める．これは図 9・6 に示すように，ドメインの一端にだけ正電荷の核をもつ非結合ドメインがドメイン結合より大きいためである．大きな非結合ドメイ

結合ドメインの数	非結合ドメインの数	構造
5	0	三方両錐 (例, PCl_5)
4	1	ひずんだ四面体 (例, SF_4)
3	2	T 字形 (例, ClF_3)
2	3	直線形 (例, I_3^-)

図 9・7　中心原子のまわりに五つの電子ドメインがある分子形状. 中心原子 M のまわりの非結合ドメイン数に応じて，4 種類の分子構造が可能である．

ンほど 90° に三つの最隣接をもつアキシアル位にあるより，90° にちょうど二つの最隣接をもつエクアトリアル位にあるほうが，ドメインが密集しないことがわかる．

図 9・7 は，三方両錐中の異なる非結合ドメイン数についての幾何構造の種類を示している．SF_4 のように非結合ドメインが一つしかない場合，構造は中心原子が四角形の一つの稜線に沿って置かれている**ひずんだ四面体**（**シーソー形**ともいう）として表される（図 9・7，図 9・8）．エクアトリアル位に二つの非結合ドメインをもつ分子は **T 字形**（図 9・9）であり，エクアトリアル位に三つの非結合ドメインがある分子は直線形である．

ひずんだ四面体 distorted tetrahedron

シーソー形 seesaw

T 字形 T-shaped

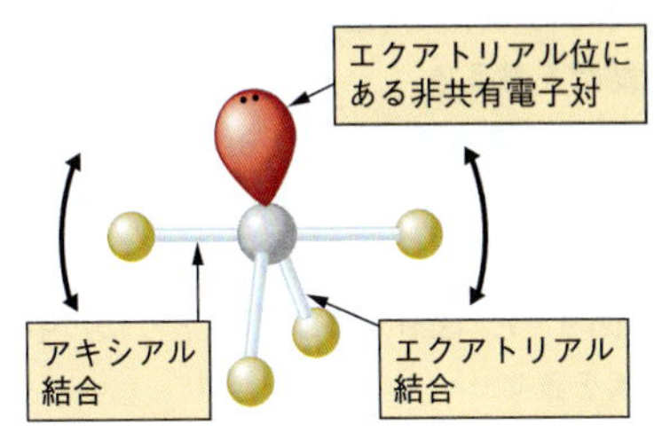

図 9・8 ひずんだ四面体はシーソー構造として表される． この表現の由来は，構造を倒すことにより，非結合ドメインが赤道面の二つの原子に対して立つようにして非結合ドメインを強調するとよくわかる．

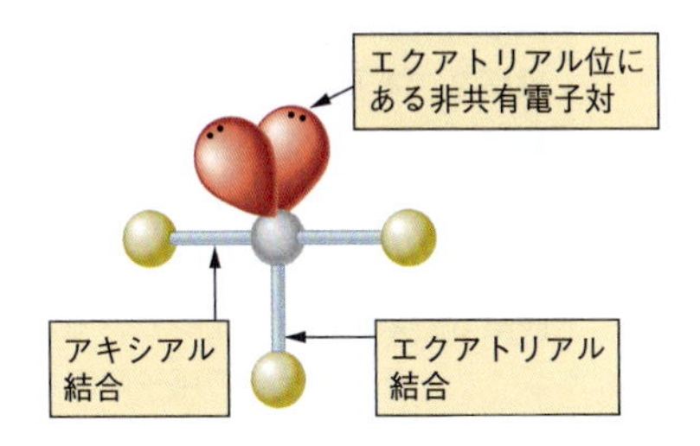

図 9・9 三方両錐体の赤道面に二つの非結合ドメインをもつ分子． ひっくり返したときに，分子が T のようにみえることから，T 字形とよばれている．

中心原子のまわりに六つの電子ドメインをもつ分子　最後に中心原子のまわりに六つのドメインをもつ分子またはイオンを取上げる．SF_6 におけるように，すべての電子ドメインが結合に含まれるとき，分子は正八面体である（図 9・4）．一つの非結合ドメインがあるときは，分子またはイオンは**四角錐**をもち，二つの非結合ドメインがあるときは，非結合ドメインは互いに中心核の反対側にあり，分子またはイオンは**平**

■中心原子のまわりに六つの電子ドメインをもつ共通の分子またはイオンで，二つ以上の非結合ドメインをもつものはない．

四角錐 square pyramid

平面四角形 square planar

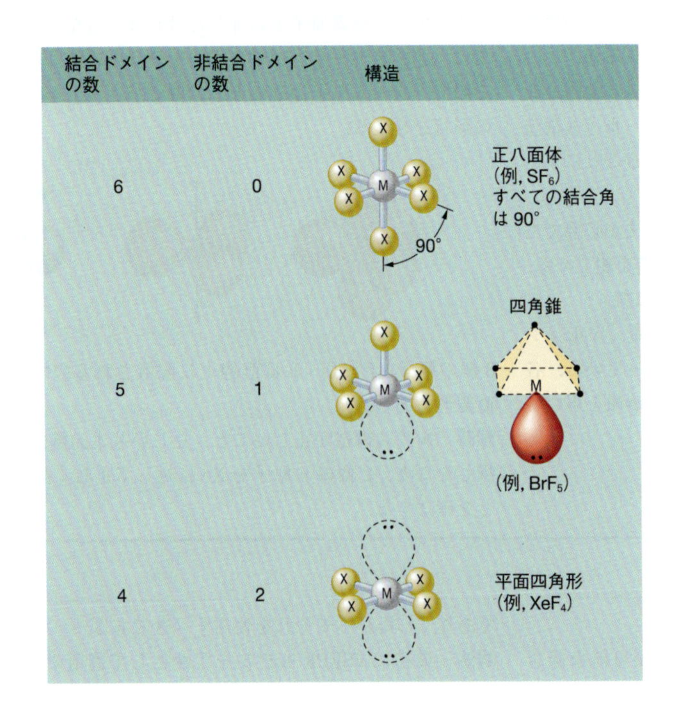

図 9・10 中心原子のまわりに六つの電子ドメインがある分子形状． 理論的にはもっと可能だが，中心原子 M のまわりの非結合ドメイン数に応じて，3 種類の分子形状のみが観察されている．

面四角形をもつ．これらの形状を図 9・10 に示す．

VSEPR モデルを用いて分子形状を決定する手順

非結合ドメインと結合ドメインが分子形状にどのように影響するか理解できたので，VSEPR モデルを適用するための方策を発展させることができる．この方策とともに，五つの基本幾何構造（直線形，平面三角形，正四面体，三方両錐，正八面体）の描写を学ぶことも役に立つ．

VSEPR モデルを用いて分子形状を決定する

段階 1　図 8・12 の手順を用いて分子またはイオンのルイス構造を書く．
段階 2　電子ドメイン（非結合および結合）の総数を数える．
段階 3　段階 2 の結果を用いて，分子の形状に基づく基本幾何形状を選ぶ．〔中心原子の位置とドメイン（結合と非結合の両方）が向いている方向を示す図を書く．〕
段階 4　適切な原子数を結合ドメインに追加する．
段階 5　非結合ドメインがある場合，図 9・5，図 9・7，図 9・10 に示すように，中心原子まわりの原子配置を用いて分子形状を表す．

この方法は，分子はもちろんイオンの形状を決定するのにも有効である．鍵は，陰イオンを形成するために追加する電子，または陽イオンを形成するために除去する電子数を見失わないように注意することである．

例題 9・2　分子の形状を予測する

キセノンは貴ガスの一つであり，一般に不活性である．長い間，すべての貴ガスが全く化合物を形成することができないと信じられていた．それゆえ，一部の化合物をつくることができることが発見されたときは驚きであった．これらの一つが二フッ化キセノンである．二フッ化キセノンの幾何構造が直線形か非直線形かをどのようにして予想できるか．

指針　この問題は，例題 9・1 に似ている．最初の段階は化合物の化学式を正しく書くことである．その後，ルイス構造を組立て，その構造から VSEPR モデルを適用することによって分子の形状を得ることができる．

解法　最初に，化学式を得るために 2 章の命名法が必要である．その後，図 8・12 の手順に従ってルイス構造を組立てる．ここから VSEPR モデルを適用するための方策に続く．

解答　二フッ化キセノンの化学式は XeF_2 である．キセノン原子の外殻は 8 個の電子を含む貴ガス構造をもっている．各フッ素原子は 7 個の価電子をもっている．この情報を用いて以下の XeF_2 のルイス構造を得る．

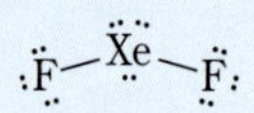

次に，キセノン原子のまわりのドメインを数える．それらは五つ（三つの非結合ドメインと二つの結合ドメイン）ある．五つのドメインがある場合，それらは三方両錐として配置される．

ここで，フッ素原子を追加しなければならない．三方両錐では，非結合ドメインは常に中心を通る赤道面に存在しているので，フッ素原子はその上下に置く．このようにして，次の形状を与える．

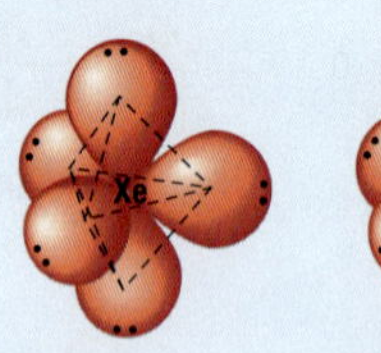

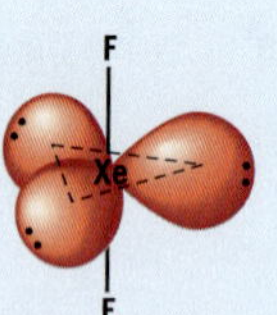

3 個の原子，F−Xe−F は直線上に配置されるので，分子は直線形である．

確認　ルイス構造が正しいこと，正しい基本的幾何形状を選択したこと，2 個の F 原子を Xe に対して正しく配置したことを確認する．

例題 9・3　イオンの形状を予測する

ClO_2^- が直線形であると予測されるか．

指針　VSEPR モデルは，分子形状の推論に使用可能な概念であり，したがってそれを使用すべきである．

解法　最初に VSEPR モデルを手法として適用するために，

結合ドメインと非結合ドメインを示すルイス構造を書く必要がある．このための手法は図8・12である．

解答 図8・12で示した手順に従うとClO_2^-のルイス構造は次のように書ける．

$$\left[:\ddot{O}-\ddot{\underset{..}{Cl}}-\ddot{O}:\right]^-$$

次に，中心原子まわりの結合ドメインと非結合ドメインを数える．塩素原子のまわりに，二つの結合ドメインと二つの非結合ドメインがある．二つのドメインはVSEPRモデルに従い，常に四面体状に配置される．次の図に示す．ここで中央に示すように，2個の酸素を追加する．すべての結合角が等しいので，四面体のどの位置を選ぶかは重要でない．非共有電子対を無視するとイオンの構造がどのようにみえるかがわかる．

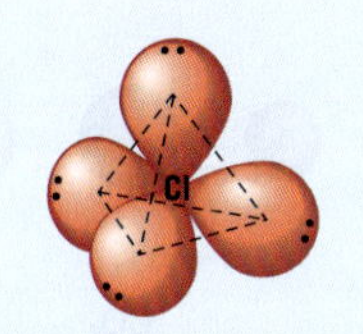

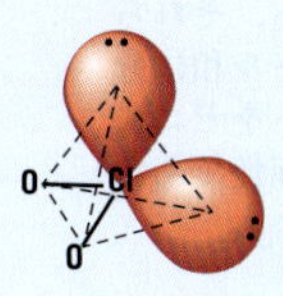

O−Cl−O角が180°未満であることがわかるので，イオンは非直線形であると予測される．

確認 ルイス構造を正しく書いていること，ドメインを正しく数えたこと，ドメインの正しい方向を選んだこと，最後に二つの酸素原子を追加して得られる構造を正しく書いているか確認する．

例題 9・4 多重結合をもつ分子形状を予測する

非常に有毒なガスであるシアン化水素HCNのルイス構造は次のとおりである．HCN分子は直線形か非直線形か．

$$H-C\equiv N:$$

指針 ルイス構造はすでに示してあるので，電子ドメインを数え，これまでの手順のとおりに進める．ここで重要なのは，一つの結合ドメインが1個の原子を中心原子に結合させ，ある与えられた結合の中のすべての電子対が同じ結合ドメインに属していることを思い出すことである．

解法 前の例題と同様にVSEPRモデルを用いる．

解答 炭素原子のまわりに二つの結合ドメインがある．一つは窒素原子との三重結合であり，もう一つは水素原子との単結合である．

結合ドメインは一つの電子対からなる　結合ドメインは三つの電子対からなる

$$H-C\equiv N:$$

したがって，二つの結合は180°離れていて，直線状のHCN分子を形成している．

確認 結合ドメインを正しく数えたことを確認する．

練習問題 9・3 貴ガス元素のアルゴンにおいて，最初に発見された化合物はHArFである．HArF分子で予想される形状は何か．

練習問題 9・4 SO_3分子で予想される形状は何か．

9・3 分子構造と双極子モーメント

電子は必ずしも分子中に均一に分布しているわけではない．分布が均一でなくなると，分子に**双極子モーメント**が形成される．分子全体の双極子モーメントはその化学的，物理的性質に影響する．したがって，分子が双極子をもつかどうかを知る必要がある．

双極子モーメント dipole moment

二原子分子では，§8・6で詳細に説明したように，双極子モーメントは2個の原子間の結合極性によってのみ決まる．したがって，HCl分子はH−Cl結合が極性であることから双極子モーメントをもつのに対して，H_2はH−H結合が等極性であるので双極子モーメントはゼロである．

■電気陰性度の異なる2個の原子で構成される分子は，結合に極性があることから，極性分子でなければならない．

3個以上の原子を含む分子の場合，各極性結合はそれ自身の**結合モーメント**をもっており，分子全体の双極子モーメントに寄与している．結合モーメントは方向と大きさの両方をもつベクトルの特性をもっている．したがって，分子中では結合モーメントはベクトルのように加算する．

結合モーメント bond moment

図9・11は，結合モーメントのベクトル和が完全な相殺とゼロに等しい双極子モーメントをもたらす三つの分子を示している．図で結合モーメントは，モーメントのど

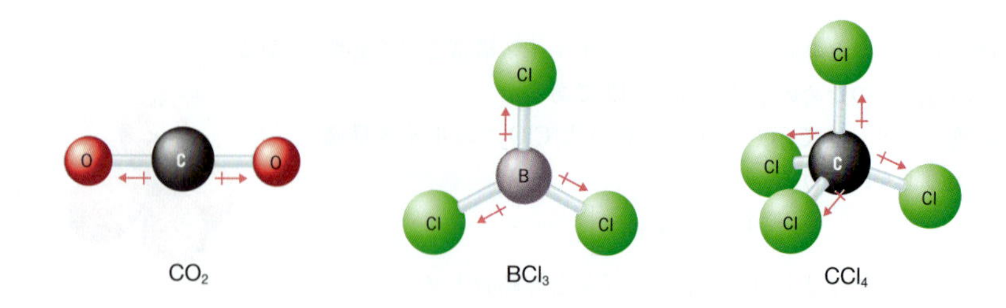

図 9・11　分子形状とその双極子モーメントへの影響．これらの分子が極性結合をもっていても，それらの結合モーメントのベクトル和は分子全体の双極子モーメントをゼロにする．これは，分子が無極性であることを意味している．

の端が正であるかを示すために一端がプラス記号の矢印（+⟶）によって示されている．左は，両 C−O 結合が同一の直線形 CO_2 分子である．個々の結合モーメントは同じ大きさをもっているが，それらは逆方向を向いている．したがって，双極子モーメントがゼロであるので，CO_2 分子は無極性である．視覚化するのはそう簡単でないが，同じことは BCl_3 と CCl_4 にも起こる．これらの各分子においては，一つの結合モーメントの影響が他の結合モーメントの影響によって相殺され，これが分子にゼロの双極子モーメントをもたらしている．結果として BCl_3 と CCl_4 は**無極性分子**である．

無極性分子 nonpolar molecule

図 9・11 の分子は無極性であるが，それらがゼロでない結合モーメントを含むという事実は，原子が正または負の部分電荷をもつことを意味している．たとえば，CO_2 では，炭素原子は部分正電荷をもち，同等の負電荷は 2 個の酸素原子間で分けられる．同様に BCl_3 と CCl_4 でも，中心原子は部分正電荷をもち，塩素原子は部分負電荷をもっている．

図 9・11 の分子構造が，分子形状を導くために用いた三つの基本形状と一致していることに気づいたであろう．残りの二つの構造（三方両錐と正八面体）をもつ分子もまた，中心原子に結合したすべての原子が同じなら無極性である．すべての電子ドメインおよび電子ドメインについたグループが同一ならば，すべての基本形状は“釣合っている”または**対称**である*．例を図 9・12 に示す．三方両錐は，原子の平面三角形の組（青）と直線形（赤）に配列された一対の原子とみなせる．平面三角形のすべての結合モーメントは，結合の二つの双極子が直線形に配置されるとき相殺するので，分子は全体として無極性である．同様に，正八面体分子は結合モーメントの三つの直線形の組とみなせる．結合モーメントの相殺は各組で起こることから，正八面体分子も全体として無極性である．

対称 symmetry

＊　対称性はここに示すよりもっと複雑な問題であり，“群論（group theory）”という数学の一分野になっている．分子の対称性を記述するとき，分子の反転操作やその他さまざまな操作により分子が操作前と操作後で正確に同じに見える特別な操作を指定する．たとえば，図 9・11 の BCl_3 分子を紙面に垂直な軸のまわりに 120° 回転し，その軸が B 原子を貫いていることを想像してみよう．この回転操作を行うと，分子はちょうど回転前と同じに見える．この回転軸が BCl_3 の対称要素である．本章の説明では，対称性の定性的理解を基礎にしている．

中心原子に結合したすべての原子が同一ではないか，中心原子の原子価殻に非共有電子対があるなら，分子は通常極性である．たとえば $CHCl_3$ において，正四面体の原子の 1 個はその他とは異なっている．C−H 結合は C−Cl 結合より極性が小さく，結合モーメントは相殺しない（図 9・13）．このような“不釣合な”構造を**非対称**であるという．

非対称 asymmetry

■ 非共有電子対も分子の極性に影響しうるが，ここではこれ以上言及しない．

中心原子の原子価殻に非共有電子対をもつ二つのよく知られている分子を図 9・14

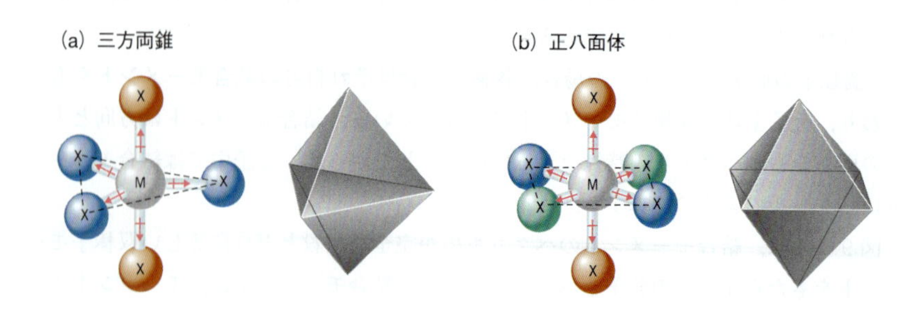

図 9・12　対称三方両錐と正八面体分子中の結合モーメントの相殺．(a) 中心原子が 5 個の同一原子と結合する三方両錐分子 MX_5．結合モーメントは互いに相殺し全体として分子は無極性である．(b) 中心原子が 6 個の同一原子と結合する正八面体分子 MX_6．結合モーメントは各組で相殺し全体として分子は無極性である．

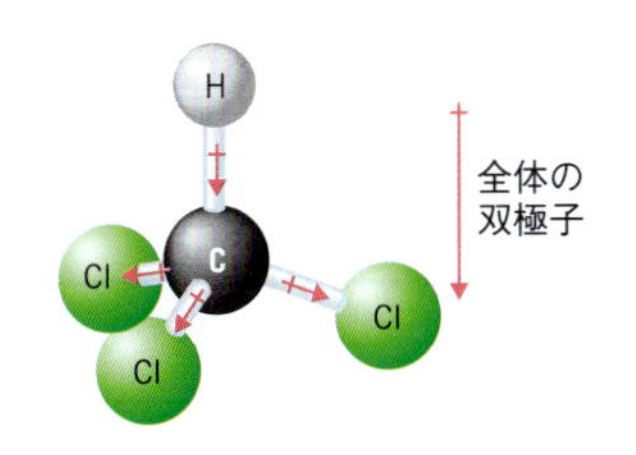

図 9・13　クロロホルム $CHCl_3$ 中の結合モーメント． C は H より少し電気的に陰性なので，C−H 結合モーメントは炭素方向を向いており，小さな C−H 結合モーメントは C−Cl 結合モーメントの影響を高めている．すべての結合モーメントは加算的であり，これが $CHCl_3$ を極性分子にさせている．

に示す．これらの分子では結合モーメントは，それらの影響が相殺しないように配向している．水では各結合モーメントは同じ酸素原子の方向に向いている．結果として結合モーメントは，全体として分子に正味の双極子モーメントを与えるように増加する．同じことがアンモニアでも起こり，三つの結合モーメントが部分的に同じ方向を向き極性が増加する．

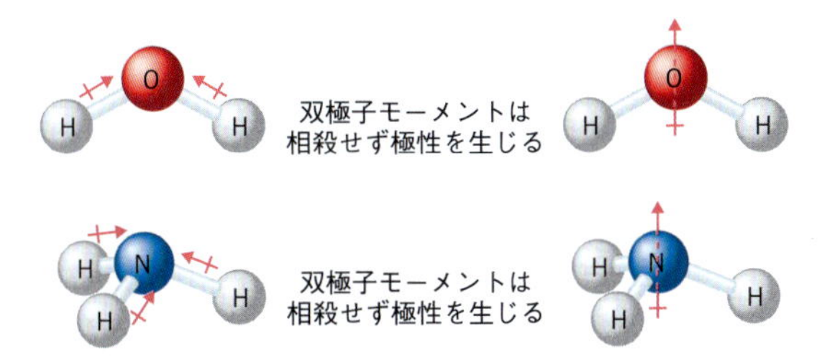

図 9・14　水とアンモニアの双極子モーメント． これらの分子はそれぞれ中心原子の原子価殻に非結合ドメインを含んでおり，正味の双極子モーメントをもっている．非結合ドメインが中心原子にある場合，結合モーメントは通常相殺せず，結果として極性分子が生じる．

中心原子に非結合ドメインを含むすべての構造が極性分子を生成するわけではない．次の二つの例外である．

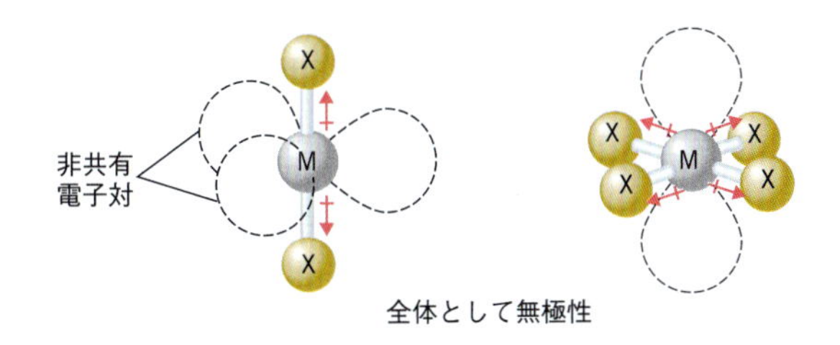

第一の例では，それらがちょうど CO_2 中にあるように，直線形に配置された一対の結合モーメントをもっている．第二の例では，結合した原子は正方形の角にあり，結合モーメントの二つの直線形の組とみなせる．中心原子に結合した原子が同じで，直線形に配置されていれば，結合モーメントの相殺が起こり，無極性分子を生成する．これは，直線形の XeF_2 と平面四角形の XeF_4 などの分子が無極性であることを意味している．

要約

- 分子は，結合が無極性か，または中心原子の原子価殻中に非共有電子対がなく，中心原子に結合したすべての原子が同じなら，無極性である．
- 中心原子に結合した原子が結合モーメントを相殺するように配置される上述の 2 例を除き，中心原子が非共有電子対をもつ分子は通常，極性である．

先の説明に基づいて，分子が極性であるか無極性であるかを予測するために，これらの考えをどのように適用するかみてみよう．

応用問題

三酸化硫黄分子が極性か無極性か予測する．

指針　この一見簡単なこの問題に答えるには，実際多くの問題に答える必要がある．最初に，三酸化硫黄の化学式が必要である．第二に，分子中の結合が極性か無極性か考える．第三に，それらが極性なら，結合双極子は三次元分子中で相殺するか，そしてそれに答えるために，分子の形状と中心原子のまわりに非共有電子対があるかどうかを知る必要がある．第四に，分子の形状を見いだすためにルイス構造を書く必要があり，第五に VSEPR モデルを適用する．3 番目の問題に答えるには，最初に 4 番目と 5 番目の問題に答える必要がある．

第一段階

解法　化合物名を化学式に変換するために §2・8 の命名法を適用する必要がある．

解答　三酸化硫黄が分子であり，二つの非金属元素から構成されていることから，式を決定するために分子化合物の命名法に目を向けよう．化合物名は 1 個の硫黄原子と 3 個の酸素原子をもつことを示し SO_3 と書ける．

第二段階

解法　結合が極性かどうかを決めるために必要なすべてのことは電気陰性度の表にある（図 8・9）．電気陰性度の値は必要ではない．

解答　元素は異なる電気陰性度をもっており，フッ素に最も近い元素がより大きな値をもつことを思い出そう．ここでは，二つの異なる元素，硫黄と酸素が存在していることから結合は極性であると予想される．

第四段階

指針のところで述べたように，第四段階と第五段階は第三段階に戻る前に答えておく必要がある．

解法　有効なルイス構造を書くために図 8・12 において要約した方法が必要である．

解答　硫黄を中心原子として選び，硫黄原子の価電子を酸素原子のまわりにオクテットに配置する．結果として，硫黄原子のまわりは 8 個未満の電子となる．このことは，1 個の酸素原子と硫黄の間で二重結合（二つの電子対）を形成することによって解決する．最終構造は，すべての電子を示す構造，結合電子対を実線によって置き換えた構造という二つの同等な構造で示される．

```
      :Ö:                    :Ö:
                              |
 Ö::S̈:Ö:     または      Ö═S─Ö:
```

第五段階

解法　幾何構造を決定するためには，電子ドメインがいくつ存在するか，それらの電子ドメインの何個が結合ドメインかを決定する必要がある．その後，図 9・4，図 9・5，図 9・7，図 9・10 を用いて分子の幾何構造を決定することができる．

解答　第四段階のルイス構造から，硫黄原子のまわりに三つの電子ドメインがあることがわかる．すべての電子ドメインは硫黄原子と酸素原子間の結合を含む．これにより平面三角形構造を与えると予想される．

第三段階

第四段階と第五段階の情報をもとに第三段階を進める．

解法　平面三角形構造，およびすべての結合が等しく（共鳴構造を思い出そう），同じ極性をもたなければならないという事実を踏まえる．

解答　分子は，すべての方向の電子に対して等しい引力をもつ正三角形であると考えられることから，分子は無極性であると結論される．

確認　答えが正しいことを確かめるためには，ルイス構造を確認し，VSEPR 理論を正しく適用したことを確認する．

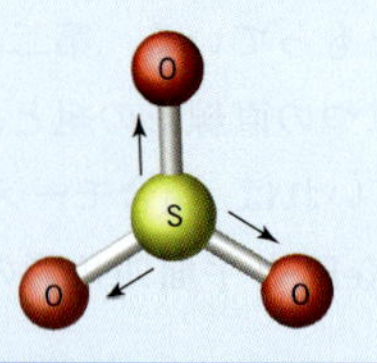

例題 9・5　分子の極性を予測する

分子 HCN は極性または無極性であるか．

指針と解法　“応用問題”と同様の手法を適用する．

解答　炭素原子は水素原子より少し電気的に陰性で，窒素原子は炭素原子より少し電気的に陰性であることから，極性結合をもっている．HCN のルイス構造は次のとおりである．

H─C≡N:

中心炭素原子のまわりに二つの電子ドメインがあるので，直線形が予測される．しかし，二つの結合モーメントは相殺しない．一つの理由は，それらが等しい大きさでないことにある．これは，CとHの電気陰性度の差が0.4であるのに対して，CとNの電気陰性度の差は0.6であることからわかる．もう一つの理由は，両方の結合モーメントが，低い電気陰性度の原子から高い電気陰性度の原子へ，同じ方向を向いていることである．結合モーメントがベクトル和によって加算され，個々の結合モーメントより大きい正味の双極子モーメントを分子に与えることに注意する．結果として，HCNは極性分子である．

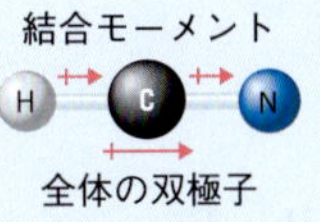

確認 先の例のように，正しいルイス構造を書き，VSEPR理論を正しく適用したことを確認する．また，電気陰性度を用いて，正しい結論に達したかどうかを確認することもできる．

練習問題 9・5 四フッ化硫黄分子は極性か，または無極性か説明せよ．

練習問題 9・6 以下の分子のどれが極性であると予測されるか，またどのように決めたか説明せよ．(a) TeF_6 (b) SeO_2 (c) BrCl (d) AsH_3 (e) CF_2Cl_2

9・4 原子価結合理論

これまでルイス構造を用いて分子の結合を，そしてVSEPRモデルを用いて形状を記述してきた．しかし，ルイス構造は，共有結合が形成される理由，または電子を原子間で共有する方法については何も教えていない．VSEPRモデルは電子がドメイン中に集まる理由も説明しない．したがって，共有結合と分子構造を決定する因子を十分理解するには，これらの単純なモデルを超えて考察しなければならない．

量子力学に基づいて展開するには，二つの共有結合理論，すなわち**原子価結合理論**と**分子軌道理論**がある．それらはおもに分子中の結合の理論モデルを構築する方法が異なる．原子価結合理論では，それぞれが自身の軌道と電子をもつ個々の原子が，分子の共有結合を形成するために集まってくるとイメージできる．分子軌道理論は分子形成の過程には関与しない．分子軌道理論は分子を原子中の電子が原子軌道を占めるのとほぼ同じ方法で，1組の分子軌道を占める電子によって囲まれた正電荷の核の集まりとみなしている．ある意味において，分子軌道理論は原子軌道をある特別なケース，すなわち多数ではなく，ただ一つの正電荷の中心核をもつ分子であるかのようにみなす．

原子価結合理論 valence bond theory，略称VB理論

分子軌道理論 molecular orbital theory，略称MO理論

軌道の重なりによる結合形成

原子価結合理論によると，2個の原子間の結合は，スピンが対になっている2電子が二つの重なる原子軌道（結合によって接続する各原子からの一つの軌道）によって共有されるときに形成される．これは，**軌道の重なり**によって，異なる原子に由来する二つの原子軌道の一部が同じ空間を共有することを意味する*．

軌道の重なり overlap of orbital

* 軌道の重なり概念は実際にはこれより複雑で，量子力学の応用を必要とするが，私たちの目的には，この定義で十分である．

いま説明した理論の核心部分は，対スピンをもつただ一つの電子対が二つの重なり軌道によって共有されることを示す．この電子対は重なり領域に集中し，核を互いに“固定化”するのに役立つ．したがって，結合が形成されるときに下がるポテンシャルエネルギーの値は，軌道が重なる範囲によってある程度決まる．したがって，軌道の重なりが最大となるところが原子の安定な位置となる．この原子位置で分子のポテンシャルエネルギーは最小となり，原子間の結合が最大となる．

原子価結合理論が水素分子の形成を考える方法を図9・15に示す．2個の原子が互いに近づくにつれて，それらの1s軌道は重なり，電子対が両軌道上に広がり始めて，その結果，H−H結合を与える．原子価結合理論が与えるH_2の結合の記述は，8章

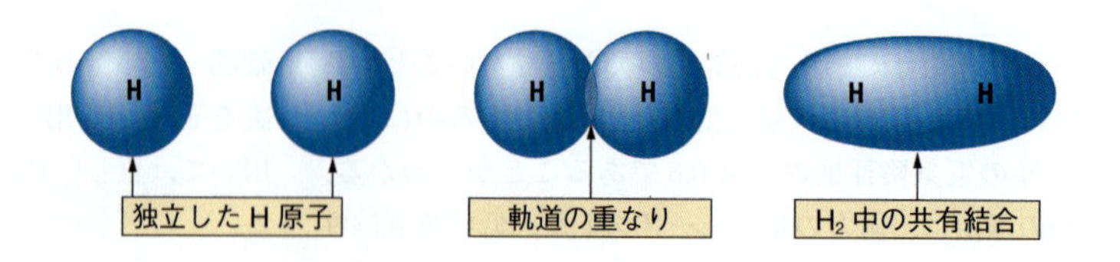

図 9・15　原子価結合理論による水素分子の形成

で説明した内容と基本的に同じである．

次に，H_2 より少し複雑な HF 分子をみてみよう．通常の規則に従ってそのルイス構造を次のように書くことができる．

$$\mathrm{H{-}\ddot{\underset{..}{F}}:}$$

そして結合の形成を次のように図示できる．

$$\mathrm{H\cdot + \cdot\ddot{\underset{..}{F}}: \longrightarrow H{-}\ddot{\underset{..}{F}}:}$$

このルイス記号は，H−F 結合が水素原子から 1 個とフッ素原子から 1 個の電子の対形成によって形成されることを示唆している．原子価結合理論に従ってこれを説明するには，重なりによって結合することができる二つの半充塡軌道（半占軌道，各原子から一つの軌道）をもたなければならない．（2 個を超える電子を結合中におくことができないので，それらは半充塡でなければならない．）何が起こるかを明確にするには，水素とフッ素の原子価殻の軌道図をみるのが最もよい．

H　①
　　1s
F　⇅　⇅⇅①
　　2s　2p

結合形成の必要条件は，水素の半充塡 1s 軌道とフッ素の半充塡 2p 軌道の重なりによって満たされる．その結果，二つの軌道に加えてそのスピンが対になるように調整できる 2 個の電子がある．結合の形成を図 9・16 に示す．

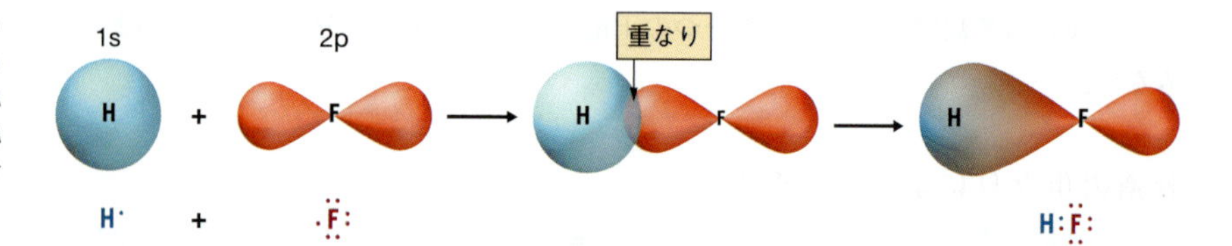

図 9・16　原子価結合理論に従うフッ化水素分子の形成． 明確にするために，フッ素原子の半充塡 2p 軌道のみ示している．フッ素原子の他の 2p 軌道は満たされており，結合に関与することができない．

軌道の重なりは電子を共有し，それゆえ各原子がその原子価殻を完成可能にするしくみを与える．時には，軌道準位図を用いてこれを示すと便利である．たとえば，次の図は，水素原子の電子を共有することによって，フッ素原子がその 2p 副殻を完成する様子を示している．

F（HF 中）　⇅　⇅⇅⇅　色の矢印は H の電子
　　　　　　2s　2p

H−F 結合形成におけるルイス式の記述と原子価結合理論の記述の両方で，原子の原子価殻が完成されることに注意しよう．

■ H_2S は，腐った卵の腐敗臭の原因となる化合物である．

原子軌道の重なりと分子形状

ここで，より複雑な分子である硫化水素 H_2S をみてみよう．実験は，H−S−H 結合角が約 92° である非直線形分子であることを示している．

$$\mathrm{H}\overset{\mathrm{S}}{\frown}\mathrm{H}\quad(\angle\mathrm{HSH}=92^\circ)$$

ルイス記号を用いて，H_2S の形成を図示すると次のように表される．

$$2\mathrm{H}\cdot + \cdot\ddot{\underset{..}{\mathrm{S}}}\cdot \longrightarrow \mathrm{H}-\ddot{\underset{..}{\mathrm{S}}}-\mathrm{H}$$

このルイス記号は，各 H−S 結合が，2 個の電子（H 原子から 1 電子と S 原子から 1 電子）の対形成によって形成されることを示唆している．これに原子価結合理論を適用するには，各結合は二つの半充塡軌道（H 原子上の一つと S 原子上の一つ）の重なりが必要である．したがって，二つの H−S 結合で H_2S を形成するには，2 個の別個の水素原子と結合を形成する硫黄原子上の二つの半充塡軌道が必要である．何が起こるかを明確にするために，水素原子と硫黄原子の原子価殻の軌道準位図をみてみよう．

■必要なら，§7・7 の軌道図を書いた手順をもう一度参照せよ．

H	①	
	1s	
S	⑪	⑪①①
	3s	3p

硫黄原子は，1 個だけ電子が占有されている二つの 3p 軌道をもっている．これらは，それぞれ図 9・17 に示すように水素原子の 1s 軌道と重なることができる．各水素原子は 1 個の電子を供与するので，この重なりは硫黄の 3p 副殻を完成させる．

■原子価結合理論では，異なる 2 原子の二つの軌道は中心原子の同じ p 軌道の一端とその反対端と同時に重なることは決してない．

⑪	⑪⑪⑪	色の矢印は H の電子
3s	3p	

図 9・17 において，水素原子の 1s 軌道が硫黄原子の p 軌道と重なっているとき，最大の重なりは水素原子が p 軌道の軸に沿っているときに起こることに注意する．p 軌道は互いに直交しているので，H−S 結合もまた直交していると考えられる．したがっ

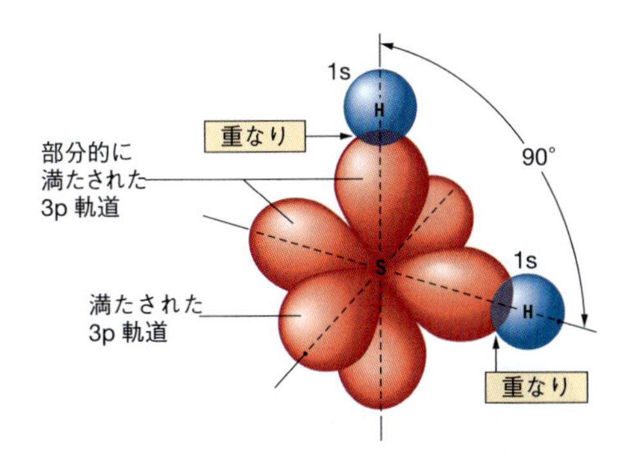

図 9・17 H_2S における結合． 水素原子の 1s 軌道は，硫黄原子の二つの部分充塡 3p 軌道と最もよく重なることができるように自身を置き，90° の結合角を与えると予想される．実験測定した 92° の結合角は予想される結合角に非常に近い．

て，予測される結合角は 90° である．これは実験で観測された 92° という実際の結合角に非常に近い．したがって，原子価結合理論の必要条件である硫黄原子の 3p 軌道と水素原子の 1s 軌道の最大重なりは，硫化水素分子の幾何形状を非常によく説明している．また，H−S 結合のルイス式による記述と原子価結合理論による記述の両方が原子の原子価殻の完成を説明していることに注意する．したがって，ルイス構造は，定性的な意味で，分子の原子価結合を記述するための簡単な表記法とみることができる．

他の種類の軌道の重なりも可能である．たとえば，原子価結合理論によると，フッ素分子 F_2 の結合は図 9・18 に示すように二つの 2p 軌道の重なりによって起こる．他

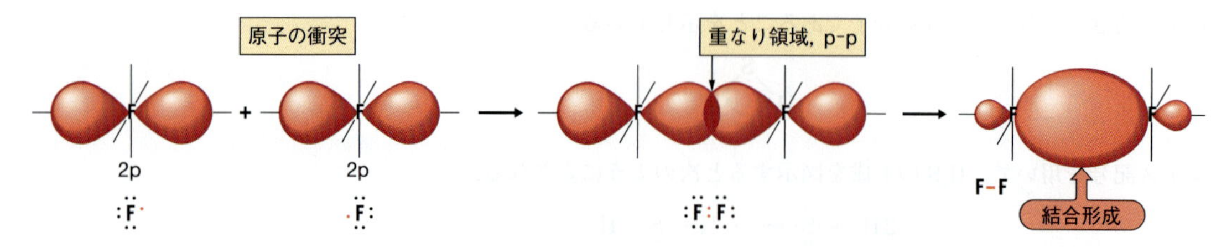

図 9・18　原子価結合理論に従うフッ素分子の結合. 簡単のため，各フッ素原子上の二つの充塡 p 軌道は省略している.

のハロゲンの二原子分子の形成は，そのすべてが単結合によって結ばれており，同様に記述することができる.

練習問題 9・7　ホスフィン分子 PH_3 は，次に示すように H−P−H 結合角が 93.7° に等しい三角錐をもつ. PH_3 分子中のリン原子の軌道図を表し，電子を水素原子由来のものと共有する軌道を示せ. *xyz* 座標軸上に，P−H 結合を形成する軌道の重なりを書け.

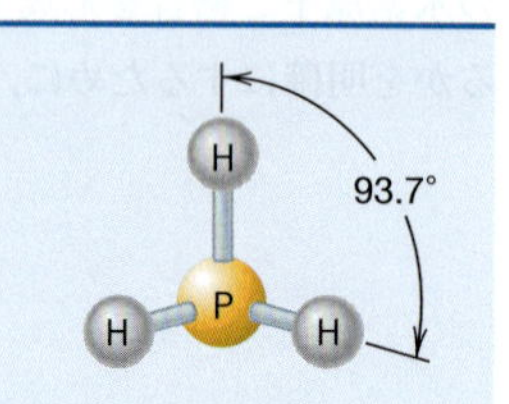

9・5　混成軌道と分子構造

§9・4 で説明した簡単な原子価結合理論では正しい形状を説明できない分子が多数ある. たとえば，正四面体分子は多く存在するが，結合する原子の軌道が互いに最大重なりをもつような原子軌道はない. したがって，CH_4 などの分子の結合を説明するためには，同じ原子の原子軌道が互いに混合して，**混成軌道**とよぶ新しい軌道を生じる方法を学ばなければならない*. この新しい軌道は新しい形状と方向性をもち，それらは重なって，実験でわかった角度と一致する結合角をもつ構造を与えることができる. 混成軌道が原子価結合理論の一部であると理解することが重要である. それらは実験で直接観察することができないが，それらを使用して実験で決定した分子構造を記述することができる.

混成軌道 hybrid orbital

* 数学的に，混成軌道は原子軌道の波動関数の重ね合わせによって形成される. この過程は混成軌道に対応する新しい波動関数の組を生み出す. 混成軌道の波動関数は混成軌道の形状と方向性を示す.

s と p 原子軌道から形成される混成軌道

図 9・19 に示すように，**sp 混成軌道**として指定する新しい二つの軌道の組を形成

sp 混成軌道 sp hybrid orbital

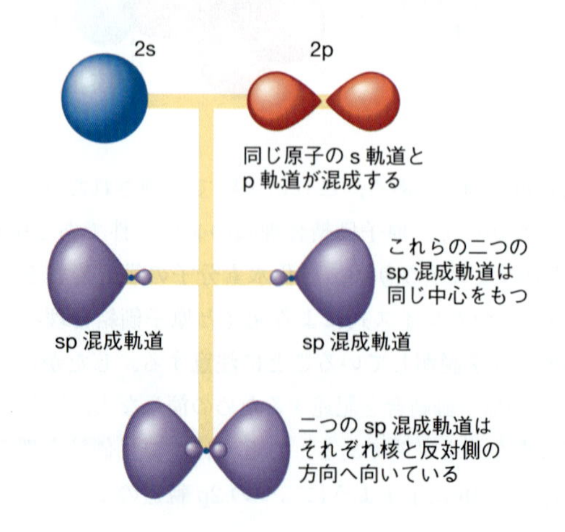

図 9・19　sp 混成軌道の形成. 2s と 2p の原子軌道の混合は一対の sp 混成軌道を生じる. これらの軌道の大きなローブは互いに逆方向を向いた軸をもっている.

するために，2s 軌道と 2p 軌道を混合すると何が起こるか学ぶことから始めよう．二つの混成軌道が同じ形状をもっていることに注意しよう．それぞれは一つの大きなローブともう一つのはるかに小さなローブをもっている．大きなローブは，混成が形成される s 軌道または p 軌道より核から遠くまで広がっている．これは結合が形成されるとき，混成軌道が別の原子の軌道とより効果的に重なることを可能にする．結果として混成軌道は，原子軌道を用いたときの結合より強く，安定な結合を形成する．

■一般に二つの軌道の重なりが大きいほど結合は強い．ある与えられた核間距離では，より大きさの大きい混成軌道のほうが，単独の s 軌道または p 軌道より重なりがよい．

図 9・19 でもう一つ注目すべき点は，二つの sp 混成軌道の大きなローブが逆方向を向いている，すなわち 180° 離れていることである．結合が他の原子の軌道とこれらの混成の重なりによって形成されるなら，他の原子は中心原子と反対側の位置を占めることになる．例として，気相中で形成されるときの直線形の水素化ベリリウム分子 BeH_2 をみてみよう*．ベリリウムの原子価殻の軌道準位図は次のとおりである．

Be ⇅ ○○○
2s 2p

2s 軌道が満たされ，三つの 2p 軌道は空である点に注意する．ベリリウム原子と 2 個の水素原子が 180° の角度で形成する結合については，二つの条件が満たされなければならない．1) ベリリウム原子が Be−H 結合を形成するために用いる二つの軌道は互いに逆方向を向いていなければならない，2) ベリリウム原子の軌道は，それぞれ電子を 1 個のみ含んでいなければならない．これらの必要条件を満たすには，ベリリウム原子の電子は対にならず，結果として，半充塡の s 軌道と p 軌道は混成する．

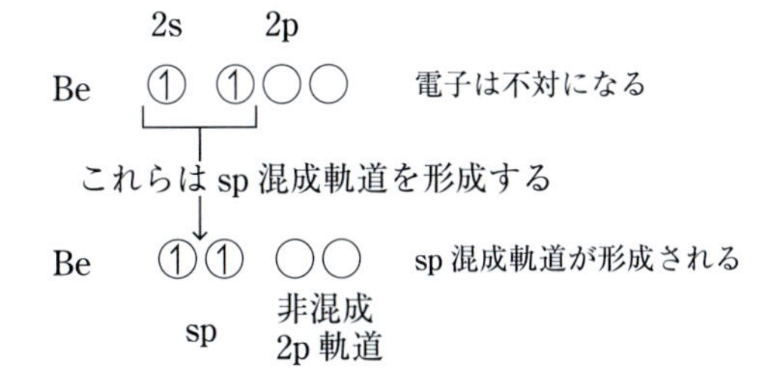

ところで，水素原子の 1s 軌道は図 9・20 に示すように，結合を形成するためにベリリウム原子の sp 混成と重なることができる．ベリリウム原子の二つの sp 混成軌道は形状とエネルギーが同じなので，二つの Be−H 結合はそれらが向く方向を除いて似ており，結合が等しいといえる．結合が逆方向を向いていることから，分子の直線形構造も説明される．この分子中のベリリウム原子の軌道準位図は次のとおりである．

Be（BeH_2 中） ⇅⇅ ○○ 色の矢印は H の電子
sp 非混成 2p 軌道

BeH_2 分子の形状を知らなくても，最初に VSEPR モデルを適用することによって同じ結合図を得ることができた．BeH_2 のルイス構造は H:Be:H であり，中心原子のまわりに二つの結合ドメインがある．したがって分子は直線形である．形状がわかれば，原子価結合理論を適用して軌道の重なりの点から結合を説明することができる．したがって，原子価結合理論と VSEPR モデルは互いをよく補足する．VSEPR モデルは簡単な方法で幾何形状を予測可能にし，幾何形状がわかると原子価結合理論で結合を解析することは比較的容易である．

sp 混成に加えて，s 原子軌道と p 原子軌道は他の 2 種類の混成軌道を形成する．こ

＊ 固体状態では，BeH_2 は単純な BeH_2 分子で構成されない複雑な構造をもつ．

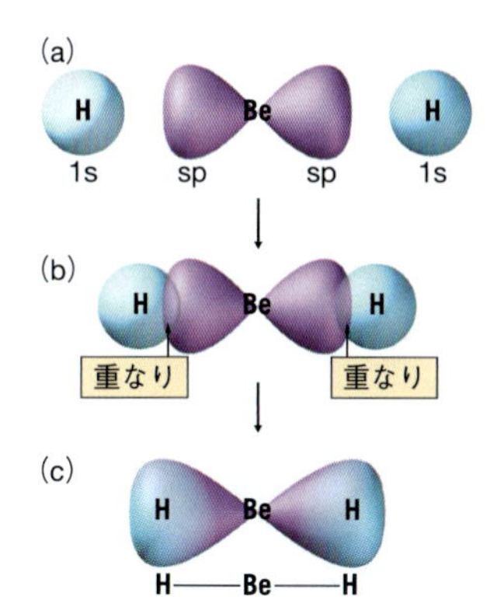

図 9・20 原子価結合理論に従う BeH_2 の結合． 各 sp 混成軌道のより大きなローブのみ示す．(a) 2 個の水素原子の 1s 軌道はベリリウム原子の sp 混成軌道の対に近づく．(b) 水素原子の 1s 軌道と sp 混成軌道の重なり．(c) それらが形成されたあとの二つの Be−H 結合中の電子密度分布の表示．

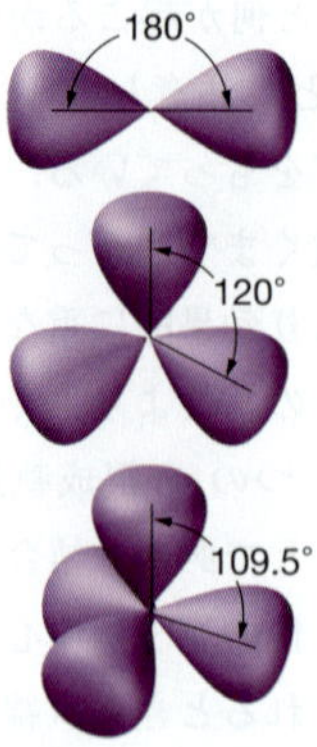

図 9・21　s 原子軌道と p 原子軌道から形成される混成軌道の方向性. (a) sp 混成軌道は互いに 180° を向いている. (b) sp^2 混成軌道は一つの s 軌道と二つの p 軌道から形成される. それらの間の角度は 120° である. (c) sp^3 混成軌道は一つの s 軌道と三つの p 軌道から形成される. それらのいずれか二つの間の角度は 109.5° である.

(a) 二つの sp 混成軌道　180°　直線形

(b) 三つの sp^2 混成軌道 (すべての軌道が同一平面上にある)　120°　すべての角度 = 120°　平面三角形

(c) 四つの sp^3 混成軌道　109.5°　すべての角度 = 109.5°　正四面体

れらを図 9・21 に示す. 混成軌道を識別するには, 混成を形成するために混合する原子軌道の種類およびそれぞれの数を指定する. したがって, sp^3 と表示される混成軌道は, 一つの s 軌道と三つの p 軌道を混合することによって形成される. 1 組の混成軌道の総数は, それらを形成するために用いる基本原子軌道数と等しい. したがって, 1 組の **sp^3 混成軌道**は四つの軌道で構成されるのに対して, 1 組の **sp^2 混成軌道**は三つの軌道で構成されている.

sp^3 混成軌道 sp^3 hybrid orbital

sp^2 混成軌道 sp^2 hybrid orbital

sp^3 混成軌道　　sp^3 混成は有機化学において非常に重要である. sp^3 混成軌道がどのようにして形成され, この混成軌道が有機分子, 特にアルカンの構造や結合を説明できるかみていこう. 最も単純なアルカンはメタン CH_4 であり, そのルイス構造と VSEPR 概念の使用に基づいて正四面体を形成している. しかし, 炭素原子の価電子は, その原子価殻中の 2 個の 2s 電子と 2 個の不対 2p 電子からなる. s 軌道は等方的で, p 軌道は 90° の角度で配置されるので, 正四面体構造を予測することはできない. sp^3 混成を用いることにより, CH_4 の構造を説明することができる.

そこで, 炭素原子の原子価殻の軌道準位図を書くことから始めよう.

C　⇅　↑ ↑ ○
　　2s　　2p

四つの C−H 結合を形成するには, 四つの半充填軌道が必要である. 2s 軌道の電子を不対化し, 1 個の電子を空の 2p 軌道に移動させてこの必要条件を満たす.

　　2s　　2p
C　↑　↑ ↑ ↑　電子は不対になる

しかし, s 電子と p 電子は特性が異なる. そこで, すべての軌道を混成して, 各電子が同じ特性, 特に四面体配向をもつ望ましい sp^3 混成軌道の組を与える.

C　↑ ↑ ↑ ↑
　　sp^3 混成

こうして, 水素原子の 1s 軌道への四つの結合は, 混成軌道と重なることによって形成することができる.

C (CH_4 中)　⇅ ⇅ ⇅ ⇅　色の矢印は H の電子
　　sp^3

これを図 9・22 に示す.

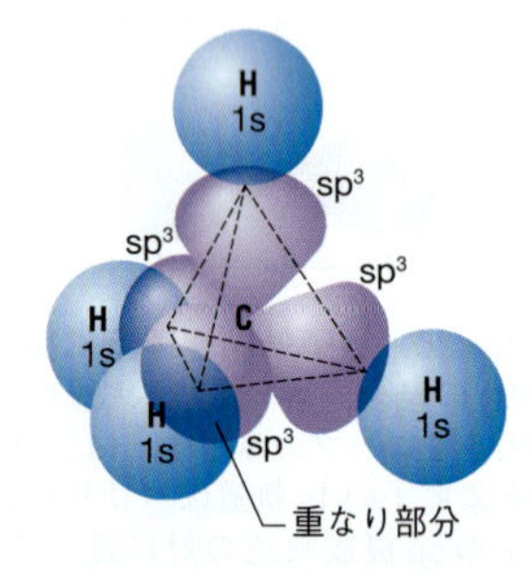

図 9・22　メタンの結合形成. 各結合は水素原子の 1s 軌道と炭素原子の sp^3 混成軌道の重なりに起因している.

練習問題 9・8 BF_3分子は平面三角形状をもつ．ホウ素原子はこの分子中でどの種類の混成軌道を使用しているか．軌道準位図を用いて結合がどう形成されるか説明せよ．

練習問題 9・9 気相では，フッ化ベリリウムは直線形分子として存在している．ベリリウム原子はこの化合物中でどの種類の混成軌道を使用しているか．軌道準位図を用いて結合がどう形成されるか説明せよ．

メタンでは，炭素原子はsp^3混成軌道を用いて水素原子と四つの単結合を形成する．実際，炭素原子は，単結合によって他の4個の原子と結合する化合物すべてにおいて，同種の混成軌道を用いる．これは有機化合物の主要な構造の一つである炭素まわりに原子の正四面体配向をつくる．アルカン系炭化水素〔一般式$C_nH_{(2n+2)}$の化合物〕において，炭素原子は他の炭素原子と結合する．一例はエタンC_2H_6である．

```
   H  H
   |  |
H—C—C—H
   |  |
   H  H
```

この分子中で，炭素原子はsp^3混成軌道の重なりによって結合される（図9・23）．この結合の最も重要な特性の一つは，分子の一部が他に対して結合軸のまわりに回転しても，C−C結合中の軌道の重なりが全く影響されないことである．したがって，そのような回転は自由に起こると考えられ，分子中の原子の異なる可能な相対配向を許容している．これらの異なる相対配向は**立体配座**とよばれている．複雑な分子では可能な立体配座の数は膨大である．たとえば，図9・24はペンタン分子C_5H_{12}（ガソリン中の低分子量有機化合物の一つ）の可能な多数の立体配座のうち三つを示している．

立体配座 conformation

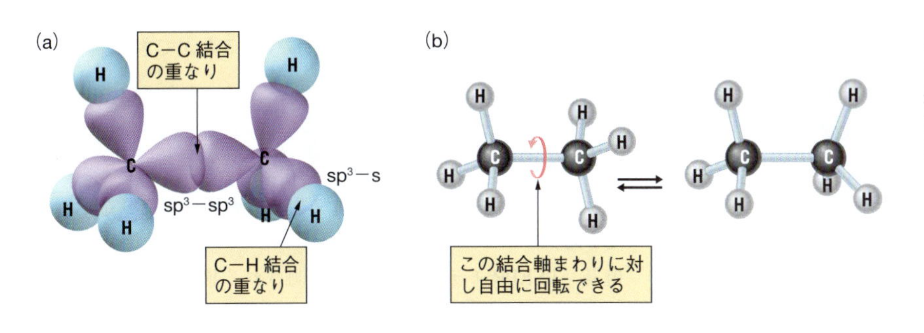

図 9・23 エタン分子の結合． (a) 軌道の重なり．(b) 炭素−炭素結合中のsp^3軌道の重なりの程度は，結合軸まわりの二つのCH_3基の回転にそれほど影響されない．

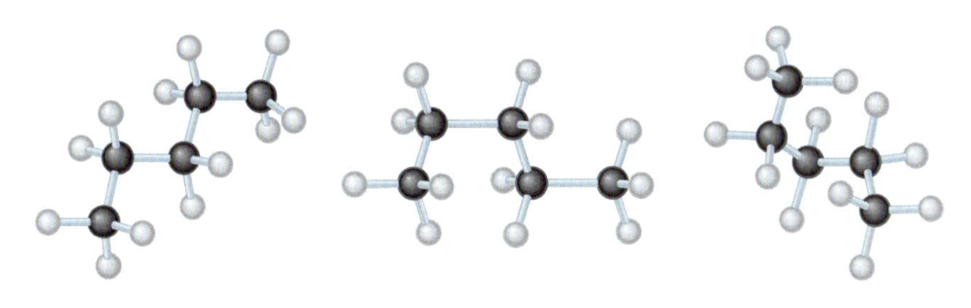

図 9・24 ペンタン分子C_5H_{12}中における多くの立体配座のうちの3例． 単結合のまわりの自由回転がこれらのさまざまな立体配座を可能にする．

VSEPRモデルを用いて混成を予測する

分子の構造がわかっている場合，中心原子がその結合を形成するために用いる種類の混成軌道について妥当な推測をできることがわかった．VSEPRモデルが幾何形状の予測でよく機能することから，これを用いれば結合の原子価結合理論による記述を得るのに役立てることができる．これを次の例題において示す．

例題 9・6　VSEPR モデルを用いて混成を予測する

三塩化ホウ素分子の形状を予測し，原子価結合理論の観点で分子中の結合を記述する．

指針　この問題は BeH_2 と CH_4 を記述するために用いた過程に似ており，中心原子によって用いる混成軌道の種類を選ぶために必要である．化学式に基づいて分子のルイス構造を書く．これにより，VSEPR 理論を適用してその幾何形状を決定できる．分子の形状から中心原子によって用いる混成軌道の種類を選び，それから軌道準位図を用いて結合を記述することができる．

解法　手法は命名法の規則，ルイス構造を構成する方法，および VSEPR モデルを含む．VSEPR モデルによって予測した幾何形状に基づいて，図 9・21 から適切な混成軌道を選ぶことができる．

解答　命名法によると化学式は BCl_3 である．ホウ素原子が原子価殻中にオクテットに満たない電子しかない元素であることに留意して，8 章で記述した手順に従うと，BCl_3 のルイス構造は次のように書ける．

```
       :C̈l:
         |
  :C̈l—B—C̈l:
```

VSEPR モデルは，分子が平面三角形であることを示唆しており，図 9・21 を参照して，この構造に合う混成軌道が sp^2 であることがわかる．

B　⇅　↑○○
　 2s　　2p

塩素原子に対して三つの結合を形成するには，ホウ素原子は三つの半充填軌道が必要である．これらは，2s 軌道の 1 個の電子を 2p 軌道に置くことによって得ることができる．そして，2s 軌道と二つの 2p 軌道を結合して，三つの sp^2 混成軌道の組を与えることができる．

　 2s　　2p
B　↑　↑↑○　　電子は不対になる
これらの軌道は混成する
↓
B　↑↑↑　○　　軌道は混成する
　 sp^2　非混成 p 軌道

ところで，塩素原子の原子価殻をみてみよう．

Cl　⇅　⇅⇅↑
　 3s　　3p

各塩素原子の半充填 3p 軌道は，ホウ素原子の混成 sp^2 軌道と重なって三つの B−Cl 結合を形成することができる．

B（BCl_3 中）⇅⇅⇅　○　　色の矢印は Cl の電子
　 sp^2　非混成 p 軌道

図 9・25 は分子に結合を形成するための軌道の重なりを示している．

確認　VSEPR モデルによって予測される構造と一致して，原子の配置が平面三角形分子をもたらすことに注意しよう．この一貫性は，問題に正しく答えている証拠である．

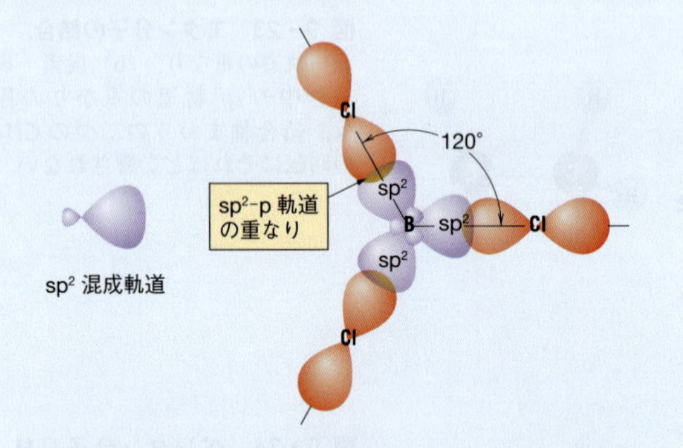

図 9・25　BCl_3 における結合の記述． 各 B−Cl 結合は，ホウ素原子の sp^2 混成軌道の一つと Cl 原子の半充填 3p 軌道の重なりによって形成される．簡単のため，各 Cl 原子の半充填 3p 軌道のみ示している．

練習問題 9・10　SiH_4 の中心原子が用いる混成軌道の種類は何か．

s, p, および d 軌道から形成された混成軌道

8 章で述べたように，ある分子は四つ以上の結合を形成するために，オクテット則に違反してしまう原子をもつことがある．このような場合，原子は結合のための十分な半充填軌道を形成するために s と p の原子価殻軌道を超えなければならない．五つ以上の混成軌道が必要なときは，d 軌道が混成に寄与する．d 軌道を含む最も一般的な 2 種類の混成軌道は **sp^3d 混成軌道**と **sp^3d^2 混成軌道**である．それらの方向性を図 9・

sp^3d 混成軌道 sp^3d hybrid orbital
sp^3d^2 混成軌道 sp^3d^2 hybrid orbital

26 に示す．sp^3d 混成が三方両錐の角を向いていて，sp^3d^2 混成が正八面体の角を向いていることに注意しよう．

三方両錐

五つの sp^3d 混成軌道

120°

90°

正八面体

六つの sp^3d^2 混成軌道

90°

すべて 90°

図 9・26 d 軌道を含む混成軌道の配向． (a) sp^3d 混成軌道は一つの s 軌道，三つの p 軌道，および一つの d 軌道から形成される．軌道は三方両錐体の頂点を向いている．(b) sp^3d^2 混成軌道は，一つの s 軌道，三つの p 軌道，および二つの d 軌道から形成される．軌道は正八面体の頂点を向いている．

例題 9・7 混成軌道との結合を説明する

六フッ化硫黄分子の形状を予測し，原子価結合理論の観点で分子の結合を記述する．

指針 化学式に基づいて分子のルイス構造を書く．これによりその幾何形状が決定できる．分子の形状から中心原子が用いる混成軌道の種類を選び，その後，軌道準位図を用いて結合を記述することができる．

解法 手法は，命名法の規則，ルイス構造を構成する方法，および VSEPR モデルを含む．VSEPR モデルによって予測した幾何形状に基づいて，その後，図 9・21 または図 9・26 から適切な混成軌道を選ぶ．

解答 命名法によると化学式は SF_6 である．以前説明した手順に従うと，SF_6 のルイス構造は次のとおりである．

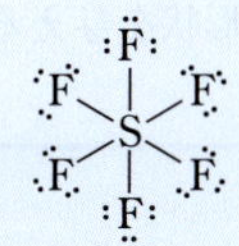

VSEPR モデルは分子が正八面体であることを提示している．図 9・26 を参照すると，この構造に合う混成軌道が sp^3d^2 であることがわかる．

ここで硫黄原子の原子価殻を調べてみよう．

S (⇅) (⇅)(↑)(↑)
3s 3p

フッ素原子に対して，六つの結合を形成するには六つの半充塡軌道が必要であるが，まず全部で四つの軌道のみ示しておく．しかし sp^3d^2 軌道は，混成軌道に含める d 軌道を必要としている．

孤立した硫黄原子はその 3s と 3p 副殻にだけ電子をもっており，これらは通常，軌道準位図に示す唯一の副殻である．しかし，3 番目の殻は d 副殻をもっている（硫黄原子中では空である）．したがって，空の 3d 副殻を示すために軌道準位図を書き直す．

S (⇅) (⇅)(↑)(↑) ( )( )( )( )( )
3s 3p 3d

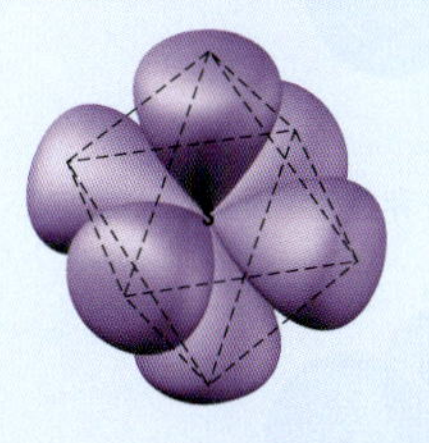

図 9・27 SF_6 における硫黄の sp^3d^2 混成軌道

六つの半充塡軌道を与えるためにすべての電子を不対化し，つづいて原子軌道を混成して，結合に必要な半充塡 sp^3d^2 混成軌道のセットを与える（図 9・27）．

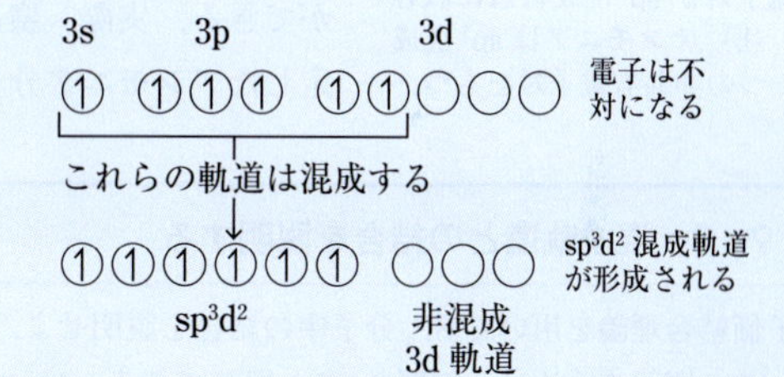

最後に，六つの S−F 結合がこれらの半充塡 sp^3d^2 混成軌道とフッ素原子の半充塡 2p 軌道の重なりによって形成される．

S (SF_6 中) (⇅)(⇅)(⇅)(⇅)(⇅)(⇅) ( )( )( )
sp^3d^2 非混成 3d 軌道

色の矢印は F の電子である

確認 前と同じように，すべての部分が SF_6 の構造の説明に合致するという事実から，結合の説明は妥当である．

■ 硫黄原子は，その原子価殻の d 軌道の利用により，オクテットを超えることができる．

練習問題 9・11 PCl_5 の中心原子が用いる混成軌道の種類は何か．

練習問題 9・12 VSEPR モデルを用いて $AsCl_5$ 分子の形状を予測し，その後，原子価結合理論を用いて分子の結合を記述せよ．

非結合ドメインをもつ分子

メタンは炭素軌道の sp^3 混成とそれぞれ 109.5° に等しい H−C−H の結合角をもつ正四面体分子である．アンモニア NH_3 では H−N−H の結合角は 107° であり，水では H−O−H の結合角は 104.5° である．NH_3 と H_2O の両方は，中心原子が sp^3 混成をもつ分子の結合角に近い H−X−H の結合角をもっている．したがって，酸素原子と窒素原子による sp^3 混成は，よく H_2O と NH_3 の幾何形状を説明するために用いられる．

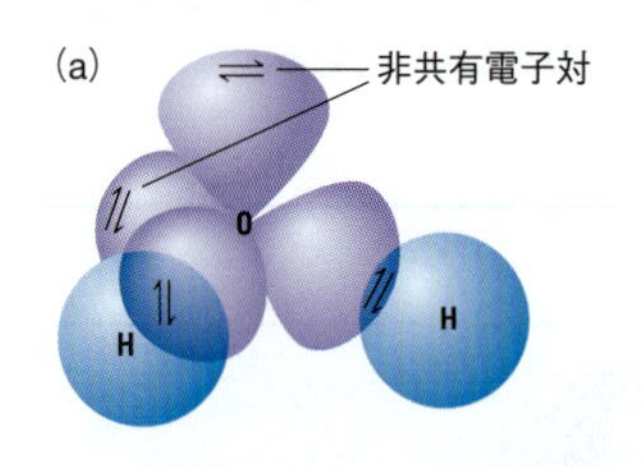

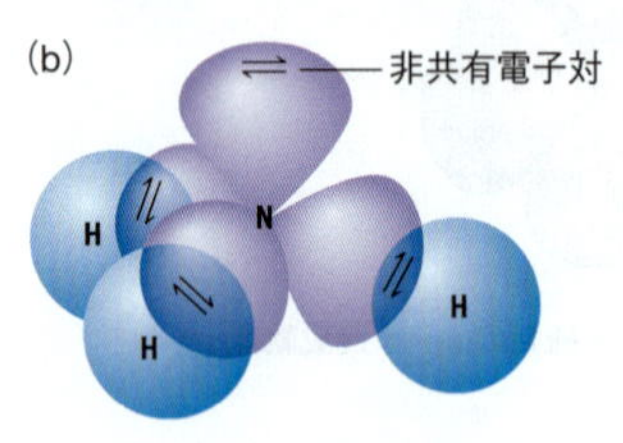

図 9・28　混成軌道は非共有電子対を保持することができる．(a) 水分子においては，酸素原子の二つの非共有電子対が sp^3 混成軌道に収容される．(b) アンモニアは sp^3 混成軌道に一つの非共有電子対をもつ．

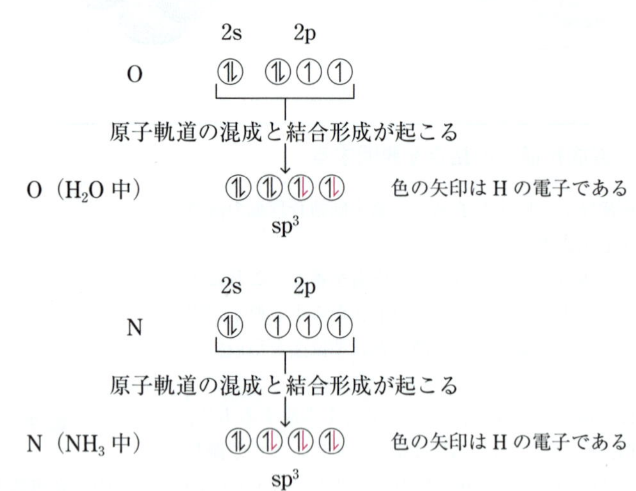

これらの説明によると，中心原子のすべての混成軌道を結合に使用しなければならないわけではない．図 9・28 に示すように，非共有電子対はまたそれらに適用することができる．実際，窒素原子の非共有電子対を sp^3 混成軌道に入れると，実験により決定したアンモニア分子の構造とよく一致する幾何形状を与える．

例題 9・8　混成軌道との結合を説明する

原子価結合理論を用いて SF_4 分子中の結合を説明せよ．

指針　この問題の手法は，例題 9・7 と同じである．1) ルイス構造を書く，2) 分子の幾何形状を予測する，3) 構造に合う混成軌道のセットを選ぶ，4) 軌道準位図を構成して結合を説明する．

解法　手法は前の例題と同じである．8 章のルイス構造を書く方法を適用する．VSEPR 理論を適用する．図 9・21 または図 9・26 を用いて混成軌道を選ぶ．

解答　分子のルイス構造を構成することから始める．

$$\mathrm{F{-}S({-}F)({-}F){-}F}$$

VSEPR モデルは，硫黄のまわりの電子対が三方両錐配置にあるべきで，この幾何形状に合う唯一の混成軌道は sp^3d 混成軌道であると予測できる（図 9・26 参照）．混成軌道が形成される様子をみるために，空の 3d 副殻を含めて，硫黄の原子価殻をみてみる．

S　⑪　⑪①①　○○○○○
　 3s　 3p　　 3d

フッ素原子に対して四つの結合を形成するには，四つの半充填軌道が必要であり，したがって充填軌道の 1 個の電子を不対化する．これは次の軌道準位図を与える．

　 3s　 3p　　 3d
S　⑪　①①①　①○○○○

次に混成軌道を形成する．これには電子をもつすべての原子価殻軌道を用いる．

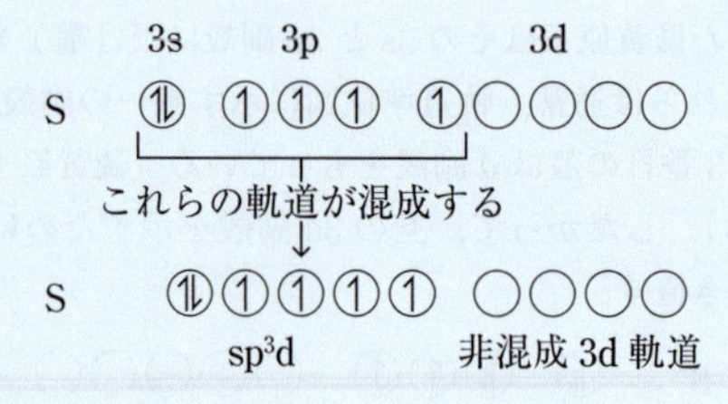

ここで四つの S−F 結合は，硫黄の sp^3d 混成軌道とフッ素の

半充塡 2p 軌道の重なりによって形成することができる．右上に構造を示す．

S（SF 中） ⑪⑪⑪⑪⑪ ○○○○ 色の矢印は F の電子である

非共有電子対 ↑ sp^3d 非混成 3d 軌道

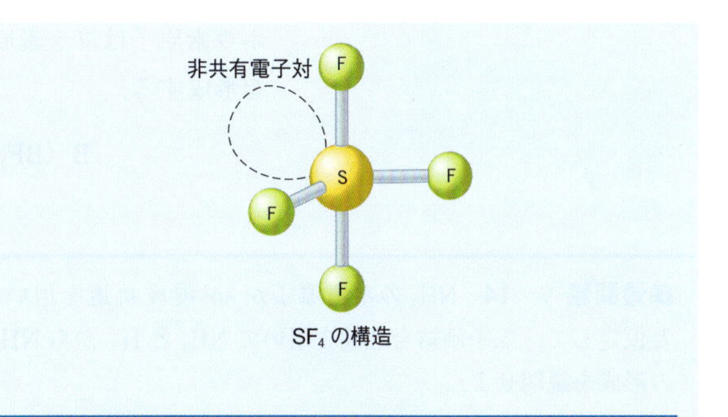

確認 ルイス構造の電子を数えると合計 34 になる．これは，1 個の硫黄原子と 4 個の塩素原子の原子価殻中にある電子数であり，したがって，ルイス構造は正しいと思われる．答えの残りは自然に導かれるので，結合の記述は妥当である．さらに VSEPR モデルは混成軌道のどれが非共有電子対を含むかを示すことに注意しよう．

練習問題 9・13 XeF_4 分子中の Xe 原子によって用いられる軌道の種類は何か．

配位結合の形成

§8・7 では，配位結合を共有電子対の両方が結合原子の一方によって与えられるものと定義した．そのような結合は，三フッ化ホウ素 BF_3 がフッ化物イオンと結合してテトラフルオロホウ酸塩イオン BF_4^- を形成するときに形成される．

$$BF_3 + F^- \longrightarrow BF_4^-$$

テトラフルオロ
ホウ酸塩イオン

この反応を次のように示すことができる．

$$\mathrm{:\ddot{F}:\overset{:\ddot{F}:}{\underset{:\ddot{F}:}{B}}} + \left[:\ddot{\mathrm{F}}:\right]^- \longrightarrow \left[\mathrm{:\ddot{F}:\overset{:\ddot{F}:}{\underset{:\ddot{F}:}{B}}:\ddot{F}:}\right]^-$$

8 章で述べたように配位結合はいったん形成すると，ほかのどの共有結合とも全く違いはない．区別は追跡目的にのみ行う．そのような追跡の表記が役立つところは，原子が結合するときに用いる軌道と電子の追跡にある．

結合形成の原子価結合理論の必要条件（対電子を共有する二つの重なり軌道）は二つの方法で満たすことができる．一つは，すでにみたように，二つの半充塡軌道の重なりによるものである．これは“通常の”共有結合を与える．もう一つは，一つの空軌道と一つの充塡軌道（被占軌道）の重なりによるものである．充塡軌道をもつ原子は共有電子対を提供し，配位結合が形成される．

VSEPR モデルが正四面体（図 9・29）であると予測する BF_4^- の構造は次のように説明することができる．最初にホウ素原子の軌道準位図を調べる．

B 2s ⑪ 2p ①○○

四つの結合を形成するためには，ホウ素原子のまわりに正四面体に配置された四つの混成軌道が必要であり，ホウ素原子は sp^3 混成を用いると考えられる．電子を混成軌道上にできるだけ広げた点に注意する．

B ①①①○ sp^3

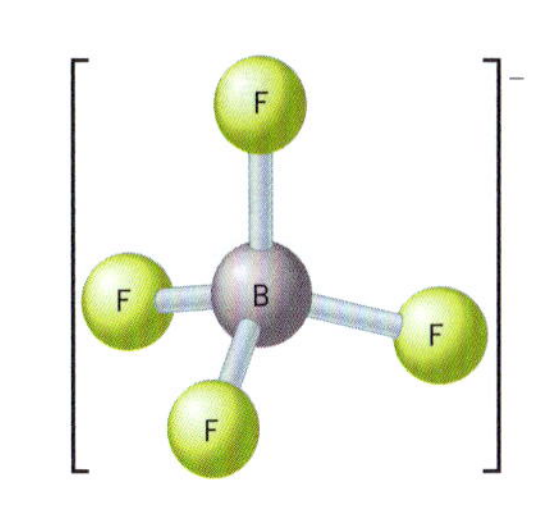

図 9・29 BF_4^- の正四面体構造

ホウ素原子はフッ素原子と三つの共有結合に加えてフッ化物イオンと一つの配位結合を形成する．

B（BF_4^- 中）　⇅⇅⇅⇅ ←配位結合：色の矢印で示された2個の電子はフッ化物イオン由来のものである

sp^3

練習問題 9・14　NH_3 の窒素原子が sp^3 混成軌道を用いると仮定して，原子価結合理論を用いて NH_3 と H^+ から NH_4^+ の形成を説明せよ．

練習問題 9・15　PCl_6^- の形状は何か．PCl_6^- のリン原子が用いる混成軌道は何か．

9・6　混成軌道と多重結合

σ(シグマ)結合 σ(sigma) bond

これまでに記述した軌道の重なりのタイプは，電子密度が原子間の中心を結ぶ仮想的な直線に沿って原子核間に最も密集するような結合を生み出す．この種類の結合はどれも，s 軌道，p 軌道，または混成軌道の重なりから形成されるかどうかにかかわらず（図 9・30），**σ(シグマ)結合**とよばれる．

π(パイ)結合 π(pi) bond

p 軌道が重なることができる別のしくみを図 9・31 に示す．これは，二つの核を結ぶ仮想的な直線の向う側にある二つの分離した領域間に電子密度が分配される結合を生み出す．この種の結合は**π(パイ)結合**とよばれる．π 結合が，p 軌道のように，二つの部分からなり，各部分はちょうど π 結合の半分を形成し，両方合わせたものが一つの π 結合に等しくなることに注意する．π 結合の形成は，原子間の二重と三重結合の形成を可能にする．

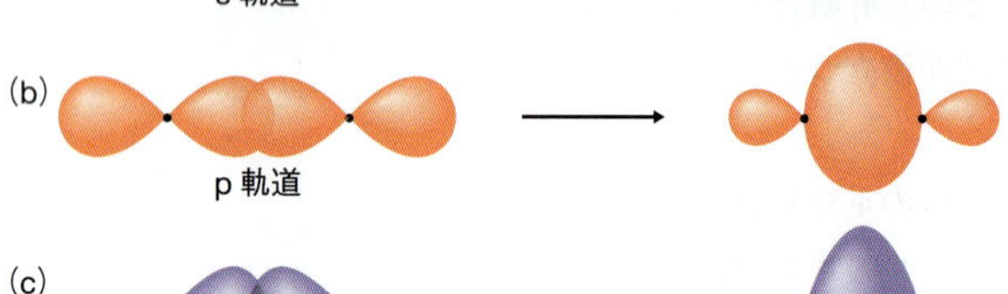

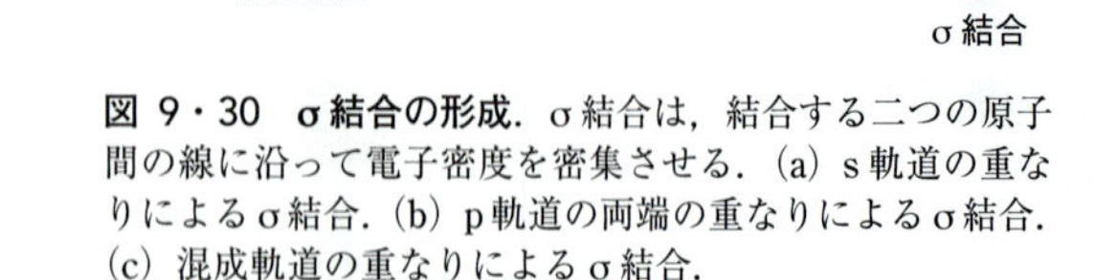

図 9・30　σ 結合の形成． σ 結合は，結合する二つの原子間の線に沿って電子密度を密集させる．(a) s 軌道の重なりによる σ 結合．(b) p 軌道の両端の重なりによる σ 結合．(c) 混成軌道の重なりによる σ 結合．

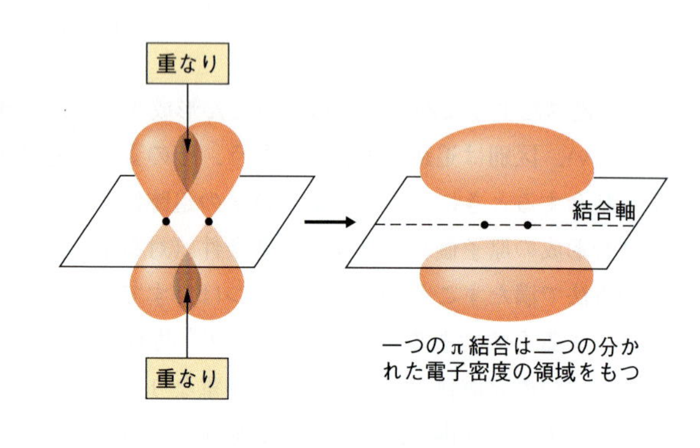

図 9・31　π 結合の形成． 二つの p 軌道は両端の重なりの代わりに横向きに重なっている．電子密度は結合軸に対して向う側の二つの領域に集中し，ともに一つの π 結合を構成している．

二 重 結 合

H　　H
　C＝C
H　　H
エチレン
（エテン）

二重結合を含む炭化水素はエテン C_2H_4（エチレンともいう）であり，欄外に示すルイス構造をもっている．分子は平面であり，各炭素原子は他の 3 個の原子（2 個の H 原子と 1 個の C 原子）によって囲まれた三角形の中心にある．結合の平面三角形配置は，炭素が sp^2 混成軌道を用いていることを示唆している．したがって，sp^2 混成を仮

図 9・32 炭素－炭素二重結合

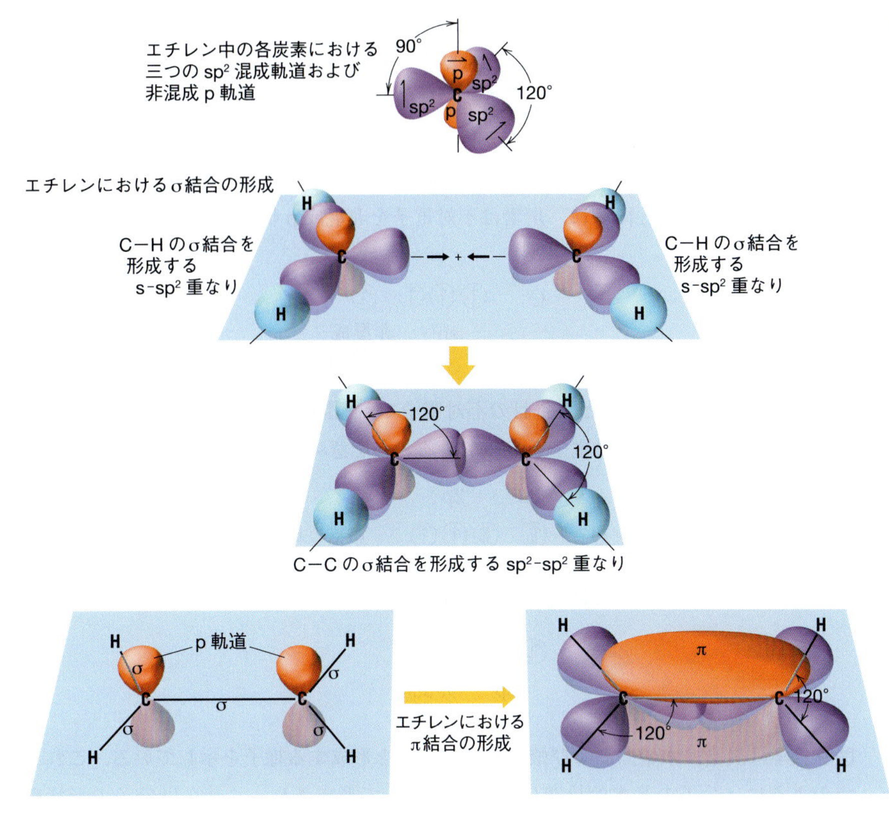

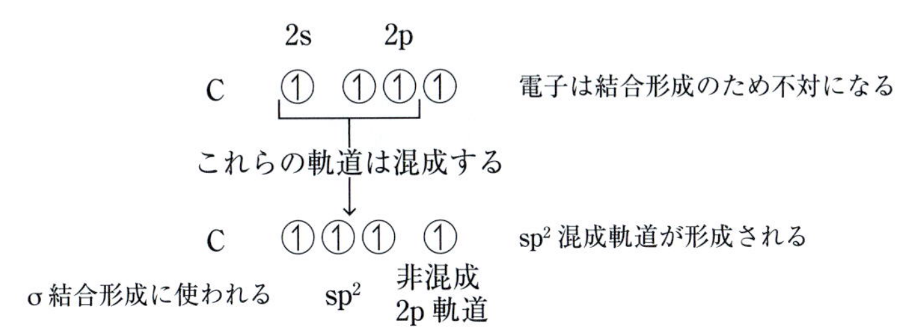

定し，炭素原子がその原子価殻中で利用可能な軌道における電子の分配をみてみよう．

```
              2s       2p
C            ①    ①①①        電子は結合形成のため不対になる
             └──┬──┘
          これらの軌道は混成する
                ↓
C            ①①①   ①        sp² 混成軌道が形成される
σ結合形成に使われる  sp²  非混成
                          2p 軌道
```

■二重結合まわりの束縛回転は有機分子や生化学における分子の特性に影響する．

炭素原子が混成軌道ではない 2p 軌道に不対電子をもつ点に注意する．この 2p 軌道は図 9・32 に示すように，sp^2 混成軌道の三角形の面に垂直に向いている．ここで，分子がこれらの軌道をどのように両立させるかみることができる．

分子の基本的枠組はσ結合の形成によって決まる．各炭素はその sp^2 混成の二つを使用して水素原子との間にσ結合を形成する．各炭素上の 3 番目の sp^2 混成軌道は，2 個の炭素原子間にσ結合を形成するために用いられ，これは二重結合のうちの一つの結合を占める．最後に，残りの非混成軌道（各炭素原子の 2p 原子軌道）は二重結合の 2 番目の結合を占めるπ結合を形成するために重なる．

C_2H_4 における結合の記述は二重結合の最も重要な特性の一つを説明している．二重結合の軸まわりの残りの部分に対する分子の一部分の回転は大きな困難を伴ってのみ起こる．この理由を図 9・33 に示す．一つの CH_2 基が他の部分に対して炭素－炭素結合まわりで回転するとき，非混成 p 軌道は正しく配置されず，もはや効果的に重なることができない．これはπ結合を切断する．このように，二重結合のまわりの

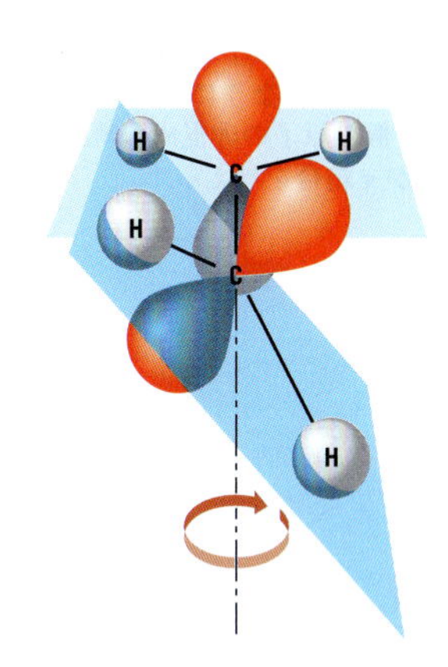

図 9・33 二重結合のまわりの束縛回転． 手前の CH_2 基がうしろの CH_2 基に対して回転すると，ここで示すように，非混成 p 軌道は正しく配置されなくなる．これは重なりを壊して，π接合を切断する．結合の切断は，室温でその結合における通常のねじれ振動や伸縮振動に使われるエネルギー以上のエネルギーを必要とする．このため，二重結合軸まわりの回転は“制限”される．

回転はπ結合の切断を伴う．これは通常，室温では分子で起こりえない変化のエネルギーを必要とする．結果として，二重結合の軸まわりの回転は通常起こらない．

ほとんどすべての例において，二重結合はσ結合とπ結合からなる．別の例は，化合物メタナール（慣用名ホルムアルデヒドとしてよく知られており，生体学的試料の防腐剤や死体防腐保護剤として用いられる物質）がある．この化合物のルイス構造を欄外に示す．エテンと同様に，炭素は不対電子を非混成 p 軌道に残したまま sp^2 混成を形成する．

H₂C=Ö:（ホルムアルデヒドのルイス構造）

ホルムアルデヒド

C　(↑)(↑)(↑)　(↑)

sp^2　　非混成 2p 軌道

酸素もまた，二つの電子対と 3 番目の不対電子で sp^2 混成を形成できる．このことは，残った非混成 p 軌道も不対電子をもっていることを意味している．

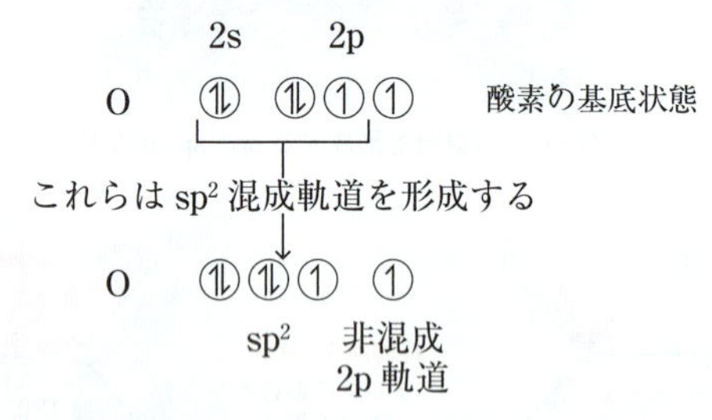

■酸素原子の二つの充塡 sp^2 混成軌道は，分子中の酸素原子上で非共有電子対になる．

図 9・34 は炭素，水素，および酸素原子が分子を形成する様子を示している．これまでのように，分子の基本的枠組はσ結合によって形成され，これらは分子の形状を決定する．炭素－酸素間二重結合もまた非混成 p 軌道の重なりによって形成されるπ結合を含んでいる．

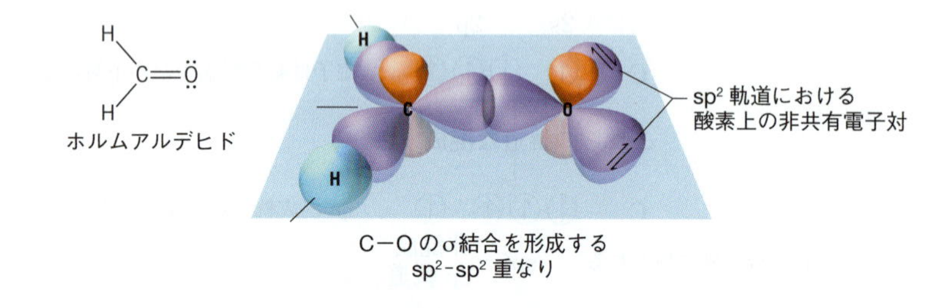

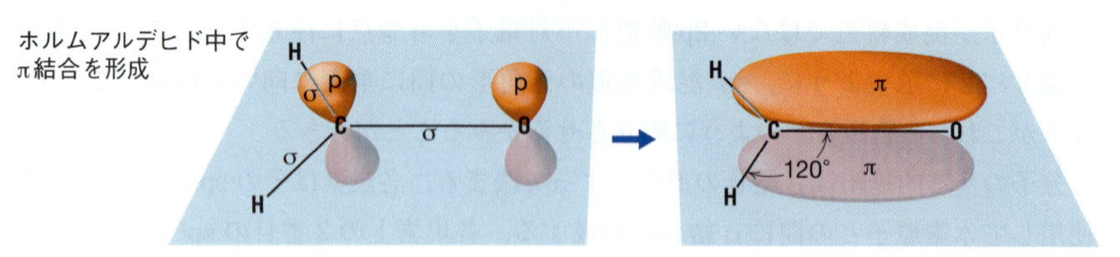

図 9・34　ホルムアルデヒド中の結合． 炭素－酸素二重結合はσ結合とπ結合からなる．σ結合は sp^2 混成軌道の重なりによって形成され，2 個の原子の非混成 p 軌道の重なりがπ結合を与える．

三 重 結 合

H—C≡C—H
アセチレン
（エチン）

三重結合を含む分子の一例は，アセチレンとしても知られているエチン C_2H_2（溶接トーチ用の燃料として使用するガス）である．直線形エチン分子において，各炭素は，二つのσ結合を形成するために二つの混成軌道を必要とする（水素原子に対する混成軌道と他の炭素原子に対する混成軌道）．これらは，sp 混成を形成するために 2s と 2p 軌道の一つを混成することによって与えられる．結合の視覚化に役立てるために，各炭素原子を中心とした *xyz* 座標系があり，混成軌道に混成されるのが $2p_z$ 軌

■識別のために p_x, p_y, および p_z 軌道にラベルをつける．それらは実際には等価である．

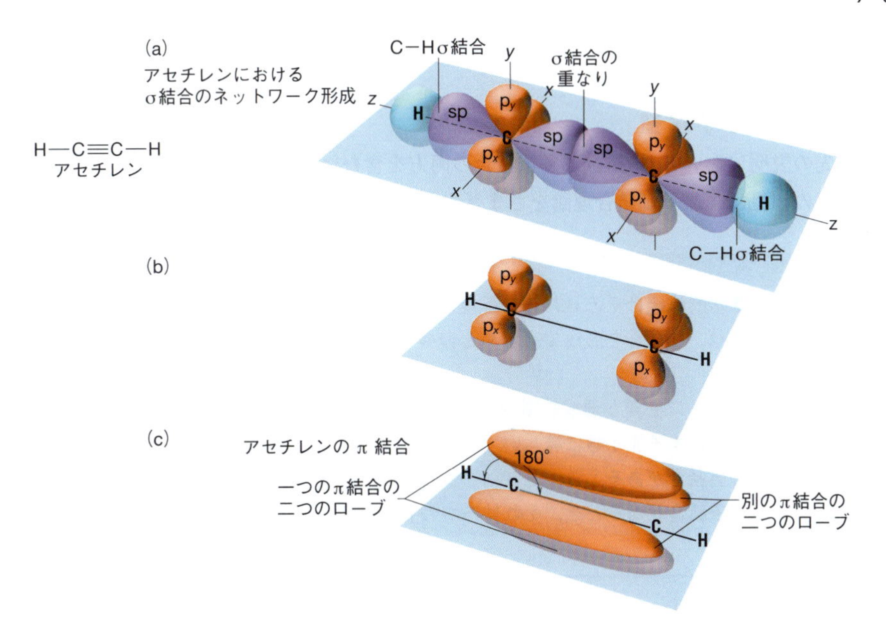

図 9・35　アセチレン中の炭素−炭素間三重結合． (a) 炭素原子の sp 混成軌道は，水素原子との結合および炭素原子間にσ結合を形成するために用いられる．これは炭素原子間の三つの結合のうちの一つを占めている．(b) 炭素原子の非混成 $2p_x$，$2p_y$ 軌道の横向きの重なりは二つのπ結合を生じる．(c) それらが形成したあとのアセチレンの二つのπ結合はσ結合を取囲む．

道であることを想像してみる．

　　2s　$2p_z$ $2p_y$ $2p_x$

C　①　①①①　電子は結合形成のために不対になる

これらの軌道が混成する

C　①①　①①

sp^2　非混成 $2p_x$ $2p_y$ 軌道

図 9・35 は分子中の結合が形成される様子を示している．sp 軌道は逆方向を向いており，σ結合を形成するために用いられる．混成しない $2p_x$ 軌道と $2p_y$ 軌道は C−C 結合軸と直角で，横向きに重なって C−C のσ結合を囲む二つの分かれたπ結合を形成する．異なる場所に電子密度が集中する三つの結合(一つのσ結合と二つのπ結合)に三つの電子対があることに注意しよう．また，σ結合のための sp 混成軌道の使用により，分子中の原子の直線配置を説明できることにも注意しよう．

同様の記述を，三重結合をもつ他の分子の結合を説明するために用いることができる．たとえば，図 9・36 は窒素分子 N_2 が形成される様子を示している．そのなかで

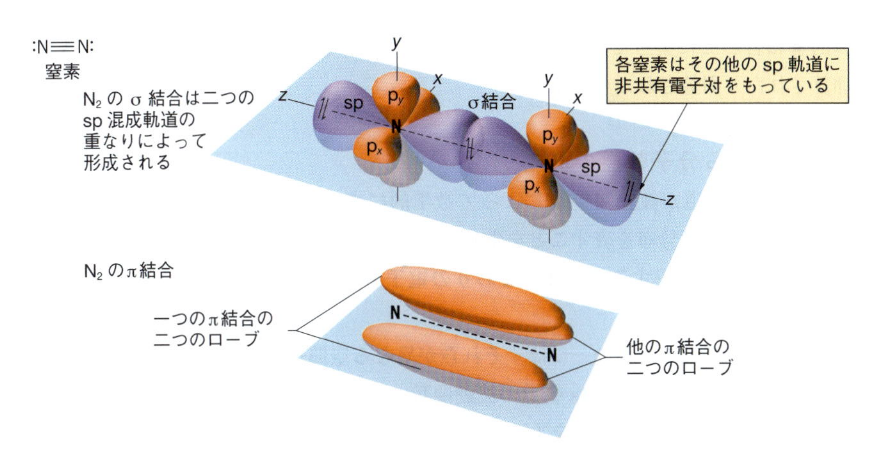

図 9・36　窒素分子の結合． 窒素 N_2 の三重結合はアセチレンの三重結合のように形成される．σ結合は sp 混成軌道の重なりによって形成される．二つのπ結合を与えるために，各窒素原子の二つの非混成 2p 軌道は重なっている．各窒素原子では，σ結合の形成に用いられない sp 混成軌道に非共有電子対がある．

三重結合は，一つの σ 結合と二つの π 結合から構成されている．

σ 結合と分子構造

先の説明において，単結合と多重結合の両方を含むいくつかの多原子分子を調べた．以下の知見は，原子価結合理論をさまざまな類似分子に適用するのに役立つだろう．

要約

1. 分子の基本的枠組はその σ 結合の配置によって決まる．
2. 混成軌道は，σ 結合を形成するためと非共有電子対を保持するための原子に用いられる．
3. 構造中の原子に必要な混成軌道数は，その原子価殻の非共有電子対の数に加えてその原子と結合する原子数に等しい．
4. 分子に二重結合があるとき，それは一つの σ 結合と一つの π 結合からなる．
5. 分子に三重結合があるとき，それは一つの σ 結合と二つの π 結合からなる．

練習問題 9・16　次の分子を考える．原子①〜③が用いる混成軌道の種類は何か．分子に σ 結合と π 結合はいくつあるか．

```
①
  ↘
  :O:  H   H   H
   ‖   |   |   |
H— C — C — C = C — H
     ↗ |     ↖
   ②   H       ③
```

練習問題 9・17　次の分子を考える．原子①〜③が用いる混成軌道の種類は何か．分子中に σ 結合と π 結合はいくつあるか．

```
①            H   H   H   ③
  ↘          |   |   |  ↙
H— C ≡ C — C = C — N — H
               ↗     ··
             ②
```

9・7　分子軌道理論の基本

分子軌道理論に立つと分子と原子は一つの重要な点で似ている，すなわち電子が占有できるさまざまな軌道に対応するエネルギー準位を両方がもっている．原子ではこれらの軌道を**原子軌道**とよび，分子では**分子軌道**とよぶ．

原子軌道 atomic orbital, 略称 AO

分子軌道 molecular orbital, 略称 MO

ほとんどの場合，分子軌道の実際の形状とエネルギーを正確に決めることはできないが，それらの形状とエネルギーのかなりよい推定は，分子をつくる原子の原子軌道に対応する電子の波動を結合することによって得ることができる．分子軌道の形成において，これらの波動は，ちょうど7章でみた他の波のような加算的重ね合わせと引算的重ね合わせによって相互作用する．それらの強度は，原子軌道が重なるときに，加算されたり引算されたりする．

原子軌道から分子軌道の形成

7章で原子軌道が波動関数 ψ によって数学的に表され，波動関数の2乗 ψ^2 が核のまわりの電子密度分布を表すことを学んだ．分子軌道理論では，分子軌道もまた，その2乗が分子を形成する核全体のまわりの電子密度分布を表す波動関数 ψ_{MO} によって記述される．

一般に波動関数の特性の一つは，それらが異なる空間領域に正または負の符号をもつことである．例として，1s 軌道の波動関数と 2p 軌道の波動関数をみてみよう．1s 軌道はすべての領域に正符号をもち，これを図 9・37 のように示すことができる．一

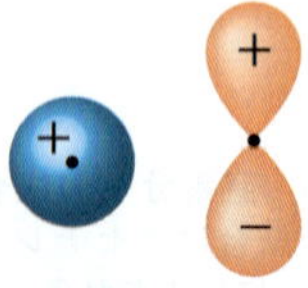

図 9・37　1s と 2p 原子軌道の波動関数の正負の符号． 1s 軌道の波動関数はどこでも正である．2p 軌道の波動関数は一方のローブで正，もう一方のローブで負である．

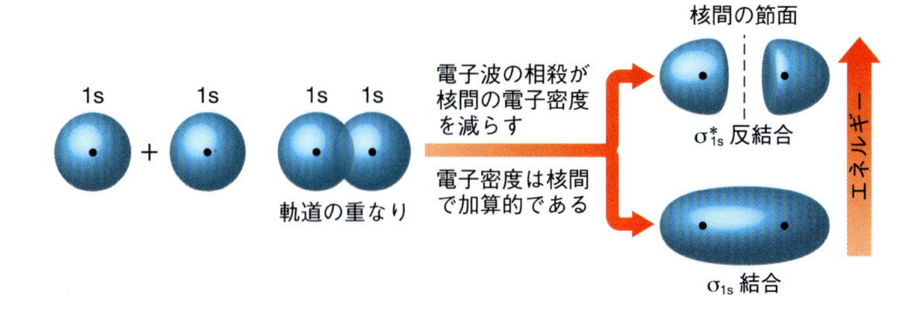

図 9・38 結合性分子軌道と反結合性分子軌道を生成するための 1s 原子軌道の結合. これらは，電子密度が両方の核を結ぶ仮想的な直線に沿って集中していることから，σ 型の軌道である．反結合性軌道において，ψ_{MO} および $\psi^2{}_{MO}$ は核間に節面をもっている．

方で，2p 軌道の波動関数はその二つのローブのうち一方が正，他方が負の符号をもっている．波動関数の符号は，軌道が分子軌道を形成するときに重要になる．

■形成された分子軌道の数は，常に結合される原子軌道の数と等しい．

理論は，一対の重なっている原子軌道の波動関数を数学的に加減算することによって分子軌道波動関数を妥当な形で推定しうることを示している．原子軌道の波動関数を加算すると一つの ψ_{MO} を与え，それらを引算すると別の ψ_{MO} を与える．これは図 9・38 に示すように，異なる核に集中する二つの重なった 1s 軌道の特別な特性をもつ二つの分子軌道を与える．引算では，軌道の波動関数の一つの符合はもう一つに加算される前に反対の符号に変化する．これは，一方を他方から引算することと等しい．図 9・38 の縦軸はエネルギーであり，原子軌道の波動関数を加算によって結合するとき，結果として分子軌道は二つの 1s 原子軌道より低いエネルギーをもつことを示している．これは，原子軌道の波動関数を加算することによって，原子軌道が重なる核間の領域で ψ_{MO}，ψ^2 が大きくなるためである．別のいい方をすれば，原子軌道の波動関数を加算することは，電子密度が核間に集中して，エネルギーの低下をもたらすことを示す分子軌道関数を生じる．この種の分子軌道は，電子によって占められるときに分子を安定させるのに役立ち，**結合性分子軌道**とよばれている．

結合性分子軌道 bonding molecular orbital

図 9・38 においては，また，一つの 1s 軌道の波動関数を他方の 1s 軌道から引くときに何が起こるかがわかる．これも分子軌道の波動関数をもたらすが，ψ_{MO} の値は原子軌道が重なっている核間でより小さくなる．実際，核の中間では，原子軌道関数は同じ大きさをもっているが逆符合であり，それらが結合すると ψ_{MO} はゼロの値をもつ．結果として，二つの核の間には ψ_{MO} がゼロの節面がある．この節面上では ψ^2 はゼロであり，電子密度はゼロになる．この分子軌道は**反結合性分子軌道**とよばれ，二つの 1s 原子軌道より高いエネルギーをもっていることに注意すべきである．これは，電子密度が核間で減少し，核間斥力が核間に残っている電子密度の引力を上まわるためである．反結合性分子軌道は，電子が占有すると，分子を不安定にする傾向がある．

反結合性分子軌道 antibonding molecular orbital

図 9・38 で注意すべき別の点は，両方の分子軌道がそれらの最大電子密度を二つの核を結ぶ仮想的な直線上にもっていて，それらに σ 結合の特性を与えていることである．下付文字はどの原子軌道が分子軌道を形成するかを示し，アスタリスク＊は反結合性軌道を示している．したがって，1s 軌道の重なりによって形成された結合性分子軌道と反結合性分子軌道はそれぞれ σ_{1s} と σ^*_{1s} の記号で表す．

図 9・38 に示すように，結合性分子軌道のエネルギーは，同じ原子軌道から形成された反結合性分子軌道のエネルギーより低いことは常に正しい．電子が分子軌道を占めるとき，それらは最初に低エネルギーの結合性分子軌道を満たす．分子軌道の充填に適用する規則は，原子軌道における充填の規則と同じである．電子は等エネルギーの分子軌道上に広がり（フントの規則），それらの電子スピンが対になる場合に限り，2 個の電子が同じ軌道を占めることができる．分子軌道を満たすときには，また別べ

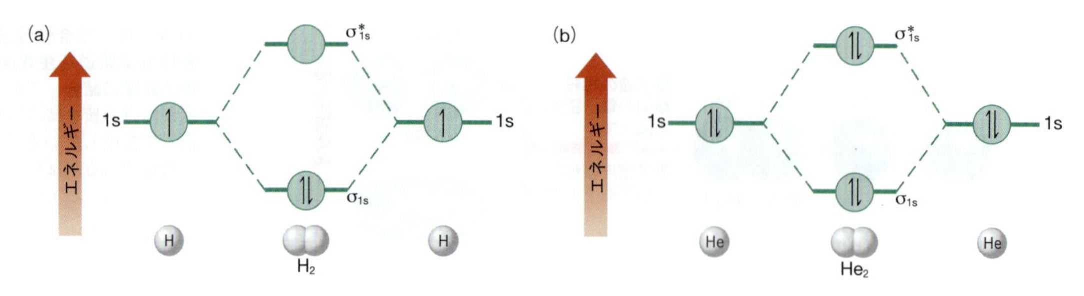

図 9・39　H_2 と He_2 の分子軌道記述. (a) H_2 における分子軌道のエネルギー準位図. (b) He_2 における分子軌道のエネルギー準位図.

つの原子の価電子のすべてを計上したか確認する必要がある.

なぜ H_2 は存在し He_2 はしないか　図 9・39(a) は H_2 の分子軌道のエネルギー準位図である. 個々の 1s 原子軌道のエネルギーを左右に示し, 分子軌道のエネルギーを中心に示している. H_2 分子は 2 個の電子をもち, 両方を σ_{1s} 軌道に置くことができる. 図 9・38 に示したように, この結合軌道の形状はよく知られている. 原子価結合理論を用いて記述した電子雲の形状と同じである.

次に, 2 個のヘリウム原子が一緒になるときに何が起こるか考えてみよう. なぜ He_2 の安定分子は形成することができないか. 図 9・39(b) は He_2 のエネルギー準位図である. 結合性軌道と反結合性軌道の両方が満たされることに注意する. このような状況において, 分離した原子の軌道に比べて, 結合性分子軌道のエネルギーが下がるだけでなく, 反結合性分子軌道のエネルギーが上昇することから, 実質的に不安定化する. これは He_2 の全エネルギーが 2 個の別べつの He 原子より大きく, したがって分子は不安定で, ただちに分解することを意味している.

一般に, 反結合性分子軌道にある電子の影響は同数の結合性分子軌道にある電子の影響を相殺し, 同数の結合と反結合性分子軌道の電子をもつ分子は不安定である. $He_2{}^+$ を得るために He_2 から反結合性分子軌道の電子を取除いたとすると, 結合性分子軌道にある電子が反結合性分子軌道にある電子に比べて過多になり $He_2{}^+$ は存在可能となる. 実際, $He_2{}^+$ の発光スペクトルは, 放電がヘリウムで満たされた管を通るときに観察することができ, $He_2{}^+$ が放電中に存在していることを示す. しかし, $He_2{}^+$ は非常に安定というわけではなく, これを単離して得ることはできない.

結 合 次 数

結合次数の概念は §8・7 で紹介し, 2 個の原子間で共有される電子対の数と定義した. 分子軌道表記で結合次数を表すために, 結合次数を次のように計算する.

$$\text{結合次数} = \frac{(\text{結合性分子軌道の電子の数}) - (\text{反結合性分子軌道の電子の数})}{2}$$

H_2 分子については,

$$\text{結合次数} = \frac{2-0}{2} = 1$$

となり, 結合次数の 1 は単結合に対応する. He_2 については,

$$結合次数 = \frac{2-2}{2} = 0$$

となり，ゼロの結合次数は，結合が全くないことを意味しているので，He_2 分子は存在することができない．He_2^+ については形成することができ，計算した結合次数は，

$$結合次数 = \frac{2-1}{2} = 0.5$$

となる．これは結合次数が整数である必要がないことを示している．この場合，約半分の結合に等しい結合的性質を示す．

第 2 周期の等核二原子分子の分子軌道表記　**等核二原子分子**は，2 個の原子が同じ元素である分子である．例は N_2 と O_2 であり，両元素は第 2 周期にある．すでに学んだように，第 2 周期の原子の外殻は 2s と 2p の副殻からなる．この周期の原子が互いに結合するときに，これらの副殻の原子軌道は強く相互作用して分子軌道を生成する．たとえば，2s 軌道は重なって，σ_{1s} 分子軌道および σ^*_{1s} 分子軌道と同じ形状をもつ σ_{2s} 分子軌道および σ^*_{2s} 分子軌道を形成する．

等核二原子分子 homonuclear diatomic molecule

図 9・40 は，2p 軌道が重なるときに形成する結合性分子軌道と反結合性分子軌道の形状を示している．互いを向いているそれらを $2p_z$ と表記すると，σ_{2p_z} および $\sigma^*_{2p_z}$ と表記された結合性分子軌道と反結合性分子軌道が形成される．$2p_z$ 軌道と直角な $2p_x$ と $2p_y$ 軌道は横向きに重なって，π 分子軌道を与える．それらはそれぞれ π_{2p_x} と $\pi^*_{2p_x}$ および π_{2p_y} と $\pi^*_{2p_y}$ とラベルされる．図 9・40 において，2p 軌道関数の正負の符号を示したことに注意しよう．2p 軌道が同じ符合で重なるときに結合性分子軌道が形成され，符合が逆のときに反結合性分子軌道が形成される．結合性分子軌道では，電子密度は二つの核の間の領域で増加するのに対して，反結合性分子軌道では，電子密度は核の間で減少する．

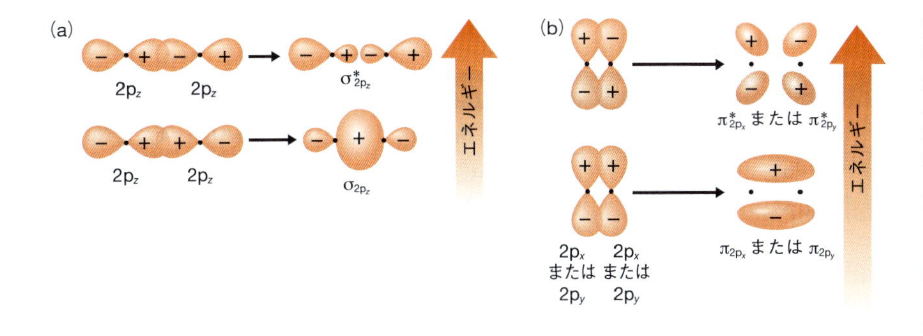

図 9・40　p 軌道の重なりによる分子軌道の形成． 2p 軌道の重なり部分が同じ正負の符号をもっているところでは結合性分子軌道が形成され，符号が逆のところでは反結合性分子軌道が形成される．(a) 互いを向く二つの $2p_z$ 軌道は結合して，結合性と反結合性の σ 分子軌道を与える．(b) 重なって 2 組の結合性 π 分子軌道および反結合性 π 分子軌道を与える $2p_x$ と $2p_y$ 軌道は $2p_z$ 軌道と直角である．

2 番目の殻の原子軌道から形成される分子軌道の相対エネルギーを図 9・41 に示す．Li から N までの π_{2p_x} 軌道と π_{2p_y} 軌道のエネルギーは σ_{2p_z} 軌道のエネルギーより低いことに注意する．そして O から Ne までの元素では，この二つの準位のエネルギーは逆転する．この理由は複雑で本書の範囲を超えている．

図 9・41 を用いて，第 2 周期における二原子分子の電子構造を予測することができる．これらの分子軌道電子配置は以前に述べたように，原子中の原子軌道の充塡に適用される規則と同じ規則を用いて得られる．

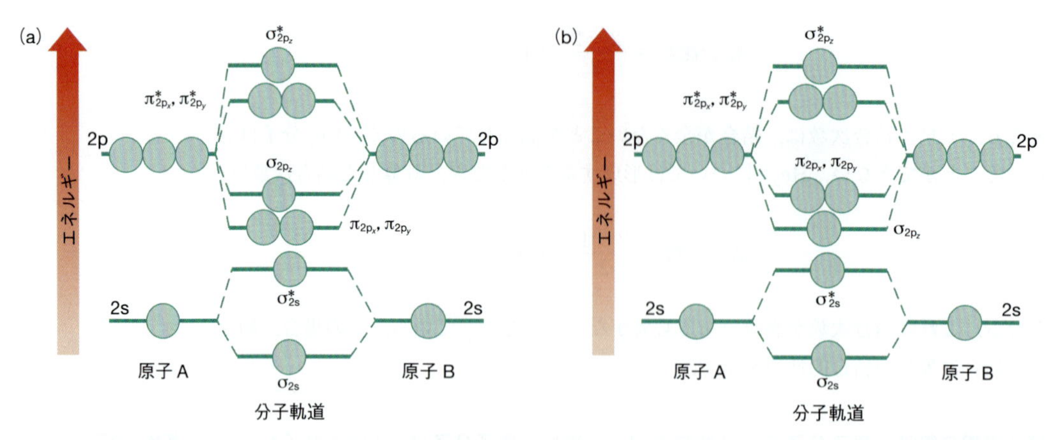

図 9・41　第2周期の二原子分子における分子軌道の相対エネルギー． (a) Li_2 から N_2 まで，(b) O_2 から Ne_2 まで．

電子は分子軌道をどのように満たすか

1. 電子は利用可能な最低エネルギーの軌道を満たす．
2. 2個の電子がスピンを対にして，一つの軌道を占めることができる．
3. 電子はスピンを不対化して，同じエネルギーをもつ軌道上にできるだけ広がる．

これらの規則を第2周期の原子の価電子に適用すると，表9・1に示す分子軌道の電子配置が得られる．これらの分子について入手可能なデータを調べることによって，分子軌道理論がいかによく機能するかをみてみよう．

表9・1によると，Be_2 と Ne_2 の分子はゼロの結合次数をもつことから，存在しないと分子軌道理論は予測している．ベリリウム蒸気中と気体ネオン中で，Be_2 または Ne_2 の証拠はこれまで見つかっていない．分子軌道理論はまた，他の第2周期元素の二原子分子は，すべてゼロより大きい結合次数をもっていることから，その存在を予測している．これらの分子は実際に観測されている．リチウム，ホウ素，および炭素は通常の条件下で複雑な固体であるが，蒸発させることができ，蒸気中で Li_2，B_2，

表 9・1　第2周期における二原子分子の分子軌道と結合次数†

エネルギー ↑	Li_2	Be_2	B_2	C_2	N_2	エネルギー ↑	O_2	F_2	Ne_2
$\sigma^*_{2p_z}$	○	○	○	○	○	$\sigma^*_{2p_z}$	○	○	⇅
$\pi^*_{2p_x}, \pi^*_{2p_y}$	○○	○○	○○	○○	○○	$\pi^*_{2p_x}, \pi^*_{2p_y}$	↑↑	⇅⇅	⇅⇅
σ_{2p_z}	○	○	○	○	⇅	π_{2p_x}, π_{2p_y}	⇅⇅	⇅⇅	⇅⇅
π_{2p_x}, π_{2p_y}	○○	○○	↑↑	⇅⇅	⇅⇅	σ_{2p_z}	⇅	⇅	⇅
σ^*_{2s}	○	⇅	⇅	⇅	⇅	σ^*_{2s}	⇅	⇅	⇅
σ_{2s}	⇅	⇅	⇅	⇅	⇅	σ_{2s}	⇅	⇅	⇅
結合性分子軌道の電子の数	2	2	4	6	8		8	8	8
反結合性分子軌道の電子の数	0	2	2	2	2		4	6	8
結合次数	1	0	1	2	3		2	1	0
結合エネルギー ($kJ\ mol^{-1}$)	110	—	300	612	953		501	129	—
結合長(pm)	267	—	158	124	109		121	144	—

†　σ_{2p_z} と結合性π分子軌道に対応するエネルギー準位の順は酸素で逆になるが，どちらでも同じ結果（N_2 の三重結合，O_2 の二重結合，および F_2 の単結合）をもたらす．

およびC_2の分子を検出することができる．周知のとおり窒素，酸素，およびフッ素はN_2, O_2, およびF_2として存在する気体元素である．

表9・1では，予測される結合次数はホウ素，炭素，窒素の順で増加し，その後，窒素，酸素，フッ素の順で減少することがわかる．結合次数が増加するにつれて，正味の結合電子数は増加し，したがって結合はより強く，結合長はより短くなる．表9・1の実測による結合エネルギーと結合長は，これらの予測ときわめてよく一致している．

分子軌道理論は，特に酸素分子の電子構造をよく説明できる．実験はO_2が常磁性であり（磁石に弱く引きつけられる），酸素分子が2個の不対電子を含んでいることを示している．さらに，O_2の結合長は，ほぼ酸素−酸素間二重結合で予想される距離である．これらの値は原子価結合理論では説明することができない．たとえば，二重結合をもち，オクテット則に従うO_2のルイス構造を書くと，すべての電子は対で表される．

:Ö::Ö:　すべての電子は対になるので実験的証拠に基づかない

一方，不対電子を示すと，構造は単結合だけをもち，オクテット則に従わない．

:Ö:Ö:　O−O 単結合のため実験的証拠に基づかない

■分子軌道理論では，原子価結合理論では苦労した結合も容易に扱えるが，原子価結合理論の単純さを失っている．きわめて単純な分子でさえ，分子軌道理論は大規模な計算を用いて予測することになる．

分子軌道理論は，これらをよく説明できる．フントの規則を適用することによって，両軌道が同じエネルギーをもつことから，O_2のπ^*軌道中の2個の電子は，それらのスピンが不対化され，これらの軌道上に広がる（表9・1）．2個の反結合性π^*軌道中の電子は二つの結合性π軌道中の2個の電子の影響を相殺し，したがって正味の結合次数は2であり，結合は実質的に二重結合である．

単純な異核二原子分子

分子が複雑になるにつれて，分子軌道理論の応用ははるかにむずかしくなる．これは，個々の原子の軌道の相対エネルギーおよび他の原子の方向に対する軌道の方向性を考慮する必要があるためである．それでもなお，分子中の2個の原子が同じでないときに何が起こるか2, 3の二原子分子の分子軌道表記で簡単にみることができる．そのような分子は**異核**であるといわれる．

異核 heteronuclear

フッ化水素　分子軌道を形成するための異なる原子の軌道間相互作用を考えるとき，考慮する必要がある最初の因子は軌道の相対エネルギーである．これは，軌道が

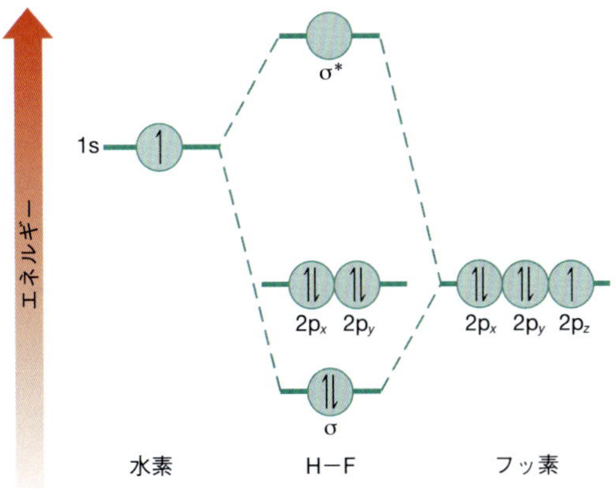

図9・42 HFにおける分子軌道のエネルギー準位図． ここでは，水素原子の1s軌道とフッ素原子の2p軌道のみ示している．

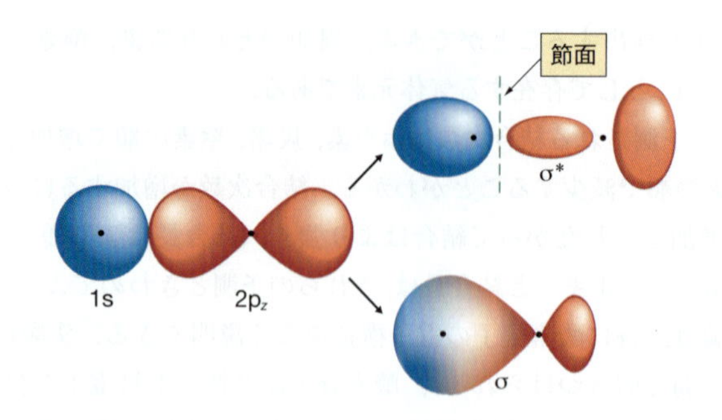

図 9・43　HF における σ 軌道と σ* 軌道の形成. 重なっている原子軌道が同じ符合をもっていれば結合性分子軌道が形成され，符合が逆の場合は反結合性分子軌道が形成される．反結合性 σ* 軌道は核間に節面をもっており，これは核間領域から電子密度を効果的に排除するので，電子が占有されると分子の不安定化につながることに注意する．

ほぼ等しいエネルギーをもっているときに，最も効果的に相互作用するためで，軌道間のエネルギー差が大きいほど，軌道の相互作用は小さく，軌道は単純な原子軌道のように振舞う．

HF において，フッ素原子は水素原子より電気的に陰性なので，水素原子の 1s 軌道はフッ素原子の 2s または 2p 副殻よりエネルギーが高いが，エネルギーは 2p 副殻に最も近い（図 9・42）．核間軸として z 軸をとると，図 9・43 に示すように，水素原子の 1s 軌道はフッ素原子の $2p_z$ 軌道と重なって結合性 σ 軌道と反結合性軌道を与える．しかし，フッ素原子の $2p_x$ と $2p_y$ 軌道は，相互作用する水素原子に対応する軌道がないことから，分子を形成してもエネルギーは変化しない．これを，結合が起こる前にもっていたのと同じエネルギーで，非結合性軌道として $2p_x$ と $2p_y$ 軌道を表す（図 9・42）．これら二つの軌道は，結合性でも反結合性でもないことから**非結合性分子軌道**といわれており，分子の安定性に影響を及ぼさず，結合次数の計算にも寄与しない．フッ素原子の 1s 軌道はエネルギーが非常に低く，結合に関与しないのでエネルギー準位図に示されていない．

非結合性分子軌道 nonbonding molecular orbital

HF の分子軌道表記では，フッ素原子の $2p_z$ 軌道と水素原子の 1s 軌道の重なりによっ

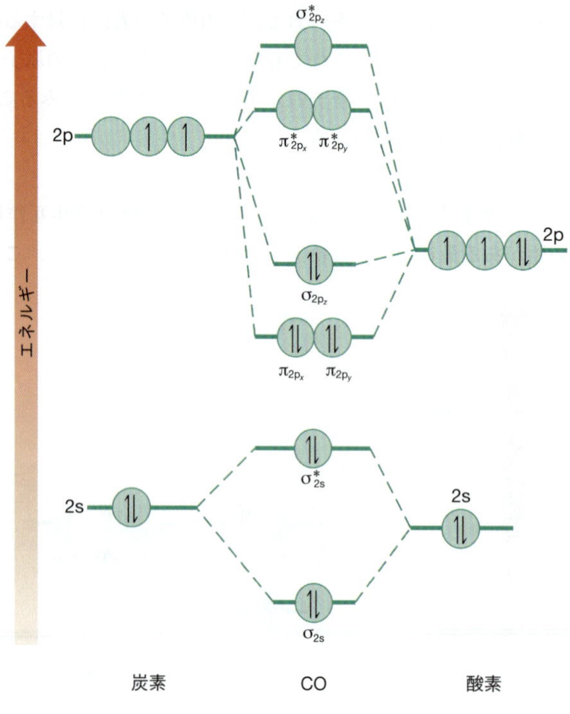

図 9・44　一酸化炭素における分子軌道のエネルギー準位図. 酸素の原子軌道は対応する炭素の原子軌道よりエネルギーが低い．正味の結合次数は 3 である．

て形成された結合性分子軌道中に一対の電子がある．以前，原子価結合理論が，同じ方法，すなわち水素原子の 1s 軌道とフッ素原子の 2p 軌道の間で共有される一対の電子により HF の結合を説明することをみてきた．

一酸化炭素　一酸化炭素は，両原子が第 2 周期にある異核分子である．したがって，2 番目の殻の軌道が分子軌道の形成に用いられる軌道であると考えられる．軌道の重なりは第 2 周期の等核二原子に類似しており，N_2 のような電子の数と分布をもつことから，N_2 について図 9・41(a) に示したものに似たエネルギー準位図を用いる．

酸素原子の外殻電子は炭素原子より大きな有効核電荷を受けるため，酸素原子の軌道はエネルギーが多少低くなる．これを図 9・44 に示す．分子の分子軌道に分配する価電子は全部で 10 個ある（炭素原子から 4 個と酸素原子から 6 個）．このとき，8 個の結合性電子と 2 個の反結合性電子があり，したがって正味の結合次数は 3 であり，三重結合と一致している．予想されるように，それは一つの σ 結合と二つの π 結合からなる．

練習問題 9・18　シアン化物イオン CN^- における分子軌道のエネルギー準位図は，第 2 周期前半の等核二原子分子と同じである．シアン化物イオンのエネルギー準位図を書いて，分子軌道の電子分布を示せ．イオンの結合次数はいくらか．これはイオンのルイス構造から予測される結合次数と一致するか．

練習問題 9・19　一酸化窒素分子における分子軌道のエネルギー準位図は，酸素原子の軌道が対応する窒素原子の軌道よりエネルギーが少し低い点を除いて，表 9・1 で示した酸素分子のエネルギー準位図と基本的に同じである．一酸化窒素のエネルギー準位図を書き，どの分子軌道に電子が占有されるか示せ．また，分子の結合次数を計算せよ．

9・8 非局在分子軌道

原子価結合理論で化学結合を説明するときに最も不満足な面の一つは，特定の分子やイオンの共鳴構造を書く必要性があることである．たとえば，ベンゼン C_6H_6 を考えてみよう．以前学んだように，この分子は環状構造をもっており，その共鳴構造を次のように書くことができる．

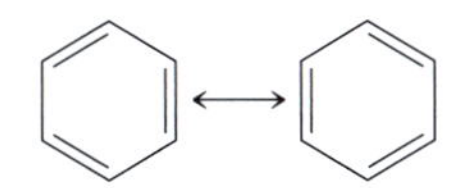

この分子中の結合の分子軌道表記は次のとおりである．分子の基本構造は σ 結合の枠組によって決まり，それには，炭素原子が sp^2 混成軌道を用いる必要がある．これは，図 9・45(a) に示すように，各炭素原子が三つの σ 結合（隣接の C 原子に対して 2 個と H 原子に対して 1 個）を形成可能にする．各炭素原子は環面と直角な半充塡の非

■ 用語の**共鳴エネルギー**，**安定化エネルギー**，および**非局在化エネルギー**は同じ物理的性質を表し，それらはただ結合理論へのアプローチが異なるだけである．

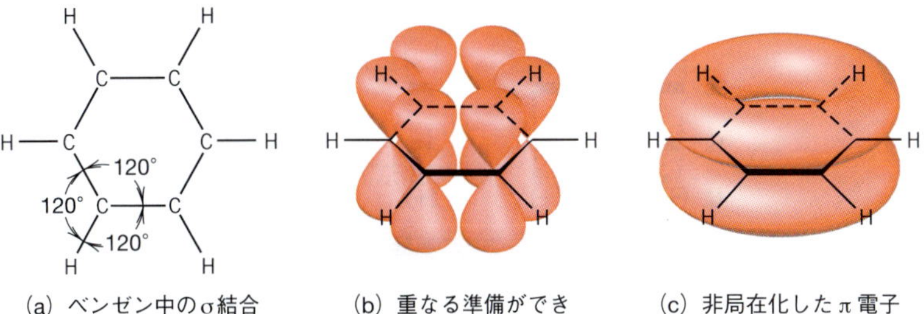

図 9・45 ベンゼン．(a) σ 結合の枠組．すべての原子は同じ面にある．(b) 左右に重なる前の各炭素原子の非混成 p 軌道．(c) 非局在 π 電子によって形成された二重のドーナツ形電子雲．

混成 p 軌道を残している（図 9・45b）．これらの p 軌道は重なり，それらに挟まれた σ 結合の枠組をもつ二つのドーナツ状にみえる π 電子雲を形成する（図 9・45c）．この π 電子雲中の 6 個の電子は環中の 6 個の原子すべてに広がり，**非局在化**しているといわれる（それらの電子は構造中のどの 2 原子間にも局在していない）．π 電子の非局在性は，通常，ベンゼンの構造を次のように表す理由となっている．

非局在化 delocalization

非局在化した結合の特別な特性の一つは，局在した結合をもつ場合より，分子またはイオンを安定させることである．これに関係して，§8・8 で共鳴エネルギーについて述べた．分子軌道理論ではもはや共鳴については述べず，代わりに電子を**非局在電子**とよぶ．この非局在化と関連する特別な安定性はそれゆえ，分子軌道理論の用語でいえば，**非局在化エネルギー**として記述される．

非局在電子 delocalized electron

非局在化エネルギー delocalization energy

練習問題 9・20　硝酸塩イオン NO_3^- は三つの共鳴構造をもっている．電子は分子上で非局在化している．非局在分子軌道をつくるために用いる原子軌道は何か．

9・9　固体中の結合

固体は，すべての人によく知られているいくつかの独特の電気特性をもっている．たとえば，金属は電気の良導体であるのに対して，非金属材料は絶縁体であり，きわめて低い電気伝導体である．これらの両極端の間に，シリコンやゲルマニウムなどの半導体である非金属がみられ，それらは低い電気伝導体である．これらの非常に異なる特性を説明するための理論が，**バンド理論**である．

バンド理論 band theory

エネルギーバンド energy band

バンド理論によると，固体の**エネルギーバンド**は，物質中のそれぞれの原子の類似したエネルギーの原子軌道を結合することによって形成される非常に密集したエネルギー準位から構成されている．たとえば，ナトリウムでは 1s 原子軌道（各原子から一つ）が結合して，単一の 1s バンドを形成する．バンド中のエネルギー準位数はナトリウム原子の集合によって供給される 1s 軌道の数と等しい．また同じことが 2s, 2p などの軌道でも起こり，したがって固体内に 2s，2p などバンドをもつ．

図 9・46 は固体ナトリウム中のエネルギーバンドを示している．1s, 2s, および 2p

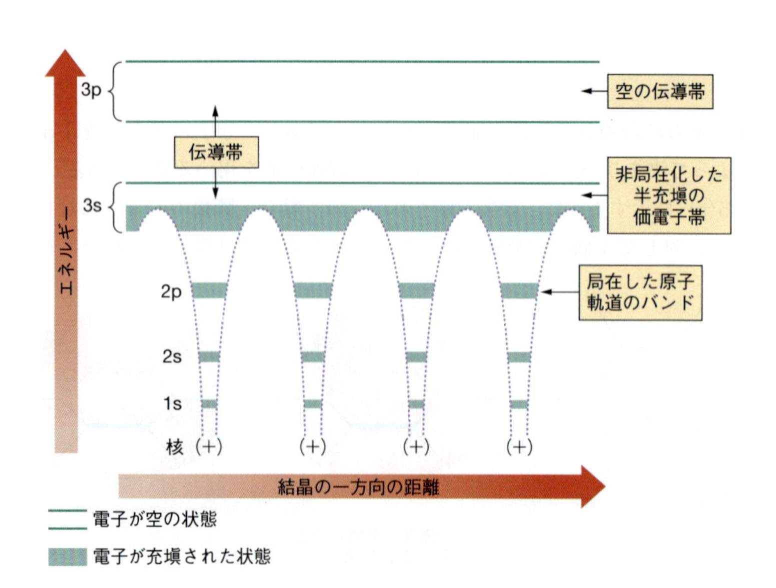

図 9・46　固体ナトリウム中のエネルギーバンド． 1s, 2s, および 2p バンドは核からどちらの方向にも遠く広がらないので，それらの電子は各核のまわりに局在し，結晶全体を移動することができない．非局在化した 3s 価電子帯は，ナトリウム原子のより高エネルギー軌道から形成された 3p バンドなどのように，固体全体に広がる．

バンド中の電子密度が個々の核から遠くに広がらず，したがって，これらのバンドは固体中において局在したエネルギー準位を効果的に形成する点に注意する．しかし，3s バンド（ナトリウム原子の原子価殻軌道の重なりによって形成されたバンド）は非局在化しており，固体全体に連続的に広がっている．同じことがより高エネルギーの軌道によって形成されたエネルギーバンドにもあてはまる．

ナトリウム原子は 1s, 2s, および 2p 軌道を満たしているので，固体の対応するバンドも満たされている．しかし，ナトリウムの 3s 軌道は半充塡であり，これが半充塡 3s バンドをもたらしている．ナトリウムの 3p とより高エネルギーバンドは完全に空である．電圧を固体ナトリウムに加えると，半充塡 3s バンド中の電子は簡単に原子から原子に移動することができ，これによりナトリウムは電気をよく伝えることができる．しかし，より低エネルギーの充塡バンドの電子は，隣接原子の軌道がすでに満たされており，追加して電子を受入れることができないので固体中を移動することができない．そのような電子は固体の電気伝導に寄与しない．

外殻（原子価殻）電子を含むバンドは**価電子帯**とよばれる．空か部分充塡で，固体全体で連続したバンドは，その中の電子が固体全体を移動でき，したがって，電気を伝えるのに寄与することから**伝導帯**とよばれている．

価電子帯 valence band

伝導帯 conduction band

金属ナトリウムでは，価電子帯と伝導帯は同じなので，ナトリウムは良導体である．マグネシウムでは，3s 価電子帯は満たされており，したがって，電子の輸送に用いることができない．しかし，空の 3p 伝導帯が実際には 3s 価電子帯と重なっており，電圧を加えると容易に電子に占有される（図 9・47a）．これがマグネシウムを導体にしている．

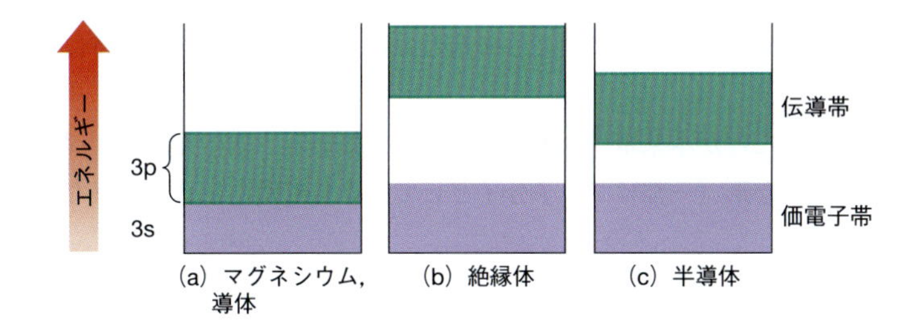

図 9・47 各種の固体のエネルギーバンド．(a) 良導体のマグネシウムでは，空の 3p 伝導帯が充塡 3s 価電子帯と重なっており，この金属に電気伝導の道を与えている．(b) 絶縁体では，充塡価電子帯と空の伝導帯の間のエネルギーギャップが，伝導帯への電子の占有を妨げている．(c) 半導体では，バンドギャップが小さく，熱エネルギーは一部の電子を充塡価電子帯から空の伝導帯に上げることができる．これにより，固体は電気を弱く伝えることができる．

ガラス，ダイヤモンド，またはゴムなどの絶縁体では，すべての価電子が共有結合を形成するために用いられるので，価電子帯のすべての軌道は満たされて，電気伝導に寄与することができない．さらに，バンド間のエネルギーギャップ（**バンドギャップ**）は，充塡価電子帯と最近接伝導帯（空バンド）の間で大きい．結果として，電子は伝導帯を占めることができず，したがってこれらの物質は電気を伝えることができない（図 9・47b）．

バンドギャップ band gap

シリコンまたはゲルマニウムなどの半導体では，価電子帯は満たされているが，充塡価電子帯と最近接伝導帯間のバンドギャップが小さい（図 9・47c）．室温では，電子がもっている熱エネルギー（物質の温度と関連した運動エネルギー）は一部の電子を伝導帯に上げるのに十分で，わずかな電気伝導度が観測される．半導体の興味深い特性の一つは，それらの電気伝導度が温度の上昇によって増加することである．これは，温度が上昇するにつれて，伝導帯を占めるのに十分なエネルギーをもつ電子の数が増えるためである．光子もまた，伝導帯に電子を上げるために必要なエネルギーを与えることができる．これはたとえば，硫化カドミウムなどの光伝導体で起こる．

■ある与えられた温度では，物質の粒子間に運動エネルギーの分布があることを思い出そう．熱エネルギーは，粒子がその温度においてもつ運動エネルギーである．温度が高いほど熱エネルギーは高い．

練習問題 9・21 金属カルシウムについて，金属のどの軌道が価電子帯を形成し，どの軌道が伝導帯を形成するか．

練習問題 9・22 バンドギャップの増加順に以下の元素を並べよ．ゲルマニウム，硫黄，マグネシウム．

9・10 元素の同素体の結合

σ結合の形成がs軌道の重なり，p軌道または混成軌道の両端の重なりを含むことを以前学んだ（図9・30）．一方，π結合の形成は通常，非混成p軌道の横向きの重なりを必要とする（図9・31）*．

*　π結合はd軌道によって形成することができるが，本書では説明しない．

σ結合とπ結合の強度は関与する原子の大きさに依存し，原子が大きくなるほど，結合強度は一般に減少する．一つには，これは，共有電子が核から遠く，それらを引きつけるのに効果的でないためである．特にπ結合は原子の大きさに影響される．第2周期の原子などのように小さな原子は，互いに密接に近づくことができる．その結果，それらのp軌道の有効な横の重なりが起こることができ，これらの原子が強いπ結合を形成する．第3周期から第6周期までの原子ははるかに大きく，それらのp軌道間のπ型重なりは比較的有効でなく，したがって，大きな原子によって形成されたπ結合はσ結合に比べて比較的弱い．

σ結合とπ結合の相対強度に及ぼす原子の大きさの影響は次の一般的傾向をもたらす．

第2周期の元素は多重結合を容易に形成することができる一方，それらの下の第3周期から第6周期の元素は単結合を選ぶ傾向をもっている．

この一般的傾向の結果は，元素の非金属に起こる構造の複雑さを調べるときに，特に顕著である．

非金属のなかで，貴ガスだけが本来単一原子として存在している．他の元素はすべて単体において，より複雑な形（一部は二原子分子として，そして残りはより複雑な分子構造）でみられる．

第2周期の非金属

フッ素原子は17族の他のハロゲンと同様に，その外殻に7個の電子をもっており，その原子価殻を完成するにはあと1個だけ電子が必要である．フッ素原子は，σ単結合によって二原子分子 F_2 を形成することができる．他のハロゲン元素も同様な化学式をもっている（Cl_2, Br_2, および I_2）．単結合のみ含むことから，原子の大きさはハロゲンの分子構造の複雑さに影響しない．

周期表の左側に目を移すと，状況は16, 15, および14族の元素でより興味深くなる．酸素原子と窒素原子はそれらの原子価殻中にそれぞれ6個と5個の電子をもっている．これは，その原子価殻を完成するために，酸素原子に2個の電子が，窒素原子に3個の電子が必要であることを意味している．酸素原子と窒素原子は原子の大きさが小さいため，強いπ結合を形成することができるので，多重結合が可能である．これにより，その原子価殻を完成するために隣の原子と十分な数の結合を形成できるので，二原子分子を形成することができる．

以前議論した窒素分子は三重結合を形成することによってその原子価殻を完成することができる．酸素分子は完全に満足なルイス構造を書くことはできないが，実験的証拠は，酸素分子が二重結合をもつことを示唆している．分子軌道理論は，O_2 の結合に優れた説明を与え，O_2 分子中に二重結合があることも教えている．

酸素は，安定種 O_2 を形成するのに加えて，化学式 O_3 をもつ**オゾン**とよばれる反応性の非常に高い分子で存在することができる．オゾンの構造は共鳴混成体として次のように表すことができる．

オゾン ozone

$$:\ddot{O}{=}\ddot{O}{-}\ddot{O}: \longleftrightarrow :\ddot{O}{-}\ddot{O}{=}\ddot{O}:$$

この不安定な分子は O_2 中の放電またはスパークによって発生することができる．オゾンの刺激臭はしばしば高電圧線，電気モーター，および電車からのスパークの近くで検出することができる．地上近くでは汚染物質であり，生体組織に有害である．オゾンはまた上層大気において，O_2 に対する太陽からの紫外線の作用によって一定量が形成される．上層大気中のオゾンは，太陽からくる強烈で有害な紫外線の曝露から地球上の生命を保護している．

■オゾンは自動車の排ガス中に放出される窒素酸化物と太陽光の相互作用によって形成される光化学スモッグの成分でもある．

ところで，同一元素において，分子構造が異なる場合や固体中の分子の充塡の差の結果として二つ以上の形態の単体の存在は**同素**とよばれる現象であり，その形態は**同素体**とよばれる．したがって，O_2 は酸素の一つの同素体であり，O_3 はもう一つの同素体である．後述するように，同素は酸素に限らない．

同素 allotropy

同素体 allotrope

炭素の同素体　炭素も第 2 周期の元素であり，その原子は 4 個の電子をその原子価殻中にもっていることから，そのオクテットを完成するために 4 個の電子を共有しなければならない．炭素が四重結合を形成することは決してないので，単純な C_2 種は通常条件下で安定していない．代わりに，炭素は別の方法でそのオクテットを完成し，元素の四つの同素体をもたらす．これらの一つが**ダイヤモンド**である．その中では，各炭素原子は sp^3 混成軌道を用いて正四面体の角で別の四つの炭素原子と共有結合を形成する（図 9・48a）．

ダイヤモンド diamond

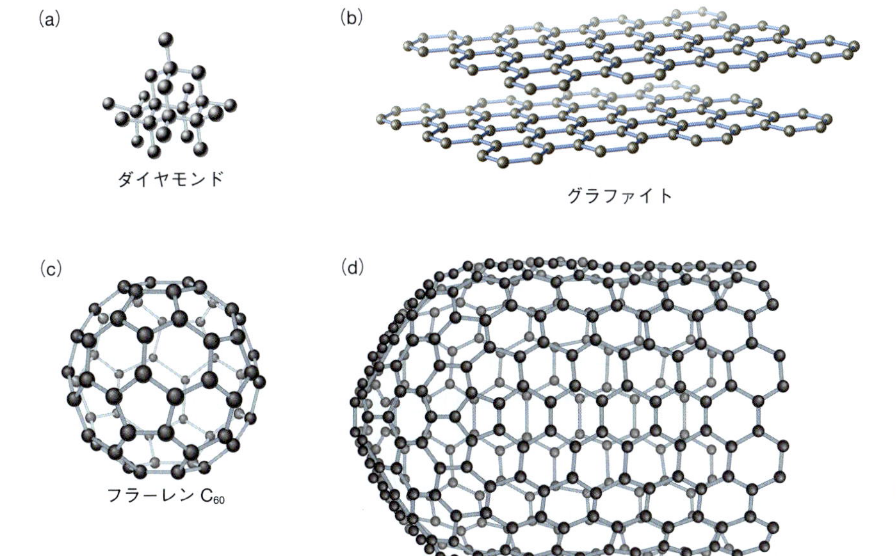

図 9・48 炭素の分子形態．(a) ダイヤモンド．(b) グラファイト．(c) バックミンスターフラーレン C_{60}．(d) 一端が閉じられたカーボンナノチューブの一部．

コラム 9・1　グラフェンとエレクトロニクスの将来

グラフェン（図）と名づけられたグラファイトの単一層が潜在的に有用で驚くべき特性をもつという予想は，長い間懐疑的であった．グラファイトの結晶から剥離することによってグラフェンシートを作製する困難さは，科学者が材料の有用試料を得ることを妨げ，正確な測定を困難にしてきた．これらの手法はグラフェンの小片のみをもたらすだけだった．

最近，IBM の科学者は市販されている炭化ケイ素（SiC）ウェーハの表面上に高品質グラフェンを成長させる低価格な方法を開発した．ウェハを加熱してケイ素を表面から蒸発させ，残った炭素原子が結合してグラフェンシートを形成する．

単一グラフェン層

単一グラフェンシートは，他の半導体より速く電子を輸送（電子移動度とよばれる特性）することができる．たとえば，グラフェンの電子移動度は，現在最も入手可能な素子に使用されている半導体のケイ素より約 100 倍大きい．この理由により，グラフェンは高速で原子スケールの動作に適している理想的な素材である．さらに，グラフェンの電気的性質は，導体，不導体，半導体の状態間で制御することができる．これがグラフェンをさまざまな電子素子の潜在的候補にしている．

IBM の科学者によると，彼らはすでに，シリコンを基盤としたプロセッサより約 3 倍速い 100 GHz の速度で動作する能力をもつグラフェンを基盤としたトランジスタを作製している．このような発見は，高速電子回路のケイ素がグラフェンに置き換えられる可能性を示唆している．

グラファイト graphite

グラフェン graphene

■2010 年のノーベル物理学賞は，個々のグラフェン層をグラファイトから分離することができたという発見により英国マンチェスター大学のガイムとノボセロフの両者に授与された．

その他の同素体では，炭素は sp^2 混成軌道を用いて，非局在 π 電子系がそれらの表面を覆う環状構造を形成する．炭素の最も安定な形態は**グラファイト**であり，金網を連想させる構造の中で，ベンゼンに似た多数の六角形が融合した炭素原子層からなる．その単層は**グラフェン**とよばれる（コラム 9・1）．グラフェンでは，各炭素原子の 2p 軌道はその隣の同一の 2p 軌道と π 結合を形成する．

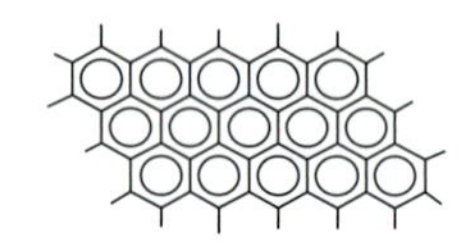

グラファイト中のグラフェン層の一部

グラファイトでは，図 9・48(b) に示すようにグラフェン層が別のグラフェン層の上に積み重なっている．グラファイトは，層に沿って広がる非局在 π 電子系のため電気伝導体である．電子を層の一端に注入し，他端から除去することができる．興味深いことに，グラファイトは図 9・48(b) の一番上から一番下にグラファイト層を貫いて電子を注入しようとすると，不導体である．科学者は現在，グラフェンの単一層を分離し，この炭素構造の物理的，電気的性質に高い関心をよせて研究している．たとえば，グラフェンの破壊強度は鋼の 200 倍以上である．

フラーレン fullerene

バックミンスターフラーレン buckminsterfullerene

1985 年に，炭素原子の小さなボールからなる炭素の新しい形態が発見された．その最も単純なものは化学式 C_{60} で表される（図 9・48c）．それらは**フラーレン**と名づけられ，C_{60} 分子自体はフラーに敬意を表して**バックミンスターフラーレン**と名づけられた．フラーレン C_{60} 中の炭素原子間の結合は，ジオデシックドームの構造要素のパターンと同様，サッカーボールの縫い目のように配置された 5 員環と 6 員環のパターンで配置される．

カーボンナノチューブ carbon nanotube

■対重量で比較すると，カーボンナノチューブはステンレス鋼より約 100 倍強く，テニスラケットやゴルフクラブのシャフトをつくるために用いられる炭素繊維より約 40 倍強い．

1991 年に発見された**カーボンナノチューブ**は，フラーレンと関連する炭素の別の形態である．それらは，アークが炭素電極間を通過するときに，フラーレンとともに形成される．カーボンナノチューブは，巻上げられたグラフェンシートとして視覚化することができるチューブ状炭素分子である．チューブは球形フラーレン分子の半分によって各端に蓋を被せられるので，短いチューブはホットドッグのような形をしている．カーボンナノチューブの一部を図 9・48(d) に示す．カーボンナノチューブは特異な物理および化学的特性をもっており，近年多くの研究の中心になっている．

第 2 周期の下の非金属元素

グラファイト中で，炭素原子は，分子の中の窒素原子や酸素原子と同様，多重結合を形成する．以前述べたように，炭素原子のこの能力は，二重または三重結合形成の必要条件である強い π 結合を形成する能力を反映している．第 3 周期に移ると状況は異なってくる．そこでは，比較的強い σ 結合を形成することができるが，π 結合ははるかに弱い大きな元素がある．その π 結合は非常に弱いので，これらの元素は単結合（σ 結合）を選び，単体の分子構造がこれを反映している．

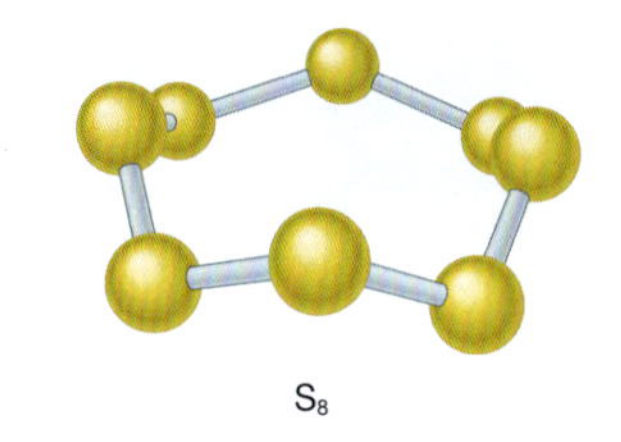

図 9・49　王冠形の S_8 環の構造

16 族の元素　16 族の酸素の下には硫黄があり，次のルイス記号をもっている．

$$:\dot{\underset{..}{S}}\cdot$$

硫黄原子は，その原子価殻を完成するために 2 個の電子を必要とするので，二つの共有結合を形成するはずである．しかし，硫黄原子は他の硫黄原子と π 結合を形成しない．その代わり，異なる硫黄原子と二つのより強い単結合を形成することを選ぶ．したがって，硫黄原子は 2 個の異なる硫黄原子と結合することを選び，次のような構造を形成する．

$$-\ddot{\underset{..}{S}}-\ddot{\underset{..}{S}}-\ddot{\underset{..}{S}}-\ddot{\underset{..}{S}}-\ddot{\underset{..}{S}}-$$

実際，**斜方晶系硫黄**とよばれる最も安定な形態において，硫黄原子は 8 員環に配置され，化学式 S_8（八硫黄）を与える．S_8 環は図 9・49 に示す折れた王冠形をもっている．別の同素体は**単斜晶系硫黄**であり，これもまた，S_8 環が少し異なった結晶構造に配置されている．

斜方晶系硫黄 orthorhombic sulfer

単斜晶系硫黄 monoclinic sulfer

固体硫黄を加熱すると，いくつかの興味深い変化が起こる（図 9・50）．最初に固体が融解するときに形成する液体は S_8 分子からなる．さらに液体を加熱すると，8 員環は硫黄原子の鎖に開き始め，つながって長い糸状の構造を形成する．硫黄原子の糸は絡み合って非常に粘性の高い液体になる．さらに加熱すると硫黄の糸はより小さい断片に壊れ，液体が沸騰するともはや粘性はなくなる．

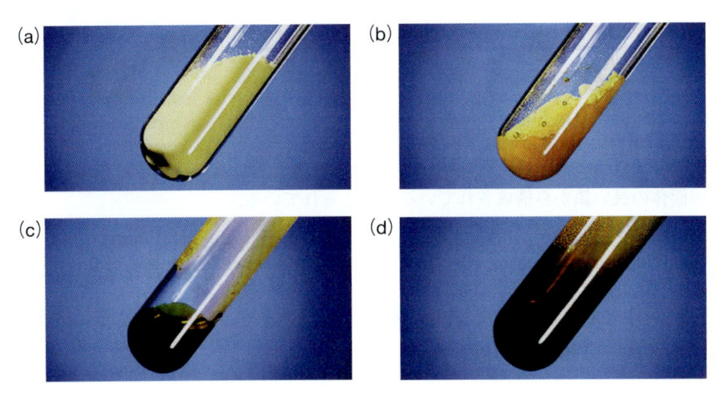

図 9・50　加熱時の硫黄の変化. (a) 結晶硫黄. (b) 融点における溶融硫黄. (c) 200°C における溶融硫黄は暗く粘性がある. (d) 沸騰した硫黄は暗赤色でもはや粘性はない.

16 族で硫黄の下にある，セレンも同素形の一つとして Se_8 環を形成する．セレンとテルルの両方もまた，長い Se_x と Te_x 鎖（添字 x は大きな数）のある灰色形態で存在することができる．

15 族の元素　窒素のように，15 族の他の元素はすべて 5 個の価電子をもっている．リンはその一例である．

$$:\dot{\underset{..}{P}}\cdot$$

図 9・51　リンの二つの主要な同素体. (a) 白リン, (b) 赤リン.

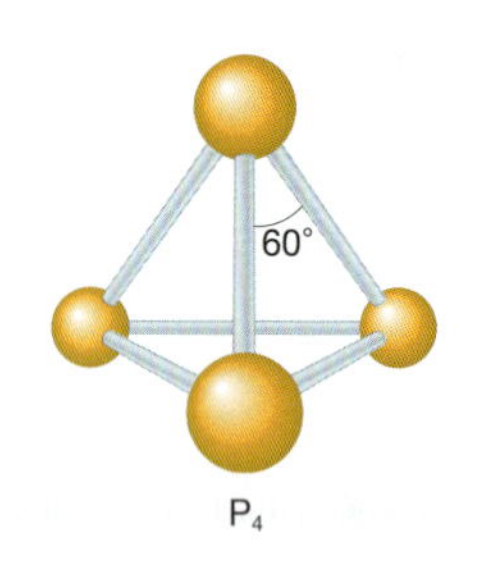

図 9・52　白リン P_4 の分子構造. 60° の結合角が P−P 結合をきわめて弱くし, 分子の反応性を非常に高めている.

■p 軌道によって形成される結合間の角度は 90° である. P_4 四面体の各面は 60° の角度をもつ三角形であり, 結合中の p 軌道間にあまり重なりがない.

白リン white phosphorus

赤リン red phosphorus

黒リン black phosphorus

貴ガスの電子構造を得るには, リン原子はあと 3 個の電子を獲得しなければならない. リン原子は多重結合を形成する傾向が小さいので, オクテットは 3 個の異なるリン原子に三つの単結合を形成することによって完成される.

リンの最も単純な元素形態は, その外観から**白リン**とよばれるワックス状の固体である（図 9・51). それは図 9・52 に示すように, 各リン原子が四面体の角にある P_4 分子からなる. この構造では, 各リン原子が 3 個の他のリン原子と結合している. リンのこの同素体は, 60° という非常に小さな P−P−P 結合角のため, 非常に反応性が高い. この小さな結合角のため, リン原子の p 軌道はあまり重ならず結合は弱い. その結果, P−P 結合の切断が容易に起こる. P_4 分子が反応するとき, この結合の切断は第一段階であり, したがって P_4 分子はただちに他の化学物質, 特に酸素と反応する. 白リンは酸素に対して非常に反応性が高く, 空気中で自然発火して燃える. このため白リンは軍用発火装置に使用されており, リン爆弾の爆発が発煙粒子のアーチを生じさせる映画を見たことがあるだろう.

白リンに比べてはるかに反応性の低い 2 番目の同素体は**赤リン**とよばれている. 現時点で, その構造は未知であるが, 図 9・53 に示すように角で接続する P_4 四面体を含んでいることが提案されている. 赤リンも爆発物や花火に使用されており, 細かい砂と混合して, 紙マッチの打面に用いられている. マッチで表面を引っかくと, 摩擦がリンを発火させ, それがマッチの先端成分を発火させる.

リンの 3 番目の同素体は**黒リン**とよばれる. 黒リンは, 高圧下で白リンを加熱することによって形成される. この系は, 層中の各リン原子が同じ層中の他の三つのリン原子と共有結合する層状構造をもっている. グラファイト中のように, これらの層は他の上に積み重なったもので層間の力は弱い. 予測されるように黒リンはグラファイトと多くの類似点をもっている.

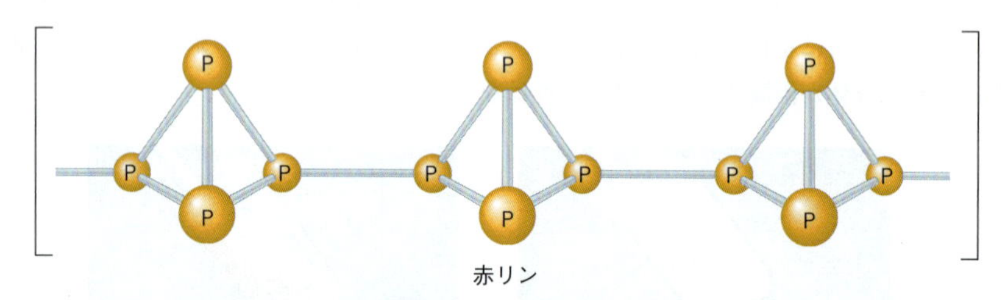

図 9・53　赤リンについて提案された分子構造. 赤リンも, 角で接続された P_4 四面体の長い鎖から構成されていると考えられている.

15 族のリンの下にあるヒ素とアンチモンもまた, As_4 と Sb_4 分子を含む多少不安定な黄色い同素体を形成することができるが, それらの元素の最も安定な形態は黒リンに類似した構造で金属的な外観をもっている.

14 族の元素　最後に, ケイ素とゲルマニウム（14 族のより重い非金属元素）をみてみよう. それらのオクテットを完成するには, それぞれが四つの共有結合を形成しなければならない. しかし, 炭素と違って, それらは多重結合を形成する傾向が非常に小さく, したがって, グラファイト型構造をもつ同素体を形成しない. 代わりに, ダイヤモンドに似た構造の固体を形成する.

練習問題 9・23　次の化合物中の炭素原子の混成軌道は何か. (a) ダイヤモンド　(b) グラファイト　(c) フラーレン C_{60}

10

気体の性質

9章ではさまざまな物質の化学的性質，および分子やイオン化合物を結びつけている化学結合の種類を学んだ．実際，化学的性質を決めるのは化学結合の種類である．本章では，気体，液体，固体の挙動を支配する要因を含めて，物質の物理的性質の系統的学習を行う．そのなかで気体が最も理解しやすく，それらの挙動が11章の液体と固体の性質を説明するのに役立つことから，最初に気体について学ぶ．

気体がもつ性質の多くは，日常経験を通じてよく知られている．本章の目標は，気体のふるまいを支配する物理法則をとおして，気体の性質について理解を深めることにある．また，どのようにして分子レベルでそのふるまいが説明できるかについても学ぶ．そして，6章で導入したエネルギーの概念により，どのようにして気体の法則が説明されるかを学ぶ．最後に，実在気体の性質の理想気体の法則からのずれが，分子の大きさや分子間力の情報を含んでいることを学ぶ．

空気は大きな体積の中でも，ほとんど重量をもっていないため，空気を満たした気球を浮遊させる

学習目標

- 巨視的レベルおよび分子レベルにおける気体の性質の説明
- 気圧計と圧力計を用いた圧力測定の説明
- ドルトン，シャルル，ゲイ＝リュサック，および複合気体の法則の説明と利用
- 気体の法則とアボガドロの原理を用いた化学量論計算
- 理想気体の法則の説明と応用，および理想気体の法則を他の気体の法則に適用する方法の説明
- ドルトンの分圧の法則の説明と水上置換による気体収集への応用
- 気体分子運動論におけるおもな前提条件の説明，および分子レベルでの気体の法則の説明
- ファンデルワールスの状態方程式に含まれる実在気体と理想気体の差異にかかわる補正項の物理的意味の説明

10・1　気体の分子観察

気体は物質が示す三つの状態の一つである．たとえば水を考えてみよう．私たちは水を固体または液体として見て，触れることができるが，水が蒸発して私たちを取囲むと，消えたように思える．この点を考慮して，気体と液体や固体の違いを分子レベルで理解するため，気体状物質の性質をいくつか調べてみよう．

私たちは空気に囲まれているので，気体がもっている多くの性質を経験しているが，ここでは，そのうちの二つのことがらを取上げる．

■乾燥した空気はおよそ21％のO_2と78％のN_2からなるが，他にも微量の気体を数種含んでいる．

- 私たちは，ほとんど抵抗なしに空気中で手を振ることができるが，水を満たしたプールの中で手を振ると水の抵抗を受ける．

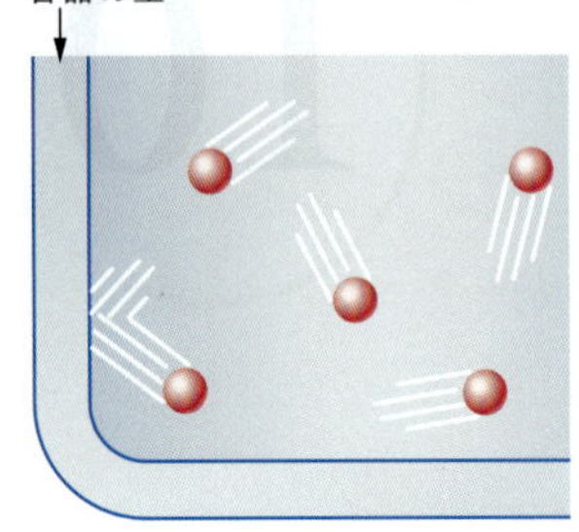

図 10・1　分子レベルでみた気体. 気体の性質の定性的観察から，気体が広く間隔をあけ，絶えず動いている分子から構成されていると推論される．壁と分子の衝突は，気体圧力の原因となる小さな力を生み出す．

- 瓶の中の空気はほとんど重量をもたないので，空気の入った瓶を水中に入れて手を離すと，表面にすばやく浮き上がる．

これらの観察はともに，ある体積の空気がそのなかにほとんど物質をもたないことを示唆している．これは空気が低密度であることを表している．気体についてほかに何を知っているだろうか．

- 気体は圧縮することができる．同じ容器（タイヤ）中により多くの空気を押込んでタイヤを膨らますことができる．この挙動は液体と大きく異なり，すでに水を満たした瓶にさらに水を押込むことはできない．
- 気体は圧力を及ぼす．気球を膨らますとき，常に大気の圧力を受けること，気球に気体を押込むとき，圧力が全方向に等しく作用することを経験している．
- 気体は入れる容器を完全に満たし，半分だけ空気で満たすことはできない．空気を容器に入れると，容積全体に膨張して容器を満たす．
- 複数の気体は互いにすばやく混ざる．誰かとすれ違い，その人の香水のにおいを感じたときに，これを経験している．その人の香水の蒸気が空気と混ざって広がったのである．
- 気体の圧力は，温度が上がると上昇する．密閉缶は熱くなりすぎると，圧力が上がって爆発する危険性がある．

気体の分子モデル

いま述べた気体についての素朴な観察は，気体を分子レベルでみると分子の種類に依存しないことを示唆している（図 10・1）．気体を入れた容器にほとんど物質がないという事実は，液体または固体と比べると，個々の分子間に多くの空間があることを示唆している．気体を押込むことは，空いた空間の一部を単に排除することなので，気体は容易に圧縮することができる．

また，気体分子がかなり速く動き回っていると考えるのが妥当と思われる．その他，香水の分子がどれくらい空気中を速く動くか説明できるかもしれない．もし，気体分子が動かなかったら，重力がそれらを容器の底に沈めるであろうが，そのようなことは実際は起こらない．そして，気体分子が動いているなら，一部は容器の壁と衝突しているはずで，これらの小さな衝突の総和が気体の圧力を説明するであろう．

最後に，温度を上げると気体の圧力が上がるという事実は，それらが壁と衝突するときに分子が速いほど大きな力を及ぼすからであり，温度を上げると分子がより速く動くことを示唆している．

練習問題 10・1　リンゴが腐ると質量を失い，釘は錆びると質量が増加するという事実をひき起こす化学または物理過程は何か．

10・2　圧力の測定

圧力 pressure

6 章で説明したように，**圧力**は単位面積当たりの力であり，力が作用する面積で力を割った値である．

$$圧力 = \frac{力}{単位面積}$$

気体は容器を満たし，容器中に等しい力を及ぼすことから気体に対しては圧力を用い，したがって容器の面積を考慮する必要がない．

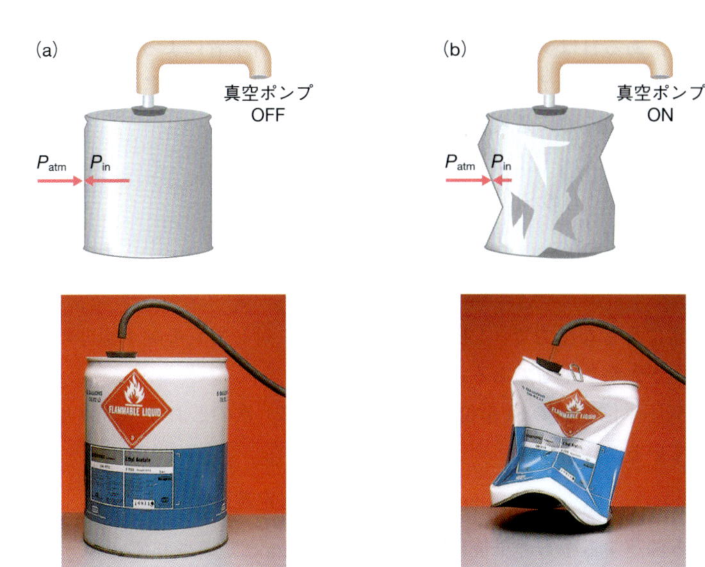

図 10・2 非平衡圧力の影響. (a) 缶内部の圧力 P_{in} は外気圧 P_{atm} と同じで,圧力は釣合がとれている. $P_{in} = P_{atm}$. (b) 真空ポンプが缶内部の圧力 P_{in} を下げて, P_{in} が P_{atm} より低くなると, 平衡でなくなった外圧は缶を押しつぶす.

気圧計

地球の重力は大気の気団を引っ張っていて, 大気を見えない毛布のように地球表面を覆わせている. 空中の分子は空気が接触するすべてのものと衝突し, **大気圧**とよぶ圧力を発生している.

地球上のどの位置でも, 大気圧はすべての方向 (上, 下, 横) に等しく作用する. 実際, 大気圧は驚くべき大きさの力で私たちの体を押しつけているが, 体の中の流体が等しい圧力で押返すので, 実際には圧力を感じない. しかし, 図 10・2 の缶のように押しつぶせる容器から空気を吸い出すと, 大気圧を観察することができる. 空気を除去する前は, 缶の壁は内も外も等しく大気圧を受けている. しかし, 空気を吸い出すと, 内部圧力は減少して, 缶の外気圧が内部圧力より大きくなる. 正味の内側向き圧力は缶を押しつぶすのに十分に大きくなる.

気圧を測定するには, **気圧計**とよぶ装置を使用する. 最も簡単な装置はトリチェリ気圧計*1 で (図 10・3), 一端を閉じたガラス管 (長さ 80 cm 以上) でできている. 装置を組立てるには, 管に水銀を満たして, 蓋をし, 逆さにして, その後, その蓋をした端を水銀の皿に浸す. 蓋を取除くと, 水銀の一部が流れ出る*2. 水銀が管から流れ出ると, その圧力により, 皿の中の水銀柱の高さは上がるであろう. 気圧は, 皿の水銀表面を押して, この水銀柱の高さの上昇を妨げる. 二つの圧力は急速に等しくなり, 水銀はもはや流れ出ることはできない. しかし, 管中の水銀の上には基本的に空気のない空間が生成されており, その空間は**真空**である.

皿の水銀表面から測定した水銀柱の高さは気圧と比例している. 気圧が高い日は, より多くの水銀が皿から管中に押込まれて, 水銀柱の高さが増す. 気圧が下がると (たとえば, 嵐が近づいているとき), 水銀の一部が管から流れ出て, 水銀柱の高さは下がる. ほとんどの人々は, この高さが 730 と 760 mm の間で変動するところに住んでいる.

大気圧 atmospheric pressure

気圧計 barometer

*1 1643 年に, イタリアの数学者トリチェリ Evangelista Torricelli は, 流体が同じ流体上に逆さにした管中で上昇する高さを, 気圧が決めることを実証した. この考えが, 彼に敬意を表して名づけられたトリチェリ気圧計の開発につながった.

*2 現在, 水銀はできる限り密閉容器中に保存される. 水銀はすぐには蒸発しないが, 水銀蒸気は危険な毒物である.

真空 vacuum

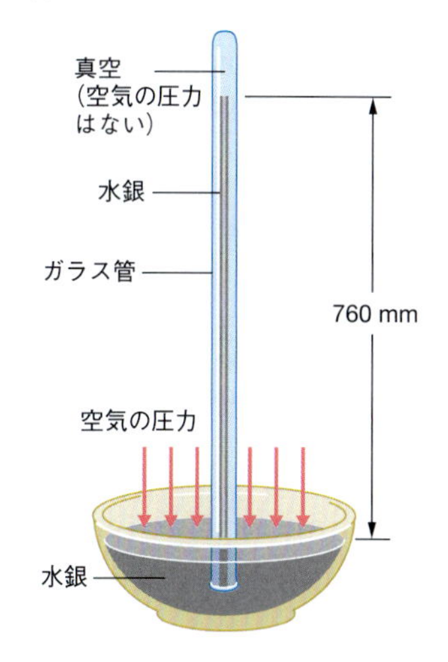

図 10・3 トリチェリ気圧計. 水銀気圧計ともよばれており, 管中の水銀柱の高さが気圧に比例している.

圧力の単位

海面では, 気圧計の水銀柱の高さは約 760 mm の値で変動する. 天候によりある日

標準大気圧 standard atmosphere, 単位記号 atm

＊　水銀を含むどの金属も温度が上昇または下降すると膨張または収縮することから，水銀柱の高さは，ちょうど温度計のように温度によって変わる．したがって，標準気圧の定義は，水銀柱の高さを測定する温度を指定する必要がある．

パスカル pascal, 単位記号 Pa

バール bar, 単位記号 bar

ヘクトパスカル hectopascal, 単位記号 hPa

ミリバール millibar, 単位記号 mb

トル torr, 単位記号 Torr, トリチェリにちなんで命名された．

ミリメートル水銀 millimeter of mercury, 単位記号 mmHg

1 atm ＝	760 Torr
	101,325 Pa
	1013 hPa
	1.013 bar
	1013 mb
	1.034 kg cm^{-2}

圧力計 manometer

■ 水銀が他の液体より優れている点は低い反応性，低い融点，非常に高い密度であり，圧力計の短い管を可能にしている．

は少し高く，ある日は少し低い．海面の平均圧力は科学者によって標準圧力の単位として長く用いられてきた．**標準大気圧**は，もともと 0 °C で測定した 760 mm の水銀柱の高さを保持するのに必要な圧力と定義された＊．

SI 単位では圧力の単位は**パスカル**である．パスカルは平方メートルの面積に対するニュートン（N，力の SI 単位）の比である．

$$1\,\text{Pa} = \frac{1\,\text{N}}{1\,\text{m}^2} = 1\,\text{N}\,\text{m}^{-2}$$

これは非常に小さな圧力で，1 Pa は 1 m^2 の面積に対してレモン 1 個分の重さにほぼ相当する力がかかる圧力である．

標準大気圧単位を他の SI 単位に合わせるために，次のとおりパスカルに関して再定義されている．

$$1\,\text{atm} = 101{,}325\,\text{Pa} \quad (\text{定義})$$

パスカルと関連する圧力の単位は**バール**で，100 kPa と定義されている．したがって，1 bar は 1 atm より少し小さい（1 bar ＝ 0.9868 atm）．天気予報では現在，気圧の単位として**ヘクトパスカル**が用いられている．ここで hecto は 100 倍を表し，1 hPa ＝ 1 mb である．SI 単位が用いられる以前は，**ミリバール**（1 mb ＝ 10^{-3} bar）が用いられていた．

ふつうの実験室作業では，SI 単位である Pa（または kPa）以外に，**トル**（Torr）とよばれる圧力単位も用いられる．1 Torr は 1 atm の 1/760 と定義される．

$$1\,\text{Torr} = \frac{1}{760}\,\text{atm}$$

$$1\,\text{atm} = 760\,\text{Torr}$$

1 Torr は高さ 1 mm の水銀柱を支えることができる圧力に非常に近い．実際，**ミリメートル水銀**はしばしばそれ自体，圧力単位として用いられる．最も精密な測定を行うときを除いて，次の関係を用いると便利である．

$$1\,\text{Torr} = 1\,\text{mmHg}$$

圧　力　計

化学反応において反応物として使用する気体や生成物として発生する気体は，密閉ガラス容器を用いて漏れないようにする．そのような容器内の圧力を測定するには，**圧力計**を使用する．圧力計は開放端型と密閉端型圧力計の二つの型が一般的である．

開放端型圧力計　開放端型圧力計は，液体（通常水銀）で部分的に満たした U 字管からなる（図 10・4）．U 字管の 1 本の腕は大気に開いていて，もう 1 本は気体を閉じ込めた容器に接続している．2 本の腕の水銀柱の高さを比較することによって，フラスコ内の気体の圧力を測定することができる．図 10・4(a) では水銀柱の高さは等しく，フラスコ内の圧力は大気圧に等しい．図 10・4(b) では水銀柱の高さが大気にさらされた腕より高いことを示しており，フラスコ内の圧力が大気圧より高いと結論づけられる．図 10・4(c) では Hg は気体容器に接続された腕のほうがより高く，大気圧が気体圧力より高いことを示している．管中における 2 本の腕内の水銀の高さの差（ここでは P_{Hg} で表す）は，気体の圧力と大気圧の差に等しい．ミリメートル単

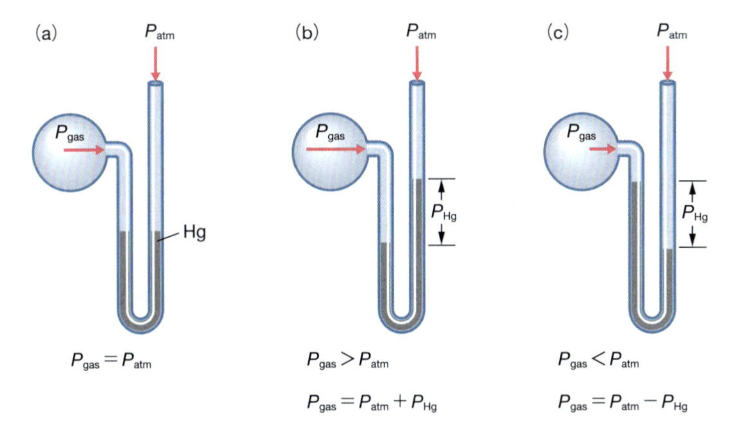

図 10・4 開放端型圧力計. 2 本の腕の水銀の高さの差は大気圧 P_{atm} と閉じ込められた気体の圧力 P_{gas} の圧力差 Torr に等しい.

位で P_{Hg} を測定すると，その値は Torr 単位での圧力差に等しい．図 10・4(b) に示した状況について，閉じ込められた気体の圧力を計算すると次のようになる．

$$P_{gas} = P_{atm} + P_{Hg} \qquad (P_{gas} > P_{atm} \text{ のとき})$$

図 10・4(c) において，圧力の計算は次のとおりである．

$$P_{gas} = P_{atm} - P_{Hg} \qquad (P_{gas} < P_{atm} \text{ のとき})$$

例題 10・1 圧力計を使用する気体の圧力測定

図に示すように，開放端型圧力計に接続されたフラスコに気体を集めた．2 本の水銀柱の高さの差は 10.2 cm であり，大気圧は 756 Torr と測定された．装置中の気体の圧力はいくらか．

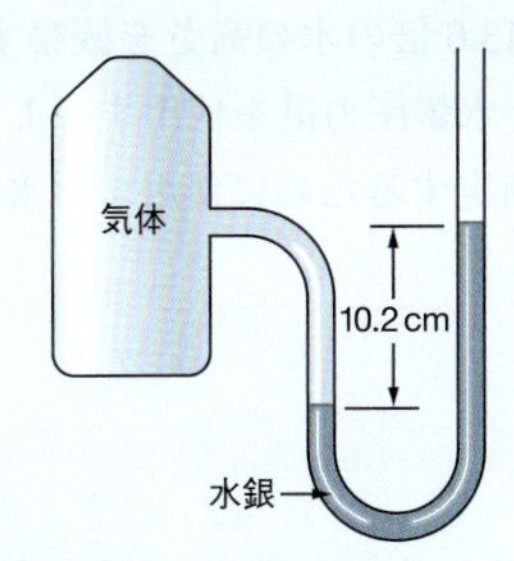

指針 すでに開放端型圧力計を用いるとき，大気圧を基準にして，それに圧力を加えたり差し引いたりする手法を述べた．

装置図を見ると，水銀が，空気に開いた圧力計の腕に押し上げられていることがわかる．したがって，その圧力差を大気圧に加える．

最後に，計算をする前に単位を同一（この場合 Torr）にする必要がある．

解法 開放端型圧力計で圧力を測定するためには次の方程式が必要である．

$$P_{gas} = P_{atm} \pm P_{Hg}$$

ここでは P_{Hg} を P_{atm} に加えることがわかっている．最初に必要な換算を行うために，表 2・4 から SI の換算係数を用いる．

$$10^{-2}\,\text{m} = 1\,\text{cm} \quad と \quad 10^{-3}\,\text{m} = 1\,\text{mm}$$

必要な他の変換は 1 mmHg と 1 Torr の間の等式である．

解答 最初に，cmHg から mmHg に変換する必要がある．したがって，変換係数を用いて次のように書く．

$$10.2\,\text{cm} \times \frac{10^{-2}\,\text{m}}{1\,\text{cm}} \times \frac{1\,\text{mm}}{10^{-3}\,\text{m}} = 102\,\text{mmHg}\left(\frac{1\,\text{Torr}}{1\,\text{mmHg}}\right)$$
$$= 102\,\text{Torr}$$

指針に基づいて，気体圧力を求めるために，102 Torr を大気圧に加える．

$$P_{gas} = P_{atm} + P_{Hg} = 756\,\text{Torr} + 102\,\text{Torr}$$
$$= 858\,\text{Torr}$$

したがって，気圧は 858 Torr である．

確認 気体は，圧力計から水銀を押出そうとしているようにみえるので，気体圧力が大気圧より高くなければならないと結論づけられる．これは計算で得たものであることから，答えは妥当と考えられる．

練習問題 10・2 開放端型圧力計は，両側が 15 cm に等しい高さになるように，水銀で満たされている．ある日の気圧が，770 Torr であるなら，この圧力計が測定できる最大と最小の圧力はいくらか．

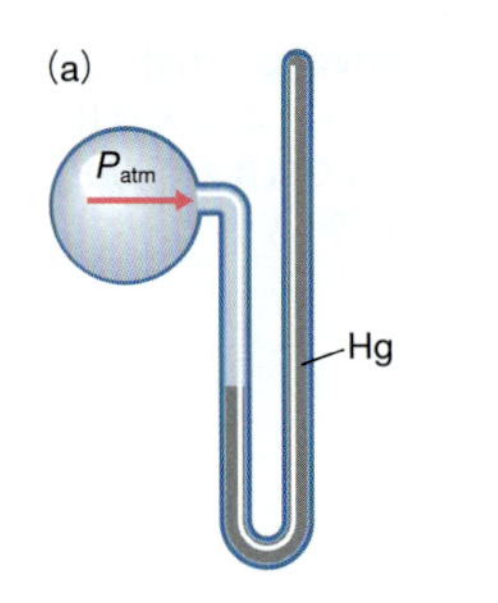

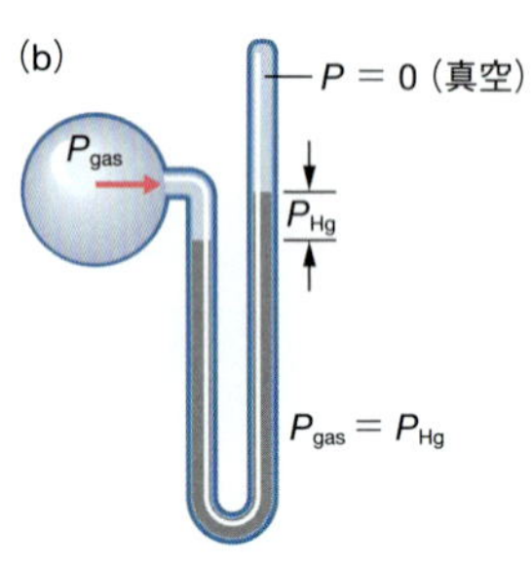

図 10・5　1 atm (760 Torr) 未満の気体圧力を測定するための密閉端型圧力計. (a) 組立てたときに管は完全に真空であり，したがって，水銀は閉じた腕を完全に満たすように管に入れることができる. (b) 気体を含む球に管を接続するとき，水銀柱の高さの差 P_{Hg} は捕集気体の圧力 P_{gas} に等しい.

密閉端型圧力計　密閉端型圧力計 (図 10・5) は，気体試料から最も遠い腕を密閉し，その後閉じた腕を水銀で完全に満たすことによって製作する．この設計において，圧力計の開いた腕を大気にさらすと，水銀は閉じた腕の上端に押される．しかし，気体が入ったフラスコと接続すると，閉じた腕の水銀柱の高さは下がって，その上に真空を残す．気体の圧力は，2 本の腕の水銀柱の高さの差 P_{Hg} を読むことによって測定することができ，気圧を別べつに測定する必要はない.

水銀以外の液体による圧力計　化学者はしばしば圧力計を水銀以外の液体で使用している．一つの納得できる理由は，危険な水銀流出の可能性を減らすことである．もう一つの理由は，密度の低い他の液体を用いればより大きな高さの変化が観察され，より精密な測定が行えることである．したがって，水，エタノール，または鉱油などの液体を使用した測定は水銀の測定に代えることができる.

液体の高さの差を水銀の等価な高さに変換するために，代替液体の密度を知る必要がある．同じ圧力の測定で，異なる液体の高さはそれらの密度に反比例していなければならないと結論することができる.

$$\frac{\text{液体の高さ1}}{\text{液体の高さ2}} = \frac{\text{液体の密度2}}{\text{液体の密度1}}$$

液体 1 が水銀なら，式を並べ替えて代替液体の高さから圧力を読取ることができる.

$$\text{mmHg} = \text{液体の高さ(mm)} \times \frac{\text{液体の密度}}{\text{Hgの密度}}$$

これにより密度がわかっている液体を圧力計に使用し，その読取り値を mmHg の等価な値に変換することが可能になる.

水銀の代わりに水を圧力計に使用すると何が起こるか考えてみよう．高密度の水銀に比べて水は低密度のため，水銀高さの 13.6 倍の水の高さを観察することになる．水圧力計を使用する実際の結果は，測定が水銀圧力計を使用するより 13.6 倍精密になるということである．欠点は，気圧を測定するために使用する水圧力計が，10 m 以上の高さになることである.

10・3　気 体 の 法 則

これまで，よく知られている気体の性質をいくつか調べてきた．しかし，その説明は定性的なものであった．圧力とその単位を説明したいま，気体の挙動を定量的に検討することができる.

気体の性質（圧力，体積，温度）と気体の量に影響する四つの変数がある．本節では，気体の量（質量または物質量で測定）が一定の条件のもとで，気体の圧力，体積，温度の間にどのような関係があるのか説明する.

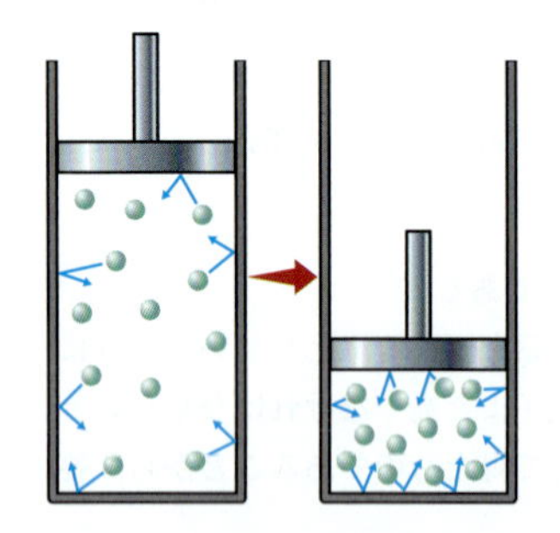

図 10・6　気体を圧縮するとその圧力は増加する. 気体をより小さい体積に押込むときに起こる分子の様子．分子が一緒に押し合うことによって，壁の面積当たりに対する衝突数が増え，圧力を上昇させる.

ボイルの法則

自転車のタイヤを手動ポンプで膨らますとき，より小さな体積に空気を押込んで，その圧力を上げる．分子をより小さな空間に詰めることは壁との衝突を多く起こし，これらの衝突が圧力の原因となって圧力は増加する (図 10・6).

ボイル Robert Boyle, 1627〜1691

アイルランドの科学者ボイルは気体の実験を行い，一定量の気体の体積が圧力に

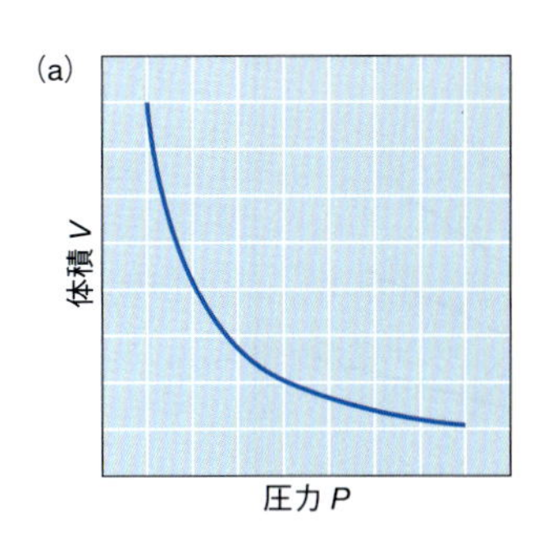

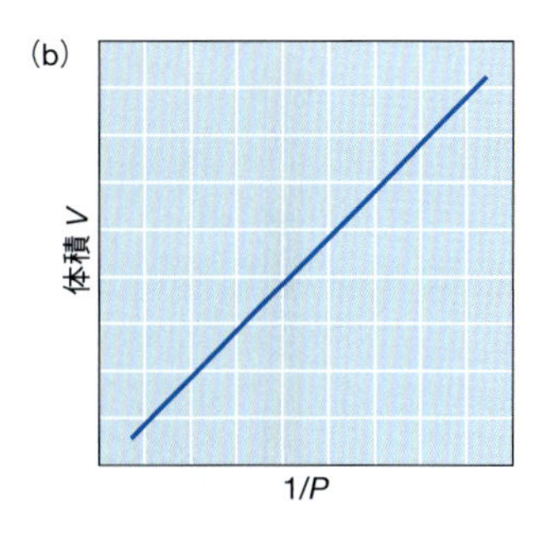

図 10・7 一定温度における一定量の気体の圧力に対する体積の変化． (a) 圧力が増加すると体積が減少することを示す，体積-圧力の典型的グラフ．(b) 直線は体積を $1/P$ に対してプロットしたときに得られ，$V \propto 1/P$ を示す．

よってどのように変化するか定量的に測定した．体積は温度の影響も受けることから，彼はその温度を一定に保った．その結果を図 10・7(a) に示す．この実験で集められた数値のグラフは，一定温度に保った一定量の気体の体積が，加えた圧力と反比例することを示している．これは次のように表現できる．

$$V \propto \frac{1}{P} \qquad \text{(温度，物質量一定)}$$

ここで V は体積，P は圧力である．圧力と体積の間のこの関係は現在，**ボイルの法則**とよばれている．

ボイルの法則 Boyle's law

上式において，比例記号 ∝ は比例定数 C を導入することによって取除くことができる．

$$V = \frac{1}{P} \times C$$

並べ変えると，

$$PV = C$$

となる．たとえば，この方程式は，一定温度で気体の圧力が 2 倍になると，PV の積が変わらないため，気体の体積が半分になることを示している．

ボイルの発見で注目すべき点は，この関係がすべての気体で基本的に同じということである．

理想気体

非常に精密な測定を行うとき，ボイルの法則が成り立たないことがわかっている．これは気体の圧力が非常に高いとき，または気体が液体に変わる寸前の低温にあるときに，特に問題である．実在気体はボイルの法則，または私たちが学ぶことになる他の気体の法則に正確には従わないが，仮想的な気体を想像するのにしばしば役立つ．そのような仮想的な気体を**理想気体**とよぶ．理想気体はすべての温度と圧力で気体の法則に正確に従う．実在気体は，その圧力が下がり，温度が上昇するにつれてより理想気体のように振舞う．私たちが実験室で扱うほとんどの気体は，きわめて精密な測定を行わない限り，理想気体として扱うことができる．

理想気体 ideal gas

シャルルの法則

1787 年，フランスの化学者および数学者であったシャルルは，当時フランスで人気になっていた熱気球乗りに興味をもつようになった．彼のこの関心は，圧力を一定に

シャルル Jacques Charles, 1746〜1823

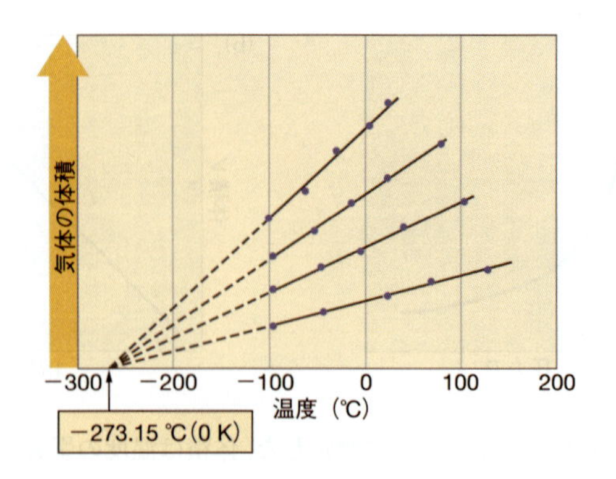

図 10・8　一定圧力における気体体積の温度に対する変化． 各線は同じ気体の容積の異なる試料について，気体体積が温度によりどのように変化するかを示している．

して温度が変わるときに気体の体積に何が起こるかという研究に導いた．

シャルルが行ったような実験値をプロットすると，図 10・8 に示したようなグラフが得られる．ここでは，気体の体積は摂氏温度に対してプロットしている．各線は異なる試料について収集された実験値を表している．すべての気体は十分に冷却すれば最終的に液体になるので，実線部分は測定が可能な温度に相当しており，それより低い温度では気体は液化する．しかし，凝縮しないと仮定し，気体の体積がゼロになる点まで直線を外挿すると，すべての線は同じ温度（−273.15 ℃）に集まる．特に重要な点は，すべての気体が同じ挙動を正確に示すという事実であり，温度に対する体積のプロットを外挿すると，温度軸は常に −273.15 ℃ で交差する．この点は，すべての気体が，凝縮しなければゼロの体積をもつ温度を表しており，それ以下では負の体積をもつ．負の体積はありえないので −273.15 ℃ が自然の最低温度でなければならないと結論づけられ，それを**絶対零度**とよんでいる．

絶対零度 absolute zero

以前学んだように，絶対零度はケルビン温度目盛（絶対温度）のゼロ点に対応しており，絶対温度を得るには，273.15 ℃ を摂氏温度に加える*．

$$T_K = (t_C + 273.15\ ^\circ C)\frac{1\,K}{1\ ^\circ C}$$

* 1章で単位の相殺を強調するために，$T_K = (t_C + 273.15\ ^\circ C)(1\ K/1\ ^\circ C)$ としてこの式を示した．しかし，操作上，絶対温度を得るために，単に 273.15 を摂氏温度に加える（または，3 桁の有効数字で十分なら，単に 273 を加える）だけでよい．

通常は，3 桁の有効数字だけで十分であり，以下の近似的関係を用いることができる．

■ 絶対温度に大文字の T を用い，これ以降は添字 K を用いないことを覚えておこう．

$$T_K = (t_C + 273\ ^\circ C)\frac{1\,K}{1\ ^\circ C}$$

図 10・8 の直線は一定圧力での一定量の気体について，温度を絶対温度（K）で表すと，気体の体積がその温度に比例することを示唆している．これは**シャルルの法則**として知られており，次のように表される．

シャルルの法則 Charles' law

$$V \propto T \qquad (\text{圧力，物質量一定})$$

この式は異なる比例定数 C' を用いることによって，次のように書くことができる．

■ C' の値は気体試料の大きさと圧力に依存する．

$$V = C'T \qquad (\text{圧力，物質量一定})$$

ゲイ＝リュサックの法則

フランスの科学者ゲイ＝リュサックは，一定体積一定量の気体の圧力と温度がどう関連するかを研究した．たとえば，そのような条件は，気体がエアロゾル缶のような固定壁をもつ容器中に閉じ込められているときに成り立つ．彼が定式化した**ゲイ＝リュサックの法則**とよばれる関係は，一定体積に保った一定量の気体の圧力が絶対温

ゲイ＝リュサック Joseph Louis Gay-Lussac, 1778〜1850．彼はホウ素元素の共同発見者であった．

ゲイ＝リュサックの法則 Gay-Lussac's law

度に比例することを示している．したがって，次式が導かれる．

$$P \propto T \qquad （体積，物質量一定）$$

さらに別の比例定数 C'' を用いると，ゲイ＝リュサックの法則は次式で表される．

$$P = C''T \qquad （体積，物質量一定）$$

■気体法則の定数は各法則で異なることから，それぞれ異なる記号を使用する．

複合気体の法則

いま述べてきた三つの気体の法則は，**複合気体の法則**として知られている一つの式にまとめることができる．これは一定量の気体について，比 PV/T が一定であることを示している．

複合気体の法則 combined gas law

$$\frac{PV}{T} = 一定 \qquad （物質量一定）$$

通常，一定量の気体について，温度，圧力，体積の１組の条件を知っている問題に対し，その１組のうちの２変数を変えたとき，複合気体の法則を用いてこれらの変数の一つがどのように変化するかを知ることができる．P, V, T の初期条件に添字１をつけ，最終条件に添字２をつけると，複合気体の法則は以下の役立つ形に書くことができる．

$$\frac{P_1V_1}{T_1} = \frac{P_2V_2}{T_2} \qquad (10 \cdot 1)$$

この式を適用するさい，T は常に絶対温度でなければならない．圧力と体積は任意の単位をもつことができるが，式の両側で単位は同じでなければならない．

(10・1) 式の特殊な例として，他の気体法則のそれぞれを含んでいることを示すのは簡単である．たとえば，ボイルの法則は，温度が一定のときにあてはまる．これらの条件下において T_1 は T_2 に等しく，温度は式から消えて，次式が得られる．

$$P_1V_1 = P_2V_2 \qquad (T_1 = T_2 のとき)$$

これはボイルの法則を記述する一つの方法である．同様に，一定圧力の条件下では P_1 と P_2 は等しく，圧力が消えるので，(10・1) 式は次のように変形される．

$$\frac{V_1}{T_1} = \frac{V_2}{T_2} \qquad (P_1 = P_2 のとき)$$

これはシャルルの法則を記述する別の方法である．ゲイ＝リュサックの法則が求める一定体積の条件下では V_1 は V_2 に等しく，(10・1) 式は次のように変形される．

$$\frac{P_1}{T_1} = \frac{P_2}{T_2} \qquad (V_1 = V_2 のとき)$$

例題 10・2 複合気体の法則を用いる

小型蛍光電球は，水銀原子を励起することによって光を放出する．水銀原子の励起を増幅させるため，管球の中で電子を運ぶ役割としてアルゴンガスが用いられる．

24 °C において圧力 57.8 atm に圧縮したアルゴンの入った 12.0 L の円筒容器が，21 °C，2.28 Torr のアルゴンガスを体積 53.4 mL の電球に充填するために使用されたとする．円筒中のアルゴンガスは何個の電球に充填することができるか答えよ．

指針 電球を何個満たすことができるかを算出するために何を知っている必要があるか．21 °C，圧力 2.28 Torr での気体の総体積を知っていれば，1 個の電球の体積によって割ることができる．結果は，充填することができる電球の数である．

したがって，その圧力を 2.28 Torr に減らし，温度を 21 ℃まで下げたときの，円筒中のアルゴンが占める体積を決定することである．

解法　アルゴンの総量は変わらないので，計算に複合気体の法則を用いることができる．

$$\frac{P_1 V_1}{T_1} = \frac{P_2 V_2}{T_2}$$

解答　最初に，温度を絶対温度（K）で表し，P と V の単位が相殺できるように，同じ単位をもつことを確かめる．このために，57.8 atm を Torr に変換する必要がある．

$$57.8\ \text{atm} \times \frac{760\ \text{Torr}}{1\ \text{atm}} = 4.39 \times 10^4\ \text{Torr}$$

複合気体の法則を用いるために，必ず適切な値を初期と最終の条件のどちらかに割り当てるように表を作成する．

初期条件 1		最終条件 2	
P_1	4.39×10^4 Torr	P_2	2.28 Torr
V_1	12.0 L	V_2	?
T_1	297K	T_2	294 K
	$(24\ ℃ + 273\ ℃)\dfrac{1\ \text{K}}{1\ ℃}$		$(21\ ℃ + 273\ ℃)\dfrac{1\ \text{K}}{1\ ℃}$

最終体積を得るために，V_2 について解く．

$$V_2 = V_1 \times \frac{P_1}{P_2} \times \frac{T_2}{T_1}$$

温度の比（$\frac{T_2}{T_1}$）

圧力の比（$\frac{P_1}{P_2}$）

ここで表の値を代入する．

$$V_1 = 12.0\ \text{L} \times \frac{4.39 \times 10^4\ \text{Torr}}{2.28\ \text{Torr}} \times \frac{294\ \text{K}}{297\ \text{K}}$$
$$= 2.29 \times 10^5\ \text{L}$$

1 個の電球の体積 53.4 mL で割る前に，総体積を mL に変換する必要がある．

$$2.29 \times 10^5\ \text{L} \times \frac{1000\ \text{mL}}{1\ \text{L}} = 2.29 \times 10^8\ \text{mL}$$

1 個の電球当たりの体積は次の関係を与える．

$$1\ \text{電球} \Leftrightarrow 53.4\ \text{mL Ar}$$

これは，アルゴンを充塡する電球数を求める換算係数として用いられる．

$$2.29 \times 10^8\ \text{mL Ar} \times \frac{1\ \text{電球}}{53.4\ \text{mL Ar}} = 4.28 \times 10^6\ \text{電球}$$

答えは 400 万個以上の電球になる．明らかなように，それぞれの電球には，アルゴンはあまり含まれていない．

確認　複合気体の法則を適切に適用したかどうか決定するため，圧力と温度の比が体積を正しい方向にシフトさせているか確かめる．初期条件から最終条件にいくと，圧力は 4.39×10^4 Torr から 2.28 Torr まで減少し，体積は大きく増加しなければならない．使用した圧力の比は 1 よりはるかに大きいので，それを掛けることは体積を増加させ，予想と一致する．次に温度変化をみてみよう．温度の低下は体積を減少させる傾向があるので，1 未満の比を掛けるべきである．比 294/298 は 1 未満であるので，その比もまた正しい．

答えを概算するために数値を四捨五入することができる一つの方法は次のとおりである．

$$V_2 = 12.0\ \text{L} \times \frac{4.5 \times 10^4\ \text{Torr}}{2\ \text{Torr}} \times \frac{300\ \text{K}}{300\ \text{K}}$$

概算した $V_2 = 27 \times 10^4$ L は答えに非常に近い．L に 10^3 を掛けて 27×10^7 mL とし，その後，53.4 mL 電球$^{-1}$ を 50 mL 電球$^{-1}$ に丸める．二つを割り算すると 5×10^6 個の電球を与える．これも計算の答えによく一致する．

練習問題 10・3　745 Torr および 25.0 ℃ における体積 950 cm^3 の窒素ガスを 60.0 ℃ まで加熱して，最終体積を 1150 cm^3 にしたとき，窒素ガスの最終圧力はいくらか．

10・4　気体の体積を用いる化学量論

一定の T と P における反応

気体どうしが反応するとき，気体生成物の体積と反応気体の体積を同じ温度と圧力の条件のもとで測定すると，体積は簡単な整数比になる．たとえば，水素ガスは塩素ガスと反応して気体の塩化水素を生じる．反応式の下にある値は，同じ T と P の条件で，これらの気体が反応するときの相対的な体積を示している．

$$\text{水素} + \text{塩素} \longrightarrow \text{塩化水素}$$

	水素	塩素	塩化水素
体積の比	1	1	2

これが意味するのは，1.0 L の水素を用いた場合，1.0 L の塩素と反応して 2.0 L の塩化水素を生じるということを示している．10.0 L の水素を用いたら，他のすべての体

積は同様に 10 を掛ければよい．

体積による同様の単純な整数比が，水素が酸素と結合して（100 °C 以上で気体である）水を与えるときにも観測される．

$$\text{水素} + \text{酸素} \longrightarrow \text{水(気体)}$$

体積の比　2　　1　　2

同一の温度と圧力下で測定した反応体積が単純な整数比であることに注意する*1．

上記のような観測は，ゲイ＝リュサックによって**化合体積の法則**として公式化された．この法則は気体反応の法則ともよばれている．それは気体が同じ温度と圧力で反応するとき，それらの結びついた体積が単純な整数比にあることを示している．のちにこれらの“単純な整数”が，反応式の係数であることがわかった．

*1 フランスの化学者ラボアジェ（Antoine Laurent Lavoisier，1743～1794）は，この特別な反応の体積関係を観察した最初の化学者であった．彼は，1789 年に書かれた教科書“Tratado Elemental de Quimica（化学原論）”のなかで，水素と酸素による水の生成には，酸素の体積に対して 2 倍の体積の水素を用いる必要があることを書いている．ラボアジェは，フランス革命のとき，断頭台の露として消えたため，水素と酸素の反応に関する研究を他の気体反応に拡張することができなかった．（M. Laing, *The Journal of Chemical Education*, 1998，p. 177 参照．）

化合体積の法則 law of combining volume

アボガドロの原理

気体が整数体積比で反応するという観測から，イタリアの科学者アボガドロは，同じ T と P では等しい体積の気体は同数の分子をもたなければならないと結論した．現在では，私たちは“同数の分子”が“同数の物質量”と同じであることを知っている．アボガドロのこの洞察は**アボガドロの原理**とよばれており，次のように表される．同じ温度と圧力で測定するとき，等体積の気体は同じ物質量を含む．アボガドロの原理の結果は，気体の体積がその物質量 n に比例することである．

$$V \propto n \qquad \text{（圧力，温度一定）}$$

アボガドロ Amedeo Avogadro, 1776～1856. 彼は化学に定量的基礎を与えた．

アボガドロの原理 Avogadro's principle

標準モル体積　アボガドロの原理は，1 mol の気体によって占められる体積（モル体積）が同じ圧力と温度の条件下においてすべての気体で同一でなければならないことを示している．異なる気体のモル体積を比較するために，科学者は，**標準温度圧力**（STP）*2，として 1 atm と 273.15 K（0 °C）を使用することで一致した．STP でさまざまな気体のモル体積を測定すれば，気体が“理想気体”ではないので，値が多少変動することがわかる．いくつかの気体のモル体積を表 10・1 に示す．多くの気体の測定値を調べると，1 mol 当たりの体積が平均して約 22.4 L になっていることがわかる．この値は，STP での理想気体のモル体積とみなされ，気体の**標準モル体積**とよばれている．

標準温度圧力 standard condition temperature and pressure, 略称 STP

*2 訳注：0 °C，1 atm（101,325 Pa）は標準温度圧力（STP）とよばれ，日本では 0°C，1 atm を“標準状態”ということが多いが，これを“熱力学的な標準状態（standard state）”と混同してはならない．気体の熱力学的な標準状態は 1 bar と定義されている．温度は規定されず，各温度において標準状態が存在するが，一般に，標準状態の熱力学的データとして 25°C（298.15 K）の値を用いることが多い．

標準モル体積 standard molar volume

表 10・1　標準状態（STP）における数種類の気体のモル体積

気体	化学式	モル体積（L）
ヘリウム	He	22.398
アルゴン	Ar	22.401
水素	H_2	22.410
窒素	N_2	22.413
酸素	O_2	22.414
二酸化炭素	CO_2	22.414

STP での理想気体については次の関係が成り立つ
1 mol の気体 ⇔ 22.4 L の気体

アボガドロの原理は，気体に対する理解を顕著に進歩させた．彼の洞察により，化学者ははじめて元素の気体状態における化学式を決定することができた*3．

*3 たとえば，塩化水素は HCl として正しく定式化され，H_2Cl_2 や H_3Cl_3 またはそれ以上でなく，また $H_{0.5}Cl_{0.5}$ でもない．したがって，2 倍の体積の塩化水素がちょうど 1 倍の体積の水素と 1 倍の体積の塩素によって生成される唯一の経路は，水素の各粒子と塩素の各粒子が 2 原子の H と Cl（それぞれ H_2 と Cl_2）から構成されていることを示している．これらの粒子が単原子粒子（H と Cl）であったなら，1 倍の体積の H と 1 倍の体積の Cl は 2 倍の体積の HCl ではなく，1 倍の体積の HCl を生成することになる．もちろん，初期仮定が，塩化水素が HCl ではなくたとえば H_2Cl_2 であるというように不正確であったなら，水素は H_4 で，塩素は Cl_4 である．より大きな添字への拡張も同様である．

化学量論問題

アボガドロの原理により，気体を含む反応に対して，気体の体積間における新しい化学量論を用いることができる．次に示す反応とその気体の体積関係に注目してみよう．

$$2\,H_2(g) + O_2(g) \longrightarrow 2\,H_2O(g)$$

体積の比　2　　1　　2

同じ温度と圧力で測定した気体体積を扱う場合，以下の化学量論における等価性を記述することができる．

■気体の体積に関する等価な関係が，気体を含む反応中の気体の物質量の当量関係と数値的に同じであるという認識は，多くの計算を単純化する．

2 体積の $H_2(g)$ ⇔ 1 体積の $O_2(g)$　　($2\,mol\,H_2 \Leftrightarrow 1\,mol\,O_2$)
2 体積の $H_2(g)$ ⇔ 2 体積の $H_2O(g)$　　($2\,mol\,H_2 \Leftrightarrow 2\,mol\,H_2O$)
1 体積の $O_2(g)$ ⇔ 2 体積の $H_2O(g)$　　($1\,mol\,O_2 \Leftrightarrow 2\,mol\,H_2O$)

例題 10・3 にみるように，これらのような関係は化学量論問題を単純化することができる．

例題 10・3　気体反応の化学量論

STP で測定した 1.50 L の窒素と正確に結合してアンモニアを生成するためには STP で測定した水素 $H_2(g)$ は何 L 必要か．

指針　問題によると，反応物は温度 273 K と圧力 760 Torr の状態にある．したがって，すべての気体は同じ温度と圧力にある．反応における体積比と物質量の比は同じであるので，計算において体積比を物質量の比に置き換えることができる．

解法　最初に §3・5 で学んだように，化学反応式を釣合わせる必要がある．

$$3\,H_2(g) + N_2(g) \longrightarrow 2\,NH_3(g)$$

その後，アボガドロの原理から，等価性の式が得られる．

$$3\text{ 体積 }H_2 \Leftrightarrow 1\text{ 体積 }N_2$$

3 章で学んだ化学量論の手順を用いて解答することができる．

解答　いま次のように問題を記述する．

$$1.50\,L\,N_2 \Leftrightarrow ?\,L\,H_2$$

体積比（ここでは L 単位）を用いて等価性の式を表すと次のように表せる．

$$3\,L\,H_2 \Leftrightarrow 1\,L\,N_2$$

この体積の式を用いて変換係数を構成すると，答えは次のとおりである．

$$1.50\,L\,N_2 \times \frac{3\,L\,H_2}{1\,L\,N_2} = 4.50\,L\,H_2$$

確認　必要な H_2 の体積は N_2 の体積の 3 倍で，3×1.5 は 4.5 に等しく，したがって答えは正しい．ただし，体積が同じ温度と圧力にあることから，この問題が単純化されていることを念頭に入れておく．

例題 10・4　気体が同じ T と P にないときの化学量論計算

一酸化窒素（自動車エンジンによって放出される汚染物質）は酸素分子によって酸化され，赤褐色の気体である二酸化窒素を生じ，スモッグにその特徴的な色をつけている．反応式を次に示す．

$$2\,NO(g) + O_2(g) \longrightarrow 2\,NO_2(g)$$

45 °C と 723 Torr で測定した 184 mL の NO が O_2 と反応するためには，22 °C と 755 Torr で測定して何 mL の O_2 が必要か．

指針　前の例題と同じように，気体体積を含む化学量論問題である．しかし，気体が同じ温度と圧力にないことから，例題 10・3 より複雑である．両方の気体で温度と圧力を同じにする必要がある．22 °C と 755 Torr での O_2 の体積が求められているので，それらの条件下で NO の体積を測定し，その後，次に示すように化学量論計算に気体体積を用いる．

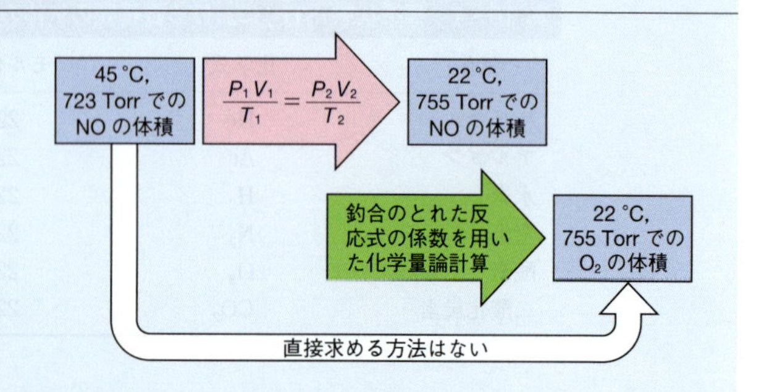

以上より，この問題は二つの概念（複合気体の法則と化学量論計算）を含んでいることがわかる．

解法　複合気体の法則を用いて，O_2 と同じ温度と圧力の条件下で，NO が占める体積を求めることができる．

$$\frac{P_1V_1}{T_1}=\frac{P_2V_2}{T_2}$$

同じ温度と圧力における体積と式の係数を決定してO_2の体積を求めたら，再びアボガドロの原理を用いる．

解答 一定体積のNOに適用した複合気体の法則を用いることから，従来どおり必要な数値を集める．

初期条件1		最終条件2	
P_1	723 Torr	P_2	755 Torr
V_1	184 mL	V_2	?
T_1	318 K	T_2	295 K
	$(45\ ^\circ C+273\ ^\circ C)\dfrac{1\ K}{1\ ^\circ C}$		$(22\ ^\circ C+273\ ^\circ C)\dfrac{1\ K}{1\ ^\circ C}$

V_2における複合気体の法則を解くと次式が得られる．

$$V_2=V_1\times\frac{P_1}{P_2}\times\frac{T_2}{T_1}$$

次に数値を代入する．

$$V_2=184\ \text{mL}\times\frac{723\ \text{Torr}}{755\ \text{Torr}}\times\frac{295\ \text{K}}{318\ \text{K}}=163.5\ \text{mL NO}$$

これで式の係数を用いて当量を定めることができる．

$$2\ \text{mL NO}\Leftrightarrow 1\ \text{mL O}_2$$

これを適用して反応に必要なO_2の体積を求める．

$$163.5\ \text{mL NO}\times\frac{1\ \text{mL O}_2}{2\ \text{mL NO}}=81.7\ \text{mL O}_2$$

O_2の最終体積を計算するまで，特に重要なV_2の数値の桁をどのように保ったか注意する．

確認 最初の計算において，圧力が増加する（723 Torr → 755 Torr）ので，体積は減少するはずである．圧力比は1未満なので，適切な効果をもっている．温度は下がる（318 K → 295 K）ので，この変化も体積を減少させるはずである．温度比は1未満なので，これも正しい効果をもっている．22 °Cと755 TorrでのNOの体積は正しいと思われる．二つの比がわずかに1.0未満であることも確認できることから，答えは妥当である．

計算の確認は簡単である．反応式によると，必要なO_2の体積は，NOの体積の半分でなければならないので，答えは妥当と考えられる．

練習問題 10・4 メタンは次の反応式に従って燃焼する．

$$CH_4(g)+2\,O_2(g)\longrightarrow CO_2(g)+2\,H_2O(g)$$

両体積を25 °Cと740 Torrで測定すると，4.50 LのCH_4の燃焼には何LのO_2が消費されるか．

10・5 理想気体の法則

複合気体の法則のところで一定量の気体において，PV/Tがある定数に等しいことを述べた．この定数の値は試料中の気体の物質量nに比例する．

したがって，複合気体の法則は，次のように記述することができる．

$$\frac{P_1V_1}{T_1}\propto n$$

比例定数を含めることによって比例記号を等号に置き替えることができる．

$$\frac{P_1V_1}{T_1}=n\times\text{比例定数}$$

この比例定数はRで表され，**気体定数**とよばれている．ここで，複合気体の法則を**理想気体の法則**とよばれる一般的な形に記述することができる．

気体定数 universal gas constant, R

理想気体の法則 ideal gas law

$$\frac{P_1V_1}{T_1}=nR$$

理想気体は，気体の変数のすべての範囲でこの法則に正確に従う．**理想気体の状態方程式**とよばれるこの式は，次のように書かれる．

理想気体の状態方程式 equation of state for an ideal gas

理想気体の法則（理想気体の状態方程式）

$$PV=nRT \qquad (10\cdot 2)$$

（10・2）式は，気体の四つの重要変数P, V, n, Tがどう関連しているかを示している．三つの値がわかれば，4番目を計算することができる．実際（10・2）式は，四つの変数のうちの三つの値を固定すれば，4 番目は一つの値に決まることを示している．すなわち，四つの変数 P, V, T, n のうちのいずれか三つを指定することによって気体の状態を決定することができる．

理想気体の法則を用いるには，PV/nT に等しい気体定数 R の値を知る必要がある．R の値は P, V, T, n について選ぶ値と単位に依存する．V には L，T には K，P には atm，そして n には mol の単位を用いる．§10・4 で標準温度圧力（STP）を 273 K と 1 atm と定義した．1 mol の理想気体が 22.4 L の体積をもつことにも注目した．これらの値を用いて，R を次のとおり計算することができる．

$$R = \frac{PV}{nT} = \frac{(1.00\ \mathrm{atm})(22.4\ \mathrm{L})}{(1.00\ \mathrm{mol})(273\ \mathrm{K})} = 0.0821\ \frac{\mathrm{atm\ L}}{\mathrm{mol\ K}}$$

■ より精密な測定では，$R = 0.082057$ L atm mol^{-1} K^{-1} である．標準圧力として bar を用いると，$R = 0.083144$ L bar mol^{-1} K^{-1} となる．

または，一般的に用いる順序で単位を並べると，次のとおりである．

$$R = 0.0821\ \mathrm{L\ atm\ mol^{-1}\ K^{-1}}$$

あとの章では，異なる単位を用いて定義した R を記述しているが，単位系の違いから異なった数値になっている．

例題 10・5　理想気体の法則の使用

例題 10・2 において，温度 21 °C と圧力 2.28 Torr で 53.4 mL の電球をアルゴン Ar で満たすことを述べた．これらの条件下で電球には何 g の Ar があるか．

指針　Ar のグラム単位での質量を求めるには，3 章で学んだように，最初に電球の Ar の物質量を計算し，次に物質量を質量に変換する手順で行う．

解法　気体の物質量を計算することができる唯一の式は，理想気体の法則の式 $PV = nRT$ である．P, V, R, T の値を代入し，n について解く．いったん Ar の物質量を決定すると，用いる手法は物質量に対する原子量の関係である．Ar では，

$$1\ \mathrm{mol\ Ar} = 39.95\ \mathrm{g\ Ar}$$

である．この関係から得た変換係数 39.95 g mol^{-1} Ar を用いて，物質量（mol）を質量（g）に変換する．

解答　理想気体の法則を使用するとき，P, V, T の単位の確認が必要である．一つの役立つ手がかりは，R の単位が相殺しなければならないこと，そのため，変数に必要な単位を規定することである．$R = 0.0821$ L atm mol^{-1} K^{-1} を使用するとき，V は L，P は atm，T は K にしなければならない．必要な数値を集めて，単位変換を行うと次の値が得られる．

$$2.28\ \mathrm{Torr} \times \frac{1\ \mathrm{atm}}{760\ \mathrm{Torr}} \quad より \quad P = 3.00 \times 10^{-3}\ \mathrm{atm}$$

$$158\ \mathrm{mL} \quad より \quad V = 0.158\ \mathrm{L}$$

$$(21\ ^\circ\mathrm{C} + 273\ ^\circ\mathrm{C})\frac{1\ \mathrm{K}}{1\ ^\circ\mathrm{C}} \quad より \quad T = 294\ \mathrm{K}$$

n について理想気体の法則を整理すると次式になる．

$$n = \frac{PV}{RT}$$

この式に P, V, R, T の適切な値を代入すると次式になる．

$$n = \frac{(3.00 \times 10^{-3}\ \mathrm{atm})(0.158\ \mathrm{L})}{(0.0821\ \mathrm{L\ atm\ mol^{-1}\ K^{-1}})(294\ \mathrm{K})} = 1.96 \times 10^{-5}\ \mathrm{mol\ Ar}$$

ここで Ar の物質量をモル質量を使って質量に変換する．

$$1.96 \times 10^{-5}\ \mathrm{mol\ Ar} \times \frac{39.95\ \mathrm{g\ Ar}}{1\ \mathrm{mol\ Ar}} = 7.85 \times 10^{-4}\ \mathrm{g\ Ar}$$

以上のように，電球はわずか約 1 mg の Ar を含んでいることになる．

確認　他の問題のように，すべての値を 1 桁の数値に丸めることによって答えを近似してみる．

$$n = \frac{(3 \times 10^{-3}\ \mathrm{atm})(0.2\ \mathrm{L})}{(0.1\ \mathrm{L\ atm\ mol^{-1}\ K^{-1}})(300\ \mathrm{K})} = \frac{0.6 \times 10^{-3}\ \mathrm{mol}}{30} \approx 2 \times 10^{-5}\ \mathrm{mol}$$

これは答えの値に非常に近い．

上の概算値に 40 g mol^{-1} Ar を掛けて 8×10^{-4} g を得る．結果は計算値に非常に近い．（単位の相殺が必要な問題を扱うときは，単位が相殺されていることを必ず確認する．）

練習問題 10・5　例題 10・2 で説明した電球を満たすために使用したアルゴンは，12.0 L の円筒中に何 g のアルゴンがあったか．アルゴンの圧力は 57.8 atm で，温度は 25 °C であった．

気体のモル質量計算

新しい化合物をつくるとき，その化学物質を同定する一歩は，そのモル質量を決定することである．化合物が気体であるなら，そのモル質量は圧力，体積，温度，試料質量の実験値を用いて求めることができる．P, V, T の値が決まれば，例題10・5の場合のように理想気体の法則を用いて物質量を計算することができる．

$$n = \frac{PV}{RT}$$

気体の物質量と気体試料の質量がわかるとモル質量が得られる．すなわち，質量（g）と理想気体の法則を用いて得た物質量の比をとればよい．

$$\text{モル質量} = \frac{\text{試料の質量}}{\text{試料の物質量}} = \frac{\text{質量}}{n} = \frac{\text{質量}}{\frac{PV}{RT}} = \text{質量} \times \frac{RT}{PV}$$

この式を用いて，乾燥した空気など混合気体の“平均モル質量”を計算することができる．たとえば，STPで22.4 Lの空気を採取したとすると，それは空気を構成する1 molの混合気体である．空気の重さを量れば，28.96 gの重さであることがわかり，“等価モル質量”は28.96 g mol^{-1}である．

例題 10・6　気体のモル質量の決定

岩石の分析実験として，塩酸を岩石試料に加えたところ，気体が発生していることを示す泡立ち現象を観察した．その圧力が温度25.0 °Cで0.757 atmに達するまで，0.220 Lの気球に気体試料を捕集した．試料は0.299 gの重さであった．気体のモル質量はいくらか．考えられる気体はどのような化合物か．

岩石試料と反応する塩酸

指針 P, V, T の値を用いて試料中の気体の物質量を計算する．その後，試料の質量を物質量で割ってモル質量を求める．

解法 手法は試料中の気体の物質量を決定するために理想気体の法則を用いたモル質量の定義である．

$$\text{モル質量} = \text{質量} \times \frac{RT}{PV}$$

解答 理想気体の法則を使用する場合には，$R = 0.0821$ L atm mol^{-1} K^{-1} に一致する正しい単位が必要である．圧力はatm，体積はL，温度はKである．必要な数値を集めて，以下を得る．

$$P = 0.757\ \text{atm} \qquad V = 0.220\ \text{L}$$

$$T = 298\ \text{K}\ (25\ {}^\circ\text{C} + 273\ {}^\circ\text{C})\frac{1\ \text{K}}{1\ {}^\circ\text{C}} \qquad \text{質量} = 0.299\ \text{g}$$

これで R の値とともに，P, V, T の数値を代入できる．

$$\text{モル質量} = 0.299\ \text{g} \times \frac{(0.0821\ \text{L atm mol}^{-1}\ \text{K}^{-1})(298\ \text{K})}{(0.757\ \text{atm})(0.220\ \text{L})} = 43.9\ \text{g mol}^{-1}$$

したがって，測定したモル質量が43.9 g mol^{-1}であることがわかった．4章で物質が酸と反応するときに放出される気体について述べた．表4・2にいくつかの選択肢がある．気体はH_2S, HCN, CO_2, SO_2の可能性がある．原子量を用いてそれらのモル質量を計算する．

H_2S	34 g mol^{-1}	CO_2	44 g mol^{-1}
HCN	27 g mol^{-1}	SO_2	64 g mol^{-1}

43.9に近いモル質量をもつ唯一の気体はCO_2であり，酸によって炭酸塩を処理するとCO_2が発生する．岩石は炭酸塩を含んでいると思われる．石灰石（大理石）はそのような鉱物の例である．

確認 気体試料の体積0.220 Lは22.4 Lの1/100より若干少ない（22.4 LはSTPでの1 molの気体の体積）．気体がSTPにあったなら，0.299 gは1 molの1/100であるので，全体の物質量に対応する質量は約30 g（29.9 gを丸める）の重さであるだろう．1 mol当たり30 gは1 mol当たり43.9 gにあまり近くはないが，小数点は適切な位置にある．ここで，少し概算を改良することができる．温度が標準温度の 10% 以内にあり，影響は小さいが，圧力は気圧のわずか 75% で，最初の概算が外れたおもな理由であることがわかる．概算したモル質量を 0.75 で割る（または 1.33 を掛ける）と，計算した値に非常に近い 40 の概算値を得る．さらに，答えの 43.9 g mol^{-1} が，物質が酸と反応するときに生成された気体のモル質量とよく一致している．

練習問題 10・6　ある実験において，貴ガスの容器のラベルが読みにくくなったので，圧力が 685 Torr になるまで，体積 300.0 mL の真空のガラス球に気体の一部を流し込んだ．ガラス球の質量は 1.45 g 増加し，その温度は 27.0 °C であった．この気体のモル質量はいくらか．それは 18 族のどの気体であったか．

気体密度

■通常使用する液体と固体の密度の単位は g mL^{-1}（または g cm^{-3}）であるが，気体は低い密度であるから，g L^{-1} の単位がより理解しやすい数値を与えることを 1 章から思い出そう．

どの気体の 1 mol も特定の圧力と温度で同じ体積を占めるので，その体積に含まれる質量は気体のモル質量に依存する．たとえば，STP における O_2 と CO_2 の 1 mol 試料を考えてみる（図 10・9）．各試料は 22.4 L の体積を占める．酸素試料は 32.0 g の質量をもつ一方，二酸化炭素試料は 44.0 g の質量をもつ．気体の密度 d を計算すると，CO_2 の密度が O_2 より大きいことがわかる．

$$d_{O_2} = \frac{32.0\ \mathrm{g}}{22.4\ \mathrm{L}} = 1.43\ \mathrm{g\ L^{-1}} \qquad d_{CO_2} = \frac{44.0\ \mathrm{g}}{22.4\ \mathrm{L}} = 1.96\ \mathrm{g\ L^{-1}}$$

気体の体積は温度と圧力に影響されるので，気体の密度はこれらの変数が変わると変化する．気体は，温度が上がるにつれて密度が下がり，これが熱気球を浮上させる理由である．気球内の低密度の熱気が，それを取囲む密度の高い冷気中に浮かぶことになる．気体はまた，圧力増加がより多くの分子を同じ空間に詰めるので，それらの圧力が増加すると，より高密度になる．

STP 以外の条件で気体の密度を計算するために，気体のモル質量を計算するために用いた式と密度 d の式をみてみる．

$$\text{モル質量} = \text{質量} \times \frac{RT}{PV} \quad \text{と} \quad d = \frac{\text{質量}}{V}$$

この二つの式をまとめて，並べ替える*．

$$d = \frac{\text{質量}}{V} = \frac{\text{モル質量} \times P}{RT}$$

＊　理想気体の法則から，密度からモル質量を直接計算する式を導くことができる．気体の質量を g に等しくすると，次の比によって物質量 n を計算することができる．

$$n = \frac{\text{気体の質量}(g)}{\text{モル質量}}$$

理想気体の法則に置き換えると次式を得る．

$$PV = nRT = \frac{gRT}{\text{モル質量}}$$

モル質量について解くと，次式を得る．

$$\text{モル質量} = \frac{gRT}{PV} = \frac{g}{V} \times \frac{RT}{P}$$

g/V は質量対体積の比，すなわち密度 d であるので，次式に置き換えられる．

$$\text{モル質量} = \frac{dRT}{P}$$

この式に d, R, T, P の値を代入することにより，例題 10・8 の問題を解くことができる．

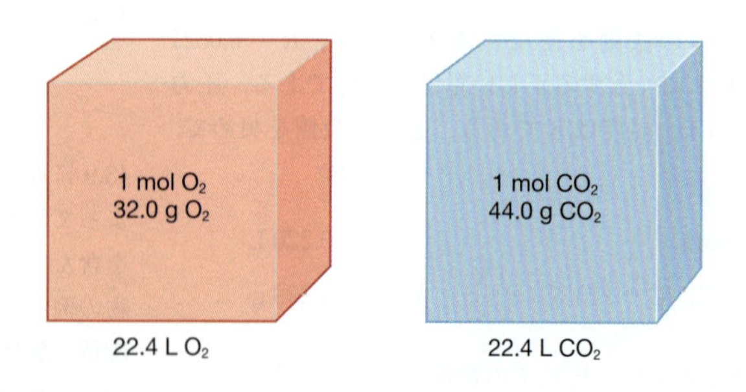

図 10・9　STP における O_2 と CO_2 の 1 mol 試料． 各試料は 22.4 L を占めるが，O_2 は 32.0 g の重さであるのに対して，CO_2 は 44.0 g の重さである．CO_2 は O_2 より単位体積当たりの質量が大きく，より高い密度をもつ．

例題 10・7　気体密度の計算

核燃料に必要なウラン同位体を分離する一つの手法は，ウラン化合物 UF_6 を使用することである．この化合物は約 56 °C で沸騰するので，95 °C では気体である．気体の圧力が 746 Torr であるなら，UF_6 の密度は 95 °C でいくらか．（気体は通常自然にみられるウラン同位体の混合物を含んでいると仮定する.)

指針 物質の密度を決定するには，その質量と体積が必要である．体積が与えられている．理想気体の法則は物質量を決定するための情報をもっている．これらを用いてモル質量および質量を求めることができる．

解法 上に示したように物質量 n と密度 d を計算するための式と理想気体の法則が必要である．

$$d = \frac{\text{モル質量} \times P}{RT}$$

気体の法則に関する問題では，単位が正しいことを確認する必要があるので，℃とKの温度変換，Torrとatmの圧力変換の準備ができていなければならない．

解答 746 Torrから0.982 atmに，そして95℃から368 Kに変換後，UF_6 の352.0 g mol^{-1}のモル質量とともに次の方程式に代入する．

$$d = \frac{(352.0\ \text{g mol}^{-1})(0.982\ \text{atm})}{(0.0821\ \text{L atm mol}^{-1}\ \text{K}^{-1})(368\ \text{K})} = 11.4\ \text{g L}^{-1}$$

したがって，気体 UF_6 の密度は11.4 g L^{-1}である．

確認 STPでは，密度は352 g/22.4 L＝15.7 g L^{-1}に等しい．設定された圧力は約1 atmであるが，温度は273 Kよりかなり高い．気体は加熱されて膨張するので，より高温での1 Lの気体はその中に室温での気体ほどは UF_6 を含んでいない．これは密度がより高温で低くなることを意味しており，答えは妥当と考えられる．

練習問題 10・7 二酸化硫黄は商業用冷凍に使用されてきた気体であるが，住宅用冷凍には使用されていない．気体が有毒で，漏れると危険なためである．−5℃と96.5 kPaの圧力で測定した SO_2 気体の密度はいくらか．

練習問題 10・8 ラドン(放射性気体)は，U-235からPb-207への自然放射壊変系列の段階で形成される．ラドンは通常，土壌から大気へ逃げていく．土壌が凍結するか水で飽和するとき，唯一の拡散経路は家や建物の地下にある亀裂からの拡散である．ラドンを住宅内で検出するためには，センサーを屋根裏，1階の生活区域，または地下のどこに置いたらよいか．

気体密度からモル質量の計算 気体密度の使い道の一つは，モル質量を決定することである．これには，密度を測定した温度と圧力を知る必要がある．例題10・8は関連する考察と計算を例示している．

例題 10・8 気体密度からの分子量の計算

ドライクリーニング溶媒として使用されている液体は，実験式 CCl_2 と121℃の沸点をもっている．蒸発すると，気体状の化合物は785 Torrと155℃で4.93 g L^{-1}の密度をもつ．化合物のモル質量はいくらか．そして分子式は何か．

指針 例題10・7において，P, T とモル質量が既知の場合，密度を理想気体の法則を用いてどう計算できるかをみてきた．したがって，密度がわかればモル質量を計算することができる．実験式とモル質量がわかると分子式を決定することができる．

解法 例題10・7で行ったように，二つの概念（理想気体の法則と密度）を結合する．

$$d = \frac{P \times \text{モル質量}}{RT}$$

Torrをatmに，℃をKの温度単位に変換する．最後に，実験式とモル質量から分子式の決定を行う．このために§3・4でみた手法を用いる．

解答 モル質量を解くために上式を並べ替えると，

$$\text{モル質量} = \frac{dRT}{P}$$

となる．この計算を実行し，R の単位を正しく相殺するために，圧力をatmに，温度をKにする必要がある．

$$(155\ ℃ + 273\ ℃)\frac{1\ \text{K}}{1\ ℃} \quad \text{より} \quad T = 428\ \text{K}$$

$$785\ \text{Torr} \times \frac{1\ \text{atm}}{760\ \text{Torr}} \quad \text{より} \quad P = 1.03\ \text{atm}$$

$$V = 1.00\ \text{L}$$

$$\text{モル質量} = \frac{(4.93\ \text{g L}^{-1})(0.0821\ \text{L atm mol}^{-1}\ \text{K}^{-1})(428\ \text{K})}{(1.03\ \text{atm})}$$

$$= 168\ \text{g mol}^{-1}$$

分子式を計算するためにモル質量168 g mol^{-1}を実験式質量82.9 g mol^{-1}で割り，何倍の CCl_2 が分子式を与えるか解析する．

$$\frac{168\ \text{g mol}^{-1}}{82.9\ \text{g mol}^{-1}} = 2.03$$

結果は2.00に十分に近いので，実験式のすべての添字に2を掛ける．分子式は C_2Cl_4 と求まる．これは一般にテトラクロロエチレンとよばれる化合物の式で，実際にドライクリーニング液として使用されている．

確認 答えが正しいことを確かめるための計算は少しもする

必要はない．気体密度から計算したモル質量が実験式質量によって等しく割り切れることは，問題を正しく処理したことを示唆している．

練習問題 10・9　炭素と水素で構成された化合物が 40.0 °C と 1.25 atm で 5.55 g L^{-1} の密度をもっている．その化合物のモル質量はいくらか．合計でそのモル質量になる C と H の可能な組合わせは何か．§2・7 の情報を用いて，正しい化学式を決定せよ．

理想気体の法則を用いた化学量論

多くの化学反応は気体を消費するか生成する．理想気体の法則は，以下の例題に示すように，そのような気体の体積を，反応に含まれる他の物質の量と関係づけるために用いることができる．

例題 10・9　理想気体の法則を用いた気体生成物の体積の計算

ポルトランドセメントの製造における重要な化学反応は，酸化カルシウムと二酸化炭素を生成する炭酸カルシウムの高温分解である．

$$CaCO_3(s) \longrightarrow CO_2(g) + CaO(s)$$

1.25 g の $CaCO_3$ 試料を加熱して分解したとする．体積を 745 Torr と 25 °C の条件下で測定すると，何 mL の CO_2 気体が発生するか．

指針　この問題は物質の質量を，反応から予想される気体の体積に変換しなければならない化学量論問題であると考えられる．

解法　§3・5 の化学量論計算で用いたすべての手法を組立てる必要がある．さらに，気体生成物の物質量を気体の体積に変換するために理想気体の法則が必要である．必要な関係は次のとおりである．

$$1\ \text{mol } CaCO_3 \Leftrightarrow 1\ \text{mol } CO_2$$
$$1\ \text{mol } CaCO_3 \Leftrightarrow 100.1\ \text{g } CaCO_3$$

変換順序は次のとおりである．

$$\text{g } CaCO_3 \longrightarrow \text{mol } CaCO_3 \longrightarrow \text{mol } CO_2 \longrightarrow \text{mL } CO_2$$

解答　最初に，1.25 g の $CaCO_3$ を $CaCO_3$ の物質量に変換し，さらに CO_2 の物質量に変換する．理想気体の法則の式に CO_2 の物質量 n の値を用いて CO_2 の体積を求める．

$CaCO_3$ の式量は 100.1 であり，したがって，物質量は，

$$\text{CaCO の物質量} = 1.25\ \text{g } \cancel{CaCO_3} \times \frac{1\ \text{mol } CaCO_3}{100.1\ \text{g } \cancel{CaCO_3}}$$
$$= 1.25 \times 10^{-2}\ \text{mol } CaCO_3$$

となる．$1\ \text{mol } CaCO_3 \Leftrightarrow 1\ \text{mol } CO_2$ であるから，1.25×10^{-2} mol の CO_2 でなければならない．これを理想気体の法則に用いる．

理想気体の法則の式に n を用いる前に，既定の圧力と温度を気体定数 R に必要な単位に変換しなければならない．

$$P = 745\ \cancel{\text{Torr}}\ \frac{1\ \text{atm}}{760\ \cancel{\text{Torr}}} = 0.980\ \text{atm}$$

$$T = (25.0\ °\text{C} + 273\ °\text{C})\frac{1\ \text{K}}{1\ °\text{C}} = 298\ \text{K}$$

理想気体の法則の式を並べ替えて次式を得る．

$$V = \frac{nRT}{P}$$
$$= \frac{(1.25 \times 10^{-2}\ \cancel{\text{mol}})(0.0821\ \text{L}\ \cancel{\text{atm}}\ \cancel{\text{mol}^{-1}}\ \cancel{\text{K}^{-1}})(298\ \cancel{\text{K}})}{0.980\ \cancel{\text{atm}}}$$
$$= 0.312\ \text{L} = 312\ \text{mL}$$

反応は指定された条件で 312 mL の CO_2 を生成する．

確認　計算の数値をすべて 1 桁の数値に丸めて次式を得る．

$$V = \frac{(1 \times 10^{-2}\ \cancel{\text{mol}})(0.1\ \text{L}\ \cancel{\text{atm}}\ \cancel{\text{mol}^{-1}}\ \cancel{\text{K}^{-1}})(300\ \cancel{\text{K}})}{1\ \cancel{\text{atm}}}$$
$$= 0.3\ \text{L} = 300\ \text{mL}$$

この答えは上で計算した値に近く，計算は妥当と考えられる．また，体積に必要な L 単位を残して，すべての単位が相殺されていることにも注意する．

練習問題 10・10　二硫化炭素は極燃性液体である．どんな小さなスパークでも，また蒸気の管など非常に熱い表面でさえ発火する．

$$CS_2 + 3O_2 \longrightarrow CO_2 + 2SO_2$$

11.0 g の CS_2 が過剰酸素中で燃焼するとき，28 °C と 883 Torr で生成される CO_2 と SO_2 の総体積はいくらか．

10・6 ドルトンの分圧の法則

これまでの説明では純粋な気体だけを扱った．しかし，私たちが呼吸する空気などの混合気体が一般的である．一般に，混合気体は純粋気体と同じ法則に従うので，ボイルの法則は純粋な酸素にも空気にも等しく当てはまる．しかし，大気中で汚染物質を研究するときなど，混合気体の組成に関心をもたなければならないときがある．これらの場合，混合気体の組成によって影響される変数は各成分の物質量であり，各成分が観測した全圧に寄与する．気体は完全に混合するので，混合気体の全成分は同じ体積（それらを保持する容器の体積）を占める．さらに，各気体成分の温度は混合気体全体の温度と同じである．したがって，混合気体中で，各成分は同じ体積と同じ温度をもつ．

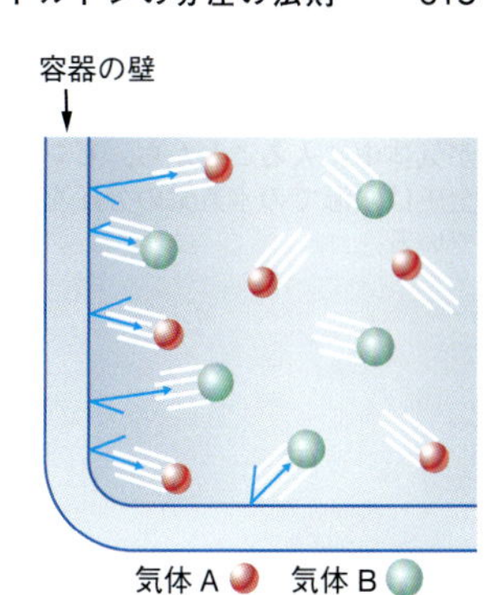

図 10・10 分子レベルでみた分圧. 二つの気体 A と B の混合気体において，両方の気体は容器の壁と衝突し，全圧のなかの分圧に寄与している．

分　圧

空気のように反応しない混合気体中では，各気体は存在する割合（物質量）に比例して全圧に寄与する（図 10・10）．全圧へのこの寄与は気体の**分圧**とよばれている．分圧は同じ温度で同体積の容器中の唯一の気体である場合に，その気体が及ぼす圧力である．

分圧 partial pressure

気体 A の分圧に用いる一般的な記号は P_A である．特定の気体について，気体の式は P_{O_2} のように添字に入る．ドルトンが分圧について発見したものが現在，**ドルトンの分圧の法則**とよばれている．混合気体の全圧はそれら個々の分圧の合計である．方程式にすると法則は次式で示される．

ドルトン John Dalton, 1766～1844

ドルトンの分圧の法則 Dalton's law of partial pressure

$$P_{全圧} = P_A + P_B + P_C + \cdots \qquad (10 \cdot 3)$$

たとえば，STP で CO_2 のない乾燥空気では，P_{O_2} は 159.72 Torr，P_{N_2} は 593.44 Torr，P_{Ar} は 7.10 Torr である．これらの分圧は合計で 759.66 Torr になり，760 Torr（1.00 atm）より 0.34 Torr 少ない．残りの 0.34 Torr には，他の貴ガスを含むいくつかの微量気体が寄与している．

練習問題 10・11 爆発物 PETN（ペンタエリトリトールテトラニトラート）は知られている最も強力な爆薬の一つであり，次の釣合のとれた反応式で反応する．

$$C(CH_2ONO_2)_4(s) \longrightarrow 2\,CO(g) + 4\,H_2O(g) + 3\,CO_2(g) + 2\,N_2(g)$$

0.0250 mol の PETN が反応して 25 °C の温度で 30.0 L の球を満たすとすると，各気体の分圧とフラスコ中の全圧はいくらか．

水上での気体の捕集

水と反応しない気体を実験室で生成するとき，それらは図 10・11 に示すような装置によって水上で捕集することができる．気体を捕集する方法のため，その容器は水蒸気で飽和している．混合気体中の水蒸気も他の気体のように分圧をもっている．

液体の上の空間に存在する蒸気は常に液体の蒸気を含んでいる．この蒸気はそれ自身の圧力を与え，その圧力は液体の**蒸気圧**とよばれる．どの液体でも，その液体の蒸気圧は温度にのみ依存する．たとえば，異なる温度での水の蒸気圧は表 10・2 に一覧表示されている．

蒸気圧 vapor pressure

■気圧計中の水銀は小さな蒸気圧(20 °C で 0.0012 Torr)をもっているが，本章で学ぶ気圧計と圧力計の値に影響するには小さすぎる．

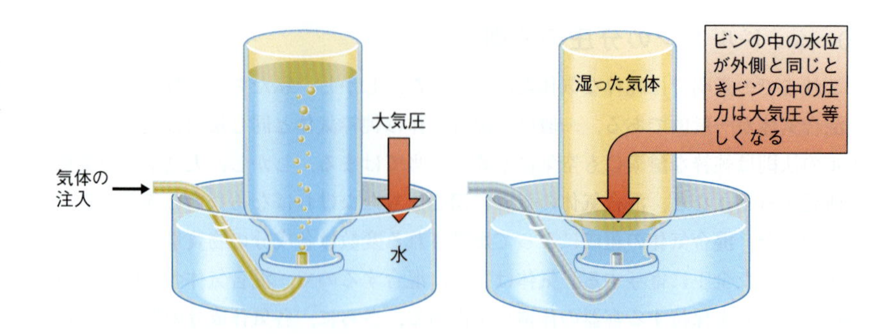

図 10・11　水上での気体の捕集. 気体が水を通って泡立つとき，水蒸気が気体中に入ることから，ビン内の全圧は水温での水蒸気の分圧を含んでいる．

内側の水位がその外側と一致するように捕集ビンの高さを調節すると，捕集気体の全圧は大気圧に等しくなるので，$P_{全圧}$ の値は実験室の気圧計から得られる．これにより，ドルトンの分圧の法則（$P_{全圧} = P_{gas} + P_{蒸気圧}$）を用いて P_{gas}（水蒸気のない乾燥している気体が及ぼす圧力）を計算することができる*.

＊ 水位がフラスコ中と外で同じでないなら，フラスコ中の真の圧力を得るために，補正を計算して実験室の圧力に適用する必要がある．たとえば，水位が外よりフラスコ中のほうが高いなら，フラスコ中の圧力は大気圧より低い．水位の差は mmH_2O であるので，液体柱が与える圧力が液体の密度に反比例することを用いて，mmHg における等価な数値に変換する必要がある．

表 10・2　さまざまな温度での水の蒸気圧

温度(℃)	蒸気圧(Torr)	温度(℃)	蒸気圧(Torr)
0	4.579	50	92.51
5	6.543	55	118.04
10	9.209	60	149.38
15	12.788	65	187.54
20	17.535	70	233.7
25	23.756	75	289.1
30	31.824	80	355.1
35	42.175	85	433.6
37	47.067	90	525.8
40	55.324	95	633.9
45	71.88	100	760.0

例題 10・10　水上での気体の捕集

酸素の試料を 15 ℃と 738 Torr の圧力で水上捕集する．その体積は 316 mL である．(a) 酸素の分圧は何 Torr か．(b) 水を除去するとその体積は STP で何 mL になるか．

指針　この問題には二つの部分がある．(a)は水上の気体捕集と酸素分圧の決定に関係する．(b)は STP での酸素の体積を決定するために，気体の法則の計算を行う必要がある．

解法　(a)ではドルトンの分圧式を用いる．

$$P_{全圧} = P_{蒸気圧} + P_{O_2}$$

(b)では複合気体の法則を用いるのが最も便利であることがわかる．

$$\frac{P_1 V_1}{T_1} = \frac{P_2 V_2}{T_2}$$

前の例題のように，単位の変換を予想するかもしれない．しかし，気体定数 R がどの式にも現れず，単位を変換する必要がない点に注意する．

解答　(a) 酸素分圧を計算するために，ドルトンの法則を用いる．15 ℃における水の蒸気圧が必要である．この数値は表 10・2 にあり，12.788 Torr（12.8 Torr に丸める）である．上の式を並べ替えて P_{O_2} を計算する．

$$P_{O_2} = P_{全圧} - P_{蒸気圧}$$
$$= 738 \text{ Torr} - 12.8 \text{ Torr} = 725 \text{ Torr}$$

(a)の答えは 725 Torr である．

(b) 次の表を作成することから始める．

	初期条件 1		最終条件 2
P_1	725 Torr(P_{O_2})	P_2	760 Torr(標準圧力)
V_1	316 mL	V_2	?
T_1	288 K(15.0 ℃ + 273 ℃) $\frac{1\text{K}}{1℃}$	T_2	273 K(標準温度)

複合気体の法則の式にこれらを用いる．V_2 について解き，式を整理する．

$$V_2 = V_1 \times \frac{P_1}{P_2} \times \frac{T_2}{T_1}$$

この式に数値を代入し，V_2 を計算することができる．

$$V_2 = 316\ \mathrm{mL} \times \frac{725\ \mathrm{Torr}}{760\ \mathrm{Torr}} \times \frac{273\ \mathrm{K}}{288\ \mathrm{K}} = 286\ \mathrm{mL}$$

したがって，水蒸気を気体試料から除去すると，乾燥した酸素は STP で 286 mL の体積を占める．

確認 乾燥した O_2 の圧力が湿った O_2 の圧力より低いはずなので，(a)の答えは妥当と考えられる．(b)を確認するために，圧力と温度の比が体積を正しい方向に変化させているかどうかを確かめる．圧力が増加し（720 Torr → 760 Torr），体積を下げる傾向になるはずである．上記の圧力比はそのとおりである．温度変化（293 K → 273 K）もまた体積を下げるはずであり，前と同じように，上記の温度比はその効果がある．(b)の答えは妥当と考えられる．

練習問題 10・12 2.50 L のメタン試料を，フラスコ中の圧力が 775 Torr になるまで，28 ℃ で水上捕集した．その後，水分を吸収するために，少量の $CaSO_4(s)$ をフラスコに追加した〔$CaSO_4 \cdot 2H_2O(s)$ を生成〕．すべての水分が吸収されたら，フラスコ中の圧力はいくらか．$CaSO_4(s)$ の添加がすべての水分を吸収し，フラスコの体積を変えなかったと仮定する．捕集された $CH_4(g)$ は何 mol か．

モル分率とモル百分率

混合気体の組成を記述する有用な方法の一つは成分のモル分率に関するものである．**モル分率**は，全成分の総物質量に対する既定成分の物質量の比である．数式で表すと，物質 A, B, C, D, …, Z の混合物中の物質 A のモル分率は次のようになる．

モル分率 mole fraction

■モル分率の概念は，どのような物理状態（気体，液体，固体）のなかのどのような均一な混合物にも適用できる．

$$X_A = \frac{n_A}{n_A + n_B + n_C + n_D + \cdots + n_Z} \qquad (10 \cdot 4)$$

ここで X_A は成分 A のモル分率であり，$n_A, n_B, n_C, n_D, \cdots, n_Z$ はそれぞれ各成分（A, B, C, D, …, Z）の物質量である．混合物の全モル分率の合計は常に 1 に等しくなければならない．

(10・4) 式で分子と分母の両方が同じ単位 mol をもつので，それらは相殺できる．その結果，モル分率は単位をもたない．それでも，その定義（モル分率は全成分の総物質量に対する 1 成分の物質量の比）は常に覚えておくべきである．

ときどき，混合物のモル分率組成は百分率で表され，それを**モル百分率**とよんでいる．モル百分率は，100 % をモル分率に掛けることによって得られる．

モル百分率 mole percent, mol%

$$\text{モル百分率}_A = \frac{n_A}{n_A + n_B + n_C + n_D + \cdots + n_Z} \times 100\%$$

モル分率と分圧

各気体の物質量がその分圧に比例することから，分圧の値を使用して，混合気体中の個々の気体のモル分率を計算することができる．これを次のように実証することができる．温度 T で総体積 V をもつ混合気体中の一つの気体 A の分圧 P_A は，理想気体の法則の式 $PV = nRT$ によって求められる．したがって，気体 A の物質量を計算するために，次式を用いる．

$$n_A = \frac{P_A V}{RT}$$

既定温度における混合気体について，V, R, T の値はすべて定数である．したがって，V/RT を C で表すことにより前の式を単純化することができる．すなわち，次式で表すことができる．

$$n_A = P_A C$$

結果は，混合気体中のある気体の物質量がその気体の分圧に比例することと同じである．定数 C は混合気体中のすべての気体で等しいので，個々の気体を識別するために異なる文字を用いることにより，(10・4) 式において $P_B C$ で n_B を表し，$P_C C$ で n_C を表すことができる．したがって，物質 A のモル分率は次式で表される．

$$X_A = \frac{P_A C}{P_A C + P_B C + P_C C + \cdots + P_Z C}$$

定数 C を相殺することができ，次式を得る．

$$X_A = \frac{P_A}{P_A + P_B + P_C + \cdots + P_Z}$$

分母は混合気体中のすべての気体の分圧の合計であるが，この合計は混合気体の全圧に等しい（ドルトンの分圧の法則）．したがって，前の式は次式に単純化できる．

$$X_A = \frac{P_A}{P_{全圧}} \qquad (10 \cdot 5)$$

したがって，混合気体中の気体のモル分率は単に全圧に対するその分圧の比である．(10・5) 式は，ある気体のモル分率がわかると，混合気体中のその気体の分圧を計算する簡単な方法を与えている．

例題 10・11　モル分率を用いて分圧を計算する

0.200 mol の O_2 と 0.500 mol の N_2 がある酸素と窒素の混合気体を用意したとする．混合気体の全圧が 745 Torr なら，混合気体中の二つの気体の分圧はいくらか．

指針　この問題は二つの気体の分圧を決定することを求めており，全圧だけでなく各気体の物質量も与えられている．各気体のモル分率を用いて各気体の分圧を決定することができる．

解法　各気体のモル分率を最初に決定する必要がある．(10・4) 式は，次のように書ける．

$$X_{O_2} = \frac{O_2\text{の物質量}}{O_2\text{の物質量} + N_2\text{の物質量}}$$

$$X_{N_2} = \frac{N_2\text{の物質量}}{O_2\text{の物質量} + N_2\text{の物質量}}$$

そして，分圧を見いだすために，(10・5) 式を配列し直すと，次のとおりになる．

$$P_{O_2} = X_{O_2} P_{全圧} \quad と \quad P_{N_2} = X_{N_2} P_{全圧}$$

解答　モル分率は次のように計算される．

$$X_{O_2} = \frac{O_2\text{の物質量}}{O_2\text{の物質量} + N_2\text{の物質量}} = \frac{0.200\ \text{mol}}{0.200\ \text{mol} + 0.500\ \text{mol}} = \frac{0.200\ \text{mol}}{0.700\ \text{mol}} = 0.286$$

同様に N_2 ついては以下になる．

$$X_{N_2} = \frac{0.500\ \text{mol}}{0.200\ \text{mol} + 0.500\ \text{mol}} = 0.714$$

これより，(10・5) 式を用いて分圧を計算することができる．分圧の式を解いて，次式を得る．

$$P_{O_2} = X_{O_2} P_{全圧} = 0.286 \times 745\ \text{Torr} = 213\ \text{Torr}$$

$$P_{N_2} = X_{N_2} P_{全圧} = 0.714 \times 745\ \text{Torr} = 532\ \text{Torr}$$

したがって，O_2 の分圧は 213 Torr であり，N_2 の分圧は 532 Torr である．

確認　ここで確認できることが三つある．第一に，モル分率は合計 1.000 になる．第二に，分圧は合計 745 Torr になり，これは全圧に等しい．第三に，N_2 のモル分率は O_2 の 2 倍よりやや大きいので，その分圧は O_2 の 2 倍よりやや大きいはずである．したがって答えは妥当と考えられる．

練習問題 10・13　二酸化硫黄と酸素は次のように反応する．

$$2\,SO_2(g) + O_2(g) \longrightarrow 2\,SO_3(g)$$

50.0 g の $SO_2(g)$ をフラスコに追加して 0.750 atm の圧力になったとすると，化学量論量の酸素を追加したときの反応前後のフラスコの全圧はいくらになるか．

コラム 10・1 同位体分離と核エネルギー

ほとんどすべての原子炉で使用されている燃料はウランであるが，その天然に存在する同位体 ^{235}U のみが唯一容易に分裂してエネルギーを産出することができる．残念なことに，この同位体は天然に存在するウラン中に非常に低濃度（約 0.72%）でしか存在しない．採掘したときのウラン元素のほとんどは，より豊富な同位体 ^{238}U である．したがって，ウランを核燃料材料として製造する前に，^{235}U の濃度を約 2〜5%に濃縮しなければならない．濃縮には同位体をある程度，分離する必要がある．

両同位体の化学的性質は基本的に同じなので，ウラン同位体の分離は化学的方法では実現できない．その代わりに，非常に小さな同位体の質量差に基づく方法が必要である．ウランは，比較的低温で容易に蒸発するフッ素との化合物 UF_6 を形成する．UF_6 気体は，それぞれ 349 と 352 の分子量をもつ 2 種類の分子 $^{235}UF_6$ と $^{238}UF_6$ からなる．それらは質量が異なるため，それらの拡散係数がわずかに異なっており，$^{235}UF_6$ は $^{238}UF_6$ より 1.0043 倍速く拡散・流出する．その差は小さいが，拡散・流出を十分な時間，何度も繰返して実行すれば，濃縮を可能にするには十分である．実際，必要な濃縮レベルを達成するには次々に配置された 1400 以上の分離濃縮室を配置する．

現在の濃縮工場は，ガス遠心分離機を用いたプロセスにおいて $^{235}UF_6$ と $^{238}UF_6$ を分離している．遠心分離機内部では，気体は羽根車によって高速で回転する．図に示すように，より重い $^{238}UF_6$ は遠心分離機の外側部分にわずかに濃縮する一方，より軽い $^{235}UF_6$ は中心方向にわずかにより高濃度になる．これらは連続的に分離され，遠心分離過程を繰返して要求された純度に至る．

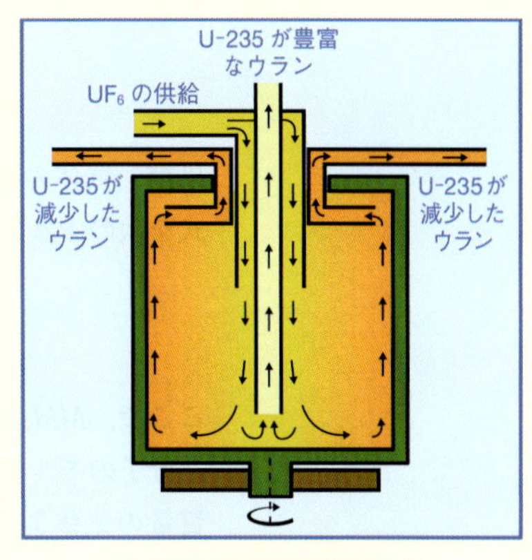

遠心分離による同位体の分離

グラハムの法則

レストランの前を通って，料理のにおいがしたとき，私たちは気体の拡散について直接体験していることになる．**拡散**とは，食品アロマのような気体分子とレストラン外の空気のような別の気体分子が自発的に混合する現象である（図 10・12a）．一方，**流出**は非常に小さな穴を通って真空中へ移動する気体分子の緩慢な動きである（図 10・12b）．これらの両過程が起こる速さは気体分子の速度に依存し，分子が速く動くほど，拡散と流出は急速に起こる．

拡散 diffusion

流出 effusion

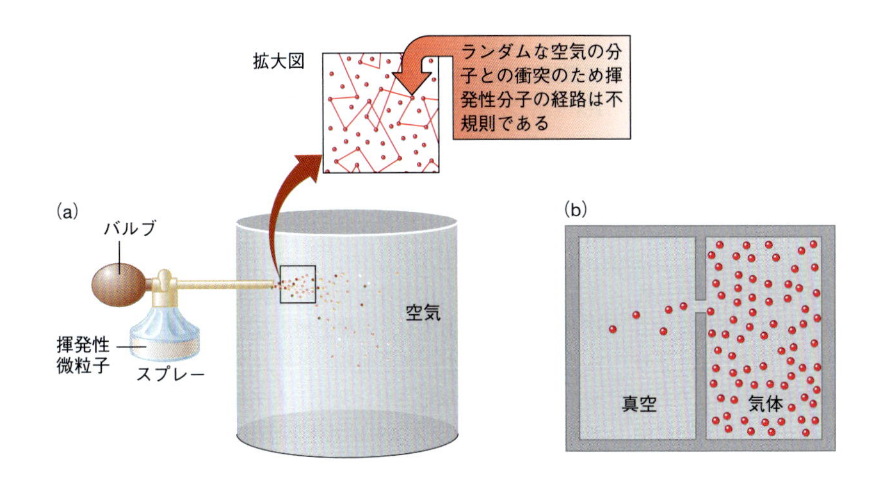

図 10・12 気体の自発運動． 拡散 (a) と流出 (b)．

グラハム Thomas Graham, 1805～1869

グラハムの法則 Graham's law

スコットランドの化学者グラハムは，多孔性土器の小さな開口を通るさまざまな気体の拡散と流出の速さを研究した．グラハムは，同じ温度と圧力で各種気体を比較し，それらの流出率がそれらの密度 d の平方根に反比例することを発見した．この関係は現在，**グラハムの法則**とよばれている．

$$流出率 \propto \frac{1}{\sqrt{d}}$$

グラハムの法則は通常，異なる気体の流出率を比較するために用いるので，比例定数を除去することができ，式は流出率の比を書くことによって得ることができる．

$$\frac{流出率_A}{流出率_B} = \frac{\frac{1}{\sqrt{d_A}}}{\frac{1}{\sqrt{d_B}}} = \frac{\sqrt{d_B}}{\sqrt{d_A}} = \sqrt{\frac{d_B}{d_A}} \qquad (10 \cdot 6)$$

以前，気体の密度がそのモル質量に比例することをみてきた．したがって（10・6）式を次のように表すことができる．

$$\frac{流出率_A}{流出率_B} = \sqrt{\frac{d_B}{d_A}} = \sqrt{\frac{MM_B}{MM_A}} \qquad (10 \cdot 7)$$

ここで，MM_A と MM_B はそれぞれ気体 A と B のモル質量である．

分子のモル質量もまた，気体が拡散する率に影響する．低モル質量の気体は高モル質量の気体より急速に拡散，流出する．したがって，モル質量 2.02 g mol^{-1} の水素 H_2 は，モル質量 16.05 g mol^{-1} のメタン CH_4 より急速に拡散する．

例題 10・12　グラハムの法則を用いる

同じ温度と圧力下で，アンモニアまたは塩化水素のどちらが，そしてどのような因子によってより急速に流出するか．

指針　これは明らかに，グラハムの法則を必要とする気体流出の問題である．どちらがより急速に流出するかを決定し，それがどの程度急速に流出するかを記述するための因子を得るには，流出率の正しい比を設定する必要がある．

解法　グラハムの法則〔(10・7) 式〕を必要としており，これを次のように書くことができる．

$$\frac{流出率_{NH_3}}{流出率_{HCl}} = \sqrt{\frac{MM_{HCl}}{MM_{NH_3}}}$$

解答　モル質量（MM）は NH_3 が 17.03 g mol^{-1} と HCl が 36.46 g mol^{-1} であるので，モル質量のより小さい NH_3 が HCl より急速に流出することがすぐにわかる．流出率の比は次によって与えられる．

$$\frac{流出率_{NH_3}}{流出率_{HCl}} = \sqrt{\frac{MM_{HCl}}{MM_{NH_3}}} = \sqrt{\frac{36.46}{17.03}} = 1.463$$

結果を並べ替えると，

$$流出率_{NH_3} = 1.463 \times 流出率_{HCl}$$

となる．したがって，同じ条件下でアンモニアは塩化水素より 1.463 倍速く流出する．

確認　簡単な確認でモル質量のより低いアンモニアが塩化水素より急速に流出することを計算で裏づけており，答えは妥当である．

練習問題 10・14　ハロゲン化水素気体はすべて同じ一般式 HX をもつ．ここで，X は F, Cl, Br または I である．HCl(g) がその他のある HX より 1.88 倍速く流出するとき，その HX は HF, HBr, HI のどれか．

応用問題

天秤とオーブンだけの実験室で，一人の化学者が，結晶性から純物質であると推定されるある物質の化学式を決定するよう求められた．彼が最初に行ったことは，質量 2.121 g のこの未知の化合物試料を 250 °C で 6 時間加熱することであった．冷却すると物質の質量は 1.020 g であった．試料が乾燥するのを待つ間，化学者は物質の溶解度を調べ，その化合物が水には不溶であるが，強酸を加えると気体を放出して溶けることがわかった．その知識により，その化学者は，乾燥させた試料を酸と反応させ，発生した気体を水に通したのち，265 mL の捕集フラスコ中に気体を捕集する装置を組立てた．

そのとき温度は24℃で，気圧は738 Torrであり，気体は完全にフラスコを満たした．最後に，その化学者は気体の入ったフラスコの重さを量り，182.503 gであることがわかった．空気のみを含んでいたときのフラスコの重さは182.346 gであった．この化合物の化学式は何か．

指針　解法の手順を示す．1）乾燥化合物を酸に溶解させたときに発生する気体の物質量を決定する．2）気体の質量，そのモル質量，そしてその識別，その気体を発生させる陰イオンを決定する．3）陽イオンがM^+, M^{2+}, またはM^{3+}であるとして，陰イオンとの物質量の比を用いて，陽イオンのモル質量を決定する．可能ならば陽イオンを識別する．4）水和物中の水分子の数を決定し，化学式を完成させる．

第一段階

解法　乾燥気体の圧力P_{dry}が必要である．

$$P_{dry} = P_{全圧} - P_{蒸気圧}$$

次に，気体のモルに関する理想気体の法則を解く必要がある．

$$n = \frac{PV}{RT}$$

解答　24 ℃の水の蒸気圧は22.4 Torrであり，したがって乾燥気体の圧力は738 Torr − 24 Torr = 714 Torrであることを示している．Torrをatmに変換して0.939 atmを得る．体積を0.265 Lに変換し，絶対温度で297 Kである．nを次の計算で求める．

$$n = \frac{(0.939\ \text{atm})(0.265\ \text{L})}{(0.0821\ \text{L atm mol}^{-1}\ \text{K}^{-1})(297\ \text{K})} = 0.0102\ \text{mol}$$

第二段階

解法　フラスコ内に全く何もない質量を得られるようにフラスコ内の空気の質量を計算する必要がある．乾燥空気の平均モル質量は28.96 g mol^{-1}である．基本方程式は，質量を計算するために並べ替えた理想気体の法則である．

$$質量 = \frac{PV \times モル質量}{RT}$$

次に，気体の質量を得るために，化合物が入ったフラスコから空のフラスコの質量を引く．そうして，気体のモル質量を計算することができる．

解答　フラスコ中の空気の質量は次のとおりである．

$$空気の質量 = \frac{(0.939\ \text{atm})(0.265\ \text{L})(28.96\ \text{g mol}^{-1})}{(0.0821\ \text{L atm mol}^{-1}\ \text{K}^{-1})(297\ \text{K})} = 0.296\ \text{g}\ 空気$$

空のフラスコの質量は次のとおりである．

$$182.346\ \text{g} - 0.296\ \text{g} = 182.050\ \text{g}$$

したがって，未知の気体の質量は次のとおりである．

$$182.503\ \text{g} - 182.050\ \text{g} = 0.453\ \text{g}$$

未知の気体の質量を第一段階で求めて物質量で割って，モル質量を得る．

$$モル質量 = \frac{0.453\ \text{g}\ 気体}{0.01020\ \text{mol}\ 気体} = 44.4\ \text{g mol}^{-1}$$

表4・2の気体を調べるとCO_2（モル質量44.01 g mol^{-1}）が，44.4 g mol^{-1}に近いモル質量をもつ唯一の気体であることがわかる．また，炭酸塩を酸で処理すると，CO_2が放出されることも知っている．したがって，陰イオンはCO_3^{2-}でなければならない．

第三段階

解法　化合物には0.102 molのCO_3^{2-}がある．したがって，化学量論の手法を用いてCO_3^{2-}の質量を求めることができ，試料中の残りの質量は陽イオンである．化合物の式はM_2CO_3, MCO_3, または$M_2(CO_3)_3$になるであろう．3章から化学量論の手法を用いて，陽イオンの物質量を計算することができる．第二段階のように，陽イオンの質量を物質量で割って陽イオンのモル質量を得る．

解答　0.0102 molのCO_3^{2-}があり，炭酸塩の質量は次のとおりである．

$$0.0102\ \text{mol}\ CO_3^{2-} \times \frac{60.01\ \text{g}\ CO_3^{2-}}{1\ \text{mol}\ CO_3^{2-}} = 0.612\ \text{g}\ CO_3^{2-}$$

これを試料1.020 gから引くと0.408 gの陽イオンを得る．

試料0.102 mol中の陽イオンの物質量は陰イオンの電荷に依存する．陽イオンがM^+（M_2CO_3）であるなら，

$$M^+の物質量 = 0.0102\ \text{mol}\ CO_3^{2-} \times \frac{2\ \text{mol}\ M^+}{1\ \text{mol}\ CO_3^{2-}} = 0.0204\ \text{mol}\ M^+$$

陽イオンがM^{2+}（MCO_3）なら，

$$M^{2+}の物質量 = 0.0102\ \text{mol}\ CO_3^{2-} \times \frac{1\ \text{mol}\ M^{2+}}{1\ \text{mol}\ CO_3^{2-}} = 0.0102\ \text{mol}\ M^{2+}$$

陽イオンがM^{3+}〔$M_2(CO_3)_3$〕なら，

$$M^{3+}の物質量 = 0.0102\ \text{mol}\ CO_3^{2-} \times \frac{2\ \text{mol}\ M^{3+}}{3\ \text{mol}\ CO_3^{2-}} = 0.0068\ \text{mol}\ M^{3+}$$

最後に，0.408 gを各陽イオンの物質量で割り，可能な陽イオンのモル質量を得る．

$$M^+ = \frac{0.408\ \text{g M}}{0.0204\ \text{mol M}} = 20.0\ \text{g mol}^{-1}$$

$$M^{2+} = \frac{0.408\ \text{g M}}{0.0102\ \text{mol M}} = 40.0\ \text{g mol}^{-1}$$

$$M^{3+} = \frac{0.408\ \text{g M}}{0.00680\ \text{mol M}} = 50.0\ \text{g mol}^{-1}$$

周期表を参照して，原子量40のカルシウムがすべての可能性のなかで最も近いことがわかる．Na^+は，計算した20に

近い 23 の原子量をもっている．しかし，化合物は不溶性であり，ナトリウム化合物が表 4・1 に示すように一般に可溶性であることから，化合物は $CaCO_3$ であると考えられる．

第四段階

解法 最終段階は水和物中の水分子の数を決定することである．別の化学量論段階があり，化合物の 1 mol 当たりの水の物質量を計算する．化合物の物質量がわかるので，水の質量損失を 3 章の化学量論概念を用いて水の物質量に変換できる．

$$H_2O\text{ の物質量} = \frac{H_2O\text{ の質量}}{H_2O\text{ のモル質量}}$$

解答 水の質量は最初の質量と乾燥試料の質量との差である．

$$H_2O\text{ の物質量} = \frac{(2.121\text{ g} - 1.020\text{ g})\ H_2O}{18.0\text{ g } H_2O\text{ mol}^{-1}} = 0.0611\text{ mol } H_2O$$

$$\begin{aligned}\text{水和物中の } H_2O\text{ の物質量} &= \frac{\text{mol } H_2O}{\text{mol } CaCO_3} = \frac{0.0611\text{ mol } H_2O}{0.0102\text{ mol } CaCO_3}\\ &= 5.99\text{ mol } H_2O\end{aligned}$$

これを適切に四捨五入して水 6 mol にし，答えとして $CaCO_3 \cdot 6H_2O$ を得る．

確認 最初に，すべての計算を確認，すべての単位を相殺し，計算が正しく行われていることを確認する．最後に，すべての計算から整数の水和水をもつ式 $CaCO_3 \cdot 6H_2O$ を得ることができたことから，答えは妥当と考えられる．

10・7 気体分子運動論

すでに気体の法則を知っている 19 世紀の科学者は，すべての気体が共通する一連の気体の法則と整合することを説明するために，分子レベルで何が真理か知りたいと思っていたが，気体分子運動論が一つの答えを与えた．その考え方の一部を 6 章で紹介し，§10・1 では，気体が分子レベルでみると同等でなければならないことを示唆する多くの観察を説明した．ここで，分子運動論が気体の挙動をどれほどよく説明するか確かめるために，より詳細に分子運動論をみてみよう．

しばしば気体分子運動論とよばれている理論では，理想気体として次に示す一連の前提条件を仮定している．

気体分子運動論の仮定

1. 気体は，絶えずランダムに運動するきわめて多数の小さな粒子からなる．
2. 気体分子運動論における粒子はとても小さく，それらは全く寸法をもたないと仮定される．粒子は基本的に空間の中の点である．
3. 粒子はしばしば容器の壁と完全弾性衝突*し，互いに引きつけも反発もせずに，直線状に動く．

* 完全弾性衝突では，衝突物体は衝突によってエネルギーは失われない．

要約すると，気体分子運動論のモデルでは，理想気体を粒子どうしや容器の壁に絶えず跳ね返る非常に小さな，絶えず動くビリヤードの球のような集まりとして仮定しており，図 10・1 に示したように壁との衝突が圧力を与えている．気体粒子は，それらの個々の体積を無視するほど小さいと仮定されるので，理想気体は事実上，空の空間である．

運動論と気体の法則

このモデルによると，気体はほとんど空の空間である．以前述べたように，これが，気体が液体と固体と違って，圧縮する（より小さい体積に押込む）ことができる理由を説明している．また，なぜ気体に気体の法則があり，すべての気体に同じ法則で，液体や固体に類似法則がないかを説明することができる．気体分子はそれらが衝突するときを除いて互いに触れず，それらの間には，もしあってもきわめて弱い相互作用があるだけなので，気体の化学的識別は重要ではない．

ここでは数学的に詳細な説明を行うことはできないが，物理学の法則と理想気体のモデルが，気体の法則や物質の他の特性を説明する方法を以下に述べる．

温度の定義　運動論の最大の功績は，§6・2で説明した気体温度の説明にある．計算が示したのは，気体の圧力と体積の積 PV が気体分子の平均運動エネルギー $\overline{E_k}$ に比例することであった．（ここで E_k の上のバーは“平均”を意味している．）

$$PV \propto \overline{E_k}$$

しかし，気体の実験研究から理想気体の状態方程式にわたって，PV が比例する別の項，すなわち気体の絶対温度がある．

$$PV \propto T$$

理想気体の法則により，PV は nRT に等しい．PV は T と $\overline{E_k}$ の両方に比例するので，気体の温度が $\overline{E_k}$ に比例することはまちがいない．

$$T \propto \overline{E_k} \qquad (10・8)$$

ボイルの法則　物理学者は，理想気体のモデルを用いて，気体圧力が容器の壁と気体粒子との無数の衝突の効果であることを証明することができた．気体容器の一つの壁が，容器を押込むかまたは引き出して体積を変えることができる可動ピストンであると考えてみよう（図10・13）．体積を半分に減らすと，単位体積当たりの分子数は2倍になる．これは壁の各単位面積当たりの毎秒衝突数を2倍にし，圧力を2倍にするであろう．体積を半分にすると，圧力が2倍になる．これがまさにボイルの発見したことである．

$$P \propto \frac{1}{V} \quad または \quad V \propto \frac{1}{P}$$

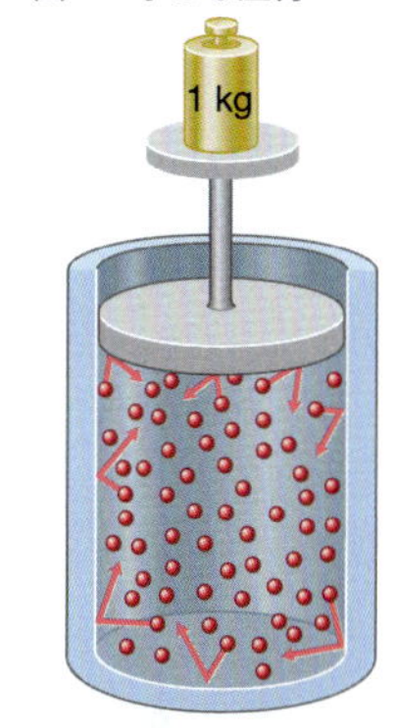

(b)　大きな圧力

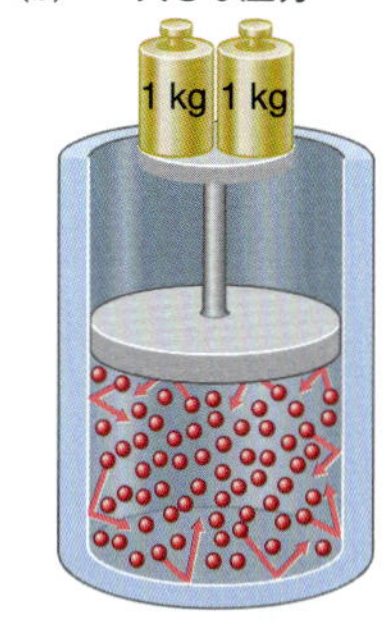

図 10・13　運動論とボイルの法則． (a)から(b)に移って気体の体積がより小さくなると，容器壁の各単位面積当たりの毎秒衝突数が増える．したがって，圧力は増加する．

ゲイ＝リュサックの法則　すでに学んだように，運動論は，温度を上げると気体粒子の平均速度が増加することを示している．より高速では，粒子は容器の壁により頻繁に，より大きな力で衝突する．体積を変えなければ衝突する面積は同じであるので，単位面積当たりの力（圧力）は増加しなければならない．したがって，運動論は，一定量の気体の圧力が（一定体積で）温度にどう比例するかを説明している．これがゲイ＝リュサックの法則である．

シャルルの法則　気体分子の運動論では，体積が変わらなければ，温度を上げると圧力が増加することが予想されることをみてきた．しかし，温度を上げたときに圧力を一定に保つことを仮定してみよう．こうすることができるのは，温度が上昇したときに容器の体積が膨張する（それゆえ，容器の壁の表面積は増加する）場合のみであり，したがって，気体は，P を一定に保つために T の上昇とともに膨張する．これが，P 一定で V が T に比例することを説明する別の方法である．このようにして，運動論はシャルルの法則を説明することができる．

ドルトンの分圧の法則　分圧の法則は実は，互いに引きつけも反発もせずに，衝突の間に直線状に動く理想気体粒子の運動論の第三の仮定の証拠である（図10・14）．互いに相互作用しないことによって，分子は独立に作用するので，各気体はまるで容器中で唯一であるかのようにふるまう．各気体の粒子が独立して作用する場合のみ，

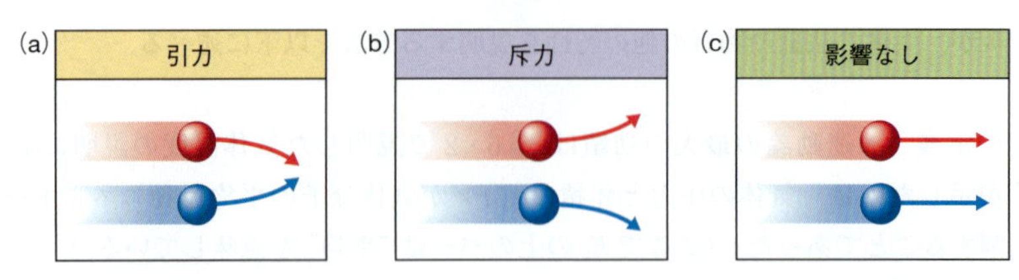

図 10・14　気体分子は，それらが互いに引き合うことも反発もしない場合，独立して作用する． 気体分子は(a)のように互いに引き合うか，(b)のように互いに反発すると，真っすぐには運動しない．それらの気体分子は，壁に衝突する間にもっと運動することになるので，壁との衝突頻度はより少なくなり，これが圧力に影響する．(c)のように，分子が引力または斥力なしで直線状に移動する場合のみ，それらの個々の圧力は分子間の異常接近や衝突に影響されない．

単純に気体の分圧を合計して全圧を与えることができる．

グラハムの法則　グラハムの法則の重要な条件は，分子量の異なる二つの気体の流出率を，同じ圧力と温度で，そして気体分子が互いに妨害しない条件下で比較しなければならないことである．二つの気体が同じ温度をもっているとき，それらの粒子は同一の平均分子運動エネルギーをもっている．分子の質量が異なる（m_1 と m_2）二つの気体を識別するために添字 1 と 2 を用いて，既定温度でそれを次のように書くことができる．

$$\overline{E_{k1}} \propto \overline{E_{k2}}$$

単一分子では，その運動エネルギーは $E_k = mv^2/2$ である．同じ物質の大きな分子群では，平均運動エネルギーは $\overline{E_k} = m\overline{v^2}/2$ であり，ここで $\overline{v^2}$ は二乗速度の平均である（平均二乗速度とよばれる）．既定物質の全分子が同じ質量をもっていることから（それらの質量の平均がちょうどその質量である），質量の上に“平均”を表すバーをつけなかった．

もう一度，二つの気体 1 と気体 2 を比較して，$\overline{v_1^2}$ と $\overline{v_2^2}$ をそれらの分子の二乗速度の平均とする．両方の気体が同じ温度にあるなら，

$$\overline{E_{k1}} = \frac{1}{2}m_1\overline{v_1^2} = \frac{1}{2}m_2\overline{v_2^2} = \overline{E_{k2}}$$

となる．ここで，$\overline{v^2}$ 項の比を得るために式を並べ替える．

$$\frac{\overline{v_1^2}}{\overline{v_2^2}} = \frac{m_2}{m_1}$$

二乗平均平方根速度 root mean square speed, rms speed

次に，両側の平方根を計算する．これを計算すると，$(\bar{v}_1)_{rms}$ と $(\bar{v}_2)_{rms}$ で表す**二乗平均平方根速度**とよぶ量の比を得る．

$$\frac{(\bar{v}_1)_{rms}}{(\bar{v}_2)_{rms}} = \sqrt{\frac{m_2}{m_1}}$$

■6 m s^{-1} と 10 m s^{-1} の速度をもつ二つの分子があるとする．平均速度は(6 + 10)/2 = 8 m s^{-1} である．二乗平均平方根速度は，各速度を 2 乗し，2 乗した値を平均し，その平方根をとることによって得られる．したがって，次の結果が得られる．

$$\bar{v}_{rms} = \sqrt{(6^2 + 10^2)/2} = 8.2\ \mathrm{m\ s^{-1}}$$

二乗平均平方根速度 $\bar{v}_{rms}$ は，実際は気体分子の平均速度と同じではないが，代わりに，平均運動エネルギーをもつ分子の速度を表す．（欄外で言及したように，二つの平均はあまり違わない．）

どのような物質でも，個々の分子の質量はモル質量に比例する．気体のモル質量を *MM* で表すと，これを再び $m \propto MM$ として記述することができる．比例定数はすべての気体で同じである．（m を原子質量単位で表すと，原子質量単位当たりのグラム

単位の質量になる)．二つのモル質量の比をとると，定数は相殺するので，次式のように書くことができる．

$$\frac{(\bar{v}_1)_{\mathrm{rms}}}{(\bar{v}_2)_{\mathrm{rms}}} = \sqrt{\frac{m_2}{m_1}} = \sqrt{\frac{MM_2}{MM_1}}$$

先の式によると，分子の二乗平均平方根速度はモル質量の平方根に反比例する．これはある温度で，高分子の気体分子が低分子の気体分子より平均でゆっくり動くことを意味している．

予想されるように，動きが速い分子は遅い分子より頻繁に容器の壁に穴を見いだすので，より速く流出するであろう．したがって，気体の流出率はその分子の平均速度に比例し，それゆえ $1/\sqrt{MM}$ にも比例する．

$$流出率 \propto \bar{v}_{\mathrm{rms}} \propto \frac{1}{\sqrt{MM}}$$

比例定数として k を用いると，次式を与える．

$$流出率 = \frac{k}{\sqrt{MM}}$$

二つの気体1と気体2を比較し，k を相殺させるように流出率の比をとると，

$$\frac{流出率_{気体1}}{流出率_{気体2}} = \sqrt{\frac{MM_2}{MM_1}}$$

となる．これが，(10・7) 式においてグラハムの法則を表す方法である．このように，別の気体の法則が理想気体のモデルを立証している．

絶対零度の定義　運動論は，温度が分子の平均運動エネルギーに比例することを見いだした．

$$T \propto \overline{E_{\mathrm{k}}} \propto \frac{1}{2}m\overline{v^2}$$

$\overline{E_{\mathrm{k}}}$ がゼロになるなら，温度もゼロにならなければならない．しかし，質量 m はゼロになることができないので，$\overline{E_{\mathrm{k}}}$ がゼロである唯一の道は，v がゼロになるかどうかである．粒子が完全に移動を停止すると，物質は最も冷却された状態になる．それは絶対零度の状態である*．

* 実際，0Kでも，多少の運動があるはずである．それは，粒子の速度と位置の両方を同時に正確に知ることができないこと，すなわちハイゼンベルクの不確定性原理によって要求されているからである．(たとえば，速度を知っているなら，位置に不確実性がある．)

10・8 実在気体

理想気体の法則によると，既定の気体試料の比 PV/T は二つの項の積 nR に等しい．しかし，**実在気体**では PV/T は実際には一定ではない．P の関数として PV/T の実測値をプロットするために O_2 などの実在気体の P, V, T の実測値を使用すると，図10・15に示すような曲線を得る．図10・15における $PV/T = 1$ の水平線は，理想気体のように，PV/T が P のすべての値に対して正確に一定である場合のものである．

実在気体 real gas

実在気体は，酸素のように，二つの重要な理由のために理想的挙動からずれる．第一に，理想気体では分子間に引力が全くないが，実在気体では分子は互いに弱い引力を受ける．第二に，理想気体のモデルは気体分子がきわめて小さく，個々の分子が体積を全くもたないと仮定している．しかし，実際の分子はいくらか空間を占める．

室温と大気圧では，また二つの理由で，ほとんどの気体は理想気体のように振舞う．第一に，分子は分子間力がほとんど感じられないほど，速く動き遠く離れる．結果として気体は，ほとんど引力がないかのように振舞う．第二に，分子間の空間は非常に大きく，分子自身が占める体積は微々たるものである．圧力を2倍にすることによって，気体をほぼ半分の体積に押込むことができる．

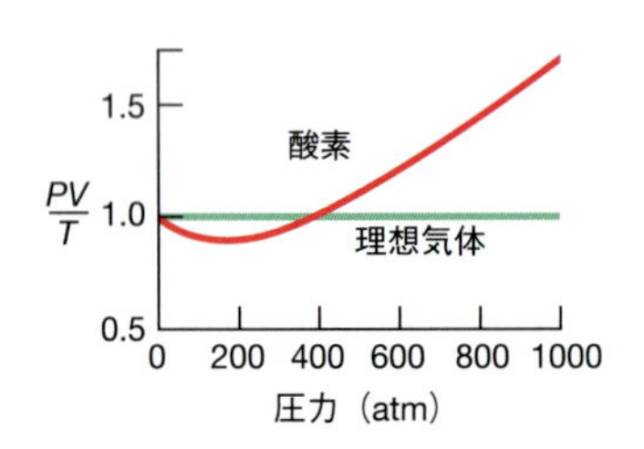

図 10・15　理想気体の法則からのずれ． 図に示すように，理想気体の PV/T 対 P のグラフは直線である．酸素（実在気体）の同じプロットは直線ではなく，O_2 が "理想" でないことを示している．

図10・15をより詳しく調べてみよう．$P=1$ に近い低圧から始めると，気体はしばしば理想気体として振舞う．圧力が増加すると，気体粒子はともに近づかなければならない．気体粒子が近づくにつれて感じる最初の効果は引力である．分子間力は，実在気体の圧力を，理想気体で予測されるより少し低くすることによって明らかになる．引力は，分子が互いの近くを通過するとき，常に分子の軌道を曲げる（図10・16）．分子は理想気体のように直線状に運動しないので，それらは，壁との衝突の間により遠くまで運動する必要がある．その結果，実在気体の分子は，理想気体の場合のようには頻繁に壁に衝突せず，この衝突頻度の減少が圧力を減少させる．したがって，PV/T は理想気体より小さい．図10・15の O_2 の曲線は，ちょうど圧力が増加し始めるときに下がる．

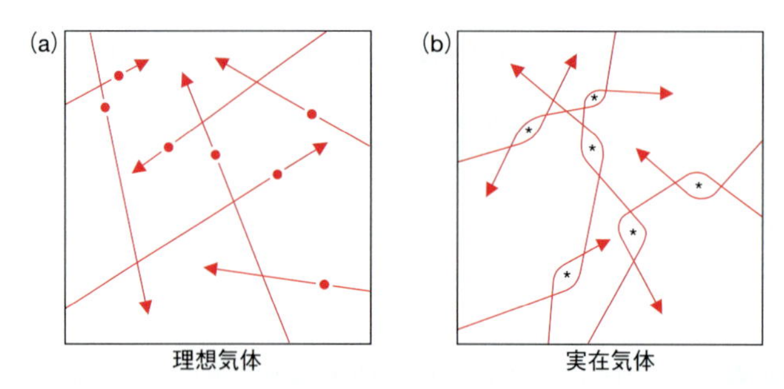

図 10・16　実在気体の圧力に及ぼす引力の影響． (a) 理想気体では，分子は直線的に運動する．(b) 実在気体では，分子が互いを引きつけるので，ある分子が別の分子の近くを通過するとき，軌道が曲がる．星印は，分子が互いに近づいた点を示す．

圧力をさらに上げると，気体分子が多少の空間を占めなければならないという要因は引力より重要になる．圧力の連続的な増加は，個々の粒子自体の体積ではなく，分子間の空いた空間を減らすことになる．したがって，非常に高い圧力では，分子自体が占める空間は全体積の重要な部分になり，圧力を2倍にしても全体積を半分にすることはできない．その結果，実在気体の実際の体積は理想気体で予想されるより大きく，比 PV/T は圧力が増加するとより大きくなる．これは図10・15のグラフ右側の O_2 でみられる．

ファンデルワールスの式

個々の実在気体の実験データによりよく当てはまる式を得るために，理想気体の状態方程式を修正する試みが多くなされてきた．その成功例の一つがオランダの科学者ファン・デル・ワールスによるものであった．彼は，気体法則の式に実測値をよりよくあてはめるために P と V の値を補正する方法を見いだした．彼が導いた結果は**ファンデルワールスの実在気体の状態方程式**とよばれている．理想気体の法則にあてはまる式を得るために，P と V の実測値に彼が補正した方法を簡単にみてみよう．

ファン・デル・ワールス J. D. van der Waals, 1837～1923. 彼は1910年にノーベル物理学賞を受賞した．

ファンデルワールスの実在気体の状態方程式 van der Waals equation of state for a real gas

周知のとおり気体が理想的であるなら，その気体は次の方程式に従う．

$$P_{\mathrm{ideal}}V_{\mathrm{ideal}} = nRT$$

しかし，実在気体では，測定圧力 P_{meas} と測定体積 V_{meas} を使用すると理想気体の法則に従わない．その理由は，実在気体分子の間の引力の結果として P_{meas} が P_{ideal} より小さいためと，実在分子が多少空間を占めることにより V_{meas} が V_{ideal} より大きいためである．したがって，圧力と体積を理想気体の法則に従わせるためには，測定圧力に補正項を加え，測定体積から補正項を引かなければならない．それがまさしく，ファン・デル・ワールスが行ったことであり，彼の式を次に示す．

測定圧力　測定体積

$$\left(P_{\mathrm{meas}} + \frac{n^2a}{V^2}\right)(V_{\mathrm{meas}} - nb) = nRT \qquad (10 \cdot 9)$$

分子間力によって生じる圧力減少の補正項　実在気体がもつ体積に対する補正項

ファンデルワールス定数 van der Waals constant

定数 a と b は**ファンデルワールス定数**とよばれている（表10・3）．これらは，さまざまな条件下で P, V, T を慎重に測定することによって各実在気体について決定することができる．実際，実測値に対してとファンデルワールスの状態方程式が最もよく一致する定数が算出されている．

a は理想気体の法則の圧力項への補正項の定数であり，分子間の引力に関する情報を示すことに注意しよう．a の値が大きいほど分子間の引力が強いことを意味している．したがって，水とエタノールのように最も容易に液化できる物質はファンデルワールス定数 a が最大値をもっており，それらの分子間の引力が比較的強いことを示唆している．

b は分子自体が占める体積の補正項の定数であり，気体の大きさに関する情報を示す．b の値が大きいほど大きな分子を意味する．表10・3の貴ガスの b の値をみると，原子がヘリウムからキセノンに向って大きくなるにつれて，大きくなることがわかる．次章では，物質の物理的状態（特に引力とそれらの起源）を支配する因子を学ぶ．

表 10・3 ファンデルワールス定数

物質	a (L^2 atm mol^{-2})	b (L mol^{-1})	物質	a (L^2 atm mol^{-2})	b (L mol^{-1})
貴ガス			O_2	1.360	0.03183
He	0.03421	0.02370	N_2	1.390	0.03913
Ne	0.2107	0.01709	CH_4	2.253	0.04278
Ar	1.345	0.03219	CO_2	3.592	0.04267
Kr	2.318	0.03978	NH_3	4.170	0.03707
Xe	4.194	0.05105	H_2O	5.464	0.03049
その他の気体			C_2H_5OH	12.02	0.08407
H_2	0.02444	0.02661			

11

分子間力，液体，および固体の性質

固体・液体・気体などの物質の状態変化は，構成する分子の分子間力に関係する

10 章では気体の物理的性質を述べ，すべての気体が化学組成にかかわらず，きわめて似たふるまいをすることを学んだ．しかし，物質を液体または固体状態（凝集状態）で比較すると，状況は全く異なる．物質が液体または固体であるとき，その粒子は密に詰込まれており，分子間力とよぶ粒子間の力は気体の場合に比べてきわめて強い．化学組成と分子構造は，粒子間にはたらく力の強さを決定するうえで重要な役割を果たし，また物質が液体または固体であるとき，この分子間力が物質固有のふるまいをひき起こしている．

観測可能な特性と分子レベルでの物質の状態の違いの両方に関して物質の状態間の基本的違いをみることから学習を始める．物質の一つの観測可能な特性は結晶の形状である．たとえば，米国ワイオミング州にある 386 m のデビルズ・タワー（悪魔の塔）は，マグマが地上で冷却するときにできた柱状節理であり，六角形の形状をもつ巨大結晶である．この巨大結晶の形状はこれらの岩石の微視的な分子構造に対する洞察を与えてくれる．ほかにも日常の観察から物質の基本的性質を説明することができる．

本章では，分子を凝集させている分子間力が液体と固体の物理的性質にどう影響するか，そして状態変化と関連したエネルギー変化にどう影響するかを調べる．最後に，結晶の構造と特性を考察する．

学 習 目 標

- 双極子間引力，水素結合，ロンドン力を含むおもな分子間力の説明
- 分子間力が巨視的性質に及ぼす影響の説明
- 状態変化の理解と動的平衡概念の利用
- 蒸気圧の意味，および蒸気圧が分子間力の相対的強さを反映していることの説明
- 沸点と標準沸点の概念の理解
- 状態変化に含まれるエネルギー変化の計算
- 相図の理解と利用
- 状態変化の理解とルシャトリエの原理の利用
- モル蒸発エンタルピーの計測実験の説明
- 分子の幾何学的繰返しによる結晶構造の図解説明
- X 線結晶学の基礎の図解説明
- 分子間力が結晶型の特性を決定することの説明

11・1 分 子 間 力

気体，液体，固体の間には誰もがよく知っている明確な違いがある．たとえば，どんな気体でも，また他の気体と混合した場合でも，利用できる体積が何であれ，それに応じて膨張しその体積を満たす．しかし，液体と固体はある容器から別の容器に移しても一定の体積を保つ．角氷などの固体はその形状を保つが，ソーダなどの液体は

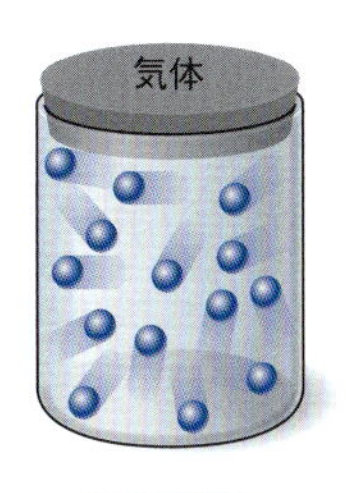

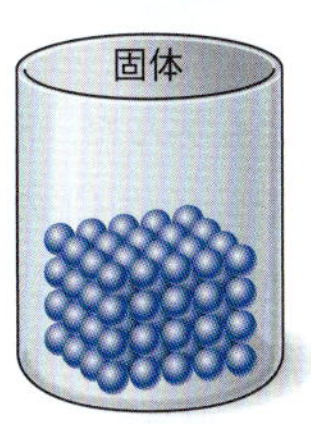

	巨視的な観察事象	分子の性質
気体	• 容易に圧縮できる • 自発的に容器全体に広がる	• 分子と分子の間には空らの広い空間がある • ランダムな運動 • 分子間力は非常に弱い
液体	• 体積は維持される • 形状は容器の形に依存する • 流れることが可能である • ほとんど圧縮できない	• 分子は密に詰まっているが，規則正しさはほとんどない • 分子は困難なく互いに通過することができる • 分子間力は相対的に強い
固体	• 体積は維持される • 形状も維持される • 実質的に圧縮できない • しばしば巨視的な結晶の形状をもつ	• 分子は密に詰まっており，規則正しく並んでいる • 分子は特定の場所に固定されている • 分子間力は非常に強い

図 11・1 気体，液体，および固体の一般的特性． これらの状態の特性は，分子の充塡の程度と分子間力の強さの観点で理解することができる．

それを入れる瓶やガラスの形状に従う．このような特性は，図 11・1 に要約する物質の 3 状態における粒子の分布の仕方という観点から理解することができる．

距離と分子間力

これまで磁石を扱ったことがあるなら，それらの間の距離が長くなると，それらの引力が急速に弱まることを知っている．同様に，分子間力は分子間の距離に影響される．気体中では分子は遠く離れており，分子間力は無視できる．その結果，化学組成は気体の特性にほとんど影響しない．しかし，液体または固体では分子間の距離はより近く，引力ははるかに強い．化学組成の差によって起こるこれらの引力の差は大きく増幅されるので，液体と固体の物理的性質は化学組成に大きく依存する．

■二つの分子が近いほど，それらは互いに強く引き合う．

分子間力は，分子内の原子間結合よりはるかに弱い．分子内の原子間結合は，**分子内力**とよばれる．たとえば，NO 分子では，N と O 原子は共有結合によって互いに非常に堅く保持されており，NO の化学的性質に影響を及ぼすのがこの結合強度である．化学結合は強いため，分子が動き回っても，分子はそのまま保持される．特定の窒素原子が動くとき，それに結合した酸素原子は強制的に引っぱられていく（図 11・2）．対照的に，隣接する NO 分子間の引力ははるかに弱い．事実，それらは NO 中の共有結合のわずか約 4% の強さである．これらのより弱い引力が，液体 NO と固体 NO の物理的性質を決定する．

分子間力 intermolecular force

分子内力 intramolecular force

本節で考察する分子間力は数種類ある．それらはすべて共通するものをもっている．すなわち，それらは正負の部分電荷間の引力から生じる．全体として，それらの分子間力は，実在気体の挙動を研究したファン・デル・ワールスの名前にちなんで，**ファンデルワールス力**とよばれている．

ファン・デル・ワールス J. D. van der Waals

ファンデルワールス力 van der Waals force

双極子–双極子引力

§8・6 と §9・3 で，分子が極性か無極性かをどのように決定するか学んだ．また，

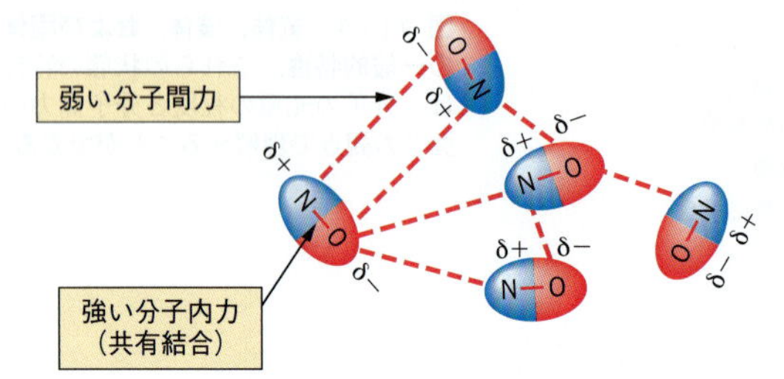

図 11・2　一酸化窒素における分子内と分子間の引力. 強い分子内力(共有結合)は NO 分子内の N と O 原子の間に存在する．これらの引力は NO の化学的性質を支配する．より弱い分子間力は隣接する NO 分子の間に存在する．分子間力はこの物質の物理的性質を支配する．

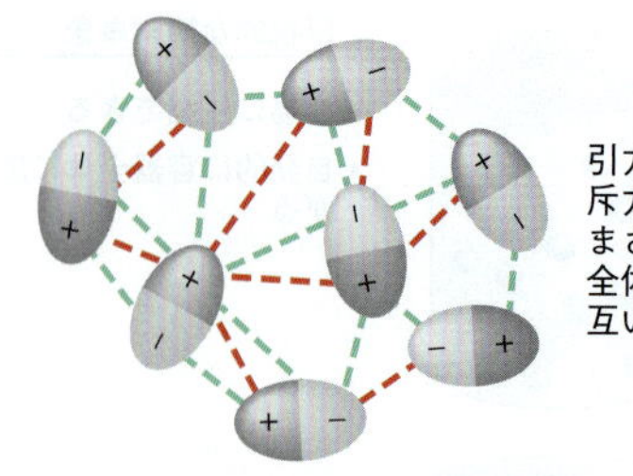

図 11・3　双極子–双極子引力. 極性分子間の引力は，逆電荷が互いに近づき，同電荷ができる限り遠く離れるように，分子自身が配置する傾向があるために起こる．その配置は，分子が常に動き衝突しているので不完全である．

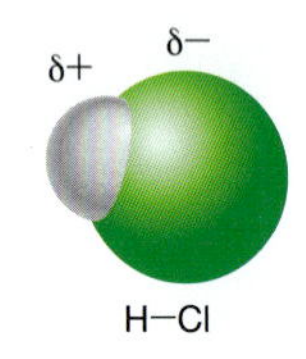

原子の電気陰性度が分子の極性の大きさの評価に役立つことも学んだ．8 章と 9 章で決定した極性は永久双極子による．たとえば，HCl のような分子は Cl の高い電気陰性度のため電子が Cl に引っ張られるので，常に部分負電荷を塩素原子にもっている．その結果，HCl は水素から塩素に電子が引き込まれ，常に水素原子に部分正電荷をもっている．これらの部分電荷は常に存在するため，HCl は**永久双極子**となる．

永久双極子 permanent dipole

逆の電荷どうしは引き合うので，極性分子は一つの双極子の部分正電荷をもつ端がもう一つの部分負電荷をもつ端に近いように並ぶ傾向がある．しかし，分子は自らの熱エネルギー(分子運動エネルギー)のために絶えず動いており，それらは衝突し，時には二つの負(または二つの正)端が近づき，それらは互いに反発する．全体として，引力はより長く続いて，反発より有効であり，その結果，図 11・3 に示すような正味の引力が双極子の間に存在する．この種の分子間力は**双極子–双極子引力**に分類される．

双極子–双極子引力 dipole–dipole attraction

衝突が双極子の配置のずれを招くこと，そして引力が部分電荷の間にのみあることから，双極子–双極子引力は共有結合よりはるかに弱く，1〜4%にすぎない．双極子–双極子引力は距離とともに急速に減少し，一対の双極子を分離するために必要なエネルギーは $1/d^3$ に比例する．ここで d は双極子間の距離である．

水 素 結 合

水素は原子半径が非常に小さく，高い電気陰性度の原子（通常，フッ素，酸素，または窒素）と接近することができ，強い分子間力を生じる．これは，双極子–双極子引力のなかで特に強いものであり，**水素結合**とよばれている．電気的に陰性の原子は電子密度を自身のほうに引きつけて，比較的大きな部分負電荷を得る．同様に，水素も同じ大きな部分正電荷をもち，隣接する原子の部分負電荷を強く引きつける．次の構造は，水素結合（点線）が形成できるしくみをいくつか示している．

水素結合 hydrogen bond

■ 水素結合は共有結合ではない．水中では，H_2O 分子内に酸素–水素共有結合があり，H_2O 分子間に水素結合がある．

```
H3CH2C              CH2CH3                 CH2CH3
       \           /                      /
        N—H···NH                 F—H···NH                F—H···OH
       /           \                      \                      \
H3CH2C              CH2CH3                 CH2CH3                 H

H3CH2C              CH3          H
       \           /              \
        O—H···NH                   O—H···OH              F—H···F—H
                   \                       \
                    CH3                     CH3
```

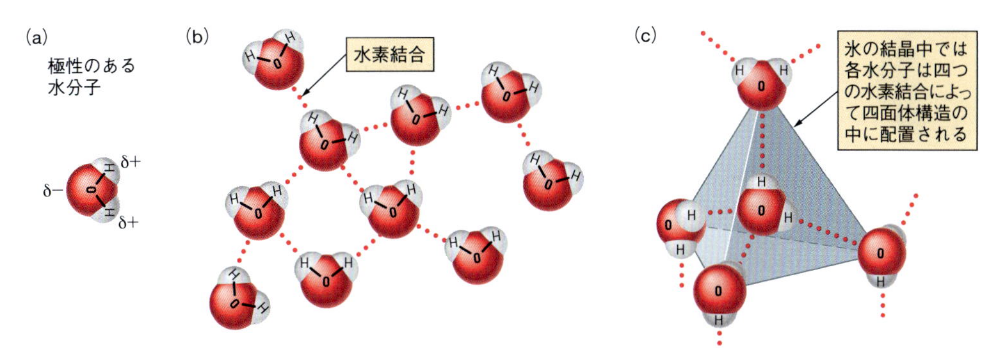

図 11・4 水中の水素結合. (a) 極性水分子. (b) 水素結合は液体中で水分子間に強い引力を生じる. (c) 氷の中の水分子間の水素結合(点線). 氷の中では，各水分子は四面体配置の四つの水素結合によって保持される.

水素結合はF−H，O−H，N−H間で形成されるが，原子間の極性が大きく，また非常に小さい原子に部分電荷が集中しており，原子どうしがかなり接近することができる．このため，水素結合は分子間力のなかでは非常に強く，通常，他の双極子−双極子引力より約5〜10倍強い.

水中の水素結合と生体系　ほとんどの物質は，液体から固体に変わるときに，より密になる．しかし，水は異なる（図11・4）．液体の水において，水分子は動き回るときに絶えず壊れては再形成する水素結合をもつ（図11・4b）．しかし，水が凍り始めると，水分子は適当な位置に固定されるようになり，各水分子は四つの水素結合で結びつけられる（図11・4c）．その結果として固体の構造は同じ量の液体より大きな体積を占めるので，氷は液体より密ではない．このため，角氷や氷山はより密度の高い液体の水に浮かぶ．凍結水の膨張は，浸食の原因でもあり，水が亀裂中に浸透したあと，凍結するときに岩石を割る．北方の都市では凍結水が舗装道路を壊して，通りと歩道に窪みをつける．

水素結合は，私たちの体内の多くの分子がN−HとO−H結合を含んでいることから，生体系において特に重要である．その例はタンパク質とDNAである．タンパ

■アミノ酸については8章において簡単に考察した．ポリペプチドは高分子の例である．これは，多くの単量体(ポリペプチドでは，アミノ酸)が互いに連結した大きな分子である．

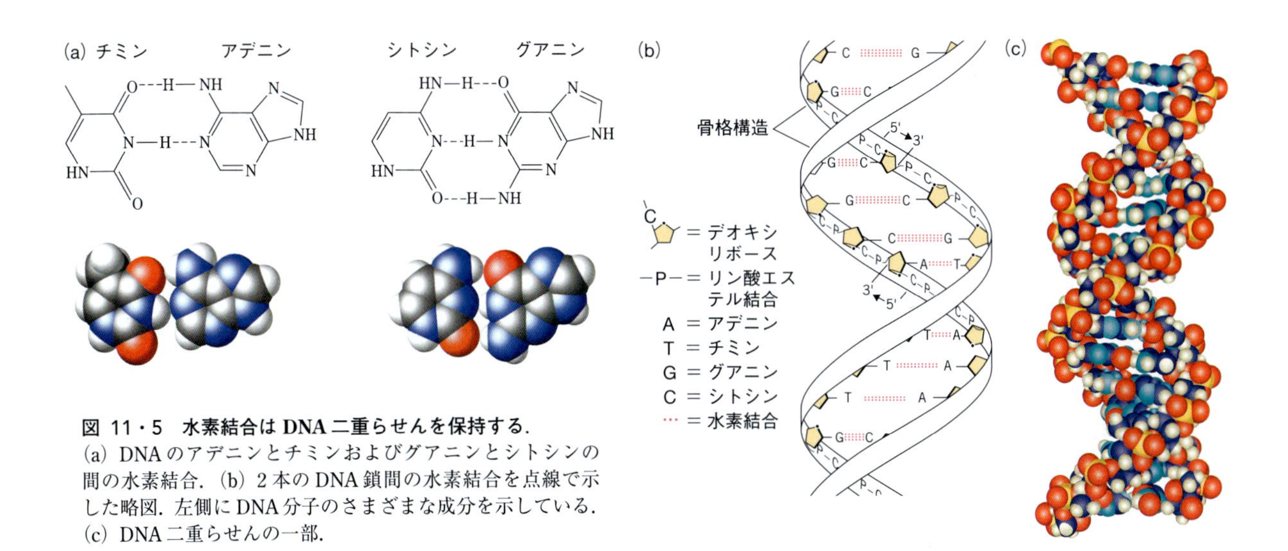

図 11・5 水素結合はDNA二重らせんを保持する.
(a) DNAのアデニンとチミンおよびグアニンとシトシンの間の水素結合. (b) 2本のDNA鎖間の水素結合を点線で示した略図. 左側にDNA分子のさまざまな成分を示している. (c) DNA二重らせんの一部.

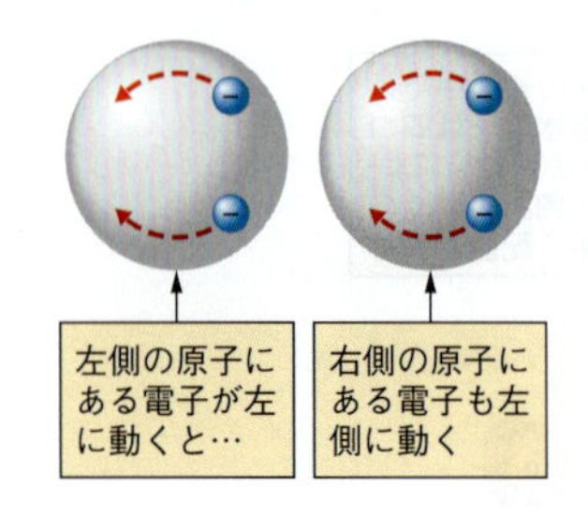

ク質は，隣接するアミノ酸のカルボキシ基とアミノ基が脱水縮合して形成された高分子（ポリペプチド）である．ポリペプチド鎖の一部を次に示す．

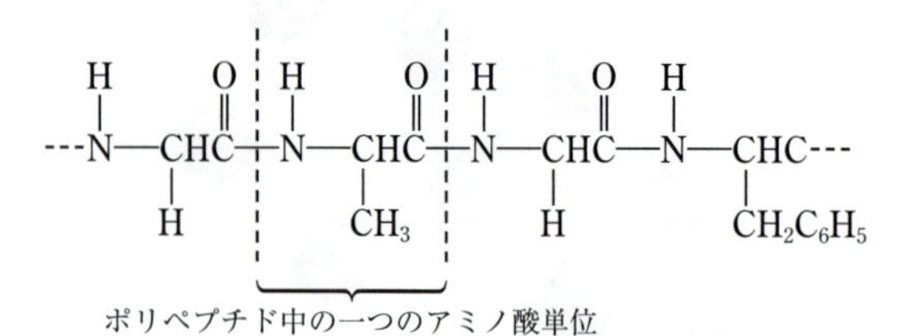

鎖の一部のN−H単位ともう一つのC=O基の間の水素結合は，生体機能におおいに影響するタンパク質の形状決定に役立つ．水素結合はまた図11・5に示すように，遺伝情報を伝えるDNAの二重らせん構造の形成にかかわっている．

ロンドン力

双極子–双極子引力や水素結合による引力はまた，極性化合物が容易に液体に凝縮する理由の説明を与えてくれる．貴ガス，Cl_2，CH_4 などの無極性分子が液体に（冷却か圧縮すると固体にさえ）凝縮する能力があることから証明できるように，無極性物質もまた分子間に引力を受けるはずである．

1930年にドイツの物理学者ロンドンは，極性のない物質中の粒子が分子間力をどのように受けることができるか明らかにした．彼は，どの原子や分子でも，電子が常に動いていることに注目した．二つの隣接粒子のそのような運動を調べることができれば，一方の電子の動きがもう一方の電子の動きに影響することがわかるであろう．電子は互いに反発するので，一方の粒子の電子がもう一方の粒子に近づくと，2番目の粒子の電子は押しのけられる．これは，電子が動き回るときに連続的に起こるので，ある程度，2粒子の電子密度は同時に前後に揺らぐ．これを一連の電子密度の瞬間の模様として図11・6に示す．どんな瞬間でも粒子の電子密度は非対称であり，片側により多くの負電荷をもっていることに注意する．その特定の瞬間，粒子は**双極子**をもつことになり，それを**瞬間双極子**とよぶ．

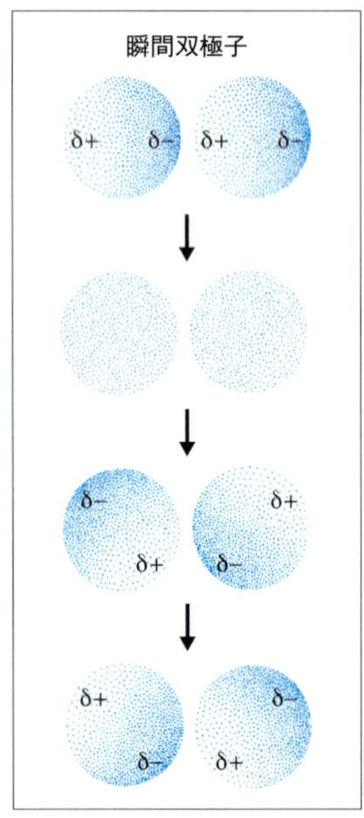

図 11・6　二つの隣接粒子におけるある瞬間の電子密度の図． 双極子が瞬間的に存在する間，双極子の間には引力がはたらく．

ロンドン Fritz London

双極子 dipole

瞬間双極子 instantaneous dipole

誘起双極子 induced dipole

瞬間双極子が一つの粒子に発現するとき，それは隣りの電子密度を非対称にする．その結果，2番目の粒子も双極子になる．それが最初の双極子の形成によって誘起されることから，これを**誘起双極子**とよぶ．双極子が形成されるしくみのため，双極子の正に分極した端は常に，もう一つの双極子の負に分極した端の近くにあるので，分子間に分子間力がはたらく．電子は動き続けるので，非常に短命な引力であり，引力が形成するとすぐに双極子は消えてしまう．しかし，別の瞬間には双極子は異なる方向に再び現れ，別の短命な双極子–双極子引力が形成されることになる．このように，短命な双極子は粒子間に瞬間的な引力を生成する．時間で平均すると，全体として正味の引力が存在することになる．その引力はある時間に“起こる”だけなので，比較的弱い引力になる．

ロンドン力 London force

ロンドン分散力 London dispersion force

分散力 dispersion force

■ロンドン力は，粒子間の距離 d が増加すると急激に減少する．ロンドン力によって保持された粒子を分離するために必要なエネルギーは $1/d^6$ に依存して変化する．

このように考察した瞬間双極子–双極子引力は瞬間双極子–誘起双極子引力とよばれている．これらはまた**ロンドン力**（**ロンドン分散力**または**分散力**）ともよばれている．

ロンドン力はすべての分子とイオンの間に存在している．ロンドン力は無極性分子間にはたらく唯一可能な分子間力であるが，逆の電荷のイオン間でも起こる．しかし，逆の電荷のイオン間にはたらくロンドン力の影響は，イオン間のクーロン引力に比べて相対的に弱い．

ロンドン力の強さ　沸点を用いて，分子間力の強さを比較することができる．本章の後でより詳細に説明するように，沸点が高いほど液体中の分子間力は強い．

ロンドン力の強さはおもに三つの因子に依存する．一つは粒子の電子雲の**分極率**である．これは電子雲がどれほど容易に歪むことができるかの基準であり，瞬間双極子と誘起双極子を形成する容易さである．一般に電子雲の体積が増加すると，その分極率も増加する．電子雲が大きいとき，外側の電子は一般に，核（粒子が分子なら複数核）によってあまり堅く保持されない．これは電子雲を“柔らかく”し，容易に変形させるので，瞬間双極子と誘起双極子が容易に形成される（図11・7）．結果として，大きな電子雲をもつ粒子は小さな電子雲をもつ粒子より強いロンドン力を受ける．

分極率 polarizability

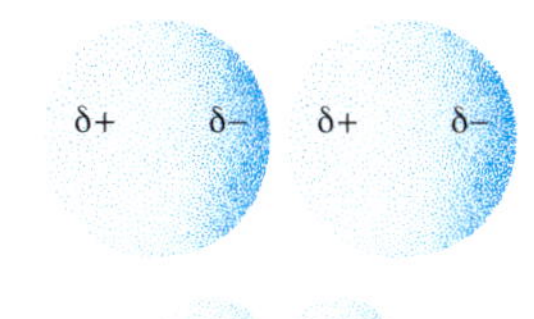

図 11・7　ロンドン力の強さに及ぼす分子の大きさの影響．大きい電子雲は小さいものより容易に変形するので，大きな分子中では，瞬間双極子の反対端の電荷は小さな分子中より大きい．したがって，大きな分子は小さな分子より強いロンドン力を受ける．

ハロゲンまたは貴ガスの沸点を比較すると，その大きさの効果をみることができる（表11・1）．原子が大きくなるにつれて強くなる分子間力（より強いロンドン力）を反映して，沸点は原子の大きさとともに上昇する．原子半径は，一般に，その質量とともに増加するので，質量が原子の分極率を決定すると誤解するかもしれない．しかし，分極率を決定するのは，電子雲の広がりと変形の容易さである．

ロンドン力の強さに影響する第二の因子は分子中の原子数である．同じ元素を含む分子では，表11・2の一覧表示した炭化水素が示すように，ロンドン力は分子中の原子数とともに増加する．原子数が増えると，瞬間双極子が生じて，ロンドン力をもたらす場所がそれらの長さに沿ってより多くある（図11・8）．各位置の引力の強さがほぼ同じでも，より長い分子間で受ける総引力はより大きい*．

＊　ロンドン力の全体強度に及ぼす多数の原子の影響は，ベルクロ(Velcro)やマジックテープ(Magic tape)のループ-フック層間の結合(面ファスナー)と比較することができる．個々のループ-フック付着はあまり強くないが，それらが多数含まれるときには，ベルクロやマジックテープの全体の結合は強力である．

ロンドン力の強さに影響する第三の因子は分子の形状である．同数の同種類の原子

表 11・1　ハロゲンと貴ガスの沸点

17族	沸点(°C)	18族	沸点(°C)
F_2	−188.1	He	−268.9
Cl_2	−34.6	Ne	−245.9
Br_2	58.8	Ar	−185.7
I_2	184.4	Kr	−152.3
		Xe	−107.1
		Rn	−61.8

表 11・2　炭化水素の沸点

分子式	1atm での沸点(°C)
CH_4	164
C_2H_6	−88.6
C_3H_8	−42.1
C_4H_{10}	−0.5
C_5H_{12}	36.1
C_6H_{14}	68.7
$C_{10}H_{22}$	174.1
$C_{22}H_{46}$	368.6

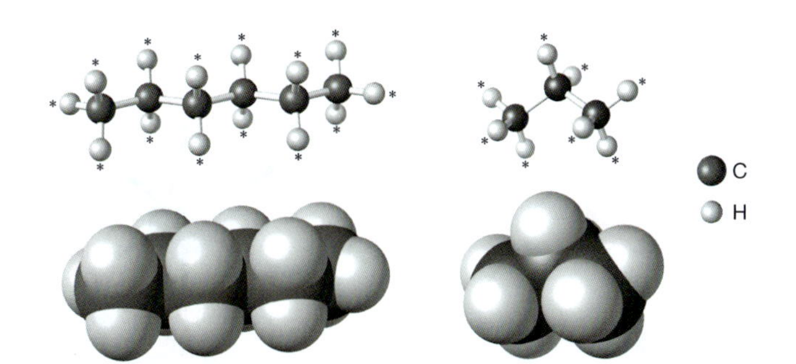

図 11・8　分子中の原子数はロンドン力に影響する．球棒模型と空間充塡模型の両方で示したC_6H_{14}分子(左)は,近くの他の分子に引き寄せられる部位(＊で示す)を，短いC_3H_8分子(右)に比べて，その鎖に沿って多くもっている．結果としてヘキサンC_6H_{14}の沸点(68.7 °C)はプロパンC_3H_8の沸点(−42.1 °C)より高い．

をもっている分子でさえ，コンパクトな形状をもつ分子は長鎖状分子より弱いロンドン力を受ける（図 11・9）．$(CH_3)_4C$ 分子はコンパクトな形状のため，隣接分子と相互作用することができる領域は鎖状 $CH_3(CH_2)_3CH_3$ 分子より小さい．

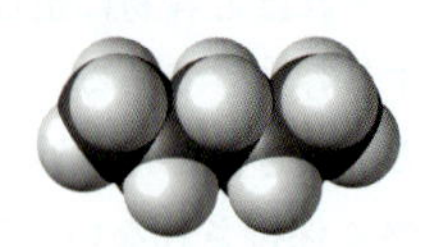

図 11・9　分子の形状はロンドン力の強さに影響する． 化学式 C_5H_{12} をもつ二つの化合物を示す．すべての水素原子がこれらの空間充填模型で見えてはいない．小さなネオペンタン分子 $(CH_3)_4C$ は直線状 *n*-ペンタン分子 $CH_3CH_2CH_2CH_2CH_3$ より隣接分子と相互作用する領域が少ないので，全体的に分子間力は小さな分子のほうが弱い．

要約すると，すべての物質はロンドン力を受ける．極性のある分子はまた双極子–双極子引力を受ける．

イオン–双極子引力とイオン–誘起双極子引力

本章は純物質中の同一分子間の引力をおもに扱う．純物質中の中性分子間にはたらく引力が混合物中でも生じることがわかっており，次の章で話題にする．ここでは，分子と相互作用するイオンを考察することによって引力の一覧表を完成しよう．イオンは二つの型の引力を生成する．たとえば，イオンは，極性分子の荷電した端を引きつけて**イオン–双極子引力**を生じることができる．たとえば，イオン化合物が溶けて水和イオンを形成するとき，イオン–双極子引力が生じている．陽イオンは，水分子の負に分極した端を陽イオンに向けて配向する水分子によって囲まれる．同様に，陰イオンは水分子の正に分極した端を引きつける．これを図 11・10 に示す．これと同じ相互作用は固体状態中でも同様に保持することができる．たとえば，塩化アルミニウムは化学式 $AlCl_3 \cdot 6H_2O$ の水和物として水から結晶化する．そのなかで，Al^{3+} は，図 11・11 に示すように八面体の頂点で水分子によって取囲まれ，イオン–双極子引力によって保持されている．

イオン–双極子引力 ion–dipole attraction

イオンはまた近くの分子の電子雲を分極させ，それによって隣接分子に双極子を誘起することができる．これは**イオン–誘起双極子引力**をもたらし，イオンの電荷は通

イオン–誘起双極子引力 ion–induced dipole attraction

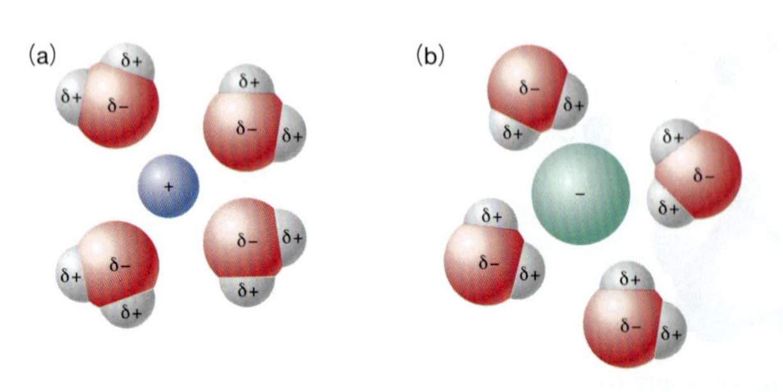

図 11・10　水分子とイオン間のイオン–双極子引力． (a) 水分子の負に分極した端が陽イオンに引きつけられる．(b) 水分子の正に分極した端が陰イオンに引きつけられる．

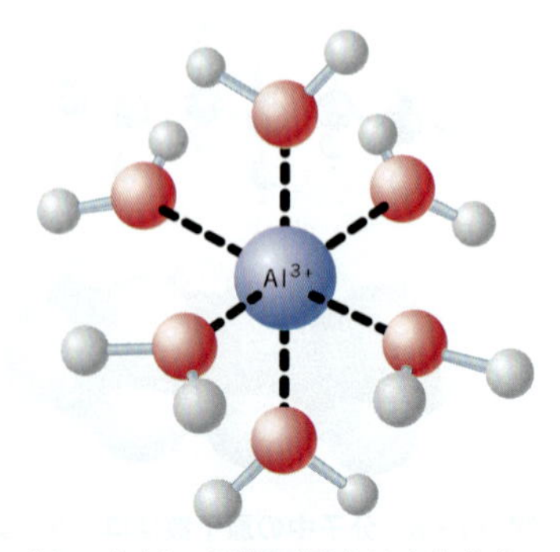

図 11・11　イオン–双極子引力は水和物中に水分子を保持する． 水分子は $AlCl_3 \cdot 6H_2O$ のアルミニウムイオンのまわりの八面体の頂点に配置される．

常のロンドン分散力に関与する瞬間電荷のように生成・消滅することはないので，きわめて強くなる．その結果，イオンによって誘起された双極子がより長い時間持続し，全体の引力は標準的なロンドン力より大きい．

分子間力の種類と強さの比較

本節では，さまざまな異なる型の分子間力とそれらの分子間力が現れる物質の種類について述べてきた．この知識により，物質の分子構造を知れば，分子間力の性質と相対強度の評価を行うことができるはずである．分子間力の知識は，異なる物質の物理的性質をどのように比較するか理解し，時には予測することを可能にする（表11・3）．たとえば，沸点は分子間力の強さに依存する特性であることはすでに述べた．異なる物質における分子間力を比較することによって，それらの物質の沸点をどのように比較するか予測することができる．これを例題11・1に示す．

表 11・3 分子間力のまとめ

分子間力の種類	実際に引力を生じる場面	共有結合に対する相対的な強さ
双極子–双極子引力	永久双極子をもつ分子間で生じる（例，極性分子）	1〜5%
水素結合	N−H 結合，O−H 結合，F−H 結合をもつ分子で生じる	5〜10%
ロンドン力	原子，分子，イオンなどすべての粒子間に生じる	分子の大きさと形に依存する．大きな分子は弱い引力の効果が累積することで，全体としては大きな力を生じる
イオン–双極子引力	イオンと極性分子が相互作用する場合に生じる	約10%．分子の電荷や極性による
イオン–誘起双極子引力	イオンに隣接する原子や分子に新たに双極子を生む場合に生じる	イオンの電荷や隣接分子の分極率に依存する

例題 11・1 分子間力の強さを比較して物質の特性を予測する

以下はエタノール（エチルアルコール）とプロピレングリコール（非毒性不凍液として使用される化合物）の構造式である．これらの化合物のどちらが，より高い沸点をもつと予想されるか．

```
     H   H             H   H   H
     |   |             |   |   |
 H—C—C—OH      H—C—C—C—OH
     |   |             |   |   |
     H   H             H   OH  H
   エタノール        プロピレングリコール
```

指針 沸点は分子間力の強さと関連し，引力が強いほど沸点は高い．したがって，分子間力の種類，そしてどの化合物がより強い分子間力をもっているかを決定できれば解答できる．

解法 用いる手法は分子間力の種類とそれらの相対的強さ，これらの相互作用が液体の沸点にどう影響するかを把握することである．

解答 ロンドン力はすべての分子間に存在しているので，問題にある2種類の物質もロンドン力を受けている．ロンドン力は分子が大きくなるほど強くなるので，ロンドン力はプロピレングリコールのほうが強いはずである．

構造をみると，両物質がOH基（エタノールは1個，プロピレングリコールは2個）を含んでいることがわかる．これは，両方の液体に水素結合が存在することが予想される．エタノール中よりプロピレングリコール中に分子当たりのOH基が多くあるので，エチレングリコール分子の方が水素結合に関与する機会がより多いと考えられる．このことがプロピレングリコール中の水素結合をより強くしている．

したがって，ロンドン力および水素結合の引力がエタノールよりプロピレングリコールで強いので，プロピレングリコールがより高い沸点をもつことを示唆している．

確認 成書などで確認し，エタノールの沸点が78.5 ℃，プロピレングリコールの沸点が188.2 ℃であることがわかる．

練習問題 11・1 以下の物質を沸点が最も低い物質から最も高い物質に並べよ．

(a) KBr, $CH_3CH_2CH_2CH_2CH_3$, CH_3CH_2OH

(b) $CH_3CH_2NH_2$, $CH_3CH_2OCH_2CH_3$, $HOCH_2CH_2CH_2CH_2OH$

11・2　分子間力と物理的性質

本章の導入において，液体と固体の特徴をいくつか簡単に述べた．ここでは，より詳細な説明を続け，分子の充填の仕方に依存する二つの特性（すなわち圧縮率と拡散）を調べることから始める．その他の特性は，分子間力の強さ，体積または形状の保持のような特性，表面張力，表面を濡らす液体の能力，液体の粘度，および固体または液体の蒸発する傾向により強く依存する．

充填の密度に依存する特性

圧縮率 compressibility

圧縮率　物質の**圧縮率**はより小さい体積に押込まれる能力の指標である．気体は分子が遠く離れているので，非常に圧縮しやすい（図 11・12a）．しかし，液体または固体中では，空間のほとんどは分子によって占められていて，他の分子を詰込む空き空間はほとんどない（図 11・12b）．結果として，圧力をかけることによって液体

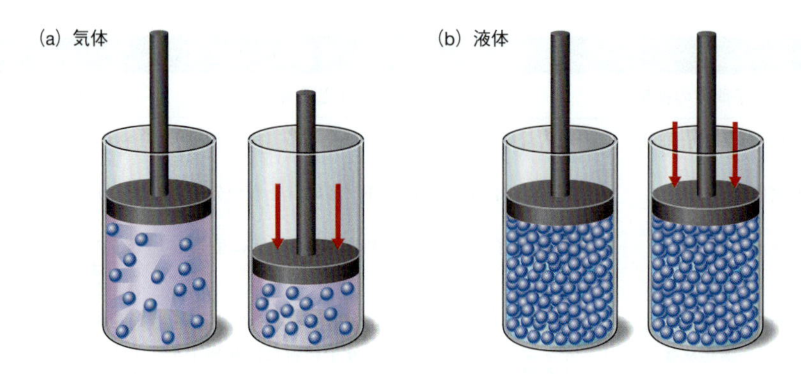

図 11・12　分子レベルでみた気体と液体の圧縮． 矢印は加えた圧力を示す．(a) 気体は分子が遠く離れているので容易に圧縮できる．(b) 液体は分子が互いに詰め込まれているので非圧縮性である．

または固体をより小さい体積に圧縮することは非常にむずかしいことから，これらの物質の状態はほとんど**非圧縮性**であるという．これは有用な特徴である．たとえば自動車のブレーキを踏むとき，足で加える圧力をホイールのブレーキシューに送るために，ブレーキ液の非圧縮性に頼っている．液体の非圧縮性はまた，重い物を持ち上げたり，動かす力を送るために流体を用いる流体力学工学の基礎である．

非圧縮性 incompressibility

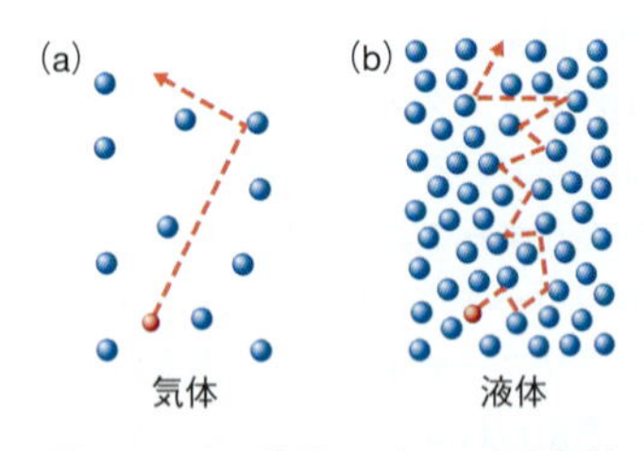

図 11・13　分子レベルでみた気体と液体の拡散． (a) 気体の拡散は，広い空間の中の分子間で起こる衝突が比較的少ないので速い．(b) 液体の拡散は，狭い領域における粒子間の多数の衝突のため遅い．

拡　散　拡散は液体中より気体中ではるかに急速に起こり，固体中ではほとんど起こらない．気体では図 11・13 に示すように，衝突の間に比較的長い距離を移動するので，分子は急速に拡散する．しかし液体中では，既定の分子は動き回るときに何度も衝突するので，動くのにより長い時間がかかり，拡散は気体に比べてはるかに遅くなる．固体内拡散は，固体の粒子が堅く保持されているので，室温ではほとんど起こらない．しかし，高温では，固体の粒子は十分な運動エネルギーを得て互いを軽く揺動させながら通過し，拡散がゆっくり起こる．そのような高温の固体拡散は，コンピューターやスマートフォンの最新の電子回路を生産するために用いられている．

分子間力の強さに依存する特性

体積と形状の保持　気体中では分子間力は弱く，分子が互いに離れて容器全体を満たすのを妨げることができないので，気体は図 11・1 に示したようにその容器の形状と体積に順応する．しかし，液体と固体中では引力ははるかに強く，粒子を密に保持することができる．その結果，液体と固体は容器の大きさにかかわらず同じ体積を保

持する．固体中では引力は液体中よりいっそう強い．固体中の引力は粒子を堅く保持するので，固体はある容器から別の容器に移動するときもその形状を保つ．

表面張力 液体の特に明らかな特性は表面張力で，最小表面積をもたらす形状を求める液体の傾向と関連している．既定の体積での最小表面積の形状は（立体幾何学の原理である）球であり，液滴が小球になる傾向の理由である．

■水の表面張力は強い水素結合のため，どの有機溶媒の表面張力よりも約2～3倍大きい．

表面張力を理解するには，一般にポテンシャルエネルギーが減少するときに，系がより安定になることを思い出す必要がある．その原理に基づいて，なぜ分子が，表面より液体の中にあることを優先するか調べてみよう．

図 11・14 において，液体内の分子はすべての面を分子によって囲まれているのに対して，表面の分子は横と下に隣接分子をもち，上には隣接分子はない．その結果，表面分子は液体内の分子より少ない隣接分子に引きつけられる．ここで，内部の分子を表面の分子にどのように移動させるか想像しよう．これにはまわりの分子のいくつかを引き離す必要がある．分子間力のため，隣接分子の除去には仕事が必要であり，これは表面分子のポテンシャルエネルギーが増加することを意味している．安定化するために表面分子はともにより近くに寄り，より強い引力を隣接分子に形成することによって過剰のポテンシャルエネルギーの一部を減少させる．分子をより近づけることによるポテンシャルエネルギーの減少はまた表面分子間の引力のエネルギー増加とみることができる．結果は，二つの表面分子を遠くまで動かすには二つの内部分子を動かすよりも多くのエネルギーを必要とするということになる．もっと正確にいえば，液体の**表面張力**は，その表面積を拡張するために必要なエネルギーに比例する．

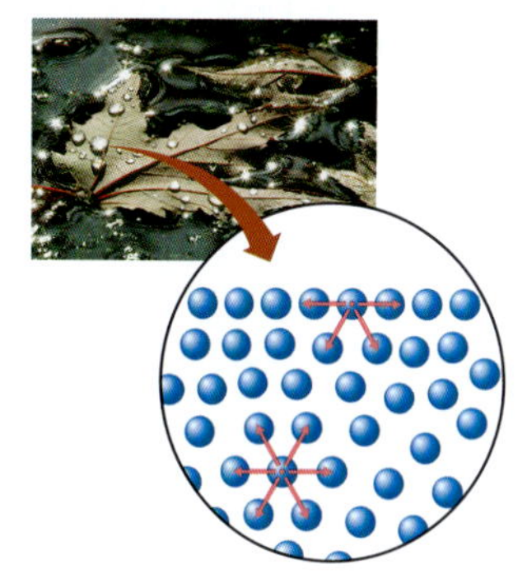

図 11・14 表面張力と分子間力. 水では他の液体のように，表面の分子は表面下より少ない分子によって取囲まれている．結果として，表面分子が受ける分子間力は液体内の分子より弱い．

表面張力 surface tension

直前の説明で，ともにより近く配置された表面分子がポテンシャルエネルギーを減らして，系をより安定させることがわかった．液体のポテンシャルエネルギーを減らす別の方法は，その表面の総分子数を減らすことである．液体が可能な最小表面積をもつときに最低エネルギーが達成され，少量の液体では球形状をもつ液滴が一般的である．

自然発生的に最小表面積を得ようとする液体の傾向は身のまわりの多くの現象を説明することができる．たとえば，表面張力は，ガラスを炎で柔らかくするときにガラス管の鋭端が丸くなる原因になる．表面張力はまた，水をガラスコップの縁の上まで満たして，表面に丸い外観を与える．その外観は，まるで“皮膜”をもっているかのようにガラスコップ内の水を盛り上げ，球形状をとらせようと，水の表面が振舞う．液体の表面を押すと拡張に抵抗して押戻すので，表面皮膜が侵入に抵抗するようにみえる．これがアメンボのような昆虫が水の上を歩くことを可能にする．

表面張力は，分子間力の強さによって変化する特性である．強い分子間力をもつ液体はそれらの内部と表面の分子の間のポテンシャルエネルギーに大きな差があり，大きな表面張力をもつ．水の非常に大きな表面張力は，分子間にはたらく水素結合によるものである．実際，水の表面張力は分子間力がロンドン力のみのガソリンと比較して約 3 倍の値をもっている．

液体による表面の濡れ 液体，特に水に関連する特性は，ものを濡らす能力である．**濡れ**は表面全域にわたる液体の広がりであり，薄膜を形成する．水は，ガラス表面に薄膜を形成することによって，車のフロントガラスなどの清浄なガラスを濡らす（図 11・15a）．しかし，水は油で汚れたフロントガラスを濡らさない．油で汚れたガラス

濡れ wetting

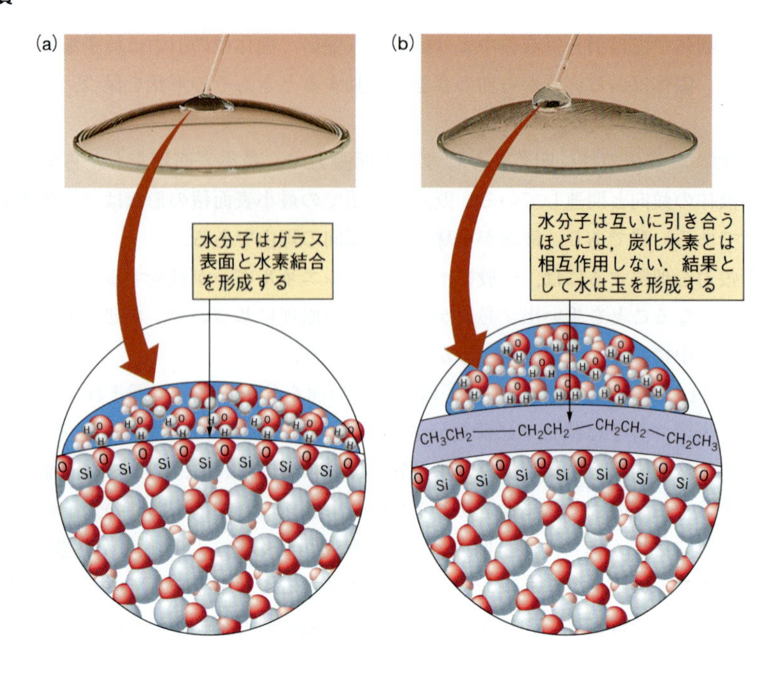

図 11・15　分子間力は表面を濡らす水の能力に影響する． (a) ガラスの表面は，水分子が水素結合を形成できる多くの酸素原子を含んでいるので，水は清浄なガラス表面を濡らす．(b) 表面に水分子がごく弱く引きつけられるグリースの層がある場合，水はそれを濡らさない．水は広がりに抵抗し，代わりに水滴を形成する．

■ ガラスはケイ素－酸素結合の広大なネットワークである．

上では，水は小さな液滴または水滴を形成する（図 11・15b）．

濡れが起こるには，液体と固体表面の間の分子間力が液体内の引力とほぼ同じ強さをもっていなければならない．水が清浄なガラスに触れるときに，そのような分子間力はほぼ等しい状態になっている．これは，水分子が水素結合を形成することができる多くの酸素原子をガラス表面が含んでいるためである．結果として，濡れが起こるときに水の表面積を拡張するために必要なエネルギーの一部は，ガラス表面への水素結合の形成によって回復される．

ガラスが油またはグリースの膜で覆われているとき，水を落とした膜の表面は比較的無極性の分子から構成されている（図 11・15b）．これらはおもに，水素結合に比べて弱いロンドン力により，水を含む他の分子を引きつける．したがって，水の中の分子間力は水分子と脂で汚れた表面間の分子間力よりはるかに強い．水とグリースの間の弱いロンドン力は水の中の水素結合に打ち勝つことができないので，水は広がらず，代わりに水滴を形成する．

界面活性剤 surfactant

洗剤が洗濯や床の清掃のような用途に用いられる理由の一つは，洗剤が（水の表面張力を劇的に下げる）**界面活性剤**とよばれる化学薬品を含んでいるからである．界面活性剤が添加された水は，グリースや油に似た分子間力をもち，洗浄する表面に容易に広がることができる．

液体がガソリンのような低い表面張力をもつとき，その液体は弱い分子間力をもち，容易に固体の表面を濡らすことが知られている．たとえば，ガソリン中の分子間の弱い引力は，ほとんどどんな表面に対しても引力によって置き換えられるので，ガソリンは容易に薄膜状に広がる．これまで少量のガソリンをこぼしたことがあるなら，それが水滴のような玉にならないことを直接経験しているであろう．

粘　性　誰もが知っているように，同じ温度で比べたとき，シロップは水ほど容易には流れないか，流れに抵抗する．流れは液体の形の変化であり，形の変化に対するそのような抵抗は液体の**粘性**とよばれている．シロップは水より粘性が高いという．粘性の概念は液体に限定されない．固体物質(岩石さえ)も作用する力に対してそれらの形状を変える傾向をもっているが，通常それはわずかである．気体もまた粘性をもっているが，それらは形状を変える力に対して，ほとんどすぐに反応する．

粘性 viscosity

粘性は物質の“内部摩擦”とよばれており，分子間力，分子の形状，および大きさに影響される．同じ大きさの分子では，分子間力の強さが増加すると，粘性も増加することがわかる．たとえば，構成要素として10原子を含んでいるアセトン（マニキュア除光液）とエチレングリコール（自動車の不凍液）を考えてみよう．

$$\underset{\text{アセトン}}{H_3C-\overset{\overset{\displaystyle O}{\|}}{C}-CH_3} \qquad \underset{\text{エチレングリコール}}{HO-CH_2-CH_2-OH}$$

エチレングリコールはアセトンより粘性が強く，それらの分子構造から粘性の違いの理由は明らかである．アセトンは極性のカルボニル基 $>C=O$ を含んでいるので，ロンドン力および双極子–双極子引力を受ける．一方，エチレングリコールは二つのOH基を含んでいるので，ロンドン力に加えて水素結合（ふつうの双極子–双極子引力よりはるかに強い相互作用）をもっている．エチレングリコール中の強い水素結合が粘性をアセトンより高めている．

■少量のアセトンをこぼしたことがあるなら，それが容易に流れることを経験しているだろう．対照的に，エチレングリコールはアセトンよりゆっくり流れる．

分子の大きさと互いにもつれる分子の能力は粘性を決定するもう一つの主要因子である．重機油中の長く柔軟で絡まった分子（ほとんど完全な，長鎖，無極性炭化水素の混合物）が，物質中のロンドン力に加えて，15 °C で水の約600倍の粘性を与える．サラダドレッシングに使用するオリーブ油またはコーンオイルのような植物油は，大きいが一般に無極性の分子からなる．オリーブ油は水の約100倍の粘性がある．

粘性は温度に依存し，温度が下がると粘性は増加する．たとえば，水を沸点から室温に冷やすと，その粘性は3倍以上増加する．

■温度が下がるにつれて，分子はよりゆっくり動き，分子間力が流れを制限することになる．

蒸発，昇華，および分子間力

液体と固体の最も重要な物理的変化の一つは，液体から気体，または固体から気体への状態変化である．液体では，その変化は**蒸発**とよばれる．固体では，液体状態を経由しない気体状態への直接変化は**昇華**とよばれる．固体の二酸化炭素は，融解しないので一般にドライアイスとよばれている．代わりに，大気圧では昇華して，気体の CO_2 に直接変わる．また，ナフタリン（一部の防虫剤銘柄中の成分）は，昇華して，一見消えたようにみえる．

蒸発 evaporation

昇華 sublimation

蒸発と昇華を理解するには，分子の運動を調べる必要がある．気体中では分子は飛びまわり，隣接する分子と衝突する．既定の温度において，気体にあるのと全く同じ運動エネルギーの分布が液体または固体にもある．これは図6・4が液体と固体にもあてはまることを意味している．この図は，既定温度で，ごくわずかな分子が非常に大きな運動エネルギー，すなわち非常に高い速度をもつことを示している．これらの高速分子の一つが表面にあり，外に十分速く移動するとき，隣接する分子の引力から離れて，蒸気の状態に入ることができる．これを分子が蒸発（または，物質が固体なら昇華）によって離れたという．

蒸発による冷却　液体の蒸発について注意すべきことの一つは，それが冷却効果を生み出すことである．シャワーからあがって空気によって体が冷えると，これを経験する．体からの水の蒸発がこの効果をひき起こしている．実際，私たちの体は，一定体温を維持するために汗の蒸発を利用する．

特定温度での液体中の運動エネルギー分布を示した図 11・16 を調べることによって，なぜ液体が蒸発の間に冷たくなるかを理解することができる．水平軸に沿った矢印は，隣接する分子の引力から離れるための分子に必要な最低の運動エネルギーを示す．この最低のエネルギー以上の運動エネルギーをもつ分子だけが，液体から出ることができる．他の分子も出ようとするかもしれないが，それらが脱出できる前に，減速して停止し，液体内に落ちる．図 11・16 において脱出に必要な最低の運動エネルギーが平均値よりはるかに大きいことに注意しよう．これは，分子が蒸発するときに，それらが大量の運動エネルギーをともにもちさることを意味する．その結果，残された分子の平均運動エネルギーは減少する．絶対温度は平均運動エネルギーに比例するので，その温度も下がる．すなわち，蒸発は残りの液体をより冷たくする．

■温度と分子間力が蒸発速度にどのように影響するかを理解するために，同じ大きさの表面積からの蒸発速度を比較しなければならない．したがって，この説明において，“蒸発速度”は“単位表面積当たりの蒸発速度”を意味する．

蒸発速度　本章の終わりでは，液体の蒸発速度について学ぶ．この蒸発速度を支配する因子はいくつかあり，その一つが液体の表面積である．蒸発は液体中からではなく表面から起こることから，表面積が増加すると，より多くの分子が脱出することができ，液体がより速く蒸発する．同じ表面積をもつ液体では，蒸発速度は二つの追加因子（すなわち温度と分子間力の強さ）に依存する．それらを別べつに調べてみよう．

温度が上昇すると蒸発速度も上昇する．すでに知っているように，温水は冷水より速く蒸発する．その理由は図 11・17 で理解できる．図 11・17 の二つの重要な特徴に注意しよう．第一に，同じ最低の運動エネルギーが両温度での分子の脱出に必要である．この最低のエネルギーは分子間力の種類によって決まり，温度に独立である．第二に，曲線の塗られている領域は最低の運動エネルギーに等しいかそれ以上の運動エネルギーをもつ分子の割合を表している．高温ほどこの割合は大きい．これは，高温ほど多くの分子が蒸発する能力をもつことを意味している．予想どおり，より多くの分子が必要なエネルギーをもつときに，単位時間に多く蒸発する．したがって，既定の液体の単位表面積当たりの蒸発速度は温度が高いほど大きい．

蒸発速度に及ぼす分子間力の影響は，図 11・18 をみることで理解することができ

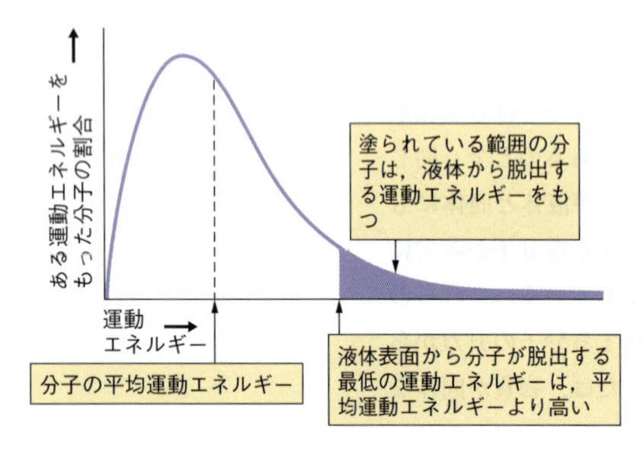

図 11・16　蒸発による液体の冷却． 液体から脱出できる分子は平均より大きい運動エネルギーをもつ．それらが離れるとき，残された分子の平均運動エネルギーは低くなるので温度は低くなる．

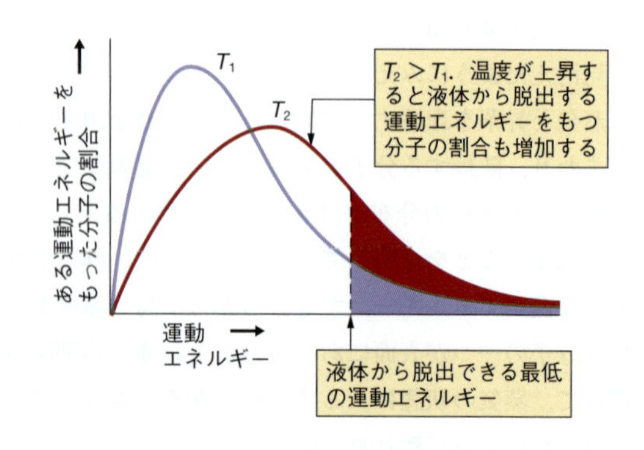

図 11・17　液体の蒸発速度に及ぼす温度上昇の影響． 温度が高いほど，脱出に十分な運動エネルギーをもつ分子の全割合が大きいので，蒸発速度は大きい．

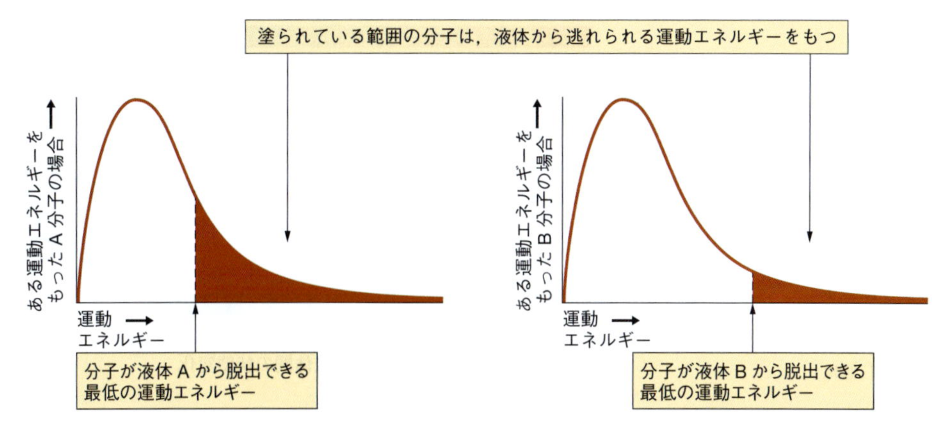

図 11・18 同じ温度における2種類の液体(AとB)の運動エネルギー分布. Aの分子間力がBより弱いので，Aの分子が脱出するのに必要な最低の運動エネルギーはBより小さい．このことがAをBより速く蒸発させている．物質を融解させるのに必要なエネルギーは一部の分子間力に打ち勝つことであり，その結果，液体の蒸発または固体の昇華を分子間力の指標として使用することができる．

る．ここでは，同じ温度の二つの異なる液体（AとBとよぶ）の運動エネルギー分布が示されている．液体Aでは分子間力は弱い．この引力はたとえばロンドン力が想定されるであろう．A分子が脱出するために必要な最低の運動エネルギーは，分子どうしがあまり強く引きつけられないので，それほど大きくない．液体Bでは分子間力ははるかに強い．その引力はたとえば水素結合が想定される．したがって，Bの分子は液体の表面で互いにより堅く保持されていて，蒸発するためにはより高い運動エネルギーをもたなければならない．図11・18から明らかなように，蒸発するための十分なエネルギーをもつ分子の全割合はBよりAのほうが大きく，AがBより速く蒸発することを意味している．一般に分子間力が弱いほど，既定温度での蒸発速度が速い．これに関連した現象は私たちの身のまわりで起こっている．たとえば，室温では，弱い双極子–双極子引力とロンドン力を受けるアセトン$(CH_3)_2CO$ははるかに強い水素結合の影響を受ける水分子より速く蒸発する．

分子間力と相変化　以前，気相においては基本的に分子間力が無視できることに注目した．対照的に，液体と固体は両方とも大きな引力をもっている．液体を気体に変換する場合，これに必要なエネルギーは，液体中に存在するすべての分子間力に打ち勝つために必要なエネルギーである．同様に，昇華，融解，および沸騰によって，固相から気相の状態に至らせるのに必要なエネルギーは，すべての分子間力に打ち勝つエネルギーである．

練習問題 11・2 乾燥地域に住む人々は，蒸発冷却を用いて彼らの家を冷却することができる．より穏やかな気候において，この冷却方法を有効でなくする因子を，分子運動論を用いて説明せよ．

11・3 状態変化と動的平衡

物質が一つの物理状態から別の状態に変わるときに，**状態変化**が起こる（図11・19）．液体から気体への蒸発と固体から気体への昇華はその例である．他の例は，氷のような固体の**融解**または**溶融**，そして水などの液体の**凝固**または凍結である．最後に，気体は**蒸着**とよばれる過程で固体に，または**凝縮**を通して液体になることができる．

状態変化に関する重要な特徴の一つは，どのような温度でも，それらは常に動的平衡の状態になる傾向があることである．化学平衡の例によって§4・4で動的平衡の

状態変化 change of state
融解 melting
溶融 fusion
凝固 solidification
蒸着 deposition
凝縮 condensation

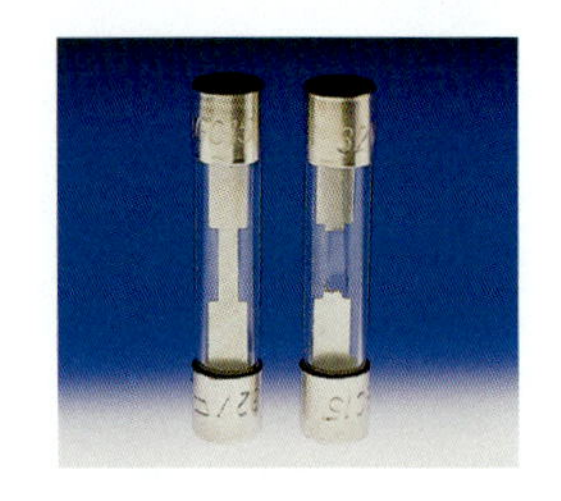

ヒューズ中の薄い金属帯は電気がそれを通ると熱くなる．あまりにも多くの電流が流れると，融解することによって貴重な電気機器を保護する．左側は新しいヒューズ，右側は作動後のヒューズである．

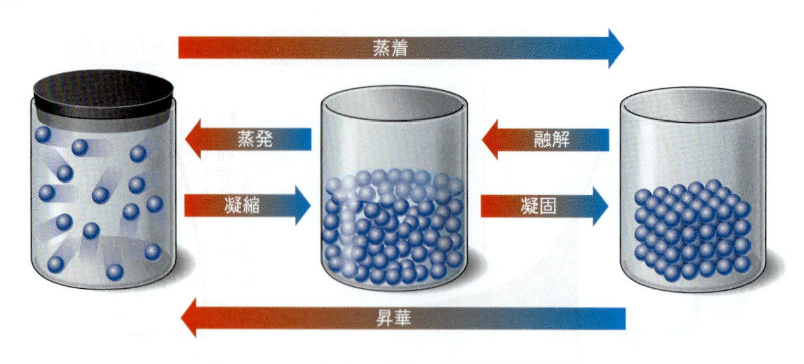

図 11・19　気体，固体，液体間の状態変化

概念を紹介した．同じ一般原理が，液体とその蒸気の間のような物理的平衡にあてはまる．そのような平衡がどう成り立つかみてみよう．

■気体–液体平衡は閉じた容器中でのみ可能である．容器が開いているときは，蒸気分子は流れ出し，液体は完全に蒸発するかもしれない．

液体を空の密封容器に置くと，ただちに蒸発し始め，物質の分子は液体の上の空間に拡散し始める（図 11・20a）．それらが蒸気中に移動すると，分子は分子どうし，容器の壁，および液体の表面と衝突する．液体表面に衝突する分子は，運動エネルギーの一部を液体に移す傾向がある．このため液体表面に衝突する分子は，その運動エネルギーなしには気相に再突入することができず，その結果凝縮されることになる．

最初，液体が容器に導入されるとき蒸発速度は高いが，気体状態に分子がほとんどないため凝縮速度は非常に低い．気体分子が蓄積するにつれて凝縮速度は増加する．これは分子が凝縮する速度が蒸発する速度に等しくなるまで続く（図 11・20b）．その時点から，蒸発する分子数が凝縮する分子数と等しいことから，蒸気中の分子数は一定のままである．この時点で，動的平衡の状態にあり，二つの相反する効果（蒸発と凝縮）は等しい速度で起こっている．

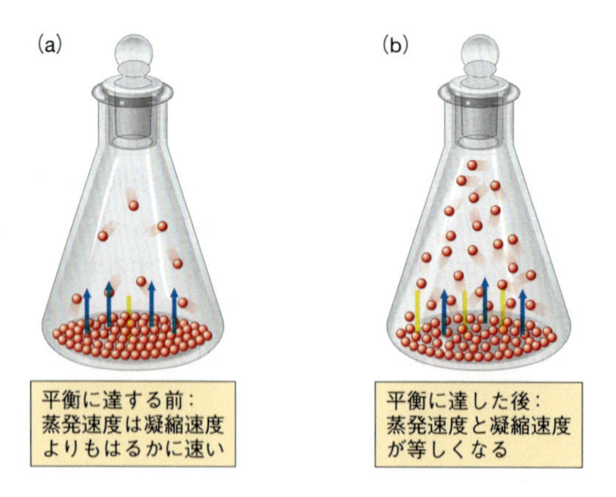

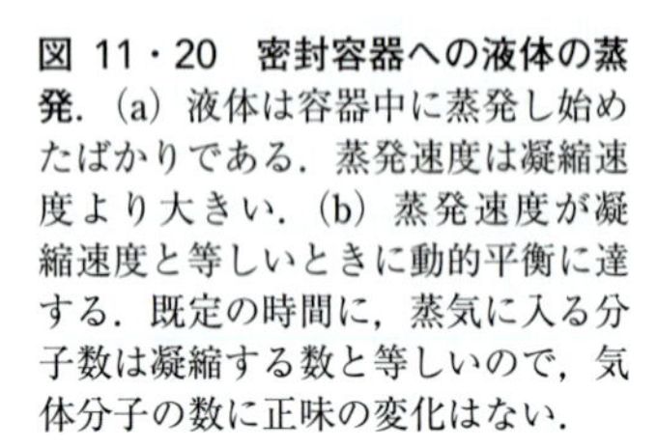

図 11・20　密封容器への液体の蒸発． (a) 液体は容器中に蒸発し始めたばかりである．蒸発速度は凝縮速度より大きい．(b) 蒸発速度が凝縮速度と等しいときに動的平衡に達する．既定の時間に，蒸気に入る分子数は凝縮する数と等しいので，気体分子の数に正味の変化はない．

融点 melting point

融解と昇華においても同じような平衡に達する．固体は熱を加えると，**融点**の温度で液体に変わり始める．この温度で，動的平衡は固体の分子と液体の分子の間に存在する．分子が液体から出て固体と結合するのと同じ速度で，分子は固体から出て液体に入る（図 11・21a）．そのような固体–液体平衡の混合物に熱を加えたり，除去したりしない限り，融解と凝固は等しい速度で起こる．昇華の状況は，密封容器中への液体の蒸発と全く同じであり（図 11・21b），やがて昇華と蒸着の速度は等しくなり平衡が成り立つ．

練習問題 11・3　分子運動論を用いて，液相との衝突が起こるときに気相中の分子がなぜ凝縮するか説明せよ．

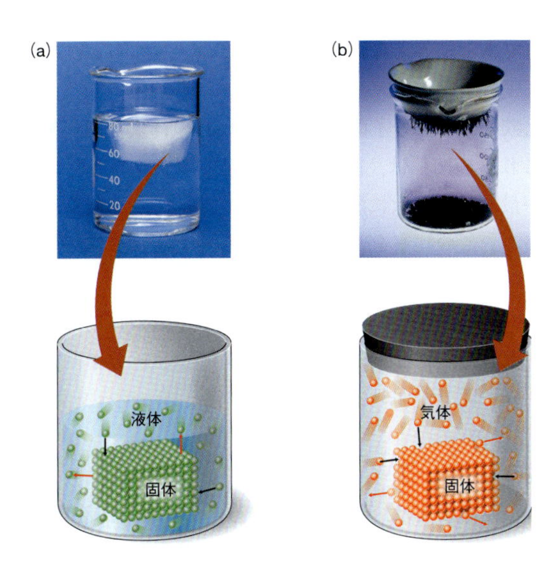

図 11・21 固体–液体と固体–気体平衡. (a) 熱を加えるか，除去しない限り，融解(赤い矢)と凍結(黒い矢)は等しい速度で起こり，固体中の粒子数は一定のままである．(b) 分子が蒸気から固体上に蒸着するのと同じ速度で，固体から昇華するときに，平衡が成り立つ．

11・4 液体と固体の蒸気圧

液体が蒸発するとき，蒸気に入る分子は**蒸気圧**とよばれる圧力を与える．液体が，その上にある蒸気空間に蒸発し始めるまさにその瞬間から，蒸気圧が存在する．蒸発が密封容器中で起こっているなら，この圧力は最終的に平衡に達するまで大きくなる．蒸発と凝縮の速度が等しくなったら，蒸気中の分子の濃度は一定のままで，蒸気は一定圧力を与える．この最終圧力は**液体の平衡蒸気圧**とよばれている．一般に，蒸気圧というときは，実際には平衡蒸気圧を意味している．

蒸気圧 vapor pressure

液体の平衡蒸気圧 equilibrium vapor pressure of a liquid

■既定温度で高い蒸気圧をもつ液体は揮発性であるといわれている．

平衡蒸気圧を決定する因子

図 11・22 は，2，3 の液体に関する平衡蒸気圧の温度に対する変化を示す．これらのグラフから，液体の温度とその化学組成の両方がその蒸気圧に影響する主要因子であることがわかる．しかし，特定の液体を選ぶと，温度のみが重要である．その理由は，ある与えられた液体の蒸気圧が単に液体表面の単位面積当たりの蒸発速度の関数であるからである．この速度が大きいとき，平衡を確立するには気相状態の分子の大きな濃度が必要であり，これが，蒸発速度が高いときに，蒸気圧が比較的高いことを

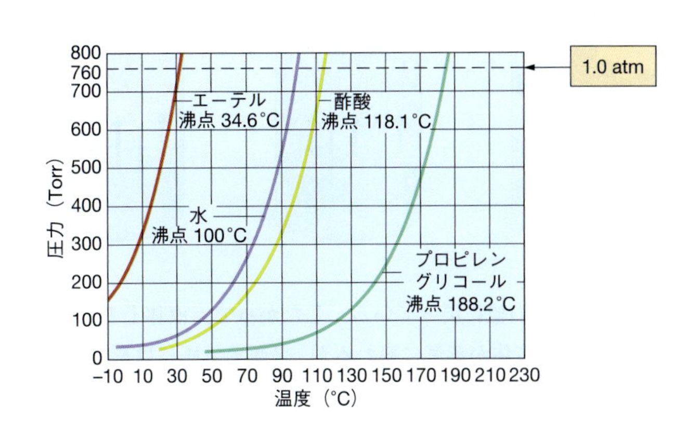

図 11・22 いくつかの液体の蒸気圧の温度変化

表現する別の方法である．与えられた液体の温度が上昇すると，その蒸発速度も上昇し，その平衡蒸気圧も上昇する．

二つの液体を比較すると，分子間力のより弱いものはより高い蒸発速度とより高い蒸気圧をもつ．これらの関係は，図 11・22 の四つの液体のうち，分子間力はプロピレングリコールが最も強く，次に酢酸が強く，3 番目に水が強く，エーテルが最も弱いことを示している．この観察を一般化すると，蒸気圧は液体の引力の相対的強さの指標である．

要約すると，二つの因子が平衡蒸気圧に影響する．一つ目は温度であり，既定物質について，温度が上昇すると蒸気圧は増加する．二つ目は分子間力であり，二つの物質を比較すると，分子間力が弱いほど蒸気圧は高い．

平衡蒸気圧に影響しない因子

蒸気圧に関する重要な事実は，平衡に達するときにいくらか液体が残っている限り，その大きさは，液体の全表面積，または容器中の液体の体積，または容器自体の容積に依存しないことである．その理由は，これらの因子のどれも単位表面積当たりの蒸発速度に影響しないからである．

総表面積を増加させると総蒸発速度は増加するが，その増加した面積も凝縮に利用できる．その結果分子が液体に戻る速度も増加する．したがって蒸発と凝縮の両速度は等しく影響し，平衡蒸気圧に変化は起こらない．蒸発は表面から起こるので，より多く液体を容器に加えても平衡には影響しない．液体のバルク中により多くの分子があっても，表面で起こることを変化させない．

なぜ蒸気圧が蒸気空間の大きさに依存しないかを理解するために，図 11・23(a) に示すように，可動ピストンをもつシリンダー中の蒸気と平衡状態にある液体を考えよう．ピストンを引抜くと蒸気空間の体積が増加する（図 11・23b）．蒸気が膨張すると，それがかける圧力は小さくなるので，瞬間的に圧力が下がる．蒸気の分子はもとの状態より広がり，表面への衝突の頻度が下がり，凝縮速度も減少する．しかし蒸発速度は変化しないので，少しの間，系は平衡でなく，物質は凝縮するより速く蒸発する（図 11・23b）．この状況は，蒸気中の分子濃度が十分に上昇して凝縮速度が蒸発速度に再び等しくなるまで優勢で，より多くの液体を蒸気に変える（図 11・23c）．

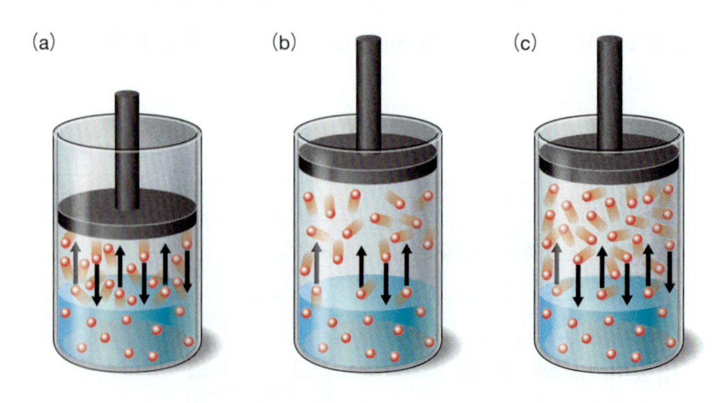

図 11・23　液体の蒸気圧に及ぼす体積変化の影響． (a) 平衡は液体と蒸気の間に存在する．(b) 体積が増加して平衡が崩れ，蒸気圧を低下させる．ここでは凝縮速度はもとの蒸発速度より小さい．(c) より多く液体が蒸発したあとに，平衡が回復して蒸気圧はその初期値に戻る．

この時点で蒸気圧はもとの値に戻っている．したがって，液体上の空間を拡張した結果，最終的により多くの液体が蒸気に変わるが，平衡蒸気圧には影響しない．同様に，液体の上にある蒸気の体積を減らしても平衡蒸気圧に影響しないと予想される．

固体の蒸気圧

固体もちょうど液体のように蒸気圧をもっている．結晶中で粒子は絶えず軽く揺れ動いて，それらと隣接する粒子と衝突している．既定温度では運動エネルギーに分布があるので，表面の一部の粒子は十分大きな運動エネルギーをもっており，隣接する粒子から離れて蒸気の状態に入る．蒸気中の粒子が結晶と衝突するとき，それらは再び捕らえられることがあるので，蒸着も起こることがある．最終的に，蒸気中の粒子の濃度は，昇華速度が蒸着速度に等しい状態であり，そのとき動的平衡が確立される．固体と平衡にある蒸気圧は**固体の平衡蒸気圧**とよばれている．液体と同様に，この平衡蒸気圧は通常単に蒸気圧とよばれる．固体の蒸気圧は液体の蒸気圧と同様，粒子間の引力の強さおよび温度によって決まる．

■ NaCl などの多くの固体では引力が非常に強いので，事実上どの粒子も室温で固体から脱出するのに十分な運動エネルギーをもっていない．したがって，基本的に蒸発は起こらない．室温でのそれらの蒸気圧は事実上ゼロである．

固体の平衡蒸気圧 equilibrium vapor pressure of a solid

11・5 液体の沸点

ポット1杯の水が沸騰したかどうか確認を依頼された場合，何を確認するであろうか．それは泡の発生である．液体が沸騰するとき，通常，大きな泡が容器内面の多くの場所で発生して，上部に上昇する．沸騰水中に温度計を置くと，ポット下の炎を調整しても，温度が一定のままであることに気づく．より熱い炎はただ水をより速く泡立たせるだけで，温度を上げない．どんなに純粋な液体もそれが沸騰している間は一定温度（液体の沸点とよばれる温度）のままである．

ほぼ海面にある場所で水の沸点を測定すると，温度計は 100 °C かそれに非常に近い値を示すであろう．しかし，海抜が高いところでこの実験を試すと，100 °C より低い温度で水が沸騰することに気づく．したがって，沸点が気圧に依存することがわかる．

■ 世界最高峰のエベレスト山頂では，水はわずか 69 °C で沸騰する．

これらの観察はいくつかの興味深い問題を提起する．なぜ液体は沸騰するのか．そして，なぜ沸点は気圧に依存するのか．答えは，沸騰液の泡の中に空気ではなく液体の蒸気があることに気づくと明らかになる．水が沸騰するとき，泡は水蒸気を含んでおり，アルコールが沸騰するとき，泡はアルコールの蒸気を含んでいる．泡が成長するにつれて，液体はその中に蒸発し，蒸気圧が液体を押しのけて，泡の大きさを増加させる（図 11・24）．しかし，泡の内部蒸気圧に対して，液体上部で押し下げて，泡を崩壊させようとしているのが大気の圧力である．泡が存在し，成長することができる唯一の方法は，その中の蒸気圧が大気圧力に等しい，あるいはわずかに上回ることである．いいかえると，液体の蒸気圧が大気圧に等しい点に液体の温度が上昇するまで，蒸気の泡は形成さえできない．したがって科学用語では，**沸点**は液体の蒸気圧が

沸点 boiling point

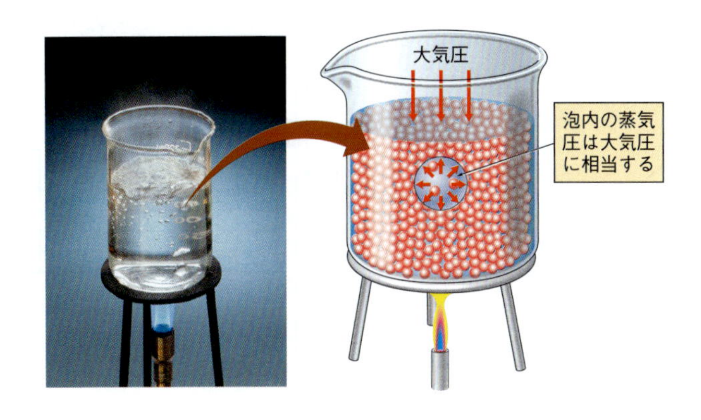

図 11・24 沸点での液体． 沸騰液中の泡内の蒸気圧は大気の圧力に対して液体を押しのける．液体の蒸気圧が少なくとも気圧に等しくない限り，泡は発生できない．

大気圧に等しい温度と定義される.

高度の高い場所の沸騰水の低い温度では, より長く食品を調理する必要がある. それとは正反対に, 圧力釜は沸騰水の上の圧力を増加させて沸点を上げる装置である. より高い温度で, より速く食品を調理する.

各種液体の沸点を比較可能にするために, 化学者は基準圧力として 1 atm を選んだ. 1 atm の液体の沸点はその**標準沸点**とよばれている. 沸点が測定した圧力に言及なしに報告されている場合は, それは標準沸点である. 図 11・22 において, それらの蒸気圧曲線が 1 atm の圧力線を横切る温度に注目することによりエーテル, 水, 酢酸, およびプロピレングリコールの標準沸点を知ることができる.

標準沸点 normal boiling point

沸点と分子間力

先に沸点はその値が液体中の分子間力の強さに依存する特性であることを述べた. 分子間力が強いときは, 液体は既定の温度で低い蒸気圧をもつことから, その蒸気圧を大気圧に引き上げるためには高温に加熱しなければならない. したがって, 高い沸点は強い分子間力に起因するので, 各種の液体間で相対分子間力を評価するためにしばしば標準沸点データを使用する. 実際には, 例題 11・1 を解いてこれを行った.

沸点への分子間力の影響は図 11・25 を調べれば容易にわかる. 図 11・25 は二元水素化物群の周期番号に対する沸点の変化を示している. 最初に, 14 族元素の水素化物 (CH_4 から GeH_4) の沸点がゆるやかに上昇する点に注意しよう. これらの水素化物は無極性四面体分子で構成されている. 分子がより大きくなり, それらの電子雲がより分極可能になることでロンドン力が増加するため, 沸点は CH_4 から GeH_4 にいくに従って上昇する.

他の非金属の水素化物をみると, 第 3 周期から第 5 周期をとおして同じ傾向がみられる. したがって, 15 族系列 (PH_3, AsH_3, SbH_3) の三つの水素化物についても, ロンドン力の増加に対応して, 沸点のゆるやかな上昇がみられる. 同様な増加は 16 族系列の水素化物 (H_2S, H_2Se, H_2Te), および 17 族系列の水素化物 (HCl, HBr, HI) についても起こる. しかし意味深いことに, これらの系列にある第 2 周期元素の水素化物 (NH_3, H_2O, HF) は, 予想される傾向よりはるかに高い沸点をもっている. その理

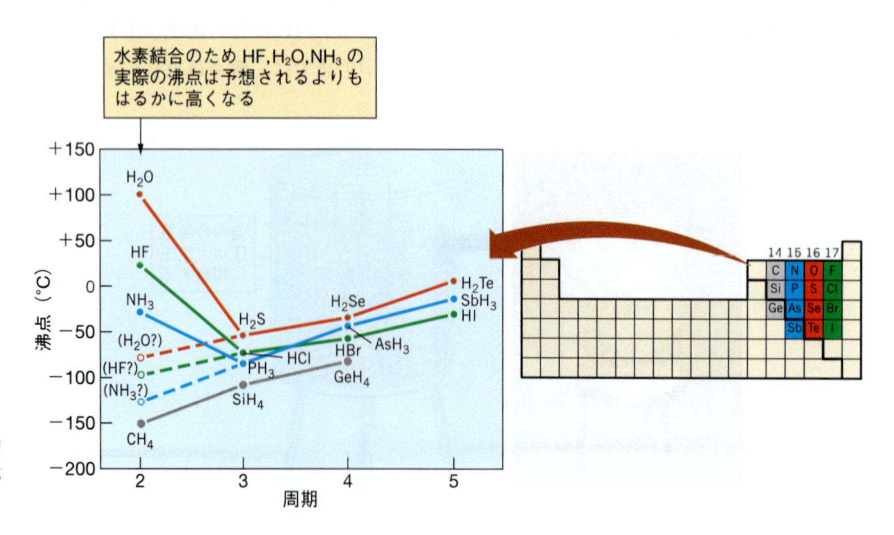

図 11・25　沸点に及ぼす分子間力の影響. 周期表の 14, 15, 16, 17 族元素の水素化物の沸点.

由は，それぞれが双極子–双極子引力よりはるかに強い引力である水素結合が関与しているからである．

水素結合の最も興味深く，広範囲に及ぶ結果の一つは，水が 25 ℃ 付近の温度では気体ではなく液体であることである．もし水が水素結合をもたないならば，水は −80 ℃ 付近の沸点をもち，さらに低い温度を除いて液体として存在することはできないであろう．そのような低温では，私たちが知っているような生命の発展はありそうもない．

練習問題 11・4 アラスカ，デナリ国立公園のマッキンリー山山頂（海抜 6,190 m）の気圧は約 330 Torr である．図 11・22 を用いてこの山頂での水の沸点を推定せよ．

11・6 エネルギーと状態変化

液体または固体が蒸発するか，固体が融解するとき，物質の粒子間の距離が増加する．通常，互いを引きつける粒子は強制的に離れて，それらのポテンシャルエネルギーを増加させる．そのようなエネルギー変化，特に水の状態変化（私たちの惑星の気候を支配さえする変化）と関連するエネルギー変化はさまざまな点で私たちの日常生活に影響を及ぼす．これらのエネルギー変化を研究するために，それを加熱すると物質の温度がどう変わるかを調べることから始めよう．

加熱曲線と冷却曲線

図 11・26(a) は固体に始まり気体状態で終わるまで，一定速度で物質を加熱するときの物質の温度変化を示している．グラフは物質の**加熱曲線**とよばれている．

加熱曲線 heating curve

■固体または液体を加熱するとき，体積はごくわずか膨張するので，粒子間の平均距離はごく小さく変化する．これは，ポテンシャルエネルギーに非常に小さな変化が起こることを意味しており，加えた熱のほとんどすべてが運動エネルギーの増加に与えられる．

最初に，グラフの上に傾斜している部分をみてみよう．これらは固相，液相，気相の温度を上げているところで起こる．温度は平均運動エネルギーと関連しているので，加熱曲線のこれらの領域で加えた熱のほぼすべては，粒子の平均運動エネルギーの増加に与えられる．いいかえれば，加えた熱は粒子をより速く進ませ，より多く互いに衝突させる．さらに，上昇部分の勾配は $℃\ J^{-1}$ の単位をもっている．これは熱容量の逆数で，勾配が大きいほど熱容量が小さいことを意味している．気体は液体より熱容量が小さく，それゆえ気相の加熱は最も大きな勾配をもつ．

加熱曲線の温度一定の部分では，粒子の平均運動エネルギーは変化しない．これは，加える熱のすべてが，粒子のポテンシャルエネルギーの増加に与えられなければならないことを意味している．融解の間，固体中に堅く保持されていた粒子は，それらが可動な液相を形成するときに少し分離し始める．この過程に伴うポテンシャルエネルギー増加は融解過程の間の熱入量に等しい．沸騰中，分子間の距離はさらに大きく増加する．ここで，それらは液体中の比較的密な充塡から気体中の分子の大きく広がった分布へ進む．これはポテンシャルエネルギーをさらに大きく増加させる．これを，液体の沸騰中の加熱曲線のより長い平坦領域としてみる．

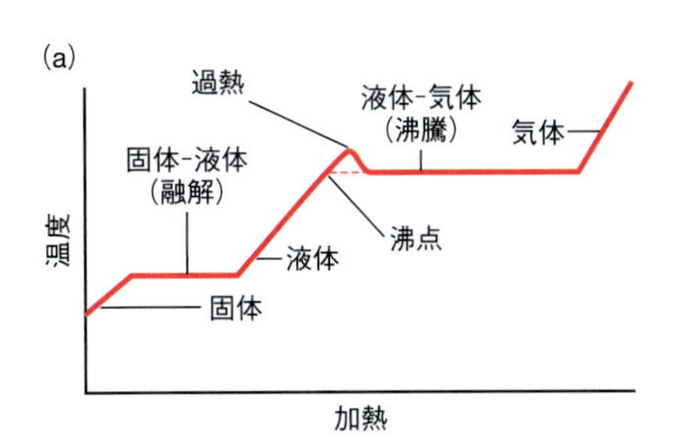

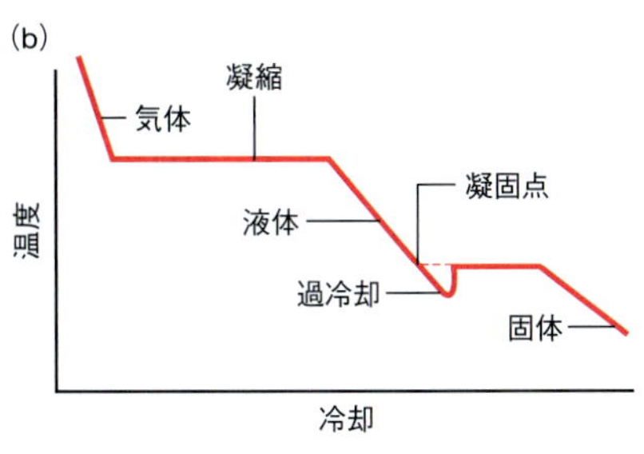

図 11・26 加熱曲線と冷却曲線. (a) 一定速度で物質を加熱したときに観測される加熱曲線．沸点を過ぎて加熱を続けたときの過熱が示されている．(b) 一定速度で物質を冷却したときに観測される冷却曲線．液体の温度が凝固点以下に下がるときに過冷却がみられる．いったん，小さな結晶が形成すると，温度は凝固点に上がる．

冷却曲線 cooling curve

加熱曲線の逆が**冷却曲線**である（図11・26b）．ここでは，気体から始めて固体に達するまで徐々に冷却する（すなわち，一定速度で熱を取去る）．

過熱と過冷却　再び図11・26をみると，二つの異常な特徴（各曲線に一つの異常）に気づく．液体から気体への転移近くの加熱曲線上に小さな異常がある．液体が固体に冷やされるときにも同様の特徴が起こる．これらの小さな異常は過熱と過冷却の現象を表している．**過熱**は液体が沸騰せずに沸点を超えて加熱されるときに起こる．過熱液を振とうさせると，蒸気と液体のシャワーとなって噴出するだろう．多くの人々はこの効果を電子レンジ中で飲み物を熱するときに経験している．液体を冷却するとき，凝固を起こさずに凝固点以下まで温度を下げることができ，その結果として過冷却液体を生じる．前と同じように過冷却液体を振とうさせると，非常に急速な凝固が起こる．

過熱 superheating

融解，蒸発，および昇華におけるエンタルピー変化

相変化は一定の温度と圧力で起こることから，融解と蒸発に関連するポテンシャルエネルギー変化はエンタルピー変化として表すことができる．通常，エンタルピー変化は1 mol単位で表され，関与する種類の変化を識別するために特別な名前が与えられている．たとえば，**モル融解エンタルピー**は，同じ温度と圧力でその物質が融解して液体になるときに，1 molの固体によって吸収されるエンタルピー変化である．同様に，**モル蒸発エンタルピー**は，一定の温度と圧力で1 molの液体が1 molの蒸気に変化するときに吸収されるエンタルピー変化である．**モル昇華エンタルピー**は，同様に一定の温度と圧力で昇華して1 molの蒸気を与えるときに1 molの固体によって吸収されるエンタルピー変化である．融解，蒸発，および昇華の ΔH の値は，ポテンシャルエネルギーの正味の増加に伴って，各段階の相変化が吸熱的であり，その ΔH はすべて正である．一定量の物質を融解するために必要な熱量を計算するために，物質の物質量にモル融解エンタルピーを乗算する．

モル融解エンタルピー molar enthalpy of fusion, $\Delta_{fus}H$

モル蒸発エンタルピー molar enthalpy of vaporization, $\Delta_{vap}H$

モル昇華エンタルピー molar enthalpy of sublimation, $\Delta_{sub}H$

■ $\Delta_{fus}H = -\Delta_{cry}H$
$\Delta_{vap}H = -\Delta_{con}H$
$\Delta_{sub}H = -\Delta_{dep}H$

$$q = n \times \Delta_{fus}H \qquad (11 \cdot 1)$$

ここで q は必要な熱量であり，n は物質量である．この式はまた，$\Delta_{sub}H$ または $\Delta_{vap}H$ を $\Delta_{fus}H$ で置き換えることによって，それぞれ昇華または蒸発の過程に必要な熱量を決定するために使用できる．

日常生活へのこれらのエネルギー変化の影響例は多くある．たとえば，氷が溶けるときにその融解エンタルピーを吸収するので，氷を飲み物に追加してそれを冷やしておく．人体は，汗の蒸発を通して自身を冷やすために，水の蒸発エンタルピーを利用している．また，地球上の気候は，太陽エネルギーを風と嵐のエネルギーに変換する水の蒸発エンタルピーによって推進している．たとえば，台風やハリケーンなどの海洋上の大きな嵐は，熱帯水域からの水の急速な蒸発によって生じた暖かく湿った空気の連続供給に依存している．上層雲中の水蒸気の凝縮は雨を形成し，嵐の風に供給するために必要なエネルギーを供給する．

液体から結晶への凝固，気体から液体への凝縮，または気体から固体への蒸着は単にそれぞれ融解，蒸発，および昇華過程の逆である．したがって，凝固エンタルピーは融解エンタルピーに等しいが，逆の符号をもっている．同様に，凝縮と蒸着のエンタルピーはそれらに対応するエンタルピーの逆符号をもっている．

■引力が強いほど，分子が別べつになるときのポテンシャルエネルギーは増し，ΔH の値は大きくなる．

液体が凝固するとき，または気体が固体または液体になるときに熱が放出されることから，この熱は実用化することができる．たとえば，冷蔵庫は冷媒気体を凝縮することによって作動する．この過程は冷蔵庫の外に熱を放出する．液体が逆過程で蒸発するときは熱を吸収し，温度が下がり，冷蔵庫の中は冷える．同様に，気象学者はしばしば，大気の“露点”を用いて前夜の低温を予測することができる．露点は，空気中の湿気が凝縮しはじめる温度である．夜間温度が露点まで下がると，水の凝縮によって放出された熱は通常，温度がさらに下がらないようにしている．

例題 11・2　状態変化の間に必要な熱量を計算する

液体状態のナトリウム金属は，原子炉を冷却するための熱伝達材料として使用される．75.0 g のナトリウムを 25.0 °C から 515.0 °C まで加熱するために必要な熱はいくらか．ナトリウムの融点は97.8 °C，固体ナトリウムの比熱は1.23 J g^{-1} °C^{-1}，ナトリウムのモル融解エンタルピーは 2.60 kJ mol^{-1}，そして，液体ナトリウムの比熱は 1.38 J g^{-1} °C^{-1} である．比熱は温度により変化しないものと仮定する．

指針　1) 固体を融点まで加熱し，2) 固体を融解し，3) 融解した液体を加熱する過程の総熱量を計算するよう求められている．ナトリウムのモル融解エンタルピー，ナトリウムの質量と固体と液体ナトリウムの比熱は与えられている．

解法　$q = ms\Delta t$〔(6・7) 式〕を用いて，固体と液体を加熱するために必要な熱量 q を，質量 m，物質の比熱 s，および温度の変化 Δt から決定することができる．固体を融解する過程については，(11・1) 式を用いる．ここで $\Delta_{fus}H$ はナトリウムのモル融解エンタルピーである．

解答　ナトリウムを 97.8 °C の融点まで加熱するために必要な熱量の計算を 25.0 °C で行ってみよう．

$$q_1 = 75.0\ \text{g} \times 1.23\ \text{J g}^{-1}\,{}^\circ\text{C}^{-1} \times (97.8\,{}^\circ\text{C} - 25.0\,{}^\circ\text{C}) = 6716\ \text{J}$$

次の段階は 97.8 °C でナトリウムを融解し，(11・1) 式を用いてこの熱量を計算する．

$$q_2 = n \times \Delta_{fus}H$$

先に進む前に，kJ mol^{-1} である $\Delta_{fus}H$ の単位を考える必要がある．最初の注目点は，ナトリウムの質量が与えられているので，それを mol に変換する必要があることである．第二に，エネルギー単位は kJ であるが，固体ナトリウムを加熱するためのエネルギー単位は J なので，それらを J に変換しなければならない．

$$n = 75.0\ \text{g Na} \times \frac{1\ \text{mol Na}}{22.99\ \text{g Na}} = 3.262\ \text{mol Na}$$

$$q_2 = 3.262\ \text{mol Na} \times \frac{2.60\ \text{kJ}}{1\ \text{mol Na}} \times \frac{1000\ \text{J}}{1\ \text{kJ}} = 8481\ \text{J}$$

計算過程の最終段階は 97.8 °C から 515.0 °C への液体ナトリウムの加熱であり，したがって，第一段階で行ったのと同じ式を用いて吸収される熱を計算することができる．

$$q_3 = 75.0\ \text{g} \times 1.38\ \text{J g}^{-1}\,{}^\circ\text{C}^{-1} \times (515.0\,{}^\circ\text{C} - 97.8\,{}^\circ\text{C}) = 43{,}180\ \text{J}$$

三つの熱量を一緒に加えて総熱量を得る．

$$q_{total} = q_1 + q_2 + q_3$$

$$q_{total} = 6716\ \text{J} + 8481\ \text{J} + 43{,}180\ \text{J} = 58{,}400\ \text{J}$$

確認　この問題は多数の計算を含むので，答えを評価し，予想の範囲内かどうか確かめることである．固体と液体ナトリウムの比熱は約 1 J g^{-1} で，質量は約 100 g，温度変化は約 500 °C である．したがって，熱量 q は約 1 J g^{-1} × 100 g × 500 °C = 50,000 J である．約 3 mol のナトリウム 75 g Na/(1 mol Na/23 g) があり，$\Delta_{fus}H$ は約 3000 J mol^{-1} なので，ナトリウムを融解するのに必要な熱量は (3 mol Na) × (3000 J mol^{-1}) = 9000 J である．これら二つの熱量を一緒に加えると，ほぼ上で計算した値 59,000 J が得られ，答えは妥当と考えられる．

練習問題 11・5　両方が同じ温度であっても，水蒸気は水より厳しいやけどを起こすことがある．100.0 °C で 10 g の水蒸気を体温である 37 °C まで冷却するときに放出される熱量と，100.0 °C で 10 g の水を 37 °C まで冷却するときに放出される熱量を計算せよ．水の $\Delta_{vap}H$ は 43.9 kJ mol^{-1}，水の比熱は 4.184 J g^{-1} °C^{-1} である．

エネルギー変化と分子間力

§11・2 で述べたように，液体が蒸発するか固体が昇華するとき，粒子は，引力が非常に強い液体または固体から引力がほとんど無視できるほど小さい気相に移る．したがって，$\Delta_{vap}H$ と $\Delta_{sub}H$ の値は，分子を互いに分離するために必要なエネルギーを

表 11・4　代表的なモル蒸発エンタルピー

物質	$\Delta_{vap}H$ (kJ mol^{-1})	引力の種類	物質	$\Delta_{vap}H$ (kJ mol^{-1})	引力の種類
H_2O	+43.9	水素結合とロンドン力	Br_2	+15.0	ロンドン力
NH_3	+21.7	水素結合とロンドン力	I_2	+20.9	ロンドン力
HCl	+15.6	双極子-双極子引力とロンドン力	CH_4	+8.16	ロンドン力
SO_2	+24.3	双極子-双極子引力とロンドン力	C_2H_6	+14.7	ロンドン力
F_2	+3.27	ロンドン力	C_3H_8	+19.0	ロンドン力
Cl_2	+10.2	ロンドン力	C_6H_{14}	+31.9	ロンドン力

与える．そのような値を調べて分子間力の強さの信頼できる比較を得ることができる．

表 11・4 において，水とアンモニアのモル蒸発エンタルピーが非常に大きいことに気づく．まさに，水素結合のある物質で予想されることである．比較により CH_4（H_2O と NH_3 に似た大きさの原子から構成されている極性物質）のモル蒸発エンタルピーは非常に小さい．また，HCl と SO_2 などの極性物質が無極性物質に比べてかなり大きなモル蒸発エンタルピーをもつことに注意しよう．たとえば，HCl を Cl_2 と比較する．Cl_2 は 2 個の比較的大きな原子を含んでおり，したがって HCl より大きなロンドン力をもつと予想されるが，HCl がより大きな $\Delta_{vap}H$ をもつ．これは極性 HCl 分子間の双極子-双極子引力（無極性 Cl_2 にない引力）によるものである．

モル蒸発エンタルピーはまた，ロンドン力の強さを支配する因子を反映する．たとえば，表 11・4 のデータは炭化水素間の分子間力への鎖長効果を示す．鎖長が CH_4 の 1 炭素から C_6H_{14} の 6 炭素に増加すると，モル蒸発エンタルピーも増加し，ロンドン力も増加することを示している．同様に，表 11・4 のハロゲンのモル蒸発エンタルピーは，粒子の電子雲が大きくなるにつれて，ロンドン力の強さが増加することを示す．

11・7　状 態 図

状態図 phase diagram

物質が液体，固体，または気体である温度と圧力の組合わせ，または二つの相が平衡にある温度と圧力の条件を知っておくと役立つ．これを決定する簡単な方法は**状態図**（物質の相平衡に適用する圧力-温度関係のグラフ表示）の使用である．

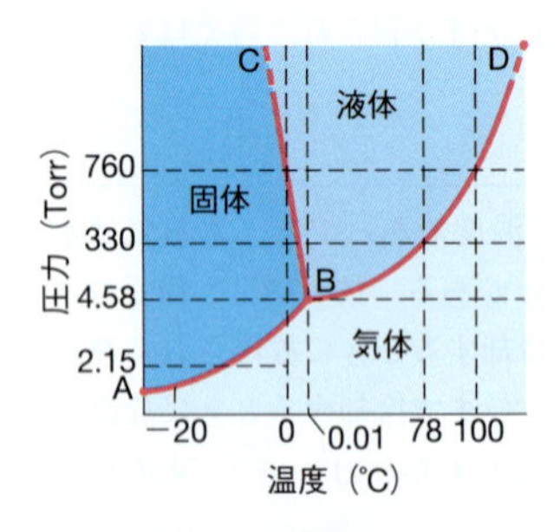

図 11・27　水の状態図． 軸目盛は特定の特徴を強調するために線形でない．図上の点線に対応する温度と圧力は本文の説明を参照．

■ 融点と沸点は状態図から直接読取ることができる．

図 11・27 は水の状態図である．それには，一点で交差する 3 本の線がある．相平衡は線に沿ってどこにも存在している．たとえば，曲線 BD は液体の水の蒸気圧曲線である．液体と蒸気が，平衡状態で共存できる温度と圧力を与えている．温度が 100 ℃のとき，蒸気圧は 760 Torr である点に注意．したがって，この図は圧力が 1 atm（760 Torr）のときに水は 100 ℃で沸騰することを示している．

固体-気体平衡曲線（AB）と液体-気体平衡曲線（BD）は一点で交差する．この点は両方の曲線上にあるので，3 相すべての間で平衡が同時に存在する．

三重点 triple point

この三重平衡が起こる温度と圧力が物質の**三重点**を定義する．水の三重点は 0.01 ℃と 4.58 Torr で起こる．ヘリウムを除くすべての既知化学物質は，固体，液体，蒸気の分子間力の平衡によって支配される特徴的な三重点をもっている.

三重点から上に伸びる曲線 BC は固体–液体平衡曲線で，融点温度が圧力変化により変わる様子を示しており，固体と液体が平衡にある温度と圧力を与える．三重点では氷の融解は +0.01 °C と 4.58 Torr で起こり，760 Torr では融解は若干低い 0 °C で起こる．グラフから, 氷に対する圧力増加がその融点を下げるということができる(図 11・28).

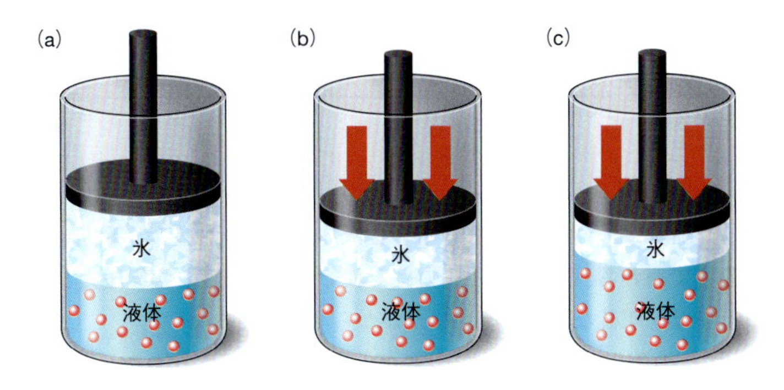

図 11・28 $H_2O(s) \rightleftharpoons H_2O(l)$ の平衡に及ぼす圧力の影響. (a) 系は液体の水と固体の水の間で平衡にある. (b) ピストンを押し下げると，氷と液体の水の両方の体積が少し減少して，圧力が増加する. (c) 氷の一部が溶けて，より密度の濃い液体を生じる．氷と液体の水の全体積が減少するにつれて，圧力は下がり平衡が回復する.

いま，固体–液体曲線（BC）のちょうど下の圧力に氷があるとする．一定温度で，圧力を曲線のすぐ上の点に上昇させると，氷は溶けて液体になるであろう．これは，圧力が増加するときに融点が下がる場合にのみ起こる.

水の状態図はきわめて異常である．二酸化炭素の状態図が例示するように，他のほとんどすべての物質は，圧力を増加すると融点が上昇する（図 11・29). CO_2 では固体–液体曲線は右（水では左）に傾いている．二酸化炭素の三重点もまた，圧力が 1 atm 以上のところにあることに注意する．大気圧のもとでは，二酸化炭素の唯一の平衡は固体と蒸気の間にある．1 atm の圧力では，この平衡は −78 °C の温度で起こり，これは（−78 °C と大気圧で昇華する）ドライアイスの温度である.

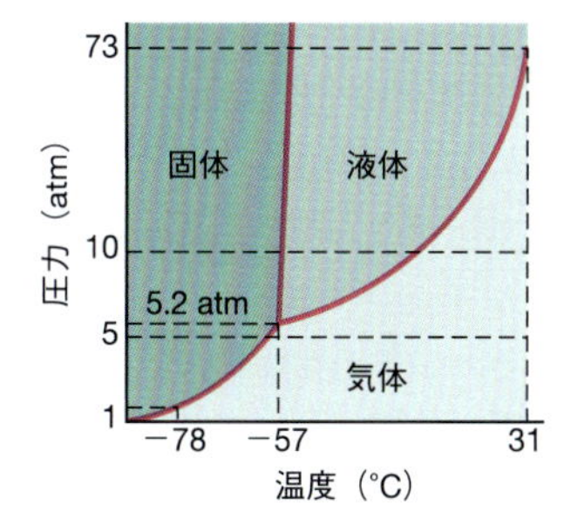

図 11・29 二酸化炭素の状態図. 臨界点は 31.1 °C と 73 atm にある.

状態図の解釈

状態図上の 3 本の交差曲線は，相平衡を指定するほかに，単相のみが存在できる温度と圧力の領域を定義するのに役立つ．たとえば, 図 11・27 の曲線 BC と BD の間は，水が蒸気または氷のどちらかとも平衡にならないで液体として存在する温度と圧力である．760 Torr では，水は 0 °C と 100 °C の間で液体である．図によると，圧力が 760 Torr なら 25 °C の温度で氷になることができない．図はまた，温度が 25 °C のときに 760 Torr の圧力で水が水蒸気になることができないことを示している. すなわち，状態図は 25 °C と 1 atm では，純水の唯一の相が液体であることを示している．760 Torr で 0 °C 未満において水は固体であり，760 Torr で 100 °C 以上の水は気体である. 水の状態図では異なる温度–圧力領域に存在できる相を明らかにしている.

例題 11・3 状態図の解釈

0 °C の水を 2.15 Torr から 800 Torr の圧力まで徐々に圧縮すると，どんな相変化が起こるか.

指針 “どんな相変化が起こるか” という問題は，再び水の状態図（図 11・27）を用いることを提案している.

解法　水の状態図を用いる．

解答　状態図によると，0 °C と 2.15 Torr の水は気体（水蒸気）として存在する．蒸気を圧縮すると，固体–気体曲線に出合うまで，0 °C の線に沿って上に移動する．そこで，圧縮が気体を固体の氷に徐々に変えるときに平衡が存在する．蒸気がすべて凍結したら，圧縮はさらに圧力を上げ，次に 760 Torr で固体–液体曲線に出会うまで，0 °C の線に沿って上昇させる．さらに圧縮すると固体は融解する．氷がすべて融解した後，圧力は上昇を続けるが，水は液体のままである．800 Torr と 0 °C で，水は液体であろう．相変化は気体から液体そして固体への変化である．

確認　状態図を新たに見る以外に，これをすべて確認するために行うことはあまり多くない．760 Torr 以上では，氷の融点が 0 °C 未満であると予想されるので，0 °C と 800 Torr で水は液体であると予想できる．

練習問題 11・6　−20 °C と 2.15 Torr の水を一定圧力下で 50 °C まで加熱すると，どんな相変化が起こるか．

超臨界流体

臨界点 critical point

臨界温度 critical temperature, T_c

臨界圧力 critical pressure, P_c

水（図 11・27）において，B 点から始まる液体の蒸気圧曲線は，**臨界点**として知られているD点で終わる．Dの温度と圧力はそれぞれ**臨界温度**と**臨界圧力**とよばれる．臨界温度以上では，明確な液相は圧力にかかわらず存在できない．

図 11・30 はその臨界点に近づくにつれて物質に何が起こるかを示している．図 11・30(a) では，上に少し蒸気のある容器中に液体がある状態である．二つの相が異なる密度をもつことから，光を屈折させ，それらを区別することができる．これにより，より高密度の液体と低密度の蒸気間の界面または表面をみることができる．この液体を加熱すると二つのことが起こる．第一にさらに液体が蒸発する．これは蒸気の cm^3 当たりの分子数の増加を起こし，いいかえると蒸気の密度を増加させる．第二に液体が膨張する．これは既定質量の液体がより大きい体積を占めるので，その密度が減少することを意味する．液体と蒸気の温度が上昇し続けると，蒸気密度は上がり，液体密度は低下して互いに近づく．最終的には，密度は等しくなり，液相と気相はもはや別べつに存在せず，すべて同じになる（図 11・30b）．液相がまだ存在する最高温度が臨界温度で，この温度での蒸気圧が臨界圧力である．その臨界温度より上の温度とその液体密度に近い密度をもつ物質を**超臨界流体**という．超臨界流体は，それらを優れた溶媒にする特異な性質をもっている．特に有用なのが超臨界二酸化炭素で，コーヒーと紅茶からカフェインを抜くための溶媒として使用されている．

超臨界流体 supercritical fluid

表 11・5　臨界温度と臨界圧力

化合物	T_c(°C)	P_c(atm)
水	374.1	217.7
アンモニア	132.5	112.5
二酸化炭素	31.1	72.9
エタン C_2H_6	32.2	48.2
メタン CH_4	−82.1	45.8
ヘリウム	−267.8	2.3

臨界温度と臨界圧力の値はすべての化学物質に固有で，分子間力によって支配される（表 11・5）．水のような強い分子間力をもつ液体が高い臨界温度をもつ傾向がある．圧力下では，分子が高温で激しく動き回っているときでも，分子間の強い引力がそれ

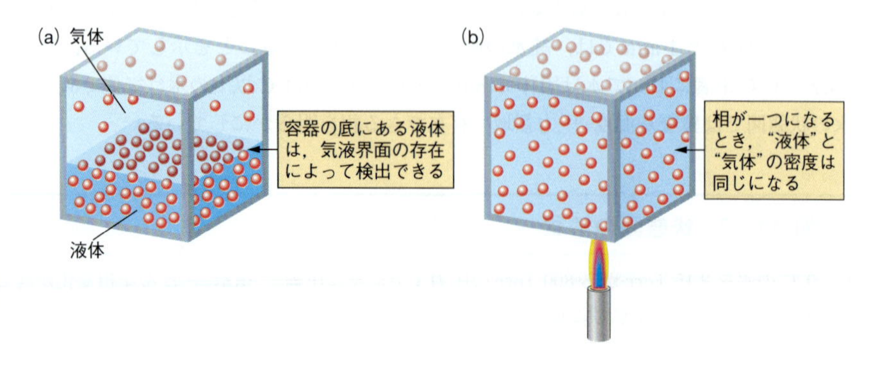

図 11・30　密封容器中の液体を加熱するときに観察される変化． 臨界温度未満(a)．臨界温度以上(b)．

コラム 11・1 カフェイン抜きのコーヒーと超臨界二酸化炭素

多くの人々はカフェインを避けたいが，コーヒーは楽しみたいと思っている．彼らにとって，カフェイン抜きのコーヒーは理想的である．この要求を満たすために，コーヒー生産業者は焙煎する前にコーヒー豆からカフェインを除去している．

いくつかの方法が用いられており，一部はカフェインを溶かすために，塩化メチレン CH_2Cl_2 または酢酸エチル $CH_3CO_2C_2H_5$ などの溶媒を使用する．これらの溶媒はコーヒー豆を乾燥した後に残る量がごく微量だとしても，コーヒー中にそのような化学薬品が含まれるのは好ましくない．このため，二酸化炭素がカフェインの除去に用いられている．

超臨界二酸化炭素は，カフェインを含む多くの有機物の優れた溶媒であることがわかっている．超臨界二酸化炭素をつくるには，気体の CO_2 を臨界温度（31 °C）以上（一般には約 80 °C）に加熱する．その後，約 200 気圧に圧縮する．これは液体に近い密度を与えるが，気体の特性をもち合わせている．流体の CO_2 は粘度が非常に低く，水蒸気で柔らくなったコーヒー豆に容易に侵入して，水とカフェインを抜取る．数時間後，CO_2 は 97％のカフェインを取除き，それから水とカフェインを含む流体を抜き出す．超臨界 CO_2 溶液の圧力を下げると，CO_2 は気体に変化し，水とカフェインは分離する．カフェインは回収して，飲料または製薬会社に売却される．一方，コーヒー豆にかかっている圧力を下げ，豆を約 120 °C まで温めて，残った CO_2 を蒸発させる．CO_2 は有毒ガスではないので，CO_2 が微量残っても無害である．

コーヒーの脱カフェイン化が超臨界 CO_2 の唯一の用途ではなく，さまざまな製品に使用するスパイスとハーブに不可欠な風味成分を抽出するためにも使用される．コーヒーと同様に，溶媒としての超臨界 CO_2 の使用は，少量残った他の溶媒がひき起こす可能性のある潜在的毒性も完全に避けることができる．

らを液体状態に保持することができる．対照的に，メタンとヘリウムなど弱い分子間力をもつ物質は低い臨界温度をもつ．これらの物質では，分子が低温でもつ少ない運動エネルギーでも，高圧下で一緒に密に保持されているにもかかわらず，分子間力に打ち勝ち，分子が液体のように引き合うのを防ぐのには十分である．

気体の液化

気体状物質がその臨界温度以下の温度にあるとき，それを圧縮することによって液化することが可能である．たとえば，二酸化炭素は室温（約 25 °C）で気体である．この温度は臨界温度（31 °C）以下である．$CO_2(g)$ を徐々に圧縮すると，最終的には CO_2 の液体–気体曲線にある圧力に達し，さらに圧縮すると CO_2 を液化させる．事実，CO_2 消火器を充塡するときにこのことが起こり，ポンプで注入される CO_2 は高圧下で液体である．充塡された CO_2 消火器を振ると，消火器の温度が 31 °C 以下であるなら，液体が中ではねているのを感じることができる．消火器を使用するとき，バルブは加圧された CO_2 を放出し，CO_2 が飛び出して火を消す．

■ 温度が 30 °C 以上の非常に暑い日には，充塡済みの CO_2 消火器は，それが液体で満たされているという感覚をもたないであろう．そのような温度では，CO_2 は超臨界状態にあり，分離した液相は存在していない．

臨界温度が 0 °C よりはるかに低い O_2 や N_2 のような気体は決して室温で液体ではありえない．それらを圧縮すると単に高圧気体になる．液体 N_2 または O_2 をつくるには，その気体を高圧に圧縮するだけでなく極低温にしなければならない．液体窒素（沸点 −196 °C または 77 K）はしばしば，実験室で実験装置を低温まで冷却するために使用される．液体酸素（沸点 −183 °C または 90 K）は酸化剤や病院の $O_2(g)$ 源として使用される．

11・8 ルシャトリエの原理と状態変化

本章を通してさまざまな動的平衡を調べてきた．一つの例は，閉じた容器中の液体とその蒸気の間に存在する平衡であった．液体の温度がこの系で上昇するときに，その蒸気圧も増加することを学んだ．この現象が起こる理由をもう一度簡単にみてみよう．

最初に，液体はその蒸気と平衡にあり，一定の圧力がかかっている．温度を上げると蒸発が凝縮より速く起こるので，もはやもとの平衡は存在しない．最終的に，蒸気中の分子の濃度が増加するにつれて，系は蒸気がより多く，液体がより少ない新しい平衡に達する．蒸気中の分子の濃度が大きいほど大きな圧力をひき起こす．

液体の平衡蒸気圧が温度に依存するのは一般的現象の一例である．動的平衡が擾乱（じょう）によって壊れるときはいつも，系は平衡を取戻す方向に変化する．平衡を回復する過程で，系が正味の変化を受けることを理解することも重要である．したがって，液体の温度が上がるときに，系が平衡に戻ると液体から蒸気への変換がある．新しい平衡に達するとき，液体と蒸気の量は以前と同じではない．

本書の後半では，多くの種類の平衡を化学的，物理的に扱う．平衡系への擾乱の影響を知りたいと思うたびに詳細な解析を行うことは非常に時間がかかり，時には非常に困難である．幸いにも，フランスの化学者ルシャトリエによって1888年に提案された原理に基づく，擾乱の影響を予測する比較的簡単な方法がある．

ルシャトリエ Henry Le Châtelier, 1850〜1936

ルシャトリエの原理
系の動的平衡が擾乱によって壊れると，系は擾乱を打消して平衡を回復する方向に反応する．

温度上昇を受ける液体–気体平衡にルシャトリエの原理をどのように適用できるかみてみよう．もちろん，熱を加えずに温度を上げることはできない．温度を上げるとき，熱の追加は実際には平衡の擾乱である．したがって，液体–気体平衡を表すために用いる式の項として“熱”を含める．

$$熱 + 液体 \rightleftharpoons 気体 \qquad (11 \cdot 2)$$

式において動的平衡を示すために両方向の矢印 $\rightleftharpoons$ を用いることを思い出そう．それらは，逆の変化が等しい速度で起こるという意味を含んでいる．蒸発は吸熱的であるので，液体が蒸気に変わるときに熱が液体により吸収されること，そして蒸気が液体に凝縮するときに熱が放出されることを示すために，熱は（11・2）式の左側に置く．

ルシャトリエの原理は，熱を加えて平衡系の温度を上げるとき，系は加えられた熱の一部を吸収するように調整しようとすることを示唆している．これは蒸発が吸熱的であることから，一部液体が蒸発する場合に起こる．液体が蒸発すると，蒸気量が増加して圧力を上昇させる．したがって，非常に単純な方法で正しい結論（すなわち液体の加熱はその蒸気圧を増加させる）に至る．

平衡点 position of equilibrium

私たちはしばしば，（11・2）式などの平衡式における両方向の矢印の反対側の相対物質量に言及するために**平衡点**という用語を用いる．したがって，擾乱が平衡点にどう影響を及ぼすかについて考えることができる．たとえば，温度を上げると蒸気量を増加させ，液体の量を減少させる．これを平衡点が移動したという．いまの場合，平衡点が蒸気の方向に移動した，または右に移動したという．ルシャトリエの原理を用いる場合，しばしば，擾乱を平衡式において一つの方向またはもう一つの方向への“平衡点の移動”と考えると便利である．

練習問題 11・7 次の物理過程（沸騰，融解，凝縮，昇華，凝固）のそれぞれが発熱的か，吸熱的かを明確に示せ．それらの過程のいずれかが，一部の物質では発熱的で，他の物質では吸熱的であることはありうるか．

11・9　モル蒸発エンタルピーの決定

蒸気圧が温度によって変化する方向は物質のモル蒸発エンタルピーに依存する．これは§11・4で記述し，図11・31に示した．しかし，蒸気圧と温度の関係は単純な比例関係ではない．ここでの解析には自然対数を必要とする．

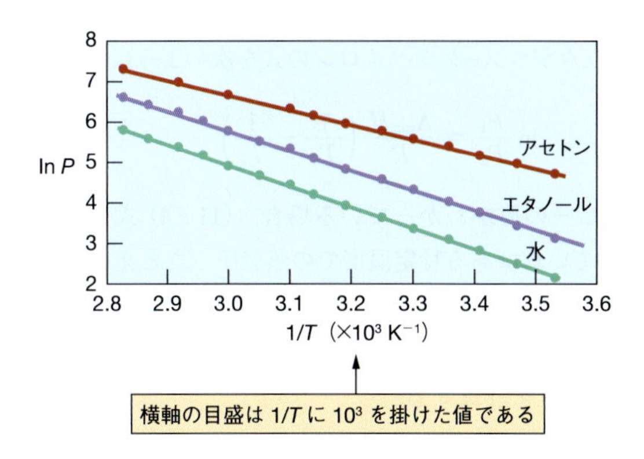

図 11・31　クラウジウス-クラペイロンの式のプロット． アセトン，エタノール，水の $\ln P$ 対 $1/T$ のグラフ．

クラウジウス-クラペイロンの式

ドイツの物理学者クラウジウスとフランスの技術者クラペイロンは熱力学の原理（18章で説明する主題）を用いて，蒸気圧 P，モル蒸発エンタルピー $\Delta_{vap}H$，温度 T を関連づける以下の式を導いた．

クラウジウス Rudolf Clausius, 1822～1888

クラペイロン Benoit Paul Emile Clapeyron, 1799～1864

$$\ln P = \frac{-\Delta_{vap}H}{RT} + C \qquad (11\cdot3)$$

$\ln P$ は蒸気圧の自然対数，R はエネルギー単位（$R = 8.314\ \mathrm{J\ mol^{-1}\ K^{-1}}$）で表される気体定数，$T$ は絶対温度，C は定数である．(11・3) 式は**クラウジウス-クラペイロンの式**とよばれている．

クラウジウス-クラペイロンの式 Clausius–Clapeyron equation

クラウジウス-クラペイロンの式は，実測された蒸気の圧力および温度の値からモル蒸発エンタルピーを決定するための便利な解法を提供している．これをみるために，次のように式を書き直す．

$$\ln P = \left(\frac{-\Delta_{vap}H}{R}\right)\frac{1}{T} + C$$

ここで，直線が次の一般式によって表されることを思い出そう．

$$y = mx + b$$

ここで x と y は変数，m はその傾き，b は y 軸と線との切片である．この場合，以下の置換を行うことができる．

$$y = \ln P \qquad x = \frac{1}{T} \qquad m = \left(\frac{-\Delta_{vap}H}{R}\right) \qquad b = C$$

したがって，次式を得る．

$$\begin{array}{ccccccc} \ln P & = & \left(\dfrac{-\Delta_{vap}H}{R}\right) & \dfrac{1}{T} & + & C \\ \Updownarrow & & \Updownarrow & \Updownarrow & & \Updownarrow \\ y & = & m & x & + & b \end{array}$$

$\ln P$ 対 $1/T$ のグラフは，$-\Delta_{vap}H/R$ に等しい勾配の直線を与える．そのような直線関係を，水，アセトン，エタノールの実験データに基づいてプロットした図を図 11・31 に示す．図 11・31 のグラフから，$\Delta_{vap}H$ の計算値は次のとおりである．水では 43.9 kJ mol^{-1}，アセトンでは 32.0 kJ mol^{-1}，エタノールでは 40.5 kJ mol^{-1} である．

(11・3) 式を用いて，二つの異なる温度で蒸気圧がわかっているなら，$\Delta_{vap}H$ の計算に使用できるクラウジウス–クラペイロンの式を次のように導くことができる．

$$\ln\frac{P_1}{P_2}=\frac{\Delta_{vap}H}{R}\left(\frac{1}{T_2}-\frac{1}{T_1}\right) \qquad (11\cdot4)$$

モル蒸発エンタルピーの値がわかっている場合，(11・4) 式を用いて，温度 T_1 での蒸気圧 P_1 がわかっていればある特定温度での蒸気圧（たとえば，温度 T_2 での P_2）を計算することもできる．

例題 11・4　温度と蒸気圧からモル蒸発エンタルピーを計算する

メタノール CH_3OH は, 水素結合, 双極子–双極子相互作用, そしてロンドン力を受ける．メタノールは 64.6 °C で 1.00 atm の蒸気圧をもち，12.0 °C で 0.0992 atm の蒸気圧をもつ．メタノールのモル蒸発エンタルピーはいくらか．

指針　二つの温度と二つの蒸気圧が与えられていて，モル蒸発エンタルピーが求められている．この問題を解くにはクラウジウス–クラペイロンの式を用いる必要がある．

解法　用いるおもな手法は次式の適用である．

$$\ln\frac{P_1}{P_2}=\frac{\Delta_{vap}H}{R}\left(\frac{1}{T_2}-\frac{1}{T_1}\right)$$

解答　以下の数値が与えられている．

$$P_1 = 1.00\ \text{atm} \qquad t_1 = 64.6\ ^\circ\text{C}$$
$$P_2 = 0.0992\ \text{atm} \qquad t_2 = 12.0\ ^\circ\text{C}$$

式を解くためには，°C の温度を絶対温度(K)に変換する必要があり, それらの逆数もすぐに必要になるので計算しておく．

$$T_1 = 64.6\ ^\circ\text{C} + 273.15 = 337.8\ \text{K} \qquad \frac{1}{T_1}=0.002960\ \text{K}^{-1}$$
$$T_2 = 12.0\ ^\circ\text{C} + 273.15 = 285.2\ \text{K} \qquad \frac{1}{T_2}=0.003506\ \text{K}^{-1}$$

式の中の蒸気圧は比であり，単位が相殺するので，圧力単位を変換する必要はない．8.314 J mol^{-1} K^{-1} を R（すなわちエネルギー単位の気体定数）の値に用いる．

次にクラウジウス–クラペイロンの式を計算する．これを行う一つの方法は，$\Delta_{vap}H$ を解くために必要な項が左側にあり，他のすべての項が右側にあるように式を並べ替えることである. 式の両側に R を掛け, $(1/T_2-1/T_1)$ で割ることによってこれを行う．結果は次のとおりである．

$$\Delta_{vap}H=\frac{R\times\ln\dfrac{P_1}{P_2}}{\left(\dfrac{1}{T_2}-\dfrac{1}{T_1}\right)}$$

P_1, P_2, T_1, T_2, R の値を代入して次式を得る．

$$\Delta_{vap}H=\frac{8.314\ \text{J mol}^{-1}\ \text{K}^{-1}\times\ln\dfrac{1.00\ \text{atm}}{0.0992\ \text{atm}}}{\left(\dfrac{1}{285.2\ \text{K}}-\dfrac{1}{337.8\ \text{K}}\right)}$$

T の逆数はすでに計算しており，自然対数の項を計算して式を簡略化し，答えを求める．

$$\Delta_{vap}H=\frac{8.314\ \text{J mol}^{-1}\ \text{K}^{-1}\times 2.311}{(0.003506\ \text{K}^{-1}-0.00296\ \text{K}^{-1})}$$
$$=\frac{19.21\ \text{J mol}^{-1}\ \text{K}^{-1}}{0.00546\ \text{K}^{-1}}$$
$$=35{,}180\ \text{J mol}^{-1}=35.2\ \text{kJ mol}^{-1}\ \text{(適切に丸める)}$$

確認　最初に確認することは，$\Delta_{vap}H$ の符合（この吸熱的過程では常に正）である．第二に，表 11・4 を参照して結果の大きさが他の化合物に類似していること，最後に計算過程を確認する．

練習問題 11・8　蒸気圧が 27.3 °C で 0.0992 atm である場合，モル蒸発エンタルピー $\Delta_{vap}H$ = 40.5 kJ mol^{-1} をもつエタノールの標準沸点はいくらか．

11・10　結晶の構造

多くの物質が凝固するとき，または溶液から固体として分離するとき，それらの物質は，非常に規則的な特徴をもつ結晶を形成する傾向がある．たとえば，NaClの溶液から固体が析出するとき，形成する結晶は常に90°の角度で交差する辺をもっている．立方体はNaClでよくみられる形状である．

結晶は一般に，物質に特有な角度で交わる平面をもつ傾向がある．これらの外形の規則性は，結晶中にある粒子間の高い秩序度を反映する．これは，粒子が原子，分子，イオンにかかわらず，当てはまることである．

格子と単位格子

壁紙のデザインであれ，または結晶中の粒子の規則正しい充填であれ，どの繰返しパターンも対称性をもっている．たとえば，パターン要素間には一定の繰返し距離を認識することができ，そのパターン要素の繰返しはある線に沿っており，その線が互いに一定の角度に交叉することがわかる．

繰返し構造の対称性は，同じ角度を向いた線に沿って配置された構造と同じ繰返し距離をもつ点のセットとして記述すると便利である．そのような点のパターンを**格子**とよび，固体中の粒子の充填の記述にそれを適用するとき，しばしばそれを**結晶格子**とよぶ．

格子 lattice

結晶格子 crystal lattice

単位格子 unit cell

結晶中の粒子数は莫大である．たとえ最も小さな結晶でも，その中心にいると想像すると，すべての方向を見る限り遠くまで粒子が続くことがわかるであろう．これらすべての粒子またはそれらの格子点の位置を記述することは不可能であるが，これは不要である．すべきことは，**単位格子**とよぶ格子の繰返し単位を記述することである．これをみるためと，格子の概念の有用性を理解するために，二次元格子から始めよう．

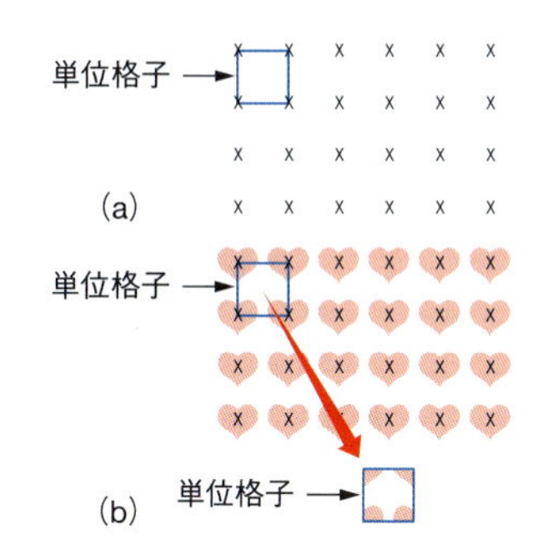

図 11・32　二次元格子．(a) 単位格子の角に格子点をもつ正方形の単純正方格子．(b) デザイン要素（ピンクのハート）を各格子点と結びつけることによって形成される壁紙パターン．各ハートの中心のxが格子点に対応している．単位格子は各角にハートの一部を含んでいる．

図11・32に格子点が正方形の角にあることを意味する二次元正方格子を示す．格子の繰返し単位（単位格子）は図中に示されている．この単位格子から始めると，その辺の長さと等しい距離でそれを繰返し上下左右に移動させることによって格子全体を形成することができる．この意味で，格子の特性のすべてはその単位格子の特性に含まれている．

格子について重要なことがらは，同じ格子を用いてさまざまなデザインまたは構造を記述できることである．たとえば，図11・32(b) に，ピンクのハートを各格子点と結びつけることによって形成されたデザインがみられる．

格子の概念を三次元に拡張することは比較的簡単である．**単純立方格子**を図11・33に示す．その単位格子は，八つの角にのみ格子点のある立方体である．図11・33(c) は，その物質の単位格子だけでなく単純立方格子に結晶化する物質中の原子の充填を示している*．

単純立方格子 simple cubic unit cell

* ポロニウムは，単純立方格子に結晶化する同素体をもつ唯一の単体金属である．しかし，一部の化合物は単純立方格子を形成する．

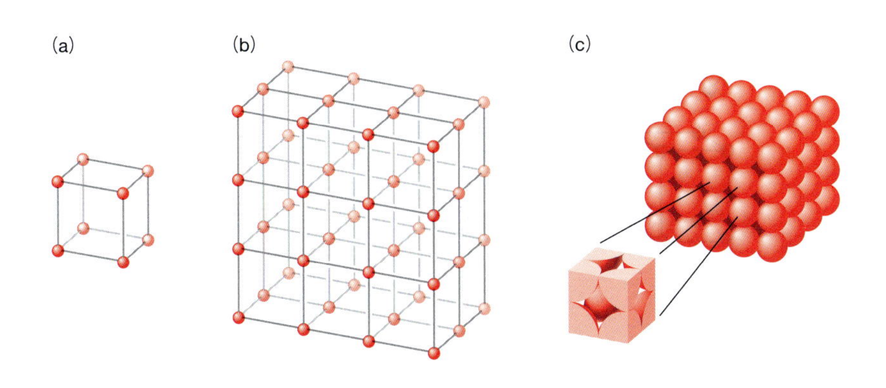

図 11・33　三次元単純立方格子．(a) 格子点の位置を示す単純立方格子の単位格子．(b) 単純立方格子の単位格子を積み重ねて築いた単純立方格子の一部．(c) 格子点に同一原子がある単純立方格子をもつ仮想的な物質．各原子の一部(1/8)だけがこの特定単位格子中にある．

ブラベ格子 Bravais lattice

ブラベ Auguste Bravais, 1811〜1863

＊ 1848 年，フランスの物理学者ブラベは，すべての物質が 14 種類の結晶格子に分類されることを数学的に証明した．このため，14 種類の結晶格子は彼の名前にちなんでブラベ格子とよばれている．

二次元格子と同様に，さまざまな物質の構造を記述するために同じ単純立方格子を用いることができる．原子の大きさが変わるので単位格子の大きさは変わるが，積層の本質的な対称性はそれらすべてにおいて同じであるため，無限数の各種化合物を一連の限られた三次元格子だけで記述することが可能になる．実際は，14 種類の三次元格子のみが可能であることが数学的に証明されている．これは，存在する化学物質のすべてが，**ブラベ格子**とよばれているこれら 14 種類の結晶格子のどれかに属する結晶を形成しなければならないことを意味している＊．

14 種類の結晶格子を表 11・6 に示す．各辺の長さ（a_1, a_2, a_3）と形状の辺間の角度

表 11・6　14 種類のブラベ格子

		単純	体心	底心	面心
三斜	$a_1 \neq a_2 \neq a_3$ $\alpha_{12} \neq \alpha_{23} \neq \alpha_{31} \neq 90°$	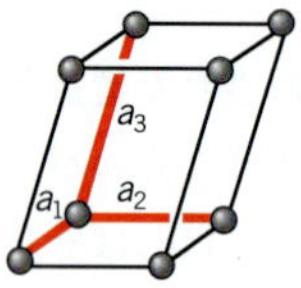			
単斜	$a_1 \neq a_2 \neq a_3$ $\alpha_{23} = \alpha_{31} = 90°$ $\alpha_{12} \neq 90°$	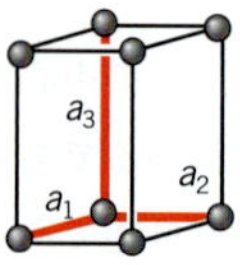	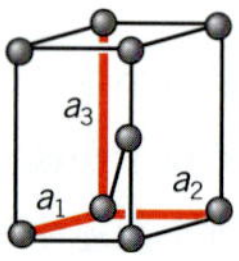		
斜方	$a_1 = a_2 \neq a_3$ $\alpha_{12} = \alpha_{23} = \alpha_{31} = 90°$	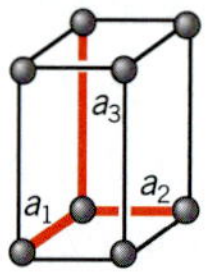	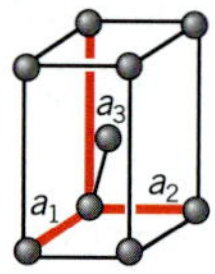	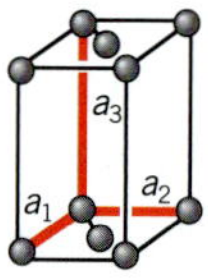	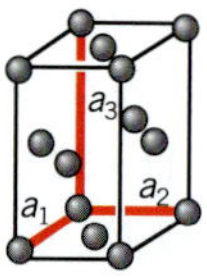
正方	$a_1 = a_2 = a_3$ $\alpha_{12} = \alpha_{23} = \alpha_{31} = 90°$	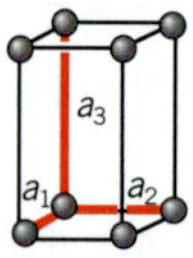	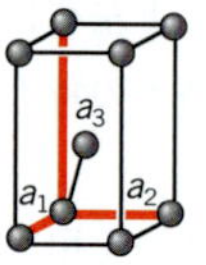		
三方	$a_1 = a_2 = a_3$ $\alpha_{12} = \alpha_{23} = \alpha_{31} < 120° \neq 90°$	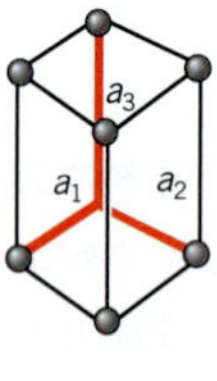			
六方	$a_1 = a_2 \neq a_3$ $\alpha_{12} = 120°$ $\alpha_{23} = \alpha_{31} = 90°$	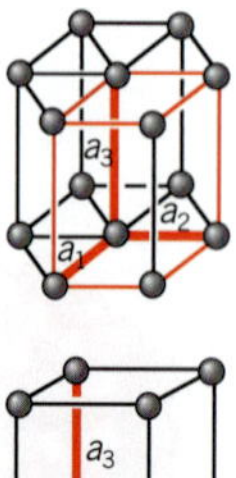			
立方	$a_1 = a_2 = a_3$ $\alpha_{12} = \alpha_{23} = \alpha_{31} = 90°$	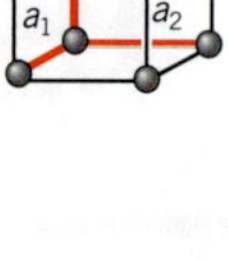	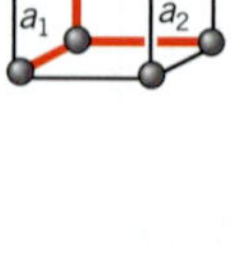		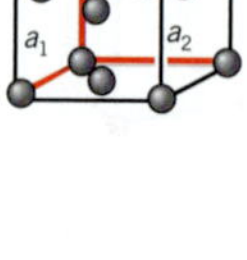

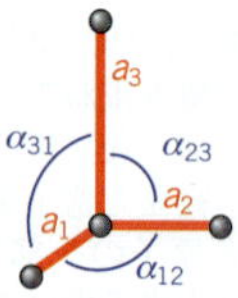

$(\alpha_{12}, \alpha_{23}, \alpha_{13})$ によって7種類の基本結晶系が存在する．単純格子のみが格子の角に格子点をもっている．体心格子は格子の中心に格子点をもっている．底心格子は対面する二つの面に格子点をもっており，面心格子はすべての面に格子点をもっている．

立方格子

立方格子はすべての辺が同じ長さで，すべての角度が90°であるので，最も単純な格子である．単純立方格子に加えて，他に二つの立方格子（面心立方格子と体心立方格子）が可能である．**面心立方格子（fcc）**は図11・34に示すように，八つの角のそれぞれに加えて各面の中心にもう一つ格子点がある．たとえば，多くの通常の金属（銅，銀，金，アルミニウム，鉛）は面心立方格子をもつ結晶を形成する．これらの金属はそれぞれ同じ種類の格子をもつが，原子の大きさが異なるので，それらの単位格子の大きさは異なる（図11・35）．

面心立方格子 face-centered cubic unit cell, 略称 fcc

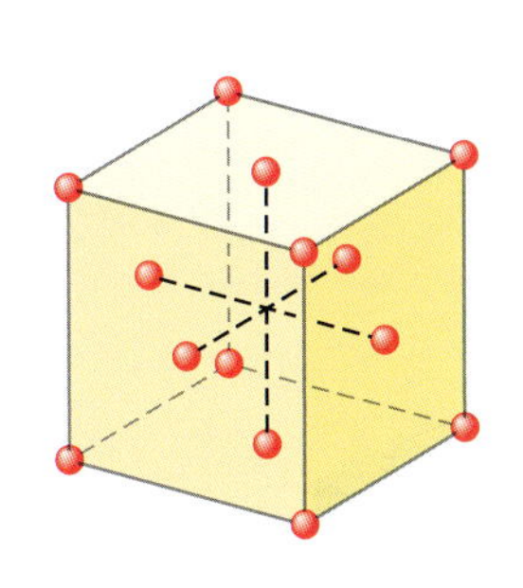

図 11・34　面心立方格子． 格子点は八つの角のそれぞれと，各面の中心にある．

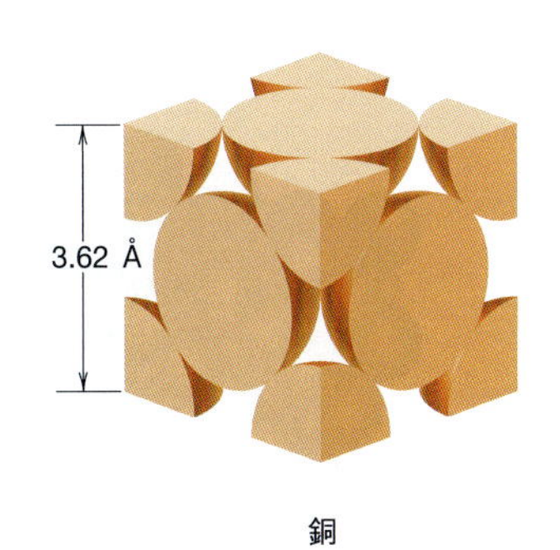

図 11・35　銅と金の単位格子． これらの金属は面心立方格子の構造に結晶化する．原子は同じように配置されるが，それらの単位格子は，原子の大きさが異なるので，さまざまな長さの辺をもつ．

図11・36に示すように，**体心立方格子（bcc）**は各角の格子点に加えて格子の中心に格子点をもっている．体心立方格子も多くの金属に共通である．例はナトリウム，クロム，鉄などである．これらは同じ種類の格子をもつ物質であるが，格子の寸法は原子の大きさが異なるため異なる．

体心立方格子 body-centered cubic unit cell, 略称 bcc

すべての単位格子が立方体であるわけではない．表11・6に示すように，いくつかの格子は，さまざまな長さや90°以外の角度で交差する辺をもっている．他の単位格子と格子の存在にも気づいているであろうが，ここでの残りの説明は立方格子とそれらの単位格子に限定する．

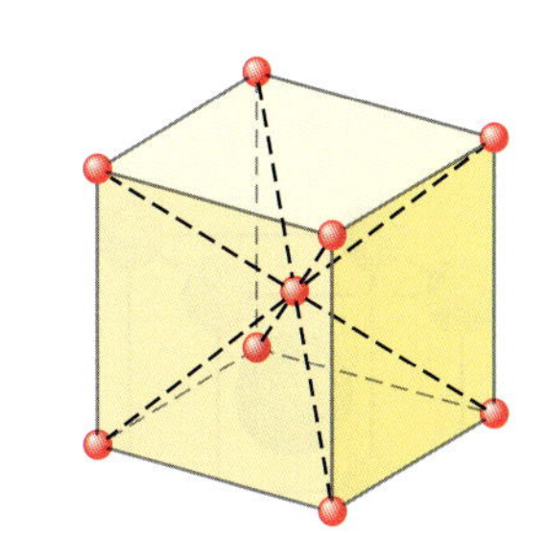

図 11・36　体心立方格子． 格子点は八つの角のそれぞれと，単位格子の中心にある．

図11・35において銅の面心立方格子の単位格子を見ると，原子が部分に切断されているのがわかる．その部分を合計して原子全体になることを示すことができる．単位格子を結晶から“切りとる”とき，各角に原子の一部，実際には原子の8分の1のみを見ていることに注意しよう．各原子の残りは隣接する単位格子にある．単位格子は八つの角をもっているので，すべての角の断片をひとまとめにすれば，一つの完全な原子を得る．

$$8\,\text{角} \times \frac{1/8\,\text{原子}}{\text{角}} = 1\,\text{原子}$$

次に面の中の原子を見ると，各原子の半分だけが単位格子内にあるが，合計3個の原子には六つの面と6個の半原子がある．

$$6\,面 \times \frac{1/2\,原子}{面} = 3\,原子$$

単位格子中の総原子数は 4 個（面に 3 個と角に 1 個）である．さらに，原子が立方体の辺にある場合，各辺について原子の 1/4 が単位格子に寄与し，原子が完全に格子内にある場合は，当然 1 原子が単位格子に寄与する．すべての結晶格子は（18 個をもつ）六方格子を除いて 12 個の辺をもっている．

立方格子の化合物

多くの金属が立方格子をもつことがわかった．同じことは多くの化合物にもあてはまる．たとえば，図 11・37 は塩化ナトリウム結晶の一部の図である．同一粒子（たとえば緑色の Cl^-）の位置をみると，面心立方格子の格子点に存在している．より小さい灰色球 Na^+ は Cl^- 間の空間を満たす．したがって，塩化ナトリウムは面心立方格子をもち，微視的スケールでのこの格子の立方格子が，巨視的スケールの塩化ナトリウム結晶の立方形を反映している．

■ナトリウムイオンに注目すると，面心立方構造の格子点に存在することがわかる．

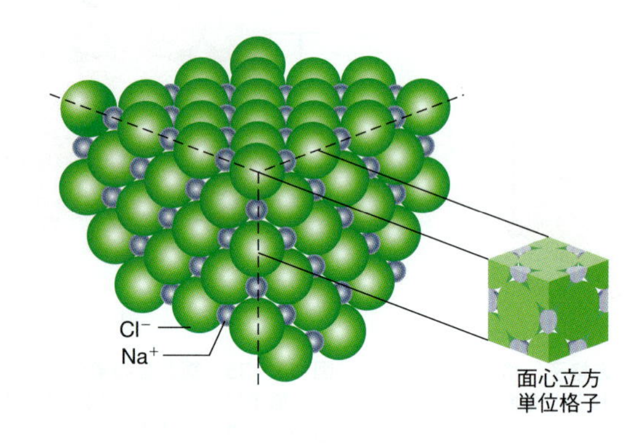

図 11・37　塩化ナトリウム結晶中のイオンの充填． この図で塩化物イオンは，塩化物イオンの間にナトリウムイオンがある面心立方格子の格子点と関連することがわかる．

NaBr と KCl などのハロゲン化アルカリ（1 族と 17 族の間の化合物）の多くは，NaCl と同じイオン配置をもつ fcc 格子で結晶化する．実際，このイオン配置は非常に一般的で，**岩塩構造**（岩塩は NaCl の鉱物名）とよばれている．臭化ナトリウムと塩化カリウムは塩化ナトリウムと同じ種類の格子をもつことから，同様に図 11・37 を用いてそれらの単位格子を記述することができる．しかし，それらの単位格子の大

岩塩構造 rock salt structure

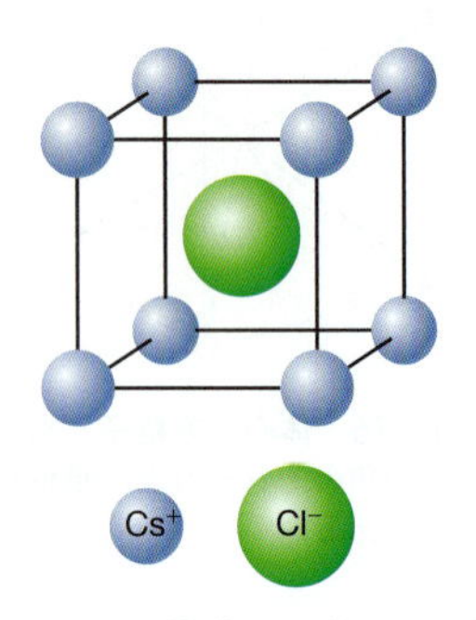

図 11・38　塩化セシウム CsCl の単位格子． 塩化物イオンは単位格子の中心にある．イオンは，単位格子中のそれらの位置をわかりやすくするために，正確な大きさでは示されていない．

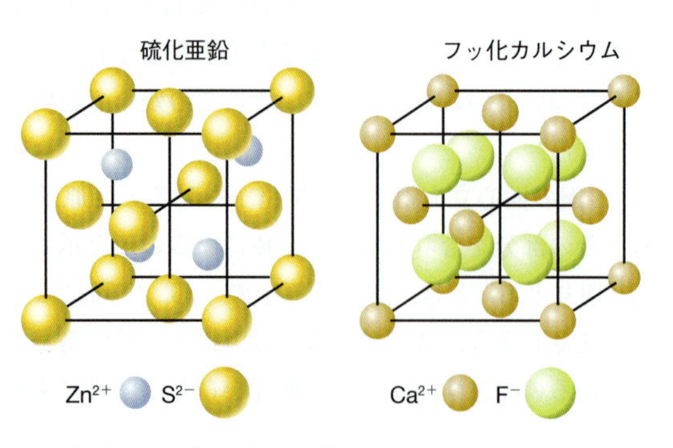

図 11・39　面心立方格子に基づく結晶構造． 硫化亜鉛 ZnS およびフッ化カルシウム CaF_2 は面心立方格子に適合する結晶構造をもつ．ZnS では，硫化物イオンは fcc の格子点に位置し，完全に単位格子内にある 4 個の亜鉛イオンとともに示されている．CaF_2 では，カルシウムイオンは fcc の格子点に位置し，完全に単位格子内にある 8 個のフッ化物イオンとともに示されている．イオンは，単位格子中のそれらの位置をわかりやすくするために，正確な大きさでは示されていない．

きさはK^+がNa^+より大きく，Br^-がCl^-より大きい.

立方単位格子の他の例を図11・38と11・39に示す．図11・38の塩化セシウムの構造は，一見，体心立方格子にみえるかもしれないが単純立方格子である．CsClを例にとると，Cs^+は角にあり中心にはないので，Cs^+は単純立方格子を示していることがわかる．また，Cl^-が角になるように平行移動するとCl^-も単純立方格子を示していることがわかる.

図11・39の硫化亜鉛とフッ化カルシウムの両方は，塩化ナトリウムとは異なる面心立方単位格子をもっており，これは同じ基本的種類の格子を用いてさまざまな化学構造をどのように表すことができるかを示している.

結晶構造に及ぼす化学量論の影響

この時点では，なぜ化合物が特定の構造で結晶化するのか不思議に思うかもしれない．これは複雑な問題であるが，少なくとも一つの因子は物質の化学量論である．結晶は莫大な数の同一の単位格子からなることから，単位格子内の化学量論は化合物全体の化学量論と一致しなければならない．これが塩化ナトリウムにどのようにあてはまるかみてみよう.

例題 11・5 単位格子中の原子またはイオンを数える

塩化ナトリウムの単位格子中にいくつのナトリウムイオンと塩化物イオンがあるか.

指針 この問題に答えるために必要な考え方は次のとおりである．単位格子を結晶から切取るときに，それがイオンの一部分を囲んでいるので，各ナトリウムイオンと塩化物イオンがいくつの単位格子内で共有されているか調べる必要がある.

解法 一つの原子がいくつの単位格子に共有されているかをみるために，塩化ナトリウムの単位格子中の原子を数える手法を用いる.

解答 図11・40で示したNaCl単位格子の分解立体図を見てみよう．角と各面の中心に塩化物イオンの一部がある．その部分を加える.

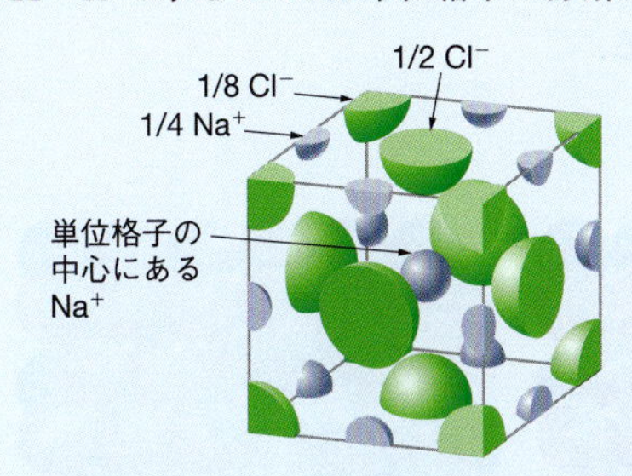

図 11・40 塩化ナトリウムの単位格子の立体図

$$8角 \times 1/8Cl^- = 1Cl^-$$
$$6面 \times 1/2Cl^- = 3Cl^-$$
$$合計 = 4Cl^-$$

ナトリウムイオンについては，12の辺それぞれに沿った部分に加えて単位格子の中心に一つのNa^+がある．それらを加える.

$$12辺 \times 1/4Na^+ = 3Na^+$$
$$1Na^+(格子の中心) = 1Na^+$$
$$合計 = 4Na^+$$

したがって，一つの単位格子中に，四つの塩化物イオンと四つのナトリウムイオンがある.

確認 イオンの比は4:4で1:1と同じある．それはNaCl中のイオンの比であるので答えは妥当である.

練習問題 11・9 図11・38に示されているイオンの比は，塩化セシウムの単位格子中でいくらか．これは塩化セシウムの式と一致しているか.

例題11・5の計算は，NaClが（単位格子が適切な陽イオン対陰イオン比をもつ）結晶構造をもつことができる理由を示している．それはまた，$CaCl_2$などの化合物がNaClと同じ種類の単位格子で結晶化できない理由も示している．塩化ナトリウム構造は1:1の陽イオン対陰イオン比を要求するので，1:2の陽イオン対陰イオン比を

もつ $CaCl_2$ は NaCl と同じ結晶構造になることができない.

最密充填構造

最密充填構造 closest-packed structure

さまざまな金属元素の単体や貴ガスの固体の結晶構造は，原子を取囲む隣の原子数を最大にすることによって支配されている．原子が多くの隣接原子をもつほど，原子間にはたらく凝集力は大きく，固体が形成すときのポテンシャルエネルギーの低下も大きい．最大の充填密度の構造は**最密充填構造**として知られ，同じ密度をもつが，充填のしくみが異なる構造が二つある．これらがどう形成されるか視覚化するために，同じ大きさの球を充填する方法をみてみよう．

図 11・41(a) はできるだけ堅く充填された青色球の層を示している．各球が，この層中で他の 6 個の球によって囲まれることに注意しよう．第二層を追加するとき，図 11・41(b), (c) に示すように，各球（赤）は第一層の 3 個の球によって形成された凹部に落ち着く．

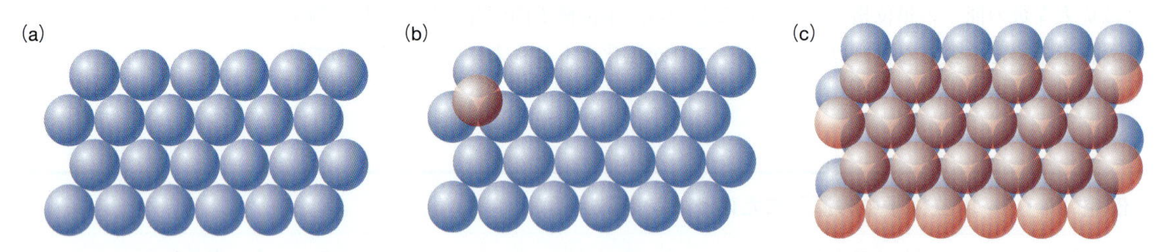

図 11・41　球の充填．(a) 密に充填された球の一層．(b) 第二層は，第一層の 3 個の球の間に形成される凹部に球（赤）を置くことから始まる．(c) 原子を第一層の上に積み重ねる様子がわかるように少し透明にした球の第二層．

立方最密充填 cubic closest packing, 略称 ccp

六方最密充填 hexagonal closest packing, 略称 hcp

二つの最密充填構造の違いは，第一層の球と第三層を形成する球の相対配置にある．図 11・42(a) では第三層の緑色球はそれぞれ第一層の青色球の間の凹部のすぐ上の赤色球の間の凹部にある．すなわちこれら三つの層はどれも互いのすぐ上にはない．この種の充填は異なる視点から見ると，原子が面心立方格子に相当する位置にあることから，**立方最密充填（ccp）**とよんでいる（図 11・43a）．図 11・42(b) は，第三層の緑色球が赤色球の間の凹部と第一層の青色球のすぐ上に落ち着くもう一つの最密充填構造を表す．この球配置を**六方最密充填（hcp）**とよぶ（図 11・43b）．これは表 11・6 に示した六方構造と一致する．

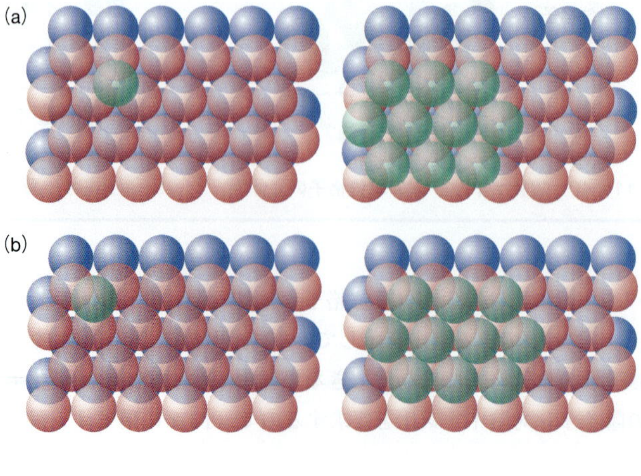

(a)

(b)

図 11・42　最密充填構造．球の立方最密充填(a)．球の六方最密充填(b)．(a)と(b)両方において，左の図は第三層上の 1 原子の位置を示し，右の図は未完成の第三層を示す．二つの充填形式に違いがあることに注意する．

hcp 構造では，層は ABAB… の仕方で交互に積層し，A は第一，第三，第五などの層を表し，B は第二，第四，第六などの層を表す．したがって，第三，第五，第七などの層の球は第一の球のすぐ上にある一方，第四，第六，第八などの層の球は第二の球のすぐ上にある．ccp 構造では，ABCABC… の仕方で積層する．第一層は第四層のように，第二層は第五層のように，第三層は第六層のように配置する．

ccp と hcp 構造の両方は同一原子の最も効率的な充填をもたらす．両構造では各原子は 12 個の隣接原子（それ自身の層の 6 個の原子，下の層の 3 個の原子，上の層の 3 個の原子）と接している．ccp 構造で結晶化する金属には銅，銀，金，アルミニウム，鉛があり，hcp 構造をもつ金属にはチタン，亜鉛，カドミウム，マグネシウムがある．

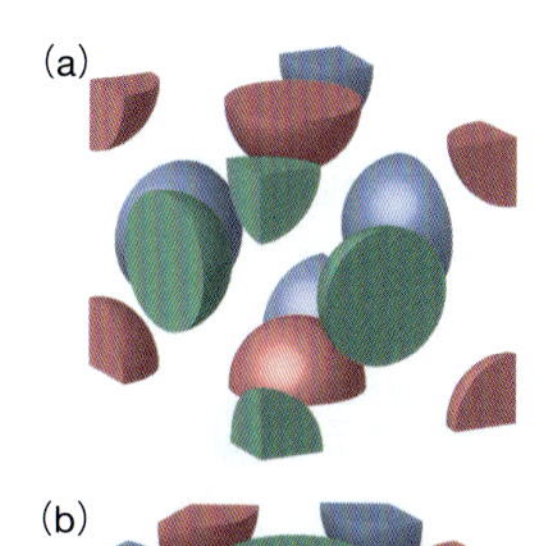

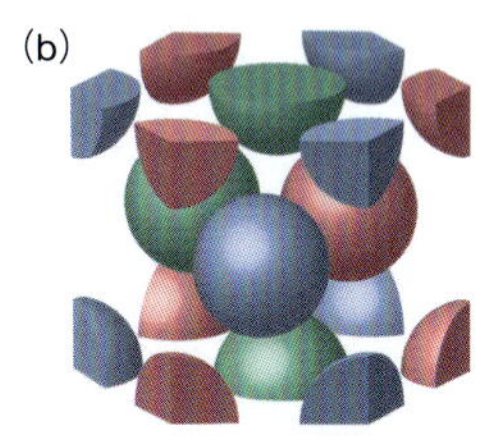

図 11・43 最密充填構造の単位格子． 球の立方最密充填充塡(a)．球の六方最密充塡(b)．

非晶質固体

立方晶の塩の結晶を壊すと，断片は 90° の角度で交差する平面をもっている．一方，ガラスの断片を粉砕すると，断片はしばしば平らでない表面をもつ．代わりに，それらは滑らかで湾曲する傾向がある（図 11・44）．この挙動は NaCl などの結晶固体とガラスなどの**非晶質固体**（アモルファス固体）の違いを反映している．

非晶質固体 amorphous solid

▪ 一部の科学者は，固体という用語を結晶性物質に用いることを好むことから，彼らは非晶質固体を過冷却液体とよんでいる．

アモルファス（amorphous）という言葉はギリシャ語の“形がない amorphos”に由来している．非晶質固体は結晶にみられる周期的秩序構造をもっていない．周期的秩序のない構造は固体より液体に似ている．非晶質固体の例はふつうのガラスと多くのプラスチックである．実際，**ガラス**という言葉は，どの非晶質固体にも言及するための一般的用語としてしばしば用いられる．

ガラス glass

図 11・44 で示したように，非晶質固体を形成する物質はしばしば，調理したスパゲッティの長い麺に多少似た状態でからみ合う長い鎖状分子からなる．融解物質から結晶を形成するには，これらの長い分子のもつれを解いて，特定のパターンに整列させる必要がある．しかし，液体を冷やすと分子運動の速度が遅くなる．液体をきわめてゆっくり冷やさない限り，もつれが解ける前に分子運動は急速に減速し，物質は分子がからみ合ったまま凝固する．その結果，非晶質固体は時々**過冷却液体**（液体にみられる構造の無秩序を示唆する用語）として記述される．

過冷却液体 supercooled liquid

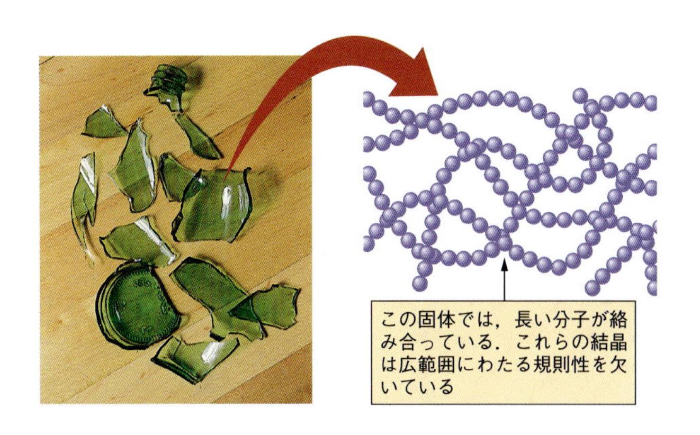

図 11・44 ガラスは非晶質固体である． ガラスが壊れるとき，断片は鋭いエッジをもつが，それらの表面は平面ではない．これは，ガラスのような非晶質固体中では，結晶に特有の周期的秩序構造がないためである．

11・11 固体の構造決定

結晶中の原子が X 線のビームに照射されると，それらは X 線の一部を吸収し，再びすべての方向に X 線を放射する．実際，各原子は小さな X 線源になる．そのような

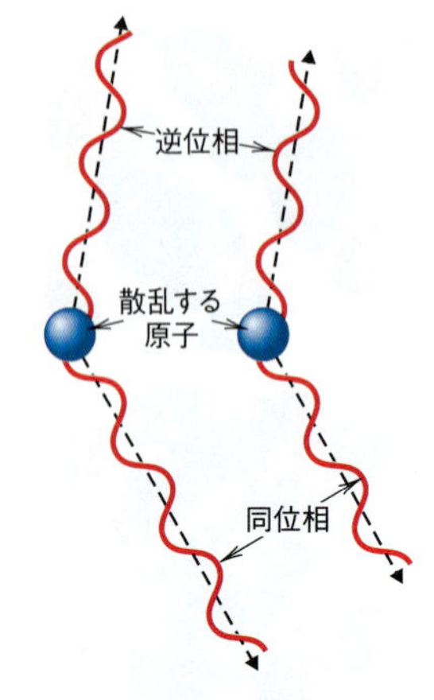

図 11・45　結晶中の原子からのX線の回折． 原子から散乱されたX線はある方向では同位相，他の方向では逆位相である．

■2009年のノーベル化学賞は，タンパク質が合成される細胞小器官のリボソームのX線による構造解析に対して授与された．

回折パターン diffraction pattern

＊　最新のX線回折装置では，回折X線の角度と強度が自動計測され，構造を決定するための回折パターンの複雑な解析は，コンピューターによって処理される．

二つの原子からのX線放射をみると（図11・45），放射されたX線はある方向では同位相であるが，他の方向では逆位相であることがわかる．7章で増幅的（同位相）干渉と相殺的（逆位相）干渉が回折とよばれる現象をひき起こすことを学んだ．結晶によるX線回折により，多くの科学者が，特に洗練された方法できわめて複雑な化合物の構造を決定することにより，ノーベル賞を受賞した．

結晶中には，格子全体に等しい間隔で配置された莫大な数の原子がある．X線ビームが結晶に当たるとき，X線は増幅的干渉のため回折して，特定の方向にのみ現れる．他の方向では，X線は相殺的干渉のため現れない．結晶からくるX線が写真用フィルムに当たるとき，回折したビームは**回折パターン**を形成する（図11・46）．フィルムはX線が当たるところだけ暗くなる*．

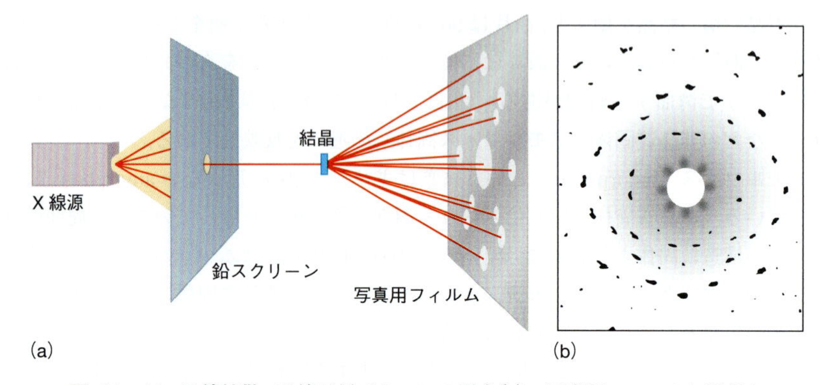

図 11・46　X線拡散． X線回折パターンの形成(a)．写真用フィルムに記録された塩化ナトリウムによるX線回折パターン(b)．

ヘンリー・ブラッグ William Henry Bragg

ローレンス・ブラッグ William Lawrence Bragg

ブラッグの式 Bragg equation

1913年に，英国の物理学者ヘンリー・ブラッグと彼の息子ローレンス・ブラッグは，ごくわずかの変数がX線回折パターンの発現を支配していることを発見した．これらを図11・47に示し，X線の干渉作用を結晶中の原子層（原子の面）から得るために必要な条件を例示する．波長λをもつX線ビームが角度θで層に当たる．干渉作用は強力な回折ビームを同じ角度θで出現させる．ブラッグは，現在**ブラッグの式**とよばれているλ，θと原子面間距離dの関係式を導いた．

$$n\lambda = 2d\sin\theta \qquad (11\cdot5)$$

ここでnは整数である．ブラッグの式は固体構造の研究において科学者が用いる基

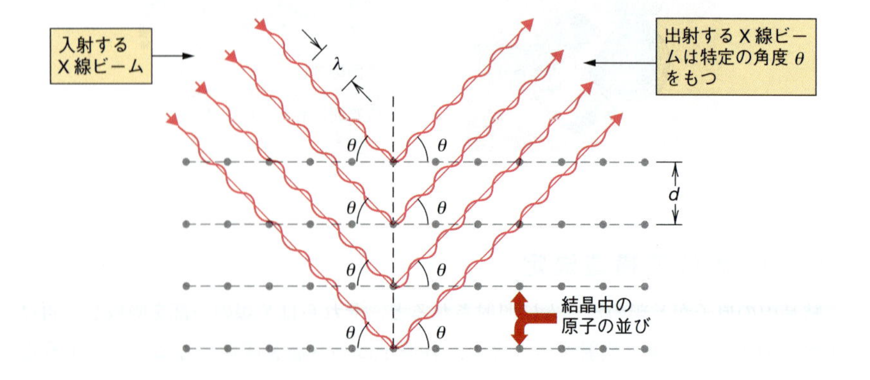

図 11・47　結晶中の原子層からのX線回折． 各原子層は距離dで積層している．波長λのX線は原子層に対して角度θで入射し，出射する．任意の強度をもつ出射X線ビームについて，条件$n\lambda = 2d\sin\theta$（nは整数）が満たされなければならない．

本ツールである．

結晶構造を決定するには，回折X線ビームが結晶から出てくる角度θを測定する．これらの角度は，結晶中のさまざまな原子面間距離を計算するために用いられる．複雑な分子やタンパク質の構造解析には，複雑な数学とコンピューター処理が必要である．この情報に加えて多くの化学的知識が，結晶中の分子の形状と大きさを決定するうえで，重要な役割をしている．例題11・6は，そのような結晶構造データがどう用いられるかを示している．

例題 11・6　結晶構造データを用いて原子の大きさを計算する

X線回折測定は，銅が単位格子長3.62 Åの面心立方格子で結晶化することを明らかにしている（図11・35参照）．銅原子の半径はÅとpmでいくらか．

指針　単位格子の長さ（3.62 Å）と単位格子の構造（面心立方格子）が与えられている．図において，銅原子が一つの面

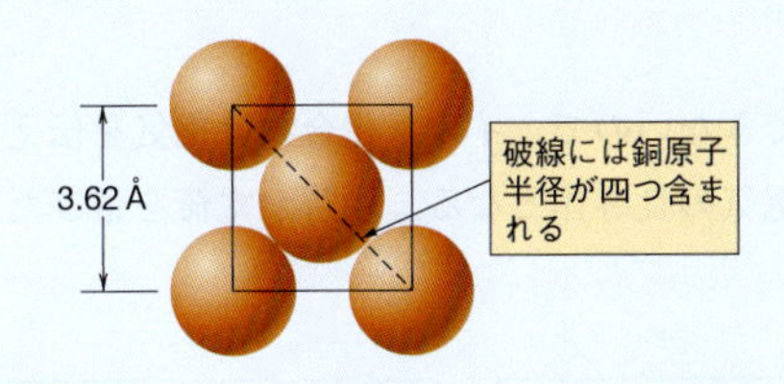

の一つの角からもう一つの角までの対角線（点線）に沿って接しているのがわかる．幾何学によって，この対角線の長さ（銅原子の半径の四倍に等しい）を計算することができる．Å単位で半径を計算したのち，pmに変換する．

解法　用いる二つの手法は，単位格子中の原子の配置および直角三角形の辺の長さ（aとb）と対角線の長さdを決定する式である．

$$a^2 + b^2 = d^2$$

また，Åをpmに変換するための変換係数を用いる．

$$1\ \text{Å} = 1 \times 10^{-10}\ \text{m} \qquad 1\ \text{pm} = 1 \times 10^{-12}\ \text{m}$$

解答　単位格子は立方体であるので，三角形の二辺は同じ長さlであるため，次式が得られる．

$$l^2 + l^2 = d^2$$

平方根をとって，次式を得る．

$$\sqrt{2l^2} = \sqrt{2} \times l = d$$

これで，単位格子の辺に実際の長さを代入し，対角線dについて解くことができる．

$$d = \sqrt{2} \times 3.62\ \text{Å} = 5.12\ \text{Å}$$

銅原子の半径r_{Cu}を用いると対角線は$4 \times r_{\text{Cu}}$に等しい．

$$4 \times r_{\text{Cu}} = 5.12\ \text{Å}$$
$$r_{\text{Cu}} = 1.28\ \text{Å}$$

したがって，銅原子の計算半径は1.28 Åである．

次にこれをpmに変換する．Åは10^{-10} mと定義されており，Å記号を10^{-10}に置換することができる．

$$1.28\ \text{Å} = 1.28 \times 10^{-10}\ \text{m} \times \frac{1\ \text{pm}}{1 \times 10^{-12}\ \text{m}} = 128\ \text{pm}$$

確認　原子の大きさを直観的に得るのは困難なので，計算の確認には注意しなければならない．対角線に沿って四つの銅半径があることから答えは正しい．

練習問題 11・10　ポロニウムは単純立方構造に結晶化することが知られている唯一の金属元素であり，X線実験で結晶の辺が335pmと決定されている．ポロニウムの密度を決定せよ．また，金属の密度を用いてその結晶構造を推定できるか答えよ．

11・12　結晶の種類と物理的性質

固体はさまざまな特性を示す．ダイヤモンドなどは非常に硬いのに対して，ドライアイスとナフタレンなどは比較的柔らかい．イオン結晶などは高い融点をもつのに対して，ロウソクのろうなどは低温で溶ける．また，一部の固体は電気を伝えるが，他は不導体である．これらの物理的性質は固体を一つにまとめる引力の強さだけでなく固体中の粒子の種類にも依存する．そのような特性について正確に予測することはで

きないが，一部については一般化できる．ここでは，結晶を4種類（イオン，分子，共有結合，金属）に分類し，その一般的な特性を考えてみよう．

イオン結晶

イオン結晶 ionic crystal

イオン結晶では各格子点にイオンがあり，それらの間の結合はおもに静電気力である．その結果，形成される格子の種類はたいていイオンとそれらの電荷の相対的大きさによって決まる．結晶を形成するとき，イオンは引力を最大の値とし，斥力を最小の値にするように自ら配置する．

静電気力は強いので，イオン結晶は硬くなる傾向がある．また，イオンが格子から自由になって，液体状態に入ることができるには多くの運動エネルギーを与える必要があることから，イオン結晶は高い融点をもつ傾向がある．また，イオン結晶を静電気力の性質を用いて多くのイオン化合物のもろい性質を説明することができる．たとえば，ハンマーでたたくと，イオン結晶は多数の小片に割れる．原子レベルでみると，これがどのように起こるかよくわかる（図11・48）．イオン結晶内のイオン層のわずかな移動をとおして同じ電荷のイオンが互いに隣合わせになり，その結果，大きな斥力が生じて固体を分割する．

固体状態では電荷が動くことができないので，イオン化合物は電気を伝えない．しかし，融解するとイオン化合物は電気の良導体となる．融解が電荷を帯びたイオンを解放して自由に動けるようにする．

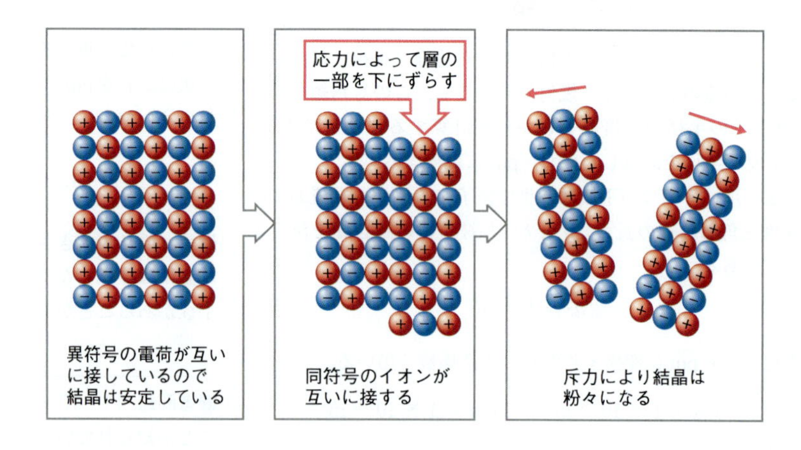

図 11・48　イオン結晶はたたくと粉々に割れる． これを微視的にみると，イオン結晶をたたくと，層の一部にずれを起こすことがわかる．これは同符号のイオンを向かい合わせることになり，その結果、イオン間の斥力が結晶の各部を離れさせて結晶を粉々にする．

分子性結晶

分子性結晶 molecular crystal

分子性結晶は，格子点がアルゴンやクリプトンなど貴ガスの単原子分子や S_8, PF_5, SO_2, H_2O のような分子によって占められる固体である．そのような固体の分子が比較的小さい場合，固体中の粒子が比較的弱い分子間力を受けているので，結晶は柔らかく低い融点をもつ傾向がある．たとえば，アルゴンの結晶では，分子間力はロンドン力のみである．極性分子から構成されている SO_2 では，ロンドン力だけでなく双極子–双極子引力もある．そして，水の結晶（氷）では，分子はおもに強い水素結合によって安定な位置に保持される．

共有結合結晶

共有結合結晶 covalent crystal

共有結合結晶は，格子点が隣接する格子点の他の原子と共有結合する原子によって占められる固体であり，基本的に一つの巨大分子の結晶である．これらの固体は結晶全体にわたって，すべての方向に伸びる共有結合の連結ネットワークのため，時々，**ネットワーク固体**とよばれる．代表的例はダイヤモンドである（図 11・49）．共有結合結晶は，共有結合原子間の強い引力のため，非常に硬く，非常に高い融点をもつ傾向がある．共有結合結晶の他の例は石英（SiO_2，ある種の砂に見られる）や炭化ケイ素（SiC，サンドペーパーに用いられる研磨剤）である．共有結合結晶は，ケイ素など一部は半導体であるが，一般に電気の不導体である．

ネットワーク固体 network solid

図 11・49　ダイヤモンドの構造． 各炭素原子は四面体の角の他の 4 個の炭素原子と共有結合を形成する．この図はダイヤモンドの一部分であり，構造はダイヤモンド結晶全体に広がっている．

金属結晶

金属結晶は，イオン結晶，分子性結晶，共有結合結晶とは全く異なる特性をもつ．金属結晶は熱と電気をよく伝え，金属に特徴的な光沢をもつ．金属の特性を説明するために多くのモデルが築かれてきた．最も代表的な概念の一つは，金属結晶の格子位置が陽イオン（原子核と内殻電子）によって占められ，それらを取囲む価電子は固体全体に広がった電子雲を形成する**“電子の海”モデル**である（図 11・50）．電子は個別の原子に局在しないので自由に動くことができる．この非局在化した電子は**自由電子**とよばれている．これが金属の高い電気伝導性を説明している．電子はまた，固体全体に運動エネルギーを運ぶことができるので，金属は良い熱伝導体でもある．このモデルはまた金属の光沢も説明する．光が金属を照らすとき，非局在化した電子は光に応答して振動し，基本的に同じ周波数と強度で光を反射する．

金属結晶 metallic crystal

■ 9 章で説明した固体のバンド理論は，さまざまな型の結晶の電子構造を説明することができる．

電子の海モデル electron sea model

自由電子 free electron

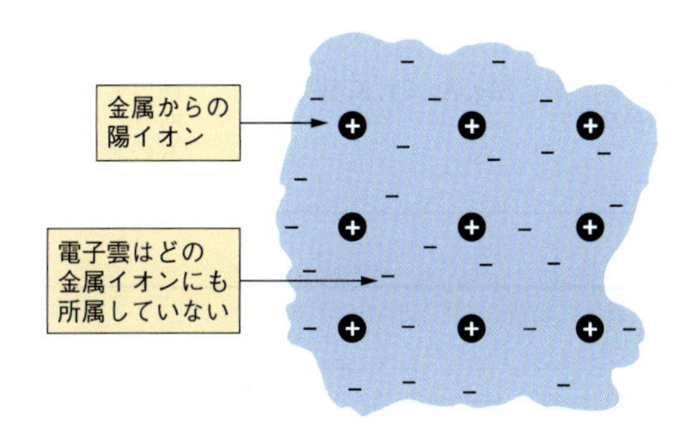

図 11・50　金属結晶における“電子の海”モデル． 金属固体の非常に簡略化されたこの図では，金属原子は全体として価電子を失い，非局在化した電子の“海”によって囲まれた陽イオンとして存在している．

コラム 11・2　巨大結晶

私たちが使用する最も一般的な結晶は食卓塩の中の結晶である．これらの結晶は一辺が 1 mm 未満である．しかし，2000 年に巨大な石膏結晶が，メキシコにあるナイカ鉱山の地下 300 m で坑夫により発見された．これらの結晶を測ったところ長さが最大 11 m，重さが最大 55 トンであった．最初，結晶は 58 ℃ の硫酸カルシウム水溶液中で乱されることなく沈殿し，何千年の間にこれらの巨大な形にゆっくり成長することができたのである．温度が上がると溶解度が下がるという点で石膏は異常である．温度が下がると，硫酸カルシウムが溶液中に多く溶けるので，結晶はより小さくなる．しかし，溶液がそのような温かい温度に保たれていたので，結晶は硫酸カルシウムがより多く沈殿するにつれて，ますます大きくなることができたのである．

この洞窟のもう一つ興味深い点は，温度が 58 ℃ である一方，空気の湿度が 90% と 100% の間にあることである．これらの条件下では，体温が 37 ℃ である人は洞窟で最も冷たい物体の一つである．この空気を吸うと，空気中の水は体内で冷やされて肺の中で凝縮する．人間が溺れずに洞窟にとどまれるのは，1 回に 10 分間だけである．

地下 300 m にある巨大な石膏結晶

タングステンのような一部の金属は非常に高い融点をもち，ナトリウム（融点 97.8 ℃）や水銀（融点 −38.83 ℃）などの金属はかなり低い融点をもっている．融点は，ある程度金属結晶中の陽イオンの電荷に依存する．1 族金属はちょうど 1 個の価電子をもっているので，それらの核は 1+ の電荷をもつ陽イオンであり，それらを取囲む“電子の海”にごく弱く引っ張られている．しかし，2 族金属の原子は 2+ の電荷をもつ陽イオンを形成する．これらは周辺の電子の海により強く引っ張られるので，2 族金属は隣の 1 族の金属より高い融点をもつ．タングステンのような非常に高い融点をもつ金属はそれらの原子間および原子と電子の海の間に非常に強い引力をもっていなければならない．これは外殻電子のみならず，d 軌道の電子が金属結合に寄与していることを示唆している．

結晶を分類する各種の方法とそれらの一般的特性の要約を表 11・7 に示す．

表 11・7　結晶の種類

結晶の種類	格子点を占有する粒子	引力の種類	典型的な例	典型的な性質
イオン結晶	陽イオンと陰イオン	符号の異なるイオンどうしの引力	NaCl, $KMnO_4$, $NaNO_3$, $NaHCO_3$	相対的に硬く，もろく，高い融点を示す．固体では不導体だが，融解すると伝導体となる
分子性結晶	原子または分子	双極子–双極子引力，ロンドン力，水素結合	HCl, SO_2, N_2, Ar, CH_4, H_2O	軟らかく，低い融点を示す．固体でも液体でも一般に不導体
共有結合結晶（ネットワーク固体）	原子	原子間の共有結合	ダイヤモンド，SiC（炭化ケイ素），SiO_2（二酸化ケイ素，石英）	非常に硬く，高い融点をもつ．不導体の性質を示す
金属結晶	陽イオン	陽イオンと結晶中に非局在化した電子の引力	Mg, Au, Cr, K, Bi	硬いものから軟らかいものまであり，融点も高いものから低いものまである．固体も液体も伝導性をもち，金属光沢を示す

例題 11・7　物理的性質から結晶の種類を識別する

金属オスミウム Os は式 OsO_4 の酸化物を形成する．OsO_4 の軟結晶は 40 ℃ で融解し，その結果生じた液体は電気を伝えない．固体 OsO_4 はどのタイプの結晶に属するか．

指針　単に，それが金属と非金属から形成されているという理由で，化合物はイオン性であると想像するかもしれない．しかし，この化合物の特性はイオン性の特性と矛盾する．したがって，金属–非金属化合物について以前議論した一般論に例外があると考えるべきである．もしそうであるなら，OsO_4 の特性はその結晶の型について何を示唆するか．

解法　表 11・7 はさまざまな型の結晶の特性を一覧表にしている．この問題を解くための手法としてこの表の情報を用いることができる．

解答　OsO_4 結晶の特性（柔らかさと低融点）は，固体 OsO_4 が分子性固体であり，OsO_4 の分子を含んでいることを示唆している．融解した液体中にイオンが存在しない証拠として，電気を伝えないという事実によってさらに裏づけられる．

確認　分析を見直すことを除いて，ここで検討することは多くない．

練習問題 11・11　実験式 BN をもつ窒化ホウ素は 2730 ℃ で融解し，ダイヤモンドとほとんど同じくらい硬い．この化合物の予想される結晶型は何か．

12 溶液の物理的性質

4章では化学反応を行う媒体としての溶液について述べた．そこでは，溶液中で起こるさまざまな反応，特に水を溶媒として起こる反応に焦点を当てた．本章では，溶媒に溶質を加えることによって，混合物の物理的性質がどのような影響を受けるかについて述べる．日常生活において，私たちはこれらの影響から多くの恩恵を受けている．たとえば，自動車のラジエーターの中で水が凍結したり，過熱することを防ぐためにエチレングリコール（不凍液）を加える．これは，水に溶質を溶かすと水の凝固点が降下し，沸点が上昇することを利用したものである．

本章では，水溶液だけではなく，水以外の溶媒からなる溶液についても学ぶ．また，おもに液体の溶液を扱うが，溶液は気体や固体の場合もある．実際に，すべての気体は分子レベルで完全に混じり合うので，10章で学んだ混合気体は気体状の溶液ということができる．合金とよばれる固体状の溶液（固溶体）には，たとえば黄銅や青銅といった物質がある．そのほかの固溶体には，長鎖炭化水素の混合物である“ろう”や，ルビー，ヒスイのような宝石がある．

宝石は固溶体の一種であり，その特有の色は溶質として含まれる金属イオンによるものである

固溶体の宝石

宝石の名称	組成式	色を与える原子
ルビー	$(Al, Cr)_2O_3$	Cr
ブルーサファイア	$(Al, Ti, Fe)_2O_3$	Ti, Fe
エメラルド	$Be_3(Al, Cr)_2Si_6O_{18}$	Cr
ラピスラズリ	$Na_8(AlSiO_4)_6(S, Cl)_2$	S
ヒスイ	$Na(Al, Cr)Si_2O_6$	Cr

学 習 目 標

- 固体，液体，気体の溶解過程に分子間力が与える影響の説明
- 二つの物質が溶液を形成するさいのエネルギー変化の説明
- 溶媒に対する溶質の溶解度における温度の影響の説明
- ヘンリーの法則を用いた溶液中の気体の圧力に関する計算
- 溶液の濃度（質量百分率濃度，質量モル濃度，モル濃度，モル分率，モル百分率）の定義，および異なる単位間の変換
- 束一的性質（ラウールの法則，凝固点降下，沸点上昇，浸透圧）の説明，およびそれらを利用した分子やイオンを溶質とする溶液に関する計算
- 懸濁液やコロイドのような不均一混合物の性質の説明

12・1 分子間力と溶液の生成

液体が溶質を溶かす能力には，物質によって大きな違いがある．たとえば，水とガソリンは互いに混じり合わないが，水とエタノールはあらゆる割合で混合させること

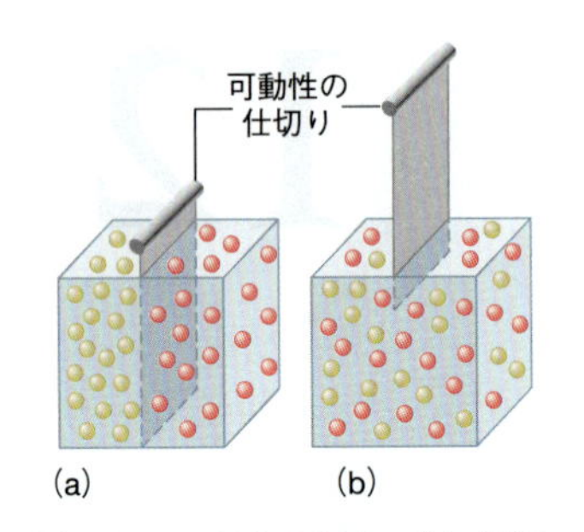

図 12・1　気体の混合．(a) 最初，2 種類の気体を別べつの小室に入れておく．(b) 小室の仕切りをはずし，同一の容器内で 2 種類の気体を出会わせると，それらは自発的に混合する．

ができる．また，臭化カリウムのような塩は水によく溶けるが，シンナーのような炭化水素の液体には溶けない．このような違いが観測される理由を理解するためには，溶液の生成を進める因子と，それを抑制する因子について検討しなければならない．

気体分子と自発的な混合

10 章では，すべての気体は自発的に混合し，均一混合物を形成することを学んだ．二つの気体を図 12・1 のような容器の別べつの小室に入れ，それらの間にある可動性の仕切りを取除くと気体分子は混合し始める．分子の無秩序な運動によって，一方の分子の他方の分子の小室への拡散が起こり，均一混合物が形成される．

気体の自発的な混合は，変化を起こす自然の強い“駆動力”の一つを示している．系は，自発的に，最もとりうる確率が高い状態へと向かう傾向をもつ*．仕切りを取除いた瞬間には，容器には，接してはいるが混合していない二つの別べつの気体試料が存在する．気体分子は自然に運動するので，この状態はきわめてとりうる確率が低い状態である．とりうる確率が最も高い気体分子の分布は，それらが完全に混じり合った状態であるから，混合気体の形成は，とりうる確率がきわめて低い状態からより高い状態への変化とみることができる．

* 18 章ではこの駆動力をエントロピーとよぶ．

最もとりうる確率が高い状態になろうとする傾向は，あらゆる溶液の形成に有利にはたらく．しかし，分子間にはたらく引力によって，ほとんどの物質では完全に混じり合う力は制限を受ける．気体ではこのような引力は無視できるので，分子の化学的組成にかかわらず，分子間力によって分子の混合が妨げられることはない．これがすべての気体が自発的に混合し，互いに混合気体を形成する理由である．しかし，液体や固体では，それらを形成する分子間力が強いために，状況はきわめて異なっている．

液体中への液体の溶解

液体の溶液が生成するためには，溶媒分子の間，および溶質分子の間にはたらく引力は，溶質と溶媒分子との間にはたらく引力とほぼ同じ強さでなければならない．二つの例をみてみよう．一つは水とベンゼンの混合物，もう一つは水とエタノールの混合物である．

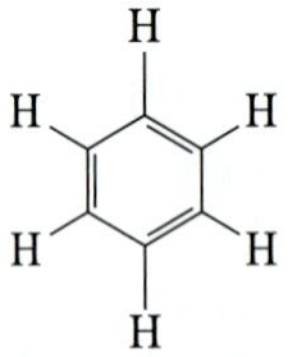

ベンゼン（無極性） 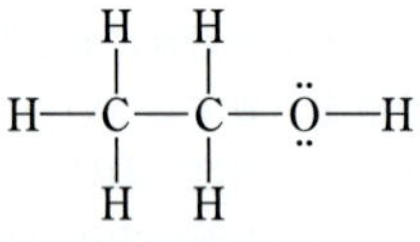　　　　エタノール（極性の OH 基をもつ）

水とベンゼン C_6H_6 は互いに溶けない．水中では水分子の間に強い水素結合が形成されている．一方，ベンゼン中では，ベンゼン分子は比較的弱いロンドン力によって互いに引き合っており，水素結合を形成することはできない．水分子をベンゼン中に分散させたとしよう．水分子は動き回るので，それらはしばしば互いに衝突するだろう．水分子が互いに引き合う力は，水分子がベンゼン分子と引き合う力よりもずっと強いので，水分子は互いに衝突するたびに，水素結合によってくっつき合うに違いない．これは，すべての水分子が別の相を形成するまで起こり続けるだろう．こうして，ベンゼン中に分散した水分子は不安定で，しだいに二つの相に分離することになる．このとき“水とベンゼンは**非混和性**である”という．これは二つの物質が互いに不溶

非混和性 immiscibility

性であることを意味する．

一方，水とエタノール C_2H_5OH は**混和性**である．これは，二つの物質があらゆる比率で互いに混じり合うことを意味する．水とエタノールが混和性であるのは，それぞれの分子が混合物中において，それぞれの純粋な液体中における水素結合とほとんど等価な水素結合を形成できるためである（図 12・2）．これらの分子の混合にはほとんど抵抗力が生じないため，水とエタノールは自由に混じり合うことができる．

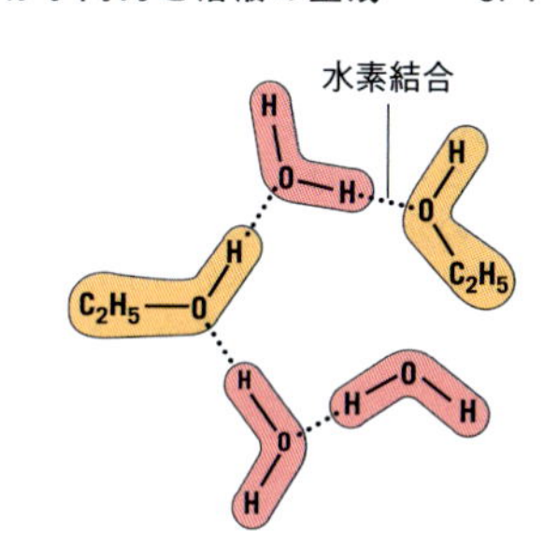

図 12・2 エタノール水溶液における水素結合． エタノール分子は水分子と水素結合（…）を形成する．

混和性 miscibility

同類は同類に溶解する　ベンゼンと水，およびエタノールと水の混合物に観測されたような現象は，"同類は同類に溶解する" 法則として一般化されている．すなわち，溶質と溶媒が，極性の点で互いに類似した分子の場合には，これらは溶液を形成しやすい．一方，溶液と溶質の分子が極性の点できわめて異なるときには，これらの物質は決して観測できる程度の濃度の溶液を形成しない．この規則は以前から化学者たちによって，化学的組成と分子構造から，二つの物質が互いに溶解するかどうかを予測するために利用されている．

液体に対する固体の溶解

"同類は同類に溶解する" 法則は，液体の溶媒に対する固体の溶解にも適用することができる．極性溶媒は極性のイオン化合物を溶かしやすく，無極性溶媒は無極性化合物を溶かしやすい．

図 12・3 に水と接触した NaCl の結晶の一部分を示した．水分子の双極子はそれ自身を，あるものは負の末端を Na^+ に向け，またあるものは正の末端を Cl^- に向けるように配向させている．いいかえれば，イオン–双極子引力によって，結晶からイオンが引き離されやすくなっている．結晶の辺や角に位置するイオンは，イオンを固体内に保持させている隣接イオンが少ないので，結晶表面の他の場所にあるイオンよりも容易に脱離しやすい．水分子によってこれらのイオンが除去されると，新しい辺や角が水にさらされることになり，結晶の溶解が進行していく．

■水分子の衝突は結晶表面に沿ってどこでも起こるが，有効な衝突，すなわちイオンを離脱させる衝突は，結晶の頂点や辺でより起こりやすい．

イオンが自由になると，それらは水分子によって完全に取囲まれるようになる（これも図 12・3 に示されている）．この現象をイオンの**水和**という．一般に，溶媒分子によって溶質粒子が取囲まれることに対して，**溶媒和**という用語が用いられる．水和は単に溶媒和の特殊な場合である．イオン化合物は，水の双極子とイオンとの間には

水和 hydration

溶媒和 solvation

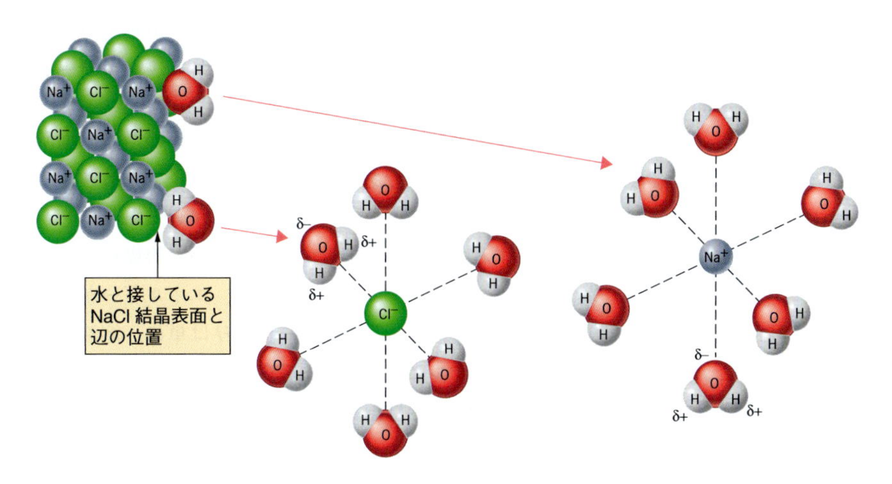

図 12・3 イオンの水和． 水和には引力と斥力の複雑な再配向が伴う．この溶液が生成する前は，水分子は互いに引き合っており，Na^+ と Cl^- も結晶中で互いに引き合っている．溶液中では，イオンは水分子に逆の電荷をもった対イオンの代わりをさせている．さらに水分子は，それらが他の水分子と引き合うよりも，もっと多くのイオンと引き合っている．

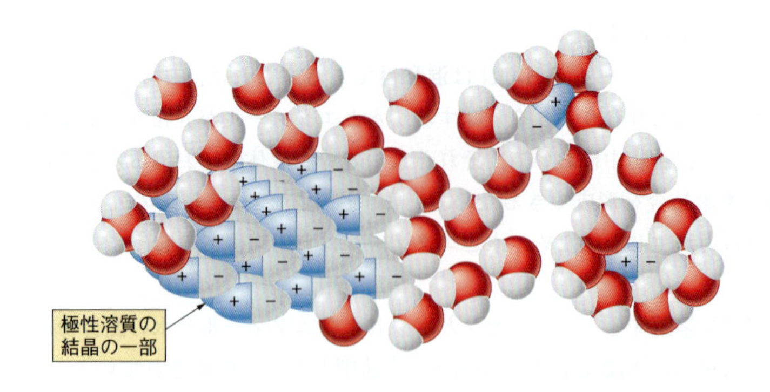

図 12・4　極性分子の水和. 分子化合物の極性分子(たとえば，糖類のグルコース)は，水溶液中において，その分子が同種の他の分子から受けていた引力を，水分子からの引力と交換することができる.

■下図のような糖分子は極性の OH 基をもっているので，水と水素結合を形成することができる.

たらく引力が結晶内で互いのイオン間にはたらく引力に打ち勝つときに，水に溶解できるのである.

ショ糖のように極性分子からなる固体が水に溶ける理由も，同様の原理によって説明することができる（図 12・4）. 溶媒と溶質の双極子間にはたらく引力の補助によって，分子は結晶から脱離し，溶液中に引き込まれる. 極性の溶質が極性の溶媒に溶けているので，ここでも，“同類は同類に溶解する”法則に従っていることがわかる.

さらに，同じ理由によってロウのような無極性固体が，ベンゼンのような無極性溶媒に溶けることを説明することができる. ロウは長鎖炭化水素からなる固体混合物であり，分子はロンドン力によって結びつけられている. ベンゼン分子の間にはたらく引力も同程度の強さをもつロンドン力であり，このためロウの分子は溶媒分子の間に容易に分散することができる. しかし，分子間にはたらく引力は比較的弱いので，最もとりうる確率が高い状態を実現しようとする駆動力によって溶液の形成が進行する.

練習問題 12・1　水に溶解する物質はどれか. (a) 塩化ナトリウム　(b) ショ糖　(c) 炭酸カルシウム　(d) メタノール　(e) ビフェニル

溶質と溶媒のそれぞれの分子間にはたらく引力が著しく異なる場合には，それらの物質は溶液を形成しない. たとえば，イオン性固体やショ糖のような極性の強い分子からなる固体では，それらの粒子間にはたらく引力はとても強いので，ベンゼンのような無極性溶媒の分子との間にはたらく引力では打ち勝つことはできない.

12・2　溶解エンタルピー

液体と固体がかかわる現象では分子間にはたらく引力が重要な意味をもつので，溶液の形成には必然的にエネルギーの交換が伴う. 一定圧力下で 1 mol の溶質が溶媒に溶けて溶液を形成するときに，吸収あるいは放出されるエネルギーを，**モル溶解エンタルピー**（溶解熱ともいう）という*.

モル溶解エンタルピー enthalpy of solution, $\Delta_{soln}H$

*　溶質を溶かすと，それまでに溶かした溶質の存在のために溶媒の性質が変化する. したがって，モル溶解エンタルピーがわかっても，溶媒 1 L に 1 mol とは異なる量の溶質を溶かしたときに放出される熱量を正確に求めることはできない.

このエネルギーは，溶質粒子および溶媒粒子を分離・分散させて互いのための場所を空けるために必要となる. この段階は吸熱的である. なぜなら，粒子を分散させるためには，それらの間にはたらく引力に打ち勝たなければならないからである. しかし，粒子が再び集まって溶液を形成するさいには，接近する溶質粒子と溶媒粒子の間にはたらく引力が系のポテンシャルエネルギーを減少させるので，エネルギーが放出される. これは発熱的な変化である. モル溶解エンタルピー $\Delta_{soln}H$ は単に，溶液の形成に寄与するこれら二つの相反するエンタルピー変化の正味の結果である. エンタルピー H は状態関数であるから，$\Delta_{soln}H$ の大きさは溶質と溶媒が分離した状態から溶液を形成させるためにとる経路に依存しない.

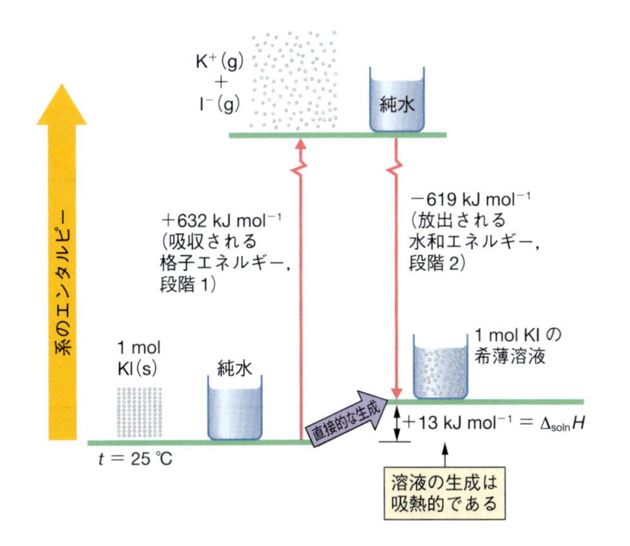

図 12・5　1 mol のヨウ化カリウムの溶解熱に関するエンタルピー図. 格子エネルギーの値に正の符号をつけ, 水和エネルギーを加えると, $\Delta_{soln}H$ に対応する正の値が得られる. これは, 溶解の過程が吸熱的であることを示している.

液体中の固体の溶液

液体中へ溶解する固体に対しては, 次の二つの経路を考えると都合がよい.

段階 1　固体を蒸発させて別べつの溶質粒子を形成させる. 溶質粒子は分子化合物の場合には分子であり, イオン化合物の場合にはイオンである. 吸収されるエネルギーはその固体の格子エネルギーと大きさは等しく, 符号は逆の値となる.

段階 2　分離した気体状の溶質粒子を溶媒中に移動させ, 溶液を形成させる. この段階は発熱的である. 溶質 1 mol の粒子が溶媒に溶解するときのエンタルピー変化を**溶媒和エネルギー**という. 溶媒が水の場合には, 溶媒和エネルギーは**水和エネルギー**ともよばれる.

溶媒和エネルギー solvation energy

水和エネルギー hydration energy

ヨウ化カリウム KI について, これらの段階を示すエンタルピー図を図 12・5 に示した. 段階 1 は KI の格子エネルギーの符号を変えた値に相当し, 次の熱化学方程式によって表される.

$$\mathrm{KI(s)} \longrightarrow \mathrm{K^+(g)} + \mathrm{I^-(g)} \qquad \Delta H = +632\ \mathrm{kJ\ mol^{-1}}$$

段階 2 は気体状の K^+ と I^- の水和エネルギーに相当する.

$$\mathrm{K^+(g)} + \mathrm{I^-(g)} \longrightarrow \mathrm{K^+(aq)} + \mathrm{I^-(aq)} \qquad \Delta H = -619\ \mathrm{kJ\ mol^{-1}}$$

モル溶解エンタルピーは段階 1 と段階 2 に対する熱化学方程式の和から得られ, 1 mol の KI 結晶が水に溶解したときのエンタルピー変化である (図 12・5 の直接的な経路に相当する).

$$\mathrm{KI(s)} \longrightarrow \mathrm{K^+(aq)} + \mathrm{I^-(aq)} \qquad \Delta_{soln}H = +13\ \mathrm{kJ\ mol^{-1}}$$

$\Delta_{soln}H$ の値は KI の溶解過程が吸熱的であることを示している. これは KI を水に加えて撹拌すると, KI の溶解とともに溶液が冷たくなる実験事実と一致している.

表 12・1 にはここで述べた方法によって得られた $\Delta_{soln}H$ の値と, 直接的な測定によって得られた $\Delta_{soln}H$ の値を比較して示した. 計算値と実験値の一致は必ずしも良好ではないが, これは部分的には, 格子エネルギーと水和エネルギーの正確な値がわかっていないこと, および解析に用いたモデルがあまりに単純であることによるものである. しかし, 計算によって比較的大きな溶解熱が予測される場合には, 実験値も比較的大

表 12・1　1族金属のハロゲン化物における格子エネルギー，水和エネルギー，およびモル溶解エンタルピー

化合物	格子エネルギー ($kJ\ mol^{-1}$)	水和エネルギー ($kJ\ mol^{-1}$)	$\Delta_{soln}H$ †1	
			計算値†2 $\Delta_{soln}H$ ($kJ\ mol^{-1}$)	測定値 $\Delta_{soln}H$ ($kJ\ mol^{-1}$)
LiCl	−853	−883	−30	−37.0
NaCl	−786	−770	+16	+3.9
KCl	−715	−686	+29	+17.2
LiBr	−807	−854	−47	−49.0
NaBr	−747	−741	+6	−0.602
KBr	−682	−657	+25	+19.9
KI	−649	−619	+30	+20.33

†1　モル溶解エンタルピーはきわめて希薄溶液の生成に対する値である．
†2　$\Delta_{soln}H$(計算値) = 水和エネルギー − 格子エネルギー

きい値であること，また計算値と実験値は（NaBr を除いて）同じ符号をもっていることに注意しよう．さらに，3 種類の塩化物 LiCl, NaCl, KCl，あるいは 3 種類の臭化物 LiBr, NaBr, KBr を比較したとき，それらの値の変化が同じ傾向に従っていることにも注意してほしい．

液体中の液体の溶液

液体中に液体が溶解するときの溶解熱を見積もるためには，両方の液体が膨張して混合し，溶液を形成すると考えると都合がよい（図 12・6）．一つの液体を溶質とし，もう一つの液体を溶媒とみなすことにしよう．

段階 1　溶質液体を膨張させる．まず，一つの液体の分子が移動して，もう一方の液体の分子が入る場所を空けるために十分な距離をとると考える．分子を移動させるためには分子間にはたらく引力に打ち勝たなければならないので，この段階では系のポテンシャルエネルギーは増大する．したがって，この段階は吸熱的となる．

段階 2　溶媒液体を膨張させる．第二段階は第一段階と同じ操作であるが，もう一方の液体（溶媒）に対してなされる．エンタルピー図（図 12・7）では，二つのエネルギーの階段を上ったことになり，溶媒と溶質はいずれもわずかに“膨張した”状態となる．

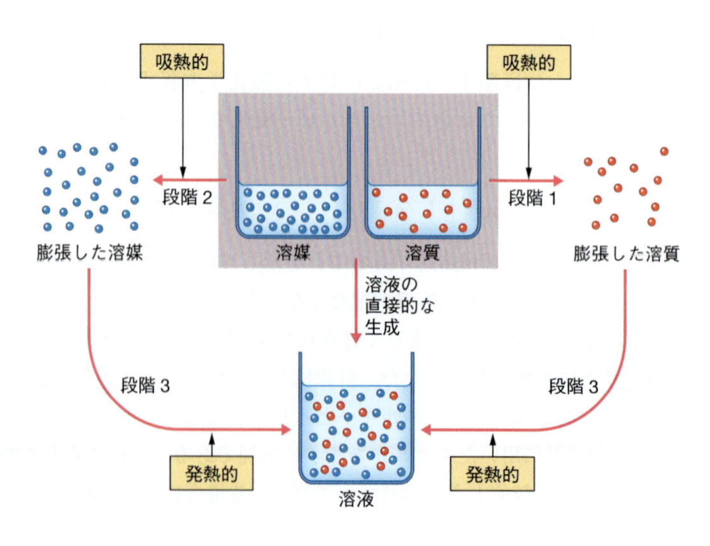

図 12・6　2 種類の液体の混合における溶解エンタルピー． 2 種類の液体からなる溶液の生成におけるエンタルピー変化を解析するために，ここに示すような仮想的段階を考える．段階 1：溶媒とする液体の分子を移動させてわずかに離し，溶質分子のための空間をつくる．これは吸熱過程である．段階 2：溶質の分子に大きな体積をとらせ，溶媒分子のための空間をつくる．この過程も吸熱的な変化である．段階 3：膨張させた溶質と溶媒の試料が自発的に混じり合う．それらの分子は互いに引き合い，この段階は発熱的になる．

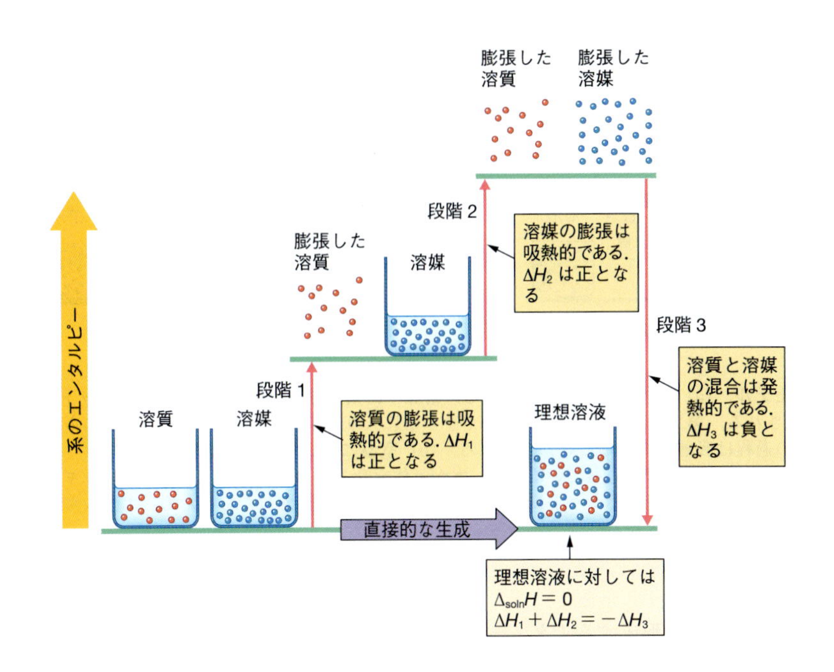

図 12・7 理想溶液の生成におけるエンタルピー変化. 3段階の経路と直接生成の経路はいずれも，同一の出発点と到着点をもつので，エンタルピー変化も同一の結果となる．二つの吸熱的過程，段階1と段階2に対する正の ΔH の和は，発熱的な段階3に対する負の ΔH の数値と等しくなる．したがって，理想溶液の生成に対する正味の ΔH はゼロとなる．

段階 3 膨張させた液体を混合する．第三段階では膨張させた溶媒と溶質を寄せ集めて溶液を形成させる．二つの液体の分子の間には互いに引力がはたらくので，それらの分子が集まると，系のポテンシャルエネルギーは低下する．したがって，段階3は発熱的となる．再び $\Delta_{soln}H$ の値はこれらの段階に対する正味のエネルギー変化となる．

理想溶液 図12・7のエンタルピー図は，段階1と段階2において必要となるエネルギーの和が，段階3で放出されるエネルギーに等しく，そのため全体の $\Delta_{soln}H$ の値がゼロとなる特殊な場合を示している．ベンゼンと四塩化炭素 CCl_4 の溶液をつくる場合は，これとほとんど同じ状況となる．ベンゼン分子の間にはたらく引力は，CCl_4 分子の間にはたらく引力，あるいはベンゼンと CCl_4 との間にはたらく引力とほとんど同じである．すべてのこのような分子間にはたらく力が等しいとき，正味の $\Delta_{soln}H$ はゼロとなる．このときに生成した溶液を**理想溶液**という．理想溶液と理想気体との違いに注意しよう．理想気体では分子間に引力は存在しない．理想溶液では分子間に引力がはたらくが，それらはすべて同じである．

理想溶液 ideal solution

互いに溶解するほとんどの液体では $\Delta_{soln}H$ はゼロではない．このため溶解によって熱が放出あるいは吸収される．たとえば，アセトンと水は発熱的に溶液を形成する（$\Delta_{soln}H$ は負である）．これらの液体では，段階3において放出されるエネルギーが，最初の二つの段階で吸収されるエネルギーの和よりも大きい．これはおもに，水分子とアセトン分子との間にはたらく引力が，アセトン分子の間にはたらく引力よりもはるかに大きいためである．この理由は，水分子は溶液中においてアセトン分子と水素結合を形成できるが，アセトン分子は純粋な液体中では他のアセトン分子と水素結合を形成することができないことによる．

水素結合
H–O—H---O=C(CH_3)(CH_3)
アセトン

■ヘキサン $CH_3CH_2CH_2CH_2CH_2CH_3$

他の液体の組合わせ，たとえばエタノールとヘキサンでは，溶液の形成は吸熱的になる．この場合には，段階3において放出されるエネルギーが，段階1と段階2で要求されるエネルギーを補うほど大きくはないため，溶液の形成とともに溶液は冷たく

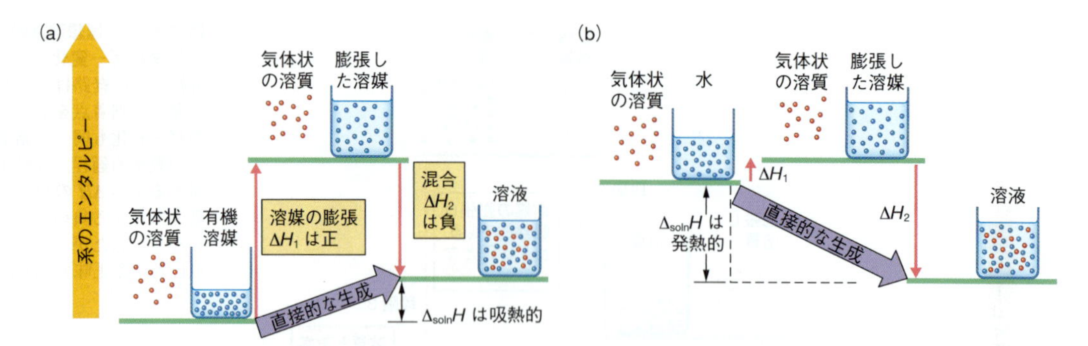

図 12・8　気体の溶解の分子モデル． (a) 気体は有機溶媒に溶ける．溶媒中に気体分子を取込むための“ポケット”をつくるために，エネルギーが吸収される．第二段階では，気体分子がポケットに入り，溶媒分子と引き合うため，エネルギーが放出される．こうして溶解の過程は吸熱的であることが示される．(b) 室温において水の水素結合のネットワークはゆるく，気体分子を収容できるポケットをすでにもっているので，水が気体を受入れるためにはほとんどエネルギーを必要としない．第二段階において，気体分子がそのポケットに入り，水分子との間に引力がはたらくため，エネルギーが放出される．この場合には溶解の過程は発熱的となる．

なる．水素結合を形成するエタノール分子間にはたらく引力は，エタノール分子とヘキサン分子との間にはたらく引力よりもはるかに強い．このため，ヘキサン分子がエタノールの中に無理やり押入るためには，エタノール分子間に形成されている水素結合のいくつかを開裂させるためのエネルギーを加えなければならない．

気体の溶解

固体や液体の溶質とは異なり，気体分子の間にはきわめて弱い引力がはたらくだけである．そのため“溶質を膨張させる”ために必要なエネルギーは無視することができる．気体が液体中に溶解するときに吸収あるいは放出される熱は，図 12・8 に示すように実質的に二つの寄与からなっている．

1. 溶媒中に気体分子を取込むために，溶媒中に“ポケット”を形成させる．このときにエネルギーが吸収される．溶媒は気体分子を取込むために，わずかに膨張しなければならない．この過程では溶媒分子の間にはたらく引力に打ち勝たなければならないため，少しのエネルギーを投入する必要がある．溶媒が水の場合は特殊である．室温付近において水分子はゆるやかな水素結合のネットワークを形成しており，そこにすでに開いた穴をもっている．そのため，ポケットを形成させるためのエネルギーはほとんど必要としない．
2. 気体分子がこれらのポケットを占有するときに，エネルギーが放出される．気体分子とそれを取囲む溶媒分子との間にはたらく引力は，全体のエネルギーを低下させ，これによってエネルギーが熱として放出される．引力が強いほどより多くの熱が放出される．
3. 気体分子が水中のポケットに置かれるときには，有機溶媒中に置かれるよりも多くの熱が放出される．

これらの要因から二つの一般的規則が導かれる．第一に，有機溶媒中の気体に対する溶解エンタルピーはしばしば吸熱的となる．これは，溶媒中にポケットを形成させるために必要なエネルギーが，気体と溶媒分子の間にはたらく引力によって放出されるエネルギーよりも大きいためである．第二に，水中の気体に対する溶解エンタルピーは発熱的になる場合が多い．これは，水はすでに気体分子を取込むためのポケットをもっており，また水と気体分子が互いに引き合うさいにエネルギーが放出されるためである．

練習問題 12・2 水中への塩化アンモニウムの溶解は吸熱的な過程である．この過程に対するエンタルピー図を書け．

12・3 溶解度の温度依存性

溶解度は特定の温度において，与えられた質量の溶媒に対して飽和溶液を形成する溶質の質量を意味する．溶解度の単位は"溶媒 100 g 当たりの溶質の g 単位の質量"が用いられる場合が多い．このような溶液中では，溶けていない溶質と溶液中に溶けている溶質の間で，次式と図 12・9 に示されるような動的平衡が成立している．

溶解度 solubility

$$\text{溶質}_{\text{溶解していない}} \rightleftharpoons \text{溶質}_{\text{溶解している}}$$

飽和溶液に接触している溶質　⇌　飽和溶液中にある溶質

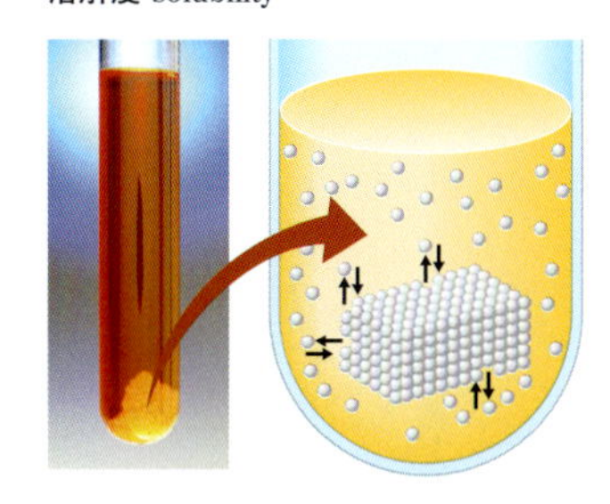

図 12・9 分子の視点からみた飽和溶液． 飽和溶液では，固体の結晶と溶解した粒子との間で動的平衡が起こっている．矢印は溶解が結晶化と同じようにすみやかに起こっていることを示している．

温度が一定に保たれる限り，その溶液中の溶質の濃度は変化しない．しかし，混合物の温度が変化すると，この平衡は乱されてさらに多くの溶質が溶けるか，あるいはいくらかの溶質が析出することになる．溶解度に対する温度の影響を解析するために，11 章で述べたルシャトリエの原理を用いることができる．ルシャトリエの原理によると，平衡にある系が乱されたとき，系はその変化を和らげる方向へと移動し，もし可能であれば再び平衡に戻る．溶液の形成が吸熱的であれば，熱を加えるとさらに多くの溶質が溶けることになる．一方，溶液の生成が発熱的であれば，熱を加えるといくらかの溶質が析出するであろう．

飽和溶液を調製するさいに，最後の少量の溶質分子が溶けるときの吸熱過程を考えよう*．

$$\text{溶質}_{\text{溶解していない}} + \text{エネルギー} \rightleftharpoons \text{溶質}_{\text{溶解している}} \quad (12 \cdot 1)$$

熱エネルギーを加えて温度を上昇させると，ルシャトリエの原理に従って，系は加えられたエネルギーのいくらかを消費するような方向へと移動する．これは（12・1）式の平衡を"生成物側へと移動"させ，それによってさらに多くの溶質が溶解することになる．こうして，溶解過程が吸熱的である場合には（飽和点の近傍ではふつう吸熱的である），温度を上昇させると溶質の溶解度は増大する．これは液体の溶媒中へ

* 溶解エンタルピーは溶質と溶媒に依存する．溶液を調製するさいに加えられる溶質は，溶液に添加されるにつれて変化することはないと考えてよい．しかし，溶媒は変化する．最初は，溶質を純粋な溶媒に加えるが，操作が進んだのちには，溶媒と溶質の混合物に加えることになる．溶解の過程は，連続的に変化している溶媒へ溶質が加えられる過程である．溶媒が変化するとともに，溶解エンタルピーの増加分（すなわち，添加した溶質 1 g 当たり発生する熱量）は変化し，発熱から吸熱へと変化する場合さえあることが知られている．興味深いことに，ほとんど飽和した溶液へ加えられた溶質による溶解エンタルピーの増加分は，ほとんどすべて吸熱的である．

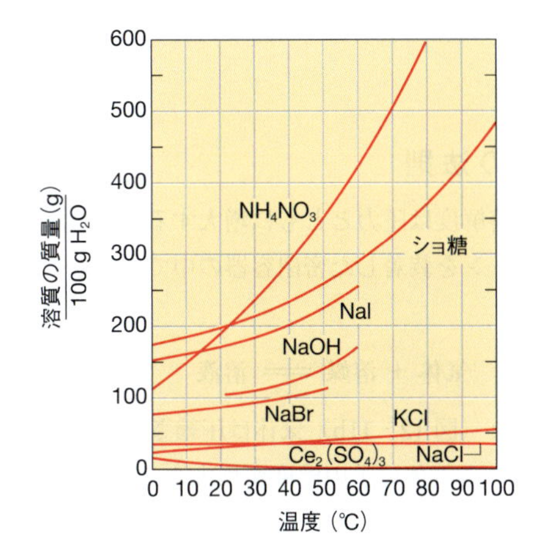

図 12・10 いくつかの物質における水に対する溶解度の温度依存性． 溶液の温度を上昇させると，ほとんどの物質はより溶けるようになる．しかし，溶解度が増大する量は物質によって著しく異なっている．

の固体の溶解において一般的である．温度によって溶解度が影響を受ける大きさは図12・10にみられるように，物質によって大きな違いがある．

硫酸セリウム(Ⅲ) $Ce_2(SO_4)_3$ のようないくつかの溶質では，温度の上昇に伴って溶解度が低下する（図12・10）．より多くの溶質を溶かすためには，$Ce_2(SO_4)_3$ の飽和溶液からエネルギーを放出させねばならない．この場合の平衡反応式では，熱が放出されるので“エネルギー”は右辺に現れる．

$$\text{溶質}_{\text{溶解していない}} \rightleftharpoons \text{溶質}_{\text{溶解している}} + \text{エネルギー} \qquad (12\cdot2)$$

熱を加えることによって温度を上昇させると，いくらかの溶けていた溶質が析出することになる．

温度と気体の溶解度

気体の溶解度も他の溶解度と同様に，気体と溶媒の種類に依存して温度とともに増大あるいは減少する．表12・2にはいくつかの一般的な気体について，異なる温度の1 atmにおける水に対する溶解度を示した．酸素のような気体では一般に水に対する溶解度は，温度が低いほど増大する．湖や河川，および海洋における溶存酸素は，水生動物のえらを通して取込まれる．魚類が一般により低温の水を好むのは，酸素濃度がより高いためである．酸素濃度が危機的に低い状態を**ハイポキシア**というが，そのような状態は魚類の大量死をひき起こすことが知られている．しかし，四塩化炭素，トルエン，アセトンのような一般的な有機溶媒中では，H_2, N_2, CO, He，および Ne の溶解度は温度の上昇とともに増大する．

ハイポキシア hypoxia, 低酸素状態

表 12・2　一般的な気体の水に対する溶解度[†1]

気　体	温　度			
	0 °C	20 °C	50 °C	100 °C
窒素 N_2	0.0029	0.0019	0.0012	0
酸素 O_2	0.0069	0.0043	0.0027	0
二酸化炭素 CO_2	0.335	0.169	0.076	0
二酸化硫黄 SO_2	22.8	10.6	4.3	1.8[†2]
アンモニア NH_3	89.9	51.8	28.4	7.4[†3]

†1　溶解度は，液体に接している気相が全圧1 atmの気体で満たされたとき，水100 gに溶解する溶質の質量(単位 g)で表す．
†2　90 °Cにおける溶解度．
†3　96 °Cにおける溶解度．

練習問題 12・3　筋肉痛のさいに用いるコールドパックには，混合すると吸熱的に溶液を形成する水と硝酸アンモニウムが入った別べつの袋からなるものがある．その溶液に熱を加えたとき，平衡は溶液を形成する側に移動するか，それとも溶質が析出する方向へ移動するか．

12・4　ヘンリーの法則

液体に対する気体の溶解度は圧力とともに増大する．これを分子レベルで理解するために，可動性のピストンを装着した密閉容器の中で成立している次の平衡を考えてみよう（図12・11a）．

$$\text{気体} + \text{溶媒} \rightleftharpoons \text{溶液} \qquad (12\cdot3)$$

ピストンを押し下げると（図12・11b）気体は圧縮され，その圧力は増大する．これによって溶液に接している気体分子の濃度が増大するため，気体が溶解する速さは，気体が液体から離脱する速さよりも大きくなる．やがて，溶液中の気体の濃度が増大

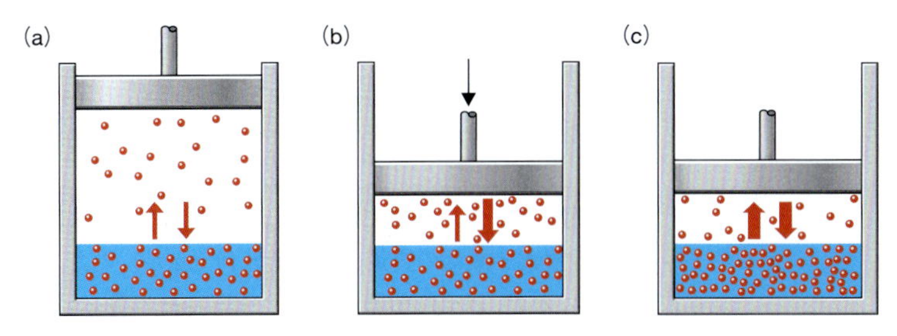

図 12・11　圧力によって液体に対する気体の溶解度が増大する理由． (a) ある特定の圧力において，溶液に接している気相と溶液の間に平衡が成立している．(b) 圧力が増大すると平衡が乱される．溶液から離脱するよりも，溶解する気体分子のほうが多くなる．(c) より多くの気体が溶解し，再び平衡が回復する．

して気体が液体から離脱する速さと同じになると，再び平衡に到達する（図 12・11c）．この状態では，溶液中の気体の濃度はピストンを押し下げる前よりも大きくなっている．

気体の溶解度に対する圧力の効果は，ルシャトリエの原理と (12・3) 式によっても説明することができる．この場合には平衡を乱すものは，溶液に接している気体の圧力の増大である．系は圧力の増大をどのように和らげるのだろうか．その答えは，溶液中により多くの気体を溶かすことである．これによって気体の圧力は減少し，溶液中の気体の濃度は増大することになる．

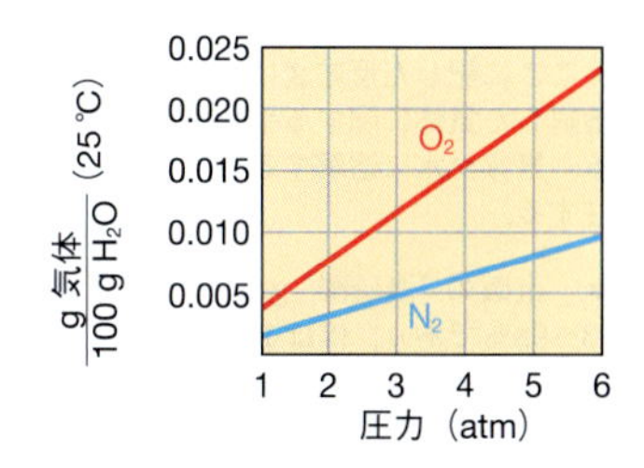

図 12・12　2 種類の気体における水に対する溶解度と圧力の関係． 圧力の増大に伴って溶解する気体の量も増大する．

図 12・12 に圧力に対する酸素と窒素の溶解度の変化を示した．プロットが直線となっていることに注意しよう．この関係は，**ヘンリーの法則**によって定量的に記述される．すなわちヘンリーの法則によると，一定の温度における溶液中の気体の濃度は，その液体に接している気体の分圧に比例する．

ヘンリーの法則 Henry's law

ヘンリー William Henry，1774～1836 彼は英国の化学者で気体の溶解度と圧力の関係を初めて明らかにした．

$$C_{gas} = k_H P_{gas} \text{（温度は一定）} \tag{12・4}$$

ここで，C_{gas} は溶液中の気体の濃度，P_{gas} は溶液に接している気体の分圧である．比例定数 k_H をヘンリーの法則の定数といい，それぞれの気体に対して固有の値となる．(12・4) 式は気体の濃度と圧力が低いときに，また溶媒と反応しない気体の場合に，最もよく成り立つ近似式となる．

また，ヘンリーの法則は次のような別の形式によっても表される．

$$\frac{C_1}{P_1} = \frac{C_2}{P_2} \tag{12・5}$$

ここで下付文字 1 と 2 は，それぞれ初期条件および最終条件を表している．比をとることによって，ヘンリーの法則の定数が消去されている．

ビンに入った炭酸飲料を開けると，急激な圧力の低下によって気体の溶解度も急激に低下するため発泡が起こる．

例題 12・1　ヘンリーの法則を用いる窒素の溶解度の計算

20.0 °C において，分圧 585 Torr の窒素 N_2 の水に対する溶解度は 0.0152 g L^{-1} である．N_2 の分圧が 823 Torr のとき，20.0 °C における N_2 の水に対する溶解度を求めよ．

指針　これは気体の溶解度に対する圧力の効果に関する問題であるから，ヘンリーの法則を適用する．

解法　ヘンリーの法則の定数を知らなくても解答できるように，ヘンリーの法則は (12・5) 式で与えられる形式を用いる．

解答　まず，初期条件（C_1 および P_1）と最終条件（C_2 およ

び P_2）に注意しながら，データを整理してみよう．

$$C_1 = 0.0152\ \mathrm{g\ L^{-1}} \qquad C_2 = ?$$
$$P_1 = 585\ \mathrm{Torr} \qquad P_2 = 823\ \mathrm{Torr}$$

(12・5) 式を用いると，次式が得られる．

$$\frac{0.152\ \mathrm{g\ L^{-1}}}{585\ \mathrm{Torr}} = \frac{C_2}{823\ \mathrm{Torr}}$$
$$C_2 = 0.0214\ \mathrm{g\ L^{-1}}$$

気体の分圧が高くなったので，溶解度もより大きい値 0.0214 g L^{-1} となる．

確認　ヘンリーの法則によると，圧力が高くなれば溶解度は増大することが予測されるので，初期濃度 C_1 の値に対して得られた値の大きさは妥当と考えられる．

練習問題 12・4　空気で飽和した 20 °C，125 g の水に溶解している窒素と酸素の質量はそれぞれ何 mg か．ただし，空気中の P_{N_2} と P_{O_2} はそれぞれ 593 Torr, 159 Torr に等しいとする．また，1.00 atm における水に対する純粋な酸素と窒素の溶解度はそれぞれ 0.00430 g O_2/100.0 g H_2O，0.00190 g N_2/100.0 g H_2O である．

水と反応する気体の溶解

二酸化硫黄やアンモニアのような気体，あるいは程度は小さいが二酸化炭素もまた，酸素や窒素に比べてきわめてよく水に溶ける（表 12・2 参照）．その一つの理由は，SO_2, NH_3, および CO_2 分子が水と水素結合を形成することによって，気体が溶液中に保持されることである．さらに重要なことは，これらのよく溶ける気体はまた，水とある程度反応することである．これらの反応は，次の化学反応式によって表される．

$$CO_2(aq) + H_2O \rightleftharpoons H_2CO_3(aq) \rightleftharpoons H^+(aq) + HCO_3^-(aq)$$
$$SO_2(aq) + H_2O \rightleftharpoons H^+(aq) + HSO_3^-(aq)$$
$$NH_3(aq) + H_2O \rightleftharpoons NH_4^+(aq) + OH^-(aq)$$

■ここに記した反応式は，水にすでに溶解した気体に関する平衡を示している．気体が水に溶解する平衡は別に存在する．

正反応はこれらの気体が，O_2 や N_2 のような水と全く反応しない気体と比べて溶液中により高い濃度で溶解することに寄与する．特に，気体の三酸化硫黄は，定量的に水と反応して硫酸を生成するので，水に対する溶解度はきわめて大きい*.

$$SO_3(g) + H_2O \longrightarrow H^+(aq) + HSO_4^-(aq)$$

＊　市販の“濃硫酸”の H_2SO_4 濃度は 93〜98% であり，ほぼ 18 mol L^{-1} である．この溶液は水を容易に，またきわめて発熱的に吸収し，湿った空気からさえも湿気を除去するほどである（このため，濃硫酸はしっかり栓をした瓶に保存しなければならない）．濃硫酸は密度が高く，油状で，粘度が高く，またきわめて腐食性なので，取扱いには十分に注意する必要がある．濃硫酸を扱うときには，保護メガネと手袋を装着しなければならない．濃硫酸を希釈するさいには，必ず濃硫酸を水へ（撹拌しながらゆっくりと）注ぐこと．もし水が濃硫酸に加えられると，濃硫酸の密度は水よりも非常に大きいので（濃硫酸 1.8 g mL^{-1}，水 1.0 g mL^{-1}），酸の表面に水の層が形成される．界面ではきわめて多量の熱が発生するので，生じた水蒸気によって容器から爆発が起こり，周囲に酸が飛び散ることになるだろう．

12・5　濃度の単位

§4・7 においてモル濃度（mol L^{-1}）は，単に溶液の体積を測定するだけでその溶液中の溶質の物質量を求めることができるから，化学量論計算を行うさいに便利な単位であることを学んだ．溶液の単位を表すには他の単位を用いることもできる．たとえば，質量百分率濃度，質量モル濃度，モル分率，および質量−体積百分率濃度である．異なる温度における溶液の物理的，および化学的性質を調べるためには，モル濃度のような体積に依存する単位は好ましくない．なぜなら，体積は温度によってわずかに変化するからである．ほとんどの液体は加熱するとわずかに膨張するので，与えられた溶液の体積は増大し，それによって溶液のモル濃度は変化することになる．本節ではまず，温度に依存しない濃度，すなわち質量百分率濃度，質量モル濃度，モル分率について説明する．そして，それらと温度に依存する単位であるモル濃度や質量−体積百分率濃度との関係を述べることにしよう．

質量百分率濃度

質量百分率濃度 percentage by mass，重量百分率濃度ともいう．

溶液の濃度はしばしば**質量百分率濃度**によって表記される．質量百分率濃度は，溶液 100 g 当たりの溶質の g 単位の質量を表し，%(w/w) によって表記される．ここで "w" は "重量(weight)" を表している．溶質と溶液の質量から質量百分率濃度を求めるためには次式で示されるように，溶質の質量を溶液の質量で割った値（**質量分率**という）を計算し，それに 100% を掛ければよい．

質量分率 mass fraction

$$\text{質量百分率濃度} = \frac{\text{溶質の質量}}{\text{溶液の質量}} \times 100\% \qquad (12 \cdot 6)$$

たとえば "0.85%(w/w)NaCl" と表示された溶液は，溶液に対する溶質の比が NaCl 溶液 100.00 g に対して NaCl 0.85 g の溶液である．これは次の例題が示すように，質量百分率濃度が換算係数として用いられることを意味している．また，この例題のように，質量百分率濃度を表記するときには，(w/w) を省略することが多い*.

* 百分率濃度に (w/v) や (w/w) が表示されていないときには，質量百分率濃度であると考えてよい．単位に $g\ dL^{-1}$ が用いられることもある．

例題 12・2 百分率濃度の使い方

典型的な海水は海塩 3.5% を含み，その密度は $1.03\ g\ mL^{-1}$ である．水族館にある体積 62.5 L の水槽を完全に満たす海水を調製するために必要な海塩の質量は何 g か．

指針 海水 62.5 L 中の海塩の質量を求める問題である．この問題に解答するには，百分率を質量による値とみなすと，海水と海塩を関係づける式，すなわち質量百分率濃度を与える式〔(12・6) 式〕が必要となる．

解法 "海塩 3.5%" を次のような等価性の式として表記することができる．

3.5 g 海塩 ⇔ 100 g 溶液

密度（§1・7 参照）は次の等価性の式を与える．

1.03 g 溶液 ⇔ 1.00 mL 溶液

最後に，表 1・5 に示された SI 単位の接頭語を用いて mL を L に変換する．

解答 まずはじめに，問題を次のような等価性の式によって表してみよう．

62.5 L 溶液 ⇔ ? g 海塩

そして，解答を得るために，次元解析法を用いることにしよう．

$$62.5\ \text{L 溶液} \times \frac{1000\ \text{mL 溶液}}{1\ \text{L 溶液}} \times \frac{1.03\ \text{g 溶液}}{1\ \text{mL 溶液}} \times \frac{3.5\ \text{g 海塩}}{100\ \text{g 溶液}}$$

$$= 2.3 \times 10^3\ \text{g 海塩}$$

確認 海水が 4% の海塩を含むならば，海水 100 g には海塩 4 g が存在するはずである．海水 1 L の重さは約 1000 g であるから，それは約 40 g の海塩を含むだろう．問題の海水は約 60 L であるから，それには 60 × 40 g，すなわち 2400 g の塩が含まれるはずである．この値は求めた答えと大きく離れてはいないので，答えは妥当と考えられる．

練習問題 12・5 20.0 ℃ において，質量 45.0 g のショ糖（スクロース）を溶解させて濃度 10.0%(w/w) の溶液を調製するために必要な水の体積を求めよ．ただし，20.0 ℃ における水の密度を $d = 0.9982\ g\ mL^{-1}$ とする．

濃度を表す他の類似の表記法として，百万分率（ppm と表す），および十億分率（ppb と表す）がある*．1 ppm は混合物 10^6 g に含まれる成分 1 g の濃度に等しく，1 ppb は混合物 10^9 g に含まれる成分 1 g の濃度に等しい．% との類推から，ppm 濃度を求めるには単に質量分率に 10^6 ppm を掛ければよく，また ppb 濃度は質量分率に 10^9 ppb を掛ければ求められることがわかる．

■ きわめて希薄な水溶液では $1\ ppm = 1\ mg\ L^{-1}$，$1\ ppb = 1\ \mu g\ L^{-1}$ となる．

* ppm は parts per million の略号であり，ppb は parts per billion の略号である．

質量モル濃度

溶媒 1 kg 当たりの溶質の物質量をその溶液の**質量モル濃度**という．質量モル濃度は一般に記号 m で表される．

質量モル濃度 molal concentration, molality, m

$$\text{質量モル濃度}\ m = \frac{\text{溶質の物質量 (mol)}}{\text{溶媒の質量 (kg)}} \qquad (12 \cdot 7)$$

たとえば，ショ糖 0.500 mol を水 1.00 kg に溶かすと，質量モル濃度 $0.500\ mol\ kg^{-1}$

のショ糖溶液が得られる．溶媒の重さがわかればよいので，この溶液を調製するさいにはメスフラスコを必要としない．後述するように，溶液のいくつかの重要な物理的性質は，その質量モル濃度と簡単な関係がある．

■ 質量モル濃度は溶液 1 kg ではなく，溶媒 1 kg に対して定義されていることに注意すること．

重要なことは，質量モル濃度とモル濃度を混乱させないことである．

$$\text{質量モル濃度 } m = \frac{\text{溶質の物質量 (mol)}}{\text{溶媒の質量 (kg)}}$$

$$\text{モル濃度 } M = \frac{\text{溶質の物質量 (mol)}}{\text{溶液の体積 (L)}}$$

本節の最初で述べたように，溶液のモル濃度は温度によってわずかに変化するが，質量モル濃度は変化しない．このため質量モル濃度は，温度変化を含む実験において便利に用いられる．モル濃度において述べたように，質量モル濃度もまた，換算係数として用いることができる．たとえば，上記のショ糖溶液では，次式のような等価性を書くことができる．

$$0.500\ \text{mol ショ糖} \Leftrightarrow 1.00\ \text{kg}\ H_2O$$

■ これは溶媒が水のときだけに適用できる．他の溶媒では同じ溶液であっても，モル濃度と質量モル濃度は全く異なる値となる．

水が溶媒のとき，溶液が希薄になるにつれて，そのモル濃度は質量モル濃度に近づく．非常に希薄な溶液では，たとえば溶液 1.00 L はほとんど純水 1.00 L であり，その質量は 1.00 kg にきわめて近い．このような条件下では，物質量/体積 (L) の比（モル濃度）は物質量/質量 (kg) の比（質量モル濃度）とほとんど同じ値となる．

例題 12・3　与えられた質量モル濃度をもつ溶液の調製

ある実験では質量モル濃度 0.150 mol kg^{-1} の塩化ナトリウム水溶液が必要となる．この溶液を調製するためには，水 500.0 g に何 g の NaCl を溶かしたらよいか．

指針　この問題では二つの値が与えられている．質量モル濃度と水の質量である．上述したように，質量モル濃度は換算係数として用いることができるので，それを用いて水 500.0 g に溶かすべき NaCl の質量を決定することができる．

解法　まず，問題に与えられた質量モル濃度を用いると，次のような等価性の式を書くことができる．

$$0.150\ \text{mol NaCl} \Leftrightarrow 1.00\ \text{kg}\ H_2O$$

次に，物質量と質量の間の換算のために，NaCl のモル質量 (22.99 + 35.45 = 58.44 g NaCl mol^{-1}) が必要となる．

$$1\ \text{mol NaCl} \Leftrightarrow 58.44\ \text{g NaCl}$$

解答　問題は，次のような等価性の式によって表記することができる．

$$500.0\ \text{g}\ H_2O \Leftrightarrow ?\ \text{g NaCl}$$

そして，適切な換算係数を用いることによって，答えを得ることができる．

$$500.0\ \text{g}\ H_2O \times \frac{0.150\ \text{mol NaCl}}{1.00 \times 10^3\ \text{g}\ H_2O} \times \frac{58.44\ \text{g NaCl}}{1\ \text{mol NaCl}} = 4.38\ \text{g NaCl}$$

NaCl 4.38 g を H_2O 500.0 g に溶解すると，濃度 0.150 mol kg^{-1} の NaCl 水溶液を得ることができる．

確認　NaCl の式量を 60 と近似すると，0.15 mol は約 9 g の重さとなる．したがって，濃度 0.15 mol kg^{-1} の NaCl 水溶液は，水 1.00 kg に約 9 g の NaCl を含むことになる．水 500 g だけを用いるならば，その半分の量，すなわち約 4.5 g の NaCl が必要となるだろう．得られた答えはこの値に近いので，答えは妥当と考えられる．

練習問題 12・6　水 250.0 g に硫酸ナトリウム 44.00 g を溶かすことによって溶液を調製した．この溶液の質量モル濃度を求めよ．この溶液のモル濃度の値は，質量モル濃度の値よりも大きいか，それとも小さいか．

モル分率とモル百分率

モル分率とモル百分率は重要な概念であり，すでに §10・6 で述べた．したがって，ここでは完全を期するために定義を復習するだけにしよう．物質Aのモル分率 X_A は次式で与えられる．

$$X_A = \frac{n_A}{n_A + n_B + n_C + n_D + \cdots + n_Z} \qquad (12 \cdot 8)$$

ここで $n_A, n_B, n_C, n_D \cdots, n_Z$ は，それぞれ成分 A, B, C, D…, Z の物質量を表す．混合物におけるモル分率の総和は，常に1でなければならない．また，**モル百分率**はモル分率に100を掛けることによって得られる．

モル百分率 mole percent

$$\text{モル百分率} = \frac{n_A}{n_A + n_B + n_C + n_D + \cdots + n_Z} \times 100\,\% \qquad (12 \cdot 9)$$

混合物を構成するすべての成分のモル分率を足し合わせると1になるので，モル百分率を足し合わせると100% となる．

モル濃度と質量–体積百分率濃度

すでに示したように，モル濃度 M は換算係数として有用である．しかし，モル濃度は温度に依存する．これは次式で表されるモル濃度の定義の分母が温度によって変化するためである．

$$M = \frac{\text{溶質の物質量 (mol)}}{\text{溶液の体積 (L)}} \qquad (12 \cdot 10)$$

もう一つの温度に依存する濃度の単位として，**質量–体積百分率濃度** %(w/v) がある．臨床の実験室では濃度の表記にしばしば質量–体積百分率濃度を用いることがある．これは次式によって定義される．

質量–体積百分率濃度 percentage by mass–volume, %(w/v)

■液体の溶液では，体積–体積百分率濃度%(v/v)もしばしば用いられる．これは溶液 100 mL に対する溶質の体積(mL)を表す．

$$\%(\text{w/v}) = \frac{\text{溶質の質量 (g)}}{\text{溶液の体積 (mL)}} \times 100\,\% \qquad (12 \cdot 11)$$

似たような濃度の単位に，先に述べた質量百分率濃度があるが，質量百分率濃度では，溶質の質量と溶液の質量に対して，両方に対して同じである限り，どのような単位を用いてもよい．ただし，質量–体積百分率濃度では，溶質の質量に対しては g，溶液の体積に対しては mL を用いなければならない．

濃度の単位間の変換

ある濃度単位から別の濃度単位へ変換しなければならない場合がある．次の例題が示すように，ある温度に依存しない濃度単位から別の単位へ変換するときには，変換に必要な情報はすべて単位の定義に含まれている．より複雑な変換を行うときには，以下に示すような表を作成することが有用になるだろう．

溶媒	溶質	溶液
質量	質量	全質量
物質量	物質量	全物質量
体積	体積	全体積
溶媒分子のモル質量	溶質分子のモル質量	密度

注　このような表を用いて溶液のデータを整理するとよい．緑の項目は，問題に与えられていなければ，ふつう表から得られる．橙の項目に既知のデータを入れ，必要に応じて変換を行って残った空欄を埋める．

例題 12・4　質量百分率濃度からモル濃度への変換

かなり濃厚な塩化ナトリウム水溶液をかん水とよぶ．かん水の一つの用途はチーズの保存処理過程にあり，そこではかん水の濃度がチーズの品質に影響を与える．ある供給業者がチーズ製造者に対して，濃度 1.90 mol kg^{-1} のかん水によい価格を提示した．一方，チーズ生産者は濃度 10.0%(w/w) の NaCl 水溶液を必要としている．濃度 1.90 mol kg^{-1} のかん水をチーズの生産に用いてもよいか．

指針　濃度 1.90 mol kg^{-1} と 10.0%(w/w) のかん水を比較して，それらが同一かを判断しなければならない．質量モル濃度は%(w/w) に変換することができるし，%(w/w) を質量モル濃度に変換することもできる．後者の%(w/w) から質量モル濃度への変換を行ってみる．

$$\frac{10.0\ \mathrm{g\ NaCl}}{100.0\ \mathrm{g\ NaCl\ 溶液}}\quad から\quad \frac{?\ \mathrm{mol\ NaCl}}{1.00\ \mathrm{kg\ 水}}\quad への変換$$

この操作には NaCl の質量の物質量への変換と，NaCl 溶液 (g) の水の質量 (kg) への変換が含まれる．

解法　質量を物質量に変換するための等価性の式は，次式で表される．

$$58.44\ \mathrm{g\ NaCl} \Leftrightarrow 1.00\ \mathrm{mol\ NaCl}$$

100.0 g の NaCl 水溶液を水の質量に変換する必要がある．水溶液の質量は溶質の質量と水の質量の和であるから，次式が成立する．

$$100.0\ \mathrm{g\ NaCl\ 水溶液} = 10.0\ \mathrm{g\ NaCl} + 90.0\ \mathrm{g\ H_2O}$$

この式から，次のような等価性の式を書くことができる．

$$100.0\ \mathrm{g\ NaCl\ 溶液} \Leftrightarrow 90.0\ \mathrm{g\ H_2O}$$

さらに，g から kg への変換には SI 接頭語の関係を用いる．

解答　まず，問題を次のような式によって表す．

$$\frac{10.0\ \mathrm{g\ NaCl}}{100.0\ \mathrm{g\ NaCl\ 溶液}} \Leftrightarrow \frac{?\ \mathrm{mol\ NaCl}}{1.00\ \mathrm{kg\ 水}}$$

上記の変換手段を用いて NaCl の質量を物質量に変換し，溶液の質量を水の質量 (kg) に変換する．すなわち，

$$\frac{10.0\ \mathrm{g\ NaCl}}{100.0\ \mathrm{g\ NaCl\ 溶液}} \times \frac{1\ \mathrm{mol\ NaCl}}{58.44\ \mathrm{g\ NaCl}} \times \frac{100.0\ \mathrm{g\ NaCl\ 溶液}}{90.0\ \mathrm{g\ 水}} \times \frac{1000\ \mathrm{g\ 水}}{1\ \mathrm{kg\ 水}} = 1.90\ \mathrm{mol\ kg^{-1}\ NaCl}$$

となる．この結果，濃度 10.0% の NaCl 溶液は質量モル濃度 1.90 mol kg^{-1} の溶液と同一であり，したがって，供給業者の製品は受入れることができると結論される．

確認　便宜上，計算に用いた数値を 1 桁の有効数字をもつ値に近似すると，次式が得られる．

$$\frac{10\ \mathrm{g\ NaCl}}{100\ \mathrm{g\ NaCl\ 溶液}} \times \frac{1\ \mathrm{mol\ NaCl}}{50\ \mathrm{g\ NaCl}} \times \frac{100\ \mathrm{g\ NaCl\ 溶液}}{100\ \mathrm{g\ 水}} \times \frac{1000\ \mathrm{g\ 水}}{1\ \mathrm{kg\ 水}} = 2\ \mathrm{mol\ kg^{-1}\ NaCl}$$

この値は解答で得られた計算値に近いので，答えは妥当と考えられる．58.6 を 50 へと切り下げることは，90 を 100 に切り上げることによって補われていることに注意しよう．これによって，近似値は正しい値により近くなっている．この近似計算は電卓を必要としない．まず，分子の数値から 5 個のゼロを消去し，分母の数値から 5 個のゼロを消去しよう．すると残った数値は 10/5 = 2 となる．

練習問題 12・7　濃塩酸は約 37.0% の HCl 水溶液である．この溶液の質量モル濃度を求めよ．

温度に依存する二つの単位の間の変換は，2 段階によってなされる．まず，単位の定義に示された分子について物質量と質量の間の変換を行い，次に，分母について mL と L の間の簡単な変換を行えばよい．濃度の単位について表 12・3 に要約した．

表 12・3　濃度を求めるために用いる単位の比較

単位	求め方	温度依存性
モル濃度	M = 溶質の物質量/溶液の体積(L)	あり
質量百分率濃度	質量百分率濃度 = (溶質の質量/溶液の質量) × 100%	なし
質量分率	質量分率 = 溶質の質量/溶液の質量	なし
質量モル濃度	m = 溶質の物質量/溶媒の質量(kg)	なし
モル分率	$X_A = \dfrac{n_A}{n_A + n_B + n_C + n_D \cdots + n_Z}$	なし
モル百分率	モル百分率 $A = \dfrac{n_A}{n_A + n_B + n_C + n_D + \cdots + n_Z} \times 100\%$	なし
質量–体積百分率濃度	%(w/v) = 溶質の質量(g)/溶液の体積(mL) × 100%	あり

質量モル濃度や質量パーセント濃度のような温度に依存しない濃度単位と，モル濃度のような温度に依存する単位との間の変換を行うさいには，溶液の密度を知る必要がある．例題 12・5 でこの方法を示すことにしよう．

例題 12・5　質量百分率濃度からモル濃度への変換

供給される濃塩酸は濃度 36.0% の HCl 水溶液であり，その密度は 1.19 g mL^{-1} である．この濃塩酸のモル濃度を求めよ．

指針　質量百分率濃度とモル濃度の定義を思い出そう．この問題では次の変換を行わなければならない．

$$\frac{36.0\ \text{g HCl}}{100\ \text{g HCl 溶液}}\ \text{から}\ \frac{?\ \text{mol HCl}}{1\ \text{L HCl 溶液}}\ \text{への変換}$$

行うべき変換は二つである．すなわち，式の分子では HCl の質量を物質量に変換し，分母では溶液の質量を体積に変換する必要がある．

解法　問題を解くためには，HCl に関する質量と物質量の等価性を必要としている．HCl のモル質量は 36.46 g mol^{-1} であるから，次の等価性の式を書くことができる．

$$1.000\ \text{mol HCl} \Leftrightarrow 36.46\ \text{g HCl}$$

また，密度を用いて次の等価性の式を書くことができる．

$$1.19\ \text{g 溶液} \Leftrightarrow 1.00\ \text{mL 溶液}$$

最後に，SI 接頭語を用いて正しい体積の単位に変換する．

解答　まず，問題を式の形式で書く．

$$\frac{36.0\ \text{g HCl}}{100\ \text{g HCl 溶液}}\ \text{から}\ \frac{?\ \text{mol HCl}}{1\ \text{L HCl 溶液}}\ \text{への変換}$$

式の分母あるいは分子の変換のどちらを先に行ってもよい．ここでは分子の変換を先に行ってみよう．

$$\frac{36.0\ \text{g HCl}}{100\ \text{g HCl 溶液}} \times \frac{1\ \text{mol HCl}}{36.46\ \text{g HCl}} \times \frac{1.19\ \text{g HCl 溶液}}{1.00\ \text{mL HCl 溶液}}$$
$$\times \frac{1000\ \text{mL HCl 溶液}}{1\ \text{L HCl 溶液}} = 11.7\ \text{mol L}^{-1}\ \text{HCl}$$

すなわち，濃度 36.0% の HCl のモル濃度は 11.7 mol L^{-1} となる．

確認　暗算で答えを見積もることができる．まず，上式の分子にある 36.0 g HCl と分母にある 36.46 g HCl は近い値であるから互いに打消し合って，1.0 とする（下式に赤字で示した）．さらに，青字で示した分母の 1000 を分子の 100 で割ると 10 を得る．すると次式に示すように，残った数値から 1.19 × 10 = 11.9 mol L^{-1} が得られる．

$$\frac{36.0}{100} \times \frac{1\ \text{mol HCl}}{36.46} \times \frac{1.19}{1.00} \times \frac{1000}{1\ \text{L HCl溶液}} = 11.9\ \text{mol L}^{-1}\ \text{HCl}$$

この値は計算によって得られた答えときわめて近いので，答えは妥当と考えられる．

練習問題 12・8　20.0 °C において，1 g の硝酸アルミニウムを 1.00 L の水に溶かした．この温度における水の密度は 0.9982 g mL^{-1} であり，硝酸アルミニウム水溶液の密度は 0.9989 g mL^{-1} である．この溶液のモル濃度と質量モル濃度を求めよ．

練習問題 12・8 から，たとえば水 1 L に対して 1 g のように，水溶液の濃度が非常に低い場合には，モル濃度と質量モル濃度の数値はきわめて近くなることがわかる．こうして，きわめて希薄な水溶液では，モル濃度と質量モル濃度は互いに交換して用いることができる．

12・6　束一的性質

束一的性質 colligative property．ギリシャ語の kolligativ に由来し，数に依存して種類に依存しない．

本節で学ぶ溶液の物理的性質は，混合物中の粒子の濃度に大きく依存するが，その粒子が化学的に何であるかには依存しない．このことから，これらの性質を**束一的性質**という．まず，液体溶液における溶媒の蒸気圧に対する溶質の影響を調べることから始めよう．

ラウールの法則

不揮発性の溶質，すなわち蒸発しにくい溶質の液体溶液の蒸気圧は，常に純粋な溶媒の蒸気圧よりも低くなる．このような溶液の蒸気圧は，溶液のどの程度が実際に溶

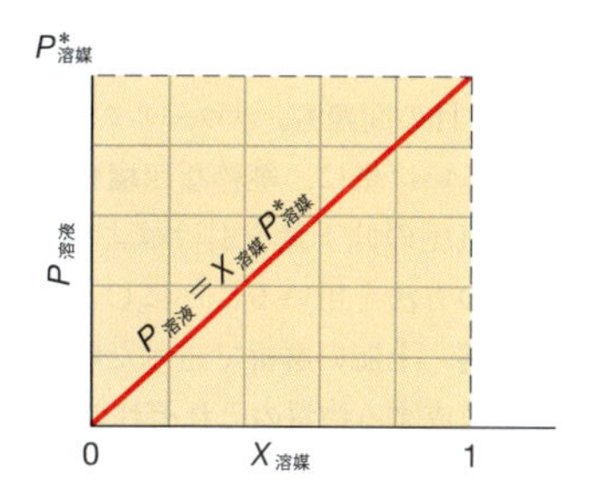

図 12・13　ラウールの法則を表すプロット

媒から構成されているかに比例する．この関係は**ラウールの法則**によって与えられる．すなわち，ラウールの法則によると，溶液の蒸気圧 $P_{溶液}$ は溶媒のモル分率 $X_{溶媒}$ と純粋な溶媒の蒸気圧 $P^*_{溶媒}$ の積に等しい．ラウールの法則は次式によって表される．

ラウールの法則 Raoult's law

ラウール Francois Marie Raoult, 1830〜1901. フランスの科学者.

ラウールの法則の式

$$P_{溶液} = X_{溶媒} P^*_{溶媒} \quad (12 \cdot 12)$$

この式が示すように，系がラウールの法則に従うときには，$X_{溶媒}$ に対して $P_{溶液}$ をプロットすると，すべての濃度領域で直線とならねばならない（図 12・13）．

ラウールの法則におけるモル分率は，溶媒についてのモル分率であり，溶質ではないことに注意してほしい．ふつう，私たちが関心があるのは，蒸気圧に対する溶質のモル分率 $X_{溶質}$ の影響である．次式のように蒸気圧の変化 ΔP は，溶質のモル分率 $X_{溶質}$ に比例することを示すことができる*．

$$\Delta P = P^*_{溶媒} - P_{溶液} = X_{溶質} P^*_{溶媒} \quad (12 \cdot 13)$$

すなわち，蒸気圧の変化は，溶質のモル分率と純粋な溶媒の蒸気圧の積に等しい．

* （12・13）式を誘導するには，ΔP は単に次の差であることに注意すればよい．

$$\Delta P = P^*_{溶媒} - P_{溶液}$$

二成分系のモル分率 $X_{溶媒}$ と $X_{溶質}$ は足し合わせると1にならねばならない．したがって，次式が成り立つ．

$$X_{溶媒} = 1 - X_{溶質}$$

ここで $X_{溶媒}$ の表記をラウールの法則の式に代入すると，次式が成り立つ．

$$P_{溶液} = X_{溶媒} P^*_{溶媒} = (1 - X_{溶質}) P^*_{溶媒} = P^*_{溶媒} - X_{溶質} P^*_{溶媒}$$

さらに，項を並べ替えることにより，

$$X_{溶質} P^*_{溶媒} = P^*_{溶媒} - P_{溶液} = \Delta P$$

（12・13）式が得られる．

例題 12・6　ラウールの法則による蒸気圧の決定

20 °C における四塩化炭素 CCl_4 の蒸気圧は 155 Torr である．ロウソクのろうは実質的に不揮発性であり，四塩化炭素に溶ける．ろうは混合物であるが，その分子式を $C_{22}H_{46}$（モル質量 311 g mol^{-1}）とみなすことにしよう．温度を 20 °C に保って，ろう 10.0 g を 40.0 g の CCl_4（モル質量 154 g mol^{-1}）に溶かした溶液を調製した．CCl_4 の蒸気圧はどのくらい低下するか．また，この溶液の最終蒸気圧を求めよ．

指針　この問題ではラウールの法則を用いるが，それにはモル分率が必要となる．溶液の蒸気圧の変化を求めるためには，この順序を逆にたどらなければならない．そして，得られた蒸気圧の変化を用いて実際の蒸気圧を計算する．

解法　（12・13）式のような形式で与えられるラウールの法則を用いる．純粋な溶媒の蒸気圧がわかっているので，蒸気圧の変化を求めるためには，（12・8）式を用いて溶質のモル分率を求めなければならない．溶媒と溶質の質量が与えられているので，（12・8）式を用いるために必要なそれぞれの物質量は，次のような質量と物質量の等価性を利用して求めることができる．

$$1\ \text{mol}\ CCl_4 = 153.8\ \text{g}\ CCl_4 \qquad 1\ \text{mol}\ C_{22}H_{46} = 310.7\ \text{g}\ C_{22}H_{46}$$

2番目の問題も，ラウールの法則を用いて解くことができる．あるいは単に，純粋な四塩化炭素の蒸気圧から，求められた蒸気圧の低下量を引けばよい．差をとることは簡単なので，その方法を用いることにしよう．

解答　上記の解析で述べた順序を逆にたどると，まず混合物を構成する物質のそれぞれの物質量を求めなければならない．

$$CCl_4：\quad 40.0\ \text{g}\ CCl_4 \times \frac{1\ \text{mol}\ CCl_4}{153.8\ \text{g}\ CCl_4} = 0.260\ \text{mol}$$

$$C_{22}H_{46}：\ 10.0\ \text{g}\ C_{22}H_{46} \times \frac{1\ \text{mol}\ C_{22}H_{46}}{310.7\ \text{g}\ C_{22}H_{46}} = 0.0322\ \text{mol}$$

全物質量は 0.292 mol となる．こうして，次式のように溶質 $C_{22}H_{46}$ のモル分率を求めることができる．

$$X_{C_{22}H_{46}} = \frac{0.0322\ \text{mol}}{0.292\ \text{mol}} = 0.110$$

このモル分率の値と純粋な CCl_4 の蒸気圧（20 °C において 155 Torr）を用いて，（12・13）式により蒸気圧の低下量 ΔP を求めることができる．

$$\Delta P = 0.110 \times 155\ \text{Torr} = 17.0\ \text{Torr}$$

こうして，CCl_4 にろうを溶かすことにより，CCl_4 の蒸気圧は 17.0 Torr だけ低下することがわかる．したがって，実際の蒸気圧は 155 Torr − 17 Torr = 138 Torr となる．

確認　答えを確認するためには，蒸気圧が低下すること，および低下量はもとの蒸気圧の約 10% であることを確認すればよい．155 Torr の 10% は計算によって得られた 17.0 Torr に近いので，答えは妥当と考えられる．実際の蒸気圧を得るための最後の段階は，簡単な引き算である．

練習問題 12・9　フタル酸ジブチル $C_{16}H_{22}O_4$（モル質量 278 g mol^{-1}）は，しばしばプラスチック製品を軟化させるために用いる油状物質である．その蒸気圧は室温付近では，無視できるほど小さい．20 °C において 50.0 g のペンタン C_5H_{12}（モル質量 72.2 g mol^{-1}）にフタル酸ジブチル 20.0 g を溶かした溶液の蒸気圧を求めよ．ただし，20.0 °C における純粋なペンタンの蒸気圧を 541 Torr とする．

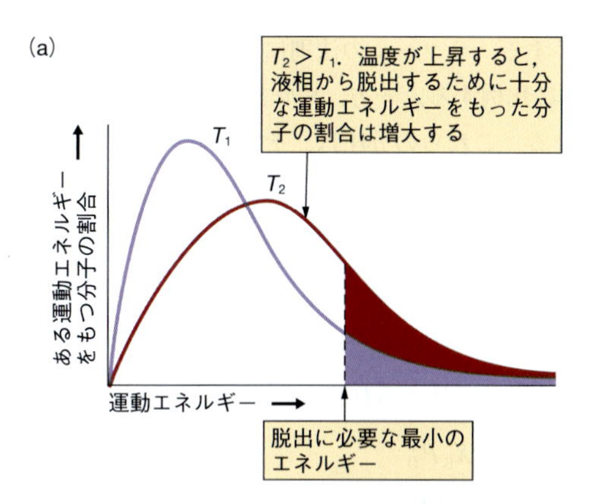

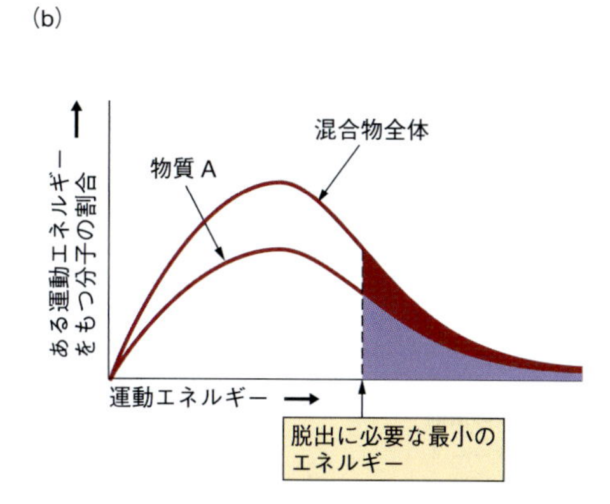

図 12・14　運動エネルギー分布による蒸気圧降下の説明. (a) 高温 T_2 と低温 T_1 における二つの温度の運動エネルギー分布曲線. 低温曲線における紫色の領域が，高温曲線における紫色と赤色の領域を合わせた領域よりも小さいことは，低温において液相から脱出できる分子の割合が減少していることを示している. (b) (a)と同じ揮発性溶媒と不揮発性溶質(モル分率 0.333)の混合物に対する運動エネルギー分布曲線. 紫色の領域は液相から脱出できる揮発性分子の割合を表している. 紫色と赤色の領域を合わせた領域は脱出できるエネルギーをもった全分子の割合を表しているが，赤色の領域の分子は，不揮発性溶質にとって脱出に必要なより大きい運動エネルギーが得られない限り蒸発することができない.

ラウールの法則と不揮発性の溶質　11 章では揮発性の液体の蒸気圧が温度によって変化することを学んだ. 特に，温度が低下すると蒸気圧も減少する. 図 12・14(a) は温度の低下による蒸気圧の減少が，液体から脱出できるだけの十分なエネルギーをもった分子の割合が少なくなるためであることを示している. また図 12・14(b) は，液体から脱出できるだけの十分なエネルギーをもった分子の割合の類似の減少が，不揮発性の溶質の存在によってもひき起こされることを示している.

図 12・14(b) における下側の曲線は，混合物の揮発性成分（物質 A）の運動エネルギー分布を示しており，それに不揮発性成分（物質 B）の運動エネルギー分布を加えて，全体の溶液に対する運動エネルギー分布を表す上側の曲線が与えられている. 下側の曲線の高さは，一貫して上側の曲線の高さの 2/3 になっていることがわかる. これは，A のモル分率を 0.667 としたことによるものである. また，溶液から脱出するために必要となる運動エネルギーを超えたエネルギーをもつ分子の割合は，変化していない. 変化したことは，それらの分子のうち 2/3 だけが A であることである. 残りは B であるが，B は溶液から脱出できないのである. 図 12・15 には，溶媒の蒸気圧に対する溶質の効果を分子の視点から表した模式図を示した.

ラウールの法則と揮発性の溶質　液体溶液を構成する二つ以上の成分が揮発性であるとき，蒸気はそれぞれの分子を含むことになる. それぞれの揮発性物質はそれ自身

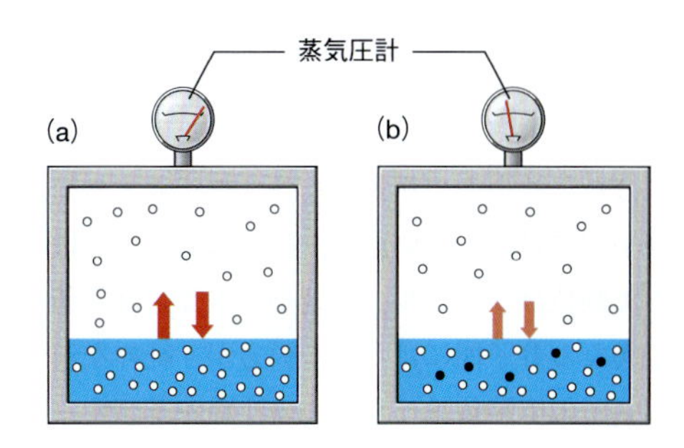

図 12・15　不揮発性溶質が溶媒の蒸気圧を低下させることを示す分子の図. (a) 純粋な溶媒とその蒸気との平衡. 液相中の溶媒分子の数が多いと，蒸発と凝縮の速度も比較的大きい. (b) 溶液中において，いくつかの溶媒分子が溶質分子によって置き換えられている. 溶液から蒸発できる溶媒分子の数が減少するために蒸発速度が低下する. 平衡が成立したとき，気相の分子数はより少なくなる. こうして，溶液の蒸気圧は純粋な溶媒の蒸気圧よりも低下する.

の分圧を，蒸気の全圧に対して寄与する．ラウールの法則によりある特定の成分の分圧は，溶液中のその成分のモル分率に比例する．一方，ドルトンの分圧の法則により，全蒸気圧はすべての分圧の総和となる．これらの分圧は，それぞれの成分に対してラウールの法則を適用することによって求めることができる．

成分Aのモル分率が X_A であるとき，その分圧 P_A は純粋な成分Aの蒸気圧 P_A^* に対して X_A の割合となる．すなわち，

$$P_A = X_A P_A^*$$

となる．同様に，成分Bの分圧 P_B は次式で与えられる．

■ここでは P_A と P_B はラウールの法則によって計算される分圧であることを思い出そう．

$$P_B = X_B P_B^*$$

したがって，液体AとBからなる溶液の全蒸気圧 $P_{溶液}$ は，ドルトンの分圧の法則により P_A と P_B の和となる．

$$P_{溶液} = X_A P_A^* + X_B P_B^* \tag{12・14}$$

(12・14) 式は，ラウールの法則のより一般的な場合を表していることに注意しよう．もし，一つの成分，たとえば成分Bが不揮発性であれば，それは蒸気圧をもたない ($P_B^* = 0$)．したがって，$X_B P_B^*$ の項は除去されるので，ラウールの法則の式〔(12・12) 式〕が得られる．

例題 12・7　二つの揮発性液体からなる溶液の蒸気圧の計算

アセトンは，水とベンゼンのような水に溶けない液体の両方に対する溶媒となる．22 ℃におけるアセトンの蒸気圧は 164 Torr である．また，22 ℃における水の蒸気圧は 18.5 Torr である．水とアセトンの混合物がラウールの法則に従うとして，それぞれが 50.0 mol% である溶液の蒸気圧を求めよ．

指針　全圧 P_{total} を求めるためには，それぞれの分圧を計算し，それらを足し合わせればよい．

解法　用いるべきは (12・14) 式である．

解答　濃度 50.0 mol% は，それぞれのモル分率が 0.500 であることを意味する．したがって，全圧は次のとおりである．

$$P_{アセトン} = 0.500 \times 164\ \text{Torr} = 82.0\ \text{Torr}$$
$$P_{水} = 0.500 \times 18.5\ \text{Torr} = 9.25\ \text{Torr}$$
$$P_{total} = (82.0 + 9.25) = 91.2\ \text{Torr}$$

確認　アセトンが揮発性なため，溶液の蒸気圧 91.2 Torr は純粋な水の蒸気圧 18.5 Torr よりもかなり高いはずである．しかし，水のモル分率が大きいので，純粋なアセトンの蒸気圧 164 Torr と比べればはるかに低いはずである．したがって，得られた答えは妥当と考えられる．

練習問題 12・10　20.0 ℃において，無極性の炭化水素であるシクロヘキサンの蒸気圧は 66.9 Torr であり，ベンゼンに関連した化合物であるトルエンの蒸気圧は 21.1 Torr である．20.0 ℃において，二つの液体からなる溶液のトルエンのモル分率が 0.250 であるとき，その溶液の蒸気圧を求めよ．

理想溶液だけが正確にラウールの法則に従う．実在溶液の蒸気圧は，ラウールの法則から予想される値よりも大きいこともあれば小さいこともある．このような理想溶液と実在溶液との違いはきわめて有用である．なぜならその違いから，混合する前の純粋な溶媒における分子間力が，混合物における分子間力よりも強いか，あるいは弱いかがわかるのである．実験によって得られる蒸気圧をラウールの法則から予測される値と比較することは，溶液中の分子間にはたらく引力の相対的な強さを比較する簡単な方法となる．混合物において異なる分子間にはたらく引力が，純粋な溶媒における分子間力よりも強いときには，蒸気圧の実験値はラウールの法則から計算される値よりも小さくなる．逆に，混合物において異なる分子間にはたらく引力が，純粋な溶媒における分子間力よりも弱いときには蒸気圧の実験値はラウールの法則が予想する

値よりも大きくなる．

図 12・7 に戻ってみると，混合物において異なる分子間にはたらく引力が，純粋な溶媒における分子間力よりも強いときには，段階 3，すなわち混合過程は，段階 1 と 2 を合わせたよりも発熱的であることがわかる．したがって，蒸気圧がラウールの法則から予想されるよりも小さいことは，混合過程が発熱的であることを示している．同様に，混合物の蒸気圧がラウールの法則から予想されるよりも大きいときには，混合過程は吸熱的になるであろう．図 12・16 には理想溶液と理想的ではない 2 種類の溶液について，モル分率に対する蒸気圧の曲線の形状を示した．

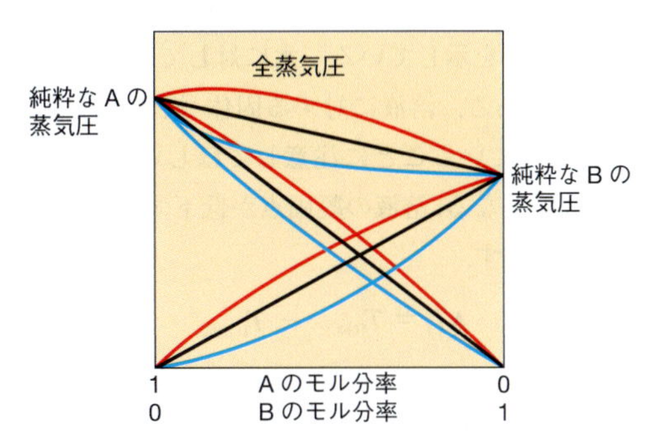

図 12・16　理想溶液と非理想溶液のモル分率と蒸気圧． 溶液は 2 種類の揮発性溶媒からなっている．(a) 黒線は理想溶液を示す．理想溶液では，混合物中と純粋な液体中において分子間にはたらく引力は同一であり，$\Delta_{soln}H = 0$ である．(b) 青線は $\Delta_{soln}H$ が発熱的であり，混合物中において分子間により強い引力がはたらく溶液の場合を示している．(c) 赤線は $\Delta_{soln}H$ が吸熱的であり，混合物中で分子間にはたらく引力が純粋な液体よりも弱い溶液の場合を示している．

凝固点降下と沸点上昇

不揮発性の溶質の存在によってひき起こされる蒸気圧の低下は，溶液の沸点と凝固点の両方に影響を与える．水についてこの様子を図 12・17 に示した．この状態図において青色の実線は，§11・7 で述べた純水の状態図における三つの平衡曲線に対応している．不揮発性物質を添加すると溶液の蒸気圧は低下し，溶液に対する新たな液

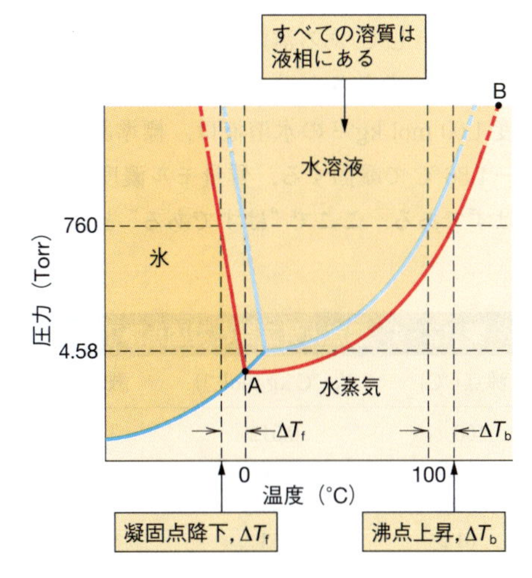

図 12・17　水と水溶液の状態図． 純水に対する状態図と不揮発性溶質の水溶液の状態図をそれぞれ青線と赤線で示す．

体–蒸気平衡曲線を与える．それは点 A と点 B をつなぐ赤色の曲線で示されている．

溶液が凝固するとき生じる固体は純粋な氷である．氷の結晶の中には溶質は全く存在しない．これは固体の構造はきわめて秩序正しいので，水分子の代わりに溶質分子を取込むことができないためである．その結果，状態図において，純水と溶液はいずれも同じ固体–蒸気平衡曲線を示すことになる．状態図の点 A は溶液に対する液体–蒸気平衡曲線と固体–蒸気平衡曲線の交点であり，溶液に対する新たな三重点を示している．この三重点から上昇している赤色の線は，溶液に対する固体–液体平衡曲線である．

■ 標準沸点と標準凝固点の定義では，圧力 1 atm と特定されていることを思い出そう．

凝固点降下 freezing point depression

固体–液体曲線と液体–蒸気曲線が 1 atm（760 Torr）の圧力線を横切る位置は，それぞれ標準凝固点と標準沸点を示している．水に対しては青色線が示すように，凝固点は 0 °C，沸点は 100 °C である．溶液に対する固体–液体曲線は，760 Torr の圧力線と 0 °C 以下の温度で交わっていることに注意してほしい．いいかえれば，溶液の凝固点は純水の凝固点より低くなる．溶液の凝固点が低下する現象を**凝固点降下**といい，その大きさを ΔT_{f} によって表す．

$$\Delta T_{\mathrm{f}} = T_{\mathrm{f(純水)}} - T_{\mathrm{f(溶液)}}$$

沸点上昇 boiling point elevation

同様に，溶液に対する液体–蒸気曲線が，760 Torr の圧力線と 100 °C 以上の温度で交わっていることがわかる．したがって，溶液は純水よりも高い温度で沸騰することになる．溶液の沸点が上昇する現象を**沸点上昇**といい，その大きさを ΔT_{b} によって表す．

$$\Delta T_{\mathrm{b}} = T_{\mathrm{b(溶液)}} - T_{\mathrm{b(純水)}}$$

凝固点降下と沸点上昇はいずれも，溶液の束一的性質である．ΔT_{f} と ΔT_{b} の大きさは，溶質の濃度に比例する．ΔT を濃度と関係づける式が簡単になることから，濃度の表記としてモル分率や質量百分率濃度よりも質量モル濃度 m がよく用いられる．しかし，次式が十分によく成り立つのは，希薄な溶液に対してのみである．

$$\Delta T_{\mathrm{f}} = K_{\mathrm{f}}\, m \qquad (12 \cdot 15)$$

$$\Delta T_{\mathrm{b}} = K_{\mathrm{b}}\, m \qquad (12 \cdot 16)$$

凝固点降下定数 molal freezing point depression constant

沸点上昇定数 molal boiling point elevation constant

ここで K_{f} と K_{b} とは比例定数であり，それぞれ**凝固点降下定数**，**沸点上昇定数**という．K_{f} と K_{b} はどちらも溶媒によって特徴的な値をとる（表 12・4）．それぞれの定数の単位は °C kg mol^{-1} である．こうして，ある溶媒に対する K_{f} の値は，濃度 1 mol kg^{-1} 当たり低下する凝固点の °C 単位の大きさを示す．水に対する K_{f} の値は 1.86 °C kg mol^{-1} である．質量モル濃度 1.00 mol kg^{-1} の水溶液は，標準凝固点 0.00 °C よりも 1.86 °C 低い温度，すなわち −1.86 °C で凝固する．質量モル濃度 2.00 mol kg^{-1} の水溶液は，−3.72 °C で凝固するはずである．ここで“はずである”と表記したのは，系がこのよ

表 12・4　沸点上昇定数と凝固点降下定数

溶媒	沸点（°C）	K_{b}（°C kg mol^{-1}）	融点（°C）	K_{f}（°C kg mol^{-1}）
水	100	0.512	0	1.86
酢酸	118.3	3.07	16.6	3.90
ベンゼン	80.2	2.53	5.45	5.07
クロロホルム	61.2	3.63	−63.5	4.68
ショウノウ	−	−	178.4	39.7
シクロヘキサン	80.7	2.79	6.5	20.2

うに理想的に振舞うことはめったにないからである．同様に，水に対する K_b の値は 0.51 °C kg mol^{-1} である．質量モル濃度 1.00 mol kg^{-1} の水溶液は，1 atm において 100.51 °C で沸騰し，2.00 mol kg^{-1} の水溶液は 101.02 °C で沸騰するはずである．

例題 12・8 束一的性質を用いた凝固点の推定

10.0 g の尿素 $CO(NH_2)_2$（モル質量 60.06 g mol^{-1}）と水 125 g から調製した溶液の 1.0 atm における凝固点を推定せよ．

指針 問題に答えるには，凝固点降下に対する近似式を用いる必要がある．その式を用いるためには，溶液の質量モル濃度を求めなければならない．

解法 必要となるおもな手法は，(12・15) 式に示された凝固点降下の大きさである．K_f の値を調べることにより，(12・15) 式は次のように書くことができる．

$$\Delta T_f = (1.86\ ^\circ\mathrm{C\ kg\ mol^{-1}})\,m$$

ここで m は溶液の質量モル濃度であり，次式で表される．

$$m = \frac{\text{尿素の物質量 (mol)}}{\text{水の質量 (kg)}}$$

そして，尿素のモル質量を用いて，問題に与えられた質量を必要とする物質量に変換する．

解答 質量モル濃度 m を求めるために，まず尿素の質量を物質量に変換しよう．

$$10.0\ \mathrm{g\ CO(NH_2)_2} \times \frac{1\ \mathrm{mol\ CO(NH_2)_2}}{60.06\ \mathrm{g\ CO(NH_2)_2}} = 0.166\ \mathrm{mol\ CO(NH_2)_2}$$

また，水の 125 g を 0.125 kg へと変換し，次式のように質量モル濃度 m を求める．

$$m = \frac{0.166\ \mathrm{mol}}{0.125\ \mathrm{kg}} = 1.33\ \mathrm{mol\ kg^{-1}}$$

ここで得られた質量モル濃度を用いて，凝固点降下の大きさ ΔT_f を求めることができる．

$$\Delta T_f = (1.86\ ^\circ\mathrm{C\ kg\ mol^{-1}})(1.33\ \mathrm{mol\ kg^{-1}}) = 2.47\ ^\circ\mathrm{C}$$

溶液は 0 °C より 2.47 °C 低い温度，すなわち −2.47 °C で凝固する．

確認 質量モル濃度 1 mol kg^{-1} 当たり，凝固点は約 2 °C だけ低下するはずである．問題の溶液の質量モル濃度は 1 mol kg^{-1} と 2 mol kg^{-1} の間にあるので，凝固点降下の大きさは約 2 °C と 4 °C の間であると予想することができる．

練習問題 12・11 キャンデーをつくるためのあるレシピでは，ショ糖水溶液を加熱して，沸点が 113 °C から 116 °C のいわゆる“ソフトボール段階*”にすることを求めている．これら二つの温度間で沸騰するショ糖 $C_{12}H_{22}O_{11}$ 水溶液の質量百分率濃度の範囲を求めよ．

* 訳注：沸点が 113 °C〜116 °C になるショ糖の水溶液の場合，沸騰した溶液をスプーンですくい取り，冷水に入れると弾力性のある塊になる．この状態をソフトボール段階とよんでいる．

モル質量の決定 すでに述べたように，凝固点降下と沸点上昇は束一的性質である．すなわち，それらは粒子の相対的な数に依存し，粒子の種類には依存しない．これらの効果は質量モル濃度に比例するので，実験によって測定される ΔT_f や ΔT_b の値を用いて，未知の溶質のモル質量を求めることができる．これを行うために，温度の変化量を示す (12・15) 式と (12・16) 式の質量モル濃度の部分をもう少し詳しく調べてみよう．質量モル濃度 m を表す式を拡張すると次式が得られる．

$$m = \frac{\text{溶質の物質量 (mol)}}{\text{溶媒の質量 (kg)}} = \frac{\left(\dfrac{\text{溶質の質量 (g)}}{\text{溶質のモル質量}}\right)}{\text{溶媒の質量 (kg)}}$$

この式は，ΔT_f あるいは ΔT_b を測定し，溶媒 1 kg 当たりの溶質の質量がわかっていれば，残った未知数であるモル質量が推定できることを意味している．例題 12・9 はモル質量を推定する方法を示した問題である．

例題 12・9 凝固点降下のデータからモル質量を求める

ベンゼン 110.0 g に構造未知の分子性化合物 5.65 g を溶かして得た溶液の凝固点は 4.39 °C であった．溶質のモル質量を求めよ．

指針　モル質量を求めるためには，同じ試料について二つのことを知る必要がある．すなわち，その試料の物質量と質量である．この例題では質量が与えられているので，残ったデータを用いてその物質量を求めなければならない．

解法　基本となる手法は，凝固点降下の大きさ ΔT_f を表す（12・15）式である．また，質量モル濃度 m の定義の式も用いる必要がある．

$$m = \frac{\text{溶質の物質量 (mol)}}{\text{溶媒の質量 (kg)}}$$

$$\text{溶質の物質量 (mol)} = \frac{\text{溶質の質量 (g)}}{\text{溶質のモル質量}}$$

解答　表 12・4 を参照すると，純粋なベンゼンの凝固点が 5.45 °C であり，ベンゼンに対する K_f の値が 5.07 °C kg mol^{-1} であることがわかる．凝固点降下の大きさは，

$$\Delta T_f = 5.45\ °\text{C} - 4.39\ °\text{C} = 1.06\ °\text{C}$$

となる．これより，（12・15）式を用いて溶液の質量モル濃度 m を求めることができる．

$$\Delta T_f = K_f m$$

$$m = \frac{\Delta T_f}{K_f} = \frac{1.06\ °\text{C}}{5.07\ °\text{C mol}^{-1}\text{kg}} = 0.209\ \text{mol kg}^{-1}$$

これはこの溶液におけるベンゼン 1 kg 当たり，0.209 mol の溶質があることを意味している．しかし，この問題ではベンゼンが 110.0 g，すなわち 0.1100 kg あるだけなので，与えられた溶液における溶質の実際の物質量は次式で求めることができる．

$$0.1100\ \text{kg ベンゼン} \times \frac{0.209\ \text{mol 溶質}}{1\ \text{kg 溶媒}} = 0.0230\ \text{mol 溶質}$$

これよりモル質量を求めることができる．質量 5.65 g の溶質の物質量が 0.0230 mol であるから，

$$\text{溶質のモル質量} = \frac{5.65\ \text{g 溶質}}{0.0230\ \text{mol 溶質}} = 246\ \text{g mol}^{-1}$$

溶質 1 mol の質量は 246 g となる．

確認　避けるべき誤りは（12・15）式を用いるさいに，ΔT_f を求めるのではなく，与えられた凝固点の値 4.39 °C をそのまま用いてしまうことである．解答では ΔT_f を正しく求めていることが確認できる．K_f に対する ΔT_f の比は約 1/5，すなわち 0.2 mol kg^{-1} であり，これはベンゼン 1 kg に対して溶質が 0.2 mol の比であることに相当する．調製した溶液は溶媒が 0.1 kg だけなので，同じ比であるためには，溶質の量は約 0.02 mol (2×10^{-2} mol) でなければならない．試料の質量は約 5 g であるから，5 g を 2×10^{-2} mol で割ると 2.5×10^2 g mol^{-1}，すなわち 250 g mol^{-1} を得る．これは得られた答えの値に非常に近いので，答えは妥当と考えられる．

練習問題 12・12　構造未知の物質とナフタレン（モル質量 128.2 g mol^{-1}）を混合することにより，未知物質の濃度が 5.0%（w/w）の混合物を調製した．この混合物の凝固点を測定したところ 77.3 °C であった．未知物質のモル質量を求めよ．なお，ナフタレンの融点は 80.2 °C，K_f = 6.9 °C kg mol^{-1} である．

浸　透

生命体では，さまざまな種類の膜によって混合物や溶液が組織化され，分離されている．しかし，養分や化学反応による生成物を適切に分配するためには，いくつかの物質は膜を通過できなければならない．いいかえれば，これらの膜は**選択的透過性**をもっていなければならないのである．膜はある物質の透過を抑制する一方で，別の物質を透過させねばならない．このような膜の性質を**半透性**という．

選択的透過性 selective permeability

半透性 semipermeability

透過性の程度は膜の種類によって変化する．たとえば，セロファンは水や小さい溶質粒子（イオンあるいは分子）を透過するが，デンプンやタンパク質といった非常に大きな分子は透過させない．水に対してのみ透過性をもち，あらゆる溶質は透過させない特殊な膜さえも作製されている．

濃度の異なる溶液を分離している膜の種類に依存して，透析と浸透という二つの類似した現象が観測される．どちらの現象も膜のそれぞれの側に溶解している物質粒子の相対的な濃度の作用である．したがって，これらの系の物理的性質もまた束一的性質に分類される．

膜が生体系における膜のように，水と小さい溶質粒子の両方を透過させるとき，その過程を**透析**といい，その膜を**透析膜**とよぶ．透析膜はタンパク質やデンプンのよう

透析 dialysis

透析膜 dialyzing membrane

な巨大な分子を透過させない．人工腎臓装置は透析膜を用いて，大きいタンパク質分子を血液に保持させたまま，老廃物のより小さい分子を血液から除去するはたらきをしている．

半透性をもつ膜が溶媒分子だけを透過させるとき，この動作を**浸透**といい，これを観測するために必要となる特殊な膜を**浸透膜**という．

浸透 osmosis

浸透膜 osmotic membrane

浸透が起こるときには，より希薄な溶液（あるいは純粋な溶媒）からより濃厚な溶液へと，膜を横断する溶媒の正味の移動がある．これが起こるのは，膜を通して互いに接触している二つの溶液の間に，濃度が等しくなろうとする傾向があるためである．溶媒分子が膜を通してより濃厚な溶液へと透過する速さは，逆の方向へ透過する速さよりも大きい．これはおそらく膜の表面において，より希薄な溶液における溶媒の濃度がより大きいためである（図 12・18）．これによって，膜を通して，より濃厚な溶液中への水の緩やかな正味の流れがひき起こされる．

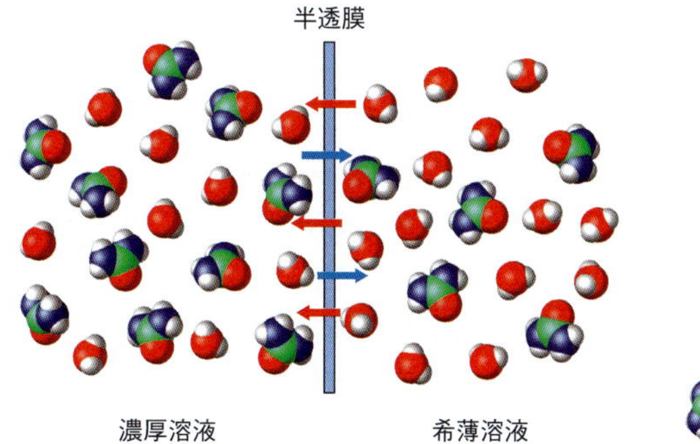

図 12・18　浸透． 矢印で示すように，溶媒分子は希薄溶液側から濃厚溶液側へとより頻繁に膜を透過する．これによって希薄溶液から濃厚溶液へと溶媒がしだいに移動する．

不揮発性の溶質を含む濃度の異なる二つの溶液が密閉された容器の中に置かれたとき，蒸気圧による浸透に類似した現象を観測できる（図 12・19）．より希薄な溶液における蒸発の速さは，より濃厚な溶液よりも大きい．しかし，二つの溶液は同じ気相に接しているから，気相にある溶媒分子がそれぞれの溶液に戻る速さは同じである．この結果，どちらの溶液も蒸気と平衡にはない．希薄な溶液では，溶媒分子が蒸発する速さは気相の溶媒分子が凝縮するより速い．しかし，濃厚な溶液ではこの逆のことが起こる．すなわち，溶液へ戻る水分子のほうが溶液を脱出する水分子よりも多い．したがって時間が経過すると，希薄な溶液からより濃厚な溶液への溶媒の緩やかな正味の移動が起こり，それは二つの溶液が同じ濃度と蒸気圧に到達するまで続く（図 12・19b）．

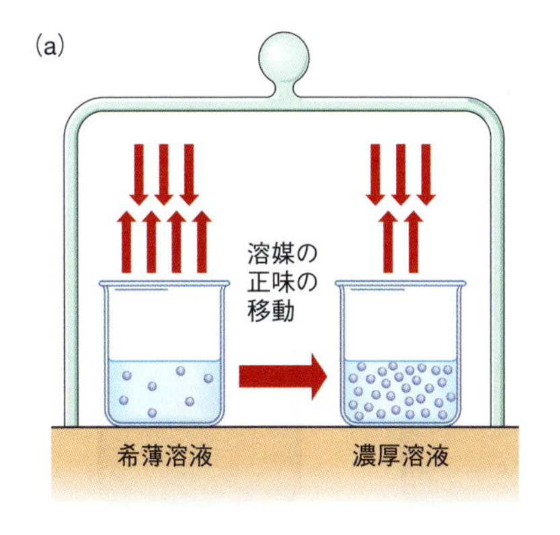

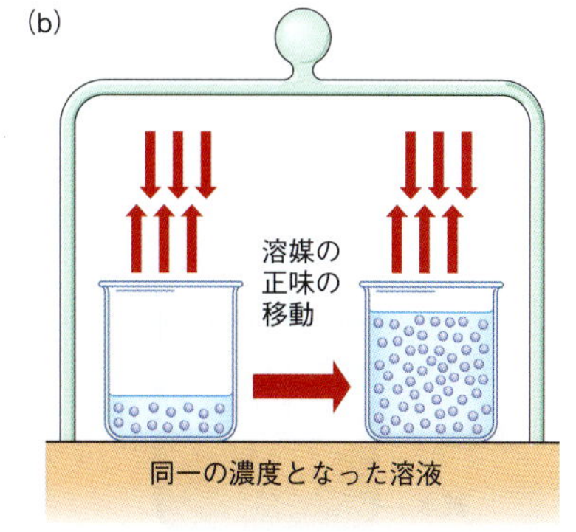

図 12・19　蒸気圧と溶媒の移動． (a) 二つの溶液における凝縮速度は同じであるが，蒸発速度が異なるので，希薄溶液から濃厚溶液へとしだいに溶媒の正味の移動が起こる．(b) 時間が経つと二つの溶液の濃度は等しくなり，系は平衡に到達する．

浸 透 圧

浸透を観察する実験を図12・20に示した．まず，浸透膜を装着した試験管に溶液(B)を入れ，純水（A）の入った容器内に沈める．時間が経過すると，溶媒分子が浸透膜を透過して溶液中に移動するので，試験管内の液体の体積は増大する．図12・20(b)では溶液中への水の正味の移動により，体積が顕著に増大している．

図12・20(b）に示すように液柱が上昇すると，その重さによって逆向きの，すなわち押し下げる方向の圧力がかかるので，水分子の試験管内への移動がだんだん起こりにくくなる．最終的に，この逆向きの圧力は，浸透を停止させるのに十分な大きさとなる．浸透膜を隔てた液体の一方が純粋な溶媒のとき，浸透による溶媒の流れをちょうど停止させるために必要な逆向きの圧力を，その溶液の**浸透圧**という．図12・20(c)に示すように，逆向きの圧力を加えることによって，浸透膜を通して水を押戻し，最初の状態に戻すことができる．

浸透圧 osmotic pressure

“浸透圧”では，圧力ということばが新しい使い方をされていることに注意しよう．浸透現象のほかに溶液は浸透圧という特別な圧力を“もって”いるわけではない．その溶液がもっているのは濃度だけであり，それが浸透をひき起こし，適切な環境下ではそれに付随する浸透圧が発生するのである．そして，浸透を防ぐには，その溶液の濃度に比例して，ある特定の逆向きの圧力が必要となる．この逆向きの圧力を超えると，浸透を逆方向に起こすことができる．この現象を**逆浸透**という．逆浸透は，大洋を航海する船や真水が不足する乾燥地帯において，あるいは水が汚染されたり手に入らない場合に，海水を浄化する手段として広く利用されている（コラム12・1）．

逆浸透 reverse osmosis

■逆浸透装置は家庭用雑貨店で購入することができる．それによって，飲料水から不純物や不快な味を取除くことができる．スーパーマーケットの棚に並んでいる飲料水にも，逆浸透法によって浄化した水が含まれているものがある．

浸透圧を表す記号には，大文字のギリシャ文字Π（パイ）が用いられる．希薄な水溶液では，浸透圧Πは温度Tと溶液中の溶質のモル濃度Mに比例する．すなわち，

$$\Pi \propto MT$$

が成り立つ．比例定数は気体定数Rであることが明らかにされている．したがって，希薄溶液に対して次式が成り立つ．

$$\Pi = MRT \qquad (12 \cdot 17)$$

もちろん，モル濃度Mは1L当たりの物質量を表すから，n/Vと書くことができる．ここでnは溶質の物質量，VはL単位の体積を表す．(12・17)式のMをn/Vで置き換えて項を整理すると，浸透圧に対する式は理想気体の法則と同じ形式となることがわかる．

$$\Pi V = nRT \qquad (12 \cdot 18)$$

(12・18)式を**浸透圧に対するファントホッフの式**という．

浸透圧に対するファントホッフの式 van't Hoff equation for osmotic pressure

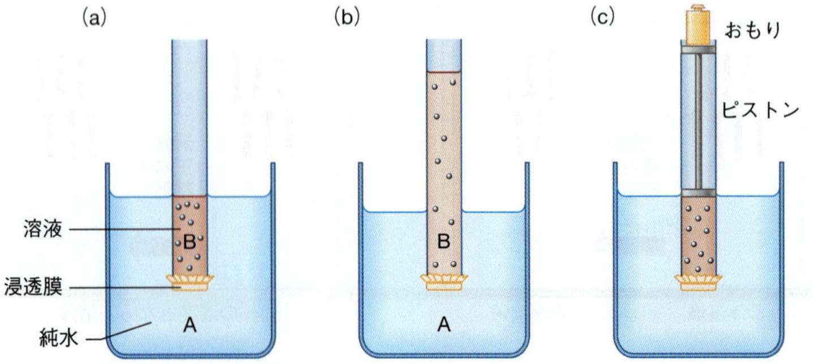

図12・20　浸透と浸透圧．(a) 初期状態．純水Aと溶液Bが浸透膜によって隔てられている．まだ浸透は起こっていない．(b) しばらく放置すると，試験管の液体の体積は目で確認できるほど増加する．浸透が起こっている．(c) 浸透を妨げるには逆向きの圧力が必要となる．この逆向きの圧力の大きさを溶液の浸透圧という．

コラム 12・1 逆浸透による水の浄化

現在，地球は多くの重要な問題に直面している．そのなかでも，飲料に適した（純粋で飲むことができる）水を確保することほど重要なことはない．表に示すように，地球上のすべての水の約 97％が海水である．純粋な水のほとんどは，極地や氷河にある氷に関連したものである．

先進工業国では，一人当たり平均して年間約 54 m^3 の水を使う．水は多量にあるように思われるが，問題はそれが利用できるかどうかである．温暖な気候は多量の雨をもたらし，ふつう湖水や河川，あるいは地下水帯に十分な水が存在する．しかし，気候が温暖な地域はしばしば人口密度が高く，その結果として水の使用量も多く，水が汚染される可能性も高い．乾燥した地域では，たとえ人口は少なくても水は不足する．あらゆる場合において，天然の水は貴重な資源であり，利用できる技術を用いて増やしていかなければならない．

真水を得るために用いられる技術にはいろいろなものがある．水を沸騰させて凝縮する方法は大きなエネルギーが必要なので実用的ではない．しかし，きわめて大きな規模の多段階真空蒸留法によって，世界における脱塩水の約 85％が製造されており，それには非常に大きなエネルギーが投入されている．逆浸透法はよりエネルギーを必要とせず，比較的小さい規模の利用に適している．他の方法として，イオン交換法，電気透析，凍結法，太陽光除湿などが用いられている．

本章で述べたように，浸透は純粋な溶媒（一般に，水）が膜を通して，溶質を含む溶液中へと自発的に移動する現象である．膜を透過する溶媒の移動しやすさは，浸透圧によって測定される．浸透膜の溶液側に浸透圧を超える圧力を加えると，膜を透過する水の流れを逆にすることができる．その結果，海水のような溶液から純水が取出せることになる．図に逆浸透過程の模式図を示した．

表 水の供給源

水の資源	世界の存在量	一人当たりの量[†]
水の総量	1.4×10^9 km^3	0.2 km^3 = 2×10^8 m^3
真水の総量	3.9×10^7 km^3	5.6×10^6 m^3
真水（氷の状態）	3.3×10^7 km^3	4.7×10^6 m^3
真水（液体）	6.0×10^6 km^3	8.6×10^5 m^3

† 世界の人口は 70 億人で計算した．

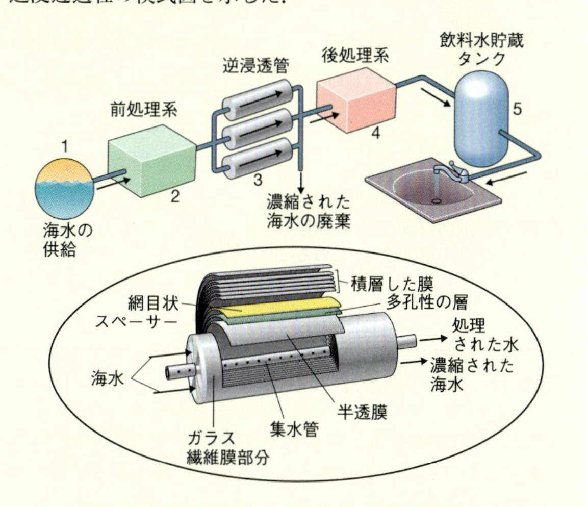

図 逆浸透装置の模式図．1) 海水を沪過し，2) ほとんどすべての粒子状物質を取除く．3) 加圧により分離を行う．4) 浄化された水の酸性度を調整し，抗菌剤を加えたのち，5) 貯蔵する．下図は逆浸透管の構造を示す．

浸透圧は生物学や医学においてきわめて重要である．生体を構成する細胞はその周囲を，塩の流れは制限するが水は自由に透過できる膜によって取囲まれている．細胞内の水の量を一定に維持するためには，細胞膜のそれぞれの側にある溶液の浸透圧は

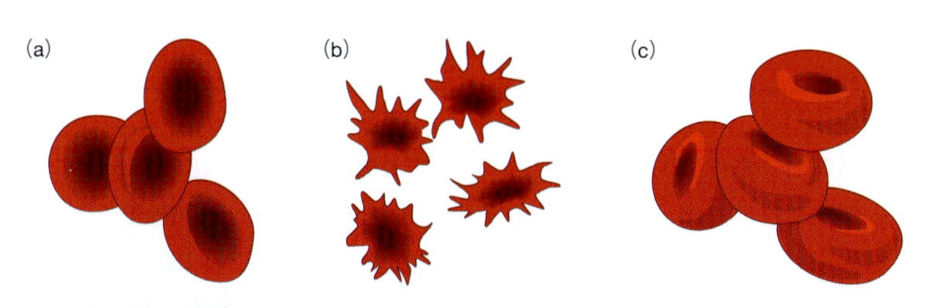

図 12・21 赤血球細胞に対する浸透圧の効果． (a) 等張液（質量百分率濃度 0.85％の NaCl 溶液）中では，細胞膜のいずれの側にある溶液も同じ浸透圧をもつので，膜を透過する水の流れはない．(b) 高張液（質量百分率濃度 5.0％の NaCl 溶液）中では，水は低い塩濃度領域（細胞内部）から高濃度領域（高張液）へと流れ，細胞は収縮する．(c) 低張液（質量百分率濃度 0.1％の NaCl 溶液）中では，水は低い塩濃度領域（低張液）から高濃度領域（細胞内部）へと流れる．細胞は膨張し，破裂する．

等張的 isotonic

高張的 hypertonic

低張的 hypotonic

等しくなければならない．たとえば，質量パーセント濃度 0.85% の NaCl 溶液は，赤血球細胞の内容物と同じ浸透圧をもっており，この溶液中に浸された赤血球細胞は，その正常な水の含有量を維持することができる．このとき，その溶液は赤血球細胞と**等張的**であるという．血漿は赤血球細胞と等張的な溶液である．

細胞を細胞内の濃度よりも塩濃度が高い溶液中に置くと，浸透により水の細胞外への流出が起こる．このような溶液を**高張的**な溶液という．細胞は収縮し，脱水してやがて死に至る．海へと押し流された淡水性の魚や植物は，この過程によって命を失う．

一方，細胞を細胞の内容物の浸透圧よりも低い浸透圧をもつ溶液中に置くと，水が細胞内へ流入する．このような溶液を**低張的**な溶液という．たとえば，細胞を蒸留水中におくと，細胞は膨張し，破裂するだろう．もし，コンタクトレンズを，等張的な食塩水ではなく水道水に浸そうとしたことがあれば，低張的な溶液によって損傷を受けただろう．等張的，高張的，および低張的な溶液の細胞に対する効果を図 12・21 に示した．

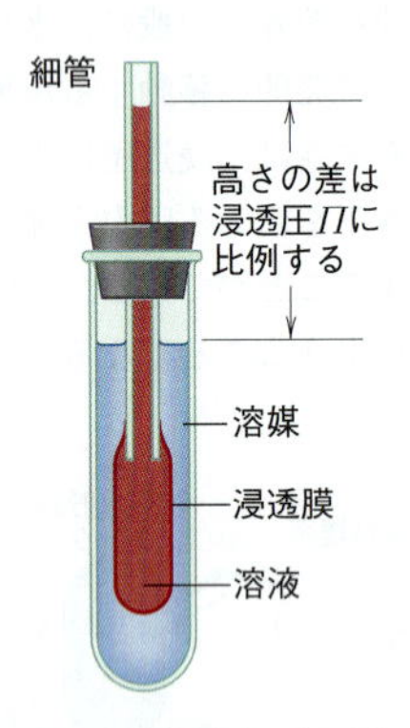

図 12・22　簡単な浸透圧計． 浸透によって溶媒が溶液へ移動すると，細管中の溶液面が上昇する．到達した高さから溶液の浸透圧を求めることができる．

組織を培養したり，あるいは静脈内に薬剤を投与するために用いる溶液を調製するさいには，浸透圧の測定はきわめて重要である．浸透圧は浸透圧計とよばれる装置で測定される．浸透圧計の模式図と説明を図 12・22 に示した．例題 12・10 に示すように，希薄溶液でさえも浸透圧は非常に大きな値となる．

例題 12・10　浸透圧の計算

濃度 0.00100 mol L^{-1} のきわめて希薄なショ糖水溶液が，浸透膜によって純水と分離されている．このとき 298 K において生じる浸透圧は何 Torr か．

指針　この問題では，適切な形式の浸透圧の式を適用する必要がある．もちろん，単位が正しく計算されるように，気体定数 R の正しい値を用いることを忘れてはならない．

解法　問題に解答するためには，(12・17) 式を用いる必要がある．問題には温度が K 単位で与えられており，モル濃度は mol と L の単位をもつので，気体定数 R には，$R = 0.0821$ L atm K^{-1} mol^{-1} を選ぶのが適切である．

解答　与えられた数値を (12・17) 式に代入すると，

$$\Pi = (0.00100\ \text{mol L}^{-1})(0.0821\ \text{L atm K}^{-1}\ \text{mol}^{-1})(298\ \text{K}) = 0.0245\ \text{atm}$$

次に atm 単位を Torr 単位に変換する．

$$\Pi = 0.0245\ \text{atm} \times \frac{760\ \text{Torr}}{1\ \text{atm}} = 18.6\ \text{Torr}$$

モル濃度 0.00100 mol L^{-1} のショ糖水溶液の浸透圧は 18.6 Torr となる．

確認　濃度 1 mol L^{-1} の溶液の浸透圧は RT となるはずである．気体定数を 0.08，温度を 300 と近似すると，1 mol L^{-1} 溶液の浸透圧は約 24 atm となることがわかる．0.001 mol L^{-1} 溶液の浸透圧はこの値の 1/1000，すなわち約 0.024 atm となるはずである．この値は計算過程で得られた値ときわめて近い．

練習問題 12・13　モル質量 235,000 g mol^{-1} のタンパク質 5.00 g を用いて，4 ℃ において 100.0 mL の水溶液を調製した．この溶液の浸透圧を mmHg 単位で，また水柱の高さ (mm 単位) として求めよ．

上記の例題で，濃度 0.0010 mol L^{-1} のショ糖水溶液の浸透は 18.6 Torr になることがわかった．これは 18.6 mmHg に等しく，高さがおよそ 25 cm の溶液（それはほとんど水である）の柱を支えるのに十分な圧力である．溶液がこの 100 倍濃い，すなわち 0.100 mol L^{-1} のショ糖水溶液であれば（それはスプーン 4 分の 1 の砂糖を入れた紅茶とほぼ同じ濃度であるが），その溶液の浸透圧が支える水柱の高さはほぼ 25 m 以上となるだろう．非常に高い樹木の先端まで水が到達できる機構はいくつかあるが，浸透圧はその一つとなっている．

浸透圧によるモル質量の決定　希薄溶液に対する浸透圧の測定によって，溶質の化学的組成にかかわらず，そのモル濃度を求めることができる．溶液中の溶質の質量がわかっていれば，モル濃度の値から溶質のモル質量を計算することができる．

浸透圧によるモル質量の決定法は，凝固点降下や沸点上昇によるモル質量の決定法に比べてきわめて感度がよい．次の例題によって，浸透圧の測定実験を用いて溶質のモル質量を決定する方法を学ぶことにしよう．

例題 12・11 浸透圧によるモル質量の決定

構造未知の分子性化合物 0.122 g を含む体積 100.0 mL の水溶液の浸透圧は，20.0 °C において 16.0 Torr であった．溶質のモル質量を求めよ．

指針　例題 12・9 で述べたように，モル質量を求めるためには，同一の試料に対して二つの量を測定する必要がある．すなわち，その質量と物質量である．そして，モル質量は物質量に対する質量の比で与えられる．問題には溶質の g 単位の質量が与えられているので，比を計算するために，この質量と等価な物質量を知る必要がある．

解法　溶質の物質量 n を求めるために，浸透圧の式〔(12・18) 式〕を用いることができる．与えられた圧力 16.0 Torr を 0.0211 atm へ変換しなければならない．温度 20.0 °C は 293 K に相当し，体積 100.0 mL は 0.1000 L に相当する．質量が与えられているので，最終的な答えを得るために必要な手法はモル質量の定義だけである．

解答　まずデータを正しい単位へと変換し，(12・18) 式を用いて物質量 n を求める．

$$(0.0211\ \text{atm})(0.1000\ \text{L}) = (n)(0.0821\ \text{L atm K}^{-1}\ \text{mol}^{-1})(293\ \text{K})$$

$$n = 8.77 \times 10^{-5}\ \text{mol}$$

溶質のモル質量は，溶質の物質量に対する質量の比によって与えられる．

$$\text{モル質量} = \frac{0.122\ \text{g}}{8.77 \times 10^{-5}\ \text{mol}} = 1.39 \times 10^{3}\ \text{g mol}^{-1}$$

確認　(12・18) 式を用いるさいに，気体定数として $R = 0.0821$ L atm K^{-1} mol^{-1} を使うときには，圧力は atm 単位でなければならない．すべての単位が正しく消去されるならば，物質量が正しく求められる．溶質の物質量はおよそ 10×10^{-5}，すなわち 1×10^{-4} mol である．質量はおよそ 0.12 g であるから，それを 1×10^{-4} mol で割ると，1.2×10^{3} g mol^{-1} となる．この値は得られた値に近い．

練習問題 12・14　ある炭水化物 72.4 mg を溶かして調製した溶液 100 mL の浸透圧は，25.0 °C で 25.0 Torr であった．この化合物の分子量を求めよ．

イオン性溶質の束一的性質

水の凝固点降下定数は 1.86 °C kg mol^{-1} である．したがって，濃度 1.00 mol kg^{-1} の NaCl 溶液は −1.86 °C で凝固すると思うかもしれない．しかし，その凝固点は −3.37 °C である．NaCl 溶液による凝固点降下度は 1.86 °C のほぼ 2 倍となる．束一的性質が粒子の濃度に依存することを思い出せば，塩によるこの大きな凝固点降下を理解することはむずかしくない．すでに学んだように，NaCl(s) は水中ではイオンに解離する．

$$\text{NaCl(s)} \longrightarrow \text{Na}^{+}\text{(aq)} + \text{Cl}^{-}\text{(aq)}$$

イオンが完全に解離しているならば，濃度 1.00 mol kg^{-1} の NaCl 溶液に含まれる溶解した溶質粒子の濃度は 2.00 mol kg^{-1}，すなわち与えられた質量モル濃度の 2 倍となる．理論的には，濃度 1.00 mol kg^{-1} の NaCl 溶液は 2×1.00 mol kg^{-1} × (−1.86 °C kg mol^{-1})，すなわち −3.72 °C で凝固するはずである．実際の凝固点がこれよりも少し高い −3.37 °C である理由はすぐに述べる．

濃度 1.00 mol kg^{-1} の $(NH_4)_2SO_4$ 溶液を調製した場合には，次式の解離反応を考慮しなければならない．

$$(\text{NH}_4)_2\text{SO}_4\text{(s)} \longrightarrow 2\text{NH}_4^{+}\text{(aq)} + \text{SO}_4^{2-}\text{(aq)}$$

1 mol の $(NH_4)_2SO_4$ は全量で 3 mol のイオン(2 mol の NH_4^+ と 1 mol の SO_4^{2-})を与える．したがって，濃度 1.00 mol kg^{-1} の $(NH_4)_2SO_4$ 溶液の凝固点は 3 × 1.00 mol kg^{-1} × (−1.86 °C kg mol^{-1}) = −5.58 °C となることが予想される．

電解質溶液の束一的性質を大まかに予想したいときには，溶質がどのように解離，すなわちイオンに電離するかを仮定して，溶液の質量モル濃度を再計算する．たとえば，イオン性物質については，100％解離することを仮定できる．しかし，すぐに述べるように，この仮定はきわめて希薄な溶液に対してのみ正しい．

例題 12・12　塩溶液の凝固点の計算

濃度 0.106 mol kg^{-1} の $MgCl_2$ 水溶液の凝固点を求めよ．ただし，$MgCl_2$ は完全に解離するものとする．

指針　(12・15) 式は凝固点の変化と溶液の質量モル濃度を関係づける式であるが，この問題では，溶質が三つの粒子，すなわち 1 個の Mg^{2+} と 2 個の Cl^- に解離することを考慮しなければならない．この追加情報を考慮することによって，より正確な凝固点を見積もることができる．

解法　この問題では基本的な凝固点降下の式を用いる．水に対する凝固点降下定数 K_f は表 12・4 から得ることができる．

$$\Delta T_f = (1.86\ ^\circ\mathrm{C\ kg\ mol^{-1}})\ m$$

しかし，この問題では塩が次式のように解離するので，質量モル濃度 mol kg^{-1} として塩の濃度ではなく，全イオンの濃度を用いなければならない．

$$MgCl_2(s) \longrightarrow Mg^{2+}(aq) + 2Cl^-(aq)$$

解答　1 mol の $MgCl_2$ は 3 mol のイオンを与えるので，溶液中の有効なイオンの質量モル濃度は，塩の質量モル濃度 0.106 mol kg^{-1} の 3 倍となる．

$$有効質量モル濃度 = 3(0.106\ \mathrm{mol\ kg^{-1}}) = 0.318\ \mathrm{mol\ kg^{-1}}$$

これによって (12・15) 式を用いることができる．

$$\Delta T_f = (1.86\ ^\circ\mathrm{C\ kg\ mol^{-1}})(0.318\ \mathrm{mol\ kg^{-1}}) = 0.591\ ^\circ\mathrm{C}$$

凝固点は 0.000 °C から 0.591 °C だけ降下する．したがって，この溶液の凝固点は −0.591 °C と求めることができる．

確認　粒子の質量モル濃度はほぼ 0.3 である．そこで 1.86 (2 と近似する) の 3/10 を計算すると約 0.6 が得られる．単位の°C をつけて 0 °C から引くと凝固点は −0.6 °C となる．この値は得られた答えに近い．

練習問題 12・15　濃度 0.237 mol kg^{-1} の LiCl 水溶液の凝固点を求めよ．ただし，塩は 100％解離するものとする．また，塩の解離度が 0％としたときの凝固点を求めよ．

応 用 問 題

ある化合物の分析が行われ，そのデータ解析を行わねばならない．その化合物 16.59 g をとり，過剰の酸素とともに燃焼させると，二酸化炭素 28.63 g と水 11.71 g を得た．別の実験で，その化合物 1.395 g を金属ナトリウムの存在下で強熱して分解し，塩素をすべて塩化物イオンとして放出させ，それを硝酸銀と反応させると 2.541 g の AgCl の沈殿を得た．最後に，その化合物 5.41 g をベンゼン 85.0 g と混合し，その凝固点を測定したところ 3.33 °C であった．この化合物の分子式を求めよ．

指針　この問題では化合物の実験式を決定し，さらに分子式を求めることが要求されている．まず，1) 分析反応から化合物の組成百分率を求め，2) 組成百分率から実験式を決定し，3) 凝固点降下の実験からモル質量を算出し，最後に，4) 分子式を求めることになる．

第一段階

解法　問題に与えられたデータから，化合物の炭素，水素，塩素の組成百分率を求めることができる．組成百分率は次式によって得ることができる．

$$組成百分率 = \frac{元素の質量}{試料の質量} \times 100\%$$

この式を適用するには 3 章で述べた化学量論変換を用いる．

解答　まず，CO_2 の質量を炭素 C の質量に変換する．

$$28.63\ \mathrm{g\ CO_2} \times \frac{12.011\ \mathrm{g\ C}}{44.01\ \mathrm{g\ CO_2}} = 7.814\ \mathrm{g\ C}$$

さらに H_2O の質量を水素 H の質量に変換する．

$$11.71\ \mathrm{g\ H_2O} \times \frac{1\ \mathrm{mol\ H_2O}}{18.015\ \mathrm{g\ H_2O}} \times \frac{2\ \mathrm{mol\ H}}{1\ \mathrm{mol\ H_2O}} \times \frac{1.008\ \mathrm{g\ H}}{1\ \mathrm{mol\ H}}$$
$$= 1.310\ \mathrm{g\ H}$$

次に，C と H の組成百分率を求める．

$$\%\mathrm{C} = \frac{7.817\ \mathrm{g\ C}}{16.59\ \mathrm{g\ 試料}} \times 100\% = 47.10\%$$

$$\%\mathrm{H} = \frac{1.310\ \mathrm{g\ H}}{16.59\ \mathrm{g\ 試料}} \times 100\% = 7.900\%$$

塩素 Cl の質量は次式によって計算することができる．

$$2.541\ \text{g AgCl} \times \frac{1\ \text{mol AgCl}}{143.32\ \text{g AgCl}} \times \frac{1\ \text{mol Cl}}{1\ \text{mol AgCl}} \times \frac{35.45\ \text{g Cl}}{1\ \text{mol Cl}} = 0.6285\ \text{g Cl}$$

したがって，試料に含まれる塩素の組成百分率は，

$$\%\text{Cl} = \frac{0.6285\ \text{g Cl}}{1.395\ \text{g 試料}} \times 100\% = 45.05\%$$

となる．得られた組成百分率を足し合わせるとほぼ100%になるので，この化合物にはC, H, Cl以外の元素は含まれていないと結論することができる．

第二段階

解法　試料100 gをとると，組成百分率を容易に質量の単位へ変換することができ，この化合物に含まれる元素について質量から物質量への化学量論変換を用いることができる．最後に§3・4で述べた手法を用いて，実験式を決定する．

解答　3種類の元素に対して，組成百分率を質量に変換し，さらに物質量へと変換する．

$$47.10\ \text{g C} \times \frac{1\ \text{mol C}}{12.011\ \text{g C}} = 3.921\ \text{mol C}$$

$$7.900\ \text{g H} \times \frac{1\ \text{mol H}}{1.008\ \text{g H}} = 7.837\ \text{mol H}$$

$$45.05\ \text{g Cl} \times \frac{1\ \text{mol Cl}}{35.45\ \text{g Cl}} = 1.271\ \text{mol Cl}$$

上式で得られたそれぞれの値を最小値の1.271で割ると，次式を得る．

3.08 mol C，6.17 mol H，1.00 mol Cl

これらの数値を最も近い整数値で表すと，次のとおりである．

3 mol C，6 mol H，1 mol Cl

したがって，この化合物の実験式はC_3H_6Clと決定される．

第三段階

解法　凝固点降下の式〔(12・15) 式〕を用いて，この化合物のモル質量を求めなければならない．表12・4を参照すると，純粋なベンゼンの凝固点は5.45 ℃であり，凝固点降下定数は5.07 ℃ kg mol^{-1}であることがわかる．溶液の質量モル濃度を計算することができるので，この化合物のモル質量を求めることができる．

解答　凝固点の測定値は3.33 ℃であり，ΔT_fは2.12 ℃である．したがって，(12・15) 式を用いて次式のように書くことができる．

$$\Delta T_f = 2.12\ ^\circ\text{C} = (5.07\ ^\circ\text{C kg mol}^{-1})\,m$$
$$m = 0.418\ \text{mol kg}^{-1}$$

すなわち，質量モル濃度は0.418 mol kg^{-1}である．

質量モル濃度の定義は次のように拡張することができるので，溶質のモル質量を求めることができる．

$$\text{質量モル濃度} = \frac{\text{溶質の物質量 (mol)}}{\text{溶媒の質量 (kg)}} = \frac{\left(\dfrac{\text{溶質の質量}}{\text{溶質のモル質量}}\right)}{\text{溶媒の質量 (kg)}}$$

$$0.418\ \text{mol kg}^{-1} = \frac{5.41\ \text{g 溶質}/\text{溶質のモル質量}}{0.085\ \text{kg 溶媒}}$$

$$\text{溶質のモル質量} = \frac{5.41\ \text{g 溶質}}{0.085\ \text{kg 溶媒} \times 0.418\ \text{mol kg}^{-1}} = 152.3\ \text{g mol}^{-1}$$

第四段階

解法　最後に，溶質のモル質量と実験式のモル質量から，§3・4で述べた方法を用いて分子式を求めなければならない．

解答　凝固点降下から得られたモル質量を，実験式から計算されるモル質量で割ると，実験式の下付文字に対する倍増因子が得られる．

$$\frac{152.3}{77.5} = 1.96 \fallingdotseq 2$$

したがって，実験式の下付文字をすべて2倍することによって分子式$C_6H_{12}Cl_2$を得る．

確認　第四段階において，多くの計算の後に最終的に簡単な整数比が得られたことは，それまでの部分が正しかったことに対する信頼となる．第一段階では，水素の組成百分率が最小の値となっているが，これは水素が最も軽い元素であることから妥当である．第二段階では，実験式を得るための物質量比として整数比に非常に近い値が得られた．第三段階では，凝固点降下の実験に対して期待されるように，きわめて小さいこともなく，大きいこともないモル質量が得られた．それぞれの段階では妥当な結果が得られていると思われるので，最終的な結果も正しいものと確信できる．

イオン対の形成　実験によると，本節の最初で述べた1.00 mol kg^{-1}のNaCl水溶液，1.00 mol kg^{-1}の$(NH_4)_2SO_4$溶液のいずれにおいても，その凝固点は計算から推測されるほど低い温度にはならない．これは，電解質がイオンに完全に解離するという仮定が誤っているのである．反対の電荷をもったイオンは，きわめて接近して会合した対として存在し，それは一つの“分子”のようにふるまう（図12・23）．そのような対を**イオン対**という．2個よりももっと多数のイオンからなるクラスターも存在する

イオン対 ion pair

と考えられている．イオン対やクラスターの形成によって，1.00 mol kg^{-1} の NaCl 水溶液に含まれる実際の粒子濃度は，2.00 mol kg^{-1} よりもいくぶん小さくなる．その結果，濃度 1.00 mol kg^{-1} の NaCl 水溶液の凝固点降下度は，塩が 100% 解離すると仮定して求められた値ほど大きくはなくなる．

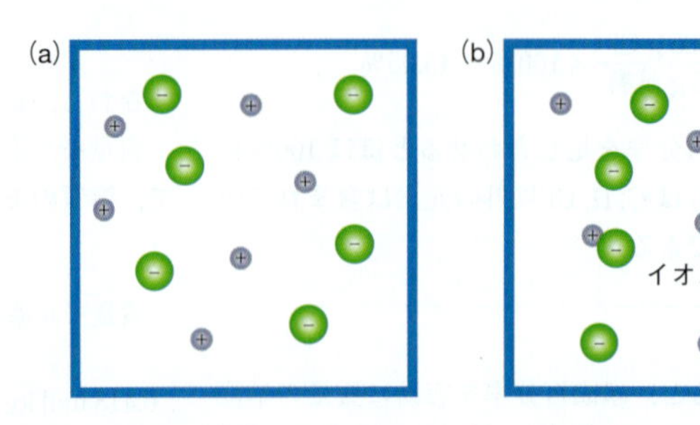

図 12・23　NaCl 溶液におけるイオン対． (a) 水中で NaCl が完全に解離していれば，Na^+ と Cl^- は全く独立である．(b) イオン間にはたらく引力によって，あるイオンは集合化してイオン対を形成する．これによって，溶液における独立した粒子の総数が減少する．この図では，二つのイオン対が示されている．(簡単のため，水分子は示されていない．)

会合 association

■ "会合 (association)" は解離 (dissociation) の反対であり，粒子が集まってより大きな粒子を形成することを意味する．

ファントホッフ因子 van't Hoff factor, i

電解質溶液が希薄になればなるほど，凝固点の測定値は計算値により近い値となる．希釈するほどイオンの衝突が起こりにくくなり，その結果イオン対がより少なくなるので，イオンの**会合**（集合すること）は問題にならなくなる．

濃度の異なる電解質溶液における解離の程度を比較するために，**ファントホッフ因子 i** という量が用いられる．ファントホッフ因子は，溶質が非電解質であると仮定して計算される凝固点降下定数に対する，測定された凝固点降下定数の比である．

$$i = \frac{(\Delta T_f)_{測定値}}{(\Delta T_f)_{非電解質としての計算値}}$$

NaCl, KCl, および $MgSO_4$ はいずれも 100% 解離によって 2 個のイオンを与えるから，予想されるファントホッフ因子は 2 である．K_2SO_4 では 1 単位の K_2SO_4 から 3 個のイオンが生成するから，i の理論値は 3 となる．表 12・5 にはいくつかの電解質について，さまざまな濃度における実際のファントホッフ因子を示した．濃度が減少するほど，すなわちより希釈するほど，ファントホッフ因子の実験値は，相当する理論的なファントホッフ因子とよく一致することに注意してほしい．

表 12・5　ファントホッフ因子 i の濃度依存性

	質量モル濃度（塩 mol/水 kg）			解離度 100% のときの i 値
塩	0.1	0.01	0.001	
NaCl	1.87	1.94	1.97	2.00
KCl	1.85	1.94	1.98	2.00
K_2SO_4	2.32	2.70	2.84	3.00
$MgSO_4$	1.21	1.53	1.82	2.00

希釈に伴う解離度の増大は，すべての塩で同じように起こるわけではない．濃度が 0.1 mol kg^{-1} から 0.001 mol kg^{-1} へと低下するに伴い，i の変化から見積もられた KCl の解離度は，わずかに約 7% 増大するだけである．しかし，K_2SO_4 では同じ希釈に対

して解離度は約 22%も増大し，アニオン SO_4^{2-} によって大きな差がひき起こされる．アニオン SO_4^{2-} は KCl の Cl^- と比べて 2 倍の電荷をもつので，SO_4^{2-} は Cl^- よりも強く K^+を引き寄せる．こうして，希釈によって電荷 2− のイオンと電荷 1+ のイオンをさらに引き離すことは，電荷 1− のイオンと電荷 1+ のイオンを引き離すよりも，それらが独立にふるまうことに対してより大きな効果を与えることになる．

分子の会合　ある分子性の溶質では，それらの質量モル濃度から予想されるよりも，小さい束一的効果を与えることがある．これらの予想よりも小さい束一的性質はしばしば，溶質分子が溶液中でクラスター化，すなわち会合していることの証拠となる．たとえば，安息香酸はベンゼン中では会合して**二量体**を形成する．2 分子の安息香酸は，次式の点線で示されるように，水素結合によって互いに結びつけられている．

$$2C_6H_5—C(=O)—O—H \rightleftharpoons C_6H_5—C(=O\cdots H—O)(—O—H\cdots O=)C—C_6H_5$$

安息香酸　　　安息香酸二量体

会合によって，濃度 1.00 mol kg^{-1} の安息香酸のベンゼン溶液の凝固点降下定数は，計算値のわずか約半分となる．二量体を形成することによって，安息香酸の実質的な分子量はふつうの計算による値の 2 倍となる．実質的な分子量がより大きくなることによって粒子の質量モル濃度は半分に減少し，凝固点降下に対する効果も半分に減少する．

二量体 dimer

■ 接頭語の di- は 2 を意味するので，二量体(dimer)は 2 個の単一分子の会合によって生じたものをいう．

■ C_6H_5− は有機化学ではフェニル基とよばれ，次のような構造をもつ．

(構造式: H, C=C, H−C, C−, C−C, H)

12・7 不均一混合物

これまでは真の溶液，すなわち単一の相をもち，全体が均一の混合物について述べてきた．これに対して不均一混合物はしばしば**分散系**ともよばれ，二つ以上の相をもち均一ではない混合物である．これらは化学的にきわめて重要である．なぜなら，多くの工業的な反応は不均一とみなすことができ，市販されている製品にもさまざまな形態の分散系がみられるからである．本節では，二つの形態の分散系，懸濁液とコロイドについて述べることにしよう．

分散系 dispersion

懸 濁 液

懸濁液の特徴は，溶媒中に混合した比較的大きな粒子が存在することである．このような懸濁液を調製するためには，攪拌や振とうのような機械的方法により，物質を溶媒，あるいは分散媒中に均一に混合する．しかし，混合過程を停止すると，懸濁液の粒子はそれらの間にはたらく引力により融合して大きな粒子となり，二つの相に分離する．他の懸濁液には水に懸濁した砂の微粒子のように，重力によって二つの相に分離するものもある．

懸濁液 suspension

なじみ深い懸濁液として，マグネシアミルクという調剤薬があり，これは固体の水酸化マグネシウムを水に懸濁させたものである．多くの抗生物質は水中の懸濁液であり，投与する前によく振らなければならない．いくつかのサラダドレッシングも同じ種類に分類され，振ったあとすぐに油と酢の層に分離する．

気相を含む懸濁液もまた身近なものである．火から生じる煤(すす)は一つの例である*．

* 石炭や石油を用いる火力発電所は，かつては煤や他の微粒子の主要な発生源であった．現在では電気集塵装置やスクラバーによって，これらの微粒子はほとんどすべて除去されている．

煤はしばしば，戸外のすべてのものを覆う黒色のよごれの層をつくる．空気中に漂うほこりや霧の中の微小な水滴は，それぞれ気相中に懸濁した固体，および液体の例である．ホイップクリームや泡立てた卵白に含まれる気泡は，液体中に懸濁した気体の例であり，すぐに食べないと最終的には分離してしまう．ホイップクリームや卵白では懸濁液は比較的長く持続する．これは高い粘性によって，気泡が融合して分離した相を形成することが妨げられるためである．

コロイド分散系

懸濁液中の粒子がきわめて小さいとき，ブラウン運動（§2・7参照）のため粒子は沈むことができない．これらの混合物は沈降せず，すなわち異なる相に分離することはない．このような混合物を**コロイド分散系**という．一般にコロイド粒子の大きさは，少なくとも一辺の長さが1から1000 nmの範囲にある．先に述べた霧の中の微小な水滴や煙の中の煤には，コロイド分散系にあてはまるものもあり，これらは分離することはない．水に溶かした少量のデンプンは水を媒体とするコロイドの例でありゾルとよばれる．表12・6にはコロイド混合物の例をあげ，それらを分散している相（コロイド粒子）と分散させている相（媒体）に基づいて分類した．多くの混合物では，コロイド粒子の大きさは，それが肉眼では見えない程度の大きさである．コロイド混合物は真の溶液と非常によく似ているが，コロイド粒子は可視光の波長と類似の大きさをもつので，光を散乱させることができる．この散乱現象を**チンダル現象**といい，コロイド混合物に細い光線を照射することによって観測することができる．図12・24は赤色のレーザー光を一連の試験管を通して照射した写真であり，チンダル現象の劇的な例を示している．

コロイド分散系 colloidal dispersion

チンダル現象 Tyndall effect

チンダル John Tyndall, 1820～1893. 英国の著名な科学者．ファラデーの後継として，英国王立研究所のフラー教授職を務めた．

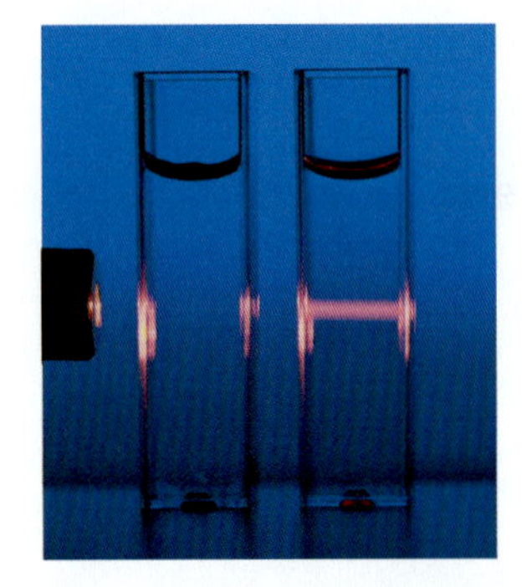

図 12・24　チンダル現象． コロイド溶液は真の溶液のようにみえる．最初の試料は真の溶液であり，赤色のレーザー光線は散乱されない．2番目の試料はコロイド分散系であり，粒子によって光線が散乱されている．

表 12・6　さまざまなコロイド系

形　態	分散している相[†1]	分散させている媒体	一般的な例
泡	気体	液体	セッケン泡，ホイップクリーム
固体泡	気体	固体	軽石，マシュマロ
液体エアロゾル	液体	気体	もや，霧，雲，大気汚染物質
エマルション	液体	液体	クリーム，マヨネーズ，牛乳
固体エマルション	液体	固体	バター，チーズ
煙	固体	気体	ちり，スモッグやエアロゲル中の微粒子
ゾル（コロイド分散液）	固体	液体	水中のデンプン，絵の具，ゼリー[†2]
固体ゾル	固体	固体	合金，真珠，オパール

†1　分散しているコロイド粒子の相．
†2　ゼラチンやゼリーのような半固体状態，すなわち完全には硬くないゾルをゲルという．

図12・24は真の溶液のようにみえるコロイド混合物を示している．しかし，他のコロイド分散系には，牛乳やホイップクリームのようにみえるものもあり，これらを**エマルション**という．エマルションでは分散している相は液体であり，コロイド粒子の濃度は非常に高いことが多い．このことは，コロイド粒子は互いに衝突して融合し，最終的に二つの相に分離しやすいことを意味している．

エマルション emulsion

化学者たちはさまざまな手法を開発することにより，エマルションのコロイド粒子の融合を遅くする，あるいは停止することさえ可能にした．以前の章では，液相における粒子の衝突の頻度は，温度を低下させる(a)，粘度を増大させる(b)，あるいは粒子間にはたらく引力を減少させ斥力を増大させる(c)ことによって減少することを学んだ．それぞれの例をみてみよう*．昔からのアイスクリームは，牛乳，卵，クリーム，砂糖，および香料のエマルションである．アイスクリームの場合には凍った状態に保たれるため，コロイド粒子はほとんど衝突しない．ホイップクリームの例では，ふつうの流動性のクリームにコロイドの大きさの気泡が取込まれており，その結果，きわめて粘性の高い物質になっている．この場合もコロイド粒子の運動が制限されることによって，それらが衝突することが妨げられている．

* 次に示す例はいずれも，実際にはこれら三つの効果が組合わされたものであるが，それぞれについておもにはたらく効果に注目している．

市販されている多くのエマルションを安定化させているおもな方法は，一方，あるいは両方の相に電荷をもたせることによって，コロイド粒子を引き離す方法である．ステアリン酸ナトリウムのような界面活性剤は長い構造をもつ分子であり，電荷をもつ末端と電荷をもたない炭化水素末端をもっている．電荷をもつ末端は水に溶けることができ**親水性**とよばれる．一方，炭化水素末端は油に溶けやすいので**疎水性**という．ステアリン酸ナトリウムを油と水のエマルションに添加すると，疎水性末端は油に溶け，親水性の末端は水相の中に広がる．その結果，しばしば球状の負電荷をもった粒子が形成される．この粒子を**ミセル**という．あるミセルの負電荷は別のミセルの負電荷と反発するので，ミセルは融合して油と水の相に分離することはない．タンパク質もまた油の粒子に吸着し，電荷をもつ表面を与える．図 12・25 には吸着層により電荷をもったコロイド粒子が形成される様子を示した．このような方法で安定化されたエマルションは，酸あるいは塩基を加えて電荷をもつ置換基を中和することにより，二つの相に分離させることができる．これをエマルションの破壊という．

親水性 hydrophilicity

疎水性 hydrophobicity

ミセル micelle

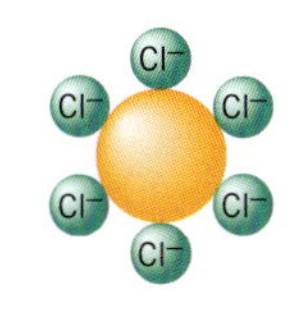

(a) 塩化物イオンが吸着したコロイド粒子

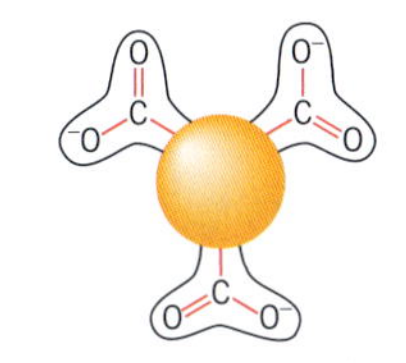

(b) 有機物のイオン性置換基をもつコロイド粒子

図 12・25 コロイド分散系の安定化． コロイド粒子は融合しやすいが，電荷を得ることによって安定化する．(a) 無機物質の沈殿はイオンの吸着層をもち，それによって沪過できるような粒子への融合が妨げられる．(b) コロイド粒子が荷電した置換基をもつ場合には，粒子全体が電荷をもつことになる．あるいは，荷電した粒子がコロイド粒子の表面に吸着しても同じ効果となる．

小さい無機分子の結晶では，結晶を形成するイオンの一つが過剰であることによって，安定化に寄与する電荷をもつ層が形成される場合がある．たとえば鉛(II) イオンを大過剰の塩化物イオンの存在下に沈殿させると，過剰の塩化物イオンが塩化鉛(II) の結晶表面に吸着され，一次吸着層を形成する．一次吸着層は負電荷をもつ塩化物イオンからなるので，微小なコロイド粒子は，融合して沪過によって集めることができるほど大きな結晶になることはない．図 12・25 はこのような系を想像するためにも用いることができる．エマルションを安定化することはしばしば市販品の製造においても要求されるが，それがまた問題になる場合もある．吸着層の効果は，沈殿のさいに塩化物イオンを小過剰にすることによって，最小にすることができる．

練習問題 12・16　次のコロイドにおける懸濁粒子と媒体はそれぞれ何か．(a) マヨネーズ (b) チーズ (c) マシュマロ (d) スモッグ (e) セッケンの泡

現代のナノサイエンスでは，特異な性質をもつナノメートルサイズの粒子にきわめて大きな興味がもたれている．コロイド状の金は，腫瘍のある部分に薬剤を運ぶために利用できる可能性をもつナノ粒子である．興味深いことに，コロイド状の金は，最初上品に彩飾された聖書写本を作製する中世の芸術家によって用いられた．この金ナノ粒子は多くの異なる色を示すことが知られている．また，磁性をもつコロイド状の鉄粒子は，§9・10で述べた炭素の同素体 C_{60} に関連した物質であるフラーレン類のように，多くの興味深い性質をもっている．

練習問題の解答

0 章

0・1 ビッグバンのあと，宇宙の温度が超高温から急激に低下し，高温の熱平衡に達することがなかった．このため水素やヘリウムなどの軽い元素のみ生成した．より重い元素を生成するためには，もっと高い温度が必要である．

0・2 核合成の概念の実験的証拠が星の中の層にあり，元素の組成は星によって異なり，最も豊富に存在するのが最も軽い元素だから．

0・3 鉄の原子核が最も安定である．したがって，星の中で生成する最も重い元素は鉄である．

0・4 ${}^{240}_{94}Pu$, 94 個の電子　0・5 26.9814 u

0・6 かつて，原子量の基準として他の元素が用いられていた．たとえば，酸素が基準として用いられ，原子質量単位は酸素の質量の 1/16 であった．しかしこの基準は酸素の同位体を考慮する以前のことである．科学者は，ある元素の一つの同位体を原子量の基準にすることを必要とした．　0・7 10.8 u　0・8 20.18 u

1 章

1・1(a) 元素 (b) 均一混合物 (c) 化合物 (d) 不均一混合物 (e) 元素

1・2(a) 化学変化 (b) 物理変化 (c) 物理変化

1・3 $kg\ m\ s^{-2}$　1・4 13 °C，293 K

1・5(a) 42.0 g (b) 0.857 g mL^{-1} (c) 149 cm

1・6 2.19 g cm^{-3}

1・7 16.5 g cm^{-3}．その物質は純粋な金ではない．

2 章

2・1(a) 1S, 6F (b) 4C, 12H, 2N (c) 3Ca, 2P, 8O (d) 1Co, 2N, 12O, 12H

2・2 反応物：4N, 12H, 6O，生成物：4N, 12H, 6O 反応式は釣合っている．

2・3(a) 陽子数：26，電子数：26 (b) 陽子数：26，電子数：23 (c) 陽子数：7，電子数：10 (d) 陽子数：7，電子数：7

2・4(a) NaF (b) Na_2O (c) MgF_2 (d) Al_4C_3

2・5(a) $CrCl_3$ と $CrCl_2$，Cr_2O_3 と CrO (b) CuCl と $CuCl_2$，Cu_2O と CuO

2・6(a) $KC_2H_3O_2$ (b) $Sr(NO_3)_2$ (c) $Fe(C_2H_3O_2)_3$

2・7(a) K_2S (b) $BaBr_2$ (c) NaCN (d) $Al(OH)_3$ (e) Ca_3P_2

2・8(a) 塩化アルミニウム (b) 水酸化バリウム (c) 臭化ナトリウム (d) フッ化カルシウム (e) リン化カリウム

2・9(a) 硫化リチウム (b) リン化マグネシウム (c) 塩化ニッケル(II) (d) 塩化チタン(II) (e) 酸化鉄(III)

2・10(a) Al_2S_3 (b) SrF_2 (c) TiO_2 (d) CoO (e) Au_2O_3

2・11(a) 炭酸リチウム (b) 過マンガン酸カリウム (c) 水酸化鉄(III)

2・12(a) $KClO_3$ (b) NaOCl (c) $Ni_3(PO_4)_2$

2・13(a) C_3H_8O, $CH_3CH_2CH_2OH$ (b) $C_4H_{10}O$, $CH_3CH_2CH_2CH_2OH$

2・14(a) 三塩化リン (b) 二酸化硫黄 (c) 七酸化二塩素 (d) 硫化水素

2・15(a) $AsCl_5$ (b) SCl_6 (c) S_2Cl_2 (d) H_2Te

2・16 酸化ヨウ素(V)　2・17 酢酸クロム(III)

3 章

3・1 0.129 mol Al　3・2 5.84 g I_2　3・3 不可能

3・4 0.0516 mol Al^{3+}　3・5 59.6 g Fe　3・6 0.116 g F

3・7 13.04 % H，52.17 % C．炭素および水素の組成百分率の和は 65.21 % であり，他の元素が 34.79 % 含まれている．

3・8 NO：46.68 % N, 53.32 % O　NO_2：30.45 % N, 69.55 % O　N_2O_3：36.86 % N, 63.14 % O　N_2O_4：30.45 % N, 69.55 % O

3・9 SO_2　3・10 NI_3　3・11 Na_2SO_4　3・12 CH_2O

3・13 $C_2H_4Cl_2$, $C_6H_6Cl_6$

3・14 $3Ba(NO_3)_2(aq) + 2(NH_4)_3PO_4(aq) \longrightarrow Ba_3(PO_4)_2(s) + 6NH_4NO_3(aq)$

3・15 3.38 mol O_2　3・16 78.5 g Al_2O_3

3・17 55.0 g CO_2 が生成し，34.0 g HCl が残る．

3・18 30.01 g NO が生成する．

3・19 アスピリン $HOOCC_6H_4O_2C_2H_3$ の理論収量は 36.78 g であり，百分率収量は 83.5 % である．

3・20 酢酸 $HC_2H_3O_2$ の理論収量は 30.9 g であり，百分率収量は 86.1 % である．

3・21 3 段階の合成経路による百分率収量は 68.6 % であり，2 段階の合成経路による百分率収量は 72.1 % である．したがって，2 段階の合成経路が望ましい．

4 章

4・1(a) $Al(NO_3)_3(s) \longrightarrow Al^{3+}(aq) + 3NO_3^-(aq)$
(b) $Na_2CO_3(s) \longrightarrow 2Na^+(aq) + CO_3^{2-}(aq)$

4・2 分子反応式：$(NH_4)_2SO_4(aq) + Ba(NO_3)_2(aq) \longrightarrow BaSO_4(s) + 2NH_4NO_3(aq)$

イオン反応式：$2NH_4^+(aq) + SO_4^{2-}(aq) + Ba^{2+}(aq) + 2NO_3^-(aq) \longrightarrow BaSO_4(s) + 2NH_4^+(aq) + 2NO_3^-(aq)$

正味のイオン反応式：$Ba^{2+}(aq) + SO_4^{2-}(aq) \longrightarrow BaSO_4(s)$

4・3 $HNO_3(aq) + H_2O \longrightarrow H_3O^+(aq) + NO_3^-(aq)$
$HNO_2(aq) + H_2O \rightleftharpoons H_3O^+(aq) + NO_2^-(aq)$

4・4

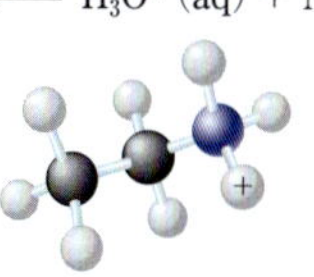

$CH_3CH_2NH_2(aq) + H_2O \rightleftharpoons CH_3CH_2NH_3^+(aq) + OH^-(aq)$

4・5 $H_3C_6H_5O_7(s) + H_2O \rightleftharpoons H_3O^+(aq) + H_2C_6H_5O_7^-(aq)$
$H_2C_6H_5O_7^-(aq) + H_2O \rightleftharpoons H_3O^+(aq) + HC_6H_5O_7^{2-}(aq)$
$HC_6H_5O_7^{2-}(aq) + H_2O \rightleftharpoons H_3O^+(aq) + C_6H_5O_7^{3-}(aq)$

4・6 HF：フッ化水素酸　HI：ヨウ化水素酸

4・7 ヨウ素酸

4・8 分子反応式：$Zn(NO_3)_2(aq) + Ca(OH)_2(aq) \longrightarrow Zn(OH)_2(s) + Ca(NO_3)_2(aq)$

イオン反応式：$Zn^{2+}(aq) + 2NO_3^-(aq) + Ca^{2+}(aq) + 2OH^-(aq) \longrightarrow Zn(OH)_2(s) + Ca^{2+}(aq) + 2NO_3^-(aq)$

正味のイオン反応式：$Zn^{2+}(aq) + 2OH^-(aq) \longrightarrow Zn(OH)_2(s)$

4・9(a) 分子反応式：$AgNO_3(aq) + NH_4Cl(aq) \longrightarrow AgCl(s) + NH_4NO_3(aq)$

イオン反応式：$Ag^+(aq) + NO_3^-(aq) + NH_4^+(aq) + Cl^-(aq) \longrightarrow AgCl(s) + NH_4^+(aq) + NO_3^-(aq)$

正味のイオン反応式：$Ag^+(aq) + Cl^-(aq) \longrightarrow AgCl(s)$

(b) 分子反応式：$Na_2S(aq) + Pb(C_2H_3O_2)_2(aq) \longrightarrow 2NaC_2H_3O_2(aq) + PbS(s)$

イオン反応式：$2Na^+(aq) + S^{2-}(aq) + Pb^{2+}(aq) + 2C_2H_3O_2^-(aq) \longrightarrow 2Na^+(aq) + 2C_2H_3O_2^-(aq) + PbS(s)$

正味のイオン反応式：$S^{2-}(aq) + Pb^{2+}(aq) \longrightarrow PbS(s)$

4・10 分子反応式：$2HNO_3(aq) + Ca(OH)_2(aq) \longrightarrow Ca(NO_3)_2(aq) + 2H_2O$

イオン反応式：$2H^+(aq) + 2NO_3^-(aq) + Ca^{2+}(aq) + 2OH^-(aq) \longrightarrow Ca^{2+}(aq) + 2NO_3^-(aq) + 2H_2O$

正味のイオン反応式：$H^+(aq) + OH^-(aq) \longrightarrow H_2O$

4・11 分子反応式：$CH_3NH_2(aq) + HCHO_2(aq) \longrightarrow CH_3NH_3CHO_2(aq)$

イオン反応式：$CH_3NH_2(aq) + HCHO_2(aq) \longrightarrow CH_3NH_3^+(aq) + CHO_2^-(aq)$

正味のイオン反応式：$CH_3NH_2(aq) + HCHO_2(aq) \longrightarrow CH_3NH_3^+(aq) + CHO_2^-(aq)$

4・12 $NaHSO_3$．亜硫酸水素ナトリウム

4・13 $H_3AsO_4(aq) + NaOH(aq) \longrightarrow NaH_2AsO_4(aq) + H_2O$
ヒ酸二水素ナトリウム

$NaH_2AsO_4(aq) + NaOH(aq) \longrightarrow Na_2HAsO_4(aq) + H_2O$
ヒ酸水素ナトリウム

$Na_2HAsO_4(aq) + NaOH(aq) \longrightarrow Na_3AsO_4(aq) + H_2O$
ヒ酸ナトリウム

最後の段階で完全に中和される．

4・14 分子反応式：$2HCHO_2(aq) + Co(OH)_2(s) \longrightarrow Co(CHO_2)_2(aq) + 2H_2O$

イオン反応式：$2HCHO_2(aq) + Co(OH)_2(s) \longrightarrow 2CHO_2^-(aq) + Co^{2+}(aq) + 2H_2O$

正味のイオン反応式：$2HCHO_2(aq) + Co(OH)_2(s) \longrightarrow 2CHO_2^-(aq) + Co^{2+}(aq) + 2H_2O$

4・15 分子反応式：$MgCl_2(aq) + (NH_4)_2SO_4(aq) \longrightarrow MgSO_4(aq) + 2NH_4Cl(aq)$

イオン反応式：$Mg^{2+}(aq) + 2Cl^-(aq) + 2NH_4^+(aq) + SO_4^{2-}(aq) \longrightarrow Mg^{2+}(aq) + 2Cl^-(aq) + 2NH_4^+(aq) + SO_4^{2-}(aq)$

正味のイオン反応式：反応は起こらない．

4・16 $CuO(s) + 2HNO_3(aq) \longrightarrow Cu(NO_3)_2(aq) + H_2O$　または
$Cu(OH)_2(s) + 2HNO_3(aq) \longrightarrow Cu(NO_3)_2(aq) + 2H_2O$

4・17 不溶性の CoS と可溶性の第二の生成物が生じるメタセシス反応式を使いたい．また，反応物も可溶性であってほしい．

$CoCl_2(aq) + Na_2S(aq) \longrightarrow CoS(s) + 2NaCl(aq)$

4・18 0.133 mol L^{-1} KI　4・19 284 mL $NaNO_3$ 溶液

4・20 1.065 g Na_2SO_4　4・21 250.0 mL　4・22 31.6 mL H_3PO_4

4・23 0.0449 mol L^{-1} $CaCl_2$　4・24 0.605 g Na_2SO_4

4・25 0.0220 mol L^{-1} HCl, 0.0802% HCl

4・26 30.0% $CaCl_2$, 70% $MgCl_2$

5 章

5・1 酸素は電子を得るので還元される．

5・2(a) Ni +2, Cl −1　(b) Mg +2, Ti +4, O −2
(c) K +1, Cr +6, O −2　(d) H +1, P +5, O −2
(e) V +3, C 0, H +1, O −2　(f) N −3, H +1

5・3 $KClO_3 + 3HNO_2 \longrightarrow KCl + 3HNO_3$ は還元反応．$KClO_3$ は還元され，HNO_2 は酸化される．

5・4 $2Al(s) + 3Cu^{2+}(aq) \longrightarrow 2Al^{3+}(aq) + 3Cu(s)$

5・5 $3Sn^{2+} + 16H^+ + 2TcO_4^- \longrightarrow 2Tc^{4+} + 8H_2O + 3Sn^{4+}$

5・6 $4OH^- + SO_2 \longrightarrow SO_4^{2-} + 2e^- + 2H_2O$

5・7 $2MnO_4^- + 3C_2O_4^{2-} + 4OH^- \longrightarrow 2MnO_2 + 6CO_3^{2-} + 2H_2O$

5・8(a) 分子反応式：$Mg(s) + 2HCl(aq) \longrightarrow MgCl_2(aq) + H_2(g)$

イオン反応式：$Mg(s) + 2H^+(aq) + 2Cl^-(aq) \longrightarrow Mg^{2+}(aq) + 2Cl^-(q) + H_2(g)$

正味のイオン反応式：$Mg(s) + 2H^+(aq) \longrightarrow Mg^{2+}(aq) + H_2(g)$

(b) 分子反応式：$2Al(s) + 6HCl(aq) \longrightarrow 2AlCl_3(aq) + 3H_2(g)$

イオン反応式：$2Al(s) + 6H^+(aq) + 6Cl^-(aq) \longrightarrow 2Al^{3+}(aq) + 6Cl^-(aq) + 3H_2(g)$

正味のイオン反応式：$2Al(s) + 6H^+(aq) \longrightarrow 2Al^{3+}(aq) + 3H_2(g)$

5・9(a) $2Al(s) + 3Cu^{2+}(aq) \longrightarrow 2Al^{3+}(aq) + 3Cu(s)$
(b) $Ag(s) + Mg^{2+}(aq) \longrightarrow$ 反応なし

5・10 $C_4H_4S(s) + 6O_2(g) \longrightarrow 4CO_2(g) + 2H_2O + SO_2(g)$

5・11 $2Sr(s) + O_2(g) \longrightarrow 2SrO(s)$

6 章

6・1 5.9×10^5 J, 590 kJ　6・2 55.1 J °C^{-1}　6・3 128 °C

6・4 発熱的　6・5 後者　6・6 14.6 kJ °C^{-1}

6・7 $HC_2H_3O_2 + OH^- \longrightarrow H_2O + C_2H_3O_2^-$　$\Delta H = -57$ kJ mol^{-1}

6・8 $3CH_4(g) + 6O_2(g) \longrightarrow 3CO_2(g) + 6H_2O(l)$　$\Delta_r H° = -2671.5$ kJ mol^{-1}

6・9
$NO(g) + \frac{1}{2}O_2(g)$
$+90.4$ kJ mol^{-1}
-56.6 kJ mol^{-1}
$NO_2(g)$
吸熱的
$\frac{1}{2}N_2(g) + O_2(g)$
$+33.8$ kJ mol^{-1}

6・10 $C_2H_4(g) + H_2O(g) \longrightarrow C_2H_5OH(l)$　$\Delta_r H° = -44.0$ kJ mol^{-1}

6・11 385 kJ

6・12 $Na(s) + 1/2H_2(g) + C(s) + 3/2O_2(g) \longrightarrow NaHCO_3(s)$
$\Delta_f H° = -947.7$ kJ mol^{-1}

6・13 $+98.3$ kJ mol^{-1}

6・14(a) -113.1 kJ mol^{-1}　(b) -177.8 kJ mol^{-1}

7 章

7・1 5.10×10^{14} Hz

7・2 輝線の波長は 2.63 μm であり，赤外領域である．

7・3 基底状態である $n = 1$ の軌道

7・4 長さ 1 nm と 2 nm の一次元ワイヤーに捕獲された最低エネルギー状態にある電子のエネルギーは，それぞれ 6.01×10^{-20} J と 1.51×10^{-20} J である．

7・5(a) $n = 4$, $\ell = 2$　(b) $n = 5$, $\ell = 3$　(c) $n = 7$, $\ell = 0$

7・6 50 個

7・7(a) Na　⇅　⇅　⇅⇅⇅　↑
1s　2s　2p　3s

(b) S　⇅　⇅　⇅⇅⇅　⇅　⇅↑↑
1s　2s　2p　3s　3p

(c) Ar　⇅　⇅　⇅⇅⇅　⇅　⇅⇅⇅
1s　2s　2p　3s　3p

7・8 常磁性になりうる．

7・9(a) O：$1s^22s^22p^4$，S：$1s^22s^22p^63s^23p^4$，
Se：$1s^22s^22p^63s^23p^63d^{10}4s^24p^4$．
(b) P：$1s^22s^22p^63s^23p^3$，N：$1s^22s^22p^3$，Sb：$1s^22s^22p^63s^23p^63d^{10}4s^24p^64d^{10}5s^25p^3$．
価電子数が同数であることが共通している．

7・10(a) Se：$4s^24p^4$, 6 個の価電子
(b) Sn：$5s^25p^2$, 4 個の価電子
(c) I：$5s^25p^5$, 7 個の価電子

7・11 (a) P　(b) Fe^{3+}　(c) Fe　(d) Cl^-

7・12 (a) C^{2+}　(b) Mg^{2+}

8 章

8・1

$Li^+(g) + F(g)$

Li(g)の IE = 520 kJ mol^{-1}　F(g)の EA = −328 kJ mol^{-1}

Li(g) + F(g)　$Li^+(g) + F^-(g)$

F(g)の生成 = 78.5 kJ mol^{-1}

Li(g) + $\frac{1}{2}F_2(g)$

Li(g)の生成 = 155 kJ mol^{-1}　LiF(s)の格子エネルギー = −1037 kJ mol^{-1}

Li(s) + $\frac{1}{2}F_2(g)$

LiF(s)の$\Delta_f H$ = −611.7 kJ mol^{-1}

LiF(s)

8・2 インジウムがイオン化するさい，5p 電子を放出し，次の電子配置となる．$1s^22s^22p^63s^23p^63d^{10}4s^24p^64d^{10}5s^2$

8・3 Cr：$[Ar]3d^54s^1$　(a) Cr^{2+}：$[Ar]3d^4$　(b) Cr^{3+}：$[Ar]3d^3$　(c) Cr^{6+}：[Ar]

8・4 ·P̈b·　:T̈e:

8・5 :Ï· ·Ca· ·Ï: ⟶ Ca^{2+} + 2[:Ï:]$^-$

8・6 2個の F 原子：一対の電子対を加える必要がある．二重結合のある O 原子：一対の電子対を加える必要がある．二重結合のある C 原子：一対の電子対を削除する必要がある．

8・7 NaCl 中のナトリウム原子と塩素原子の電荷量は 0.795 e^-．Na 原子と Cl 原子の電荷は 1+ と 1− に対して 79.5%である．

8・8 (a) Br　(b) Cl　(c) Cl　S—Cl＜P—Br＜Si—Cl

8・9 :F̈—Ö—F̈:　[H—N(H)(H)—H]$^+$

Ö═S̈—Ö:　[:Ö:—N(═Ö)—Ö:]$^-$

:F̈—Cl(—F̈:)—F̈:　H—Ö—Cl(:Ö:)(:Ö:)—Ö:

8・10 F—Ö—F（δ−, 2δ+, δ−）　[H—N$^+$(H)(H)—H]$^+$

Ö═S̈—Ö:（δ−, 2δ+, δ−）　[:Ö:$^-$—N$^+$(═Ö)—Ö:$^-$]$^-$

:F̈—Cl(—F̈:)—F̈:（F δ−，Cl 3δ+）　H—Ö—Cl(:Ö:$^-$)(:Ö:$^-$)—Ö:$^-$（H δ+，O δ−，Cl 3+）

8・11 亜硫酸イオンの最適のルイス構造ではない．最適のルイス構造を求めるさい，電気陰性度の高い酸素原子に負電荷が割り当てられる．したがって，2個の酸素原子は一つの単結合をもち，1個の酸素原子は一つの二重結合をもつ．すなわち，一つの単結合をもつ酸素原子は 1− の形式電荷をもち，二重結合をもつ酸素原子と硫黄原子の形式電荷は中性である．硫黄原子の価電子は6個あるので，最適のルイス構造は次の図となる．

[:Ö:═S̈(—Ö:)—Ö:]$^{2-}$

8・12 (a) SO_2　Ö═S̈═Ö

(b) $HClO_3$　H—Ö—Cl(═Ö:)═Ö:

(c) H_3PO_3　H—Ö—P(—Ö—H)(═Ö:)—Ö—H

8・13 H—N̈(H)(H) + H^+ ⟶ [H—N(H)(H)—H]$^+$

N の非共有電子対が H^+ との結合に供与され，共有結合が形成されるが，この共有結合は NH_4^+ における他の N−H 結合と違いはない．

8・14 4種類の共鳴構造

8・15

CH_3—CH_2—C(═Ö:)—H　アルデヒド

CH_3—N(H)—CH_3　アミン

H—C(═Ö:)—Ö—H　有機酸

CH_3—CH_2—C(═Ö:)—CH_2—CH_3　ケトン

CH_3—CH_2—CH_2—Ö—H　アルコール

9 章

9・1 正八面体　**9・2** 三方両錐　**9・3** 直線

9・4 平面三角形　**9・5** 極性

9・6 (a) TeF_6：無極性．正八面体構造のため無極性となる．

(b) SeO_2：極性．Se が非共有電子対をもつため極性を示す．

(c) BrCl：極性．Br−Cl の結合に分極があるため極性を示す．

(d) AsH_3：極性．As が非共有電子対をもつため極性を示す．

(e) CF_2Cl_2：極性．四面体構造であるが C−Cl と C−F の分極に違いがあるため極性を示す．

9・7 P 原子の直交する三つの 3p 軌道と三つの H の 1s 軌道の間で σ 結合が形成され，P 原子の残りの2個の価電子は非共有電子対となる．したがって，σ 結合間の角度は約 90° になる．

PH_3 の P 原子（x は H の電子）

⑪　①x ①x ①x

3s　3p

次の図は，直交する三つの 3p 軌道の半分を示したものである．

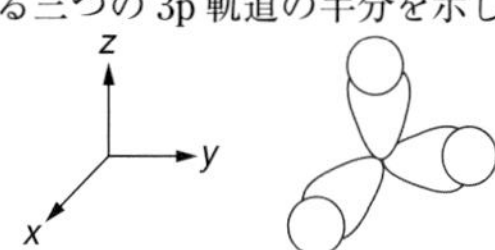

9・8 sp^2 混成軌道　9・9 sp 混成軌道

9・10 sp^3 混成軌道　9・11 sp^3d 混成軌道

9・12 三方両錐，As の sp^3d 混成軌道と Cl の 3p 軌道の重なりによって As－Cl の結合が形成される．

9・13 sp^3d^2 混成軌道

9・14 NH_3 の N 原子は sp^3 混成軌道を形成し，この sp^3 混成軌道と H 原子の 1s 軌道の電子から共有電子対が形成され，N－H の結合が生じる．N 原子には一対の非共有電子対があり，この電子対は H^+ との結合に供与され，共有結合(配位結合)が形成される．

9・15 正八面体，sp^3d^2 混成軌道

9・16 原子①：sp^2 混成軌道，原子②：sp^3 混成軌道，原子③：sp^2 混成軌道．σ 結合：10 個，π 結合：2 個

9・17 原子①：sp 混成軌道，原子②：sp^2 混成軌道，原子③：sp^3 混成軌道．σ 結合：9 個，π 結合：3 個

9・18
○　$\sigma^*_{2p_z}$
○○　$\pi^*_{2p_x}$，$\pi^*_{2p_y}$
(↑↓)　σ_{2p_z}
(↑↓)(↑↓)　π_{2p_x}，π_{2p_y}
(↑↓)　σ^*_{2s}
(↑↓)　σ_{2s}

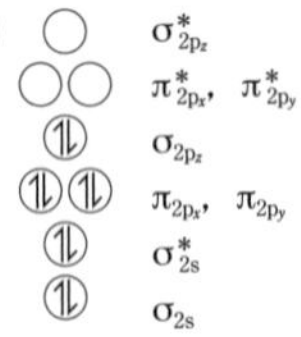

結合次数は 3 であり，ルイス構造から予測されるものと一致する．

9・19
○　$\sigma^*_{2p_z}$
(↑)○　$\pi^*_{2p_x}$，$\pi^*_{2p_y}$
(↑↓)(↑↓)　π_{2p_x}，π_{2p_y}
(↑↓)　σ_{2p_z}
(↑↓)　σ^*_{2s}
(↑↓)　σ_{2s}

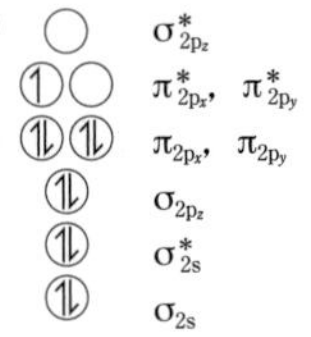

NO の結合次数は 5/2 である．

9・20 N－O 間の σ 結合に用いられていない N 原子および O 原子の 2p 軌道．

9・21 価電子帯：4s 軌道，伝導帯：3d 軌道．

9・22 Mg ＜ Ge ＜ S

9・23(a) sp^3 混成軌道　(b) sp^2 混成軌道　(c) sp^2 混成軌道

10 章

10・1 リンゴが腐るとき，腐敗による化学反応で生成した副産物の気体が放出され，リンゴの質量が減少する．釘が錆びるとき，鉄は空気中の酸素と結合して酸化鉄を生成するため，釘の質量が増加する．

10・2 最大の圧力：1070 mmHg，最小の圧力：470 mmHg

10・3 688 Torr　10・4 9.00 L O_2

10・5 1130 g Ar　10・6 モル質量：132 g mol^{-1}，気体は Xe.

10・7 2.77 g L^{-1}.

10・8 ラドンは空気に比べて約 8 倍の密度があるため，ラドンの検出器は家の地下に置くべきである．

10・9 モル質量：114 g mol^{-1}，化合物：C_8H_{18}

10・10 9.22 L

10・11 CO：0.0408 atm，H_2O：0.0816 atm，CO_2：0.0612 atm，N_2：0.0408 atm，フラスコ中の全圧力：0.2244 atm.

10・12 フラスコ中の圧力：747 Torr，捕集された CH_4：0.0994 mol.

10・13 1.125 atm　10・14 HI

11 章

11・1(a) $CH_3CH_2CH_2CH_2CH_3$ ＜ CH_3CH_2OH ＜ KBr
(b) $CH_3CH_2OCH_2CH_3$ ＜ $CH_3CH_2NH_2$ ＜ $HOCH_2CH_2CH_2CH_2OH$

11・2 乾燥地域において，水が蒸発するさい，蒸発熱(潜熱)が必要であり，周囲から熱を奪うため家を冷却することができる．より穏やかな気候において，この冷却方法を有効でなくするには，家の湿度を飽和蒸気圧に近づければよい．

11・3 気体中の分子が液面に衝突するとき，気体分子の運動エネルギーの一部が液相に移動し，気体に戻るための十分な運動エネルギーを失うため．

11・4 約 75 °C

11・5 100.0 °C で 10 g の水蒸気を 37 °C まで冷却するときに放出される熱量は 2.7×10^1 kJ であり，100.0 °C で 10 g の水を 37 °C まで冷却するときに放出される熱量は 2.6 kJ である．

11・6 固体から気体への相変化

11・7 沸騰：吸熱的，融解：吸熱的，凝縮：発熱的，昇華：吸熱的，凝固：発熱的，これらのどの過程も物質によらず，発熱的または吸熱的である．

11・8 77.4 °C　11・9 1：1

11・10 9.23 g cm^{-3}．金属の密度だけではその結晶構造を推論することはできない．たとえば，六方最密充填構造と立方最密充填構造(面心立方構造)は同じ充填率である．

11・11 共有結合結晶

12 章

12・1 a, b, d

12・2

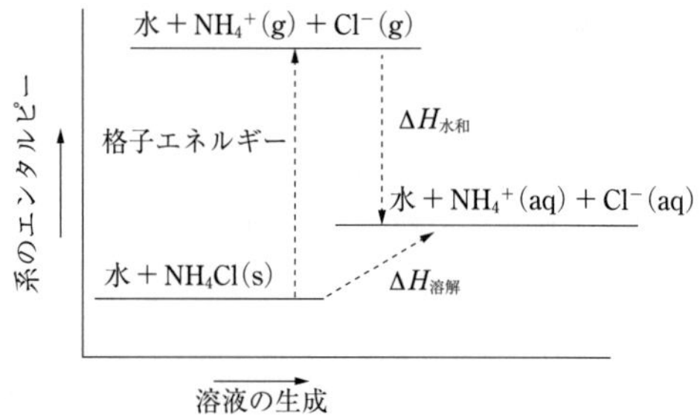

水 + NH_4^+(g) + Cl^-(g)
格子エネルギー
$\Delta H_{水和}$
水 + NH_4^+(aq) + Cl^-(aq)
水 + NH_4Cl(s)
$\Delta H_{溶解}$
系のエンタルピー
溶液の生成

12・3 溶液を形成する側に移動する．

12・4 O_2 1.12 mg，N_2 1.85 mg　12・5 406 mL

12・6 1.239 mol kg^{-1}．モル濃度のほうが小さい．

12・7 16.1 mol kg^{-1}

12・8 モル濃度 0.00469 mol L^{-1}，質量モル濃度 0.00470 mol kg^{-1}

12・9 4.90×10^2 Torr　12・10 55.4 Torr

12・11 81.8 % から 84.6 %　12・12 125 g mol^{-1}

12・13 3.68 mmHg，水柱の高さ 50.0 mm

12・14 5.38×10^2　12・15 －0.882 °C，－0.441 °C

12・16(a) 懸濁粒子は油，媒体は水．(b) 懸濁粒子は水，媒体は脂肪．(c) 懸濁粒子は空気，媒体は糖水溶液．(d) 懸濁粒子は煤の粒子，媒体は空気．(e) 懸濁粒子は空気，媒体はセッケン水溶液

付録 1　各元素の電子配置

原子番号	元素記号	電子配置	原子番号	元素記号	電子配置	原子番号	元素記号	電子配置
1	H	$1s^1$	41	Nb	[Kr] $5s^1 4d^4$	81	Tl	[Xe] $6s^2 4f^{14} 5d^{10} 6p^1$
2	He	$1s^2$	42	Mo	[Kr] $5s^1 4d^5$	82	Pb	[Xe] $6s^2 4f^{14} 5d^{10} 6p^2$
3	Li	[He] $2s^1$	43	Tc	[Kr] $5s^2 4d^5$	83	Bi	[Xe] $6s^2 4f^{14} 5d^{10} 6p^3$
4	Be	[He] $2s^2$	44	Ru	[Kr] $5s^1 4d^7$	84	Po	[Xe] $6s^2 4f^{14} 5d^{10} 6p^4$
5	B	[He] $2s^2 2p^1$	45	Rh	[Kr] $5s^1 4d^8$	85	At	[Xe] $6s^2 4f^{14} 5d^{10} 6p^5$
6	C	[He] $2s^2 2p^2$	46	Pd	[Kr] $4d^{10}$	86	Rn	[Xe] $6s^2 4f^{14} 5d^{10} 6p^6$
7	N	[He] $2s^2 2p^3$	47	Ag	[Kr] $5s^1 4d^{10}$	87	Fr	[Rn] $7s^1$
8	O	[He] $2s^2 2p^4$	48	Cd	[Kr] $5s^2 4d^{10}$	88	Ra	[Rn] $7s^2$
9	F	[He] $2s^2 2p^5$	49	In	[Kr] $5s^2 4d^{10} 5p^1$	89	Ac	[Rn] $7s^2 6d^1$
10	Ne	[He] $2s^2 2p^6$	50	Sn	[Kr] $5s^2 4d^{10} 5p^2$	90	Th	[Rn] $7s^2 6d^2$
11	Na	[Ne] $3s^1$	51	Sb	[Kr] $5s^2 4d^{10} 5p^3$	91	Pa	[Rn] $7s^2 5f^2 6d^1$
12	Mg	[Ne] $3s^2$	52	Te	[Kr] $5s^2 4d^{10} 5p^4$	92	U	[Rn] $7s^2 5f^3 6d^1$
13	Al	[Ne] $3s^2 3p^1$	53	I	[Kr] $5s^2 4d^{10} 5p^5$	93	Np	[Rn] $7s^2 5f^4 6d^1$
14	Si	[Ne] $3s^2 3p^2$	54	Xe	[Kr] $5s^2 4d^{10} 5p^6$	94	Pu	[Rn] $7s^2 5f^6$
15	P	[Ne] $3s^2 3p^3$	55	Cs	[Xe] $6s^1$	95	Am	[Rn] $7s^2 5f^7$
16	S	[Ne] $3s^2 3p^4$	56	Ba	[Xe] $6s^2$	96	Cm	[Rn] $7s^2 5f^7 6d^1$
17	Cl	[Ne] $3s^2 3p^5$	57	La	[Xe] $6s^2 5d^1$	97	Bk	[Rn] $7s^2 5f^9$
18	Ar	[Ne] $3s^2 3p^6$	58	Ce	[Xe] $6s^2 4f^1 5d^1$	98	Cf	[Rn] $7s^2 5f^{10}$
19	K	[Ar] $4s^1$	59	Pr	[Xe] $6s^2 4f^3$	99	Es	[Rn] $7s^2 5f^{11}$
20	Ca	[Ar] $4s^2$	60	Nd	[Xe] $6s^2 4f^4$	100	Fm	[Rn] $7s^2 5f^{12}$
21	Sc	[Ar] $4s^2 3d^1$	61	Pm	[Xe] $6s^2 4f^5$	101	Md	[Rn] $7s^2 5f^{13}$
22	Ti	[Ar] $4s^2 3d^2$	62	Sm	[Xe] $6s^2 4f^6$	102	No	[Rn] $7s^2 5f^{14}$
23	V	[Ar] $4s^2 3d^3$	63	Eu	[Xe] $6s^2 4f^7$	103	Lr	[Rn] $7s^2 5f^{14} 6d^1$
24	Cr	[Ar] $4s^1 3d^5$	64	Gd	[Xe] $6s^2 4f^7 5d^1$	104	Rf	[Rn] $7s^2 5f^{14} 6d^2$
25	Mn	[Ar] $4s^2 3d^5$	65	Tb	[Xe] $6s^2 4f^9$	105	Db	[Rn] $7s^2 5f^{14} 6d^3$
26	Fe	[Ar] $4s^2 3d^6$	66	Dy	[Xe] $6s^2 4f^{10}$	106	Sg	[Rn] $7s^2 5f^{14} 6d^4$
27	Co	[Ar] $4s^2 3d^7$	67	Ho	[Xe] $6s^2 4f^{11}$	107	Bh	[Rn] $7s^2 5f^{14} 6d^5$
28	Ni	[Ar] $4s^2 3d^8$	68	Er	[Xe] $6s^2 4f^{12}$	108	Hs	[Rn] $7s^2 5f^{14} 6d^6$
29	Cu	[Ar] $4s^1 3d^{10}$	69	Tm	[Xe] $6s^2 4f^{13}$	109	Mt	[Rn] $7s^2 5f^{14} 6d^7$
30	Zn	[Ar] $4s^2 3d^{10}$	70	Yb	[Xe] $6s^2 4f^{14}$	110	Ds	[Rn] $7s^2 5f^{14} 6d^8$
31	Ga	[Ar] $4s^2 3d^{10} 4p^1$	71	Lu	[Xe] $6s^2 4f^{14} 5d^1$	111	Rg	[Rn] $7s^2 5f^{14} 6d^9$
32	Ge	[Ar] $4s^2 3d^{10} 4p^2$	72	Hf	[Xe] $6s^2 4f^{14} 5d^2$	112	Cn	[Rn] $7s^2 5f^{14} 6d^{10}$
33	As	[Ar] $4s^2 3d^{10} 4p^3$	73	Ta	[Xe] $6s^2 4f^{14} 5d^3$	113	Nh	[Rn] $7s^2 5f^{14} 6d^{10} 7p^1$
34	Se	[Ar] $4s^2 3d^{10} 4p^4$	74	W	[Xe] $6s^2 4f^{14} 5d^4$	114	Fl	[Rn] $7s^2 5f^{14} 6d^{10} 7p^2$
35	Br	[Ar] $4s^2 3d^{10} 4p^5$	75	Re	[Xe] $6s^2 4f^{14} 5d^5$	115	Mc	[Rn] $7s^2 5f^{14} 6d^{10} 7p^3$
36	Kr	[Ar] $4s^2 3d^{10} 4p^6$	76	Os	[Xe] $6s^2 4f^{14} 5d^6$	116	Lv	[Rn] $7s^2 5f^{14} 6d^{10} 7p^4$
37	Rb	[Kr] $5s^1$	77	Ir	[Xe] $6s^2 4f^{14} 5d^7$	117	Ts	[Rn] $7s^2 5f^{14} 6d^{10} 7p^5$
38	Sr	[Kr] $5s^2$	78	Pt	[Xe] $6s^1 4f^{14} 5d^9$	118	Og	[Rn] $7s^2 5f^{14} 6d^{10} 7p^6$
39	Y	[Kr] $5s^2 4d^1$	79	Au	[Xe] $6s^1 4f^{14} 5d^{10}$			
40	Zr	[Kr] $5s^2 4d^2$	80	Hg	[Xe] $6s^2 4f^{14} 5d^{10}$			

付録２　各元素，化合物，イオンの熱力学データ（25°C）

物　質	$\Delta_f H^\circ$ (kJ mol^{-1})	S° (J mol^{-1} K^{-1})	$\Delta_f G^\circ$ (kJ mol^{-1})
アルミニウム			
$Al(s)$	0	28.3	0
$Al^{3+}(aq)$	−524.7		−481.2
$AlCl_3(s)$	−704	110.7	−629
$Al_2O_3(s)$	−1669.8	51.0	−1576.4
$Al_2(SO_4)_3(s)$	−3441	239	−3100
ヒ　素			
$As(s)$	0	35.1	0
$AsH_3(g)$	+66.4	223	+68.9
$As_4O_6(s)$	−1314	214	−1153
$As_2O_5(s)$	−925	105	−782
$H_3AsO_3(aq)$	−742.2		
$H_3AsO_4(aq)$	−902.5		
バリウム			
$Ba(s)$	0	66.9	0
$Ba^{2+}(aq)$	−537.6	9.6	−560.8
$BaCO_3(s)$	−1219	112	−1139
$BaCrO_4(s)$	−1428.0		
$BaCl_2(s)$	−860.2	125	−810.8
$BaO(s)$	−553.5	70.4	−525.1
$Ba(OH)_2(s)$	−998.22	107	−875.3
$Ba(NO_3)_2(s)$	−992	214	−795
$BaSO_4(s)$	−1465	132	−1353
ベリリウム			
$Be(s)$	0	9.50	0
$BeCl_2(s)$	−468.6	89.9	−426.3
$BeO(s)$	−611	14	−582
ビスマス			
$Bi(s)$	0	56.9	0
$BiCl_3(s)$	−379	177	−315
$Bi_2O_3(s)$	−576	151	−497
ホウ素			
$B(s)$	0	5.87	0
$BCl_3(g)$	−404	290	−389
$B_2H_6(g)$	+36	232	+87
$B_2O_3(s)$	−1273	53.8	−1194
$B(OH)_3(s)$	−1094	88.8	−969
臭　素			
$Br_2(l)$	0	152.2	0
$Br_2(g)$	+30.9	245.4	+3.11
$HBr(g)$	−36	198.5	+53.1
$Br^-(aq)$	−121.55	82.4	−103.96
カドミウム			
$Cd(s)$	0	51.8	0
$Cd^{2+}(aq)$	−75.90	−73.2	−77.61
$CdCl_2(s)$	−392	115	−344
$CdO(s)$	−258.2	54.8	−228.4
$CdS(s)$	−162	64.9	−156
$CdSO_4(s)$	−933.5	123	−822.6
カルシウム			
$Ca(s)$	0	41.4	0
$Ca^{2+}(aq)$	−542.83	−53.1	−553.58
$CaCO_3(s)$	−1207	92.9	−1128.8
$CaF_2(s)$	−741	80.3	−1166
$CaCl_2(s)$	−795.0	114	−750.2
$CaBr_2(s)$	−682.8	130	−663.6
$CaI_2(s)$	−535.9	143	
$CaO(s)$	−635.5	40	−604.2
$Ca(OH)_2(s)$	−986.59	76.1	−896.76
$Ca_3(PO_4)_2(s)$	−4119	241	−3852
$CaSO_3(s)$	−1156		
$CaSO_4(s)$	−1433	107	−1320.3
$CaSO_4 \cdot \frac{1}{2}H_2O(s)$	−1575.2	131	−1435.2
$CaSO_4 \cdot 2H_2O(s)$	−2021.1	194.0	−1795.7
炭　素			
C(s, グラファイト)	0	5.69	0
C(s, ダイヤモンド)	+1.88	2.4	+2.9
$CCl_4(l)$	−134	214.4	−65.3
$CO(g)$	−110.5	197.9	−137.3
$CO_2(g)$	−393.5	213.6	−394.4
$CO_2(aq)$	−413.8	117.6	−385.98
$H_2CO_3(aq)$	−699.65	187.4	−623.08
$HCO_3^-(aq)$	−691.99	91.2	−586.77
$CO_3^{2-}(aq)$	−677.14	−56.9	−527.81
$CS_2(l)$	+89.5	151.3	+65.3
$CS_2(g)$	+117	237.7	+67.2
$HCN(g)$	+135.1	201.7	+124.7
$CN^-(aq)$	+150.6	94.1	+172.4

付録2のつづき

物　質	$\Delta_f H^\circ$ (kJ mol^{-1})	S° (J mol^{-1} K^{-1})	$\Delta_f G^\circ$ (kJ mol^{-1})
CH_4(g)	−74.848	186.2	−50.79
C_2H_2(g)	+226.75	200.8	+209
C_2H_4(g)	+52.284	219.8	+68.12
C_2H_6(g)	−84.667	229.5	−32.9
C_3H_8(g)	−104	269.9	−23
C_4H_{10}(g)	−126	310.2	−17.0
C_6H_6(l)	+49.0	173.3	+124.3
CH_3OH(l)	−238.6	126.8	−166.2
C_2H_5OH(l)	−277.63	161	−174.8
$HCHO_2$(g)	−363	251	+335
$HC_2H_3O_2$(l)	−487.0	160	−392.5
HCHO(g)	−108.6	218.8	−102.5
CH_3CHO(g)	−167	250	−129
$(CH_3)_2CO$(l)	−248.1	200.4	−155.4
$C_6H_5CO_2H$(s)	−385.1	167.6	−245.3
$CO(NH_2)_2$(s)	−333.19	104.6	−197.2
$CO(NH_2)_2$(aq)	−391.2	173.8	−203.8
$CH_2(NH_2)CO_2H$(s)	−532.9	103.5	−373.4
塩　素			
Cl_2(g)	0	223.0	0
Cl^-(aq)	−167.2	56.5	−131.2
HCl(g)	−92.30	186.7	−95.27
HCl(aq)	−167.2	56.5	−131.2
HClO(aq)	−131.3	106.8	−80.21
クロム			
Cr(s)	0	23.8	0
Cr^{3+}(aq)	−232		
$CrCl_2$(s)	−326	115	−282
$CrCl_3$(s)	−563.2	126	−493.7
Cr_2O_3(s)	−1141	81.2	−1059
CrO_3(s)	−585.8	72.0	−506.2
$(NH_4)_2Cr_2O_7$(s)	−1807		
$K_2Cr_2O_7$(s)	−2033.01		
コバルト			
Co(s)	0	30.0	0
Co^{2+}(aq)	−59.4	−110	−53.6
$CoCl_2$(s)	−325.5	106	−282.4
$Co(NO_3)_2$(s)	−422.2	192	−230.5
CoO(s)	−237.9	53.0	−214.2
CoS(s)	−80.8	67.4	−82.8
銅			
Cu(s)	0	33.15	0
Cu^{2+}(aq)	+64.77	−99.6	+65.49
CuCl(s)	−137.2	86.2	−119.87
$CuCl_2$(s)	−172	119	−131
Cu_2O(s)	−168.6	93.1	−146.0
CuO(s)	−155	42.6	−127
Cu_2S(s)	−79.5	121	−86.2
CuS(s)	−53.1	66.5	−53.6
$CuSO_4$(s)	−771.4	109	−661.8
$CuSO_4 \cdot 5H_2O$(s)	−2279.7	300.4	−1879.7
フッ素			
F_2(g)	0	202.7	0
F^-(aq)	−332.6	−13.8	−278.8
HF(g)	−271	173.5	−273
金			
Au(s)	0	47.7	0
Au_2O_3(s)	+80.8	125	+163
$AuCl_3$(s)	−118	148	−48.5
水　素			
H_2(g)	0	130.6	0
H_2O(l)	−285.9	69.96	−237.2
H_2O(g)	−241.8	188.7	−228.6
H_2O_2(l)	−187.6	109.6	−120.3
H_2Se(g)	+76	219	+62.3
H_2Te(g)	+154	234	+138
ヨウ素			
I_2(s)	0	116.1	0
I_2(g)	+62.4	260.7	+19.3
HI(g)	+26.6	206	+1.30
鉄			
Fe(s)	0	27	0
Fe^{2+}(aq)	−89.1	−137.7	−78.9
Fe^{3+}(aq)	−48.5	−315.9	−4.7
Fe_2O_3(s)	−822.2	90.0	−741.0
Fe_3O_4(s)	−1118.4	146.4	−1015.4
FeS(s)	−100.0	60.3	−100.4
FeS_2(s)	−178.2	52.9	−166.9
鉛			
Pb(s)	0	64.8	0
Pb^{2+}(aq)	−1.7	10.5	−24.4
$PbCl_2$(s)	−359.4	136	−314.1
PbO(s)	−219.2	67.8	−189.3
PbO_2(s)	−277	68.6	−219
$Pb(OH)_2$(s)	−515.9	88	−420.9
PbS(s)	−100	91.2	−98.7
$PbSO_4$(s)	−920.1	149	−811.3
リチウム			
Li(s)	0	28.4	0

付録2のつづき

物質	$\Delta_f H^\circ$ (kJ mol^{-1})	S° (J mol^{-1} K^{-1})	$\Delta_f G^\circ$ (kJ mol^{-1})
Li^+(aq)	−278.6	10.3	
LiF(s)	−611.7	35.7	−583.3
LiCl(s)	−408	59.29	−383.7
LiBr(s)	−350.3	66.9	−338.87
Li_2O(s)	−596.5	37.9	−560.5
Li_3N(s)	−199	37.7	−155.4
マグネシウム			
Mg(s)	0	32.5	0
Mg^{2+}(aq)	−466.9	−138.1	−454.8
$MgCO_3$(s)	−1113	65.7	−1029
MgF_2(s)	−1124	79.9	−1056
$MgCl_2$(s)	−641.8	89.5	−592.5
$MgCl_2 \cdot 2H_2O$(s)	−1280	180	−1118
Mg_3N_2(s)	−463.2	87.9	−411
MgO(s)	−601.7	26.9	−569.4
$Mg(OH)_2$(s)	−924.7	63.1	−833.9
マンガン			
Mn(s)	0	32.0	0
Mn^{2+}(aq)	−223	−74.9	−228
MnO_4^-(aq)	−542.7	191	−449.4
$KMnO_4$(s)	−813.4	171.71	−713.8
MnO(s)	−385	60.2	−363
Mn_2O_3(s)	−959.8	110	−882.0
MnO_2(s)	−520.9	53.1	−466.1
Mn_3O_4(s)	−1387	149	−1280
$MnSO_4$(s)	−1064	112	−956
水銀			
Hg(l)	0	76.1	0
Hg(g)	+61.38	175	+31.8
Hg_2Cl_2(s)	−265.2	192.5	−210.8
$HgCl_2$(s)	−224.3	146.0	−178.6
HgO(s)	−90.83	70.3	−58.54
HgS(s, 赤色型)	−58.2	82.4	−50.6
ニッケル			
Ni(s)	0	30	0
$NiCl_2$(s)	−305	97.5	−259
NiO(s)	−244	38	−216
NiO_2(s)			−199
$NiSO_4$(s)	−891.2	77.8	−773.6
$NiCO_3$(s)	−664.0	91.6	−615.0
$Ni(CO)_4$(g)	−220	399	−567.4
窒素			
N_2(g)	0	191.5	0
NH_3(g)	−46.19	192.5	−16.7
NH_4^+(aq)	−132.5	113	−79.37
N_2H_4(g)	+95.40	238.4	+159.3
N_2H_4(l)	+50.6	121.2	+149.4
NH_4Cl(s)	−315.4	94.6	−203.9
NO(g)	+90.37	210.6	+86.69
NO_2(g)	+33.8	240.5	+51.84
N_2O(g)	+81.57	220.0	+103.6
N_2O_4(g)	+9.67	304	+98.28
N_2O_5(g)	+11	356	+115
HNO_3(l)	−173.2	155.6	−79.91
NO_3^-(aq)	−205.0	146.4	−108.74
酸素			
O_2(g)	0	205.0	0
O_3(g)	+143	238.8	+163
OH^-(aq)	−230.0	−10.75	−157.24
リン			
P(s, 白)	0	41.09	0
P_4(g)	+314.6	163.2	+278.3
PCl_3(g)	−287.0	311.8	−267.8
PCl_5(g)	−374.9	364.6	−305.0
PH_3(g)	+5.4	210.2	+12.9
P_4O_6(s)	−1640		
$POCl_3$(g)	−558.5	325.5	−512.9
$POCl_3$(l)	−597.1	222.5	−520.8
P_4O_{10}(s)	−2984	228.9	−2698
H_3PO_4(s)	−1279	110.5	−1119
カリウム			
K(s)	0	64.18	0
K^+(aq)	−252.4	102.5	−283.3
KF(s)	−567.3	66.6	−537.8
KCl(s)	−435.89	82.59	−408.3
KBr(s)	−393.8	95.9	−380.7
KI(s)	−327.9	106.3	−324.9
KOH(s)	−424.8	78.9	−379.1
K_2O(s)	−361	98.3	−322
K_2SO_4(s)	−1433.7	176	−1316.4
ケイ素			
Si(s)	0	19	0
SiH_4(g)	+33	205	+52.3
SiO_2(s, α型)	−910.0	41.8	−856
銀			
Ag(s)	0	42.55	0
Ag^+(aq)	+105.58	72.68	+77.11
AgCl(s)	−127.0	96.2	−109.7
AgBr(s)	−100.4	107.1	−96.9
$AgNO_3$(s)	−124	141	−32

付録2のつづき

物　質	$\Delta_f H^\circ$ (kJ mol^{-1})	S° (J mol^{-1} K^{-1})	$\Delta_f G^\circ$ (kJ mol^{-1})
Ag_2O(s)	−31.1	121.3	−11.2
ナトリウム			
Na(s)	0	51.0	0
Na^+(aq)	−240.12	59.0	−261.91
NaF(s)	−571	51.5	−545
NaCl(s)	−411.0	72.38	−384.0
NaBr(s)	−360	83.7	−349
NaI(s)	−288	91.2	−286
$NaHCO_3$(s)	−947.7	102	−851.9
Na_2CO_3(s)	−1131	136	−1048
Na_2O_2(s)	−510.9	94.6	−447.7
Na_2O(s)	−510	72.8	−376
NaOH(s)	−426.8	64.18	−382
Na_2SO_4(s)	−1384.49	149.49	−1266.83
硫　黄			
S(s, 斜方型)	0	31.9	0
SO_2(g)	−296.9	248.5	−300.4
SO_3(g)	−395.2	256.2	−370.4

物　質	$\Delta_f H^\circ$ (kJ mol^{-1})	S° (J mol^{-1} K^{-1})	$\Delta_f G^\circ$ (kJ mol^{-1})
H_2S(g)	−20.6	206	−33.6
H_2SO_4(l)	−811.32	157	−689.9
H_2SO_4(aq)	−909.3	20.1	−744.5
SF_6(g)	−1209	292	−1105
ス　ズ			
Sn(s, 白)	0	51.6	0
Sn^{2+}(aq)	−8.8	−17	−27.2
$SnCl_4$(l)	−511.3	258.6	−440.2
SnO(s)	−285.8	56.5	−256.9
SnO_2(s)	−580.7	52.3	−519.6
亜　鉛			
Zn(s)	0	41.6	0
Zn^{2+}(aq)	−153.9	−112.1	−147.06
$ZnCl_2$(s)	−415.1	111	−369.4
ZnO(s)	−348.3	43.6	−318.3
ZnS(s)	−205.6	57.7	−201.3
$ZnSO_4$(s)	−982.8	120	−874.5

付録３　標準状態における各元素の気体原子の生成熱†

元素	$\Delta_f H^\circ$ (kJ mol^{-1})	元素	$\Delta_f H^\circ$ (kJ mol^{-1})	元素	$\Delta_f H^\circ$ (kJ mol^{-1})	元素	$\Delta_f H^\circ$ (kJ mol^{-1})	元素	$\Delta_f H^\circ$ (kJ mol^{-1})
1 族		2 族		13 族		15 族		17 族	
H	217.89	Be	324.3	B	560	N	472.68	F	79.14
Li	161.5	Mg	146.4	Al	329.7	P	332.2	Cl	121.47
Na	107.8	Ca	178.2	14 族		16 族		Br	112.38
K	89.62	Sr	163.6	C	716.67	O	249.17	I	107.48
Rb	82.0	Ba	177.8	Si	450	S	276.98		
Cs	78.2								

† 各元素の気体原子の生成は結合切断がかかわるため吸熱反応となるので，本表のすべての値を正で表記した．

付録４　平均結合エネルギー

結　合	結合エネルギー (kJ mol^{-1})	結　合	結合エネルギー (kJ mol^{-1})
C−C	348	C−Br	276
C=C	612	C−I	238
C≡C	960	H−H	436
C−H	412	H−F	565
C−N	305	H−Cl	431
C=N	613	H−Br	366
C≡N	890	H−I	299
C−O	360	H−N	388
C=O	743	H−O	463
C−F	484	H−S	338
C−Cl	338	H−Si	376

付録 5　溶解度積

塩	K_{sp}	塩	K_{sp}	塩	K_{sp}
フッ化物		$Co(OH)_2$	5.9×10^{-15}	炭酸塩	
MgF_2	5.2×10^{-11}	$Co(OH)_3$	3×10^{-45}	$MgCO_3$	6.8×10^{-8}
CaF_2	3.4×10^{-11}	$Ni(OH)_2$	5.5×10^{-16}	$CaCO_3$	3.4×10^{-9}
SrF_2	4.3×10^{-9}	$Cu(OH)_2$	4.8×10^{-20}	$SrCO_3$	5.6×10^{-10}
BaF_2	1.8×10^{-7}	$V(OH)_3$	4×10^{-35}	$BaCO_3$	2.6×10^{-9}
LiF	1.8×10^{-3}	$Cr(OH)_3$	2×10^{-30}	$MnCO_3$	2.2×10^{-11}
PbF_2	3.3×10^{-8}	Ag_2O	1.9×10^{-8}	$FeCO_3$	3.1×10^{-11}
		$Zn(OH)_2$	3×10^{-17}	$CoCO_3$	1.0×10^{-10}
塩化物		$Cd(OH)_2$	7.2×10^{-15}	$NiCO_3$	1.4×10^{-7}
$CuCl$	1.7×10^{-7}	$Al(OH)_3$(α型)	3×10^{-34}	$CuCO_3$	2.5×10^{-10}
$AgCl$	1.8×10^{-10}			Ag_2CO_3	8.5×10^{-12}
Hg_2Cl_2	1.4×10^{-18}	シアン化物		Hg_2CO_3	3.6×10^{-17}
$TlCl$	1.9×10^{-4}	$AgCN$	6.0×10^{-17}	$ZnCO_3$	1.5×10^{-10}
$PbCl_2$	1.7×10^{-5}	$Zn(CN)_2$	3×10^{-16}	$CdCO_3$	1.0×10^{-12}
$AuCl_3$	3.2×10^{-25}			$PbCO_3$	7.4×10^{-14}
		亜硫酸塩			
臭化物		$CaSO_3 \cdot \frac{1}{2}H_2O$	3.1×10^{-7}	リン酸塩	
$CuBr$	6.3×10^{-9}	Ag_2SO_3	1.5×10^{-14}	$Ca_3(PO_4)_2$	2.1×10^{-33}
$AgBr$	5.4×10^{-13}	$BaSO_3$	5.0×10^{-10}	$Mg_3(PO_4)_2$	1.0×10^{-24}
Hg_2Br_2	6.4×10^{-23}			$SrHPO_4$	1.2×10^{-7}
$HgBr_2$	6.2×10^{-20}	硫酸塩		$BaHPO_4$	4.0×10^{-8}
$PbBr_2$	6.6×10^{-6}	$CaSO_4$	4.9×10^{-5}	$LaPO_4$	3.7×10^{-23}
		$SrSO_4$	3.4×10^{-7}	$Fe_3(PO_4)_2$	1×10^{-36}
ヨウ化物		$BaSO_4$	1.1×10^{-10}	Ag_3PO_4	8.9×10^{-17}
CuI	1.3×10^{-12}	$RaSO_4$	3.7×10^{-11}	$FePO_4$	9.9×10^{-16}
AgI	8.5×10^{-17}	Ag_2SO_4	1.2×10^{-5}	$Zn_3(PO_4)_2$	5×10^{-36}
Hg_2I_2	5.2×10^{-29}	Hg_2SO_4	6.5×10^{-7}	$Pb_3(PO_4)_2$	3.0×10^{-44}
HgI_2	2.9×10^{-29}	$PbSO_4$	2.5×10^{-8}	$Ba_3(PO_4)_2$	5.8×10^{-38}
PbI_2	9.8×10^{-9}				
		クロム酸塩		フェロシアン化物	
水酸化物		$BaCrO_4$	1.2×10^{-10}	$Zn_2[Fe(CN)_6]$	2.1×10^{-16}
$Mg(OH)_2$	5.6×10^{-12}	$CuCrO_4$	3.6×10^{-6}	$Cd_2[Fe(CN)_6]$	4.2×10^{-18}
$Ca(OH)_2$	5.0×10^{-6}	Ag_2CrO_4	1.1×10^{-12}	$Pb_2[Fe(CN)_6]$	9.5×10^{-19}
$Mn(OH)_2$	1.6×10^{-13}	Hg_2CrO_4	2.0×10^{-9}		
$Fe(OH)_2$	4.9×10^{-17}	$CaCrO_4$	7.1×10^{-4}		
$Fe(OH)_3$	2.8×10^{-39}	$PbCrO_4$	1.8×10^{-14}		

付録 6　錯体の生成定数（25 °C）

錯イオン平衡	K_{form}
配位子：ハロゲン化物イオン	
$Al^{3+} + 6F^- \rightleftharpoons [AlF_6]^{3-}$	1×10^{20}
$Al^{3+} + 4F^- \rightleftharpoons [AlF_4]^-$	2.0×10^{8}
$Be^{2+} + 4F^- \rightleftharpoons [BeF_4]^{2-}$	1.3×10^{13}
$Sn^{4+} + 6F^- \rightleftharpoons [SnF_6]^{2-}$	1×10^{25}
$Cu^+ + 2Cl^- \rightleftharpoons [CuCl_2]^-$	3×10^{5}
$Ag^+ + 2Cl^- \rightleftharpoons [AgCl_2]^-$	1.8×10^{5}
$Pb^{2+} + 4Cl^- \rightleftharpoons [PbCl_4]^{2-}$	2.5×10^{15}
$Zn^{2+} + 4Cl^- \rightleftharpoons [ZnCl_4]^{2-}$	1.6
$Hg^{2+} + 4Cl^- \rightleftharpoons [HgCl_4]^{2-}$	5.0×10^{15}
$Cu^+ + 2Br^- \rightleftharpoons [CuBr_2]^-$	8×10^{5}
$Ag^+ + 2Br^- \rightleftharpoons [AgBr_2]^-$	1.7×10^{7}
$Hg^{2+} + 4Br^- \rightleftharpoons [HgBr_4]^{2-}$	1×10^{21}
$Cu^+ + 2I^- \rightleftharpoons [CuI_2]^-$	8×10^{8}
$Ag^+ + 2I^- \rightleftharpoons [AgI_2]^-$	1×10^{11}
$Pb^{2+} + 4I^- \rightleftharpoons [PbI_4]^{2-}$	3×10^{4}
$Hg^{2+} + 4I^- \rightleftharpoons [HgI_4]^{2-}$	1.9×10^{30}
配位子：アンモニア	
$Ag^+ + 2NH_3 \rightleftharpoons [Ag(NH_3)_2]^+$	1.6×10^{7}
$Zn^{2+} + 4NH_3 \rightleftharpoons [Zn(NH_3)_4]^{2+}$	7.8×10^{8}
$Cu^{2+} + 4NH_3 \rightleftharpoons [Cu(NH_3)_4]^{2+}$	1.1×10^{13}
$Hg^{2+} + 4NH_3 \rightleftharpoons [Hg(NH_3)_4]^{2+}$	1.8×10^{19}
$Co^{2+} + 6NH_3 \rightleftharpoons [Co(NH_3)_6]^{2+}$	5.0×10^{4}
$Co^{3+} + 6NH_3 \rightleftharpoons [Co(NH_3)_6]^{3+}$	4.6×10^{33}
$Cd^{2+} + 6NH_3 \rightleftharpoons [Cd(NH_3)_6]^{2+}$	2.6×10^{5}
$Ni^{2+} + 6NH_3 \rightleftharpoons [Ni(NH_3)_6]^{2+}$	2.0×10^{8}
配位子：シアン化物イオン	
$Fe^{2+} + 6CN^- \rightleftharpoons [Fe(CN)_6]^{4-}$	1.0×10^{24}
$Fe^{3+} + 6CN^- \rightleftharpoons [Fe(CN)_6]^{3-}$	1.0×10^{31}
$Ag^+ + 2CN^- \rightleftharpoons [Ag(CN)_2]^-$	5.3×10^{18}
$Cu^+ + 2CN^- \rightleftharpoons [Cu(CN)_2]^-$	1.0×10^{16}
$Cd^{2+} + 4CN^- \rightleftharpoons [Cd(CN)_4]^{2-}$	7.7×10^{16}
$Au^+ + 2CN^- \rightleftharpoons [Au(CN)_2]^-$	2×10^{38}
その他の単座配位子	
メチルアミン（CH_3NH_2）	
$Ag^+ + 2CH_3NH_2 \rightleftharpoons [Ag(CH_3NH_2)_2]^+$	7.8×10^{6}
チオシアン酸イオン（SCN^-）	
$Cd^{2+} + 4SCN^- \rightleftharpoons [Cd(SCN)_4]^{2-}$	1×10^{3}
$Cu^{2+} + 2SCN^- \rightleftharpoons [Cu(SCN)_2]$	5.6×10^{3}
$Fe^{3+} + 3SCN^- \rightleftharpoons [Fe(SCN)_3]$	2×10^{6}
$Hg^{2+} + 4SCN^- \rightleftharpoons [Hg(SCN)_4]^{2-}$	5.0×10^{21}
水酸化物イオン（OH^-）	
$Cu^{2+} + 4OH^- \rightleftharpoons [Cu(OH)_4]^{2-}$	1.3×10^{16}
$Zn^{2+} + 4OH^- \rightleftharpoons [Zn(OH)_4]^{2-}$	2×10^{20}
配位子：二座配位子†	
$Mn^{2+} + 3en \rightleftharpoons [Mn(en)_3]^{2+}$	6.5×10^{5}
$Fe^{2+} + 3en \rightleftharpoons [Fe(en)_3]^{2+}$	5.2×10^{9}
$Co^{2+} + 3en \rightleftharpoons [Co(en)_3]^{2+}$	1.3×10^{14}
$Co^{3+} + 3en \rightleftharpoons [Co(en)_3]^{3+}$	4.8×10^{48}
$Ni^{2+} + 3en \rightleftharpoons [Ni(en)_3]^{2+}$	4.1×10^{17}
$Cu^{2+} + 2en \rightleftharpoons [Cu(en)_2]^{2+}$	3.5×10^{19}
$Mn^{2+} + 3bipy \rightleftharpoons [Mn(bipy)_3]^{2+}$	1×10^{6}
$Fe^{2+} + 3bipy \rightleftharpoons [Fe(bipy)_3]^{2+}$	1.6×10^{17}
$Ni^{2+} + 3bipy \rightleftharpoons [Ni(bipy)_3]^{2+}$	3.0×10^{20}
$Co^{2+} + 3bipy \rightleftharpoons [Co(bipy)_3]^{2+}$	8×10^{15}
$Mn^{2+} + 3phen \rightleftharpoons [Mn(phen)_3]^{2+}$	2×10^{10}
$Fe^{2+} + 3phen \rightleftharpoons [Fe(phen)_3]^{2+}$	1×10^{21}
$Co^{2+} + 3phen \rightleftharpoons [Co(phen)_3]^{2+}$	6×10^{19}
$Ni^{2+} + 3phen \rightleftharpoons [Ni(phen)_3]^{2+}$	2×10^{24}
$Co^{2+} + 3C_2O_4^{2-} \rightleftharpoons [Co(C_2O_4)_3]^{4-}$	4.5×10^{6}
$Fe^{3+} + 3C_2O_4^{2-} \rightleftharpoons [Fe(C_2O_4)_3]^{3-}$	3.3×10^{20}
その他の多座配位子†	
$Zn^{2+} + EDTA^{4-} \rightleftharpoons [Zn(EDTA)]^{2-}$	3.8×10^{16}
$Mg^{2+} + 2NTA^{3-} \rightleftharpoons [Mg(NTA)_2]^{4-}$	1.6×10^{10}
$Ca^{2+} + 2NTA^{3-} \rightleftharpoons [Ca(NTA)_2]^{4-}$	3.2×10^{11}

† en ＝ エチレンジアミン　　phen ＝ 1, 10-フェナントロリン　　$EDTA^{4-}$ ＝ エチレンジアミン四酢酸イオン
bipy ＝ ビピリジル　　NTA^{3-} ＝ ニトリロ三酢酸イオン

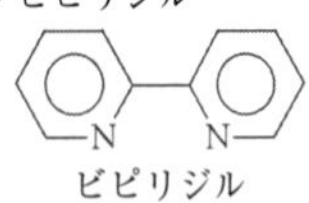

ビピリジル

1, 10-フェナントロリン

付録 7A　弱酸のイオン化定数

一塩基酸	名　称	K_a
$HC_2O_2Cl_3(Cl_3CCO_2H)$	トリクロロ酢酸	2.2×10^{-1}
HIO_3	ヨウ素酸	1.7×10^{-1}
$HC_2HO_2Cl_2(Cl_2CHCO_2H)$	ジクロロ酢酸	5.0×10^{-2}
$HC_2H_2O_2Cl(ClH_2CCO_2H)$	クロロ酢酸	1.4×10^{-3}
HNO_2	亜硝酸	4.6×10^{-4}
HF	フッ化水素	3.5×10^{-4}
$HOCN$	イソシアン酸	2×10^{-4}
$HCHO_2(HCO_2H)$	ギ　酸	1.8×10^{-4}
$HC_3H_5O_3[CH_3CH(OH)CO_2H]$	乳　酸	1.4×10^{-4}
$HC_4H_3N_2O_3$	バルビツール酸	9.8×10^{-5}
$HC_7H_5O_2(C_6H_5CO_2H)$	安息香酸	6.3×10^{-5}
$HC_4H_7O_2(CH_3CH_2CH_2CO_2H)$	酪　酸	1.5×10^{-5}
HN_3	アジ化水素	2.5×10^{-5}
$HC_2H_3O_2(CH_3CO_2H)$	酢　酸	1.8×10^{-5}
$HC_3H_5O_2(CH_3CH_2CO_2H)$	プロピオン酸	1.3×10^{-5}
$HC_2H_4NO_2$	ニコチン酸（ナイアシン）	1.4×10^{-5}
$HOCl$	次亜塩素酸	3.0×10^{-8}
$HOBr$	次亜臭素酸	2.1×10^{-9}
HCN	シアン化水素	4.9×10^{-10}
HC_6H_5O	フェノール（石炭酸）	1.3×10^{-10}
HOI	次亜ヨウ素酸	2.3×10^{-11}
H_2O_2	過酸化水素	2.4×10^{-12}

多塩基酸	名　称	K_{a_1}	K_{a_2}	K_{a_3}
H_2SO_4	硫　酸	大きな値	1.2×10^{-2}	
H_2CrO_4	クロム酸	5.0	1.5×10^{-6}	
$H_2C_2O_4$	シュウ酸	5.9×10^{-2}	6.4×10^{-5}	
H_3PO_3	亜リン酸	5.0×10^{-2}	2.0×10^{-7}	
H_2S	硫化水素	8.9×10^{-8}	1×10^{-19}	
H_2SO_3	亜硫酸	1.5×10^{-2}	6.3×10^{-8}	
H_2SeO_4	セレン酸	大きな値	1.2×10^{-2}	
H_2SeO_3	亜セレン酸	3.5×10^{-3}	1.5×10^{-9}	
H_6TeO_6	テルル酸	2×10^{-8}	1×10^{-11}	
H_2TeO_3	亜テルル酸	3.3×10^{-3}	2.0×10^{-8}	
$H_2C_3H_2O_4(HO_2CCH_2CO_2H)$	マロン酸	1.4×10^{-3}	2.0×10^{-6}	
$H_2C_8H_4O_4$	フタル酸	1.1×10^{-3}	3.9×10^{-6}	
$H_2C_4H_4O_6$	酒石酸	9.2×10^{-4}	4.3×10^{-5}	
$H_2C_6H_6O_6$	アスコルビン酸	8.0×10^{-5}	1.6×10^{-12}	
H_2CO_3	炭　酸	4.3×10^{-7}	5.6×10^{-11}	
H_3PO_4	リン酸	7.5×10^{-3}	6.2×10^{-8}	4.2×10^{-13}
H_3AsO_4	ヒ　酸	5.5×10^{-3}	1.7×10^{-7}	5.1×10^{-12}
$H_3C_6H_5O_7$	クエン酸	7.4×10^{-4}	1.7×10^{-5}	6.0×10^{-7}

付録 7B　弱塩基のイオン化定数

弱塩基	名　称	K_b
$(CH_3)_2NH$	ジメチルアミン	9.6×10^{-4}
$C_4H_9NH_2$	ブチルアミン	5.9×10^{-4}
CH_3NH_2	メチルアミン	4.5×10^{-4}
$CH_3CH_2NH_2$	エチルアミン	4.3×10^{-4}
$(CH_3)_3N$	トリメチルアミン	7.4×10^{-5}
NH_3	アンモニア	1.8×10^{-5}
$C_{21}H_{22}N_2O_2$	ストリキニーネ	1.8×10^{-6}
N_2H_4	ヒドラジン	1.3×10^{-6}
$C_{17}H_{19}NO_3$	モルヒネ	1.6×10^{-6}
NH_2OH	ヒドロキシルアミン	1.1×10^{-8}
C_5H_5N	ピリジン	1.8×10^{-9}
$C_6H_5NH_2$	アニリン	4.3×10^{-10}
PH_3	ホスフィン	1×10^{-28}

付録 8　標準還元電位（25 °C）

E° (V)	半電池反応
+2.87	$F_2(g) + 2e^- \rightleftharpoons 2F^-(aq)$
+2.07	$O_3(g) + 2H^+(aq) + 2e^- \rightleftharpoons O_2(g) + H_2O$
+2.01	$S_2O_8^{2-}(aq) + 2e^- \rightleftharpoons 2SO_4^{2-}(aq)$
+1.84	$Co^{3+}(aq) + e^- \rightleftharpoons Co^{2+}(aq)$
+1.77	$H_2O_2(aq) + 2H^+(aq) + 2e^- \rightleftharpoons 2H_2O$
+1.68	$MnO_4^-(aq) + 4H^+(aq) + 3e^- \rightleftharpoons MnO_2(s) + 2H_2O$
+1.69	$PbO_2(s) + HSO_4^-(aq) + 3H^+(aq) + 2e^- \rightleftharpoons PbSO_4(s) + 2H_2O$
+1.63	$2HOCl(aq) + 2H^+(aq) + 2e^- \rightleftharpoons Cl_2(g) + 2H_2O$
+1.51	$Mn^{3+}(aq) + e^- \rightleftharpoons Mn^{2+}(aq)$
+1.51	$MnO_4^-(aq) + 8H^+(aq) + 5e^- \rightleftharpoons Mn^{2+}(aq) + 4H_2O$
+1.46	$PbO_2(s) + 4H^+(aq) + 2e^- \rightleftharpoons Pb^{2+}(aq) + 2H_2O$
+1.44	$BrO_3^-(aq) + 6H^+(aq) + 6e^- \rightleftharpoons Br^-(aq) + 3H_2O$
+1.42	$Au^{3+}(aq) + 3e^- \rightleftharpoons Au(s)$
+1.36	$Cl_2(g) + 2e^- \rightleftharpoons 2Cl^-(aq)$
+1.33	$Cr_2O_7^{2-}(aq) + 14H^+(aq) + 6e^- \rightleftharpoons 2Cr^{3+}(aq) + 7H_2O$
+1.24	$O_3(g) + H_2O + 2e^- \rightleftharpoons O_2(g) + 2OH^-(aq)$
+1.23	$MnO_2(s) + 4H^+(aq) + 2e^- \rightleftharpoons Mn^{2+}(aq) + 2H_2O$
+1.23	$O_2(g) + 4H^+(aq) + 4e^- \rightleftharpoons 2H_2O$
+1.20	$Pt^{2+}(aq) + 2e^- \rightleftharpoons Pt(s)$
+1.07	$Br_2(aq) + 2e^- \rightleftharpoons 2Br^-(aq)$
+0.96	$NO_3^-(aq) + 4H^+(aq) + 3e^- \rightleftharpoons NO(g) + 2H_2O$
+0.94	$NO_3^-(aq) + 3H^+(aq) + 2e^- \rightleftharpoons HNO_2(aq) + H_2O$
+0.91	$2Hg^{2+}(aq) + 2e^- \rightleftharpoons Hg_2^{2+}(aq)$
+0.87	$HO_2^-(aq) + H_2O + 2e^- \rightleftharpoons 3OH^-(aq)$
+0.81	$NO_3^-(aq) + 4H^+(aq) + 2e^- \rightleftharpoons 2NO_2(g) + 2H_2O$
+0.80	$Ag^+(aq) + e^- \rightleftharpoons Ag(s)$
+0.77	$Fe^{3+}(aq) + e^- \rightleftharpoons Fe^{2+}(aq)$
+0.68	$O_2(g) + 2H^+(aq) + 2e^- \rightleftharpoons H_2O_2(aq)$
+0.54	$I_2(s) + 2e^- \rightleftharpoons 2I^-(aq)$
+0.49	$NiO_2(s) + 2H_2O + 2e^- \rightleftharpoons Ni(OH)_2(s) + 2OH^-(aq)$
+0.45	$SO_2(aq) + 4H^+(aq) + 4e^- \rightleftharpoons S(s) + 2H_2O$
+0.401	$O_2(g) + 2H_2O + 4e^- \rightleftharpoons 4OH^-(aq)$
+0.34	$Cu^{2+}(aq) + 2e^- \rightleftharpoons Cu(s)$
+0.27	$Hg_2Cl_2(s) + 2e^- \rightleftharpoons 2Hg(l) + 2Cl^-(aq)$
+0.25	$PbO_2(s) + H_2O + 2e^- \rightleftharpoons PbO(s) + 2OH^-(aq)$
+0.2223	$AgCl(s) + e^- \rightleftharpoons Ag(s) + Cl^-(aq)$
+0.172	$SO_4^{2-}(aq) + 4H^+(aq) + 2e^- \rightleftharpoons H_2SO_3(aq) + H_2O$
+0.169	$S_4O_6^{2-}(aq) + 2e^- \rightleftharpoons 2S_2O_3^{2-}(aq)$
+0.16	$Cu^{2+}(aq) + e^- \rightleftharpoons Cu^+(aq)$
+0.15	$Sn^{4+}(aq) + 2e^- \rightleftharpoons Sn^{2+}(aq)$
+0.14	$S(s) + 2H^+(aq) + 2e^- \rightleftharpoons H_2S(g)$
+0.07	$AgBr(s) + e^- \rightleftharpoons Ag(s) + Br^-(aq)$
0（定義）	$2H^+(aq) + 2e^- \rightleftharpoons H_2(g)$
−0.12	$Pb^{2+}(aq) + 2e^- \rightleftharpoons Pb(s)$

付録 8 のつづき

$E°$ (V)	半電池反応
−0.14	$Sn^{2+}(aq) + 2e^- \rightleftharpoons Sn(s)$
−0.15	$AgI(s) + e^- \rightleftharpoons Ag(s) + I^-(aq)$
−0.25	$Ni^{2+}(aq) + 2e^- \rightleftharpoons Ni(s)$
−0.28	$Co^{2+}(aq) + 2e^- \rightleftharpoons Co(s)$
−0.34	$In^{3+}(aq) + 3e^- \rightleftharpoons In(s)$
−0.34	$Tl^+(aq) + e^- \rightleftharpoons Tl(s)$
−0.36	$PbSO_4(s) + H^+(aq) + 2e^- \rightleftharpoons Pb(s) + HSO_4^-(aq)$
−0.40	$Cd^{2+}(aq) + 2e^- \rightleftharpoons Cd(s)$
−0.44	$Fe^{2+}(aq) + 2e^- \rightleftharpoons Fe(s)$
−0.56	$Ga^{3+}(aq) + 3e^- \rightleftharpoons Ga(s)$
−0.58	$PbO(s) + H_2O + 2e^- \rightleftharpoons Pb(s) + 2OH^-(aq)$
−0.74	$Cr^{3+}(aq) + 3e^- \rightleftharpoons Cr(s)$
−0.76	$Zn^{2+}(aq) + 2e^- \rightleftharpoons Zn(s)$
−0.81	$Cd(OH)_2(s) + 2e^- \rightleftharpoons Cd(s) + 2OH^-(aq)$
−0.83	$2H_2O + 2e^- \rightleftharpoons H_2(g) + 2OH^-(aq)$
−0.89	$Fe(OH)_2(s) + 2e^- \rightleftharpoons Fe(s) + 2OH^-(aq)$
−0.91	$Cr^{2+}(aq) + 2e^- \rightleftharpoons Cr(s)$
−1.16	$N_2(g) + 4H_2O + 4e^- \rightleftharpoons N_2O_4(aq) + 4OH^-(aq)$
−1.18	$V^{2+}(aq) + 2e^- \rightleftharpoons V(s)$
−1.216	$ZnO_2^{2-}(aq) + 2H_2O + 2e^- \rightleftharpoons Zn(s) + 4OH^-(aq)$
−1.63	$Ti^{2+}(aq) + 2e^- \rightleftharpoons Ti(s)$
−1.66	$Al^{3+}(aq) + 3e^- \rightleftharpoons Al(s)$
−1.79	$U^{3+}(aq) + 3e^- \rightleftharpoons U(s)$
−2.02	$Sc^{3+}(aq) + 3e^- \rightleftharpoons Sc(s)$
−2.36	$La^{3+}(aq) + 3e^- \rightleftharpoons La(s)$
−2.37	$Y^{3+}(aq) + 3e^- \rightleftharpoons Y(s)$
−2.37	$Mg^{2+}(aq) + 2e^- \rightleftharpoons Mg(s)$
−2.71	$Na^+(aq) + e^- \rightleftharpoons Na(s)$
−2.87	$Ca^{2+}(aq) + 2e^- \rightleftharpoons Ca(s)$
−2.89	$Sr^{2+}(aq) + 2e^- \rightleftharpoons Sr(s)$
−2.90	$Ba^{2+}(aq) + 2e^- \rightleftharpoons Ba(s)$
−2.92	$Cs^+(aq) + e^- \rightleftharpoons Cs(s)$
−2.92	$K^+(aq) + e^- \rightleftharpoons K(s)$
−2.93	$Rb^+(aq) + e^- \rightleftharpoons Rb(s)$
−3.05	$Li^+(aq) + e^- \rightleftharpoons Li(s)$

掲載図出典

0章
章頭図　NASA/CXC/SAO/P. Slane et al.
図0・3　P. Plailly/Phototake
コラム0・1図1　M. F. Crommie, C. P. Lutz, D. M. Eigler, *Science 262*, 218(1993) による. AAASより転載許可. 原作はIBMによる
コラム0・1図3　Science/Photo Library/Photo Researchers

1章
章頭図　Tom Zagwodzki/Goddard Space Flight Center
図1・3(a)　knorre/123RF 写真素材
図1・3(b)　© didyk/iStockphoto
図1・3(c)　paylessimages/123RF 写真素材
図1・4(a)　Michael Watson
図1・4(b)　Michael Watson
図1・5　Michael Watson
図1・6　Charles D. Winters/Getty Images
図1・8　gresei/123RF 写真素材
図1・10　NIST
図1・11　Andy Washnik
図1・12(a)　Michael Watson
図1・12(b)　© 2005 Richard Megna/Fundamental Photographs
図1・12(c)　Charles D. Winters/Photo Researchers
コラム1・1図左　Warren McConnaughie/Alamy
コラム1・1図右　Paul Silverman/Fundamental Photographs

2章
章頭図　enki/123RF 写真素材
図2・4　Michael Watson
図2・10(a)　Richard Megna/Fundamental Photographs
図2・10(b)　Michael Watson
図2・18(a)　Michael Watson
図2・18(b)　Richard Megna/Fundamental Photographs
図2・18(c)　Richard Megna/Fundamental Photographs

3章
章頭図　Michael Watson
図3・3　Skatebiker 提供 http://en.wikipedia.org/wiki/

4章
章頭図　Andy Washnik
図4・1(a)　Richard Megna/Fundamental Photographs
図4・1(b)　Richard Megna/Fundamental Photographs
図4・3　Andy Washnik
図4・4(a)　Michael Watson
図4・4(b)　Michael Watson
図4・7　Andy Washnik
図4・8　Andy Washnik
コラム4・1　Custom Medical Stock Photo, Inc.
図4・10　Michael Watson
図4・17　Andy Washnik
コラム4・2　Sheila Terry/Science Source
例題4・17　Michael Watson
例題4・19　Michael Watson

5章
章頭図　maru1122maru/123RF 写真素材
図5・1　Peter Lerman
図5・2　Richard Megna/Fundamental Photographs
図5・3　Michael Watson
図5・4　Michael Watson
図5・6　E. R. Degginger/Science Source
図5・7　Martyn F. Chillmaid/Science Source
図5・8　© 1993 Richard Megna/Fundamental Photographs
図5・9　Andy Washnik
コラム5・1　Andy Washnik

6章
章頭図　© Michele Molinari/Alamy
図6・1　Corbis Images

7章
章頭図　© Mandy Collins/Alamy Images
図7・1(a)　refocus/123RF 写真素材
図7・1(b)　© Marc Steinmetz/Visum/The Image Works
図7・1(c)　tonarinokeroro/123RF 写真素材
図7・5(a)　hookmedia/123RF 写真素材
p.189 の写真　© Paul Fleet/Shutterstock
コラム7・1図左　Brand X/Superstock
コラム7・1図右　Yorgos Nikas/Stone/Getty Images

8章
章頭図　philipus/Alamy
図8・1(a)　NASA 提供
図8・1(b)　Richard Megna/Fundamental Photographs

p.227 の写真　Bettmann/©Corbis
p.234 の写真　Ted Streshinsky/©Corbis philipus/Alamy

9章
図9・50　Michael Watson
図9・51　Richard Megna/Fundamental Photographs

10章
章頭図　fotoall/123RF 写真素材
図10・2　OPC, Inc.
例題10・6　Andy Washnik

11章
章頭図　Michael Watson
図11・14　Pat O'Hara/Stone/Getty Images
図11・15　Michael Watson
p.342 の写真　Michael Watson
図11・21(a)　GIPhotoStock/Science Source
図11・21(b)　Matt Meadows/Getty Images
図11・24　© 2000 Richard Megna/Fundamental Photographs
図11・44　Robert Capece
コラム11・2　Carsten Peter/Speleoresearch & Films/NGS/Getty Images

12章
章頭図　Lawrence Lawry/Photo Researchers
図12・9　Charles D. Winters/Photo Researchers
p.379 の写真　Andy Washnik
図12・24　Charles D. Winters/Science Source

索　　引

あ　行

か　行

さ 行

た 行

な　行

は　行

ま　行

や～ろ

訳　者

小島憲道（こじま のりみち）
1949年 鳥取県に生まれる
1972年 京都大学理学部 卒
東京大学名誉教授
専攻 物性化学，無機化学
理学博士

小川桂一郎（おがわ けいいちろう）
1952年 東京に生まれる
1975年 東京大学理学部 卒
現 武蔵野大学 教授
東京大学名誉教授
専攻 有機物理化学，有機結晶化学
理学博士

錦織紳一（にしきおり しんいち）
1953年 東京に生まれる
1976年 東京大学理学部 卒
前東京大学大学院総合文化研究科 教授
専攻 包接体化学，無機化学
理学博士

村田　滋（むらた しげる）
1956年 長野県に生まれる
1979年 東京大学理学部 卒
現 東京大学大学院総合文化研究科 教授
専攻 有機光化学，有機反応化学
理学博士

第1版第1刷　2017年3月31日 発行
第2刷　2020年6月10日 発行

ブラディ ジェスパーセン 一般化学（上）
（原著第7版）

監訳者　小 島 憲 道
発行者　住 田 六 連
発　行　株式会社 東京化学同人
東京都文京区千石3丁目36-7（〒112-0011）
電話（03）3946-5311・FAX（03）3946-5317
URL: http://www.tkd-pbl.com/

印刷・製本　大日本印刷株式会社

ISBN 978-4-8079-0920-9 Printed in Japan

物 理 定 数†

電子の静止質量	$m_e = 5.486 \times 10^{-4}$ u（9.109×10^{-28} g）
陽子の静止質量	$m_p = 1.007$ u（1.673×10^{-24} g）
中性子の静止質量	$m_n = 1.009$ u（1.675×10^{-24} g）
電気素量	$e = 1.602 \times 10^{-19}$ C
原子質量単位	$u = 1.661 \times 10^{-24}$ g
気体定数	$R = 0.0821$ L atm mol^{-1} K^{-1} $= 8.314$ J mol^{-1} K^{-1} $= 1.987$ cal mol^{-1} K^{-1}
モル体積(理想気体)	$= 22.41$ L（標準状態）
アボガドロ定数	$= 6.022 \times 10^{23}$ mol^{-1}
光速(真空中)	$c = 2.99792458 \times 10^{8}$ m s^{-1}（定義）
プランク定数	$h = 6.626 \times 10^{-34}$ J s
ファラデー定数	$F = 9.659 \times 10^{4}$ C mol^{-1}

† 光速は定義に従って 9 桁の有効数字で示しているが，それ以外は例題および練習問題に用いる数値として有効数字 4 桁で記載している．

実験試薬の濃度†1

試薬	%(w/w)	mol L^{-1}	%(w/v)†2
NH_3	29	15	26
$HC_2H_3O_2$	99.7	17	105
HCl	37	12	44
HNO_3	71	16	101
H_3PO_4	85	15	144
H_2SO_4	96	18	177

†1 値は市販されている試薬の平均的な濃度．
†2 〔溶質の質量（g）/ 溶液の体積（mL)〕× 100%